微软技术丛书

ASP.NET 应用程序开发
(MCTS 教程)

Mike Snell

(美)　　Tony Northrup　　著

Glenn Johnson

段　菲　刘宝弟　陈正华　译

清华大学出版社

北　京

内 容 简 介

本书全面介绍了如何使用 Web 服务器控件、事件处理器、应用程序状态和会话状态来创建 Web 应用，如何创建自定义 Web 服务器控件，如何开发全球性 Web 应用，如何利用 AJAX 来丰富和提升用户体验，如何将 Web 应用程序与后台数据库集成，如何创建能够保存用户信息和偏好的 Web 应用，如何监视、诊断及编译 ASP.NET 应用，如何使用 Web 服务和 WCF 来构建面向服务的应用程序，如何为 Web 应用添加身份验证和授权特性以提升安全性和增加多重访问级别，如何创建可供移动设备访问的 Web 应用。

本书可帮助读者了解如何使用 Microsoft .NET Framework 3.5 和 ASP.NET 来开发应用，完全按照知识点来设置课程与练习，同时还安排有实训和实战测试，可帮助读者掌握 ASP 应用开发。

MCTS Self-Paced Training Kit (Exam 70-562): Microsoft® .NET Framework 3.5—ASP.NET Application Development(978-0-7356-2670-6) by Mike Snell, Tony Northrup, and Glenn Johnson

Original English Language Edition Copyright © 2009 by Glenn Johnson, GrandMasters, and Microsoft Corporation.

Published by arrangement with the original publisher, Microsoft Press, a division of Microsoft Corporation, Redmond, Washington, U.S.A.

北京市版权局著作权合同登记号 图字：01-2010-2260

图书在版编目(CIP)数据

ASP.NET 应用程序开发(MCTS 教程)/(美)斯内尔(Snell, M.)，(美)诺斯罗普(Northrup, T.)，(美)约翰逊 (Johnson, G.)著；段菲，刘宝弟，陈正华译. --北京：清华大学出版社，2013

(微软技术丛书)

书名原文：MCTS Self-Paced Training Kit (Exam 70-562): Microsoft® .NET Framework 3.5—ASP.NET Application Development

ISBN 978-7-302-30400-5

Ⅰ. ①A… Ⅱ. ①斯… ②诺… ③约… ④段… ⑤刘… ⑥陈… Ⅲ. ①网页制作工具—程序设计—教材 Ⅳ. ①TP393.092

中国版本图书馆 CIP 数据核字(2012)第 242810 号

责任编辑：文开琪
装帧设计：杨玉兰
责任校对：王　晖
责任印制：何　芊

出版发行：清华大学出版社
　　　网　　　址：http://www.tup.com.cn，http://www.wqbook.com
　　　地　　　址：北京清华大学学研大厦 A 座　　　邮　　编：100084
　　　社 总 机：010-62770175　　　　　　　　　　邮　　购：010-62786544
　　　投稿与读者服务：010-62776969，c-service@tup.tsinghua.edu.cn
　　　质 量 反 馈：010-62772015，zhiliang@tup.tsinghua.edu.cn
　　　课 件 下 载：http://www.tup.com.cn，010-62791865

印 装 者：清华大学印刷厂
经　　　销：全国新华书店
开　　本：185mm×260mm　　　印　张：50　　　字　数：1200 千字
版　　次：2013 年 2 月第 1 版　　　　　　　　印　次：2013 年 2 月第 1 次印刷
印　　数：1～3500
定　　价：99.00 元

产品编号：034481-01

《微软技术丛书》出版前言

在黄昏里希冀皓月与繁星

在深夜希冀着黎明

在炎夏希冀凉秋

在严冬又希冀新春

这不断的希冀啊，

使我感触到世界的存在，

带给我多量的生命的力。

这样，

我才能跨过——

这黎明黄昏，黄昏黎明，春夏秋冬，秋冬春夏的茫茫的时间的大海啊。

——艾青

　　时间在流逝，技术也在迅猛发展。在希冀中，微软的.NET 战略早已经变成现实，带来全新、快速而敏捷的企业计算能力，也给软件开发商和软件开发人员提供了支持未来计算的高效 Web 服务开发工具。在希冀中，我们欣喜地看到，微软的每一个技术创新，都对中国开发人员产生巨大的推动作用，使得越来越多的人加入微软开发阵营。

　　微软出版社为了配合 Visual Studio 的推广和普及，邀请项目开发组的核心开发人员和计算机图书专业作家精心编写了微软 IT Pro 系列图书。该丛书自面市以来，在美国图书销量排行榜上一直高居前列，颇受读者好评，成为程序开发人员和网络开发人员了解微软技术的权威工具书。随着新的开发平台的发布，该系列得以大幅度扩充，在美国及欧洲图书市场广受好评。

　　从 2002 年开始，清华大学出版社为了满足中国广大程序开发人员、网络开发人员以及计算机用户学习最新技术的渴望，在微软出版社的配合下，先后推出了《微软.NET 程序员系列》和《微软.NET 程序设计系列》。这两套书阵容庞大，几乎涵盖.NET 技术及其应用的各个方面；也正因为如此，翻译和编辑加工的工作量也大得惊人。但为了保持国外优秀技术图书的魅力，同时使读者领会新技术的真谛，本丛书的翻译和编辑都是经过严格筛选的、具有很高的翻译水平或丰富编辑经验的技术人员。同时，我们还聘请微软公司相关产品组的技术专家审读每一本书，确保在技术上准确无误。

　　2005 年，随着微软新的开发平台的推出，我们将原有的两套丛书整合为《微软技术丛书》。这套丛书针对不同层次的读者，分为 5 个子系列：从入门到精通、技术内幕、高级编程、精通&宝典和认证考试教材。各系列特色如下：

★　**从入门到精通**

- 适合新手程序员的实用教程
- 侧重于基础技术和特征
- 提供范例文件

★ **技术内幕**
- 权威、必备的参考大全
- 包含丰富、实用的范例代码
- 帮助读者熟练掌握微软技术

★ **高级编程**
- 侧重于高级特性、技术和解决问题
- 包含丰富、适用性强的范例代码
- 帮助读者精通微软技术

★ **精通&宝典**
- 着重剖析应用技巧，以帮助提高工作效率
- 主题包括办公应用和开发工具

★ **认证考试教材**
- 提供完整的 eBook(英文版)
- 提供实际场景、案例分析和故障诊断实验
- 完全根据考试要求来阐述每一个知识点

这套丛书延续以前严谨的编校风格，一切以保证图书内容和技术质量为核心，付出了大量心血。相信整合后的这套丛书必然会帮助程序开发人员、网络开发人员以及具有一定编程基础的中高级读者，快速、全面地掌握微软技术，为将来的技术生涯奠定扎实的基础，使之成为中国软件产业的栋梁！

为增强本书的可读性，便于读者迅速定位关键术语的原文和快速根据索引来定位知识点(概念、函数等)的详细介绍，有些经典图书中在相应位置标注了原书页码(在当前行末尾用粗体方括号【】或椭圆形底纹 ⬭ 表示)，并在书后附上原书索引，以期能对大家提供更多的帮助。已经采用这一体系设计的图书有《Windows 核心编程(第 5 版)》、《Visual C# 2008 从入门到精通》、《ASP.NET 3.5 核心编程》、《Visual C# 2008 核心编程》和《精通 Windows 3D 图形编程》。

在此，感谢参与本丛书的翻译和审校人员，感谢他们付出的心血和时间。他们来自培训和实践前沿，具有深厚的技术底蕴和文化素养，善于用浅显易懂的语言阐述晦涩难懂的技术细节。同时也要感谢这一年来时刻关注这套书的读者朋友们。他们热心地提出自己的意见和建议，感谢他们的宽容和善意关爱。我们将和大家一样，时刻关注微软技术发展的最新动态，时刻保持自己的技术动力！

亲爱的读者朋友，期待着您把每一次看书的机会，都当成增进知识的时候。这个过程，绝对不是浅尝辄止，更非自认为把书看过一两遍就可以了。深度的阅读是尽可能地把书本的知识转换为自己熟悉的，甚至读到自己内心的深处。同时，也请把您对这套书的感受告诉我们，我们期待着和您分享，联系信箱 coo@netease.com。

尽管我们注入大量心血，但疏忽纰漏之处在所难免，恳请读者朋友提出建议和批评。本丛书在创作、翻译和编辑过程中得到了微软(中国)公司的大力支持。本丛书能够顺利出版，更是倾注了无数幕后人员的汗水和心力。在此，对他们的辛勤劳动一并表示衷心感谢！

清华大学出版社

前　　言

本培训教程专门为准备参加"微软认证技术专家"(Microsoft Certified Technical Specialist)70-562 考试的开发人员量身定制，但本书同时也十分适合那些需要了解如何使用 Microsoft .NET Framework 3.5 和 ASP.NET 开发应用程序的编程人员。在开始本书的学习之前，我们假设您对 Windows 操作系统、Visual Basic 或 C#已有一定的使用经验。

通过本教程的学习，您将掌握以下知识和技能：

- 使用 Web 服务器控件、事件处理器、应用程序状态和会话状态创建 Web 应用
- 创建自定义 Web 服务器控件
- 开发可供全球受众使用的 Web 应用
- 借助 AJAX 丰富网民的用户体验
- 将 Web 应用程序与后台数据库集成
- 创建能够保存用户信息和偏好的 Web 应用
- 监视、诊断及编译 ASP.NET 应用
- 使用 Web 服务和 Windows Communication Foundation(WCF)来构建面向服务的应用程序(SOA)
- 为应用程序添加身份验证(authentication)和授权(authorization)特性以提升安全性和增加多重访问级别
- 创建可从移动电话和 PDA 访问的 Web 应用

系 统 需 求

我们推荐您使用非主工作站的计算机来完成本书中的练习，因为在练习的过程中，我们需要对操作系统和应用程序的配置选项进行修改。

硬件需求

为更好地使用本书配套资源(可从 *http://www.tup.com.cn* 下载)，需要配备一台装有 Windows Server 2003、Windows Server 2008、Windows 7、Windows Vista 或 Windows XP 的计算机，而且这台计算机的硬件配置至少不能低于以下规格：

- 主频 1 GHz 的 32 位(x86)或 64 位(x64)处理器(该指标取决于操作系统所需的最低规格)
- 1 GB 的内存(该指标同样取决于操作系统的最低需求)
- 硬盘应至少具有 700 MB 的可用空间
- 显示器的分辨率至少应达到 800×600
- 一个键盘
- 一个鼠标或其他指向设备

◆ 一个 CD-ROM 光驱

◆ 本书配套资源为您提供 Visual Studio 2008 专业版的 90 天试用版本(也可从 Microsoft 官方网站获取)。如果您准备通过正版 DVD 来安装,还需要配有取 DVD 光驱

软件需求

为保证您能够正常使用本书配套资源,学习过程中所使用的计算机应安装有下列软件:

◆ 一个 Web 浏览器,如 Microsoft IE 6 及更新的版本

◆ 能够显示 PDF 文档的应用程序,如 Adobe Acrobat Reader(该软件可从 www.adobe.com/reader 获取)

本书配套资源的使用

本教程配套资源包含 Microsoft Visual Studio 2008 专业版的 90 天试用版和以下内容。

实战测试

可从本书的课后练习题库中选择一些练习题来帮助您进一步理解如何使用.NET Framework 3.5 来创建 ASP.NET 应用。也可以用本书所提供的 200 道 MCTS 真题对自己的学习效果进行检验,这些题足以应付考试了。

代码

本书各章都包含一个与练习题相关的范例文件。在有些练习中,需要事先打开某个项目,然后才能进行。而在其他练习中,则需要您自行创建新的项目,并参考已完成的项目以避免在之后的练习中遇到问题。

电子书

针对购买本书的读者,我们也准备了本书的完整电子版,格式为 PDF。可通过 Adobe Acrobat 或 Adobe Reader 来浏览。在做练习题时,可从该电子书中方便地复制/粘贴代码。电子书需发送邮件至 coo@netease.com 申请。

术语表

本书配套资源中包含一个术语表,其中包含书中使用的关键术语。

其他书的样章

配套资源中还包含微软出版社出版的其他图书的样章供您预览。

如何安装实战测试

如果希望将实战测试安装到硬盘中,请访问 *www.tup.com.cn*,找到《ASP.NET 应用程

序开发(MCTS 教程)》，下载本书配套资源。在 Practice Tests 目录中双击 setup.exe，遵循向导的指示完成其余步骤即可。

如何使用实战测试

启动实战测试软件的步骤如下。

1. 选择【开始】|【所有程序】| Microsoft Press Training Kit Exam Prep。在随后出现的窗口中将显示计算机中已安装的所有微软出版社的认证考试备考资料。
2. 双击您希望使用的课后练习或实战测试。

注意　课后练习与实战测试

要使用本书"课后练习"中的练习题，请选择(70-562)Microsoft .NET Framework 3.5—Web-Based Client Development *lesson review*。而选择(70-562)Microsoft .NET Framework 3.5—Web-Based Client Development *practice test*，则可看到与 70-562 认证考试题目非常类似的 200 道问题。

"课后练习"选项

进行课后练习时，Custom Mode 对话框将会出现以方便您对自己的测验进行配置。您可选择 OK 按钮接受默认配置，也可以定制问题的数量、实战测试的工作方式、与考试目标对应的问题、测试过程中是否需要计时等。如果您打算重新进行某个测试，您可选择是否希望再次见到所有问题或只选择那些您做错和没有回答的问题。

单击 OK 按钮后，课后练习测试便启动了。

◆ 在测试中，可回答当前问题，也可通过 Next、Previous 和 Go To 按钮在不同问题间进行切换。

◆ 如果您已回答当前问题，并希望了解回答是否正确以及对该问题的解析，请选择 Explanation 按钮。

◆ 如果您希望做完所有题目才查看正确答案，请先回答所有问题，然后再单击 Score Test。随后您将看到您所选择的考试目标的概要以及您做出正确解答的问题在所有问题及每个目标对应的问题中的比例。您可将测试结果打印或再做一遍。

"实战测试"选项

启动实战测试后，可将测试指定为 Certification Mode(认证模式)、Study Mode(学习模式)或 Custom Mode(自定义模式)。

认证模式

该模式具有极强的实战风格。该模式下测试题目的数量是固定的，时间也有严格的限制，而且计时器不可修改，即定时器无法暂停或重新启动。

学习模式

该模式下测试时间没有限制，且您可以边做题目边查看正确答案及解析。

自定义模式

在该模式下您拥有对测试选项完全的控制权。

在上述三种模式下，测试的用户界面是基本相同的，只是依据不同模式，有的选项处于选中状态，而有些处于禁用状态。对主要的选项的讨论请参见上一节的相关内容。

回顾自己所做的解答时，References 部分会为您指出在本教程的哪些章节与该问题相关；同时它也会提供其他相关资源的链接。单击 Test Results 以为您的整个测试进行评分，可以单击 Learning Plan 标签来查看与每个目标对应的参考列表。

如何卸载实战测试软件

要卸载实战测试软件，可通过"控制面板"中的"添加或删除程序"选项来实现。

如何安装代码

若希望将配套资源中本书练习所引用的范例文件安装到硬盘，请访问 www.wenyuan.com.cn，找到《ASP.NET 应用程序开发(MCTS 教程)》，下载本书配套资源。然后选择 Code 项，双击 setup.exe，按照屏幕中的提示完成后续步骤即可。

代码将被安装到\Documents and Settings\<*user*>\My Documents\MicrosoftPress\TK562。

微软认证专家项目

微软认证考试是您证明自己对微软当前产品和技术掌握水平的最佳途径。这类考试及其对应的认证旨在验证您在设计和开发微软产品及技术的解决方案，或实现和提供技术支持时所应具备的关键技能。成为微软认证计算机专家也就意味着您已成为该领域的专家，并成为整个相关业界炙手可热的人才。获取该认证将为个人及雇主及其所属机构带来各种各样的好处。

更多信息　所有的微软认证

要想了解全部的微软认证考试，请访问 *www.microsoft.com/learning/mcp/default.asp*。

技 术 支 持

为使本书及配套资源的内容尽善尽美，我们已尽最大的努力。如果您在阅读本书时有任何建议、问题或对本书及配套资源有任何想法，请通过以下方法之一发送至微软出版社。

- ◆　电子邮件请发送到 tkinput@microsoft.com。
- ◆　普通邮件请寄送到以下地址：

Microsoft Press

Attn: MCTS Self-Paced Training Kit (Exam 70-562): Microsoft .NET Framework 3.5--

Web-Based Client Development Editor

One Microsoft Way

Redmond, WA 98052-6399

要想获得关于本书及配套资源(包括对关于安装和使用中常见问题的解答)的更多支持信息，请访问微软出版社的技术支持站点 *www.microsoft.com/learning/support/books*。如果希望直接连接到 Microsoft Knowledge Base 进行查询，请访问 *http://support.microsoft.com/search*。更多关于微软相关软件的支持信息可访问 *http://support.microsoft.com*。

目　　录

第 1 章　ASP.NET 3.5 基础

随着 Visual Studio 2008 和 ASP.NET 3.5 的推出，Web 开发的体验得到了进一步提升。有了这些最新开发工具的支持，完全可以用比以往更加高效的方式构建出高度交互式的、健壮的 Web 应用程序，这当中就包括构建出能够利用 AJAX 为用户提供高度交互的网站。许多新增和改进的控件既加速了开发进程，也极大地提升了用户的体验；其他得到增强的方面还包括网站的安全性的提高、与互联网信息服务(IIS)7.0 的集成以及更优的 Web 服务编程模型。上述所有改进的出发点都是为 ASP.NET 开发人员在构建和部署下一代网站时给予更多的控制力和信心。

本章将介绍一些使用 ASP.NET 开发网站的基础知识。首先介绍所有网站中至关重要的核心元素：服务器(Server)、浏览器(或客户端)以及超文本传输协议(HTTP)。这些概念是理解 ASP.NET 网站架构的基础。将了解 ASP.NET 开发网站的关键组件。在本章的最后，将讨论如何对 ASP.NET 应用程序进行配置。

本章考点

◆ 配置和部署 Web 应用程序
　　◇ 配置项目、解决方案及引用程序集
◆ Web 应用程序编程
　　◇ 实现业务对象和实用程序类
　　◇ 处理事件及控制页面流

本章课程设置

◆ 第 1 课　Web 开发基础
◆ 第 2 课　创建网站和新建网页
◆ 第 3 课　Web 配置文件的使用

课 前 准 备

为完成本章课程，首先应熟练掌握如何在 Visual Studio 中使用 Visual Basic 或 C#语言开发应用程序。此外，还应熟练掌握下列工具和知识点：

◆ Visual Studio 2008 集成开发环境(IDE)
◆ 对超文本标记语言 HTML 及客户端脚本有基本的了解
◆ 如何使程序集可为其他程序所用
◆ 熟悉 Visual Studio 项目、文件、类及设计器

现实世界

Mike Snell

要想成为一名优秀的 Web 应用程序开发人员，仅仅熟知自己最偏爱的一门编程语言是远远不够的。实际上，无论 C#还是 Visual Basic，它们都只是一个起点。还必须了解如何使用 HTML 来处理页面的布局。此外，还需了解如何创建、管理以及使用级联样式表(Cascading Style Sheets，CSS)来设计界面的风格。如果还需为设计的页面定制客户端功能，可能还需要掌握 JavaScript。也许还需要理解可扩展标记语言(Extensible Markup Language，XML)、Web 服务和数据库编程。当然，还必须了解如何使用前面提到的技术来形成一个独立的解决方案。和以往任何时候相比，现代 Web 开发人员需要掌握的技术更多，而且还必须能够在这些技术之间自如切换。因此，我认为这是使 Web 开发领域如此充满挑战但又如此高回报的重要原因之一。

第 1 课　Web 开发基础

Web 应用程序与标准的 Windows 应用程序不同。它并不是运行在某台机器的某个单独的进程中。相反，Web 应用程序通常位于 Web 服务器上，并通过客户端的 Web 浏览器来访问。Web 服务器和 Web 浏览器之间的通信要通过 HTTP 来实现。因此，在开始编写大量代码之前，必须首先对它们的工作原理及通信机制有一个基本的理解。浏览器和服务器之间的典型的通信过程可归纳为如下几个步骤。

1. 用户使用浏览器对某个 Web 服务器资源启动一个请求。
2. 通过 HTTP 将一个 GET 请求发送至 Web 服务器。
3. Web 服务器在服务端处理 GET 请求(通常是指定位请求代码并运行之)。
4. 然后 Web 服务器为 Web 浏览器发送一个响应。在发送这个 HTTP 响应的过程中，需要使用 HTTP 协议。
5. 接着用户的 Web 浏览器处理该响应(通常使用 HTML 和 JavaScript)，并将网页呈现给用户。
6. 用户可能输入一些数据，并执行某个动作如单击提交按钮，以将其数据发送给 Web 服务器供后者处理。
7. 通过 HTTP 协议，数据被回发给 Web 服务器。
8. 接着 Web 服务器处理该 POST 请求(再次在此过程中调用代码)。
9. Web 服务器为 Web 浏览器发送一条响应。在将 HTTP 响应发送给 Web 浏览器的过程中，同样需要使用 HTTP 协议。
10. Web 浏览器再次处理该响应，并将网页呈现给用户。在典型的 Web 应用程序会话中，上述过程周而复始地重复下去。

本课概要描述 Web 浏览器和 Web 服务器各自的任务和区别。同时，还将介绍 HTTP 的一些基础知识，以及浏览器和服务器如何使用 HTTP 来处理用户请求。

学习目标

◆ 描述 Web 服务器在处理对资源的请求时所扮演的角色
◆ 描述 Web 浏览器在提交请求及将响应呈现给用户的过程中所起的作用
◆ 描述在与 Web 服务器通信过程中 HTTP 所起的作用
◆ 描述如何使用 HTTP 动词来从 Web 服务器请求资源
◆ 描述在 HTTP 中实现的各组状态码
◆ 描述分布式创作(Distributed Authoring)和版本控制(Versioning)
◆ 描述回发(PostBack)这个将数据发送给 Web 服务器的常见方法
◆ 描述 HTTP 的故障排除方法

预计课时：30 分钟

Web 服务器的作用

第一台 Web 服务器的任务是通过 HTTP 接收并处理来自浏览器的简单用户请求。Web 服务器处理所接收到的请求并将响应返回给 Web 浏览器。然后 Web 服务器关闭所有与 Web 浏览器的连接，并释放该请求所占用的所有资源。当 Web 服务器处理完所接收到的请求后，这些资源便很容易被释放。这种类型的 Web 应用程序被称为"无状态的"，因为在不同请求之间，Web 服务并不持有数据，并且没有任何连接是开放的。这种应用程序通常都包含比较简单的 HTML 页面，因此能够在每分钟内处理上千个类似的请求。图 1.1 给出了这种简单的无状态环境的一个例子。

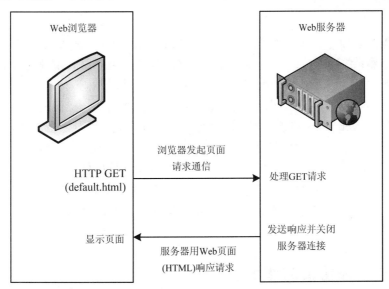

图 1.1　无状态环境中的一个浏览器和服务器之间的请求与响应的简单示例

当今 Web 服务器所提供的服务已经远远超越了最初的 Web 服务器。除了提供静态的 HTML 文件外，现代 Web 服务器还可对包含在服务端执行的代码的页面的请求进行处理，在 Web 服务器上执行此请求代码并返回结果。这些 Web 服务器还能在不同请求之间存储数据。这就意味着网页可以连接在一起以形成一个 Web 应用程序，它能够理解每个用户请求的当前状态。这些服务器会将一个连接对浏览器保持开放一段时间，以获得来自同一个用户的额外的页面请求。这种类型的交互如图 1.2 所示。

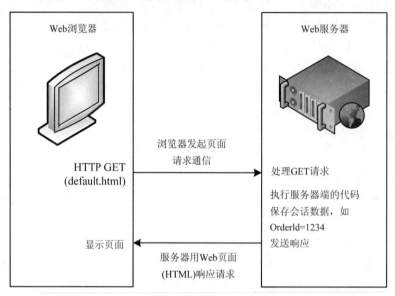

图 1.2 现代 Web 服务器保存了不同页面请求之间的状态，以使 Web 应用程序能够满足更复杂的需求

Web 浏览器的作用

Web 浏览器可以平台无关的方式显示用 HTML 所编码的 Web 页面。HTML 可将信息呈现在任何操作系统中，同时对窗口尺寸没有施加任何约束。这就是网页与平台无关的原因。HTML 被设计为"流动"的方式，页面中的文本可针对不同大小的浏览器窗口而自动换行。Web 浏览器还能够显示图像，并对链接到其他页面的超链接做出响应。为了呈现新的信息，每个对 Web 服务器的页面请求都会导致 Web 浏览器对显示器的刷新。

虽然 Web 浏览器的作用仅仅是呈现信息并从用户那里收集数据，但许多新的客户端技术使 Web 浏览器能够执行代码(如 JavaScript 代码)以及支持插件以改进用户体验。如异步 JavaScript、XML(AJAX)以及 Silverlight 这样的技术都能够使 Web 浏览器与 Web 服务器进行通信，而无须将现有网页从浏览器窗口中清除。这些技术都极大提升了用户对动态性和交互性的体验。

理解超本文传输协议的作用

HTTP 是一种基于文本的通信协议，其作用是从 Web 服务器请求 Web 页面，并将响应发送给 Web 浏览器。当使用 Secure ATTP(ATTPS)时，HTTP 消息通常是通过端口 80 或 443 来实现在 Web 服务器和 Web 浏览器之间的传递。

更多信息　HTTP/1.1 规范

要想进一步了解当前的 HTTP 标准(HTTP/1.1)，可参考下列的网址给出的说明: *http://www.w3.org/Protocols/rfc2616/rfc2616.html*。

　　通常，对页面的请求都是由用户在浏览器中输入信息来完成，形式有以下几种：点击收藏夹、执行一次搜索或键入一个统一资源定位符(Uniform Resource Locator，URL)。当一个网页被请求时，便有一条文本命令由浏览器发送至 Web 服务器。这种命令的形式如下：

```
GET /default.aspx HTTP/1.1
Host: www.northwindtraders.com
```

　　上述命令的第一行包含所谓的方法，它有时也称为动词(verb)或命令(command)。在上述命令中所使用的动词为 GET。该动词之后紧接的是所要获取的网页的 URL(/default.aspx)。接下来是用来处理该命令的 HTTP 版本(HTTP11.1)，按照这种方式，该方法便指明 Web 服务器所要采取的动作、作为该方法目标的 URL 以及通信协议。

　　该命令的第二行(Host: www.northwindtraders.com)标识了 Web 服务器使用的主机名称。如果 Web 服务器同时托管多个网站时，这一点尤其有用。在这种情况下，Web 服务器就需要将请求传递给恰当的网站以对其进行处理。这个过程也可理解为使用主机头来标识将用来处理给定请求的网站。除了上面提到的方法，HTTP 还定义了一些其他的方法。表 1.1 列出了常见的 HTTP 方法，并对其用法做了简单的描述。需要注意的是，当网站的分布式创作与版本控制(Distributed Authoring and Versioning，DAV)启用之后，可用的动词会更丰富，如 LOCK 和 UNLOCK。

表 1.1　常见的 HTTP/1.1 方法

HTTP 方法	描　述
OPTIONS	供客户端应用程序使用，以获取所有支持的动词列表。借助该方法，可以检查某个服务器是否支持一个特定的动词，以避免因发送不被支持的命令而浪费网络带宽
GET	该动词用于从服务器获取 URL。GET 用于请求一个特定的 URL(以/test.htm 为例)来获取 test.htm 文件。使用该动词所获取的数据通常是通过浏览器缓存，GET 还可应用于文件集合，如那些包含一组文件的目录。如果请求的是目录，则可将服务器配置为返回一个表示该目录的默认文件，如 index.html
HEAD	该动词用于获取某个资源的元信息。该信息通常等同于作为 GET 请求响应而发送的元信息，但 HEAD 动词从不返回实际的资源。该元信息是可缓存的
POST	该动词用于将数据发送至 Web 服务器以供处理。这种情形通常是由用户在表格中输入数据并将这些数据作为其请求的一部分而提交所引起的
PUT	借助该动词，客户端程序可在服务器端指定的 URL 上直接创建资源。服务器获取请求内容后，创建 URL 中所指定的文件，并将所接收到的数据复制到新建的文件中。如果该文件已存在且未锁定，则该文件的内容将被覆盖
DELETE	该动词可用于删除 Web 服务器上的资源。该动词需要拥有对指定目录的写的权限
TRACE	该动词用于测试或诊断；借助该动词，客户端程序可查看在请求链的另一端所接收到的内容。对该方法的响应不会被缓存

续表

HTTP 方法	描　述
CONNECT	该动词保留，用于与能够动态切换为安全加密链路(如安全套接字层 SSL 协议)的代理一起使用
DEBUG	HTTP/1.1 规范中并未定义该动词。该动词用于启动 ASP.NET 的调试功能。该方法用于通知 Visual Studio 调试器所要依附的进程

什么是分布式创作与版本控制？

分布式创作与版本控制(DAV)是 HTTP/1.1 的一个扩展集，旨在针对团队协作简化网站的开发过程。DAV 是一个开放标准，已被众多平台采用。DAV 提供了锁定和解锁文件以及指定版本的功能。

DAV 直接建立在HTTP/1.1基础之上，因此不再需要其他的协议,如文件传输协议(FTP)或服务器消息块(SMB)。DAV 还提供了对 Web 服务器上各种资源属性的查询能力(如文件名、时间戳、大小等)。此外，DAV 还赋予了开发者执行服务端文件复制和移动的能力。例如，可以通过 HTTP GET 和 PUT 动词来从 Web 服务器获取文件并将其保存到不同的位置，或者也可以使用 DAV 的 COPY 动词来告知服务器你希望对某个文件进行复制。

从 Web 浏览器到 Web 服务器的通信过程称为请求。ASP.NET 中有一个 Request 对象专门用于表示 Web 浏览器与 Web 服务器之间的通信，它将资源请求封装到一个对象中，而该对象可在代码中进行查询，这就使代码可以访问到诸如与网站相关的 cookie URL 中所包含的字符串参数、请求的路径等信息。

从 Web 服务器到 Web 浏览器的通信过程称为响应。在 ASP.NET 中，该信息被封装在 Response 对象中。可利用该对象来对 cookie 进行设置，定义缓存，设置页面的生存期等。当 Web 服务器对某个请求进行响应时，它将使用 Response 对象中找到的信息来完成实际的基于文本的 HTTP 响应。该通信如下所示：

```
HTTP/1.1 200 OK
Server: -IIS/6.0
Content-Type: text/html
Content-Length: 38
<html><body>Hello, world.</body><html>
```

第一行表明通信协议和版本信息。此外，它还包括了用于响应的状态码以及对该状态码的解释(reason)。该状态码由三个数字构成，其分组方式如表 1.2 所示。

表 1.2　状态码组

状态码组	描　述
1xx	报告：请求已收到，需继续处理
2xx	成功：动作已被成功接收、理解和接受
3xx	重定向命令：必须采取下一步行动，以完成请求
4xx	客户端错误：请求带有语法错误或服务器不清楚如何执行该请求
5xx	服务端错误：服务器无法执行一个合理的请求

考试提示

即便你记不住所有的状态码，了解表 1.2 中的 5 组状态码也是十分有益的。

　　除状态码组外，HTTP/1.1 还定义了唯一状态码和解释。解释(reason)仅仅是对状态码的一个简短描述。表 1.3 列出了常见的状态码和解释。可在不终止协议的情况下对解释文本进行修改。

表 1.3　常见状态码及其解释

状态码	解　释	状态码	解　释
100	Continue	403	Forbidden
200	OK	404	Not Found
201	Created	407	Proxy Authentication Required
300	Multiple Choices	408	Request Time-out
301	Moved Permanently	413	Request Entity Too Large
302	Found	500	Internal Server Error
400	Bad Request	501	Not Implemented
401	Unauthorized		

　　上述响应的第二行表明 Web 服务器的类型(如 Server：Microsoft-IIS/6.0)。第三行(Content-Type)表明作为响应的一部分而发送至 Web 浏览器的资源类型。该指示符的类型为多用途 Internet 邮件扩展(Multipurpose Internet Mail Extensions，MIME)。在上述例子(Content-Type：text/html)中，文件是一个静态 HTML 文本文件。MIME 类型为一个由两部分构成的标识符，即类型/子类型，其中第一部分为资源类型(本例中为 text)，而第二部分为资源子类型(本例中为 html)。表 1.4 给出了一些常见的 MIME 类型。

表 1.4　常见的 MIME 类型

MIME 类型	描　述
Text	文本信息。要获悉该文本的完整含义，除需要具有对所指示字符集的支持外，不需要其他专门的软件。其中一个子类型为 plain，表明不需要其他软件就可以读取文件。其他的子类型为 Atm 和 XML，指明合适的文件类型
Image	图像数据。需要一个显示设备(如显示器或打印机等)来查看该信息。子类型被定义为两种广泛使用的图像格式：jpeg 和 gif
Audio	音频数据。需要一个音频输出设备(如扬声器或耳机)来"收听"该内容。该类型有一个称为 basic 的子类型
Video	视频数据。需要具有显示动态图像的能力，通常包括专门的硬件和软件。该类型有一个名为 mpeg 的子类型
Application	其他类型的数据，通常是非解释性的二进制数据或由某个应用程序处理的信息。当为非解释性的二进制数据时，将使用名称为 octet-stream 的子类型，在这种情形下，所推荐采取的最简单的做法是将该信息为用户写入文件中。此外，还专门为 PostScript 资料的传输定义了 PostScript 子类型

更多信息　MIME 类型

Windows 注册表中包含一个 MIME 类型及子类型的列表,其位置为 HKEY_CLASSES_ROOT\
MIME\Database\Content Type。

接下来的一行是内容的长度(在本例中为 Content-Length:38)。这仅表明其后内容的尺寸。在 content-length 之后的那行中,响应消息被返回。该消息是基于 MIME 类型的。然后浏览器将试图依据内容的 MIME 类型来进行相应处理。例如,若内容为 HTML MIME 类型,则浏览器将按 HTML 进行解析,而当内容为 Image MIME 类型时,浏览器会呈现一幅图像。

将表单数据提交至 Web 服务器

HTML 标签<form>可用于创建网页,以用于收集来自用户的数据,并将这些数据提交给 Web 服务器。该表单标签内嵌在<HTML>标签之中。表单标签通常包含用户信息的文本形式以及定义某些控件(如按钮和文本框)的输入标签。下面给出一个<form>标签用法的典型示例:

```
<form method="POST" action="getCustomer.aspx">
    Enter Customer ID:
    <input type="text" name="Id">
    <input type="submit" value="Get Customer">
</form>
```

该示例表单提示用户输入用户 ID,并显示了一个用于收集目标用户 ID 的文本框,同时还显示了一个用于将数据提交给 Web 服务器的 Submit 按钮。表单标签的 method 属性表明了当将请求发送至服务器时所使用的 HTTP 动词(这里为 POST)。而表单标签的 action 属性表明请求所要发送到的页面所对应的 URL。

要将表单数据提交给 Web 服务器,可借助如下两个 HTTP 方法:GET 和 POST。当使用 GET 动词时,表单数据被追加到 URL 的末尾作为查询字符串的一部分。所谓查询字符串,其实就是一个键-值对的集合,彼此用与(&)字符分隔。查询字符串以问号(?)打头。下面给出了一个查询字符串的示例:

```
GET /getCustomer.aspx?Id=123&color=blue HTTP/1.1
Host: www.northwindtraders.com
```

在本例中,利用 GET 向 Web 服务器请求一个名为 getCustomer.aspx 的网页,该文件位于网站根目录下(用反斜杠表示)。查询字符串中的表单数据位于问号(?)之后。

使用 GET 方法将数据发送给服务器时,完整的 URL 地址和查询字符串是可见的,且可在 Web 浏览器的地址栏中进行修改。请注意,在某些情况下,这可能会带来不利因素甚至是安全风险。也许并不希望用户对查询字符串中的数据进行修改或让他们看到他们不应看到的数据,因为这有可能会对数据造成破坏。你可能也不希望用户将包含发送给服务器的查询字符串信息的页面保存为书签,因为这样会导致每次用户请求一个页面时,服务器都收到同样的信息。另一个不利因素是查询字符串的长度要受到 Web 浏览器和所使用的 Web 服务器的限制。例如,使用 Internet Explorer 和 IIS 的时候,查询字符串的长度最长不能超过 1024 个字符。

作为一个 HTTP 请求的一部分,POST 方法是将数据提交给服务器的比较理想的方法。当使用 POST 动词时,数据被放入请求的消息体中,如下所示:

```
POST /getCustomer.aspx HTTP/1.1
Host: www.northwindtraders.com

Id=123&color=blue
```

使用 POST 动词可以不受数据长度的制约(可用超过 10 MB 的数据做个测试,看看 Web 服务器是否会接受这种长度的数据。这确实是可以做到的,只是通过 Internet 传输如此规模的数据可能会引发其他问题,例如超时错误以及一些性能问题,这些问题大多与带宽有关)。此外,POST 方法还可以阻止用户在其浏览器的地址栏中对请求进行修改,因为数据都隐藏在消息体中。因此,在大多数情况下,使用 POST 方法是将数据发送到 Web 服务器的比较理想的方式。

作为请求的一部分,将数据发送回服务器在 ASP.NET 中通常称为 PostBack。虽然其名称来自 POST 方法,但通过我们已介绍过的 GET 方法也是有可能实现 PostBack 的。在 ASP.NET 网页中包含一个称为 IsPostBack 的属性,该属性用于确定数据是否正在回发至 Web 服务器或网页是否正在被请求。

HTTP 故障诊断

可通过使用网络监听器(network sniffer)来查看浏览器和服务器之间的 HTTP 消息交换。网络监听器能够捕获 Web 服务器和 Web 浏览器之间所有的数据包,查看这些包数据,即可读取如本节介绍的请求和响应等消息。

现实世界

Glenn Johnson

在我自己的计算机上,总是装有微软的 Network Monitor 软件,它是一款网络数据包监听器,包含在服务器操作系统和 Systems Management Server(SMS)中。我使用它的目的是能够方便地使用该程序以包为单位来查看我的计算机与网络上其他计算机之间的对话过程,因此这也许是理解其幕后机制的最佳方式。

要做 HTTP 诊断,还有另外一个工具可用,那就是 Telnet。Telnet 其实就是一个终端模拟器,其功能是通过端口 23 发送和接收文本数据。但你也可以指定通过端口 80 与 Web 服务器通信。通过 Telnet,你可以键入 HTTP 命令并查看结果。

此外,还可从 Internet 上下载更多应用程序来检验和分析 HTTP。只需在网站 *http://www.download.com* 输入关键词 **HTTP** 进行查找即可找到许多这种类型的程序。

快速测试

1. 在 Web 浏览器和 Web 服务器的通信中,所使用的是哪种协议?
2. 在 ASP.NET 中,Request 对象表示什么?
3. 在 ASP.NET 中,Response 对象表示什么?

参考答案

1. 在 Web 浏览器和 Web 服务器的通信中,所使用的是 HTTP 协议。
2. 在 ASP.NET 中,Request 对象封装了从 Web 浏览器到 Web 服务器的通信。
3. 在 ASP.NET 中,Response 对象封装了发往 Web 浏览器和从 Web 服务器传回的数据。

实训：研究 HTTP

在本实训中，请通过 Telnet 这个内置于 Windows 操作系统中的终端模拟应用程序来研究 HTTP。

> **练习1　启动和配置 Telnet**

在本练习中，需要启动 Telnet 客户端程序并对其进行配置，使其能够正常使用 HTTP 协议。

1. 选择"开始"(Start)|"所有程序"(All Programs)|"附件"(Accessories)|"命令提示符"(Command Prompt)，打开命令提示窗口。
2. 输入命令 **CLS** 完成清屏操作。
3. 启动 Telnet。在命令提示窗口内输入命令 **Telnet.exe**，启动 Telnet 客户端程序。请注意，如果计算机中尚未安装 Telnet，可能会看到一条错误提示。在 Windows Vista 系统中，默认情况下 Telnet 是没有安装的。此时，可通过如下方法进行安装：依次选择"控制面板"(Control Panel)|"程序"(Programs)|"程序和功能"(Programs and Features)。单击"打开或关闭 Windows 功能"(Turn Windows Features On Or Off)链接，然后在"Windows 功能"(Windows Features)对话框中选择"Telnet 客户端"(Telnet Client)，然后单击"确定"按钮即可实现安装。
4. 对 Telnet 进行配置，以使其能够对输入的字符进行回显(echo)。在 Telnet 窗口的命令行键入命令 **set localecho**，这样会使你所输入的字符即时显示在屏幕上。Telnet 则以消息"打开本地回显"作为回应。
5. 将回车(carriage return)和换行(line feed)设为 On。在 Telnet 命令行中输入 **set crlf** 指示 Telnet 应将 Enter 键视为回车加换行的组合键。而 Telnet 将以"新行模式 – return 键发送 CR 和 LF(New line mode – Causes return key to send CR & LF)"作为回应。

> **练习2　与网站进行通信**

在本练习中，将尝试与某个网站进行连接，请求默认页面，并查看结果。

注意　保持耐心
在本节中，如果你将某个命令输入错误，则需要重新开始，因此请耐心输入每一条命令。

1. 打开与一个网站的链接。在 Telnet 的命令窗口中输入命令 o msn.com 80，通过端口 80 打开与 msn.com 的链接。Telnet 将以消息"正在连接到 msn.com…"作为回应。将注意到 Telnet 并不会指出你已真正与上述网站建立链接。
2. 多次按 Enter 键，直到光标出现在下一行。
3. 尝试 GET 默认页面。输入下列命令行。输入第二行命令后，按两次 Enter 键，以表明发送给 Web 服务器的消息已输入完毕。

```
GET / HTTP/1.1
Host: msn.com
```

在按两次 Enter 键之后，将看到图 1.3 所示的结果。将注意到状态码为 301，原因为 Moved Permanently。该消息体中包含指向新位置的超链接。

4. 尝试其他网站。在按 Enter 键之后，将重新回到 Telnet 命令提示。重复上述步骤，尝试连接其他网站。

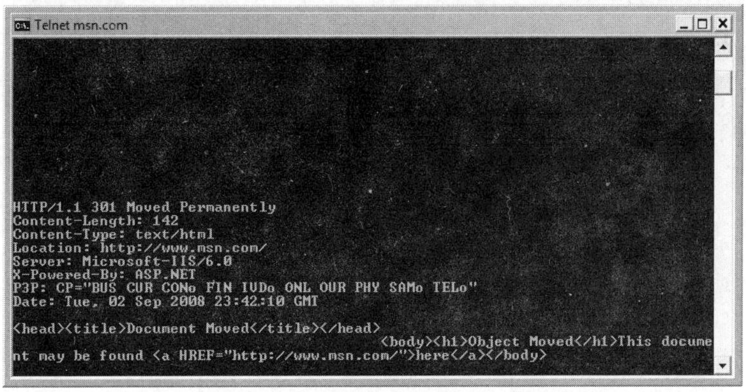

图 1.3 响应为一个表明重定向的结果码

本课总结

◆ Web 服务器负责接收对资源的请求，并发送恰当的响应。

◆ Web 浏览器负责向用户显示数据，从用户那里收集数据，并将数据发送给 Web 服务器。

◆ HTTP 是一个基于文本的通信协议，用于在 Web 浏览器和 Web 服务器之间通过端口 80 进行通信。

◆ 安全的 HTTP 协议(HTTPS)使用的端口为 443。

◆ 每个 HTTP 命令都包含一个方法(也称为动词)，该方法表明所期望的行为。常见的方法包括 GET 和 POST。

◆ 在 ASP.NET 程序设计中，将数据从 Web 浏览器发送回给 Web 服务器通常称为回发(PostBack)。

◆ 可借助 Telnet 应用程序或数据包监听器来对 HTTP 进行故障诊断。

课后练习

通过下列问题，可检验自己对第 1 课的掌握程度。这些问题也可从配套资源中找到。

注意 关于答案
对这些问题的解析可参考本书末"答案"。

1. 通过 Page 对象的哪个属性可查询一个网页是否正在被请求但并没有数据被提交？

A. IsCallBack

    B. IsReusable

    C. IsValid

    D. IsPostBack

2.   下列哪个 HTTP 动词表明你正在 Web 服务器上创建和写入一个文件？

    A. PUT

    B. CONNECT

    C. POST

    D. GET

第 2 课 新建网站和新建网页

Visual Studio 2008 为建立 Web 项目提供了大量选项。Web 项目通常都包含若干文件夹及用于定义网站的若干文件，其中可能包含 HTML 文件、ASPX 页面、图像、用户控件、主页、主题以及其他各类文件。要想使你的网站易于管理和维护，其初始结构的正确定义至关重要。本课将向你介绍 Visual Studio 2008 中定义和组织新网站项目的各种方法。

学习目标

◆ 使用 Visual Studio 2008 新建一个网站
◆ 需要定义一个新网站时，理解各种可用的配置选项
◆ 为网站添加网页(或 Web 窗体)

预计课时：45 分钟

创建网站

通过 Visual Studio 2008 的项目系统，可根据你所期望的从 Web 服务器访问网站内容的方式来定义一个新的网站项目。你可以创建一个连接到计算机中基于文件系统的服务器、IIS 服务器或是一个 FTP 服务器的 Web 项目。是否设置正确选项取决于你希望如何运行、共享、管理和部署网站项目。下面更详尽地给出了每一个选项的含义。

◆ **文件系统** 基于文件的网站将网站中所有的文件保存到你所指定的目录中。该网站使用的是一个包含在 Visual Studio 2008 中的轻量级 ASP.NET 开发服务器。希望在本地调试和运行网站，但又不希望运行一个本地 IIS Web 服务器时(或由于你所处网络中的安全性限制而无法使用时)，所产生的文件系统将非常庞大。

◆ **FTP** 希望通过 FTP 来管理远程服务器上的文件时，基于 FTP 的网站就显得十分有用。当网站托管在远程计算机，并且你通过 FTP 来访问服务器上的文件和文件夹时，通常会使用该选项。

◆ **HTTP** 使用一个在 IIS 内部(本地或在一台远程服务器上)部署的网站时，所使用的是一个基于 HTTP 的网站。该网站可以在 IIS Web 服务器的根目录下进行配置，也可在一个虚拟目录下像应用程序那样进行配置。请注意，运行 IIS 的远程服务器将使用 Front Page Server Extensions 来访问 Web 文件。

创建网站项目

可从 Visual Studio 2008 中直接创建一个新的网站项目。基本步骤如下。

1. 在 Visual Studio 2008 中，使用"文件"菜单(File | New | Website)创建一个新的网站。选择完后，将出现图 1.4 所示的 New Web Site 对话框。
2. 选择网站类型、路径和默认编程语言。
3. 可能希望选择项目使用的.NET Framework 版本。Visual Studio 2008 新增的一个功能是可在多个版本的 .NET Framework 下进行编码。可从 2.0、3.0 以及 3.5 三个版

本中进行选择。

4. 上述选项定义完成后，单击 OK 按钮完成对新网站的设置。可能还会看到向导提示输入其他信息，具体取决于所选择的类型。

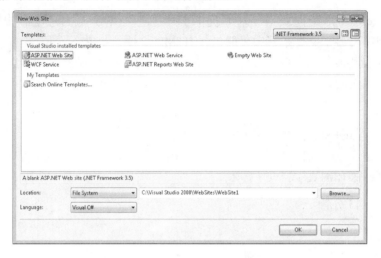

图 1.4　New Web Site 对话框包含用于设置网站类型、位置、
.NET Framework 版本以及默认编程语言的属性

创建文件系统网站

基于文件系统的网站通过 Visual Studio 自带的 ASP.NET Web 服务器在本地运行。这个选项使得你在准备将代码发布到服务器以实现共享之前都可以在本地进行开发。要想创建一个文件系统网站，仍然需要通过 New Web(新建网站)Site 对话框进行设置。只是此时需要从 Location(位置)下拉列表中选择 File System(文件系统)(如图 1.4 所示)。之后，只需设置一个合法的位于本地硬盘的文件夹路径以保存网站文件即可。

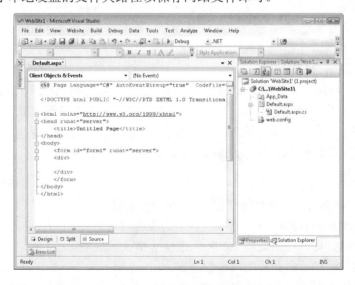

图 1.5　新建网站的结构

Visual Studio 2008 会为网站创建一个文件夹,并添加一个名称为 Default.aspx 的新网页(其后台代码文件为 Default.aspx.cs)。该默认网站模板同时还会创建一个名称为 App_Data 的文件夹和一个名称为 Web.config 的配置文件。打开该网站时,Visual Studio 2008 会在 HTML Source(源)视图中呈现 Default.aspx 页面,从中可看到该页面的 HTML 元素。图 1.5 显示了该 IDE 创建新网站后的例子。

创建基于 FTP 的网站

所谓基于 FTP 的网站是指该网站通过 FTP 来与远程服务器进行通信。使用一台宿主提供商的服务器并希望通过 Visual Studio 直接对服务器端的文件进行编辑时,这种网站尤其有用。要从 New Web Site 对话框中创建一个基于 FTP 的网站项目,需要从 Web Site Type(网站类型)下拉列表中选择 FTP。此外,还需为网站提供一个合法的 FTP 地址。

一旦在 New Web Site 对话框中单击 OK 按钮,就会出现一个对话框提示你对一组 FTP 参数进行设置。其中包括选择主动模式还是被动模式,选择登录凭据等。图 1.6 就是一个 FTP Log On 对话框。

图 1.6　为一个新建的基于 FTP 的网站配置参数

请注意,在默认情况下,FTP 是不安全的。用户登录到服务器时,他(她)的凭据是以纯文本格式发送的。因此,在对安全性要求较高的场合,应避免使用 FTP 连接。

FTP 主动模式与被动模式

FTP 基于传输控制协议(Transmission Control Protocol, TCP)并拥有一个连接。它不具有无连接用户数据报协议(User Datagram Protocol, UDP)组件。为实现通信,FTP 需要两个端口:命令端口和数据端口。端口 21 是服务器端典型的命令端口;而当使用主动模式的 FTP 时,端口 20 是典型的数据端口。

主动模式的 FTP 通信为默认模式,这种模式下首先从客户端的两个端口 n 和 n+1 的选择开始。客户端将使用端口 n 向服务器的端口 21 发送连接请求。当服务器响应时,客户端便发送一条 port 命令。该命令将用于数据通信的端口指示给服务器,如图 1.7 所示。接下来服务器通过端口 20 向客户端的端口(n+1)发送数据通信请求。若客户端安装了防火墙,则服务器向客户端数据端口发出的通信请求则有可能被阻断。

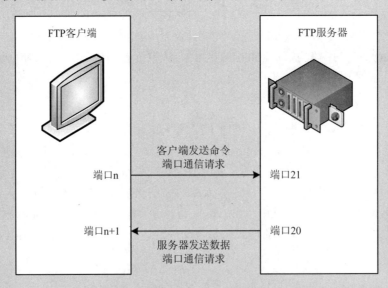

图 1.7　主动模式要求服务器在数据端口发起连接

　　被动模式的 FTP 通信可用于纠正主动模式通信中出现的问题。被动模式也从客户端的两个端口 n 和 n+1 的选择开始。客户端使用端口 n 向服务器的端口 21 发起通信，当服务器做出响应时，客户端便向服务器发送一条 pasv 命令。然后服务器选择一个随机端口 p 用于数据通信，并将该端口号发送至客户端。随后客户端在数据端口(n+1)向服务器的数据端口 p 发起通信，如图 1.8 所示。

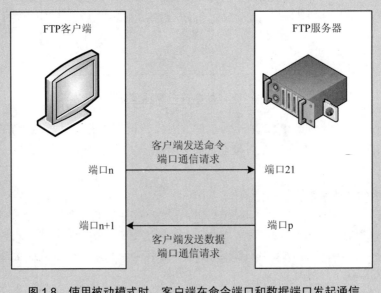

图 1.8　使用被动模式时，客户端在命令端口和数据端口发起通信

　　请注意，在使用被动模式时，客户端将在命令端口和数据端口发起通信。这样可以解决因客户端装有防火墙而造成服务器在数据端口发起通信的请求被阻止的问题。

创建基于 HTTP 的本地或远程网站

可利用 Visual Studio 2008 来创建由 IIS 所支持的网站。如果希望用完整版的 IIS(而不仅仅是一个本地 Web 服务器)来运行应用程序时，这一点尤其有用。此外，如果对一个独立的开发服务器进行编码，也可能会做出同样的选择。要在新建网站对话框中创建一个利用 IIS 的网站，需要选择 HTTP。接下来将提示你为该网站输入一个合法的 URL。这个 URL 可以是 localhost(对于本地版本的 IIS 来说)，也可以是一个完整、合法的远程地址。

请注意，如果在 Windows Vista 平台下链接 HTTP 服务器，可能需要以管理员身份运行 Visual Studio。为此，可右击 Visual Studio 的快捷方式，并选 Run As Administrator(以管理员身份运行)。此外，如果使用的是远程服务器，则该远程服务器必须安装并启用 Front Page Server Extensions，以便能够通过 Visual Studio 对其进行连接。同时，该远程服务器还必须安装.NET Framework 并启用 ASP.NET。

创建 ASP.NET Web 应用项目

Visual Studio 提供了另外一种创建 Web 项目的途径。我们可以创建名为 ASP.NET Web Application 的项目。这类项目使用标准的"新建项目"对话框，因此这种项目也具有 Visual Studio 的标准项目结构。希望为一个已有的解决方案添加新的 Web 应用，而该解决方案中已包含有其他项目时，或倾向于将 Web 应用当做一个标准的 Visual Studio 项目而非网站时，这一点尤其有用。图 1.9 给出了一个相关的示例。

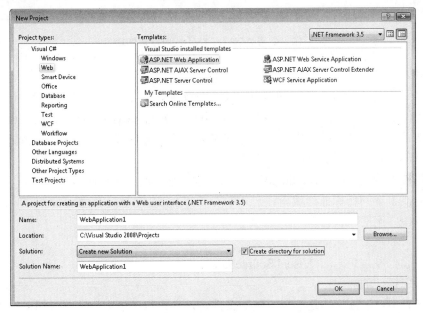

图 1.9　创建 ASP.NET Web 应用程序项目

请注意，网站的类型是无法选择的。但 Visual Studio 在创建这种项目时，假设将使用文件系统类型和 ASP.NET 服务器。可稍后对其进行修改，但这只是针对 ASP.NET Web 应用。修改时，可右击解决方案资源管理器(Solution Explorer)中的项目文件，然后从快捷菜单中选择 Properties(属性)。此时将会为 Web 应用程序打开一个如图 1.10 所示的属性页面。请注意，你可对 Visual Studio Developer Server 进行配置。也可选择将项目连接到某个 IIS

Web 服务器上。最后,请注意这些设置可通过源码控制(source control)与其他可能会访问该项目的用户进行共享(选中 Apply server settings to all users 复选框)。

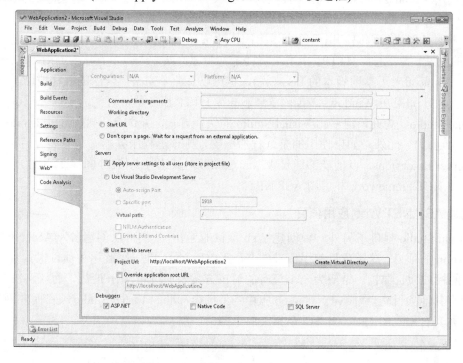

图 1.10 配置 ASP.NET Web 应用程序项目

网站解决方案文件

某个网站创建后,Visual Studio 会生成一个解决方案文件(.sln)和一个隐藏的解决方案用户选项文件(.suo)。默认情况下,这些文件都位于 Documents\Visual Studio 2008\Projects 下的网站文件夹中,该文件夹中还包含那些实际根文件夹保存在其他路径下的网站。解决方案文件是一个包含下列信息的文本文件:

- 将被加载到 Visual Studio 2008 中以构成完整解决方案的所有项目清单
- 解决方案的目标框架版本
- 解决方案的默认语言
- 项目间依赖关系的清单
- 源码控制信息,如 Visual SourceSafe
- 可用插件的清单

解决方案用户选项文件是一个二进制文件,该文件包含了为给定项目相关的 IDE 所做的用户设置信息。这类文件不会像解决方案文件那样供不同开发者共享,它包含的信息如下:

- 任务列表
- 调试器断点及监视窗口设置
- Visual Studio 窗口位置

请注意,解决方案文件的位置并不在网站对应文件夹中,因为它们是专属 Visual Studio

2008 的，且部署网站并不需要这些文件。同时，解决方案中还会包含许多网站和 Visual Studio 项目，因此最好将解决方案文件放在一个独立的文件夹中。解决方案文件也可以是针对特定开发者的，即开发者可以依据其偏好对解决方案文件进行配置。

Visual Studio 网站中并不包含任何相关的项目文件。这样做的好处是可以保持网站的简单性，并防止用户将错误的文件部署到其网站中。但是，Visual Studio Web 应用程序的确包含有一个与之关联的项目文件。此外，Web 应用程序对那些习惯于使用 Visual Studio 构建应用程序，而非使用网站的开发人员来说用处非常大。

新建网站的内容

Visual Studio 2008 中默认的网站模板会为解决方案增加一个专门的文件夹 App_Data。该文件夹是专为数据库(如 SQL Server 2005 Express Edition 的.mdf 文件)预留的。表 1.5 列出了存在于 ASP.NET 且可被添加至网站的专用文件夹清单。这些文件夹都受 ASP.NET 保护。例如，如果某个用户试图浏览这些文件夹中的任意一个(App_Themes 除外)，他(她)将接收到 HTTP 403 Forbidden 错误信息。

表 1.5 ASP.NET 3.5 专用文件夹

文件夹名称	描　述
App_Browsers	该文件夹中包含 ASP.NET 所使用的用于辨识浏览器及确定其性能的浏览器定义文件(.browser)。这些文件通常用于为移动应用程序提供帮助
App_Code	该文件夹中包含你希望将其编译为自己应用程序组成部分的类和业务对象(.cs、.vb.和.jsl 文件)的源码
App_Data	该文件夹中包含应用程序数据文件(.mdf 和.xml 文件)
App_GlobalResources	包含被编译为程序集并具有全局作用域的资源(.resx 和.resources 文件)。资源文件用于将文本和图像从你的应用程序代码中外部化(externalize)。这样可支持多种语言和设计时的修改，而不必重新编译源代码
App_LocalResources	该文件夹中包含作用域局限在应用程序的某个特定页面、用户控件或母版页的资源(.resx 和.resources 文件)
App_Themes	该文件夹中包含许多子文件夹，而每个子文件夹都为网站定义一种特定主题(或外观)。每个主题都由一组定义网页及控件外观的文件(如.skin、.css 及图像文件)组成
App_WebReferences	该文件夹中包含定义了引用 Web 服务的 Web 引用文件(.wsdl、.xsd、.disco 及.discomap 文件)
Bin	该文件夹中包含一些已编译的你希望在自己应用程序中加以引用的程序集(.dll 文件)。Bin 文件夹内的程序集都将被应用程序自动引用

可通过 Visual Studio 的菜单系统将一些专用文件夹添加至某个网站。通常情况下，这都是通过右击 Web 应用程序项目，然后从快捷菜单中选择"添加 ASP.NET 文件夹"来完成的。

创建 ASPX 页面

一旦网站创建完毕,接下来就需要为该网站添加页面。ASP.NET 页面也称为 Web 表单,并可由单个文件或一对文件构成。为网站添加新的网页的步骤如下。

1. 使用 Visual Studio 2008 的菜单来请求一个新的 Web 表单。该操作通常在 Solution Explorer 内完成,方法是右击网站,然后从快捷菜单中选择 Add New Item(添加新项)。

2. 在 Add New Item 对话框(参见图 1.11)中,为 Web Form 指定名称。

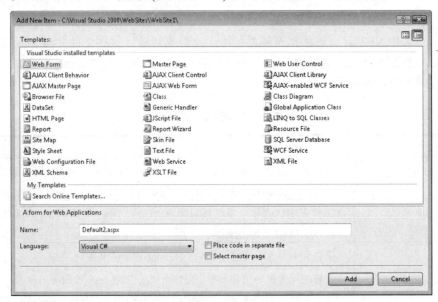

图 1.11 为网站添加一个新的 Web Form

3. 为 Web Form 选择编程语言。

4. 指明该页面是否独立或通过选中 Place code in separate File 复选框使用一对文件。

借助于 Place code in separate file 复选框,可指定页面是否由单个独立文件或一对文件(HTML 布局文件及一个与其关联的后台代码文件)构成。请注意,也可选择一个母版页,并以此为基础确定页面的外观。我们将在第 5 章中对母版页展开详尽的讨论。

ASPX 页面剖析

ASP.NET 中的页面通常包含下列内容:用户界面布局信息、在服务器执行的代码、将布局与代码相关联,并告知 ASP.NET 如何对页面进行处理的指令。典型的.aspx 页面一般都由以下三部分组成:页面指令(page directive)、代码及页面布局。这三项内容的定义如下。

◆ **页面指令** 用于对环境进行设置,即指定如何对页面进行处理。例如,你可通过页面指令指定关联代码文件、开发语言、事务等。

◆ **代码** 它包含在服务器上端用于处理事件的代码,这些代码以 ASP.NET 页面处理模型为基础。默认情况下,Visual Studio 会创建一个包含这些代码的独立文件。

该文件叫做后台代码文件，与.aspx 页面相关联。该文件的扩展名可能是.cs 或.vb，以表明代码类型(例如默认情况下该文件的名称为 Default.aspx.cs)。

代码可放置在.aspx 页面自身内部(通常位于该文件的顶端)。为此，需要定义 <script> 标签，并以代码作为该标签的内容。Script 标签应当包含属性 runat="server"，以表明它为服务器端的脚本。这样，就可创建包含整个页面的独立文件。

◆ **页面布局**　页面布局使用 HTML 编写的。它包括 HTML 正文、标记及一些样式信息。其中 HTML 正文可能会包含一些 HTML 标签、Visual Studio 控件、用户控件及一些简单文本。

清单 1.1 给出了一个简单的单文件网页所对应的代码。

清单 1.1　一个单页 Web Form

```
<!--page directives-->
<%@ Page Language="C#" %>
<!DOCTYPE html PUBLIC "-//W3C//DTD XHTML 1.0 Transitional//EN"
  "http://www.w3.org/TR/xhtml1/DTD/xhtml1-transitional.dtd">

<!--code-->
<script runat="server">
    private void OnSubmit(Object sender, EventArgs args) {
        LabelReponse.Text = "Hello " + TextBoxName.Text;
    }
</script>

<!--page layout-->
<html xmlns="http://www.w3.org/1999/xhtml">
<head runat="server">
    <title>Sample Page</title>
</head>
<body>
    <form id="form1" runat="server">
    <div>
        Enter Name: <asp:TextBox ID="TextBoxName"
         runat="server"></asp:TextBox>

        <asp:Button ID="ButtonSubmit" runat="server" Text="Submit"
            OnClick="OnSubmit" />
        <br />

        <asp:Label ID="LabelReponse"
         runat="server" Text=""></asp:Label>
    </div>
    </form>
</body>

</html>
```

请注意，runat="server"属性是在脚本块中定义的。这表明包含在脚本块中的这段代码将运行在服务器端(而非客户端)。执行时，ASP.NET 将创建包含这段代码的服务器端对象以及 Page 类的一个实例，该 Page 类实例包含那些定义在页面内作为给定类型(例如 System.Web.UI.WebControls.Textbox)的实例的控件。该服务器端的对象将在用户请求时被调用，并依据具体的事件执行响应的代码。

单文件页面与代码隐藏页面

在前面的例子中，网页将服务器端代码和标记包含在同一个文件中。这在 ASP.NET 中被称为单文件页面(single-file page)。只要在 Add New Item 对话框内不选择 Place code in separate file 复选框，所创建的页面便是这种类型的。较之代码隐藏(code-behind)模型，有些开发者更习惯于使用单文件页面。

在单文件模型中，编译器会为页面生成一个新类。该类由基类 Page 派生而来，其名称通常是按照如下格式命名的：ASP.pagename_aspx。该类中包含有控件的声明、事件处理程序以及一些你为页面编写的代码。

代码隐藏编程模型从物理上将用户界面布局标记和服务器端代码分离开来，使其位于两个不同的文件中。在这种情形下，页面布局标记位于.aspx 页面中，而与其关联的代码则位于.aspx.cs 或.aspx.vb 文件中。倾向于将代码和表单布局分开的开发者会发现这种模型会极大地简化开发工作。

对于代码隐藏文件，代码被保存在一个由基类 Page 派生而来的分部类(partial class)中。分部类可以将隐藏文件和与其相关联的.aspx 页面动态地编译到一个单一类类型中。这就意味着不必在代码隐藏页面中为每个控件都声明成员变量，同时也不再需要这些代码来生成自己的代码。Visual Studio 会将控件声明和页面初始化信息放置在一个独立的分部类中。可见，采用代码隐藏模型后，网站维护的工作得到了极大的简化。

页面被编译后，这些分部类就会合并为另一个分部类。合并的分部类将为 ASP.NET 所使用，以生成另外一个类(继承自合并的分部类)，而 ASP.NET 正是利用该类来构建你的网页。接下来，这些类将被编译为一个独立的程序集，与单文件模型的情形非常类似。

现实世界

Mike Snell

在实际执行时，两种页面模型并无任何差异。这其实仅仅是一种开发者的偏好。我发现单文件模型通常更受网站设计者或仅从事 Web 开发的编程人员的欢迎。这些开发者通常习惯于同时与标记和脚本打交道，并不希望受到面向对象编程机制的束缚。而对那些具有更强编程背景，并需要创建Web 应用程序的开发人员，情况则恰恰相反。这些开发者更习惯于仅在代码编辑器中编写代码，并时常需要了解(或看到)他们自己编写的代码的运行情况。

网站的编译

大多数 Web 应用程序都不需要预编译。通常，页面和代码都会被复制到 Web 服务器，并在其被首次请求时由该 Web 服务器进行动态编译。编译时，代码被放置在一个程序集内部，并被加载到网站的应用程序域。对同一段代码的另外请求将由经过编译的程序集进行响应。

这种模型称为动态编译(dynamic compilation)，它有利有弊，下面进行具体分析。

◆ **优点 1**　对网站的某个文件的修改将导致某个给定资源的自动重新编译。该特点会使部署更为容易。

◆ **优点 2**　每次对单个页面或组件进行修改时，不必对整个应用程序进行重新编译。对于大型网站来说，这是一个非常重要的优点。

◆ **优点 3** 包含编译错误的页面并不会影响同一网站内其他页面的运行。这就意味着你可在开发阶段就对包含页面的网站进行测试。

◆ **缺点 1** 该模型需要第一位用户忍受一点性能上的折扣。换言之，对未编译资源的首次请求的响应速度比后续请求更慢。

◆ **缺点 2** 该模型需要源代码部署到服务器上(对于大多数 ASP 应用程序而言，这通常不是主要问题)。

借助 Visual Studio 2008，可对网站进行预编译。这种情况下，整个网站会得到编译和错误检查，并且仅有布局代码及其关联的程序集会被部署到 Web 服务器。预编译也并非十全十美，其特点如下。

◆ **优点 1** 能够确认所有的页面及其依赖资源都可被编译。这些资源包括代码、标记及 Web.config 文件。

◆ **优点 2** 当首位用户请求某个资源时，响应速度会得到改善。

◆ **缺点** 经过预编译的网站更加难于部署和管理，因为必须首先编译，然后再将那些必需的文件复制到服务器。这与仅将代码文件复制到服务器相比，显然复杂许多。

快速测试

1. 默认情况下，解决方案文件会被创建到什么位置？
2. 哪种 ASP.NET 页面模型将布局与代码进行了分离？

参考答案

1. 默认情况下，解决方案文件会被创建到 My Documents\Visual Studio 2008\Projects 文件夹中。
2. 代码隐藏编程模型会将用户界面布局标记同代码分离。

实训：创建新的网站及添加页面

在本实训中，需要创建一个新的网站并使用 Visual Studio 2008 浏览内容。之后，还需要为该网站添加一个新的网页。

➢ 练习 1 创建新的网站

在本练习中，请按照以下步骤利用 Visual Studio 2008 创建一个新的基于文件的网站。

1. 启动 Visual Studio 2008。
2. 创建一个基于文件的网站。在 Visual Studio 内，选择 File(文件)| New(新建)| Web Site(网站)以开启 New Web Site(新建网站)对话框。
3. 在 New Web Site(新建网站)对话框内，确保在 Web Site Type(网站类型)下拉列表中选中 File System(文件系统)。可将 %Documents%\Visual Studio 2008\Web Sites\MyFirstSite 设为该网站在你硬盘中的存放路径。选择为该网站设置的首选编程语言，并单击 OK 按钮。这样便会为该新建的网站创建一个新的目录和子目录。

4. 浏览该新建网站。在 Solution Explorer(解决方案资源管理器)窗口中(View(查看)|Solution Explorer(解决方案资源管理器)),请注意一个很特别的称为 App_Data 的文件夹及名称为 Default.aspx 的网页。单击 Default.aspx 文件旁的加号(+),使其代码隐藏页面展现出来。

5. 转到包含解决方案文件的实际文件夹。其所在路径应为%Documents%\Visual Studio 2008\Projects\MyFirstSite。可通过 Windows 自带的记事本(Notepad)程序打开该文件,并查看其内容。会注意到实际的 Web 项目文件并不在该路径下。

6. 转到包含网站文件的文件夹。其所在路径应为%Documents%\Visual Studio 2008\Projects\MyFirstSite。在该文件夹中,你将看到你所创建的页面、相关联的代码隐藏文件、App_Data 文件夹以及文件 Web.config。

7. 接下来编译该网站。在 Visual Studio 2008 内,选择 Build(生成) | Build Web Site(生成网站)。之后返回到你的网站所在路径。会注意到该文件夹并未发生任何变化。这是由于 Visual Studio 虽已对你的网站进行了编译,但将结果做了隐藏。如果该项目为 Web 应用程序项目,则将看到一个 Bin 文件夹,而所有经过编译的代码都位于该文件夹中。

8. 在浏览器内查看 Default.aspx 页面。在 Visual Studio 2008 中,选择 Debug(编译)| Start Without Debugging(开始执行(不调试))。稍后你将看到一个空白的网页。

> **练习2　添加新的网页**

在本练习中,需要按照以下步骤为新建的网站添加新的网页。

1. 添加新的网页。在 Visual Studio 2008 中,从 Website(网站)菜单中,选择 Add New Item(添加新项)。在 Add New Item(添加新项)对话框中,选择 Web Form(Web 表单)。然后,将页面名称设为 Page2.aspx,并选择你的首选编程语言。接下来,清除 Place code in separate file(将代码放在单独的文件中)复选框,并单击 Add(添加)按钮。经上述操作后,请在 Visual Studio 2008 内观察结果。你将发现该页面文件对应的代码隐藏文件并未出现。

2. 在 Solution Explorer(解决方案资源管理器)中,添加一个名称为 Page3.aspx 的新文件。务必确保 Place code in separate file(将代码放在单独的文件中)复选框处于选中状态。

    在 Visual Studio 内观察结果。在 Solution Explorer(解决方案资源管理器)中单击 Page3.aspx 旁的加号(+),使其代码隐藏页面展现出来。

3. 重新打开 Page2.aspx。对该页面进行编辑,将清单 1.1 中的代码添加到该文件中。该段代码的 Visual Basic 版本和 C#版本都已附在配套资源中。

4. 在 Web 浏览器中运行该页面,并观察结果。

本课总结

◆　ASP.NET 3.5 支持文件系统网站类型。当开发人员的计算机中没有安装 IIS 时,或当开发人员希望在不使用远程 Web 服务器的情况下创建网站时，创建支持文件系统的网站是一个非常好的选择。

◆　ASP.NET 3.5 支持 FTP 网站类型。准备生成一个托管在远程计算机上的网站，而该远程计算机又没有安装 Front Page 服务器扩展时，可以考虑构建这种类型的网站。

◆　ASP.NET 3.5 支持 HTTP 网站类型。当开发人员的计算机中安装了 IIS 或远程服务器中安装了 Front Page 服务器扩展时，构建这种类型的网站是一个很好的选择。

◆　在 ASP.NET 3.5 中使用 FTP 时，默认情况下为主动模式(active mode)。但是当客户端必须穿越防火墙时，使用被动模式(passive mode)可以解决通信中遇到的一些问题。

◆　ASP.NET 3.5 支持两种网页的编程模型：单文件(single-file)模型和代码隐藏(code-behind)模型。在单文件模型中，所有的网页标记及代码都位于同一个独立文件中。而在代码隐藏模型中，服务器端的代码与标记分别位于不同的文件中。

◆　在 ASP.NET 3.5 中，动态编译是指当用户请求某个网页时所发生的延迟编译。

◆　ASP.NET 3.5 定义了一些专用文件夹。创建新网站时，默认情况下 App_Data 文件夹将被创建；该文件夹中可以包含 SQL Server 2005 Express Edition(SQL Server 2005 速成版)数据库，其他数据库或是所创建的网站准备使用的.xml 数据文件。

课后练习

通过下列问题，可检验自己对第 2 课的掌握程度。这些问题也可从配套资源中找到。

注意　关于答案
对这些问题的解析可参考本书末 "答案"。

1.　如果希望在一台未安装 Front Page 服务器扩展的远程计算机中创建网站，可选择创建哪种类型的网站？
A. Remote HTTP(远程 HTTP)
B. File system(文件系统)
C. FTP
D. Local HTTP(本地 HTTP)

2.　如果准备在一台由你的 Internet 服务提供商托管的 Web 服务器中创建一个新网站，且该 Web 服务器中安装了 Front Page 服务器扩展，你会选择创建哪种类型的网站？
A. Local HTTP
B. File system
C. FTP
D. Remote HTTP

3.　如果希望将服务器端代码同某个页面内的客户端布局代码进行分离，应该选择实现哪种编程模型？
A. Single-file model(单文件模型)
B. Code-behind model(代码隐藏模型)

C. Inline model(内联模型)

    D. Client-server model(C-S 模型)

4. Joe 使用 Visual Studio 2008 创建了一个新的网站，并将网站类型设为基于文件的类型，同时将编程语言设为了 C#。后来，Joe 从他的供应商那里接收到一个精心制作的网页。该页面由 Vendor.aspx 文件和 Vendor.aspx.vb 代码隐藏页面构成。请问 Joe 必须怎样使用这些文件？

    A. Joe 只需将这些文件添加到该网站中即可，因为 ASP.NET 3.5 支持那些由多种编程语言编制的网页所组成的网站。

    B. Vender.aspx 文件可以直接使用，但 Joe 必须用 C#重新编写代码隐藏页面。

    C. 这些文件都必须用 C#重新编写。

    D. Joe 必须创建一个包含这些文件的全新的网站，并为该新网站的 Web 引用进行设置。

第 3 课 Web 配置文件的使用

可利用配置文件来管理各种用于定义网站的配置选项。这些设置通常保存在 XML 文件中，并独立于应用程序代码。通常情况下，每个网站都包含一个位于应用程序根目录下的 Web.config 文件。当然，一个应用程序内部可以有多个配置文件，以对不同层次的设置进行管理。本课将对如何使用配置文件对网站进行配置进行概述。

学习目标

- ◆ 理解配置文件的层次结构
- ◆ 利用图形用户界面(GUI)配置工具对配置文件进行修改

预计课时：15 分钟

理解配置文件的层次结构

借助于配置文件，可对与网站相关的许多设置进行管理。每个配置文件都是一个 XML 文件(扩展名为.config)，这类文件中通常都包含有一组配置元素。这些元素定义了许多选项，如安全信息、数据库连接字符串、缓存设置等。任何一个网站都可通过多个.config 文件进行配置。因此，理解这些文件的工作原理(即这些文件如何协同工作以建立和覆盖各种设置)非常重要。

配置文件依据一定的层次结构应用到每一个执行中的网站。通常这意味着在每台计算机中都有一个面向所有网站的全局配置文件——Machine.config。该文件通常位于%SystemRoot%\.NET\Framework\<versionNumber>\CONFIG\路径下。

Machine.config 文件中包含面向所有.NET 应用程序类型的设置，例如 Windows、Console(控制台)、ClassLibrary(类库)及 Web 应用程序等。这些设置对于当前计算机来说是全局性的。Machine.config 文件中的一些设置可以被层次结构中上一层的 Web.config 文件的设置所覆盖，而其他设置则均为全局配置。这些全局配置为.NET Framework 所有，因此它们是受保护的，无法通过 Web.config 文件对其进行重写。

Machine.config 文件中可定义运行在同一台计算机中所有网站的配置，但前提是其他位于层次链上端的.config 文件并未对这些设置进行重写。虽然 Machine.config 提供了一个全局配置选择，但这并不影响使用其他.config 文件在各网站所属路径下进行更细微的调整。在这两极之间，可另外设置大量.config 文件，使每个文件都具有不同的作用域。图 1.12 所示为这种层次结构的一个实例。

位于该层次中第二级的是默认的根 Web.config 文件，它与 Machine.config 位于同一路径下。该文件中包含默认的 Web 服务器设置以及一些 Machine.config 中可被重载的配置项。

在每个网站根路径下，都可自行添加一个 Web.config 文件。这个可选文件中可以包含对该网站的额外设置及一些重写。在每个 Web 应用程序中，都可借助不同的 Web.config 文件来提供更多的设置，并对该层次链中较低位置所做的设置进行重写。最后，作为一个可选项，Web 应用程序的每一个子文件夹都可以拥有属于自己的 Web.config 文件，但是在该文件内只有一个设置选项的子集是合法的。

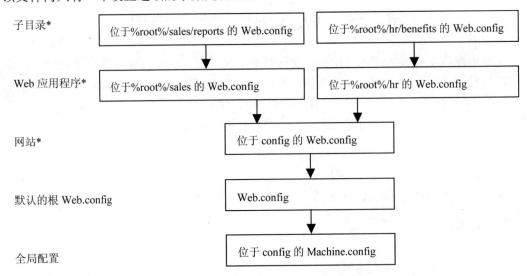

图 1.12　配置文件的层次，其中*表示可选配置文件

处理配置文件

初次运行 Web 应用程序时，运行库会按照下列步骤去除配置文件的层次以便为 Web 应用程序配置建立缓存。

1.　获取 Machine.config 文件的设置信息。
2.　根 Web.config 文件的设置被添加到高速缓存中，并覆盖掉之前读取 Machine.config 文件时所创建的任何存在冲突的设置。
3.　如果有一个 Web.config 文件位于该网站的根路径下，则该文件会被读入高速缓存，并重写已有的配置项。
4.　如果 Web 应用程序中存在一个 Web.config 文件，则它将被读入高速缓存，同样也重写已有的配置。最终，高速缓存中会保留对该网站的设置。
5.　如果 Web 应用程序中有一些子文件夹，则每个子文件夹都可拥有属于自己的 Web.config 文件，而这些文件中所包含的都是针对于位于该子目录下的文件和文件夹的设置信息。为了验证对该文件夹设置的有效性，该网站的设置会被读取(参见步骤 1~4)。紧接着该 Web.config 文件被读入该文件夹的高速缓存，并将任何已有的设置覆盖(重载)。

编辑配置文件

由于配置文件均为 XML 文件，因此它们可用任何文本编辑软件或 XML 编辑器打开和修改。当然，也可以使用管理控制台(Management Console，MMC)这个拥有图形用户界面的工具来对管理员想要更改的配置进行修改。但需要注意的是，若要使用 MMC 管理单元，必须使用具有管理员权限的账户登录。

Visual Studio 2008 还提供网站管理工具(Web Site Administration Tool，WSAT)来修改配置文件的许多设置。可通过选择 Website(网站)| ASP.NET Configuration(ASP.NET 配置)来访问该工具。借助 WSAT，可对下列类别的配置文件进行编辑。

◆ **安全性**　这种设置允许对网站的安全性进行设置。在这种类别的配置文件中，可添加用户、角色和网站的访问许可。

◆ **应用程序配置**　这种类别的配置文件用于修改应用程序设置，图 1.13 展示了 WSAT 的 Application(应用程序)标签页。

◆ **提供程序配置**　这种类型的配置文件中包含那些允许你指定数据库提供程序(database provider)的设置，供维护成员和角色时使用。

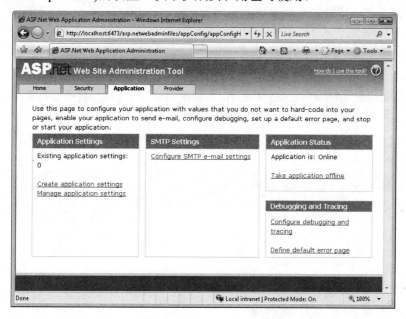

图 1.13　WSAT 的 Application(应用程序)标签页

利用 WSAT，可创建并修改那些非继承而来的网站设置。如果某项设置是继承而来的，且不可被重载，则它也会出现，但其颜色会较暗，表示不可修改。

快速测试

1. 配置文件的格式是.csv、.ini、.xml 还是.doc？

2. 如果某项设置同时存在于根 Web.config 文件和 Web 应用程序的 Web.config 文件中，但是具有不同的值，则将优先使用哪一个 Web.config 文件？

参考答案

1. 所有配置文件的格式均为 XML 格式。

2. 位于 Web 应用程序一级的 Web.config 文件具有较高的优先级。

实训：修改网站的配置

在本实训中，需要启用网站的调试功能，并借助 WSAT 来对一个网站的配置进行修改。此后，将看到 Web.config 文件相应的变化。

> ### ➤ 练习 1　创建新的 Web.config 文件

在本练习中，需要启动 Visual Studio 2008，并打开上次实训中所创建的网站。

1. 从上次实训创建的项目中打开 MyFirstSite 网站。当然也可以从配套资源中的代码中打开第 2 课对应的实训项目。

2. 注意，项目中已经包含一个 Web.config 文件。如果的确如此，请将其删除。

3. 通过菜单 Web Site(网站)| ASP.NET Configuration(ASP.NET 配置)打开 WSAT。

4. 单击 Application(应用程序)标签页以将应用程序设置项显示出来。

5. 单击 Configure Debugging And Tracing(配置调试和跟踪)链接以打开如图 1.14 所示的页面。

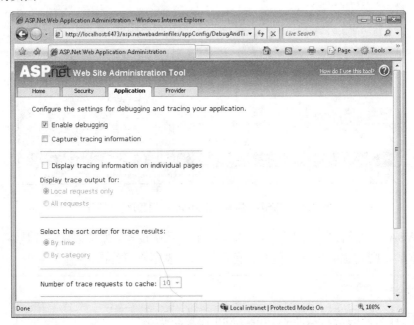

图 1.14　配置调试和跟踪页面

6. 选中 Enable debugging(启用调试)复选框以便当前网站启用调试功能。请注意，选中该复选框将向服务器执行一个 PostBack(回发)操作。

7. 关闭 WSAT。

8. 作为向服务器 PostBack 的一部分，一个新的 Web.config 文件将被创建。请单击 Solution Explorer(解决方案资源管理器)窗口顶部的 Refresh(刷新)按钮以查看该 Web.config 文件。

9. 打开该 Web.config 文件。这个新建的 Web.config 文件包含下列代码：

```
<?xml version="1.0" encoding="utf-8"?>
<configuration>
    <system.web>
        <compilation debug="true" />
    </system.web>
</configuration>
```

从上面的代码可以看出，debug 选项被设为 true。这样，该网站的调试功能便会被启用。

本课总结

◆　对网站的配置是通过层次化的 XML 配置文件来实现的。在这个层次关系中，最先是 Machine.config 文件，随后是与其位于同一文件夹中的 Web.config 文件。再往后，在该网站的根路径下、每个 Web 应用程序中以及各 Web 应用程序的任何一个子目录中可能也有 Web.config 文件。

◆　配置文件可通过文本编辑器、XML 编辑器、MMC 的配置工具或 WSAT 进行编辑。

◆　WSAT 用于添加或修改网站的设置。

课后练习

通过下列问题，可检验自己对第 3 课的掌握程度。这些问题也可从配套资源中找到。

注意　关于答案

对这些问题的解析可参考本书末"答案"。

---

1. 假定希望对某个配置设置进行修改，并希望所做的修改对所有 Web 应用程序和 Windows 应用程序均有效，应该修改哪个文件？

    A. Global.asax

    B. Web.config

    C. Machine.config

    D. Global.asa

2. 假定希望对某个配置设置进行修改，但希望该设置仅对当前 Web 应用程序有效，应该修改哪个文件？

    A. 与 Machine.config 文件位于同一文件夹的 Web.config 文件

    B. 位于当前 Web 应用程序根目录下的 Web.config 文件

    C. Machine.config

    D. Global.asax

3. 假定希望对某个配置设置进行修改，但希望该设置仅对当前 Web 应用程序有效。而且希望通过比较用户友好的图形界面工具来完成该操作，应选用哪种工具？

    A. Notepad

    B. Word

    C. 直接在 Visual Studio 中打开

    D. WSAT

本 章 回 顾

为进一步实践和巩固在本章中学习到的技能，建议继续完成下列任务。

◆ 阅读本章小结。

◆ 完成案例训练。这些案例取自实际项目，但都涉及本章介绍的内容，要求你提供相应的解决方案。

◆ 完成建议练习。

◆ 完成实战测试。

本章小结

◆ Web 浏览器用于向 Web 服务器发出请求。Web 浏览器将 HTML 呈现给用户，从用户那里收集数据，并将数据返回给 Web 服务器。Web 服务器负责接收对资源的请求，并做出恰当的响应。浏览器和服务器之间的通信是通过基于文本的通信协议 HTTP 来实现的。

◆ ASP.NET 3.5 支持三种类型的网站，即文件系统、FTP 和 HTTP。

◆ ASP.NET 3.5 支持两种网页的编程模型，即单文件模型和代码隐藏模型。

◆ 可通过 Visual Studio 2008 来为每个网页指定相应的编程语言。

◆ ASP.NET 3.5 使用层次化的可修改的配置文件来对应用程序的设置进行管理。

案例场景

在下面的案例场景中，需要运用本章所学知识来完成一些小项目。答案可参见书末尾。

案例 1：创建新的网站

假定你招募一个开发团队为一个名为 Wide World Importers 的公司创建一个新网站。每位开发人员的计算机中都安装了 Visual Studio 2008。你希望每位开发人员都能够彼此独立地对该 Web 应用程序进行编译，但并不希望在每位开发人员的计算机中都安装 IIS。

应当创建何种类型的网站？为何这种网站类型能够充分满足你的需求？

案例 2：将文件放入恰当的文件夹

假定你已为 Wide World Importers 公司创建了一个新网站。该网站拟采用一个第三方的组件 ShoppingCart.dll 来处理客户购买事务。但该组件需要配合 SQL Server 2005 Express Edition 数据库才能使用，相应的数据库文件的名为 Purchase.mdf(数据文件)和 Purchase.ldf(事务日志文件)。此外，你还需添加一个名为 ShoppingCartWrapper.vb 或 ShoppingCart.cs 的类文件以简化 ShoppingCart.dll 组件的使用。

应将这些文件放在哪个(或哪些)文件夹中？这样做的好处是什么？

建议练习

为了帮助你熟练掌握本章提到的考试目标，请完成下列任务。

使用 Visual Studio 2008 创建新网站

在本任务中，至少需要完成练习 1。如果希望全面了解所有网站类型，那么还需要完成练习 2。

◆ **练习 1**　创建一个基于文件的网站，以熟悉网站类型。然后再创建一个本地的基于 HTTP 的网站，观察两种类型网站的区别。

◆ **练习 2**　本练习需要一台安装有 IIS、FTP 和 Front Page 服务器扩展的远程计算机。请创建一个基于 FTP 的网站，并查看可选项。然后再创建一个远程 HTTP 网站，并查看可选项。

为网站添加新网页

在本任务中，需要至少完成练习 1。如果希望全面了解添加网页，请尝试并完成练习 2。

◆ **练习 1**　创建一个网站，类型不限。添加一个具有代码隐藏页面的网页。然后再添加一个不含代码隐藏页面的网页。

◆ **练习 2**　再添加一个网页，选择一种不同的编程语言。

编写一个 Web 应用程序

在本任务中，需要首先完成前面的两个练习。

◆ **练习**　在创建的网页中，通过添加代码来测试该网页的 IsPostBack 属性，若该网页被回发，请显示一条相关信息。

配置 Web 应用程序

在本任务中，需要首先完成前面的练习 1。

◆ **练习**
  ◇ 找到 Machine.config 文件，并通过记事本将其打开。
  ◇ 浏览 Machine.config 文件中的各项设置。
  ◇ 打开与 Machine.config 文件位于同一路径的 Web.config 文件。
  ◇ 查看该文件中的各项设置。

实战测试

本书配套资源为实战测试提供了多种选择。例如，可选择只对本章相关的内容进行测验，也可用完整的 70-562 认证考试的内容进行自测。可将测验设置为实战模式(即与真实考试基本相同)，或者可以设为学习模式，以便边做题边查看答案及相应的分析。

更多信息　实战测试
要想进一步了解可选的测试模式，请查看本书"前言"。

第 2 章　添加和配置服务器控件

Web 应用程序的用户往往都希望获得一种与其他应用程序相似的体验。他们希望其网站能在其浏览器和服务器之间进行无缝的运行。实际上，他们甚至对于是否有服务器都不太关心。换言之，将数据在用户的浏览器和 Web 服务器之间来回传递会给人造成一种浏览器和服务器融为一体的感觉。这对每位开发人员来说都是一个巨大的挑战。ASP.NET 通过提供实现这一层次通信的服务器控件来帮助开发人员迎接这一挑战。借助这些控件，开发人员可以创造出更好的用户体验。

本章涵盖了许多 ASP.NET 开发人员可以利用的服务器控件。第 1 课介绍 Web 应用程序中所使用的服务器控件的一些基础知识和概念。其中包括 ASP.NET 页面及其控件的生命周期。第 2 课涵盖了许多你可能希望在 Web 表单中使用的标准服务器控件，如 Label、TextBox、Button、CheckBox 及其他常用控件，都会一一介绍。本章的最后一课将关注一些 ASP.NET 开发人员可利用的更加专门化的服务器控件，如 Image、Calendar、Wizard 控件等。

注意　所涵盖的控件类型
ASP.NET 中包含许多类型的控件。本章将介绍大量标准控件。如果希望查找关于某些特定控件的信息，但无法在本章找到时，请在本书其他章节查找，如像 Validation、Data、AJAX 等控件都位于与其相关的章节中。

本章考点

◆　使用和创建服务器控件
　　◇　使用标准控件
◆　Web 应用程序的编写
　　◇　事件处理及页面流控制

本章课程设置

◆　第 1 课　理解和使用服务器控件
◆　第 2 课　常用服务器控件
◆　第 3 课　专用服务器控件

课 前 准 备

为顺利完成本章课程，需要熟悉如何在 Microsoft Visual Studio 环境中使用 Visual Basic 或 C#语言来开发应用程序。此外，还应熟悉以下内容：

◆　Visual Studio 2008 集成开发环境

- ◆ 超文本标记语言 HTML 及客户端脚本
- ◆ 创建新网站
- ◆ 为网页添加 Web 服务器控件

现实世界

Glenn Johnson

很多时候，我都见过开发人员为满足功能需求而选用了错误的服务器控件。问题的症结在于这些开发人员往往倾向于使用少量控件来完成大多数任务。这样做的结果是他们不得不花费大量时间实现一些其他控件提供的现有功能。

第 1 课　理解和使用服务器控件

ASP.NET 服务器控件是一种既可为用户提供一定功能，又可通过服务器端事件模型为用户提供可编程性的控件。例如，利用 Button 控件可以触发一个动作，如表示某项任务已完成。此外，当 ASP.NET 能够将控件与其所关联的事件处理代码(如单击事件)匹配时，Button 控件便会被回发至服务器。利用 ASP.NET 中所包含的服务器控件，你便可依据一个事先定义好的对象模型编制代码。实际上，包含网页类自身在内的所有服务器控件都是由 System.Web.UI.Control 类派生而来。图 2.1 展示了 Control 类的层次结构，其中包含一些该类的重要子类，如 WebControl、HtmlControl、TemplateControl 以及 Page 类等。

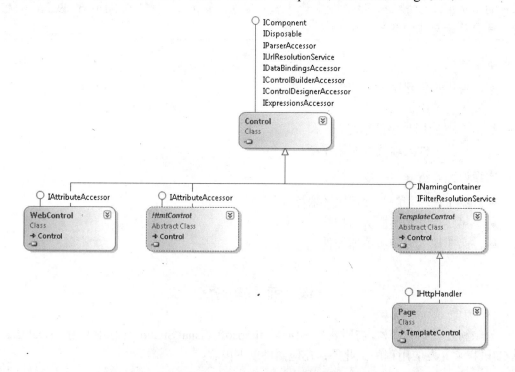

图 2.1　Control 类及其重要子类

在 ASP.NET 中，有两种类型的服务器控件非常重要，即 HTML 类型和 Web 类型。HTML 类型的控件提供了服务器端的处理，这种处理通常会映射回文本框或提交按钮之类的输入元素。Web 类型的控件则更多关注于对象模型，而较少关注其 HTML 呈现方面的功能。本课主要介绍这两种类型的控件之间的差异。下面先讨论网页及其控件的生命周期。

学习目标

◆ 描述 ASP.NET 网页及其控件的生命周期
⚘ 描述视图状态的目的和用法
◆ 解释 ASP.NET 中 HTML 控件和 Web 控件之间的主要差别

预计课时：30 分钟

理解 ASP.NET 网页及其控件的生命周期

为了更好地理解服务器控件的工作原理，深入理解 ASP.NET 网页及其控件的生命周期非常重要。ASP.NET 网页及其控件的生命周期始于用户通过其浏览器向服务器请求该页面。Web 服务器在将结果返回给用户浏览器前，需要对该页面进行一系列的处理。正是这些不同的处理阶段定义了网页的生命周期。理解 ASP.NET 如何在服务器端对网页进行处理对于成功开发 Web 应用程序至关重要。图 2.2 给出了页面处理生命周期的概要表示。

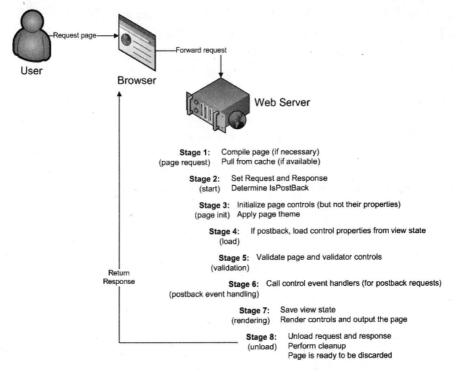

图 2.2 ASP.NET 页面的生命周期

当某个网页被请求时，服务器将创建一些与该页面及其所有子控件对象关联的对象，并利用这些对象将页面呈现到浏览器中。一旦最后阶段的处理完毕，Web 服务器便会将这些对象销毁，释放资源以处理其他请求。这样 Web 服务器就可以处理来自更多用户的更多请求。但是，这种方式却将另一个问题留给了开发人员，因为并没有进程来维护不同请求之间的对象数据(也称为状态)。回顾图 2.2，你会发现 ASP.NET 页面生命周期中的许多阶段都包含使用视图状态(view state)和保存视图状态这样的操作。

视图状态的重要性

视图状态(view state)是 ASP.NET 所使用的一种用于在不同页面请求之间保存用户请求和响应数据的机制。被保存的数据通常都与服务器控件相关联。这些数据被称为控件状态。视图状态数据并不存放在服务器中，而是保存在页面的视图状态(第 7 阶段，绘制)中，并随着该页面的响应发回给用户。当用户进行下一次请求时，视图状态将随其请求而被返回。当页面被处理时，ASP.NET 会将视图状态从该页面中取出，并用它对页面及其控件的属性进行重新设置(第 4 阶段，加载)。以这种方式，ASP.NET 就可在不同请求之间保留所有对象数据，而不必将其保存在服务器中。这样做的一个好处是增强了 Web 服务器的可扩展性，因此能够处理更多的请求。

视图状态仅仅是 Web 应用程序所采取的少数重要的状态管理技术中的一种。我们将在第 4 章中对这些技术进行深入探讨。第 4 章将对视图状态进行详细的讨论。

页面生命周期事件

随着 ASP.NET 在不同阶段对页面的处理，各种对该页面及其控件的事件会被触发。因此你需要编写相应的代码来处理这些事件，以做出与该页面处理相关的各种动作。例如，你可能希望当某个页面被初次加载(第 4 阶段)时调用某段你编写的代码，以确定用户是准备请求该页面还是准备将该页面回发给服务器。这是一种非常常见的情形。当某个页面被初次请求时，通常需要对一些数据和控件进行初始化。但当该页面回发给你时，你又不希望这些代码被执行。另一个常见的例子是当用户单击某个按钮时，你希望只针对该按钮的 click 事件进行响应。了解哪些事件以何种顺序被调用对于确保你的代码正确地执行以及可调试非常重要。表 2.1 给出了 ASP.NET 处理页面时所触发的较为常见的事件。

表2.1　页面生命周期事件

事件名称	描　　述
PreInit	这可能会为某个页面处理的第一个真正的事件。只有在需要对一些值(如母版页或主题)通过代码动态设置时才可能使用该事件。当需要为页面动态创建控件时，该事件也是有用的。例如你可能会希望在该事件内来创建控件
Init	每次有一个控件初始化完毕，该事件都会被触发。你可利用该事件来对控件的初始化值进行修改
InitComplete	当页面及其控件的所有初始化工作完毕后，会触发该事件
PreLoad	当页面及其控件的视图状态被加载前以及 PostBack 处理之前，该事件会被触发。当页面初始化完毕后视图状态被回发给控件前，如果需要编写代码，你会发现该事件很有用

续表

事件名称	描　述
Load	页面此时很稳定；它已被初始化，且其状态已被重新设置。该页面内的代码通常对 PostBack 进行检查，然后对控件属性进行恰当的设置。页面的加载事件首先被调用。接着，每个子控件(如果这些子控件也有自己的子控件，则后者)的加载事件依次被调用。如果准备编写自己的用户控件或自定义控件，这一点请务必牢记
Control(PostBack)	现在 ASP.NET 会调用导致 PostBack 发生的页面或其控件的任何事件。例如可能是一个按钮的单击事件
LoadComplete	此时，所有的控件都已被加载。如果还需要控件进行额外的处理，在这里添加代码再合适不过了
PreRender	这里你可以对页面或其控件进行最终修改。当所有惯常的 PostBack 事件发生后，该事件将会发生。该事件发生在 ViewState 保存之前，因此在这里所做的任何修改都会被保存下来
SaveStateComplete	在该事件发生前，页面及其控件的视图状态都已被设置完毕。此时，任何对该页面控件的设置都将被忽略。如果需要对视图状态进行设置，该事件将非常有用。
Render	这是一个页面对象及其控件的方法而不是一个事件。此时，ASP.NET 会依次调用每一个页面控件的该方法以获取其输出。Render 方法会生成客户端 HTML、动态超文本标记语言(Dynamic Hypertext Markup Language, DHTML)以及为将控件恰当地呈现到浏览器中所需的脚本。 如果准备编写自己的自定义控件，该方法十分有用。你可对该方法进行重载以控制控件的输出
UnLoad	该事件用于清理代码。可利用该事件释放该阶段的任何托管资源。托管资源是指那些由运行时所处理的资源，如由.NET 公共语言运行时创建的类的实例

控件生命周期事件

前面我们提到过，ASP.NET 的 Page 类和服务器控件类均由 Control 类派生而来。因此，在了解到服务器控件的生命周期与 Page 类相同时，完全不必感到惊讶。每一个服务器控件都会经历与网页相同的生命周期，如 init、load、render 和 unload。当这些控件的父页面有相同事件发生时，它们的这些事件也会发生。因此当某个页面执行加载事件时，其每一个子控件也会执行加载事件。同理，每一个包含有其他子控件的子控件，其所包含的子控件也执行同样的加载事件。

有一点需要引起重视的是这种同步化的事件执行机制对于在设计时添加到页面的所有控件都是适用的。而那些在代码执行期间动态添加的控件与页面对象的事件执行次序则略有不同。当前者动态添加到页面中时，这些控件的事件会顺序执行，直到这些事件与其容器(通常是执行页面)的当前阶段衔接上为止。

创建事件处理方法

ASP.NET 中的控件均包含一些通常需要处理的默认事件。例如，Page 对象的默认事件为 Load，Button 对象的默认事件为 Click。在 Visual Studio 的页面设计器内，可通过双击某个控件的设计界面为其默认事件关联一个事件处理方法。例如，在双击某个页面时，将自动转到该页面的代码隐藏文件的 Page_Load 事件处理方法。对于添加到某个页面中的其他控件，添加默认事件处理方法的方式都是相同的。双击 Button 或 TextBox 控件都会在你的代码隐藏文件中生成默认的事件处理方法。

通过双击操作为控件添加事件处理方法在 Visual Studio 中是一种通用的方式。但当需要为其他非默认事件定义事件处理方法时，Visual Basic.NET 的设计器与 C#的设计器略有不同。

在 Visual Basic.NET 编辑器中添加事件处理方法

在 Visual Basic.NET 中，需要使用两次下拉列表来定义事件。这种方法沿袭了以往版本的 Visual Basic 的做法。在第一个下拉列表中需要选择该页面中的某个对象。而第二个下拉列表则用于生成相应事件处理方法。下面给出添加事件处理方法 Page_Init 的详细步骤。

1. 在 Visual Studio 的 Solution Explorer(解决方案资源管理器)中，右击某个网页，并选择 View Code(查看代码)。该操作将打开该网页对应的代码隐藏文件(不会有任何代码被添加)。

2. 在打开的代码隐藏文件中，从页面的左上方选择对象下拉列表，并单击 Page Event(页面事件)，如图 2.3 所示。

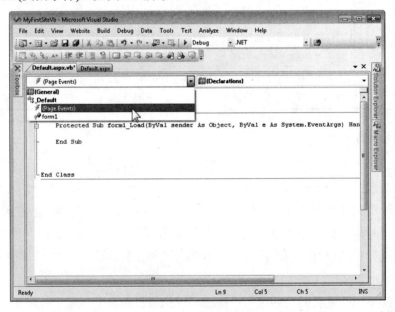

图 2.3　选择包含你希望处理的事件的对象

3. 接下来从该页面的右上方选择事件下拉列表。注意，该页面的所有事件都被列出。那些已添加处理方法的事件会以粗体显示。如图 2.4 所示，选择 Init 事件。

4. 随后 Visual Studio 会生成如下的事件处理方法。然后就可在该方法内添加相应的处理代码。

```
Protected Sub Page_Init(ByVal sender As Object, ByVal e As System.EventArgs) _
    Handles Me.Init

End Sub
```

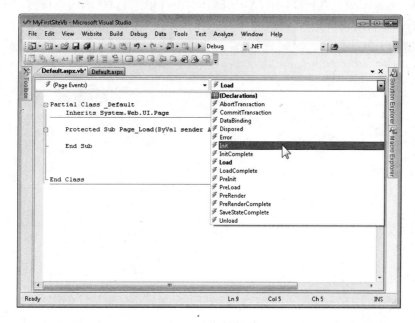

图 2.4　为 Visual Basic.NET 网页选择 Init 事件处理方法

在 C#编辑器中添加事件处理方法

　　C#的代码编辑器同样也具有一个事件处理方法下拉列表。但是，该列表中只含有那些已为其添加处理方法的事件。C#环境提供了一个添加控件事件处理方法的工具，但并未向 Page 这类事件提供工具。对于这类事件，只能通过手动添加代码来为其添加处理方法。下面给出了为一个 C#网页添加 Init 事件处理方法的详细步骤。

1. 从 Solution Explorer(解决方案资源管理器)中右击某个网页，并选择 View Markup(查看标记)以打开该页面的设计代码(HTML)。请验证该页面的 AutoEventWireup 属性是否已在@Page 指令中设为 true(该值为默认值)。这就表示运行时会自动与它在代码中发现的其形式匹配于 Page_EventName 的事件处理方法建立连接。

2. 接下来，请右击同一个页面，并选择 View Code(查看代码)以打开代码编辑器，同时该页面的代码隐藏文件将被加载。从分部类的大括号内，添加如下的事件处理代码。这段代码将在编译时自动与该页面的 Init 事件建立关联。

```
private void Page_Init(object sender, EventArgs e)
{
}
```

　　在 C#中将事件与各控件关联则更为简便。不必记忆每个事件的签名，只需借助控件的 Property(属性)窗口在你的代码隐藏文件中生成相应的事件处理方法即可。下面给出了为 Button 控件定义 Click 事件的详细步骤。

1. 在 Design(设计)视图中打开一个页面。利用 Toolbox(工具箱)为该页面添加一个

Button 控件。

2. 选择 Button 控件，并查看其属性(右击该控件，并选择 Properties)。

3. 在 Properties(属性)窗口中，单击 Events(事件)图标(黄色的闪电符号)。该操作完成后，将自动切换到事件视图，如图 2.5 所示。

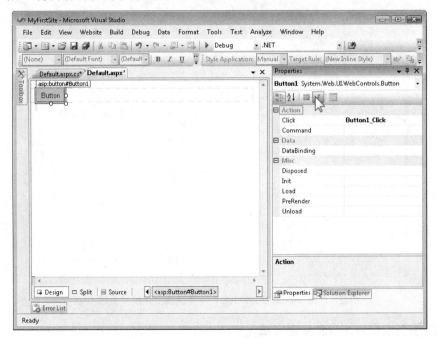

图2.5 为一个 C#服务器控件添加事件处理方法

4. 在该视图中，定位到你希望进行处理的事件，并在 Properties(属性)窗口中右击它。这将打开代码隐藏文件，可在该文件内添加相应的事件处理代码。

HTML 与 Web 服务器控件

在创建许多常用的用户界面元素(如按钮、文本框、标签等)时，通常可从两类控件中进行选择，即 HTML 服务器控件和 Web 服务器控件。下面的几节中，我们将对这两种类型的控件分别加以介绍。但随之而来的一个问题是：应该选择哪种控件才能满足自己的要求？为此，下面列出一些较为宏观的指导，希望对你选择恰当的控件类型有所帮助。

下列条件均满足时，可考虑选择 HTML 服务器控件：

◆ 准备将一些已有的传统 ASP 页面移植到 ASP.NET 中时。

◆ 该控件需要拥有与该控件的事件关联的自定义 JavaScript 脚本

◆ 该网页有许多引用了控件的客户端 JavaScript 脚本

几乎在其他所有情形下，都应考虑使用功能更为强大的 Web 服务器控件。Web 服务器控件遵循与 Windows Form 极为相似的编程模型和命名标准。此外，Web 服务器控件并不会映射为一个单个 HTML 标签，它们会生成多行(或多标签)的 HTML 和 JavaScript 脚本作为其输出。这些控件还有许多其他优点，如多浏览器呈现支持(multibrowser rendering support)、强大的编程模型、布局控制、主题支持等。

更多信息　HTML 服务器控件与 Web 服务器控件
要 了 解 HTML 服 务 器 控 件 和 Web 服 务 器 控 件 的 更 多 不 同 点， 请 访 问
http://msdn.microsoft.com/en-us/zsyt68f1.aspx。

HTML 服务器控件

借助于 HTML 服务器控件，可以在自己的 ASP.NET 页面中定义实际的 HTML，但通过.NET Framework 提供的对象模型来与服务器中的控件进行交互。每个 HTML 控件都是通过标准的 HTML 标签语法在页面内部进行定义的。即可使用如<input/>、<select/>、<textarea/>这样的标签来定义 HTML 控件。默认情况下，这些标签并未与任何服务器控件建立连接。因此，在服务器端使用这些控件可能是非常困难的，因为缺少具有相应属性和方法的相关控件实例的支持。但可通过 Page.Request.Form 集合类来访问这些标签值。对于比较简单的模型来说，这种模型是没有问题的。对于传统的 ASP 来说，只有这一种模型可用。

也可以将属性 runat="server"应用于这些控件标签。在这种情况下，ASP.NET 会将该HTML 标签与一个能够提供所需(被设计为与给定标签进行交互的)属性和方法的服务器端对象关联起来。这样，编程工作就会得到很大的简化。此外，ASP.NET 会在不同调用之间自动维护这些项的状态(请回顾前面对视图状态的讨论)。图 2.6 给出了许多常见 HTML 服务器控件的类层次结构。

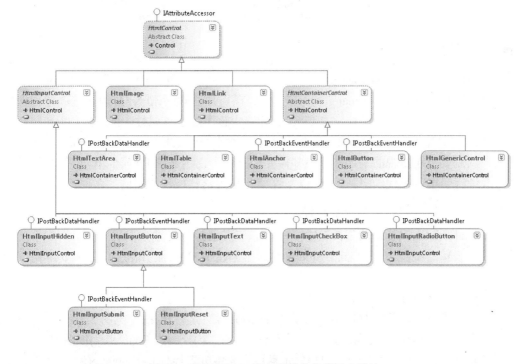

图 2.6　常见 HTML 服务器控件的类层次结构

在 HTML 文档内创建 HTML 控件元素

HTML 服务器控件的最佳用途之一是将传统的 ASP 页面转换到.NET Framework 模型下。传统的 ASP 页面通常都包含许多内嵌在<form />标签内的<input />标签。下面我们来看一个传统的 ASP 网页。

传统 ASP 网页

```
<html>
    <head><title>Customer Page</title></head>
    <body>
        <form name="Form1" method="post" action="update.asp" id="Form1" >
            <input type="text" name="CustomerName"
              id="CustomerName" >
            <input type="submit" name="SubmitButton"
              value="Submit" id="SubmitButton" >
        </form>
    </body>
</html>
```

该页面中包含一个带有文本框和提交按钮的表单。在文本框中用户可以输入客户名称，而单击提交按钮则将其所输入的数据发送至 Web 服务器中的 update.asp 页面(该表单的 action 属性)。我们可对该页面进行转换，使其使用 ASP.NET 的 HTML 服务器控件，以简化服务器端的编程模型。请参考下列代码，它将同一个页面转换为使用 ASP.NET 的页面。

转换后的 ASP.NET 网页

```
<html>
    <head><title>Customer Page</title></head>
    <body>
        <form name="Form1" method="post" id="Form1" runat="server">
            <input type="text" name="CustomerName"
              id="CustomerName" runat="server" >
            <input type="submit" name="SubmitButton"
              value="Submit" id="SubmitButton" runat="server">
        </form>
    </body>
</html>
```

你可能已注意到，HTML 标签和 HTML 服务器控件之间存在一对一的转换。唯一的区别在于每个控件中都添加了 runat="server"属性。该属性通知 ASP.NET 为这些项分别创建一个服务器控件实例。你可能还注意到 form 标签中也添加了该属性。此外，action 属性从 form 标签中被移除了，这是因为在 ASP.NET 中，通常会将数据回发给同一页面。

有一点需要引起重视的是这些标签都需要拥有一个已定义的 ID 属性值，以便在代码中能够对其进行引用。在代码中，这些 ID 属性值将作为这些控件的实例的名称。

在设计器中创建 HTML 服务器控件

在 Visual Studio 设计器的工具箱中，HTML 服务器控件已被分在同一组。只需将这些控件拖拽到表单。要想使用 Visual Studio 设计器创建 HTML 服务器控件，需要遵循下列步骤。

1. 在设计器内打开一个 ASP.NET 页面。
2. 在工具箱中，单击 HTML 标签，将 HTML 控件展示出来(参见图 2.7)。
3. 将一个 HTML 元素拖动到该网页的 Design(设计)视图或 Source(源)视图中。
4. 通过设置 runat 属性，将 HTML 元素转换为服务器控件。在 Source(源)视图中，添加 runat="server"属性(参见图 2.7)。

注意　HTML 服务器控件的位置
为保证正常运行，HTML 服务器控件必须位于有 runat="server"的表单元素内。

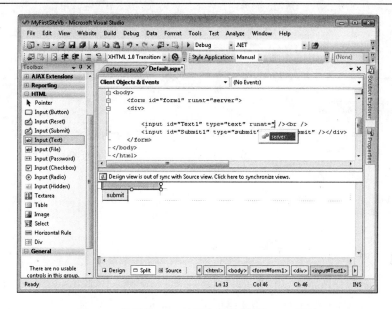

图 2.7　设置某 HTML 服务器控件的 runat 属性

如果不需要在服务器端的代码中编写 HTML 服务器控件，应当将其转化为 HTML 元素。网页中的每个 HTML 服务器控件都会使用一定的资源，因此尽量减少 ASP.NET 页面与服务器端交互的控件数量是一个良好的设计习惯。为此，可在 Source(源)视图中打开该页面，并将 runat="server"从该控件的标签中移除。如果该 HTML 元素已被客户端脚本所引用，则 ID 属性就不应该删除。

HTML 服务器控件属性的设置

默认情况下，ASP.NET 文件内的 HTML 元素都会被视作文本。除非将该 HTML 元素转换为 HTML 服务器控件，否则无法在服务器端的代码中引用它。同时，应该设置该元素的 ID 属性，以便在代码中引用该控件。表 2.2 列出了所有 HTML 服务器控件共有的属性。对这些 HTML 服务器控件的属性进行设置有如下几种途径：在源视图中设置这些属性，在设计视图中设置这些属性或在代码中通过编程的方式进行设置。本节将一一介绍这三种方法。

表 2.2　HTML 服务器控件的公共属性

属　　性	描　　述
Attributes	一个所有属性的"名称-值"对的清单，它位于所选择的 ASP.NET 页面内的服务器控件标签中。该属性可通过代码来引用
Disabled	当某个 HTML 控件呈现在浏览器中时，该属性表明 disabled 属性是否被包含。当该属性被设为 true 时，表明该控件为只读的

属　性	描　述
Id	该控件的标识，可在代码中进行引用
Style	所有应用于特定 HTML 服务器控件的层叠样式表(CSS)属性清单
TagName	包含有属性 runat="server"的标签的元素名称
Visible	该属性表明当前 HTML 服务器控件是否将在页面中被显示。若该值被设为 false，则当前控件不会被呈现到浏览器中

在源视图中设置属性

在源视图中，通过为 HTML 服务器控件元素的属性添加恰当的 HTML 属性来设置 HTML 控件的属性。这些属性值将通过 ASP.NET 与服务器控件的属性值自动建立连接。下面来看一段 HTML 服务器控件按钮及其属性的标记：

```
<input type="button"
    id="myButton"
    runat="server"
    value="Click Me"
    style="position: absolute; top: 50px; left: 100px; width: 100px;" />
```

你可能已注意到，该服务器控件具有许多与 HTML 输入按钮元素相同的属性，唯一的区别在于前者具有 runat="server"属性和 visible 属性(未显示)。其中，id 属性设置 myButton 的编程标识，style 属性设置该控件在页面中的位置，而 value 的值 "Click Me" 将显示在按钮界面上。由 ASP.NET 呈现到用户浏览器中的 HTML 如下所示：

```
<input name="myButton"
  type="button"
  id="myButton"
  value="Click Me"
  style="position: absolute; top: 50px; left: 100px; width: 100px;" />
```

你可能已注意到，name 属性并未在 ASP 页面中显式设置。对该属性的设置是在浏览器的 HTML 内部完成的。ASP 将在呈现时将 ID 属性值转化为 name 属性值。

在设计视图中设置属性

在设计视图中，HTML 控件的属性的设置一般都是通过如下方式实现的：选择服务器控件，并在属性窗口中对相应的属性进行修改。图 2.8 展示了与在属性窗口中进行配置的同一个按钮。在属性窗口中所做的修改将反映在源视图中，而在源视图中所做的修改同样也会反映在设计视图的属性窗口中。

请注意，对于 HTML 服务器控件有两组属性：ASP.NET 属性组和 Misc 属性组。ASP.NET 属性组汇集专为 ASP.NET 而处理的控件属性，这些属性并未指定控件专有。例如，可设置一个验证组，禁用控件的视图状态，并告知 ASP.NET 不要依据这些属性显示(Visible)控件。而 Misc 属性组中则包含那些特定于所选服务器控件的属性。

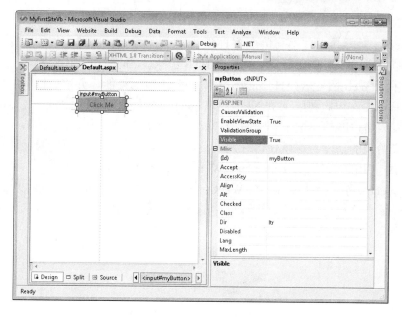

图 2.8　利用属性窗口设置 HTML 输入按钮的属性

以编程的方式设置属性

ASP.NET 为页面中每个服务器控件都定义了相应的实例变量以供代码使用。这些变量的命名是依据每个控件的 ID 属性而定的。这些变量仅可供你在自己的代码中使用。这些控件的全部属性均为诸如字符串、整型或布尔型这样的简单类型。唯一的例外是 style 属性，它是一个键-值集合。下面给出一段添加到 Page_Loads 事件处理方法中的代码，这段代码对 ID 为 myButton 的按钮的 disabled 和 style 属性进行设置。

```
'VB
myButton.Disabled = True
myButton.Style.Add("background-color", "Black")
myButton.Style.Add("color", "Gray")

//C#
myButton.Disabled = true;
myButton.Style.Add("background-color", "Black");
myButton.Style.Add("color", "Gray");
```

注意　关于<DIV/>标签

可运行服务器端的任何 HTML 标签。前提是必须表明 runat="server"。在将该属性应用于 DIV 标签时，需要与多个属性进行交互。可通过 InnerText 属性来设置 DIV 标签内显示的文本。也可通过使用 InnerHtml 属性来插入或读取 DIV 标签内嵌入的 HTML。

Web 服务器控件

ASP.NET 提供了一组 Web 服务器控件以方便开发人员创建功能更丰富、比 HTML 服务器控件的编程模型更一致的网页。Web 服务器控件都是专门面向 ASP.NET 的，而不是 HTML 标准的一部分。它们在.NET Framework 中都有相应的类。这些类则为我们提供了更丰富的特性。

由于 Web 服务器控件并不与单个 HTML 标签元素绑定，因此它们能够提供更丰富的功能。Web 服务器控件通常会负责呈现许多 HTML 标签，同时也许还会包含一些客户端的 JavaScript 代码。Web 服务器控件还能够检测 Web 浏览器性能，并依据检测结果有选择地呈现恰当的 HTML。因此利用 ASP.NET 的 Web 服务器控件就有可能将浏览器的性能发挥到极致。开发人员也能够在这个实际的 HTML 更抽象的层次工作，使用 Web 服务器控件来为页面定义恰当的功能。这就使得开发人员可以方便地使用那些以往只能通过极为复杂的 HTML 才能使用的控件，如 Calendar、Wizard、Login 和 GridView 等。

大多数 Web 服务器控件都继承自 WebControl 类。图 2.9 给出了常见的 Web 服务器控件类的层次结构。你可能已经注意到这里并没有那些通常与数据绑定关联的控件，相关的内容将在第 8 章介绍。

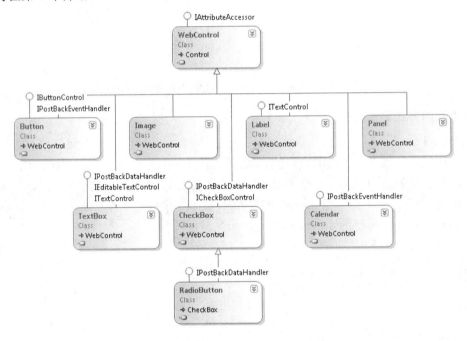

图 2.9　常见 Web 服务器控件的类层次结构

利用设计视图添加 Web 服务器控件

可利用 Visual Studio 的 Design(设计)视图或 Source(源)视图为.aspx 页面添加 Web 服务器控件，当然也可以在代码中动态创建。我们首先来看如何在设计视图中添加 Web 服务器控件。

1.　在 Visual Studio 中打开一个网页。
2.　单击该网页底部的 Design(设计)标签。
3.　打开工具箱，并单击 Standard(标准)标签。
4.　从工具箱中拖拽一个 Web 服务器控件到该页面中。

图 2.10 展示了一个将 TextBox 控件添加到网页中的例子。

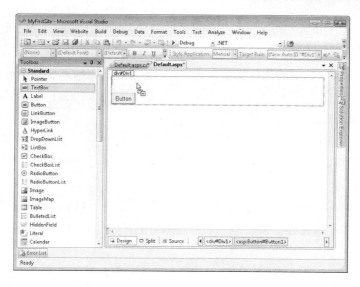

图 2.10　通过设计视图为网页添加标准 Web 服务器控件

利用源视图添加 Web 服务器控件

下面列出从源视图中为网页添加 Web 服务器控件的详细步骤。

1.　在 Visual Studio 中打开一个网页。

2.　单击该网页底部的 Source(源)标签。

3.　在该网页的源视图中，输入 Web 服务器控件元素及其属性(如图 2.11 所示)。

4.　也可以从工具箱中直接拖拽到该页面的源视图中。请注意与 HTML 服务器控件一样，Web 服务器控件必须位于已定义 runat="server"属性的 HTML 表单元素中。

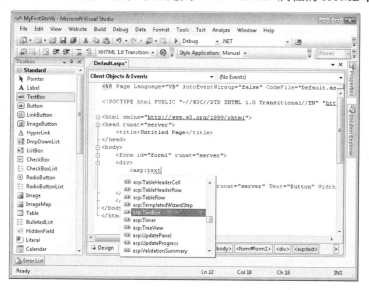

图 2.11　在源视图中为网页添加 Web 服务器控件

在代码中动态添加 Web 服务器控件

也可以通过编程的方式来为网页动态添加 Web 服务器控件。如果打算选择这种方式，必须深刻理解表 2.1 所描述的网页和服务器控件的生命周期。只有深入了解二者的生命周期，才能保证控件正常工作。前面我们介绍过 PreInit 事件通常用于创建动态控件，而创建的时间位于其在 Init 事件内的初始化执行之前。下面给出实现动态创建 Web 服务器控件的详细步骤。

1. 在 Visual Studio 中打开网页的代码隐藏页面。

2. 为 Page_PreInit 事件创建一个事件处理方法。这与前面(即本课中的"创建事件处理方法")我们曾介绍过的在 Visual Basic 和 C#编辑器中定义这些事件的方式是不同的。

3. 在 Page_PreInit 方法中，添加代码以创建 Web 服务器控件 TextBox 的一个新实例。该 TextBox 的创建通常要基于某些逻辑。但在这里，我们只是简单地动态将其创建出来。

4. 创建完该实例后，添加代码以对该控件的 ID 属性进行设置。

最后，将该控件添加到 form1 的 Controls 集合中。这项操作将确保该控件作为表单的一部分被输出。

```vb
'VB
Protected Sub Page_PreInit(ByVal sender As Object, ByVal e As System.EventArgs)_
    Handles Me.Init
    Dim textBoxUserName As New TextBox
    textBoxUserName.ID = "TextBoxUserName"
    form1.Controls.Add(textBoxUserName)
End Sub
```

```csharp
//C#
protected void Page_PreInit(object sender, EventArgs e)
{
    TextBox textBoxUserName = new TextBox();
    textBoxUserName.ID = "TextBoxUserName";
    form1.Controls.Add(textBoxUserName);
}
```

Web 服务器控件属性的设置

大部分 Web 服务器控件都由 WebControl 类继承而来。所有的 Web 服务器控件必须包含唯一(页面级的)的 ID 属性以方便你在代码中引用它。Web 服务器控件的其他特性(attribute)和属性(property)则用于控制控件的外观和行为。表 2.3 给出了所有 Web 服务器控件所共有的特性和属性。

表 2.3　Web 服务器控件的共有属性

属性名称	描　述
AccessKey	键盘快捷键。该属性可被指定为单个字母或数字，以配合 Alt 键同时使用。例如，若希望用户按下 Alt+Q 来访问该控件，则你应将该属性指定为"Q"。该属性仅被 Microsoft Internet Explorer 4.0 及更高的版本支持
Attributes	控件的若干附加属性构成的集合，这些特性并未在公有属性中定义，但应当在该控件的主要 HTML 元素中进行呈现。这就使你能够使用那些不为该控件所直接支持的 HTML 属性。该属性只能通过代码来访问，而不能在设计器中进行设置

属性名称	描　述
BackColor	控件的背景色，该属性可用标准 HTML 颜色标识符来设定，如"red"或"blue"以及以 16 进制格式("#ffffff")表示的 RGB 颜色值
BorderColor	控件的边框颜色，该属性可用标准 HTML 颜色标识符来设定，如"red"或"blue"以及以 16 进制格式("#ffffff")表示的 RGB 颜色值
BorderWidth	控件边框的宽度，单位为像素。在 Internet Explorer 4.0 及更早版本的浏览器中，并不是所有控件都支持该属性
BorderStyle	边框风格(如果有的话)。该属性可能的取值包括 NotSet、None、Dotted、Dashed、Solid、Double、Groove、Ridge、Inset 和 Outset
CssClass	赋予该控件的 CSS 类
Style	所有被应用于指定的 HTML 服务器控件的 CSS 属性
Enabled	该属性若被设为 false，则该控件将被禁用。即该控件的颜色会变得灰暗，且处于非活动状态，但控件并不会被隐藏
EnableTheming	该属性的默认值为 true，表示启用该控件的主题
EnableViewState	该属性的默认值为 true，表示启用该控件的视图状态持久化(view state persistence)
Font	该属性包含一些可通过 Web 服务器控件的开始标签内的"属性-子属性(property-subproperty)"语法声明的子属性。例如通过开放标签中 Font-Italic 属性对将 Web 服务器控件文本设置为斜体
ForeColor	控件的前景色。在 Internet Explorer 4.0 及更早版本的浏览器中，该属性并不被所有控件支持
Height	控件的高度。在 Internet Explorer 4.0 及更早版本的浏览器中，该属性并不被所有控件支持
SkinID	应用于控件的皮肤
TabIndex	控件的位置的标签序。若未对该属性进行设置，则控件的位置索引为 0。具有相同标签索引的控件可依据其在网页中声明的顺序被选中
ToolTip	当用户将鼠标指针悬停在某个控件上方时所出现的文本提示信息。ToolTip 属性并不为所有浏览器所支持
Width	控件的宽度。该属性可能的单位包括 Pixel、Point、Pica、Inch、Mm、Cm、Percentage、Em 及 Ex。该属性的默认单位为像素

对 Web 服务器控件属性的设置可通过如下几种方式进行：在源视图中设置、在设计视图中设置或者在代码中进行设置。本节将依次介绍这三种设置方法。

在源视图中设置属性

在源视图中，对 Web 服务器控件属性的设置是通过为 Web 服务器控件的元素添加恰当的属性和属性值来实现的。下面先来看一个 Web 服务器按钮控件：

```
<asp:Button ID="ButtonSave"
 runat="server"
 Text="Save"
 Style="position: absolute; top: 50px; left: 100px; width: 100px;" />
```

请注意，该服务器控件与其 HTML 版本具有一些不同的属性。例如，该 Web 服务器控件的 Text 属性与 HTML 服务器控件中的 value 属性一致。这种差异存在的原因是为了给 Web 服务器控件和 Windows 窗体控件提供一致的编程模型。对于 HTML 服务器控件，ID 属性即编程标识。style 属性则用于设定控件的位置，Text 属性用于在该按钮内显示文本。在用户浏览器中所呈现的 HTML 如下所示：

```
<input type="submit"
  name="ButtonSave"
  value="Save"
  id="ButtonSave"
  style="position: absolute; top: 50px; left: 100px; width: 100px;" />
```

请注意，上面这段所呈现的 HTML 创建了一个被配置为提交按钮的 HMTL Input 元素，且其 value 属性被映射到该 Web 服务器控件的 Text 属性中。如果 name 属性未被显式设置，则它将被自动设为其 ID 属性值。

在设计视图中设置属性

对 Web 服务器控件的属性设置可以通过在属性窗口中选择服务器控件，并修改相应属性来实现。图 2.12 展示了使用属性窗口配置的同一按钮。注意，此时属性窗口中的 Style 属性是不可用的。任何在属性窗口中所做的修改都会反映到源视图中，而所有在源视图中所做的修改也会体现在设计视图的属性窗口中。

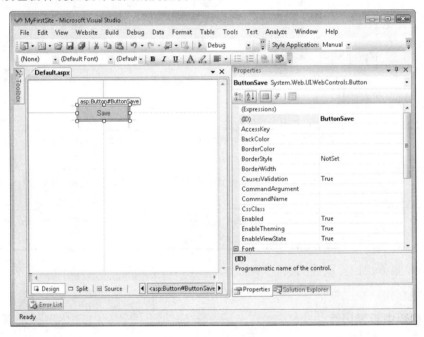

图 2.12　利用属性窗口对 Web 服务器 Button 控件的属性进行设置

以编程的方式设置属性

Web 服务器控件的属性也可以编程方式在网页的代码隐藏文件中进行设置。与所有服务器控件一样，对 Web 服务器控件的引用也是通过以该控件的 ID 属性而命名的实例变量来实现的。假定下面的代码已被添加到 Page_Load 事件处理方法中。该段代码对 ID 为 ButtonSave 的按钮的 Style、Text、Enabled 属性进行了设置。

```vb
'VB
ButtonSave.Enabled = False
ButtonSave.Text = "Click to Save"
ButtonSave.Style.Add("background-color", "Blue")
```

```csharp
//C#
ButtonSave.Enabled = false;
ButtonSave.Text = "Click to Save";
ButtonSave.Style.Add("background-color", "Blue");
```

控制自动回发

某个特定事件出现时，一些 Web 服务器控件总会引发 PostBack。例如，Button 控件的 Click 事件总会引发 PostBack。其他控件(如 TextBox)则拥有一些不会引发向服务器自动 PostBack 的事件。但是，如果需要，我们可以对这类事件进行配置以使其产生回发。例如，TextBox 控件拥有一个默认事件 TextChanged。默认情况下，TextChanged 事件并不会引发自动 PostBack，但这并不表示该事件被丢失了。相反，当另一个控件的不会引发 PostBack 的事件被触发时(例如 Button 控件)，PostBack 便会被触发。

在使用那些其事件不会导致向服务器的自动 PostBack 的控件时，理解这些事件何时发生非常重要。请回顾一下前面我们在表 2.1 中介绍过的网页生命周期。任何延迟的事件(由用户触发，且不会导致自动 PostBack 的事件)都会在引发 PostBack 的事件发生之前得到执行。例如，若 TextBox 控件中的文本发生了变化，以及一个 Button 控件被单击后，Button 控件将引发 PostBack，但是 TextBox 的 TextChanged 事件会先执行，之后 Button 的 Click 事件才会被执行。

控件的 AutoPostBack 属性用于修改该控件的默认事件是否向服务器自动触发一个 PostBack。如果将该属性设为 true，则会将一个延迟事件转化为一个能够引发立即 PostBack 的事件。对该属性的设置可通过如下方式实现：利用属性窗口或代码添加，或者在源视图中为 Web 服务器控件元素添加属性 AutoPostBack="True"。

命名容器及子控件的使用

网页通常都由具有层次关系的一组控件构成。作为网页类及其控件类基类的 System.Web.UI.Control 类拥有一个 Controls 集合属性。该属性用于与同属该给定页面的各种控件进行交互。此外，该集合中的每个控件都拥有自己的 Controls 集合，依此类推。

对于那些添加到网页的 Controls 集合中的控件来说，网页就是一个命名容器(naming container)。命名容器为控件名称定义了唯一的命名空间。在一个命名容器内，每一个控件都必须被唯一标识。通常这一点是通过为每个控件赋予一个唯一的 ID 属性而实现的。这个 ID 是该控件实例的编程名称(programmatic name)。例如，如果将一个 Label 控件的 ID 属性设为 lblMessage，则可在代码中利用 lblMessage 来引用该控件，且在该命名空间内不允许具有第二个 ID 为 lblMessage 的控件。

许多数据绑定控件(例如 GridView 控件)都可作为子控件的容器。例如，当 GridView

控件被实例化时，它会生成多个子控件的实例来表示其行数据和列数据。当多个 GridView 控件被添加到一个网页中，其子控件被创建时，这些子控件为何都会拥有唯一的 ID 属性？原因正是在于 GridView 控件是一个命名容器。

给定子控件的命名容器是一个在实现 INamingContainer 接口的类层次中较之更高层(父类或祖先类)的控件。服务器控件均会实现该接口以创建一个独一无二的命名空间，从而为其子服务器控件设置 UniqueID 属性值。UniqueID 属性中包含该控件的完整限定的名称。该属性与 ID 属性的差异在于前者是由 NamingContainer 自动生成的，并包含 NamingContainer 的信息。

控件的查找

如果希望在一个给定的 NamingContainer 内找到某个子控件，可以使用 NamingContainer 的 FindControl 方法。FindControl 方法会递归地对子控件进行搜索，但该搜索将不会进入任何也是 NamingContainer 对象的子控件的 Controls 集合中。下面的代码展示了如何在一个网页中查找名称为 lblMessage 的控件：

```
'VB
Dim c As Control = FindControl("lblMessage")
```

```
//C#
Control c = FindControl("lblMessage");
```

可能这段代码并没有太多价值，因为你只需直接通过 ID 访问 lblMessage 即可。只有在需要在动态创建的控件中进行查找时，FindControl 方法才最能体现其价值。如果一个控件是动态创建的，则无法直接通过 ID 属性对其进行引用。因此，需要先依据其 ID 找到该控件，并将返回值赋给准备用于访问该控件的控件变量。例如，GridView 使用格式 "ctl" 加 n 可以动态创建子对象，其中 n 是每个控件的数值索引。假如要访问名称为 ctl08 的子控件，可以使用下列代码来实现：

```
'VB
Dim c As Control = GridView1.FindControl("ctl08")
```

```
//C#
Control c = GridView1.FindControl("ctl08");
```

快速测试

1. 修改服务器控件的哪个属性可以将 VewState 数据的尺寸最小化？
2. 在网页的 Init 事件处理方法中发生了什么？
3. 如果打算将传统的 ASP 页面移植为 ASP.NET 页面，则应使用何种类型的服务器控件？

参考答案

1. 将 EnableViewState 属性设为 false。
2. 该页面的每个子控件都被初始化为其设计时的取值。
3. 使用 HTML 服务器控件可以方便地实现这种移植。

实训：理解网页生命周期事件

在本实训中，我们将进一步了解网页的生命周期，以深入理解事件及其被触发的时间。如果在完成本练习的过程中遇到任何问题，可以参考配套资源中所附的完整项目。

> ➤ **练习 1　配置网页事件处理方法**

在本练习中，需要对一些网页和服务器控件的事件处理方法进行配置。接着运行该网页，以将 ASP.NET 发出的这些事件发生的先后次序显示出来。

1. 打开 Visual Studio，使用自己喜欢的编程语言创建一个名为 LifeCycleEvents 的新网站。本实训假定你采用代码隐藏模型(而非单页面模型)。

2. 新网站应当包含在页面 Default.aspx 中。请打开与其关联的代码隐藏文件。可在 Solution Explorer(解决方案资源管理器)直接打开该代码隐藏文件，或在设计器中右击该页面，然后从快捷菜单中选择 View Code(查看代码)。

3. 为该页面添加一个 Page_Load 事件处理方法(在 C#中，该方法为默认方法)。前面我们介绍过在 Visual Basic 和 C#中的添加方法略有不同。

4. 在 Page_Load 事件处理方法中，借助 System.Diagnostics.Debug 类，添加将写入 Visual Studio 的 Output(输出)窗口中的代码。下面给出一段示例代码：

```
'VB
Protected Sub Page_Load(ByVal sender As Object, _
    ByVal e As System.EventArgs) Handles Me.Load
    System.Diagnostics.Debug.WriteLine("Page_Load")
    System.Diagnostics.Debug.WriteLine("Page_Load")
End Sub
```

```
// C#
protected void Page_Load(object sender, EventArgs e)
{
    System.Diagnostics.Debug.WriteLine("Page_Load");
}
```

5. 为 PreInit、Init、PreRender 以及 Unload 事件添加事件处理方法。在每个方法内对 Debug.Write 进行一次调用。每次调用会将与该事件处理方法相关的事件名称输出。添加该调用后，这些事件处理方法大致如下：

```
'VB
Protected Sub Page_PreInit(ByVal sender As Object, _
    ByVal e As System.EventArgs) Handles Me.PreInit
    System.Diagnostics.Debug.WriteLine("Page_PreInit")
End Sub

Protected Sub Page_Init(ByVal sender As Object, _
    ByVal e As System.EventArgs) Handles Me.Init
    System.Diagnostics.Debug.WriteLine("Page_Init")
End Sub

Protected Sub Page_PreRender(ByVal sender As Object, _
    ByVal e As System.EventArgs) Handles Me.PreRender
    System.Diagnostics.Debug.WriteLine("Page_PreRender")
End Sub
```

```
Protected Sub Page_Unload(ByVal sender As Object, _
    ByVal e As System.EventArgs) Handles Me.Unload
    System.Diagnostics.Debug.WriteLine("Page_Unload")
End Sub

//C#
protected void Page_PreInit(object sender, EventArgs e)
{
    System.Diagnostics.Debug.WriteLine("Page_PreInit");
}

protected void Page_Init(object sender, EventArgs e)"
{
    System.Diagnostics.Debug.WriteLine("Page_Init");
}

protected void Page_PreRender(object sender, EventArgs e)
{
    System.Diagnostics.Debug.WriteLine("Page_PreRender");
}

protected void Page_Unload(object sender, EventArgs e)
{
    System.Diagnostics.Debug.WriteLine("Page_Unload");
}
```

6. 以 Debug 模式运行该 Web 应用程序(单击"标准"工具栏中的 Start Debugging(启动调试)按钮)。你可能会接收到一条提示说如果没有在 Web.config 中启用调试，则该网站不可被调试。允许 Visual Studio 进行调试，并单击 OK 按钮。随后 Default.aspx 页面将显示在浏览器窗口中(该页面为空，因为我们尚未为其添加任何控件)。

7. 在 Visual Studio 中，定位至 Output(输出)窗口。该输出窗口底部有一个事件列表。该列表是你在代码中对 Debug.WriteLine 进行调用的结果。示例参见图 2.13。请注意这些事件发生的先后次序。

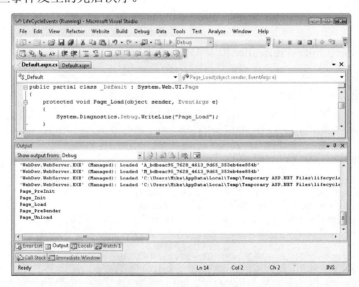

图 2.13　显示了页面事件发生先后次序的 Visual Studio 输出窗口

课程小结

◆ ASP.NET 页面具有确定的生命周期，它决定了 ASP.NET 对页面处理的方式，如何调用事件处理方法以及如何将数据连接到页面。

◆ ViewState 提供了一种在页面请求之间对网页对象及其子控件的对象的数据进行维护的机制。

◆ 服务器控件是一种通过编写服务器端代码而对其事件进行响应的可编程控件。

◆ 服务器控件都包含有 runat="server"属性。

◆ 当传统的 ASP 网页需要移植到 ASP.NET 时，HTML 服务器控件非常有用。

◆ 在使用服务器控件，且还需要编写大量相关联的客户端 JavaScript 脚本时，HTML 服务器控件也会非常有用。

◆ Web 服务器控件比 HTML 控件功能更为强大。单个 Web 服务器控件就可以呈现非常多的 HTML 元素及 JavaScript 代码块。同时，Web 服务器控件还为 Windows 开发者提供了更为直观的编程模型。

课后练习

通过下列问题，可检验自己对第 1 课的掌握程度。这些问题也可从配套资源中找到。

注意　关于答案

对这些问题的解析可参考本书末"答案"。

---

1. 假定希望为某个网页添加一个 HTML 服务器控件，且你已从工具箱中将该 HTML 元素拖拽到该网页中，则接下来应执行的操作是什么？

   A. 在源视图中为该控件元素添加属性 run="server"。

   B. 双击该 HTML 元素，将其转换为一个 HTML 服务器控件。

   C. 在源视图中为该控件元素添加属性 runat="server"。

   D. 在设计视图中选择该 HTML 元素，并在属性窗口中将 RunAt 属性设为 true。

2. 你已注意到单击 CheckBox 并不会导致自动 PostBack。假定你需要 CheckBox 来 PostBack，因此你需要基于服务器端代码来更新该网页。你应怎样做才能使 CheckBox 产生自动 PostBack？

   A. 将 AutoPostBack 属性设为 true。

   B. 添加一段调用 ForcePostBack 方法的 JavaScript 代码。

   C. 将该网页的 PostBackAll 属性设为 true。

   D. 添加监听来自客户端单击事件的服务器端代码。

3. 假定需要在代码中动态创建一个 TextBox 服务器控件的实例。则应在哪个页面事件中创建该服务器控件以保证视图状态在 PostBack 时能够正确地重新与该控件建立连接？

A. PreInit

B. Init

C. Load

D. PreRender

4. 假定需要编写代码来动态创建一个 TextBox 服务器控件的新实例。你希望确保TextBox 控件能够显示在网页中，则应做的操作是什么？

A. 调用该 TextBox 控件的 ShowControl 方法。

B. 将该 TextBox 控件的 Visible 属性设为 true。

C. 调用 Page 类的 Add 方法以将你的 TextBox 实例添加到网页中。

D. 调用 form1.Controls 集合的 Add 方法以将你的 TextBox 实例添加到网页中。

第 2 课　常用服务器控件

在 ASP.NET 中有许多 Web 服务器控件。实际上，随着.NET 每个新版本推出，ASP.NET 控件的数量、功能及灵活性都得到了持续的增强。有了这些控件的强有力支持，开发人员就可以创建出具有极佳用户体验的应用程序。本书并不打算涵盖所有的控件，因为许多控件的编程模型都是非常类似的。本书将充分地介绍这些控件，以确保你可以自如地与其进行交互。

在上一课中，我们学习了 Web 控件的工作原理，以及如何在 Visual Studio 内使用这些控件。本课将对这些控件进行更为深入的探讨，我们会介绍许多可在应用程序中使用的基本的标准 Web 服务器控件。第 3 课将介绍一些 ASP.NET 中更高级或更专门化的控件。有许多本章没有涉及的控件将陆续在后续章节中进行讨论，如数据绑定控件、验证控件、导航控件、AJAX、站点成员等。

学习目标

◆　使用下列 Web 服务器控件

　　◇　Label

　　◇　TextBox

　　◇　Button

　　◇　CheckBox

　　◇　RadioButton

预计课时：30 分钟

现实世界

Glenn Johnson

我的一位朋友曾经要我帮忙评价一下他的网站，因此我花了些时间浏览了一下他的网站。没用多久我就发现我可以在该站点的某些 TextBox 控件中输入<script>标签，接着该标签被写入数据库。当其他人浏览该站点时，我之前输入的脚本便从数据库中被加载，并得到执行。该网站中包含不计其数的跨站点脚本(cross-site scripting，XSS)漏洞，这种缺陷很容易为黑客所利用而盗取用户的身份信息。

幸运的是，该网站并未正式推出。因此我的朋友尚有机会修正这些错误，并避免许多可能导致他个人和公司尴尬的事情发生。

Label 控件

Label 控件用于在网页的某个特定位置显示文本，所显示的内容是由该控件所被赋予的属性决定的。在需要使用服务器端代码来修改标签的文本或其他属性时，不妨选用 Label 控件。如果只需要显示静态文本，则不建议使用 Label 控件，因为这样显得有些"大材小用". Label 控件需要服务器端的处理, 并且会增加往返的数据量。因此用标准 HTML 来定义静态文本是最佳选择。

标签控件可用作 TextBox 或其他控件的标题, 这时可用该 Label 的访问键来将控件的焦点转移到该 Lable 控件的右方。

安全警示

用非信任来源的数据来填充 Label 控件会导致 XSS 漏洞。尤其是大多数有 Text 属性的控件而言。这表明, 在被应用于控件 Text 属性的数据中会包含将由页面来执行的 HTML 代码和脚本。为避免这种情况, 对于非信任来源的数据, 在将其放入 Text 属性之前, 应该用 HttpUtility.HtmlEncode 或 Server.HtmlEncode 方法对它们进行编码。

要想将服务器控件 Label 添加到某个网页中, 需要遵循下述步骤。

1. 如果位于该网页的源视图中, 请输入一个<asp:Label>元素。Visual Studio 的智能感知会协助你输入该标签。请确保你已对该控件进行了如下属性设置: runat="server"。

2. 可以用下列两种方式设置该标签的 Text 属性。在第一种方式中, 可将 Text 定义为该 Label 控件的一个属性:

```
<asp:Label ID="Label1" runat="server" style="color: Blue" Text="Some
Text"></asp:Label>
```

也可以将文本嵌入一对开始和结束标记中:

```
<asp:Label ID="Label1" runat="server" style="color: Blue">
    Some Text
</asp:Label>
```

也可以在代码中对 Text 属性的值进行设置。如果在代码中对 Text 属性做了修改, 则它会将你在设计器中对页面所做的修改覆盖。下面给出了一段示例代码:

```
'VB
Label1.Text = "Some Text"

//C#
Label1.Text = "Some Text";
```

TextBox 控件

TextBox 控件用于从用户那里收集信息。利用 Text 属性可对 TextBox 控件的内容进行设置和获取。与 Label 控件类似, 可将 Text 属性作为一个标签属性(在一对开始和结束标记之间)来设置, 也可在代码中直接设置。

TextBox 控件拥有一个 TextMode 属性, 该属性可被设为 SingleLine(默认值)、MultiLine 或 Password 三者之一。该属性取值为 SingleLine 时, 表示用户只能输入单行文本。若该属性取值为 Password, 则表示用户只能输入单行文本, 但用户所输入的文本内容会用特殊符号替代(一般为*号)。该属性被设为 MultiLine 时, 则表示用户可输入多行文本。可将该属性值与 Columns 和 Rows 属性配合使用以为用户提供一个较大的 TextBox, 使其能够输入更多数据。TextBox 的 Columns 属性决定了自身的宽度，即每行所能容纳字符数的最大值。而 Rows 属性则确定了该 TextBox 的最大高度，即用户所能输入的最大行数。图 2.14 给出了一个在 Visual Studio 的属性窗口中定义多行 TextBox 控件的示例。

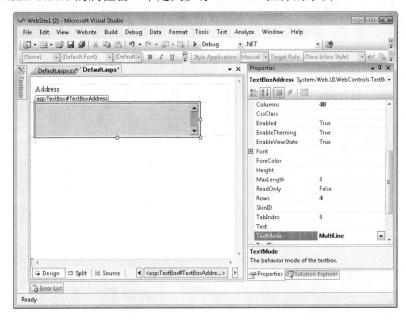

图 2.14　Visual Studio 设计器中的一个多行 TextBox 控件

TextBox 控件还拥有一个名为 MaxLength 的属性，该属性用于对用户所输入的最大字符数进行限制，以确保其不超出数据库中相应字段的最大许可长度。TextBox 控件的另外一个常用的属性是 Wrap(该属性的默认取值为 true)，它可以保证当 TextBox 中的输入文本达到其宽度时自动换行。

TextBox 控件中包含 TextChanged 事件。当用户修改了给定 TextBox 控件中的文本时，该事件会使服务器陷入对该事件的响应中。该事件不会自动触发 PostBack。

Button 控件

Button 控件用于在网页中显示按钮。用户可通过单击按钮来向 Web 服务器触发一个 PostBack。Button 控件可以两种形式出现，即提交按钮(此为默认情况)或命令按钮。提交按钮的功能仅仅是向服务器执行一次 PostBack。可为按钮的 Click 事件提供一个事件处理方法来控制当用户单击提交按钮时按钮的行为。

Button 控件也当做命令按钮来使用。命令按钮一般为一组协同工作的按钮，如工具栏。你可通过为 Button 控件的属性 CommandName 赋值来将按钮定义为命令按钮。假设要创建一组按钮来方便用户对页面中播放的视频进行控制，其中可能需要包含后退、暂停、播放以及前进按钮。每个按钮都需要被赋予唯一的 CommandName 值。图 2.15 给出了一个例子。

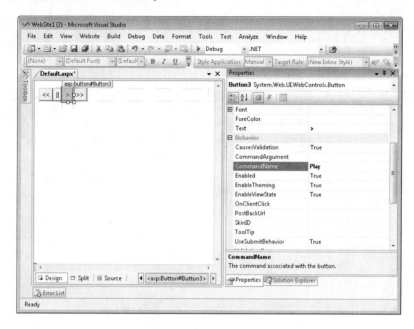

图 2.15　网页中的一组命令按钮

用户单击某一命令按钮时，其 Command 事件便在服务器中被调用。该事件将接收 CommandEventArgs 的一个实例作为其参数。你可利用这些参数来找出哪个按钮被单击，并做出相应的响应。一种通用的模式是创建单一命令事件处理方法，并将每个按钮与其进行关联。在该事件处理方法内部，可确定所选择的按钮，并执行恰当的操作。下面给出一段示例代码：

```vb
'VB
Protected Sub Playback_Command(ByVal sender As Object, _
    ByVal e As System.Web.UI.WebControls.CommandEventArgs) _
    Handles Button2.Command
    Select Case e.CommandName
        Case "Back"
            Response.Write("back")
        Case "Pause"
            Response.Write("pause")
        Case "Play"
            Response.Write("play")
        Case "Forward"
            Response.Write("forward")
    End Select
End Sub
```

```csharp
//C#
protected void Playback_Command(object sender, CommandEventArgs e)
{
    switch (e.CommandName) {
        case "Back":
            Response.Write("back");
            break;
        case "Pause":
            Response.Write("pause");
            break;
        case "Play":
            Response.Write("play");
            break;
        case "Forward":
```

```
            Response.Write("forward");
            break;
      }
}
```

也可以使用 Button 控件的 CommandArgument 属性来提供关于所要执行命令的附加信息。该属性可从 CommandEventArgs 对象中获取。

Button 控件中还包含一个 CausesValidation 属性。该属性的默认取值为 true，用于控制当 Button 控件被单击时，页面验证是否被执行。如果希望按钮控件绕开页面验证，可将 CausesValidation 属性设为 false。重设按钮和帮助按钮是绕开验证的典型示例。要了解更多关于页面验证的信息，请参阅第 3 章。

CheckBox 控件

CheckBox 控件为用户提供了在 true 和 false 之间选择的能力。CheckBox 控件的 Text 属性确定其标题。利用 TextAlign 属性可指定复选框标题位于哪一边(即左边、中间、右边)。而 Checked 属性用于在代码中设置和获取 CheckBox 控件的状态。

CheckBox 控件的状态发生变化时，CheckedChanged 事件便会被触发。默认情况下，CheckBox 控件的 AutoPostBack 属性为 false。这就意味着修改复选框的状态并不会导致 PostBack 的发生。但是，当其他控件引起 PostBack 时，CheckChanged 事件仍将被触发。

考试提示

如果需要创建一组 CheckBox 控件，不妨考虑使用 CheckBoxList 控件。CheckBox 能够提供更细微的布局控制，但需要与数据进行绑定时，使用 CheckBoxList 更方便。

RadioButton 控件

RadioButton 控件赋予用户在一组互斥的 RadioButton 控件中进行选择的能力。在要求用户从一组选项中只选择一项时，该控件便可派上用场。要想将多个 RadioButton 划分为一组，需要为该组中的每一个 RadioButton 控件指定相同的组合 GroupName。这样，ASP.NET 能够确保组内的单选按钮均为互斥。RadioButton 控件的 Text 属性用于确定该控件的标题。而 TextAlign 属性用于确定标题出现的位置。图 2.16 展示了一个在同一页面中与两组单选按钮进行交互的例子。

可通过读取每个控件的 Checked 属性来确定代码中哪个按钮处于选中状态。用户单击某个给定的单选按钮时，RadioButton 控件会以 CheckedChanged 事件作为响应。该事件并不会导致向服务器的 PostBack。

考试提示

请考虑 RadioButtonList 控件的使用。RadioButton 为布局提供了更精细的控制，但当需要进行数据绑定时，使用 RadioButtonList 控件是一个更好的选择。

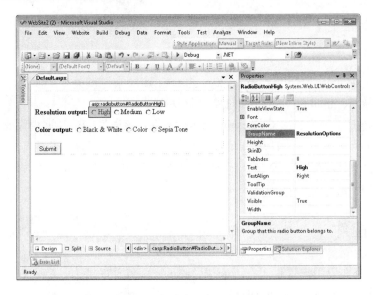

图 2.16　在一个网页内定义 RadioButton 控件的属性

快速测试

1. 有哪两种类型的 Web 服务器 Button 控件可被创建？
2. 怎样创建一个 TextBox 以从某个用户那里获取密码？
3. 如何使 CheckBox 产生向服务器的即时 PostBack？

参考答案

1. 这两种类型的 Web 服务器 Button 控件分别为提交按钮和命令按钮。
2. 可通过将该 TextBox 的 TextMode 属性设为 Password 而实现对用户输入密码的屏蔽。
3. 可通过将 CheckBox 控件的 AutoPostBack 属性设为 true 而为其实现即时 PostBack。

实训：使用 Web 服务器控件

本实训将引导你使用本章介绍过的 Web 服务器控件。如果在完成练习的过程中遇到任何问题，可以参考配套资源中所附的完整项目。

➤ 练习 1　为网页添加控件

在本练习中，将为网页添加 Web 服务器控件，具体步骤如下。

1. 打开 Visual Studio 并创建一个名为 WebServerControls 的新网站。
2. 在设计视图中打开 Default.aspx 网页。
3. 从工具箱中分别拖动 Label、CheckBox、TextBox、三个 RadioButton 和一个 Button 控件到该网页中。按照图 2.17 对这些控件的 Text 属性进行修改。另外，请将这些控件的名称分别命名为 LabelInformation、CheckBoxAdmin、TextBoxUserName、RadioButton1、RadioButton2、RadioButton3 和 ButtonSave。同时将单选按钮的 GroupName 属性设为 ApplicationRole。

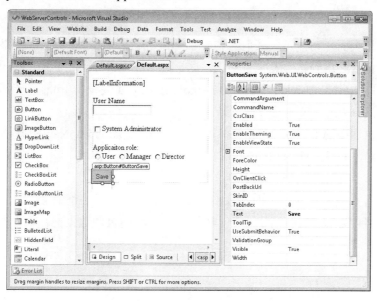

图 2.17　将 Web 服务器控件拖放到网页中

4. 右击该网页，并选择 View Code 以打开该网页的代码隐藏文件。你会注意到该代码隐藏页面中没有任何附加代码。

5 运行该 Web 应用程序。单击 Button、CheckBox 和 RadioButton 控件。观察这些控件的行为。请注意 Button 是唯一向服务器执行 PostBack 的控件。你还会注意到这些 RadioButton 控件并不是互斥的。

6. 在设计视图中打开该页面。选择 TextBox 控件并将其 MaxLength 属性设为 12 以对用户输入的字符数进行限制。

7. 运行该页面，并在 TextBox 控件内输入一些内容。你将注意到你所输入的字符数不会超过 12。

8. 双击 CheckBox 控件以为其添加 CheckedChanged 事件处理方法。添加如下代码，依用户是否选择该复选框而确定是否对其 Text 属性进行修改。

```vb
'VB
Protected Sub CheckBoxAdmin_CheckedChanged(ByVal sender As Object, _
    ByVal e As System.EventArgs) Handles CheckBoxAdmin.CheckedChanged
    If CheckBoxAdmin.Checked Then
        CheckBoxAdmin.Text = "System Administrator"
    Else
        CheckBoxAdmin.Text = "Check to set as system administrator"
    End If
End Sub
```

```csharp
//C#
protected void CheckBoxAdmin_CheckedChanged(object sender, EventArgs e)
{
    if (CheckBoxAdmin.Checked)
    {
```

```
              CheckBoxAdmin.Text = "System Administrator";
        }
        else
        {
              CheckBoxAdmin.Text = "Check to set as system administrator";
        }
}
```

9. 运行该页面。请注意，任何对该 CheckBox 的修改都是无效的。如果单击 Save 按钮，你会注意到文本发生了变化，这是因为该按钮导致了 PostBack 的发生。返回该页面，并将 CheckBox 控件的 AutoPostBack 属性设为 true。重新运行该页面，再次选择 CheckBox 并查看结果。

10. 为使页面中的 RadioButton 控件互斥，这些控件的 GroupName 属性必须设为相同的名称。将这三个 RadioButton 控件的 GroupName 属性均设为 ApplicationRole。

11. 运行该页面，依次选择各个单选按钮。此时你将发现它们已互斥。

12. 在设计视图中打开该页面。双击 Button 控件以在你的代码隐藏文件中为其添加 Click 事件处理方法。添加如下代码，以填充表明页面数据已被保存的 Label 控件：

```
'VB
Protected Sub ButtonSave_Click(ByVal sender As Object, _
     ByVal e As System.EventArgs) Handles ButtonSave.Click
     LabelInformation.Text = "User information saved."
End Sub
```

```
//C#
protected void ButtonSave_Click(object sender, EventArgs e)
{
     LabelInformation.Text = "User information saved.";
}
```

13. 运行该页面，单击 Save 按钮，并观察结果。

本课总结

◆ Label 控件可在网页的特定位置显示文本信息，所显示的内容是由该 Label 控件的属性所决定的。

◆ TextBox 控件用于从用户那里收集文本。

◆ Button 控件用于在网页中显示一个下压按钮，当用户单击该按钮时，可引起一个向 Web 服务器的 PostBack 动作。

◆ CheckBox 为用户提供了在 true 和 false 之间选择的能力。

◆ RadioButton 控件能够为用户提供在一组互斥的 RadioButton 控件中进行选择的能力。

课后练习

通过下列问题，可检验自己对第 2 课的掌握程度。这些问题也可从配套资源中找到。

注意　关于答案
对这些问题的解析可参考本书末"答案"。

1. 如果希望多个 RadioButton 控件互斥，应对这些控件的哪个属性进行设置？

   A. Exclusive

   B. MutuallyExclusive

   C. Grouped

   D. GroupName

2. 假定你准备创建一个拥有若干互相关联的按钮，例如快进、后退、播放、停止和暂停。而且你希望创建单一的事件处理方法以对来自这些 Button 控件的 PostBack 进行处理。除了普通的提交按钮外，还可选择哪类按钮作为解决方案？

   A. OneToMany

   B. Command

   C. Reset

   D. ManyToOne

3. 在设计视图中，为某个服务器控件创建默认事件处理方法的最简单的操作方式是什么？

   A. 打开代码隐藏页面并编写代码

   B. 右击该控件，并选择 Create Handler

   C. 从工具箱中为该控件拖拽一个事件处理器

   D. 双击该控件

第 3 课　专用服务器控件

　　曾几何时，开发人员在网页中创建像日历这样基本的控件都极其费时费力，因为这种任务需要为每个日期创建关联超链接的 HTML 表格。你还必须编写一些 JavaScript 代码对选择的日期进行处理，此外还有一些其他的琐事必须处理。但利用 ASP.NET，像在网页中创建日历这种常规任务只需通过简单的拖拽和属性设置即可轻松完成。

　　上一课中，我们介绍了一些非常基本的用于构建网页的控件。除了我们所介绍的这些控件之外，当然还有许多其他的控件可以利用。本课将介绍一些更为专门化的服务器控件。当然除了这些基本控件外还有很多其他控件，但本章并没有涉及。

学习目标

◆　使用下列 Web 服务器控件

　◇　Literal

　◇　Table、TableRow 及 TableCell

　◇　Image

　◇　ImageButton

　◇　ImageMap

　◇　Calendar

　◇　FileUpload

　◇　Panel

　◇　MultiView

　◇　View

　◇　Wizard

预计课时：60 分钟

Literal 控件

　　Literal 控件与 Label 控件非常类似，因为这两种控件都可用于在网页中显示静态文本。从 Literal 控件的对象模型(图 2.18)可以看出，它并非继承自 WebControl 类。Literal 控件并没有提供特别丰富的功能，也不会为网页增加任何 HTML 元素，而 Label 是作为<span>标签来呈现的。这就意味着 Literal 控件不具备 style 属性，因此我们无法修改其内容的样式。

　　在需要为页面动态添加文本(从服务器)但又不希望使用 Label 时，使用 Literal 控件是一个很好的选择。如果文本是静态的，只需将其添加到该页面的标记中即可(不必使用 Label 或 Literal 控件)。Literal 控件中包含 Mode 属性，该属性用于指定对 Text 属性的内容所做的特殊处理。表 2.4 给出了可用的模式及其描述。

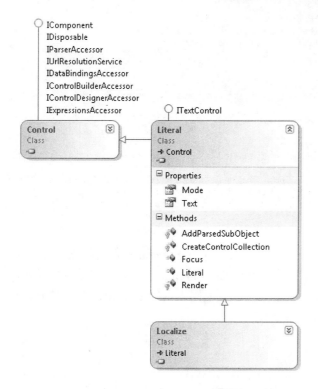

图 2.18 Literal 控件的对象模型

表 2.4 Literal 控件的 Mode 属性

模式名称	描 述
PassThrough	该模式下控件的内容(包括 HTML 标记和脚本)不会被修改。这些项将被输出到页面中并由浏览器分别作为 HTML 和脚本进行处理
Encode	Text 内容以 HTML 格式编码；即任何 HTML 标记或脚本实际上都会被视作文本而非 HTML 或脚本
Transform	Text 内容会被转化为与发出请求的浏览器的标记语言匹配的格式，例如 HTML、可扩展超文本标记语言(XHTML)、无线标记语言(WML)或压缩式超文本标记语言(cHTML)。如果标记语言为 HTML 或 XHTML，则该内容将会传给浏览器。对于其他标记语言，不合法的标签将被移除

　　下面我们来看一个例子，假定有一个拥有三个 Literal 控件的网页，分别用于对 Mode 属性的设置。假定下列代码已被添加到代码隐藏文件中，以演示 Literal 控件的使用和 Mode 属性的作用：

```VB
'VB
Protected Sub Page_Load(ByVal sender As Object, _
    ByVal e As System.EventArgs) Handles Me.Load
    Literal1.Text = _
        "This is an <font size=7>example</font><script>alert(""Hi"");</script>"
    Literal2.Text = _
        "This is an <font size=7>example</font><script>alert(""Hi"");</script>"
    Literal3.Text = _
        "This is an <font size=7>example<script>alert(""Hi"");</script>"
```

```
        Literal1.Mode = LiteralMode.Encode
        Literal2.Mode = LiteralMode.PassThrough
        Literal3.Mode = LiteralMode.Transform
End Sub

//C#
protected void Page_Load(object sender, EventArgs e)
{
        Literal1.Text =
        @"This is an <font size=7>example</font><script>alert(""Hi"");</script>";
        Literal2.Text =
        @"This is an <font size=7>example</font><script>alert(""Hi"");</script>";
        Literal3.Text =
        @"This is an <font size=7>example</font><script>alert(""Hi"");</script>";
        Literal1.Mode = LiteralMode.Encode;
        Literal2.Mode = LiteralMode.PassThrough;
        Literal3.Mode = LiteralMode.Transform;
}
```

图 2.19 展示了当页面显示时所呈现的 Literal 控件的输出。警示信息会被显示两次，一次用于 Transform，而另一次用于 PassThrough。请注意，依据用户的输入而动态修改 Literal 控件的 Text 属性存在安全风险。但编码版本的 Literal 控件会对 HTML 和脚本进行编码，并将其显示在浏览器窗口中。

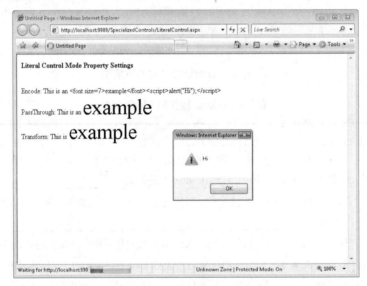

图 2.19　使用不同 Mode 设置而呈现的 Literal 控件

Table、TableRow 及 TableCell 控件

自第一个 HTML 网页诞生以来，Web 开发者就经常使用表格来格式化显示网页中的信息。对于列表数据来说，表格是非常有用的。但表格的用途远不止于此，它们可以辅助表单中图形和控件的布局。对于网页来说，行和列的概念是一个非常强大的布局技术。

HTML 提供了<table>标签用于定义表格，<tr>标签用于创建行而<td>标签则用于定义行中的列。Web 开发者应当对这些标签驾轻就熟。ASP.NET 提供了 Table 控件用于在不使用这些标签的情况下创建和管理表格。与其对应的 HTML 标签一样，Table 控件也可用于在页面中显示静态信息。但是，Table 控件真正的威力在于其能够在运行时通过代码以编程的方式动态添加 TableRow 和 TableCell 控件。如果只需显示静态信息，不妨考虑使用 HTML 标签。

考试提示

ASP.NET 中还有一个 HtmlTable 控件。可通过为 HTML 标签<tag>添加 runat="server"属性并赋予该标签 ID 来创建该控件的实例。但 TableControl 的易用性更好，因为它能够提供一种与 TableRow 和 TableCell 控件一致的编程模型。

再次强调，当在运行过程中以编程的方式为表格添加行和单元格时，使用 Table 控件是一个正确的选择。行的添加可借助 TableRow 控件来完成，而单元格添加可借助 TableCell 控件来完成。表格中行和单元格添加方式与在页面中动态添加其他控件非常类似。这也就意味着同样的规则也适用于这些动态创建的控件。若想使这些控件在 PostBack 时可用，必须当页面向服务器回发时重新创建这些控件。页面可能仅用于显示或只是为了方便管理。无论在哪种情形下，使用 Table 控件都是一个很好的选择。但是如果需求较为复杂，有大量数据需要处理，而且需要在 PostBack 之后这些数据仍然可用，不妨考虑使用 Repeater、DataList 或 GridView 控件。对于那些将表格作为其自定义控件一部分的控件开发人员来说，Table 控件也非常有用。

Table 控件提供了与其他 Web 控件一致的对象模型。图 2.20 展示了 Table 控件的对象模型。

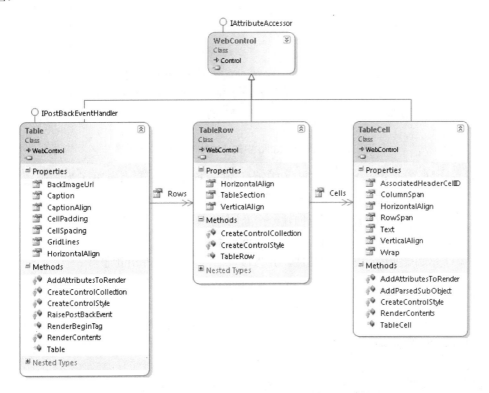

图 2.20　Table 控件的对象模型

你可能已注意到，Table 控件中包含一个 Rows 集合类属性。该属性为 TableRow 控件的集合。它用于访问数据行和为表格添加行。TableRow 控件中包含一个集合类属性 Cells。该属性表示一组 TableCell 控件所构成的集合，它们对应给定行中的实际单元格(或列)。

Table 类、TableRow 类和 TableCell 类均继承自 WebControl 类。该类提供了一些基本属性，如 Font、BackColor 以及 ForeColor。如果在 Table 级对这些属性进行设置，则可在每个 TableRow 实例中将这些设置覆盖。同样，在 TableRow 中所做的设置也可在 TableCell 实例中被覆盖。

为 Table 控件动态添加行和单元格

Visual Studio 提供了一个设计器可用于为页面中的 Table 控件添加行和单元格。可从属性窗口的 Table 控件的 Rows 属性中访问该设计工具。在这里可为表格添加一些行。每行同样允许以相似的方式对表格的 Cells 集合进行管理。图 2.21 展示了该对话框。

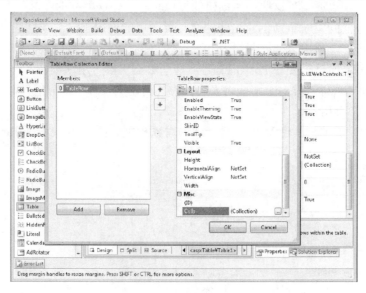

图 2.21　Visual Studio 中的 TableRow 集合编辑器

Table 控件的真正威力在于可从代码中与其进行交互。下面给出了为一个已存在的 Table 控件动态添加 TableCell 和 TableRow 对象的步骤。

1. 打开 Visual Studio 网站或创建一个新网站，并打开一个网页。
2. 从工具箱中为你的页面拖放一个 Table 控件。
3. 打开该页面的代码隐藏文件，并为该页面添加一个 PreInit 事件。
4. 在 PreInit 事件内编写一个 for 循环，从中为表格创建五个新行。
5. 在循环内部，添加另一个 for 循环，为每行创建三列。
6. 在循环内部，对 TableCell.Text 属性进行修改以标识行和列。

下面给出一段示例代码：

```vb
'VB
Protected Sub Page_PreInit(ByVal sender As Object, _
ByVal e As System.EventArgs) Handles Me.PreInit
Table1.BorderWidth = 1
For row As Integer = 0 To 4
```

```
    Dim tr As New TableRow()
    For column As Integer = 0 To 2
        Dim tc As New TableCell()
        tc.Text = String.Format("Row:{0} Cell:{1}", row, column)
        tc.BorderWidth = 1
        tr.Cells.Add(tc)
    Next column
    Table1.Rows.Add(tr)
Next row
End Sub


//C#
protected void Page_PreInit(object sender, EventArgs e)
{
    Table1.BorderWidth = 1;
    for (int row = 0; row < 5; row++)
    {
        TableRow tr = new TableRow();
        for (int column = 0; column < 3; column++)
        {
            TableCell tc = new TableCell();
            tc.Text = string.Format("Row:{0} Cell:{1}", row, column);
            tc.BorderWidth = 1;
            tr.Cells.Add(tc);
        }
        Table1.Rows.Add(tr);
    }
}
```

在这段代码中，一开始我们先将 Table 控件的 BorderWidth 属性设为 1，这会使该 Table 具有宽度为 1 的外边框。TableCell 对象的 BorderWidth 属性也被设为 1，因此每个 TableCell 也会具有一个外边框。当该网页显示时，其效果如图 2.22 所示。

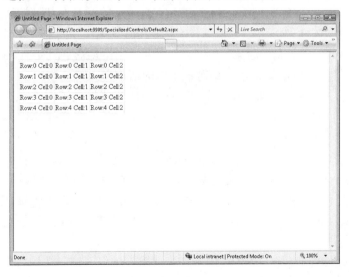

图 2.22　一个显示了动态创建的 TableRow 和 TableCell 控件的网页

Image 控件

Image 控件用于在网页中显示图像。如果需要在服务器端代码中操作控件属性时，则应该使用 Image 控件，但如果只需在网页中嵌入一幅静态图像，则可使用 HTML 标签 <img>。

实际上，当 Image 控件在网页中呈现时，它会自动生成一个<img>元素。

Image 控件的直接基类是 WebControl。而 ImageMap 类和 ImageButton 类则直接继承自 Image 类。图 2.23 展示了 Image 控件的类层次结构。

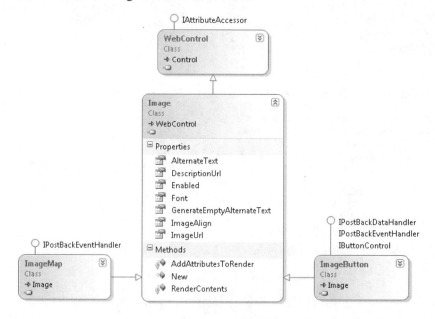

图 2.23　Image 控件类的层次结构

在标记中，Image 控件是用<asp:Image>元素来表示的，且在其开始和结束标签之间没有任何嵌入的内容。因此你可将该元素写作空标签(即以/>结束，而非一个独立的结束标签)。注意图像本身并未嵌入网页，理解这一点非常重要。当浏览器遇到带有 href 属性的<img>元素时，浏览器将向服务器初始化一个对该图像的请求。

Image 控件的主要属性是 ImageUrl，它以 URL 的形式提供了在 Image 控件中显示一幅图像的路径。在 HTML 中，该属性被直接映射到<img>元素的 href 属性。当使用 Image 控件时，还可以考虑使用其他属性，如下所示。

◆ Image 控件中还包含一个名为 AlternateText 的属性。当无法获取图像或浏览器被设置为不显示图像时，可通过设置该属性来在用户浏览器中显示一条文本消息。

◆ Image 控件的 ImageAlign 属性可被设置为 NotSet、Left、Right、Baseline、Top、Middle、Bottom、AbsBottom、AbsMiddle 以及 TextTop。这些设置指定了图像相对于网页中的其他对象所应排列的位置。

◆ Image 控件的 DescriptionUrl 属性是一个用于增强可访问性的特性，用于当使用非可视化的页面阅读器(即无法显示图像的浏览器)时进一步解释图像的内容和含义。该属性实际上是对所生成的<img>元素的 longdesc 属性进行了设置。该属性应被设置为包含该图像细节内容(以文本或音频格式)的网页的统一资源定位符(URL)。

◆ 若将 Image 控件的 GenerateEmptyAlternateText 属性设为 true，则会为 Image 控件所生成的<img>元素添加属性 alt=""。从可访问性的角度来看，任何对页面含义没有贡献的图像(例如空白图像或页面分割图像)都应携带该属性；该属性会使非可视化的页面阅读器直接忽略该图像。

下面给出一段在网页中使用 Image 控件的示例代码。假定一幅名为 Whale.jpg 的图像位于文件夹 Images 中，我们同时还创建了一个名为 WhaleImageDescription.htm 的页面，其中包含可用于非可视化页面阅读器的描述信息。下面的代码展示了如何在代码隐藏文件中以编程方式对 Image 控件的属性进行设置。

```vb
'VB
Protected Sub Page_Load(ByVal sender As Object, _
    ByVal e As System.EventArgs) Handles Me.Load
    Image1.ImageUrl = "images/whale.jpg"
    Image1.DescriptionUrl = "WhaleImageDescription.htm"
    Image1.AlternateText = "This is a picture of a whale"
End Sub
```

```csharp
//C#
protected void Page_Load(object sender, EventArgs e)
{
    Image1.ImageUrl = "images/whale.jpg";
    Image1.DescriptionUrl = "WhaleImageDescription.htm";
    Image1.AlternateText = "This is a picture of a whale";
}
```

图 2.24 展示了该网页，其中包含 AlternateText 属性所对应的文本提示信息。

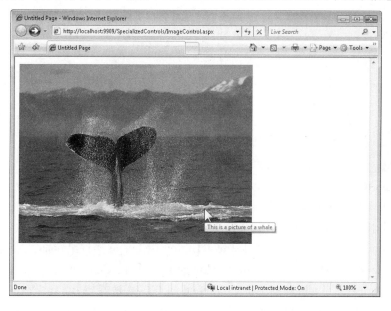

图 2.24　将 AlternateText 属性作为工具栏提示而显示的 Image 控件

ImageButton 控件

Image 控件并不具有 Click 事件。如果需要 Click 事件，可以考虑使用 ImageButton 控件或 ImageMap 控件。这些控件允许你将图像当做可单击按钮一样来对待。此外，通过这些控件你还可获取鼠标单击位置的 *x* 和 *y* 坐标。在需要获知用户在图像中单击的位置时，这一点显然非常有用。你可利用服务器上的这一信息来依据用户的单击区域来执行不同的操作。

ImageButton 控件用于在网页中显示可单击的图像，当该图像被单击时，可向 Web 服务器执行一次 PostBack。呈现到 HTML 中时，该控件会生成一个<input type="image">元素。ImageButton 控件直接继承自 Image 控件类，如图 2.25 所示。

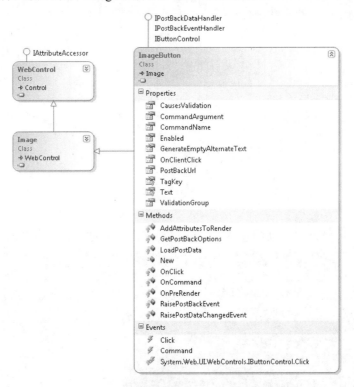

图 2.25　ImageButton 控件的类层次结构

ImageButton 控件在源视图中以元素<asp:ImageButton>的形式存在，且不带有任何内容。因此可将该元素写成一个实例(singleton element)。与 Image 控件一样，ImageButton 控件的主要属性也是 ImageUrl，其作用与 Image 的同名属性是相同的。该属性直接映射为 HTML 中<input>元素的属性 src。由于 ImageButton 由 Image 控件继承而来，因此它也拥有如下属性：AlternateText、DescriptionUrl、ImageAlign 以及 GenerateEmptyAlternateText。

ImageButton 类拥有 Click 事件和 Command 事件，其功能与 Button 控件的同名事件相同。Click 事件的第二个参数对应的数据类型为 ImageClickEventArgs，通过该数据类型，可获取用户单击处的 x 和 y 坐标。

下面再给出一段示例。假定我们创建一个网页，并为其添加了一个 ImageButton 控件。该控件使用了一幅同时包含红色和蓝色的图像(redblue.jpg)。下面的代码被添加到代码隐藏文件中，用于展示如何以编程的方式对 ImageButton 控件的属性进行设置以及 Click 事件的执行方式。

```
'VB
Partial Class ImageControl
    Inherits System.Web.UI.Page
```

```
    Protected Sub Page_Load(ByVal sender As Object, _
        ByVal e As System.EventArgs) Handles Me.Load
        ImageButton1.ImageUrl = "images/redblue.jpg"
        ImageButton1.AlternateText = _
            "This is a button. The left side is red. The right is blue."
    End Sub

    Protected Sub ImageButton1_Click(ByVal sender As Object, _
        ByVal e As System.Web.UI.ImageClickEventArgs) Handles ImageButton1.Click
        ImageButton1.AlternateText = _
        String.Format("Button Clicked at {0},{1}", e.X, e.Y)
    End Sub
End Class

//C#
public partial class ImageButton_Control : System.Web.UI.Page
{
    protected void Page_Load(object sender, EventArgs e)
    {
        ImageButton1.ImageUrl = "images/redblue.jpg";
        ImageButton1.AlternateText =
            "This is a button. The left side is red. The right is blue.";
    }

    protected void ImageButton1_Click(object sender, ImageClickEventArgs e)
    {
        ImageButton1.AlternateText =
        string.Format("Button Clicked at {0},{1}", e.X, e.Y);
    }
}
```

这段代码在 Page_Load 事件处理方法中对 ImageButton 控件的属性进行了设置。在 ImageButton1_Click 事件处理方法中，获取 x 和 y 坐标后，将存入 AlternateText 属性中，如图 2.26 所示。在本例中，可利用该信息来确定用户所单击的区域或颜色，并做出相应的决策。

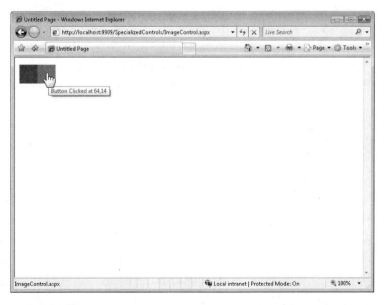

图 2.26　当 ImageButton 被单击后，显示有 AlternateText 消息的 ImageButton 控件

ImageMap 控件

ImageMap 控件用于在网页中显示可单击的图像，当用户单击图像时，该网页能够向
Web 服务器产生一次 PostBack。该控件与 ImageButton 控件不同，因为它允许定义能够引
发 PostBack 的区域或"热点"，而无论在 ImageButton 控件的任何部位进行单击，都将引
发 PostBack。

ImageMap 控件会在 HTML 中生成一个<img usemap="#myMap">元素。此外，当呈现
到 HTML 中时，该控件同时会创建一个内嵌有<area>元素的<map name="myMap">元素。

ImageMap 控件直接继承自 Image 控件类。图 2.27 展示了该控件的类层次结构。

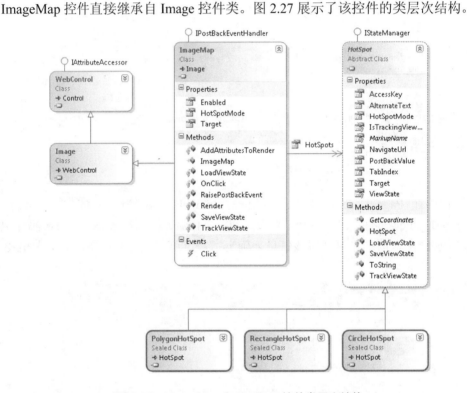

图 2.27　ImageMap 和 HotSpot 控件类层次结构

与 Image 控件类似，ImageMap 的主要属性 ImageUrl 也用于表明可用于从浏览器中下
载和显示的图像的路径。该属性直接映射到 HTML 中<img>元素的 src 属性。由于 ImageMap
类直接继承自 Image 控件，因此它也包含 AlternateText、DescriptionUrl、ImageAlign 以及
GenerateEmptyAlternateText 属性。

在源视图中，ImageMap 控件以<asp:ImageMap>元素的形式表示，并内嵌热点元素(hot
spot element)，热点元素可以是 CircleHotSpot、RectangleHotSpot 或 PolygonHotSpot 元素。

ImageMap 类具有一个 Click 事件，其功能与 ImageButton 控件类似。该事件的第二个
参数的数据类型为 ImageMapEventArgs。当用户单击该控件时，通过该参数可获取与热点
关联的 PostBackValue 属性值。

使用 HotSpot 控件

所谓热点(hot spot)，是指一个图像中的预定义区域，该区域被点击时，能够导致某个动作的发生。我们可将 ImageMap 控件所显示图像的若干区域定义为热点。你可定义多个重叠区域，各层区域的次序依 HotSpot 的定义次序而定。第一个定义的 HotSpot 的优先级高于最后定义的 HotSpot。图 2.27 展示了 HotSpot 的对象模型。从 HotSpot 派生的类有 CircleHotSpot、RectangleHotSpot 以及 PolygonHotSpot。表 2.5 给出了 HotSpot 的属性清单。

表 2.5 HotSpot 的属性

属性名称	描 述
AccessKey	HotSpot 的键盘快捷键。该属性可被指定为单个字符。例如，若属性为 "C"，则按下 Alt+C 便可导航到该 HotSpot
AlternateText	当图像无法获取或呈现到不支持图像显示的浏览器中时，显示到 HotSpot 的文字。该属性的内容将以工具提示的形式出现
HotSpotMode	当 HotSpot 被单击时的行为。该属性可为 NotSet、Inactive、Navigate 或 PostBack
NavigateUrl	当 HotSpot 对象被单击时所要导航到的 URL
PostBackValue	当 HotSpot 对象被单击时，发送到 Web 服务器的以及可在事件参数中获取的字符串
TabIndex	HotSpot 对象的标签索引值
Target	显示网页并被链接到该 HotSpot 对象的目标窗口或框架

理解 HotSpotMode 属性

HotSpotMode 属性用于指定当 HotSpot 对象被单击时，HotSpot 如何做出响应。你既可在 HotSpot 中指定 HotSpotMode 属性，也可在 ImageMap 控件中指定。如果在 HotSpot 和 ImageMap 控件中同时对 HotSpotMode 属性进行了设置，则 HotSpot 控件比 ImageMap 控件具有更高的优先级。这就意味着你可先在 ImageMap 控件中为 HotSpotMode 属性进行设定而指定其默认行为，但此时若希望 HotSpot 继承该默认行为，HotSpot 的 HotSpotMode 属性必须被设为 NotSet。

若将 HotSpot 控件的 HotSpotMode 属性指定为 Navigate，则当该控件被单击时，将使 HotSpot 自动导航到某一 URL，而所导航到的 URL 是通过 NavigateUrl 属性来指定的。

注意 HotSpotMode 属性的默认值

如果在 ImageMap 控件和 HotSpot 控件中的 HotSpotMode 属性均被设置为 NotSet，则该属性的默认值为 Navigate。

为 HotSpotMode 指定 PostBack 将会导致当该 HotSpot 控件被单击时向服务器产生一个 PostBack。PostBackValue 属性指定了当该 HotSpot 控件被单击且 Click 事件被触发时，回传给 Web 服务器的字符串，该字符串可从 ImageMapEventArgs 事件数据中获取。

若将 HotSpotMode 指定为 Inactive，则表明该 HotSpot 控件在被点击时将不执行任何动作。这可用于在一个较大的活动热点区域内创建一个非活动热点区域，使你能够在 ImageMap 控件内创建复杂的 HotSpot 区域。但要注意，必须在为 ImageMap 控件指定活动 HotSpot 之前指定非活动 HotSpot。

下面的代码给出了一个含有一个 Label 控件和 ImageMap 控件的网页示例。该网页中的 ImageMap 控件被设定为使用红绿灯图像(红、黄、绿)。下列代码需要添加到代码隐藏文件中，以展示 ImageMap 控件的属性如何以编程的方式进行设置，以及当 ImageMap 控件中的 HotSpot 被点击时，如何实现 Click 事件以展示该 HotSpot 区域：

```vb
'VB
Partial Class HotSpotVb
  Inherits System.Web.UI.Page

  Protected Sub Page_Load(ByVal sender As Object, _
    ByVal e As System.EventArgs) Handles Me.Load

    ImageMapStopLight.ImageUrl = "images/stoplight.jpg"
    ImageMapStopLight.AlternateText = "Stoplight picture"
    ImageMapStopLight.HotSpotMode = HotSpotMode.PostBack

    Dim redHotSpot As New RectangleHotSpot()
    redHotSpot.Top = 0
    redHotSpot.Bottom = 40
    redHotSpot.Left = 0
    redHotSpot.Right = 40
    redHotSpot.PostBackValue = "RED"
    ImageMapStopLight.HotSpots.Add(redHotSpot)

    Dim yellowHotSpot As New RectangleHotSpot()
    yellowHotSpot.Top = 41
    yellowHotSpot.Bottom = 80
    yellowHotSpot.Left = 0
    yellowHotSpot.Right = 40
    yellowHotSpot.PostBackValue = "YELLOW"
    ImageMapStopLight.HotSpots.Add(yellowHotSpot)

    Dim greenHotSpot As New RectangleHotSpot()
    greenHotSpot.Top = 81
    greenHotSpot.Bottom = 120
    greenHotSpot.Left = 0
    greenHotSpot.Right = 40
    greenHotSpot.PostBackValue = "GREEN"
    ImageMapStopLight.HotSpots.Add(greenHotSpot)

  End Sub

  Protected Sub ImageMapStopLight_Click(ByVal sender As Object, _
    ByVal e As System.Web.UI.WebControls.ImageMapEventArgs) _
    Handles ImageMapStopLight.Click

    Label1.Text = "You clicked the " + e.PostBackValue + " rectangle."

  End Sub

End Class

//C#
public partial class HotSpotControl : System.Web.UI.Page
{
  protected void Page_Load(object sender, EventArgs e)
  {
    ImageMapStopLight.ImageUrl = "images/stoplight.jpg";
    ImageMapStopLight.AlternateText = "Stoplight picture";
    ImageMapStopLight.HotSpotMode = HotSpotMode.PostBack;

    RectangleHotSpot redHotSpot = new RectangleHotSpot();
    redHotSpot.Top = 0;
    redHotSpot.Bottom = 40;
    redHotSpot.Left = 0;
```

```
      redHotSpot.Right = 40;
      redHotSpot.PostBackValue = "RED";
      ImageMapStopLight.HotSpots.Add(redHotSpot);

      RectangleHotSpot yellowHotSpot = new RectangleHotSpot();
      yellowHotSpot.Top = 41;
      yellowHotSpot.Bottom = 80;
      yellowHotSpot.Left = 0;
      yellowHotSpot.Right = 40;
      yellowHotSpot.PostBackValue = "YELLOW";
      ImageMapStopLight.HotSpots.Add(yellowHotSpot);

      RectangleHotSpot greenHotSpot = new RectangleHotSpot();
      greenHotSpot.Top = 81;
      greenHotSpot.Bottom = 120;
      greenHotSpot.Left = 0;
      greenHotSpot.Right = 40;
      greenHotSpot.PostBackValue = "GREEN";
      ImageMapStopLight.HotSpots.Add(greenHotSpot);

   }
 protected void ImageMapStopLight_Click(object sender, ImageMapEventArgs e)
 {
   Label1.Text = "You clicked the " + e.PostBackValue + " rectangle.";
 }
}
```

在这段示例代码中，单击 ImageMap 控件中的 HotSpot 将会导致 PostBackValue 属性值回发到服务器。ImageMapEventArgs 中包含 PostBackValue。在 Click 事件内部，PostBackValue 被放置在 Label 控件的 Text 属性中。图 2.28 展示了该页面中图像被单击后的情形，其中，PostBackValue 消息作为 Label 控件的内容被显示。

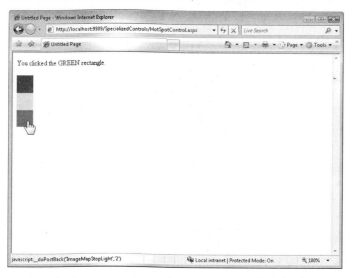

图 2.28　当页面中的图像被单击后所呈现的 ImageMap 控件

Calendar 控件

借助于 Calendar 控件，你可在网页中显示日历。在要求用户选定某个给定日期或一系列日期时，不妨考虑使用日历控件，因为这种控件可以使用户方便地在不同年、月、日之间导航。Calendar 控件是一个复杂而又功能强大的 Web 服务器控件，利用它可为网页添加日历功能。Calendar 控件直接继承自 WebControl 类，如图 2.29 所示。

图 2.29　Calendar 控件的类层次结构

在源视图中，Calendar 控件是以<asp:Calendar>元素的形式存在的。该元素中可包含各种样式的元素以对该控件的外观进行修改。当呈现到用户的浏览器中时，该控件将生成一个 HTML<table>元素以及一组与其关联的 JavaScript 代码。

Calendar 控件可用于选择单个或多个日期，这是由其 SelectionMode 属性所决定的，该属性可被设为以下各项之一：

- **Day**　允许选择单个日期。
- **DayWeek**　允许选择单个日期或某一整周。
- **DayWeekMonth**　允许选择单个日期、某一整周或整月。

◆　**None**　不允许选择任何日期。

在 Calendar 控件中还包含许多可用于对其格式和行为进行调整的附加属性。表 2.6 给出了 Calendar 控件的属性清单及相应描述。

表 2.6　Calendar 类的属性

属性名称	描　　述
Caption	Caption 控件中呈现的文件
CaptionAlign	标题的对齐方式。该属性的取值可为 Top、Bottom、Left、Right 或 NotSet
CellPadding	单元格和单元格的边框之间的空间值
CellSpacing	单元格间的空间值
DayHeaderStyle	一周内日期的显示样式
DayNameFormat	一周内日期的名称格式，可取为 FirstLetter、FirstTwoLetters、Full、Short 或 Shortest
DayStyle	日历中日期的默认样式
FirstDayOfWeek	Calendar 控件的第一列中显示的一周中的某天
NextMonthText	下一月导航控件显示的文本；">"为默认值。只有当 ShowNextPrevMonth 属性被设为 true 时，该属性才有效
NextPrevFormat	Calendar 控件中下个月和上个月导航控件的格式。该属性可被设为 CustomText(默认值)、FullMonth(例如 January)或 ShortMonth(例如 Jan)
NextPrevStyle	下个月和上个月导航控件的样式
OtherMonthDayStyle	指定日历中非当前月日期的样式
PrevMonthText	前一月导航控件显示的文本，默认值为"<"。只有当 ShowNextPrevMonth 属性被设为 true 时该属性才有效
SelectedDate	由用户所选择的日期
SelectedDates	获取 System.DateTime 对象的集合,这些对象表示 Calendar 控件上的选定日期。如果 SelectionMode 属性被设为 CalendarSelectionMode.Day，即只允许最多选择单个日期时，该属性中将仅包含一个日期
SelectedDayStyle	选中日期的样式
SelectionMode	Calendar 控件上的日期选择模式，该模式指定用户可以选择单日、一周还是整月。该属性的取值可为 Day、DayWeek、DayWeekMonth 或 None
SelectMonthText	为选择器列中月份选择元素显示的文本。该属性的默认取值为">>"
SelectorStyle	周和月选择器的样式
SelectWeekText	周选择器中周所选内容的文本
ShowDayHeader	一个标记表明是否应显示日标题
ShowGridLines	一个标记说明是否应显示网格线
ShowNextPrevMonth	一个标记说明是否显示上一个月和下一个月所选择的
ShowTitle	该属性用于指定标题是否应被显示
TitleFormat	该属性用于设定所显示的月份(Month)或月份及年(MonthYear)的格式

属性名称	描 述
TitleStyle	Calendar 控件的标题样式
TodayDayStyle	Calendar 控件上今天日期的样式
TodaysDate	今天的日期
UseAccessibleHeader	若该属性被设为 true，则表示为日标头呈现表标头\<th\> HTML 元素，而非呈现表数据\<td\> HTML 元素
VisibleDate	指定要在 Calendar 控件上显示的月份的日期
WeekendDayStyle	Calendar 控件上周末日期的样式

Calendar 控件还提供了几个事件以供开发人员与其进行交互。该控件最主要的事件 SelectionChanged 会在用户从该控件中选择某个日期时触发。当用户选择新日期时，SelectionChanged 事件将会产生一个 PostBack。在该事件处理方法内部，可通过 SelectedDates 属性来访问所选择的日期。SelectedDate 属性仅指向位于 SelectedDates 集合中被选择的日期。

当用户从 Calendar 控件中选择一个不同的月份时，VisibleMonthChanged 事件也会引发一次 PostBack。如果需要对用户在该控件中修改月份的操作做出响应，则应该对该事件进行处理。

Calendar 控件通常都被用作日期拾取控件。但其功能绝不仅限于此，它也可用于显示日程表。利用 Calendar 控件显示日程项目或一些特别日子(如假日)的窍门在于使该控件足够大，以使每天的单元格内都能显示足够的文本。然后就可以在 DayRender 事件处理方法中为 Cell 对象的 Controls 集合添加 Label 控件或其他控件了。Calendar 控件的 DayRender 事件会在每一天输出时被触发。这并不是 PostBack，而是一个当控件呈现其 HTML 时在服务器端触发的事件。利用这一点便可在将被呈现的日期中添加文本或控件。

下面的代码展示了如何使用 Calendar 控件显示日程表。在本例中，假定我们创建了一个网页，并为该网页添加了一个 Calendar 控件。下面的代码应被添加到代码隐藏页面中，以展示如何以编程的方式对 Calendar 控件的属性进行设置以及 Calendar 控件的事件如何用于呈现某些单独的日期。

```vb
'VB
Partial Class CalendarControl
    Inherits System.Web.UI.Page
    Dim _scheduleData As Hashtable

    Protected Sub Page_Load(ByVal sender As Object, _
        ByVal e As System.EventArgs) Handles Me.Load
        _scheduleData = GetSchedule()

        Calendar1.Caption = "Personal Schedule"
        Calendar1.FirstDayOfWeek = WebControls.FirstDayOfWeek.Sunday
        Calendar1.NextPrevFormat = NextPrevFormat.ShortMonth
        Calendar1.TitleFormat = TitleFormat.MonthYear
        Calendar1.ShowGridLines = True
        Calendar1.DayStyle.HorizontalAlign = HorizontalAlign.Left
        Calendar1.DayStyle.VerticalAlign = VerticalAlign.Top
        Calendar1.DayStyle.Height = New Unit(75)
        Calendar1.DayStyle.Width = New Unit(100)
        Calendar1.OtherMonthDayStyle.BackColor = Drawing.Color.Cornsilk
```

```vbnet
            Calendar1.TodaysDate = New DateTime(2009, 2, 1)
            Calendar1.VisibleDate = Calendar1.TodaysDate
        End Sub

        Private Function GetSchedule() As Hashtable

            Dim schedule As New Hashtable()

            schedule("2/9/2009") = "Vacation Day"
            schedule("2/18/2009") = "Budget planning meeting @ 3:00pm"
            schedule("2/24/2009") = "Dinner plans with friends @ 7:00pm"
            schedule("2/27/2009") = "Travel Day"
            schedule("3/5/2009") = "Conf call @ 1:00pm"
            schedule("3/10/2009") = "Meet with art director for lunch"
            schedule("3/27/2009") = "Vacation Day"

            Return schedule
        End Function

        Protected Sub Calendar1_SelectionChanged(ByVal sender As Object, _
            ByVal e As System.EventArgs) Handles Calendar1.SelectionChanged

            LabelAction.Text = "Selection changed to: " _
                + Calendar1.SelectedDate.ToShortDateString()

        End Sub

    Protected Sub Calendar1_VisibleMonthChanged(ByVal sender As Object, _
        ByVal e As System.Web.UI.WebControls.MonthChangedEventArgs) _
        Handles Calendar1.VisibleMonthChanged
        LabelAction.Text = "Month changed to: " + e.NewDate.ToShortDateString()

    End Sub

    Protected Sub Calendar1_DayRender(ByVal sender As Object, _
        ByVal e As System.Web.UI.WebControls.DayRenderEventArgs) _
        Handles Calendar1.DayRender

        If Not _scheduleData(e.Day.Date.ToShortDateString()) Is Nothing Then

            Dim lit = New Literal()
            lit.Text = "<br />"
            e.Cell.Controls.Add(lit)

            Dim lbl = New Label()
            lbl.Text = _scheduleData(e.Day.Date.ToShortDateString())
            lbl.Font.Size = New FontUnit(FontSize.Small)
            e.Cell.Controls.Add(lbl)

        End If

    End Sub

End Class

//C#
public partial class CalendarCSharp : System.Web.UI.Page
{
    Hashtable _scheduleData;

    protected void Page_Load(object sender, EventArgs e)
    {
        _scheduleData = GetSchedule();

        Calendar1.Caption = "Personal Schedule";
        Calendar1.FirstDayOfWeek = FirstDayOfWeek.Sunday;
        Calendar1.NextPrevFormat = NextPrevFormat.ShortMonth;
```

```
        Calendar1.TitleFormat = TitleFormat.MonthYear;
        Calendar1.ShowGridLines = true;
        Calendar1.DayStyle.HorizontalAlign = HorizontalAlign.Left;
        Calendar1.DayStyle.VerticalAlign = VerticalAlign.Top;
        Calendar1.DayStyle.Height = new Unit(75);
        Calendar1.DayStyle.Width = new Unit(100);
        Calendar1.OtherMonthDayStyle.BackColor =
            System.Drawing.Color.Cornsilk;
        Calendar1.TodaysDate = new DateTime(2009, 2, 1);
        Calendar1.VisibleDate = Calendar1.TodaysDate;
    }

    private Hashtable GetSchedule()
    {
        Hashtable schedule = new Hashtable();

        schedule["2/9/2009"] = "Vacation Day";
        schedule["2/18/2009"] = "Budget planning meeting @ 3:00pm";
        schedule["2/24/2009"] = "Dinner plans with friends @ 7:00pm";
        schedule["2/27/2009"] = "Travel Day";
        schedule["3/5/2009"] = "Conf call @ 1:00pm";
        schedule["3/10/2009"] = "Meet with art director for lunch";
        schedule["3/27/2009"] = "Vacation Day";

        return schedule;
    }

    protected void Calendar1_SelectionChanged(object sender, EventArgs e)
    {
        LabelAction.Text = "Selection changed to: "
            + Calendar1.SelectedDate.ToShortDateString();
    }

    protected void Calendar1_VisibleMonthChanged(object sender,
        MonthChangedEventArgs e)
    {
        LabelAction.Text = "Month changed to: " + e.NewDate.ToShortDateString();
    }

    protected void Calendar1_DayRender(object sender, DayRenderEventArgs e)
    {
        if (_scheduleData[e.Day.Date.ToShortDateString()] != null)
        {
            Literal lit = new Literal();
            lit.Text = "<br />";
            e.Cell.Controls.Add(lit);

            Label lbl = new Label();
            lbl.Text = (string)_scheduleData[e.Day.Date.ToShortDateString()];
            lbl.Font.Size = new FontUnit(FontSize.Small);
            e.Cell.Controls.Add(lbl);
        }
    }
}
```

这段代码在 Page_Load 事件处理方法中对 Calendar 控件的属性(如样式和尺寸)进行了设置，并新增了一个 GetSchedule 的方法用于填充由特定日期组成的集合。在 Calendar1_DayRender 事件处理方法中，可以获取某一天 Date 和 Cell。如果找到了某个特定日期，将会创建一个包含特定日期的 Label 对象，该对象被添加到该 Cell 对象的 Controls 集合中。当网页显示时，这些特定日期便显示在 Calendar 控件中，如图 2.30 所示。

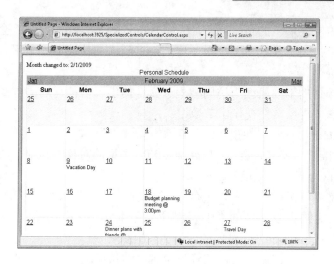

图 2.30　显示了日程表的 Calendar 控件

FileUpload 控件

　　FileUpload 控件用于帮助选择某单个文件并将其上载至服务器。该控件总是以文本框及 Browse(浏览)按钮的形式出现。用户既可将文件名或完整路径直接输入该文本框，也可通过 Browse 按钮来选择文件。FileUpload 控件直接继承自 WebControl 类，如图 2.31 所示。

图 2.31　FileUpload 控件的类层次结构

　　在源视图中，FileUpload 控件是用元素<asp:FileUpload>来表示的。由于该元素的起始和结束标签内不含任何内嵌内容，因此可将其简写为一个单实例元素(singleton element)。当以 HTML 的形式在浏览器中被呈现时，该控件会生成一个<input type="file">的元素。

　　FileUpload 控件不会引发向 Web 服务器的 PostBack。当用户选择某个文件后，用户需要使用一个不同的控件来产生 PostBack，例如 Button 控件。PostBack 将会使该选定文件作为回发数据而被上传到服务器中。在服务器端，直到该文件被上载至服务器内存中后，页面代码才会得到执行。

FileUpLoad 控件的下列属性为访问被上载文件提供了多种灵活的方式：

- **FileBytes** 将该文件视作字节数组。
- **FileContent** 将该文件视作流。
- **PostedFile** 将该文件视作 HttpPostedFile 类型的对象。该对象具有一些属性，如 ContentType 和 ContentLength。

检查上载的文件以确定是否应该保存；可对文件名、文件大小、多用途 Internet 邮件扩展(MIME)类型(指定被上载文件的类型)等特征进行检查。在准备保存该文件时，可使用 FileUpload 控件或 HttpPostedFile 对象的 SaveAs 方法。

可将该文件保存在允许创建文件的任何位置。默认情况下，位于 Web.config 文件中的 httpRuntime 配置元素的 requireRootedSaveAsPath 属性都会被设为 true，这意味着你在保存该文件时需要提供绝对路径。可借助 HttpServerUtility 类的 MapPath 方法来获得一个绝对路径并为其传递表示应用程序根目录的~运算符。

能被上载的最大文件尺寸是由 Web.config 文件中 httpRuntime 配置元素的 MaxRequestLength 属性的值所决定的。如果用户试图上载一个尺寸超过该属性值的文件，上载将会失败。

安全警示

FileUpload 控件允许用户上载文件，但并不负责对所上载文件的安全性进行验证。虽然 FileUpload 控件并未提供用于对用户上载的文件类型进行过滤的途径，但你可在文件被上载后对文件的特征进行检查，如文件名及扩展名、ContentType 属性值。

虽然可以借助一些客户端脚本来对提交的文件进行检查，但不要忘记客户端的验证只对那些诚实的用户有效，黑客完全可以轻易地除去客户端代码的网页，以绕过该验证。

在下面的例子中，我们创建一个网页，并为其添加一个 FileUpload 控件。此外，我们还为该网页添加一个 Button 控件用于通过 PostBack 将选择的文件提交给 Web 服务器。假定网站中已新建一个名为 Uploads 的文件夹，下面的代码已添加到代码隐藏页面中，以说明如何以编程的方式设置 FileUpload 控件的属性，如何上载和保存文件。

```
'VB
Protected Sub Button1_Click(ByVal sender As Object, _
    ByVal e As System.EventArgs) Handles Button1.Click

    If (FileUpload1.HasFile) Then
        Label1.Text = "File Length: " _
            + FileUpload1.FileBytes.Length.ToString() _
            + "<br />" _
            + "File Name: " _
            + FileUpload1.FileName _
            + "<br />" _
            + "MIME Type: " _
            + FileUpload1.PostedFile.ContentType
        FileUpload1.SaveAs( _
        MapPath("~/Uploads/" + FileUpload1.FileName))
    Else
```

```
        Label1.Text = "No file received."
    End If
End Sub

//C#
protected void Button1_Click(object sender, EventArgs e)
{
    if (FileUpload1.HasFile)
    {
        Label1.Text = "File Length: "
            + FileUpload1.FileBytes.Length
            + "<br />"
            + "File Name: "
            + FileUpload1.FileName
            + "<br />"
            + "MIME Type: "
            + FileUpload1.PostedFile.ContentType;
        FileUpload1.SaveAs(  MapPath("~/Uploads/" + FileUpload1.FileName));
    }
    else
    {
        Label1.Text = "No file received.";
    }
}
```

该页面如图 2.32 所示。当选中一个文件并单击 Submit 按钮时，这段代码将检查该文件是否已被上载。如果上载成功，则会有一条表示该文件已被上载的信息显示在 Label 控件中。随后该文件将被保存到 Uploads 文件夹中。该网站需要一个绝对路径，MapPath 方法用于实现对所提供的相对路径到服务器端绝对路径的转换。最后，该文件被保存。

图 2.32　文件上载完毕后的 FileUpload 控件

Panel 控件

Panel 控件用于作为控件容器。在需要对控件进行分组并将其视为整体单元时，你会发现 Panel 控件非常有用。一个常见的例子是我们有时会有显示或隐藏一组控件的需求。对于开发选项卡或显示/隐藏开关按钮(toggle button)的控件开发人员来说，Panel 控件也非常有用。Panel 控件直接继承自 WebControl 类，如图 2.33 所示。

图 2.33　Panel 控件的类层次结构

　　在源视图中，Panel 控件被表示为元素<asp:Panel>。该元素中可以包含许多内嵌控件。这些控件均会被认为包含在该面板控件中。在 HTML 输出中，Panel 控件将会在浏览器中生成一个<div>元素。

　　使用 Panel 控件时，需要非常熟悉几个属性。BackImageUrl 属性可用于在 Panel 控件中显示背景图像。利用 HorizontalAlignment 属性，可对位于 Panel 控件中的控件的水平对齐方式进行设置。Wrap 属性指定当某一行子控件的长度超过 Panel 控件的宽度时，是否自动换行。DefaultButton 属性指定当 Panel 控件获得输入焦点时，用户按下 Enter 键后默认被单击的按钮。DefaultButton 属性可设为表单中任何实现 IButtonControl 接口的控件 ID。

　　下面来看这样一个例子，假定有一个网页中含有一个登录表单。你可能希望为用户提供一个按钮以使其可选择是否隐藏该表单。下面给出 ASP.NET 源文件中的 HTML 主体：

```
<body>
  <form id="form1" runat="server">
  <div>
    <asp:Button ID="ButtonShowHide" runat="server" Text="Login: hide form"
      width="200" onclick="ButtonShowHide_Click"/>
    <asp:Panel ID="Panel1" runat="server" BackColor="Beige" Width="200">
    <asp:Label ID="Label1" runat="server" Text="User name: "></asp:Label>
      <br />
      <asp:TextBox ID="TextBox1" runat="server"></asp:TextBox>
      <br />
      <asp:Label ID="Label2" runat="server" Text="Password: "></asp:Label>
      <br />
      <asp:TextBox ID="TextBox2" runat="server"></asp:TextBox>
      <br />
      <asp:Button ID="ButtonLogin" runat="server" Text="Login" />
      </asp:Panel>
  </div>
  </form>
  </body>
```

　　显示和隐藏该表单的代码非常简单。对开关按钮的单击事件进行处理，并将 Panel 控件的 Visible 属性设为恰当的值即可。下面给出一段示例代码：

```vb
'VB
Protected Sub ButtonShowHide_Click(ByVal sender As Object, _
  ByVal e As System.EventArgs) Handles ButtonShowHide.Click

  Panel1.Visible = Not Panel1.Visible
  If Panel1.Visible Then
    ButtonShowHide.Text = "Login: hide form"
  Else
    ButtonShowHide.Text = "Login: show form"
  End If

End Sub
```

```csharp
//C#
protected void ButtonShowHide_Click(object sender, EventArgs e)
{
  Panel1.Visible = !Panel1.Visible;
  if (Panel1.Visible)
  {
    ButtonShowHide.Text = "Login: hide form";
  }
  else
  {
    ButtonShowHide.Text = "Login: show form";
  }
}
```

本例中提到的网页如图 2.34 所示。单击 Show/Hide 按钮会将该 Panel 控件及其所有子控件均隐藏，而再次单击该按钮时将使这些控件重新被显示。

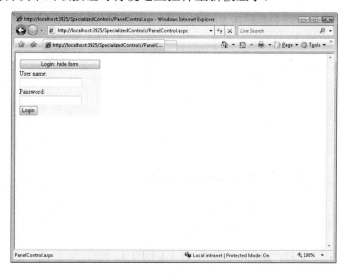

图 2.34　带有一个控制可见性的按钮的 Panel 控件

MultiView 控件和 View 控件

与 Panel 控件一样，MultiView 控件和 View 控件也都属于容器控件，即它们可用于对控件进行分组。在希望将一组控件作为一个整体来看待时，这类控件便有了用武之地。MultiView 控件的作用在于容纳其他 View 控件。View 控件必须包含在 MultiView 控件之内。

也就是说，这两个控件必须协同工作。MultiView 控件中包含许多子 View 控件。开发人员可选择将这个子视图中的哪个呈现给用户。MultiView 控件还可用于创建向导，其中的每个子视图都表示向导中不同的步骤或页面。MultiView 控件和 View 控件直接继承自 Control 类，如图 2.35 所示。

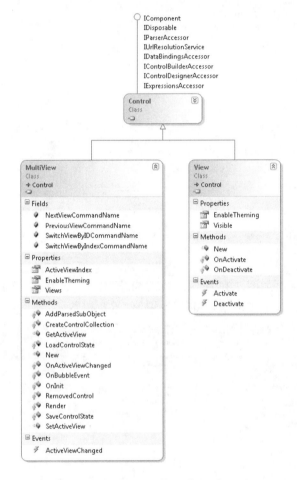

图 2.35　MultiView 控件和 View 控件的类层次结构

在被呈现时，MultiView 控件和 View 控件不会生成任何直接的 HTML 元素，这是由于这些控件本质上是服务器端控件，并负责管理其子控件的可见性。在源视图中，MultiView 控件以<asp:MultiView>元素来表示，而 View 控件则表示为内嵌在 MultiView 中的<asp:View>元素。

借助 ActiveViewIndex 属性或通过编程的方式使用 SetActiveView 方法来对 View 控件进行修改。如果 ActiveViewIndex 被设为-1，则不会有任何 View 控件被显示。如果为 SetActiveView 方法传入了不合法的 View 对象或 null 值，则会有一个 HttpException 异常被抛出。请注意，在任意时刻，仅有一个 View 控件处于活动状态。

我们再来看一个例子，假定有一个用户注册网页，你希望引导用户完成整个注册过程。你可使用一个 MultiView 控件和三个 View 控件来管理该注册过程，其中每个 View 控件表示该过程的一个步骤。该页面的布局如图 2.36 所示。

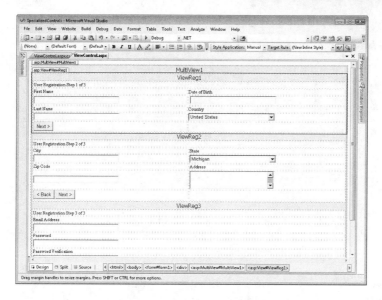

图 2.36　示例网页中的 MultiView 控件和 View 控件

要对本例中的网页进行管理，其中的按钮都需要设为命令按钮。当用户单击某个按钮时，CommandEventArgs 类的 CommandName 属性将被检查以确定按钮是否被按下。依据该信息，MultiView 控件会选择显示或隐藏其他 View 控件。下面给出代码隐藏页面的一个例子：

```vb
'VB
Partial Class ViewControlVb
  Inherits System.Web.UI.Page

  Protected Sub Page_Load(ByVal sender As Object, _
    ByVal e As System.EventArgs) Handles Me.Load

    MultiView1.ActiveViewIndex = 0

  End Sub

  Protected Sub Button_Command(ByVal sender As Object, _
    ByVal e As CommandEventArgs)
    Select e.CommandName
      Case "Step1Next"
        MultiView1.ActiveViewIndex = 1
      Case "Step2Back"
        MultiView1.ActiveViewIndex = 0
      Case "Step2Next"
        MultiView1.ActiveViewIndex = 2
      Case "Step3Back"
        MultiView1.ActiveViewIndex = 1
      Case "Finish"
        'hide control from user to simulate save
        MultiView1.ActiveViewIndex = -1
    End Select

  End Sub

End Class

//C#
public partial class ViewControl : System.Web.UI.Page
{
```

```
protected void Page_Load(object sender, EventArgs e)
{
  MultiView1.ActiveViewIndex = 0;
}

protected void Button_Command(object sender, CommandEventArgs e)
{
  switch (e.CommandName)
  {
    case "Step1Next":
      MultiView1.ActiveViewIndex = 1;
      break;
    case "Step2Back":
      MultiView1.ActiveViewIndex = 0;
      break;
    case "Step2Next":
      MultiView1.ActiveViewIndex = 2;
      break;
    case "Step3Back":
      MultiView1.ActiveViewIndex = 1;
      break;
    case "Finish":
      //hide control from user to simulate save
      MultiView1.ActiveViewIndex = -1;
      break;
  }
}
```

当该网页被显示时，第一步将呈现给用户。当用户单击 Next 时，处理将返回到服务器端，且 Button_Command 事件被触发。依据该事件的处理结果，页面针对性地切换到相应的 View 控件。图 2.37 展示了 MultiView 控件的一个例子。

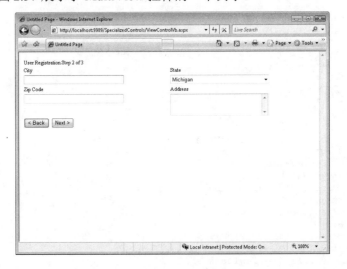

图 2.37　用于在服务器端不同 View 控件之间进行切换的 MultiView 控件

Wizard 控件

Wizard 控件是一种用于将一系列 WizardStep 控件逐个展示给用户的复杂控件，这些 WizardStep 控件都是用户输入过程的一部分。Wizard 控件以 MultiView 控件和 View 控件为基础。它提供一种功能以确保在任意时刻仅有一个 WizardStep 控件可见，并方便开发人员对 Wizard 控件和 WizardStep 控件的许多方面进行定制。Wizard 控件最重要的用途是通过将大量数据按照一定的逻辑进行划分，而将其分阶段展示给用户。Wizard 控件通常会在最后一步或相邻两步之间将那些可被验证的步骤呈现给用户。你当然也可以利用许多独立的网页来对数据进行划分从而实现相同的效果，但使用 Wizard 控件的优势在于可将该数据收集过程集成在单个网页中。

　　Wizard 控件继承自 CompositeControl 类。该控件会使用 WizardStepBase 控件，后者由 View 控件派生。这些类的层次结构如图 2.38 所示。你可能已经注意到，在 Wizard 控件中包含一个 WizardSteps 集合，该集合中包含由开发人员所创建的每一步所对应的用户界面。Wizard 控件的不同部分可被赋予多种样式，也就是说 Wizard 控件可被充分地定制。

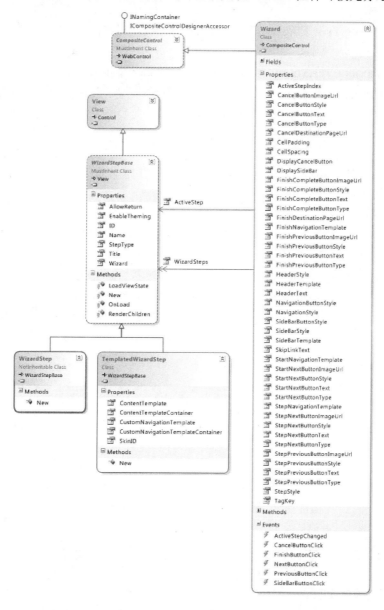

图 2.38　Wizard 控件和 WizardStep 控件的类层次结构

Wizard 控件中包含一个头区域，这样可根据用户当前进行的步骤来对该区域中的内容进行自定义。Wizard 控件中还包含一个用于方便用户快速导航的侧边栏区域。你也可以编程的方式来控制哪些步骤被显示，哪些不显示，而且不必局限于以线性方式来对这些步骤进行导航。

Wizard 控件内置的导航功能依据 StepType 值决定哪些按钮被显示。WizardStepBase 类中包含 StepType 属性，该属性可设为以下值。

- **WizardStepType.Auto** 根据 Wizard 控件的 WizardSteps 集合属性集的位置来呈现导航按钮。该值为默认值。
- **WizardStepType.Complete** 该步骤是要显示的最后一个步骤。不呈现任何导航按钮。
- **WizardStepType.Finish** 该步骤是最终数据收集步骤。呈现用于导航的"完成"和"上一步"按钮。
- **WizardStepType.Start** 该步骤是要显示的第一个步骤。不呈现"上一步"按钮。
- **WizardStepType.Step** 该步骤是介于"开始"和"完成"步骤之间的任何步骤。呈现"上一步"和"下一步"按钮(供导航)。此步骤类型对于重写 Auto 步骤类型非常有用。

本例为用户提供了一个对汽车的配置进行选择的向导。在典型的真实车辆选择情景中，当然有许多选择可用，而这又导致为用户的选择进行简化的需求的产生(因此再次证明 Wizard 控件的优势)。

为创建本例中的表单，需要为该网页添加一个 Wizard 控件。位于 Wizard 控件内部的是 WizardStep 控件，每个步骤对应一个 WizardStep 控件，如下所示：外观、内部、选项和总结。外观选择步骤中包括三个 RadioButton 控件，用于在三种颜色中作出选择：红色、蓝色和黑色外观。内部选择步骤中包含两个 RadioButton 控件，分别对应于皮制和布制座椅。选项选择步骤中包含一些 CheckBox 控件，以方便用户选择 AM/FM 收音机、加热座椅以及一个空气清新器。总结步骤中有一个 Label 控件，其内容为前面所有步骤中用户选择的一个摘要。图 2.39 展示了 Visual Studio 界面设计器中本例所使用的 WizardStep 控件。

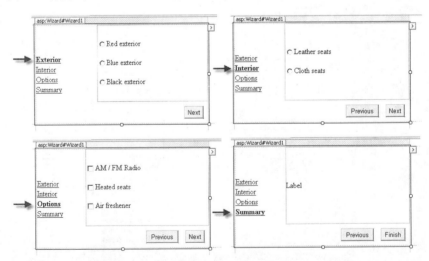

图 2.39　WizardStep 控件中被填充了许多将要呈现给用户的控件

　　在 WizardStep 控件被创建完毕且每个步骤都被填充相应控件后，便可将下列代码添加到代码隐藏文件中来填充总结步骤中的 Label 控件。Form_Load 事件处理方法中也应添加相应代码以确保 Wizard 从第一步开始。此外，还应在 Wizard1_FinishButtonClick 事件处理方法中添加代码以对结果进行显示。该代码隐藏页面如下所示：

```vb
'VB
Partial Class WizardControl
    Inherits System.Web.UI.Page

    Protected Sub Wizard1_FinishButtonClick(ByVal sender As Object, _
      ByVal e As System.Web.UI.WebControls.WizardNavigationEventArgs) _
      Handles Wizard1.FinishButtonClick

        Wizard1.Visible = False
        Response.Write("Finished<br />" + Label1.Text)

    End Sub

    Protected Sub Wizard1_NextButtonClick(ByVal sender As Object, _
      ByVal e As System.Web.UI.WebControls.WizardNavigationEventArgs) _
      Handles Wizard1.NextButtonClick

      If (Wizard1.WizardSteps(e.NextStepIndex).Title = "Summary") Then
        Label1.Text = String.Empty
        For Each ws As WizardStep In Wizard1.WizardSteps
          For Each c As Control In ws.Controls
              If (TypeOf c Is System.Web.UI.WebControls.CheckBox) Then
                Dim cb As CheckBox = CType(c, CheckBox)
                If (cb.Checked) Then
                  Label1.Text += cb.Text + "<br />"
                End If
              End If
          Next
        Next
      End If

    End Sub

    Protected Sub Page_Load(ByVal sender As Object, ByVal e As System.EventArgs) _
      Handles Me.Load
      If Not IsPostBack Then
        Wizard1.ActiveStepIndex = 0
      End If

    End Sub

End Class
```

```csharp
//C#
public partial class WizardCSharp : System.Web.UI.Page
{
  protected void Page_Load(object sender, EventArgs e)
  {
    if (!IsPostBack)
    {
      Wizard1.ActiveStepIndex = 0;
    }
  }

  protected void Wizard1_FinishButtonClick(object sender,
    WizardNavigationEventArgs e)
  {
```

```
        Wizard1.Visible = false;
        Response.Write("Finished<br />" + Label1.Text);
    }

    protected void Wizard1_NextButtonClick(object sender,
      WizardNavigationEventArgs e)
    {
      if (Wizard1.WizardSteps[e.NextStepIndex].Title == "Summary")
      {
        Label1.Text = String.Empty;
        foreach (WizardStep ws in Wizard1.WizardSteps)
        {
          foreach (Control c in ws.Controls)
          {
            if (c is CheckBox)
            {
              CheckBox cb = (CheckBox)c;
              if (cb.Checked)
              {
                Label1.Text += cb.Text + "<br />";
              }
            }
          }
        }
      }
    }
```

该页面被呈现时，用户将看到第一个选择步骤(外观选择)。用户可依步骤进行选择，并在最后一步选择完毕后单击 Finish 按钮。在总结步骤中，Label 控件将展示当前所做的选择。当用户单击 Finish 按钮后，Wizard 控件将被隐藏而总结信息将被呈现。

更多信息　Wizard 控件

要想进一步了解 Wizard 控件，请参阅 MSDN 的相关内容，网址为 http://msdn.microsoft.com/en-us/library/fs0za4w6.aspx。

Xml 控件

Xml 控件用于呈现 XML 文档的内容。如果数据是以 XML 格式保存的，且需要执行扩展样式表语言(Extensible Stylesheet Language, XSL)转换时，该控件便可派上用场。利用该控件，XML 格式的数据便可直接呈现给用户。Xml 控件的类层次结构如图 2.40 所示。

XML 文档可通过 DocumentSource 属性或 DocumentContent 属性来设置。DocumentSource 属性接收一个表示将要被加载到该控件中的 XML 文件的路径字符串，而 DocumentContent 属性则接收一个表示实际 XML 内容的字符串。如果同时对 DocumentContent 和 DocumentSource 属性进行了设置，则只有最后被设置的属性会被使用。

TransformSource 属性接收一个可选字符串，该字符串表示一个应用于 XML 文档的 XSL 转换文件路径。Transform 属性用于接收一个可用于执行转换的 Transform 对象。如果这两个属性均被设置，则仅最后被设置的属性有效。Xml 控件还拥有一个 TransformArgumentList 属性，可用于为 XSL 转换传递参数。

图 2.40　Xml 控件的类层次结构

在下面的例子中，我们使用 Xml 控件来显示一个应用了 XSL 转换的 XML 文件的内容。该 XML 文件和 XSL 变换文件如下所示：

XML 文件：ProductList.xml

```
<?xml version="1.0" encoding="utf-8" ?>
<ProductList>
  <Product Id="1A59B" Department="Sporting Goods" Name="Baseball"
    Price="3.00" />
  <Product Id="9B25T" Department="Sporting Goods" Name="Tennis Racket"
    Price="40.00" />
  <Product Id="3H13R" Department="Sporting Goods" Name="Golf Clubs"
    Price="179.00" />
  <Product Id="7D67A" Department="Clothing" Name="Shirt" Price="12.00" />
  <Product Id="4T21N" Department="Clothing" Name="Jacket" Price="45.00" />
</ProductList>
```

XSL 转换：ProductList.xsl

```
<?xml version="1.0" encoding="utf-8" ?>
<xsl:stylesheet version="1.0"
xmlns:xsl="http://www.w3.org/1999/XSL/Transform"
```

```
xmlns:msxsl="urn:schemas-microsoft-com:xslt"
xmlns:labs="http://labs.com/mynamespace">
  <xsl:template match="/">
  <html>
    <head>
      <title>Product List</title>
    </head>
    <body>
      <center>
        <h1>Product List</h1>
        <xsl:call-template name="CreateHeading"/>
      </center>
    </body>
  </html>
</xsl:template>
<xsl:template name="CreateHeading">
  <table border="1" cellpadding="5">
    <tr >
      <th bgcolor="yellow">
        <font size="4" >
          <b>Id</b>
        </font>
      </th>
      <th bgcolor="yellow">
        <font size="4" >
          <b>Department</b>
        </font>
      </th>
      <th bgcolor="yellow">
        <font size="4" >
          <b>Name</b>
        </font>
      </th>
      <th bgcolor="yellow">
        <font size="4" >
          <b>Price</b>
        </font>
      </th>
    </tr>
    <xsl:call-template name="CreateTable"/>
  </table>
</xsl:template>
<xsl:template name="CreateTable">
    <xsl:for-each select="/ProductList/Product">
      <tr>
        <td align="center">
          <xsl:value-of select="@Id"/>
        </td>
        <td align="center">
          <xsl:value-of select="@Department"/>
        </td>
        <td>
        <xsl:value-of select="@Name"/>
      </td>
        <td align="right">
          <xsl:value-of select="format-number(@Price,'$#,##0.00')"/>
        </td>
      </tr>
    </xsl:for-each>
  </xsl:template>
</xsl:stylesheet>
```

假定在本例所描述的网页中已添加了一个 **Xml** 控件。下面的代码位于代码隐藏文件中，目的是在应用 XSL 转换后对 XML 文件进行显示。

```
'VB
Protected Sub Page_Load(ByVal sender As Object, _
```

```
  ByVal e As System.EventArgs) Handles Me.Load

  Xml1.DocumentSource = "App_Data/ProductList.xml"

  Xml1.TransformSource = "App_Data/ProductList.xsl"

End Sub
```

```
//C#
public partial class XmlControlVb : System.Web.UI.Page
{
  protected void Page_Load(object sender, EventArgs e)
  {
    Xml1.DocumentSource = "App_Data/ProductList.xml";
    Xml1.TransformSource = "App_Data/ProductList.xsl";
  }
}
```

当网页被显示时，XML 文件和 XSL 文件将被加载。转换后的结果如图 2.41 所示。

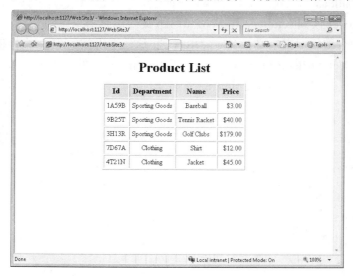

图 2.41　将 XSL 转换应用于 XML 文件后的结果

快速测试

1. 哪种控件能够为日程表提供最佳实现？

2. 假定你希望创建这样一个网页，用户在其内可输入大量数据，同时你希望这些数据输入能够跨屏显示。能够为此需求提供单页面最佳解决方案的是哪个控件？

3. 假定你的客户希望主页中能够包含一幅世界地图，并要求用户对特定国家进行选择，以使用户能够重新定向到与其所选择国家对应的网站，则应使用哪个控件？

参考答案

1. Calendar 控件能够为此需求提供最佳解决方案。

2. Wizard 控件是最佳选择。

3. 应使用 ImageMap 控件。

实训：使用专用 Web 控件

在本实训中，需要使用本课中介绍的专用服务器控件来创建一个网页，以方便用户在平面图中对需要进行维护的办公室进行选择。如果在完成本练习的过程中遇到任何问题，可以参考配套资源中所附的完整项目。

> ### 练习 1 创建网站及添加控件

在本练习中，需要创建一个网站并为其添加控件。

1. 打开 Visual Studio 并创建一个名为 UsingSpecializedControls 的新网站。选择你所偏好的编程语言。在 Visual Studio 设计器内打开该站点的 Default.aspx 页面。

2. 为 Default.aspx 网页添加一个 Wizard 控件。从属性窗口选择 WizardSteps 以显示 WizardSteps Collection Editor(Wizardstep 集合编辑器)。

3. 利用集合编辑器来定义三个向导步骤。将这三个步骤的 Title 属性依次设为以下内容：**Select Office**、**Service Date** 以及 **Summary**。图 2.42 所示为该示例。设置完成后，关闭 WizardStep Collection Editor。

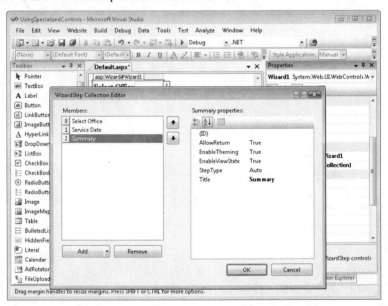

图 2.42 WizardStep Collection Editor

4. 为项目添加一个新文件夹。在解决方案资源管理器中右击该项目节点，并选择 New Folder(新建文件夹)。将该文件夹重命名为 Images。

5. 向 Images 文件夹中添加文件 Floorplan.jpg。该文件可从配套资源中安装的示例代码中获取。

6. 在设计视图中，选择 Wizard 控件。利用属性窗口将其 Height 属性设为 250px，而将 Width 属性设为 425px。

7. 在设计视图中，单击 Wizard 控件中的 Select Office 链接，以确保它是当前选中的步骤。

8. 为该步骤添加一个 ImageMap 控件(从工具箱中拖拽)。将其 ID 设为 ImageMapOffice。并将其 ImageUrl 属性设为指向文件 Floorplan.jpg。

在 ImageMap 控件中，输入文本 **Office Selected：**。在该文本之后，添加一个 Label 控件，并将其 Text 属性清空。此时与该 WizardStep 控件对应的 ASPX 源文件应如下所示：

ASPX 源文件: Select Office
```
<asp:WizardStep ID="WizardStep1" runat="server" Title="Select Office">
  <asp:ImageMap ID="ImageMapOffice" runat="server"
    ImageUrl="~/images/floorplan.jpg" ImageAlign="Middle">
  </asp:ImageMap>
<br />
<br />
Office Selected:
<asp:Label ID="Label1" runat="server"></asp:Label>
</asp:WizardStep>
```

9. 在设计视图中，单击 Wizard 控件的 Service Date 链接，将该步骤设为活动步骤。在该步骤内，添加文本 **Select Service Date**。在该行文本下方，添加一个 Calendar 控件。这些操作完成之后，该步骤对应的 ASPX 源文件大致如下所示：

ASPX 源文件: Service Date
```
<asp:WizardStep ID="WizardStep2" runat="server" Title="Service Date">
  <br />
  Select Service Date<br />
  <asp:Calendar ID="Calendar1" runat="server"></asp:Calendar>
</asp:WizardStep>
```

10. 接下来，在设计视图中单击 Wizard 控件中的 Summary(总结)链接，将其设为活动步骤。在该步中，添加一个 Label 控件，并将其高度和宽度分别设为 200 和 250。此时 ASPX 源文件如下所示：

ASPX 源文件: Service Date
```
<asp:WizardStep runat="server" Title="Summary">

  <asp:Label ID="Label2" runat="server" Height="200px" Text="Label"
    Width="250px"></asp:Label>

</asp:WizardStep>
```

11. 在 Wizard Tasks(向导任务)窗口中，单击 AutoFormat。单击 Professional，然后再单击 OK。Visual Studio 设计器中每屏的最终结果如图 2.43 所示。

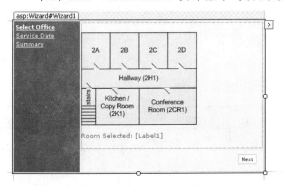

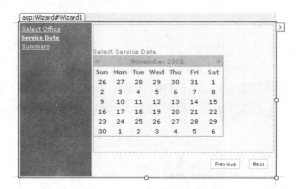

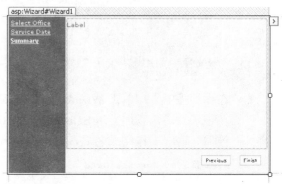

图 2.43　设计完成后的向导用户界面

➤ 练习2　为代码隐藏页面添加代码

在本练习中，需要为代码隐藏页面添加代码以对 Wizard 控件及 ImageMap 控件的热点进行初始化。此外，还需编写一些代码以使向导中各步骤完成之后，用户所做选择的总结能够自动显示。

1. 打开该网页的代码隐藏文件，并添加一个 Page_Load 事件处理方法。

2. 在 Page_Load 事件处理方法中，添加一个 if 语句以测试该网页是否正在被回发到服务器端。在该 if 语句的 false 部分(无 PostBack)添加代码将 Wizard 控件的 ActiveStepIndex 属性设为第一个 WizardStep(0)。在同一个语句块中，添加代码对 ImageMap 的 HotSpot 模式进行设置，以执行一个 PostBack(ImageMapOffice.HotSpotMode= HotSpotMode.PostBack)。最后，创建一个带有恰当参数的函数，使其返回一个 RectangleHotSpot 实例。添加代码以对该函数进行调用，并将返回的 RectangleHotSpot 实例添加到 ImageMap 控件中。表 2.7 列出了各种办公室热点的尺寸。

表 2.7　RectangleHotSpot 值

回 发 值	LEFT	TOP	RIGHT	BOTTOM
Office 2A	0	0	50	60
Office 2B	51	0	100	60
Office 2C	101	0	150	60

续表

回 发 值	LEFT	TOP	RIGHT	BOTTOM
Office 2D	151	0	200	60
Hallway 2H1	0	61	200	90
Stairs	0	91	25	155
Kitchen/ Copy Room 2K1	26	91	100	155
Conference Room 2CR1	101	91	200	155

3. 在代码隐藏文件中创建一个 ImageMap1_Click 事件处理方法。为该事件添加代码以将 PostBackValue 从 ImageMap 事件参数中传递给 Label1 控件。

4. 在代码隐藏文件中创建一个 Wizard1_FinishButtonClick 事件处理方法。在该事件中，添加代码以隐蔽 Wizard 控件，并向用户输出一条致谢信息。

5. 为 Wizard 控件的 ActiveStepChanged 事件添加一个事件处理方法。为该方法添加代码找出活动步骤是否为总结步。如果总结步为当前步骤，则对 Label2 控件的内容进行填充，使其对用户所做选择进行总结。此时，最终的代码隐藏文件如下所示：

```vb
'VB
Partial Class _Default
  Inherits System.Web.UI.Page
  Protected Sub Page_Load(ByVal sender As Object, _
    ByVal e As System.EventArgs) Handles Me.Load
    ImageMapOffice.HotSpots.Add(GetHotSpot("Office 2D", 151, 0, 200, 60))
    If Not IsPostBack Then
      Wizard1.ActiveStepIndex = 0
      ImageMapOffice.HotSpotMode = HotSpotMode.PostBack
      ImageMapOffice.HotSpots.Add(GetHotSpot("Office 2A", 0, 0, 50, 60))
      ImageMapOffice.HotSpots.Add(GetHotSpot("Office 2B", 51, 0, 100, 60))
      ImageMapOffice.HotSpots.Add(GetHotSpot("Office 2C", 101, 0, 150, 60))
      ImageMapOffice.HotSpots.Add(GetHotSpot("Hallway 2H1", 0, 61, 200, 90))
      ImageMapOffice.HotSpots.Add(GetHotSpot("Stairs", 0, 91, 25, 155))
      ImageMapOffice.HotSpots.Add( _
        GetHotSpot("Kitchen / Copy Room 2K1", 26, 91, 100, 155))
      ImageMapOffice.HotSpots.Add( _
        GetHotSpot("Conference Room 2CR1", 101, 91, 200, 155))
    End If
  End Sub

  Private Function GetHotSpot(ByVal name As String, ByVal left As Integer,_
    ByVal top As Integer, ByVal right As Integer,ByVal bottom As Integer)_
    As RectangleHotSpot
    Dim rhs As New RectangleHotSpot()
    rhs.PostBackValue = name
    rhs.Left = left
    rhs.Top = top
    rhs.Right = right
    rhs.Bottom = bottom
    Return rhs
  End Function

  Protected Sub ImageMapOffice_Click(ByVal sender As Object, _
    ByVal e As System.Web.UI.WebControls.ImageMapEventArgs) _
    Handles ImageMapOffice.Click
    Label1.Text = e.PostBackValue
  End Sub

  Protected Sub Wizard1_FinishButtonClick(ByVal sender As Object, _
```

```
     ByVal e As System.Web.UI.WebControls.WizardNavigationEventArgs) _
     Handles Wizard1.FinishButtonClick
     Wizard1.Visible = False
     Response.Write("Thank you! Your request is being processed.")
   End Sub
     Protected Sub Wizard1_ActiveStepChanged(ByVal sender As Object, _
       ByVal e As System.EventArgs) Handles Wizard1.ActiveStepChanged
       If (Wizard1.ActiveStep.Title = "Summary") Then
         Label2.Text = "Summary Info:<br />" _
           + "Room: " + Label1.Text + "<br />" _
           + "Delivery Date: " _
           + Calendar1.SelectedDate.ToShortDateString()
       End If
     End Sub
   End Class
```

```
//C#
public partial class _Default : System.Web.UI.Page
{
  protected void Page_Load(object sender, EventArgs e)
  {
    if (!IsPostBack)
    {
     Wizard1.ActiveStepIndex = 0;
     ImageMapOffice.HotSpotMode = HotSpotMode.PostBack;
     ImageMapOffice.HotSpots.Add(GetHotSpot("Office 2A", 0, 0, 50, 60));
     ImageMapOffice.HotSpots.Add(GetHotSpot("Office 2B", 51, 0, 100, 60));
     ImageMapOffice.HotSpots.Add(GetHotSpot("Office 2C", 101, 0, 150, 60));
     ImageMapOffice.HotSpots.Add(GetHotSpot("Office 2D", 151, 0, 200, 60));
     ImageMapOffice.HotSpots.Add(GetHotSpot("Hallway 2H1", 0, 61, 200, 90));
     ImageMapOffice.HotSpots.Add(GetHotSpot("Stairs", 0, 91, 25, 155));
     ImageMapOffice.HotSpots.Add(
     GetHotSpot("Kitchen / Copy Room 2K1", 26, 91, 100, 155));
     ImageMapOffice.HotSpots.Add(
     GetHotSpot("Conference Room 2CR1", 101, 91, 200, 155));
    }
  }

  private RectangleHotSpot GetHotSpot(string name, int left,
    int top, int right, int bottom)
  {
    RectangleHotSpot rhs = new RectangleHotSpot();
    rhs.PostBackValue = name;
    rhs.Left = left;
    rhs.Top = top;
    rhs.Right = right;
    rhs.Bottom = bottom;
    return rhs;
  }
  protected void ImageMapOffice_Click(object sender, ImageMapEventArgs e)
  {
    Label1.Text = e.PostBackValue;
  }

  protected void Wizard1_FinishButtonClick(
object sender, WizardNavigationEventArgs e)
{
  Wizard1.Visible = false;
  Response.Write("Thank you! Your request is being processed.");
  }

  protected void Wizard1_ActiveStepChanged(object sender, EventArgs e)
  {
    if (Wizard1.ActiveStep.Title == "Summary")
    {
      Label2.Text = "Summary Info:<br />"
        + "Room: " + Label1.Text + "<br />"
```

```
            + "Delivery Date: "
            + Calendar1.SelectedDate.ToShortDateString();
        }
    }
}
```

6. 运行该网页，并进行测试。

尝试单击平面图中的每个房间，并观察结果。

单击 Service Date 链接或单击 Next 以显示 Calendar 控件。选择一个日期。

单击 Summary 链接或单击 Next 以显示你所做选择的总结。

单击 Finish 查看致谢信息。

本课总结

◆ Literal 控件用于在网页中显示静态文本。

◆ Table、TableRow 和 TableCell 控件提供了对网页中表格数据以及图形信息的格式化显示途径。

◆ Image 控件用于在网页中显示图像。

◆ ImageButton 控件用于在网页中显示可单击图像。当图像被单击时，该控件可向 Web 服务器执行一次 PostBack。

◆ ImageMap 控件用于在网页中显示一幅可单击图像，当图像被单击时，该控件可向 Web 服务器执行一次 PostBack。

◆ Calendar 控件可将日历呈现给用户，以通过前后月导航功能实现对特定日期的选择。

◆ FileUpload 控件用于显示一个文本框和 Browse 按钮，以方便用户直接输入文件名或通过 Browse 按钮来选择文件。

◆ Panel 控件是一种控件容器，在需要显示或隐藏一组控件时，该控件十分有用。

◆ View 控件也是一种控件容器，在希望显示或隐藏一组控件时，也可考虑使用该控件。

◆ MultiView 控件中包含一个 View 控件集。利用 MultiView 控件，便可在不同的 View 控件之间进行切换。

◆ Wizard 控件是一种用于将一系列 WizardStep 控件依次呈现给用户的复杂控件。

◆ XML 控件用于将 XML 数据呈现给用户。

课后练习

通过下列问题，可检验自己对第 3 课的掌握程度。这些问题也可从配套资源中找到。

注意　关于答案

对这些问题的解析可参考本书末 "答案"。

---

1. 下列哪个选项最恰当地使用了 Table、TableRow 和 TableCell 控件？

A. 在设计视图中创建表格并将其填充

B. 创建一个需要以表格形式显示数据的自定义控件

C. 创建由一组静态图像构成的表格，这些图像存放在网站的某个文件夹中

D. 以表格形式显示结果集

2. 你的图形部门刚完成了一幅展示公司动销产品线的精心制作的图像。其中一些产品线的图形是环形的，有些是矩形的，而其余是些较复杂的形状。你希望将这些图像作为网站中的菜单。以下哪种方式才是将这些图像整合到网站的最佳方式？

A. 利用 ImageButton 控件以及当用户单击该控件时所返回的 x 和 y 坐标。

B. 利用 Table、TableRow 和 TableCell 控件，将图像分割为许多小块，分别显示在不同单元格中；并利用 TableCell 控件的 Click 事件来辨识被单击的产品线。

C. 利用 MultiView 控件，将图像分割为许多小块，使每个产品线位于不同的 View 控件中。利用 View 控件的 Click 事件来辨识被单击的产品线。

D. 利用 ImageMap 控件，并为每个产品线定义热点区域。然后利用 PostBackValue 来标识被单击的产品线。

3. 假定你正在编写一个网站，用途是从用户那里收集数据。所要收集的数据分布在多个网页中。当用户到达最后一个页面时，你需要将所有数据汇总，对其进行验证，并将其保存到数据库中。你已注意到从多个页面收集数据可能会难度较大，因此你希望能够简化对该应用程序的开发。应使用何种控件来解决该问题？

A. View 控件

B. TextBox 控件

C. Wizard 控件

D. DataCollection 控件

本 章 回 顾

为进一步实践和巩固在本章中学习到的技能，建议继续完成下列任务。

◆　阅读本章小结。

◆　完成案例训练。这些案例取自实际项目，但都涉及本章介绍的内容，要求你提供相应的解决方案。

◆　完成建议练习。

◆　完成实战测试。

本章小结

◆　ASP.NET 中的网页遵循标准的事件生命周期。在对 Web 服务器的相邻请求之间，数据可通过 ViewState 机制保存下来。

◆　ASP.NET 提供了大量服务器端控件来为用户提供丰富的体验，以及为开发人员提供熟悉的编程模型(即在服务器端编写事件驱动方法)。

◆　Web 服务器控件的功能比基本的 HTML 控件功能强大。这两种控件均可运行在服务器端。但 Web 服务器控件能够呈现许多 HTML 元素以及 JavaScript 代码块。

◆　Label、TextBox、Button、CheckBox、RadioButton 控件都是常见的 Web 服务器控件，它们均能极大地提高开发人员的生产力。Table、ImageMap、Calendar、Panel 以及 Wizard 控件都属于专用服务器控件，恰当地使用这些控件能够显著减轻开发人员的负担，同时能够给用户带来更加丰富的体验。

案例场景

在下面的案例场景中，需要运用本章所学知识来完成一些小项目。答案可参见书末尾。

案例 1：确定所使用的控件类型

假定准备创建一个新网页来收集客户数据。该网页需要获取用户的姓名和地址，以及一个用户是否处于活动状态的标识。还需要显示几种纵向市场的类别，并赋予数据输入人员将客户归入其所属类别的权限。还应对数据输入人员进行提示，以输入客户拥有的计算机数量，假定以一定的区间表示，如 0-5、6-50、51-250、251-1000 以及 1001 以上。

1.　请定义要使用哪种类型的控件并说明原因。

案例 2：选择恰当的事件

在本案例中，需要依据数据库中的信息来动态创建一些控件。该数据库中还包含用于对这些控件的属性进行设置的数据。请思考下列问题：

1.　应将动态创建控件的代码放在什么事件的处理方法中？为什么？

2.　应将设置控件属性的代码放在哪里？为什么？

案例 3：确定数据提示的方式

假定准备创建一个新网页来对一个汽车保险单进行估价。在估价过程中，有许多因素需要考虑，客户信息可归入以下几类：

- 位置
- 汽车
- 其他司机
- 事故历史
- 机动车违规行为

你可能担心某个潜在的客户在所有信息录入之前就离开该网站。请列举一些向用户进行提示的有组织的方式。注意，尽量减少提示，以免客户感到被过多提示所淹没。

案例 4：实现日历解决方案

假定你负责一个培训机构，并准备创建一个网站来为培训师资的地点进行安排。该应用程序将向你提示培训教师的信息以及培训课程的日期。你可在日程表中查看所有培训课程以及培训教师的上课时间。培训教师也可登录该网站并查看你为其分配的课程和课时。

1. 应在本解决方案的什么地方使用 Calendar 控件？
2. 需要使用 Table 控件吗？

建议练习

为了帮助你熟练掌握本章提到的考试目标，请完成下列任务。

利用服务器控件创建新网页

在本练习中，至少应完成练习 1。如果希望对服务器控件获得更全面的认识，还应完成练习 2。

- **练习 1** 创建一个新网页，并为其添加本章所介绍的 Web 服务器控件。
- **练习 2** 获取一个已有 ASP 网页，并通过修改所有 HTML 控件对应的 HTML 元素来将其转换为 ASP.NET 页面。

为页面和控件创建事件处理方法

在本练习中，至少应完成练习 1。

- **练习 1** 创建一个新网页，并为其添加本章所介绍的 Web 服务器控件。为该控件的默认事件添加处理方法，并查看每个控件的其他可用事件。
- **练习 2** 为该网页的 Init 和 Load 事件添加事件处理方法。

编写 Web 应用程序

在本练习中，至少应完成练习 1。

- **练习 1** 创建一个新网页，并为其添加本章所介绍的 HTML 服务器控件。尝试将这些 HTML 服务器控件转换为 HTML 元素。

实战测试

　　本书配套资源为实战测试提供了多种选择。例如，可选择只对本章相关的内容进行测验，也可用完整的 70-562 认证考试的内容进行自测。可将测验设置为实战模式(即与真实考试基本相同)，或者可以设为学习模式，以便边做题边查看答案及相应的分析。

更多信息　实战测试
要想进一步了解可选的测试模式，请查看本书"前言"。

第 3 章　输入验证和网站导航

客户端和服务器端的输入验证对高品质的用户体验和健壮的应用程序同等重要。用户并不希望犯不必要的错误，因为这会增加他们完成工作所花费的时间。相反，用户要在输入数据时而不是发送数据到服务器之后，才需要视觉线索、数据输入限制以及验证。当然，Web 页面也需要验证发送到自身的数据。它需要确认任何从客户端发送的数据到达服务器后都是有效的。为解决这些问题，ASP.NET 专门为开发人员提供了一组功能强大的验证控件。

一个有用的和健壮的 Web 应用程序的另一个标志是丰富的导航功能。开发人员需要知道如何基于一个请求、回发的信息以及用户行为的总体背景，使得用户在不同页面之间移动。除此之外，用户期望通过对 Web 应用程序的合理分类来实现友好的导航。当用户在不同应用程序之间切换时，需要有一些手段管理它。

本章以前两章内容为基础。第 1 课涵盖管理客户端和服务器端的数据输入。第 2 课将介绍在不同页面之间以及在整个网站内进行导航的各种方法。

本章考点

◆　创建和使用服务器端控件
　　◇　实现客户端验证和服务器端验证
◆　编写 Web 应用程序
　　◇　处理事件和控制页面流

本章课程设置

◆　第 1 课　执行输入验证
◆　第 2 课　执行网站导航

课 前 准 备

为完成本章的课程，应当熟悉使用 Microsoft Visual Studio 的 Visual Basic 或 C#开发应用程序。除此之外，还应当熟悉以下内容：

◆　Visual Studio 2008 集成开发环境(IDE)
◆　超文本标记语言(HTML)和客户端脚本的基础知识
◆　如何创建一个新网站
◆　在 Web 页面上添加 Web 服务器控件

真实世界

Mike Snell

依据我的经验，优秀软件应具备的优点是易于使用、尽量避免错误的发生并能对错误进行智能处理，此外，还应尽量使用户在使用过程中保持身心愉悦。通常这意味着要在用户界面(User Interface, UI)上付出更多的努力。我看到过许多开发人员创建了令其他开发人员垂涎三尺的中间层框架。他们引以为傲的是他们对业务规则的处理、层次的分离以及代码的重用。他们理应感到骄傲，因为这些事是很难正确实现的。然而，我看到过这些人创建的一个非常"功利"的用户界面；在他们的头脑中，所有的变化都应发生在服务器。不幸的是，用户并不明白后端代码。相反，他们想要为自己提供尽量多的直观功能，同时保持应用程序的响应速度。受欢迎的应用程序都具备这些优点。开发人员使用类似于客户端验证的功能和良好的导航来确保一个高品质的、响应迅速的用户界面。可见创建用户喜爱的应用程序是我们的立足之本。

第 1 课　执行输入验证

在本课中，将学习验证框架是如何运作的，以及如何使用 ASP.NET 中提供的验证控件执行输入验证。

学习目标

◆　理解验证框架
◆　在 Web 页面上添加验证控件
◆　配置验证控件
◆　实现自定义验证控件
◆　有效用户输入测试

预计课时：60 分钟

理解验证框架

对开发人员来说，一个常见的问题是确保用户输入数据的有效性。当应用程序在 Web 浏览器中运行时，这个问题会变得更为困难。数据从浏览器发送到服务器时，需要确保这些数据的有效性。除此之外，用户希望他们花时间发送数据到服务器之前，在输入有效数据时得到一些反馈和帮助。幸好，ASP.NET 有一个内置的数据验证框架来处理类似情况。它提供了一个直接的方法，只需少量编码，即可完成客户端和服务器端的验证。

ASP.NET 数据验证框架包括了一组内置的验证控件，可以附加到用户输入控件来处理服务器端和客户端的验证。图 3.1 显示了数据验证框架控件的层次结构。

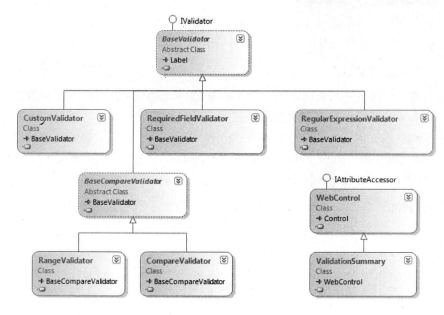

图 3.1　验证控件的层次结构

客户端验证对用户来说非常方便。它在发送数据到服务器之前，通过检查浏览器的数据以改善性能。这避免了在客户端与服务器之间不必要的往返。然而，客户端验证很容易受到黑客的攻击。服务器端的验证是对发送到服务器端的数据唯一安全的验证方式。同时使用客户端和服务器端验证不仅提供给用户一个更好的体验，而且可以对网站进行安全验证。

在页面上添加验证控件

验证控件在 Visual Studio 工具箱中。在 Web 页面上添加验证控件就像使用其他控件一样。下面是在 Web 页面中使用验证控件的基本步骤。

1. 在设计视图中打开一个 Web 页面，并打开 Visual Studio 工具箱。导航到工具箱的"验证"标签。

2. 将验证控件拖放到需要验证的控件附近。例如，将一个 RequiredFieldValidator 控件拖放到一个 TextBox 控件附近，确保用户输入到文本框的数据是有效的。

3. 接着，设置验证控件的 ID 属性(通过源视图或者属性窗口)。当然，重要的是，这个属性要和它验证的字段同名。

4. 下一步是设置验证控件的 ControlToValidate 属性。这里，可以选择页面上的另一个控件。这个控件是需要通过验证控件来验证的控件。

5. 验证控件的 ErrorMessage 属性也应当设置。当用户试图提交无效数据表单时，设为 ErrorMessage 的值会作为帮助显示给用户。这个信息通常放在页面上的 ValidationSummary 控件中。

6. 设置验证控件的 ToolTip 属性，最好让这个属性和 ErrorMessage 属性相同或者相似。用户将鼠标指针悬停在验证控件的文本时(一个无效操作期间)，会显示这个值。

7. 最后，将验证控件的 Text 属性设置为一个短的字符串，例如，一个星号(*)。保持这个字符串短小将减小验证控件所需的空间，但仍然可以给用户提供一个视觉线索：指定项是错误的。

创建一个验证错误汇总

还应当考虑在数据输入页面添加一个 ValidateSummary 控件。这个控件放在 Web 页面上，用户单击提交按钮触发页面级别验证之后，将在某个位置显示所有的验证错误信息。对于 Web 页面挤满其他控件的情况以及在无效控件附近显示验证错误信息使整个布局一团糟的情况，这尤其重要。ValidateSummary 控件也可以配置为弹出显示验证错误信息，以替代在 Web 页面上显示验证错误。

服务器端验证

验证控件的工作方式与 Page 对象一致。回忆一下，Page 对象是 Web 页面的基类。ASP.NET 使用 Page 类和验证控件一起确保客户端的数据到达服务器端时仍然有效。

Page 类有一个 Validators 属性，包含所有定义在页面上的验证控件的集合。Page 类还有一个 Validate 方法。调用这个方法让 Page 类检查每个验证控件，并确定页面上的任何控件是否无效。

在执行页面的 Load 事件处理方法之后，ASP.NET 会自动调用 Validate 方法。因此，一旦加载页面，就可以看到页面在服务器上是否有效。为此，可以调用 Page.IsValid 属性(通过 Validate 方法设置)。这个属性的类型是布尔，如果所有的验证控件都正确处理，则这个值为 true。尽管 IsValid 属性是自动设置的，但仍然需要检查每个事件的 IsValid 属性来确定代码是否应当运行；也就是说，当 IsValid=false 时，代码仍然会执行，除非用户让它停止。

客户端验证

客户端验证代码是使用页面上的验证控件编写的。ASP.NET 向页面提供控件及其 JavaScript。当用户进入页面并离开控件的焦点时，JavaScript 便开始执行。客户端验证默认是打开的。如果需要，可以关闭指定的验证控件，但这是不推荐的。将 EnableClientScript 属性设置为 false 可以关闭控件。

同样，当用户离开一个控件的焦点时(标签或导航脱离控件)，这个控件的客户端验证开启。如果验证失败，则向用户显示验证控件的 Text 属性。

当页面载入时，还可以使用控件的 Focus 方法来设置指定控件的焦点。Focus 方法添加在浏览器内执行的客户端 JavaScript 代码，即可把焦点设置到合适的控件。除了新的 Focus 方法之外，验证控件还有类似的称为 SetFocusOnError 的属性。可以将这个属性设置为 true 来引发无效的控件自动接受焦点。用这种方式，用户直到控件具有有效数据之后，才会离开控件。这个属性默认设置为 false。

确定何时引发验证

客户端验证对用户来说非常方便。它最大的好处是只有所有客户端验证都成功，才将页面发回到服务器。但有时候这会是个问题。

例如，假定用户想单击"取消"或"帮助"按钮，但是页面并没有处在一个有效的状态。这些按钮的默认行为是尝试向服务器回发。然而，如果页面是无效的，单击按钮将引发客户端验证，而非引发到服务器的回发。这里有一个解决方案。

可以通过将验证控件的 CausesValidation 属性设置为 false 绕开验证控件。这个属性的默认值为 true。例如，如果有一个 ButtonReset 按钮，能够在页面上引发一个重置，可以将其设置为 Button.CauseValidation=false 来引发回发，即使页面是无效的。

使用组验证

通常，不想把整个页面当作单一的个体进行整体验证。相反，可能想把页面分成几部分，让它们独立验证，对于有多个部分的长数据表格来说更是如此。只提交页面的一部分时，可能不想开始整个页面的验证。幸好，ASP.NET 允许这种情况。

ASP.NET 中的验证控件附加了 ValidationGroup 属性。这个属性可以指派一个字符串值来指定页面的一部分(组控件作为一个单元来验证)。验证控件和引起回发的控件都有这个属性。当控件执行回发时，有匹配的 ValidationGroup 属性值的验证控件会被验证。这样一来，这些控件便作为一个单元来验证。

访问服务器时(回发之后)，Page 对象上的 IsValid 属性只反映已验证的验证控件的有效性。在默认情况下，这些验证控件在相同的 ValidationGroup 内，但可以调用一个验证控件的 Validate 方法将控件添加到 IsValid 属性报告的控件集合中。

Page 对象的 Validate 方法也有一个重载方法。这个重载方法接收一个字符串，用于指定要验证的 ValidationGroup。引发验证的回发发生时，便执行这个重载方法。Page 对象也有一个 GetValidators 方法，后者接收一个包含 ValidationGroup 名称的字符串。这个方法返回指定 ValidationGroup 中验证控件的列表。

理解 BaseValidator 类

验证控件继承于 BaseValidator 抽象类。这个类包含验证框架公开的大多数验证功能。表 3.1 列出了 BaseValidator 为其子类提供的属性。

表 3.1　BaseValidator 属性

属性名称	描　述
ControlToValidate	将它设置为要验证的控件
Display	设置它以控制如何显示验证信息，它可以设置为下列值之一。 ● None(不显示验证信息)。如果一个验证控件提供信息给 ValidationSummary 控件，并且不在无效控件周围显示它自己的信息，则将控件的 Display 属性设置为 None ● Static(使用 Web 页面上相同的空间显示验证信息，即使在不显示信息时) ● Dynamic(显示验证信息，但如果没有信息需要显示，则不占据空间)
EnableClientSideScript	设置为 false 则禁用客户端验证。默认设置为 true
ErrorMessage	用于设置验证失败时要显示的文本。如果设置为 Text 属性，验证控件显示 Text 属性的内容，然而，ValidationSummary 控件显示 ErrorMessage 内容
IsValid	单一验证控件的有效状态
Enabled	将属性设置为 false 时，将完全禁用此控件

理解 BaseCompareValidator 类

RangeValidator 和 CompareValidator 控件继承于 BaseCompareValidator 控件。这个基类包含常见的对比行为,供这些控件使用。BaseCompareValidator 包含 Type 属性,在做对比之前,可以设置文本转换后的数据类型。可用数据类型如下。

- **Currency(货币)** 数据作为 System.Decimal 验证,但也可以输入货币符号和分组字符。
- **Date(日期)** 数据作为一个整型日期验证。
- **Double(双精度)** 数据作为 System.Double 验证。
- **Integer(整型)** 数据作为 System.Int32 验证。
- **String(字符串)** 数据作为 System.String 验证。

当然,BaseCompareValidator 类是一个基类,而不是一个真正的验证控件。讨论从 BaseCompareValidator 继承的子控件时,我们将进一步看到它的功能。

理解 RequiredFieldValidator 控件

RequiredFieldValidator 用来确保用户已经在控件中输入一个值(不包括空格)。而其他的验证控件不能验证空字段。因此,需要频繁使用 RequiredFieldValidator 和其他控件一起来实现预期的验证。

RequiredFieldValidator 提供 InitialValue 属性。正在进行验证的控件有一个默认的初始值,并且希望确保用户改变这个值时,这个属性才会使用。例如,如果要在控件中设置一些默认的文本,可以将 InitialValue 属性设置为这些文本,确保它不是一个有效的用户输入。举一个例子,假定从一个地址录入表单下拉列表中选取一个国家。下拉列表可能包含一个值,这个值是一条用户指令,如"选择一个国家……"。在这种情况下,如果希望确保用户选择一个国家,而不是这个值,则可以使用 RequiredFieldValidator 的 InitialValue。图 3.2 显示了 Visual Studio 设计视图中的例子。

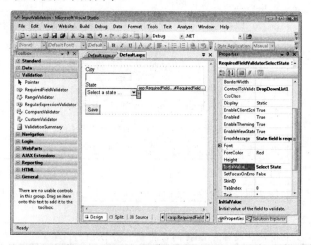

图 3.2 RequiredFieldValidator 和 InitialValue 属性

使用 CompareValidator 控件

CompareValidator 控件通过使用比较操作符(例如大于和小于)执行验证,比较用户输入的数据和所设置的常数或者比较用户的输入和另外一个控件中的值。

CompareValidator 也可以用来验证输入指定控件的数据是不是特定数据类型,如一个日期或一个数字。为此,要把 Type 属性设置为一个有效的数据类型。然后,ASP.NET 将验证用户的输入是不是指定类型的有效实例。如果打算检查数据类型,还可以将 Operator 属性设置为 DataTypeCheck。图 3.3 显示了属性窗口中 CompareValidator 控件设置的这个属性。

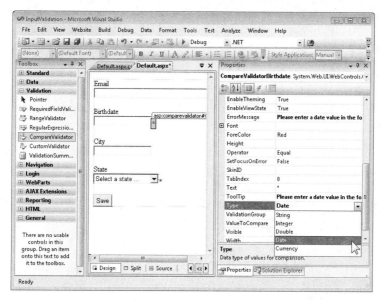

图 3.3　CompareValidator 控件验证用户输入的日期值

CompareValidator 控件使用 ValueToCompare 属性设置用于执行比较的常数。例如,可能想要确保用户输入的出生日期大于 1900。可以将 ValueToCompare 设置为 1/1/1900。然后,设置控件的 Operator 属性。这个属性定义如何执行比较,可选择的值有 Equal(等于)、NotEqual(不等于)、GreaterThan(大于)、GreaterThanEqual(大于等于)、LessThan(小于)、LessThanEqual(小于等于)或 DataTypeCheck(数据类型检查)。在出生日期的例子中,将这个值设置为 GreaterThanEqual(大于等于)。

还可以使用 ControlToCompare 属性来定义用于执行比较的另一个控件。在这种情况下,用于比较的是控件。例如,如果要求一个用户输入一个日期的范围,那么对于这个范围,第二个定义的日期大于第一个。可以使用 CompareValidator 控件执行这项检查。将其 ControlToValidate 属性设置为第二个日期录入文本框,ControlToCompare 属性设置为第一个日期录入文本框。然后,将 Operator 属性设置为 GreaterThan。

使用 RangeValidator 控件

常常需要验证用户输入的数据是否在一个可接受的预定义值范围内。例如，编写一个 Web 页面，通过一个具体的日期来显示本年度的销售增长。然后，验证用户输入的日期值在本年度范围内。为此，可以使用 RangeValidator 控件。

RangeValidator 控件验证用户输入的值是否在一个指定范围内。这个控件有两个非常具体的属性来管理可接受值的范围：MinimumValue 和 MaximumValue。这些属性的工作方式不言而喻。范围验证控件还使用 Type 属性来确定用户输入的数据类型。在本年度销售的例子中，要将 Type 属性设置为 Date。然后，在服务器上以编程的方式设置 MinimumValue 和 Maximum 属性表示本年度和当前日期。示例代码如下。

```
'VB
Protected Sub Page_Load(ByVal sender As Object, _
  ByVal e As System.EventArgs) Handles Me.Load

  RangeValidatorSalesDate.MinimumValue = _
     "1/1/" & DateTime.Now.Year.ToString()

  RangeValidatorSalesDate.MaximumValue = _
    DateTime.Now.ToShortDateString()

End Sub

//C#
protected void Page_Load(object sender, EventArgs e)
{
  if (!IsPostBack)
  {
    RangeValidatorSalesDate.MinimumValue =
      "1/1/" + DateTime.Now.Year.ToString();
    RangeValidatorSalesDate.MaximumValue =
      DateTime.Now.ToShortDateString();
  }
}
```

使用 RegularExpressionValidator 控件

RegularExpressionValidator 控件基于正则表达式来执行验证。正则表达式是一种强大的模式匹配语言，能够辨别简单的和复杂的字符序列，其他的表达式则需要编写代码实现。控件使用 ValidationExpression 属性设置一个有效的正则表达式，这个正则表达式应用于要验证的数据。如果匹配正则表达式，数据就是有效的。

正则表达式语言并不是本书的范畴。然而，幸运的是，Visual Studio 有大量的预定义的正则表达式可以选择。例如，需要验证用户输入的有效 Internet 电子邮件地址。为此，通过选择属性窗口中 ValidationExpression 属性旁边的按钮即可。这样便可打开如图 3.4 所示的 Regular Expression Editor 对话框。在此，为一个 RegularExpressionValidator 控件选择预定义的正则表达式。

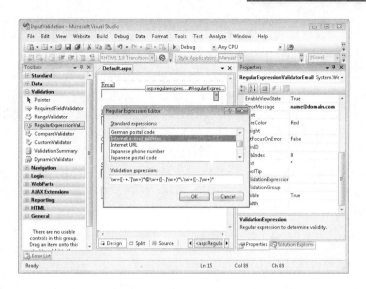

图 3.4　Regular Expression Editor 对话框

更多信息　正则表达式

要获取关于正则表达式的更多信息，如教程和正则表达式示例，请访问下面的网站。

- http://www.regexlib.com/
- http://www.regular-expressions.info/

CustomValidator 控件

虽然 ASP.NET 提供了大量验证控件，但可能还是不能满足需要。幸好，有 CustomValidator 控件，可以用它来创建自己的验证，并且和页面上其他验证一起运行。CustomValidator 控件执行编写的基于验证的代码。编写的验证代码将在客户端用 JavaScript 执行，不过也可以使用喜欢的.NET 语言编写服务器端验证代码。

自定义客户端验证

当用户使用页面时，客户端验证提供用户的即时反馈。如果正使用其他的客户端验证并打算编写自定义验证，应当考虑为自定义验证场景编写必要的 JavaScript 代码。自定义验证 JavaScript 代码需要加入其他验证控件使用的数据验证框架。这一框架有利于确保自定义验证控件能和其他验证控件一起工作。

编写自定义客户端验证的第一步是在 Web 页面内部(源视图，而不是代码隐藏页面)定义一个 JavaScript 函数。这个函数必须具有下面的方法签名。

```
function ClientFunctionName(source, arguments)
```

可以根据自己的需求随意命名函数。然而，参数应当遵循标准。一旦函数附加到 CustomValidator 控件，它将自动被数据验证框架调用。当函数被调用时，source 参数将包含一个验证控件的引用，用于执行验证。arguments 参数是一个对象，有一个 Value 属性，这个属性包含客户端函数要验证的数据。

接着，需要编写验证逻辑。这个逻辑用来评估 arguments.Value，并确定它是否有效。一旦确定，便将 arguments.IsValid 属性设置为 true(有效)或 false(无效)。

最后，要将 CustomValidator 控件的 ClientFunctionName 属性设置为验证函数的名称，借此附加客户端函数到 CustomValidator 控件。

考虑一个例子。假定需要为客户端级的密码管理规则自定义验证。要求密码为 6～14 位的字符，并且必须包含至少一个大写字母和一个数字字符。假定页面包括一个 TextBox 控件，用于输入一个新的密码；一个 Button 控件，用于提交密码更改；一个 ValidationSummary 控件，用于显示长的错误信息；一个 RequiredFieldValidator 控件，用来确保用户已经输入一个密码；一个 CustomValidtor 控件，用于验证真实的密码。Web 页面的源代码如下所示。

"更改密码" Web 页面的源代码

```
<%@ Page Language="VB" AutoEventWireup="false" CodeFile="NewPassword.aspx.vb"
Inherits="NewPassword" %>

<!DOCTYPE html PUBLIC "-//W3C//DTD XHTML 1.0 Transitional//EN" "http://www.w3.org/TR/
xhtml1/DTD/xhtml1-transitional.dtd">

<html xmlns="http://www.w3.org/1999/xhtml">
<head runat="server">
    <title>Change Password</title>
</head>
<body style="font-family: Arial">
    <form id="form1" runat="server">
    <div>
    <table width="400">
        <tr><td colspan="2" style="font-size: x-large">Change Password</td></tr>
        <tr>
            <td colspan="2">
                <asp:ValidationSummary ID="ValidationSummary1" runat="server" />
            </td>
        </tr>
        <tr>
            <td width="190" align="right" valign="middle">New password:</td>
            <td width="210" valign="middle">
                <asp:RequiredFieldValidator ID="RequiredFieldValidatorPassword"
                  runat="server" ErrorMessage="Please enter a valid password" text="*"
                  Tooltip="Please enter a valid password"
                  ControlToValidate="TextBoxNewPassword">
                </asp:RequiredFieldValidator>

                <asp:CustomValidator ID="CustomValidatorNewPassword" runat="server"
                        Text="*" ToolTip="Password must be between 6-14 characters and
include 1 capital letter, 1 lowercase letter, and 1 number"
                        ErrorMessage="Password must be between 6-14 characters and include
1 capital letter, 1 lowercase letter, and 1 number"
                        ControlToValidate="TextBoxNewPassword">
                </asp:CustomValidator>
            </td>
        </tr>
        <tr>
            <td></td>
            <td><asp:Button ID="ButtonSubmit" runat="server" Text="Submit" /></td>
        </tr>
    </table>
    </div>
    </form>
</body>
</html>
```

下一步是在 Web 页面源代码中添加客户端验证代码。可以将其加在页面上的<body>

标签之前。下面提供了一个称为 ValidatePassword 的 JavaScript 函数的例子。请注意，函数签名匹配于数据验证框架定义的验证函数。同样注意 arguments.IsValid 的设置。

用于客户端密码验证的 JavaScript

```javascript
<script language="javascript" type="text/javascript">
    function ValidatePassword(source, arguments)
    {
    var data = arguments.Value.split('');
    //start by setting false
    arguments.IsValid=false;

    //check length
    if(data.length < 6 || data.length > 14) return;

    //check for uppercase
    var uc = false;
    for(var c in data)
    {
        if(data[c] >= 'A' && data[c] <= 'Z')
        {
            uc=true; break;
        }
    }
    if(!uc) return;

    //check for lowercase
    var lc = false;
    for(c in data)
    {
        if(data[c] >= 'a' && data[c] <= 'z')
        {
            lc=true; break;
        }
    }
    if(!lc) return;

    //check for numeric
    var num = false;
    for(c in data)
    {
        if(data[c] >= '0' && data[c] <= '9')
        {
            num=true; break;
        }
    }
    if(!num) return;

    //must be valid
    arguments.IsValid=true;
    }
</script>
```

最后一步是将 CustomValidtor 控件的 ClientValidationFunction 属性设置为函数名 ValidatePassword。然后，可以运行 Web 页面来测试这个例子。当 TextBox 控件失去焦点时，自定义客户端验证开始执行，结果是令 ValidationSummary 控件和 CustomValidator 控件的 ToolTip 显示错误信息，如图 3.5 所示。

自定义服务器端验证

CustomValidator 控件可以工作在客户端或服务器端，或者两端。我们推荐同时在客户端和服务器端进行验证，操作方式与其他验证控件的操作方式相同。这是一种良好的编码习惯。再者，不能完全依赖于客户端验证，因为它很容易受到攻击。同时，正如我们所讨论的，只实现服务器端验证并不总是能够提供最好的用户体验。

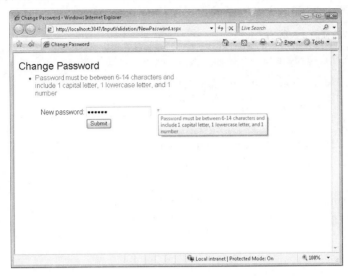

图 3.5　客户端验证

为了使用 CustomValidator 控件实现服务器端验证，要重载它的 ServerValidate 事件。服务器端的事件可以在代码隐藏文件中执行编写的代码来捕捉。给定 CustomValidator 控件绑定事件处理器的方式和绑定任何其他控件的事件相同。类似于客户端验证，服务器端验证也提供相同的两个参数：source 提供对验证控件源文件的访问；args 提供 args.Value 属性，用于检查待验证的数据。args.IsValid 属性用于指出验证是成功还是失败。下面给出使用 ServerValidate 事件执行服务器端密码验证的例子。

密码验证服务器端事件处理器

```
'VB
Protected Sub CustomValidatorNewPassword_ServerValidate( _
  ByVal source As Object, _
  ByVal args As System.Web.UI.WebControls.ServerValidateEventArgs) _
  Handles CustomValidatorNewPassword.ServerValidate

  Dim data As String = args.Value

  'start by setting false
  args.IsValid = False

  'check length
  If (data.Length < 6 Or data.Length > 14) Then Return

  'check for uppercase
  Dim uc As Boolean = False
  For Each c As Char In data
    If (c >= "A" And c <= "Z") Then
      uc = True : Exit For
    End If

  Next
  If Not uc Then Return

  'check for lowercase
  Dim lc As Boolean = False
  For Each c As Char In data
    If (c >= "a" And c <= "z") Then
      lc = True : Exit For
```

```
    End If
   Next
   If Not lc Then Return

   'check for numeric
   Dim num As Boolean = False
   For Each c As Char In data
     If (c >= "0" And c <= "9") Then
       num = True : Exit For
     End If
   Next
   If Not num Then Return

   'must be valid
   args.IsValid = True

End Sub
```

//C#
```
protected void CustomValidatorNewPassword_ServerValidate(object source,
  ServerValidateEventArgs args)
{
  string data = args.Value;
  //start by setting false
  args.IsValid = false;

  //check length
  if (data.Length < 6 || data.Length > 14) return;

  //check for uppercase
  bool uc = false;
  foreach (char c in data)
  {
    if (c >= 'A' && c <= 'Z')
    {
      uc = true; break;
    }
  }
  if (!uc) return;

  //check for lowercase
  bool lc = false;
  foreach (char c in data)
  {
    if (c >= 'a' && c <= 'z')
    {
      lc = true; break;
    }
  }
  if (!lc) return;
  //check for numeric
  bool num = false;
  foreach (char c in data)
  {
    if (c >= '0' && c <= '9')
    {
      num = true; break;
    }
  }
  if (!num) return;
  //must be valid
  args.IsValid = true;
}
```

所写的服务器端验证并不需要提供和客户端代码完全相同的验证。例如，验证 5 字符客户 ID 的 CustomValidator，自定义客户端脚本可能只测试提供的 5 个字符是否在可接受的范围内(大写字母，小写字母)。服务器端验证可能执行一个数据库查询来确保客户 ID 是数据库中有效的客户 ID。这样，可以结合服务器端和客户端验证给用户提供一个整体解决方案。

快速测试

1. 如果输入 TextBox 控件的数据是 Currency 类型，可以使用哪个验证控件来验证？
2. 什么控件可以用来在一个页面的弹出窗口内显示所有的错误信息？

参考答案

1. 可以用 CompareValidator 控件来执行数据类型的检查。将其 Operator 属性设置为 DataTypeCheck，Type 属性设置为 Currency。
2. ValidationSummary 控件可以用来显示指定页面的验证错误信息汇总。这个控件也可以用作弹出式浏览器窗口。

实训：使用验证控件

在这个实训中，需要创建一个 Web 页面，模拟网站的用户注册。这个页面包含 TextBox 控件(输入用户名)、电子邮件地址、密码和密码确认。下面是这个页面的验证规则。

◆ 所有的字段都需要包含数据。
◆ 用户名字段的长度必须在 6～14 个字符之间。这些字符可以是大写字母、小写字母、数字或下划线。
◆ 用户的电子邮件地址应当是一个有效的电子邮件格式。
◆ 密码和确认密码字段是 6～14 位字符。一个用户的密码必须至少包含一个大写字母、一个小写字母和一个数字(就像在自定义验证控件例子中描述的)。

如果在完成这个练习时遇到问题，可参考本书配套资源所附的实例，这些实例都有完成了的项目文件。

> **练习 1：创建网站和添加控件**

在这个练习中，创建网站并添加用户输入控件。

1. 打开 Visual Studio，选择喜好的编程语言创建一个新的网站，命名为 **WorkingWithValidationControls**。
2. 打开 Default.aspx 页面，在页面上添加一个 HTML 表格。这个表格为六行两列。在第一行，将页面的标题设置为 **User Registration**。
3. 在接下来的四行中每行的第一列添加数据项字段描述。描述分别为 User name、Email、Password 和 Confirm Password。
4. 在相同的四行中每行的第二列添加一个 TextBox 控件，将 TextBox 控件分别命名为 TextBoxUserName、TextBoxEmail、TextBoxPassword 和 TextBoxConfirmPassword。
5. 将 TextBoxPassword 和 TextBoxConfirmPassword 的 TextMode 属性设置为

Password。

6. 在表格的下面添加一个 Button 控件。将 Button 控件的文本设置为 **Register**。

图 3.6 展示了设计视图中的 Web 页面。

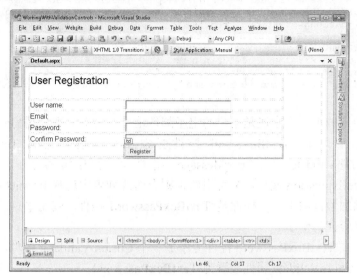

图 3.6　Visual Studio 中添加验证控件之前的注册页面

> ➤ **练习 2：添加验证控件**

在这个练习中，添加和配置验证控件。

1. 继续使用前一练习中的项目，或从本书配套资源的实例中打开第 1 课练习 1 完成了的项目。

2. 所有的 TextBox 控件都需要用户输入。因此，要在每个 TextBox 控件附近添加一个 RequiredFieldValidator。对应它要验证的字段，命名这些控件。

   对于每个 RequiredFieldValidator 控件，将 ControlToValidate 属性设置为要验证的 TextBox。

   对于每个 RequiredFieldValidator 控件，将 ErrorMessage 和 ToolTip 属性设置为 **User name is required，Email is required，Password is required** 和 **Confirm password is required**。

   对于每个 RequiredFieldValidator 控件，将 Text 属性设置为星号(*)。

3. 接着，为 TextBoxUserName 控件定义验证。回忆一下规则：用户名字段长度必须在 6～14 个字符之间，这些字符可以是大写字母、小写字母、数字或下划线。

   为了处理这个规则，使用一个 RegularExpressionValidator 控件。在 TextBoxUserName 控件旁添加这个控件，并将 ControlToValidate 属性设置为 **TextBoxUserName**。

   将 Text 属性设置为星号，将 ErrorMessage 和 ToolTip 属性设置为 **Please enter only alpha-numeric characters (and no spaces)**。最后，将 ValidationExpression 属性设置为正则表达式**\w{6,14}**。TextBoxUserName 控件的表格应当如下所示。

```
<td>
  <asp:TextBox ID="TextBoxUserName" runat="server" Width="250"></asp:TextBox>
  <asp:RegularExpressionValidator ID="RegularExpressionValidatorUserName"
    Text="*" runat="server" ControlToValidate="TextBoxUserName"
    ErrorMessage="Please enter only alpha-numeric characters (and no spaces)."
    ToolTip="Please enter only alpha-numeric characters (and no spaces)."
    ValidationExpression="\w{6,14}">
  </asp:RegularExpressionValidator>
  <asp:RequiredFieldValidator ID="RequiredFieldValidatorUserName" runat="server"
    Text="*" ErrorMessage="User name is required"
    ControlToValidate="TextBoxUserName"
    ToolTip="User name is required"></asp:RequiredFieldValidator>
</td>
```

4. 需要验证的下一个字段是用户的电子邮件地址。为此，要使用另一个正则表达式验证控件。在 TextBoxEmail 控件旁添加它。设置它的 Text、ToolTip、ControlToValidate 和 ErrorMessage 属性。使用属性窗口设置控件的 ValidateExpression 属性。从可用的正则表达式列表中选择 Internet Email Address。

5. 需要添加验证的下一个控件是 TextBoxPassword 控件。使用本章前面部分定义的自定义验证的例子。

   首先，在 TextBoxPassword 控件旁添加一个 CustomValidator 控件。

   将 ControlToValidate 属性设置为 **TextBoxPassword**。

   将 Text 属性设置为星号(*)。

   将 ErrorMessage 和 ToolTip 属性设置为 **Please enter 6-14 characters, at least 1 uppercase letter, 1 lowercase letter, and 1 number**。

   在 HTML 源代码的头部分下面，添加前文给出的"用于客户端密码验证的 JavaScript"代码。

   将 CustomValidator 控件的 ClientValidationFunction 属性设置为 **ValidatePassword**。在代码隐藏页添加 CustomValidator 控件的 ServerValidate 事件处理器。添加前文给出的"密码验证服务器端事件处理器"代码。

6. 最后要验证的是确保密码和密码确认字段包含相同的数据。为此，首先要在 TextBoxConfirmPassword 控件旁添加一个 CompareValidator。

   将 ControlToValidate 属性设置为 **TextBoxConfirmPassword**。

   将 ControlToCompare 属性设置为 **TextBoxPassword**。

   将 Text 属性设置为星号(*)。

   将 ErrorMessage 和 ToolTip 属性设置为 **Both Password fields must match**。

7. 最后，在 Web 页面的顶端，另起一行，添加一个 ValidationSummary 控件。用户提交表单时，将显示长的错误信息。完成后的 Web 页面如图 3.7 所示。

➤ 练习 3：测试验证控件

在这个练习中，运行 Web 页面并测试验证控件。

1. 继续使用前一练习中的项目，或从本书配套资源的实例中打开第 1 课练习 2 完成了的项目。

2. 运行 Web 页面。

3. 在输入任何文本到 TextBox 控件之前，单击 Register。通过查看 ValidationSummary

控件中显示的错误和观察指针指向的每个星号的 ToolTip，验证 RequiredFieldValidator 的显示。

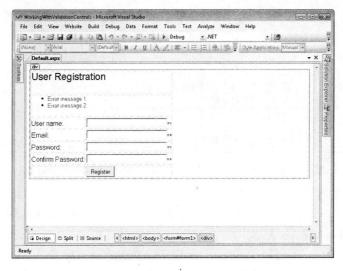

图 3.7 包含所有验证控件的完成后的 Web 页面

4. 通过在 TextBoxUserName 控件输入少于 6 个的字符，并单击 Register，借此来测试用户名验证机制。请注意验证错误。同样，输入 15 个或更多字符。接下来，输入 10 个字符，但使用无效字符撇号(')之类的。最后，在文本框中输入有效的数据，确保验证控件正常工作。

5. 输入一个无效的电子邮件地址来测试电子邮件字段。最后使用一个有效的电子邮件地址来测试。

6. 尝试输入少于 6 个字符和多于 14 个字符来测试密码字段。同样，再尝试使用全是小写字母、全是大写字母或全是数字的密码。注意密码中允许但不需要的特殊字符，如加号(+)、减号(-)和百分号(%)。最后，尝试输入一个有效的密码。

7. 输入一个和密码不匹配的密码确认，测试密码确认。再用匹配的密码重新测试。

本课总结

◆ 数据验证框架提供一组绑定到一个或多个 Web 控件的验证控件，对 Web 控件中输入的数据进行验证。

◆ ASP.NET 验证控件提供客户端和服务器端验证。

◆ 将 EnableClientScript 属性设置为 false 将禁用客户端验证。

◆ 在 ASP.NET 中可用的验证控件包括 CustomValidator、CompareValidator、RangeValidator、RegularExpressionValidator 和 RequiredFieldValidator。

◆ ValidationSummary 控件可以添加到一个 Web 页面，作为一个弹出信息，提供 Web 页面验证错误信息的汇总。

◆ RegualrExpressionValidator 用于指定验证模式。

◆ CustomValidator 允许提供自定义客户端和服务器端代码执行输入验证。

◆ 可以显式调用 Page.Validate 方法以强制进行验证。

◆ Web 页面的 IsValid 属性是可以查询的，用于确认在代码运行之前页面是有效的。

课后练习

通过下列问题，你可检验自己对第 1 课的掌握程度。这些问题也可从配套资源中找到。

注意　关于答案

对这些问题的解析可参考本书末 "答案"。

---

1. 假设需要验证一个用户输入的供应商 ID。有效的供应商 ID 存在于一个数据库表格中。如何验证这个输入？

   A. 提供一个 RegularExpressionValidator，并将 ValidationExpression 属性设置为 /DbLookup{code}。

   B. 提供一个 RangeValidator，并将 MinValue 属性设置为 DbLookup(code)，将 MaxValue 属性设置为 DbLookup(code)。

   C. 提供一个带有服务器端代码的 CustomValidator，搜索数据库。

   D. 提供一个 CompareValidator，对比表达式设置为服务器端函数的名称，该函数执行数据库代码查询。

2. 要创建一个 Web 页面，其中将包含很多使用验证控件来验证的控件。这个页面也包含 Button 控件执行回发。禁用所有的客户端验证，并且要注意，单击任何 Button 控件时，即使某些控件没有有效数据，Click 事件处理器中的代码也会执行。解决这个问题的最好方案是什么，前提是确保有无效的数据存在时，代码不执行？

   A. 在 Click 事件处理器方法中，为每个 Button 控件测试 Web 页面的 IsValid 属性，如果这个属性为 false，退出这个方法。

   B. 在 Web 页面的 Load 事件处理器方法中，测试 Web 页面的 IsValid 属性，如果这个属性为 false，退出这个方法。

   C. 重新启动客户端脚本禁用回发，直到有有效数据时。

   D. 为所有的验证控件添加 runat = "server"属性。

3. 假设创建了一个精致的 Web 页面，其中包含很多验证控件。想为每个验证错误提供一个详细的信息，但没有在每个控件附近提供详细信息的空间。怎样表示控件错误，并在 Web 页面顶部列出详细的错误信息？

   A. 将验证控件的 Text 属性设为详细的信息，并将 ErrorMessage 属性设为一个星号。在 Web 页面的顶部放一个 ValidationSummary 控件。

   B. 将验证控件的 ErrorMessage 属性设为详细的信息，并将 Text 属性设为一个星号。在 Web 页面的顶部放一个 ValidationSummary 控件。

   C. 将验证控件的 ToolTip 属性设为详细的信息，并将 ErrorMessage 属性设为一个星号。在 Web 页面的顶部放一个 ValidationSummary 控件。

   D. 将验证控件的 ToolTip 属性设为详细的信息，并将 Text 属性设为一个星号。在 Web 页面的顶部放一个 ValidationSummary 控件。

第 2 课 执行网站导航

不同 Web 页面之间的无缝导航指的是一系列的 Web 页面让人觉得就像一个 Web 应用程序。要考虑何时以及如何使用户在不同页面之间移动，还要让这一切看起来是自动的、事先计划好的，并让用户感觉到控制权在他们手上。这样做时，需要考虑如何处理回发之后的导航以及允许用户在网站内导航的方式。

页面执行回发时，通常会对发起请求的页面停止发送数据。然而，有些情况下，可能要在不同 Web 页面间发送数据。还需要考虑指定的回发导致的用户接下来要访问的页面。

所有网站都具有某些形式的用户导航控件。优秀的网站是那些提供便捷导航的网站。当然，开发人员需要提供这些导航。由于导航是用户驱动的，所以开发人员需要确定会发生哪些事情——尤其是用户在交易进程中时，如购买产品。

本课介绍如何在服务器端导航，如何允许客户驱动导航，还将介绍如何通过多种方式使用 ASP.NET 来实现页面导航。

学习目标

◆ 在网站中根据自己的需求，确定正确的方法实现用户在不同页面之间的导航
◆ 在页面上，使用客户端和服务器端的方法重定向用户
◆ 在导航控件 SiteMapPath、Menu 和 TreeView 的内部，使用 Web 服务器控件 SiteMap 显示网站的导航结构

预计课时：40 分钟

确定页面导航的必要性

页面导航指的是在网站中从一个实际的页面移动到另一个页面的过程。然而，使用类似于 Wizard(向导)控件和 AJAX 的技术，可以在网站的单个页面嵌入许多功能。通过这种方式，导航被赋予新的意义。再也不需要在页面之间移动。相反，只需在页面附近移动。可在客户端实现导航，也可作为回发到服务器的响应实现导航。

在单个页面上，对指定进程嵌入所有的控件和数据集合可以方便工作。因此，可以依靠页面本身来管理整个过程,而不必在页面之间移动数据或者将数据存入数据库或服务器。当然，这些解决方案并不适合每个数据集合的情况。因此，在进行不同页面之间的导航时，重要的一点是知道会有哪些页面参与。

选择方法实现页面导航

在 ASP.NET 中,页面导航有很多种方法。辨识这些方法并检查每一个细节是很有用的。以下是一个 ASP.NET 网站的页面之间导航的方法。

◆ **客户端导航** 客户端代码或标记允许一个用户请求一个新的 Web 页面。客户端代

码要么标记新的页面请求以响应客户端事件，如单击一个超链接，要么执行 JavaScript 作为按钮单击的一部分。

◆ **跨页发送** 配置一个控件或表格用于回发到不同的 Web 页面，而不是最初请求的页面。

◆ **客户端浏览器重定向** 服务器端代码为浏览器发送信息，通知浏览器从服务器请求一个不同的 Web 页面。

◆ **服务器端转换** 将请求的控制权转移到不同 Web 页面的服务器端代码。

客户端导航

对不同的 Web 页面，最简单的导航方式是在窗体上提供一个 HyperLink(超链接)控件，并将其 NavigateUrl 属性设置为预期的目标。HyperLink 控件生成一个 HTML 定位点标签 <a>。NavigateUrl 属性放入<a>元素的 href 属性。下面的代码给出了一个 HyperLink 控件的源代码及其呈现的 HTML。

HyperLink 控件的源代码
```
<asp:HyperLink ID="HyperLink1"
  runat="server" NavigateUrl="~/NavigateTest2.aspx">Goto NavigateTest2</asp:HyperLink>
```
HyperLink 控件呈现的 HTML
```
<a id="HyperLink1" href="NavigateTest2.aspx">Goto NavigateTest2</a>
```

在这个例子中，如果在名为 NavigateTest1.aspx 的 Web 页面中放置这个控件，并单击 HyperLink 控件，那么浏览器只是请求 NavigateTest2.aspx 页面。这意味着没有数据发送到 NavigateTest2.aspx。如果数据需要传递到 NavigateTest2.aspx，则需要找到一种方式获取页面的数据。可以考虑在 HyperLink 控件的 NavigateUrl 属性中嵌入查询字符串。

另外一种方式是通过 JavaScript 让客户端强制接受导航。在这种情况下，要将 document 对象的 location(位置)属性改为一个新的 URL，编写代码执行 Web 页面导航。document 对象表示客户端 JavaScript 中的 Web 页面；设置它的 location 属性会引发浏览器请求 location 属性值定义的 Web 页面。

下例包含一个 HTML 按钮元素，当单击按钮时，客户端 JavaScript 响应以请求一个新的页面。

```
<input id="Button1" type="button"
     value="Goto NavigateTest2"
     onclick="return Button1_onclick()" />
```

请注意，onclick 事件配置调用客户端方法 Button1_onclick。Button1_onclick 方法的 JavaScript 源代码被添加到页面的<head>元素，如下所示。

```
<script language="javascript" type="text/javascript">
function Button1_onclick() {
  document.location="NavigateTest2.aspx";
}
</script>
```

NavigateTest2.aspx 页面再次被请求，而且没有数据被发送回 Web 服务器。当然，应当把数据作为参数的一部分发送到函数，然后为请求的查询字符串附加该数据。

跨页发送

如果一个页面收集数据，另一个页面进行处理并显示结果，这种情况下跨页发送会经常用到。此时，通常将一个 Button 控件的 PostBackUrl 属性设为 Web 页面，这个 Web 页面的处理应回发。接收回发的页面接收从第一个处理页面发送的数据。这个页面称为处理页面。

处理页面通常需要访问包含在初始化页面内部的数据，这个初始化页面用来收集数据并传递回发。前一个页面的数据在 Page.PreviousPage 属性内部是可用的。只有当一个跨页发送发生时，这个属性才会被设置。如果 PreviousPage 设为 Nothing(C#中为 null)，跨页发送不会发生。可以通过 PreviousPage 属性(这是一个命名容器)的 FindControl 方法访问前一个页面中的控件。

在接下来的例子中，名为 DataCollection.aspx 的 Web 页面中包含一个名为 TextBox1 的 TextBox 控件和一个 PostBackUrl 属性设为 "~/ProcessingPage.aspx" 的 Button 控件。当通过数据收集页面发送处理页面时，处理页面执行服务器端代码把数据从数据集页面取出，并把它放到一个 Label 控件中。下列代码显示了这个过程。

```vb
'VB
Protected Sub Page_Load(ByVal sender As Object, _
 ByVal e As System.EventArgs) Handles Me.Load

 If Page.PreviousPage Is Nothing Then
   LabelData.Text = "No previous page in post"
 Else
   LabelData.Text = _
     CType(PreviousPage.FindControl("TextBox1"), TextBox).Text
 End If

End Sub
```

```csharp
//C#
protected void Page_Load(object sender, EventArgs e)
{
    if(Page.PreviousPage == null)
    {
        LabelData.Text = "No previous page in post";
    }
    else
    {
        LabelData.Text =
            ((TextBox)PreviousPage.FindControl("TextBox1")).Text;
    }
}
```

访问作为强类型数据发布的数据

也可以通过页面上的强类型属性提供对跨页发布数据的访问。这样就不必调用 FindControl 和执行类型转换。首先，在数据收集页面定义公有的属性。然后，在处理页面上设置 PreviousPageType 指令指向数据收集页面。ASP.NET 完成剩余的工作，绑定属性为 Page.PreviousPage 对象。

在下面的例子中，DataCollection.aspx 页面执行一个 ProcessingPage.aspx 的跨页回发。

然而，它首先定义一个公有的称为 PageData 的属性，如下所示。

```
'VB
Public ReadOnly Property PageData() As String
  Get
    Return TextBox1.Text
  End Get
End Property
```

```
//C#
public string PageData
{
  get { return TextBox1.Text; }
}
```

类似于前面的例子，DataCollection.aspx 页面也包含一个 Button 控件，它的 PostBackUrl 属性被设为 "~/ProcessingPage.aspx"。

为了让处理页面访问新创建的 PageData 属性，需要在 ProcessingPage.aspx 页面设置 PreviousPageType 指令。这个指令在页面源代码的 Page 指令之后添加，如下所示。

```
<%@ PreviousPageType VirtualPath="~/ProcessingPage.aspx" %>
```

处理页面包含一个 Label 控件，这个控件由 PageData 属性填充。下列代码给出了这个过程。

```
'VB
Protected Sub Page_Load(ByVal sender As Object, _
  ByVal e As System.EventArgs) Handles Me.Load

  If Page.PreviousPage Is Nothing Then
    LabelData.Text = "No previous page in post"
  Else
    LabelData.Text = _
      PreviousPage.PageData
  End If

End Sub
```

```
//C#
protected void Page_Load(object sender, EventArgs e)
{
    if (PreviousPage == null)
    {
        LabelData.Text = "No previous page in post";
    }
    else
    {
        LabelData.Text =
            PreviousPage.PageData;
    }
}
```

请注意，当编写这个例子时，会发现智能感知并没有显示 PageData 属性。只需创建页面，引发对 PreviousPage 属性数据类型的设置，PageData 属性就能对智能感知可见。

客户端浏览器重定向

通常，基于用户向服务器的请求或回发的结果，需要将用户重定向到另一个页面。例如，一个用户可能会在页面上单击提交订单。在成功处理订单之后，可能要将用户重定向到一个订单详细信息页面。Page.Response 对象包含 Redirect 方法完成重定向。

Redirect 方法可以在服务器端代码中使用，以指示浏览器初始化另一个页面的请求。重定向不是一个回发。它类似于用户单击了 Web 页面上的一个超链接。

考虑下面的示例代码。这里，SubmitOrder.aspx 页面包含一个 Button 控件，用于执行一个到服务器的回发。一旦回发得到处理，会将用户重定向到 OrderDetails.aspx 页面。

```vb
'VB
Protected Sub ButtonSubmit_Click(ByVal sender As Object, _
  ByVal e As System.EventArgs) Handles ButtonSubmit.Click

  Response.Redirect("OrderDetails.aspx")

End Sub
```

```csharp
//C#
protected void ButtonSubmit_Click(object sender, EventArgs e)
{
  Response.Redirect("OrderDetails.aspx");
}
```

重定向是通过发送一个超文本传输协议(HTTP)响应代码 302 和重定向页面的 URL 到浏览器来完成的。在浏览器中显示的地址被更新用来反映新的 URL 位置。请注意，这要付出额外的服务器往返的代价。

当使用 Redirect 方法时，PreviousPage 属性并未被填充。为了访问最初页面的数据，需要求助于传统的传递数据的方法，如在 cookie 中放置数据、在会话状态变量中放置数据或者在查询字符串中传递数据。

服务器端传输

有时候，可能需要为另一个页面移交一个完整 Web 页面的服务器端处理。这种情况是罕见的，而且往往让代码和应用程序增加不必要的混乱。然而，有时可能需要隐藏处理用户请求的页面名称。为此可以使用 Page.Server.Transfer 方法来完成。

Transfer 方法为另一个页面移交 Web 页面的全部上下文。接收移交的页面会产生响应返回给用户的浏览器。这样做，在用户的浏览器中的 Internet 地址并不显示传输的结果。用户的地址栏仍然显示最初请求的页面的名称。

就像前面重定向的例子一样，在服务器执行一个 Transfer 调用。这通常是一个回发的结果。举一个例子，假定有一个名为 OrderRequest.aspx 的页面，这个页面包含一个提交订单按钮。当一个订单被提交时，服务器上的代码可能传输整个请求到名为 OrderProcessing.aspx 的页面。下面给出了这个方法调用的例子。

```vb
'VB
Protected Sub Button1_Click(ByVal sender As Object, _
  ByVal e As System.EventArgs) Handles Button1.Click

  Server.Transfer("OrderProcessing.aspx", False)

End Sub
```

```
//C#
protected void Button1_Click(object sender, EventArgs e)
{
    Server.Transfer("OrderProcessing.aspx", false);
}
```

Transfer 方法有一个重载，可以接收一个称为 preserveForm 的布尔型参数。如果想保持表单和查询字符串数据，可以设置这个参数来指示。最好将它设置为 false。也可以在传输期间访问 PreviousPage 属性(就像在跨页发送中访问)。

使用站点地图 Web 服务器控件

到目前为止，已经看到了如何使用客户端和服务器端技术来帮助客户在页面之间进行切换。所有网站的另一个要素就是给用户提供一个可靠的导航结构。用户需要导航应用程序提供的各种特征和功能。ASP.NET 提供控件帮助管理网站的导航结构并把结构显示给用户。

管理和记录网站结构可以通过使用一个站点地图完成。在 ASP.NET 中，一个站点地图是一个 XML 文件，包含网站的整体结构和层次。可以创建并管理这个文件。这就给了你控制权：想把什么页面作为顶层页面；在顶层页面，想嵌套哪些页面；不想用户导航哪些页面。

可以通过右击网站，选择"添加新项"|"站点地图"，添加一个站点地图到应用程序。一个站点地图是一个 XML 文件，后缀名为.sitemap。通过<siteMapNode>元素为站点地图添加节点。这些元素中的每一个都有一个 title 属性，用于显示给用户；一个 url 属性，用于定义导航的页面；一个 description 属性，用于定义有关页面的信息。一个小型的订单输入网站的 Web.sitemap 如下所示。

```xml
<?xml version="1.0" encoding="utf-8" ?>
<siteMap xmlns="http://schemas.microsoft.com/AspNet/SiteMap-File-1.0" >
  <siteMapNode url="Default.aspx" title="Home"  description="">
    <siteMapNode url="Catalog.aspx" title="Our Catalog" description="">
      <siteMapNode url="ProductCategory.aspx" title="Products" description="" />
      <siteMapNode url="Product.aspx" title="View Product" description="" />
    </siteMapNode>
    <siteMapNode url="Cart.aspx" title="Shopping Cart" description="" />
    <siteMapNode url="Account.aspx" title="My Account" description="">
      <siteMapNode url="SignIn.aspx" title="Login" description="" />
      <siteMapNode url="PassReset.aspx" title="Reset Password" description="" />
      <siteMapNode url="AccountDetails.aspx" title="Manage Account" description="">
        <siteMapNode url="Profile.aspx" title="Account Information" description="" />
        <siteMapNode url="OrderHistory.aspx" title="My Orders" description="">
          <siteMapNode url="ViewOrder.aspx" title="View Order" description="" />
        </siteMapNode>
      </siteMapNode>
    </siteMapNode>
    <siteMapNode url="AboutUs.aspx" title="About Us" description="" />
    <siteMapNode url="Privacy.aspx" title="Privacy Policy" description="" />
    <siteMapNode url="ContactUs.aspx" title="Contact Us" description="" />
    <siteMapNode url="MediaKit.aspx" title="Media Relations" description="" />
  </siteMapNode>
</siteMap>
```

这个站点地图定义了网站的层次和导航结构。它决定哪些页面参与顶层导航之外的分导航。它还决定哪些页面排除在直接导航之外。在这个例子中，可能包括结账页面、运送页面、信用卡处理页面，等等。你不想用户直接导航到这些页面。相反，希望用户首先使用购物车，并使用前面讨论的导航技术引导用户走完购买流程。

使用 SiteMap 类

SiteMap 类用于在代码隐藏页中通过编程方式访问网站导航层次结构。它的两个主要属性是 RootNode 和 CurrentNode，两个属性都返回 SiteMapNode 实例。SiteMapNode 对象表示站点地图中的一个节点，它有 Title 属性、Url 属性和 Description 属性。为了访问层次结构的节点，可以使用 SiteMapNode 实例的 ParentNode、ChildNodes、NextSibling 和 PreviousSibling 属性。例如，下面这段代码可以用来导航到 Web.sitemap 文件中的父 Web 页面。

```vb
'VB
Protected Sub Button1_Click(ByVal sender As Object, _
  ByVal e As System.EventArgs) Handles Button1.Click

  Response.Redirect(SiteMap.CurrentNode.ParentNode.Url)

End Sub
```

```csharp
//C#
protected void Button1_Click(object sender, EventArgs e)
{
  Response.Redirect(SiteMap.CurrentNode.ParentNode.Url);
}
```

显示站点地图信息给用户

当然，站点地图信息只是一个 XML 文件。为了显示这个信息，需要在 Web 页面上放一个导航的控件。这个控件可以带有一个站点地图文件或一个 SiteMapDataSource 控件作为它们的数据源，并显示相应的信息。

SiteMapDataSource 控件只是一个用于以编程的方式访问一个站点地图文件的控件。这个控件也被导航控件所使用，为其提供数据源。可以将 SiteMapDataSource 控件拖放到页面上使用。它将会自动地连接到网站定义的站点地图文件。

可以使用一对属性来配置 SiteMapDataSource 控件。第一个属性是 ShowStartingNode。如果不希望用户看到站点地图文件的根节点，可以将这个值设为 false。第二个属性是 StartingNodeOffset。如果要创建一个分导航的控件，并希望只显示导航的一部分，这个属性是有用的。可以将其设为希望开始的节点。下列代码显示了在一个页面上添加这个控件。

```
<asp:SiteMapDataSource ID="SiteMapDataSource1" runat="server"
  StartingNodeOffset="0" ShowStartingNode="False" />
```

类似于站点地图文件，SiteMapDataSource 对用户来说并没有一个可视化表示。相反，它管理对站点地图数据的访问。为了显示数据给用户，必须添加一个导航控件，并将它关联到 SiteMapDataSource 控件。在 ASP.NET 中，有三种主要的导航控件：Menu 控件、TreeView 控件和 SiteMapPath 控件。

Menu 控件以菜单的形式显示网站的结构。它允许用户在网站中从顶层到子层的导航。有很多属性来管理 Menu 控件，其中许多都与控件的样式和布局有关。两个需要注意的属性是 DataSourceId 和 Orientation。使用 DataSourceId 属性设置控件数据源。可以将它设为页面上 SiteMapDataSource 控件的 ID。Orientation 用于设置菜单是垂直还是水平显示。下面显示了一个 Menu 控件的标记源代码。

```
<asp:Menu ID="Menu1" runat="server" DataSourceID="SiteMapDataSource1"
  MaximumDynamicDisplayLevels="5" Orientation="Horizontal">
</asp:Menu>
```

图 3.8 显示了使用前面定义的站点地图的 Menu 控件。请注意，这个 Menu 控件扩展了"我的账户"子项。

图 3.8　Web 页面上的 Menu 控件

TreeView 控件使用一种可折叠树的格式显示了网站结构。它允许一个用户浏览网站的层次结构，然后选择一项，导航到所选择的页面。它使用 SiteMapDataSource 的方式和 Menu 控件一样。图 3.9 展示了相同的站点地图在一个 TreeView 控件中的显示。

图 3.9　Web 页面上的一个 TreeView 控件

最后一个导航控件 SiteMapPath 允许用户在网站中查看他们当前的位置，以及他们到达某个页面所经历的路径。这通常称为网站导航的痕迹跟踪。如果用户导航网站的许多层次，并且需要以他们的方式从那些层次返回，这是很有用的。

SiteMapPath 可以添加到一个页面文件或一个母版页文件。不需要配置一个数据源，它会自动地提取站点地图文件。然后，使用用户请求的实际页面绑定站点地图。基于这个信息，它提供了到所显示的子页面的父页面的导航。图 3.10 显示了一个前面定义的在站点地图 XML 文件中的 Profile.aspx 页面中的 SiteMapPath 的例子。

图 3.10　Web 页面上的 SiteMapPath 控件

快速测试

◆　在浏览器和 Web 服务器之间，哪种导航方法需要最多的通信？

参考答案

◆　客户端浏览器重定向需要最多的通信，因为这是一个服务器端的方法，通知浏览器请求一个新的页面，这会引起到服务器的多次往返。

实训：使用网站导航

在这个实训中，需要创建一个基本 Web 应用程序导航，用于管理客户及其他们的调用。

➤ 练习 1：创建 Web 应用程序项目

在这个练习中，需要创建 Web 应用程序项目，还要添加一个站点地图 XML 文件，并在 Default.aspx 页面配置导航控件的布局。

如果在完成这个练习时遇到问题，可参考本书配套资源所附的实例，这些实例都有完成了的项目文件。

1. 打开 Visual Studio，选择喜好的编程语言创建一个新的网站项目，命名为 **WorkingWithSiteNavigation**。

2. 通过右击项目，选择"添加新项"，在网站上添加一个站点地图文件。在"添加新项"对话框中选择"站点地图"项。命名为 Web.sitemap。

3. 为站点地图添加一组<siteMapNode>元素。每个节点表示虚拟客户服务应用程序的一个页面。站点地图 XML 文件应当如下所示。

```
<?xml version="1.0" encoding="utf-8" ?>
<siteMap xmlns="http://schemas.microsoft.com/AspNet/SiteMap-File-1.0" >
  <siteMapNode url="Default.aspx" title="Home" description="">
    <siteMapNode url="SearchCustomers.aspx" title="Search Customers"
        description="">
      <siteMapNode url="CustomerDetails.aspx" title="Customer Details"
        description="" />
    </siteMapNode>
    <siteMapNode url="NewCustomer.aspx" title="New Customer" description="" />
    <siteMapNode url="CallLog.aspx" title="Log Call" description="" />
    <siteMapNode url="ReportsList.aspx" title="Reports" description="">
      <siteMapNode url="ReportIssues.aspx" title="Issues By Priority"
        description="" />
      <siteMapNode url="ReportCalls.aspx" title="Customer Call Report"
        description="" />
      <siteMapNode url="ReportActivities.aspx" title="Activities Report"
        description="" />
    </siteMapNode>
  </siteMapNode>
</siteMap>
```

4. 在源视图中打开 Default.aspx。首先在页面上添加一个 HTML <table>。它有两行。第一行只包含横跨表的一列。第二行包含两列。

5. 在表格之上，添加两个 SiteMapDataSource 控件。可以通过工具箱中的"数据"部分来完成。

   配置 SiteMapDataSource，在源数据中，不显示第一个节点，将这个节点命名为 **SiteMapDataSourceMenu**。配置第二个，显示所有的站点地图数据，将这个节点命名为 **SiteMapDataSourceTree**。这些控件如下所示。

```
<asp:SiteMapDataSource ID="SiteMapDataSourceMenu"
  ShowStartingNode="false" runat="server" />
<asp:SiteMapDataSource ID="SiteMapDataSourceTree" runat="server" />
```

6. 在 HTML 表格的第一行添加一个 Menu 控件。配置这个控件使用菜单数据源控件。将它的显示方式设置为横向跨页面顶部显示菜单项。控件的配置如下所示。

```
<tr>
  <td colspan="2">
    <asp:Menu ID="Menu1" runat="server"
      DataSourceID="SiteMapDataSourceMenu" Orientation="Horizontal"
      StaticMenuItemStyle-HorizontalPadding="10">
    </asp:Menu>
  </td>
</tr>
```

7. 在第 2 行第 1 列添加一个 TreeView 控件。设置相应的 DataSourceId 属性。这一列如下所示。

```
<td width="225">
 <asp:TreeView ID="TreeView1" runat="server"
  DataSourceID="SiteMapDataSourceTree" LeafNodeStyle-VerticalPadding="8">
 </asp:TreeView>
</td>
```

8.　在第 2 行第 2 列添加一个 SiteMapPath 控件。设置相应的 DataSourceId 属性。这一列如下所示。

```
<td width="375" valign="top">
 <br />
 <asp:SiteMapPath ID="SiteMapPath1" runat="server" Font-Size="Smaller">
 </asp:SiteMapPath>
</td>
```

9.　最后，在这个网站内添加子页面。添加 CustomerDetails.aspx 页面到这个网站。复制 Default.asp <body> 部分，并将它粘贴到 CustomerDetails.aspx 页面。通常你不会这样做。相反，会在一个母版页创建导航。不过，母版页在本书后面的章节中才会介绍。CustomerDetails.aspx 页面用于演示 SiteMapPath 控件。

> ➤　练习 2：测试网站导航

在这个练习中，需要测试 Web 应用程序上的网站导航。

1.　继续使用前一练习中的项目，或从本书配套资源的实例中打开第 2 课练习 1 完成了的项目。

2.　右击 Default.aspx 页面，选择"设置为起始页面"。

3.　运行 Web 应用程序，显示 Default.aspx 页面。页面应当如图 3.11 所示。

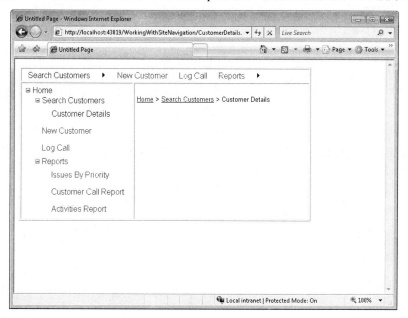

图 3.11　含有所有导航控件的 CustomerDetails.aspx Web 页面

4.　尝试在 Menu 控件和 TreeView 控件中单击客户详细信息链接。

本课总结

◆ 在网站中，通过代码可以编写多种方法来实现不同页面之间的导航。可以编写客户端代码和服务器端代码来完成。

◆ 使用服务器端 Page.Server 对象的 Transfer 方法可发送一个给定页面的全部处理到另外一个页面。如果希望隐藏处理页面的文件名，这种方法是有用的。

◆ 创建一个站点地图 XML 文件表示网站的导航结构。使用 Menu 控件、TreeView 控件和 SiteMapPath 控件显示这些信息。

课后练习

通过下列问题，你可检验自己对第 2 课的掌握程度。这些问题也可从配套资源中找到。

注意　关于答案

对这些问题的解析可参考本书末"答案"。

---

1. 在 HttpServerUtility 类中，下列哪个服务器端方法用于导航不同的 Web 页面，而不必往返于客户端？

   A. Redirect

   B. MapPath

   C. Transfer

   D. UrlDecode

2. 哪个控件自动地使用 Web.sitemap 文件将 Web 页面上的站点地图信息显示给用户？

   A. Menu

   B. TreeView

   C. SiteMapDataSource

   D. SiteMapPath

3. 假设想为 Web 页面提供一个 Up 按钮，以编程方式来导航站点地图。可以使用哪个类来访问站点地图内容？

   A. SiteMapPath

   B. SiteMapDataSource

   C. SiteMap

   D. HttpServerUtility

本 章 回 顾

为进一步实践和巩固在本章中学习到的技能，建议继续完成下列任务。

◆　阅读本章小结。

◆　完成案例训练。这些案例取自实际项目，但都涉及本章介绍的内容，要求你提供
相应的解决方案。

◆　完成建议练习。

◆　完成实战测试。

本章小结

◆　可以使用数据验证框架来确保数据在客户端和服务器端的完整性。这既保证了用
户体验的良好性，又保证了应用程序的健壮性。

◆　可以使用客户端代码或标记、服务器端代码以及跨页面投递提供网站导航。

◆　站点地图文件用于定义网站的结构。它可以绑定到导航的控件，用于显示网站结
构的信息。

案例场景

在下面的案例场景中，需要运用本章所学知识来完成一些小项目。答案可参见书末尾。

案例 1：确定合适的验证控件来检验用户名

假设要创建一个新的 Web 页面，用于从用户收集各种数据。在注册页面，用户名必须
是一个有效的电子邮件地址。

◆　会对用户名文本框实现哪些验证控件？

案例 2：确定合适的密码验证控件

假设要创建一个新的 Web 页面，用于从用户收集各种数据。在注册页面，用户必须提
供一个密码和密码确认。密码必须至少包含一个大写字母、一个小写字母和一个数字。密
码的长度也必须在 6~14 个字符之间。

◆　会对密码文本框实现哪些验证控件？

案例 3：执行一个站点地图

为一个客户创建一个网站，并创建一个菜单，包含用户可以导航的位置的 TreeView。
另外还需要显示痕迹，用来给用户显示到达页面的路径。

◆　会使用哪些控件？

建议练习

为了帮助你熟练掌握本章提到的考试目标，请完成下列任务。

创建一个网站并编写重定向

对于这个任务，应当完成练习 1。

◆ **练习 1** 创建一个新的 Web 页面，用于从用户收集数据。添加一个提交按钮，并配置这个按钮执行一个跨页面回发。添加代码到目标 Web 页面，检索来自源 Web 页面的数据，以证明可以访问这个数据。

创建一个带有验证功能的数据收集页面

对于这个任务，应当完成练习 1 和 2。完成练习 3 可加深对 CustomValidator 控件的认识。

◆ **练习 1** 创建一个新的 Web 页面，用于从用户收集数据。练习添加验证控件，限制非法数据输入到已知的合法数据集中。

◆ **练习 2** 禁用所有的客户端验证，并测试服务器端验证。

◆ **练习 3** 至少添加一个 Custom Validator，并提供客户端和服务器端验证代码。

实现 Hyperlink Web 服务器控件

对于这个任务，应当完成练习 1 和 2。

◆ **练习 1** 创建一个新的 Web 页面，添加几个 Hyperlink Web 服务器控件到这个页面。

◆ **练习 2** 配置一些 HyperLink 控件来导航网站内的不同 Web 页面，并配置其他的 HyperLink 控件来导航不同网站上的 Web 页面。

实战测试

本书配套资源为实战测试提供了多种选择。例如，可选择只对本章相关的内容进行测验，也可用完整的 70-562 认证考试的内容进行自测。可将测验设置为实战模式(即与真实考试基本相同)，或者可以设为学习模式，以便边做题边查看答案及相应的分析。

更多信息　实战测试

要想进一步了解可选的测试模式，请查看本书"前言"。

第4章 ASP.NET 状态管理

在开发应用程序的过程中，一个常见的挑战是跟踪与应用程序相关的用户状态或者数据。这对于 Windows 应用程序和基于 Web 的应用程序都是如此。通常，需要知道(并记住)有关用户的信息、用户请求以及用户委托保存的数据。这些状态数据可以是应用程序中用户的角色(例如管理员或者雇员)；也可以是交易的部分数据(例如一个 Web 购物车)；还可以是存储的数据(例如一个交易历史)。需要有效管理这些状态，在网站上为用户提供一个优质的体验，并且赢得用户对应用程序的信任。

在应用程序中，ASP.NET 提供了多种方式来管理用户状态。这些功能可以分成两条主线：客户端状态管理和服务器端状态管理。客户端状态管理靠在 Web 页面、统一资源定位器(URL)、浏览器的 cookie 或者浏览器的缓存嵌入信息来存储客户端计算机上的信息。服务器端的状态管理使用 cookie 或者 URL 来跟踪用户，而不是存储有关用户在服务器的内存中或者数据库中的信息。本章探讨了服务器端和客户端状态管理技术。

本章考点

◆ 配置和部署 Web 应用程序
  ◇ 使用 Microsoft SQL Server，状态服务器或者 InProc 配置会话状态。
◆ 编写 Web 应用程序
  ◇ 实现会话状态、视图状态、控件状态、cookie、缓存、应用程序状态。

本章课程设置

◆ 第 1 课 使用客户端状态管理
◆ 第 2 课 使用服务器端状态管理

课 前 准 备

为了完成本章的课程，应当熟悉使用 Microsoft Visual Studio 的 Visual Basic 或者 C#开发应用程序。除此之外，还应当熟悉以下内容：

◆ Visual Studio 2008 集成开发环境(IDE)
◆ 超文本标记语言(HTML)和使用 JavaScript 语言的客户端脚本的基础知识
◆ 如何创建一个新网站
◆ 通过在 Web 页面上添加 Web 服务器控件建立 Web 表单，并在服务器上对它们编程

真实世界

Mike Snell

关于状态管理所做的决定，会显著影响应用程序扩展的能力。当我们谈及扩展性时，我们通常会问有多少用户，以及一个给定的应用程序可以服务多少请求。这个问题的答案是在应用程序托管的服务器上的应用程序对资源的使用。越少的资源绑定到每个用户和每个请求，那么应用程序和它的主机就能满足越多的用户。但是，如果在一个单用户身上消耗太多服务器资源，可扩展性就会受到限制。正因如此，需要在编程方面、位置的状态存储方面和扩展性的需求方面进行权衡。

这个问题一直困扰着许多应用程序开发人员。这些应用程序常常开始于正确的意图：尽可能快和方便地抛出几个简单的形式，以解决一个具体的业务问题。然后，这些应用程序，会沿着新颖的、灵活的架构演化成越来越多的解决方案。当然，这些应用程序的扩展能力也受到相应的限制。幸好，现在有更多可用的选择来解决这些问题(比如把大量的状态数据移动到数据库或另外一个缓存服务器)。然而，通常唯一的解决方案是对状态管理采取强制措施，并重写大部分应用程序。在把"简洁、快速"的解决方案放到一起之前，理解这些问题通常可以防止它们的发生。

第 1 课　使用客户端状态管理

如果希望应用程序具有最大的扩展性，就需要认真考虑使用客户端存储应用程序状态。从服务器中移除这个负担可以释放资源，让服务器处理更多用户需求。ASP.NET 提供几个技术，用来存储客户端的状态信息。具体如下所示。

- **视图状态**　ASP.NET 使用视图状态跟踪页面需求之间控件的值。也可以在视图状态内添加自定义值。
- **控件状态**　控件状态允许保留一个控件的信息，这个控件并不是视图状态的部分。这对于自定义控件的开发人员来说很有用。如果视图状态对一个控件或者页面无效时，控件状态仍可以使用。
- **隐藏字段**　类似于视图状态，HTML 隐藏字段也可以存储数据，但不必在用户浏览器中显示数据。这个数据要发回服务器，在处理表格时，它是可用的。
- **cookie**　cookie 是在用户的浏览器中存储浏览器发送到同一台服务器的每一个页面请求。cookie 是最好的存储状态数据的方式，整个网站上的多个 Web 页面都可以使用。
- **查询字符串**　查询字符串是存储在 URL 末端的值。这些值对用户来说，在用户浏览器的地址栏是可见的。当希望一个用户能够在 URL 内发送电子邮件或者即时信息状态数据时，可以使用查询字符串。

在本课中，首先，要学习何时选择客户端状态管理，而不选择服务器端状态管理。接着，要了解如何实现所有的客户端状态管理技术，如前所述：视图状态、控件状态、隐藏字段、cookies 和查询字符串。

学习目标

◆　在客户端状态管理和服务器端状态管理之间的选择

◆　使用视图状态存储自定义数据值

◆　使用控件状态存储自定义控件的值,即使视图状态无效

◆　使用隐藏字段存储一个 Web 窗体的值

◆　当用户浏览一个网站的多个页面时,使用 cookies 来跟踪状态管理数据

◆　使用查询字符串传递 URL 内部的嵌入到另一个页面的值

预计课时:30 分钟

选择客户端或者服务器端状态管理

状态管理信息,比如用户名、个性化选项或者购物车内容,可以存储在客户端或者服务器端。如果状态管理信息存储在客户端,那么客户端使用每个请求向服务器端提交信息。如果状态管理信息存储在服务器端,服务器存储信息,但要使用客户端状态管理技术跟踪客户端。图 4.1 展示了客户端和服务器端状态管理。

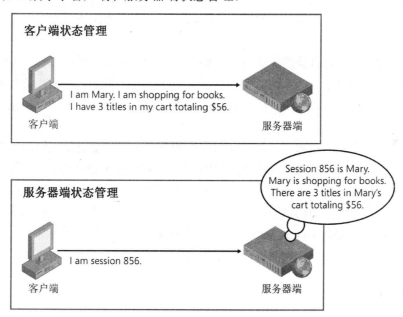

图 4.1　客户端状态管理在客户端存储数据,服务器端状态管理要求在服务器存储数据

在客户端存储信息具有以下优势。

◆　**更好的可扩展性**　使用服务器端状态管理,每个客户端连接到 Web 服务器会占用服务器上的内存。如果一个网站同时有几百个(或几千个)用户,通过存储状态管理信息所消耗的内存可以成为一个限制因素。如果把这个负担推到客户端就可以移除潜在的瓶颈,释放服务器,这样,使用服务器的资源就可以服务更多的请求。

◆　**支持多个 Web 服务器**　使用客户端状态管理,可以在跨多个 Web 服务器发布请

求(或一个 Web 场)。在这种情况下，每个客户端提供任何 Web 服务器处理一个请求的所有的信息。使用服务器端状态管理，如果一个客户在会话之间切换服务器，新的服务器并不一定能够获得客户端的状态信息(因为它存储在一个不同的服务器上)。可以通过服务器端状态管理使用多个服务器，但是需要智能的加载平衡(总是从一个客户端到相同服务器的发送请求)，或者是集中状态管理(状态存储在一个中央数据库，所有的 Web 服务器都可以访问)。

在服务器上存储具有以下优势。

◆ **更高的安全性**　客户端状态管理信息可以被捕获(在传输中，或者在客户端存储)和被恶意修改。因此，不要使用客户端状态管理来存储机密信息，例如密码、授权密码或身份验证。

◆ **减小带宽**　如果存储大数量的状态管理信息，在客户端与服务器之间来回发送信息会增加带宽利用率和页面加载时间，从而可能增加成本并限制可扩展性。增加带宽的利用率对移动客户端的影响最大，因为他们往往有着很慢的连接速度。相反，最好在服务器上存储大数量的状态管理数据(超过 1KB)。

为管理应用程序状态做出的选择应当基于这些权衡来决定。如果编写的应用程序具有较少的用户及较高的安全性，可以考虑利用服务器端的状态管理。如果想最大限度地提高可扩展性就应当依赖于客户端状态的组合，但同时可能会因为在通过速度较慢的带宽连接而降低请求速度。

当然，在数据库中也有持续的状态或数据存储。这个因素也不容忽视。可以决定在数据库中存储所有的用户信息，从而依赖它来进行状态管理。然而，这往往把太多的负担放到数据库服务器。在这种情况下，最好是存储真实的交易数据，并依赖于其他技术管理更多瞬时状态。

最后，还有一个共享的状态。这对应用程序的许多用户的信息是相同的。在这种情况下，可以经常使用 ASP.NET 的缓存功能来优化这个数据以便大量使用。可以使用应用程序数据缓存来存储数据库中用户经常访问的数据。还可以使用页面级或片段级(部分页面)缓存来缓存在服务器上经常访问的页面。同样，关键是要获取环境、应用程序需求、利用率和硬件的最佳组合。ASP.NET 提供许多工具和技术来管理应用程序的状态。

视图状态

正如第 2 章所讨论的，视图状态是 ASP.NET 中使用的默认机制，用来存储用户指定的请求和页面请求之间的响应数据。存储的数据通常是页面上指定的控件。视图状态存储对象数据，这个对象数据还没有表示成页面响应中的 HTML。这确保了设置在服务器上的数据在客户端和服务器端往返之间保留。

除非被禁用，视图状态是每个 ASP.NET 页面的一部分。举一个例子，假定用户请求一个 Web 页面编辑自己的用户配置信息。当处理服务器上用户的请求时，可能需要从一个数据库获得用户配置信息。然后使用这些信息在页面的数据输入域设置属性值。当页面发送给用户时，这些属性值设置被打包，存储在视图状态。接着，当用户单击按钮提交其所做的修改回服务器时，用户还要发回视图状态，作为回发的一部分。ASP.NET 使用这个视图状态信息再次作为请求的一部分设置页面上服务器控件的属性值。接着，它检查是否有值被用户修改，这是回发请求的一部分。接下来，假定处理服务器上的页面有一个问题，服务器必须返回相同的页面给用户。在这种情况下，它再次打包服务器控件状态(包括任何由用户改变的数据)，返回到视图状态，并发送它到客户端。不需要编写这段代码；它仅仅是因为 ASP.NET 视图状态客户端状态管理功能才发生。

Page.ViewState 属性提供了一个词典对象，用于保留相同页面上多个请求的值。这个对象类型为 StateBag。当处理一个 ASP.NET 页面时，页面的当前状态和它的控件哈希处理成一个字符串，并保存在页面中的 HTML 隐藏字段，称为 __ViewState。如果对单个字段，数据太长(在 Page.MaxPageStateFieldLength 属性中指定)，ASP.NET 执行视图状态分块，通过多个隐藏字段把视图状态分开。下面代码示例给出了视图状态如何作为一个隐藏表格字段在 Web 页面的 HTML 内添加数据。

```
<input type="hidden" name="__VIEWSTATE" id="__VIEWSTATE"
 value="/wEPDwULLTEzNjkxMzkwNjRkZAVvqsMGC6PVDmbCxBlPkLVKNahk" />
```

请注意，视图状态值被哈希、压缩并实施 Unicode 编码。这比起简单的 HTML 隐藏字段能提供更好的优化和更高的安全性。

下面要描述如何使用 ASP.NET 视图状态。对大多数情况，它被认为是理所当然的。然而，可能需要考虑如何确保视图状态数据的安全、何时禁用视图状态数据以增加性能或者添加自定义值到视图状态。

视图状态的安全注意事项

需要知道，视图状态是可以被修改的，因为它只是在用户浏览器的隐藏字段。当然，应当配置应用程序，以便能充分理解可能面临的风险。使用私有的、个人信息的 Internet 应用程序比一个不使用个人的(或秘密的)信息解决简单问题的内部应用程序，显然风险会更高。

在大多数情况下，可以依赖这样一个事实：视图状态在被送往用户浏览器之前就被哈希和编码。视图状态还包括一个信息验证代码(MAC)。这个 MAC 用于 ASP.NET 来确定视图状态是否被修改。这帮助确保大多数情况下的安全，而不必完全加密视图状态。

如果有非常敏感的信息存储在页面请求之间视图状态，可以使用 Page 对象的 ViewStateEncryptionMode 属性加密它。这将确保视图状态安全，但是并不会降低数据加密和解密过程中页面处理的总体性能。它还将增加在浏览器和服务器之间发送的数据的大小。

为了使整个网站启用视图状态加密，要在网站配置文件中设置一个值。页面元素 viewStateEncryptionMode 属性可以在 Web.config 中设置成 Always。这就告知 ASP.NET 总是在整个网站内加密视图状态信息。在配置文件中有一个设置如下所示。

```
<configuration>
  <system.web>
    <pages viewStateEncryptionMode="Always"/>
  </system.web>
</configuration>
```

或者，可以在页面级控制视图状态加密。这对于敏感信息定义在网站的单个页面或者页面集的情况非常有用。为此，要再次将视图状态加密模式属性设置为 Always。然而，要在个体页面的指令部分完成。下面是一个例子。

```
<%@ Page Language="C#" AutoEventWireup="true"  CodeFile="Default.aspx.cs" Inherits="_
Default" ViewStateEncryptionMode="Always"%>
```

因为视图状态支持加密，它被认为是最安全的客户端状态管理方法。加密的视图状态对大多数的安全性需求已经足够了；然而，它对于在服务器上存储的敏感数据更安全，并不向下发送它到客户端，因为在客户端，它可以被操纵并发回到服务器。

禁用视图状态数据

视图状态默认时可供页面和页面上所有控件使用。这包括类似于 Label 控件的控件，这类控件从不需要视图状态。除此之外，许多的视图状态数据会引发性能问题。记住，视图状态数据是在浏览器和服务器之间来回发送。一个更大的视图状态数据就意味着线路会通过更多的信息，从而延长了用户的等待时间。这包括打包视图状态的处理时间、解包的处理时间和传输它到客户端以及从客户端传输的带宽。

可以通过为每个页面上的控件设置 Control.EnableViewState 属性最小化获取存储的和传递的视图状态数据。将这个属性设置为 false，表示 ASP.NET 不把这个控件卷入视图状态。如果不需要控件请求的准确状态，这就很有用。这样做可以减少服务器处理时间和减少页面大小。然而，如果需要这种状态，就必须重新启用控件的视图状态，或者编码视图状态数据的恢复。

对于大多数情况，视图状态大小并不是一个大问题。然而，对于有大量数据输入的表单而言都是一个值得关注的问题。当在视图状态中放入自己的数据时，它也会过度使用。如果认为已经遇到了一个臃肿的视图状态问题，可以使用 ASP.NET 跟踪检查页面，找到罪魁祸首。跟踪允许为页面上的每个页面和每个控件查看视图状态的大小。欲了解更多有关使用 ASP.NET 跟踪的信息，请参见第 12 章第 2 课。

考试秘诀

在 ASP.NET 中的控件具有隔离数据状态和控件状态的能力。旧版本的 ASP.NET 把数据状态和控件状态存储在一起。当一个控件的 EnableViewState 属性被设置为 false 时，控件会随着视图状态数据丢失它的外观，在最新版本的 ASP.NET 中(高于 2.0)，可以将这个控件的启动视图状态设置为 false，并且关闭数据的属性值，而不是控件的外观信息。当然，这也意味着一个控件可能仍然对视图状态的大小有贡献，甚至当 EnableViewState 属性被设置为 false 时。

自定义视图状态数据的读和写

可以使用视图状态添加和获取在页面请求之间需要持续保留的自定义值。这些值可能不是控件的一部分，而是要嵌入到页面作为下一个请求部分的返回。为此，在视图状态集合添加值是一种有效而安全的方式。

读写这些集合的值和使用词典集合一样简单。下面的代码显示对在视图状态内写数据的简单调用和从集合检索视图状态。

```vb
'VB
'writing to view state
Me.ViewState.Add("MyData", "some data value")
```

```
'read from view state
 Dim myData As String = CType(ViewState("MyData"), String)

//C#
//writing to view state
this.ViewState.Add("MyData", "some data value");

//read from view state
string myData = (string)ViewState["MyData"];
```

　　需要信息传递回服务器作为页面发送的一部分时，在视图状态内添加数据是非常合适的。然而，视图状态的内容只用于那个页面。视图状态并不从一个 Web 页面转化到另外一个。因此，这只对于临时的在单个页面请求之间的存储值很有用。

　　可以在视图状态内部存储各种数据对象。不只局限于使用 cookies 的字符串值。相反，任何序列化的数据可以被嵌入到视图状态。这包括在.NET Framework 下的标记序列化的类和编写的标记序列化的类。下面代码显示了一个例子，用来在视图状态内部存储一个 DataTime 对象实例，而不是将其转化为字符串。

```
'VB
'check if ViewState object exists, and display it if it does
If (Me.ViewState("lastVisit") IsNot Nothing) Then
  Dim lastVisit As DateTime = CType(Me.ViewState("lastVisit"), DateTime)
  Label1.Text = lastVisit.ToString()
Else
  Label1.Text = "lastVisit ViewState not defined!"
End If

'define the ViewState object for the next page view
Me.ViewState("lastVisit") = DateTime.Now

//C#
//check if ViewState object exists, and display it if it does
if (ViewState["lastVisit"] != null)
  Label1.Text = ((DateTime)ViewState["lastVisit"]).ToString();
else
  Label1.Text = "lastVisit ViewState not defined.";

//define the ViewState object for the next page view
ViewState["lastVisit"] = DateTime.Now;
```

视图状态和控件状态

　　回忆一下，可以禁用一个给定控件的视图状态。这对于控件开发人员，可能有问题。如果编写自定义控件(参见第 10 章)，可能需要视图状态类似的行为，这种行为不能由开发人员禁用。正因如此，ASP.NET 提供了控件状态。

　　控件状态允许对一个指定的控件存储属性值信息。同样，这个状态不能关闭，因此不应当替代视图状态的使用。

　　为了在一个自定义 Web 控件使用控件状态，控件必须重载 OnInit 方法。调用 Page.RegisterRequiresControlState 方法，并为这个方法传递控件的实例。在这里，重载 SaveControlState 方法来编写控件状态，重载 LoadControlState 方法来检索控件状态。

快速测试

1. 如何使 ASP.NET Web 窗体记住用户请求之间的控件的设置？
2. 如果用户重刷新一个 Web 页面，视图状态是否会丢失？如果用户电子邮件一个 URL 给好友呢？

参考答案

1. 视图状态，在默认时是开启的，用于嵌入的控件属性值发送到客户端，并再次返回到服务器端。
2. 视图状态嵌入到一个 Web 页面的单个实例的 HTML 内部，这个 Web 页面在用户浏览器中闲置。当用户刷新他或她的页面时，它会丢失和重写。如果 URL 被复制，并发送到另外一个用户，视图状态并不伴随。相反，当新用户请求页面时，他们将获得他们自己的视图状态实例。

隐藏字段

正如所讨论的，ASP.NET 视图状态使用 HTML 隐藏字段来存储数据。HTML 中的隐藏字段只是一个嵌入到页面 HTML 中的输入字段，并不显示给用户(除非用户选择查看页面源代码)，接着在页面上回发到服务器。

ASP.NET 提供一个控件，用于创建自定义隐藏字段，这和创建并使用其他 ASP.NET 控件的方式类似。HiddenField 控件允许将数据存储到它的属性值。向页面添加 HiddenField 控件和添加任何其他控件一样(从工具箱中拖出即可)。

如同视图状态，隐藏字段只存储单个页面的信息。因此，对于存储用于页面请求之间的会话数据，这就无能为力了。不同于视图状态，隐藏字段没有内置的压缩、加密、哈希或者分块。因此，用户可以查看或修改在隐藏字段中的数据存储。

为了使用隐藏字段，必须在服务器上使用 HTTP POST 提交页面(这也发生在用户按下提交按钮的响应)。不能简单的调用一个 HTTP GET(发生在用户点击一个链接)在服务器上检索隐藏字段的数据。

cookie

Web 应用程序通常需要在页面请求之间跟踪用户。这些应用程序需要确保用户做出的第一次请求和用户做出的后续的请求相同。这种常见类型的跟踪是由 cookies 完成的。

一个 cookie 是写入客户端保存然后随网站页面请求一起传递的少量数据。在客户端上将持久性 cookie 写入文本文件。这些 cookie 是为了让用户关闭浏览器并在稍候重新打开时能够恢复。也可以在客户端浏览器的内存内编写临时的 cookie。这些 cookies 仅在给定的 Web 会话期间使用。当浏览器关闭时，它们随之会消失。

同样，cookie 的最常见的使用是，当用户在网站中访问多个 Web 页面时，辨别单个用户。然而，也可以使用 cookies 来存储状态信息或其他用户的爱好。

图 4.2 展示了一个 Web 客户端和一个服务器如何使用 cookie。首先(第 1 步)，Web 客户端从服务器请求一个页面。因为客户端还没有访问过服务器，它并没有 cookie 提交。当Web 服务器响应了这个请求(第 2 步)，Web 服务器在响应中包括 cookie；这个 cookie 被写入到用户浏览器或文件系统。接着，Web 客户端对后续的相同网站的任何页面的每个请求都会提交那个 cookie(第 3、4 步和任何将来的页面查看)。

图 4.2　Web 服务器使用 cookie 跟踪 Web 客户端

注意　ASP.NET 会话和 cookie

默认情况下，ASP.NET 使用 cookie 来跟踪用户会话。如果开启了会话状态，ASP.NET 在用户浏览器内写一个 cookie，并使用这个 cookie 来辨别服务器会话。

---

cookie 是客户端上的数据存储最灵活和可靠的方法。然而，用户可以随时删除电脑上的 cookie。cookie 的过期时间可以设置得长一些，但是并不能阻止用户删除他们所有的cookie，从而清除任何可能在它们中存储的设置。除此之外，cookie 并不能解决用户从一个电脑移到另一个电脑的问题。在这些情况下，用户的爱好并不总是伴随着他们。因此，如果允许网站用户有很多个性化，就需要允许他们登录并重新设置他们的 cookie。如果存储在其他地方，这样会重新启用他们的定制。

读写 cookie

Web 应用程序通过发送 cookie 到客户端作为一个 HTTP 响应的标题创建 cookie。当然，ASP.NET 使写入 cookie 集和从 cookie 集读取变成相对简单的任务。

为了在 cookies 集合内添加一个 cookie，并把它写入浏览器，需要调用Response.cookies.Add 方法。Page.Response 属性的 cookies 属性类型为 HttpcookieCollection。在这个集合内添加 Httpcookie 实例。Httpcookie 对象简单的包含一个名称属性和一个值属性。下面的代码显示了如何向 cookies 集合内添加一个项目。

```
Response.cookies.Add(New Httpcookie("userId", userId))
```

为了检索 cookie 并发送回 Web 浏览器，要在 Request.cookies 集合中读取值。下面的代码显示了一个例子。

```
Request.cookies("userId").Value
```

举一个更复杂的例子，下面的示例代码在一个 **Page_Load** 事件处理器中，显示了通过设置一个 cookie 命名上次访问到当前的时间来定义和读取 cookie 值。如果用户已经有了

cookie 集，在 Label1 控件中，代码显示用户上次访问页面的时间。

```vb
'VB
'check if cookie exists, and display it if it does
If Not (Request.cookies("lastVisit") Is Nothing) Then
  'encode the cookie in case the cookie contains client-side script
  Label1.Text = Server.HtmlEncode(Request.cookies("lastVisit").Value)
Else
  Label1.Text = "No value defined"
End If

'define the cookie for the next visit
Response.cookies("lastVisit").Value = DateTime.Now.ToString
Response.cookies("lastVisit").Expires = DateTime.Now.AddDays(1)
```

```csharp
//C#
//check if cookie exists, and display it if it does
if (Request.cookies["lastVisit"] != null)
  //encode the cookie in case the cookie contains client-side script
  Label1.Text = Server.HtmlEncode(Request.cookies["lastVisit"].Value);
else
  Label1.Text = "No value defined";

//define the cookie for the next visit
Response.cookies["lastVisit"].Value = DateTime.Now.ToString();
Response.cookies["lastVisit"].Expires = DateTime.Now.AddDays(1);
```

在前面的例子中，第一次用户访问页面，代码显示"没有值定义"，因为 cookie 还没有设置。然而，如果刷新页面，它会显示第一次访问的时间。

请注意，示例代码为 cookie 定义了 Expires 属性。如果想 cookie 存留在浏览器会话之间，必须定义 Expires 属性，并设置需要客户端保留 cookie 的时间长度。如果没有定义 Expires 属性，浏览器在内存存储 cookie，如果用户关闭浏览器，cookie 就会丢失。

为了删除 cookie，要重写这个 cookie 并设置一个过期日期。cookie 不能直接删除，因为它们存储在客户端的电脑上。

注意　cookie 的查看和故障排除

可以使用 Trace.axd 来查看每个页面请求的 cookie。关于 cookie 的更多信息，参见第 12 章。

控制 cookie 的范围

cookie 应当被指定到一个给定的网站的域或那个域的一个目录。cookie 中的信息通常是对指定的网站，并且通常是私有的。正因如此，浏览器不会把 cookie 发送到另外的网站。默认情况下，浏览器将不能使用不同的主机名在一个网站内发送 cookie(尽管在过去，浏览器中的漏洞允许攻击者诱骗提交其他网站的 cookie 的浏览器)。

可以控制 cookie 的范围。可以限制这个范围，或者是 Web 服务器上指定的目录，或者是扩展范围到整个域。cookie 的范围确定哪个网页可以访问 cookie 信息。如果范围限定为目录，仅有在那个目录中的页面能够访问 cookie。在每个 cookie 基础上控制 cookie 范围。为了将 cookie 的范围限定为目录，设置 Httpcookie 类的 Path 属性即可。下面代码显示了一个示例。

```vb
'VB
Response.cookies("lastVisit").Value = DateTime.Now.ToString
Response.cookies("lastVisit").Expires = DateTime.Now.AddDays(1)
Response.cookies("lastVisit").Path = "/MyApplication"
```

```
//C#
Response.cookies["lastVisit"].Value = DateTime.Now.ToString();
Response.cookies["lastVisit"].Expires = DateTime.Now.AddDays(1);
Response.cookies["lastVisit"].Path = "/MyApplication";
```

使用范围限制到"/MyApplication"，浏览器在/MyApplication 文件夹中提交 cookie 到任何页面。然而，这个文件夹外部的页面不能获得 cookie，即使它们在相同的服务器。

为了在整个领域内扩展一个 cookie 的范围，设置 Httpcookie 类的 Domain 属性。如下面代码所示。

```
'VB
Response.cookies("lastVisit").Value = DateTime.Now.ToString
Response.cookies("lastVisit").Expires = DateTime.Now.AddDays(1)
Response.cookies("lastVisit").Domain = "contoso.com"
```

```
//C#
Response.cookies["lastVisit"].Value = DateTime.Now.ToString();
Response.cookies["lastVisit"].Expires = DateTime.Now.AddDays(1);
Response.cookies["lastVisit"].Domain = "contoso.com";
```

将 Domain 属性设置为"contoso.com"会引起浏览器提交 cookie 到任何在 contoso.com 域的页面。这可能包括那些属于网站 www.contoso.com、intranet.contoso.com 或者 private.contoso.com 的页面。类似地，还可以使用这个 Domain 属性指定一个完整的主机名，在一个指定的服务器内限制 cookie。

在 cookie 中存储多个值

cookie 的大小依赖于浏览器。每个 cookie 最大能够占到 4KB 长度。除此之外，通常可以为每个网站存储 20 个 cookies。这对于大多数的网站应该足够了。然而，如果需要突破 20 个 cookie 的限制，可以在单个 cookie 中存储多个值，通过设置给定的 cookie 名称和它的键值。当只存储单个值的时候，键值通常并不使用。然而，如果在单个命名的 cookie 中需要多个值，可以添加多个键。下面代码显示了一个例子。

```
'VB
Response.cookies("info")("visit") = DateTime.Now.ToString()
Response.cookies("info")("firstName") = "Tony"
Response.cookies("info")("border") = "blue"
Response.cookies("info").Expires = DateTime.Now.AddDays(1)
```

```
//C#
Response.cookies["info"]["visit"].Value = DateTime.Now.ToString();
Response.cookies["info"]["firstName"].Value = "Tony";
Response.cookies["info"]["border"].Value = "blue";
Response.cookies["info"].Expires = DateTime.Now.AddDays(1);
```

运行这个代码在 Web 浏览器内发送单个 cookie。然而，那个 cookie 被解析成三个值。接着，当提交 cookie 回服务器时，ASP.NET 读取这三个值。下面显示了在浏览器内发送这个值。

```
(visit=4/5/2006 2:35:18 PM)  (firstName=Tony)  (border=blue)
```

cookie 属性，比如 Expires、Domain 和 Path，在单个 cookie 中应用所有的值。不能为单个键值控制这些值。相反，它们在 cookie(或名字)级控制。可以使用 Request.cookies 访问一个 cookie 的单个值，方式和定义值的方式相同(使用名称和键值)。

查询字符串

查询字符串常常用于存储变量值，这个变量值可以确定一个请求页面的具体情况。这方面可能是一个搜索词、页面数量、区域的指标等等类似的内容。查询字符串值附加到页面 URL 的末端。他们使用一个问号(？)，接着是查询字符串项(或者参数名称)，接着是一个等号(=)，接着给出参数的值来发起。可以使用符号(&)附加多个查询字符串参数。一个常见的查询字符串的例子如下所示。

```
http://support.microsoft.com/Default.aspx?kbid=315233
```

在这个例子中，URL 标识 Default.aspx 页面。查询字符串包含一个名字为 kbid 的单个参数。那个参数的值设置为"315233"。在这个例子中，查询字符串有一个参数。下面的例子显示了一个带有多个参数的查询字符串。在真实世界网址中，语言和市场都是作为参数设置的，搜索 Microsoft.com 网站的搜索项也是作为参数设置的。

```
http://search.microsoft.com/results.aspx?mkt=en-US&setlang=en-US&q=hello+world
```

通过查询字符串发送到页面的值可以通过 Page.Request.QueryString 属性在服务器上检索。表 4.1 显示了在前面的查询字符串的例子中如何访问这三个值。

表 4.1　查询字符串参数访问示例

PARAMETER NAME	ASP.NET CALL	VALUE
mkt	Request.QueryString["mkt"]	en-US
setlang	Request.QueryString["setlang"]	en-US
q	Request.QueryString["p"]	hellp world

查询字符串提供一个简单而有限的方法在多个页面之间的保持状态信息。例如，有一种简单的方式在页面之间传递信息，比如从一个描述产品的页面中传递一个产品的编号到一个添加用户的购物车项目的页面。然而，一些浏览器和客户端设备对 URL 的长度附加了 2083 个字符的限制。另外一个限制是在页面处理期间，必须使用 HTTP GET 命令为可用的查询字符串值提交页面。还需要注意，查询字符串参数和值在用户的地址栏是可见的。这经常会被修改。

重要提示　总是验证用户输入
应当想到用户在查询字符串中修改数据。正因如此，必须总是验证从一个查询字符串检索到的数据。

查询字符串的一个很大的优势在于，他们的数据包含在书签和电子邮件 URL 中。事实上，当复制和粘贴一个 URL 给另外一个用户时，这是唯一一使用户包含状态数据的方式。正因如此，应当对任何信息使用查询字符串，这可以唯一地标识 Web 页面，即使使用另外的状态管理技术。

重要提示　实用查询字符串字符限制

浏览器在 URL 上有 2083 个字符的限制，但是，如果用户使用纯文本电子邮件发送给他们或使用即时消息发送给其他用户，由于较短的 URL，会出现问题。为了允许一个 URL 通过电子邮件发送，限制字符长度为 70(包括 http://或 https://)。为了允许一个 URL 通过即时消息发送，限制字符长度为 400。

真实世界

Tony Northrup

尽管只有专家级用户对修改 cookie 或隐藏字段感觉方便，许多临时用户却只需知道如何改变查询字符串。例如，我编写的第一个交互式 Web 应用程序允许一个用户对图片从 1 到 10 评分，并且用户的评价作为一个查询字符串提交。例如，如果用户评价图片为 7，查询字符串可能会读取"page.aspx?pic-342&rating=7."。有一天，我看到一个图片，评价是 100 以上，一个聪明的用户已经手动改了查询字符串，让它包含一个非常大的值，我的应用程序没有验证，就把这个评价添加到数据库。为了修正这个问题，我添加了代码拒绝任何评价高于 10 或低于 1 的请求。

我看到的一个常见的错误是，开发人员使用查询字符串允许用户浏览搜索结果，但是却没有合适的验证查询字符串。通常，查询字符串的搜索结果有搜索条件的查询字符串、每页的结果数和当前页面的数目。如果不能验证查询字符串，用户可以设置每页的结果的数目为一个很大的值，比如 10 000。处理成千上万的搜索结果可以利用服务器的处理时间的几秒钟，并且导致服务器发送一个非常大的 HTML 页面。这使得攻击者很容易通过反复在搜索页面上执行 Web 应用程序拒绝服务的攻击。

千万不要相信从一个查询字符串返回的值，它们必须经常进行验证。

在 URL 内添加查询字符串

为了创建自己的查询字符串参数，需要修改任何用户可能点击的超链接所对应的 URL。这是一个简单的过程，但是总是耗时的。事实上，没有工具内置到.NET Framework，以简化查询字符串的创建。必须手动的添加查询字符串的值到用户可能点击的每一个超链接。

例如，如果有一个 HyperLink 控件，使用 NavigateUrl 定义的"page.aspx"。可以在 HyperLink.NavigateUrl 属性中添加字符串 "?user=mary"，这样，完整的 URL 是 "page.aspx?user=mary"。

为了给一个页面添加多个查询字符串参数，需要使用符号(&)区分它们。例如，URL "page.aspx?user=mary&lang=en-us&page=1252"为 page.aspx 传递三个查询字符串值:user(值为"mary")、lang(值为"en-us")和 page(值为"1252")。

在页面上读取字符串参数

为了读取一个查询字符串的值，访问 Request.QueryStrings 集合就像访问 cookie。为了继续前面的例子，page.aspx 页面可能通过在 Visual Basic 中访问 Request.QueryStrings("user")或在 C#中访问 Request.QueryString["user"]处理 "user" 查询字符串。例如，以下代码在 Label1 控件中显示了 user、lang 和 page 查询字符串的值。

```vb
'VB
Label1.Text = "User: " + Server.HtmlEncode(Request.QueryString("user")) + _
  ", Lang: " + Server.HtmlEncode(Request.QueryString("lang")) + _
  ", Page: " + Server.HtmlEncode(Request.QueryString("page"))
```

```csharp
//C#
Label1.Text = "User: " + Server.HtmlEncode(Request.QueryString["user"]) +
  ", Lang: " + Server.HtmlEncode(Request.QueryString["lang"]) +
  ", Page: " + Server.HtmlEncode(Request.QueryString["page"]);
```

安全警告

应当在向任意用户显示 HTML Web 页面的值之前，使用 Server.HtmlEncode 编码 cookie 或查询字符串的值。Server.HtmlEncode 用 HTML 代码替换那些 Web 浏览器不能处理的特殊字符。例如，Server.HtmlEncode 替换 "<" 符号为 "&It"。如果在浏览器中显示值，用户看到 "<" 符号，但是浏览器不能处理任何 HTML 编码或客户端脚本。

为了提供额外的保护，如果它检测到查询字符串中的 HTML 或客户端脚本，运行时将抛出一个 System.Web.HttpRequestValidationException。因此，不能在查询字符串中传递 HTML。这可以由一个管理员禁用，但是，不应当依赖它来保护。

实训：存储在客户端上的状态管理数据

在这个实训中，使用不同的客户端状态管理技术跟踪一个用户打开页面的数目。它有助于更好地理解这些技术是如何工作的。

如果在完成这个练习时遇到问题，可参考本书配套资源所附的实例，这些实例都有完成了的项目文件。

➤ 练习 1：在视图状态中存储数据

1. 打开 Visual Studio，使用 C#或者 Visual Basic 创建一个新的 ASP.NET 网站，命名为 **ClinetState**。

2. 在项目中添加第二个页面，命名这个页面 **Default2.aspx**。

   在页面上添加一个标签，命名为 **Label1**。

   在页面上添加一个 HyperLink 控件，命名为 **HyperLink1**。在 **Default.aspx** 中设置其属性 HyperLink1.NavigateUrl。这将会访问另外一个页面，而不是往那个页面发送视图状态。

   在页面上添加一个 Button 控件，命名为 **Button1**。这个控件将用于往服务器提交页面。

3. 打开 Default.aspx 页面。在页面上添加相同的控件集合，如下所示。

   在页面上添加一个标签，命名为 Label1。

   在页面上添加一个 HyperLink 控件，命名为 HyperLink1。在 Default2.aspx 中设置其属性 HyperLink1.NavigateUrl。这将会访问另外一个页面，而不是往那个页面发送视图状态。

   添加一个 Button 控件，命名为 Button1。这个控件将用于往服务器提交页面。

4. 在 Page_Load 方法内部，为 Default.aspx 和 Default2.aspx 添加代码以便在视图状态对象中存储当前用户点击数。同样，在 Label 控件的内部添加代码显示用户点击数。以下代码给出了代码示例。

```vb
'VB
Protected Sub Page_Load(ByVal sender As Object, _
  ByVal e As System.EventArgs) Handles Me.Load
  If (ViewState("clicks") IsNot Nothing) Then
    ViewState("clicks") = CInt(ViewState("clicks")) + 1
  Else
    ViewState("clicks") = 1
  End If
  Label1.Text = "ViewState clicks: " + CInt(ViewState("clicks")).ToString
End Sub
```

```csharp
//C#
protected void Page_Load(object sender, EventArgs e)
{
  if (ViewState["clicks"] != null)
  {
    ViewState["clicks"] = (int)ViewState["clicks"] + 1;
  }
  else
  {
    ViewState["clicks"] = 1;
  }
  Label1.Text = " ViewState clicks: " + ((int)ViewState["clicks"]).ToString();
}
```

5. 建立网站，并访问 Default.aspx 页面。点击几次按钮，并验证点击次数的增加。

6. 点击超链接，加载 Default2.aspx 页面。注意，数目值并不能向这个页面传递。它会丢失，因为打开了不同的页面。

7. 点击超链接，返回到 Default.aspx。注意，数目再次被重置。在页面之间切换会丢失全部的视图状态信息。

> ➢ 练习2 在隐藏字段存储数据

在这个练习中，添加一个隐藏字段控件，并使用它存储客户端状态。

1. 继续前面练习中的项目，或者从本书配套资源的实例中打开第 1 课练习 1 完成了的项目。

2. 在源视图中打开 Default.aspx 页面。添加一个隐藏字段控件，并命名它为 **HiddenField1**。

3. 打开 Default.aspx 代码隐藏文件。在 Page_Load 方法中编辑代码以便在 HiddenField1 对象中存储用户点击数。同样在 Label 控件中显示点击数。下面的代码对此进行了演示。

```vb
'VB
Protected Sub Page_Load(ByVal sender As Object, _
  ByVal e As System.EventArgs) Handles Me.Load
  Dim clicks As Integer
  Integer.TryParse(HiddenField1.Value, clicks)
  clicks += 1
  HiddenField1.Value = clicks.ToString
  Label1.Text = "HiddenField clicks: " + HiddenField1.Value
```

```
End Sub
```

```
//C#
protected void Page_Load(object sender, EventArgs e)
{

    int clicks;
    int.TryParse(HiddenField1.Value, out clicks);
    clicks++;
    HiddenField1.Value = clicks.ToString();
    Label1.Text = "HiddenField clicks: " + HiddenField1.Value;
}
```

请注意，HiddenField.Value 是一个字符串。这需要转化数据为字符串类型，以及从字符串类型转化。这使得它不如其他存储数据的方法简单。

4. 建立网站，访问 Default.aspx 页面。点击几次按钮，并验证点击计数的增加。

请注意，如果浏览其他页面，隐藏字段值会丢失。

在浏览器中查看 Default.aspx 的源(右击，然后选择源视图)。请注意隐藏字段的值在纯文本中显示。

> **练习3　在 cookie 中存储**

在这个练习中，使用 cookie 来跟踪用户的点击。

1. 继续前面练习中的项目，或者从本书配套资源安装的实例中打开第 1 课练习 2 完成了的项目。

2. 在 Page_Load 方法中，为 Default.aspx 和 Default2.aspx 添加代码，搜索从一个名为 clicks 的 cookie 检索而来的当前点击数。同样添加代码增加点击次数，并将新的值存储在同一个 cookie 中。在 Label 控件中显示点击数。下面的代码对此进行了演示。

```
'VB
Protected Sub Page_Load(ByVal sender As Object, _
  ByVal e As System.EventArgs) Handles Me.Load
  'read the cookie clicks and increment
  Dim cookieClicks As Integer
  If Not (Request.cookies("clicks") Is Nothing) Then
    cookieClicks = Integer.Parse(Request.cookies("clicks").Value) + 1
  Else
    cookieClicks = 1
  End If
  'save the cookie to be returned on the next visit
  Response.cookies("clicks").Value = cookieClicks.ToString()
  Label1.Text = "cookie clicks: " + cookieClicks.ToString
End Sub
```

```
//C#
protected void Page_Load(object sender, EventArgs e)
{
  //read the cookie clicks and increment
  int cookieClicks;
  if (Request.cookies["clicks"] != null)
  {
    cookieClicks = int.Parse(Request.cookies["clicks"].Value) + 1;
  }
  else
  {
    cookieClicks = 1;
```

```
    }
    //save the cookie to be returned on the next visit
    Response.cookies["clicks"].Value = cookieClicks.ToString();
    Label1.Text = "cookie clicks: " + cookieClicks.ToString();
}
```

3. 建立网站,访问 Default.aspx 页面。点击几次按钮,并验证点击次数的增加。

4. 点击超链接,加载 Default2.aspx。请注意,次数并没有被重置。记住,这些是 cookies。
    这对网站中的任何页面都有效。可以浏览相同网站上的任何页面,访问并写入
    cookie。

> **练习 4   在查询字符串中存储数据**

在这个练习中,可以使用一个查询字符串来跟踪用户点击。

1. 继续前面练习中的项目,或者从本书配套资源的实例中打开第 1 课练习 3 完成了
    的项目。

2. 在 Default.aspx 和 Default2.aspx 的 Page_Load 方法中添加代码,从命名为 clicks
    的查询字符串参数中检索当前的点击数。同样添加代码增加点击次数,并通过
    Hyperlink1.NavigateUrl 在查询字符串中存储新的值。在 Label 控件中显示点击数
    值。下面的代码对此进行了演示。

```vb
'VB
Protected Sub Page_Load(ByVal sender As Object, _
  ByVal e As System.EventArgs) Handles Me.Load
  If Not IsPostBack Then
    'read the query string
    Dim queryClicks As Integer
    If Not (Request.QueryString("clicks") Is Nothing) Then
      queryClicks = Integer.Parse(Request.QueryString("clicks")) + 1
    Else
      queryClicks = 1
    End If
    'define the query string in the hyperlink
    HyperLink1.NavigateUrl += "?clicks=" + queryClicks.ToString
    Label1.Text = "Query clicks: " + queryClicks.ToString
  End If
End Sub
```

```csharp
//C#
protected void Page_Load(object sender, EventArgs e)
{
  if (!IsPostBack)
  {
    //read the query string
    int queryClicks;
    if (Request.QueryString["clicks"] != null)
    {
      queryClicks = int.Parse(Request.QueryString["clicks"]) + 1;
    }
    else
    {
      queryClicks = 1;
    }
    //define the query string in the hyperlink
    HyperLink1.NavigateUrl += "?clicks=" + queryClicks.ToString();
    Label1.Text = "Query clicks: " + queryClicks.ToString();
  }
}
```

重要提示　为什么这个例子不使用 Server.HtmlEncode？

在本课前面部分，曾提醒注意的是在一个 HTML 页面内显示 cookie 或查询字符串之前，常常使用 Server.HtmlEncode 对其进行编码。但是，这些练习似乎言行并不一致。相反，使用强类型来确保它们显示之前，没有任何恶意代码的值。通过从字符串到整型和从整型到字符串的转换，没有可能性显示任何的 HTML 代码或客户端脚本。如果用户在一个 cookie 或查询字符串中插入恶意代码，运行时，当代码企图解析该值时会抛出一个异常，防止恶意代码的显示。然而，在直接显示 cookie 或查询字符串的字符串值之前，必须常使用 Server.HtmlEncode。

---

3. 建立网站。访问 Default.aspx 页面，点击超链接载入 Default2.aspx。请注意，随着使用查询字符串的增加，值在页面之间传递，点击数也随之增加。

4. 点击超链接几次，在页面间切换。请注意，URL 包含点击数，并且，这对用户来说是可见的。

   如果用户将链接加为书签并在后来再返回页面，或者甚至在不同的计算机上使用同一个 URL，那么当前点击数会被保留。使用查询字符串，可以电子邮件或者标签 Web 页面，并且有存储在 URL 中的状态信息。然而，必须包含页面上用户可能点击的任何链接中的查询字符串，否则信息会丢失。

本课总结

◆ 当可扩展性是头等大事时，使用客户端状态管理。当数据必须加以重点保护或当带宽是重要的问题时，使用服务器端状态管理。

◆ ASP.NET 默认时使用视图状态来存储一个 Web 窗体中控件的信息。可以通过访问视图状态集合往视图状态添加自定义值。

◆ 当一个自定义控件不能使用视图状态禁用功能时，使用控件状态。

◆ 当视图状态禁用时，在窗体中使用隐藏字段存储数据。在 HTML 中，隐藏字段值对用户是作为纯文本使用的。

◆ cookies 在客户端存储数据，Web 浏览器使用每个 Web 页面请求提交。使用 cookie 跟踪跨多个 Web 页面的用户。

◆ 查询字符串在一个超链接的 URL 中存储小块的信息。当希望状态管理数据被贴上标签(比如显示多个页面的搜索结果)，使用查询字符串。

课后练习

通过下列问题，你可检验自己对第 1 课的掌握程度。这些问题也可从配套资源中找到。

注意　关于答案

对这些问题的解析可参考本书末"答案"。

---

1. 当浏览网站上不同页面时，需要存储用户的用户名和密码，以便于可以往后端服务器传递那些登录凭据。此时使用哪种类型的状态管理？

    A．客户端状态管理

    B．服务器端状态管理

2. 需要跟踪非保密用户的喜好，当用户访问网站时，尽量减少服务器的额外负荷。散布在多个 Web 服务器的请求，每个都运行应用程序的一个副本。应当使用哪种类型的状态管理？

    A．客户端状态管理

    B．服务器端状态管理

3. 需要创建一个 ASP.NET Web 页面，允许用户在数据库中浏览信息。当用户访问这个页面时，需要跟踪搜索和排序值。不需要在访问的 Web 页面之间存储信息。下面哪种类型的客户端状态管理满足需求，并且是最容易实现的？

    A．视图状态

    B．控件状态

    C．隐藏字段

    D. cookie

    E．查询字符串

4. 需要创建一个 ASP.NET 网站，带有几十个页面。希望让用户设置他们的喜好，并且使用每个页面处理喜好的信息。希望喜好在访问页面之间被记住，即使用户关闭了浏览器。下面哪个类型的客户端状态管理满足要求，并且是最容易实现的？

    A．视图状态

    B．控件状态

    C．隐藏字段

    D. cookie

    E．查询字符串

5. 需要创建一个 ASP.NET Web 窗体，可以搜索产品库存和显示匹配用户标准的项目。希望用户能够标签或电子邮件搜索结果。下面哪个类型的客户端状态管理满足要求，并且是最容易实现的？

    A．视图状态

    B．控件状态

    C．隐藏字段

    D. cookie

    E．查询字符串

第 2 课　使用服务器端状态管理

通常，在客户端上存储状态是不实际的。有关的状态可能会很多，因此，它会很大，而不能来回传递。也许，状态需要得到安全保证，甚至加密，而不应当在一个网络内传递。除此之外，状态可能不是指定客户端的，而是全球所有用户的。在所有的这些情况下，仍然需要存储状态。如果选择客户端并不合适的话，需要期待服务器状态管理。

ASP.NET 在服务器上提供两种方式存储状态，这样，可以在 Web 页面之间共享信息，而不必往客户端发送数据。这两种方法被称为应用程序状态和会话状态。应用程序状态信息对应用程序是全球性的。它对所有的页面都是可用的，不论用户请求的页面，还是其他页面。会话状态是服务器上存储的用户特定的状态。它仅对单个用户在网站访问期间所访问的页面有效。本课探讨了这两种服务器端状态管理技术。

重要提示　选择服务器端状态管理

重要的是要注意，不需要为应用程序使用服务器端状态管理。应用程序可以依赖于客户端状态管理和数据库状态管理的组合。这样做可以为更多的页面请求处理节省宝贵的服务器资源(从而增加服务器的可扩展性)。

学习目标

- ◆　使用应用程序状态存储和共享信息,可以对一个给定网站内所有 Web 页面的访问。
- ◆　使用会话状态在服务器上存储指定用户信息，并在网站共享跨页面的信息。
- ◆　理解 ASP.NET 配置文件属性的目的和用途。

预计课时：30 分钟

应用程序状态

ASP.NET 中的应用程序状态是一个状态数据全球的存储机制，需要在给定的 Web 应用程序中所有的页面都是可访问的。可以使用应用程序状态存储那些必须在服务器往返之间和页面请求之间需要保留的信息。同样，应用程序状态是可选择的；通常并不需要。应当把它看成应用程序级数据缓存的形式，这对获取每个请求耗费太多时间。

在 HttpApplicationState 类的实例中存储应用程序状态，这个类是通过 Page.Application 属性提供的。这个类是一个键/值词典，每个值被存储，并通过其键值(或名称)来访问。可以对服务器上的任何页面的应用程序状态进行添加和读取。然而，必须谨记，状态是全球的，并且对服务器上运行的所有页面都是可访问的。

一旦在应用程序状态类内添加指定的应用程序信息，服务器就会管理它。这个状态停留在服务器，而不发送到客户端。应用程序状态是存储全球的，而不是指定用户的信息。通过在应用程序状态中存储信息，所有的页面都可以从内存中的某个位置访问数据，而不是保持数据的单独副本，或者每次页面请求时读取它。

重要提示　选择应用程序状态或会话状态

不应当在应用程序状态中存储指定用户的信息。相反，应当使用会话状态存储指定用户信息(在本课后面部分)

在 Application 对象内存储的数据并不是永久性的。它只是暂时地放置在服务器内存中。因此，每次应用程序重启时，这些数据都会丢失。应用程序的主机服务器，比如 Microsoft Internet 信息服务(IIS)，可能会重启 ASP.NET 应用程序。除此之外，如果服务器重启的话，应用程序也会重启。为了适应这个限制，应当理解本课接下来部分介绍的如何使用应用程序事件读、写以及保持应用程序状态。

ASP.NET 应用程序的生命周期

当使用服务器端状态管理时，对一个 ASP.NET 应用程序的生命周期有着一个正确的理解是很重要的。生命周期定义了应用程序服务器如何开始和停止应用程序，把它与其他的应用程序隔离，并执行代码。

ASP.NET 应用程序是基于承载它的服务器应用程序运行的。这也是通常的 IIS。有多个版本的 IIS 能够运行 ASP.NET 应用程序，包括 IIS 5.0、IIS 6.0 和 IIS7.0。IIS 5.0 和 6.0 执行起来很相似。IIS 7.0 有一个经典的模式，也以相同的方式运行。然而，IIS 7.0 在默认时处理页面和以前的版本有点不同。

本节概述了页面是如何由这些服务器处理，并且对如何影响应用程序状态管理有一个基本理解。下面继续 ASP.NET 应用程序的应用程序生命周期。

1. ASP.NET 应用程序的生命周期开始于用户对网站内页面的第一个请求。

2. 请求被路由到处理管道。在 IIS 5.0，6.0，和 IIS 7.0 的经典模式中，.aspx(和相关的扩展，如.ascx，.ashx，和.asmx)页面的请求被传递到因特网服务器应用程序编程接口(ISAPI)扩展。它为这些请求执行它的管道。

   在 IIS7.0 集成模式中，一个常见的、统一的管道处理对一个给定的应用程序资源的所有请求。这允许例如.html 文件的资源通过和.aspx 页面一样的管道。这也允许管理的代码支持这些资源(比如确保它们的访问)。

3. 创建 ApplicationManager 类的实例。ApplicationManager 实例表示用于为应用程序执行请求的域。一个应用程序域从其他应用程序中隔离全局变量，当需要时，允许每个应用程序独立地加载和卸载。

4. 一旦创建了应用程序的域，HostingEnvironment 实例也被创建。这个类提供了对内置于主机环境的项目，如目录文件夹等的访问。

5. 下一步是为 ASP.NET 创建核心对象的实例，用于处理请求。这包括 HttpContent、HttpRequest 和 HttpResponse 对象。

6. 接着，应用程序实际上是通过创建一个 HttpApplication 类的实例(或实例的重新使用)开始的。这个类也为一个网站的 Global.asax 文件(如果使用)提供基类。这个类可以用于捕获当应用程序开始或终止时发生的事件(更多关于这个类的内容在后面部分)。

   除此之外，当一个 HttpApplication 实例被创建时，还创建那些配置应用程序的模块，比如 SessionStateModule。

7. 最后，请求通过 HttpApplication 管道得到处理。这个管道也包括一组事件，如验证请求、映射 URLs、访问缓存等等。开发人员扩展 Application 类时，对这些事件感兴趣，但是这超出了本书的范围。

响应应用程序事件

HttpApplication 类提供了几个事件，当指定的事件在应用程序级触发时，可以捕获它们用来做些事情。这包括应用程序开始时，初始化变量值、记录应用程序请求、处理应用程序级错误等等。同样，这些事件的触发是基于应用程序的开始、停止、处理一个请求等等。它们是应用程序级事件，对用户级别无效。

编写这些代码的主要方法是使用 ASP.NET 文件，Global.asax(也被称为全局应用程序类)。一个应用程序有一个这样文件的实例。它从 HttpApplication 类派生，允许在那个类上扩展几个事件。用户可以捕获应用程序生命周期中希望拦截的阶段所对应的事件。事件被自动映射，提供 Application_naming 结构。下面是可能需要捕获的关键事件。

◆ **Application_Start** 当应用程序由 IIS 开启时(通常是一个用户请求的结果)，Application_Start 事件会被引发。这个事件对初始化范围在应用程序级的变量是有用的。这个事件和 Application_End 一样，在 ASP 中是一个特殊的事件。它们并不映射到 HttpApplication 对象。

◆ **Application_End** 当应用程序停止或关闭时，Application_End 事件被触发。如果需要释放应用程序级别资源或执行一些日志时，这个事件是有用的。这个事件，和 Application_Start 一样，在 ASP 中是一个特殊的事件。它们并不映射到 HttpApplication 对象。

◆ **Application_Error** 当发生未处理的错误并上升到应用程序的范围，Application_Error 事件开启。可能要使用这个事件来执行最坏情况下，包罗万象的错误日志。

◆ **Application_LogRequest** 当应用程序做出一个请求时，Application_LogRequest 事件开启。可以使用这个事件编写关于请求的自定义日志信息。

◆ **Application_PostLogRequest** 当请求日志完成之后，Application_PostLogRequest 事件开启。

这些只是 Application 事件的一部分。其他还包括 Application_BeginRequest、Application_EndRequest、ResolveRequestCache 和许多其他事件。这些事件映射到应用程序处理管道。可以通过查找 MSDN 库的 HttpApplication 类获得一个完整的列表。

可以通过在项目中添加一个 Global.asax 文件实现这些事件。这个文件并没有代码隐藏文件，它有一个用来为这些事件添加代码的脚本块。按照下面步骤使用 Global.asax 文件。

1. 在 Visual Studio 中打开网站。右击网站项目，选择添加新项目来打开添加新项目对话框。

2. 在添加新项目对话框中，选择全局应用程序类项目，然后，点击添加，为项目添加文件。

    Visual Studio 将为项目添加一个 Global.asax 文件，项目已经包含为 Application_Start、Application_End 和 Application_Error 存根的方法签名。它还包

括为 Session_Start 和 Session_End 的方法签名。这些将在本课后面的部分介绍。

下面代码显示了一个 Global.asax 文件的例子。在这个例子中，应用程序级变量 UsersOnline 在应用程序启动时定义。当一个新的用户访问这个网站并开始会话时，该变量递增。当一个会话结束时，变量递减。(会话结束代码只调用 InProc 会话状态管理，这会在本章后面部分介绍。)

```VB
'VB
<%@ Application Language="VB" %>

<script runat="server">

  Sub Application_Start(ByVal sender As Object, ByVal e As EventArgs)
    Application("UsersOnline") = 0
  End Sub
  Sub Session_Start(ByVal sender As Object, ByVal e As EventArgs)
    Application.Lock()
    Application("UsersOnline") = CInt(Application("UsersOnline")) + 1
    Application.UnLock()
  End Sub

  Sub Session_End(ByVal sender As Object, ByVal e As EventArgs)
    Application.Lock()
    Application("UsersOnline") = CInt(Application("UsersOnline")) - 1
    Application.UnLock()
  End Sub

</script>
```

```C#
//C#
<%@ Application Language="C#" %>

<script runat="server">

  void Application_Start(object sender, EventArgs e)
  {
    Application["UsersOnline"] = 0;
  }

  void Session_Start(object sender, EventArgs e)
  {
    Application.Lock();
    Application["UsersOnline"] = (int)Application["UsersOnline"] + 1;
    Application.UnLock();
  }

  void Session_End(object sender, EventArgs e)
  {
    Application.Lock();
    Application["UsersOnline"] = (int)Application["UsersOnline"] - 1;
    Application.UnLock();
  }

</script>
```

读写应用程序状态数据

可以使用 Application 对象实例读写应用程序级别状态数据。这个对象是 HttpApplicationState 类的一个实例。这个对象的工作方式类似于 ViewState 对象(一个集合)。然而，因为多个 Web 页面可能同时运行于多个线程，当对应用程序级别数据进行计算和执行更新时，必须锁定 Application 对象。例如，下面代码在递增和更新应用程序级别变量之前，要为单个线程锁定 Application 对象。

```vb
'VB
Application.Lock()
Application("PageRequestCount") = CInt(Application("PageRequestCount")) + 1
Application.UnLock()
```

```csharp
//C#
Application.Lock();
Application["PageRequestCount"] = ((int)Application["PageRequestCount"]) + 1;
Application.UnLock();
```

如果不想锁定 Application 对象，那么在进程读取当前值的时间和写入新值的时间段内，有可能另一个页面改变了变量值。这可能会导致计算丢失。当在 Application_Start 中初始化变量时，不需要锁定 Application 对象。

Application 变量的值是 Object 类型。因此，当读取它们时，必须将它们转换为适当的类型。没有必要为一次读取锁定一个变量，因为多线程读取相同的数据是没有问题的。

会话状态

大多数 Web 应用程序都需要存储个体请求之间指定用户的数据，例如，如果用户是通过一个多步骤的过程注册网站，可能想在页面之间暂时地存储这个数据，直到用户完成整个过程。当然，Windows 应用程序随时都在做这项工作。在一个给定的用户会话期间，这些应用程序运行于一个进程中，该进程在客户端一直存在。因此，在客户端可以简单的在内存中存储这个数据。ASP.NET 应用程序存在劣势，它们共享一个服务器进程，并且在客户端并不拥有进程。第 1 课已经探索了如何利用客户机在响应之间存储这种类型的数据。然而，这通常并不实际。通常，数据太大，或需要附加的安全性能。在这种情况下，可以利用共享的 ASP.NET 进程来存储服务器上内存中的这些数据。这在 ASP.NET 中称为会话状态。

会话状态可以认为是和应用程序状态类似的方法。最大的不同是，会话状态的范围限制在当前浏览器(或用户)状态，并且仅对那个会话(而不是整个应用程序)可用。那么，网站上的每个用户都有独立的会话状态，运行于服务器上应用程序的进程。这种状态可以用于不同的页面，因为它们要对服务器做出后续的请求。然而，如果用户结束了他或她的会话(或者超时)，会话状态会丢失。然而，在大多数情况下，会话状态在会话之间是不需要的。从一个会话到另外一个会话需要的数据应当在一个数据存储中。

默认时，ASP.NET 应用程序在服务器上的内存中存储会话状态。然而，它们可以配置在客户端 cookies 中、另外一个 StateServer 上或 SQLServer 内部存储这个信息。这些其他选项对 Web 场方案(应用程序中的多个前端 Web 服务器)支持集中的会话管理。

读写会话状态数据

在 Session 对象中存储指定用户的会话状态。这是 HttpSessionState 类的一个实例，表示一个键/值字典集合。项目添加、更新和读取的方式和使用任何.NET 词典集合的方式类似。

下面的代码显示了如何从 Session 对象中读写。在这个例子中，每次用户请求一个页面，时间就会写入 Session 实例。对给定的会话，用户最后一次请求的页面也在一个 Label 控件中显示。尽管这段代码的执行了类似于第 1 课 ViewState 中的函数，但是 Session 对象对用户访问的任何页面都是可用的。

```VB
'VB
'check if Session object exists, and display it if it does
If (Session("lastVisit") IsNot Nothing) Then
  Label1.Text = Session("lastVisit").ToString()
Else
  Label1.Text = "Session does not have last visit information."
End If

'define the Session object for the next page view
Session("lastVisit") = DateTime.Now
```

```C#
//C#
//check if Session object exists, and display it if it does
if (Session["lastVisit"] != null)
{
  Label1.Text = ((DateTime)Session["lastVisit"]).ToString();
}
else
{
  Label1.Text = "Session does not have last visit information.";
}
//define the Session object for the next page view
Session["lastVisit"] = DateTime.Now;
```

注意　会话状态和 cookie

ASP.NET 在客户机内写 cookie 跟踪它们的会话。这个 cookie 被称为 ASP.NET_SessionID，包含一个随机的 24 位的值。请求从浏览器提交这个 cookie，ASP.NET 往服务器上的会话个映射这个 cookie 的值。

禁用会话状态

如果不使用会话状态，可以通过禁用会话状态提升整个应用程序的性能。可以将 Web.config 文件中的 sessionState 模式属性设置为 off 来完成。下面代码显示了一个例子。

```
<configuration>
  <system.web>
    <sessionState mode="off"/>
  </system.web>
</configuration>
```

通过将 EnableSessionState 页面指令设置为 false，还可以为应用程序的单个页面禁用会话状态。也可以将 EnableSessionState 页面指令设置为只读从而对给定的页面提供会话变量的只读访问。下面代码显示了一个例子，包括如何通过页面指令设置单个页面禁用会话状态。

```
<%@ Page Language="C#" AutoEventWireup="true" CodeFile="Default.aspx.cs"
  Inherits="_Default" EnableSessionState = "False"%>
```

注意　在会话状态中存储值

在会话中存储的值必须是可序列化的。

配置 cookieless 会话状态

默认时，会话状态使用 cookies 跟踪用户会话。这是绝大多数应用程序的最佳选择。所有的 Web 浏览器都支持 cookies。然而，用户可以关闭它们。因此，ASP.NET 允许启用 cookieless 会话状态。

没有 cookie，ASP.NET 通过在 URL 内嵌入会话 ID(应用程序名称之后，任何保留的文件或虚目录标识符之前)使用 URL 跟踪会话。例如，下面 URL 被 ASP.NET 修改，包括了唯一的会话 ID   lit3py55t21z5v55vlm25s55。

```
http://www.example.com/s(lit3py55t21z5v55vlm25s55)/orderform.aspx
```

通过 Web.config 文件开启 cookieless 会话。将 sessionState 元素的 cookieless 属性设置为 true。下面代码显示了一个 Web.config 文件，用于配置一个 ASP.NET 应用程序使用 cookieless 会话。

```
<configuration>
  <system.web>
    <sessionState cookieless="true"
      regenerateExpiredSessionId="true" />
  </system.web>
</configuration>
```

响应会话事件

很多时候，当一个用户初始化一个会话或终止一个会话时，要运行代码。例如，当一个会话开始或做一些特定用户的日志记录时，可能想初始化关键变量。

可以使用 Global.asax 文件捕获事件(像前面部分讨论的一样)。ASP.NET 提供两个特殊的事件，用于响应会话活动。

◆ **Session_Start** 当一个新的用户请求网站中页面，并开始一个新的会话时，事件开启。这是一个初始化会话变量的好地方。

◆ **Session_End** 当一个会话放弃或过期时，事件开启。这个事件可以用于记录日志信息或释放个人会话资源。

同样，为了实现这些事件，可以使用在前面"响应应用程序事件"中讨论的 Global.asax 文件。

注意   Session_End 事件

Session_End 事件并不总是开启。当状态模式设置为 InProc，ASP.NET 放弃一个会话或会话超时，开启 Session_End 事件。然而，它并不为其他状态模式开启这个事件。

选择一个会话状态模式

服务器上的内存并不总是存储会话状态最好的或最具扩展性的地方。例如，可能有一个负载平衡服务器场，路由基于服务器负载的前端 Web 服务器的响应。在这种情况下，不能保证一个用户会总是路由相同的服务器，因此，可能丢失会话信息。这个问题的一个解决方案是一个灵巧的负载平衡器，允许"粘贴"的会话在服务器上分配用户，并通过一个会话保持它们在服务器。然而，如果一台服务器发生故障或需要去下一个服务器，这会有问题。

幸好，ASP.NET 为应用程序提供一些不同的会话状态模式。这些模式是可以配置的。

例如，可以使用一个内存(InProc)模式开始，并且，随着网站的增长，切换会话状态到一个数据库或一个 StateServer。ASP.NET 提供下面的会话存储选项。

◆ **InProc** 在 Web 服务器上的内存中存储会话状态。这是默认模式。它比使用 ASP.NET 状态服务或在数据库服务器中存储信息提供更好的性能。然而，它受限于加载平衡方案，在这里，可以做一个性能权衡，以增加可扩展性。InProc 模式对简单的应用程序是一个好的选择。然而，用于多个 Web 服务器或在应用程序重启之时，保持会话数据的应用程序应当考虑使用 StateServer 或 SQLServer 模式。

◆ **StateServer** 在一个服务中存储会话状态称为 ASP.NET 状态服务。如果 Web 应用程序重启，这确保了这个会话状态的保留，并且还会使会话状态对一个 Web 场的多个 Web 服务器可用。ASP.NET 状态服务包含在任何计算机通过安装来运行 ASP.NET Web 应用程序；然而，在默认时，服务设置为手动启动。因此，当配置 ASP.NET 状态服务时，必须设置启动类型为自动。

◆ **SQLServer** 在一个 SQLSERVER 数据库中存储会话状态。这确保了如果 Web 应用程序重启，会话状态被保留，同样使得会话状态对一个 Web 场中的多个服务器可用。相同的硬件上，ASP.NET 状态服务优于 SQLServer。然而，一个 SQLServer 数据库提供更可靠的数据完整性和报告能力。除此之外，许多网站在强大的硬件上运行它们的 SQLServer 数据库。需要为场景测试性能。

◆ **自定义** 支持指定一个自定义会话状态存储供给者。也需要实现自定义存储提供程序。

◆ **关闭** 禁用会话状态。如果不使用它改善性能，应当禁用会话状态。

配置会话状态模式

可以指定 ASP.NET 会话状态使用哪种模式，这是通过分配 SessionStateMode 枚举值到应用程序 Web.config 文件 SessionState 元素的模式属性完成的。模式除了 InProc 和 off 之外，都需要额外的参数，例如连接字符串值。可以通过访问代码中 System.Web.SessionState.HttpSessionState.Mode 属性来检查当前设置的会话状态。

下面代码显示在 Web.config 文件中的设置，这个设置会导致会话状态存储在由指定的连接字符串辨识的 SQLServer 数据库。

```
<configuration>
  <system.web>
    <sessionState mode="SQLServer"
      cookieless="true "
      regenerateExpiredSessionId="true "
      timeout="30"
      sqlConnectionString="Data Source=MySqlServer;Integrated Security=SSPI;"
      stateNetworkTimeout="30"/>
  </system.web>
</configuration>
```

为一个应用程序配置会话状态通常是系统管理员的责任，系统管理员用于对应用程序的托管和支持负责。例如，一个系统管理员最初可能在单个使用 InProc 模式的服务器上配置一个 Web 应用程序。后面，如果服务器过于繁忙或需要冗余，系统管理员可以添加另外一个 Web 服务器，并在一个单独的服务器上配置一个 ASP.NET 状态服务。接着，他们会修改 Web.config 文件来使用 StateServer 模式。幸好，会话状态模式对应用程序是透明的，因此，不需要改变代码。

快速测试

1. 哪个通常会消耗更多的服务器内存：应用程序状态还是会话状态？

2. 如果一个用户在 Web 浏览器中禁用 cookie，哪个将会停止工作：应用程序状态还是会话状态。

参考答案

1. 会话状态比应用程序状态使用更多的内存，因为应用程序状态在用户间共享，然而，会话状态在每个用户基础上存在。

2. 在默认情况下，如果一个支持 cookie 的 Web 浏览器禁用 cookie，会话状态将停止工作。然而，应用程序状态不是指定用户的，并且在 cookie 中被跟踪。因此，应用程序的工作与 cookie 无关。

配置文件属性

ASP.NET 提供另外一个状态管理工具，称为配置文件属性。这些属性值都是用户设定的。使用配置文件属性为网站设置指定用户配置文件信息，比如一个用户的位置、喜欢的布局选项或任何应用程序需要的配置文件信息。最大的区别是，配置文件属性将保留在基于每个用户的数据库上，而不是在服务器的内存中存储。

配置文件的概念内置于 ASP.NET。这些配置文件可以配置、设置和自动地通过 ASP.NET 在数据库中存储和保留。这个数据库可以是 SQL Server 或 SQL Express。属性值是和个体用户相关联的。这将更容易管理的用户信息，而不必设计一个数据库或编写代码来使用数据库。除此之外，配置文件属性使用强类型类(可以访问应用程序的任何地方)使用户信息可用。这允许在用户配置文件中存储任何.NET 类型的对象。

为了使用配置文件属性，必须配置一个文件配置提供程序。ASP.NET 包括 SqlProfileProvider 类，允许在 SQL 数据库中存储配置文件数据。还可以创建自己的配置文件提供程序类，以自定义形式和自定义存储机制例如 XML 文件或一个 Web 服务来存储配置文件数据。

存放在配置文件属性的数据通过 IIS 的重启和工作进程的重启保留，而不会丢失数据。除此之外，配置文件可以持续在多个进程，比如在 Web 场中。

更多信息　配置文件属性

参考第 5 章进一步了解配置文件属性。

实训：在服务器上存储状态管理数据

在这个实训中，使用不同的服务器状态管理技术来跟踪一个用户已经打开的页面数目。如果在完成这个练习时遇到问题，可参考本书配套资源中所附的实例，这些实例都有完成了的项目文件。

> ### 练习 1　在 Application 对象中存储数据

在这个练习中，需要创建两个可相互链接的页面。每次用户访问网站，应用程序变量会递增，并显示在页面上。这演示了如何添加自定义值到 Application 对象，以及如何使用 Global.asax 文件。

1. 打开 Visual Studio，创建一个新的 ASP.NET 网站，命名为 **ServerState**。可以使用 C#或者 Visual Basic。

2. 在网站内添加一个新的页面。命名为 **Default.aspx**。

3. 在源视图中打开 Default.aspx 页面。在这个页面上添加文字 **Default Page 1**。在页面上添加一个标签，并命名它为 **LabelApplicationClicks**。同样在页面上添加一个 HyperLink 控件，并命名它为 **HyperLinkPage2**。在 **Default2.aspx** 中设置 HyperLinkPage2.NavigateUrl 属性。

4. 在源视图中打开 Default2.aspx。在页面上添加文字 **Default Page 2**。在页面上添加一个标签，并命名它为 **LabelApplicationClicks**。同样，在页面上添加一个 HyperLink 控件，并命名它为 **HyperLinkPage1**。在 **Default.aspx** 中设置 HyperLinkPage1.NavigateUrl 属性。

5. 通过右击网站并从弹出的快捷菜单中选择添加新项目，为项目添加一个 Global.asax 文件。选择全局应用程序类项目。

6. 在 Global.asax 文件内部，添加代码到 Application_Start 方法来初始化一个名称为 clicks 的应用程序变量，如下所示。

```
'VB
Sub Application_Start(ByVal sender As Object, ByVal e As EventArgs)
  Application("clicks") = 0
End Sub

//C#
void Application_Start(object sender, EventArgs e)
{
  Application["clicks"] = 0;
}
```

7. 在 Page_Load 方法中为 Default.aspx 和 Deault2.aspx 添加代码来增加 Application 对象中点击数。不要忘记，在更新之前锁定 Application 对象。接着，添加代码在 LabelApplicationClicks 中显示值。下面的代码演示了这个过程。

```
'VB
Protected Sub Page_Load(ByVal sender As Object, _
  ByVal e As System.EventArgs) Handles Me.Load
  Application.Lock()
  Application("clicks") = CInt(Application("clicks")) + 1
  Application.UnLock()

  LabelApplicationClicks.Text = "Application clicks: " + _
    Application("clicks").ToString
End Sub

//C#
protected void Page_Load(object sender, EventArgs e)
{
```

```
    Application.Lock();
    Application["clicks"] = ((int)Application["clicks"]) + 1;
    Application.UnLock();

    LabelApplicationClicks.Text = "Application clicks: " +
      Application["clicks"].ToString();
}
```

8. 建立网站，并访问 Default.aspx 页面。点击数次超链接，在页面间切换并验证点击计数器的增加。

9. 一个可选择的步骤是从一个不同的计算机打开相同的页面。当然，这需要在 IIS 下面运行代码，或在服务器上部署代码。它还需要对另外一个机器进行访问。如果这样做了，将会发现点击计数器的计数，包括从第一台计算机做出的点击，因为应用程序对象在所有用户会话之间共享。

10. 重启 Web 服务器，并再次访问相同的页面。请注意，点击计数器被重置；Application 对象在应用程序重启时没有保留。

➤ 练习 2　在会话对象中存储数据

在这个练习中，学习使用会话对象。

1. 继续前面练习中的项目，或者从本书配套的实例中打开第 1 课练习 1 完成了的项目。

2. 打开 Global.asax 文件。添加代码到 Session_Start 方法来初始化一个称为 session_clicks 的会话变量。当会话第一次初始化时，这个变量应当设置为 0。下面显示了一个例子。

```vb
'VB
Sub Session_Start(ByVal sender As Object, ByVal e As EventArgs)
  Session("session_clicks") = 0
End Sub
```

```csharp
//C#
void Session_Start(object sender, EventArgs e)
{
  Session["session_clicks"] = 0;
}
```

3. 在"源"视图中打开 Default.aspx。在现有 Label 控件下添加一个新的 Label 控件。将此控件命名为 **LabelSessionClicks**。同样对 Default2.aspx 设置。

4. 在 Page_Load 方法中，为 Default.aspx 和 Default2.aspx 添加代码以增加给定用户会话的点击数，同样添加代码在 LabelSessionClicks 中显示值。下面代码显示了 Page_Load 事件(新的代码如黑体字所示)。

```vb
'VB
Protected Sub Page_Load(ByVal sender As Object, _
  ByVal e As System.EventArgs) Handles Me.Load
  Application.Lock()
  Application("clicks") = CInt(Application("clicks")) + 1
  Application.UnLock()
  LabelApplicationClicks.Text = "Application clicks: " + _
    Application("clicks").ToString
  Session("session_clicks") = CInt(Session("session_clicks")) + 1
  LabelSessionClicks.Text = "Session clicks: " & _
    Session("session_clicks").ToString()
End Sub
```

```
//C#
protected void Page_Load(object sender, EventArgs e)
{
  Application.Lock();
  Application["clicks"] = ((int)Application["clicks"]) + 1;
  Application.UnLock();
  LabelApplicationClicks.Text = "Application clicks: " +
    Application["clicks"].ToString();
  Session["session_clicks"] =
    (int)Session["session_clicks"] + 1;
  LabelSessionClicks.Text = "Session clicks: "
    + Session["session_clicks"].ToString();
}
```

5. 建立网站，并访问 Default.aspx 页面。点击超链接几次，以在页面之间切换，并对 Application 和 Session 的点击计数器增加值进行验证。

6. 从不同的计算机(或者相同计算机上不同的浏览器)打开相同的页面。请注意，Application 点击数包括你对第一台计算机(或浏览器)的点击，因为 Application 对象在所有用户会话中共享。然而，Session 点击数只包括一台计算机(或浏览器)的点击。

7. 重启 Web 服务器。如果在本地运行，可以右击系统托盘中的服务实例，然后从弹出的快捷菜单中选择"停止"。如果是在 IIS 中运行，请打开管理控制台，启动和停止服务。请注意，两个点击数都被重置；Application 和 Session 对象不能在应用程序重启时存在。

本课总结

◆ 可以使用 Application 集合存储信息，信息是对所有 Web 页面可访问的，而不是用户所指定页面。为了初始化 Application 变量，要在 Global.asax 文件中响应 Application_Start 事件。

◆ 可以使用 Session 集存储指定用户信息，信息是对所有 Web 页面可访问的。为了初始化 Session 变量，在 Global.asax 文件中响应 Session_Start 事件。可以在服务器内存中使用 InProc 会话状态模式存储会话信息，使用 StateServer 模式在 ASP.NET 状态服务服务器中存储，使用 SQLServer 模式在数据库中存储，使用自定义模式实现自定义会话状态存储，或完全关闭会话状态。

课后练习

通过下列问题，你可检验自己对第 2 课的掌握程度。这些问题也可从配套资源中找到。

注意　关于答案
对这些问题的解析可参考本书末"答案"。

---

1. 为响应 Application_Start 事件，应当将代码写入哪个文件？

A．任何使用.aspx 扩展的 ASP.NET 服务器页面

B．Web.config

C．Global.asax

D．任何使用.aspx.vb 或.aspx.cs 扩展的 ASP.NET 服务器

2. 如果需要存储对任何连接到 Web 应用程序的任何用户都可访问的数据，应当使用哪个集合对象？

A．Session

B．Application

C．cookie

D．ViewState

3. 如果需要存储一个值来表明一个用户是否已通过网站认证，这个值对每个用户请求都是可用的和需要检查的，应当使用哪个对象？

A．Session

B．Application

C．cookie

D．ViewState

4. 当一个用户的会话超时，需要记录数据到一个数据库。此时应当响应哪个事件？

A．Application_Start

B．Application_End

C．Session_Start

D．Session_End

5. 应用程序部署在一个负载平衡 Web 场。这个负载平衡器没有为用户设置服务器的连接关系。相反，它基于它们的负载路由到服务器的请求。应用程序使用会话状态。应当如何配置 SessionState 模式属性？(不定项选择)

A．StateServer

B．InProc

C．Off

D．SqlServer

本 章 回 顾

为进一步实践和巩固在本章中学习到的技能，建议继续完成下列任务。

◆ 阅读本章小结。

◆ 完成案例训练。这些案例取自实际项目，但都涉及本章介绍的内容，要求你提供相应的解决方案。

◆ 完成建议练习。

◆ 完成实战测试。

本章总结

◆ 状态管理支持访问多个 Web 请求之间的数据。客户端状态管理提供最好的可扩展性。ASP.NET 包括 5 种方案来存储客户端状态管理数据：控件状态、cookies、隐藏字段、查询字符串和视图状态。

◆ 服务器端状态管理提供了增强的安全性和对指定用户的和共享的大数目数据存储的能力。ASP.NET 包括三个服务器端状态管理技术。当需要存储和多个用户相关的信息时，应用程序状态是最好的选择。选择会话状态来存储关于单个用户访问网站的信息。

案例场景

在下面的案例场景中，需要运用本章所学知识来完成一些小项目。答案可参见书末尾。

案例 1：记住用户的凭证

你是一个 Contoso 有限公司(一个企业对企业零售商)应用程序开发人员。正在编写一个电子商务 Web 应用程序，检索来自后端数据库服务器的库存和客户数据。最近，营销部门已收到来自客户的请求，提供增强的账户管理功能。经理要求采访重要人物，然后到他的办公室回答关于设计选择的问题。

采访

以下是接受采访的公司人员的名单和他们的发言。

◆ **营销经理**　"我们最近与我们最重要的客户有一次会话，以找出可改善的地方。我们常听到的一则评论是，他们希望以一种方式来登录我们的网站，并查看过去的订单信息。我知道我讨厌每次访问 Web 页面时不得不登录网站，因此，如果我们能够记住他们的登录信息，我想用户会比较开心。"

◆ **开发经理**　"这似乎是一个公平的请求；然而，我需要牢记安全。不要做任何允许攻击者窃取用户会话和查看订单的事情。"

问题

为经理回答下面问题。

1. 需要使用什么样的状态管理机制来记住一个用户的登录凭证?
2. 如何减小用户凭证被窃取的风险?
3. 应当如何存储以前的订单信息?

案例2: 为个体用户和所有用户分析信息

你是一个应用程序开发人员,工作在 Fabrikam 股份有限公司(一个基于 Web 的消费者杂志)。最近,营销部门人员要求能够看到什么样的用户会在不久的网站做快照。除此之外,他们希望基于在当前会话上查看的内容显示广告给那些用户。最后,他们希望能够在一个给定的访问期间分析多个用户可能已经读到的不同的文章。

你和营销部经理一起讨论需求,他说:"我们有好的工具,用于分析网站日志,但是我们常常想实时的了解网站上发生了什么,以便我们能够快速的做出决定。例如,如果我们张贴一篇新的文章,我们想看看同时有多少用户正在浏览该页面。同样,我认为我们通过分析用户进入我们网站的路径,更好的配合广告客户的需求。是否有任何办法来跟踪一个用户在访问我们网站期间,他都做了些什么?"

问题

回答经理下面的问题。

1. 通过营销部门的分析,如何为所有用户显示数据?
2. 如何通过网站分析并跟踪一个个体用户?

建议练习

为了帮助你熟练掌握本章提到的考试目标,请完成下列任务。

使用基于客户端状态管理选项管理状态

对这个任务,应当完成练习 1,对如何实现控件状态有更好的理解。完成练习 2 和 3 来探索真实世界的网站如何使用 cookies。

◆ **练习1** 创建一个自定义控件,并实现控件状态管理。

◆ **练习2** 查看临时 Internet 文件夹(通常位于 C:\Documents and Settings\username\Local Settings)。检查网站已经在计算机上存储的 cookies,在一个文本编辑器中打开文件来查看它们包含的信息。

◆ **练习3** 在 Web 浏览器中禁用 cookies。访问几个喜欢的网站,以确定该网站的行为是否完全改变。

使用基于服务器状态管理选项管理状态

对于这个任务,应当完成练习 1,以获得使用应用程序对象的经验。完成练习 2 和 3 获得使用用户会话的体验。

◆ **练习 1** 使用以前开发的 Web 应用程序，添加案例 2 中描述的实时的应用程序行为分析功能，以便于能够打开一个 Web 页面，查看用户当前正在查看哪些页面。

◆ **练习 2** 使用以前开发的 Web 应用程序，使用会话对象开启网站个性化。允许用户设置首选项，比如背景颜色，并应用这个首选项到任何用户可能查看的页面。

◆ **练习 3** 在 Web 浏览器中禁用 cookies，访问在练习 2 中创建的 Web 应用程序。尝试设置一个首选项，并学习应用程序如何响应。想想一个应用程序如何确定一个浏览器是否支持会话，并且如果浏览器不支持会话，应用程序会做什么。

使用数据库技术保持状态

对于这个任务，应当完成练习 1 和 2。

◆ **练习 1** 使用一个 SQLStateServer 配置一个 Web 应用程序。

◆ **练习 2** 使用 ASP.NET 状态服务配置一个 Web 应用程序。

响应应用程序和会话事件

对于这个任务，应当完成练习 1 和 2。

◆ **练习 1** 使用以前开发的 Web 应用程序，添加代码初始化 Application_Start 事件中的变量。在 Application_End 事件中添加代码释放资源。

◆ **练习 2** 使用以前开发的 Web 应用程序，添加代码初始化 Session_Start 事件中的变量。在 Session_End 事件中添加代码释放资源。

实战测试

本书配套资源为实战测试提供了多种选择。例如，可选择只对本章相关的内容进行测验，也可用完整的 70-562 认证考试的内容进行自测。可将测验设置为实战模式(即与真实考试基本相同)，或者可以设为学习模式，以便边做题边查看答案及相应的分析。

更多信息   实战测试

要想进一步了解可选的测试模式，请查看本书"前言"。

第5章 自定义和个性化Web应用程序

Web 应用程序的需求一直在稳步增加。这就要求开发人员所开发的应用程序具备灵活的可变性、满足个体用户的个性化以及支持不同情况下的高度可定制。快速浏览一下很多基于用户的网站就能证明这一点。根据用户身份以及要做的事情，对内容进行自定义。用户也获得了他们希望看到的内容控制权，还获得了改变页面的布局、网站的色调以及各种尺寸选项的权限。当然，商业应用程序也有这些需求。单个的应用程序可能针对不同的部门自定义不同的内容。例如，用户希望控制公司的内部网，根据他们的角色，以不同的格式显示不同的信息(比如销售部门和质量控制部门)。

幸好，工具跟上了需求。ASP.NET 提供给开发人员一些功能能够更好地管理和控制他们应用程序的布局、样式和个性化。本章讨论了四种方式：母版页面、主题、用户配置文件和 Web 部件。

本章考点

◆ 编写 Web 应用程序

  ◇ 自定义一个 Web 页面的布局和外观

本章课程设置

◆ 第 1 课 使用母版页面
◆ 第 2 课 使用主题
◆ 第 3 课 使用 Web 部件

课 前 准 备

为完成本章的课程，应当熟悉使用 Microsoft Visual Studio 的 Visual Basic 或 C#开发应用程序。除此之外，还应当熟悉以下内容：

◆ Visual Studio 2008 集成开发环境(IDE)
◆ 超文本标记语言(HTML)和客户端脚本的基础知识
◆ 如何创建一个新网站
◆ 在 Web 页面上添加 Web 服务器控件建立一个 Web 表单，并在服务器编写这些控件

真实世界

Tony Northrup

在 20 世纪 90 年代初，拥有任何网站都是一种成就，它留给人的印象是一个 GIF 动画。接近 20 世纪 90 年代中期，开发人员开始添加简单的脚本创建静态网站，并且加入几个动

态的 Web 部件，比如电子邮件表格。

随着时间的推移，Web 开发社区继续提高标准。今天，几乎所有的 Web 页面都加入了一些动态组件。几乎所有的电子商务和其他的商业网站都能够让用户确定自己所能获取的权限，用以查看网站的个性化版本，并保持他们自己的账户不变。

使用 20 世纪 90 年代早期到中期最常用的 Perl 脚本，创建一个庞大的个性化网站几乎是不可能的。今天，使用 Microsoft .NET Framework，只需很少的代码就可以建立动态的、个性化的网站。网站不仅易于创建，而且更为安全、可靠和易于管理。这意味着，不同于我在 20 世纪 90 年代编写的一些 Perl 脚本，我可不会让脚本小子只是为了好玩而攻击我的网站。

第 1 课　使用母版页面

商业开发人员侧重于功能，而不是美感。因此，一些可用的复杂 Web 应用程序可能具有奇妙的结构化代码，但是当它涉及到用户界面时，往往显得"窘迫"。当这些应用程序通常将自己的用户界面遍布该网站的许多页面内时，这个问题会进一步加剧。

母版页面是 ASP.NET 帮助解决这个问题的一种方式。母版页面允许开发人员将用户界面的外壳与应用程序的许多窗体相隔离。这个外壳通常包含网站的标头、导航、任何子导航和网站的页脚信息。然后，开发人员创建的页面都是基于这个母版页面的。使用这种方式，设计师可以对用户界面进行更新，开发人员也就可以以一致的方式轻松地在整个网站内应用它们。当用户请求一个 Web 页面时，ASP.NET 合并个体页面的内容和母版页面的内容，并显示一个单一的页面给用户。

本课描述了如何在应用程序中创建和使用母版页面。

真实世界

Tony Northrup

所有的网站都需要一致性。在提供母版页面之前，我常常在整个网站内为每个重复的组件创建自定义控件，这包括商标、导航栏以及页面脚本。用这种方式，如果需要改变这些组件中某个的一部分，我可能在一个地方做出改变并在网站内反映它。

这工作起来非常有效，除非想添加或删除一个组件，或者更改组件的布局。然后，不得不进入每个 Web 页面，并做出相应的更改。随后，必须要测试每个页面以确保页面的有效性。

现在，母版页面允许在一个文件内编辑，就可以集中更改整个网站。它也加速了内容页面的开发，因为不必担心复制和粘贴共享的控件结构。

学习目标

◆　解释母版页面和内容页面的用途
◆　描述创建母版页面和内容页面的过程
◆　使用不同的技术附加内容到一个母版页面

- ◆ 在一个母版页面，从一个内容页面引用控件和属性
- ◆ 解释在母版页面事件处理工作的方式
- ◆ 创建嵌套的母版页面
- ◆ 以编程的方式在不同母版页面之间切换，以提供用户可选择的模板

预计课时：45 分钟

母版页面和内容页面概述

一个 ASP.NET 母版页面定义网站内页面的核心布局。这个信息对所有使用相同的母版页面的页面都是公有的。使用母版页面的优势包括。

- ◆ 将页面的功能集中化，以便只在一个地方做出更新。
- ◆ 让创建控件和代码集并把它们的结果应用到页面的集合变得容易。例如，可以使用母版页面上的控件来创建一个能够应用到所有页面的菜单。
- ◆ 通过控制占位符控件的显示方式，授予对最后的页面布局的控制权。
- ◆ 提供对象模型，从个体内容页面自定义母版页面。

一个母版页面是定义在扩展名为.master 的文件中。母版页面与常规的.aspx 页面极其相似。它们包含文本、HTML 和服务器控件；它们设置有自己的代码隐藏文件。一个不同是母版页面继承于 MasterPage 类。另外一个不同是在页面源的顶端，母版页面包含一个 @Master 指令，而不是@Page 指令。接下来在 ASP.NET 页面源中显示的是你所期望看到的诸如<html>、<head>和<form>等元素。可以在母版页面的内部嵌入自己的源，比如公司的商标、导航元素、页脚等等。

可以结合内容页面使用母版页面。内容页面包含页面的具体内容，而它的外壳从母版页面中继承。为了能让页面插入内容到母版页面，必须添加一个或多个 ContentPlaceHolder 控件。这为内容页面定义了一块区域，用于添加页面指定的文本、HTML 和服务器控件。

运行时，母版页面和内容页面的处理过程如下。

1. 用户通过在内容页面输入统一资源定位符(URL)请求一个页面。
2. 当页面被取出时，读取@Page 指令。如果指令引用一个母版页面，也会读取母版页面。如果是第一次请求的页面，母版页面和内容页面都被编译。
3. 母版页面和更新的内容合并到内容页面的控件树。
4. 个别 Content 控件的内容并入到母版页面内相应的 ContentPlaceHolder 控件。
5. 由此产生的合并页面作为单一的页面提交给浏览器。

长期以来，开发人员对类似于母版页面的技术有着极大的需求。他们一直在寻找一种方法提供相似的功能。母版页面取代了开发人员创建的传统功能。

- ◆ 重复地复制和粘贴现有的代码、文本和控件元素。
- ◆ 使用框架集。
- ◆ 对相同的元素使用包含文件。
- ◆ 使用 ASP.NET 用户控件。

创建母版页面

可以通过添加新项目对话框创建母版页面。布局一个母版页面的方式类似于布局任何其他.aspx 页面。可以使用表格、样式、控件等定义页面。下面的代码显示了一个母版页面的示例。

```
<%@ Master Language="VB" CodeFile="SiteMaster.master.vb" Inherits="SiteMaster" %>

<!DOCTYPE html PUBLIC "-//W3C//DTD XHTML 1.0 Transitional//EN"
 "http://www.w3.org/TR/xhtml1/DTD/xhtml1-transitional.dtd">

<html xmlns="http://www.w3.org/1999/xhtml">
<head runat="server">
    <title>Contoso Inc.</title>
    <asp:ContentPlaceHolder id="head" runat="server">
    </asp:ContentPlaceHolder>
    <link href="SiteStyles.css" rel="stylesheet" type="text/css" />
</head>
<body>
    <form id="form1" runat="server">
    <div class="header">
        <img src="images/contoso.jpg" alt="Contoso" />
        <a href="products.aspx" class="topNav">Products</a>
        <a href="services.aspx" class="topNav">Services</a>
        <a href="about.aspx" class="topNav">About Us</a>
        <a href="contact.aspx" class="topNav">Contact Us</a>
      <hr />
    </div>
    <asp:ContentPlaceHolder id="ContentPlaceHolderMain" runat="server">
    </asp:ContentPlaceHolder>
    <div class="footer">Copyright <%=DateTime.Now.Year.ToString()%>, Contoso Inc.</div>
    </form>
</body>
</html>
```

这个例子中,母版页面连接到网站的一个样式表,定义网站的顶层导航,并且定义了网站的页脚。除此之外,请注意 ContentPlaceHolder 控件。第一个是用来允许子页面的母版页面的<head>部分添加信息。第二个占位符是用来定义真实的页面内容。图 5.1 展示了这个母版页面在设计视图中的显示。

图 5.1 设计视图中的一个母版页面

创建内容页面

在网站内添加内容页面的方式和添加任何.aspx 页面一样。然而，在添加新项目对话框中，选中母版页面复选框。这允许为.aspx 文件选择一个母版页面。或者，也可以使用@Page指令中的 MasterPageFile 属性关联一个.aspx 页面到母版页面。

一个内容页面在母版页面中定义了 ContentPlaceHolder 控件。当通过母版页面定义一个新的页面，会得到一个为母版页面包含内容占位符元素的.aspx 页面。然后，要在内容占位符控件内部留出嵌套页面指定信息。

下面页面"源"代码显示一个前面定义的母版页面派生的内容页面。请注意，所有的文本和控件都必须在一个 Content 控件内，否则页面将会产生一个错误。除此之外，页面的行为完全像一个标准的 ASP.NET 页面。

```
<%@ Page Language="VB" MasterPageFile="~/SiteMaster.master"
 AutoEventWireup="false" CodeFile="Login.aspx.vb" Inherits="Login"
 title="Contoso Login" %>
<asp:Content ID="Content1" ContentPlaceHolderID="head" Runat="Server">
</asp:Content>
<asp:Content ID="Content2"
 ContentPlaceHolderID="ContentPlaceHolderMain" Runat="Server">
 <asp:Login ID="Login1" runat="server">
 </asp:Login>
</asp:Content>
```

请注意，在@Page 指令中，MasterPageFile 属性在母版页面(SiteMaster.master)内设置。在相同的指令内部是 title 属性。这允许为内容页面设置真实的标题。当母版页面和内容页面出现并输出到浏览器时，这个标题将会使用。

也可以使用设计视图在母版页面内添加内容。在设计视图中，向页面内拖拽控件，并将它们放置到占位符控件的内部。页面的剩余部分实际上变灰，在设计器中禁用。图 5.2显示了前面给出的 Visual Studio 设计器内部的、定义在源中内容页面。

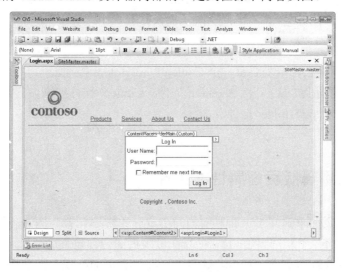

图 5.2　设计视图中的一个内容页面

注意　母版页面设置

通常，母版页面结构对如何构建页面的内容结构或如何规划它们没有影响。然而，在一些情况下，如果设置母版页面上的 page-wide 属性，则会影响内容页面的行为。例如，如果在内容页面上将 EnableViewState 属性设置为 true，但是在母版页面上将相同的属性设置为 false，视图状态将被有效地禁用，因为母版页面的设置优先。

母版页面附加到内容页面

在网站中把母版页面附加到内容页面可分为三个级别。第一个是在页面级使用前面讨论的@Page 指令，显示如下面的代码例子。

```
<%@ Page Language="VB" MasterPageFile="MySite.Master" %>
```

也可以在整个网站中通过在应用程序的配置文件(Web.config)<pages>元素设置母版页面定义一个母版页面。这里，可以指定网站中的所有的.aspx 页面自动地绑定到一个母版页面。如果使用这项策略，应用程序中的所有带有 Content 控件的 ASP.NET 页面都会与指定的母版页面合并。如果一个 ASP.NET 页面不包含 Content 控件，则并不应用母版页面。下面代码显示了在 Web.config 文件中<pages>元素的例子。

```
<pages masterPageFile="MySite.Master" />
```

最后，可以在网站中文件夹级定义一个母版页面。这个策略的工作方式就像在应用程序级绑定母版页面，除非对添加到网站中某个文件夹的 Web.config 文件进行设置。接着，母版页面绑定将应用于该文件夹中的 ASP.NET 页面。

快速测试

1. 在一个母版页面内部，哪个控件是必须的？
2. 在一个内容页面内部，哪个控件是必须的？

参考答案

1. 在母版页面上，至少要有一个 ContentPlaceHolder 控件。
2. 在内容页面上，要有一个 Content 控件。Content 控件被添加到母版页面内部每个 ContentPlaceHolder 控件页面。

从内容页面引用母版页面属性和控件

可以利用母版页面来定义子页面所依赖的指定应用程序设置。例如，如果很多内容页面需要诸如用户的登录 ID 这样的信息，可以在母版页面内部设置这个值，然后把它看成母版页面的一个属性在内容页面上使用。这节省了在所有页面上或在会话状态中查看它的值或跟踪它的时间。

从一个内容页面引用母版页面属性的基本过程如下。

1. 在母版页面代码隐藏文件中创建一个属性。
2. 给.aspx 内容页面添加@MasterType 声明。
3. 使用语句 Master.<Property_Name>从内容页面引用母版页面属性。

接下来的部分将更详细的描述这个过程。如果需要公开和引用控件的属性值，也可以效仿这个过程。用这种方式，可以映射一个属性到控件的值。

在母版页面中创建一个属性

内容页面可以引用任何母版页面代码隐藏文件中公有的属性。例如，下面代码例子在母版页面代码隐藏文件中定义属性 UserId。在该例中，母版页为会话变量 UserId 提供强类型。

```
'VB
Public Property UserId() As String
  Get
    Return CType(Session("UserId"), String)
  End Get
  Set(ByVal value As String)
Session("UserId") = value
  End Set
End Property
```

```
//C#
public String UserId
{
  get { return (String)Session["UserId"]; }
  set { Session["UserId"] = value; }
}
```

从内容页面连接到母版页面属性

必须给.aspx 内容页面添加@MasterType 声明以便引用内容页面中的母版页面属性。这个声明添加到@Page 声明的下面。下面代码演示了这个过程。

```
<%@ Page Language="VB" MasterPageFile="~/SiteMaster.master"
  AutoEventWireup="false" CodeFile="Login.aspx.vb" Inherits="Login"
  title="Contoso Login" %>
<%@ MasterType VirtualPath="~/SiteMaster.master" %>
```

一旦添加了@MasterType 声明，就可以在母版页面中使用 Master 类引用属性。例如，下面代码设置登录控件的 UserName 属性为母版页面公开的 UserId 属性。

```
'VB
Login1.UserName = Master.UserId
```

```
//C#
Login1.UserName = Master.UserId;
```

如果以后更改内容页面相关联的母版页面，要确保实现相同的公有属性以便内容页面能正确运行。

如果需要创建多个被同一组内容页面引用的母版页面，应当从单一的基类派生所有的母版页面。然后在@MasterType 声明中指定基类的名称。这确保内容页面引用相同的属性，而不管使用哪个母版页面。

在母版页面中引用控件

除了属性，也可以在母版页面中从个体内容页面中引用和更新控件。一种方式是在母版页面(前面演示的)的属性中封装控件的属性。这通常是一个干净的解决方案，因为母版页面开发人员会故意公开这些属性并因此使用与内容页面达成契约。

另外一种从内容页面引用母版页面上控件的方式是 Master.FindControl 方法。需要提供给这种方法想要找的控件的名称。这种方法需要了解母版页面以便在内容页面中引用母版页面控件。Master.FindControl 返回一个控件对象，然后，需要转换这个对象为正确的控件类型。一旦有了这个引用，就可以读取或者更新对象，就像它是本地内容页面。

下面代码(属于内容页面的Page_Load方法)通过更新一个名称为 Brand 的母版页面中的 Label 控件演示了这种方法。

```vb
'VB
Dim MyLabelBrand As Label = CType(Master.FindControl("LabelBrand"), Label)
MyLabelBrand.Text = "Fabrikam"
```

```csharp
//C#
Label MyLabelBrand = (Label)Master.FindControl("LabelBrand");
MyLabelBrand.Text = "Fabrikam";
```

在这个例子中，一个名称为 MyLabelBrand 的本地变量设置为在母版页面上引用一个 Label 控件。一旦具有这个引用，就可以使用它在一个母版页面的 LabelBrand 控件中自定义信息。

当使用母版页面时处理事件

在母版页面中响应事件的工作方式类似于其他 ASP.NET 页面中响应事件的方式。在母版页面中，事件执行的顺序和在内容页面中执行的顺序相同。最大的不同是事件以它们的顺序执行从母版页面到内容页面的交互。内容页面(母版页面的一部分)的事件发生的顺序如下。

1. 母版页面控件 Init 事件
2. 内容控件 Init 事件
3. 母版页面 Init 事件
4. 内容页面 Init 事件
5. 内容页面 Load 事件
6. 母版页面 Load 事件
7. 内容控件 Load 事件
8. 内容页面 PreRender 事件
9. 母版页面 PreRender 事件
10. 母版页面控件 PreRender 事件
11. 内容控件 PreRender 事件

开发人员通常并没有考虑太多。他们只是为母版页面添加属于母版页面的事件代码，为内容页面添加属于内容页面的事件代码。例如，如果需要编写代码响应一个按钮单击事件，那个按钮是在母版页面上，则在母版页面的代码隐藏文件添加相关代码。

创建嵌套的母版页面

Web 应用程序一种常见的情况是给网站定义一个总体的母版页面。这个页面通常包括所有页面的结构和总体导航。当用户导航到网站的子区域时，这些子区域可能也有很多相同的事情。在这种情况下，可以为这些子区域定义第二个母版页面。第二个母版页面可以嵌套在第一个母版页面的内容占位符内部。然后，内容页面从嵌套的母版页面派生，并显示两个母版页面的功能。

子母版页面还具有.master 扩展。然而，子母版页面也具有在@Master 声明中设置的 MasterPageFile 属性。这个属性指向父母版页面。下面例子显示了名称为 SiteMaster.master 的子母版页面和父母版页面。

```
<%@ Master Language="VB" MasterPageFile="~/SiteMaster.master" AutoEventWireup="false"
  CodeFile="SubMasterPage.master.vb" Inherits="SubMasterPage" %>
<asp:Content ID="Content1" ContentPlaceHolderID="head" Runat="Server">
</asp:Content>
<asp:Content ID="Content2" ContentPlaceHolderID="ContentPlaceHolderMain" Runat="Server">
  <h2>Sub Department</h2>
  <asp:panel runat="server" id="panel1" backcolor="LightBlue">
    <asp:ContentPlaceHolder ID="ContentPlaceHolderSubDept" runat="server" />
  </asp:panel>
</asp:Content>
```

子母版页面通常包含内容控件，在父母版页面上映射到内容占位符。在这方面，子母版页面放置方式类似于任何内容页面。然而，子母版页面也具有一个或多个自己的内容占位符。这定义了内容页面可以放置它们内容的区域。

动态更改母版页面

在一个内容页面的@Page 声明中定义母版页面。然而，那并不意味着能够以编程的方式切换到不同的母版页面。更改母版页面允许为不同的用户提供不同的模板。例如，让用户选择不同的颜色和样式(也可以使用主题来完成，在接下来的课程中讨论)。也可以使用不同的母版页面为不同的浏览器或不同的移动器件格式化数据。

更多信息　移动器件

关于为移动器件创建 Web 页面的更多信息，参见 15 章。

为了动态更改母版页面，请按照下列概要步骤。

1. 使用相同的 ContentPlaceHolder 控件和公有属性创建两个或多个母版页面。通常，可以创建一个母版页面，复制它创建第二个母版页面，并做出任何必要的修改。请注意，从此刻起，必须对所有母版页面的 ContentPlaceHolder 控件或公有属性做出更改来确保兼容性。

2. 或者，为用户提供一种在母版页面之间切换的方式。如果母版页面是用户的选择(例如，如果区别主要在于颜色和布局)，为母版页面添加链接以便用户在页面间

进行切换。需要在内容页面定义当前的母版页面,然而,也因此可以选择在 Session
变量中或者在对母版页面和内容页面可访问的另外一个对象中存储设置。

例如,下面代码可以从一个母版页面上调用来设置一个 Session 变量到一个不同母
版页面的名称。当在内容页面定义了母版页面之后,重新加载页面。

```VB
'VB
Session("masterpage") = "Master2.master"
Response.Redirect(Request.Url.ToString)
```

```C#
//C#
Session["masterpage"] = "Master2.master";
Response.Redirect(Request.Url.ToString());
```

3. 在内容页面的 Page_PreInit 方法中定义母版页面。Page_PreInit 是最后重载默认的
    母版页面设置的机会,因为后面的处理器(比如 Page_Init)要引用母版页面。例如,
    下面代码基于 Session 对象定义了母版页面。

```VB
'VB
Sub Page_PreInit(ByVal sender As Object, ByVal e As EventArgs)
  If Not (Session("masterpage") Is Nothing) Then
    MasterPageFile = CType(Session("masterpage"), String)
  End If
End Sub
```

```C#
//C#
void Page_PreInit(Object sender, EventArgs e)
{
  if (Session["masterpage"] != null)
    MasterPageFile = (String)Session["masterpage"];
}
```

当切换母版页面时,需要确保两个页面定义完全相同的内容占位符控件名称。本课实
训中的练习 2 会一步一步引导完成这个过程。

实训:使用母版页面和子页面

在这个实训中,需要创建两个不同的母版页面。每个母版页面定义了一个可替换的页
面布局。然后,基于母版页面创建内容页面。最后,添加代码允许用户动态设置它们的喜
爱的母版页面。

如果在完成这个练习时遇到问题,可参考本书配套资源所附的实例,这些实例都有完
成了的项目文件。

➢ 练习 1 创建母版页面和子页面

在这个练习中,要使用两个母版页面和一个子页面创建一个新的 ASP.NET 网站。

1. 打开 Visual Studio,使用 C#或者 Visual Basic 创建一个新的 ASP.NET 网站,命名
    为 **MasterContent**。

2. 为网站添加一个新的母版页面,命名为 **Professional.master**。

3. 为母版页面添加顶层导航和页脚信息。在页面的中间,确保有一个占位符;命名
    它为 **ContentPlaceholderMain**。页面应当如图 5.3 所示。请注意,可以从本书配
    套资源安装的实例中复制 Contoso 商标和样式表用于这个例子。

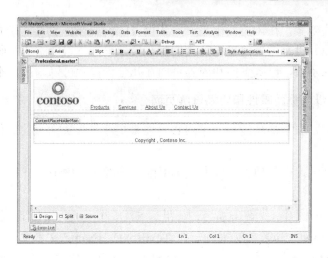

图 5.3　创建 Professional.master 页面

4. 模仿第一个母版页面创建第二个母版页面。命名这个页面为 **Colorful.master**。设置 body 标签来显示黄的背景颜色。

5. 为网站添加一个新的 Web 页面，命名它为 Home.aspx。在添加新项目对话框中，选择选取母版页面复选框，然后单击添加。在选择一个母版页面对话框中，选择 Professional.master。

6. 在"源"视图中打开 Home.aspx。在 ContentPlaceholderMain 内部添加一个 TextBox 控件，命名它为 **TextBoxUserName**。添加一个 DropDownList 控件，命名为 **DropDownListSitePref**。在 DropDownList 中添加两个列表项元素，命名它们为 **Professional** 和 **Colorful**。可以通过单击设计视图中的 smart 标签和选择编辑项目来完成这些工作。这将会启动 ListItem 集合编辑器。

添加一个 Button 控件，命名为 **ButtonSubmit**。最后，在导航下面添加一个 Label 控件。命名这个 Label 控件为 **LabelWelcome**，但是现在要将它的 Text 属性设置为 None。图 5.4 显示了页面的外观。

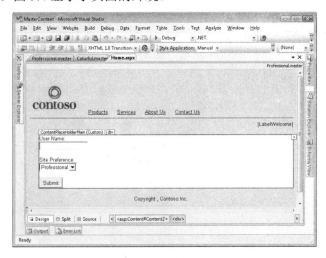

图 5.4　定义一个内容页面

7. 生成解决方案，在浏览器中打开产生的 Home.aspx。验证它是否正确显示。请注意，页面并没有做任何事情。我们将在接下来的练习中添加代码。

正如练习所演示的，母版页面和内容页面在几分钟内就可以创建，不必编写代码。

➢ 练习 2　修改母版页面属性和切换母版页面

在这个练习中，要添加功能到一个内容页面来更改母版页面上的控件，并在两个母版页面之间动态切换。

1. 继续前面练习中的项目，或者从本书配套资源的实例中打开第 1 课练习 1 完成了的项目。

2. 在设计视图中，双击提交按钮，打开按钮事件处理器。添加代码到 ButtonSubmit_Click 方法来确定在 TextBoxUserName 文本框中用户是否提供了一个值。如果用户提供了，使用用户键入的名称来定义一个名称为 UserName 的 Session 变量并在相应的母版页面 LabelWelcome 中更改欢迎信息。下面代码演示了这项功能。

```vb
'VB
Protected Sub ButtonSubmit_Click(ByVal sender As Object, _
  ByVal e As System.EventArgs) Handles ButtonSubmit.Click
  If Not (TextBoxUserName.Text = "") Then
    Session("UserName") = TextBoxUserName.Text
    Dim welcome As Label = CType(Master.FindControl("LabelWelcome"), Label)
    welcome.Text = "Welcome, " + TextBoxUserName.Text + "!"
  End If
End Sub
```

```csharp
//C#
protected void ButtonSubmit_Click(object sender, EventArgs e)
{
  if (TextBoxUserName.Text != "")
  {
    Session["UserName"] = TextBoxUserName.Text;
    Label welcome = (Label)Master.FindControl("LabelWelcome");
    welcome.Text = "Welcome, " + Session["UserName"] + "!";
  }
}
```

3. 接着，打开 Home.aspx 代码隐藏文件。添加 Page_Load 方法。这里，检查是否有一个名称为用户名的 Session 变量。如果有，更改相应母版页面中的欢迎信息。下面代码演示了这项功能。

```vb
'VB
Protected Sub Page_Load(ByVal sender As Object, _
  ByVal e As System.EventArgs) Handles Me.Load
  If Not (Session("UserName") Is Nothing) Then
    Dim welcome As Label = CType(Master.FindControl("LabelWelcome"), Label)
    welcome.Text = "Welcome, " + Session("UserName") + "!"
  End If
End Sub
```

```csharp
//C#
protected void Page_Load(object sender, EventArgs e)
{
  if (Session["UserName"] != null)
  {
Label welcome = (Label)Master.FindControl("LabelWelcome");
```

```
        welcome.Text = "Welcome, " + Session["UserName"] + "!";
    }
}
```

生成解决方案，并打开 Home.aspx 页面。在 TextBoxUserName 文本框中键入用户名，然后点击提交。验证页面，成功地更改母版页面中的 LabelWelcome。浏览一个不同的页面，然后再回来。页面应当从会话中撤出该用户名。

请注意，这个解决方案只适用于 Home.aspx 内容页面。如果一个用户为网站加载了一个不同的内容页面，欢迎信息不回复任何信息。接着，需要在网站中的每个页面中添加相似的代码。这是一个很好的演示页面。然而，在实践中，会添加代码从而通过会话设置 Label 控件到母版页面，而不是每个内容页面。

> ### 练习3　允许用户动态选择母版页面

在这个练习中，要为内容页面添加一项功能，以便在代码中动态更改母版页面。

1. 继续前面练习中的项目，或者从本书配套资源的实例中打开第 1 课练习 2 完成了的项目。

2. 在设计视图中打开 Home.aspx。双击下拉列表控件生成默认的事件处理器。在这个事件处理器中，定义 session 变量、Template。下面代码演示了这个过程。

```vb
'VB
Protected Sub DropDownListSitePref_SelectedIndexChanged( _
  ByVal sender As Object, ByVal e As System.EventArgs) _
  Handles DropDownListSitePref.SelectedIndexChanged
  Session("Template") = DropDownListSitePref.SelectedValue
End Sub
```

```csharp
//C#
 protected void DropDownListSitePref_SelectedIndexChanged(
   object sender, EventArgs e)
 {
   Session["Template"] = DropDownListSitePref.SelectedValue;
 }
```

3. 在代码中添加 Page_PreInit 方法。在 Page_PreInit 方法中，检查看是否有一个名称为 Template 的 session 变量。如果有，使用它将 MasterPageFile 对象修改为所选的模板文件名。下面代码演示了这一过程。

```vb
'VB
Protected Sub Page_PreInit(ByVal sender As Object, _
  ByVal e As System.EventArgs) Handles Me.PreInit
  If Not (Session("Template") Is Nothing) Then
    MasterPageFile = CType(Session("Template"), String) + ".master"
  End If
End Sub
```

```csharp
//C#
protected void Page_PreInit(object sender, EventArgs e)
{
  if (Session["Template"] != null)
    MasterPageFile = (String)Session["Template"] + ".master";
}
```

4. 生成解决方案，然后打开 Home.aspx 页面。切换到颜色模板并单击提交。重新加载页面。请注意，在重新加载模板之前，页面并没有更改它。这种情况的发生是因为 Template_Selected_IndexChanged 方法在 Page_PreInit 方法之后运行。因此，在第二次加载页面之前，Page_PreInit 方法不能检测 Session("Template")变量。

本课总结

◆ 母版页面提供模板，可以用它来创建整个应用程序一致的 Web 页面。

◆ 为了使用母版页面，首先创建一个母版页面，添加网站布局信息和其他常见的元素。然后在母版页面添加一个或多个 ContentPlaceHolder 控件。

◆ 为了创建内容页面，为网站添加标准的 Web 窗体，但当创建页面时，选中选取母版页面复选框。然后，在由母版页面定义的内容区域内部添加内容到页面。

◆ 在一个母版页面中引用公有属性，为内容页面添加@MasterType 声明，并使用 Master.<Property_Name>引用属性。为了在一个母版页面引用控件，从内容页面调用 Master.FindControl。

◆ 在母版页面上嵌套与 ContentPlaceHolder 控件完全相合母版页面，嵌套的母版页面可以包含其他的内容页面。为了创建一个嵌套的母版页面，在@Master 页面声明中添加一个母版属性，并指定父母版页面。

◆ 为了让一个内容页面通过编程更改母版页面，设置页面的 MasterPageFile 属性并重新加载页面。

课后练习

通过下列问题，可检验自己对第 1 课的掌握程度。这些问题也可从配套资源中找到。

注意　关于答案
对这些问题的解析可参考本书末"答案"。

---

1. 下面关于引用母版页面成员的哪些语句是正确的？(不定项选择)

　　A. 在母版页面中，内容页面可以引用私有属性。

　　B. 在母版页面中，内容页面可以引用公有属性。

　　C. 在母版页面中，内容页面可以引用公有方法。

　　D. 在母版页面中，内容页面可以引用控件。

2. 要转化一个现有的 Web 应用程序来使用母版页面。为了保持兼容性，需要从母版页面中读取属性。需要对.aspx 页面做出下面哪些更改来支持它们与母版页面一起工作？(不定项选择)

　　A. 添加一个@MasterType 声明。

　　B. 添加一个@Master 声明。

　　C. 在@Page 声明中添加一个 MasterPageFile 属性。

　　D. 添加一个 ContentPlaceHolder 控件。

3. 需要动态更改一个内容页面的母版页面。应当在哪个页面事件中实现动态更改？

A．Page_Load

B．Page_Render

C．Page_PreRender

D．Page_PreInit

第 2 课　使　用　主　题

　　许多应用程序的目标是多组的客户。例如，想象一个企业对企业的网站，想创建这个网站并让每个股东使用。与此同时，这些股东可能想让他们的客户利用这个网站的一部分。对于每一个股东，网站要表现不同版本外观，在这种情况下，对一些人来说，实现这个需求并不需要很长时间。每个股东可能希望有他自己的色调和样式。如果股东打算向客户公开网站，他们可能还需要更改网站上的几个图形。这种情况下，需要为每个股东创建一个单独的主题。

　　一个 ASP.NET 主题是一个样式、属性设置和图形的集合，这个集合定义了网站上的页面和控件的外观。一个主题可以包括皮肤文件，定义了 ASP.NET Web 服务器控件的属性设置；层叠样式表文件(.css 文件)，定义了网站的色调、尺寸和外观以及图形。可以在网站上应用一个主题。使用这种方式，可以为网站提供一个一致的外观。也可以方便地创建一个新的主题，用来提供一个不同的外观。

　　本课描述了如何创建和利用 ASP.NET 的主题。

学习目标

◆　使用主题方便地更改一个网站或者一个域内所有网站的外观

◆　使用主题的皮肤在单个页面上或者整个网站内指定控件属性

◆　创建一个样式表，定义整个网站的主题所使用的样式

◆　基于一个页面、一个网站或者以编程的方式基于一个用户的喜好，方便地切换主题

预计课时： 35 分钟

主题概览

　　属于相同网站的 Web 页面都会包含具有许多常见的跨页面属性的控件。这包括背景颜色、字体大小、前景颜色和其他样式的设置。可以为网站页面上的每个控件手动设置这些属性。不过，这非常耗时、容易出错(比如可能会忽略某些设置)且难改(比如一个更改得跨整个网站)。相反，可以使用 ASP.NET 主题。

　　通过在一个网站内，跨越所有页面应用一个常见的控件属性、样式和图形的设置，主题可以节省时间，并且能改善网站的一致性。主题可以集中化，允许通过单个文件快速地更改网站上所有控件的外观。ASP.NET 包括以下元素的集合。

◆　**皮肤**　皮肤是带有后缀名.skin 的文件，为按钮、标签、文本框和其他的控件提供常见的属性设置。皮肤文件类似于控件标记，但是只包含希望作为主题的部分定义的应用到跨页面的属性。

◆　**层叠样式表(CSS)**　这是带有后缀名为.css 的文件，包含 HTML 标记元素和其他自定义的样式类的样式属性定义。一个样式表可以链接到一个页面、母版页面或整

个网站。ASP.NET 在页面上应用这些样式。

◆ **图像和其他资源** 图像(比如一个公司的商标)是随着其他的资源一起定义于一个
主题内的。当在网站内切换主题时，这些主题允许转出图像。

并不是所有这些项都需要定义一个主题。必要时，可以混合和匹配。接下来的部分将
进一步描述主题的使用，并演示如何实现它们。

创建主题

在 ASP.NET 指定的文件夹 App_Themes 内部创建主题。这个文件夹是在 ASP.NET 应
用程序的根目录中。文件夹为网站中的每个主题包含独立的文件夹。然后，可以在主题文
件夹内添加相应的皮肤、样式表和图片。为了给单一的 ASP.NET 应用程序定义一个主题，
可以遵循下面的步骤。

1. 在 Web 应用程序中添加一个 App_Themes 文件夹。在 Visual Studio 解决方案资源
   管理器中右击网站，选择添加 ASP.NET 文件夹，然后选择主题。
2. 在 App_Themes 文件夹中，为应用程序中的每个主题定义单独的文件夹。例如，
   要创建一个名称为红色主题或蓝色主题的主题文件夹。为文件夹设置的名称也是
   主题的名称。当引用主题时，使用这个名称。

在一个 Web 应用程序中可以有多个主题，如图 5.5 所示。

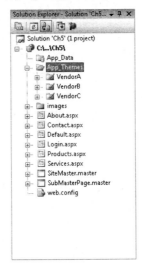

图 5.5 通过在 App_Themes 文件夹内添加子文件夹创建多个主题

3. 接着，在主题文件夹内添加皮肤文件、样式表和构成主题的图片。很多时候，定
   义第一个主题，复制它到第二个，然后按需要更改项目。
4. 需要在网站内应用主题。可以在个体页面级别通过添加 Theme 或 StyleSheetTheme
   属性到@Page 指令并将其属性值设置为主题名(文件夹名)来完成。

也可以通过在 Web.config 文件内添加<pages Theme = "themeName">元素或<pages
StyleSheetTheme = "themeName">元素为整个 Web 应用程序应用主题。这将会自动地应

用主题到网站中所有页面。

创建一个全局主题

ASP.NET 也支持全局主题的概念。一个全局主题是为域内的所有的网站而定义的。它对运行在服务器上的任何应用程序(而不是指定的应用程序)都是可用的。如果要运行很多网站，共享一个外观，这是很有用的。可以遵循下面步骤来为服务器定义一个全局主题。

1. 使用服务器上的一个路径 iisdefaultroot\Aspnet_client\System_web\version\Themes，在这个目录中定义主题来创建一个主题文件夹。这个路径是编译 Microsoft Internet 信息服务(IIS)网站。

    如果在开发环境或在开发服务器上创建一个基于文件系统的网站，要在 %windows% \Microsoft.NET\Framework\version\ASP.NETClientFiles\Themes 文件夹中创建主题文件夹。

    举一个例子，如果服务器上的默认的 Web 根目录文件夹是 C:\Inetpub\Wwwroot\，.NET 版本的框架是 2.0.50727，新的主题文件夹应当创建于 C:\Inetpub\Wwwroot\Aspnet_client\System_web\2_0_50727\Themes。

2. 在主题文件夹内部，使用主题名称创建子文件夹(就像使用其他任何主题一样)。

3. 在主题子文件夹内，添加皮肤文件、样式表和构成主题的图片。不能直接使用 Visual Studio 来完成；然而，可以为一个 Web 应用程序创建一个主题，然后将它移到全局主题文件夹。

4. 然后，像任何其他主题应用全局主题(参见早期的或本章后面的应用主题部分)。

    请注意，Visual Studio 并没有在 IDE 中认出全局主题名称；然而，当浏览器中检索页面时，ASP.NET 合理地处理它。

快速测试

1. 应当在哪个文件夹为一个应用程序放置主题？
2. 应当在哪个文件夹放置全局主题？

参考答案

1. 在 App_Themes 文件夹为一个应用程序放置主题。
2. 在 iisdefaultroot\Aspnet_client\System_web\version\Themes 文件夹放置全局主题。

创建皮肤文件

皮肤文件为服务器控件外观属性定义默认的设置。每个服务器控件有类似于字体、背景颜色、宽度、高度等属性。许多这些外观属性在网站的控件中是常见的。样式表和皮肤文件允许设置这些属性，并在网站中的多个位置应用它们。

一个皮肤文件不同于一个样式表，因为皮肤文件使用真实控件的属性，而不仅仅是标准的 HTML 样式元素的集合。除此之外，皮肤文件将通过 ASP.NET 样式元素在控件级自动地应用，换句话说，只对 HTML 项自动地应用。对于 ASP.NET 控件，必须在标记代码中手动设置样式类。

通过在主题文件夹添加.skin 文件创建一个皮肤文件。这可以在 Visual Studio 中通过添加新项目对话框来完成。要为主题创建多个.skin 文件。一个常见的模式是为打算换肤的每个控件创建一个皮肤文件。或者,可以在一个单一文件中嵌入多个控件皮肤。选择权在于你。

皮肤文件包含两种类型的皮肤:默认的皮肤和命名的皮肤。

◆ **默认皮肤**　当某一主题应用于页面时,一个默认的皮肤自动地应用所有相同类型的控件。如果皮肤不具有一个 SkinID 属性,它就是一个默认的皮肤。例如,如果为 Calendar 控件创建一个默认的皮肤,则在页面上控件皮肤应用到所有的使用主题的 Calendar 控件中。

默认的皮肤通过控件类型精确的匹配,这样,一个 Button 控件皮肤应用到所有的 Button 控件,但不应用到 LinkButton 控件,或者从 Button 对象派生的控件。

◆ **命名的皮肤**　一个命名的皮肤是一个使用 SkinID 属性设置为一个指定名称值的控件皮肤。命名的皮肤不能通过类型自动地应用到控件。相反,要通过设置 ASP.NET 控件的 SkinID 属性(就像设置一个类型表单类)清晰地为一个控件应用一个命名的皮肤。创建命名的皮肤允许为一个应用程序中相同控件的不同实例设置不同的皮肤。

接下来是一个 Button 控件的默认控件皮肤。它定义前景和背景色以及字体信息。

```
<asp:Button runat="server"
  BackColor="Red"
  ForeColor="White"
  Font-Name="Arial"
  Font-Size="9px" />
```

可以通过添加 SkinId 属性创建一个命名的皮肤。下面显示了另外一个例子。

```
<asp:Label runat="server"
  SkinId="Title"
  Font-Size="18px" />
```

为主题添加图片

主题也允许在网站上切换图片。这可以通过皮肤文件来完成。为此,只要在皮肤文件中添加 Image 控件类型的命名皮肤。然后,按需要设置它的 SkinId。

例如,假定需要基于指定的主题为一个网站更改公司的商标。在这种情况下,要为每个公司创建一个不同的主题。在每个主题的目录中,添加合适的图片文件。然后,就可以创建包含 Image 声明的皮肤文件,如下所示:

公司 a 的皮肤文件:
```
<asp:Image runat="server"  SkinId="CompanyLogo"
  ImageUrl="~/App_Themes/Contoso/contoso.jpg" />
```

公司 b 的皮肤文件:
```
<asp:Image runat="server" SkinId="CompanyLogo"
  ImageUrl="~/App_Themes/Fabrikam/fabrikam.jpg" />
```

请注意,在两个皮肤文件中,SkinId 设置为公司商标。然而,每个皮肤文件定义一个不同的商标文件(ImageUrl)。首先,可以通过将一个页面的主题(Theme)指令设置为 Contoso 或者 Fabrikam(主题文件夹名称)来使用皮肤。然后,在页面上添加一个 Image 控件,并合理地设置它的 SkinId 属性。下面代码显示了一个例子。

```
<asp:Image ID="Image1" SkinID="CompanyLogo" runat="server" />
```

然后，ASP.NET 将基于皮肤文件获取正确的公司商标。如果切换主题，商标也将自动地切换。

为主题添加层叠样式表

在 Web 页面中，一个层叠样式表(CSS)包含应用到元素的样式规则。CSS 样式定义元素显示的方式以及它们在页面上的位置。以替代在页面上为每个元素单独地指派属性，当一个 Web 浏览器需要一个元素的实例或指派到一个指定样式类的元素时，可以创建一个统一的规则应用属性。

为了在网站中添加一个 CSS，在解决方案资源管理器中右击主题名称，选择添加新项目。然后，选择样式表项模板。这里，为 HTML 元素和自己定义的样式类型定义样式(那些前面带一个"."的)。下面是样式表中的几个简单的样式。

```
body
{
 text-align: center;
 font-family: Arial;
 font-size: 10pt;
}
.topNav
{
  padding: 0px 0px 0px 20px;
}
.header
{
  text-align: left;
  margin: 20px 0px 20px 0px;
}
.footer
{
  margin: 20px 0px 20px 0px;
}
```

当在一个页面上应用主题时，ASP.NET 为样式表的页面头元素添加一个引用。在 HTML 中，这个引用如下所示。

```
<link href="SiteStyles.css" rel="themeName/stylesheet" type="text/css" />
```

Visual Studio 提供几个工具，用于创建和管理应用程序的样式。这包括样式建立、样式管理、样式表的智能感知等等。当然，样式表并不仅仅为主题保留。它们可以用于任何网站，不管它们是否使用主题。

考试秘诀

CSS 并不是 ASP.NET 的一部分；CSS 可以为任何网站工作。它没有具体覆盖考点，而且在本书中不会覆盖太多细节。然而，CSS 仍然极其有用，所有的 Web 开发人员都应当熟悉它。关于样式表，在 MSDN 中有几个好的话题和讨论。

应用主题规则

我们已经学习了在页面或网站中应用主题的方法。然而，网站可能对相同的控件集有多个(通常冲突)样式定义。也就是说，可能由一个标准的样式表、一个主题和在控件上直接定义的真实的样式。它们获得应用是在 ASP.NET 之后的基于一个标准的优先顺序。

在 ASP.NET 中，属性和元素按下列的顺序设置优先级(从头到尾)。

1.　在@Page 指令中的主题属性
2.　在 Web.config 文件中的<pages Theme= "themeName">元素
3.　本地控件属性
4.　在@Page 指令中 StyleSheetTheme 属性
5.　在 Web.config 文件中的<Pages StyleSheetTheme ="themeName">元素

换句话说，如果在@Page 指令中指定一个 Theme 属性，主题中的设置具有优先性并重载任何在页面上为控件直接指定的设置。然而，如果使用属性 StyleSheetTheme 更改 Theme 属性，就改变了优先级，现在指定的控件的设置优先级高于主题设置。

例如，这个指令应用将会重载控件属性的主题。

```
<%@ Page Theme="SampleTheme" %>
```

换句话说，如果 SampleTheme 指定 Label 控件使用红色字体，虽然用户为 Label 控件指定了蓝色字体，Label 控件还将显示红色字体。

下面指令更改主题为一个样式表主题。

```
<%@ Page StyleSheetTheme="SampleTheme" %>
```

在这种情况下，任何本地控件属性的更改都将在主题中重载设置。因此，继续前面的例子，如果 SampleTheme 指定 Label 控件是红色的，但是在控件级重载这些为蓝色，标签将显示为蓝色。然而，Label 控件并没有一个颜色指定显示为红色。

也可以对一个指定的页面禁用主题，这可以通过将@Page 指令的 EnableTheming 属性设置为 false 实现。

```
<%@ Page EnableTheming="false" %>
```

类似地，为了禁用一个指定控件的主题，将控件的 EnableTheming 属性设置为 false。

编程应用一个主题

在应用程序中集中管理样式，主题是有用的。可能要创建另一个主题，作为更改网站外观的体验。然而，可能还需要创建多个主题，以便基于用户的身份和喜好切换主题。

为了编程应用一个主题，在 Page_PreInit 方法中设置页面的 Theme 属性。下面代码演示了如何基于一个查询字符串值设置主题；然而，使用 cookies、会话状态或其他方法将同样出色。

```
'VB
Protected Sub Page_PreInit(ByVal sender As Object, ByVal e As System.EventArgs) _
```

```
    Handles Me.PreInit

    Select Case Request.QueryString("theme")
      Case "Blue"
        Page.Theme = "BlueTheme"
      Case "Pink"
        Page.Pink = "PinkTheme"
      End Select

End Sub

//C#
Protected void Page_PreInit(object sender, EventArgs e)
{
    switch (Request.QueryString["theme"])
    {
      case "Blue":
        Page.Theme = "BlueTheme";
        break;
      case "Pink":
        Page.Theme = "PinkTheme";
        break;
    }
}
```

为了编程应用一个样式表主题(工作方式就像一个主题，但并不重载控件属性)，使用 Page.StyleSheetTheme 属性。

类似地，可以在 Page_PreInit 方法中通过设置控件的 SkinID 属性对一个指定的控件应用一个主题。下面代码显示了如何为一个名称为 Calendar1 的控件设置皮肤。

```
'VB
Sub Page_PreInit(ByVal sender As Object, ByVal e As System.EventArgs) _
  Handles Me.PreInit
  Calendar1.SkinID = "BlueTheme"
End Sub

//C#
void Page_PreInit(object sender, EventArgs e)
{
  Calendar1.SkinID = "BlueTheme";
}
```

实训：创建和应用主题

在这个实训中，要创建一个新的网站，并为这个网站并定义两个主题。

如果在完成这个练习时遇到问题，可参考本书配套资源所附的实例，这些实例都有完成了的项目文件。

➢ 练习1　创建并应用一个主题

在这个练习中，对每个商家，要创建两个本地主题。然后，需要应用并测试主题。最后，添加代码允许用户动态更改网站的主题。

1. 打开 Visual Studio，使用 C#或 Visual Basic 创建一个新的 ASP.NET 网站，命名为 **ThemesLab**。

2. 在网站内添加 App_Themes 文件夹。右击网站，选择添加 ASP.NET 文件夹。从快捷菜单选择主题。

3. 创建两个主题文件夹。命名为 **Contoso** 和 **Fabrikam**。

4. 在第一个主题文件夹内部，添加一个图形文件来表示 Contoso 公司。可以使用绘画工具或从本书的本书配套资源安装的实例中复制图形文件来创建。命名为文件 **Logo.pgn**。

    对第二个文件夹重复相同的步骤。在这个文件夹中，添加一个 Logo 表示 Fabrikam。同样，命名它为 **Logo.png**。

5. 为 Contoso 主题添加一个 .skin 文件。为公司 Logo 定义一个命名皮肤；提供它 Logo 的 SkinId。为 TextBox 控件和 Button 控件添加一个皮肤。Contoso 的皮肤文件显示如下。

```
<asp:Image ImageUrl="~/App_Themes/Contoso/logo.png"
  SkinId="Logo" runat="server" />
<asp:TextBox runat="server"
  BorderColor="Blue" BorderWidth="1pt" Font-Names="Arial" Font-Size="10pt"
  ForeColor="Brown" ></asp:TextBox>
<asp:Button runat="server"
  BorderColor="Blue" BorderWidth="1pt" Font-Bold="true"
  BackColor="White" ForeColor="DarkBlue" />
```

6. 为 Fabrikam 主题重复相同的过程。对于这个主题，修改颜色。Fabrikam 皮肤文件如下所示：

```
<asp:Image ImageUrl="~/App_Themes/Fabrikam/logo.png"
  SkinId="Logo" runat="server" />
<asp:TextBox runat="server"
  BorderColor="Orange" BorderWidth="1pt" Font-Names="Arial" Font-Size="10pt"
  ForeColor="Brown" ></asp:TextBox>
<asp:Button runat="server"
  BorderColor="DarkOrange" BorderWidth="1pt" Font-Bold="true"
  BackColor="DarkOrange" ForeColor="White" />
```

7. 为 Contoso 主题添加一个样式表文件。在样式表内部为 HTML body 标签添加样式来设置页面默认的字体和字体大小。同样，定义页面的页边距。

    接下来，在样式表中添加两个类：一个应用到 Button 控件，另外一个应用到 TextBox 控件。这能体现皮肤和样式表的使用。样式表应当如下所示：

```
body
{
 font-family : Tahoma;
 font-size : 10pt;
 margin : 25px 25px 25px 25px;
}
.button
{
  margin-top : 5px;
  margin-left : 10px;
}
.textBox
{
 margin-bottom : 10px;
}
```

    复制相同的样式表给 Fabrikam 文件夹

8. 在"源"视图中打开 Default.aspx 页面。现在，在 @Page 指令中设置 Theme 属性为 Fabrikam。在页面上添加下面控件。

- **Image 控件** 将 SkinId 设置为**商标**。
- **TextBox 控件** 在 TextBox 控件上方，添加文本 **User Name**：将 CssClass 设置为 **textBox**。这个控件将从皮肤获取部分样式，从样式表获取部分样式。
- **TextBox 控件** 在页面上添加另外一个 TextBox 控件。在 TextBox 控件上方，添加文本 **Password**：将 CssClass 设置为 **textBox**。这个控件也将从皮肤获取部分样式，从样式表获取部分样式。
- **Button 控件** 在页面上添加一个 Button 控件。将 CssClass 设置为 **Button**。这个控件也将从皮肤获取部分样式，从样式表获取部分样式。

.aspx 标记应当如下所示(显示的是 Visual Basic @Page 指令)。

```
<%@ Page Language="VB" AutoEventWireup="false" CodeFile="Default.aspx.vb"
 Theme="Fabrikam" Inherits="_Default" %>
<!DOCTYPE html PUBLIC "-//W3C//DTD XHTML 1.0 Transitional//EN"
 "http://www.w3.org/TR/xhtml1/DTD/xhtml1-transitional.dtd">
<html xmlns="http://www.w3.org/1999/xhtml">
<head runat="server">
  <title>Login Page</title>
</head>
<body>
  <form id="form1" runat="server">
  <div>
    <asp:Image ID="Image1" SkinID="Logo" runat="server" />
    <br />
    User Name: <br />
    <asp:TextBox ID="TextBoxUname" runat="server"
      CssClass="textBox"></asp:TextBox>
    <br />
    Password: <br />
    <asp:TextBox ID="TextBoxPass" runat="server"
      CssClass="textBox"></asp:TextBox>
    <br />
    <asp:Button ID="ButtonSubmit" runat="server" Text="Login"
      CssClass="button" />
  </div>
  </form>
</body>
</html>
```

9. 在浏览器中运行 Default.aspx 页面。完整的 Fabrikam 主题应用到了页面。这包括商标、皮肤和样式表。图 5.6 显示了一个 Web 浏览器中的页面。

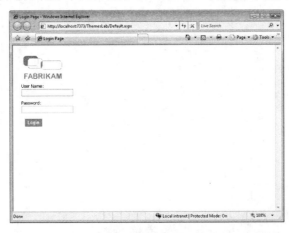

图 5.6 主题应用到 Default.aspx 页面

10. 接下来，在源视图中打开 Default.aspx。从页面的顶部清除 Theme 属性。然后，打开 Web.config 文件。找到<pages>元素。为<pages>元素添加 Theme 属性并为 Contoso 设置主题，如下所示：

```
<pages theme="Contoso">
```

这切换了网站的主题。再次运行应用程序。现在将会看到一个新的主题应用到网站，如图 5.7 所示。

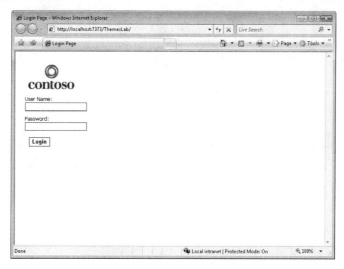

图 5.7　通过 Web.config 文件，为 Default.aspx 页面应用第二个主题

11. 最后，将同时基于用户的登录切换主题。为此，为按钮的点击事件添加一个事件处理器。这里，更改一个会话变量为当前未被激活的主题。接着，在页面上添加一个 PreInit 事件。这里，从会话中取出主题，然后在页面上应用它。代码如下所示：

```vb
'VB
Partial Class _Default
  Inherits System.Web.UI.Page
  Protected Sub Page_PreInit(ByVal sender As Object, _
    ByVal e As System.EventArgs) Handles Me.PreInit
    If Not Session("theme") Is Nothing Then
      Page.Theme = CType(Session("theme"), String)
    End If
  End Sub
  Protected Sub ButtonSubmit_Click(ByVal sender As Object, _
    ByVal e As System.EventArgs) Handles ButtonSubmit.Click
    Dim theme As String = Page.Theme
    'switch themes
    If theme = "Contoso" Then
      Session("theme") = "Fabrikam"
    Else
      Session("theme") = "Contoso"
    End If
  End Sub
End Class
```

```csharp
//C#
public partial class _Default : System.Web.UI.Page
{
```

```
protected void Page_PreInit(object sender, EventArgs e)
{
  if (Session["theme"] != null)
  {
    Page.Theme = (string)Session["theme"];
  }
}
protected void ButtonSubmit_Click(object sender, EventArgs e)
{
  string theme = Page.Theme;
  //switch themes
  if (theme == "Contoso")
  {
    Session["theme"] = "Fabrikam";
  }
  else
  {
    Session["theme"] = "Contoso";
  }
}
```

运行应用程序，点击几次登录。请注意，第一次点击会话被加载之后；接下来，页面重刷新切换页面登录。在登录之后，最有可能切换页面，这样这个会话设置重刷新将不会退出。除此之外，不可能为网站的每个页面设置主题。相反，可以从网站的页面上派生创建一个默认页面类，或者可以在母版页面添加这种类型的代码。

本课总结

◆ 为了创建一个主题，在应用程序添加一个 App_Themes 子文件夹。然后，为网站中的每个主题添加一个文件夹。文件夹的名称是主题的名称。

◆ 主题包含皮肤文件、一个样式表、图形和其他的资源。

◆ 可以在页面级、网站级(通过 Web.config 文件)或个体控件级应用一个主题。

课后练习

通过下列问题，可检验自己对第 2 课的掌握程度。这些问题也可从配套资源中找到。

注意 关于答案
对这些问题的解析可参考本书末 "答案"。

1. 哪个主题应用程序将重载一个控件上直接指定的属性？(不定项选择)
   A. 一个使用@Page Theme = "MyTheme"指定的主题
   B. 一个使用@Page StyleSheetTheme = "MyTheme"指定的主题
   C. Web.config 文件中的<pages Theme = "themeName">元素
   D. Web.config 文件中的<pages StyleSheetTheme = "themeName">元素
2. 下面哪个是在皮肤文件中有效的皮肤定义？

A. <asp:Label ID="Label1" BackColor="#FFE0C0" ForeColor="Red" Text="Label">
</asp:Label>

B. <asp:Label ID="Label1" runat="server" BackColor="#FFE0C0" ForeColor="Red"
Text="Label"></asp:Label>

C. <asp:Label runat="server" BackColor="#FFE0C0" ForeColor="Red"></asp:Label>

D. <asp:Label BackColor="#FFE0C0" ForeColor="Red"></asp:Label>

3. 允许用户选择他们自己的主题。那么应当在哪个页面事件指定用户选择的主题？

A. Page_Load

B. Page_Render

C. Page_PreRender

D. Page_PreInit

第 3 课　使用 Web 部件

许多 Web 页面都是组件的集合。这些组件工作方式类似于功能独立的零件。例如，检查收藏的新闻网站——它的左边可能有一个导航栏、顶部有一个标题栏、至少一列新闻和一个页脚。除此之外，许多新闻和门户网站提供自定义的、可选择的组件，比如天气预报和股市行情。

ASP.NET Web 部件可以让用户对出现在 Web 页面上的组件拥有控制权。使用 Web 部件，用户可以最大限度地减少或完全关闭控件组。这样，如果想在页面上查看天气，他们可以添加一个天气组件——也可以关闭这个组件，以节省空间。还可以提供一个 Web 部件的目录，让用户能够在页面上添加控件组。

本课描述了如何创建和使用 ASP.NET Web 部件。

学习目标

- ◆ 了解什么是 Web 部件，并且知道如何使用它们
- ◆ 在页面上添加 Web 部件
- ◆ 创建一个 Web 页面，允许用户编辑和重排 Web 部件
- ◆ 相互连接 Web 部件，让数据共享
- ◆ 启用个性化 Web 部件，保留自定义设置

预计课时： 90 分钟

什么是 Web 部件？

Web 部件是预定义了功能的，并可以在页面中嵌入的组件。它们有一个集中的框架、管理结构和自定义模型。这些组件的功能可以被一个网站设计师和个体用户添加到页面中，并可从页面上删除。它们甚至可以在页面上左右移动，以适应用户的个性化需求。图 5.8 展示了一个 Web 部件页面的例子。请注意，个体的 Web 部件具有客户端菜单，用户可以控制它们。

也可以在 Web 部件页面上添加一个目录。目录允许用户在页面上定义的区域内添加和移除 Web 部件。图 5.9 展示了编辑模式下相同页面内的目录。这里给出了可供用户选择的 Web 部件列表。它们可以在页面上定义的区域添加这些部件。

Web 部件页面和网站可以提供用户一些自定义选项。当对广泛用户部署的功能单元进行开发时，这是很有用的。这些功能单元有各种风格。可能创建的一些常见的 Web 部件如下所示。

- ◆ 最近一个有关机构的新闻文章立标
- ◆ 一个日历显示即将到来的事件
- ◆ 一个链接到相关网站的列表
- ◆ 一个搜索框

◆　照片库中的图片缩略图

◆　网站导航控件

◆　一个博客

◆　从一个聚合内容(RSS)反馈得到的新闻文章

◆　从一个 Web 服务检索本地的天气

◆　股票市场行情和图表

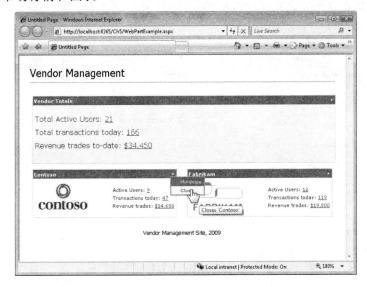

图 5.8　Web 部件启用自定义生成客户端菜单

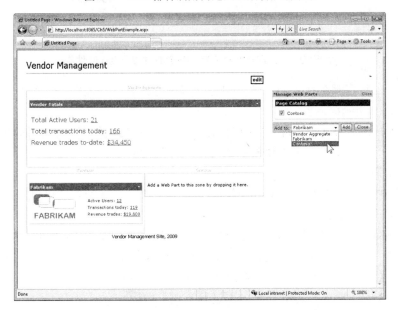

图 5.9　使用 CatalogZone 控件，让用户根据需求添加 Web 部件，而不必编写任何代码

任何控件都可以作为一个 Web 部件，包括标准的控件和自定义控件。使用 Web 部件并不一定需要编写代码，因为完全可以使用 Visual Studio 设计器来完成。

WebParts 命名空间

ASP.NET 定义了很多 Web 部件类和控件。事实上，仅在设计视图工具箱中就有 13 个控件。这些控件和类可以在命名空间 System.Web.UI.WebControls.WebParts 内部找到。图 5.10 显示了能在这个命名空间中找到的关键类。

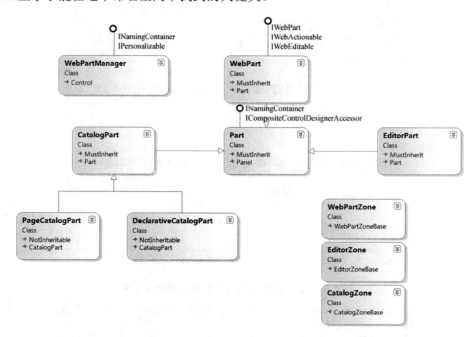

图 5.10 WebParts 命名空间内部的主要 Web 部件类

这些类中的许多都会在后面的章节更进一步讨论。下面只提供了一个大多数类的高层概览，如图 5.10 所示。

- **WebPartManager** 每一个包含 Web 部件的页面上都需要使用 WebPartManager 控件。该控件没有可视化表示。同时，在给定的页面上管理所有的 Web 部件控件和它们的事件。

- **WebPart** WebPart 类代表所有开发的 Web 部件的基类。它提供用户界面、个性化和连接功能。

- **CatalogPart** CatalogPart 为管理一组可以添加到一个 Web 部件页面的 Web 部件提供用户界面。这个组通常是 sitewide(不仅仅是对一个给定的页面指定)。

- **PageCatalogPart** PageCatalogPart 类似于 CatalogPart。然而，它只对那些给定页面部分 Web 部件进行分组。用这种方式，如果一个用户关闭页面上指定的 Web 部件，可以使用 PageCatalogPart 在页面内读取它。

- **EditorPart** EditorPart 控件允许用户对给定的 Web 部件定义个性化，比如修改属性设置。

- **DeclarativeCatalogPart** DeclarativeCatalogPart 允许声明添加到一个页面或整个

网站的可用的 Web 部件。

◆ **WebPartZone**　WebPartZone 控件用于定义页面上的一块区域，Web 部件可以在这块区域内托管。

◆ **EditorZone**　EditorZone 控件提供页面上的一块区域，在这里，EditorPart 控件可以退出。

◆ **CatalogZone**　CatalogZone 控件定义一块区域，在这里，一个 CatalogPart 控件可以在页面上退出。

重要提示　Web 部件数据库

ASP.NET Web 部件需要 ASP.NET 个性化数据库。这允许跟踪用户对指定的 Web 部件和 Web 部件页面个性化。当试图运行第一个部件页面时，Visual Studio 将为用户安装 ASP。在默认时，数据库是 SQL 表达。然而，可以使用各种 Microsoft SQL 服务器编辑更新这项工作。

定义 Web 部件区域

Web 部件使用区域的概念添加到一个页面。区域定义页面上的一块区域，在这块区域内，Web 部件可以由用户放置或者由开发人员添加。区域有宽度、高度以及在页面上的位置。可以添加，不添加，或添加很多个 Web 部件到单个的区域。图 5.11 展示了由前面的两个图显示的 Web 部件页面定义的区域。

图 5.11　使用 WebPartZone 控件为 Web 部件定义的区域

区域也允许为放置在区域内的 Web 部件设置常见的样式。这称为 Web 部件的 Chrome。Chrome 包括 Web 部件的头样式，菜单样式，边界轮廓，内容样式，编辑模式样式等等。添加到一个区域的 Web 部件呈现由区域的色度定义的样式。当然，可以使用一个皮肤(参见本章第 2 课)定义常见的区域样式。

使用 WebPartZone 控件创建 Web 部件区域。同样，这个控件在包含 Web 部件(或可以包含)的页面上定义一块区域。这个控件包括 HeaderText 属性。当页面(或区域)处于编辑模式时，这个属性用来定义显示给用户的文本。请仔细查看图 5.9，它给出了这个文本的一个例子，可以在给定区域之上显示文本。

举一个例子，考虑图 5.11 的顶层区域。为了定义这个区域，在页面内添加一个

WebPartZone 控件。为了在这个区域内放置 Web 部件，要在 WebPartZone 的内部添加 ZoneTemplate 控件。ZoneTemplate 控件允许在区域内添加其他 ASP.NET 控件，并让它们变成真实的 Web 部件(在后面讨论)。下面标记给出了一个例子。

```
<asp:WebPartManager ID="WebPartManager1" runat="server">
</asp:WebPartManager>

<asp:WebPartZone ID="WebPartZoneVendor" runat="server"
  HeaderText="Vendor Aggregate" style="width: 650px; height: auto">
  <ZoneTemplate>

    <!--Add web parts to the zone-->

  </ZoneTemplate>
</asp:WebPartZone>
```

请注意，标记也包含 WebPartManager 控件的定义。每个 Web 部件页面都需要这个控件。它并没有一个视觉的表达；它通过 ASP.NET 管理页面上的 Web 部件。

创建 Web 部件

创建 ASP.NET Web 部件主要有三种方法，Web 部件可以由 Web 页面的内部的 WebPartManager 管理。第一种方法是由一个标准的用户控件来创建；第二种方法(也是最简单的方法)是通过使用一个现存的 ASP.NET 控件(就像标签)来定义 Web 部件；第三种方法是从 WebPart 类派生，创建自定义控件。这部分涵盖了前两种方法。最后一种方法，自定义控件，包含在第 10 章。自定义控件提供 Web 页面最精细的控制，但是它也是最耗时的和最复杂的方法。两外两种方法提供一个更为简单的方法，为大多数 Web 部件场景所使用。

使用用户控件创建 Web 部件

Web 部件定义在页面的内部。可以在设计时或运行时在区域内添加它们，或者通过用户在区域内配置。为了创建一个基于用户控件的 Web 部件，只需在一个 Web 部件区域内添加用户控件。ASP.NET Web 部件模型则处理其余的事情。例如，请注意在图 5.8 中，两个底部的 Web 部件(Contoso 和 Fabrikam)是相似的。它们可以由单个的用户控件定义，这样用户控件在页面上有两个实例。为了使用用户控件(在任何 ASP.NET 页面上)，必须首先使用页面注册它。这可以通过为页面上接近顶端的控件添加@Register 指令来完成。下面行代码给出了一个例子。

```
<%@ Register src="VendorWebPart.ascx" tagname="VendorWebPart" tagprefix="uc1" %>
```

一旦注册，就可以在一个 Web 部件区域内添加控件。可以通过在 ZoneTemplate 声明中嵌套它来完成。下面标记显示了在一个 Web 部件区域内添加 VendorWebPart 用户控件的例子。

```
<asp:WebPartZone ID="WebPartZone2" runat="server" HeaderText="Fabrikam"
  style="width: 350px; float: left; height: auto;">

  <ZoneTemplate>
    <uc1:VendorWebPart ID="VendorWebPart1" runat="server" title="Fabrikam" />
  </ZoneTemplate>

</asp:WebPartZone>
```

请注意，用户控件定义中添加的 title 属性。这将告诉用户在 Web 部件中显示的标题。

从一个现存的 ASP.NET 控件创建 Web 部件控件

也可以通过插入一个标准的 ASP.NET 控件到<ZoneTemplate>元素的内部来创建一个 Web 部件。Web 部件管理器将处理其余的部分。例如，图 5.8 的顶部显示一个单一的 Web 部件，标题为商家汇总。这个 Web 部件使用一个 Label 控件创建的。然后，在 Label 控件内部嵌入其他控件。这些控件定义真实的 Web 部件的内容，然而，Label 控件只是一个简单的容器。下面代码给出了一个例子。

```
<asp:WebPartZone ID="WebPartZone1" runat="server"
  HeaderText="Vendor Aggregate" style="width: 700px; height: auto">
 <ZoneTemplate>
   <asp:Label ID="Label3" runat="server" Text="" title="Vendor Totals">
    <div style="margin-top: 12px; margin-bottom: 20px;
     line-height: 30px; font-size: 12pt">
     Total Active Users: <a href="#">21</a>
     <br />Total transactions today: <a href="#">166</a>
     <br />Revenue trades to-date: <a href="#">$34,450</a>
    </div>
   </asp:Label>
 </ZoneTemplate>
</asp:WebPartZone>
```

让用户能够安排和编辑 Web 部件

页面上的 Web 部件有几个不同的显示模式。这些显示模式取决于用户使用 Web 部件做什么以及任何给定的时间所托管的页面。例如，如果用户只是简单地查看给定页面上的 Web 部件，显示模式是浏览，用户看到的 Web 部件就像它在这种模式下所显示的。当然，还有其他的模式，以及这些模式的显示属性。

在页面上通过 WebPartManager 更改 Web 部件的显示模式。也可以在代码隐藏文件中通过设置 DisplayMode 属性来完成。表 5.1 列出了 DisplayMode 的有效属性。

表 5.1　Web 部件显示模式

显示模式	描　述
BrowseDisplayMode	用户浏览 Web 页面的标准方式。这是默认的模式
DesignDisplayMode	用户能够拖拽 Web 部件到不同的位置
EditDisplayMode	类似于设计模式，编辑模式能够让用户拖拽 Web 部件。除此之外，用户也可以从 Web 部件菜单使用 AppearanceEditor 和 LayoutEditorPart 选择编辑子菜单以便对标题、尺寸、方向、窗口外观和 Web 部件区域进行编辑。为了使用这种模式，必须在 Web 页面上添加一个 EditorZone 控件，然后添加 AppearanceEditorPart 和 LayoutEditorPart 之一或者两个都添加
CatalogDisplayMode	使用户能够添加额外的使用 CatalogZone 控件所指定的 Web 部件。只有在 Web 页面上添加 CatalogZone 之后，这个模式才可用
ConnectDisplayMode	通过与 ConnectionZone 控件的交互，使用户能够手动建立控件之间的连接。例如，Web 部件可以链接到显示同一份报告的摘要信息和详细信息。只有在页面上添加了 ConnectionZone 控件之后，这种模式才可以使用。关于 Web 连接的更多信息，参见本课后面标题为"连接 Web 部件"的部分

举一个例子，考虑图 5.9 的屏幕截图。可以看到页面处于不同的显示模式。这里，用户点击了商家管理文本下面的编辑按钮来更改页面的显示模式。要开启这种模式，页面需要先放置一个 CatalogZone 控件。下面代码显示了 CatalogZone 的布局标记。

```
<asp:CatalogZone ID="CatalogZone1" runat="server" HeaderText="Manage Web Parts">

  <ZoneTemplate>
   <asp:PageCatalogPart ID="PageCatalogPart1" runat="server">
   </asp:PageCatalogPart>
  </ZoneTemplate>

</asp:CatalogZone>
```

下一步是当用户单击编辑按钮时，让页面进入显示模式。这是在代码隐藏类的内部完成的。当然，还需要编写代码从这种模式返回到页面的浏览模式。下面显示了该按钮的点击事件代码。

```vb
'VB
Protected Sub ButtonEdit_Click(ByVal sender As Object, _
 ByVal e As System.EventArgs) Handles ButtonEdit.Click

  Dim mode As String = CType(ViewState("mode"), String)

  'switch modes
  If mode = "browse" Then
    ViewState("mode") = "edit"
    ButtonEdit.Text = "Done"
    WebPartManager1.DisplayMode = WebPartManager1.SupportedDisplayModes("Catalog")
  Else
    ViewState("mode") = "browse"
ButtonEdit.Text = "Edit"
    WebPartManager1.DisplayMode = WebPartManager1.SupportedDisplayModes("Browse")
  End If

End Sub
```

```csharp
//C#
protected void ButtonEdit_Click(object sender, EventArgs e)
{

  string mode = (string)ViewState["mode"];

  //switch modes
  if (mode == "browse")
  {
    ViewState["mode"] = "edit";
    ButtonEdit.Text = "Done";
    WebPartManager1.DisplayMode = WebPartManager1.SupportedDisplayModes["Catalog"];
  }
  else
  {
    ViewState["mode"] = "browse";
    ButtonEdit.Text = "Edit";
    WebPartManager1.DisplayMode = WebPartManager1.SupportedDisplayModes["Browse"];
  }

}
```

请注意，在代码中，显示模式使用 SupportedDisplayModes 集合设置。还要注意的是，在这种情况下，显示模式被设置到 ViewState 的内部(在 PageLoad 中)，然后传递到页面。当然，在表 5.1 中，还定义了其他几种显示模式。本课的实训将会创建一个页面，并允许用户在各种显示模式之间切换。

连接 Web 部件

Web 部件工具集合最强大的功能是具有在 Web 部件之间建立连接的能力。为了理解这种能力，设想建立一个内部应用程序来管理员工的工资。可以有：

◆　一个主 Web 部件，这样，可以浏览员工的数据

◆　一个 Web 部件，显示选定员工的加班工资表

◆　一个 Web 部件，显示一个饼图，说明薪金、福利、股票期权和养老金如何融入员工的总体补偿

◆　一个 Web 部件，对比同一职位的不同员工的薪酬

使用 Web 部件连接，用户可以选择一个员工文件，使用该员工的信息让所有其他 Web 部件自动地更新。当然，用户分析数据将有能力增加、删除和重新排列 Web 部件。

连接对面向消费者的网站也非常有用。例如，如果要建立一个门户网站，可能需要使用 Web 部件，以显示基于用户邮政编码的相关信息，包括天气、当地新闻和月相指示器。所有的 Web 部件都可以连接到一个专门的 Web 部件，用于存储用户的邮政编码，而不是需要用户对每个个体 Web 部件，指定邮政编码。

创建一个静态连接

连接可以是静态的，也可以是动态的。如果一个连接是静态的，开发人员要在开发过程中建立连接，并且连接不能被用户更改。静态连接是永久性的，不能被用户删除。

静态连接通常涉及一个商家 Web 部件以及一个或多个消费者 Web 部件。商家提供连接数据。消费者接收商家数据。使用.NET Framework 中基于属性的编程模型定义商家和消费者。为了在 Web 部件之间创建一个静态连接，可以遵循以下基本步骤进行。

1.　创建一个商家 Web 部件。商家 Web 部件可以从 WebPart 类派生，或者可以通过一个用户控件创建。必须在商家内部创建一个公有方法，并把 ConnectionProvider 属性附加到这个方法。这个方法的返回值将会被消费者接收。下面代码显示了一个用户控件创建的商家 Web 部件代码隐藏文件，这个 Web 部件包含一个 TextBox 控件和一个 Button 控件。

```vb
'VB
Partial Class Provider
  Inherits System.Web.UI.UserControl

  Dim _textBoxValue As String = ""

  <ConnectionProvider("TextBox provider", "GetTextBoxValue")> _
  Public Function GetTextBoxValue() As String
    Return _textBoxValue
  End Function

  Protected Sub Button1_Click(ByVal sender As Object, _
    ByVal e As System.EventArgs) Handles Button1.Click
    _textBoxValue = TextBoxProvider.Text
  End Sub

End Class
```

```
//C#
public partial class Provider : System.Web.UI.UserControl
{
  string _textBoxValue = "";

  [ConnectionProvider("TextBox provider", "GetTextBoxValue")]
  string GetTextBoxValue()
  {
    return _textBoxValue;
  }

  protected void Button1_Click(object sender, EventArgs e)
  {
    _textBoxValue = TextBoxProvider.Text;
  }

}
```

2. 创建一个消费者 Web 部件。消费者 Web 部件可以从 WebPart 类派生, 或者也可以是一个用户控件。必须创建一个带有 ConnectionConsumer 属性的公有方法, 这个属性接收商家 ConnectionProvider 方法返回的值。下面代码给出了一个消费者 Web 部件用户控件。

```
'VB
Partial Class Consumer
  Inherits System.Web.UI.UserControl

  <ConnectionConsumer("TextBox consumer", "ShowTextBoxValue")> _
  Public Sub ShowTextBoxValue(ByVal textBoxValue As String)
    LabelConsumer.Text = textBoxValue
  End Sub

End Class
```

```
//C#
public partial class Consumer : System.Web.UI.UserControl
{
  [ConnectionConsumer("TextBox consumer", "ShowTextBoxValue")]
  void ShowTextBoxValue(string textBoxValue)
  {
    LabelConsumer.Text = textBoxValue;
  }
}
```

3. 创建一个带有 WebPartManager 控件的 Web 页面。至少添加一个 WebPartZone 容器。

4. 在 WebPartZone 容器中添加商家 Web 部件和消费者 Web 部件。下面标记显示了前面在页面内添加的用户控件。

```
<asp:WebPartZone ID="WebPartZoneProvider" runat="server"
  Height="400px" Width="300px">
  <ZoneTemplate>
    <uc1:Provider ID="Provider1" runat="server" title="Provider" />
    <uc2:Consumer ID="Consumer1" runat="server" title="Consumer" />
  </ZoneTemplate>
</asp:WebPartZone>
```

5. 下一步是在 WebPartManager 标记中添加连接信息。在这种情况下, 要添加一个 <StaticConnections>元素, 这个元素包括一个 WebPartConnection 控件, 用来声明商家和消费者之间的连接。

WebPartConnection 控件必须有一个 ID 属性、一个辨别商家控件的属性 (ProviderID)、一个辨别商家方法的属性 (ProviderConnectionPointID)、一个辨别消费者控件的属性 (ConsumerID) 和一个辨别消费者方法的属性 (ConsumerConnectionPointID)。下面代码演示了这一步骤。

```
<asp:WebPartManager ID="WebPartManager1" runat="server">
  <StaticConnections>
    <asp:webPartConnection
      ID="conn1"
      ProviderID="Provider1"
      ProviderConnectionPointID="GetTextBoxValue"
      ConsumerID="Consumer1"
      ConsumerConnectionPointID="ShowTextBoxValue" />
  </StaticConnections>
</asp:WebPartManager>
```

请注意，应该为每对要连接的控件准备一个 WebPartConnection 控件。

本课实训中的练习 3 允许创建彼此连接的控件，并在 Web 页面内配置它们。

考试秘诀

对于考试，要明确地知道如何建立一个静态连接、对每种方法必须分配哪些属性以及必须在.aspx 页面源添加哪些东西。

开启动态连接

动态连接可以由用户建立，并通过在 Web 页面上添加一个 ConnectionsZone 控件开启。

为了开启一个用户可以创建或中断的动态连接，需遵循下面步骤。

1. 创建一个上一节中描述的连接页面，包含一个商家连接和一个消费者连接。
2. 或者，在商家和消费者之间建立一个静态连接，如前一节所描述。它作为默认连接，用户如果需要，可以中断连接。
3. 在 Web 页面上添加一个 ConnectionsZone 控件。
4. 添加一个控件，让用户能够进入连接模式，如本课前面"让用户能够安排和编辑 Web 部件"所描述。

在 Web 部件之间建立动态连接

当用户查看页面时，可以输入连接模式，并使用 ConnectionsZone 控件编辑连接。用户编辑连接的步骤如下。

1. 切换页面连接的显示模式。
2. 在 Web 部件菜单，无论是商家还是消费者，从下拉菜单中选择连接，如图 5.12 所示。
3. ConnectionsZone 对象外观如图 5.13 所示。
4. 如果已经存在一个连接，点击 Disconnect 中断当前连接。否则，单击，为一个消费者创建一个连接，选择消费者，点击连接，如图 5.14 所示。
5. 当完成编辑连接时，单击关闭。Web 部件被连接就像静态地连接它们一样。

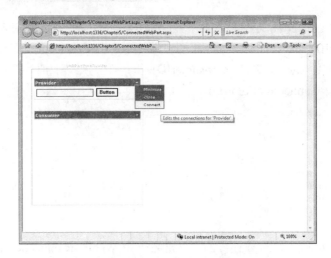

图 5.12　从 Web 部件菜单选择连接来编辑连接

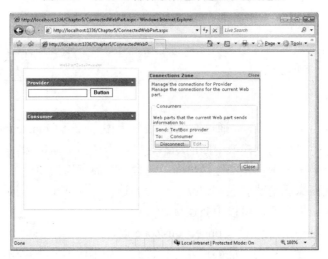

图 5.13　使用 ConnectionZone 控件动态建立一个连接

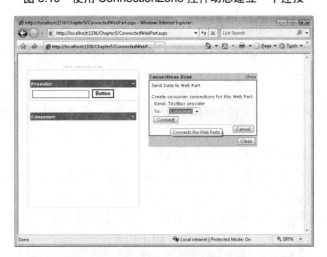

图 5.14　单击连接在 Web 部件之间建立一个动态连接

个性化 Web 部件

Web 部件支持个性化。个性化允许为每个用户存储布局的更改，这样下次访问页面时，可以看到相同的布局。Web 部件个性化依赖于客户端 cookie。它使用这些 cookie 来查找在 SQL 服务器数据库 ASPNETDB 中的设置。通常，当存储个性化设置时，还希望使用 Windows 或表单来验证用户。然而，这是不必要的。

更多信息　用户认证

关于用户认证的更多信息，可以参考第 14 章。

启用个性化自定义控件

默认情况下，个性化自动记忆位置和其他个性化 Web 部件的设置，如本章前面部分"让用户安排和编辑 Web 部件"中所描述。也可以在个性化数据库中存储自定义数据，让控件记住用户信息。为此，要在控件上定义一个公有属性。然后，添加 **Personalizable** 属性，如下简化的代码所示。

```
'VB
<Personalizable()> _
Property PostalCode() As String
  Get
    Return _postalCode
  End Get

  Set(ByVal value As String)
    _postalCode = value
  End Set
End Property
```

```
//C#
[Personalizable]
public string PostalCode
{
  get
  {
    Return _postalCode;
  }

  set
```

```
    {
        _postalCode = value;
    }
}
```

启用共享的个性化

Web 部件个性化默认时是开启的，一个 Web 部件页面认证的用户能够为他们自己个性化页面，而不必进行任何特殊的配置。然而，个体或用户范围的个性化的变化只对那些做出相关更改的用户可见。如果想提供给 Webmasters(或任何用户)进行更改个性化的权利，以便让看到 Web 部件的每个人都看到这些更改，可以在应用程序的 Web.config 文件开启共享个性化。

在配置文件的<system.web>部分，添加一个<authorization>部分，并在这个部分，添加一个<allow>元素用来指定哪个或者哪些用户可以访问共享个性化，如下面例子所示。

```
<authorization>
  <allow verbs="enterSharedScope" users="SomeUserAccount"
    roles="admin"  />
</authorization>
```

现在，指定的用户能够在共享的个性化范围内编辑一个页面，这样，他们做出的更改对所有用户是可见的。

禁用页面个性化

也可以禁用页面个性化，如果想在某些页面上利用个性化的优势，而在其他页面上不使用，禁用页面个性化是有用的。为了禁用页面个性化，将 WebPartManager.Personalization.Enabled 属性设置为 false。下面标记显示了一个例子。

```
<asp:webPartManager ID="webPartManager1" runat="server">
  <Personalization Enabled="False" />
</asp:webPartManager>
```

实训：使用 Web 部件

在这个实训中，使用 Web 部件创建一个 Web 页面。接着，扩展页面的功能，使用户可以自定义页面，然后，添加控件相互通信。

如果在完成这个练习时遇到问题，可参考本书配套资源中所附的实例，这些实例都有完成了的项目文件。

➤ 练习 1　使用 Web 部件创建一个 Web 页面

在这个练习中，要使用 Web 部件创建一个 Web 页面，并允许用户安排和修改 Web 部件。

1.　打开 Visual Studio，使用 C#或者 Visual Basic 创建一个新的 ASP.NET 网站，命名为 **MyWebParts**。

2.　在"源"视图中打开 Default.aspx。在工具箱，Web 部件选项卡，拖拽一个 WebPartManager 控件到页面上。这个控件对用户是不可见的，但是它在任何 Web 部件控件之前必须具备，否则运行时会抛出一个异常。

3. 在工具箱，Web 部件选项卡，拖拽四个 Web 部件区域控件到页面。将这四个控件的 IDs 分别设置为 **WebPartZoneTop**、**WebPartZoneLeft**、**WebPartZoneCenter** 和 **WebPartZoneBottom**。然后，将这四个控件各自的头文本属性分别设置为 **Top Zone**、**Left Zone**、**Center Zone** 和 **Bottom Zone**。同样，设置它们的布局样式进行合理的显示。标记代码如下所示。

```
<html xmlns="http://www.w3.org/1999/xhtml">
<head runat="server">
    <title>My Web Part Page</title>
</head>
<body>
    <form id="form1" runat="server">
    <asp:WebPartManager ID="WebPartManager1" runat="server">
    </asp:WebPartManager>
    <div style="width: 700px">

      <asp:WebPartZone ID="WebPartZoneTop" runat="server"
        HeaderText="Top Zone" style="width: 700px; height: auto">
      </asp:WebPartZone>
      <asp:WebPartZone ID="WebPartZoneLeft" runat="server"
        HeaderText="Left Zone" style="width: 300px; float: left; height: 300px">
      </asp:WebPartZone>

      <asp:WebPartZone ID="WebPartZoneCenter" runat="server"
        HeaderText="Center Zone"
        style="width: 400px; float: right; height: 300px">
      </asp:WebPartZone>

      <asp:WebPartZone ID="WebPartZoneBottom" runat="server"
        HeaderText="Bottom Zone" style="width: 700px; height: auto;">
      </asp:WebPartZone>

    </div>
    </form>
</body>
</html>
```

页面在设计视图中应当如图 5.15 所示。

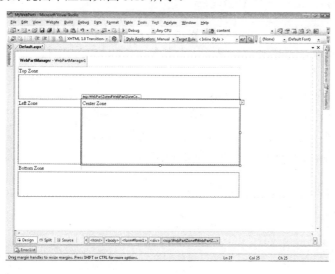

图 5.15　设计视图中的 Web 页面区域

4. 通过右击网站，选择添加新项目，在网站添加两个新的用户控件。分别命名为

CalendarWebPart 和 **LogoWebPart**。这些控件是简单的 Web 部件的例子。在 CalendarWebPart 用户控件内添加一个日历控件。在 LogoWebPart 内添加一个图片。这些自定义控件只是例子。一个真正的 Web 部件会做一些像显示天气或查询数据库之类的事情。如果已经创建了自己的用户控件，可以随意的使用这些用户控件来代替。

5. 在设计视图中，打开 Default.aspx。从解决方案资源管理器中拖动商标 Web 部件用户控件到 Top Zone Web 部件区域容器。接着，拖拽 CalendarWebPart 用户控件到 Left Zone WebPartZone 容器。

6. 在浏览器中运行应用程序。第一次可能需要 1 分钟的来启动，因为 Visual Studio 要在解决方案中添加 ASPNETDB。

   请注意，两个控件会在页面上出现。在每个控件的右上角，点击菜单按钮，测试最小化和关闭 Web 部件。请注意，如果关闭了一个控件，在重新运行该网站之前，将不能取回该控件。同样请注意，目前这两个 Web 部件都是无题的标签。

7. 返回 Visual Studio 并在设计视图中打开 Default.aspx。为了给 Web 部件有意义的显示名称，需要编辑标题属性。单击 CalendarControl 实例，查看属性，并注意标题没有显示。为了编辑标题，必须在源代码中手动添加，如下所示。

```
<asp:WebPartZone ID="WebPartZoneLeft" runat="server"
  HeaderText="Left Zone" style="width: 300px; float: left; height: 300px;">
  <ZoneTemplate>
    <uc2:CalendarWebPart ID="CalendarWebPart1" runat="server"
    title="Calendar" />
  </ZoneTemplate>
</asp:WebPartZone>
```

为 CalendarControl 和 LogoControl 实例创建一个标题。

保存页面，并再次在 Web 浏览器中确认标题的出现。

➢ 练习 2 让用户能够自定义 Web 部件

在这个练习中，要扩展一个现存的 Web 部件应用程序，使用户能够自定义 Web 部件。

1. 继续前面练习中的项目，或者从本书配套资源的实例中打开第 3 课练习 1 完成了的项目。

2. 在设计视图中打开 Default.aspx 页面。在区域的中央添加一个 ZoneTemplate。接着，通过在 ZoneTemplate 的内部放置一个 Label 控件创建一个简单的 Web 部件。最后，在 Label 控件的内部嵌套一个 DropDownList 控件。将 ID 属性设置为 **DropDownListMode**，并将 AutoPostBack 属性设置为 true。标记如下所示。

```
<asp:WebPartZone ID="WebPartZoneCenter" runat="server"
  HeaderText="Center Zone" style="width: 400px; float: right; height: 300px;">
  <ZoneTemplate>
    <asp:Label ID="Label1" runat="server" Text="" title="Edit Page">
      <asp:DropDownList ID="DropDownListModes"
        runat="server" AutoPostBack="true">
      </asp:DropDownList>
    </asp:Label>
  </ZoneTemplate>
</asp:WebPartZone>
```

3. 如果使用的是 Visual Basic，编辑 Default.aspx 的@Page 声明，将 AutoEventWireup

属性设置为 true。C#中，在默认情况下，这个属性为 true。正确的@Page 声明的
显示如下。

```
<%@ Page Language="VB" AutoEventWireup="true" CodeFile="Default.aspx.vb"
  Inherits="_Default" %>
```

4. 在代码隐藏文件中创建两个方法：Page_Init 和 GenerateModeList。为 Page_Init 方
法(当创建页面时，自动地调用)添加一个事件处理器，以便于在 InitComplete 事件
处理期间，ASP.NET 调用 GenerateModeList 方法。代码如下。

```vb
'VB
Sub Page_Init(ByVal sender As Object, ByVal e As EventArgs)
 AddHandler Page.InitComplete, AddressOf GenerateModeList
End Sub
```

```csharp
//C#
void Page_Init(object sender, EventArgs e)
{
 Page.InitComplete += new EventHandler(GenerateModeList);
}
```

5. 接着，定义 GenerateModeList 方法，这个方法在 InitComplete 事件期间调用。这
里，编写代码使用 WebPartManager 控件的 SupportedDisplayModes 属性填充
DropDownListModes 控件。基于当前的模式，一定要选择正确的项目清单。实例
代码如下。

```vb
'VB
Protected Sub GenerateModeList(ByVal sender As Object, ByVal e As EventArgs)
 Dim _manager As WebPartManager = _
WebPartManager.GetCurrentWebPartManager(Page)
 Dim browseModeName As String = webPartManager.BrowseDisplayMode.Name
 DropDownListModes.Items.Clear()
 'fill the drop-down list with the names of supported display modes.
 For Each mode As webPartDisplayMode In _manager.SupportedDisplayModes
   Dim modeName As String = mode.Name
   'make sure a mode is enabled before adding it.
   If mode.IsEnabled(_manager) Then
     Dim item As ListItem = New ListItem(modeName, modeName)
     DropDownListModes.Items.Add(item)
   End If
 Next
 'select the current mode
 Dim items As ListItemCollection = DropDownListModes.Items
 Dim selectedIndex As Integer = _
   items.IndexOf(items.FindByText(_manager.DisplayMode.Name))
 DropDownListModes.SelectedIndex = selectedIndex
End Sub
```

```csharp
//C#
protected void GenerateModeList(object sender, EventArgs e)
{
 WebPartManager _manager = WebPartManager.GetCurrentWebPartManager(Page);
 String browseModeName = WebPartManager.BrowseDisplayMode.Name;
 DropDownListModes.Items.Clear();
 //fill the drop-down list with the names of supported display modes.
 foreach (WebPartDisplayMode mode in _manager.SupportedDisplayModes)
 {
   String modeName = mode.Name;
   //make sure a mode is enabled before adding it.
   if (mode.IsEnabled(_manager))
   {
     ListItem item = new ListItem(modeName, modeName);
```

```
      DropDownListModes.Items.Add(item);
    }
  }
  //select the current mode
  ListItemCollection items = DropDownListModes.Items;
  int selectedIndex = items.IndexOf(items.FindByText(_manager.DisplayMode.
Name));
  DropDownListModes.SelectedIndex = selectedIndex;
}
```

6. 为 **DropDownListModes_SelectedIndexChanged** 事件添加事件处理器。然后编写代码将当前的模式设置为列表中选择的模式,代码如下所示。

```
'VB
Protected Sub DropDownListModes_SelectedIndexChanged(ByVal sender As Object, _
  ByVal e As EventArgs)
  Dim manager As WebPartManager = _
    WebPartManager.GetCurrentWebPartManager(Page)
  Dim mode As WebPartDisplayMode = _
    manager.SupportedDisplayModes(DropDownListModes.SelectedValue)
  If Not (mode Is Nothing) Then
    manager.DisplayMode = mode
  End If
End Sub
```

```
//C#
protected void DropDownListModes_SelectedIndexChanged(
  object sender, EventArgs e)
{
  WebPartManager manager =
    WebPartManager.GetCurrentWebPartManager(Page);

  WebPartDisplayMode mode =
    manager.SupportedDisplayModes[DropDownListModes.SelectedValue];

  if (mode != null)
    manager.DisplayMode = mode;
}
```

7. 运行网站,并在 IE 中打开 Default.aspx。请注意,两个控件会出现在页面上。点击下拉列表,选择设计。然后,在区域之间拖拽控件。再次点击下拉列表并返回到浏览模式。

8. 返回 Visual Studio 并在设计视图中打开 Default.aspx。移除中心的区域控件,并使用<Div>标签替换它。保持下拉控件。在它的下面,添加一个 EditorZone 控件。然后在 EditorZone 控件中添加一个 AppearanceEditorPart 控件和一个 LayoutEditorPart 控件。下面显示了一个标记的例子。

```
<div style="width: 395px; float: right; height: auto; padding-left: 5px">
  <asp:DropDownList ID="DropDownListModes" runat="server" AutoPostBack="true"
    OnSelectedIndexChanged="DropDownListModes_SelectedIndexChanged">
  </asp:DropDownList>

  <asp:EditorZone ID="EditorZone1" runat="server">
    <ZoneTemplate>
      <asp:AppearanceEditorPart ID="AppearanceEditorPart1" runat="server" />
      <asp:LayoutEditorPart ID="LayoutEditorPart1" runat="server" />
    </ZoneTemplate>
  </asp:EditorZone>

</div>
```

9. 在 IE 中,运行应用程序。点击下拉列表,选择新添加的项,编辑。接着,点击日历控件右上角的菜单按钮，选择编辑。请注意，EditorZone、AppearanceEditorPart 和 LayoutEditorPart 控件会出现。

更改控件的外观和布局，并实验这些控件。请注意，添加这项功能并不需要编写任何代码；只需在页面上添加控件。WebPartManager 控件检测 EditorZone 的存在，并自动地启用编辑模式。

10. 返回 Visual Studio，并在"源"视图中打开 Default.aspx。接着，在 EditorZone 控件的下方添加一个 CatalogZone 控件。现在，在 CatalogZone 控件内添加一个 DeclarativeCatalogPart 控件。

在 DeclarativeCatalogPart 控件的内部，添加 WebPartsTemplate 标签。这允许在目录中添加控件。接着，在 CatalogZone 控件中，添加 LogoControl 和 CalendarControl。这就实现了在目录中添加控件。下面代码给出了一个例子。

```
<asp:CatalogZone ID="CatalogZone1" runat="server">
<ZoneTemplate>
<asp:DeclarativeCatalogPart ID="DeclarativeCatalogPart1" runat="server">
  <WebPartsTemplate>
    <uc1:LogoWebPart ID="LogoWebPart1" runat="server" title="Logo" />
    <uc2:CalendarWebPart ID="CalendarWebPart1" runat="server"
    title="Calendar" />
  </WebPartsTemplate>
  </asp:DeclarativeCatalogPart>
  </ZoneTemplate>
</asp:CatalogZone>
```

11. 在 IE 中，运行 Web 应用程序。点击下拉列表，选择新添加的目录模式。创建的目录区域将出现并显示可用的控件。选择商标控件，从下拉列表中选择一个区域，然后单击添加。继续测试这个控件；完成之后，切换到浏览模式。

➤ 练习 3　创建连接的 Web 部件

在这个练习中，扩展现有的应用程序，启用连接的 Web 部件。

1. 继续前面练习中的项目，或者从本书配套资源的实例中打开第 3 课练习 2 完成了的项目。

2. 创建三个新的 Web 用户控件，如下所示。

　　◆　**GetName**　添加一个 Label 控件，显示"Please type your name"。添加一个 TextBox 控件，命名为 TextBoxName。然后添加一个 Button 控件，命名为 ButtonSubmit，并标记为 Submit。

　　◆　**GreetUser**　添加一个 Label 控件，命名为 LabelGreeting。

　　◆　**ShowNameBackwards**　添加一个 Label 控件，命名为 LabelBackwards，显示为"Enter name to see it spelled backward"。

3. 打开 GetName 控件的代码隐藏文件。添加代码获取用户提交时 TextBoxName 控件中的文本。

接着，创建一个公有方法，命名为 GetUserName，并设置 ConnectionProvider 属性。在这个方法中，返回用户输入的名称。这个控件把用户的名称作为数据提供给消费者控件。下面显示了一个例子。

```vb
'VB
Partial Class GetName
  Inherits System.Web.UI.UserControl
  Private _name As String = String.Empty
  Protected Sub ButtonSubmit_Click(ByVal sender As Object, _
    ByVal e As System.EventArgs) Handles ButtonSubmit.Click
    _name = TextBoxName.Text
  End Sub
  <ConnectionProvider("User name provider", "GetUserName")> _
  Public Function GetUserName() As String
    Return _name
  End Function
End Class
```

```csharp
//C#
public partial class GetName : System.Web.UI.UserControl
{
  private string _name = string.Empty;
  protected void ButtonSubmit_Click(object sender, EventArgs e)
  {
    _name = TextBoxName.Text;
  }
  [ConnectionProvider("User name provider", "GetUserName")]
  public string GetUserName()
  {
    return _name;
  }
}
```

4. 打开 GreetUser 控件的代码隐藏文件。这里，创建一个公有方法，命名为 GetName，并设置 ConnectionConsumer 属性。这个控件从 GetName 控件读取用户的名称(一旦连接)并作为欢迎的一部分显示给用户。

    创建 GetName 方法，以便于它可以接收一个字符串，并使用这个方法和 Label 控件来创建一个"Welcome"，代码如下所示：

```vb
'VB
Partial Class GreetUser
    Inherits System.Web.UI.UserControl
  <ConnectionConsumer("User name consumer", "GetName")> _
  Public Sub GetName(ByVal Name As String)
    LabelGreeting.Text = "Welcome, " + Name + "!"
  End Sub
End Class
```

```csharp
//C#
public partial class GreetUser : System.Web.UI.UserControl
{
  [ConnectionConsumer("User name consumer", "GetName")]
  public void GetName(string Name)
  {
    LabelGreeting.Text = "Welcome, " + Name + "!";
  }
}
```

5. 打开 ShowNameBackwards 控件的代码隐藏文件。创建一个公有 GetName 方法，就像为 GreetUser 所做的一样。可以为 ConnectionConsumer 属性使用类似的定义。在这个方法的内部，编写代码，倒置用户名的顺序，并在 LabelBackwards 控件上显示，代码如下：

```vb
'VB
Partial Class ShowNameBackwards
    Inherits System.web.UI.UserControl
```

```vbnet
  <ConnectionConsumer("User name consumer", "GetName")> _
  Public Sub GetName(ByVal Name As String)
    Dim forwardsName As Char() = Name.ToCharArray
    Dim backwardsName As Char() = Name.ToCharArray
    Dim length As Integer = Name.Length - 1
    Dim x As Integer = 0
    While x <= length
      backwardsName(x) = forwardsName(length - x)
      x = x + 1
    End While
    LabelBackwards.Text = "Your name backward is: " + _
      New String(backwardsName)
  End Sub
End Class
```

//C#
```csharp
public partial class ShowNameBackwards : System.Web.UI.UserControl
{
  [ConnectionConsumer("User name consumer", "GetName")]
  public void GetName(string Name)
  {
    char[] forwardsName = Name.ToCharArray();
    char[] backwardsName = Name.ToCharArray();
    int length = Name.Length - 1;
    for (int x = 0; x <= length; x++)
      backwardsName[x] = forwardsName[length - x];
    LabelBackwards.Text = "Your name backward is: " +
      new string(backwardsName);
  }
}
```

6. 在设计视图中打开 Default.aspx，在底部区域添加 GetName、GreetUser 和 ShowNameBackwards 控件。为每个控件指定标题，显示如下所示：

```aspx
<asp:WebPartZone ID="WebPartZoneBottom" runat="server"
  HeaderText="Bottom Zone" style="width: 700px; height: auto;">
  <ZoneTemplate>
    <uc3:GetName ID="GetName1" runat="server" title="Enter Name" />
    <uc4:GreetUser ID="GreetUser1" runat="server" title="Greeting" />
    <uc5:ShowNameBackwards ID="ShowNameBackwards1" runat="server"
      title="Backwards Name" />
  </ZoneTemplate>
</asp:WebPartZone>
```

7. 在"源"视图中打开 Default.aspx。在 WebPartManager 控件的内部，添加一个 <StaticConnection>元素。

在<StaticConnections>元素的内部，添加两个 WebPartConnection 控件，用于声明 GetName 商家与 GreetUser 消费者以及 GetName 商家与 ShowNameBackwards 消费者之间的连接。

WebPartConnection 控件必须有一个 ID 属性、一个辨别商家控件的属性 (ProviderID)、一个辨别消费者控件的属性 (ConsumerID)和一个辨别消费者方法的属性 (ConsumerConnectionPointID)。标记如下所示：

```aspx
<asp:webPartManager ID="webPartManager1" runat="server">
  <StaticConnections>
    <asp:webPartConnection
      ID="WebPartConnection1"
      ProviderID="GetName1"
      ProviderConnectionPointID="GetUserName"
      ConsumerID="GreetUser1"
```

```
        ConsumerConnectionPointID="GetName"
      />
      <asp:webPartConnection
        ID="WebPartConnection2"
        ProviderID="GetName1"
        ProviderConnectionPointID="GetUserName"
        ConsumerID="ShowNameBackwards1"
        ConsumerConnectionPointID="GetName"
      />
    </StaticConnections>
  </asp:webPartManager>
```

8. 在 Web 浏览器中运行 Default.aspx。在 GetName 控件中，输入名字，然后点击按钮。输入的名字将在另外两个控件中显示。

本课总结

◆ Web 部件是根据 Web 部件类所实现的自定义控件或者根据标准的用户控件和 ASP.NET 控件而创建的控件。Web 部件也受 ASP.NET 管理，允许用户关闭、最小化、编辑和移动它们。

◆ 为了在页面上添加 Web 部件，要在页面的顶端添加一个 WebPartManager 控件，并添加 WebPartZone 容器，然后在 WebPartZone 容器上添加控件。

◆ 为了使用户能够编辑或者重排 Web 部件，需要更改 WebPartManager 控件在页面上的 DisplayMode 属性。

◆ Web 部件可以相互连接，使它们之间能够共享数据。可以使用基于属性的编程模型定义商家和消费者 Web 部件来完成。除此之外，还要通过在 WebPartManager 控件上添加一个<StaticConnections>配置 Web 部件之间的连接。

课后练习

通过下列问题，可检验自己对第 2 课的掌握程度。这些问题也可从配套资源中找到。

注意 关于答案

对这些问题的解析可参考本书末"答案"。

---

1. 下面哪个可以是一个 Web 部件？(不定项选择)

A．一个基于 Web 用户控件模板的控件

B．一个标准的 Label 控件

C．一个从 WebPart 派生的类型

D．一个母版页面

2. 下面哪个允许用户更改一个 Web 部件的标题？(不定项选择)

A．LayoutEditorPart

B．EditorZone

C．CatalogZone

　　　D. AppearanceEditorPart

3. 使用许多不同的 Web 部件组件开发了一个 Web 页面。一些 Web 部件的启用是默认值，希望用户可以限制其他的 Web 部件。要使用哪个类？(不定项选择)

　　　A. LayoutEditorPart

　　　B. DeclarativeCatalogPart

　　　C. CatalogZone

　　　D. AppearanceEditorPart

4. 要创建了一个 Web 部件控件，用于提示用户的个性化信息，包括名字、地区和爱好。希望其他的控件能够从这个控件读取信息，并能自定义要显示的信息。应当如何修改 Web 部件，确保其他的 Web 部件连接到它？

　　　A. 创建一个方法，共享用户的信息，并为这个方法添加 ConnectionConsumer 属性。

　　　B. 创建一个方法，共享用户的信息，并为这个方法添加 ConnectionProvider 属性。

　　　C. 创建一个公有属性，共享用户的信息，并为这个方法添加 ConnectionConsumer 属性。

　　　D. 创建一个公有属性，共享用户的信息，并为这个方法添加 ConnectionProvider 属性。

本 章 回 顾

为进一步实践和巩固在本章中学习到的技能，建议继续完成下列任务。

◆ 阅读本章小结。

◆ 完成案例训练。这些案例取自实际项目，但都涉及本章介绍的内容，要求你提供相应的解决方案。

◆ 完成建议练习。

◆ 完成实战测试。

本章小结

◆ 母版页面让网站中的所有 Web 页面拥有一致的页面结构和布局。任何对母版页面的更改都可以影响所有由这个母版页面实现的页面。可以创建多个母版页面，并允许用户根据他们的喜好选择模板。甚至可以嵌套母版页面。

◆ 主题，特别是皮肤，可以对一个 Web 应用程序的所有控件应用一组属性。使用主题提供一致的、集中管理的外观。为了使用户能够自定义页面，也可以动态更改主题。

◆ Web 部件是包含 Web 控件的组件，可以很方便地在一个页面内移动。用户可以根据选择授权的 Web 部件，对它们有较多或者较少的控制权。

案例场景

在下面的案例场景中，需要运用本章所学知识来完成一些小项目。答案可参见书末尾。

案例 1：满足一个内部保险应用程序自定义需求

假如你是一名应用程序开发人员，为 Fabrikam 保险开发应用程序。六个月前，你发布了一个新的.NET Web 应用程序，版本是 1.0。内部员工使用这个应用程序执行以下几个关键的任务。

◆ 当用户访问时，查找客户信息。

◆ 管理网络内医生的列表。

◆ 辨别推迟支付的用户。

◆ 分析以确定成本高的地区。

自从发布了应用程序，你一直专注于修正错误。然而，现在应用程序非常稳定，你开始同用户讨论以确定将来的功能。在这个阶段，经理希望能够满足某些用户、分析它们的需求并确定使用.NET Framework 时这些功能的可行性。

访谈

以下是参与采访的公司员工的列表以及他们的陈述。

◆ **应收账款经理**　我们在应收账款上，大约有 24 个员工，他们主要负责追交推迟付款的用户。当前应用程序运行良好；然而，它不能同等地满足每个人的需求。为了弄清楚，我们有不同组负责公司账户、公共部门账户、小企业账户和个人账户。根据组的不同，这些员工想在页面上看到不同的信息。如果可能的话，我希望能够确保用户自定义页面，并在每次访问页面时记住哪些喜好。

◆ **保险业者**　我负责分析索赔并确定如何调整价格，以支付索赔的费用。我主要使用应用程序的报告功能。我喜欢它们——我只要求让它们更灵活。现在，如果我选择一个索赔类型，我可以看到一个图表，显示索赔类型的花费随着时间的推移更改的方式。我希望不但能够查看那个图表，而且可以查看索赔是否是区域性的，还可以查看指定类型的机构是否有更多的索赔类型。现在，我需要打开不同的窗口查看这些不同的报告。我希望当我点击一个索赔类型时，它们都出现在一个单一的页面上。

问题

回答经理的下列问题：

1. 如何满足应收账款经理要求的个性化？
2. 如保险业者所描述的，如何使不同的组件相互通信？

案例 2：为一个外部的 Web 应用程序提供一致的格式

你是一名应用程序开发人员，为 Humongous 保险开发应用程序。你负责基于用户的请求，更新一个外部的 Web 应用程序。当前，Web 应用程序的主要功能如下：

◆ 使用户能够搜索和辨别商家。
◆ 为用户提供一个引用(用户包括那些需要知道涵盖什么和不包括什么的用户)。
◆ 使用户能够接触客户服务代表
◆ 提供给用户门户，使他们能够阅读有关巨大保险和一般医疗护理主题的更新。

你有一堆积压的用户电子邮件。尽管有不少肯定的电子邮件，但是，你今天正在读否定的电子邮件，以确定该如何更新应用程序，以便更好地为用户服务。

电子邮件

下面是从用户收到的电子邮件文本。

◆ 糟糕。有如此多的字体，以至于它看起来就像一封勒索信。为什么每个页面都不相同？
◆ 我不关心如此愚蠢的新闻稿。请把它们从页面内移除。
◆ 非常好的网站，但是色调太糟糕了。

问题

回答经理的下列问题。

1. 怎么解决关于字体不一致的问题？

2. 怎么能让开发人员禁用设置控件上不正确的字体？

3. 如何允许用户从一个 Web 页面上移除新闻稿的列表？

4. 如何能使用户更改网站的色调？

建议练习

为了帮助你熟练掌握本章考点，需要完成下面的任务。

通过使用母版页面，实现一致的页面设计

对于这个任务，应当完成练习 1 和 2 获取使用母版页面的经验。练习 3 显示了如何使用母版页面更改不同器件类型的页面布局，如果对指定客户的显示感兴趣，应当完成它。

◆ **练习 1** 使用所创建的最新的 Web 应用程序的复制，实现一个母版页面模型，并转换现有的.aspx 页面为内容页面。

◆ **练习 2** 使用所创建的最新的 Web 应用程序的复制，创建多个母版页面，让用户可以根据他们喜好的布局和色调切换母版页面。

◆ **练习 3** 创建一个 Web 应用程序，检测客户端器件，并基于客户端类型切换模板。对于传统的 Web 浏览器，在屏幕左侧显示一个导航栏。对于移动客户，考虑在单一列内显示所有的内容。

使用主题和用户配置文件自定义 Web 页面

对于这个任务，至少需完成练习 1 和练习 2。如果要加深理解主题如何影响控件，需要完成练习 3。

◆ **练习 1** 使用所创建的最新的 Web 应用程序的复制，添加一个主题，使用一致的色调配置所有的控件。

◆ **练习 2** 在所创建的最新的 Web 应用程序添加认证的用户配置文件。例如，可能使用用户配置文件跟踪最近的数据库查询和使用用户能够从最近请求的列表选择。

◆ **练习 3** 创建一个自定义控件，并测试使用主题设置的属性。

在一个 Web 应用程序中实现 Web 部件

对于这个任务，需完成下面三个练习，从中获取使用 Web 部件的经验。

◆ **练习 1** 使用第 3 课练习中所创建的 Web 部件页面，并使用一个非 Microsoft 浏览器打开 Web 页面。请注意，ASP.NET 如何显示不同的 Web 部件。

◆ **练习 2** 使用第 3 课练习 3 中所创建的 Web 部件页面，扩展连接控制功能，以便于永久地存储用户名。

◆ **练习 3** 使用第 3 课练习 3 中所创建的 Web 部件页面，从 Default.aspx 移除静态的连接。然后，在页面上添加一个 ConnectionsZone 控件。查看页面，并使用 ConnectionsZone 控件手动在 GetName、GreetUser 和 ShowNameBackWards 控件之间建立连接。

实战测试

本书配套资源为实战测试提供了多种选择。例如，可选择只对本章相关的内容进行测验，也可用完整的 70-562 认证考试的内容进行自测。可将测验设置为实战模式(即与真实考试基本相同)，或者可以设为学习模式，以便边做题边查看答案及相应的分析。

更多信息　实战测试
要想进一步了解可选的测试模式，请查看本书"前言"。

第 6 章　使用 ASP.NET AJAX 和客户端脚本

随着创建 Web 应用程序技术的演变，它们具有越来越多的交互性和动态性。最新一代的 Web 应用程序，往往笼统地称为 Web 2.0，用户界面(UI)得到了增强，其中包括以前在桌面上运行的应用程序所保留的功能。包括像模态对话框和弹出窗口的使用、局部画面(或 Web 页面)的更新、页面上控件动态地折叠或调整大小、显示应用程序的进展情况，等等。这些模式被一些主要的 Web 应用程序所采用，现在，用户要求在更多的网站上有类似的功能。这就意味着工具需要进一步开发以跟得上需求。

最新版本的 ASP.NET 包括建立 Web 应用程序以提供支持这些功能的工具。这包括处理一些基于客户端交互性的控件、一个使用客户端 JavaScript 的丰富的库和一个用于创建支持 JavaScript 控件的编程模型。本章涵盖了这些情况，并演示了如何在 Web 应用程序中增强用户的体验。

本章考点

◆　使用 ASP.NET AJAX 和客户端脚本
- ◇　使用 ASP.NET AJAX 实现 Web 表单
- ◇　与 ASP.NET AJAX 客户端库交互
- ◇　创建并注册客户端脚本

本章课程设置

◆　第 1 课　创建支持 AJAX 的 Web 表单
◆　第 2 课　使用 AJAX 客户端库创建客户端脚本

课 前 准 备

为了完成本章的课程，应当熟悉使用 Microsoft Visual Studio 的 Visual Basic 或者 C#开发应用程序。除此之外，还应当熟悉以下内容：

- ◆　Visual Studio 2008 集成开发环境(IDE)
- ◆　JavaScript 编程语言和动态 HTML(DHTML)的基础知识
- ◆　超文本标记语言(HTML)和使用 JavaScript 语言的客户端脚本的基础知识
- ◆　如何创建一个新网站
- ◆　在 Web 页面上添加 Web 服务器控件建立一个 Web 表单，并在服务器上对它们编程

真实世界

Mike Snell

我有幸在建立 Web 应用程序刚开始流行时，就在使用它。我们最早建立的应用程序仅仅是超链接 HTML 和图片。很快我们将服务器端脚本和数据库连接，开启了更多有意义的场景。

具有基于服务器的、几乎不需要部署的、无处不在的、跨平台的应用程序环境的能力仍然是(一直是)我们的驱动力，推动着我们建立 Web 应用程序。然而，一直以来，在胖客户端和瘦客户端之间关于用户界面的丰富性存在一个主要的鸿沟。我们看到过许多企图消除这个鸿沟的尝试，包括 Java、ActiveX、ActiveX 文档、DHTML 等等。

如果这个鸿沟真的消除了，它仍然能被看到。然而，AJAX 在一个胖客户端和只有 Web 的应用程序之间提供了一个很不错的折中方案。它即扩展了客户端上的能力，却并没有打破 Web 应用程序的范例。AJAX 起源于 Web，就像 HTML 和 DHTML，它也是标准驱动的、跨平台的并且无处不在的。这使得在应用程序中添加客户端交互成为一个绝佳选择，这里的应用程序必须符合一个网站概念。

第 1 课　创建支持 AJAX 的 Web 表单

Web2.0 应用程序中增加的客户端交互大部分是由异步 JavaScript 和 XML(AJAX)提供的。AJAX 是一种独立于平台的技术，和运行在 Microsoft Internet Explorer，Firefox，Safari 等内部的 Web 应用程序一起工作。这是一个符合 ECMAScript 的技术。因此，它做出了一个合情合理的选择，为基于浏览器的、跨平台的 Web 应用程序提供一个更加丰富的用户界面。

可以在任何 Web 应用程序中添加 AJAX。类似于其他例如 HTML 之类的 Web 标准，它不特定于 ASP.NET。然而，ASP.NET 确实提供了一些项目，这些项目使得建立支持 AJAX 的 Web 表单更加容易。这些项目包括管理部分页面更新的控件、一个在客户端使用 JavaScript 进行面向对象开发的代码库、能够从客户端代码调用 Web 服务的功能、能够创建自己的支持 AJAX 的控件的功能等。

本课涵盖了使用内置于 ASP.NET 的 AJAX 控件建立交互式 Web 表单。本章第 2 课主要讲解 JavaScript 对象库和建立支持 AJAX 的控件。

学习目标

◆　理解和使用内置于 ASP.NET 的 AJAX 扩展控件

◆　创建 Web 表单，能够在服务器执行部分页面更新(而不必是整个页面的更新)

◆　显示在服务器上处理的一个请求的进展

◆　基于一段时间间隔定期更新 Web 窗体

预计课时：45 分钟

介绍 ASP.NET 的 AJAX

有许多项目是 ASP.NET 的一部分(或相关)，旨在为开发人员提供 AJAX 功能。这些项目有一个共同的目标:通过提供创建更具有灵活性的 Web 应用程序的功能来提升用户体验。这些功能有很多。选择合适的方法是依据具体的需要而定的。以下是有关 AJAX 功能的 ASP.NET 组件。

◆ **Microsoft AJAX 库** Microsoft AJAX 库是一个 JavaScript 文件，使编程客户端 JavaScript 更容易设置。它提供了一个面向对象模型的 AJAX 脚本语言。这包括对类、命名空间、事件处理、数据类型等的支持。这个库还支持错误处理、调试和全局化。

该库结合了 JavaScript 功能和 DHTML。如同 JavaScript，它是跨浏览器和跨平台的。这个库被 ASP.NET 和 AJAX 控件工具包调用。但是，也可以使用这个库扩展自身的带有 AJAX 行为的控件。

◆ **ASP.NET AJAX 服务器控件** ASP.NET 附带一组 AJAX 服务器控件，可以嵌入到 Web 页面，开启部分页面更新、指示服务器进程通信进展情况、定期更新部分 Web 页面。

◆ **AJAX 控件工具包** AJAX 控件工具包是一组公有的，支持显示 AJAX 功能的控件。这些控件可以用在 Web 页面，让许多客户端的功能得以发挥。这些功能通常是桌面上运行的应用程序所保留的，例如屏蔽的编辑框、滑块控件、过滤的文本框、模态弹出窗口等等。

注意 AJAX 控件工具包

AJAX 控件工具包是对 Visual Studio 和 ASP.NET 的扩展。因此，它并没有在本书或者考点中出现。可以访问 http://www.asp.net/ajax。

◆ **客户端 Web 服务支持** ASP.NET 提供了从客户端异步使用 JavaScript 对象符号 (JSON)的序列和 XML 的 Web 服务的支持。

注意 使用 AJAX 调用 Web 服务

AJAX 可以用来从客户端调用 Web 服务。详情见第 9 章。

ASP.NET AJAX 的用途和优点

内置于 ASP.NET AJAX 的功能比一个标准的全服务器端的 Web 应用程序提供更为丰富的用户体验。除此之外，这些功能让编写 AJAX 成为一个更为简单的任务。正如任何新技术一样，这些优点乍看起来可能并不明显。下面列出了一些关键的使用场合和使用 ASP.NET AJAX 建立 Web 应用程序的优点。

◆ **部分页面更新** 这个功能允许定义页面上的一块区域,这块区域回发并更新自身。页面的其余部分在请求结束时刷新。这保证了用户停留在页面的内容，并给了用户一种感觉：好像从未离开过应用程序。

◆ **客户端处理** 这种互动性提供即时的反馈和响应给用户。使用客户端脚本，可以使用页面的可折叠区域、Web 页面上的标签、客户端排序的数据等等。

◆ **桌面式的用户界面(UI)** 用户界面使用 AJAX，可以提供模态对话框、进程指示器、格式编辑控件、提示框等功能。这里模糊化了 Web 应用程序和桌面应用程序的界线。

◆ **进程指示器** 这允许跟踪一个服务器端进程的进展情况，并持续地对用户更新。这让用户感到他们是在控制这个应用程序，应用程序仍在处理之中(很像一个桌面应用程序)。

◆ **改善的性能和扩大的规模** 可以通过处理在客户端的页面的一部分来改善性能和扩大规模。接着，使用用户的机器，承载服务器的负载。这会产生真实的并且可察觉到的性能的提升。

◆ **客户端 Web 服务的调用** 这允许直接从运行在浏览器上的客户端脚本回调服务器，并显示结果。

◆ **跨浏览器、跨平台支持** 这项功能使网站与一般桌面应用程序相比可以在更多的客户端环境中运行。

AJAX 服务器控件

附加了 ASP.NET 的控件意味着支持两种基本的 AJAX 功能：部分页面更新和客户端到服务器端的进展更新。使用这种控件和使用其他 ASP.NET 控件的方式类似。可以从工具箱拖动它们到页面上，操作它们的属性，并对它们编写代码。图 6.1 展示了在 ASP.NET 中 AJAX 扩展控件的模型。

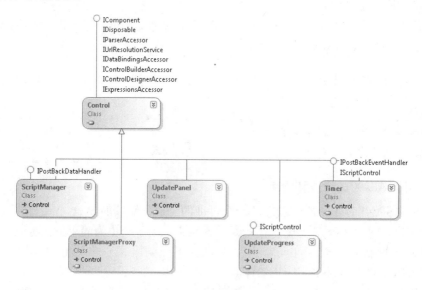

图6.1　AJAX 扩展控件

这些控件中的每一个都是从 System.Web.UI.Control 类继承的。这就保证了它们的工作方式和其他的 ASP.NET 控件的工作方式类似。以下各节详细介绍了这些控件。

ScriptManager 和 ScriptManagerProxy 控件

利用 ASP.NET AJAX 编写的每一页面都需要一个(且只有一个)使用 ScriptManager 控件的实例。当页面被请求时，ScriptManager 控件负责将 Microsoft AJAX 库推到客户端。它也管理部分页面更新、进程指示等等。

在页面源添加 ScriptManager 控件。然而，它并不具有可视化显示。它只是用来管理 AJAX 和其他控件处理。在源试图中，基本的 ScriptManager 控件页面标记如下所示。

```
<asp:ScriptManager ID="ScriptManager1" runat="server">
</asp:ScriptManager>
```

在默认情况下，ScriptManager 控件的 EnablePartialRending 属性设置为 true。这表示页面支持部分页面更新。如果需要的话，也可以使用这个属性关闭这项功能。

ScriptManager 也可以用来注册使用 Microsoft AJAX 库自定义脚本。这样，如果编写一个脚本，它可以注册并使用 Microsoft AJAX 库管理。这是第 2 课的内容。同样，可以使用 ScriptManager 注册来自于客户端的 Web 服务方法。这是第 9 章的内容。

和母版页面以及用户控件一起使用 AJAX

通常，需要在一个编写的用户控件内部或者直接在网站上的母版页面中使用 AJAX。这就出现了一个问题，因为一个页面只能包含一个 ScriptManager 控件。例如，在用户控件的内部有一个 ScriptManager 控件，在使用用户控件的页面上还有一个，这就会产生问题。为了克服这个问题，可以使用 ScriptManagerProxy 控件。

ScriptManagerProxy 控件被子页面使用，或者被用户自定义控件使用。这里的子页面使用一个定义了 ScriptManager 控件的母版页面。可以与使用 ScriptManager 控件相同的方式使用 ScriptManagerProxy 控件。也可以注册脚本，用来指定子页面或者编写的控件。ASP.NET 更关注后者。

UpdatePanel 控件

UpdatePanel 控件允许定义一块页面的区域，这块区域回发到服务器并与页面的其他部分独立。这使得客户端和服务器之间具有不同的体验。与整个页面被请求然后返回刷新不同的是，这里使用部分页面更新，可以发送页面的一部分到服务器，并且仅接收那部分的更新。这样，用户不会看到一个完整的屏幕刷新，并且不会失去页面上的上下文。

重要的是要注意，部分页面更新给人一种错觉——它们运行于客户端。事实上，它们并不是运行在客户端。相反，它们是更小的、异步的到服务器的回发。ScriptManager 控件管理这个调用和它的返回信息之间的通信。

UpdatePanel 控件对于其他控件来说是一个容器。放入到 UpdatePanel 控件内的控件会引发对服务器的回发作为部分页面更新管理。举一个例子，考虑一个 GridView 控件，这个控件允许用户对数据页面翻页。默认情况下，用户每次选择另一个数据页面时，整个 Web 页面刷新并重新显示。如果在 UpdatePanel 控件的内部嵌入 GridView 控件，仍然可以在服务器上处理数据页。但是，现在消除了整个页面更新。下面显示了包括一个 GridView 控件的 UpdatePanel 标记。

```
<asp:UpdatePanel ID="UpdatePanel1" runat="server">
  <ContentTemplate>
    <asp:GridView ID="GridView1" runat="server" AllowPaging="True" Width="600"
      AutoGenerateColumns="False" DataKeyNames="id"
      DataSourceID="SqlDataSourceVendorDb" >
      <Columns>
        <asp:BoundField DataField="id" HeaderText="Id" InsertVisible="False"
          ReadOnly="True" SortExpression="id" />
        <asp:BoundField DataField="name" HeaderText="Name" SortExpression="name" />
        <asp:BoundField DataField="location" HeaderText="Location"
          SortExpression="location" />
        <asp:BoundField DataField="contact_name" HeaderText="Contact Name"
          SortExpression="contact_name" />
        <asp:BoundField DataField="contact_phone" HeaderText="Contact Phone"
          SortExpression="contact_phone" />
      </Columns>
    </asp:GridView>
  </ContentTemplate>
</asp:UpdatePanel>
```

控制部分页面更新

可以在同一个页面组合多个 UpdatePanel 控件。每个都可以独立地或以其他方式更新页面的一部分。在同一个页面，可能具有引发标准回发的控件，也可能具有引发异步回发的控件。在每一种情况下，都需要能够控制如何以及何时更新页面元素。当一个回发触发对包含在一个 UpdatePanel 中内容的更新时，UpdatePanel 公开 UpdateMode 和 ChildrenAsTriggers 属性以便控制。

UpdateModel 的第一个属性有两种可能的设置：Always 和 Conditional。Always 值用来表明 UpdatePanel 的内容对来源于页面的每个回发都应当更新。这包括页面上另外一个 UpdatePanel 的结果的异步更新，以及页面上简单的标准回发。

UpdatePanel.UpdateMode 属性值 Conditional 更加复杂。它表明对一个给定的更新是受页面上其他部分限制的。例如，考虑嵌套的 UpdatePanel 情况，如果将嵌套的 UpdatePanel 控件的 UpdateMode 属性设置为 Conditional，它只有当 UpdatePanel 父控件引起一个回发时才会更新。

另外一种使用 UpdateMode 设置为 Conditional 触发 UpdatePanel 更新的方法是从服务器端代码显式地调用它的更新方法。这种方法可能由页面上另外一个异步更新完成。

如果将 UpdateMode 设置为 Conditional 值，默认情况下，嵌套的 UpdatePanel 控件将不会引发它们父控件的更新。可以将外部 UpdatePanel 控件的 ChildrenAsTriggers 属性设置为 true 来改变这种行为。在这种情况下，任何由嵌套的 UpdatePanel 所引发的更新也将会触发到 UpdatePanel 父控件的更新。

同样，也可以显式的定义控件，希望控件对一个 UpdatePanel 控件触发更新。这些控件可以在 UpdatePanel 的内部，也可以在其外部，并且在 Conditional 和 Always 模式下都发生更新。为 UpdatePanel 添加一个触发器表明如果用户从给定的触发控件触发一个回发，UpdatePanel 的内容也应当回发，并且刷新。

例如，考虑前面讨论的 GridView 控件。这个控件是在一个 UpdatePanel 的内部，如图 6.2 所示。当用户对数据页面翻页时，它自身进行更新。现在，考虑到该页面还支持搜索功能。在这种情况下，搜索是基于一个名为搜索的按钮触发的(同样见图 6.2)。

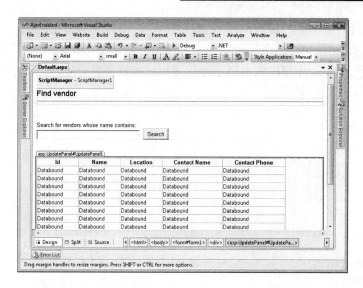

图 6.2　一个具有搜索按钮和 GridView 控件的.aspx 页面

　　用户可能还希望搜索的结果在 GridView 控件产生部分页面更新。为此，可以在包含 GridView 控件的 UpdatePanel 中添加一个触发器。触发器可以直接以标记的方式定义(通过设计视图中的属性窗口或者在代码中)。下面标记语言给出了一个例子。

```
<asp:UpdatePanel ID="UpdatePanel1" runat="server">
  <Triggers>
    <asp:AsyncPostBackTrigger ControlID="ButtonSearch" EventName="Click" />
  </Triggers>
  <ContentTemplate>

    ... Grid View markup ...

  </ContentTemplate>
</asp:UpdatePanel>
```

　　请注意，触发器的类型是异步回发触发器。它包含引起回发控件的 ID 和引起回发的触发器控件事件的名称。也可以在 UpdatePanel 上添加更多的触发器。在这个例子中，单击搜索按钮将会以部分页面更新的方式更新 GridView。

部分页面更新和错误处理

　　可以为 ScriptManager 控件的 AsyncPostBackError 事件编写一个处理器，在发生部分页面更新期间处理错误。当异步回发抛出一个错误时，这个事件会在服务器上触发。还可以将 ScriptManager 控件的 AsyncPostBackErrorMessage 设置为显示给用户的错误信息，当发生部分页面更新错误时，显示这条错误信息给用户。

UpdateProgress 控件

　　UpdateProgress 控件以图形或者文本的形式提供信息。这些信息在部分页面更新期间显示给用户。例如，显示一个动态的.gif 格式的图片来表示系统正在处理，等待部分页面更新的完成。

　　通过把 UpdateProgress 控件嵌套在 UpdatePanel 控件的 ContentTemplate 标签，可以为 UpdatePanel 控件添加一个 UpdateProgress 控件。这有效的把 UpdateProgress 控件和给定的

UpdatePanel 控件联系起来。接着，在 UpdateProgress 控件的 ProgressTemplate 标签内部定义打算显示给用户的信息。这个元素的内容可以是图片、文字或类似的 HTML 内容。内容将作为一个隐藏的<div>标签提供给浏览器，当执行部分页面更新时，这个标签得以显示。下面的标记给出了一个例子。

```
<asp:UpdatePanel ID="UpdatePanel1" runat="server">
  <ContentTemplate>
    <asp:GridView ID="GridView1" runat="server">
    </asp:GridView>
    <asp:UpdateProgress ID="UpdateProgress1" runat="server">
      <ProgressTemplate>
        <div style="font-size: large">Processing ...</div>
      </ProgressTemplate>
    </asp:UpdateProgress>
  </ContentTemplate>
</asp:UpdatePanel>
```

UpdateProgress 控件也可以通过 AssociatedUpdatePanelId 属性直接与一个 UpdatePanel 控件关联。可以将这个属性设置为打算关联的那个 UpdatePanel 的 ID 值。

如果不想设置进程更新控件的 AssociatedUpdatePanelId 属性，任何引起异步回发的 UpdatePanel 都将会触发 UpdateProgress 控件。这样的话，可以在一个 Web 页面上对多个 UpdatePanel 使用同一个 UpdateProgress 控件。

在默认情况下，部分页面更新启动后的半秒，UpdateProgress 控件才会显示。可以将 DisplayAfter 属性的值设置为显示 UpdateProgress 内容之前要等待的毫秒数。这个设置可以阻止控件过快的显示，并且只为耗时长的操作显示。

更多信息　取消一个异步回发

可能需要允许用户取消一个异步回发，这可以通过在 UpdateProgress 控件内部提供一个取消按钮完成。Microsoft AJAX 库是通过 PageRequestManager 类的 abortPostBack 方法支持取消异步回发。更多的信息和例子，参看内置到 MSDN 库的 UpdateProgress 类。

Timer 控件

ASP.NET 的 Timer 控件是一个 AJAX 控件，可以用来定期、定时更新部分页面。如果需要更新一幅图片，例如 Web 页面上的一则广告或者股票值又或者新闻行情，这是很有用的。Timer 控件也可以用于在服务器上定期的运行代码。

可以在 UpdatePanel 控件上直接添加一个 Timer 控件。在这种情况下，Timer 自动触发给定 UpdatePanel 的部分页面更新，触发时间由 Timer 控件的 Interval 属性定义(设置为毫秒)。下面显示了一个 Timer 控件嵌入到一个 UpdatePanel 的例子。

```
<asp:UpdatePanel ID="UpdatePanel1" runat="server">
  <ContentTemplate>
    <asp:Image ID="Image1" runat="server"
      ImageUrl="~/images/contoso.png" />
    <asp:Timer ID="Timer1" runat="server"
      Interval="5000" ontick="Timer1_Tick">
    </asp:Timer>
  </ContentTemplate>
</asp:UpdatePanel>
```

在这个例子中，Timer 设置为 5 秒。当 Timer 控件工作时，它的 Tick 事件是在服务器上触发，UpdatePanel 的内容获得刷新。在这种情况下，Tick 事件只是简单的循环图像显示给用户。当使用 UpdatePanel 的 Timer 时，Timer 在页面完成它到服务器的回发后会再次启动。

一个 Timer 可以用于 UpdatePanel 控件的外部。它也需要 ScriptManager 控件。这样，可以使用 Timer 控件更新页面上不止一个的 UpdatePanel 或者整个页面。为了将 UpdatePanel 外部的 Timer 控件与页面内的 UpdatePanel 相关联，需要使用前面讨论的 Trigger。

请注意，一个触发器在 UpdatePanel 外部的情况下，定时间隔一旦启用就被重置。它并不等待回发的完成。这可以提供更精确的间隔时间。然而，当 Timer 启动时，如果回发仍在运行，第一个回发将被取消。

快速测试

1. 如果建立一个支持 ASP.NET AJAX 功能的用户控件，要在页面上添加哪个控件？

2. 如何表明一个 UpdatePanel 外部的控件触发了一个 UpdatePanel 的部分页面更新？

参考答案

1. 需要在页面上添加一个 ScriptManagerProxy 控件来保证用户控件能够与包含 ScriptManagerControl 的页面一起工作。

2. 为了连接一个 UpdatePanel 外部的控件到一个 UpdatePanel，需要在 UpdatePanel 标记的 Triggers 字段作为一个 AsyncPostBackTrigger 注册它。

实训：建立一个支持 AJAX 的 Web 页面

在本实训中，需要创建一个 Web 页面，并启动部分页面更新。当连接到服务器时，还可以添加对通知用户连接到服务器的支持。最后，需要添加一个 Timer 控件，定期更新页面附加的部分。

如果在完成这个练习时遇到问题，可参考本书配套资源所附的实例，这些实例都有完成了的项目文件。

➢ 练习 1 启用部分页面更新

在本练习中，需要创建一个新的 ASP.NET 网站，并定义部分页面更新的支持。

1. 打开 Visual Studio，使用 C#或者 Visual Basic 创建一个新的 ASP.NET 网站，命名为 **AjaxExample**。

2. 在网站内的 App_Data 文件夹添加 Vendorsd.mdf 数据库文件。

3. 在资源视图中打开 Default.aspx。通过工具箱中的 AJAX 扩展标签为页面的主体添加一个 ScriptManager 控件。

4. 在一条水平线之后在页面上添加标题文本。代码如下所示：

```
<div style="font-size: large;">Vendors</div>
<hr />
```

5. 在页面上添加一个 AJAX UpdatePanel 控件。

6. 切换到设计视图并在 UpdatePanel 上添加一个 GridView 控件。设计视图提供绑定 GridView 到数据库表格的用户界面支持。

7. 在这步，在绑定 GridView 到 Vendors.mdf 数据库中的 vendor 表格。开始，单击 GridView 控件右上角的 smart 标签，打开 GridView 任务窗口。从这里，选择选择数据源下拉列表并选择新的数据源。这样是打开数据源配置向导。

   向导的第一步，选择数据库并为数据源输入 ID，如 **SqlDataSourceVendors**。单击 OK，打开选择数据连接页面。

   接着，从连接下拉列表中选择 Vendors.mdf，单击下一步。

   在接下来的页面中，选择保存连接字符串，并命名它为 **ConnectionStringVendors**，单击下一步继续。

   接着，配置 SQL 语句，访问 vendor 表格的所有数据字段(选择*复选框)。按照 vendor 的名字排序(单击 ORDER BY，并在 Sort By 列表中选择 Name)。单击下一步，接着点击完成关闭向导。

8. 再次使用 smart 标签打开 GridView 任务窗口。选择页面复选框支持。

9. 运行应用程序，并在浏览器中查看 Default.aspx 页面。单击数据页码，在数据页面之间移动。请注意，只有网格被更新，而不是整个页面；这是由于 UpdatePanel 控件。

10. 接下来，在表格的顶端(UpdatePanel 之外)添加一个字段，这个字段允许用户输入一个新的联系方式，并把它添加到数据库。标记代码如下所示。

```
<div style="margin: 20px 0px 20px 40px">
  Name<br />
<asp:TextBox ID="TextBoxName" runat="server" Width="200"></asp:TextBox>
  <br />
  Location<br />
  <asp:TextBox ID="TextBoxLocation" runat="server" Width="200"></asp:TextBox>
  <br />
  Contact Name<br />
  <asp:TextBox ID="TextBoxContact" runat="server" Width="200"></asp:TextBox>
  <br />
  Contact Phone<br />
  <asp:TextBox ID="TextBoxPhone" runat="server" Width="200"></asp:TextBox>
  <br />
  <asp:Button ID="ButtonEnter" runat="server" Text="Enter"
    style="margin-top: 15px" />
</div>
```

11. 然后，为前面定义的 ButtonEnter 按钮添加一个 Click 事件(onclick = "ButtonEnter_Click")。这个 Click 事件将会调用一个定义在 Vendors.mdf 数据库的存储程序。在这个事件的最后，重新绑定 GridView 控件。下面的代码显示了一个例子(假定已经导入了命名空间 System.Data 和 System.Data.SqlClient)。

```
'VB
Protected Sub ButtonEnter_Click(ByVal sender As Object, _
  ByVal e As System.EventArgs) Handles ButtonEnter.Click
  Dim cnnStr As String = _
    System.Web.Configuration.WebConfigurationManager.ConnectionStrings( _
      "ConnectionStringVendors").ConnectionString
  Dim cnn As New SqlConnection(cnnStr)
  Dim cmd As New SqlCommand("insert_vendor", cnn)
  cmd.CommandType = Data.CommandType.StoredProcedure
```

```
    Dim pName As New SqlParameter("@name", Data.SqlDbType.VarChar)
    pName.Value = TextBoxName.Text
    cmd.Parameters.Add(pName)
    Dim pLocation As New SqlParameter("@location", Data.SqlDbType.VarChar)
    pLocation.Value = TextBoxLocation.Text
    cmd.Parameters.Add(pLocation)
    Dim pContactName As New SqlParameter("@contact_name", _
      Data.SqlDbType.VarChar)
    pContactName.Value = TextBoxContact.Text
    cmd.Parameters.Add(pContactName)
    Dim pContactPhone As New SqlParameter("@contact_phone", _
      Data.SqlDbType.VarChar)
    pContactPhone.Value = TextBoxPhone.Text
    cmd.Parameters.Add(pContactPhone)
    cnn.Open()
    cmd.ExecuteNonQuery()
    'rebind the grid
    GridView1.DataBind()
End Sub
```

//C#

```
protected void ButtonEnter_Click(object sender, EventArgs e)
{
  string cnnStr =
    System.Web.Configuration.WebConfigurationManager.ConnectionStrings[
      "ConnectionStringVendors"].ConnectionString;
  SqlConnection cnn = new SqlConnection(cnnStr);
  SqlCommand cmd = new SqlCommand("insert_vendor", cnn);
  cmd.CommandType = CommandType.StoredProcedure;
  SqlParameter pName = new SqlParameter("@name", SqlDbType.VarChar);
  pName.Value = TextBoxName.Text;
  cmd.Parameters.Add(pName);
  SqlParameter pLocation = new SqlParameter("@location", SqlDbType.VarChar);
  pLocation.Value = TextBoxLocation.Text;
  cmd.Parameters.Add(pLocation);
  SqlParameter pContactName = new SqlParameter("@contact_name",
    SqlDbType.VarChar);
  pContactName.Value = TextBoxContact.Text;
  cmd.Parameters.Add(pContactName);
  SqlParameter pContactPhone = new SqlParameter("@contact_phone",
    SqlDbType.VarChar);
  pContactPhone.Value = TextBoxPhone.Text;
  cmd.Parameters.Add(pContactPhone);
  cnn.Open();
  cmd.ExecuteNonQuery();
  Dim pContactPhone As New SqlParameter("@contact_phone", _
    Data.SqlDbType.VarChar)
  pContactPhone.Value = TextBoxPhone.Text
  cmd.Parameters.Add(pContactPhone)
  cnn.Open()
  cmd.ExecuteNonQuery()
  'rebind the grid
  GridView1.DataBind()
End Sub
```

//C#

```
protected void ButtonEnter_Click(object sender, EventArgs e)
{
  string cnnStr =
    System.Web.Configuration.WebConfigurationManager.ConnectionStrings[
      "ConnectionStringVendors"].ConnectionString;
  SqlConnection cnn = new SqlConnection(cnnStr);
  SqlCommand cmd = new SqlCommand("insert_vendor", cnn);
  cmd.CommandType = CommandType.StoredProcedure;
```

```
SqlParameter pName = new SqlParameter("@name", SqlDbType.VarChar);
pName.Value = TextBoxName.Text;
cmd.Parameters.Add(pName);
SqlParameter pLocation = new SqlParameter("@location", SqlDbType.VarChar);
pLocation.Value = TextBoxLocation.Text;
cmd.Parameters.Add(pLocation);
SqlParameter pContactName = new SqlParameter("@contact_name",
  SqlDbType.VarChar);
pContactName.Value = TextBoxContact.Text;
cmd.Parameters.Add(pContactName);
SqlParameter pContactPhone = new SqlParameter("@contact_phone",
  SqlDbType.VarChar);
pContactPhone.Value = TextBoxPhone.Text;
cmd.Parameters.Add(pContactPhone);
cnn.Open();
cmd.ExecuteNonQuery();
//rebind the grid
GridView1.DataBind();
}
```

12. 运行应用程序，输入表格中的一行。注意整个页面的刷新。在页面上添加行为，这样输入按钮会触发一个 GridView 的部分页面更新。为此，在 UpdatePanel 控件中添加一个触发器，并为 ButtonEnter 控件连接触发器。下面的标记给出了一个例子。

```
<asp:UpdatePanel ID="UpdatePanelVendors" runat="server">
  <Triggers>
    <asp:AsyncPostBackTrigger ControlID="ButtonEnter" EventName="Click" />
  </Triggers>
  <ContentTemplate>
<asp:GridView ...
```

再次运行应用程序，请注意，现在，当添加一个新行的时候，只有 GridView 更新。

> ### 练习 2　添加一个进程指示器

在这个练习中，添加一项功能，以便当页面在服务器上发生部分更新时，通知用户。

1. 继续前面练习中的项目，或者从本书配套资源的实例中打开第 1 课练习 1 完成了的项目。

2. 在"源"视图中打开 Default.aspx。在 UpdatePanel 中添加一个 UpdateProgress 控件。

在 ContentTemplate 元素内部的面板的底部添加控件。

在 UpdateProgress 控件的 ProgressTemplate 元素内部添加文本，通知用户处理正在服务器上进行。下面代码显示了一个样本标记。

```
<asp:UpdateProgress ID="UpdateProgress1" runat="server">
<ProgressTemplate>
  <div style="margin-top: 20px; font-size: larger; color: Green">
  Processing, please wait ...
  </div>
</ProgressTemplate>
</asp:UpdateProgress>
```

3. 处理进行得非常快。因此，在 ButtonEnter 单击事件添加代码停止服务器端的处理。可以只把进程休眠几秒钟。下面代码显示了一个例子。

```
System.Threading.Thread.Sleep(2000)
```

4. 运行应用程序，请注意，当用户在 GridView 中输入新的记录时，显示给用户的通知。

> **练习 3　使用 Timer 控件**

在这个练习中，添加功能用来显示对 Timer 控件的使用。在页面上添加一块区域，用于定时旋转一系列图形文件。

1. 继续前面练习中的项目，或者从本书配套资源的实例中打开第 1 课练习 2 完成了的项目。

2. 打开"源"视图中的 Default.aspx 页面。

3. 添加一个 UpdatePanel 显示右边新的 vendor 数据输入表。这个控件的工作方式像一个旋转的广告。它会定期地更新和显示新的图片。

4. UpdatePanel 控件的 ContentTemplate 元素的内部使用文本 **Advertisement** 添加一个标签。

   在这个文本下面，添加一个图片按钮。可以为项目添加一对图片(或者从本书配套资源中的实例文件复制)。

5. 在图片控件的下面(仍在 ContentTemplate 元素的内部)从工具栏的 Ajax 扩展标签添加一个 Timer 控件。

   将 Timer 控件的 Interval 属性设置为 4 000 毫秒(4 秒)。

6. 为 Timer 控件的 Tick 事件添加一个事件处理器。在这个事件的内部添加代码用来在图片之间循环(一个简单的 if 语句就足够了)。

7. 运行应用程序，等待直到 Timer 事件触发。应用程序如图 6.3 所示。

图 6.3　使用包含 Timer 控件的 UpdatePanel 最终的 vendor 表格

本课总结

◆ AJAX 是一个独立于平台的、兼容 ECMAScript 的技术，用于客户端代码和服务器端代码之间的通信。

◆ ASP.NET 包括一组使用 AJAX 的服务器控件和一组称为 Microsoft AJAX 库的客户端 JavaScript 文件。

◆ 所有为 ASP.NET 使用 AJAX 扩展的页面都需要 ScriptManager(或者 ScriptManagerProxy)控件。它管理发送到客户端的 JavaScript 文件，并在服务器和客户端之间通信。

◆ UpdatePanel 控件允许定义页面中的一块区域，这块区域能够与页面剩余的区域独立，它回发到服务器，并接收更新。

◆ UpdateProgress 控件用于通知用户：页面已经初始化一个回调给服务器。

◆ Timer 控件用于在时间间隔内定期地给服务器发送部分页面请求(使用 UpdatePanel)。

课后练习

通过下列问题，你可检验自己对第 1 课的掌握程度。这些问题也可从配套资源中找到。

注意 关于答案
对这些问题的解析可参考本书末"答案"。

---

1. 需要编写一个页面，包含一个基于用户操作的更新。这个更新应当和页面的其余部分独立，以便于最小化屏幕刷新和保持用户上下文。这种情况下，应当在页面上添加下面哪个控件？(不定项选择)

   A．UpdatePanel

   B．AsyncPostBackTrigger

   C．ScriptManagerProxy

   D．ScriptManager

2. 需要编写一个跨越多个页面的控件。这个控件应当包含最新的销售数字。如果一个包含页面在左侧打开，控件会在各种间隔内更新自身。应当使用哪个控件来满足这种情况？(不定项选择)

   A．UpdatePanel

   B．Timer

   C．ScriptManager

   D．ScriptManagerProxy

3. 有一个定义在页面上的 UpdatePanel。需要表明一个给定的在 UpdatePanel 之外的按钮引发执行 UpdatePanel 的更新。应当采取哪个步骤？

   A．将 UpdatePanel 控件的 AsyncPostBackTrigger 属性设置为 Button 控件的 ID。

   B．将 Button 控件的 AsyncPostBackTrigger 属性设置为 UpdatePanel 的 ID。

   C．在 UpdatePanel 控件的 AsyncPostBackTriggers 字段添加一个 Tigger 控件。将触发器控件的 ControlID 属性设置为 Button 控件的 ID。

D. 在 UpdatePanel 的 Tigger 字段添加一个 AsyncPostBackTrigger 控件。将 AsyncPostBackTrigger 控件的 ControlID 属性设置为 Button 控件的 ID。

4. 要编写一个页面，包含一个用于部分页面更新的 UpdatePanel。如果更新时间超过 5 秒，希望通告用户更新正在进行。可以采用哪个行为？

A. 在页面上添加另外一个 UpdatePanel。基于第一个 UpdatePanel，将它设置为触发器。把这个 UpdatePanel 的内容设置为"Processing, please wait"。

B. 在 UpdatePanel 中添加一个 UpdateProgress 控件。把它的 DisplayAfter 属性设置为 5 000。把它的 ProgressTemplate 内容设置为"Processing, please wait"。

C. 在页面添加一个 ProgressBar 控件。在服务器上编写代码回调到异步客户端，用来在 5 秒后更新 ProgressBar 控件。

D. 在页面上创建一个隐藏的<div>标签，包含文本"Processing, please wait"设置<div>标签的 ID 来匹配 UpdatePanel。将 UpdatePanel 控件的 Interval 属性设置为 5 000。

第 2 课　使用 AJAX 客户端库创建客户端脚本

请注意，JavaScript 并不是新生事物。它也不是真正的 Java。它是一个由 Netscape 发明的基于 C 的脚本语言，具有在浏览器添加客户脚本的能力。现在，它成为市场上任何一款主流浏览器的一部分，并得到它们的支持。实际的语言是受一个标准的组织——欧洲计算机制造商协会(ECMA)——控制和管理的。因为是广泛部署的，并且具有提供开发人员编写客户端代码的能力，它已经变得越来越受欢迎。尤其是在客户端脚本和使用 JSON 和 XML 的服务器代码之间的通信功能流行之后。

然而，JavaScript 语言仍然缺乏现代编程语言中面向对象的概念。它还缺乏一个开发人员编写代码所需的标准框架。Microsoft AJAX 库以 JavaScript 语言为基础提供这些结构。这个库结合了 AJAX 服务器控件，并且为 JavaScript 提供 Visual Studio 智能感知支持，这使得建立支持 AJAX 的应用程序更加容易。

本课涵盖了使用 JavaScript 的客户端脚本的基础知识。接着，引入了 Microsoft AJAX 库，并显示了如何使用这个库在服务器控件中添加客户端功能。

学习目标

◆　在页面上添加客户端脚本块，并且通过客户端事件调用它们
◆　在运行时，使用 ClientScriptManager 类在页面上动态添加脚本
◆　使用 ScriptManager 类注册页面客户端脚本
◆　理解 Microsoft AJAX 库的性能并使用它
◆　为客户端组件和服务器控件添加 AJAX 支持

预计课时： 90 分钟

创建客户端脚本

执行在客户端上的脚本的出现要比 AJAX 早很多。客户端脚本添加一个客户端的、动态的 Web 用户界面。它是 AJAX，然而，这只是对在客户端上的 JavaScript 的再现。在下一部分，将会看到 Microsoft AJAX 库的使用。然而，首先，要学习在 ASP.NET Web 页面上定义客户端脚本的方式。有三种基本的模式。

◆　在 Web 页面上定义一个脚本块。这个脚本块可能定义客户端代码，也可能是一个关联 JavaScript(.js)文件的 include 属性。
◆　在运行时，基于服务器端的处理过程。使用 ClientScriptManager 类在页面动态添加 JavaScript。
◆　利用 ScriptManager 服务器控件对 Web 页面注册 JavaScript。

这些方法对使用客户端脚本是比较传统的方法。下面部分介绍这三种方法。

在 ASP.NET 页面上添加脚本块

可以通过包含代码的脚本块在页面内添加客户端脚本，也可以通过一个关联

JavaScript(.js)文件的 include 属性在页面内添加客户端脚本。在 Web 页面上添加 JavaScript 已经有很长的"历史"了。这对只在一个 Web 页面上使用 JavaScript 的工作来说是传统的方法。它支持客户端功能,但是并不一定利用 Microsoft AJAX 库的功能。JavaScript 的元素在这种情况下不是动态创建的,并且它们并不需要 Microsoft AJAX 库所提供的高级功能。然而,当页面只需要基本的 JavaScript 功能时,这种方法非常实用。

举一个例子,假定希望提供客户端功能,当用户触发一个开关按钮时,隐藏 Web 页面某一区域。这提供给用户对用户界面显示的控制。为了适应情况,必须先布局好 Web 页面。

Web 页面应当包含一个命名的区域,这块区域包含一个按钮,用来打开和关闭页面上的一块区域。这个命名的区域应当总是显示的,这样用户能够根据需要重新打开区域。接下来,需要定义页面的一块区域,这块区域包含要显示或者隐藏的内容。这些区域均可以由<div>标签来定义。下面的标记显示了一个例子。

```
<body style="font-family: Verdana;">
  <form id="form1" runat="server">
  <div>

    <div style="width: 200px; background-color: Blue; color: White;
      border-style: solid; border-width: thin; border-color: Blue">
      <div style="float: left; vertical-align: middle; margin-top: 3px;">
        Element Title
      </div>
      <div style="float: right; vertical-align: middle">
        <input id="ButtonCollapse" type="button" value="Close"
          onclick="Collapse()" />
      </div>
    </div>
    <div id="DivCollapse" style="width: 200px; height: 200px;
      border-style: solid; border-width: thin; border-color: Blue">
      <div style="margin-top: 20px; text-align: center;">
        Content area ...
      </div>
    </div>
    </div>
    </form>
</body>
```

在前面的标记中,input 按钮的 onclick 事件设置为调用 Collapse 方法。这是 JavaScript 方法,这种方法将会瓦解(隐藏)内容<div>标签(称为 DivCollapse)。现在需要编写出这个函数。也可以在.aspx 标记的 head 字段的内部完成。这里定义了一个脚本块和一个函数。下面的代码给出了一个例子。

```
<head id="Head1" runat="server">
  <title>Script Block</title>
  <script language="javascript" type="text/javascript">

    function Collapse()
    {
      if (DivCollapse.style.display == "")
      {
        DivCollapse.style.display = "none";
        document.forms[0].ButtonCollapse.value = "Open";
      }
      else
      {
        DivCollapse.style.display = "";
        document.forms[0].ButtonCollapse.value = "Close";
      }
    }
```

```
    </script>
  </head>
```

当运行这段代码时，由<div>标签定义的两块区域随着切换按钮显示。单击这个按钮将在客户端执行 JavaScript。图 6.4 展示了页面在浏览器中的显示的例子。

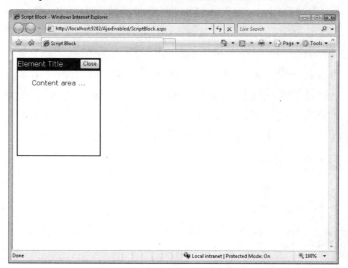

图 6.4　在浏览器窗口中的 JavaScript 和 HTML

注意　一个基本的例子

这是一个基本的例子。这个函数的类型是由 AJAX 控件工具包和 ASP.NET 中的 Web 部件提供。

在这个例子中，JavaScript 代码直接嵌入到页面。如果 JavaScript 代码在多个页面重复使用，可能想把它外部化到独立的.js 文件中。这允许重用和缓存。JavaScript 文件将被浏览器缓存，并且这样能改善页面的性能。下面代码给出了如何连接一个外部 JavaScript 文件到页面中。

```
<script type="text/javascript" src="SiteScripts.js"></script>
```

前面的例子并没有利用太多的 ASP.NET。相反，它使用标准的 HTML input 标签来定义一个按钮。这个标签的 onClick 事件连接到一个 JavaScript 方法。然而，对一个 ASP.NET Button 控件，onClick 属性通常以声明的方式连接一个 ASP.NET Button 控件到它的服务器端事件。因此，为了连接一个 ASP.NET Button 控件到一个客户端 JavaScript 方法，必须要使用 onClientClick 属性。事实上，可以设置 onClick 和 onClientClick 属性来响应同一个控件的服务器端和客户端事件。

下面的代码显示了一个例子，这个例子中显示了如何使用 ASP.NET Button 控件替换前面例子中的 Input 标签。

```
<asp:button id=" ButtonCollapse" runat="server" text="Close"
  onClientClick="Collapse();" />
```

同样重要的是要注意，可以在客户端脚本内部引用 ASP.NET 控件。根据它们显示的

HTML 引用它们。将它们的 ID 设置为代码中所设置的 ID。ASP.NET 控件也具有 ClientId 属性，用于从服务器端改变客户端 ID(在默认情况下，它设置为匹配服务器的 ID)。

在 ASP.NET 页面上动态添加脚本

有时候，可能需要生成自己的 JavaScript，并且在运行时添加它到页面。这可能取决于在运行时是否需要创建控件或者是否有信息添加到页面，这些信息确定了页面定义的 JavaScript。在这两种情况下，可以使用 ClientScriptManager 类的 JavaScript 动态登录。

ClientScriptManager 类的一个实例通过页面对象的 ClientScript 属性公开。可以使用这个属性在运行时为页面添加 JavaScript，以确定一个脚本是否已经注册，以及其他的相关任务。为了添加一个脚本，要在一个字符串内或者指向该脚本的文件中定义它。接着，要调用 ClientScriptManager 类的 RegisterClientScriptBlock 方法。该方法需要一个类型(通常是页面或控件的实例)、一个唯一标识脚本的键值(避免冲突)、脚本自身和一个用来表明是否需要注册生成脚本标签的布尔类型变量。

例如，假定有一个文本框，这个文本框允许用户输入他们的密码。假定提供给用户以下功能：当用户输入密码时，检测密码的强度。这个功能在默认情况下是关闭的，但是用户可以打开。用户这样做时，需要在代码中使用页面注册一个客户端脚本。下面的代码显示了这个例子页面的标记。

```
<body style="font-family: Verdana">
  <form id="form1" runat="server">
  <div>
    Enter Password<br />
    <asp:TextBox ID="TextBox1" runat="server" Width="250"></asp:TextBox>
      <span id="passwordStrength"></span>
    <br />
    <asp:CheckBox ID="CheckBox1" runat="server"
      Text="Turn on password strength checking" AutoPostBack="true" />
  </div>
  </form>
</body>
```

这个标记包括一个 CheckBox 控件，当用户选择复选框时，这个控件设置为自动回发。因此，需要在代码中处理它的 CheckedChanged 事件。这里，可以检查复选框是否被选中，如果被选中，注册客户端脚本验证密码。下面的代码显示了一个例子。

```
'VB
Partial Class DynamicScript
    Inherits System.Web.UI.Page
Protected Sub CheckBox1_CheckedChanged(ByVal sender As Object, _
    ByVal e As System.EventArgs) Handles CheckBox1.CheckedChanged

    If CheckBox1.Checked Then

      Dim passFunc As String = "function CheckPassword() {"
      passFunc &= "var passLen = document.forms[0].TextBox1.value.length;"
      passFunc &= " if (passLen < 4) {"
      passFunc &= " document.getElementById(""passwordStrength"")."
      passFunc &= "innerText = ""weak"";"
      passFunc &= " document.getElementById(""passwordStrength"")."
      passFunc &= "style.color = ""red"";}"
      passFunc &= " else if (passLen < 6) {"
      passFunc &= " document.getElementById(""passwordStrength"")."
      passFunc &= "innerText = ""medium"";"
      passFunc &= " document.getElementById(""passwordStrength"")."
      passFunc &= "style.color = ""blue"";}"
```

```
    passFunc &= " else if (passLen > 9) {"
    passFunc &= " document.getElementById(""passwordStrength"")."
    passFunc &= "innerText = ""strong"";"
    passFunc &= " document.getElementById(""passwordStrength"")."
    passFunc &= "style.color = ""green"";}}"

    'register the script
    Page.ClientScript.RegisterClientScriptBlock(Me.GetType(), _
      "CheckPasswordScript", passFunc, True)

    'add an event to the text box to call the script
    TextBox1.Attributes.Add("onkeyup", "CheckPassword()")

  Else
    'remove the event from the text box
    TextBox1.Attributes.Remove("onkeyup")
  End If

  End Sub

End Class
```

```
//C#
public partial class DynamicScriptC : System.Web.UI.Page
{
  protected void CheckBox1_CheckedChanged(object sender, EventArgs e)
    {
      if (CheckBox1.Checked)
      {
        string passFunc = "function CheckPassword() {";
        passFunc += @"var passLen = document.forms[0].TextBox1.value.length;";
        passFunc += @" if (passLen < 4) {";
        passFunc += @" document.getElementById(""passwordStrength"").";
        passFunc += @"innerText = ""weak"";";
        passFunc += @" document.getElementById(""passwordStrength"").";
        passFunc += @"style.color = ""red"";}";
        passFunc += @" else if (passLen < 6) {";
        passFunc += @" document.getElementById(""passwordStrength"").";
        passFunc += @"innerText = ""medium"";";
        passFunc += @" document.getElementById(""passwordStrength"").";
        passFunc += @"style.color = ""blue"";}";
        passFunc += @" else if (passLen > 9) {";
        passFunc += @" document.getElementById(""passwordStrength"").";
        passFunc += @"innerText = ""strong"";";
        passFunc += @" document.getElementById(""passwordStrength"").";
        passFunc += @"style.color = ""green"";}}";

        //register the script
        Page.ClientScript.RegisterClientScriptBlock(this.GetType(),
          "CheckPasswordScript", passFunc, true);

        //add an event to the text box to call the script
        TextBox1.Attributes.Add("onkeyup", "CheckPassword()");
      }
      else
      {
        //remove the event from the text box
        TextBox1.Attributes.Remove("onkeyup");
      }
    }
}
```

当运行页面时，用户没有收到关于密码强度的指示。然而，如果他们选中了复选框，页面将发送到服务器，并且客户端脚本会添加到响应。因此，能够验证密码的强度，如图 6.5 所示。同样，请注意，在前面列出的代码中，如果复选框没有被选中，需要从 TextBox 控件中移除事件处理器。否则，当脚本在回发之后移除时，将会得到一个错误(除非添加到脚本)。

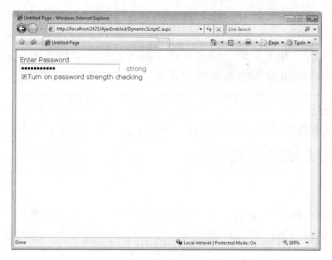

图 6.5 在浏览器中动态添加 JavaScipt

也可以注册客户端脚本，让它们只在页面提交时执行。当用户引发一个页面提交时，这会让你知道。接着，可以使用脚本代码来验证提交和取消它(如果有必要)。为了注册一个仅在页面提交时执行的客户端脚本，需要使用 ClientScriptManager 管理的 RegisterOnSubmitStatement 方法。这个方法和 RegisterClientScriptBlock 的工作方式类似。它需要类型、键值和脚本作为参数。

使用 ScriptManager 控件注册客户端脚本

正如前面所讨论的，ScriptManager 控件被 ASP.NET AJAX 扩展服务器控件所使用。它自动地注册由 Microsoft AJAX 库定义的合适的脚本文件。如果正在使用 ScriptManager 控件，还可以在脚本中利用这个库(这在以后详细的讨论)。

除此之外，可以使用 ScriptManager 注册自己的脚本。这可以以声明或者编程的方式完成。如果以声明的方式在 ScriptManager 中添加一个脚本，要使用 ScriptManager 控件中的 <Scripts>集合元素。下面标记显示了一个例子。

```
<asp:ScriptManager ID="ScriptManager1" runat="server">
  <Scripts>
    <asp:ScriptReference Name="AppScripts.js" />
  </Scripts>
</asp:ScriptManager>
```

请注意，如果 JavaScript 文件被嵌入到一个集合中，可以往 ScriptReference 标签添加 Assembly 属性并且指向.dll 文件。当不具有全部的源代码文件或者不使用预编译的对象工作时，这是很有用的。

也可以通过服务器端代码注册脚本。这可以通过创建 ScriptReference 类的一个实例实现。然后，在 ScriptManager 控件的脚本集合添加这个实例，如下面代码所示。

```
'VB
Dim sr As New ScriptReference("AppScripts.js")
ScriptManager1.Scripts.Add(sr)
```

```
//C#
ScriptReference sr = new ScriptReference("AppScripts.js");
ScriptManager1.Scripts.Add(sr);
```

如果已经在页面中使用 ScriptManager 控件,可以使用它注册客户端脚本。如果并不使用和 ScriptManager 控件相关联的 AJAX 功能,最好使用前面提到的 ClientScriptManager,因为它不具有 ScriptManager 服务器控件的开销。

重要提示　脚本注册

如果在部分页面更新情况下,只有使用 ScriptManager 注册脚本是可用的话,这种情况下,就必须使用 ScriptManager 类注册。

> **快速测试**
>
> 1. 打算使用跨网站的多个页面,应当把客户端脚本放到哪里?
> 2. 通过代码自动地注册客户端脚本,需要使用页面对象的哪些属性和方法?
>
> **参考答案**
>
> 1. 应当把这个代码放置到一个.js 文件。这样在页面之间很容易共享代码。它还可以在浏览器缓存这个代码。
> 2. Page.ClientScript.RegisterClientScriptBlock 用于通过代码动态注册客户端脚本。

创建自己的客户端回调

在本课开始之前,已经学习了如何使用 Microsoft AJAX 控件的 UpdatePanel 以及其他的功能以实现部分页面更新。这些控件使得创建一个客户端回调(一个对服务器端的调用,接着是从服务器端对一个客户端的回调)成为一个简单的过程。然而更多情况下,当需要对从客户端到服务器端的调用或者相反的调用有更多控制时,则需要编写自己的异步、客户端回调。

使用页面自身的客户端回调代码创建一个页面遵循一套标准的步骤。首先,必须定义服务器端代码。为此,需要遵循下面这些步骤。

◆ 在 ASP.NET 页面实现 System.Web.UI.ICallbackEventHandler。这个服务器端接口用来建立客户端的接收调用(RaiseCallbackEvent)和返回处理的客户端的方法(GetCallbackResults)。

◆ 针对 ICallbackEventHandler 接口实现 RaiseCallbackEvent 方法。该方法被客户端调用。可以使用它从客户端接收参数值。

◆ 针对 ICallbackEventHandler 接口实现 GetCallbackResult 方法。该功能用于获取服务器端的所有处理结果。结果以字符串的形式返回到客户端代码。

一旦编写出服务器端的代码,下一步就是创建客户端代码。这也要遵循一套标准的步骤。

◆ 一个重要的客户端脚本是为服务器端所调用，并返回服务器处理的结果的客户端脚本。可以使用这个功能处理任何从服务器端返回的结果。当页面加载时，这个函数的名字使用服务器端代码内部的 GetCallbackEventReference 获得注册。这确保了服务器端的处理之后的回调获得调用。

◆ 另外一个客户端脚本是所创建的 JavaScript 功能，用于从客户端调用服务器。这个函数通常在页面加载时，使用服务器端代码创建。这样做允许使用 ClientScriptManager 的 RegisterClientScriptBlock 方法注册客户端函数。然后，这个函数被页面上的一个或多个控件所使用，用来初始化客户端对服务器的调用。

◆ 最后的 JavaScript 函数实际上是由 ASP.NET 生成的。这实际上是一个在客户端和服务器端之间调用的函数。这个函数在服务器端代码中使用 ClientScriptManager 的 GetCallbackEventReference 方法时生成的。

举一个例子，假设有一个包含 DropDownList 控件的 Web 页面。假想当用户从下拉列表选择一个项目时，要调用服务器，但是并不希望对整个页面发送。相反，要发起一个异步客户端回调。那么，就可以在服务器上做一些处理并把结果返回给客户端。客户端页面可以不用刷新就能被更新。

为了能够创建这个例子，需要实现 ICallbackEventHandler 接口的代码隐藏页面。这段代码如下所示。

```vb
'VB
Partial Class _Default
  Inherits System.Web.UI.Page
  Implements System.Web.UI.ICallbackEventHandler
```

```csharp
//C#
public partial class Default2 :
  System.Web.UI.Page, System.Web.UI.ICallbackEventHandler
```

接下来，实现 RaiseCallbackEvent。这个事件在一个回调期间被客户端调用。它以字符串的形式从客户端接收任何事件参数。例如，在下拉列表中选择的事件参数。如果希望在一个类变量内存储这些事件参数。代码应当如下所示。

```vb
'VB
Dim _callbackArgs As String

Public Sub RaiseCallbackEvent(ByVal eventArgument As String) _
  Implements System.Web.UI.ICallbackEventHandler.RaiseCallbackEvent

  _callbackArgs = eventArgument

End Sub
```

```csharp
//C#
string _callbackArgs;

public void RaiseCallbackEvent(string eventArgument)
{
  _callbackArgs = eventArgument;
}
```

还要实现 GetCallbackResult 方法。这个方法在服务器端处理后，返回一个结果给客户端。在例子中，我们简单地返回 DropDownList 中用户的选择项。在真实世界的场景中，可能会做一些处理，如调用数据库等等。这个方法的代码如下所示。

```vb
'VB
Public Function GetCallbackResult() As String _
  Implements System.Web.UI.ICallbackEventHandler.GetCallbackResult

  Return _callbackArgs

End Function
```

```csharp
//C#
public string GetCallbackResult()
{
  return _callbackArgs;
}
```

现在，需要在页面加载事件中添加代码，注册各种客户端脚本。首先，对那些在服务器端处理过程需要调用的客户端脚本进行注册。在这个例子中，这个脚本称为 ClientCallbackFunction。这个函数在页面标记中定义。接下来，要创建一个 JavaScript 函数，用于调用服务器端代码。在这个例子中，这个函数称为 MyServerCall。它在页面标记中被引用，以便于服务器端调用。使用 RegisterClientScriptBlock 方法的 ClientScriptManager 注册这个函数，如下所示。

```vb
'VB
Protected Sub Page_Load(ByVal sender As Object, _
  ByVal e As System.EventArgs) Handles Me.Load

  'register the name of the client-side function that will
  ' be called by the server
  Dim callbackRef As String = Page.ClientScript.GetCallbackEventReference( _
    Me, "args", "ClientCallbackFunction", "")

  'define a function used by the client to call the server
  Dim callbackScript As String = "function MyServerCall(args)" & _
    "{" & callbackRef & "; }"

  'register the client function with the page
  Page.ClientScript.RegisterClientScriptBlock(Me.GetType(), _
    "MyServerCall", callbackScript, True)

End Sub
```

```csharp
//C#
protected void Page_Load(object sender, EventArgs e)
{
  //register the name of the client-side function that will
  // be called by the server
  string callbackRef = Page.ClientScript.GetCallbackEventReference(
    this, "args", "ClientCallbackFunction", "");

  //define a function used by the client to call the server
  string callbackScript = "function MyServerCall(args)" +
    "{" + callbackRef + "; }";

  //register the client function with the page
  Page.ClientScript.RegisterClientScriptBlock(this.GetType(),
    "MyServerCall", callbackScript, true);
}
```

这个例子的最后一步是编写页面标记。这里定义一个客户端脚本，能够从服务器接收回调。这个脚本被命名为 ClientCallbackFunction，并且带有一个字符串(args)作为参数。在这里例子中，这个函数把 args 值写入到一个 Label 控件。必须初始化从客户端到服务器的

调用。为此，别忘记需要调用 MyServerCall 方法。在例子中，这种方法作为 DropDownList
控件的 OnChange 事件的结果被调用。例子通过选择项目作为参数。这些页面标记项如下
所示。

```
<script type="text/javascript">
function ClientCallbackFunction(args)
{
  LabelMessage.innerText = args;
}
</script>

  <asp:DropDownList ID="DropDownListChoice"
    runat="server"
    OnChange="MyServerCall(DropDownListChoice.value)">
    <asp:ListItem>Choice 1</asp:ListItem>
    <asp:ListItem>Choice 2</asp:ListItem>
    <asp:ListItem>Choice 3</asp:ListItem>
  </asp:DropDownList>
  <br /><br />
  <asp:Label ID="LabelMessage" runat="server"></asp:Label>
```

当页面运行时，用户从下拉列表中做出一种选择。这调用了 MyServerCall 客户端方法，
MyServerCall 客户端方法初始化了一个对服务器的调用。接着 RaiseCallbackEvent 方法在服
务器调用；它可以接收事件参数(用户的选择)。服务器处理响应并调用 GetCallbackResult
方法。接着，结果回发到客户端。一旦回发到客户端，ClientCallbackFunction 的 JavaScript
方法开始执行，并把结果(用户的选择)显示给用户。

使用 ASP.NET AJAX 库

正如前面所看到的，用户可以创建自己的 JavaScript，并且将它嵌入到一个 ASP.NET
页面。然而，使用 JavaScript 编写代码是具有挑战性的，尤其是如果已经习惯于在一个面
向对象的世界开发、具有一个比较强大的类型系统、使用框架或者具有错误处理和调试支
持。Microsoft AJAX 库提供给这些项目支持以帮助解决这些问题，AJAX 库是以 JavaScript
语言的打包库的形式存在的。

本节提供了 Microsoft AJAX 库的概览。主要介绍了如何利用这个库创建支持 AJAX 的
服务器控件、客户端组件和可以附加到客户端组件上的行为。

Microsoft AJAX 库的功能

Microsoft AJAX 库实际上是用 JavaScript 编写的。它是一组输出到浏览器的文件，以
提供基本的功能。这些文件通过页面上的 ScriptManager 自动地输出。ScriptManager 确定需
要哪些文件并在输出中管理它们的纳入。如果页面上没有 ScriptManager 或者没有明确地包
含这些文件，就不能获得 Microsoft AJAX 库的支持。

注意　AJAX 库文件

可以使用 ASP.NET 外部的 Microsoft AJAX 库或检查源代码库。这些文件在 *www.asp.net/ajax*，
并包含 MicrosoftAjax.js(在其他之中)文件。还有像 MicrosoftAjax.debug.js 一样的调试版本
的文件。编译器和 ScriptManager 输出适合不同情况的代码取决于应用程序的模式(release
或者 debug)。

Microsoft AJAX 库意味着使 JavaScript 更加健壮、易于编写和可重复使用。下面是这个库的核心特征和优势。

- **面向对象支持** 这个库允许定义命名空间；建立包含字段、属性和方法的类；创建事件处理器；实现继承和接口；使用数据类型和枚举；支持反射。

- **基类** 这个库包含了一个全局命名空间，这个命名空间提供了 JavaScript 基类型的扩展，包括字符串、数字、日期、布尔、数组和对象。它也针对不同的语言添加了 Type 类，用于注册命名空间、类等等。

- **框架(或者命名空间集合)** Microsoft AJAX 库包含一个称为 Sys 的根命名空间，这个根命名空间包括了类和其他的让 AJAX 应用程序更加方便的命名空间。可以把 Sys 命名空间看成是在 Microsoft .NET Framework(尽管明显没有如此丰富)下一个与客户端相当的系统。其他的命名空间包括 Sys.Net、Sys.Services、Sys.UI、Sys.WebForms 和 Sys.Serialization。

- **浏览器兼容** JavaScript 是一个标准驱动的语言。然而，使用 JavaScript 实现跨平台有很多莫名其妙的问题，就像 HTML 有很多问题一样。Microsoft AJAX 库考虑到了这些，并且内置了与 Internet Explorer，Firefox 和 Safari 的兼容性支持。

- **调试和错误处理** Microsoft AJAX 库包括调试扩展以使调试更加容易。事实上，有两个版本的库：release 版本和 debugging 版本。除此之外，库还包括了一个扩展的 Error 类，提供了更多的错误信息。它还包括了使用 Sys.Debug.trace 的跟踪支持。

- **全球化支持** Microsoft AJAX 库支持建立全球的、跨语言和文化的本地客户端脚本。单一的 JavaScript 代码库可以提供本地的不回发到服务器的用户界面支持。这是通过与在浏览器中的语言和文化环境一起工作的数字和数据格式的方法获得的。

接下来，将会学习更多的关于 Sys 命名空间的内容，如何通过这个库编写代码以及如何处理客户端事件。在此之后，将了解如何利用这些信息在页面添加客户端功能。

Microsoft AJAX 库命名空间

Microsoft AJAX 库有两个作用：扩展 JavaScript 语言和提供常见的 AJAX 任务基本框架。在这个库中，有很多类型、控件、枚举和成员。下面给出了库的命名空间组织起来的一个概述。

- **Global** Global 命名空间表示 JavaScript 本身的一种扩展。它扩展了许多核心元素和语言的功能。例如，当使用 Microsoft AJAX 库时，Number、String、Date、Array 和其他类型都给出了新的功能。除此之外，Global 命名空间为 JavaScript 添加了 Type 类。Type 类用于在 JavaScript 中注册的基于对象的项目，比如命名空间、类、接口和枚举。下面的 JavaScript 代码显示了一个使用 Type 类注册命名空间的例子。

```
Type.registerNamespace("MyCompany.MyApplication");
```

- **Sys** Sys 命名空间是 AJAX 库的根命名空间。Global 命名空间扩展了 JavaScript，然而 Sys 命名空间包含一个用 JavaScript 编程的 AJAX 框架。在 Sys 命名空间中有许多核心的类。这包括 Application 类，这个类是一个运行时的版本，用于连接到客户端事件的库。

Component 类也是在 Sys 命名空间中。它用于注册和创建组件的实例，这个组件是使用库创建的。通过调用 Component.create 方法(也可以通过快捷方式$create 访问)完成。Component 类还服务于 Control 类和 Behavior 类的基类，这一点将在后面的部分讨论。

Sys 命名空间还包括其他的值得关注的类，比如 StringBuilder，用于连接字符串；Debug，用于调试和跟踪支持；EventArgs，用于传递参数到事件的基类等等。

◆ **Sys.Net** Sys.Net 命名空间包含的类侧重于在浏览器和服务器之间通信。这个类是用于进行部分页面更新和从浏览器调用 Web 服务的支柱。这包括 Sys.Net.WebRequest 类；这个类包含在第 9 章的讨论 Web 服务中。

◆ **Sys.Serialization** Sys.Serialization 命名空间也用于客户端和服务器之间的通信。它包含一个单一的类：JavaScriptSerializer。这个类用于序列化和反序列化数据，数据从浏览器和在 Web 服务调用的服务器之间往返。

◆ **Sys.Services** Sys.Services 命名空间包含使用 AJAX 认证和从脚本配置文件服务的类。

◆ **Sys.UI** Sys.UI 命名空间包含在用户界面添加 AJAX 功能的类。这包括 Behavior 类、Control 类、DomElement 类等等。当建立自己的 AJAX 用户功能时使用这些类。这些都涵盖在后面的章节。

◆ **Sys.WebForms** Sys.WebForms 命名空间封装了部分页面更新的类。这些类被 UpdatePanel 控件使用。可以使用这些类创建自己的部分页面场景。PageRequestManager 类会在这里出现。它还用于异步回发。

这几个命名空间初看似乎令人生畏。然而，和任何库一样，有些功能，将会多次使用，而其他一些，可能不常用到。我们这里不能涵盖每个类和每种方法。然而，可以看到，大部分的行为发生在 Sys.UI 命名空间；这是进行交互以编写 AJAX 用户界面元素的地方。

更多信息 Microsoft AJAX 库的引用

如果在框架下或者下面的例子中遇到了特殊的类或方法，可以在完整的类引用中查看这个项。这可以在 MSDN 中看到，也可以在 Web 上参考它，*http://msdn.microsoft.com/en-us/library/bb397702.aspx*。

面向对象的 AJAX 开发

JavaScript 支持许多基本的功能，侧重于简单的类、数据类型、操作符等等。然而，它丢失了关键的面向对象的特征。这些特征包括支持命名空间、继承、接口、字段、属性、枚举、事件、映射等等。Microsoft AJAX 库将通过提供这些项目的支持尽可能地扩展语言。

我们自然会联想到这个问题为什么需要这种类型的 JavaScript 支持？答案是，在很多情况下，并不需要。然而，如果建立了自己的控件或需要在客户端上开启特殊的编程，这个库会很有用。使用这个库的最好的方式是定义自身的需求；在.js 文件中定义一个 JavaScript 类，能够提供方法、属性和能够满足那些需求的内容；接着使用页面注册那个文件。然后，可以创建一个自己类的实例，并且在页面上使用它。这包括把类关联到控件的行为。

本节涵盖了"创建一个类"的步骤。接下来的部分和实训中将会了解如何连接这个类到页面。

命名空间

Microsoft AJAX 库使用命名空间在 JavaScript 中添加功能。一个命名空间为封装代码到库提供了更容易的分类和引用方式。它还帮助管理命名冲突,因为两个类在一个给定的命名空间不能有相同的名字。除此之外,使用库创建和注册的命名空间在 Visual Studio 的智能感知中也可以使用,这使得开发更为容易。

这个库提供了一个重要的类,名称为 Type。Type 类表示一个用于 JavaScript 的类型系统。它是关键的类,能够让拥有命名空间、类、枚举等等。类位于 Global 命名空间的内部。

使用 Type 类的 registerNamespace 方法定义一个命名空间。这通常在类文件的顶部完成。接着,使用这里定义的命名空间在类定义中添加类。下面的代码给出了一个例子。

```
Type.registerNamespace("Contoso.Utilities");
```

在这个例子中,定义了 Contoso.Utilities 命名空间。注意,这是一个全公司共用的命名空间,可能包括开发团队帮助类。

类(构造函数、字段、属性和方法)

Microsoft AJAX 库也允许定义类的定义。使用库创建类的语法的是 Namespace.ClassName。在一个函数中指定类的名称,这个函数作为构造函数。这个函数也可以带有参数。

例如,假定想为前面定义的 Contoso.Utilities 命名空间添加一个类。这个类的需求是为了提供用户改变密码的过程相关联的验证功能(在客户端)。可能命名这个类为 ChangePasswordValidator。下面的代码显示了这个类的定义。

```
//define class name (as function), create constructor, and
// set class-level field values
Contoso.Utilities.ChangePasswordValidator =
  function(requirePasswordsNotMatch, requireNumber)
{
  Contoso.Utilities.ChangePasswordValidator.initializeBase(this);
  this.RequirePasswordsNotMatch = requirePasswordsNotMatch;
  this.RequireNumber = requireNumber;
  this._passwordRuleViolations = new Array();
}
```

请注意,该类设置为一个函数。这个函数作为类的构造函数。当开发人员使用 new 关键词创建一个类的实例时,将由智能感知显示这个构造函数,并且必须提供函数内所定义的参数。这些参数是特定于密码的。参数设置为类的构造函数内部字段级的项。通过调用 this.<FieldName> = <parameter> (或者在这个例子中 this.RequireNumber = requireNumber)显示。

还要注意,对 initializeBase 的调用。这确保了派生类的基类也调用了其构造函数。通常从 Sys.Component 或者它派生出来的类中派生出自己的类。然而,不必这样做。如果打算使用类作为 AJAX 控件的一部分,可以从 Sys.Component、Sys.UI.Behavior 或者 Sys.UI.Control 派生(稍后会有更多讲解)。

当定义类和它的构造函数之后，下一步就是定义字段、属性、方法与类似构造真实的类所需要的部分。可以通过为类定义一个原型来完成。要设置原型的定义包括字段、方法和作为属性的方法。

例如，为了给 ChangePasswordValidator 类定义一个原型，需要调用 JavaScript 的 prototype 属性，设置它等同于定义一个类(包含在大括号内)。为了给类定义字段，仅仅需要在页面级声明变量，并且设置它们的数据类型。字段本质上是名称值，这里，名称是原型(或类定义)的元素，值是由类的用户设置的。下面的代码显示了类定义的起始，还定义了两个布尔字段。

```
//define class contents (fields, properties, methods)
Contoso.Utilities.ChangePasswordValidator.prototype =
{

  //declare fields
  RequirePasswordsNotMatch: Boolean,
  RequireNumber: Boolean,
  ...
```

接下来，为刚刚开始类的定义添加属性。在默认时，JavaScript 并不真正支持属性。相反，可以通过声明两个函数定义属性的方法。一个函数返回一个内部成员值，另外一个函数接收一个分配到这个内部成员的值。在 Microsoft AJAX 库中命名属性的惯例是各自为 setter 和 getter 使用 set_propertyName 和 get_propertyName。内部变量使用下划线("_")开头如 _privateMember。这表示这些项目应当对类保留私有性(即使 JavaScript 并不真正地支持私有字段)。

举一个例子，考虑前面讨论的类，关于用户更改密码。可能想为当前密码定义只写属性以及用户想更改的密码。可以通过简单实现一个 set_ 函数来完成该功能(不是一个 get_)。在下面的代码例子中，伴随着一个属性返回所有验证过程中发生的密码侵犯。

```
//properties
set_currentPassword: function(value)
{
  this._currentPassword = value;
},

set_changeToPassword: function(value)
{
  this._changeToPassword = value;
},

get_passwordRuleViolations: function()
{
  return this._passwordRuleViolations;
},
```

在类的原型中添加方法，这和添加函数的方法一样。下面代码显示了两个例子函数。第一个为 CheckPasswordStrength，带有一个字符串，并返回一个枚举值，Contoso.Utilities.PasswordStrength(随后会有更多的介绍)。第二个函数定义，AllowPasswordChange，可以调用确定用户的更改密码是否满足一个更改的标准。如果不是，则把规则添加到一个数组，并且由函数返回值 false。接着，这些规则(或密码错误条件)可以通过前面的属性定义访问。

```
//methods
  CheckPasswordStrength: function(password)
  {
    var strPass = new String(password.toString());
    if (strPass.length < 4)
    {
      return Contoso.Utilities.PasswordStrength.Weak;
    }
    else if (strPass.Length < 7)
    {
      return Contoso.Utilities.PasswordStrength.Medium;
    }
    else
    {
      return Contoso.Utilities.PasswordStrength.Strong;
    }
  },

  AllowPasswordChange: function()
  {

    var pass1 = new String(this._currentPassword);
    var pass2 = new String(this._changeToPassword);

    //use new, extended Array type
    var ruleViolations = new Array();

    //min length rule
    if (pass2.length < 5)
    {
      Array.add(ruleViolations, 'Password too short.');
    }

    //check if passwords match
    if (this.RequirePasswordsNotMatch)
    {
      if (pass1 == pass2)
      {
        Array.add(ruleViolations, 'Passwords cannot match.');
      }
    }

    //contains numbers
    if (this.RequireNumber)
    {
      if (pass2.match(/\d+/) == null)
      {
        Array.add(ruleViolations, 'Password must include a number.');
      }
    }

    //reset rule violations property
    this._passwordRuleViolations = ruleViolations;

    //determine if change allowed
    if (ruleViolations.length > 0)
    {
      return false;
    }
    else
    {
      return true;
    }
  }

}
```

　　类似于命名空间，还必须使用 Microsoft AJAX 库来注册一个类，使得在运行时，ScriptManager 可以使用该类，并且在设计时，这个类可以通过 IntelliSense。通过调用对象的 registerClass 扩展方法注册一个类。这个方法有 3 个参数：typeName、baseType 和 interfaceTypes。typeName 是打算注册的类的全名。baseType 是一个类，基于这个类可以建立新的类。这就是类库支持继承性的方式。如果类是独立的，可以传递参数 null。如果类作为一个 AJAX 控件或者行为，要分别在 Sys.UI.Control 或 Sys.UI.Behavior 中传递。最后，interfaceTypes 参数表示类实现的接口。可以使用库定义自己的接口，也可以实现一个或多个框架接口。这个参数是一个数组，因此，可以传递多个接口。下面的代码显示了一个 registerClass 方法的例子。

```
//register code as an actual class
Contoso.Utilities.ChangePasswordValidator.registerClass(
  'Contoso.Utilities.ChangePasswordValidator', null, Sys.IDisposable);
```

枚举

　　Microsoft AJAX 库提供了枚举支持。这些枚举简单的命名为整型值。就像在其他语言(包括 C#或 Visual Basic)一样，枚举提供了一个更加易读和可保持的代码样式。

　　定义一个枚举的方式和定义一个类的方式相同，使用 prototype 属性。接着为类定义字段，并设置它们的初始值。最后，调用 Type 类(用于扩展 JavaScript 库)的 registerEnum 方法。下面代码显示了一个使用枚举来定义密码的强度的例子。

```
//create and register an enumeration
Contoso.Utilities.PasswordStrength = function(){};
Contoso.Utilities.PasswordStrength.prototype =
{
  Weak: 1,
  Medium: 2,
  Strong: 3
}
Contoso.Utilities.PasswordStrength.registerEnum(
  "Contoso.Utilities.PasswordStrength");
```

继承性

　　Microsoft AJAX 库还支持继承。这允许 JavaScript 类可以继承基类的属性和方法。当然继承的类也可以重载那些属性和方法。这和在其他基于对象语言中的继承性类似。

　　可以通过在前面讨论的注册阶段设置 baseType 属性的 registerClass 方法来实现继承性。这种方式支持单个继承(类似于.NET Framework 的工作方式)。如果想重载一个函数，可以简单地在新的类中使用相同的名字重定义它。

接口

　　也可以使用 Microsoft AJAX 库定义和实现接口。这里的接口和在.NET Framework 中的接口类似；它们代表类必须实现的合约。也可以在一个给定的类中实现多个接口。

　　一个类应当通过 registerClass 方法实现接口。这在前面已经给出，在下面的代码中再重复一次。这个方法的第三个参数是 interfaceTypes，它通过类实现。这里，可以传递一个单一的接口(使用 SyS.IDisposable 显示在这里)或多个接口。

```
Contoso.Utilities.ChangePasswordValidator.registerClass(
  'Contoso.Utilities.ChangePasswordValidator', null, Sys.IDisposable);
```

库还允许定义和实现自己的接口。为了创建一个接口，首先要定义它，就像在类中定义它一样。然而，并不为接口添加实现，仅仅是方法。接着调用 Type 类的 registerInterface 方法。它使用库来注册接口。下面代码显示了一个使用库来定义和注册接口的例子。

```
//declare an interface
Contoso.Utilities.IValidationLogic = function() {}
Contoso.Utilities.IValidationLogic.prototype =
{
  get_isValid: function(){},
  get_validationRules: function() {},
  validate: function(){}
}
Contoso.Utilities.IValidationLogic.registerInterface(
  "Contoso.Utilities.IValidationLogic");
```

重要提示　加载脚本

当编写 JavaScript 并打算用于 Microsoft AJAX 库时，一旦完成了脚本的加载，则需要告知库。可以通过调用 Sys.Application 对象的 notifyScriptLoaded 方法来完成。下面代码显示了一个例子。

```
//notify the script manager this is the end of the class / script
if (typeof(Sys) !== 'undefined') Sys.Application.notifyScriptLoaded();
```

使用自定义类

使用 Microsoft AJAX 库所创建的类可以直接用于.aspx 页面。为此，首先，必须使用 ScriptManager 注册类。这就告诉 ScriptManager，有了一个使用 AJAX 库所建立的类。它还确保在 IDE 中为命名空间、类、方法等获取 IntelliSense。下面页面脚本显示一个如何在页面添加在前面部分定义的脚本的例子。

```
<asp:ScriptManager ID="ScriptManager1" runat="server">
  <Scripts>
    <asp:ScriptReference path="ContosoUtilities.js" />
  </Scripts>
</asp:ScriptManager>
```

一旦完成定义，就可以在页面级脚本中使用类库。例如，可以创建一个新的 ChangePasswordValidator 控件的实例，这个控件是在前面通过使用新的关键词和传递合适的参数到构造函数创建的。下面代码显示了一个创建类的实例、使用枚举、调用属性和调用方法的例子。

```
<script language="javascript" type="text/javascript">

  //call constructor
  var validator =
    new Contoso.Utilities.ChangePasswordValidator(true, true, true);

  //check the password strength
  strength = validator.CheckPasswordStrength("password");
  switch (strength)
  {
    case Contoso.Utilities.PasswordStrength.Weak:
      alert("Weak");
      break;
    case Contoso.Utilities.PasswordStrength.Medium:
      alert("Medium");
      break;
```

```
    case Contoso.Utilities.PasswordStrength.Strong:
      alert("Strong");
      break;
  }

  //set properties
  validator.set_currentPassword("password");
  validator.set_changeToPassword("pas2");

  //call methods
  if (validator.AllowPasswordChange())
  {
    alert("Password may be changed");
  }
  else
  {
    var violations = validator.get_passwordRuleViolations();

    alert("Rule violations: " + violations.length);
    for (i = 0; i < violations.length; i++)
    {
      alert("Rule violation " + i + " = " + violations[i]);
    }
  }

</script>
```

AJAX 客户端生命周期事件

Microsoft AJAX 库还包括一个基于客户端的生命周期事件。当页面运行和需要加载代码时，可以使用这个生命周期来拦截事件。这类似于代码隐藏文件的工作方式。例如，在一个代码隐藏文件中，可能在 Page_Load 事件中编写代码。类似地，在编写的运行于浏览器的代码中，可以实现 Sys.Application.load 事件。

幸好，客户端代码的生命周期非常类似于服务器端代码的生命周期。这包括用于 init，load，unload 和 disposing 的事件。使用这种方法，应用程序客户端对象和服务器端代码的页面对象的工作方式类似。为了充分利用这些事件模型，还必须使用页面上的 ScriptManager 控件。在脚本中使用 add_event 语法注册一个事件。下面代码显示了如何使用 Sys.Application.Load 事件注册代码。

```
Sys.Application.add_load(PageLoad);
function PageLoad(sender)
{
  //page-load code goes here
}
```

库还允许注销(或删除)事件。可以用类似的方式完成，使用 remove_event 语法。下面显示了一个例子。

```
Sys.Application.remove_load(PageLoad);
```

还可以效仿这个模型来捕获库中的其他事件。例如，另外一个使用事件的关键类是 Sys.WebForms 命名空间的 PageRequestManager 类。这个类用于部分页面更新和异步回发。它包括下面的事件。

◆ **initializeRequest**　异步回发开始前提出。

◆ **beginRequest**　异步回发发送到服务器时提出。

◆ **pageLoading**　当异步回发响应第一次从服务器返回时提出。

◆ **pageLoaded** 从异步回发的结果加载内容之后提出。

◆ **endRequest** 当异步回发完成时提出。

读者可能已经猜到，UpdatePanel 非常依赖这些事件。也可以使用这些事件来取消异步回发，当这些事件支持提供自定义信息或者动画给用户，或在关键时刻按需求简便地运行代码。

使用 AJAX 建立客户端功能

到目前为止，已经了解了如何使用 Microsoft AJAX 库编程。可以使用这些技术创建客户端控件。这些控件是建立在 Microsoft AJAX 库上的，因此能够由 AJAX 库管理。重要是要记住，这些控件并不是服务器端控件，相反，它们是在客户端实现了 AJAX 功能的控件。

可以使用 AJAX 库创建三种类型的客户端对象：组件、控件和行为。下面对每个对象提供了一个简短的描述。

◆ **Sys.Component** 这个对象提供一个基类，用于创建可重用的 AJAX 控件。由 Sys.Component 派生的类不能产生用户界面元素。相反，它们的工作方式和常见的控件一样，提供跨页面功能。例如，AJAX 库中的 Timer 控件实现 Sys.Component。

◆ **Sys.UI.Control** 这个对象提供一个基类，用于创建可重用的、支持 AJAX 的客户端控件。这些控件通常和一个单文档对象模型(DOM)元素(如一个输入框或按钮)相关联。它们工作的目的是给 DOM 元素提供辅助的功能。

◆ **Sys.UI.Behavior** 这个对象提供一个基类，用于创建在设计时添加到一个或多个 DOM 元素的行为。一个行为和一个单一的 DOM 元素没有关联。相反，它能够扩展它应用的 DOM 元素。例如，用户可能想创建一个鼠标悬停弹出窗口的行为。然后将该行为应用于按钮、输入框、超链接等。

使用 AJAX 库所创建的控件将作为它们的基各自实现这些控件。图 6.6 显示了这三个类的对象模型的例子。请注意，该图并没有显示这三个类的所有方法和属性。相反，该图只表示了它们的核心内容。

下面详细介绍如何使用 AJAX 库创建这三种客户端对象。

创建 AJAX 客户端组件

AJAX 客户端组件是从 Sys.Component 类派生的类。派生这个类是因为打算创建一个类，并被 AJAX 库管理，而不直接使用用户界面。这与我们在前面部分创建的类相似。然而，在这种情况下，继承了 Sys.Component 基类。这确保了 AJAX 库知道如何管理对象从初始化到销毁整个生命周期。

举一个例子(继续使用密码主题)，考虑编写的一个组件类，这个类提供验证客户端密码的强度。使用前面讨论的方式创建这个类。然而，还要考虑以下其他几个事项。

第一，当定义类的构造函数时，应当确保初始化基类的构造函数。下面代码给出了一个例子。

```
Type.registerNamespace("AjaxEnabled");

//create constructor
```

```
AjaxEnabled.PasswordStrengthComponent = function() {
    AjaxEnabled.PasswordStrengthComponent.initializeBase(this);
}
```

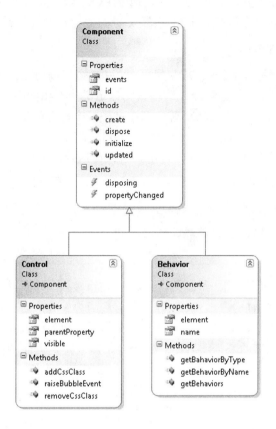

图 6.6 AJAX 客户端对象基类

接着，要考虑基类方法的重载。当这样做时，还应当确保调用重载的基类的方法。可以通过调用 callBaseMethod(属于 Type 类)方法来完成。举一个例子，如果重载了基类的 initialize 方法，应当编写下面的代码来调用它基类的 init 方法。

```
initialize: function() {
  AjaxEnabled.PasswordStrengthComponent.callBaseMethod(this, 'initialize');
  //add custom initialization here
}
```

最后，当注册真实的组件时，必须标明是从 Sys.Component 基类继承的。下面代码显示了一个注册类方法标 Component 类继承的例子。

```
//register class as a Sys.Component
AjaxEnabled.PasswordStrengthComponent.registerClass(
  'AjaxEnabled.PasswordStrengthComponent', Sys.Component);
```

注意 为 AJAX 库添加一个引用

当在代码编辑器中使用 JavaScript 文件时，可以在 AJAX 库中添加一个引用。这将确保代码库获取 IntelliSense。这类似于使用 C#语句和 Visual Basic 的 imports 语句。在.js 文件的顶部的注释行中嵌入这个索引。下面代码给出了一个例子。

```
/// <reference name="MicrosoftAjax.js"/>
```

使用客户端控件和使用另外一个 AJAX 库的类相同。首先,使用 ScriptManager 注册它,接着,在页面中创建它的实例,并和任何其他 AJAX 类(前面讨论的)一样使用它。本课最后的第一个实训是创建这个组件,并且在.aspx 页面使用它。

创建 AJAX 客户端控件

AJAX 客户端控件是为了提供 DOM 元素辅助的、客户端功能(如按钮或输入框)的控件。客户端控件是和 ASP.NET 服务器控件或编写的自定义控件相同的工作方式的单一的、封装的控件。然而,它们可能关联 AJAX 客户端控件到一个现存的 DOM 元素或服务器控件,而不是到一个创建的自定义控件。更加健壮的方案是创建一个自定义服务器控件并嵌入 AJAX 客户端控件,以提供辅助的功能。本节将探讨这两个选项。

注意 AJAX 模板

Visual Studio 带有几个模板,能够帮助创建支持 AJAX 的控件。这包括 AJAX 客户端控件、AJAX 客户端行为和 AJAX 客户端库。这些中的每一个都存有代码让用户开始建立一个组件、控件或行为。

AJAX 客户端控件扩展了一个 DOM 元素的功能。因此,必须提供一种方法表示 DOM 元素,这样是为了扩展 AJAX 控件。这可以在构造函数中完成。例如,考虑一个密码强度控件,它使用一个文本框,随着用户的输入,文本框变换不同的颜色。这些颜色是在每个键盘输入后基于密码强度的。为了开始这个控件,需要定义下面的构造函数。

```
//define the namespace
Type.registerNamespace('AjaxEnabled');
//create constructor
AjaxEnabled.PassTextBox = function(element) {
  AjaxEnabled.PassTextBox.initializeBase(this, [element]);

  this._weakCssClass = null;
  this._mediumCssClass = null;
  this._strongCssClass = null;

}
```

请注意,这个构造函数带有参数元素。这表示为了扩展控件的 DOM 元素。构造函数的第一行调用基类(Sys.UI.Control)的 initialize 方法,传递了这个类的实例和由这个类扩展的元素的引用。

第二步是定义类本身。这和我们前面讨论过的创建 AJAX 类相同。然而,所编写的大部分客户端控件将拦截给定的打算扩展的 DOM 元素所触发的事件。它们还能引发用于客户端自己使用的事件。为了开启它,需要重载 Sys.UI.Control 基类中的 initialize 方法。下面的代码显示了类原型内部的这个函数。

```
//initialize the UI control
initialize: function() {
  AjaxEnabled.PassTextBox.callBaseMethod(this, 'initialize');

  this._onKeyupHandler = Function.createDelegate(this, this._onKeyup);
  $addHandlers(this.get_element(), {'keyup' : this._onKeyup}, this);
},
```

请注意给出的代码的第一行。这里表明了 initialize 方法也应当调用基类中的 initialize

方法。下一行是为在类中定义的 **onKeyup** 方法创建一个委托。接着，注册这个方法作为元素的处理器。**$addHandlers** 方法完成了这项功能。第一个参数是用户打算拦截的 DOM 元素。可以调用 **get_element** 方法返回与这个类相关联的元素(从构造函数中)。**$addHandlers** 的下一个参数是用户打算拦截的事件的数组。每个事件是按名称引用的，名称之后是类中方法的名称，当有事件触发时，调用该方法。最后一个参数，可以传递一个运行类的实例。

　　除了 initialize 事件之外，也要重载 dispose 方法。例如，移除在初始化时添加的事件处理器。当然，这里，也要确保调用基类的 dispose 方法。下面代码显示了一个例子。

```
dispose: function() {
  $clearHandlers(this.get_element());
  AjaxEnabled.PassTextBox.callBaseMethod(this, 'dispose');
},
```

　　接下来是为用户打算拦截的事件定义代码。可以通过创建一个函数(命名和在 createDelegate 和$addHandlers 调用中表明的事件相同)来完成，这个函数带有单一的事件参数。在事件的内部，已经通过调用 this.get_element()访问控件扩展的 DOM 元素。下面代码显示了一个拦截 keypress 事件的例子，当用户在文本框中输入时，调用事件。

```
//define key press event
_onKeyup : function(e) {

  //get password text
  var pass = this.get_element().value;
  var strength = this.returnPasswordStrength(pass);

  switch (strength) {
    case "Weak":
      this.get_element().className = this._weakCssClass;
      break;
    case "Medium":
      this.get_element().className = this._mediumCssClass;
      break;
    case "Strong":
      this.get_element().className = this._strongCssClass;
      break;
  }
},
```

　　然后，就是通过创建属性的方法完成类的定义。例如，这些项目在本课实训 2 中给出。

　　最后，使用 AJAX 库来注册类。在这样做时，要表明类继承于 Sys.UI.Control。下面代码显示了一个例子。

```
//register class as a Sys.Control
AjaxEnabled.PassTextBox.registerClass('AjaxEnabled.PassTextBox', Sys.UI.Control);

//notify loaded
if (typeof(Sys) !== 'undefined') Sys.Application.notifyScriptLoaded();
```

　　一旦完成(参见本课后面的实训 2 完整的类列表)，可以在页面上使用这个类。有两个选项：在页面上通过 JavaScript 注册类，或者创建自定义控件封装这个客户端控件。下面各部分查看了这两个选项。

在页面上使用一个 AJAX 客户端控件

　　可以和能够在页面上直接访问的现存的 ASP.NET 控件和 DOM 元素一起使用客户端控件。为此，首先，必须在页面添加一个 ScriptManager 控件。在它的内部，引用包含客户端控件的脚本。下面的代码显示了一个例子，用于前面讨论的密码强度控件。

```
<asp:ScriptManager ID="ScriptManager1" runat="server">
  <Scripts>
    <asp:ScriptReference Path="PasswordStrength.js" />
  </Scripts>
</asp:ScriptManager>
```

也需要添加打算扩展到页面的 DOM 元素。这和在页面上添加控件一样直观。密码强度的例子是为了使用文本框。因此，可以在页面上添加一个<input />框或者一个<asp: TextBox />控件。下面代码显示了后者的一个例子。

```
<asp:TextBox ID="TextBoxPass" runat="server" TextMode="Password"></asp:TextBox>
```

最后一步是创建客户端控件的一个实例，并把它连接到 DOM 元素。通常会执行 AJAX 库应用程序 init 方法内部的这些行为。因此，必须创建一个这种方法的重载。在重载的内部，使用$create 方法(Sys.Component.create 的简写)创建 AJAX 客户端控件的实例并把实例和 DOM 元素连接起来。$create 方法有 5 个参数，如下所示：

- **type** 这个参数表示打算创建的类的实例
- **properties** 这个参数用于表示类的实例的属性和属性值，当项目创建时，应设置
- **events** 这个参数用于表示打算从客户端代码到客户端控件注册的事件
- **references** 这个参数表示对其他组件的引用
- **element** 这个参数用于表示客户端控件应当关联的 DOM 元素

下面代码显示了一个$create 方法的调用，用于密码强度控件。完成本课实训 2 将能看到这个控件的行为。

```
<script language="javascript" type="text/javascript">

  var app = Sys.Application;
  app.add_init(appInit);

  function appInit(sender, args) {

    $create(AjaxEnabled.PassTextBox,
      {weakCssClass : 'weak', mediumCssClass : 'medium', strongCssClass : 'strong'},
      null, null, $get('TextBoxPass'));

  }

</script>
```

封装一个客户端控件到一个自定义服务器控件

一个更为健壮的用于创建支持 AJAX 控件的解决方案是嵌入客户端功能到一个自定义控件。自定义控件会在第 10 章进行深入的讨论。如果需要一个自定义控件的快速概述，可能要跳过前面(然后回来)。

为了创建嵌有客户端代码的自定义控件，必须定义一个服务器端类，并使用它编写自定义控件。这个类可以是 App_Code 目录中的网站的一部分，或者可以是嵌入到它自身的程序集合。后面的选项允许从网站中隔离控件，甚至跨网站使用。前面的选项非常适合在代码文件中动态编译和部署与代码文件相关联的控件(并不是一个组件的.dll)。

类自身必须从一个控件继承。这是一个现有的打算扩展的控件，或者是一个基控件(如 Syste.Web.UI.Control)。这个控件也必须实现 IScriptControl 的接口。这个接口用于实现在控

件上嵌入 JavaScript 的方法。下面代码显示了从文本框继承的密码强度控件和实现 IScriptControl 接口的例子。

```vb
'VB
Namespace AjaxEnabled

  Public Class PassTextBox
    Inherits TextBox
    Implements IScriptControl
    ...
```

```csharp
//C#
namespace AjaxEnabled
{
  public class PassTextBoxCs : TextBox, IScriptControl
  {
    ...
```

接下来是创建一个类级别的变量表示和控件一起工作的 ScriptManager。可以声明这个变量，接着，重载控件的 OnPreRender 事件来重置它的值。然后，可以通过调用静态方法 ScriptManager.GetCurrent 并传递到包含这个控件的页面来完成。下面的代码显示了一个例子。

```vb
'VB
Private _sMgr As ScriptManager
Protected Overrides Sub OnPreRender(ByVal e As EventArgs)
  If Not Me.DesignMode Then

    'test for the existence of a ScriptManager
    _sMgr = ScriptManager.GetCurrent(Page)

    If _sMgr Is Nothing Then _
      Throw New HttpException( _
      "A ScriptManager control must exist on the page.")

    _sMgr.RegisterScriptControl(Me)
  End If

  MyBase.OnPreRender(e)
End Sub
```

```csharp
//C#
private ScriptManager sMgr;
protected override void OnPreRender(EventArgs e)
{
  if (!this.DesignMode)
  {
    //test for the existence of a ScriptManager
    sMgr = ScriptManager.GetCurrent(Page);

    if (sMgr == null)
      throw new HttpException(
        "A ScriptManager control must exist on the page.");

    sMgr.RegisterScriptControl(this);
  }
  base.OnPreRender(e);
}
```

接着，定义打算让用户设置控件的属性。在密码的例子中，在文本框上每个密码强度有三种样式的类名称的属性可以设置(弱、中等和强大)。可以在服务器控件上添加字段或者属性表示这些项目。然后，创建一个 GetScriptDescriptors 方法映射这些属性或字段到控件的属性。下面显示了一个例子。

```vb
'VB
Public WeakCssClass As String
Public MediumCssClass As String
Public StrongCssClass As String

Protected Overridable Function GetScriptDescriptors() _
  As IEnumerable(Of ScriptDescriptor)

  Dim descriptor As ScriptControlDescriptor = _
    New ScriptControlDescriptor("AjaxEnabled.PassTextBox", Me.ClientID)

  descriptor.AddProperty("weakCssClass", Me.WeakCssClass)
  descriptor.AddProperty("mediumCssClass", Me.MediumCssClass)
  descriptor.AddProperty("strongCssClass", Me.StrongCssClass)

  Return New ScriptDescriptor() {descriptor}

End Function
```

```csharp
//C#
public string WeakCssClass;
public string MediumCssClass;
public string StrongCssClass;

protected virtual IEnumerable<ScriptDescriptor> GetScriptDescriptors()
{
  ScriptControlDescriptor descriptor =
    new ScriptControlDescriptor("AjaxEnabled.PassTextBox", this.ClientID);

  descriptor.AddProperty("weakCssClass", this.WeakCssClass);
  descriptor.AddProperty("mediumCssClass", this.MediumCssClass);
  descriptor.AddProperty("strongCssClass", this.StrongCssClass);

  return new ScriptDescriptor[] { descriptor };
}
```

还必须注册控件所用到的实际的 JavaScript 代码。可以通过编写 GetScriptReferences 方法完成。这个方法引用了打算扩展自定义控件的.js 文件。有两种方式来实现这个方法：一个是在网站的 App_Code 目录中的控件，另外一个是所创建的作为独立程序集的控件。下面代码显示了一个使用第一种方法的例子，在网站的 App_Code 目录创建一个自定义控件，并在相同的网站引用一个 JavaScript 文件。

```vb
'VB
Protected Overridable Function GetScriptReferences() _
  As IEnumerable(Of ScriptReference)

  Dim reference As ScriptReference = New ScriptReference()
  reference.Path = ResolveClientUrl("PasswordStrength.js")

  Return New ScriptReference() {reference}

End Function
```

```csharp
//C#
protected virtual IEnumerable<ScriptReference> GetScriptReferences()
{
  ScriptReference reference = new ScriptReference();
  reference.Path = ResolveClientUrl("PasswordStrength.js");

  return new ScriptReference[] { reference };
}
```

第二种方法，嵌入控件到自身的集合，在本课的实训 3 中给出。

为了使用这个自定义控件，要使用页面注册它，然后定义它的标签。例如，为了使用在 App_Code 目录内部创建的密码强度自定义控件，要在 Web 页面源的顶部添加下面的指令。

```
<%@ Register Namespace="AjaxEnabled" TagPrefix="AjaxEnabled" %>
```

然后，需要在页面上添加一个 ScriptManager。接下来，和其他任何服务器控件一样定义控件的标记。下面例子显示了控件。请注意，管理文本框样式的三个属性声明性地设置为在页面上其他地方定义的样式类名称。

```
<asp:ScriptManager ID="ScriptManager1" runat="server">
</asp:ScriptManager>

<AjaxEnabled:PassTextBox ID="textbox1" runat="server"
  TextMode="Password" WeakCssClass="weak" MediumCssClass="medium"
  StrongCssClass="strong"></AjaxEnabled:PassTextBox>
```

为客户端控件创建一个 AJAX 行为

幸好，一个 AJAX 行为客户端控件和一个 AJAX 客户端控件工作方式非常类似。最大的不同是行为更为广泛和可以扩展一个或多个控件(并不是它们自身嵌入的，单一用户界面控件)。行为是为了在设计时应用于 DOM 元素，从而扩展它所应用到的控件的行为。

在大多数情况下，编写的行为控件就像编写的客户端控件。编写一个 JavaScript 文件提供一个控件的扩展。然而，是从 Sys.UI.Behavior 而不是 Sys.UI.Control 继承。

作为一个扩展控件封装 AJAX 行为

客户端控件和行为控件更大的不同(尽管非常微小)是使用控件的方式。一个自定义行为控件不是创建基于单一 Web 控件的自定义控件(在前面部分讨论过的)，而是从 ExtenderControl 类继承过来。另外，当定义类时，在类的定义中添加 TargetControlType 属性。这允许控件的用户在设计时可以设置他们想扩展的控件。下面显示了一个自定义扩展控件基类的定义。

```
'VB
<TargetControlType(GetType(Control))> _
Public Class MyExtender
  Inherits ExtenderControl

End Class

//C#
[TargetControlType(typeof(Control))]
public class MyExtender : ExtenderControl
{

}
```

在这里，使用相同的方法建立控件的剩余部分，这种方法在前面的建立一个 AJAX 自定义服务器控件中讨论过。这包括调用 GetScriptReferences 设置一个对 AJAX 行为类的引用，以用于自定义控件。

使用 AJAX 行为

AJAX 行为封装到一个从 ExtenderControl 类继承的自定义控件。因此，使用行为控件和使用其他任何自定义控件一样(前面讨论过的)。首先,需要在页面上使用@Register 指令注册控件。接着,在标记语言中定义控件的实例。因为它是一个扩展的控件,因而必须通过在页面上将控件的 **TargetControlId** 属性设置为另外一个控件的 **ID** 定义它要扩展的控件。这表明用户想通过控件提供附加的行为。下面提供了一个例子,标记如下所示。

```
<asp:Button ID="Button1" runat="server" Text="Button" />
<ajaxEnabled: MyExtender runat="server"
    ID=" MyExtender1" TargetControlID="Button1"
    PropertyCssClass="MyCssClassName"/>
```

实训 1:创建和使用 AJAX 组件

在这个实训中,需要创建一个 AJAX 客户端组件。这个组件并不包含用户界面。相反,它的目的是用来提供辅助的功能给使用它的页面。在第二个练习中,在一个页面上注册和使用这个组件。

如果在完成这个练习时遇到问题,可参考本书配套资源中所附的实例,这些实例都有完成了的项目文件。

> **练习 1 创建 AJAX 组件**

在这个例子中,需要创建一个新的 ASP.NET 网站,并在 JavaScript 文件内部添加一个客户端组件。客户端组件定义一个用来验证密码强度的方法。

1. 打开 Visual Studio,创建一个新的 ASP.NET 网站,命名为 **AjaxEnabled**。可以使用 C#或者 Visual Basic。
2. 在这个网站中添加一个新的 JavaScript 文件。右击网站,并选择添加新项目。在添加新项目的对话框内,选择 AJAX 客户端库。命名文件 **PasswordStrengthComponent.js**。
3. 打开新创建的 JavaScript 文件。在文件的顶部,添加代码用来注册一个新的命名空间。下面给出了一个例子。

```
Type.registerNamespace("AjaxEnabled");
```

4. 接下来,像一个函数一样为 JavaScript 类定义构造函数。这是一个简单的 AJAX 组件,因此,不会有太多的麻烦产生。下面给出了一个例子。

```
//create constructor
AjaxEnabled.PasswordStrengthComponent = function() {
    AjaxEnabled.PasswordStrengthComponent.initializeBase(this);
}
```

5. 接着,定义类的内部。可以通过创建它的原型来完成。在原型的内部,声明一个称为 returnPasswardStrength 的函数,这个函数获取一个密码,验证它的值,并且返回它的强度。下面给出了一个类定义的例子,这个类的定义还包括了 dispose 方法。

```
//define class
AjaxEnabled.PasswordStrengthComponent.prototype = {
  initialize: function() {
```

```
      //add custom initialization here
      AjaxEnabled.PasswordStrengthComponent.callBaseMethod(this, 'initialize');
    },

    returnPasswordStrength: function(password) {
      var strPass = new String(password.toString());
      if (strPass.length < 5) {
        return "Weak";
      }
      else {
        if (strPass.length < 8) {
          return "Medium";
        }
        else {
          return "Strong";
        }
      }
    },

    dispose: function() {
      //add custom dispose actions here
      AjaxEnabled.PasswordStrengthComponent.callBaseMethod(this, 'dispose');
    }
}
```

6. 最后，在类中添加代码，并且通过调用组件中的 registerClass 方法使用 Microsoft AJAX 库来注册这个类。一定要表明，这个类的继承来自于 AJAX 库中的 Sys.Component 类。下面的代码显示了一个例子，这个例子包括了告知应用程序脚本已经完全加载。

```
//register class as a Sys.Component
AjaxEnabled.PasswordStrengthComponent.registerClass(
  'AjaxEnabled.PasswordStrengthComponent', Sys.Component);
//notify script loaded
if (typeof(Sys) !== 'undefined') Sys.Application.notifyScriptLoaded();
```

7. 保存文件。已经完成了组件的创建。在下面的练习中，将会看到如何在 Web 页面上使用这个组件。

➤ 练习 2　Web 页面对 AJAX 组件的调用

在这个练习中，需要在 Web 页面添加在上面的练习中创建的 AJAX 组件。

1. 继续前面练习中的项目，或者从本书配套资源的实例中打开第 2 课实训 1 练习 1 完成了的项目。

2. 在资源视图中打开 Default.aspx 页面。

3. 在工具箱中为页面添加一个 ScriptManager 控件。在 ScriptManager 控件的内部，在前面创建的 PasswordStrengthComponent.js 文件中设置一个标识。下面给出一个例子。

```
<asp:ScriptManager ID="ScriptManager1" runat="server">
  <Scripts>
    <asp:ScriptReference Path="~/PasswordStrengthComponent.js" />
  </Scripts>
</asp:ScriptManager>
```

4. 接下来，在页面上添加控件，表示一个用户登录表单。这包括一个用于输入密码的 TextBox 控件。用户界面控件如下所示。

```
<div style="font-size: large; font-weight: bold">User Login</div>
<hr />
<br />
User Name:
<br />
<asp:TextBox ID="TextBoxUserName" runat="server" Width="200"></asp:TextBox>
<br />
Password:
<br />
<asp:TextBox ID="TextBoxPassword" runat="server"
  TextMode="Password" Width="200"></asp:TextBox>
<asp:Label ID="LabelStrength" runat="server" Text=""></asp:Label>
<br />
<input id="Button1" type="button" value="Submit" />
```

5. 接着，在页面上定义使用客户端组件的 JavaScript。在这个例子中，需要创建一个事件，当用户按下一个键到密码文本框时，这个事件就触发。每次获得文本框的内容，并使用编写的自定义库验证它。使用定义在页面上的 Label 控件(LabelStrength，在前面步骤中已定义)显示结果。下面给出了一个例子，代码可以放置到 ScriptManager 后面。

```
<script language="javascript" type="text/javascript">

  function _OnKeypress() {
    var checker = new AjaxEnabled.PasswordStrengthComponent();
    var pass = document.getElementById("TextBoxPassword").value;
var strength = checker.returnPasswordStrength(pass);
    document.getElementById("LabelStrength").innerText = strength;
  }
</script>
```

6. 最后一步是确保这个事件已经注册密码文本框。可以通过添加属性 onkeyup = "_OnKeypress"到前面定义的 TextBoxPassword 控件实现。

7. 最后，运行页面。在密码文本框中输入值，并注意当键入值的时候标签的变化。图 6.7 显示了页面运行时的例子。

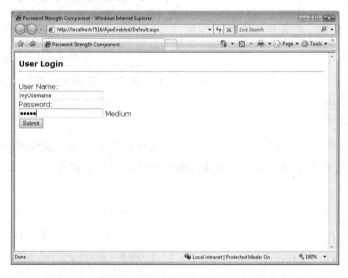

图 6.7　运行于浏览器的 AJAX 密码客户端组件

实训 2：创建和使用 AJAX 客户端控件

在这个实训中，需要创建一个 AJAX 客户端控件，这个控件使用文本框 DOM 元素来显示给用户密码的强度。在练习 2 中，将会在 Web 页面上添加这个控件，并且把它绑定到一个文本框。这个控件也在实训 3 中使用，在实训 3 中，将会作为一个自定义服务器控件打包这个控件。

如果在完成这个练习时遇到问题，可参考本书配套资源中所附的实例，这些实例都有完成了的项目文件。

➢ 练习 1 创建 AJAX 客户端控件

在这个例子中，需要创建一个 JavaScript 文件用来验证密码的强度。

1. 打开 Visual Studio，创建一个新的 ASP.NET 网站，命名为 **AjaxEnabled**(如果和实训 1 中创建的网站有冲突，请把这个项目放在一个不同的文件夹)。可以使用 C# 或者 Visual Basic。

2. 在网站内添加一个新的 JavaScript 文件。右击网站，并选择添加新项目。在添加新项目对话框中，选择 AJAX 客户端控件。命名文件为 **PassTextBox.js**。

3. 打开新创建的 JavaScript 文件。在文件的顶端，修改代码来注册一个新的命名空间。下面给出了一个例子。

```
Type.registerNamespace("AjaxEnabled");
```

4. 接下来，像一个函数一样为 JavaScript 定义构造函数。在这个例子中，构造函数带有参数元素。这是为了表示控件扩展的 DOM 元素。使用这个元素初始化 System.UI.Control 的基类。

   这个控件将基于密码的强度设置对话框的样式。因此，它有三个属性，其中之一用于密码强度。在构造函数的内部，初始化用于表示这些属性的私有字段。

   下面给出了构造函数的一个例子。

```
//create constructor
AjaxEnabled.PassTextBox = function(element) {
  AjaxEnabled.PassTextBox.initializeBase(this, [element]);

  this._weakCssClass = null;
  this._mediumCssClass = null;
  this._strongCssClass = null;

}
```

5. 接着，通过创建类的原型定义类的内部。这个类的原型将包括一个 initialize 方法和一个 dispose 方法。还将包括称为 onKeyup 的事件代码，这个事件代码是和文本框的 keyup 事件绑定在一起的。最后，代码包括多个用来管理设置和获取密码样式类的属性。下面的代码给出了一个原型定义的例子。请注意：这个代码的大部分覆盖了本课。如果遇到了麻烦，请翻阅一下本课的正本。

```
//define class
AjaxEnabled.PassTextBox.prototype = {
  //initialize the UI control
```

```
    initialize: function() {
AjaxEnabled.PassTextBox.callBaseMethod(this, 'initialize');
    this._onKeyupHandler = Function.createDelegate(this, this._onKeyup);
    $addHandlers(this.get_element(), {'keyup' : this._onKeyup}, this);
    },
    dispose: function() {
      $clearHandlers(this.get_element());
      AjaxEnabled.PassTextBox.callBaseMethod(this, 'dispose');
    },
    //define key press event
    _onKeyup : function(e) {
      //get password text
      var pass = this.get_element().value;
      var strength = this.returnPasswordStrength(pass);

      switch (strength) {
        case "Weak":
          this.get_element().className = this._weakCssClass;
          break;
        case "Medium":
          this.get_element().className = this._mediumCssClass;
          break;
        case "Strong":
          this.get_element().className = this._strongCssClass;
          break;
      }
    },
    //define properties
    get_weakCssClass: function() {
      return this._weakCssClass;
    },
    set_weakCssClass: function(value) {
      this._weakCssClass = value;
    },
    get_mediumCssClass: function() {
      return this._mediumCssClass;
    },
    set_mediumCssClass: function(value) {
      this._mediumCssClass = value;
    },
    get_strongCssClass: function() {
      return this._strongCssClass;
    },
    set_strongCssClass: function(value) {
      this._strongCssClass = value;
    },
    returnPasswordStrength: function(password) {
      var strPass = new String(password.toString());
      if (strPass.length < 5) {
        return "Weak";
      }
      else {
        if (strPass.length < 8) {
          return "Medium";
        }
        else {
          return "Strong";
        }
      }
    }
  }
}
```

6. 最后，在类中添加代码，并且通过调用组件中的 registerClass 方法使用 Microsoft AJAX 库来注册这个类。一定要表明，这个类继承于 AJAX 库中的 Sys.UI.Control 类。下面的代码显示了一个例子，这个例子包括了告知应用程序脚本已经完全加载。

```
//register class as a Sys.Control
AjaxEnabled.PassTextBox.registerClass('AjaxEnabled.PassTextBox',
 Sys.UI.Control);
//notify loaded
if (typeof(Sys) !== 'undefined') Sys.Application.notifyScriptLoaded();
```

7. 保存文件。已经完成了 AJAX 用户界面的控件部分创建。在下面的练习中，将会看到如何在 Web 页面上使用这个控件。在实训 3 中，还将会看到如何将这个脚本打包到一个自定义客户端控件。

➤ **练习 2 在 Web 页面上使用 AJAX 客户端控件**

在这个练习中，需要在 Web 页面上添加在前面练习中创建的 AJAX 用户界面控件，并且把它关联到一个 TextBox 控件中。

1. 继续前面练习中的项目，或者从本书配套资源的实例中打开第 2 课实训 2 练习 1 完成了的项目。

2. 打开资源视图中的 Default.aspx 页面。

3. 在工具箱中添加一个 ScriptManager 控件到页面。在 ScriptManager 控件的内部，为前面创建的 PassTextBox.js 文件设置一个标识。下面给出一个例子。

```
<asp:ScriptManager ID="ScriptManager1" runat="server">
  <Scripts>
    <asp:ScriptReference Path="PassTextBox.js" />
  </Scripts>
</asp:ScriptManager>
```

4. 接下来，在页面上添加控件，表示一个用户登录表单。这包括一个用于输入密码的 TextBox 控件。用户界面控件如下所示。

```
<div style="font-size: large; font-weight: bold">User Login</div>
<hr />
<br />
User Name:
<br />
<asp:TextBox ID="TextBoxUserName" runat="server" Width="200"></asp:TextBox>
<br />
Password:
<br />
<asp:TextBox ID="TextBoxPassword" runat="server"
  TextMode="Password" Width="200"></asp:TextBox>
<asp:Label ID="LabelStrength" runat="server" Text=""></asp:Label>
<br />
<input id="Button1" type="button" value="Submit" />
```

5. 除此之外，在页面上为每个密码强度添加样式类定义。这些将改变基于密码的强度的文本框的外观。下面给出了一个例子，代码添加到页面资源的<head />字段。

```
<style type="text/css">
  .weak
  {
    border: thin solid #FF0000;
  }
  .medium
  {
    border: thin solid #FFFF00;
  }
  .strong
```

```
  {
    border: medium solid #008000;
  }
</style>
```

6. 接下来，在页面上定义 JavaScript 用来创建一个 AJAX 用户界面控件的实例，并且把它和 TextBoxPassword 控件关联。这可以在 AJAX 库的应用程序 initialize 事件中完成。

   当需要创建一个控件的实例时，会希望将属性定义设置和引用传递给文本框。下面的代码给出了一个例子。

```
<script language="javascript" type="text/javascript">

  var app = Sys.Application;
  app.add_init(appInit);

  function appInit(sender, args) {

    $create(AjaxEnabled.PassTextBox,
      {weakCssClass : 'weak', mediumCssClass : 'medium',
      strongCssClass : 'strong'},
      null, null, $get('TextBoxPassword'));
  }
</script>
```

7. 最后，运行页面。在密码文本框中输入值，并注意键入值的时候文本框样式的变化。图 6.8 显示了页面运行时的例子。当用户输入一个强的密码时，文本框会变成绿色，并且有一个较厚的边界。

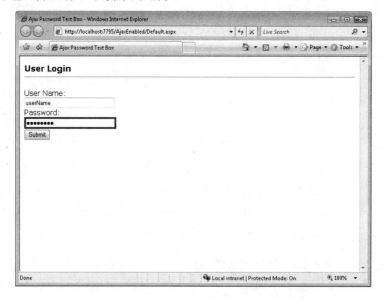

图 6.8　运行于浏览器上的 AJAX 密码客户端用户界面控件

实训 3：作为一个自定义控件封装 AJAX 客户端控件

在这个实训中，需要封装在前面例子中创建的 AJAX 用户界面控件作为一个自定义控件。接着，在页面上注册并使用它。

如果在完成这个练习时遇到问题，可参考本书配套资源中所附的实例，这些实例都有完成了的项目文件。

> ### 练习1 作为自定义控件嵌入 AJAX 客户端控件

在这个练习中，需要创建一个自定义控件，这个控件封装了在前面实训中创建的 AJAX 客户端控件。

请注意，这个实训使用了在实训 2 中创建的 JavaScript 文件(PassTextBox.js)。

1. 打开 Visual Studio，创建一个新的 ASP.NET 网站，命名为 **AjaxEnabled**(如果和实训 1 中创建的网站有冲突，请把这个项目放在一个不同的文件夹)。可以使用 C# 或者 Visual Basic。

2. 在解决方案中，添加一个新的类库(右击解决方案，选择添加新的项目)。命名这个类库为 **PassTextBox**。

3. 添加这个项目的引用。右击 PassTextBox 项目，选择添加引用。在添加的引用对话框的.NET 标签上，选择下面的引用：System.Drawing、System.Web 和 System.Web.Extensions。关闭对话框。

4. 在代码编辑器中打开类文件。将根/类的命名空间设置为 **AjaxEnabled**。可以在类库的项目属性对话框中完成。同样，将集合名称设置为 **AjaxEnabled**。这是通过项目属性对话框完成的。

5. 命名类为 PassTextBox。表明这个类从 TextBox 控件继承，并且实现了 IScriptControl。

    为 System.Web.UI.WebControls、System.Web.UI 和 System.Web 添加 using 语句(VB 的 Imports)。

    接下来，添加一个私有变量在类级别上来跟踪一个 ScriptManager 控件。

    同样，在控件上添加三个字段，用于管理基于密码强度的密码文本框样式属性。

    控件的最重要的部分如下所示。

```
'VB
Public Class PassTextBox
  Inherits TextBox
  Implements IScriptControl
  Private _sMgr As ScriptManager
  Public WeakCssClass As String
  Public MediumCssClass As String
  Public StrongCssClass As String
...
```

```
//C#
public class PassTextBox : TextBox, IScriptControl
{
  private ScriptManager sMgr;
  public string WeakCssClass;
  public string MediumCssClass;
  public string StrongCssClass;
...
```

6. 接下来，添加一个称为 GetScriptDescriptors 的方法。这个方法是为了定义客户端控件的属性和事件。这里，希望添加三个属性描述符，其中之一是密码强度样式。

下面的代码显示了一个例子。

```vb
'VB
Protected Overridable Function GetScriptDescriptors() _
  As IEnumerable(Of ScriptDescriptor)
  Dim descriptor As ScriptControlDescriptor = _
    New ScriptControlDescriptor("AjaxEnabled.PassTextBox", Me.ClientID)
  descriptor.AddProperty("weakCssClass", Me.WeakCssClass)
  descriptor.AddProperty("mediumCssClass", Me.MediumCssClass)
  descriptor.AddProperty("strongCssClass", Me.StrongCssClass)
  Return New ScriptDescriptor() {descriptor}
End Function
```

```csharp
//C#
protected virtual IEnumerable<ScriptDescriptor> GetScriptDescriptors()
{
  ScriptControlDescriptor descriptor =
    new ScriptControlDescriptor("AjaxEnabled.PassTextBox", this.ClientID);
  descriptor.AddProperty("weakCssClass", this.WeakCssClass);
  descriptor.AddProperty("mediumCssClass", this.MediumCssClass);
descriptor.AddProperty("strongCssClass", this.StrongCssClass);
  return new ScriptDescriptor[] { descriptor };
}
```

7. 现在添加一个称为 GetScriptReferences 的方法。这个方法是为了获取对自定义控件中所使用的 JavaScript 的引用。在这种情况下，JavaScript 将被嵌入到相同的集合。因此，添加下面的代码。

```vb
'VB
Protected Overridable Function GetScriptReferences() _
  As IEnumerable(Of ScriptReference)
  Dim reference As ScriptReference = New ScriptReference()
  reference.Assembly = "AjaxEnabled"
  reference.Name = "AjaxEnabled.PassTextBox.js"
  Return New ScriptReference() {reference}
End Function
```

```csharp
//C#
protected virtual IEnumerable<ScriptReference> GetScriptReferences()
{
  ScriptReference reference = new ScriptReference();
  reference.Assembly = "AjaxEnabled";
  reference.Name = "AjaxEnabled.PassTextBox.js";
  return new ScriptReference[] { reference };
}
```

8. 现在，需要填充类的剩余部分。这段代码对所有这个性质的控件都非常直观并且常见。下面代码给出了类文件的剩余部分。

```vb
'VB
...
Protected Overrides Sub OnPreRender(ByVal e As EventArgs)
  If Not Me.DesignMode Then
    'test for the existence of a ScriptManager
    _sMgr = ScriptManager.GetCurrent(Page)
    If _sMgr Is Nothing Then _
      Throw New HttpException( _
      "A ScriptManager control must exist on the page.")
    _sMgr.RegisterScriptControl(Me)
  End If
  MyBase.OnPreRender(e)
End Sub
Protected Overrides Sub Render(ByVal writer As HtmlTextWriter)
  If Not Me.DesignMode Then _
```

```vb
      _sMgr.RegisterScriptDescriptors(Me)
    MyBase.Render(writer)
  End Sub
  Function IScriptControlGetScriptReferences() _
    As IEnumerable(Of ScriptReference) _
    Implements IScriptControl.GetScriptReferences
    Return GetScriptReferences()
  End Function
  Function IScriptControlGetScriptDescriptors() _
    As IEnumerable(Of ScriptDescriptor) _
    Implements IScriptControl.GetScriptDescriptors
    Return GetScriptDescriptors()
  End Function
End Class
```

```csharp
//C#
...
  protected override void OnPreRender(EventArgs e)
  {
    if (!this.DesignMode)
    {
      //test for the existence of a ScriptManager
      sMgr = ScriptManager.GetCurrent(Page);
      if (sMgr == null)
        throw new HttpException(
          "A ScriptManager control must exist on the page.");
      sMgr.RegisterScriptControl(this);
    }
    base.OnPreRender(e);
  }
  protected override void Render(HtmlTextWriter writer)
  {
    if (!this.DesignMode)
      sMgr.RegisterScriptDescriptors(this);
    base.Render(writer);
  }
  IEnumerable<ScriptReference> IScriptControl.GetScriptReferences()
  {
    return GetScriptReferences();
  }
  IEnumerable<ScriptDescriptor> IScriptControl.GetScriptDescriptors()
  {
    return GetScriptDescriptors();
  }
}
```

9. 最后一步是嵌入 JavaScript 文件作为这个类的资源。

   第一，复制在前面实训中创建的 PassTextBox.js 文件到 PassTextBox 类库项目(或者从本书配套资源的实例文件中获得)。

   第二，在解决方案资源管理器中，查看 PassTextBox.js 文件的属性。在属性窗口中，将 Build Action 属性设置为 **Embedded Resource**。

   第三，打开项目的 AssemblyInfo 文件。可能需要单击解决方案资源管理器中的显示所有文件工具栏按钮。在 Visual Basic 中，可以在"我的项目"文件夹下找到这个文件。在 C#中，它是在一个称为属性的文件夹下。打开这个文件，并添加下面的 Web 资源集的定义。

```vb
'VB
<Assembly: System.Web.UI.WebResource("AjaxEnabled.PassTextBox.js", "text/
javascript")>
```

```
//C#
[assembly: System.Web.UI.WebResource("AjaxEnabled.PassTextBox.js", "text/
javascript")]
```

10. 最后，生成这个项目。现在应当有了一个基于文本框类的自定义服务器控件，这个控件也使用了一个嵌入的 AJAX 用户界面控件，其目的是为了使用 Microsoft AJAX 库。在接下来的练习中，将会看到如何使用这个控件。

➢ **练习 2　在 Web 页面上使用自定义 AJAX 控件**

在这个练习中，在 Web 页面上添加前面练习中创建的自定义 AJAX 控件。

1. 继续前面练习中的项目，或者从本书配套资源的实例中打开第 1 课实训 3 练习 1 完成了的项目。

2. 打开网站项目。

3. 添加 PassTextBox 控件的一个项目引用。因为网站和自定义控件在相同的解决方案中，可以添加一个从网站到 TextBox 控件的项目引用，这个引用是靠右击网站项目并选择添加引用完成的。在添加引用对话框中选择项目标签，并选择 PassTextBox 项目。

(如果项目并不是在相同的解决方案，必须复制前面练习中编译控件创建的.dll 文件到网站的 Bin 目录下。)

4. 打开资源视图中的 Default.aspx 页面。

5. 在工具箱中添加一个 ScriptManager 控件到页面。下面显示了一个例子。

```
<asp:ScriptManager ID="ScriptManager1" runat="server">
</asp:ScriptManager>
```

6. 在页面的顶端，添加指令以注册自定义控件。这个指令应当指向包含前面创建的自定义控件的集合。

如果是严格按照这个步骤执行，这个集合的名称应该是 AjaxEnabled。如果进行得比较快，可能丢失了这个实训中练习 1 的第 4 步，集合可能命名为 PassTextBox。可以检查网站的 Bin 目录来确定。

```
<%@ Register Assembly="AjaxEnabled" Namespace="AjaxEnabled"
  TagPrefix="ajaxEnabled" %>
```

7. 接着，在页面上添加控件，表示用户登录表单。这些控件应当和前面实训的最后部分的控件类似。这也包括在那里设置的样式定义。

然而，在这种情况下，并没有定义一个文本框，并把它关联到 AJAX 用户界面控件。相反，定义了一个已经嵌入到自定义控件的实例如下。

```
<ajaxEnabled:PassTextBox ID="textbox1" runat="server" width="200"
  TextMode="Password" WeakCssClass="weak" MediumCssClass="medium"
  StrongCssClass="strong"></ajaxEnabled:PassTextBox>
```

8. 最后，运行页面。在 PassTextBox 中输入值，并注意键入值的时文本框样式的变化。

注意　潜在的命名空间冲突

如果使用 C#，可能由于命名空间冲突产生一个错误。网站的集合名称和控件的集合名称设置为相同的值，AjaxEnabled。可以通过改变网站的集合名称和命名空间来克服这个问题。为此，右击网站并选择属性。这里，可以将两个项的值设置为 AjaxEnabled2。

本课总结

◆ 可以在一个页面内使用脚本标签定义客户端脚本。还可以在这个标签的内部编写 JavaScript 或者使用它指向一个.js 文件。

◆ ClientScriptManager 类用来从服务器端代码动态注册客户端脚本。该类的一个实例可以从 Page.ClientScript 属性访问。

◆ ScriptManager 控件也可以用来注册自定义客户端脚本。如果使用这个控件用于部分页面更新或者使用 Microsoft AJAX 库，这个控件是有用的。

◆ Microsoft AJAX 库提供了面向对象的支持，用于建立 JavaScript 代码，扩展了客户端浏览器的功能。这包括一组基类和一个框架(Sys.)。

◆ 通常可以使用 Microsoft Ajax 库创建三种类型的对象：组件、控件和行为。组件是一个没有用户界面的类。一个控件通常是单一的提供 AJAX 功能的控件。行为在设计是附加到控件，用于提供扩展功能。

◆ 可以打包 AJAX 客户端控件到一个自定义服务器控件。为此,要实现 IScriptControl 接口。

课后练习

通过下列问题，你可检验自己对第 2 课的掌握程度。这些问题也可从配套资源中找到。

注意　关于答案

对这些问题的解析可参考本书末"答案"。

---

1. 打算使用一个新类作为 DOM 元素的扩展，下列哪一行 JavaScript 注册这个新类？

    A．MyNamespace.MyClass.registerClass('MyNamespace.MyClass ', Sys.UI.Control);

    B．MyNamespace.MyClass.registerClass('MyNamespace.MyClass',null,Sys.IDisposable);

    C．MyNamespace.MyClass.registerClass('MyNamespace.MyClass ', null);

    D．MyNamespace.MyClass.registerClass('MyNamespace.MyClass ', Sys.UI.Behavior);

2. 编写了一个 AJAX 组件，这个组件可以做一个异步回发到服务器用于部分页面更新。当部分页面的响应第一次从服务器发回时，需要告知相关代码。应当拦截哪个事件？

    A．endRequest

    B．pageLoading

    C．pageLoaded

    D．beingRequest

3. 使用 Microsoft AJAX 库编写了一个 JavaScript 类。打算在 Web 页面上使用这个类。应当采用下面的哪个操作？

    A．添加下面的标记到.aspx 页面的<head />字段：

```
<script src="ContosoUtilities.js" type="text/javascript"></script>
```

B. 在页面上添加一个 ScriptManager 控件。它自动地在解决方案里面寻找.js 文件。然后，就可以通过 IntelliSense 使用它们。

C. 在页面上添加一个 ScriptManager 控件。添加一个嵌套在脚本管理控件内部的引用，这个引用指向 JavaScript 文件。

D. 在代码隐藏文件中使用 ScriptReference 类并将它的路径设置到.js 文件。

4. 如果要创建一个工作方式类似于 AJAX 客户端行为的自定义控件，应当采用什么样的操作？(不定项选择)

A. 创建一个自定义，服务器端类，这个类继承于一个有效的 System.Web.UI.Control。

B. 创建一个自定义，服务器端类，这个类继承于 ExtenderControl。

C. 创建一个自定义，服务器端类，这个类实现接口 IScriptControl。

D. 创建一个自定义，服务器端类，这个类使用属性(attribute)TargetControlType 描绘。

本 章 回 顾

为进一步实践和巩固在本章中学习到的技能，建议继续完成下列任务。

◆　阅读本章小结。

◆　完成案例训练。这些案例取自实际项目，但都涉及本章介绍的内容，要求你提供相应的解决方案。

◆　完成建议练习。

◆　完成实战测试。

本章小结

◆　AJAX 是一个平台独立的、符合 ECMAScript 的技术，用于运行在客户端的代码和运行在服务器端的代码之间的通信。ASP.NET 包括一组使用 AJAX 的服务器端控件和一组称为 Microsoft AJAX 库的客户端 JavaScript 文件。

◆　所有的页面都需要 ScriptManager(或者 ScriptManagerProxy)控件，它与 ASP.NET 和 Microsoft AJAX 库的 AJAX 扩展一起工作。

◆　ASP.NET 包括一组 AJAX 扩展控件。这些控件包括 UpdatePanel 控件、UpdateProgress 控件和 Timer 控件。所有的这些控件都用于定义部分页面异步更新。

◆　Microsoft AJAX 库允许生成 JavaScript 代码，扩展了浏览器上控件的功能。这包括创建组件、控件和行为。

案例场景

在下面的案例中，要用前面所讲的关于 ASP.NET 中 AJAX 的知识。如果在完成这项工作时遇到了困难，在开始下一章之前回顾一下本章内容。可以在本书最后 "答案" 部分找到这些问题的答案。

案例 1：使用 ASP.NET AJAX 扩展

你是一名 Contoso 药剂应用程序开发人员。最近，想把内部数据分析应用程序转换到一个 ASP.NET 网站上。这提供了辅助的对应用程序的访问和更为方便的部署。然而，用户习惯于通过数据的搜索和页面，而不是一个更直接的联系。

一宗投诉是关于一个特殊的功能丰富的页面。这个页面包含多个数据表格和一些用户行为。页面完全加载需要 5～10 秒钟时间。然而，一旦在页面中，用户通常在相同的页面上工作许多分钟。

除此之外，页面包含一个底部附近的数据表格。这个表格是可以搜索的，并且每次只显示 25 个记录。每次搜索或者一个附加的页面数据的请求都需要一次页面刷新。用户抱怨它们会丢失页面的上下文并且不得不回滚到原来他们工作的区域(除非在等 5～10 秒直到页面加载)。

需要考虑这些问题，并提出一个计划。

问题

1. 当用户在表格中搜索新的数据时，使用什么样的 ASP.NET 控件停止页面的全部刷新？

2. 决定使用 ASP.NET AJAX 来帮助解决这些问题。必须要在页面上添加什么控件？

3. 当页面执行一个异步回发时，希望告知用户回发的进展。需要使用什么样的 ASP.NET 控件？

案例 2：使用 Microsoft AJAX 库

你是一个在 Fabrikam 制造业的开发人员。投入市场的新产品是基于 Web 的。你明白用户需要一个高度交互的客户端，因此，决定实现 ASP.NET AJAX。已经确定，并计划为网站编写下面的组件。

◆ 一个时钟显示在浏览器窗口打开的任何网站上的页面的时间。

◆ 具有高亮页面上具有当前焦点的控件的能力。

◆ 用于客户端数据验证的逻辑，数据包括零件编号、供应商代码和更多的数据。

问题

1. 使用 Microsoft AJAX 库，如何以组件、控件或者行为的方式实现？

2. 将打包哪些功能成一个自定义服务器控件，将会使用哪些类来实现它？

建议练习

为了帮助你熟练掌握本章考点，需要完成下面的任务。

在页面上添加部分页面更新支持

对于这个任务，应当完成练习 1，获得部分页面更新的经验。练习 2 显示了如何利用 Timer 控件。练习 3 显示了 UpdateProgress 控件。

◆ **练习 1** 查找在当前的 Web 应用程序使用一个数据网格，以显示数据的页面。把这个数据网格放入到一个 UpdatePanel，当数据通过页面时，开启部分页面更新。

◆ **练习 2** 创建一个 Web 页面，允许用户循环通过一系列的数据。使用 Timer 控件定期自动更新显示的图片。

◆ **练习 3** 在当前应用程序查找一个页面，这个页面需要很长时间加载并且提供给用户很多交互。在这个页面添加部分页面更新。当页面更新时，使用 UpdateProgress 控件告知用户。

使用 Microsoft AJAX 库创建客户端代码

对于这个任务，应当完成练习 1，学习使用 AJAX 库建立控件的基础知识。练习 2 将让你明白如何建立一个客户端行为控件。

◆　**练习 1**　创建一个 AJAX 客户端控件,使用确认报警窗口扩展一个 ASP.NET 按钮。使用 IScriptControl 接口打包控件作为一个自定义服务器控件。

◆　**练习 2**　创建一个 AJAX 客户端行为控件,行为控件高亮一个控件作为它的焦点。使用 ExtenderControl 类作为一个自定义服务器控件打包这个控件。

实战测试

本书配套资源为实战测试提供了多种选择。例如,可选择只对本章相关的内容进行测验,也可用完整的 70-562 认证考试的内容进行自测。可将测验设置为实战模式(即与真实考试基本相同),或者可以设为学习模式,以便边做题边查看答案及相应的分析。

更多信息　实战测试
要想进一步了解可选的测试模式,请查看本书"前言"。

第7章 在 ASP.NET 中使 ADO.NET 使用 XML 以及 LINQ

在所有商业应用程序中，最重要的环节可能要属数据的检索和存储了。毫不夸张地说，数据检索、操纵以及存储是所有商业应用程序的生命线。因此它自然成为 Microsoft .NET Framework 中极其重要的组成部分。这个话题涵盖了利用 ADO.NET 来访问和操纵已建立连接的数据以及未建立连接的数据，其中包括使用内置在.NET Framework 中的语言集成查询引擎(Language-Integrated Query Engine, LINQ)实现对数据的查询。

本章的前两课首先介绍 ADO.NET 的非连接类，然后再介绍建立连接情况下的数据访问。其中涵盖了如何利用 LINQ 直接对数据进行操作的内容。图 7.1 展示了与前两课密切相关的类。

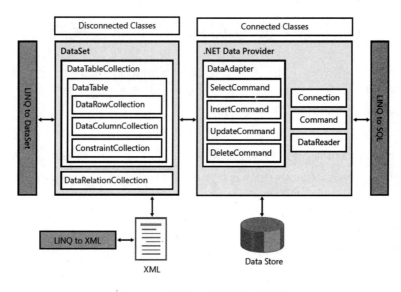

图 7.1 主要的非连接类和连接类

本章的最后一课将介绍如何与以 XML(Extensible Markup Language，可扩展标记语言)格式存储的数据进行交互。其中涉及该框架中与 XML 相关的类以及它们在提供数据存储和检索功能中所起的作用。

本章考点

◆ 使用 Data 和 Services
　◇ 利用 DataSet 和 DataReader 对象来操纵数据
　◇ 读写 XML 数据

本章课程设置

◆　第 1 课　使用 ADO.NET 的非连接类

◆　第 2 课　使用 ADO.NET 的连接类

◆　第 3 课　与 XML 数据进行交互

课 前 准 备

为完成本章课程，应首先熟练掌握如何在 Microsoft Visual Studio 中使用 Visual Basic 或 C#语言开发应用程序。此外，还应自如熟悉下列工具和知识点：

◆　Visual Studio 2008 集成开发环境

◆　安装 Microsoft SQL Server Express Edition

◆　SQL Server

◆　超文本标记语言 HTML 及由 JavaScript 编写的客户端脚本

◆　通过为网页添加 Web 服务器控件而生成 Web 表单，并在服务器端进行编程

第 1 课　使用 ADO.NET 非连接类

本课将介绍如何在 Web 应用程序中使用像 DataTable 和 DataSet 这样的非连接数据访问类。这些类可依据存储在数据库或其他数据源中的数据来创建实例。关键之处在于，这些类的实例被创建，它们便与创建它们的数据源断开连接。你也可以在没有实际连接到某个数据源的情况下使用这些类。但是，这种做法并不常见。

本课先介绍 DataTable 类，因为它是处理非连接数据的核心类。然后我们再来讨论 DataSet 类和 DataTableReader 类。最后，将了解如何使用 LINQ to DataSet 来编写对非连接数据的查询。

学习目标

◆　在 Web 应用程序中使用如下非连接类：

◇　DataTable

◇　DataColumn

◇　DataRow

◇　DataView

◇　DataSet

◆　将 DataSet 对象序列化到 XML 文件及从 XML 文件实现 DataSet 对象反序列化

◆　使用 LINQ to DataSet 和 Visual Basic 或 C#对非连接数据进行查询

预计课时：60 分钟

初识 DataTable 对象

DataTable 对象用于将表格数据表示为行、列及约束的形式。在执行非连接数据操作时，可使用 DataTable 对象将数据放在内存中。通常需要首先连接到数据库，然后返回表格数据以得到 DataTable 对象(下一课将重点介绍该内容)。

但 DataTable 对象也可通过实例化 DataTable 类来显式地创建。之后你可为该类添加 DataColumn 对象来对由该类的实例所持有数据类型进行定义。DataColumn 对象中还包含有一些约束。这些约束通过对放入列中的数据进行限制而维护数据的完整性。

一旦 DataTable 中定义了列，就可以添加 DataRow 对象，该对象保存了表格中的数据。这些数据行必须满足在表格中所定义的所有约束。下面给出了一段创建并返回包括 DataTable 对象的空的 employee DataTable：

```vb
'VB
Private Function GetDataTable() As DataTable
  'Create the DataTable named "Employee"
  Dim employee As New DataTable("Employee")

  'Add the DataColumn using all properties
  Dim eid As New DataColumn("Eid")
  eid.DataType = GetType(String)
  eid.MaxLength = 10
  eid.Unique = True
  eid.AllowDBNull = False
  eid.Caption = "EID"
  employee.Columns.Add(eid)

  'Add the DataColumn using defaults
  Dim firstName As New DataColumn("FirstName")
  firstName.MaxLength = 35
  firstName.AllowDBNull = False
  employee.Columns.Add(firstName)
  Dim lastName As New DataColumn("LastName")
  lastName.AllowDBNull = False
  employee.Columns.Add(lastName)

  'Add the decimal DataColumn using defaults
  Dim salary As New DataColumn("Salary", GetType(Decimal))
  salary.DefaultValue = 0.0
  employee.Columns.Add(salary)

  'Derived column using expression
  Dim lastNameFirstName As New DataColumn("LastName and FirstName")
  lastNameFirstName.DataType = GetType(String)
  lastNameFirstName.MaxLength = 70
  lastNameFirstName.Expression = "lastName + ', ' + firstName"
  employee.Columns.Add(lastNameFirstName)
  Return employee
End Function

//C#
private DataTable GetDataTable()
{
  //Create the DataTable named "employee"
  DataTable employee = new DataTable("Employee");

  //Add the DataColumn using all properties
  DataColumn eid = new DataColumn("Eid");
```

```
eid.DataType = typeof(string);
eid.MaxLength = 10;
eid.Unique = true;
eid.AllowDBNull = false;
eid.Caption = "EID";
employee.Columns.Add(eid);

//Add the DataColumn using defaults
DataColumn firstName = new DataColumn("FirstName");
firstName.MaxLength = 35;
firstName.AllowDBNull = false;
employee.Columns.Add(firstName);
DataColumn lastName = new DataColumn("LastName");
lastName.AllowDBNull = false;
employee.Columns.Add(lastName);

//Add the decimal DataColumn using defaults
DataColumn salary = new DataColumn("Salary", typeof(decimal));
salary.DefaultValue = 0.00m;
employee.Columns.Add(salary);

//Derived column using expression
DataColumn lastNameFirstName = new DataColumn("LastName and FirstName");
lastNameFirstName.DataType = typeof(string);
lastNameFirstName.MaxLength = 70;
lastNameFirstName.Expression = "lastName + ', ' + firstName";
employee.Columns.Add(lastNameFirstName);
return employee;
}
```

在本例中，每个 DataColumn 对象的 DataType 属性都被定义为 string 类型，唯有 salary 对象例外，它是一个包含货币值的 decimal 对象。MaxLength 属性对字符串数据的长度施加了约束。如果为其赋予的字符串数据的长度超出了该属性值，则该数据将被截断，同时不会有任何异常被抛出。

在本例中还对大量其他 DataColumn 属性进行了设置。如果 DataColumn 的属性 Unique 被设为 True，则将有一个索引被自动创建以防止 DataTable 中出现重复项。如果将 AllowDBNull 属性设为 False，则表示该列数据一定不能为空。Caption 属性是一个表示列标题的字符串。当该 DataTable 对象与 Web 服务器控件一同使用时，列标题将被显示。

DataColumn 对象 lastNameFirstName 展示了如何创建表达式列(expression column)。在本例中，这是通过表达式赋值来实现的。表达式列也被称为计算(calculated)列或派生(derived)列。当数据虽可获取但格式不正确时，添加派生列尤其有用。

下面列出 DataColumn 的一些属性的默认值。如果创建 DataColumn 对象时没有对这些属性指定任何值，则它们将取这些默认值：

- ◆ **DataType**　String
- ◆ **MaxLength**　-1，意味着不会对最大长度进行检查
- ◆ **Unique**　False，表示允许出现重复项
- ◆ **AllowDBNull**　True，表示 DataColumn 可以为空
- ◆ **Caption**　默认返回 ColumnName 的值。

创建主键列

DataTable 对象的主键(primary key)由一个或多个列构成，这些列定义了表示数据中每行记录的唯一标识。在上面的雇员例子中，雇员标识(Eid)被视作可用于检索某个给定雇员

的唯一键值。下面的代码展示了如何为 DataTable 实例 employee 对象的 PrimaryKey 属性进行设置：

```vb
'VB
'Set the Primary Key
employee.PrimaryKey = new DataColumn(){eid}
```

```csharp
//C#
//Set the Primary Key
employee.PrimaryKey = new DataColumn[] {eid};
```

在某些情况下，唯一键值可能需要结合两个或多个字段才能获得唯一性。例如，销售订单中包含行记录。每行记录的主键通常都为订单号和行号的组合。PrimaryKey 属性必须被设为充当数据表主键列的 DataColumn 数组。

利用 DataRow 对象添加数据

当 DataTable 对象以某种模式创建后，可通过为其添加 DataRow 对象来实现数据填充。可使用 DataTable 实例来创建 DataRow 对象。这样可以确保 DataRow 与给定 DataTable 对象的列约束保持一致。

为 DataTable 添加数据

DataTable 对象中包含一个 Rows 集合，该集合由 DataRow 对象所组成。可使用如下两种方式将数据添加到该 Rows 集合中：一种是使用 Rows 的 Add 方法；另一种是使用 DataTable 对象的 Load 方法。

Add 方法还具有一个可以接收对象数组而非 DataRow 对象的重载版本。需要注意的是，该对象数组必须与 DataTable 中 DataColumn 对象的数量和数据类型匹配。

Load 方法可用于更新已有的 DataRow 对象或加载新的 DataRow 对象。需要注意的是，必须对 Primarykey 属性进行设置，只有如此 DataTable 对象才能找到所要更新的 DataRow 对象。Load 方法需要接收一个对象数据以及一个 LoadOption 枚举类型值，该枚举类型中包括下列取值。

- **OverwriteChanges**　覆盖原始的 DataRowVersion 以及当前 DataRowVersion，并将 RowState 修改为 Unchanged。新行的 RowState 属性值均将为 Unchanged。
- **PreserveChanges(默认)**　覆盖原始的 DataRowVersion，但并不修改当前 DataRowVersion。新行的 RowState 属性值均为 Unchanged。
- **Upsert**　覆盖当前 DataRowVersion，但并不修改原始 DataRowVersion。新行的 RowState 值将为 Added。如果当前 DataRowVersion 与原始 DataRowVersion 相同，则 RowState 属性值为 Unchanged 的那些行的的 RowState 属性仍为 Unchanged；否则那些行的 RowState 属性为 Modified。

下面的代码展示了为 DataTable 实例 employee 创建和添加数据的方法的使用：

```vb
'VB
'Add New DataRow by creating the DataRow first
Dim newemployee As DataRow = employee.NewRow()
newemployee("Eid") = "123456789A"
newemployee("FirstName") = "Nancy"
newemployee("LastName") = "Davolio"
newemployee("Salary") = 10.0
employee.Rows.Add(newemployee)
```

```vb
'Add New DataRow by simply adding the values
employee.Rows.Add("987654321X", "Andrew", "Fuller", 15.0)

'Load DataRow, replacing existing contents, if existing
employee.LoadDataRow( _
New Object() {"987654321X", "Janet", "Leverling", 20.0}, _
LoadOption.OverwriteChanges)
```

```csharp
//C#
//Add New DataRow by creating the DataRow first
DataRow newemployee = employee.NewRow();
newemployee["Eid"] = "123456789A";
newemployee["FirstName"] = "Nancy";
newemployee["LastName"] = "Davolio";
newemployee["Salary"] = 10.00m;
employee.Rows.Add(newemployee);

//Add New DataRow by simply adding the values
employee.Rows.Add("987654321X", "Andrew", "Fuller", 15.00m);

//Load DataRow, replacing existing contents, if existing
employee.LoadDataRow(
new object[] { "987654321X", "Janet", "Leverling", 20.00m },
LoadOption.OverwriteChanges);
```

这段代码实现了为 DataTable 实例 employee 添加新的 DataRow 对象。第一个例子使用 DataTable 实例 employee 的 NewRow 方法显式创建了新的 DataRow 对象。而第二个例子仅通过为 empolyee.Rows.Add 传递数据来添加新 DataRow。请不要忘记任何数据都没有被永久保存在数据库中。我们将在下一课讨论这些话题。

与 DataTable 建立绑定

DataTable 对象可与任何数据绑定控件进行绑定，方法是将其付给数据绑定控件的 DataSource 属性，并执行该控件的 DataBind 方法。我们将在第 8 章详细讨论数据绑定。图 7.2 展示了呈现到浏览器中的 DataTable 对象 employee。

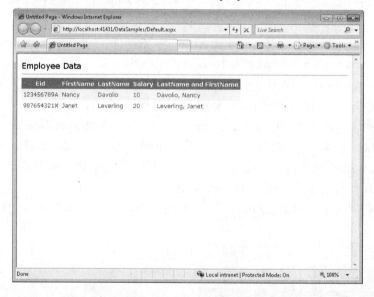

图 7.2 DataTable 对象 employee 被绑定到一个 GridView 控件

使用 DataRow 对象的 RowState 属性

DataRow 类拥有 RowState 属性，可用于在任意时刻查看和过滤，并且可取为下列 DataRowState 枚举值：

- **Detached**　DataRow 对象被创建，但并不添加到 DataTable 中
- **Added**　DataRow 被添加到 DataTable 中
- **Unchanged**　从上次调用 AcceptChanges 方法起 DataRow 一直未被修改。当 AcceptChanged 方法被调用时，DataRow 变为该状态
- **Modified**　从上次 AcceptChanges 方法被调用时起，DataRow 被修改过
- **Deleted**　DataRow 已被 DataRow 的 Delete 方法删除

图 7.3 展示了 RowState 在 DataRow 对象声明周期中不同时间的状态变化。可能已经注意到，当 Price 字段被赋予 123.45 后，RowState 并未变为 Modified。RowState 仍为 Added，这是由于 RowState 是一个要求将该行数据更新到数据库中的行为指示器。123.45 被放入 Price 字段的这个事实的重要性要亚于 DataRow 需要被添加到数据库。

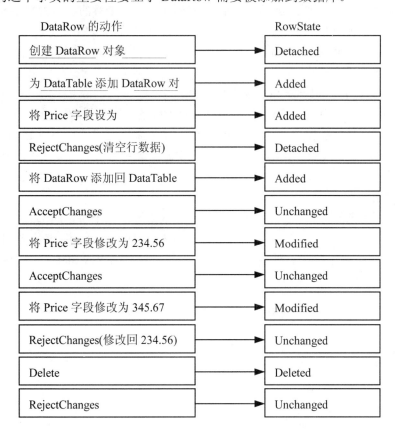

图 7.3　在 DataRow 对象的生命周期内 RowState 的变化

用 DataRowVersion 持有数据的多个版本

DataRow 对象可以持有数据的三个版本或副本，即 Original、Current 及 Proposed。当 DataRow 创建时，它只包含数据的单个副本，即 Current 版本。当通过执行 BeginEdit 而使

DataRow 处于编辑模式时，对该数据所做的修改将会被存入其第二个版本，即 Proposed 版本。当 EndEdit 方法执行后，Current 版本就变为 Original 版本，Proposed 版本变为 Current 版本，而 Proposed 版本将不复存在。这样，当 EndEdit 方法执行完毕后，DataRow 数据就有了两个版本，即 Original 和 Current。如果 BeginEdit 方法被再次调用，则该数据的 Current 版本将被复制到该数据的第三个版本中，即 Proposed 版本中。再次调用 EndEdit 将导致 Proposed 版本变为 Current 版本，而 Proposed 版本将不再存在。

从 DataRow 中检索数据时，检索的 DataRowVersion 指定为以下值。

◆ **Current** 该行中包含 DataRow 的当前值，即使已经对其进行了修改。在任何情况下，该版本都是存在，除非当 RowState 为 Deleted。如果在 RowState 为 Deleted 的情况下仍试图检索其 Current 版本，则会有一个异常被抛出。

◆ **Default** 如果 RowState 为 Added 或 Modified，则默认版本为 Current。如果 RowState 为 Deleted，则会有一个异常被抛出。如果 BeginEdit 方法已被执行，则默认版本为 Proposed。

◆ **Original** 最近一次 AcceptChanges 方法执行后数据行的值。如果 AcceptChanges 方法从未被执行，则 Original 版本为最初加载到该 DataRow 对象中的值。请注意，直到 RowState 变为 Modified、Unchanged 或 Deleted，该版本才会被填充。如果 RowState 为 Deleted，则该信息仍可获取。如果 RowState 为 Added，则会有一个 VersionNotFoundException 异常被抛出。

◆ **Proposed** 在对 DataRow 对象进行编辑期间的值。如果 RowState 为 Deleted，则会有一个异常被抛出。如果 BeginEdit 方法并未被显式调用，或 BeginEdit 通过对一个已分离的 DataRow(即未被添加到 DataTable 对象中的孤立 DataRow 对象)进行编辑而隐式地调用 BeginEdit，则会有一个 VersionNotFoundException 异常对象被抛出。

也可通过查询 DataRow 对象的 HasVersion 方法来测试某个特定的 DataRowVersion 是否存在。在试图对一个已经不存在版本进行检索时，可使用该方法来测试某个 DataRowVersion 是否存在。下面的代码片段展示了如何利用 RowState 和 DataRowVersion 来检索字符串：

```vb
'VB
Private Function GetDataRowInfo( _
 ByVal row As DataRow, ByVal columnName As String) As String

 Dim retVal As String = String.Format( _
 "RowState: {0} <br />", row.RowState)

 Dim versionString As String
 For Each versionString In [Enum].GetNames( _
  GetType(DataRowVersion))
  Dim version As DataRowVersion = _
  CType([Enum].Parse(GetType(DataRowVersion), _
   versionString), DataRowVersion)
  If (row.HasVersion(version)) Then
   retVal += String.Format( "Version: {0} Value: {1} <br />", _
    version, row(columnName, version))
  Else
   retVal += String.Format( _
    "Version: {0} does not exist.<br />", version)
  End If
```

```
  Next
  Return retVal
End Function
```

```csharp
//C#
private string GetDataRowInfo(DataRow row, string columnName)
{
  string retVal = string.Format(
    "RowState: {0}<br />", row.RowState);
  foreach (string versionString in
    Enum.GetNames(typeof(DataRowVersion)))
  {
    DataRowVersion version = (DataRowVersion)Enum.Parse(
      typeof(DataRowVersion), versionString);
    if (row.HasVersion(version))
    {
      retVal += string.Format("Version: {0} Value: {1}<br />",
        version, row[columnName, version]);
    }
    else
    {
      retVal += string.Format("Version: {0} does not exist.<br />",
        version);
    }
  }
  return retVal;
}
```

使用 AcceptChanges 方法和 RejectChanges 方法来重设 RowState

AcceptChanges 方法用于将 DataRow 状态重新设为 Unchanged。该方法存在于 DataRow 对象、DataTable 对象以及 DataSet 对象中。(本章后面的课程中将对 DataSet 进行介绍)。当数据从数据库中加载完毕后，被加载行的 RowState 属性就被设为 Added。调用 DataTable 的 AcceptChanges 方法会将所有 DataRow 对象的 RowState 重新设定为 Unchanged。如果对 DataRow 对象进行了修改，则其 RowState 将变为 Modified。准备保存数据时，可使用 DataTable 对象的 GetChanges 方法来轻松查询其变动情况，该方法将返回一个仅被填充了从最近一次 *AcceptChanges* 方法被执行起，被修改的那些 *DataRow* 对象。

当这些修改被成功发送到数据存储区，通过调用 *AcceptChanges* 方法来将 *DataRow* 对象的状态修改为 *Unchanged*，这表明 DataRow 对象已与数据存储区同步。请注意，在调用 AcceptChanges 方法时也会导致 DataRow 对象的 Current 版本被复制到其 Original 版本中。下面我们来研究一个代码片段：

```vbnet
'VB
Protected Sub Button2_Click(ByVal sender As Object, _
  ByVal e As System.EventArgs) Handles Button2.Click

  'add label to form
  Dim lbl As New Label()
  lbl.Style.Add("position", "absolute")
  lbl.Style.Add("left", "275px")
  lbl.Style.Add("top", "20px")
  lbl.EnableViewState = false
  form1.Controls.Add(lbl)

  'get the first row to play with
  Dim dr As DataRow = GetDataTable().Rows(0)

  'clear the rowstate
  dr.AcceptChanges()
```

```
    'make change in a single statement
    dr("FirstName") = "Marie"

    'start making changes that may span multiple statements
    dr.BeginEdit()
    dr("FirstName") = "Marge"
    lbl.Text = GetDataRowInfo(dr, "FirstName")
    dr.EndEdit()
End Sub
```

```csharp
//C#
protected void Button2_Click(object sender, EventArgs e)
{
  //add label to form
  Label lbl = new Label();
  lbl.Style.Add("position", "absolute");
  lbl.Style.Add("left", "275px");
  lbl.Style.Add("top", "20px");
  lbl.EnableViewState = false;
  form1.Controls.Add(lbl);

  //get the first row to play with
  DataRow dr = GetDataTable().Rows[0];

  //clear the rowstate
  dr.AcceptChanges();

  //make change in a single statement
  dr["FirstName"] = "Marie";

  //start making changes that may span multiple statements
  dr.BeginEdit();
  dr["FirstName"] = "Marge";
  lbl.Text = GetDataRowInfo(dr, "FirstName");
  dr.EndEdit();
}
```

这段代码在一开始先为该网页添加了一个 Label 控件，以保存测试结果。接下来，得到 DataTable 实例 employee 中的第一个 DataRow 对象。DataRow 的 RowState 属性的初始值被设为 Added，AcceptChanges 方法将 RowState 重新设为 Unchanged。接着上述程序对 FirstName 进行了修改，并导致 *RowState* 变为 Modified。此时，数据行的 Current 版本中包含修改后的数据，而 *Original* 版本中包含 *AcceptChanges* 方法被调用后所存在数据值。再接着，*BeginEdit* 方法被调用，DataRow 处于编辑模式，然后在此对 FirstName 做出修改。此时，Proposed 版本中包含着当前数据，调用 GetDataRowInfo 方法会将结果显示出来，如图 7.4 所示。

RejectChanges 方法用于将 DataRow 恢复到你最后调用 AcceptChanges 方法时的状态。AcceptChanges 方法会将 Original 版本的数据行覆盖，这意味着你将无法将数据行恢复到比最近一次调用 AcceptChanges 方法更早时候的状态。

利用 SetAdded 方法和 SetModified 方法来显式修改 RowState

DataRow 对象的 SetAdded 方法和 SetModified 方法允许显式地对 RowState 进行设置。在希望强制某个 DataRow 对象存入一个与其最初加载的数据存储区不同的存储区时，这两个方法非常有用。

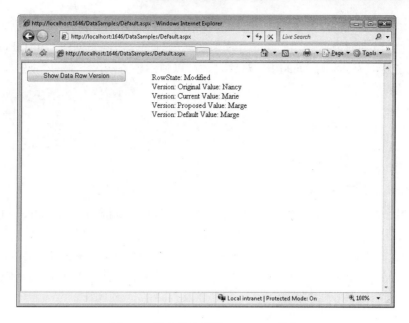

图 7.4　做出修改后的 DataRow 信息

DataRow 的删除与取消删除

DataRow 的 Delete 方法用于将 DataRow 的 RowState 设为 Deleted。当一个 DataRow 对象的 RowState 为 Deleted 时，表明需要将该行从数据存储区删除。

许多情形下，可能希望撤销对一个 DataRow 对象的删除。DataRow 对象中没有撤销删除的方法，但可使用 RejectChanges 方法来执行一个满足一定条件的删除撤销操作。问题在于调用 RejectChanges 方法会将 DataRow 的 Original 版本复制到 Current 版本中，这实际上是将 DataRow 对象恢复到最后一次 AcceptChanges 方法被调用时的状态。这也就意味着在删除数据之前所做的任何修改都将丢失。

复制和克隆 DataTable 对象

经常需要在应用程序中创建一个 DataTable 对象的完整副本，目的在于或者将其传递给其他应用程序，或者将其作为一个执行完若干操作后可以丢弃的暂存区。例如，可能希望将 DataTable 对象与 GridView 对象进行绑定，以使用户可以对数据进行编辑，但你同时也许还希望为用户提供一个取消按钮，以使其能够放弃所有在网页中所做的修改。实现该功能最简单的一种方式是创建一个 DataTable 对象的副本，然后对该副本进行编辑。如果用户单击了取消按钮，则将 DataTable 对象的这个副本丢弃。如果用户决定保存这些更改，则你应使用编辑后的版本将原始的 DataTable 对象替换。

要创建 DataTable 对象的副本，可以使用 DataTable 中的 Copy 方法，该方法会将 DataTable 对象的结构和数据一起进行复制。下面的代码片段展示了如何调用 Copy 方法：

```
'VB
Dim copy as DataTable = employee.Copy()
```

```
//C#
DataTable copy = employee.Copy();
```

有时可能只需要获得 DataTable 结构的一个副本，而并不需要其中的数据。这种情况下，可通过调用 DataTable 类的 Clone 方法来实现该目的。需要先创建 DataTable 对象的一个空副本，之后再为其添加 DataRow 对象时，可以使用该方法。下面的代码展示了如何使用 Clone 方法：

```vb
'VB
Dim clone as DataTable = employee.Clone()
```

```csharp
//C#
DataTable clone = employee.Clone();
```

将 DataRow 对象导入 DataTable

DataTable 对象的 ImportRow 方法用于从具有相同结构的 DataTable 对象中复制 DataRow 对象。ImportRow 方法还可导入 Current 和 Original 版本的数据。如果试图导入一个 DataRow 对象，而该对象拥有一个已经存在于该 DataTable 对象中的主键值，则将有一个 ConstraintException 对象被抛出。下面的代码片段展示了如何对 DataTable 对象进行克隆以及如何将一个 DataRow 对象复制到前述的 DataTable 克隆对象中：

```vb
'VB
Dim clone as DataTable = employee.Clone()
clone.ImportRow(employee.Rows(0))
```

```csharp
//C#
DataTable clone = employee.Clone();
clone.ImportRow(employee.Rows[0]);
```

DataTable 与 XML 数据

可使用 DataTable 对象的 WriteXml 方法来将该对象的内容写入一个 XML 文件或流中。该方法应与 Server.MapPath 方法一起使用以将一个简单文件名转换为网站路径，如下所示：

```vb
'VB
Protected Sub Button3_Click(ByVal sender As Object, _
  ByVal e As System.EventArgs) Handles Button3.Click
  Dim employee As DataTable = GetDataTable()
  employee.WriteXml(Server.MapPath("employee.xml"))
  Response.Redirect("employee.xml")
End Sub
```

```csharp
//C#
protected void Button3_Click(object sender, EventArgs e)
{
  DataTable employee = GetDataTable();
  employee.WriteXml(Server.MapPath("employee.xml"));
  Response.Redirect("employee.xml");
}
```

当该方法被调用时，将生成 Employee.xml 文件，其内容大致如下所示：

```xml
<?xml version="1.0" standalone="yes"?>
<DocumentElement>
  <Employee>
    <Eid>123456789A</Eid>
    <FirstName>Nancy</FirstName>
    <LastName>Davolio</LastName>
    <Salary>10</Salary>
    <LastName_x0020_and_x0020_FirstName>
      Davolio, Nancy
    </LastName_x0020_and_x0020_FirstName>
```

```
    </Employee>
    <Employee>
      <Eid>987654321X</Eid>
      <FirstName>Janet</FirstName>
      <LastName>Leverling</LastName>
      <Salary>20</Salary>
      <LastName_x0020_and_x0020_FirstName>
        Leverling, Janet
      </LastName_x0020_and_x0020_FirstName>
    </Employee>
  </DocumentElement>
```

本例使用 DocumentElement 作为根元素，并为每个 DataRow 对象重复使用了 Employee 元素。与每个 DataRow 对象对应的数据作为一个元素内嵌在每个 Employee 元素内。请注意，XML 元素名称中不可含有空格，这样 LastName and FirstName 会被自动编码(转换)为 LastName_x0020_and_x0020_FirstName。

可通过指定一个 XML 模式或对 DataTable 及其对象的属性进行设置来精细地调整 XML 输出。如果希望将 DataRow 对象对应的重复元素的名称由 Employee 改为 Person，则可直接修改 DataTable 对象的 TableName 属性。DataColumn 对象拥有一个 ColumnMapping 属性，借助它可通过为其赋予一个 MappingType 枚举类型值来对每列的输出进行配置。MappingType 枚举类型的取值包括：

- **Attribute**　将列映射到 XML 属性。
- **Element**　默认值，将列映射到 XML 元素。
- **Hidden**　将列映射到内部结构，不会被发送至 XML 文件。
- **SimpleContent**　将列映射到 XmlText 节点。

要将 Eid、LastName、FirstName 以及 Salary 修改为 XML 属性，可将每个 DataColumn 对象的 ColumnMapping 属性设为 MappingType.Attribute。LastName and FirstName 列为一个表达式列，因此其数据不需要被保存。其 ColumnMapping 属性可被设为 MappingType.Hidden。下面的代码片段展示了所需的代码以及产生的 XML 文件的内容：

```vb
'VB
Protected Sub Button4_Click(ByVal sender As Object, _
  ByVal e As System.EventArgs) Handles Button4.Click
  Dim employee As DataTable = GetDataTable()
  employee.TableName = "Person"
  employee.Columns("Eid").ColumnMapping = MappingType.Attribute
  employee.Columns("FirstName").ColumnMapping = MappingType.Attribute
  employee.Columns("LastName").ColumnMapping = MappingType.Attribute
  employee.Columns("Salary").ColumnMapping = MappingType.Attribute
  employee.Columns("LastName and FirstName").ColumnMapping = _
  MappingType.Hidden
  employee.WriteXml(Server.MapPath("Person.xml"))
  Response.Redirect("Person.xml")
End Sub
```

```csharp
//C#
protected void Button4_Click(object sender, EventArgs e)
{
  DataTable employee = GetDataTable();
  employee.TableName = "Person";
  employee.Columns["Eid"].ColumnMapping = MappingType.Attribute;
  employee.Columns["FirstName"].ColumnMapping = MappingType.Attribute;
  employee.Columns["LastName"].ColumnMapping = MappingType.Attribute;
  employee.Columns["Salary"].ColumnMapping = MappingType.Attribute;
  employee.Columns["LastName and FirstName"].ColumnMapping =
```

```
MappingType.Hidden;
employee.WriteXml(Server.MapPath("Person.xml"));
Response.Redirect("Person.xml");
}
```

XML
```xml
<?xml version="1.0" standalone="yes"?>
<DocumentElement>
  <Person Eid="123456789A" FirstName="Nancy" LastName="Davolio" Salary="10" />
  <Person Eid="987654321X" FirstName="Janet" LastName="Leverling" Salary="20" />
</DocumentElement>
```

由上可见，所产生的 XML 文件非常简洁，数据类型均未保存，因此所有的数据均会被视作字符串数据。可使用 XmlWriteMode.WriteSchema 枚举值来保存 XML 模式及数据，如下所示(请注意其中的粗体代码，代码之后还给出了所生成的 XML 文件)：

'VB
```vb
Protected Sub Button5_Click(ByVal sender As Object, _
  ByVal e As System.EventArgs) Handles Button5.Click
  Dim employee As DataTable = GetDataTable()
  employee.TableName = "Person"
  employee.Columns("Eid").ColumnMapping = MappingType.Attribute
  employee.Columns("FirstName").ColumnMapping = MappingType.Attribute
  employee.Columns("LastName").ColumnMapping = MappingType.Attribute
  employee.Columns("Salary").ColumnMapping = MappingType.Attribute
  employee.Columns("LastName and FirstName").ColumnMapping = _
  MappingType.Hidden
  employee.WriteXml(Server.MapPath("PersonWithSchema.xml"), _
  XmlWriteMode.WriteSchema)
  Response.Redirect("PersonWithSchema.xml")
End Sub
```

//C#
```csharp
protected void Button5_Click(object sender, EventArgs e)
{
  DataTable employee = GetDataTable();
  employee.TableName = "Person";
  employee.Columns["Eid"].ColumnMapping = MappingType.Attribute;
  employee.Columns["FirstName"].ColumnMapping = MappingType.Attribute;
  employee.Columns["LastName"].ColumnMapping = MappingType.Attribute;
  employee.Columns["Salary"].ColumnMapping = MappingType.Attribute;
  employee.Columns["LastName and FirstName"].ColumnMapping =
  MappingType.Hidden;
  employee.WriteXml(Server.MapPath("PersonWithSchema.xml"),
  XmlWriteMode.WriteSchema);
  Response.Redirect("PersonWithSchema.xml");
}
```

XML
```xml
<?xml version="1.0" standalone="yes"?>
<NewDataSet>
  <xs:schema id="NewDataSet" xmlns=""
  xmlns:xs="http://www.w3.org/2001/XMLSchema"
  xmlns:msdata="urn:schemas-microsoft-com:xml-msdata">
  <xs:element name="NewDataSet" msdata:IsDataSet="true"
  msdata:MainDataTable="Person" msdata:UseCurrentLocale="true">
  <xs:complexType>
    <xs:choice minOccurs="0" maxOccurs="unbounded">
      <xs:element name="Person">
        <xs:complexType>
          <xs:attribute name="Eid" msdata:Caption="EID" use="required">
            <xs:simpleType>
              <xs:restriction base="xs:string">
                <xs:maxLength value="10" />
              </xs:restriction>
```

```xml
          </xs:simpleType>
        </xs:attribute>
        <xs:attribute name="FirstName" use="required">
          <xs:simpleType>
            <xs:restriction base="xs:string">
              <xs:maxLength value="35" />
            </xs:restriction>
          </xs:simpleType>
        </xs:attribute>
        <xs:attribute name="LastName" type="xs:string" use="required" />
          <xs:attribute name="Salary" type="xs:decimal" default="0.00" />
          <xs:attribute name="LastName_x0020_and_x0020_FirstName"
          msdata:ReadOnly="true"
          msdata:Expression="lastName + ', ' + firstName"
          use="prohibited">
            <xs:simpleType>
            <xs:restriction base="xs:string">
              <xs:maxLength value="70" />
            </xs:restriction>
            </xs:simpleType>
          </xs:attribute>
        </xs:complexType>
      </xs:element>
    </xs:choice>
  </xs:complexType>
  <xs:unique name="Constraint1" msdata:PrimaryKey="true">
    <xs:selector xpath=".//Person" />
    <xs:field xpath="@Eid" />
  </xs:unique>
</xs:element>
</xs:schema>
<Person Eid="123456789A" FirstName="Nancy" LastName="Davolio"
 Salary="10.00" />
<Person Eid="987654321X" FirstName="Janet" LastName="Leverling"
 Salary="20.00" />
</NewDataSet>
```

由于 XML 模式被包含在该文件中，因此数据类型都已被定义。请注意 XML 模式中还包含对 Eid 和 FirstName 最大长度的设置。DataTable 对象可随该 XML 文件加载，所生成的 DataTable 对象与之前保存到文件中的 DataTable 对象完全一样。下面的代码片段的功能是将 XML 文件读取到一个新的 DataTable 对象中：

```vb
'VB
Protected Sub Button6_Click(ByVal sender As Object, _
  ByVal e As System.EventArgs) Handles Button6.Click
  'add grid to form
  Dim gv As New GridView()
  gv.Style.Add("position", "absolute")
  gv.Style.Add("left", "275px")
  gv.Style.Add("top", "20px")
  gv.EnableViewState = False
  form1.Controls.Add(gv)

  'get the table and display
  Dim xmlTable as New DataTable()
  xmlTable.ReadXml(Server.MapPath("PersonWithSchema.xml"))
  gv.DataSource = xmlTable
  gv.DataBind()
End Sub
```

```csharp
//C#
protected void Button6_Click(object sender, EventArgs e)
{
  //add grid to form
  GridView gv = new GridView();
```

```
gv.Style.Add("position", "absolute");
gv.Style.Add("left", "275px");
gv.Style.Add("top", "20px");
gv.EnableViewState = false;
form1.Controls.Add(gv);

//get the table and display
DataTable xmlTable = new DataTable();
xmlTable.ReadXml(Server.MapPath("PersonWithSchema.xml"));
gv.DataSource = xmlTable;
gv.DataBind();
}
```

虽然与 LastName and FirstName 列对应的数据并未被保存，但该列仍被填充了，这是因为该列为派生列，而数据库结构中包含重新创建该列数据的表达式。

在 DataTable 内打开 DataView 窗口

DataView 对象提供了一个窗口来表示 DataTable 中的数据，从中可使用 Sort、RowFilter 以及 RowStateFilter 属性来进行排序和过滤操作。DataTable 对象可与多个 DataView 对象关联，这样同一数据便可以多种不同方式进行展示，而不必每次都从数据库中重新读取。DataView 对象中还包含 AllowDelete、AllowEdit 以及 AllowNew 属性来对用户的输入做必要的约束。

如果查看一下 DataView 对象的内部结构，你会发现它本质上是一个索引。可提供一个排序定义以按照一定的次序对该索引进行排序，同时你也可提供一个过滤器来对索引项进行过滤。

使用 Sort 属性对数据进行排序

Sort 属性需要一个排序表达式。默认情况下列按升序排序，但也可以指定一个用逗号分隔的一组 ASC 或 DESC，以对多列进行排序。在下面的代码片段中，在获取 DataTable 实例 employee 之后(为其添加了一些行)，接着创建了一个与之关联的 DataView 对象，并进行了复合排序，即对 LastName 列和 FirstName 列做了升序排序，而对 Salary 列做了降序排序。

```vb
'VB
Protected Sub Button7_Click(ByVal sender As Object, _
  ByVal e As System.EventArgs) Handles Button7.Click
  'get datatable
  Dim employee As DataTable = GetDataTable()

  'sort and display
  Dim view As New DataView(employee)
  view.Sort = "LastName ASC, FirstName ASC, Salary DESC"
  GridView1.DataSource = view
  GridView1.DataBind()
End Sub
```

```csharp
//C#
protected void Button7_Click(object sender, EventArgs e)
{
  //get datatable
  DataTable employee = GetDataTable();

  //sort and display
  DataView view = new DataView(employee);
  view.Sort = "LastName ASC, FirstName ASC, Salary DESC";
```

```
    GridView1.DataSource = view;
    GridView1.DataBind();
}
```

图 7.5 展示了该网页运行时经过排序的 DataView。

利用 RowFilter 和 RowStateFilter 属性缩小搜索范围

DataView 过滤器有 RowFilter 对象和 RowStateFilter 对象构成。其中 RowFilter 对象被设为一个不含单词"WHERE"的 SQL WHERE 子句。下面的代码展示了对雇员的 LastName 列和 Salary 列的过滤器，其中要求 LastName 列对应的数据以字母 A 开头，而要求 Salary 列对应的数据大于 15。

```vb
'VB
view.RowFilter = "LastName like 'A%' and Salary > 15"
```

```csharp
//C#
view.RowFilter = "LastName like 'A%' and Salary > 15";
```

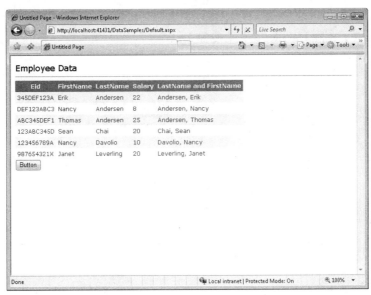

图 7.5　经过排序的 DataView 对象

RowStateFilter 提供了一个基于 DataRow 对象的 RowState 属性的过滤器。该过滤器提供了一种利用以下 DataViewRowState 枚举值之一在 DataTable 内访问特定版本信息的简便方法。该枚举类型的取值如下所示。

◆ **Added**　获取其 RowState 属性为 Added 的 DataRow 对象的 Current 版本。

◆ **CurrentRows**　检索所有 DataRowVersion 为 Current 的 DataRow 对象。包括未更改行、新行和已修改行的当前行。

◆ **Deleted**　检索其 RowState 属性为 Deleted 的 DataRow 对象的 Original 版本。表示已删除的行。

◆ **ModifiedCurrent**　检索其 RowState 属性为 Modified 的 DataRow 对象的 Current 版本。即已修改的原始数据的当前版本。

◆ **ModifiedOriginal**　检索其 RowState 属性为 Modified 的 DataRow 对象的 Original

版本。修改的数据的原始版本。(尽管此数据已被修改,它仍作为 ModifiedCurrent 可用)。

- **None** 清除 RowStateFilter 属性。
- **OriginalRows** 检索拥有 Original 版本数据的 DataRow 对象。即未更改行和已删除行的原始行。
- **Unchanged** 检索其 RowState 属性为 Unchanged 的 DataRow 对象。即那些更改的行。

使用 DataSet 对象

DataSet 是对数据和主要非连接数据对象的基于内存的关系表示。DataSet 类中包含一个由 DataTable 和 DataRelation 对象构成的集合,如图 7.6 所示(该图用 Visual Studio 的 DataSet 设计器生成)。DataTable 对象中可以包含唯一性和外键约束以保持数据的完整性。DataSet 类还提供了克隆 DataSet 结构、复制 DataSet 对象、合并其他 DataSet 对象以及检索 DataSet 中的更改的方法。

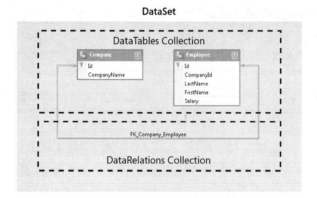

图 7.6 包含由 DataTable 对象和 DataRelation 对象构成的集合的 DataSet 对象

可以以编程的方式来对 DataSet 的结构进行定义,也可直接提供 XML 模式定义。下面的代码展示了一个简单的 DataSet 对象的创建过程,该对象中包含两个分别对应于公司和雇员的 DataTable 对象。这两个 DataTable 对象通过使用一个名称为 Company_Employee 的 DataRelation 对象进行连接。对 DataRelation 的详细讨论将放在本章的下一节内容中。

```vb
'VB
Private Function GetDataSet() As DataSet
  Dim companyData As New DataSet("CompanyList")
  Dim company As DataTable = companyData.Tables.Add("company")
  company.Columns.Add("Id", GetType(Guid))
  company.Columns.Add("CompanyName", GetType(String))
  company.PrimaryKey = New DataColumn() {company.Columns("Id")}
  Dim employee As DataTable = companyData.Tables.Add("employee")
  employee.Columns.Add("Id", GetType(Guid))
  employee.Columns.Add("companyId", GetType(Guid))
  employee.Columns.Add("LastName", GetType(String))
  employee.Columns.Add("FirstName", GetType(String))
  employee.Columns.Add("Salary", GetType(Decimal))
```

```
        employee.PrimaryKey = New DataColumn() {employee.Columns("Id")}
        companyData.Relations.Add( _
          "Company_Employee", _
          company.Columns("Id"), _
          employee.Columns("CompanyId"))
        Return companyData
    End Function
```

```
//C#
private DataSet GetDataSet()
{
    DataSet companyData = new DataSet("CompanyList");
    DataTable company = companyData.Tables.Add("company");
    company.Columns.Add("Id", typeof(Guid));
    company.Columns.Add("CompanyName", typeof(string));
    company.PrimaryKey = new DataColumn[] { company.Columns["Id"] };
    DataTable employee = companyData.Tables.Add("employee");
    employee.Columns.Add("Id", typeof(Guid));
    employee.Columns.Add("companyId", typeof(Guid));
    employee.Columns.Add("LastName", typeof(string));
    employee.Columns.Add("FirstName", typeof(string));
    employee.Columns.Add("Salary", typeof(decimal));
    employee.PrimaryKey = new DataColumn[] { employee.Columns["Id"] };
    companyData.Relations.Add(
      "Company_Employee",
      company.Columns["Id"],
      employee.Columns["CompanyId"]);
    return companyData;
}
```

DataSet 对象被创建后，便可对 DataTable 对象进行数据填充，如下面的示例代码所示。
这段代码通过创建新的全局唯一标识符(GUID)来为 Id 列进行填充。当一个公司被创建并被
添加到公司对应的 DataTable 对象中后，该公司的雇员名称也被创建并被添加到相应的
DataTable 对象中。

```
'VB
Dim company As DataTable = companyData.Tables("Company")
Dim employee As DataTable = companyData.Tables("Employee")
Dim coId, empId As Guid
coId = Guid.NewGuid()
company.Rows.Add(coId, "Northwind Traders")
empId = Guid.NewGuid()
employee.Rows.Add(empId, coId, "JoeLast", "JoeFirst", 40.00)
empId = Guid.NewGuid()
employee.Rows.Add(empId, coId, "MaryLast", "MaryFirst", 70.00)
empId = Guid.NewGuid()
employee.Rows.Add(empId, coId, "SamLast", "SamFirst", 12.00)
coId = Guid.NewGuid()
company.Rows.Add(coId, "Contoso")
empId = Guid.NewGuid()
employee.Rows.Add(empId, coId, "SueLast", "SueFirst", 20.00)
empId = Guid.NewGuid()
employee.Rows.Add(empId, coId, "TomLast", "TomFirst", 68.00)
empId = Guid.NewGuid()
employee.Rows.Add(empId, coId, "MikeLast", "MikeFirst", 18.99)
```

```
//C#
DataTable company = companyData.Tables["Company"];
DataTable employee = companyData.Tables["Employee"];
Guid coId, empId;
coId = Guid.NewGuid();
company.Rows.Add(coId, "Northwind Traders");
empId = Guid.NewGuid();
employee.Rows.Add(empId, coId, "JoeLast", "JoeFirst", 40.00);
empId = Guid.NewGuid();
```

```
employee.Rows.Add(empId, coId, "MaryLast", "MaryFirst", 70.00);
empId = Guid.NewGuid();
employee.Rows.Add(empId, coId, "SamLast", "SamFirst", 12.00);
coId = Guid.NewGuid();
company.Rows.Add(coId, "Contoso");
empId = Guid.NewGuid();
employee.Rows.Add(empId, coId, "SueLast", "SueFirst", 20.00);
empId = Guid.NewGuid();
employee.Rows.Add(empId, coId, "TomLast", "TomFirst", 68.00);
empId = Guid.NewGuid();
employee.Rows.Add(empId, coId, "MikeLast", "MikeFirst", 18.99);
```

将 GUID 作为主键

在前面的示例代码中，创建并填充了一个 DataSet 对象。请留意其中对 Id 列的 Guid 数据类型的使用。虽然该选择并非强制性的，但应当考虑实现该选项，尤其当对非连接数据进行操纵更应如此。这将有助于解决下列问题：

◆ 如果使用了自动编号的 Id 列，并且有许多人在创建新的 DataRow 对象，则极可能由于存在重复键而使后期的数据合并困难重重。

◆ Guid 数据类型是一个"代理"键，即它唯一的用途是定义行的唯一性以及通过关系来辅助多个表的连接操作。这就意味着用户没有任何理由查看或修改该值，这十分有助于简化 DataSet 对象的维护。如果允许用户对数据行的主键进行修改，则必须将该修改通知所有与之相关的表。例如，如果修改了 company 表中的 CompanyId 值，则也需要对 employee 表中的 CompanyId 进行更新。

◆ Guid 的使用能够简化表的连接操作，这种方式要优于使用基于实际数据的复合键。复合键通常会产生较小的数据足迹(data footprint)，因为这种键是基于实际数据的，而由于我们经常会面临多表连接，因此表的连接会更加困难。可能还记得，如果使用了基于实际数据的复合键，则将不可避免地需要进行递归更新。

使用类型化的数据集

可通过使用表名来访问 DataTable 对象。例如，如果有一个名称为 salesData 的 DataSet 对象，其中包含一个公司表，则可按照如下方式访问该表：

```
'VB
Dim companyTable as DataTable = salesData.Tables("Company")
```

```
//C#
DataTable companyTable = salesData.Tables["Company"];
```

如果表名中出现了拼写错误，则在运行时会抛出一个异常。这会给你的应用程序带来一些麻烦。同样对于表中的字段也是如此。每个字段通常都是通过一个字符串值来访问的。此外，每个字段仅在运行时才会进行类型检查。可通过创建一个专用的 DataSet 类——类型化的 DataSet 类来在编译时就解决这些问题。类型化的 DataSet 都由 DataSet 类派生而来。可为该 DataSet 中的每一个表都定义属性。对于表中的每一个字段也是如此。例如，一个类型化的 DataSet 类中可能会包含一名名为 Company 的属性，则可通过如下方式对其进行访问：

```
'VB
Dim companyTable as DataTable = vendorData.Company
```

```
//C#
DataTable companyTable = vendorData.Company;
```

在本例中，如果 Company 被拼写错误，则会产生一个编译错误。(请记住由于 Visual Studio 的智能感知功能，可能不会将 Company 属性写错。)

可以通过提供 XML 模式定义(XML Schema Definition, XSD)文件来生成一个类型化的 DataSet 类。可利用 DataSet 编辑器来以图形化方式创建和修改 XSD 文件。反过来，该文件又可用于生成所需的类型化 DataSet 类。图 7.7 展示了被加载到 DataSet 编辑器中的数据集 CompanyList。

利用 DataRelation 对象在 DataTable 对象间导航

DataRelation 对象用于对位于同一 DataSet 对象中的两个 DataTable 进行连接，因此它提供了这两个 DataTable 对象间的可导航路径。DataRelation 对象可从父 DataTable 对象遍历到子 DataTable 对象，也可由子 DataTable 对象遍历到父 DataTable 对象。下面的示例代码对 DataTable 对象 company 和 employee 进行了填充，并执行了 DataRelation 对象导航。

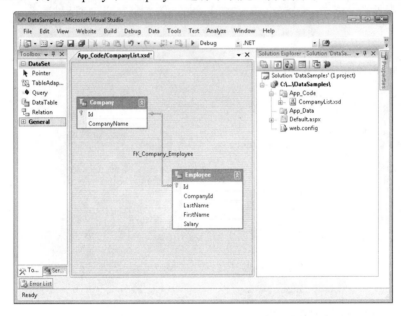

图 7.7　DataSet 模板中包含一个 XML 模式定义并生成创建类型化 DataSet 类的源代码

请注意，在下面的代码中，方法 GetLabel 被调用，但这段代码被省略了。对该方法的使用贯穿了本章，其功能是定义一个 Label 控件，并对其左上角的位置进行设定，然后将其添加到表单集合中。

```vb
'VB
Protected Sub Button8_Click(ByVal sender As Object, _
  ByVal e As System.EventArgs) Handles Button8.Click
  'add a label to the form
  Dim lbl As Label = GetLabel(275, 20)

  'get the dataset and populate
  Dim companyList As DataSet = GetDataSet()

  'get the relationship
  Dim dr As DataRelation = companyList.Relations("Company_Employee")
```

```vbnet
'display second company
Dim companyParent As DataRow = companyList.Tables("company").Rows(1)
lbl.Text = companyParent("CompanyName") + "<br />"

'display employees
For Each employeeChild As DataRow In companyParent.GetChildRows(dr)
  lbl.Text += "   " + employeeChild("Id").ToString() + " " _
    + employeeChild("LastName") + " " _
    + employeeChild("FirstName") + " " _
    + String.Format("{0:C}", employeeChild("Salary")) + "<br />"
Next
lbl.Text += "<br /><br />"

'display second employee
Dim employeeParent As DataRow = companyList.Tables("employee").Rows(1)
lbl.Text += employeeParent("Id").ToString() + " " _
  + employeeParent("LastName") + " " _
  + employeeParent("FirstName") + " " _
  + String.Format("{0:C}", employeeParent("Salary")) + "<br />"

'display company
Dim companyChild As DataRow = employeeParent.GetParentRow(dr)
lbl.Text += "   " + companyChild("CompanyName") + "<br />"
End Sub
```

```csharp
//C#
protected void Button8_Click(object sender, EventArgs e)
{
  //add a label to the form
  Label lbl = GetLabel(275, 20);

  //get the dataset and populate
  DataSet companyList = GetDataSet();

  //get the relationship
  DataRelation dr = companyList.Relations["Company_Employee"];

  //display second company
  DataRow companyParent = companyList.Tables["company"].Rows[1];
  lbl.Text = companyParent["CompanyName"] + "<br />";

  //display employees
  foreach (DataRow employeeChild in companyParent.GetChildRows(dr))
  {
    lbl.Text += "   " + employeeChild["Id"] + " "
      + employeeChild["LastName"] + " "
      + employeeChild["FirstName"] + " "
      + string.Format("{0:C}", employeeChild["Salary"]) + "<br />";
  }
  lbl.Text += "<br /><br />";

  //display second employee
  DataRow employeeParent = companyList.Tables["employee"].Rows[1];
  lbl.Text += employeeParent["Id"] + " "
    + employeeParent["LastName"] + " "
    + employeeParent["FirstName"] + " "
    + string.Format("{0:C}", employeeParent["Salary"]) + "<br />";

  //display company
  DataRow companyChild = employeeParent.GetParentRow(dr);
  lbl.Text += "   " + companyChild["CompanyName"] + "<br />";
}
```

在这段示例代码中，前面声明的 DataRelation 对象 Company_Employee 允许从父表到子表以及由子表到父表的导航。最终结果呈现在一个 Label 控件中。

主键和外键约束的创建

如果创建了一个不带唯一性和外键约束的 DataRelation 对象，则唯一的意图只是在于在父 DataTable 对象和子 DataTable 对象间导航。DataRelation 构造方法允许创建一个带有唯一性约束的父 DataTable 对象，以及一个带有外键约束的子 DataTable 对象。

更新和删除的级联

在许多情形下，可能希望将某个父 DataRow 对象删除以强制其子 DataRow 对象也被删除。可通过将 ForeignKeyConstraint 对象的 DeleteRule 属性设为 Cascade(默认值)来实现该意图。下面列出枚举类型 Rule 的所有成员：

- **Cascade**　这是默认选项。当 DataRow 对象被删除或其唯一键被修改时，将删除或更新其子 DataRow 对象。
- **None**　不对相关的行采取任何操作。如果父 DataRow 对象被删除或唯一键被修改，则将有一个 InvalidConstraintExcpetion 异常被抛出。
- **SetDefault**　如果父 DataRow 对象被删除或唯一键被修改，则外键列的值将被设为该列对应的 DataColumn 对象的默认值。
- **SetNull**　如果父 DataRow 对象被删除或唯一键被修改，相关行中的值将被设为 DBNull。

至于删除操作，在某些情况下，可能希望将对父 DataRow 对象外键所做的修改能一直自动给延伸到子 DataRow 对象外键的修改。这时可将 ChangeRule 设为 Rule 枚举类型的一个成员以得到恰当的操作。

DataSet 对象的序列化和反序列化

DataSet 对象可序列化为 XML 或二进制数据流或文件。DataSet 对象还可从 XML 或二进制数据流或文件中反序列化。序列化的数据可通过各种包括 HTTP 在内的各种协议跨网络传输。本节将关注传输数据的各种方法。

将 DataSet 对象序列化为 XML 文件

通过执行 DataSet 对象的 WriteXml 方法，将一个 DataSet 序列化为 XML 文件。下面的代码使用了在本章前面刚创建的 DataSet 对象 CompanyList，并将其内容写入一个 XML 文件中。下面同时给出了该 XML 文件的部分内容。

```VB
'VB
Protected Sub Button9_Click(ByVal sender As Object, _
  ByVal e As System.EventArgs) Handles Button9.Click

  'get dataset and populate
  Dim companyList As DataSet = GetDataSet()

  'write to xml file
  companyList.WriteXml(MapPath("CompanyList.xml"))

  'display file
  Response.Redirect("CompanyList.xml")
End Sub
```

```csharp
//C#
protected void Button9_Click(object sender, EventArgs e)
{
  //get the dataset and populate
  DataSet companyList = GetDataSet();

  //write to xml file
  companyList.WriteXml(MapPath("CompanyList.xml"));

  //display file
  Response.Redirect("CompanyList.xml");
}
```

```xml
XML
<?xml version="1.0" standalone="yes"?>
<CompanyList>
  <company>
    <Id>c2a464fb-bdce-498a-a216-fb844dfb05a5</Id>
    <CompanyName>Northwind Traders</CompanyName>
  </company>
  <company>
    <Id>aa40966c-18b7-451b-acea-237eaa5e08af</Id>
    <CompanyName>Contoso</CompanyName>
  </company>
  <employee>
    <Id>7ad2a59c-dd3a-483b-877c-b4fe0d0c9bbe</Id>
    <coId>c2a464fb-bdce-498a-a216-fb844dfb05a5</coId>
    <LastName>JoeLast</LastName>
    <FirstName>JoeFirst</FirstName>
    <Salary>40</Salary>
  </employee>
  <employee>
    <Id>343d98b0-e6aa-432d-9755-2c9501cd1ace</Id>
    <coId>c2a464fb-bdce-498a-a216-fb844dfb05a5</coId>
    <LastName>MaryLast</LastName>
    <FirstName>MaryFirst</FirstName>
    <Salary>70</Salary>
  </employee>
  ...
</CompanyList>
```

该 XML 文档格式正确，且其根节点名称为 CompanyList。可通过修改 DataSetName 属性来修改该根节点名称。

可以看出，DataRow 对象 Company 在该 XML 文件中也被表示为一个单个的 Company 元素，而 DataRow 对象 Employee 在该 XML 文件中则通过多个并列的 Employee 元素来表示。列数据则以 DataRow 对应元素的内嵌元素的形式出现，可通过修改 DataColumn 对象的 ColumnMapping 属性来对其进行修改。

可通过将 DataRelation 对象的 Nested 属性设为 True 而将 Employee 元素嵌入在包含雇员信息的 Company 对象中。在下面的代码中，由于数据的内嵌以及所有的 DataColumn 对象都成为属性而使 XML 文件的格式发生了显著的变化。最后生成的 XML 文件也如下所示。

```vbnet
'VB
Protected Sub Button10_Click(ByVal sender As Object, _
  ByVal e As System.EventArgs) Handles Button10.Click
  'get the dataset and populate
  Dim companyList As DataSet = GetDataSet()

  'format xml
  companyList.Relations("Company_Employee").Nested = True
  For Each dt As DataTable In companyList.Tables
    For Each dc As DataColumn In dt.Columns
      dc.ColumnMapping = MappingType.Attribute
```

```
    Next
  Next

  'write to xml file
  companyList.WriteXml(MapPath("CompanyListNested.xml"))

  'display file
  Response.Redirect("CompanyListNested.xml")
End Sub
```

//C#
```csharp
protected void Button10_Click(object sender, EventArgs e)
{
  //get the dataset and populate
  DataSet companyList = GetDataSet();

  //format xml
  companyList.Relations["Company_Employee"].Nested = true;
  foreach (DataTable dt in companyList.Tables)
  {
    foreach (DataColumn dc in dt.Columns)
    {
      dc.ColumnMapping = MappingType.Attribute;
    }
  }

  //write to xml file
  companyList.WriteXml(MapPath("CompanyListNested.xml"));

  //display file
  Response.Redirect("CompanyListNested.xml");
}
```

XML
```xml
<?xml version="1.0" standalone="yes"?>
<CompanyList>
    <company Id="63cd2a1e-c578-4f21-a826-c5dfb50258b0"
    CompanyName="Northwind Traders">
    <employee Id="a2e7bbba-20ba-4b73-86b3-2d0cca4f1bbb"
     coId="63cd2a1e-c578-4f21-a826-c5dfb50258b0"
     LastName="JoeLast" FirstName="JoeFirst" Salary="40" />
    <employee Id="5cf475e8-1d97-4784-b72f-84bfbf4a8e14"
     coId="63cd2a1e-c578-4f21-a826-c5dfb50258b0"
     LastName="MaryLast" FirstName="MaryFirst" Salary="70" />
    <employee Id="55ff1a2b-8956-4ded-99a4-68610134b774"
     coId="63cd2a1e-c578-4f21-a826-c5dfb50258b0"
     LastName="SamLast" FirstName="SamFirst" Salary="12" />
  </company>
  <company Id="0adcf278-ccd3-4c3d-a78a-27aa35dc2756"
   CompanyName="Contoso">
   <employee Id="bc431c32-5397-47b6-9a16-0667be455f02"
    coId="0adcf278-ccd3-4c3d-a78a-27aa35dc2756"
    LastName="SueLast" FirstName="SueFirst" Salary="20" />
   <employee Id="5822bf9f-49c1-42dd-95e0-5bb728c5ac60"
    coId="0adcf278-ccd3-4c3d-a78a-27aa35dc2756"
    LastName="TomLast" FirstName="TomFirst" Salary="68" />
   <employee Id="1b2334a4-e339-4255-b826-c0453fda7e61"
    coId="0adcf278-ccd3-4c3d-a78a-27aa35dc2756"
    LastName="MikeLast" FirstName="MikeFirst" Salary="18.99" />
  </company>
</CompanyList>
```

在本例中，该 XML 虽被写入，但其中并未包含任何其中数据的类型的描述信息。如果数据类型未被指定，则所有数据的默认类型都为 string。如果该 XML 文件被读取到了一个新的 DataSet 对象中，则包括 DataTime 数据、数值型数据在内的所有数据都将被加载为 string 类型。在序列化时，可考虑使用 XmlWriteMode.WriteSchema 枚举值，因为它会将数据类型信息也保存在 XML 文件中。

这时所产生的 XML 文件将非常庞大。除了将数据库结构嵌入 XML 文件，你还可创建一个独立的 XSD 文件使其在加载数据前先被加载。可利用 DataSet 对象的 WriteXmlSchema 方法将 XML 模式的定义提取到一个独立的文件中，如下所示：

```vb
'VB
'write to xsd file
companyList.WriteXmlSchema( _
MapPath("CompanyListSchema.xsd"))
```

```csharp
//C#
//write to xsd file
companyList.WriteXmlSchema(
MapPath("CompanyListSchema.xsd"));
```

将更改的 DataSet 对象序列化为 DiffGram

DiffGram 是一个包含来自 DataSet 对象的所有数据的 XML 文档，其中还包含 DataRow 对象的原始信息。要将 DataSet 对象保存为 DiffGram，需要使用 XmlWriteMode.DiffGram 枚举值。下面的代码演示了由公司信息构成的行的创建以及行的插入、更新、删除和不作任何修改。之后该 DataSet 对象被写为 DiffGram。

```vb
'VB
Protected Sub Button11_Click(ByVal sender As Object, _
  ByVal e As System.EventArgs) Handles Button11.Click

  'get the dataset and populate
  Dim companyList As DataSet = GetDataSet()
  Dim company as DataTable = companyList.Tables("company")
  company.Rows.Add(Guid.NewGuid(), "UnchangedCompany")
  company.Rows.Add(Guid.NewGuid(), "ModifiedCompany")
  company.Rows.Add(Guid.NewGuid(), "DeletedCompany")
  companyList.AcceptChanges()
  company.Rows(1)("CompanyName") = "ModifiedCompany1"
  company.Rows(2).Delete()
  company.Rows.Add(Guid.NewGuid(), "AddedCompany")
  'format xml
  companyList.Relations("Company_Employee").Nested = True
  For Each dt As DataTable In companyList.Tables
    For Each dc As DataColumn In dt.Columns
      dc.ColumnMapping = MappingType.Attribute
    Next
  Next

  'write to xml diffgram file
  companyList.WriteXml( _
    MapPath("companyListDiffGram.xml"), XmlWriteMode.DiffGram)

  'display file
  Response.Redirect("companyListDiffGram.xml")
End Sub
```

```csharp
//C#
protected void Button11_Click(object sender, EventArgs e)
{
  //get the dataset and populate
  DataSet companyList = GetDataSet();
  DataTable company = companyList.Tables["company"];
```

```
        company.Rows.Add(Guid.NewGuid(), "UnchangedCompany");
        company.Rows.Add(Guid.NewGuid(), "ModifiedCompany");
        company.Rows.Add(Guid.NewGuid(), "DeletedCompany");
        companyList.AcceptChanges();
        company.Rows[1]["CompanyName"] = "ModifiedCompany1";
        company.Rows[2].Delete();
        company.Rows.Add(Guid.NewGuid(), "AddedCompany");

        //format xml
        companyList.Relations["Company_Employee"].Nested = true;
        foreach (DataTable dt in companyList.Tables)
        {
          foreach (DataColumn dc in dt.Columns)
          {
            dc.ColumnMapping = MappingType.Attribute;
          }
        }

        //write to xml diffgram file
        companyList.WriteXml(
          MapPath("CompanyListDiffGram.xml"), XmlWriteMode.DiffGram);

        //display file
        Response.Redirect("CompanyListDiffGram.xml");
    }
```

DiffGram 大多用于这样的情形: 当用户偶尔需要连接到某个数据库以便将一个非连接 DataSet 对象与数据库中所包含的当前信息进行同步时。当用户没有连接到数据库时, DataSet 对象会在本地保存为 DiffGram 以确保仍持有原始数据, 因为在需要将所做修改提交给数据库时, 原始数据是必需的。

DiffGram 中包含所有的 DataRowVersion 信息, 如下面的 XML 文档所示。Company1 并未被修改。请注意, Company2 已被修改, 其状态也表明了这一点。还要注意在该 XML 文档的底部包含已被修改或删除的 DataRow 对象的原始信息。该 XML 文档同时还表明 Company3 已被删除, 因为 Company3 只有 "before"(先前)信息, 而无当前信息。Company4 为一个新插入的 DataRow 对象, 因此它没有 "before" (先前)信息。

```
<?xml version="1.0" standalone="yes"?>
<diffgr:diffgram xmlns:msdata="urn:schemas-microsoft-com:xml-msdata"
    xmlns:diffgr="urn:schemas-microsoft-com:xml-diffgram-v1">
  <CompanyList>
    <company diffgr:id="company1" msdata:rowOrder="0"
      Id="09b8482c-e801-4c63-82f6-0f5527b3768b"
      CompanyName="UnchangedCompany" />
    <company diffgr:id="company2" msdata:rowOrder="1"
      diffgr:hasChanges="modified"
      Id="8f9eceb3-b6de-4da7-84dd-d99a278a23ee"
      CompanyName="ModifiedCompany1" />
    <company diffgr:id="company4" msdata:rowOrder="3"
      diffgr:hasChanges="inserted"
      Id="65d28892-b8af-4392-8b64-718a612f6aa7"
      CompanyName="AddedCompany" />
  </CompanyList>
  <diffgr:before>
    <company diffgr:id="company2" msdata:rowOrder="1"
      Id="8f9eceb3-b6de-4da7-84dd-d99a278a23ee"
      CompanyName="ModifiedCompany" />
    <company diffgr:id="company3" msdata:rowOrder="2"
      Id="89b576d2-60ae-4c36-ba96-c4a7a8966a6f"
      CompanyName="DeletedCompany" />
  </diffgr:before>
</diffgr:diffgram>
```

从 XML 文件中反序列化 DataSet 对象

可通过反序列化 XML 文件或流为一个 DataSet 对象，方法是通过加载模式和读取流。可利用下列代码来读取模式文件并加载 XML 文件：

```vb
'VB
Protected Sub Button12_Click(ByVal sender As Object, _
ByVal e As System.EventArgs) Handles Button12.Click

  'get the dataset and populate schema
  Dim companyList as new DataSet()
  companyList.ReadXmlSchema(MapPath("CompanyListSchema.xsd"))

  'populate from file
  companyList.ReadXml(MapPath("CompanyListNested.xml"))

  'display
  GridViewCompany.DataSource = companyList
  GridViewCompany.DataMember = "Company"
  GridViewEmployee.DataSource = companyList
  GridViewEmployee.DataMember = "Employee"
  GridViewCompany.DataBind()
  GridViewEmployee.DataBind()
End Sub
```

```csharp
//C#
protected void Button12_Click(object sender, EventArgs e)
{
  //get the dataset and populate schema
  DataSet companyList = new DataSet();
  companyList.ReadXmlSchema(MapPath("CompanyListSchema.xsd"));

  //populate from file
  companyList.ReadXml(MapPath("CompanyListNested.xml"));

  //display
  GridViewCompany.DataSource = companyList;
  GridViewCompany.DataMember = "Company";
  GridViewEmployee.DataSource = companyList;
  GridViewEmployee.DataMember = "Employee";
  GridViewCompany.DataBind();
  GridViewEmployee.DataBind();
}
```

在读取 XML 文件时，可使用一个可选参数，及 XmlReadMode 枚举值。如果该值未被传递，则其默认值为 XmlReadMode.IgnoreSchema。这意味着如果 XML 文件中包含一个 XSD，则它将被忽略。下面列出 XmlReadMode 枚举类型的其他值。

◆ **Auto** 通过 ReadXml 方法对 XML 源文件进行检查，并选择恰当的模式。

◆ **DiffGram** 如果 XmlFile 中包含一个 DiffGram，读取 DiffGram，将 DiffGram 中的更改应用到 DataSet。语义与 Merge 操作的语义相同。与 Merge 操作一样，保留 RowState 值。向 ReadXml 的 DiffGram 输入只能使用 WriteXml 中的 DiffGram 输出来获得。

◆ **Fragment** 针对 SQL Server 的实例读取 XML 片段(例如，通过执行 FOR XML 查询生成的 XML 片段)。当 XmlReadMode 设置为 Fragment 时，默认命名空间作为内联架构来读取。

◆ **IgnoreSchema** 忽略任何内联架构并将数据读入现有的 DataSet 架构。如果任何数据与现有的架构不匹配，就会将这些数据丢弃(包括为 DataSet 定义的不同命名空间中的数据)。如果数据是 DiffGram，IgnoreSchema 与 DiffGram 具有相同的功能。

◆ **InferSchema**　忽略任何内联架构，从数据推断出架构并加载数据。如果 DataSet 已经包含架构，就通过添加新表或者向现有的表添加列，来扩展当前架构。如果推断的表已经存在但是具有不同的命名空间，或者如果推断的列中有一些与现有的列冲突，则会引发异常。

◆ **InferTypedSchema**　忽略任何内联架构，从数据推断出强类型架构并加载数据。如果无法从数据推断出类型，则会将其解释为字符串数据。如果 DataSet 已经包含架构，就通过添加新表或者通过向现有的表中添加列来扩展当前架构。如果推断的表已经存在但是具有不同的命名空间，或者如果推断的列中有一些与现有的列冲突，则会引发异常。

◆ **ReadSchema**　读取任何内联架构并加载数据。如果 DataSet 已经包含架构，则可以将新表添加到架构中，但是如果内联架构中的任何表在 DataSet 中已经存在，则会引发异常。

对模式进行推断的含义是 DataSet 试图依据对 XML 元素及其属性的查找来为数据创建一个模式。

将 DataSet 对象序列化为二进制数据

序列化 DataSet 对象时所生成的 XML 文件的大小可能会引发与资源相关的问题，例如内存、驱动器空间或带宽(当需要将数据通过网络传输时)。如果不需要 XML 文件，且希望获得最佳性能，则可考虑将 DataSet 对象序列化为二进制文件。下面的代码对之前定义的 DataSet 对象 vendorData 进行写操作，并将其填充到一个二进制文件中：

```vb
'VB
'Add the following Imports statements to the top of the file
Imports System.Runtime.Serialization.Formatters.Binary
Imports System.IO

Protected Sub Button13_Click(ByVal sender As Object, _
  ByVal e As System.EventArgs) Handles Button13.Click

  'get the dataset and populate
  Dim companyList As DataSet = GetDataSet()

  'set output to binary else this will be xml
  companyList.RemotingFormat = SerializationFormat.Binary

  'write to binary file
  Using fs As New FileStream( _
    MapPath("CompanyList.bin"), FileMode.Create)

    Dim fmt As New BinaryFormatter()
    fmt.Serialize(fs, companyList)
  End Using

  'feedback
  Label1.Text = "File Saved."

End Sub

//C#
//Add the following using statements to the top of the file
```

```
using System.Runtime.Serialization.Formatters.Binary;
using System.IO;

protected void Button13_Click(object sender, EventArgs e)
{
  //get the dataset and populate
  DataSet companyList = GetDataSet();

  //set output to binary else this will be xml
  companyList.RemotingFormat = SerializationFormat.Binary;

  //write to binary file
  using (FileStream fs =
    new FileStream(MapPath("CompanyList.bin"), FileMode.Create))
  {
    BinaryFormatter fmt = new BinaryFormatter();
    fmt.Serialize(fs, companyList);
  }

  //feedback
  Label1.Text = "File Saved.";
}
```

为确保二进制序列化的执行，必须对该 DataSet 对象的 RemotingFormat 属性进行设置。当仅有单个 DataTable 要被序列化时，该属性也可从 DataTable 对象中获取。在从序列化到 XML 文件和二进制文件时，请仔细考虑，因为二进制文件比 XML 文件中会包含更多的头信息(大约 20 KB)。对于较大的 DataSet 对象，二进制序列化通常会生成一个较小的文件，但对于较小的 DataSet 对象，二进制序列化却可能无法生成一个更小的输出。

从二进制数据中反序列化 DataSet 对象

可以很容易地从前面例子中的创建的二进制数据文件或流反序列化为一个 DataSet 对象。BinaryFormatter 会自动保存结构，因此不必事先加载结构。BinaryFormatter 自动将该文件视作已保存为 BinaryXml。可利用下列代码来加载该二进制文件，并将 companyList 的内容显示出来：

```
'VB
Protected Sub Button14_Click(ByVal sender As Object, _
  ByVal e As System.EventArgs) Handles Button14.Click

  'get the dataset from the file
  Dim companyList As DataSet
  Using fs As New FileStream( _
    MapPath("CompanyList.bin"), FileMode.Open)
    Dim fmt As New BinaryFormatter()
    companyList = CType(fmt.Deserialize(fs), DataSet)
  End Using

  'display
  GridViewCompany.DataSource = companyList
  GridViewCompany.DataMember = "Company"
  GridViewEmployee.DataSource = companyList
  GridViewEmployee.DataMember = "Employee"

  GridViewCompany.DataBind()
  GridViewEmployee.DataBind()
End Sub


//C#
protected void Button14_Click(object sender, EventArgs e)
{
```

```
//get the dataset from the file
DataSet companyList;
using (FileStream fs = new FileStream(
  MapPath("CompanyList.bin"), FileMode.Open))
{
  BinaryFormatter fmt = new BinaryFormatter();
  companyList = (DataSet)fmt.Deserialize(fs);
}

//display
GridViewCompany.DataSource = companyList;
GridViewCompany.DataMember = "Company";
GridViewEmployee.DataSource = companyList;
GridViewEmployee.DataMember = "Employee";

GridViewCompany.DataBind();
GridViewEmployee.DataBind();
}
```

使用 Merge 方法合并 DataSet 中的数据

在许多情况下，一个 DataSet 对象中的可用数据必须被合并到另一个 DataSet 对象中。例如，在费用应用程序中，通常需要将通过多人发来的电子邮件接收的序列化的 DataSet 对象(费用报表)进行合并。另外在一些应用(基于用户点击的数据更新)中，将更改后的数据与原始 DataSet 对象进行合并也是比较常见的。

DataSet 类的 Merge 方法用于将来自多个 DataSet 对象的数据进行整合。Merge 方法具有多个重载版本，该方法允许所要合并的数据来自 DataSet 对象、DataTable 对象或是 DataRow 对象。下面的代码演示了如何利用 Merge 方法来将对一个 DataSet 对象的修改合并到另一个 DataSet 对象中：

```vb
'VB
Protected Sub Button15_Click(ByVal sender As Object, _
  ByVal e As System.EventArgs) Handles Button15.Click

  'get the dataset
  Dim original As DataSet = GetDataSet()

  'add AdventureWorks
  original.Tables("Company").Rows.Add( _
    Guid.NewGuid(), "AdventureWorks")

  'copy the dataset
  Dim copy as DataSet = original.Copy()

  'modify the copy
  Dim aw as DataRow = copy.Tables("Company").Rows(0)
  aw("CompanyName") = "AdventureWorks Changed"
  Dim empId as Guid
  empId = Guid.NewGuid()
  copy.Tables("Employee").Rows.Add(empId, aw("Id"), _
    "MarkLast", "MarkFirst", 90.00)
  empId = Guid.NewGuid()
  copy.Tables("Employee").Rows.Add(empId, aw("Id"), _
    "SueLast", "SueFirst", 41.00)

  'merge changes back to the original
  original.Merge(copy, False, MissingSchemaAction.AddWithKey)

  'display
  GridViewCompany.DataSource = original
  GridViewCompany.DataMember = "company"
  GridViewEmployee.DataSource = original
```

```
   GridViewEmployee.DataMember = "employee"
   GridViewCompany.DataBind()
   GridViewEmployee.DataBind()
End Sub


//C#
protected void Button15_Click(object sender, EventArgs e)
{
  //get the dataset
  DataSet original = GetDataSet();
  //add AdventureWorks
  original.Tables["Company"].Rows.Add(
    Guid.NewGuid(), "AdventureWorks");

  //copy the dataset
  DataSet copy = original.Copy();

  //modify the copy
  DataRow aw = copy.Tables["Company"].Rows[0];
  aw["CompanyName"] = "AdventureWorks Changed";
  Guid empId;
  empId = Guid.NewGuid();
  copy.Tables["Employee"].Rows.Add(empId, aw["Id"],
    "MarkLast", "MarkFirst", 90.00m);
  empId = Guid.NewGuid();
  copy.Tables["employee"].Rows.Add(empId, aw["Id"],
    "SueLast", "SueFirst", 41.00m);

  //merge changes back to the original
  original.Merge(copy, false, MissingSchemaAction.AddWithKey);

  //display
  GridViewCompany.DataSource = original;
  GridViewCompany.DataMember = "Company";
  GridViewEmployee.DataSource = original;
  GridViewEmployee.DataMember = "Employee";
  GridViewCompany.DataBind();
  GridViewEmployee.DataBind();
}
```

Merge 方法总是由原始 DataSet 对象(即将合并到的数据集对象)进行调用的；上述代码中使用的 Merge 方法具有三个参数。第一个参数为其数据和结构将被合并的 DataSet 对象。第二个参数是一个布尔变量，它指定了是否保留对当前 DataSet 对象的更改。最后一个参数为 MissingShemaAction 枚举成员。如果指定了 AddWithKey(如本例)，则将有一个新的 DataTable 对象被添加到合并的目标对象(即将要被合并到的对象)，且新建的 DataTable 对象及其数据都会被添加到原始 DataSet 对象中。下面列出 MissingSchemaAction 枚举类型的成员。

◆ **Add** 添加必要的 DataTable 对象和 DataColumn 对象以使架构完整化。

◆ **AddWithKey** 添加必需的 DataTable 对象、DataColumn 对象以及 PrimaryKey 对象以使构架完整化。

◆ **Error** 如果将被更新的 DataSet 对象中不存在 DataColumn 对象，则将抛出一个 InvalidOperationExcpetion 异常。

◆ **Ignore** 忽略正在更新的 DataSet 对象中 DataColumn 对象中的数据。

使用 Merge 方法时，请确保所有 DataTable 对象都拥有一个逐渐。如果不对 DataTable 对象的 PrimaryKey 属性进行设置，则将生成一个追加的 DataRow 对象，而非一个已有的正被更改的 DataRow 对象。

快速测试

1. 使用非连接数据时，至少必须有什么数据对象？

2. 假定现有一个 DataSet 对象，以及两个 DataTable 对象 Order 和 OrderDetail。希望对某个特定 Order 检索 OrderDetail 中的相应行。则应使用哪种数据对象以从一个 Order 行导航到相关的 OrderDetail 行？

3. 假定希望将一个 DataSet 对象保存到一个 XML 文件中，但担心可能会将 DataRow 对象的原始版本丢失。则应如何保存该 DataSet 对象？

参考答案

1. 必须至少拥有一个 DataTable 对象。

2. 应使用 DataRelation 对象。

3. 将其保存为 DiffGram。

使用 LINQ to DataSet 查询数据

　　LINQ 是一种内置于 C#和 Visual Basic 最新版本中的语言特性。LINQ 为数据查询提供了统一的模型，而无论数据来自何处。这样就可在于数据交互时编写.NET Framework 代码(而非 SQL 语言)。LINQ 还可方便在编译时进行语法检查，包括对数据、静态类型以及代码编辑器中的智能提示。所有的这些特性均使得数据编程更加容易且更具一致性，而无论原始数据的情况如何。

　　本章将介绍 LINQ 的三个特性，即：LINQ to DataSet、LINQ to SQL 以及 LINQ to XML。它们分布在本章的各课中。本课主要关注 LINQ to DataSet。

注意　LINQ 语言特性

LINQ 是对开发语言 C#和 Visual Basic 的扩展。由于本书并不是一本语法书，因此关于 LINQ 语言扩展的更多介绍，请参考 MSDN 的 "Getting Started with LINQ in C#(or Visual Basic)"。

　　DataSet 对象和 DataTable 对象允许将大量数据保存在内存中，甚至可在不同查询间共享(通过高速缓存)，但是这些对象的数据查询功能是比较有限的。即无法以与查询数据库同样的方式来对 DataSet 进行查询。LINQ to DataSet 改变了这种局面。利用该特性可使用 LINQ 的标准查询特性来对存储在 DataSet 对象中的数据进行查询。

　　下面来考虑一个例子，假定拥有一个很大的 DataTable 对象，其中包含所有员工的记录。该 DataTable 对象可能存在于内存中，可能很希望对其进行查询。这时可考虑使用 LINQ。需要事先将查询定义为一个实现了 IEnumerable<T>接口的类型的变量。这样可以确保查询可以执行并遍历所有数据。需要使用 LINQ 语法 From <element> In <collection>来定义该变量。接下来可定义一个 Where 子句、一个 Order By 子句或其他子句。下面的代码演示了如何在一个 DataTable 中对员工数据进行查询。

```vb
'VB
Protected Sub Page_Load(ByVal sender As Object, _
  ByVal e As System.EventArgs) Handles Me.Load
```

```
    Dim employees As DataTable = _
      MyDataProvider.GetEmployeeData()
      Dim query As EnumerableRowCollection(Of DataRow) = _
        From employee In employees.AsEnumerable() _
        Where employee.Field(Of Decimal)("salary") > 20 _
        Order By employee.Field(Of Decimal)("salary") _
        Select employee
      For Each emp As DataRow In query
        Response.Write(emp.Field(Of String)("LastName") & ": ")
        Response.Write(emp.Field(Of Decimal)("salary") & "<br />")
      Next
End Sub

//C#
protected void Page_Load(object sender, EventArgs e)
{
  DataTable employees = MyDataProvider.GetEmployeeData();

    EnumerableRowCollection<DataRow> query =
      from employee in employees.AsEnumerable()
      where employee.Field<Decimal>("salary") > 20
      orderby employee.Field<Decimal>("salary")
      select employee;

  foreach (DataRow emp in query)
  {
    Response.Write(emp.Field<String>("LastName") + ": ");
    Response.Write(emp.Field<Decimal>("salary") + "<br />");
  }
}
```

本例中的查询为一个延迟的查询。这意味着该查询直到它在 foreach 循环中被反复调用才开始执行。该查询定义仅仅是一个被赋值的变量。这样就可定义自己的查询,然后将其一直保存到执行时。可使用 ToList 和 ToArray 方法独立于 foreach 语句来强制执行某个查询。

可利用 LINQ 对数据执行大量不同的查询,包括基于数据分组为数据添加可计算的字段。下面我们来考虑一个例子,假定希望计算 DataSet 对象 employee 中的平均工资。可将 DataSet 对象作为一个单个组(因此会返回一个单个行)。然后使用结构 Select New 来定义新字段。然后使用组定义来计算某个给定字段的均值。下面给出示例代码:

```
'VB
Dim queryAvg = _
  From employee In employees.AsEnumerable() _
  Group employee By empId = "" Into g = Group _
  Select New With _
  { _
    .AvgSalary = g.Average(Function(employee) _
      employee.Field(Of Decimal)("Salary")) _
  }

For Each emp In queryAvg
  Response.Write(emp.AvgSalary & "<br />")
Next

//C#
var queryAvg =
  from employee in employees.AsEnumerable()
  group employee by "" into g
  select new
  {
    AvgSalary = g.Average(employee =>
      employee.Field<Decimal>("Salary"))
  };
```

```
foreach (var emp in queryAvg)
{
  Response.Write(emp.AvgSalary.ToString() + "<br />");
}
```

LINQ 提供了一种获取相同数据的简便方法。可利用该枚举器的方法来获取个数、最大值、均值等。这种类型的查询也被称为单独查询(singleton query)，原因是它只返回一个单个值。

```
'VB
Dim avgSalary As Decimal = _
    employees.AsEnumerable.Average(Function(employee) _
    employee.Field(Of Decimal)("Salary"))

Response.Write(avgSalary.ToString())
```

```
//C#
Decimal avgSalary =
    employees.AsEnumerable().Average(
    employee => employee.Field<Decimal>("Salary"));

Response.Write(avgSalary.ToString());
```

本节概述了 LINQ to DataSet 的主要功能。当然 LINQ 还可应用于许多其他场合。我们将在接下来的课程中介绍更多内容。

实训：与非连接数据进行交互

在本实训中，需要创建并使用一个类型化的 DataSet，该 DataSet 将以图形化方式添加到网站中。该 DataSet 对象将用 Customer 数据行来填充一个 GridView 控件。如果在完成本练习的过程中遇到任何问题，可以参考随书资源中所附的完整项目。

➤ **练习 1　创建网站及类型化的 DataSet**

在本练习中，需要创建一个网站，并为其添加一些控件。具体步骤如下。

1.　打开 Visual Studio，创建一个名称为 DisconnectedData 的新网站。选择偏好的编程语言。
2.　在解决方案浏览器中，右击网站项目然后选择 AddNewItem(添加新项)以图形化的方式添加一个类型化的 DataSet。
3.　从工具箱中拖拽一个 DataTable 控件到 DataSet 编辑器中。
4.　选择该 DataTable 控件。在属性窗口中，将该控件的名称设为 Customer。
5.　右击该 DataTable 控件，并选择 Add，然后选择 Column，为该 Customer 表添加如下列。可在属性对话框中对各列的数据类型进行设置。

列 名 称	数据类型
Id	System.Guid
CustomerName	System.String

6.　保存该 DataSet，并关闭数据集编辑器。

7. 打开 Default.aspx，为其添加一个 GridView 控件，并将该控件的名称设为 GridView1。

8. 打开该页面的代码隐藏文件，添加用于创建类型化 DataSet 类 Sales 的实例，并对其进行填充。将该 DataSet 对象赋给 GridView。在页面没有被回发时，才需要执行以下代码：

```vb
'VB
Protected Sub Page_Load(ByVal sender As Object, _
  ByVal e As System.EventArgs) Handles Me.Load
  If Not IsPostBack Then
    Dim salesDataSet As New Sales()
    salesDataSet.Customer.Rows.Add(Guid.NewGuid(), "A. Datum Corporation")
    salesDataSet.Customer.Rows.Add(Guid.NewGuid(), "Northwind Traders")
    salesDataSet.Customer.Rows.Add(Guid.NewGuid(), "Alpine Ski House")
    salesDataSet.Customer.Rows.Add(Guid.NewGuid(), "Coho Winery")
    salesDataSet.Customer.Rows.Add(Guid.NewGuid(), "Litware, Inc.")
    GridView1.DataSource = salesDataSet
    DataBind()
  End If
  End Sub
```

```csharp
//C#
protected void Page_Load(object sender, EventArgs e)
{
  if (!IsPostBack)
  {
    Sales salesDataSet = new Sales();
    salesDataSet.Customer.Rows.Add(Guid.NewGuid(),
      "A. Datum Corporation");
    salesDataSet.Customer.Rows.Add(Guid.NewGuid(),
        "Northwind Traders");
    salesDataSet.Customer.Rows.Add(Guid.NewGuid(), "Alpine Ski House");
    salesDataSet.Customer.Rows.Add(Guid.NewGuid(), "Coho Winery");
    salesDataSet.Customer.Rows.Add(Guid.NewGuid(), "Litware, Inc.");

    GridView1.DataSource = salesDataSet;
    DataBind();
  }
}
```

9. 运行该网页。结果如图 7.8 所示。

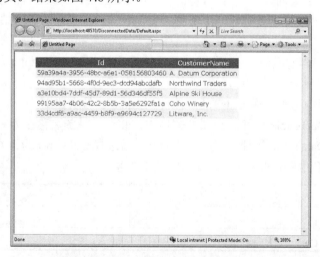

图 7.8　被填充数据并绑定到 GridView 控件的类型化 DataSet 对象

本课总结

◆ 本课主要介绍 ADO.NET 的非连接类。只要使用非连接类，就必然会用到 DataTable 对象。

◆ DataTable 对象中包含 DataColumn 对象，这些列对象定义了表的结构和包含实际数据的 DataRow 对象。DataRow 对象拥有 RowState 属性和 DataRowVersion 属性。

◆ 当数据被持续化到数据库中时，可利用 RowState 属性来表明 DataRow 对象是否被执行了插入、更新或删除操作。

◆ 基于 DataRowVersion，DataRow 对象中可以包含其数据的至多三个副本。利用该特性可将数据恢复至初始状态。在编写代码来进行冲突消解时，也可考虑使用该特性。

◆ DataSet 对象是一种内存中的关系数据表示。DataSet 对象中包含一个由 DataTable 对象和 DataRelation 对象构成的集合。

◆ DataSet 对象和 DataTable 对象均可序列化到二进制文件或流中，同样也可从二进制文件或流中反序列化。来自 DataSet 对象、DataTable 对象以及 DataRow 对象的数据可被合并到一个 DataSet 对象中。

◆ LINQ to DataSet 提供了一种使用 C#或 Visual Basic 对内存数据编写复杂查询的机制。

课后练习

通过下列问题，你可检验自己对第 2 课的掌握程度。这些问题也可从配套资源中找到。

注意　关于答案
对这些问题的解析可参考本书末"答案"。

1. 假定有一个 DataSet 对象，其中包含两个 DataTable 对象 Customer 以及 Order。你希望以一种比较容易的方式实现从 Order 的数据行到订货的 Customer 的导航。则应使用哪种对象？

　A．DataColumn 对象。

　B．DataTable 对象。

　C．DataRow 对象。

　D．DataRelation 对象。

2. 当将修改后的数据合并到一个 DataSet 中时，下列哪个操作是必需的？

　A．必须在 DataTable 对象中定义主键。

　B．DataSet 架构必须匹配。

　C．在合并之前，目的 DataSet 必须为空。

　D．DataSet 对象必须被合并到创建它的那个 DataSet 中。

3. 假定正在使用一个 DataSet 对象，并希望将数据显示出来，并以不同的方式进行排序。则应该怎样做？

A. 使用 DataTable 对象的 Sort 方法。

B. 使用 DataSet 对象的 Sort 方法。

C. 在每次排序时使用 DataView 对象。

D. 为每次排序创建一个 DataTable 对象，使用 DataTable 对象的 Copy 方法，然后用 Sort 方法对结果进行排序。

4. 假定有一个很大的 DataSet 对象保存在 Web 服务器的内存中。该 DataSet 对象表示供货商记录。需要对该 DataSet 对象编写一个查询以返回一个数据子集，该子集对应于活跃的供货商，并按他们与你公司之间的交易额由高到低进行排序。假定准备使用 LINQ 来实现查询。则应该如何构建查询？(不定项选择)

A. 使用 DataSet 内的 DataTable 对象 vendor 的 AsEnumerable 方法。

B. 在编写的代码中使用 Where 子句来限定查询活跃的供货商。

C. 在编写的代码中使用 Order By 子句来对供货商进行排序。

D. 在编写的代码中使用 Group By 子句依供货商对查询结果进行分组。

第 2 课　使用 ADO.NET 连接类

ADO.NET 库中包含一些提供程序类(provider class)，这些类可用于将数据在数据存储区和客户端应用程序之间进行传输。由于数据存储区有很多不同类型，这就意味着需要有专门的代码来为非连接数据访问类和特定的数据存储之间提供所需的桥梁。而提供程序类的意义就在于此。

本课将重点关注这些专门化的类，首先我们将从了解最为核心的 DbConnection 类和 DbCommand 类开始。接下来的内容将会涉及一些功能更具体的类，如 DbProviderFactory 类和 DbProviderFactories 类。在本章的最后，将会讨论如何利用 LINQ to SQL 来充分发挥 LINQ 对连接数据查询的强大功能。

学习目标

◆　在 Web 应用程序中使用下列连接数据类：
　　◇　DbConnection
　　◇　DbCommand
　　◇　DbDataAdapter
　　◇　DbProviderFactory
　　◇　DbProviderFactories
◆　使用 LINQ to SQL 对连接数据进行查询

预计课时：90 分钟

使用提供程序类来移动数据

那些负责与数据库进行交互，以实现连接、检索、更新、插入及删除的类在 .NET Framework 中被称为提供程序类。这些类都是依据提供程序框架类构建的。这样就可以确保每个提供程序类都以相似的方式编写，而仅在实现上存在差异。这些提供程序类代表了数据库和前面课程中所讨论过的非连接数据类之间的桥梁。

Microsoft .NET Framework 中包含下列数据访问提供程序类。

◆　**OleDb**　提供了对多种数据源的通用目的的数据访问。可利用该提供程序类来访问 Microsoft SQL Server 6.5(或更早期的版本)、SyBase、DB2/400 以及 Microsoft Access。

◆　**Odbc**　提供了对多种数据源的通用目的的数据访问。通常只在没有新的提供程序类可用时才使用它。

◆　**SQL Server**　包含能够提供与通用的 OleDb 提供程序功能相似的类。不同之处在于这些类是针对 SQL Server 7.0 及其升级版本(如 SQL Server 2005 和 SQL Server 2008)。

◆　**Oracle**　包含用于访问 Oracle 8i 及其升级版本的类。其功能与 OleDb 提供程序类很相似，但能够提供更好的性能。

在.NET Framework 中可使用多种第三方提供程序类，其中包括为 Oracle、DB2 以及 MySql 编写的提供程序类。这些额外的数据提供程序均可从 Internet 上获取。

表 7.1 列出了主要的提供程序基类及接口。这些类均被给定的提供程序实现所子类化 (subclassed)。提供程序类的实现通常会将基类的 Db 前缀替换为某个提供程序类的前缀，如 Sql、Oracle、Odbc 或 OleDb。SQLClient 类位于下表的第二列。

表 7.1   ADO.NET 中的主要提供程序类和接口

基 类	SQLClient 类	泛型接口
DbConnection	SqlConnection	IDbConneciton
DbCommand	SqlCommand	IDbCommand
DbDataReader	SqlDataReader	IDataReader/IDataRecord
DbTransaction	SqlTransaction	IDbTransaction
DbParameter	SqlParameter	IDbDataParameter
DbParameterCollection	SqlParameterCollection	IDataParameterCollection
DbDataAdapter	SqlDataAdapter	IDbDataAdapter
DbCommandBuilder	SqlCommandBuilder	
DbConnectionStringBuilder	SqlCoonnectionStringBuilder	
DBDataPermission	SqlPermission	

也可将这些基类与工厂类一起使用来创建为绑定到某一特定提供程序的客户端代码。下面的各节中将对这些类展开具体的讨论。

初识 DbConnection 对象

要访问某个数据源，需要一个合法、开放的连接对象。DbConnection 是一个抽象类，所有面向特定提供程序的连接类均由该类派生。连接类的层次结构如图 7.9 所示。

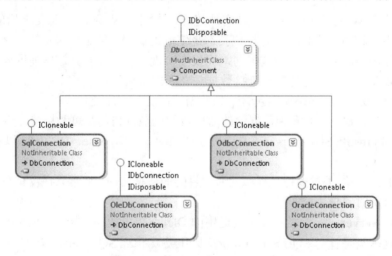

图 7.9   DbConnection 的类层次结构

要创建连接，必须拥有一个合法的连接字符串。下面的代码片段展示了如何创建连接对象以及对连接字符串赋值。使用完连接对象后，还必须关闭连接以释放被占用的资源。本例中使用了 pubs 示例数据库。pubs 数据库和 Northwind 数据库均可从 Microsoft 的官方站点下载得到，本书的配套资源中也提供了这两个数据库。

```vb
'VB
Dim connection as DbConnection = new SqlConnection()
connection.ConnectionString = _
  "Server=.;Database=pubs;Trusted_Connection=true"
connection.Open()

'do work here
connection.Close()
```

```csharp
//C#
DbConnection connection = new SqlConnection();
connection.ConnectionString =
  "Server=.;Database=pubs;Trusted_Connection=true";
connection.Open();

//do work here
connection.Close();
```

使用 SQL Server 的.NET 提供程序创建 SqlConnection 类的实例将导致 DbConnection 实例的创建。ConnectionString 属性被初始化为本地机器("．")，数据库被设为 pubs。最后，当连接到 SQL Server 时，该连接为安全认证使用了一个可信赖的连接。

在发送数据存储命令之前，连接必须事先打开，同时在操作完毕后，还必须关闭连接以防止对数据存储孤立连接的存在。可通过调用 Close 方法或 Dispose 方法来关闭连接。使用 Using 语句块来强制 Dispose 方法的执行是一种经常采取的方法，如下所示：

```vb
'VB
Using (connection)
  connection.Open()
  'database commands here
End Using
```

```csharp
//C#
using (connection)
{
  connection.Open();
  //database commands here
}
```

可将 Using 语句块放在一个 Try-Catch 语句块中来强制连接的关闭，这通常比 Try-Catch-Finally 语句块的处理要更有效。

无论使用何种编程语言，连接字符串都是相同的。下面的各节将介绍如何使用.NET Framework 的各种提供程序来对连接字符串进行配置。

配置 ODBC 连接字符串

开放数据库连接(Open Database Connectivity，ODBC)是一种为.NET Framework 所支持的旧式技术。.NET Framework 保留对其支持的主要原因在于许多情况下，可能需要连接到一些旧版本的数据库产品中，而这些产品只拥有 ODBC 驱动。表 7.2 列出了最常见的 ODBC 连接字符串设置。

表 7.2　ODBC 连接字符串关键字

关　键　字	描　　述
Driver	用于连接的 ODBC 驱动
DSN	数据源名称，可通过 ODBC 数据源管理器(控制面板|管理工具|数据源(ODBC))来进行配置
Server	将要连接到的服务器的名称
Trusted_Connection	当为 false 时，将在连接中指定用户 ID 和密码。 当为 true 时，将使用当前的 Windows 帐户凭据进行身份验证
Database	所要连接到的数据库
DBQ	通常为数据源的物理路径

ODBC 连接字符串示例

下面的连接字符串指示 Text Driver 将位于 C:\\Sample\\MySampleFolder 子目录中的文件视作数据库中的表。

```
Driver={Microsoft Text Driver (*.txt; *.csv)};
  DBQ=C:\\Sample\\MySampleFolder;
```

下面的连接字符串指示 Access Driver 打开位于 C:\\Code\\mySampleFolder 文件夹中的 Northwind 数据库文件。

```
Driver={Microsoft Access Driver (*.mdb)};
  DBQ=C:\\Code\\mySampleFolder\\northwind.mdb
```

下面的连接字符串使用了在当前机器中配置为数据源名称(DSN)的设置。

```
DSN=My Application DataSource
```

下面是一个到 Oracle 数据库的链接。用户名和密码均已指定。

```
Driver={Microsoft ODBC for Oracle};
  Server=ORACLE8i7;
  UID=john;
  PWD=s3$W%1Xz
```

下面的连接字符串使用了 Microsoft Excel 驱动来打开文件 MyBook.xls。

```
Driver={Microsoft Excel Driver (*.xls)};
  DBQ=C:\\Samples\\MyBook.xls
```

下面的连接字符串使用了 SQL Server 驱动来打开位于 MyServer 的 Northwind 数据库，并指定了用户名和密码。

```
DRIVER={SQL Server};
  SERVER=MyServer;
  UID=AppUserAccount;
  PWD=Zx%7$ha;
  DATABASE=northwind;
```

下面的连接字符串使用了 SQL Server 驱动来打开 MyServer 上的 Northwind 数据库,同时使用了 SQL Server 的可信赖安全连接。

```
DRIVER={SQL Server};
  SERVER=MyServer;
```

```
Trusted_Connection=yes
DATABASE=northwind;
```

配置 OLEDB 连接字符串

另一种常见的旧式数据库访问技术是对象连接和嵌入(OLEDB)。表 7.3 描述了最常见的 OLEDB 连接字符串设置。

表 7.3   OLEDB 连接字符串关键字

关 键 字	描　　述
DataSource	数据库名称或数据库文件的物理路径
File Name	包含真实连接字符串的文件的物理路径
Persist Security Info	如果设为 false(默认值)，则返回的连接字符串除了没有安全信息之外，其他均与用户设置的 ConnectionString 相同。如果设为 true，则检索连接字符串将返回最初提供的完整连接字符串
Provider	用于连接到数据存储的面向特定供应商的驱动

OLEDB 连接字符串示例

该连接字符串设置保存在 MyAppData.udl(.udl 扩展名表示 universal data link，即通用数据链接)文件中：

```
FILE NAME=C:\Program Files\MyApp\MyAppData.udl
```

下面的连接字符串使用了 Jet 驱动(为 Access 驱动)，并打开 demo.mdb 数据库文件。从该连接中检索连接字符串将得到最初传入的连接，只是不含安全信息。

```
Provider=Microsoft.Jet.OLEDB.4.0;
  Data Source=C:\Program Files\myApp\demo.mdb;
  Persist Security Info=False
```

配置 SQL Server 连接字符串

利用 SQL Server 数据提供程序，可访问 SQL Server 7.0 及其升级版。如果需要连接到 SQL Server 6.5 或更早的版本，需要使用 OLEDB 数据提供程序。表 7.4 描述了最常见的 SQL Server 连接字符串设置。

表 7.4   SQL Server 连接字符串关键字

关 键 字	描　　述
DataSource, addr, address, network address, server	数据库服务器的名称或 IP 地址
Failover Partner	SQL Server 中镜像数据库的支持提供程序
AttachDbFilename, extended properties, initial file name	完整或相对路径以及一个包含所要连接到的数据库的文件。该路径支持关键字 string|DataDirectory|，后者指向应用程序的数据路径。所要连接到的数据库必须位于本地磁盘中。日志文件的名称必须符合格式 <database-File-Name>_log.ldf，否则它将无法被发现。如果找不到日志文件，则会有一个新的日志文件被创建

关 键 字	描　　述
Initial Catalog, database	所要使用的数据库的名称
Integrated Security, trusted_connection	一个到 SQL Server 的安全连接,安全认证是通过用户的域账户来实现的。这些关键字可被设为 True、False 或 sspi。默认值为 False
Persist Security Info, persistsecurityinfo	如果被设置为 True,则在检索连接字符串时将会得到最初提供的完整连接字符串。如果设为 False,则将检索到最初提供的连接字符串,但其中不含安全信息。默认值为 False
User ID, uid, user	当不能使用可信赖连接时,用户名用于连接到 SQL Server
Password, pwd	当不能使用可信赖连接时,用户登录到 SQL Server 的密码
Enlist	该值指示 SQL Server 连接池程序是否在创建线程的当前事务上下文中自动登记连接
Pooling	布尔值,该值指示每次请求连接时该连接是汇入连接池还是显式打开
Max Pool Size	指定了连接池中允许的最大连接数。默认值为 100
Min Pool Size	指定了连接池中允许的最小连接数。默认值为 0
Asynchronous Processing, Async	布尔值,该值指定使用此连接字符串创建的连接是否允许异步处理
Connection Reset	已过时。获取或设置一个布尔值,该值指示在从连接池中提取连接时是否重置连接
MultipleActiveResultSets	布尔值,该值指示多活动结果集是否可与关联的连接相关联
Replication	布尔值,该值指示是否使用连接来支持复制
Connect Timeout, connection timeout, timeout	设置连接超时时间
Encrypt	布尔值,该值指示在服务器安装了证书的情况下,SQL Server 是否为客户端和服务器之间发送的所有数据使用 SSL 加密
Load Balance Timeout, connection lifetime	当连接返回到连接池时,将其创建时间与当前时间比较,如果时间长度(以秒为单位)超出了由 Connection Lifetime 指定的值,该连接将被销毁。这在集群配置中可用于强制执行运行中的服务器和刚置于联机状态的服务器之间的负载平衡
Network Library, net, network	设置一个字符串,该字符串包含用于建立与 SQL Server 的连接的网络库的名称
Packet Size	设置用来与 SQL Server 的实例通信的网络数据包的大小(以字节为单位)
Application Name, app	设置与连接字符串关联的应用程序的名称
Current Language, language	设置 SQL Server 语言记录名称
Workstation ID, wsid	设置连接到 SQL Server 的工作站的名称

SQL Server 连接字符串示例

下面的连接字符串将使用集成安全设置来连接到当前计算机(localhost)中的 Northwind 数据库。连接必须在 30 秒内建立，否则便会有一个异常被抛出。安全信息未被保留。

```
Persist Security Info=False;
Integrated Security=SSPI;
database=northwind;
server=localhost;
Connect Timeout=30
```

下一个连接字符串使用了传输控制协议(Transmission Control Protocol, TCP)套接字库 (DBMSSOCN)，并连接到 IP 地址为 192.168.1.5 的计算机中的 MyDbName 数据库，所使用的端口为 1433。安全认证是基于使用 MyUsername 作为用户名，而将 u$2hJq@1 作为密码。

```
Network Library=DBMSSOCN;
Data Source=192.168.1.5,1433;
Initial Catalog=MyDbName;
User ID=myUsername;
Password= u$2hJq@1
```

Microsoft SQL Server Express Edition(速成版)可以作为 Visual Studio 默认安装的一部分而安装。在准备开发应用在 SQL Server Express Edition 或 SQL Server 上的程序时，使用 SQL Server Express Edition 是一个极佳的选择。在构建小型的网站和单用户的应用程序时，SQL Server Express Edition 也是一个很好的选择，因为它具有 XCOPY 部署能力、可靠性以及高性能引擎。此外，SQL Server 速成版数据库还可以容易附加到 SQL Server 中。要附加一个本地数据库文件，可使用如下连接字符串：

```
Data Source=.\SQLEXPRESS;
AttachDbFilename=C:\MyApplication\PUBS.MDF;
Integrated Security=True;
User Instance=True
```

在该例中，Data Source 被设为 SQL Server Express Edition 的一个实例，即.\SQLEXPRESS。数据库文件名被设为位于 C:\MyApplication\PUBS.MDF 的数据库文件。集成关于 SQL Server Express Edition 安全认证；将 User Instance 设为 True 将会启动一个使用了当前用户账户的 SQL Server Express Edition 的实例。

虽然可利用 SQL Server Express Edition 来附加一个本地文件，但 SQL Server 却不允许 User Instance=True 的这种设置。另外，在应用程序终止时，SQL Server 仍然会保持数据库的附加状态，因此下次运行 SQL Server 时，将会与一个异常被抛出，因为该数据文件已被附加了。

AttachDBFilename 能够理解关键字|DataDirectory|是指将使用该应用程序的数据目录。下面是一个经过修改的连接字符串。

```
Data Source=.\SQLEXPRESS;
AttachDbFilename=|DataDirectory|\PUBS.MDF;
Integrated Security=True;
User Instance=True
```

对于 Web 应用程序，|DataDirectory|关键字将被解析为 App_Data 文件夹。

将连接字符串保存在 Web 配置文件中

连接字符串应该总是存在于源代码之外，以简化修改，避免对程序进行重新编译。可将连接字符串保存在机器或 Web 配置文件中。需要将 connectionStrings 元素放在 configuration 根元素之下。该项支持<add>、<remove>、<clear>等标签，如下所示：

```
<connectionStrings>
 <add name="PubsData"
 providerName="System.Data.SqlClient"
 connectionString=
 "Data Source=.\SQLEXPRESS;
 AttachDbFilename=|DataDirectory|PUBS.MDF;
 Integrated Security=True;
 User Instance=True"/>
</connectionStrings>
```

本例中添加了一个新的连接字符串设置，名称为 PubsData。可在源代码中利用 ConfigurationManager 类的静态集合 ConnectionStrings 来访问这里的 connectionStrings 元素。在下面的示例代码中，连接字符串从 Web.config 文件中读取，同时依据连接信息创建了一个连接对象。

```
'VB
Dim pubs As ConnectionStringSettings
pubs = ConfigurationManager.ConnectionStrings("PubsData")
Dim connection as DbConnection = new SqlConnection(pubs.ConnectionString)
```

```
//C#
ConnectionStringSettings pubs =
  ConfigurationManager.ConnectionStrings["PubsData"];
DbConnection connection = new SqlConnection(pubs.ConnectionString);
```

使用连接池

如果需要针对每个用户分别独立地对数据存储进行连接时，创建或打开一个连接不但非常耗时，而且会消耗大量资源，尤其是在基于 Web 的系统中更是如此。试想，如果每个用户都保持着对同一数据库的一个或多个连接，则数据库服务器势必会为管理这些连接而消耗过多的资源。理想情况下，数据存储应将大部分时间用于数据传递，而使用尽可能少的时间来对连接进行维护。这正是连接池(connection pool)发挥优势的地方。

连接池是当用户向数据库发出请求时，重新启用已有活动连接而非创建新连接的一个过程。这其中包括了负责维护可用连接的连接管理器的使用。当连接管理器接收到一个新连接请求时，它将对其连接池进行检查以获得可用连接。如果存在可用连接，则它将返回。如果没有可用连接，且并未达到最大连接池尺寸，则会创建一个新连接，并将其返回。如果已经达到了最大连接池尺寸，则该连接请求将被添加到队列中，下一个可用连接将被返回，但前提是连接超时并未达到。

连接池是由存入连接字符串中的参数所控制的。下面给出影响连接池的参数列表。

◆ **Connection Timeout** 等待连接打开的时间(以秒为单位)。默认值为 15 秒。

◆ **Min Pool Size** 连接池中允许的最小连接数。默认值为 0。在应用程序需要持续、快速的响应，即便当该应用程序已经长时间处于非活动状态时，建议通常将该参数设为一个较小值，如 5。

◆ **Max Pool Size** 连接池中允许的最小连接数。默认值为 100。对于大多数网站应用程序来说，该默认值都已足够大了。

◆ **Pooling** 如果该参数被设为 True 将导致对新连接的请求从连接池中获取；如果连

接池不存在，则将创建连接池。默认值为 True。

- **Connection Reset** 该参数表明当连接从连接池中移除时，是否应对数据库连接进行重新设置。默认值为 True。如果该参数被设为 False，在创建连接时将产生较少的往返行程，但连接状态不会被更新。
- **Load Balancing Timeout, Connecition Lifetime** 连接被销毁前在连接池中存活的最长时间(以秒为单位)。只有当连接被返回到连接池时，才会对最长时间进行检查。在集群配置中该参数可用于强制执行运行中的服务器和刚置于联机状态的服务器之间的负载平衡。默认值为 0。
- **Enlist** 该参数指示 SQL Server 连接池程序是否在创建线程的当前事务上下文中自动登记连接。

要实现连接池，必须遵循下列规则。

- 每个参与到该连接池中的用户或服务的连接字符串必须严格相同，不但每个字符必须相当，而且大小写也将区分。
- 用户 ID 必须与每个参与到该连接池中的用户或服务相同。即使你没有指定 Integrated Security=true，该进程的 Windows 用户账户也会被用户确定连接池的成员。
- 进程 ID 必须相同。连接不可为不同进程所共享，并且这种限制会扩展到连接池。

连接池位于哪里？

连接池是一种客户端技术，即连接池存在于调用 DbConnection 对象的 Open 方法的那台机器中。数据库服务器对于应用程序中是否存在一个或多个连接池并不了解。

连接池何时被创建？

连接池组是一个负责管理特定 ADO.NET 提供程序的连接池的对象。当第一个连接被实例化时，将有一个连接池组被创建，但直到第一个连接被打开时，第一个连接池才会被创建。

连接存在于连接池中吗？

使用连接时，该连接会从包含可用连接的连接池中移除，之后会返回到可用连接的池中。当一个连接返回连接池中时，它将有一个 4 到 8 分钟的空闲生命期，这是一个随机的时间跨度，目的在于确保空闲连接不会被以不确定的方式持有。在希望确认在应用程序长时间处于空闲状态时至少还有一个连接可用时，可将连接字符串的 Min Pool Size 设为 1 或更大的值。

使用 Load Balancing Timeout

在连接字符串中有一个名称为 Load Balancing Timeout 的设置，它也被称为 Connection Lifetime。Connection Lifetime 仍被保留的目的是为了保证向后的兼容性，但其新名称更好地刻画了该设置的用途。该参数仅用于集群配置中，可用于强制执行运行中的服务器和刚置于联机状态的服务器之间的负载平衡。该设置仅会在已关闭的连接上检查。如果连接处于开放状态的时间超过了 Load Balancing Timeout 设置，则连接将被销毁。在其他情况下，连接将重新添加到连接池中。

Load Balancing Timeout 设置可用于确保在使用数据库服务器集群时新的连接可被创建。如果两个数据库服务器构成了一个集群，并且表现出高负载，则可考虑增加第三台数据库服务器。在添加完第三台数据库服务器后，可能会注意到原始数据库看起来仍然负荷很大，而新服务器的连接很少或没有任何连接。

该问题的症结在于连接池的工作是维护那些对已有数据库服务器的连接。如果指定一个能够抛出一些良好连接的 Load Balancing Timeout 设置，则连接就可建立到新增加的数据库服务器上。由于对那些良好的连接进行了销毁，因此会有一点性能上的损失，但新建连接到达新数据库服务器的几率增加了，因此总体来看，性能获得了提升。

使用 Visual Studio 添加连接

如果需要执行数据库管理任务，可通过 Server Explorer(服务器资源管理器)窗口和 Connection Wizard(连接向导)来添加连接。对于每一个添加到项目中的数据库文件，均会有一个连接被自动创建，但也可手动添加连接。图 7.10 展示了数据库文件 Pubs.mdf 和 Northwind.mdf 被添加到项目中后，以及手动为 SQL Server 本地副本的 Northwind 数据库的建立连接(方法是右击 Connections 节点并选择 New Connection(新建连接)以启动连接向导而)后的服务器浏览器窗口。

图 7.10　显示了被添加的连接的服务器浏览器窗口

可利用连接来执行维护，对数据库架构和数据进行修改，并运行查询。同时利用一些如 SqlDataSource 的控件也可方便在为网页添加该控件时在这些连接中作出选择。

加密保护连接字符串

我们通常会将连接字符串保存在配置文件中，以简化对连接字符串的修改，而不必重新编译程序。但这种做法存在一个问题，即连接字符串中有可能包含一些如用户和密码这样的登录信息。

可以考虑采取的解决方案为使用 Aspnetregiis.exe 工具来对配置文件的连接字符串部分进行加密。可通过/?选项来获取该工具的帮助信息。

可通过使用 System.Configuration.DPAPIProtctedConfigurationProvider(利用了 Windows Data Protection API, DPAPI) 或 System.Configuration.RSAProtectedConfiguration (利用 Rivest-Shamir-Adleman(RSA)加密算法)来对 Web.config 文件中的内容进行加密和解密。

需要在 Web 场的多台计算机中使用相同的加密配置文件时，必须使用 System.Configuration.RSAProtectedConfiguration，因为利用该类可将用于加密这些数据的加密钥匙导出。加密钥匙可被导入到另一台服务器中。这是默认的设置。一个典型的 Web.config 文件的结构大致如下：

```xml
<?xml version="1.0"?>
<configuration xmlns="http://schemas.microsoft.com/.NetConfiguration/v2.0">
 <appSettings/>
 <connectionStrings>
  <add name="ConnectionString"
    connectionString="Data Source=.\SQLEXPRESS;
    AttachDbFilename=|DataDirectory|\northwnd.mdf;
    Integrated Security=True;User Instance=True"
    providerName="System.Data.SqlClient" />
 </connectionStrings>
 <system.web>
  ...
 </system.web>
</configuration>
```

通过在 Visual Studio 的命令窗口中运行下列命令，并为其指定网站文件夹的完整路径可对 connectionStrings 元素进行加密：

```
aspnet_regiis -pef "connectionStrings" "C:\...\EncryptWebSite"
```

请注意，-pef 选项需要传递网站的物理路径，即最后一个参数。务必确保该路径位于 Web.config 文件中。加密后的 Web.config 文件如下所示：

```xml
<?xml version="1.0"?>
<configuration xmlns="http://schemas.microsoft.com/.NetConfiguration/v2.0">
 <protectedData>
  <protectedDataSections>
   <add name="connectionStrings"
     provider="RsaProtectedConfigurationProvider"
     inheritedByChildren="false" />
  </protectedDataSections>
 </protectedData>
 <appSettings/>
 <connectionStrings>
  <EncryptedData Type="http://www.w3.org/2001/04/xmlenc#Element"
  xmlns="http://www.w3.org/2001/04/xmlenc#">
  <EncryptionMethod
   Algorithm="http://www.w3.org/2001/04/xmlenc#tripledes-cbc" />
  <KeyInfo xmlns="http://www.w3.org/2000/09/xmldsig#">
   <EncryptedKey Recipient=""
   xmlns="http://www.w3.org/2001/04/xmlenc#">
   <EncryptionMethod
    Algorithm="http://www.w3.org/2001/04/xmlenc#rsa-1_5" />
   <KeyInfo xmlns="http://www.w3.org/2000/09/xmldsig#">
    <KeyName>Rsa Key</KeyName>
   </KeyInfo>
   <CipherData>
<CipherValue>PPWA1TkWxs2i698Dj07iLUberpFYIj6wBhbmqfmNK/plarau4ilk+xq5bZzB4VJW8
OkhwzcIIdZIXff6INJ1wlZz76ZV1DIbRzbH71t6d/L/qJtuOexXxTi2LrepreK/q3svMLpsJycnDPa
t9xaGoaLq4Cg3P19Z1J6HquFILeo=</CipherValue>
```

```
        </CipherData>
       </EncryptedKey>
     </KeyInfo>
     <CipherData>
<CipherValue>Q1re8ntDDv7/dHsvWbnIKdZF6COA1y3S91hmnhUN3nxYfrjSc7FrjEVyJfJhl5EDX
4kXd8ukAjrqwuBNnQbsh1PAXNFDflzB4FF+jyPKP/jm1Q9mDnmiq+NCuo3KpKj8F4vcHbcj+f3GYqq
B4pYbblAvYnjPyPrrPmxLNT9KDtDr8pDbtGnKqAfcMnQPvA8l5w3BzPM4a73Vtt2kL/z9QJRu3Svd9
33taxOO/HufRJEnE2/hcBq30WcBmEuXx3LFNjV+xVmuebrInhhxQgM2froBKYxgjwWiWNjIIjIeTI2
FQ8nZ8V8kzAVohmDYkZpCj4NQGdrjD996h97phI6NnHZYZHJ7oPRz</CipherValue>
     </CipherData>
    </EncryptedData>
   </connectionStrings>
   <system.web>
    ...
   </system.web>
</configuration>
```

如果使用图形用户界面工具对 connectionString 部分进行了修改，则新连接将被加密，这就意味着不必再次运行 aspnet_regiis 工具。

若要对 connectionStrings 项进行解密，可使用下列命令：

```
aspnet_regiis -pdf "connectionStrings" "C:\...\EncryptWebSite"
```

当 connectionStrings 项解密后，它将恢复到加密前的状态。

使用 DbCommand 对象

DbCommand 对象用于将一个或多个 SQL 语句发送至数据存储区。DbCommand 可为下列类型之一：

◆ **数据操作语言(Data Manipulation Language，DML)** 用于检索、插入、更新或删除数据的命令

◆ **数据定义语言(Data Definition Language，DDL)** 创建表或其他数据库对象，或修改数据库架构的命令

◆ **数据控制语言(Data Control Language，DCL)** 允许、否定或撤销许可的命令。

DbCommand 对象需要一个合法连接以将命令传送至数据存储区。DbConnection 对象可被传递到 DbCommand 对象的构造方法中或在 DbCommand 被创建后附加到 DbCommand 对象的 Connection 属性中，但应该经常考虑使用 DbConnection 对象的 CreateCommand 方法以限制应用程序中面向特定提供程序的代码的规模。DbConnection 会自动创建恰当的面向特定数据提供程序的 DbCommand。

DbCommand 的 CommandText 和 CommandType 属性还需要一个合法的取值。下面的代码展示了如何创建和初始化一个调用了存储过程的 DbCommand 对象。

```vb
'VB
Dim pubs As ConnectionStringSettings
pubs = ConfigurationManager.ConnectionStrings("PubsData")

Dim connection As DbConnection = New SqlConnection()
connection.ConnectionString = pubs.ConnectionString

Dim cmd As DbCommand = connection.CreateCommand()
cmd.CommandType = CommandType.StoredProcedure
cmd.CommandText = "uspGetCustomerById"
```

```csharp
//C#
ConnectionStringSettings pubs =
```

```
ConfigurationManager.ConnectionStrings["PubsData"];
DbConnection connection =
  new SqlConnection(pubs.ConnectionString);

DbCommand cmd = connection.CreateCommand();
cmd.CommandType = CommandType.StoredProcedure;
cmd.CommandText = "uspGetCustomerById";
```

这段代码创建了一个 SqlConnection 对象，并赋予它一个类型为 DbConnection 的连接变量。接着，该 DbConnection 对象被用于创建一个 SqlCommand 对象，该对象又被赋予了 cmd 变量。DbConnection 必须在命令执行前处于打开状态。要执行所示的存储过程，CommandText 属性中应包含有存储过程的名称，而 CommandType 则表明了这是对存储过程的一次调用。

利用 DbParameter 对象传递数据

需要将数据传递给某个存储过程时，应使用 DbParameter 对象。例如，在一个用户定义的名称为 uspGetCustomerById 的存储过程可能需要用客户 ID 来检索合适的客户。可以通过使用 Command 对象的 Parameters.Add 方法来创建 DbParameter 对象，如下所示：

```
'VB
Dim pubs As ConnectionStringSettings
pubs = ConfigurationManager.ConnectionStrings("PubsData")

Dim connection As DbConnection = New SqlConnection()
connection.ConnectionString = pubs.ConnectionString
Dim cmd As DbCommand = connection.CreateCommand()
cmd.CommandType = CommandType.StoredProcedure
cmd.CommandText = "uspGetCustomerById"
Dim parm As DbParameter = cmd.CreateParameter()
parm.ParameterName = "@Id"
parm.Value = "AROUT"
cmd.Parameters.Add(parm)
```

```
//C#
ConnectionStringSettings pubs =
  ConfigurationManager.ConnectionStrings["PubsData"];
DbConnection connection =
  new SqlConnection(pubs.ConnectionString);

DbCommand cmd = connection.CreateCommand();
cmd.CommandType = CommandType.StoredProcedure;
cmd.CommandText = "uspGetCustomerById";
DbParameter parm = cmd.CreateParameter();
parm.ParameterName = "@Id";
parm.Value = "AROUT";
cmd.Parameters.Add(parm);
```

这段代码创建了一个 DbConnection 对象和一个 DbCommand 对象，并对其进行了配置。一个名称为@Id 的参数被创建，并被赋予了 AROUT。

注意　留心参数名及参数顺序

SQL 数据提供程序要求参数名与存储过程中所定义的参数名匹配，但对参数的创建顺序并未做限定。另一方面，OleDb 数据提供程序要求参数的定义顺序必须与存储过程中的定义次序一致。这意味着赋予参数的名称不必一定要与存储过程中所定义的名称匹配。

我们可在代码中使用赋予 DbParameter 对象的名称来访问参数。例如，要检索当前位

于 SqlParameter 中的名称为@Id 的值,可使用下列代码:

```VB
'VB
Dim id as String = cmd.Parameters("@Id").Value
```

```C#
//C#
string id = (string)((DbParameter)cmd.Parameters["@Id"]).Value;
```

利用服务器资源管理器生成 SQL 命令

服务器资源管理器窗口可用于创建 SQL 命令,方法是右击某个链接,并选择 New Query(新建查询)。该操作将打开一个由四个窗格构成的窗口,并提示对将被添加至查询的表、视图、函数和同义词进行选择。该窗口中包含下列四个窗格。

◆ **关系图(Diagram)窗格** 该窗格通常用于展示所选择的表和视图,同时还会将其之间的关系展现出来。

◆ **条件(Criteria)窗格** 该窗格允许选择若干列并为每列指定属性,如别名、排序方法及过滤器。

◆ **SQL 窗格** 该文本窗格将显示实际生成的 SQL 语句。

◆ **结果(Results)窗格** 该窗格将显示查询执行后的结果。

使用 ExcecuteNonQuery 方法

在希望执行 DbCommand 对象但又不希望返回表格形式的查询结果时,可考虑使用 ExecuteNonQuery 方法。不返回任何行的 SQL 语句包括 insert、update 以及 delete。 ExecuteNonQuery 方法将返回一个表示受当前操作影响的行数。下面的例子对 Sales 表的 qty 字段中那些大于 50 的值做了增额操作;然后返回被更新的行数。

```VB
'VB
Dim pubs As ConnectionStringSettings
pubs = ConfigurationManager.ConnectionStrings("PubsData")

Dim connection As DbConnection = New SqlConnection()
connection.ConnectionString = pubs.ConnectionString
Dim cmd As DbCommand = connection.CreateCommand()
cmd.CommandType = CommandType.Text
cmd.CommandText = _
 "UPDATE SALES SET qty = qty + 1 WHERE qty > 50"

connection.Open()
Dim count As Integer = cmd.ExecuteNonQuery()
connection.Close()
```

```C#
//C#
ConnectionStringSettings pubs =
  ConfigurationManager.ConnectionStrings["PubsData"];

DbConnection connection = new SqlConnection(pubs.ConnectionString);

DbCommand cmd = connection.CreateCommand();
cmd.CommandType = CommandType.Text;
cmd.CommandText = "UPDATE SALES SET qty = qty + 1 WHERE qty > 50";
connection.Open();
int count = cmd.ExecuteNonQuery();
connection.Close();
```

使用 ExecuteScalar 方法

假定准备进行一个查询，你希望查询结果中包含一个单行和单列，例如检索当天的总销售额。对于这种查询需求，结果可被当做一个单个返回值来对待。例如，下面的 SQL 语句将返回一个由单行单列组成的结果。

```
SELECT COUNT(*) FROM Sales
```

如果使用 ExecuteScalar 方法，则.NET 运行时便不会创建 DataTable 的实例来保存该结果(这意味着使用更少的资源，并获得更好的性能)。下面的代码展示了如何使用 ExecuteScalar 方法来将 Sales 表中的行数返回到 count 变量中：

```vb
'VB
Dim pubs As ConnectionStringSettings
pubs = ConfigurationManager.ConnectionStrings("PubsData")

Dim connection As DbConnection = New SqlConnection()
connection.ConnectionString = pubs.ConnectionString

Dim cmd As DbCommand = connection.CreateCommand()
cmd.CommandType = CommandType.Text
cmd.CommandText = "SELECT COUNT(*) FROM Sales"
connection.Open()

Dim count As Integer = cmd.ExecuteScalar()
connection.Close()
```

```csharp
//C#
ConnectionStringSettings pubs =
  ConfigurationManager.ConnectionStrings["PubsData"];

DbConnection connection = new SqlConnection(pubs.ConnectionString);

DbCommand cmd = connection.CreateCommand();
cmd.CommandType = CommandType.Text;
cmd.CommandText = "SELECT COUNT(*) FROM Sales";
connection.Open();

int count = (int)cmd.ExecuteScalar();
connection.Close();
```

使用 ExecuteReader 方法

ExecuteReader 方法的返回值为一个表示只进、只读的服务器端游标的 DbDataReader 实例。通过执行 DbCommand 对象的 ExecuteReader 方法(该方法有三个重载版本)之一便可创建 DbDataReader 对象。(更多关于 DbDataReader 的介绍请参见下一节内容。)下面的例子使用了 ExecuteReader 方法来创建了一个带查询结果的 DbDataReader，然后通过循环将结果写入一个网页。一旦到达数据的末端(当 Read 方法返回 False)，对数据库的连接便会关闭。

```vb
'VB
Dim pubs As ConnectionStringSettings
pubs = ConfigurationManager.ConnectionStrings("PubsData")

Dim connection As DbConnection = New SqlConnection()
connection.ConnectionString = pubs.ConnectionString

Dim cmd As DbCommand = connection.CreateCommand()
cmd.CommandType = CommandType.Text
cmd.CommandText = "SELECT stor_id, ord_num FROM Sales"
```

```
connection.Open()
Dim rdr As DbDataReader = cmd.ExecuteReader()

While (rdr.Read())
  Response.Write(rdr("stor_id") + ": " + rdr("ord_num") + "<br />")
End While
connection.Close()
```

```
//C#
ConnectionStringSettings pubs =
  ConfigurationManager.ConnectionStrings["PubsData"];

DbConnection connection = new SqlConnection(pubs.ConnectionString);

DbCommand cmd = connection.CreateCommand();
cmd.CommandType = CommandType.Text;
cmd.CommandText = "SELECT stor_id, ord_num FROM Sales";

connection.Open();
DbDataReader rdr = cmd.ExecuteReader();

while (rdr.Read())
{
  Response.Write(rdr["stor_id"] + ": " + rdr["ord_num"] + "<br />");
}
connection.Close();
```

使用 DbDataReader 对象

DbDataReader 对象提供了一个用于从数据存储中检索数据的高性能方法。该方法将传递一个只前、只读的服务器端游标。这就使得 DbDataReader 对象成为填充 ListBox 控件、DropDownList 控件甚至显示只读数据的 GridView 控件的理想选择。在运行报表时，可使用 DbDataReader 对象来从数据存储中检索数据。在编写程序实现数据修改以及将修改提交给数据库时，DbDataReader 也许并不是一个非常好的选择。对于数据修改，我们将在下节讨论的 DbDataAdapter 对象可能是一个更好的选择。

DbDataReader 中包含一个用于将数据检索到其缓存中的 Read 方法。在任意时刻，仅有一行数据可获取，这意味着数据在被处理之前必须要被完全读入。下面的代码使用了 DataTable 对象的 Load 方法来直接将一个连接到数据库的 DataReader 对象填充到一个 DataTable 对象中。

```
'VB
Dim pubs As ConnectionStringSettings
pubs = ConfigurationManager.ConnectionStrings("PubsData")

Dim connection As DbConnection = New SqlConnection()
connection.ConnectionString = pubs.ConnectionString

Dim cmd As DbCommand = connection.CreateCommand()
cmd.CommandType = CommandType.Text
cmd.CommandText = "SELECT pub_id, pub_name FROM publishers"

connection.Open()

Dim rdr As DbDataReader = cmd.ExecuteReader()
Dim publishers As New DataTable()

publishers.Load(rdr, LoadOption.Upsert)
connection.Close()
```

```
GridView1.DataSource = publishers
GridView1.DataBind()

//C#
ConnectionStringSettings pubs =
  ConfigurationManager.ConnectionStrings["PubsData"];

DbConnection connection = new SqlConnection(pubs.ConnectionString);

DbCommand cmd = connection.CreateCommand();
cmd.CommandType = CommandType.Text;
cmd.CommandText = "SELECT pub_id, pub_name FROM Publishers";

connection.Open();

DbDataReader rdr = cmd.ExecuteReader();
DataTable publishers = new DataTable();
publishers.Load(rdr, LoadOption.Upsert);

connection.Close();

GridView1.DataSource = publishers;
GridView1.DataBind();
```

可能已经注意到 DataTable 对象的 Load 方法中包含一个 LoadOption 参数。该参数提供了使用哪个 DataRowVersion 来接收即将到来的数据的选择。例如，如果加载了一个 DataTable 对象，对数据进行了一番修改，并将修改结果提交给了数据库，如果其他人在获取这些数据试图保存修改期间也对这些数据做了更改，则可能会遇到一个并发错误。面对这种问题，一种选择是再次加载该 DataTable 对象，同时使用默认的 PreserveCurrentValues 枚举值，这样会加载原始版本的数据而不会修改数据的当前版本。接下来，可再次执行 Update 方法，同时更新将会进行冲突检查。

为了保证查询的正确执行，必须对 DataTable 的 PrimaryKey 进行定义。否则将导致重复的 DataRow 对象被添加到 DataTable 对象中。LoadOption 枚举成员如下所示。

◆ **OverwriteChanges** 传入此行的值将同时写入每列数据的当前值和原始值版本，并将 RowState 修改为 Unchanged。新行的 RowState 也被设为 Unchanged。

◆ **PreserveChanges(默认值)** 传入此行的值将覆盖每列数据的原始值版本，但不会修改当前版本。新行的 RowState 属性也为 Unchanged。

◆ **Upsert** 传入此行的值将覆盖每列数据的当前版本，但不会修改每列数据的原始版本。新行的 RowState 属性为 Added。如果数据的当前版本与原始版本相同，则那些 RowState 属性为 Unchanged 的行的 RowState 属性仍为 Unchanged；如果数据的当前版本与原始版本不同，则那些 RowState 属性为 Unchanged 的行的 RowState 属性将为 Modified。

使用多活动结果集(MARS)在一个连接上执行多重命令

使用 DbDataReader 的一个问题在于当循环查询结果时，必须保持一个开放的服务器端游标。如果在第一个命令执行期间尝试执行另外一个命令，将接收到一个 InvalidOperationException 异常，内容为“已存在一个与当前连接关联的开放 DataReader 对象，请先将其关闭”。当准备连接到启用了 MARS 的主机(如 SQL Server)时，可通过将连接字符串选项 MultipleActiveResultSets 设为 True 来避免该异常的出现。例如，下面用粗体标出的连接字符串说明了如何将该设置添加到一个名称为 PubsDataMars 的新连接字符串中：

```
<connectionStrings>
 <add name="PubsData"
 providerName="System.Data.SqlClient"
 connectionString=
 "Data Source=.\SQLEXPRESS;
 AttachDbFilename=|DataDirectory|PUBS.MDF;
 Integrated Security=True;
 User Instance=True"/>
 <add name="PubsDataMars"
 providerName="System.Data.SqlClient"
 connectionString=
 "Data Source=.\SQLEXPRESS;
 AttachDbFilename=|DataDirectory|PUBS.MDF;
 Integrated Security=True;
 User Instance=True;
 MultipleActiveResultSets=True"/>
</connectionStrings>
```

注意　MARS 的性能

MARS 并不会带来任何性能的提升，但它可简化编码工作。实际上，在连接字符串中所做的设置 MultipleActiveResultSets=True 对性能还有一些负面影响，因此不能够随意打开 MARS。

MARS 并不是不可或缺的，其意义仅在于简化编程工作。不妨考虑这样一种情况，假定执行了一个查询以获取作者的列表，在通过循环遍历所返回的作者列表时，希望执行第二次查询以获取每位作者的稿酬。

在没有 MARS 的数据库服务器上，可首先将作者列表读取到一个集合中，然后再关闭连接。此后，可遍历该集合以获取每位作者的 ID，并执行查询来得到每位作者的稿酬。而利用 MARS 的一种解决方案则只需创建两个命令，一个用于作者列表查询，而另一个用于稿酬的查询。

在已购买了基于对数据库连接数量的数据库客户端许可时，使用 MARS 也是有益的。如果没有 MARS，可能不得不为每个需要在同一时间运行的命令打开一个独立的连接，这就意味着可能需要购买更多的客户端许可。

利用 SqlBulkCopy 对象执行大容量复制操作

SqlBulkCopy 类为将数据复制到 SQL Server 数据库中的表提供了一种高性能的方法 WriteToServer。该方法具有多个重载版本，可将所有数据列从数据源复制到其 DestinationTableName 所指定的目的表中。该方法的不同重载版本可以分别接收 DataRow 对象数组、一个实现了 IDbDataReader 接口的类的对象、一个 DataTable 对象或一个 DataTable 对象和 DataRowState 对象，如图 7.11 所示。各种参数表明可从大部分地方来检索数据。

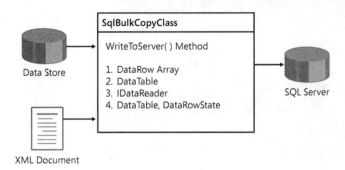

图 7.11 SqlBulkCopy 对象能够从多种数据源将数据复制到 SQL Server 的数据表中

下面的代码演示了如何利用 SqlBulkCopy 对象来从 pubs 数据库的 Store 表中将数据复制到 StoreList 表中。

```vb
'VB
Dim pubs As ConnectionStringSettings
pubs = ConfigurationManager.ConnectionStrings("PubsData")
Dim connection As DbConnection = New SqlConnection()
connection.ConnectionString = pubs.ConnectionString
Dim bulkCopy As ConnectionStringSettings
bulkCopy = ConfigurationManager.ConnectionStrings("PubsData")
Dim bulkCopyConnection As DbConnection = New SqlConnection()
bulkCopyConnection.ConnectionString = bulkCopy.ConnectionString
Dim cmd As DbCommand = connection.CreateCommand()
cmd.CommandType = CommandType.Text
cmd.CommandText = "SELECT stor_name FROM Stores"
connection.Open()
bulkCopyConnection.Open()

'make sure that table exists and is empty
'in case button is clicked more than once
Dim cleanup as SqlCommand = bulkCopyConnection.CreateCommand()
cleanup.CommandText = _
 "IF EXISTS ( SELECT * FROM sys.objects " _
 + " WHERE object_id = OBJECT_ID('dbo.StoreList') " _
 + " AND type in ('U')) " _
 + "DROP TABLE dbo.StoreList " _
 + "CREATE TABLE dbo.StoreList(stor_name varchar(40) NOT NULL )"
cleanup.ExecuteNonQuery()

'do the bulkcopy
Dim rdr As DbDataReader = cmd.ExecuteReader()
Dim bc As New SqlBulkCopy(bulkCopyConnection)
bc.DestinationTableName = "StoreList"
bc.WriteToServer(rdr)
connection.Close()
bulkCopyConnection.Close()
```

```csharp
//C#
ConnectionStringSettings pubs =
 ConfigurationManager.ConnectionStrings["PubsData"];
DbConnection connection =
 new SqlConnection(pubs.ConnectionString);
ConnectionStringSettings bulkCopy =
 ConfigurationManager.ConnectionStrings["PubsData"];
SqlConnection bulkCopyConnection =
 new SqlConnection(bulkCopy.ConnectionString);
DbCommand cmd = connection.CreateCommand();
cmd.CommandType = CommandType.Text;
cmd.CommandText = "SELECT stor_name FROM Stores";
```

```
connection.Open();
bulkCopyConnection.Open();

//make sure that table exists and is empty
//in case button is clicked more than once
SqlCommand cleanup = bulkCopyConnection.CreateCommand();
cleanup.CommandText =
  "IF EXISTS ( SELECT * FROM sys.objects "
  + " WHERE object_id = OBJECT_ID('dbo.StoreList')  "
  + " AND type in ('U')) "
  + "DROP TABLE dbo.StoreList "
  + "CREATE TABLE dbo.StoreList(stor_name varchar(40) NOT NULL )";
cleanup.ExecuteNonQuery();

//do the bulkcopy
DbDataReader rdr = cmd.ExecuteReader();
SqlBulkCopy bc = new SqlBulkCopy(bulkCopyConnection);
bc.DestinationTableName = "StoreList";
bc.WriteToServer(rdr);
connection.Close();
bulkCopyConnection.Close();
```

需要使用最少的资源同时获得最佳的性能时，应考虑使用 IDbDataReader 参数。可依据所使用的查询来决定应复制的数据量。例如，前面的示例代码仅对存储名称进行了检索，还可以通过 WHERE 子句来进一步对查询结果进行限制。

使用 DbDataAdapter 对象

DbDataAdapter 对象用于在 DataTable 和数据存储之间检索和更新数据。DbDataAdapter 由 DataAdapter 类派生而来，且为所有面向特定数据提供程序的 DbDataAdapter 类的父类，如图 7.12 所示。

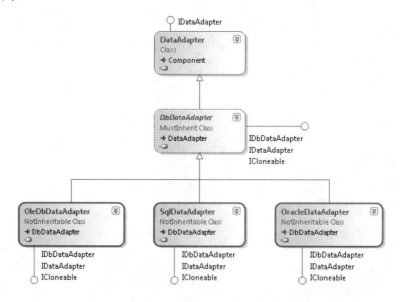

图 7.12　DbDataAdapter 类的层次结构，其中包括了 DataAdapter
基类以及面向特定数据提供程序的派生类

DbDataAdapter 类拥有一个 SelectCommand 属性，可在检索数据时使用该属性。SelectCommand 属性必须包含一个合法的 DbCommand 对象，而后者必须拥有一个合法连接。

　　DbDataAdapter 还拥有属性 InsertCommand、UpdateCommand 以及 DeleteCommand，这些属性都可以包含一些 DbCommand 对象以将对 DataTable 的更改发送到数据存储。如果只需从数据存储中读取数据，则不必创建这些命令对象，但如果创建了这后三种命令之一，则必须同时创建这四个类的对象。

使用 Fill 方法

　　Fill 方法用于将数据从数据存储区移动到传递给该方法的 DataTable 对象中。Fill 方法拥有几个重载版本，有些版本仅含接收一个 DataSet 类型的参数。当某个 DataSet 对象传给 Fill 方法时，如果没有指定源 DataTable 对象，则在该 DataSet 中将有一个新的 DataTable 对象被创建。

　　下面的代码演示了如何使用 Fill 方法来加载 DataTable 对象。

```vb
'VB
Dim pubs As ConnectionStringSettings
pubs = ConfigurationManager.ConnectionStrings("PubsData")
Dim connection As DbConnection = New SqlConnection()
connection.ConnectionString = pubs.ConnectionString

Dim cmd As SqlCommand = CType(connection.CreateCommand(), SqlCommand)
cmd.CommandType = CommandType.Text
cmd.CommandText = "SELECT pub_id, pub_name FROM publishers"

Dim pubsDataSet As New DataSet("Pubs")
Dim da As New SqlDataAdapter(cmd)
da.Fill(pubsDataSet, "publishers")

GridView1.DataSource = pubsDataSet
GridView1.DataBind()
```

```csharp
//C#
ConnectionStringSettings pubs =
  ConfigurationManager.ConnectionStrings["PubsData"];
DbConnection connection = new SqlConnection(pubs.ConnectionString);

SqlCommand cmd = (SqlCommand)connection.CreateCommand();
cmd.CommandType = CommandType.Text;
cmd.CommandText = "SELECT pub_id, pub_name FROM Publishers";

SqlDataAdapter da = new SqlDataAdapter(cmd);
DataSet pubsDataSet = new DataSet("Pubs");
da.Fill(pubsDataSet, "publishers");

GridView1.DataSource = pubsDataSet;
GridView1.DataBind();
```

使用 Update 方法保存对数据库的更改

　　Update 方法能够从 DataTable 对象来检索所做的更改，并执行恰当的 InsertCommand、UpdateCommand 或 DeleteCommand 以将更改逐行发送到数据存储区。Update 方法通过查看每行的 RowState 属性来实现对已修改的 DataRow 对象的检索。如果 RowState 属性的取值不为 Unchanged，则 Update 方法会将该更改发送至数据库。

　　要使用 Update 方法，所有四个命令必须都赋予 DbDataAdapter。通常这意味着为每个命令创建一些单独的 DbCommand 对象。可通过 DbDataAdapter 配置向导来轻松创建这些命令，当将 DbDataAdapter 拖动到表单中时该向导会自动启动，利用它可为所有四个命令生成相应的存储过程。

另一种填充 DbDataAdapter 对象的命令是使用 DbCommandBuilder 对象。只要存在一个合法的 SelectCommand，DbCommandBuilder 对象便可创建 InsertCommand、UpdateCommand 以及 DeleteCommand。

将更改批量保存到数据库

提高更新性能的一种途径是以批量而非逐行的方式将更改发送至数据库。可通过为 DbDataAdapter 对象的 UpdateBatchSize 属性赋值来实现这种方式。该属性的默认值为 1，表示所有更改将逐行发送到服务器。若将该属性设为 0，则指示 DbDataAdapter 对象为更改创建尽可能大的批处理大小，或者也可将该值设为在每批中希望发送到服务器的更改数目。将 UpdateBatchSize 设为一个比需要发送的更改数量更大的值相当于将其设为 0。

可通过为 DbDataAdapter 对象添加一个 RowUpdated 事件来确认更改已被批量发送至数据库服务器。该事件处理方法将返回最后一批中受影响的行数。当 UpdateBatchSize 被设为 1 时，RecordsAffected 属性总是为 1 的。在下面的代码中，Publishers 表中包含 8 行数据。pubsDataSet 被填充后，所有 8 行数据的 pub_name 字段均被修改。在 Update 方法被调用之前，UpdateBatchSize 属性被设为了 3。当 Update 方法被调用时，更改便以批量模式发送至数据库中，首先是三个更改作为第一批，接着是另外三个更改构成第二批，最后由剩下的两个更改作为一批。这段代码中包含一个 RowUpdated 事件处理方法以收集批量信息，当 Update 方法执行完毕后，批量信息会被显示出来。

```vb
'VB
Public WithEvents da As New SqlDataAdapter()
Public sb As New System.Text.StringBuilder()

Private Sub rowUpdated(ByVal sender As Object, _
  ByVal e As SqlRowUpdatedEventArgs) Handles da.RowUpdated
  sb.Append("Rows: " & e.RecordsAffected.ToString() & vbCrLf)
End Sub

Protected Sub Button14_Click(ByVal sender As Object, _
  ByVal e As System.EventArgs) Handles Button14.Click

  Dim pubs As ConnectionStringSettings
  pubs = ConfigurationManager.ConnectionStrings("PubsData")
  Dim connection As DbConnection = New SqlConnection()
  connection.ConnectionString = pubs.ConnectionString
  Dim cmd As SqlCommand = _
    CType(connection.CreateCommand(), SqlCommand)
  cmd.CommandType = CommandType.Text
  cmd.CommandText = "SELECT * FROM publishers"
  Dim pubsDataSet As New DataSet("Pubs")
  da.SelectCommand = cmd
  Dim bldr As New SqlCommandBuilder(da)
  da.Fill(pubsDataSet, "publishers")

  'Modify data here
  For Each dr As DataRow In pubsDataSet.Tables("publishers").Rows
   dr("pub_name") = "Updated Toys " _
     + DateTime.Now.Minute.ToString() _
     + DateTime.Now.Second.ToString()
  Next
  da.UpdateBatchSize = 3
  da.Update(pubsDataSet, "publishers")
```

```
  Dim lbl As Label = GetLabel(275, 20)
  lbl.Text = sb.ToString()

End Sub
```

```
//C#
public SqlDataAdapter da = new SqlDataAdapter();
public System.Text.StringBuilder sb = new System.Text.StringBuilder();

private void rowUpdated(object sender, SqlRowUpdatedEventArgs e)
{
  sb.Append("Rows: " + e.RecordsAffected.ToString() + "\r\n");
}

protected void Button14_Click(object sender, EventArgs e)
{
  //event subscription is normally placed in constructor but is here
  //to encapsulate the sample
  da.RowUpdated += new SqlRowUpdatedEventHandler(rowUpdated);
  ConnectionStringSettings pubs =
    ConfigurationManager.ConnectionStrings["PubsData"];
  DbConnection connection = new SqlConnection(pubs.ConnectionString);
  SqlCommand cmd = (SqlCommand)connection.CreateCommand();
  cmd.CommandType = CommandType.Text;
  cmd.CommandText = "SELECT * FROM Publishers";
  da.SelectCommand = cmd;
  DataSet pubsDataSet = new DataSet("Pubs");
  SqlCommandBuilder bldr = new SqlCommandBuilder(da);
  da.Fill(pubsDataSet, "publishers");
  //Modify data here
  foreach (DataRow dr in pubsDataSet.Tables["publishers"].Rows)
  {
    dr["pub_name"] = "Updated Toys "
      + DateTime.Now.Minute.ToString()
      + DateTime.Now.Second.ToString();
  }
  da.UpdateBatchSize = 3;
  da.Update(pubsDataSet, "publishers");

  //if event subscription is in the contructor, no need to
  //remove it here. . ...
  da.RowUpdated -= new SqlRowUpdatedEventHandler(rowUpdated);

  Label lbl = GetLabel(275, 20);
  lbl.Text = sb.ToString();
}
```

使用 OleDbDataAdapter 对象访问 ADO 记录集或记录

OleDbDataAdapter 与 SqlDataAdapter 非常类似；但 OleDbDataAdapter 提供了一个独一无二的特性，即将遗留的 ADO 记录集或记录读入 DataSet 对象的能力。下面给出一段示例代码。

```
'VB
Dim da as  new OleDbDataAdapter()
Dim ds as new DataSet()

' set reference to adodb.dll and
' add Imports ADODB
Dim adoCn as new ADODB.Connection()
Dim adoRs as new ADODB.Recordset()
adoCn.Open( _
  "Provider=Microsoft.Jet.OLEDB.4.0;" _
  + "Data Source=" _
```

```vb
  + MapPath("App_Data/MyDatabase.mdb") + ";" _
  + "Persist Security Info=False", "", "", -1)

adoRs.Open("SELECT * FROM Customers", _
  adoCn, ADODB.CursorTypeEnum.adOpenForwardOnly, _
  ADODB.LockTypeEnum.adLockReadOnly, 1)
da.Fill(ds, adoRs, "Customers")
adoCn.Close()

GridView1.DataSource = ds
GridView1.DataMember = "Customers"
GridView1.DataBind()
```

```csharp
//C#
OleDbDataAdapter da = new OleDbDataAdapter();
DataSet ds = new DataSet();

// set reference to adodb.dll and
// add using ADODB
ADODB.Connection adoCn = new ADODB.Connection();
ADODB.Recordset adoRs = new ADODB.Recordset();

adoCn.Open(
  "Provider=Microsoft.Jet.OLEDB.4.0;"
  + "Data Source="
  + MapPath("App_Data/MyDatabase.mdb") + ";"
  + "Persist Security Info=False", "", "", -1);

adoRs.Open("SELECT * FROM Customers",
  adoCn, ADODB.CursorTypeEnum.adOpenForwardOnly,
  ADODB.LockTypeEnum.adLockReadOnly, 1);
da.Fill(ds, adoRs, "Customers");
adoCn.Close();

GridView1.DataSource = ds;
GridView1.DataMember = "Customers";
GridView1.DataBind();
```

这段代码打开了一个到名称为 Northwind.mdf 的 Microsoft Access 数据库的连接，并对 Customers 表进行了检索，将结果存入 ADODB.Recordset 实例中。该结果集被传递给 OleDbDataAdapter 的 Fill 方法，该方法在填充 DataSet 对象时将该结果集作为源。

该特性的主要目的是支持遗留数据。这在希望使用.NET Framework 的 GUI 控件对一个遗留的 ADODB.Recordset 结果集进行显示时，以及在希望使用.NET Framework 的某个数据提供程序将数据保存到数据存储中时非常有用。

使用 DbProviderFactory 类

在编写应用程序时，可以找到许多不需要面向特定数据提供程序的代码的理由。例如有的公司可能希望从一个数据库产品升级到另一种而获得更好的灵活性，例如从 Microsoft Access 升级为 SQL Server。有的公司可能还希望拥有一个必须允许对任何数据源建立连接的零售应用程序。

ADO.NET 提供了一些作为面向特定数据提供程序类的父类的基类，如前面的表 7.1 所示。由于.NET Framework 仅支持单继承，因此在希望创建自己的基类时，该方法具有一定的局限性，但对于那些将要扩展的类，提供基类继承要优于为其提供接口实现。请注意提供接口的目的在于保持后向兼容性。

DbProviderFactory 允许创建负责创建恰当的提供程序对象的工厂对象。每个数据提供程序必须提供一个可用于创建其数据提供程序类的实例的 DbProviderFactory 子类。例如，可使用 SqlClientFactory 来创建任何 SQL Server 类的实例。图 7.13 展示了 DbProviderFactory 类的层次结构。

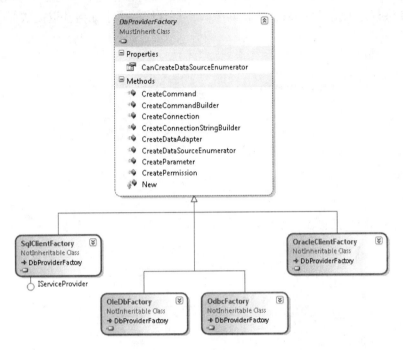

图 7.13　DbProviderFactory 类和 SqlClientFactory 类

数据提供程序工厂类都被实现为单列模式(singleton)，每个类都提供了一个用于访问图 7.13 所示方法和属性的 Instance 属性。例如，可使用下列代码来创建一个使用了 SqlClientFactory 的新连接。

```vb
'VB
'Get the singleton instance
Dim factory As DbProviderFactory = SqlClientFactory.Instance

Public Function GetProviderConnection() As DbConnection
  Dim connection As DbConnection = factory.CreateConnection()
  connection.ConnectionString = "Data Source=.\SQLEXPRESS;" _
    & "AttachDbFilename=|DataDirectory|PUBS.MDF;" _
    & "Integrated Security=True;User Instance=True"
  Return connection
End Function
```

```csharp
//C#
//Get the singleton instance
DbProviderFactory factory = SqlClientFactory.Instance;

public DbConnection GetProviderConnection()
{
  DbConnection connection = factory.CreateConnection();
  connection.ConnectionString = @"Data Source=.\SQLEXPRESS;"
    + "AttachDbFilename=|DataDirectory|PUBS.MDF;"
    + "Integrated Security=True;User Instance=True";
  return connection;
}
```

使用 DbProviderFactories 类

要查询可用的工厂类，可使用 DbProviderFactories 类。该类是一个用于获取工厂类的类，它拥有一个名称为 GetFactoryClasses 的方法，该方法的返回值为一个填充了描述所有可用数据提供程序的信息的 DataTable 对象。下列代码演示了如何获取提供程序列表：

```vb
'VB
Dim providersList As DataTable = Nothing

providersList = _
  System.Data.Common.DbProviderFactories.GetFactoryClasses()
GridView1.DataSource = providersList
GridView1.DataBind()
```

```csharp
//C#
DataTable providersList = null;
providersList =
  System.Data.Common.DbProviderFactories.GetFactoryClasses();
GridView1.DataSource = providersList;
GridView1.DataBind();
```

这段代码的运行结果如图 7.14 所示。

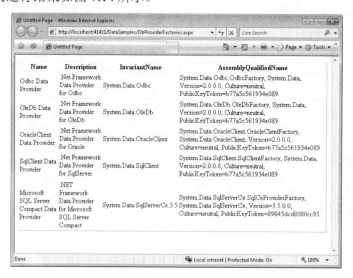

图 7.14　某台计算机中的可用数据提供程序工厂类

该不变列中包含一个可用于获取特定数据提供程序的字符串。其中的名称和描述提供了可用于向应用程序用户友好地显示数据提供程序列表的信息。所列出的程序集名称是完整限定的。在该列表中的任何数据提供程序都必须位于应用程序的搜索路径中。这意味着.NET 运行时必须能够定位数据提供程序。在大多数情况下，数据提供程序库都会被安装在全局程序集缓存(global assembly cache, GAC)或应用程序文件夹中。

图 7.14 所示的数据提供程序列表来自 Machine.config 文件，该文件中默认包含下列位于 configuration 根元素中的数据提供程序信息。

```xml
<system.data>
  <DbProviderFactories>
    <add name="Odbc Data Provider" invariant="System.Data.Odbc"
      description=".Net Framework Data Provider for Odbc"
      type="System.Data.Odbc.OdbcFactory, System.Data,
```

```
      Version=2.0.0.0, Culture=neutral, PublicKeyToken=b77a5c561934e089"/>
    <add name="OleDb Data Provider" invariant="System.Data.OleDb"
      description=".Net Framework Data Provider for OleDb"
      type="System.Data.OleDb.OleDbFactory, System.Data, Version=2.0.0.0,
      Culture=neutral, PublicKeyToken=b77a5c561934e089"/>
    <add name="OracleClient Data Provider" invariant="System.Data.OracleClient"
      description=".Net Framework Data Provider for Oracle"
      type="System.Data.OracleClient.OracleClientFactory,
      System.Data.OracleClient, Version=2.0.0.0,
      Culture=neutral, PublicKeyToken=b77a5c561934e089"/>
    <add name="SqlClient Data Provider" invariant="System.Data.SqlClient"
      description=".Net Framework Data Provider for SqlServer"
      type="System.Data.SqlClient.SqlClientFactory, System.Data,
      Version=2.0.0.0, Culture=neutral, PublicKeyToken=b77a5c561934e089"/>
  </DbProviderFactories>
</system.data>
```

请注意 DbDatabaseProviderFactories 使用了 add 元素。通过使用 add 元素，可向 Machine.config 文件添加更多的数据提供程序或应用程序的配置文件。也可以使用 remove 元素来从默认的 Machine.config 列表中移除一些数据提供程序。例如，下面给出的示例文件 App.config 中已经移除了 Machine.config 中默认定义的 ODBC 数据提供程序。

```
<configuration>
 <system.data>
 <DbProviderFactories>
   <remove invariant="System.Data.Odbc" />
 </DbProviderFactories>
 </system.data>
</configuration>
```

如果只需要极少的特定数据提供程序(如 SQL Server 和 Oracle)，可使用 clear 元素来将 Machine.config 文件中的所有数据提供程序移除，之后再使用 add 元素将想使用的数据提供 程序添加到列表中。下面给出的例子首先将数据提供程序列表清空，然后再将 SQL Server 数据提供程序添加到该列表中：

```
<configuration>
 <system.data>
 <DbProviderFactories>
  <clear/>
  <add name="SqlClient Data Provider"
   invariant="System.Data.SqlClient"
   description=".Net Framework Data Provider for SqlServer"
   type="System.Data.SqlClient.SqlClientFactory, System.Data,
   Version=2.0.0.0, Culture=neutral,
   PublicKeyToken=b77a5c561934e089" />
 </DbProviderFactories>
 </system.data>
</configuration>
```

枚举数据源

有时希望将给定数据提供程序的可用数据源列表显示出来。例如，如果一个应用程序 允许数据从某个 SQL Server 中读取和被写入到另一个 SQL Server 中，则该程序可能需要一 个对话框来从可用的 SQL Server 列表中选择源服务器和目的服务器。下面的代码展示了如 何枚举数据源。

```
'VB
Dim factory as DbProviderFactory = _
  DbProviderFactories.GetFactory("System.Data.SqlClient")
```

```
'get SQL Server instances
Dim sources as DataTable = _
  factory.CreateDataSourceEnumerator().GetDataSources()

GridView1.DataSource = sources
GridView1.DataBind()
```

```
//C#
DbProviderFactory factory =
  DbProviderFactories.GetFactory("System.Data.SqlClient");

//get SQL Server instances
DataTable sources =
  factory.CreateDataSourceEnumerator().GetDataSources();

GridView1.DataSource = sources;
GridView1.DataBind();
```

数据提供程序异常的缓存

面向特定数据提供程序的异常都继承自一个常见的基类 DbException。当使用一个通用的数据提供程序编程模型时，使用 Try-Catch 语句块只能捕捉一般的 DbException 异常，而无法捕捉面向特定数据提供程序的异常。DbException 对象中拥有一个集合属性 Data，其中包含关于所产生错误的信息；还可以使用 Message 属性来检索关于该错误的信息。在下面的例子中，创建了一个循环来展示如何在错误出现时重新执行某个命令。该段代码同时演示了 Try-Catch 语句块和 using 语句块的使用。

```
'VB
Protected Sub Button19_Click(ByVal sender As Object, _
  ByVal e As System.EventArgs) Handles Button19.Click

  Dim lbl As Label = GetLabel(275, 20)
  Dim maxTries As Integer = 3

  For i As Integer = 1 To maxTries
    Dim pubs As ConnectionStringSettings = _
    ConfigurationManager.ConnectionStrings("PubsData")
    Dim connection As DbConnection = _
    New SqlConnection(pubs.ConnectionString)
    Dim cmd As DbCommand = connection.CreateCommand()

    Try
      Using (connection)
        Using (cmd)
          cmd.CommandType = CommandType.Text
          'choose the SQL statement; one causes error, other does not.
          cmd.CommandText = "RaisError('Custom Error',19,1) With Log"
          'cmd.CommandText = "Select @@Version"
          connection.Open()
          cmd.ExecuteNonQuery()
        End Using
      End Using
      lbl.Text += "Command Executed Successfully<br />"
      Return
    Catch xcp As DbException
      lbl.Text += xcp.Message + "<br />"
      for each item as DictionaryEntry in xcp.Data
        lbl.Text += "  " + item.Key.ToString()
        lbl.Text += " = " + item.Value.ToString()
        lbl.Text += "<br />"
      Next
    End Try
```

```
   Next
   lbl.Text += "Max Tries Exceeded<br />"
End Sub
```

```
//C#
protected void Button19_Click(object sender, EventArgs e)
{
  Label lbl = GetLabel(275, 20);
  int maxTries = 3;
  for (int i = 0; i < maxTries; i++)
  {
    ConnectionStringSettings pubs =
      ConfigurationManager.ConnectionStrings["PubsData"];
    DbConnection connection =
      new SqlConnection(pubs.ConnectionString);
    DbCommand cmd = connection.CreateCommand();

    try
    {
      using (connection)
      {
        using (cmd)
        {
          cmd.CommandType = CommandType.Text;
          //choose the SQL statement; one causes error, other does not.
          cmd.CommandText = "RaisError('Custom Error',19,1) With Log";
          //cmd.CommandText = "Select @@Version";
          connection.Open();
          cmd.ExecuteNonQuery();
        }
      }
      lbl.Text += "Command Executed Successfully<br />";
      return;
    }
    catch (DbException xcp)
    {
      lbl.Text += xcp.Message + "<br />";
      foreach (DictionaryEntry item in xcp.Data)
      {
        lbl.Text += "  " + item.Key.ToString();
        lbl.Text += " = " + item.Value.ToString();
        lbl.Text += "<br />";
      }
    }
  }
  lbl.Text += "Max Tries Exceeded<br />";
}
```

利用连接时间来检测信息

连接类中包含一个名称为 InfoMessage 的事件。该事件可用于从数据库中检索一般的和错误的信息。可使用 InfoMessage 事件来查看 SQL Print 语句的结果以及作为 SQL 语句 RaiseError 执行结果的任何可用信息，而无论错误的级别如何。

下面的代码演示了在运行一个具有提示消息的查询时，通过订阅 InfoMessage 事件来显示相关信息。

```
'VB
Private errMessage As String = String.Empty
Private errCollection As New List(Of SqlError)

Protected Sub Page_Load(ByVal sender As Object, _
  ByVal e As System.EventArgs) Handles Me.Load

  Dim pubs As ConnectionStringSettings = _
```

```
       ConfigurationManager.ConnectionStrings("PubsData")

    Dim connection As New SqlConnection(pubs.ConnectionString)
    AddHandler connection.InfoMessage, AddressOf connection_InfoMessage

    Dim cmd As DbCommand = connection.CreateCommand()
    cmd.CommandType = CommandType.Text
    cmd.CommandText = "SELECT job_id, job_desc FROM Jobs;" _
      + "Print 'Hello Everyone';" _
      + "Raiserror('Info Error Occured', 10,1 )" _
      + "Print GetDate()"

    connection.Open()
    Dim rdr As DbDataReader = cmd.ExecuteReader()
    Dim publishers As New DataTable()
    publishers.Load(rdr, LoadOption.Upsert)
    connection.Close()

    GridView1.DataSource = publishers
    GridView1.DataBind()

    LabelError.Text = errMessage
    GridViewError.DataSource = errCollection
    GridViewError.DataBind()

End Sub

Private Sub connection_InfoMessage(ByVal sender As Object, _
  ByVal e As SqlInfoMessageEventArgs)

  errMessage += "Message: " + e.Message + "<br />"

  For Each err As SqlError In e.Errors
    errCollection.Add(err)
  Next

End Sub

//C#
private string errMessage = string.Empty;
private List<SqlError> errCollection = new List<SqlError>();

protected void Page_Load(object sender, EventArgs e)
{
  ConnectionStringSettings pubs =
   ConfigurationManager.ConnectionStrings["PubsData"];

  SqlConnection connection = new SqlConnection(pubs.ConnectionString);
  connection.InfoMessage +=
   new SqlInfoMessageEventHandler(connection_InfoMessage);

  DbCommand cmd = connection.CreateCommand();
  cmd.CommandType = CommandType.Text;
  cmd.CommandText = "SELECT job_id, job_desc FROM Jobs;"
    + "Print 'Hello Everyone';"
    + "Raiserror('Info Error Occured', 10,1 )"
    + "Print GetDate()";

  connection.Open();
  DbDataReader rdr = cmd.ExecuteReader();
  DataTable publishers = new DataTable();
  publishers.Load(rdr, LoadOption.Upsert);
  connection.Close();

  GridView1.DataSource = publishers;
  GridView1.DataBind();
  LabelError.Text = errMessage;
```

```
  GridViewError.DataSource = errCollection;
  GridViewError.DataBind();
}

void connection_InfoMessage(object sender, SqlInfoMessageEventArgs e)
{
  errMessage += "Message: " + e.Message + "<br />";
  foreach(SqlError err in e.Errors) errCollection.Add(err);
}
```

使用 ADO.NET 事务对象

事务(transaction)是访问并可能更新数据库中各种数据项的一个程序执行单元。如果事务被提交则表示成功；如果事务被终止，则表示失败。事务具有四个重要性质，即原子性(atomicity)、一致性(consistency)、隔离性(isolation)、持久性(durability)。这四个性质也被称为 ACID 性质。

◆ **原子性**　工作不可被分割为更小的部分。虽然事务中通常都包含许多 SQL 语句，但这些语句要么不执行，要么一起执行。这就意味着如果一个事务尚未完成就出现了一个错误，则该工作将恢复到事务开始之前的状态。

◆ **一致性**　事务必须是数据库从一个一致状态变为另一个一致状态。任何进行中的工作都必须不为其他事务可见，这种不可见性需要一直持续到该事务被提交为止。

◆ **隔离性**　一个事物应该看起来是在独立运行，而其他进行中的事务的效果必须对该事务不可见，同时该事务的效果也必须不为其他事务所见。

◆ **持久性**　当一个事务提交时，它必须被持久化以使其不会因断电或其他系统故障而丢失。当供电或故障恢复后，仅有那些被提交的事务才可被恢复；而未提交的工作则会回到以前的状态。

可使用 DbConnection 对象的 BeginTransaction 方法，该方法将创建一个 DbTransaction 对象。下面的代码演示了如何调用该方法：

```vb
'VB
Dim cnSetting As ConnectionStringSettings = _
  ConfigurationManager.ConnectionStrings("PubsData")

Using cn As New SqlConnection()
  cn.ConnectionString = cnSetting.ConnectionString
  cn.Open()

  Using tran As SqlTransaction = cn.BeginTransaction()
    Try
      Using cmd As SqlCommand = cn.CreateCommand()
        cmd.Transaction = tran
        cmd.CommandText = "UPDATE jobs SET min_lvl=min_lvl * 1.1"
        cmd.ExecuteNonQuery()
      End Using
      tran.Commit()
    Catch xcp As Exception
      tran.Rollback()
    End Try
  End Using
End Using
```

```csharp
//C#
ConnectionStringSettings cnSetting =
  ConfigurationManager.ConnectionStrings["PubsData"];
using (SqlConnection cn = new SqlConnection())
{
```

```
cn.ConnectionString = cnSetting.ConnectionString;
cn.Open();
using (SqlTransaction tran = cn.BeginTransaction())
{
  try
  {
    //work code here
    using (SqlCommand cmd = cn.CreateCommand())
    {
      cmd.Transaction = tran;
      cmd.CommandText = "UPDATE jobs SET min_lvl=min_lvl * 1.1";
      cmd.ExecuteNonQuery();
    }
    tran.Commit();
  }
  catch (Exception xcp)
  {
    tran.Rollback();
  }
}
```

在上述代码中，创建并打开了一个 SqlConnection 对象，且通过调用该链接对象的 BeginTransaction 方法创建了一个事务对象。Try 语句块完成工作并将事务提交。如果抛出一个异常，则 Catch 语句块将事务进行回滚。还应注意，SqlCommand 对象的 Transaction 属性必须被赋为当前连接的事务。

在上面的代码中，事务的作用域仅局限于 Try 语句块内，但由于事务是由特定连接对象创建的，因此事务不能跨越到不同的 Connection 对象中。

异步数据访问

异步数据访问能够极大地提升应用程序的性能或感知性能(响应能力)。使用异步访问，多个命令可同时执行且命令完成的通知可通过轮询(使用 WaitHandles)或委托来实现。

同步访问与异步访问

命令通常都是同步执行的，这种方式会导致命令对程序执行的"阻塞"，直到命令完成这种阻塞才会被解除。在命令结束之前，阻断执行会使程序无法连续执行。利用该特点，可以简化编码工作，因为开发人员只需以一种非常过程化的和逐步的方式来考虑代码的执行，如图 7.15 所示。对于那些执行时间很长的命令，则会出现一些问题，因为阻断将会抑制程序的其他能力，如执行额外的命令，或更重要的是会导致用户放弃该命令的执行。

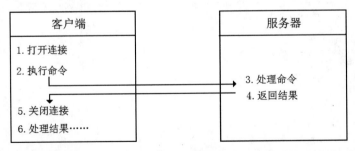

图 7.15　同步数据访问

异步命令执行时并不对程序执行进行阻断，因为它是在一个新线程(即代码的另一条执行路径)中执行的。这意味着当新线程等待其命令完成时，原始线程可继续执行，如图 7.16 所示。原始线程可以自由地重绘屏幕或监听其他事件，例如按钮单击事件。

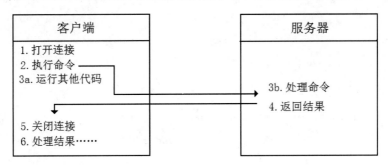

图 7.16 异步数据访问

为说明同步数据访问和异步数据访问之间的差异，下面的代码使用了同步数据访问。这段代码模拟了三个长时查询，并将一条消息放在了表单的标签控件中。

```VB
Protected Sub Button21_Click(ByVal sender As Object, _
  ByVal e As System.EventArgs) Handles Button21.Click
 Dim lbl As Label = GetLabel(275, 20)
 Dim dtStart as DateTime = DateTime.Now
 Dim ver As String = string.Empty
 Dim cnSettings As SqlConnectionStringBuilder
 cnSettings = New SqlConnectionStringBuilder( _
  "Data Source=.;" _
  + "Database=PUBS;" _
  + "Integrated Security=True;" _
  + "Max Pool Size=5")
 Using cn1 As SqlConnection = _
  New SqlConnection(cnSettings.ConnectionString)
 Using cn2 As SqlConnection = _
  New SqlConnection(cnSettings.ConnectionString)
 Using cn3 As SqlConnection = _
  New SqlConnection(cnSettings.ConnectionString)
  Using cmd1 As SqlCommand = cn1.CreateCommand()
  Using cmd2 As SqlCommand = cn2.CreateCommand()
  Using cmd3 As SqlCommand = cn3.CreateCommand()
    cmd1.CommandText = _
      "WaitFor Delay '00:00:10' Select '1st Query<br />'"
    cmd2.CommandText = _
      "WaitFor Delay '00:00:10' Select '2nd Query<br />'"
    cmd3.CommandText = _
      "WaitFor Delay '00:00:10' Select '3rd Query<br />'"

    cn1.Open()
    Dim dr1 as SqlDataReader = cmd1.ExecuteReader()
    While dr1.Read()
     ver += dr1(0).ToString()
    End While
    dr1.Close()

    cn2.Open()
    Dim dr2 as SqlDataReader = cmd2.ExecuteReader()
    While dr2.Read()
     ver += dr2(0).ToString()
    End While
    dr2.Close()
```

```
        cn3.Open()
        Dim dr3 as SqlDataReader = cmd3.ExecuteReader()
        While dr3.Read()
          ver += dr3(0).ToString()
        End While
        dr3.Close()

      End Using
      End Using
      End Using
    End Using
    End Using
    End Using
      Dim dtEnd as DateTime = DateTime.Now
    ver += "Running Time: " _
     + (dtEnd - dtStart).ToString() + " Seconds<br />"
    lbl.Text = ver
  End Sub


//C#
  protected void Button21_Click(object sender, EventArgs e)
  {
    Label lbl = GetLabel(275, 20);
    DateTime dtStart = DateTime.Now;
    string ver = string.Empty;
    SqlConnectionStringBuilder cnSettings =
     new SqlConnectionStringBuilder(
    "Data Source=.;"
     + "Database=PUBS;"
     + "Integrated Security=True;"
     + "Max Pool Size=5");
    using (SqlConnection cn1 =
      new SqlConnection(cnSettings.ConnectionString))
    {
    using (SqlConnection cn2 =
      new SqlConnection(cnSettings.ConnectionString))
    {
    using (SqlConnection cn3 =
      new SqlConnection(cnSettings.ConnectionString))
    {
      using (SqlCommand cmd1 = cn1.CreateCommand())
      {
      using (SqlCommand cmd2 = cn2.CreateCommand())
      {
      using (SqlCommand cmd3 = cn3.CreateCommand())
      {
        cmd1.CommandText =
          "WaitFor Delay '00:00:10' Select '1st Query<br />'";
        cmd2.CommandText =
          "WaitFor Delay '00:00:10' Select '2nd Query<br />'";
        cmd3.CommandText =
          "WaitFor Delay '00:00:10' Select '3rd Query<br />'";

        cn1.Open();
        SqlDataReader dr1 = cmd1.ExecuteReader();
        while (dr1.Read())
        {
          ver += dr1[0].ToString();
        }
        dr1.Close();

        cn2.Open();
        SqlDataReader dr2 = cmd2.ExecuteReader();
        while (dr2.Read())
        {
          ver += dr2[0].ToString();
```

```
        }
        dr2.Close();

        cn3.Open();
        SqlDataReader dr3 = cmd3.ExecuteReader();
        while (dr3.Read())
        {
          ver += dr3[0].ToString();
        }
        dr3.Close();

      }
      }
      }
    }
    }
    }

  DateTime dtEnd = DateTime.Now;
  ver += "Running Time: "
   + (dtEnd - dtStart).ToString() + " Seconds<br />";
  lbl.Text = ver;
}
```

在这段代码中，这三个查询依次得到执行。所显示的运行时间约为 30 秒。

如果是用异步代码来运行这些查询，则所使用的连接字符串中必须有如下设置：
Asynchronous Processing=true 以及 async=true，否则将有异常抛出。接下来，这些命令之一
的对象的 Begin 方法必须被调用。SqlCommand 对象提供了 BeginExecuteNonQuery 方法、
BeginExecuteReader 方法以及 BeginExecuteXmlReader 方法。下面的代码演示了如何实现异
步数据访问。

```
'VB
Protected Sub Button22_Click(ByVal sender As Object, _
  ByVal e As System.EventArgs) Handles Button22.Click
  Dim lbl As Label = GetLabel(275, 20)
  Dim dtStart as DateTime = DateTime.Now
  Dim ver As String = string.Empty
  Dim cnSettings As SqlConnectionStringBuilder
  cnSettings = New SqlConnectionStringBuilder( _
   "Data Source=.;" _
    + "Database=PUBS;" _
    + "Asynchronous Processing=true;" _
    + "Integrated Security=True;" _
    + "Max Pool Size=5")
  Using cn1 As SqlConnection = _
    New SqlConnection(cnSettings.ConnectionString)
  Using cn2 As SqlConnection = _
    New SqlConnection(cnSettings.ConnectionString)
  Using cn3 As SqlConnection = _
    New SqlConnection(cnSettings.ConnectionString)
   Using cmd1 As SqlCommand = cn1.CreateCommand()
   Using cmd2 As SqlCommand = cn2.CreateCommand()
   Using cmd3 As SqlCommand = cn3.CreateCommand()
    cmd1.CommandText = _
      "WaitFor Delay '00:00:10' Select '1st Query<br />'"
    cmd2.CommandText = _
      "WaitFor Delay '00:00:10' Select '2nd Query<br />'"
    cmd3.CommandText = _
      "WaitFor Delay '00:00:10' Select '3rd Query<br />'"

    cn1.Open()
    cn2.Open()
    cn3.Open()
    Dim ar1 as IAsyncResult = cmd1.BeginExecuteReader()
```

```vb
      Dim ar2 as IAsyncResult = cmd2.BeginExecuteReader()
      Dim ar3 as IAsyncResult = cmd3.BeginExecuteReader()

      ar1.AsyncWaitHandle.WaitOne()
      Dim dr1 as SqlDataReader = cmd1.EndExecuteReader(ar1)
      While dr1.Read()
        ver += dr1(0).ToString()
      End While
      dr1.Close()

      ar2.AsyncWaitHandle.WaitOne()
      Dim dr2 as SqlDataReader = cmd2.EndExecuteReader(ar2)
      While dr2.Read()
        ver += dr2(0).ToString()
      End While
      dr2.Close()

      ar3.AsyncWaitHandle.WaitOne()
      Dim dr3 as SqlDataReader = cmd3.EndExecuteReader(ar3)
      While dr3.Read()
        ver += dr3(0).ToString()
      End While
      dr3.Close()

    End Using
    End Using
    End Using
  End Using
  End Using
  End Using

  Dim dtEnd as DateTime = DateTime.Now
  ver += "Running Time: " _
   + (dtEnd - dtStart).ToString() + " Seconds<br />"
  lbl.Text = ver
End Sub


//C#
protected void Button22_Click(object sender, EventArgs e)
{
  Label lbl = GetLabel(275, 20);
  DateTime dtStart = DateTime.Now;
  string ver = string.Empty;
  SqlConnectionStringBuilder cnSettings =
   new SqlConnectionStringBuilder(
  "Data Source=.;"
   + "Database=PUBS;"
   + "Asynchronous Processing=true;"
   + "Integrated Security=True;"
   + "Max Pool Size=5");
  using (SqlConnection cn1 =
   new SqlConnection(cnSettings.ConnectionString))
  {
  using (SqlConnection cn2 =
   new SqlConnection(cnSettings.ConnectionString))
  {
  using (SqlConnection cn3 =
   new SqlConnection(cnSettings.ConnectionString))
  {
   using (SqlCommand cmd1 = cn1.CreateCommand())
   {
   using (SqlCommand cmd2 = cn2.CreateCommand())
   {
   using (SqlCommand cmd3 = cn3.CreateCommand())
   {
     cmd1.CommandText =
       "WaitFor Delay '00:00:10' Select '1st Query<br />'";
```

```
    cmd2.CommandText =
      "WaitFor Delay '00:00:10' Select '2nd Query<br />'";
    cmd3.CommandText =
      "WaitFor Delay '00:00:10' Select '3rd Query<br />'";

    cn1.Open();
    cn2.Open();
    cn3.Open();
    IAsyncResult ar1 = cmd1.BeginExecuteReader();
    IAsyncResult ar2 = cmd2.BeginExecuteReader();
    IAsyncResult ar3 = cmd3.BeginExecuteReader();

    ar1.AsyncWaitHandle.WaitOne();
    SqlDataReader dr1 = cmd1.EndExecuteReader(ar1);
    while (dr1.Read())
    {
      ver += dr1[0].ToString();
    }
    dr1.Close();

    ar2.AsyncWaitHandle.WaitOne();
    SqlDataReader dr2 = cmd2.EndExecuteReader(ar2);
    while (dr2.Read())
    {
      ver += dr2[0].ToString();
    }
    dr2.Close();

    ar3.AsyncWaitHandle.WaitOne();
    SqlDataReader dr3 = cmd3.EndExecuteReader(ar3);
    while (dr3.Read())
    {
      ver += dr3[0].ToString();
    }
    dr3.Close();

    }
    }
    }
  }
  }
  }

  DateTime dtEnd = DateTime.Now;
  ver += "Running Time: "
   + (dtEnd - dtStart).ToString() + " Seconds<br />";
  lbl.Text = ver;
}
```

在本例中，查询结果被填充到标签控件中，而运行时间仅为 10 秒。BeginExecuteReader
方法用于产生新的线程。当新线程产生后，IAsyncResult 对象的 AsyncWaitHandle 属性便被
用于等候命令的完成。

存储和检索二进制大型对象数据

当与数据进行交互时，一个重大的挑战是在客户端和数据库服务器之间移动大型对象。
在一些场合中，可能希望将大型对象数据当做其他对象那样处理，但在许多情况下，不得
不考虑其他的途径。

在 ADO.NET 中，可利用以下方式来与二进制大型对象(BLOB)进行交互：借助
SqlDataReader 对象返回一个结果集，通过 SqlDataAdapter 对象来填充 DataTable 对象，或
将 SqlParameter 对象配置为输出参数。如果一个对象太大以至于无法将其加载到内存中，

则必须将其进行分块处理，即每次先读取一个数据块，然后再进行处理。

读取 BLOB 数据

DataReader 对象的通常操作时一次读取一行数据。当某一行可用时，所有的列都被缓存，并可为以任意顺序访问。

要以流的方式来访问 DataReader 对象，可在调用 ExecuteReader 方法时将 DbCommand 对象的行为修改为顺序流。在这种模式下，必须按照各列返回的次序来从流中获取字节，而且对这些数据的检索至多为一次。本质上你访问的是 DataReader 基础对象流。

要与分块数据进行交互，应当理解流对象的操作过程。在从流中读取数据时，实际上是传递给流一个字节数组缓存以供流对其进行填充。但流并无填充该缓存的义务。流唯一的任务是如果流尚未到达末端，则至少对该缓存填充一个字节的数据。如果流到达了末端，则不会有任何数据被读取到。在使用速度较慢的流(如网速较慢的网络流)时，在试图对流进行读取时，数据很可能还不可用。在这种情况下，流虽未到达其末端，但也无法获取任何字节，因此线程将被阻塞(等待)直到一个字节被接收。基于以上描述的流操作，你应当总是在循环中执行流的读取操作，该循环一直持续下去，直到没有字节被读取为止。

下面的示例代码从 pubs 数据库的 pub_info 表中读取了所有的徽标，并将其保存在一个.gif 文件中。

```vb
'VB
Protected Sub Button23_Click(ByVal sender As Object, _
  ByVal e As System.EventArgs) Handles Button23.Click
  Const pubIdColumn As Integer = 0
  Const pubLogoColumn As Integer = 1
  'bufferSize must be bigger than oleOffset
  Const bufferSize As Integer = 100
  Dim buffer(bufferSize) As Byte
  Dim byteCountRead As Integer
  Dim currentIndex As Long = 0

  Dim pubSetting As ConnectionStringSettings = _
  ConfigurationManager.ConnectionStrings("PubsData")
  Using cn As New SqlConnection()
    cn.ConnectionString = pubSetting.ConnectionString
    cn.Open()

    Using cmd As SqlCommand = cn.CreateCommand()
      cmd.CommandText = _
        "SELECT pub_id, logo FROM pub_info"
      Dim rdr As SqlDataReader = cmd.ExecuteReader( _
        CommandBehavior.SequentialAccess)
      While (rdr.Read())

        Dim pubId As String = _
          rdr.GetString(pubIdColumn)
        Dim fileName As String = MapPath(pubId + ".gif")

        ' Create a file to hold the output.
        Using fs As New FileStream( _
          fileName, FileMode.OpenOrCreate, _
          FileAccess.Write)
          currentIndex = 0
          byteCountRead = _
            CInt(rdr.GetBytes(pubLogoColumn, _
            currentIndex, buffer, 0, bufferSize))
          While (byteCountRead <> 0)
            fs.Write(buffer, 0, byteCountRead)
```

```
            currentIndex += byteCountRead
            byteCountRead = _
              CInt(rdr.GetBytes(pubLogoColumn, _
              currentIndex, buffer, 0, bufferSize))
          End While
        End Using
      End While
    End Using
  End Using
  Dim lbl as Label = GetLabel(275,20)
  lbl.Text = "Done Writing Logos To Disk"
End Sub
```

//C#
```
protected void Button23_Click(object sender, EventArgs e)
{
  const int pubIdColumn = 0;
  const int pubLogoColumn = 1;
  //bufferSize must be bigger than oleOffset
  const int bufferSize = 100;
  byte[] buffer = new byte[bufferSize];
  int byteCountRead;
  long currentIndex = 0;

  ConnectionStringSettings pubSetting =
   ConfigurationManager.ConnectionStrings["PubsData"];
  using (SqlConnection cn = new SqlConnection())
  {
    cn.ConnectionString = pubSetting.ConnectionString;
    cn.Open();

    using (SqlCommand cmd = cn.CreateCommand())
    {
      cmd.CommandText =
        "SELECT pub_id, logo FROM pub_info";
      SqlDataReader rdr = cmd.ExecuteReader(
        CommandBehavior.SequentialAccess);
      while (rdr.Read())
      {
        string pubId =
          rdr.GetString(pubIdColumn);
        string fileName = MapPath(pubId + ".gif");

        //Create a file to hold the output.
        using (FileStream fs = new FileStream(
          fileName, FileMode.OpenOrCreate,
          FileAccess.Write))
        {
          currentIndex = 0;
          byteCountRead =
            (int)rdr.GetBytes(pubLogoColumn,
            currentIndex, buffer, 0, bufferSize);
          while (byteCountRead != 0)
          {
            fs.Write(buffer, 0, byteCountRead);
            currentIndex += byteCountRead;
            byteCountRead =
              (int)rdr.GetBytes(pubLogoColumn,
              currentIndex, buffer, 0, bufferSize);
          }
        }
      }
    }
  }
  Label lbl = GetLabel(275, 20);
```

```
lbl.Text = "Done Writing Logos To Disk";
}
```

这段代码提供了一种读取 BLOB 数据，并将其写入文件的模式。ExecuteReader 方法接收了一个 CommandBehavior.SequentialAccess 参数。接着，通过一个循环来读取行数据，在该循环内对每一行，pub_id 都被读取并用于创建文件名称。然后创建了一个新的 FileStream 对象，该对象打开文件，并完成写操作。

接着，通过循环将字节读取到一个字节数组缓存中，并将这些字节写入文件。缓存的大小被设为 100 字节，该设置将内存中的数据量将至最少。

BLOB 对象的写操作

通过使用恰当的 INSERT 或 UPDATE 语句，并将 BLOB 值作为输入参数，可将 BLOB 数据写入数据库。可利用 SQL Server 的 UPDATETEXT 函数来以实现特定大小的 BLOB 数据块的写操作。UPDATETEXT 函数需要一个指向被更新的 BLOB 字段的指针，因此需要首先调用 SQL Server 的 TEXTPTR 函数以获取指向被更新记录的 BLOB 字段的指针。

下面的示例代码对 pub_info 表进行了更新，将 pub_id 为 9999 的记录的徽标替换为来自一个文件的新徽标。

```vb
'VB
Protected Sub Button24_Click(ByVal sender As Object, _
  ByVal e As System.EventArgs) Handles Button.Click
  Const bufferSize As Integer = 100
  Dim buffer(bufferSize) As Byte
  Dim currentIndex As Long = 0
  Dim logoPtr() As Byte

  Dim pubString As ConnectionStringSettings = _
  ConfigurationManager.ConnectionStrings("PubsData")
  Using cn As New SqlConnection()
    cn.ConnectionString = pubString.ConnectionString
    cn.Open()

  Using cmd As SqlCommand = cn.CreateCommand()
    cmd.CommandText = _
      "SELECT TEXTPTR(Logo) FROM pub_info WHERE pub_id = '9999'"
    logoPtr = CType(cmd.ExecuteScalar(), Byte())
  End Using
  Using cmd As SqlCommand = cn.CreateCommand()
    cmd.CommandText = _
      "UPDATETEXT pub_info.Logo @Pointer @Offset null @Data"
    Dim ptrParm As SqlParameter = _
      cmd.Parameters.Add("@Pointer", SqlDbType.Binary, 16)
    ptrParm.Value = logoPtr
    Dim logoParm As SqlParameter = _
      cmd.Parameters.Add("@Data", SqlDbType.Image)
    Dim offsetParm As SqlParameter = _
      cmd.Parameters.Add("@Offset", SqlDbType.Int)
    offsetParm.Value = 0
    Using fs As New FileStream(MapPath("Logo.gif"), _
        FileMode.Open, FileAccess.Read)
      Dim count As Integer = fs.Read(buffer, 0, bufferSize)
      While (count <> 0)
        logoParm.Value = buffer
        logoParm.Size = count
        cmd.ExecuteNonQuery()
        currentIndex += count
        offsetParm.Value = currentIndex
        count = fs.Read(buffer, 0, bufferSize)
      End While
```

```
      End Using
    End Using
  End Using
  Dim lbl As Label = GetLabel(275, 20)
  lbl.Text = "Done Writing Logos To DB"
End Sub
```

```
//C#
protected void Button24_Click(object sender, EventArgs e)
{
  const int bufferSize = 100;
  byte[] buffer = new byte[bufferSize];
  long currentIndex = 0;
  byte[] logoPtr;

  ConnectionStringSettings pubString =
   ConfigurationManager.ConnectionStrings["PubsData"];
  using (SqlConnection cn = new SqlConnection())
  {
cn.ConnectionString = pubString.ConnectionString;
    cn.Open();

    using (SqlCommand cmd = cn.CreateCommand())
    {
      cmd.CommandText =
        "SELECT TEXTPTR(Logo) FROM pub_info WHERE pub_id = '9999'";
      logoPtr = (byte[])cmd.ExecuteScalar();
    }
    using (SqlCommand cmd = cn.CreateCommand())
    {
      cmd.CommandText =
        "UPDATETEXT pub_info.Logo @Pointer @Offset null @Data";
      SqlParameter ptrParm =
        cmd.Parameters.Add("@Pointer", SqlDbType.Binary, 16);
      ptrParm.Value = logoPtr;
      SqlParameter logoParm =
        cmd.Parameters.Add("@Data", SqlDbType.Image);
      SqlParameter offsetParm =
        cmd.Parameters.Add("@Offset", SqlDbType.Int);
      offsetParm.Value = 0;
      using (FileStream fs = new FileStream(MapPath("Logo.gif"),
        FileMode.Open, FileAccess.Read))
      {
        int count = fs.Read(buffer, 0, bufferSize);
        while (count != 0)
        {
         logoParm.Value = buffer;
         logoParm.Size = count;
         cmd.ExecuteNonQuery();
         currentIndex += count;
         offsetParm.Value = currentIndex;
         count = fs.Read(buffer, 0, bufferSize);
        }
      }
    }
  }
  Label lbl = GetLabel(275, 20);
  lbl.Text = "Done Writing Logos To DB";
}
```

这段代码打开了一个连接，并通过调用一个 SqlCommand 对象的 TEXTPTR 函数获取了指向被更新记录的徽标的指针。接着，一个新的 SqlCommand 对象被创建，且其 CommandText 属性被设为以下值。

```
"UPDATETEXT pub_info.logo @Pointer @Offset null @Data "
```

请注意，null 参数定义了要删除的字节数。传递 null 表明全部已有数据都应删除。如果传递的值为 0，则表明没有数据应当删除；仅仅是用新数据来覆盖掉已有数据(如果希望删除一些数据，则可传递一个非 0 的值)。其他参数分别代表指向徽标起始位置的指针、到插入数据的当前偏移量以及被发送到数据库的数据。

当该文件被打开后，通过一个循环来将该文件的各个数据块加载到缓存中，并将这些数据块发送到数据库。

快速测试

1. 要将指令发送到 SQL Server 数据库，需要哪两个对象？
2. 为获得对 SQL Server 数据的最快速的访问，应使用什么连接对象？
3. 当需要将大量数据复制到 SQL Server 中时，应使用什么对象？

参考答案

1. 需要 SqlConnection 对象和 SqlCommand 对象。
2. SqlDataReader 对象可用于获得对 SQL Server 数据的最快速的访问。
3. 应使用 SqlBulkCopy 对象。

使用 LINQ to SQL 与数据进行交互

在第 1 课中，我们展示了 LINQ 与 DataSet 交互时强大的查询功能。该特性代表了对 DataSet 对象中的静态数据编写查询的一种极佳的方法。但是这种方法并不满足 LINQ 的一个关键承诺：设计时的强类型检查(包括对数据库的智能感知)。通过 LINQ to DataSet，通过在方法调用中定义字段名称来访问数据的。此外，使用 DataSet 时，使用的是静态数据，因此不得不使用适配器(或类似的工具)来完成对数据的更新、插入和删除。虽然这种方式看起来已经很好了，但 LINQ 承诺要提供针对数据库的对象开发。在 LINQ to SQL 中，这些特性都得到了支持。

LINQ to SQL 是 ADO.NET 内的一项技术，其目的是直接与 SQL Server 数据库进行交互。

利用 LINQ to SQL，可构建连接.NET 类和数据库元素的对象-关系映射(object relational map, O/R map)。构建对象关系映射的方法有多种(我们将来介绍这些方法)。一旦该映射建立完毕，在对数据库编程时的感觉就想是在对对象编程，而事实也的确如此。这种模式可以极大地简化和加速数据库的开发。因为不再需要编写非强类型的代码和 SQL 脚本，而是编写针对.NET 平台的面向对象代码来与数据库进行交互。

可通过下列基本步骤来启用 LINQ to SQL 编程。在开始对数据库编写 LINQ 代码时，这些步骤是必需的。下面对这些基本步骤进行概述：

1. 为项目添加对 System.Data.Linq 命名空间的引用。该命名空间中包含链接数据库和对象-关系映射的核心对象——DataContext 对象。
2. 创建一个将对象连接到数据表、列等的对象-关系映射。在.NET Framework 中，创建对象-关系映射有多种途径。在接下来的几节内容中，我们将逐一进行介绍。

3. 使用 LINQ to SQL 的 DataContext 对象连接到数据库。该对象代表了数据库和对象之间的流水线。

4. 使用 LINQ 和 LINQ to SQL 的功能来对数据库进行操作，其中包括使用强类型对象的查询。此外，还可使用 LINQ to SQL 的功能来实现数据的插入、更新和删除操作。

值得注意的是 LINQ to SQL 是 ADO.NET 的一部分。因此可将它与 ADO.NET 的其他组件(如事务)一起使用。这就使得可借助使用 ADO.NET 编写的已有对象来构建 LINQ to SQL 项。此外，LINQ to SQL 还允许对已有的数据库代码(如某个存储过程)进行改善。

将对象映射到关系数据

要对表示数据库的对象进行编程，必须先创建这些对象。好消息是 Visual Studio 工具提供了两个自动化的代码生成工具来帮助开发人员创建对象-关系映射对象。此外，还可通过手动编写自己的对象-关系映射的方式来对针对特定应用情况的映射进行完全的控制。本节将介绍如何使用这三个选项。

使用 Visual Studio 设计工具实现映射

构建对象-关系映射的最简便的方式就是通过 Visual Studio 的 LINQ to SQL 设计器。该工具提供了一个可用于构建自己的类的设计接口。需要首先为项目添加一个 LINQ to SQL 类的文件。可通过 Add New Item(添加新项)对话框来完成该操作。

LINQ to SQL 类文件的扩展名为.dbml，表示数据库标记语言(database markup language)。该文件中包含用于为数据库定义元数据的 XML 标记。在该 XML 文件的背后，可找到一个由设计器和代码文件(.vb 或.cs)使用的布局文件。该代码文件代表了编写数据库代码所依托的实际对象。

可通过从服务器浏览器中将数据库实体拖到设计口中来构建映射。Visual Studio 则通过生成与这些实体关联的代码而自动完成剩余的工作。设计器能够理解数据库中的外键之间的关系。它实现了与类模型中完全相同的关系。此外，可将存储过程从数据库拖动到某个方法窗口中，则相应的代码会自动生成，以使这些存储过程能够与.NET 方法具有相似的行为。

下面我们来看一个例子，假定正在使用 pubs 数据库，并希望为表 author 和表 title 生成一个对象-关系映射。可通过在设计器中打开.dbml 文件，在服务器资源管理器汇中打开数据库，并从服务器资源管理器中将实体拖到接口来完成。图 7.17 展示了一个例子。请注意被添加到.dbml 设计接口的方法窗口中的 byroyalty 存储过程(右上方)。

该设计器所生成的内容为表示数据库元数据的 XML 文件以及允许开发者使用对象与数据库进行交互的代码。例如，与表 author 对应的 XML 文件的内容大致如下所示：

```
<Table Name="dbo.authors" Member="authors">
  <Type Name="author">
   <Column Name="au_id" Type="System.String" DbType="VarChar(11) NOT NULL"
    IsPrimaryKey="true" CanBeNull="false" />
   <Column Name="au_lname" Type="System.String" DbType="VarChar(40) NOT NULL"
    CanBeNull="false" />
   <Column Name="au_fname" Type="System.String" DbType="VarChar(20) NOT NULL"
    CanBeNull="false" />
   <Column Name="phone" Type="System.String" DbType="Char(12) NOT NULL"
```

```
                CanBeNull="false" />
        <Column Name="address" Type="System.String" DbType="VarChar(40)" CanBeNull="true" />
        <Column Name="city" Type="System.String" DbType="VarChar(20)" CanBeNull="true" />
        <Column Name="state" Type="System.String" DbType="Char(2)" CanBeNull="true" />
        <Column Name="zip" Type="System.String" DbType="Char(5)" CanBeNull="true" />
        <Column Name="contract" Type="System.Boolean" DbType="Bit NOT NULL"
CanBeNull="false" />
        <Association Name="author_titleauthor" Member="titleauthors" OtherKey="au_id"
          Type="titleauthor" />
    </Type>
</Table>
```

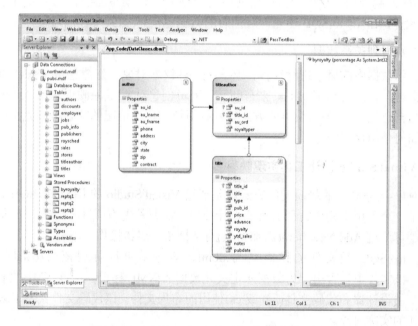

图 7.17　LINQ to SQL 的对象-关系映射工具

　　由设计工具生成的代码有可能是 Visual Basic 的或 C#的，这要依自己偏好而定。这些代码为每个表定义了一个对象，并为每个表的每个字段对应的对象的属性也做了定义。这段代码非常易读且易于理解。在接下来的一节中，将看到一个自己编写这些代码的例子。

使用命令行工具是实现对象-关系映射

　　可使用命令行工具 SqlMetal.exe 来生成.dbml 文件和某个给定数据库的对象-关系代码。对于大型数据库来，将对象拖拽到设计器中的做法可能并不实际，此时该命令行工具便可派上用场。但是该工具所生成的文件都是相同的，即均为一个.dbml 文件和一个代码文件(.vb 或.cs)。

　　该工具具有很多可选项，但只有少数几个较为关键。首先，可指向一个.mdf 文件，将其作为生成文件的基础。如果使用的是 SQL Server，则可定义/server、/database、/user 以及/password 选项来设置连接信息。或者也可利用/conn 来定义一个连接字符串。另一种选项是/language，该选项用于设置你希望生成的文件所使用的语言(.vb 或.cs)。

　　要使用该文件，通常需要事先生成一个.dbml 文件。可通过选项/dbml 或/code 来表明文件的类型。下列命令行展示了一个生成.dbml 文件的例子(如果要使用 C#，则需将语言参数替换为 cs):

```
sqlmetal "C:\Code\Northwind and Pubs Dbs\pubs.mdf" /language:vb /dbml:Pubs.dbml
```

要创建代码，你只需按照如下方式指定/code 选项：

```
sqlmetal "C:\Code\Northwind and Pubs Dbs\pubs.mdf" /language:vb /code:Pubs.vb
```

在代码编辑器中将对象映射为实体

将类连接到数据库对象的第三种选择是自行编写代码。这种方式可以实现更细微的控制，但也需要付出大量的工作。我们推荐使用自动化工具，但本节将介绍如何定义自己的对象-关系映射。

首先，需要创建一个类文件。在该类文件的顶部，应定义一个 imports 语句(假定使用的是 C#)来将下列命名空间包含进来。

```
'VB
Imports System.Data.Linq
Imports System.Data.Linq.Mapping

//C#
using System.Data.Linq;
using System.Data.Linq.Mapping;
```

接下来需要通过 Table 属性将类连接到数据库中的某个表。下面给出相应的示例代码：

```
'VB
<Table(Name:="Authors")> _
Public Class Author

//C#
[Table(Name="Authors")]
public class Author
{
```

之后需要使用 Column 属性类为映射到数据库中表的各列的对象创建属性。该类允许对数据库的字段名(如果字段名与属性名不一致)、想要使用的保存该字段值的变量、数据类型、某项是否为主键等进行设置。下面的代码展示了如何将两个属性映射到 pubs 数据库中的表 authors 的对应列。

```
'VB
Private _authorId As String
<Column(IsPrimaryKey:=True, Storage:="_authorId", name:="au_id")> _
Public Property Id() As String
  Get
    Return _authorId
  End Get
  Set(ByVal value As String)
    _authorId = value
  End Set
End Property

Private _lastName As String
<Column(Storage:="_lastName", name:="au_lname")> _
Public Property LastName() As String
  Get
    Return _lastName
  End Get
  Set(ByVal value As String)
    _lastName = value
  End Set
End Property
```

```csharp
//C#
private string _authorId;
[Column(IsPrimaryKey=true, Storage="_authorId", Name="au_id")]
public string Id
{
  get
  {
    return _authorId;
  }
  set
  {
    _authorId = value;
  }
}

private string _lastName;
[Column(Storage = "_lastName", Name = "au_lname")]
public string LastName
{
  get
  {
    return _lastName;
  }
  set
  {
    _lastName = value;
  }
}
```

编写好上述代码后，就可像使用由代码生成器所生成的类那样使用自定义的对象-关系映射类。如果添加了一些额外(非映射的)属性、字段以及方法，则它们将在运行时被忽略。按照这种方式，在编写自己的对象-关系映射时，可对期望在自己的类中所使用的逻辑进行控制。

使用 LINQ to SQL 查询数据

使用 LINQ to SQL 查询数据的方式与编写任何 LINQ 查询的方式都是类似的。主要的差异在于连接到实际数据的方式以及可使用对象-关系映射对象来编写自己的查询。

要使用 LINQ to SQL 创建一个到某个数据库的连接，必须定义一个 DataContext 对象。该对象的作用相当于在数据库和对象之间搭建桥梁。最佳的做法是创建一个 DataContext 的派生类对象，因为这样一来，不用在代码中调用 DataContext 便可对数据库和表进行访问。在创建了 DataContext 类的一个实例时，需要将数据库连接字符串赋给该对象。下面的例子展示了如何在该类的构造方法中使用连接字符串。

```vb
'VB
Public Class PubsDb
  Inherits DataContext

  Public Authors As Table(Of Author)
  Public Titles As Table(Of Title)

  Public Sub New(ByVal connection As String)
    MyBase.New(connection)
  End Sub

End Class
```

```csharp
//C#
public class PubsDb: DataContext
```

```
{
  public Table<Author> Authors;
  public Table<Title> Titles;

  public PubsDb(string connection) : base(connection)
  {
  }
}
```

下一步是创建一个自定义的 DataContext 的派生类的实例，并为其传递一个合法的连接字符串。接下来就可使用该类来编写查询。使用 LINQ 时，在通过循环迭代时，查询才会得到执行。下面的代码展示了如何对 Authors 表定义查询，并使用 ToArray 方法来执行该查询，并将查询结果绑定到一个 GridView 控件中：

```
'VB
Dim pubString As ConnectionStringSettings = _
  ConfigurationManager.ConnectionStrings("PubsData")

Dim pubs As New PubsDb(pubString.ConnectionString)

Dim query = _
  From author In pubs.Authors _
  Where author.state = "CA" _
  Order By author.au_lname _
  Select author

GridView1.DataSource = query.ToArray()
GridView1.DataBind()

//C#
ConnectionStringSettings pubString =
  ConfigurationManager.ConnectionStrings["PubsData"];

PubsDb pubs = new PubsDb(pubString.ConnectionString);

var query =
  from author in pubs.Authors
  where author.state == "CA"
  orderby author.au_lname
  select author;

GridView1.DataSource = query.ToArray();
GridView1.DataBind();
```

使用 LINQ to SQL 实现数据的插入、更新和删除

借助 LINQ to SQL，可以极大地简化对数据库的插入、更新和删除操作的实现。它会负责创建对象-关系映射和数据库之间的连接。只需对对象实例进行适当修改并将所做更改保存下来即可。在为集合添加新实例时，修改给定对象或将某个对象从集合中移除时，使用的都是对象模型。一旦操作完成，就可调用 DataContext 对象的 SubmitChanges 方法来将结果写回到数据库中。

例如，在希望为数据库添加一个新作者时，可先创建一个新的 autor 对象。接着可使用方法 InsertOnSubmit 来将其添加到 Author 表中。在准备将所有更改提交至数据库时，需要调用 SubmitChanges 方法。下面给出相应的示例代码。

```
'VB
Dim pubString As ConnectionStringSettings = _
  ConfigurationManager.ConnectionStrings("PubsData")
```

```
Dim pubs As New PubsDb(pubString.ConnectionString)

Dim newAuthor As New author
newAuthor.au_id = "000-00-0001"
newAuthor.au_fname = "Michael"
newAuthor.au_lname = "Allen"
newAuthor.address = "555 Some St."
newAuthor.state = "WA"
newAuthor.city = "Redmond"
newAuthor.contract = False
newAuthor.phone = "555-1212"
newAuthor.zip = "12345"

pubs.Authors.InsertOnSubmit(newAuthor)
pubs.SubmitChanges()

//C#
ConnectionStringSettings pubString =
  ConfigurationManager.ConnectionStrings["PubsData"];
PubsDb pubs = new PubsDb(pubString.ConnectionString);

author newAuthor = new author();
newAuthor.au_id = "000-00-0001";
newAuthor.au_fname = "Michael";
newAuthor.au_lname = "Allen";
newAuthor.address = "555 Some St.";
newAuthor.state = "WA";
newAuthor.city = "Redmond";
newAuthor.contract = false;
newAuthor.phone = "555-1212";
newAuthor.zip = "12345";

pubs.Authors.InsertOnSubmit(newAuthor);
pubs.SubmitChanges();
```

删除数据的方法也是类似的。只需将前述的 InsertOnSubmit 方法替换为方法 DeleteOnSubmit 即可,可将希望删除的实例传入该方法。接下来只需调用 SubmitChanges 方法即可实现对给定数据的删除操作。

若想对数据进行更新,必须首先使用一个查询(或使用 DataContext 对象的 GetTable 方法)来检索数据。接着可对数据进行更新,并调用 SubmitChanges 方法来保存对数据库所做的更改。下面给出一段示例代码。在该例中,从查询中返回一个单行数据。因此这里使用了 First 方法仅将第一个元素返回。

```
'VB
Dim pubString As ConnectionStringSettings = _
  ConfigurationManager.ConnectionStrings("PubsData")

Dim pubs As New PubsDb(pubString.ConnectionString)

Dim query = _
  From author In pubs.Authors _
  Where author.au_id = "213-46-8915" _
  Select author

Dim updateAuthor As author = query.First()
updateAuthor.phone = "123-1234"

pubs.SubmitChanges()

//C#
ConnectionStringSettings pubString =
  ConfigurationManager.ConnectionStrings["PubsData"];
```

```
PubsDb pubs = new PubsDb(pubString.ConnectionString);
var query =
  from author in pubs.authors
  where author.au_id == "213-46-8915"
  select author;

author updateAuthor = query.First();
updateAuthor.phone = "123-1234";

pubs.SubmitChanges();
```

实训：与连接数据进行交互

在本实训室，需要利用 Visual Studio 创建一个网站，并与 Northwind 数据库中的数据进行交互。如果在完成本练习的过程中遇到任何问题，可以参考配套资源中所附的完整项目。

> **练习 1　创建一个网站并连接到 Northwind 数据库**

在本练习中，需要创建一个网站，并使用 DetailsView 控件添加一个到 Northwind 数据库的连接。具体步骤如下。

1. 打开 Visual Studio 并创建一个名称为 ConnectedData 的网站。选择你所偏好的编程语言。

2. 在解决方案浏览器中，右击 App_Data 文件并选择 Add Existing Item(添加已有项)。导航到从配套资源中安装的 Northwind.mdf 文件，并将其选中。

3. 在设计视图中打开 Default.aspx。从工具箱中将一个 DetailsView 控件拖拽到网页中。

    单击 DetailsView 控件右上角的智能标签以显示 DetailsView 任务窗口。在该窗口内，单击 Auto Format(自动格式化)链接并选择 Classic。同时调整该控件的宽度，使其为大约 250 像素。

4. 再次单击智能标签。从下拉列表中选择 Choose Data Source(选择数据源)，并选择 New Data Source(新建数据源)。该操作将启动 Data Source Configuration Wizard(数据源配置向导)。从数据源类型中，选择 Database 并单击 OK。

5. 接下来在 Choose Your Data Connection(选择数据连接)页面中，从下拉列表中选择 Northwind.mdf。如果该文件不在下拉列表中，请单击 New Connection(新建连接)并按照下列步骤进行。

    a. 在 Add Connection(添加连接)窗口中，通过单击 Change 并选择 Microsoft SQL Server Database File(SqlClient)来对 DataSource 进行设定。

    b. 在 Database File Name 属性中，选择刚添加到 App_Data 文件夹中的 Northwind.mdf，并单击 Open。

    c. 单击 OK 以接受更改，并返回到 Choose Your Data Connection 页面。

6. 接下来，单击 Next，转到 Save The Connection String To The Application Configuration File(将连接字符串保存到应用程序配置)页面。选择 Yes。将连接字

符串的名称修改为 NorthwindConnectionString，并单击 Next。

7. 在 Configure Select Statement(配置 Select 语句)页面中，从 Name 下拉列表中选择表 Shipper，并单击星号(*)以选择所有的行和列。

在 Configure Select Statement 页面时，单击 Advanced，并选择 Generate Insert, Update, And Delete Statements 以及 Use Optimistic Concurrency 选项。单击 OK 以关闭 Advanced 窗口，并单击 Next。

8. 在 Test Query 页面中，单击 Test Query 来查看数据。单击 Finish，返回到 DetailsView Tasks 窗口中。

9. 再次单击 DetailsView 智能标签，并选择 Enable Paging、Enable Inserting、Enable Editing 以及 Enable Deleting 选项。至此，对 DetailsView 的配置完成。

10. 运行该网站。将注意到数据已被获取，并被显示出来。

添加一个新的货主。将注意到 CompanyName 和 Phone 字段均被显示出，但 ShipperID 字段是一个自动编号的字段，因此它不在插入表单的字段中。

11. 打开该网页的源视图，并对标记进行检查。这是对使用标记来进行声明性数据访问的一个很好的示例。

> ### 练习 2 创建一个 LINQ to SQL 对象-关系映射和显示数据

在本练习中，将创建一个对象-关系映射，并使用由它生成的代码和 LINQ 连接到数据，并将这些数据显示在 Web 表单中。

1. 本练习需要以上一练习为基础。或者也可以直接利用配套资源中所附的与练习 1 对应的完整工程。

2. 为项目添加一个 LINQ to SQL Classes 文件，方法是右击该项目，并选择 Add New Item(添加新项)。从列表中选择 LINQ to SQL 类模板。将文件命名为 NorthwindClasses.dbml。将编程语言设为 Visual Basic 或 C#。该文件将作为对象-关系映射。

3. 打开 Northwind.dbml 文件。在服务器浏览器中展开 Northwind.mdf。展开该数据库的 Tables 文件夹。

4. 从服务器浏览器中将 Orders 表和 Order_Details 表拖动到对象-关系映射设计界面中。请注意这两个表如何通过外键进行连接。为该数据库展开 Stored Procedures 文件夹。将前三个存储过程拖动到对象-关系映射的方法域中。请注意这些存储过程是如何变为方法的。保存并关闭对象-关系映射。

5. 在解决方案浏览器中导航到 NorthwindClasses.dbml 文件。展开该文件并查看其代码隐藏文件。打开 NorthwindClasses.designer.vb(或.cs)文件。浏览所生成的代码并注意表、字段和函数是如何映射为使用属性的代码。浏览结束后，将该文件关闭。

6. 为网站添加一个新页面，并将其命名为 LinqToSql.aspx。

7. 在设计视图中，为该页面添加一个 GridView 控件，并将其 AutoFormat 属性设为 Professional。

8. 通过右击网站，并选择 Add Reference(添加引用)来为网站添加一个引用。在 Add Reference 对话框中，选择 System.Data.Linq。单击 OK。

9. 打开 LinqToSql.aspx 页面的代码隐藏文件。在该页面的顶部，添加一个 imports 语句(假定使用 C#语言)，将命名空间 System.Data.Linq 包含进来。

10. 在 Page_Load 事件中，添加代码完成下列功能：

◆ 从配置文件中获取数据库连接字符串。

◆ 创建一个与之前创建的对象-关系映射关联的 DataContext 对象实例。将连接字符串传递到该实例中。

◆ 编写一个 LINQ 查询以返回那些 ShipRegion 属性被设为 "OR" 的订单。并将结果依据 ShippedDate 字段进行排序。

◆ 利用 ToArray 方法将结果绑定到 GridView 控件中。

下面给出一段示例代码。

```vb
'VB
Imports System.Data.Linq
Partial Class LinqToSql
  Inherits System.Web.UI.Page
  Protected Sub Page_Load(ByVal sender As Object, _
    ByVal e As System.EventArgs) Handles Me.Load
    If Not IsPostBack Then
      Dim nwConnect As ConnectionStringSettings = _
        ConfigurationManager.ConnectionStrings( _
        "NorthwindConnectionString")
      Dim nw As New NorthwindClassesDataContext _
        (nwConnect.ConnectionString)
      Dim query = _
        From order In nw.Orders _
        Where order.ShipRegion = "OR" _
        Order By order.ShippedDate _
        Select order

      GridView1.DataSource = query.ToArray()
      GridView1.DataBind()

    End If

  End Sub

End Class
```

```csharp
//C#
using System;
using System.Linq;
using System.Configuration;
using System.Data.Linq;

public partial class LinqToSql : System.Web.UI.Page
{
    protected void Page_Load(object sender, EventArgs e)
    {
      if (!IsPostBack)
      {
        ConnectionStringSettings nwConnect =
          ConfigurationManager.ConnectionStrings[
          "NorthwindConnectionString"];

        NorthwindClassesDataContext nw = new
          NorthwindClassesDataContext(nwConnect.ConnectionString);

        var query =
          from order in nw.Orders
          where order.ShipRegion == "OR"
```

```
    orderby order.ShippedDate
    select order;

  GridView1.DataSource = query.ToArray();
  GridView1.DataBind();
  }
 }
}
```

11. 运行该网页，并查看结果。

本课总结

◆ 连接类(也被称为数据提供程序类)负责数据在数据存储及非连接类之间的移动。一个合法的 DbConnection 对象需要使用大多数的主要数据提供程序类。

◆ 可使用 DbCommand 对象来将 SQL 命令发送到数据存储中。还可创建一些参数，并将其传递给 DbCommand 对象。

◆ DbDataReader 对象通过实现了一个只前、只读的服务器端游标而提供了一种从数据存储获取数据的高性能方法。

◆ SqlBulkCopy 对象可用于从大量数据源中将数据复制到 SQL Server 表中

◆ 可利用 DbDataAdapter 对象来在 DataTable 和数据存储之间检索和更新数据。DbDataAdapter 中可包含一个针对只读数据的 SelectCommand，或者也可为完全可更新的数据包含一个 SelectCommand、InsertCommand、UpdateCommand 以及 DeleteCommand。

◆ DbProviderFactory 对象可帮助你创建独立于数据提供程序的代码，当数据存储需要具有快速可更改的特性时，使用这种代码是很有必要的。

◆ 使用 Using 语句来确保连接对象和命令对象的 Dispose 方法被调用，以防止连接泄露的发生。

◆ 可使用 DbProviderFactories 对象来获取某台计算机中可用的数据提供程序工厂的列表。

◆ 可像与小型数据交互那样来与 BLOB 数据进行交互，除非这些 BLOB 对象太大以致无法容纳在内存中。如果发生这种情况，必须使用流技术来移动这些数据。

◆ 可利用 LINQ to SQL 来为数据库创建一个对象-关系映射。对自动生成的对象-关系映射进行编程可使数据库编程既简捷又高效，因为这种编程模型能够提供设计时的类型检查以及对你的表及其字段的智能感知。

课后练习

通过下列问题，你可检验自己对第 2 课的掌握程度。这些问题也可从配套资源中找到。

注意　关于答案
对这些问题的解析可参考本书末 "答案"。

1. 按照下列哪种方式，可将数据库连接资源主动释放？(请选择两项)

   A．执行 DbConnection 对象的 Cleanup 方法

   B．执行 DbConnection 对象的 Close 方法

   C．将引用 DbConnection 对象的变量赋为 Nothing(如使用 C#，则赋为 null)

   D．为 DbConnection 对象创建一个 Using 语句块

2. 如果希望对 SQL Print 语句的输出进行显示，应订阅 SqlConnection 类的哪个事件？

   A．InfoMessage

   B．MessageReceived

   C．PostedMessage

   D．NewInfo

3. 要想执行异步数据访问，下列哪项必须添加到连接字符串中？

   A．BeginExecute=true

   B．MultiThreaded=true

   C．MultipleActiveResultSets=true

   D．Asynchronous Processing=true

4. 使用 LINQ to SQL 编写代码时，必须采取下列哪个步骤？(不定项选择)

   A．生成数据库的对象-关系映射

   B．引用 System.Data.Linq 命名空间

   C．通过 DataContext 对象连接到数据库

   D．利用一个 GridView 控件来将数据库映射到 LINQ

第 3 课　与 XML 数据进行交互

.NET Framework 提供了对 XML 的广泛支持。XML 的实现主要关注的是性能、可靠性和可伸缩性。将 XML 与 ADO.NET 集成所带来的一个好处是：可将 XML 文档当做数据源来使用。本课将介绍.NET Framework 中所涵盖的 XML 对象。

学习目标

◆　使用文档对象模型(Document Object Model，DOM)来对 XML 数据进行管理

◆　使用 XmlNamedNodeMap 对象

◆　使用 XmlNodeList 对象

◆　使用 XmlReader 和 XmlWriter 对象

◆　使用 XmlNodeReader 来读取节点树

◆　使用 XmlValidatingReader 来对数据进行验证

预计课时：45 分钟

XML 类

万维网联盟(W3C)提供了定义 XML 文档结构的标准，并提供了可在广泛环境及应用程序中使用的标准编程接口。这被称为文档对象模型(DOM)。那些支持文档对象模型的类通常具有在 XML 文档中随机访问导航和对其进行修改的能力。

可通过设置对 System.Xml.dll 文件的引用，并在代码中添加 Imports System.Xml(C#中的 using System.Xml)语句来访问 XML 类。System.Data.dll 文件还对 System.Xml 命名空间进行了拓展。XmlDataDocument 类正位于该命名空间中。如果需要使用该类，则必须设置对 System.Data.dll 文件的引用。

本节涵盖了.NET Framework 中的主要 XML 类。这些类为开发人员提供了丰富的功能。在使用这些类之前，先对每个类进行适当了解，这对于在开发时做出正确的选择至关重要。图 7.18 展示了对所涉及对象的层次关系。

XmlDocument 类和 XmlDataDocument 类

XmlDocument 对象和 XmlDataDocument 对象是使用第一级和第二级 DOM 的 XML 在内存中表示。这些类可用于在 XML 节点间导航和对 XML 节点进行编辑。

XmlDataDocument 类继承自 XmlDocument，并代表了关系数据。XmlDataDocument 可将其数据作为 DataSet 对象而提供对数据的关系和非关系视图。XmlDataDocument 类位于 System.Data.dll 程序集中。

这些类为实现第二级 DOM 的规范提供了许多方法，并提供了一些方法来为常见操作的实现提供便利。我们将这些方法总结在表 7.5 中。XmlDocument 中包含用于创建 XmlElements 和 XmlAttributes 的全部方法。

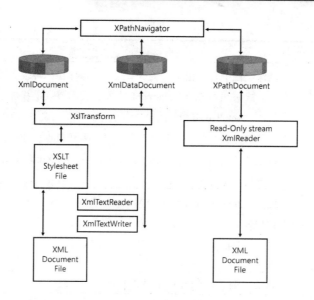

图 7.18　本课所介绍的主要 XML 对象

表 7.5　XmlDocument 类和 XmlDataDocument 类的方法

方　法	描　述
Create<NodeType>	在文档中创建 XML 节点。每种节点类型都有相应的 Create 方法
CloneNode	创建一个 XML 节点的副本。该方法接收一个名称为 deep 的 Boolean 型变量。如果 deep 为 False，则只有该节点被复制。如果 deep 为 True，则其所有子节点也会通过递归方式被复制
GetElementByID	基于节点的 ID 属性，定位并返回一个单节点。请注意这里需要将属性标识为 ID 类型的文档类型定义(Document Type Definition, DTD)。默认情况下，与 ID 名称相同的属性并不是一个 ID 类型
GetElementByTagName	返回一个 XmlNodeList，它包含与指定名称匹配的所有子代元素的列表
ImportNode	将节点从另一个 XmlDocument 中导入到当前文档。在原始的 XmlDocument 中，源节点将不会被修改。该方法接收一个名称为 deep 的 Boolean 参数。如果 deep 为 False，则仅有当前节点被复制。如果 deep 为 True，则所有子节点均以递归方式被复制
InsertBefore	在指定的节点前插入一个 XMLNode(XML 节点)，如果被引用的节点为空，则新节点将被插入子节点列表的末尾。如果新节点已存在于节点树中，则原始节点将在新节点插入之前被移除
InsertAfter	在指定的节点后插入一个 XMLNode(XML 节点)，如果被引用的节点为空，则新节点将被插入子节点列表的开头。如果新节点已存在于节点树中，则原始节点将在新节点插入之前被移除
Load	从磁盘文件、URL 或流中加载一个 XML 文档
LoadXml	从字符串中加载 XML 文档

续表

方　法	描　述
Normalize	确保文档中有不相邻的文本节点，就像保存和转载文档，当文本节点以编程的方式添加到 XmlDocument 中并且文本节点是并排时，该方法是非常有用的，Normalize 将相邻的文本节点合并成单一文本节点
PrependChild	在子节点列表开头插入一个节点。如果新节点已经存在于树中，则原始节点将在新节点插入之前被移除；如果该节点为 XmlDocumentFragment 类型，则完整片段将增加
ReadNode	使用 XmlText Reader 或 XML-NodeRead 对象从 XML 文件等加载节点。在执行相关方法前读取器必须位于有效节点上。读取器将读取当前元素的起始标签、所有的子节点以及结束标签。之后重新配置读取器的便定位到下一个节点中
RemoveAll	移除当前节点的所有子节点和属性
RemoveChild	移除指定的子节点
ReplaceChild	将被引用的子节点替换为一个新节点。如果新节点已存在于树结构中，则该已有节点将先被移除
Save	将 XML 文档保存到指定的磁盘、文件、URL 或流中
SelectNodes	选择一个与 XPath 表达式匹配的节点列表
SelectSingleNode	选择与 XPath 表达式匹配的第一个节点
WriteTo	使用 XmlTextWriter 将节点写到另一个 XML 文档中
WriteContentsTo	使用 XmlTextWriter 将某个节点及其所有子节点写入另一个 XML 文档中

XPathDocument 类

XPathDocument 提供了一个缓存的只读 XmlDocument 对象，该对象可用于执行快速 XPath 查询。为创建该对象的一个实例，该类的构造方法需要接收一个流对象。该类唯一有用的方法为 CreateNavigator 方法。

XmlConvert 类

XmlConvert 类拥有许多静态方法用于实现 XSD 数据类型与公共语言运行时(CLR)数据类型的转换。当使用那些允许其名称为不合法的 XML 名称的数据源时，该类尤其有用。如果一个数据表中的某个字段名称为 List Price，则在尝试创建一个名称中带空格的元素或属性时，会有一个异常被抛出。利用 XmlConvert 可将该名称中的空格编码为_0x0020_，因此转换后的 XML 元素名称为 List_x0020_Price。该名称还可用方法 XmlConvert.DecodeName 来进行解码。

此外，XmlConvert 还提供了许多用于将字符串转换为数值的静态方法。

XPathNavigator 类

DocumentNavigator 通过为导航提供 XPath 支持而提供了对 XmlDocument 的高效导航。XPathNavigator 使用了游标模型及 XPath 查询以提供对数据的只读、随机访问。

XPathNavigator 支持可扩展样式表语言转换(Extensible Stylesheet Language Transformations, XSLT)，并可被用于作为转换的输入。

XmlNodeReader 类

XmlNodeReader 提供了在 XmlDocument 或 XmlDataDocument 中数据的只前访问。它提供了从 XmlDocument 中的某个给定节点开始，并顺序访问每个节点的能力。

XmlTextReader 类

XmlTextReader 提供了对 XML 数据的非缓存、只前访问。它可对 XML 标记进行解析，但并不将 XML 文档表示为 DOM。XmlTextReader 也不会进行文档验证，但它会对 XML 数据进行检查以确保其格式正确。

XmlTextWriter 类

XmlTextWriter 提供了将 XML 数据以非缓存、只前的方式写入到文件流中，并确保转换的数据遵循 W3C XML 1.0 标准。XmlTextWriter 中包含使用命名空间的逻辑并可解决命名空间的冲突问题。

XmlReader 类

XmlReader 提供了用于读取和验证 DTD、XML Schema Reduced(XDR)或 XSD 的对象。该类的构造方法希望将读取器或字符串作为将要进行验证的 XML 的源。

XslTransform 类

XslTransform 可利用 XSL 样式表来对 XML 文档进行转换。XslTransform 支持 XSLT 1.0 语法，并提供了两种方法——Load 和 Transform。

Load 方法用于从文件或流中加载 XSLT 样式表。Transform 方法则用于执行转换。Transform 方法拥有几个重载版本，但都希望 XmlDocument 对象或 XmlNode 对象作为其第一个参数、一个 XsltArugumentList 以及一个输出流。

与 XML 文档进行交互

在.NET Framework 中，可利用许多方式与 XML 数据进行交互。本节将介绍一些常用的方法，如从零开始新建一个 XML 文件，读写 XML 文件、查找 XML 数据以及转换 XML 数据。

从零开始新建 XmlDocument

要创建一个新的 XmlDocument，可从创建 XmlDocument 对象开始。XmlDocument 对象中包含用于将节点添加到 XmlDocument 对象的 CreateElement 方法和 CreateAttribute 方法。XmlElement 拥有 Attribute 属性，该属性为一个 XmlAttributeCollection 类型的集合。XmlAttributeCollection 由 XmlNamedNodeMap 类派生而来，是一个可以按名称或索引访问的属性的集合。

下面的代码展示了如何从头创建一个 XmlDocument，并保存到文件中。该段代码中还使用了本章中会频繁遇到的 GetLabel 方法。

```vb
'VB
Protected Sub Button1_Click(ByVal sender As Object, _
  ByVal e As System.EventArgs) Handles Button1.Click
  'Declare and create new XmlDocument
  Dim xmlDoc As New XmlDocument()

  Dim el As XmlElement
  Dim childCounter As Integer
  Dim grandChildCounter As Integer

  'Create the xml declaration first
  xmlDoc.AppendChild( _
    xmlDoc.CreateXmlDeclaration("1.0", "utf-8", Nothing))

  'Create the root node and append into doc
  el = xmlDoc.CreateElement("myRoot")
  xmlDoc.AppendChild(el)

  'Child Loop
  For childCounter = 1 To 4
    Dim childelmt As XmlElement
    Dim childattr As XmlAttribute

    'Create child with ID attribute
    childelmt = xmlDoc.CreateElement("myChild")
    childattr = xmlDoc.CreateAttribute("ID")
    childattr.Value = childCounter.ToString()
    childelmt.Attributes.Append(childattr)

    'Append element into the root element
    el.AppendChild(childelmt)
    For grandChildCounter = 1 To 3
      'Create grandchildren
      childelmt.AppendChild(xmlDoc.CreateElement("GrandChild"))
    Next
  Next

  'Save to file
  xmlDoc.Save(MapPath("XmlDocumentTest.xml"))
  Dim lbl as Label = GetLabel(275, 20)
  lbl.Text = "XmlDocumentTest.xml Created"
End Sub
```

```csharp
//C#
protected void Button1_Click(object sender, EventArgs e)
{
  //Declare and create new XmlDocument
  XmlDocument xmlDoc = new XmlDocument();

  XmlElement el;
  int childCounter;
  int grandChildCounter;

  //Create the xml declaration first
  xmlDoc.AppendChild(
  xmlDoc.CreateXmlDeclaration("1.0", "utf-8", null));

  //Create the root node and append into doc
  el = xmlDoc.CreateElement("myRoot");
  xmlDoc.AppendChild(el);

  //Child Loop
  for (childCounter = 1; childCounter <= 4; childCounter++)
  {
    XmlElement childelmt;
    XmlAttribute childattr;
```

```
    //Create child with ID attribute
    childelmt = xmlDoc.CreateElement("myChild");
    childattr = xmlDoc.CreateAttribute("ID");
    childattr.Value = childCounter.ToString();
    childelmt.Attributes.Append(childattr);

    //Append element into the root element
    el.AppendChild(childelmt);
    for (grandChildCounter = 1; grandChildCounter <= 3; grandChildCounter++)
    {
      //Create grandchildren
      childelmt.AppendChild(xmlDoc.CreateElement("GrandChild"));
    }
  }

  //Save to file
  xmlDoc.Save(MapPath("XmlDocumentTest.xml"));
  Label lbl = GetLabel(275, 20);
  lbl.Text = "XmlDocumentTest.xml Created";
}
```

这段代码一开始先创建了一个 XmlDocument 类型的实例。接着创建了 XML 声明，并被放在了子集合中。如果这不是 XmlDocument 的第一个子节点，则将有一个异常被抛出。下面给出运行上述代码后所生成的 XML 文件：

```
<?xml version="1.0" encoding="utf-8"?>
<myRoot>
  <myChild ID="1">
  <GrandChild />
  <GrandChild />
  <GrandChild />
  </myChild>
  <myChild ID="2">
  <GrandChild />
  <GrandChild />
  <GrandChild />
  </myChild>
  <myChild ID="3">
  <GrandChild />
  <GrandChild />
  <GrandChild />
  </myChild>
  <myChild ID="4">
  <GrandChild />
  <GrandChild />
  <GrandChild />
  </myChild>
</myRoot>
```

前述代码也可对 XmlDocument 进行操作，但 XmlDataDocument 拥有与关系数据进行交互的更丰富的特性。这些特性我们将在接下来的内容中进行探讨。

使用 DOM 解析 XmlDocument

可利用递归方法来对 XmlDocument 的所有元素进行遍历访问。下面给出一段解析 XmlDocument 的示例代码。

```
'VB

Dim lbl as New Label

Protected Sub Button2_Click(ByVal sender As Object, _
  ByVal e As System.EventArgs) Handles Button2.Click
```

```vb
    lbl = GetLabel(275, 20)
    Dim xmlDoc As New XmlDocument()
    xmlDoc.Load(MapPath("XmlDocumentTest.xml"))
    RecurseNodes(xmlDoc.DocumentElement)
End Sub

Public Sub RecurseNodes(ByVal node As XmlNode)
    'start recursive loop with level 0
    RecurseNodes(node, 0)
End Sub

Public Sub RecurseNodes(ByVal node As XmlNode, ByVal level As Integer)
    Dim s As String
    Dim n As XmlNode
    Dim attr As XmlAttribute

    s = String.Format("{0} <b>Type:</b>{1} <b>Name:</b>{2} <b>Attr:</b> ", _
      New String("-", level), node.NodeType, node.Name)
    For Each attr In node.Attributes
      s &= String.Format("{0}={1} ", attr.Name, attr.Value)
    Next
    lbl.Text += s & "<br>"
    For Each n In node.ChildNodes
      RecurseNodes(n, level + 1)
    Next
End Sub
```

```csharp
//C#

Label lbl = new Label();

protected void Button2_Click(object sender, EventArgs e)
{
    lbl = GetLabel(275, 20);
    XmlDocument xmlDoc = new XmlDocument();
    xmlDoc.Load(MapPath("XmlDocumentTest.xml"));
    RecurseNodes(xmlDoc.DocumentElement);
}

public void RecurseNodes(XmlNode node)
{
    //start recursive loop with level 0
    RecurseNodes(node, 0);
}

public void RecurseNodes(XmlNode node, int level)
{
    string s;
    s = string.Format("{0} <b>Type:</b>{1} <b>Name:</b>{2} <b>Attr:</b> ",
      new string('-', level), node.NodeType, node.Name);
    foreach (XmlAttribute attr in node.Attributes)
    {
      s += string.Format("{0}={1} ", attr.Name, attr.Value);
    }
    lbl.Text += s + "<br>";
    foreach (XmlNode n in node.ChildNodes)
    {
      RecurseNodes(n, level + 1);
    }
}
```

这段代码在一开始首先加载了一个 XML 文件，然后调用了一个名称为 RecurseNodes 的方法。RecurseNodes 方法具有几个重载版本。第一次调用仅为其传递了 xmlDoc 对象的根节点。递归调用传递了递归的层次。每次当 RecurseNodes 方法执行时，节点信息均会被打印出来，而对该节点的每一个子节点，均会递归调用该方法。

使用 XPathNavigator 解析 XmlDocument

XPathNavigator 提供了递归遍历 XML 文档的另外一种方法。该对象并不是用那些定义在 DOM 中的方法。它使用 XPath 查询来对数据进行导航，且位于 System.Xml.XPath 命名空间中。该类提供了许多有用的方法和属性，如下列代码所示：

```vb
'VB
Protected Sub Button3_Click(ByVal sender As Object, _
  ByVal e As System.EventArgs) Handles Button3.Click

  lbl = GetLabel(275, 20)
  Dim xmlDoc As New XmlDocument()
  xmlDoc.Load(MapPath("XmlDocumentTest.xml"))

  Dim xpathNav As XPathNavigator = xmlDoc.CreateNavigator()
  xpathNav.MoveToRoot()
  RecurseNavNodes(xpathNav)
End Sub

Public Sub RecurseNavNodes(ByVal node As XPathNavigator)
  'start recursive loop with level 0
  RecurseNavNodes(node, 0)
End Sub

Public Sub RecurseNavNodes(ByVal node As XPathNavigator, _
  ByVal level As Integer)
  Dim s As String

  s = string.Format("{0} <b>Type:</b>{1} <b>Name:</b>{2} <b>Attr:</b> ", _
   New String("-", level), node.NodeType, node.Name)

  If node.HasAttributes Then
    node.MoveToFirstAttribute()
    Do
      s += string.Format("{0}={1} ", node.Name, node.Value)
    Loop While node.MoveToNextAttribute()
    node.MoveToParent()
  End If

  lbl.Text += s + "<br>"

  If node.HasChildren Then
    node.MoveToFirstChild()
    Do
      RecurseNavNodes(node, level + 1)
    Loop While node.MoveToNext()
    node.MoveToParent()
  End If
End Sub
```

```csharp
//C#
protected void Button3_Click(object sender, EventArgs e)
{
  lbl = GetLabel(275, 20);
  XmlDocument xmlDoc = new XmlDocument();
  xmlDoc.Load(MapPath("XmlDocumentTest.xml"));

  XPathNavigator xpathNav = xmlDoc.CreateNavigator();
  xpathNav.MoveToRoot();
  RecurseNavNodes(xpathNav);
}

public void RecurseNavNodes(XPathNavigator node)
```

```
{
  //start recursive loop with level 0
  RecurseNavNodes(node, 0);
}

public void RecurseNavNodes(XPathNavigator node, int level)
{
  string s = null;
    s = string.Format("{0} <b>Type:</b>{1} <b>Name:</b>{2} <b>Attr:</b> ",
    new string('-', level), node.NodeType, node.Name);

  if (node.HasAttributes)
  {
    node.MoveToFirstAttribute();
    do
    {
      s += string.Format("{0}={1} ", node.Name, node.Value);
    } while (node.MoveToNextAttribute());
    node.MoveToParent();
  }

  lbl.Text += s + "<br>";

  if (node.HasChildren)
  {
    node.MoveToFirstChild();
    do
    {
      RecurseNavNodes(node, level + 1);
    } while (node.MoveToNext());
    node.MoveToParent();
  }
}
```

这是一段递归执行的代码，它的工作方式与前述的 DOM 例子非常类似。区别仅在于被用来访问每个节点的方法不同。

要对属性进行访问，可利用 HasAttributes 属性。如果当前节点拥有属性，则其 HasAttribute 属性将为 True。MoveToFirstAttribute 方法及 MoveToNextAttribute 方法可用于在属性间导航。当属性列表被导航完毕时，MoveToParent 方法将 XPathNavigator 移动到当前节点的父节点。

如果当前节点拥有子节点，则 HasChildren 属性将返回 True。MoveToFirstChild 方法及 MoveToNext 方法可用于在子节点之间导航。当子节点被导航完毕，MoveToParent 方法将 XPathNavigator 移动到当前节点的父节点。

可依据手边的具体任务来选择使用 XPathNavigator 或是 DOM。在本例中，除了语法不同外，这两种方法的差别微乎其微。

使用 DOM 来搜索 XmlDocument

DOM 提供了 GetElementByID 方法和 GetElementsByTagName 方法来对 XmlDocument 进行搜索。GetElementByID 方法可依据元素 ID 对元素进行定位。这里的 ID 是指已在 DTD 文档中定义的 ID 类型。为了说明这一点，下面给出一个为许多例子使用的 XML 文件：

```
XmL file: Xmlsample.xml
<?xml version="1.0" encoding="utf-8"?>
<!DOCTYPE myRoot [
<!ELEMENT myRoot ANY>
<!ELEMENT myChild ANY>
<!ELEMENT myGrandChild EMPTY>
```

```
<!ATTLIST myChild
ChildID ID #REQUIRED
>
]>
<myRoot>
<myChild ChildID="ref-1">
<myGrandChild/>
<myGrandChild/>
<myGrandChild/>
</myChild>
<myChild ChildID="ref-2">
<myGrandChild/>
<myGrandChild/>
<myGrandChild/>
</myChild>
<myChild ChildID="ref-3">
<myGrandChild/>
<myGrandChild/>
<myGrandChild/>
</myChild>
<myChild ChildID="ref-4">
<myGrandChild/>
<myGrandChild/>
<myGrandChild/>
</myChild>
</myRoot>
```

其中，**ChildID** 已被定义为一个 ID 数据类型，且 ID 必须以字符、下划线或冒号开头。下面的代码执行了对 ID 为 ref-3 的元素的查找：

```
'VB
Protected Sub Button4_Click(ByVal sender As Object, _
  ByVal e As System.EventArgs) Handles Button4.Click
 lbl = GetLabel(275, 20)
 Dim s As String
 'Declare and create new XmlDocument
 Dim xmlDoc As New XmlDocument()
 xmlDoc.Load(MapPath("XmlSample.xml"))

 Dim node As XmlNode
 node = xmlDoc.GetElementById("ref-3")

 s = string.Format("<b>Type:</b>{0} <b>Name:</b>{1} <b>Attr:</b>", _
   node.NodeType, node.Name)

 Dim a As XmlAttribute
 For Each a In node.Attributes
   s += string.Format("{0}={1} ", a.Name, a.Value)
 Next
 lbl.Text = s + "<br>"
End Sub
```

```
//C#
protected void Button4_Click(object sender, EventArgs e)
{
 lbl = GetLabel(275, 20);
 string s;
 //Declare and create new XmlDocument
 XmlDocument xmlDoc = new XmlDocument();
 xmlDoc.Load(MapPath("XmlSample.xml"));

 XmlNode node;
 node = xmlDoc.GetElementById("ref-3");

 s = string.Format("<b>Type:</b>{0} <b>Name:</b>{1} <b>Attr:</b>",
   node.NodeType, node.Name);
```

```
foreach (XmlAttribute a in node.Attributes)
{
  s += string.Format("{0}={1} ", a.Name, a.Value);
}
lbl.Text = s + "<br>";
}
```

当 ID 数据类型被定义后，ID 必须唯一。这段代码对 ID 为 ref-3 的元素进行了定位，并将节点和属性信息进行了显示。

SelectSingleNode 方法也可被用于查找元素。SelectSingleNode 方法需要一个 XPath 查询作为该方法的输入。可将前一段示例代码修改为调用 SelectSingleNode 方法以实现使用 XPath 查询达到相同的结果。修改后的示例代码如下所示，其中修改的部分已用粗体标出。

```
'VB
Protected Sub Button5_Click(ByVal sender As Object, _
  ByVal e As System.EventArgs) Handles Button5.Click
lbl = GetLabel(275, 20)
Dim s As String
'Declare and create new XmlDocument
Dim xmlDoc As New XmlDocument()
xmlDoc.Load(MapPath("XmlSample.xml"))

Dim node As XmlNode
node = xmlDoc.SelectSingleNode("//myChild[@ChildID='ref-3']")

s = String.Format("<b>Type:</b>{0} <b>Name:</b>{1} <b>Attr:</b>", _
  node.NodeType, node.Name)

Dim a As XmlAttribute
For Each a In node.Attributes
  s += String.Format("{0}={1} ", a.Name, a.Value)
Next
lbl.Text = s + "<br>"
End Sub
```

```
//C#
protected void Button5_Click(object sender, EventArgs e)
{
  lbl = GetLabel(275, 20);
  string s;
  //Declare and create new XmlDocument
  XmlDocument xmlDoc = new XmlDocument();
  xmlDoc.Load(MapPath("XmlSample.xml"));

  XmlNode node;
  node = xmlDoc.SelectSingleNode("//myChild[@ChildID='ref-3']");

  s = string.Format("<b>Type:</b>{0} <b>Name:</b>{1} <b>Attr:</b>",
    node.NodeType, node.Name);

  foreach (XmlAttribute a in node.Attributes)
  {
    s += string.Format("{0}={1} ", a.Name, a.Value);
  }
  lbl.Text = s + "<br>";
}
```

SelectSingleNode 方法不需要 DTD，并可对任意元素或属性执行 Xpath 查找，当然这些元素或属性需要一个 ID 数据类型和一个 DTD。

GetElementsByTagName 方法返回一个包含所有匹配元素的 XmlNodeList。下面的代码返回了标签名称为 myGrandChild 的所有节点：

```vb
'VB
Protected Sub Button6_Click(ByVal sender As Object, _
  ByVal e As System.EventArgs) Handles Button6.Click

  lbl = GetLabel(275, 20)
  Dim s As String

  'Declare and create new XmlDocument
  Dim xmlDoc As New XmlDocument()
  xmlDoc.Load(MapPath("XmlSample.xml"))

  Dim elmts As XmlNodeList
  elmts = xmlDoc.GetElementsByTagName("myGrandChild")

  For Each node as XmlNode In elmts
    s = string.Format("<b>Type:</b>{0} <b>Name:</b>{1}", _
      node.NodeType, node.Name)
    lbl.Text += s + "<br>"
  Next
End Sub
```

```csharp
//C#
protected void Button6_Click(object sender, EventArgs e)
{
  lbl = GetLabel(275, 20);
  string s;

  //Declare and create new XmlDocument
  XmlDocument xmlDoc = new XmlDocument();
  xmlDoc.Load(MapPath("XmlSample.xml"));

  XmlNodeList elmts;
  elmts = xmlDoc.GetElementsByTagName("myGrandChild");

  foreach (XmlNode node in elmts)
  {
    s = string.Format("<b>Type:</b>{0} <b>Name:</b>{1}",
      node.NodeType, node.Name);
    lbl.Text += s + "<br>";
  }
}
```

这段代码获取了所有标签名称为 myGrandChild 的元素。该方法并不需要一个 DTD 被包含进来，这就使得需要依据标签名称查找时，该方法称为首选方法。

SelectNodes 方法也可用于查找以获取一个 XmlNodeList。SelectNodes 方法需要一个 XPath 查询作为该方法的输入。我们对前一段示例代码进行了修改，调用 SelectNodes 方法来实现相同的效果。修改后的代码如下所示，其中修改的部分已用粗体标出。

```vb
'VB
Protected Sub Button7_Click(ByVal sender As Object, _
  ByVal e As System.EventArgs) Handles Button7.Click

    lbl = GetLabel(275, 20)
  Dim s As String

  'Declare and create new XmlDocument
  Dim xmlDoc As New XmlDocument()
  xmlDoc.Load(MapPath("XmlSample.xml"))

  Dim elmts As XmlNodeList
  elmts = xmlDoc.SelectNodes("//myGrandChild")
  For Each node As XmlNode In elmts
    s = String.Format("<b>Type:</b>{0} <b>Name:</b>{1}", _
```

```
      node.NodeType, node.Name)
    lbl.Text += s + "<br>"
  Next
End Sub


//C#
protected void Button7_Click(object sender, EventArgs e)
{
  lbl = GetLabel(275, 20);
  string s;

  //Declare and create new XmlDocument
  XmlDocument xmlDoc = new XmlDocument();
  xmlDoc.Load(MapPath("XmlSample.xml"));

  XmlNodeList elmts;
  elmts = xmlDoc.SelectNodes("//myGrandChild");
  foreach (XmlNode node in elmts)
  {
    s = string.Format("<b>Type:</b>{0} <b>Name:</b>{1}",
      node.NodeType, node.Name);
    lbl.Text += s + "<br>";
  }
}
```

请注意该方法可对任意元素或属性执行 XPath 查找，且具有更大的查询灵活性，而 GetElementsByTagName 方法只能依据标签名称进行查找。

使用 XPathNavigator 来查找 XPath 文档

XPathNavigator 为执行查找提供了比 DOM 更大的灵活性。XPathNavigator 用于许多专注于使用游标模型进行 XPath 查询的方法。XPathNavigator 可与 XmlDocument 进行交互，但 XPathDocument 对象更像是为 XPathNavigator 量身定制，与 XmlDocument 相比，它使用的资源更少。如果不需要 DOM，请使用 XPathDocument 而非 XmlDocument。下面的代码对 ChildID 属性为 ref-3 的 myChild 元素执行了搜索。

```
'VB
Protected Sub Button8_Click(ByVal sender As Object, _
  ByVal e As System.EventArgs) Handles Button8.Click
  lbl = GetLabel(275, 20)
  Dim s As String
  Dim xmlDoc As New XPathDocument(MapPath("XmlSample.xml"))
  Dim nav As XPathNavigator = xmlDoc.CreateNavigator()

  Dim expr As String = "//myChild[@ChildID='ref-3']"

  'Display the selection.
  Dim iterator As XPathNodeIterator = nav.Select(expr)
  Dim navResult As XPathNavigator = iterator.Current
  While (iterator.MoveNext())

    s = string.Format("<b>Type:</b>{0} <b>Name:</b>{1} ", _
    navResult.NodeType, navResult.Name)

    If navResult.HasAttributes Then
      navResult.MoveToFirstAttribute()
      s += "<b>Attr:</b> "
      Do
        s += string.Format("{0}={1} ", _
        navResult.Name, navResult.Value)
      Loop While navResult.MoveToNextAttribute()
    End If
```

```
      lbl.Text += s + "<br>"
   End While
End Sub
```

```csharp
//C#
protected void Button8_Click(object sender, EventArgs e)
{
   lbl = GetLabel(275, 20);
   string s;
   XPathDocument xmlDoc = new XPathDocument(MapPath("XmlSample.xml"));
   XPathNavigator nav = xmlDoc.CreateNavigator();

   string expr = "//myChild[@ChildID='ref-3']";

   //Display the selection.
   XPathNodeIterator iterator = nav.Select(expr);
   XPathNavigator navResult = iterator.Current;
   while (iterator.MoveNext())
   {
     s = String.Format("<b>Type:</b>{0} <b>Name:</b>{1} ",
      navResult.NodeType, navResult.Name);

     if (navResult.HasAttributes)
     {
       navResult.MoveToFirstAttribute();
       s += "<b>Attr:</b> ";
       do
       {
         s += String.Format("{0}={1} ",
         navResult.Name, navResult.Value);
       } while (navResult.MoveToNextAttribute());
     }

     lbl.Text += s + "<br>";
   }
}
```

　　这段代码使用了 XPath 查询来定位那些其 ChildID 属性为 ref-3 的 myChild 元素。在 Select 方法被调用时，使用了查询字符串。Select 方法的返回值为一个 XPathNodeIterator 对象，利用该对象可在所返回的节点之间进行导航。XPathNodeIterator 拥有一个名称为 Current 的属性，该属性代表了当前节点，它也是 XPathNavigator 类型的。我们并未在代码中到处使用 iterator.Current，而是创建了一个名称为 navResult 的变量，并将一个引用赋给了 iterator.Current。请注意当通过循环遍历完各属性时，不需要对 MoveToParent 进行调用。这是因为 iterator.MoveNext 并不关心当前所处的位置，因为它只是移动到其列表中的下一个节点。

　　需要返回一个节点列表，并对输出进行排序时，XPathNavigator 便开始显示出其真正的威力。排序需要将 XPath 查询字符串编译为一个 XPathExpression 对象，然后为该编译后的表达式添加一个排序。下面给出一个编译和排序的示例代码。

```vbnet
'VB
Protected Sub Button9_Click(ByVal sender As Object, _
   ByVal e As System.EventArgs) Handles Button9.Click
   lbl = GetLabel(275, 20)
   Dim s As String
   Dim xmlDoc As New XPathDocument(MapPath("XmlSample.xml"))
   Dim nav As XPathNavigator = xmlDoc.CreateNavigator()

   'Select all myChild elements
   Dim expr As XPathExpression
   expr = nav.Compile("//myChild")
```

```
  'Sort the selected books by title.
  expr.AddSort("@ChildID", _
    XmlSortOrder.Descending, _
    XmlCaseOrder.None, "", _
    XmlDataType.Text)

  'Display the selection.
  Dim iterator As XPathNodeIterator = nav.Select(expr)
  Dim navResult As XPathNavigator = iterator.Current
  While (iterator.MoveNext())

    s = String.Format("<b>Type:</b>{0} <b>Name:</b>{1} ", _
      navResult.NodeType, navResult.Name)

    If navResult.HasAttributes Then
      navResult.MoveToFirstAttribute()
      s += "<b>Attr:</b> "
      Do
        s += String.Format("{0}={1} ", _
          navResult.Name, navResult.Value)
      Loop While navResult.MoveToNextAttribute()
    End If

    lbl.Text += s + "<br>"
  End While
End Sub
```

```
//C#
protected void Button9_Click(object sender, EventArgs e)
{
  lbl = GetLabel(275, 20);
  string s;
  XPathDocument xmlDoc = new XPathDocument(MapPath("XmlSample.xml"));
  XPathNavigator nav = xmlDoc.CreateNavigator();

  //Select all myChild elements
  XPathExpression expr;
  expr = nav.Compile("//myChild");

  //Sort the selected books by title.
  expr.AddSort("@ChildID",
    XmlSortOrder.Descending,
    XmlCaseOrder.None, "",
    XmlDataType.Text);

  //Display the selection.
  XPathNodeIterator iterator = nav.Select(expr);
  XPathNavigator navResult = iterator.Current;
  while (iterator.MoveNext())
  {
    s = String.Format("<b>Type:</b>{0} <b>Name:</b>{1} ",
      navResult.NodeType, navResult.Name);

    if (navResult.HasAttributes)
    {
      navResult.MoveToFirstAttribute();
      s += "<b>Attr:</b> ";
      do
      {
        s += String.Format("{0}={1} ",
          navResult.Name, navResult.Value);
      } while (navResult.MoveToNextAttribute());
    }
    lbl.Text += s + "<br>";
  }
}
```

这段代码与前一段示例非常类似，区别只在于这里创建了一个 expr 变量。expr 变量通过将查询字符串编译为 XPathExpression 对象而创建的。此后，我们用 AddSort 方法来对输出的 ChildID 属性进行了降序排序。

与 XML 数据进行交互时，可能看起来使用 DOM 方法来访问数据更加容易。但需要对整个树进行遍历以获得期望的输出时，DOM 方法在查找上的局限性就会显露出来。表面上，XPathNavigator 可能更加难于使用，但其执行 XPath 查询和排序的能力会使它成为解决复杂 XML 问题的首选对象。

使用 XmlTextWriter 进行文件写操作

XmlTextWriter 可用于从头创建一个 XML 文件。该类拥有许多属性以辅助 XML 节点的创建。下面的示例代码创建了一个名称为 EmployeeList.xml 的 XML 文件，并将两个员工信息写入该文件。

```vb
'VB
Protected Sub Button10_Click(ByVal sender As Object, _
  ByVal e As System.EventArgs) Handles Button10.Click
 Dim xmlWriter As New _
   XmlTextWriter(MapPath("EmployeeList.xml"), _
   System.Text.Encoding.UTF8)

 With xmlWriter
  .Formatting = Formatting.Indented
  .Indentation = 5

  .WriteStartDocument()
  .WriteComment("XmlTextWriter Test Date: " & _
   DateTime.Now.ToShortDateString())

  .WriteStartElement("EmployeeList")

  'New Employee
  .WriteStartElement("Employee")
  .WriteAttributeString("EmpID", "1")
  .WriteAttributeString("LastName", "JoeLast")
  .WriteAttributeString("FirstName", "Joe")
  .WriteAttributeString("Salary", XmlConvert.ToString(50000))

  .WriteElementString("HireDate", _
    XmlConvert.ToString(#1/1/2003#, _
    XmlDateTimeSerializationMode.Unspecified))

  .WriteStartElement("Address")
  .WriteElementString("Street1", "123 MyStreet")
  .WriteElementString("Street2", "")
  .WriteElementString("City", "MyCity")
  .WriteElementString("State", "OH")
  .WriteElementString("ZipCode", "12345")

  'Address
  .WriteEndElement()
  'Employee
  .WriteEndElement()

  'New Employee
  .WriteStartElement("Employee")
  .WriteAttributeString("EmpID", "2")
  .WriteAttributeString("LastName", "MaryLast")
  .WriteAttributeString("FirstName", "Mary")
  .WriteAttributeString("Salary", XmlConvert.ToString(40000))
```

```
    .WriteElementString("HireDate", _
      XmlConvert.ToString(#1/2/2003#, _
      XmlDateTimeSerializationMode.Unspecified))
      .WriteStartElement("Address")
    .WriteElementString("Street1", "234 MyStreet")
    .WriteElementString("Street2", "")
    .WriteElementString("City", "MyCity")
    .WriteElementString("State", "OH")
    .WriteElementString("ZipCode", "23456")

    'Address
    .WriteEndElement()
    'Employee
    .WriteEndElement()

    'EmployeeList
    .WriteEndElement()
    .Close()
  End With
  Response.Redirect("EmployeeList.xml")
End Sub


//C#
protected void Button10_Click(object sender, EventArgs e)
{
  XmlTextWriter xmlWriter = new
    XmlTextWriter(MapPath("EmployeeList.xml"),
    System.Text.Encoding.UTF8);

  xmlWriter.Formatting = Formatting.Indented;
  xmlWriter.Indentation = 5;

  xmlWriter.WriteStartDocument();
  xmlWriter.WriteComment("XmlTextWriter Test Date: " +
    DateTime.Now.ToShortDateString());

  xmlWriter.WriteStartElement("EmployeeList");

  //New Employee
  xmlWriter.WriteStartElement("Employee");
  xmlWriter.WriteAttributeString("EmpID", "1");
  xmlWriter.WriteAttributeString("LastName", "JoeLast");
  xmlWriter.WriteAttributeString("FirstName", "Joe");
  xmlWriter.WriteAttributeString("Salary", XmlConvert.ToString(50000));

  xmlWriter.WriteElementString("HireDate",
    XmlConvert.ToString(DateTime.Parse("1/1/2003"),
    XmlDateTimeSerializationMode.Unspecified));
    xmlWriter.WriteStartElement("Address");
  xmlWriter.WriteElementString("Street1", "123 MyStreet");
  xmlWriter.WriteElementString("Street2", "");
  xmlWriter.WriteElementString("City", "MyCity");
  xmlWriter.WriteElementString("State", "OH");
  xmlWriter.WriteElementString("ZipCode", "12345");

  //Address
  xmlWriter.WriteEndElement();
  //Employee
  xmlWriter.WriteEndElement();

  //New Employee
  xmlWriter.WriteStartElement("Employee");
  xmlWriter.WriteAttributeString("EmpID", "2");
  xmlWriter.WriteAttributeString("LastName", "MaryLast");
  xmlWriter.WriteAttributeString("FirstName", "Mary");
  xmlWriter.WriteAttributeString("Salary", XmlConvert.ToString(40000));
```

```
    xmlWriter.WriteElementString("HireDate",
      XmlConvert.ToString(DateTime.Parse("1/2/2003"),
      XmlDateTimeSerializationMode.Unspecified));

    xmlWriter.WriteStartElement("Address");
    xmlWriter.WriteElementString("Street1", "234 MyStreet");
    xmlWriter.WriteElementString("Street2", "");
    xmlWriter.WriteElementString("City", "MyCity");
    xmlWriter.WriteElementString("State", "OH");
    xmlWriter.WriteElementString("ZipCode", "23456");

    //Address
    xmlWriter.WriteEndElement();
    //Employee
    xmlWriter.WriteEndElement();

    //EmployeeList
    xmlWriter.WriteEndElement();
    xmlWriter.Close();

    Response.Redirect("EmployeeList.xml");
}
```

这段代码首先打开一个文件，并将其作为 XmlTextWriter 构造方法一部分。构造方法中需要指定编码类型。因此这里需要一个参数，如果为其传入 Nothing，则将导致编码类型为 UTF-8，效果与将该参数指定为 UTF8Encoding 一样。下面给出所创建的 EmployeeList.xml文件。

```
<?xml version="1.0" encoding="utf-8"?>
<!--XmlTextWriter Test Date: 8/16/2006-->
<EmployeeList>
  <Employee EmpID="1" LastName="JoeLast" FirstName="Joe" Salary="50000">
    <HireDate>2003-01-01T00:00:00</HireDate>
    <Address>
      <Street1>123 MyStreet</Street1>
      <Street2 />
      <City>MyCity</City>
      <State>OH</State>
      <ZipCode>12345</ZipCode>
    </Address>
  </Employee>
  <Employee EmpID="2" LastName="MaryLast" FirstName="Mary" Salary="40000">
    <HireDate>2003-01-02T00:00:00</HireDate>
    <Address>
      <Street1>234 MyStreet</Street1>
      <Street2 />
      <City>MyCity</City>
      <State>OH</State>
      <ZipCode>23456</ZipCode>
    </Address>
  </Employee>
</EmployeeList>
```

许多语句的作用仅仅是对 xmlWriter 执行写操作。通过使用 With xmlWriter 语句，可在Visual Basic 代码中节省大量的输入时间，因为只需输入一个“.”即可表示使用了该对象。

XmlTextWriter 通过设置 Formatting 和 Indentation 属性来实现文档的格式化。

WriteStartDocument 方法向该文件写入了 XML 声明。WriteComment 方法则负责将注释写入该文件。

当写入元素时，可使用 WriteStartElement 方法或 WriteElementString 方法。

WriteStartElement 方法仅将起始元素写入，但会对嵌入层次进行追踪，并将新元素添加到该元素中。调用 WriteEndElement 方法可结束对当前元素的写入。WriteElementString 方法的作用仅仅是为该文件写入一个结束元素。

WriteAttribute 方法需要接收一个名称-值对，并将该属性写入当前的起始元素中。

写操作完成后，必须调用 Close 方法以避免数据的损失。该文件随后便被保存下来。

使用 XmlTextReader 读取文件

XmlTextReader 用于逐节点地读取 XML 文件。该读取器提供了对 XML 数据流的只前、非缓存方式的访问。当有可能所期望获取的信息位于 XML 顶部附近，且该文件较庞大时，使用该读取器是一个非常理想的方案。如果需要随机访问，请使用 XPathNavigator 类或 XmlDocument 类。下面的代码对前一个例子中所创建的 XML 文件进行了读取，并将每个节点的信息加以显示：

```vb
'VB
Protected Sub Button11_Click(ByVal sender As Object, _
  ByVal e As System.EventArgs) Handles Button11.Click
 lbl = GetLabel(275, 20)
 Dim xmlReader As New _
   XmlTextReader(MapPath("EmployeeList.xml"))

 Do While xmlReader.Read()

   Select Case xmlReader.NodeType
     Case XmlNodeType.XmlDeclaration, _
         XmlNodeType.Element, _
         XmlNodeType.Comment
      Dim s As String
      s = String.Format("{0}: {1} = {2}<br>", _
        xmlReader.NodeType, _
        xmlReader.Name, _
        xmlReader.Value)
      lbl.Text += s
     Case XmlNodeType.Text
      Dim s As String
      s = String.Format(" - Value: {0}<br>", _
         xmlReader.Value)
      lbl.Text += s
   End Select

   If xmlReader.HasAttributes Then
     Do While xmlReader.MoveToNextAttribute()
      Dim s As String
      s = String.Format(" - Attribute: {0} = {1}<br>", _
        xmlReader.Name, xmlReader.Value)
      lbl.Text += s
     Loop
   End If
 Loop
 xmlReader.Close()
End Sub

//C#
protected void Button11_Click(object sender, EventArgs e)
{
 lbl = GetLabel(275, 20);
 XmlTextReader xmlReader = new
  XmlTextReader(MapPath("EmployeeList.xml"));

 while (xmlReader.Read())
```

```
{
  switch( xmlReader.NodeType)
  {
    case XmlNodeType.XmlDeclaration:
    case XmlNodeType.Element:
    case XmlNodeType.Comment:
    {
      string s;
      s = String.Format("{0}: {1} = {2}<br>",
        xmlReader.NodeType,
        xmlReader.Name,
        xmlReader.Value);
      lbl.Text += s;
      break;
    }
    case XmlNodeType.Text:
    {
      string s;
      s = String.Format(" - Value: {0}<br>",
        xmlReader.Value);
      lbl.Text += s;
      break;
    }
  }

  if (xmlReader.HasAttributes)
  {
    while (xmlReader.MoveToNextAttribute())
    {
      string s;
      s = String.Format(" - Attribute: {0} = {1}<br>",
      xmlReader.Name, xmlReader.Value);
      lbl.Text += s;
    }
  }
}
xmlReader.Close();
}
```

这段代码打开了 EmployeeList.xml 文件，并执行了一个简单的循环，每轮迭代中都读取了一个元素。对于被读取的每个节点，其 NodeType 都被进行了检查，且该节点的信息被打印。当一个节点被读取时，其对应的属性也会被读取。这里还对节点是否具有属性进行了检查，如果有，则将其显示。

修改 XML 文档

一旦 XmlDocument 对象被加载，就可轻松地添加和移除节点。当移除节点时，只需对其进行定位，并将它从其父节点中删除即可。而在添加节点时，需要创建节点，为其寻找合适的插入位置，然后才能将该节点插入。下面的代码演示了如何删除已有节点和添加新节点。

```vb
'VB
Protected Sub Button12_Click(ByVal sender As Object, _
  ByVal e As System.EventArgs) Handles Button12.Click

  lbl = GetLabel(275, 20)

  'Declare and load new XmlDocument
  Dim xmlDoc As New XmlDocument()
  xmlDoc.Load(MapPath("XmlSample.xml"))

  'delete a node
  Dim node As XmlNode
```

```
    node = xmlDoc.SelectSingleNode("//myChild[@ChildID='ref-3']")
    node.ParentNode.RemoveChild(node)

    'create a node and add it
    Dim newElement as XmlElement = _
      xmlDoc.CreateElement("myNewElement")
    node = xmlDoc.SelectSingleNode("//myChild[@ChildID='ref-1']")
    node.ParentNode.InsertAfter(newElement, node)
    xmlDoc.Save(MapPath("XmlSampleModified.xml"))
    Response.Redirect("XmlSampleModified.xml")
End Sub

//C#
protected void Button12_Click(object sender, EventArgs e)
{
    lbl = GetLabel(275, 20);

    //Declare and load new XmlDocument
    XmlDocument xmlDoc = new XmlDocument();
    xmlDoc.Load(MapPath("XmlSample.xml"));

    //delete a node
    XmlNode node;
    node = xmlDoc.SelectSingleNode("//myChild[@ChildID='ref-3']");
    node.ParentNode.RemoveChild(node);

    //create a node and add it
    XmlElement newElement =
      xmlDoc.CreateElement("myNewElement");
    node = xmlDoc.SelectSingleNode("//myChild[@ChildID='ref-1']");
    node.ParentNode.InsertAfter(newElement, node);
    xmlDoc.Save(MapPath("XmlSampleModified.xml"));
    Response.Redirect("XmlSampleModified.xml");
}
```

要删除某个节点，可使用 SelectSingleNode 方法来对其进行定位。找到该节点后，可利用该节点的 ParentNode 属性的 RemoveChild 方法来将该节点从其父节点移除。

要添加一个节点，需要调用 XmlDocument 对象的 CreateElement 方法。接下来，需要找到合适的插入位置，并利用其 ParentNode 属性的 InsertAfter 方法来将该节点插入。

验证 XML 文档

在独立系统中交换文档的要素是定义 XML 文档结构的能力以及依据已定义的结构对给定 XML 文档进行验证的能力。.NET Framework 赋予了开发人员对 DTD 或 XML 模式执行验证的能力。.NET Framework 的早期版本使用了 XmlValidatingReader 对象来执行验证，但该对象如今已过时。本节将介绍如何使用 XmlReader 类来进行 XML 文档验证。

XmlReader 类可对 XML 流执行只前的读取和验证。XmlReader 类中包含一个可接收一个字符串或流以及 XmlReaderSettings 对象的 Create 方法。为执行验证，必须创建 XmlReaderSettings 对象，且需将其属性设为执行验证。在下一个例子中，我们将使用下列代码来对 XmlSample.xml 和 XmlBadSample.xml 进行验证。

```
'VB
Protected Sub Button13_Click(ByVal sender As Object, _
  ByVal e As System.EventArgs) Handles Button13.Click
  lbl = GetLabel(275, 20)
  If ValidateDocument(MapPath("XmlSample.xml")) Then
```

```vbnet
      lbl.Text += "Valid Document<br />"
    Else
      lbl.Text += "Invalid Document<br />"
    End If
End Sub

Protected Sub Button14_Click(ByVal sender As Object, _
    ByVal e As System.EventArgs) Handles Button14.Click
    lbl = GetLabel(275, 20)
    If ValidateDocument(MapPath("XmlBadSample.xml")) Then
      lbl.Text += "Valid Document<br />"
    Else
      lbl.Text += "Invalid Document<br />"
    End If
End Sub

Public Function ValidateDocument(ByVal fileName As String) _
    As Boolean
    Dim xmlSet As New XmlReaderSettings()
    xmlSet.ValidationType = ValidationType.DTD
    xmlSet.ProhibitDtd = False
    Dim vr As XmlReader = XmlReader.Create( _
      fileName, xmlSet)

    Dim xd As New XmlDocument()
    Try
      xd.Load(vr)
      Return True
    Catch ex As Exception
      lbl.Text += ex.Message + "<br />"
      Return False
    Finally
      vr.Close()
    End Try
End Function
```

```csharp
//C#
protected void Button13_Click(object sender, EventArgs e)
{
  lbl = GetLabel(275, 20);
  if (ValidateDocument(MapPath("XmlSample.xml")))
  {
    lbl.Text += "Valid Document<br />";
  }
  else
  {
    lbl.Text += "Invalid Document<br />";
  }
}

protected void Button14_Click(object sender, EventArgs e)
{
  lbl = GetLabel(275, 20);
  if (ValidateDocument(MapPath("XmlBadSample.xml")))
  {
    lbl.Text += "Valid Document<br />";
  }
  else
  {
    lbl.Text += "Invalid Document<br />";
  }
}

private bool ValidateDocument(string fileName)
{
  XmlReaderSettings xmlSet = new XmlReaderSettings();
  xmlSet.ValidationType = ValidationType.DTD;
```

```
xmlSet.ProhibitDtd = false;
XmlReader vr = XmlReader.Create(fileName, xmlSet);
XmlDocument xd = new XmlDocument();
try
{
  xd.Load(vr);
  return true;
}
catch (Exception ex)
{
  lbl.Text += ex.Message + "<br />";
  return false;
}
finally
{
  vr.Close();
}
}
```

XmlBadSample.xml 的内容如下所示：

```
XmL file: Xmlbadsample.xml
<?xml version="1.0" encoding="utf-8"?>
<!DOCTYPE myRoot [
  <!ELEMENT myRoot ANY>
  <!ELEMENT myChild ANY>
  <!ELEMENT myGrandChild EMPTY>
  <!ATTLIST myChild
ChildID ID #REQUIRED
>
]>
<myRoot>
  <myChild ChildID="ref-1">
   <myGrandChild/>
   <myGrandChild/>
   <myGrandChild/>
  </myChild>
  <myChild ChildID="ref-2">
   <myGrandChild/>
   <myGrandChild/>
   <myGrandChild>this is malformed</myGrandChild>
  </myChild>
  <myChild ChildID="ref-3">
   <myGrandChild/>
   <myGrandChild/>
   <myGrandChild/>
  </myChild>
  <myChild ChildID="ref-4">
   <myGrandChild/>
   <myGrandChild/>
   <myGrandChild/>
  </myChild>
</myRoot>
```

这段代码利用 XmlReader 类打开了指定的 XML 文件。在 XmlDocument 被读取期间，对该文档进行了验证。由于这段代码中包含一个嵌入的 DTD，该文档被进行了验证。

这里的 DTD 要求 myGrandChild 元素必须为空，但有一个 myGrandChild 元素的 myChild ref-1 具有一个包含"this is malformed"的 myGrandChild 元素，因此出现了错误。当文档合法时，任何使用 XmlReader 读取操作的语句都应放在 Try-Catch 语句块中以捕获任何可能的验证异常。

快速测试

1. 要想依据标签名称对单个 XML 节点进行定位，需调用哪个方法？
2. 如果希望找到具有某个特定标签名称的所有元素，并希望结果以 XmlNodeList 对象的形式返回，应使用哪个方法？
3. 要对一个较大的 XML 文件执行 XPath 查询，应使用何种对象？

参考答案

1. 可执行 SelectSingleNode。
2. 可使用 GetElementsByTagName 或 SelectNodes 方法。
3. 应使用 XPathNavigator。

使用 LINQ to XML

在.NET Framework 中与 XML 数据交互的另一种方式是使用 LINQ to XML 的类，这些类位于 System.Xml.Linq 命名空间中。这些类使开发人员在与 XML 数据交互时更容易、更高效，同时可带来更丰富的体验。此外，这些类对 LINQ 进行了补充，使得当对嵌入在 XML 中的数据进行搜索时也使用统一的查询模型。利用 LINQ to XML，可实现迄今为止我们所介绍的所有事情，包括从文件中加载 XML、将其序列化为流和文件、查询、验证、在内存中进行操作等。实际上，许多 LINQ to XML 类都将我们前面讨论过的类作为它们与数据交互的内部手段(例如 XmlReader 类可用于读取 XML 数据)。

LINQ to XML 类

LINQ to XML 类可通过 System.Xml.Linq 命名空间来访问。其中包含许多类。但是我们要使用的最关键的类是 XElement，它为我们提供了非常丰富的功能，包括轻松创建 XML 元素，从文件中加载元素，对元素进行查询、执行写操作或是将 XML 数据通过网络发送。图 7.19 展示了在 Xml.Linq 命名空间中所定义的对象的层次关系。

接下来的几节中我们将对 XElement 的使用方法进行概述。但是，对 LINQ to XML 的其他类获得一些基本了解也非常重要。表 7.6 列出了图 7.19 中所展示的类，并对其进行了简要介绍。

加载 XML 树

要使用 LINQ to XML，需要将 XML 数据加载到内存中。这意味着从文件、字符串或 XmlReader 进行加载或解析。需要将 XML 数据解析为 XElement(或 XDocument)对象。例如，假定有一个包含员工数据的文件，可通过调用 XElement 的 Load 方法来读取该文件。下面的代码展示了该功能。请注意对 Server.MapPath 的调用是为得到存储在该网站根路径下的 Employee.xml 文件的路径：

```VB
'VB
Dim xmlFile As String = Server.MapPath("/DataSamples") & "\employee.xml"
Dim employees As XElement = XElement.Load(xmlFile)
```

```C#
//C#
string xmlFile = Server.MapPath(@"/DataSamples") + @"\employee.xml";
XElement employees = XElement.Load(xmlFile);
```

XElement 类还包含 Parse 方法,该方法可用于从字符串中加载 XML。只需将该字符串作为一个参数传递给该静态 Parse 方法即可。如果 XML 数据本来就是字符串形式的,当然很好。但如果是在代码中对 XML 进行定义,则你应以函数式的方法来完成解析而不是对字符串进行解析,因为使用函数式方法的效率更高。这些内容将在本课稍后的"使用 XElement 创建 XML 树"中进一步展开讨论。

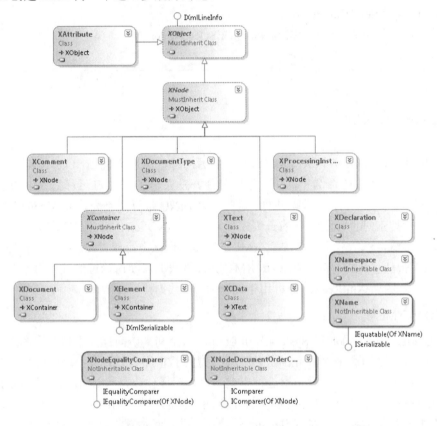

图 7.19　LINQ to XML 的类(位于 System.Xml.Linq 命名空间)

表 7.6　位于 System.Xml.Linq 命名空间的 LINQ to XML 类

类	描　述
XAttribute	表示与 XML 属性交互的类。可创建该类的一个包含名称/值对的新实例。可利用该类来为 XElement 对象添加属性。XAttribute 类也可在定义树时,用于函数式 XML 编程(稍后将进行介绍)
XCData	表示一个包含 CDATA 的文本节点。该类由 XText 类派生而来
XComment	表示一个 XML 注释。可以将 XML 注释作为元素的子节点进行添加,还可以将 XML 注释作为根元素节点的同级添加到 XDocument

类	描　述
XContainer	表示 XElement 和 XDocument 的基类
XDeclaration	表示一个 XML 声明，其中包括 XML 版本以及编码信息
XDocument	表示一个合法的 XML 文档。该类包含完整的文档。很多时候，只希望与文档中的元素进行交互。这时，使用 XElement 是一个极佳选择。当需要与某个 XML 文档的整个结构(包括元素、注释、声明等)进行交互时，可使用 Xdocument
XDocumentType	表示一个用于验证 XML 树的 XML DTD，并提供默认属性
XElement	表示一个 XML 元素。该类为 LINQ to XML 的核心类。可以使用该类创建元素；更改元素内容；添加、更改或删除子元素；向元素中添加属性；或以文本格式序列化元素内容。 还可以与 System.Xml 中的其他类(例如 XmlReader、XmlWriter 和 XslCompiledTransform)进行互操作
XName	表示元素和属性的名称
XNameSpace	表示 XElement 或 XAttribute 的命名空间。命名空间是 XName 的一部分
XNode	表示 XML 树中的一个节点。该类为 XText、XContainer、XComment、XProcessingInstruction 以及 XDocumentType 类的基类
XNodeDocumentOrderComparer	表示用于比较节点的文档顺序的功能
XNodeEqualityComparer	表示用于比较节点等价性的功能
XObject	此类是 XNode 和 XAttribute 的抽象公共基类，它提供这两个类共用的一些基本功能(如批注)，并可以在节点发生了更改时引发事件。请注意，批注不属于 XML 信息集；不对批注进行序列化或反序列化
XObjectChange	表示由使用了 XObject 的类所引发的事件的事件类型
XObjectChangeEventArgs	表示用于 Changing 和 Changed 事件的数据
XProcessingInstruction	表示一条 XML 处理指令
XText	表示 XML 中的一个文本节点

对 XML 树编写 LINQ 查询

使用 LINQ to XML 编写的查询看起来与 XPath 和 XQuery 查询非常类似。但是，它们使用的是标准的 LINQ 记号。这就保证了对不同类型的数据进行查询时，可以遵循一个统一的查询模型。使用 LINQ to XML 编写插叙的方式也与对 DataSet 的查询方式类似。这是因为 XML 数据与 DataSet 一样均位于内存中。此外，与 LINQ to SQL 不同，这里没有对象-关系映射。

下面我们来看一个例子，假定有一个包含员工的 XML 文件。该 XML 文件的内容如下所示：

```xml
<?xml version="1.0" standalone="yes"?>
<Employees>
  <Employee>
    <id>A-C71970F</id>
    <FirstName>Aria</FirstName>

    <LastName>Cruz</LastName>
    <Salary>15</Salary>
  </Employee>
  <Employee>
    <id>A-R89858F</id>
    <FirstName>Annette</FirstName>
    <LastName>Roulet</LastName>
    <Salary>24</Salary>
  </Employee>
  <Employee>
    <id>CFH28514M</id>
    <FirstName>Carlos</FirstName>
    <LastName>Hernadez</LastName>
    <Salary>18</Salary>
  </Employee>
  <Employee>
    <id>M-L67958F</id>
    <FirstName>Maria</FirstName>
    <LastName>Larsson</LastName>
    <Salary>17</Salary>
  </Employee>
  <Employee>
    <id>VPA30890F</id>
    <FirstName>Victoria</FirstName>
    <LastName>Ashworth</LastName>
    <Salary>21</Salary>
  </Employee>
</Employees>
```

　　假定需要对该 XML 编写一个查询，以返回所有工资高于 20 的员工数据。首先应将该 XML 文件作为一个 XElement 实例加载到内存中。然后再对该 XElement 对象定义 LINQ 查询以返回所有包含 Salary 元素，且该元素的值大于 20 的员工元素。下面的代码演示了该查询，并将结果写到了一个网页中。

```vb
'VB
Dim xmlFile As String = Server.MapPath("/DataSamples") & "\employee.xml"
Dim employees As XElement = XElement.Load(xmlFile)

Dim query As IEnumerable(Of XElement) = _
  From emp In employees.<Employee> _
  Where CType(emp.Element("Salary"), Integer) > 20 _
  Select emp

For Each emp As XElement In query
  Response.Write(emp.Element("FirstName").ToString() & ", ")
  Response.Write(emp.Element("LastName").ToString() & "<br />")
  Response.Write(emp.Element("Salary").ToString() & "<br /><br />")
Next
```

```csharp
//C#
string xmlFile = Server.MapPath(@"/DataSamples") + @"\employee.xml";
XElement employees = XElement.Load(xmlFile);

IEnumerable<XElement> query =
  from emp in employees.Elements("Employee")
  where (int)emp.Element("Salary") > 20
  select emp;

foreach (XElement emp in query)
```

```
{
  Response.Write(emp.Element("FirstName").ToString() + ", ");
  Response.Write(emp.Element("LastName").ToString() + "<br />");
  Response.Write(emp.Element("Salary").ToString() + "<br /><br />");
}
```

使用 XElement 创建 XML 树

LINQ to XML 还增加了以函数式的方法在代码中定义 XML 的功能。这意味着可在代码中创建一个 XML XElement 对象树(而不仅仅是一个经过解析的字符串)。这可增强代码的易读性，并简化你的编码工作。实际上，Visual Basic 开发人员可利用 Visual Studio IDE 本身自带的智能着色功能来编写 XML 文件。而 C#开发人员仍然需要调用对象构造方法。但是，这两种语言均有一种在代码中构建 XML 树的简便方法。

下面我们来看一个例子，假定希望定义一个表示员工列表的 XElement。可能希望在定义少量子元素来表示实际的员工及其数据。只需嵌入调用 XElement 构造方法即可，该构造方法接收一个参数数组。对于 Visual Basic 开发人员，该过程进一步被抽象，只需在代码中编写 XML 即可。下面给出一段示例代码。

```vb
'VB
Dim employees As XElement = _
  <Employees>
    <Employee>
      <id>MFS52347M</id>
      <FirstName>Martin</FirstName>
      <LastName>Sommer</LastName>
      <Salary>15</Salary>
    </Employee>
  </Employees>
```

```csharp
//C#
XElement employees =
  new XElement("Employees",
    new XElement("Employee",
      new XElement("id", "MFS52347M"),
      new XElement("FirstName", "Martin"),
      new XElement("LastName", "Sommer"),
      new XElement("Salary", 15)
    )
  );
```

为了进一步方便定义 XML，可将查询作为一个参数嵌入来构建 XElement 对象。查询结果将被添加到 XML 流中。

例如，请考虑前面所述的员工定义。假定希望从 Employee.xml 文件中将所有的员工都添加到该列表中。可通过在第一个员工定义的末尾添加一个查询来在 XElement 的定义内部实现该目的。下面的代码展示了一个例子。请注意语句 from emp In empFile.Elements();，这条语句是对查询的调用。

```vb
'VB
Dim xmlFile As String = Server.MapPath("/DataSamples") & "\employee.xml"
Dim empFile As XElement = XElement.Load(xmlFile)

Dim employees As XElement = _
  <Employees>
    <Employee>
      <id>MFS52347M</id>
      <FirstName>Martin</FirstName>
      <LastName>Sommer</LastName>
      <Salary>15</Salary>
```

```
    </Employee>
    <%= From emp In empFile.Elements() _
      Select emp %>
  </Employees>

For Each emp As XElement In employees.Elements
  Response.Write(emp.Element("FirstName").ToString() & ", ")
  Response.Write(emp.Element("LastName").ToString() & "<br />")
  Response.Write(emp.Element("Salary").ToString() & "<br /><br />")
Next
```

//C#
```
string xmlFile = Server.MapPath(@"/DataSamples") + @"\employee.xml";
XElement empFile = XElement.Load(xmlFile);

XElement employees =
  new XElement("Employees",
    new XElement("Employee",
      new XElement("id", "MFS52347M"),
      new XElement("FirstName", "Martin"),
      new XElement("LastName", "Sommer"),
      new XElement("Salary", 15)
    ),
      from emp in empFile.Elements()
      select emp
  );
foreach (XElement emp in employees.Elements())
{
  Response.Write(emp.Element("FirstName").ToString() + ", ");
  Response.Write(emp.Element("LastName").ToString() + "<br />");
  Response.Write(emp.Element("Salary").ToString() + "<br /><br />");
}
```

实训：与 XML 数据进行交互

在本实训中，将与 XML 数据进行交互，使用 XmlDataSource 和一个 XSLT 文件将 XML 文件的一个子集显示到一个 GridView 控件中。如果在完成本练习的过程中遇到任何问题，可以参考配套资源中所附的完整项目。

➢ **练习 1　创建网站和 XML 文件**

在本练习中，需要创建网站和 XML 文件。具体步骤如下。

1. 打开 Visual Studio；创建一个名称为 XmlData 的网站，并选择偏好的编程语言。
2. 在解决方案浏览器中，右击 App_Data 文件夹，并选择 Add New Item(添加新项)。选择 XML File，将其命名为 ProductList.xml，单击 Add。
3. 在所添加的 XML 中，添加下列内容：

```
<?xml version="1.0" encoding="utf-8" ?>
<ProductList>
  <Product Id="1A59B" Department="Sporting Goods" Name="Baseball"
   Price="3.00" />
  <Product Id="9B25T" Department="Sporting Goods" Name="Tennis Racket"
   Price="40.00" />
  <Product Id="3H13R" Department="Sporting Goods" Name="Golf Clubs"
   Price="179.00" />
  <Product Id="7D67A" Department="Clothing" Name="Shirt" Price="12.00" />
  <Product Id="4T21N" Department="Clothing" Name="Jacket" Price="45.00" />
</ProductList>
```

4. 打开 Default.aspx 页面。在设计视图中，将一个 DetailsView 控件拖拽到网页中，并调整其宽度，使其能够显示汽车的信息。

5. 单击 DetailsView 控件右上角的智能标签，以显示 DetailsView Tasks 窗口。单击 Auto Format 链接，并选择 Professional。

6. 单击 Data Source 下拉列表，从中选择 New Data Source(新建数据源)以启动 Data Source Configuration Wizard(数据源配置向导)。从数据源类型中，选择 XML File 并单击 OK。

7. 在 Configure Data Source 页面中，单击 Data File 文本框旁的 Browse 按钮，并在 App_Data 文件夹中浏览 ProductList.xml 文件。

8. 单击 OK。

9. 从 DetailsView 任务窗口中选择 Enable Paging 选项。至此完成对 DetailsView 的配置。

10. 运行该网页。将注意到这些数据被获取并被显示出来。

本课总结

◆ 可使用 DOM 来访问 XML 文档。

◆ XPathNavigator 使用光标模型以及 XPath 查询来提供对数据的只读、随机访问。

◆ 通过设置 XmlReaderSettings 对象的属性，XmlReader 提供了用于验证 DTD、XDR 和 XSD 的对象。

◆ LINQ to XML 使用 XElement 类来加载 XML 数据，编写 LINQ 查询，并在需要时将数据回写。还可以函数式的方式使用 LINQ to XML 在编写的代码中对 XML 进行定义。

课后练习

通过下列问题，你可检验自己对第 2 课的掌握程度。这些问题也可从配套资源中找到。

注意　关于答案

对这些问题的解析可参考本书末 "答案"。

---

1. 下列哪个类可用于从头创建一个 XML 文档？

A．XmlConvert

B．XmlDocument

C．XmlNew

D．XmlSettings

2. 下列哪个类可用于在.NET Framework 数据类型和 XML 类型之间执行数据类型转换？

A．XmlType

B．XmlCast

  C．XmlConvert

  D．XmlSettings

3. 假定准备编写一个函数，并将一个字符串作为一个参数。该字符串数据将以 XML 的形式传给该函数。需要编写 LINQ to XML 代码来对该 XML 数据进行查询和处理。则应采取哪些步骤？(不定项选择)

  A．使用 XElement.Load 方法将 XML 数据加载到一个新的 XElement 对象中。

  B．使用 XElement.Parse 方法将 XML 数据加载到一个新的 XElement 对象中。

  C．定义一个 IEnumerable<>类型的查询变量，其中泛型类型被设为 XElement。

  D．定义一个 IEnumerable<>类型的查询变量，其中泛型类型被设为传递给该函数的字符串参数的值。

本 章 回 顾

为进一步实践和巩固在本章中学习到的技能，建议继续完成下列任务。

◆ 阅读本章小结。

◆ 完成案例训练。这些案例取自实际项目，但都涉及本章介绍的内容，要求你提供相应的解决方案。

◆ 完成建议练习。

◆ 完成实战测试。

本章小结

◆ ADO.NET 提供了如 DataTable 和 DataSet 这样的非连接对象，可独立于数据库连接而使用。此外，LINQ to DataSet 为在非连接对象(DataTable 和 DataSet 对象)中所表示的数据提供了一个查询处理引擎。

◆ ADO.NET 提供了一些面向特定数据提供程序(如 SQL Server、Oracle、OLBDE 及 ODBC 等)的连接对象。此外，LINQ to SQL 还为使用对象-关系映射的 SQL Server 数据库编程提供了丰富的功能。

◆ 利用 System.Xml 命名空间中的类，ADO.NET 提供了对 XML 文件的访问机制。LINQ to XML 技术使可利用 LINQ 的查询功能来与 XML 数据进行交互。

案例场景

在下面的案例场景中，需要运用本章所学知识来完成一些小项目。答案可参见书末尾。

案例 1：确定数据库的更新方式

假定准备创建一个新网页，用户可以通过该网页上载开支报表(以 XML 的形式)。该开支报表数据中包含一些关于开支报表的一般信息，如员工名和 ID、分公司编号以及过周末的时间。此外，该开支报表文件中还包括了描述每项特定开支的信息。对于 mileage，该数据包括了日期和英里数，以及往返地点。对于 entertainment，该数据中包含地点、费用开销以及对娱乐开销的所做的描述。

需要将这些数据导入 SQL Server 数据库中，并寻找一些方案。

问题

1. 应使用何种方法来将数据导入 SQL Server 数据库中？

案例 2：将 DataSet 对象写入一个二进制文件

编写代码对一个 DataSet 对象的几个相互关联的 DataTable 对象中填充了超过 200 000

行的记录。希望将该 DataSet 对象保存到一个文件中，但又希望该文件尽可能的小。

问题

1. 应使用何种对象来保存这些数据？
2. 为保证数据正确地被序列化，应进行什么样的设置？

建议练习

为了帮助你熟练掌握本章考点，请完成下列任务。

为更新数据库对象创建一个网页

在本任务中，需要完成下列全部三个练习。

◆ **练习 1** 创建一个网页，并为其添加一个 Web 服务器控件以提示用户输入数据库中产品价格增长或下降的百分比。使用 Northwind 数据库，其中有一个 Products 表。

◆ **练习 2** 添加代码以打开到该数据库的一个连接，并执行 SQL 查询来依据由用户所提交的值增加或减少所有产品的 UnitPrice 字段值。

◆ **练习 3** 添加代码来执行对一个 SqlTransaction 内的 Products 表的更新。

为编辑非连接数据创建一个网页

在本任务中，应完成第一个练习，体会如何与 DataTable 对象进行交互。第二个练习则帮助你熟悉 LINQ to DataSet。

◆ **练习 1** 创建一个网页，并添加一个按钮来创建一个包含员工表架构的 DataTable 对象。添加一个按钮来实现将 DataRow 对象添加到 DataTable 对象 employees 中。添加一个按钮用于对已有 DataRow 对象进行修改，再添加一个按钮用于删除某个 DataRow 对象。

◆ **练习 2** 从 pubs 数据库中将员工数据读取到一个 DataTable 对象中，并与数据库断开连接。编写一个针对该 DataTable 对象的 LINQ to DataSet 查询以将所有雇用日期在 1991 年之后的员工记录显示出来。将结果依照雇用日期进行排序。并将最终结果绑定到一个 GridView 控件中。

为编辑连接数据创建一个网页

在本任务中，应完成下列两项练习。

◆ **练习 1** 创建一个网页，并添加一个 SqlDataSource 对象，对其进行配置，使其能从 SQL Server 或 SQL Server Express Edition 中读取数据，并将结果显示在 GridView 控件中。

◆ **练习 2** 对该网页进行修改，以启用插入、更新和删除操作。

为与 XML 数据交互创建一个网页

在本任务中，应首先完成前两个练习，以帮助熟悉标准的 XML 类。第三个练习用于帮助进一步了解 LINQ to XML。

◆ **练习 1** 创建一个使用 XmlDataSource 的网页，从 XML 文件中读取数据，并将该数据显示到一个 GridView 控件中。

◆ **练习 2** 修改该网页,以启用插入、删除和更新操作。

◆ **练习 3** 使用 Pubs 数据库中的任何一个表作为源数据来创建一个 XML 文件。可将该数据读入到 DataSet 对象中,然后再将其序列化为 XML 文件。编写一个网页将该 XML 数据加载到一个 XElement 类中。针对该数据编写一个 LINQ 查询,并将查询结果显示在网页中。

为读取、修改和写入 XML 数据创建网页

在本任务中,需要完成下列全部三个练习。

◆ **练习 1** 创建一个包含产品及其价格列表的 XML 文件。

◆ **练习 2** 创建一个网页,并为其添加一个 Web 服务器控件,提示用户输入 XML 文件中产品的价格上涨或下跌的百分比。

◆ **练习 3** 添加代码,使用 XmlReader 来读取该产品文件,对价格进行修改,并使用 XmlWriter 来将数据写入到一个文件中。

实战测试

本书配套资源为实战测试提供了多种选择。例如,可选择只对本章相关的内容进行测验,也可用完整的 70-562 认证考试的内容进行自测。可将测验设置为实战模式(即与真实考试基本相同),或者可以设为学习模式,以便边做题边查看答案及相应的分析。

更多信息 实战测试
要想进一步了解可选的测试模式,请查看本书"前言"。

第 8 章　使用数据源和数据绑定控件

在前面的章节，学习了在业务应用程序中使用 ADO.NET 访问数据。ASP.NET 还提供了几个建立在 ADO.NET 功能之上的服务器控件。这些控件简化了基于数据驱动的 Web 应用程序开发。它们让建立用于访问、显示、操纵和保存数据的 Web 页面变得更加容易。当建立依赖大量数据的基于 Web 的业务应用程序时，使用这些控件可以提高开发效率。

本章首先介绍了 ASP.NET 的数据源控件。使用这些控件来配置在 Web 页面上使用的数据访问。一个数据源可以是一个关系型数据库、存储在内存对象中的数据、基于可扩展标记语言(XML)的数据或者通过语言集成查询引擎(LINQ)检索的数据。本章第 2 课演示了如何绑定数据，以方便用户的交互。这包括使用类似于 GridView、Repeater、DetailsView 等 Web 服务器控件。

本章考点

◆ 使用和创建服务器控件
　　◇　实现数据绑定控件
◆ 使用数据和服务
　　◇　实现一个 DataSource 控件
　　◇　使用数据绑定语句为数据绑定控件

本章课程设置

◆ 第 1 课　使用数据源控件连接数据
◆ 第 2 课　使用数据绑定的 Web 服务器控件

课 前 准 备

为了完成本章的课程，应当熟悉使用 Microsoft Visual Studio 的 Visual Basic 或者 C#开发应用程序。除此之外，还应当熟悉以下内容：

◆ Visual Studio 2008 集成开发环境(IDE)
◆ 超文本标记语言(HTML)和使用 JavaScript 语言的客户端脚本的基础知识
◆ 如何创建一个新网站
◆ 在 Web 页面上添加 Web 服务器控件
◆ 使用 ADO.NET，XML 和 LINQ

真实世界

Mike Snell

并不是所有的应用程序都需要抽象的数据层和可重复使用的框架。我看到过许多简单的业务应用程序的过度工程化。其实，许多较小的应用程序可以采用简单数据绑定技术的优势,将数据绑定技术内置于 Visual Studio ASP.NET 工具中。这些应用程序可以快速创建、通常不需要太多测试并且允许开发人员集中处理业务问题,而不是建立框架和可以重复使用用的组件。能够从这种方法受益的应用程序通常具有一个共同的外观:它们通常具有一个紧凑的时间表,表示 Web 应用程序从开始到结束的安排;并且可能从某种程度上满足临时的需求。综合考虑这些后,你会发现,使用 ASP.NET 中的服务器控件建立数据绑定的应用程序更快捷、更容易、更廉价。

第 1 课　使用数据源控件连接数据

在前面的章节,了解了如何利用 ADO.NET 的功能编写代码连接和使用那些未连接的数据或者存储在一个 XML 文件或一个数据库中的数据。当编写数据库代码建立一个抽象层,比如一个数据访问层或数据对象时,这段代码是有用的。然而,有许多情况,只需要建立 Web 页面,了解如何连接和使用数据,而不必编写所有的 ADO.NET 代码。对于这些情况,ASP.NET 列入了数据源控件。

数据源控件是服务器控件,在设计时,可以拖放到页面。它们不具有一个直接的可视化组件(可以使用此数据绑定控件,下一课中将会讨论)。相反,它们允许对对象、XML 和数据库中的数据的访问进行声明性地定义。本课程分析如何使用数据源控件,在 ASP.NET 页面中让连接和使用数据成为一个更为快速、更为容易的开发过程。

学习目标

◆　使用数据源控件(LinqDataSource、ObjectDataSource、SqlDataSource、AccessDataSource、XmlDataSource 和 SiteMapDataSource)来选择数据并为数据绑定控件绑定数据

◆　为数据源控件传递参数值,允许数据过滤

◆　使用数据源控件开启数据排序

◆　使用数据源控件修改数据,保存数据存储区的变化

预计课时: 30 分钟

理解数据源控件

ASP.NET 中的数据源控件管理 Web 页面上的选择、更新、插入和删除数据任务。它们结合数据绑定控件完成。数据绑定控件提供用户界面元素,通过触发调用数据源控件让用户与数据交互。

在 ASP.NET 中,有多个数据源控件。每个都是为了提供专门的指定类型数据访问,比如直接访问数据库、对象、XML 或基于 LINQ 的查询。这些控件在 System.Web.UI.WebControls 命名空间中,图 8.1 显示了 ASP.NET 中数据源控件的概览。

每个数据源控件的使用方式都是类似的。可以从 Visual Studio 的工具箱中拖拽控件到 Web 页面中。接着,可以使用配置数据源向导连接数据,并为数据源生成标记。使用标记(而不是代码)连接数据被称为声明数据绑定,因为只是声明数据访问而不是编写 ADO.NET 代

码。图 8.2 显示了这个向导中选择数据的步骤。

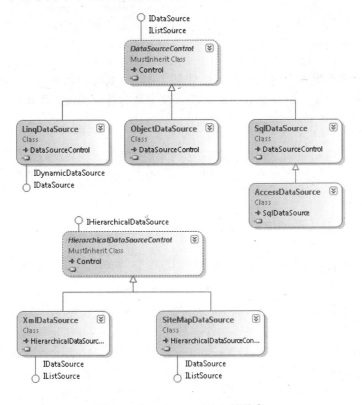

图 8.1 DataSource Web 控件类

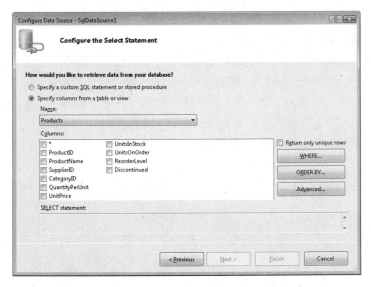

图 8.2 在 Visual Studio 中的配置数据源向导选择数据的步骤

这个向导创建声明性的标记，用于定义数据源连接信息。这个标记可以包含连接信息、数据操纵语句(比如 SQL)等等。下面代码显示了 SqlDataSource 控件标记的例子，用于连接 Northwind 数据库中的产品表格。

```
<asp:SqlDataSource ID="SqlDataSource1" runat="server"
  ConnectionString="<%$ ConnectionStrings:NorthwindConnectionString %>"
  SelectCommand="SELECT * FROM [Products]"></asp:SqlDataSource>
```

考试秘诀

基于向导的用户界面是一个好的工具，可用来定义许多数据源的声明。然而，了解使用标记性语法同样也很重要。这会在编写控件和考试中帮助你。因此，本课剩余部分集中在标记(并不是基于向导的用户界面)。

　　每个数据源控件是对指定类型数据的。下面部分提供了使这些控件中每一个唯一的概览。这包括一些常用的数据源控件，比如绑定、过滤、排序、修改数据等。

使用数据源对象 ObjectDataSource

　　许多 Web 应用程序使用一个中间层，或者业务层，用于检索和使用应用程序数据。这个中间层在类的内部封装数据库代码。然后，Web 开发人员可以调用这些类的方法选择、插入、修改和删除数据。使用这种方式，他们不需要编写直接的 ADO.NET 代码，因为这已经由中间层的人完成。除此之外，这个中间层通常对不同的应用程序重用。

　　可以使用 ASP.NET 中的 ObjectDataSource 控件来连接和使用中间层对象，使用方式和使用其他的数据源对象的方式类似。可以在页面上添加这个控件，配置创建一个中间层对象的实例并调用它的方法来检索、插入、更新和删除数据。ObjectDataSource 控件为对对象的生命周期负责。它创建对象，并处理对象。因此，业务层代码应该以一种无状态的方式编写。另外，如果业务层使用静态(在 Visual Basic 中共享)方法，ObjectDataSource 可以使用这些方法，而不必创建一个真实的业务对象实例。

　　可以将 ObjectDataSource 的 TypeName 属性设置为一个字符串以配置 ObjectDataSource 连接一个类，这个字符串表示一个 Web 应用程序访问的有效数据类型。这个类有可能在 App_Code 目录的内部或者.dll 文件的内部，Web 应用程序对它们有一个引用(它不应当在页面代码隐藏文件)。接着，在类中将 SelectMethod 属性设置为一个有效的方法名称。然后，当请求数据时，ObjectDataSource 控件将调用这个方法。

　　举一个例子，假设需要编写一个接口，允许用户管理 Northwind 数据库内部的 shipper 表格。有一个知道如何返回数据库中所有的 shippers 的业务对象，如下所示。

```vb
'VB
Public Class Shipper

  Private Shared _cnnString As String = _
    ConfigurationManager.ConnectionStrings("NorthwindConnectionString").ToString

  Public Shared Function GetAllShippers() As DataTable
    Dim adp As New SqlDataAdapter( _
      "SELECT * FROM shippers", _cnnString)

    Dim ds As New DataSet("shippers")
    adp.Fill(ds, "shippers")

    Return ds.Tables("shippers")
  End Function
```

```
End Class
```

```
//C#
public class Shipper
{
  private static string _cnnString =
    ConfigurationManager.ConnectionStrings["NorthwindConnectionString"].ToString();

  public static DataTable GetAllShippers()
  {
    SqlDataAdapter adp = new SqlDataAdapter(
      "SELECT * FROM shippers", _cnnString);

    DataSet ds = new DataSet("shippers");
    adp.Fill(ds, "shippers");

    return ds.Tables["shippers"];
  }
}
```

Shipper 类仅列出由于 GetAllShippers 的调用返回的 DataTable。通过设置 TypeName 和 SelectMethod 属性，可以配置 ObjectDataSource 控件来提供这个数据。如下面代码所示。

```
<asp:ObjectDataSource
  ID="ObjectDataSource1"
  runat="server"
  TypeName="Shipper"
  SelectMethod="GetAllShippers">
</asp:ObjectDataSource>

<asp:DetailsView
  ID="DetailsView1"
  runat="server"
  DataSourceID="ObjectDataSource1"
  AllowPaging="true">
</asp:DetailsView>
```

这段代码还为 DetailsView 控件绑定了 ObjectDataSource，并显示信息给用户。图 8.3 展示了输出的例子。

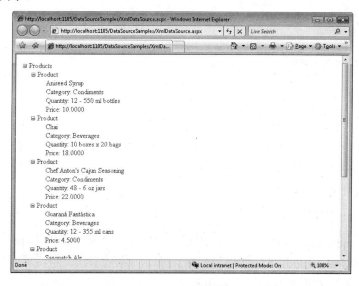

图 8.3　ObjectDataSource 绑定到 DetailsView 控件

请注意，Shipper.GetAllShippers 方法返回 DataTable。ObjectDataSource 类可以使用实现下列接口的任何数据：IEnumberable、IListSource、IDataSource 或者 IHierarchicalDatasource。这意味着只要业务对象类返回类似于 DataTable、DataSet 或一些集合形式的数据，就能确保 ObjectDataSource 控件可以使用这个数据。

传递参数

使用业务对象将毫无疑问地定义带参数值的方法。这些参数可能定义数据上的一个过滤，或者表示当插入或更新数据时使用的值。幸好，可以使用 ObjectDataSource 映射各种页面级别元素为传递给业务对象的参数。

对一个给定的 ObjectDataSource，可以定义多个参数设置。这些设置包括 Select、Insert、Update、Delete 和 Filter 参数。这些参数与给定方法中同名的结合来使用。例如，<SelectParameters>设置使用由 SelectMethod 属性定义的方法。

给定参数值的源可以来自页面或网站的多个地方。这包括一个 Cookie、Control、Session、Query String、Form 或 Profile 对象。这些选项让定义和映射数据源变得简单。也可以在代码中定义源的值。

举一个例子，假定有一个业务对象，名称为 Customer。假定这个对象包含 GetCustomerByCity 方法，为带有城市值的字符串类型参数。接着，这个方法对给定的城市参数返回客户的列表。现在，假定需要创建一个映射到这个类的数据源控件。ObjectDataSource 应当使用查询字符串为方法传递城市值。在这种情况下，要创建一个 SelectParameters 集，包含 QueryStringParameter 定义。QueryStringParameter 定义会在查询字符串的参数名称和方法的参数名称之间映射。下面代码显示了一个例子。

```
<asp:ObjectDataSource
  ID="ObjectDataSource1"
  runat="server"
  TypeName="Customer"
  SelectMethod="GetCustomersByCity">
  <SelectParameters>
    <asp:QueryStringParameter
      Name="city"
      QueryStringField="city"
      Type="String" />
  </SelectParameters>
</asp:ObjectDataSource>
```

接着，可能想为一个 GridView 或类似的控件关联这些数据源。然后，就可以传递合适的查询字符串值调用页面，如下所示。

```
http://localhost:5652/DataSourceSamples/CustomersObjectDs.aspx?city=London
```

可以使用相同的技术传递各种来源的不同类型的多个参数。也可以使用相同的技术传递参数，以用于处理下一节讨论的插入、更新和删除。

插入、更新和删除

可以使用 ObjectDataSource 控件定义数据的插入、更新和删除方式。属性 InsertMethod、UdpateMethod 和 DeleteMethod 可以直接映射到一个对象的方法，当请求这些行为时，这些方法被调用。接着，使用参数的定义将值映射到这些方法的调用。

举一个例子，回忆前面讨论的 Shipper 类。现在，假设附加的方法已经添加到这个对象。

这些方法的签名如下所示。

```vb
'VB
Public Shared Function GetAllShippers() As DataTable
Public Shared Sub InsertShipper(ByVal companyName As String, ByVal phone As String)
Public Shared Sub UpdateShipper(ByVal shipperId As Integer, _
  ByVal companyName As String, ByVal phone As String)
Public Shared Sub DeleteShipper(ByVal shipperId As Integer)
```

```csharp
//C#
public static DataTable GetAllShippers()
public static void InsertShipper(string companyName, string phone)
public static void UpdateShipper(int shipperId, string companyName, string phone)
public static void DeleteShipper(int shipperId)
```

可以为每一个方法映射一个 ObjectDataSource 控件。这样做，需要定义每种方法所期望的参数。下面标记显示了一个例子。

```
<asp:ObjectDataSource
  ID="ObjectDataSource1"
  runat="server"
  TypeName="Shipper"
  SelectMethod="GetAllShippers"
  InsertMethod="InsertShipper"
  UpdateMethod="UpdateShipper"
  DeleteMethod="DeleteShipper">
  <DeleteParameters>
    <asp:Parameter
      Name="ShipperId"
      Type="Int32" />
  </DeleteParameters>
  <UpdateParameters>
    <asp:Parameter
      Name="shipperId" Type="Int32" />
    <asp:Parameter
      Name="companyName" Type="String" />
    <asp:Parameter Name="phone"
      Type="String" />
  </UpdateParameters>
  <InsertParameters>
    <asp:Parameter
      Name="companyName"
      Type="String" />
    <asp:Parameter
      Name="phone"
      Type="String" />
  </InsertParameters>
</asp:ObjectDataSource>
```

接着，可以和一个数据绑定控件一起使用这个 ObjectDataSource 控件，比如 DetailsView 控件。下面标记是一个例子。在这种情况下，字段单独地绑定。这允许对 ShipperID 字段精细的控制，因为它在 SQL 服务器数据库中是一个自动生成的主键(身份)。因此，要将 InsertVisible 属性设置为 false 来确保 DetailsView 控件并不为 ObjectDataSource 插入方法的 ShipperID 传递一个值。也可以在相同的字段将 ReadOnly 属性设置为 true 来表明在一个编辑操作中值不会被改变。

```
<asp:DetailsView
  ID="DetailsView1"
  runat="server"
  AllowPaging="True"
  DataSourceID="ObjectDataSource1"
```

```
    AutoGenerateRows="False"
    Width="450px"
    DataKeyNames="ShipperID">
    <Fields>
      <asp:BoundField DataField="ShipperID" HeaderText="ShipperId"
        ReadOnly="true" InsertVisible="false" />
      <asp:BoundField DataField="CompanyName" HeaderText="CompanyName" />
      <asp:BoundField DataField="Phone" HeaderText="Phone" />
      <asp:CommandField
        ShowInsertButton="True"
        ShowDeleteButton="True"
        ShowEditButton="True" />
    </Fields>
  </asp:DetailsView>
```

定义一个过滤

可以对 ObjectDataSource 应用过滤。对给定对象的方法应用过滤，如 DataSet 或 DataTable 返回的数据。这是因为过滤是一个由 ADO.NET DataColumn 的类定义有效的过滤表达。

为了给 ObjectDataSource 控件定义一个过滤，需要将 FilterExpression 属性设置为有效过滤。这个过滤将应用于数据库检索之后的数据。也可以使用 FilterParameters 实现从页面到过滤表达式之间映射值，这是通过定义一个包含在大括号内的数字参数映射的过滤表达式实现的。然后，添加合理的过滤参数。

下面代码给出了一个例子。这里，Customer.GetAllCustomers 方法绑定 ObjectDataSource 控件。当数据返回时，过滤表达将 city='{0}'应用于结果。接着。City 的查询字符串值将{0}参数传递给过滤表达。

```
    <asp:ObjectDataSource
      ID="ObjectDataSource1"
      runat="server"
      TypeName="Customer"
      SelectMethod="GetAllCustomers"
      FilterExpression="city='{0}'">
      <FilterParameters>
        <asp:QueryStringParameter
          Name="city"
          QueryStringField="city"
          Type="String" />
      </FilterParameters>
    </asp:ObjectDataSource>
```

排序和分页

和 ObjectDataSource 控件一起工作的数据绑定控件可以配置由数据源控件返回的数据的分页和排序。然而，当从数据库中请求数据时，对数据进行分页和排序通常更好。这样做可以减少服务器上资源的消耗。

ObjectDataSource 控件定义了用于管理排序和分页的特定属性。要将这些属性设置为 SelectMethod 中的参数。SelectMethod 还必须定义这些属性，并且使用它们排序和分页。除此之外，通过使用这些特定的属性，数据绑定控件，如 GridView 可以自动地使用数据源，为排序和分页提供输入。

举一个例子，假定希望提供一个业务对象方法来控制客户数据的排序和分页。可以定义一个业务方法，如下所示。

```vb
'VB
Public Shared Function GetPagedCustomersSorted( _
  ByVal sortCol As String, ByVal pageStart As Integer, _
  ByVal numRecords As Integer) As DataTable

  If numRecords <= 0 Then numRecords = 10

  Dim cnn As New SqlConnection(_cnnString)

  Dim sql As String = "SELECT * FROM customers"
  If sortCol <> "" Then sql = sql & " order by " & sortCol

  Dim cmd As New SqlCommand(sql, cnn)
  Dim adp As New SqlDataAdapter(cmd)

  cnn.Open()
  Dim ds As New DataSet("customers")

  adp.Fill(ds, pageStart, numRecords, "customers")

  Return ds.Tables("customers")
End Function
```

```csharp
//C#
public static DataTable GetPagedCustomersSorted(
  string sortCol, int pageStart, int numRecords)
{
    if (numRecords <= 0)
      numRecords = 10;

    SqlConnection cnn = new SqlConnection(_cnnString);

    string sql = "SELECT * FROM customers";
    if (sortCol != "")
      sql = sql + " order by " + sortCol;

    SqlCommand cmd = new SqlCommand(sql, cnn);

    SqlDataAdapter adp = new SqlDataAdapter(cmd);

    DataSet ds = new DataSet("customers");

    cnn.Open();
    adp.Fill(ds, pageStart, numRecords, "customers");

    return ds.Tables["customers"];
}
```

请注意，这个业务方法定义一个参数，用于排序数据，设置启动记录(或页面)，以及设置给定页面中记录的数目。当定义 ObjectDataSource 时，可以使用这些参数。将控件的 SortParameterName 属性设置为用于排序数据的业务对象的参数。将 StartRowIndexParameterName 设置为开始检索数据的行号参数。然后，再将 MaximumRowsParameterName 设置为定义包含在一个给定数据页面行数目的参数。下面标记显示了一个例子。

```
<asp:ObjectDataSource
  ID="ObjectDataSource1"
  runat="server"
  TypeName="Customer"
  SelectMethod="GetPagedCustomersSorted"
  SortParameterName="sortCol"
  EnablePaging="true"
  StartRowIndexParameterName="pageStart"
```

```
      MaximumRowsParameterName="numRecords">
</asp:ObjectDataSource>
```

然后，可以为一个控件绑定这个数据源，比如 GridView 控件。下面标记显示了一个例子。

```
<asp:GridView ID="GridView1" runat="server"
  DataSourceID="ObjectDataSource1"
  AllowPaging="True" PageSize="10" AllowSorting="true">
</asp:GridView>
```

当页面运行时，GridView 控件为数据源传递排序和分页的信息。然而，因为分页在 GridView 绑定之前发生，GridView 并不知道显示的页面的数量。因此，在这种情况下，需要实现自定义分页，以提升用户请求的 GridView 控件的 PageIndex 属性。一旦重置了这个值，GridView 将会向 ObjectDataSource 传递值。

缓存数据

可以告诉 ASP.NET 缓存 ObjectDataSource 控件，这将会在页面调用之间在内存中保留值。如果数据通常是共享的和可以访问的，这能够提升应用程序的性能和增加扩展性。

为了表示 ObjectDataSource 的缓存，要设置 Enablecaching 属性设置为 true。然后，将 CacheDuration 属性设置为希望 ASP.NET 缓存数据的秒数。下面代码显示了设置的一个例子。

```
<asp:ObjectDataSource
  ID="ObjectDataSource1"
  runat="server"
  TypeName="Shipper"
  SelectMethod="GetAllShippers"
  EnableCaching="true"
  CacheDuration="30">
</asp:ObjectDataSource>
```

这个页面的第一次调用将会调用对象，并返回它的数据。随后的相同的 30 秒内的调用(比如移动通过数据页)将使用缓存的数据(并不调用底层对象)。

创建 DataObject 类

对于使用哪个对象作为 ObjectDataSource 控件的源没有太多限制。如果知道业务对象将用于 ObjectDataSource，可以在类内定义属性，使得在 ObjectDataSource 内部使用类比在设计内部更容易。这些属性预定义打算使用的 Select、Insert、Update 和 Delete 方法。

首先，要在类的顶部设置 DataObject 属性。这仅表示该类是一个 DataObject。同样，这里不需要使用 ObjectDataSource 控件，这会让事情变得复杂。下面代码显示了一个类的声明和属性的例子。

```
'VB
<System.ComponentModel.DataObject()> _
Public Class Shipper
```

```
//C#
[DataObject()]
public class Shipper
```

接着，要在数据对象方法的顶部添加 DataObjectMethod 属性。为这个属性传递一个 DataObjectMethodType 枚举值，表示 Delete、Insert、Update 或 Select。下面代码显示了方法签名和属性的一个例子。

```VB
'VB
<System.ComponentModel.DataObjectMethod(ComponentModel.DataObjectMethodType.Select)> _
Public Shared Function GetAllShippers() As DataTable
```

```C#
//C#
[DataObjectMethod(DataObjectMethodType.Select)]
public static DataTable GetAllShippers()
```

通过定义这些属性，可以让设计师明白业务对象的意图。当和很多方法一起使用大的业务对象时，可以减轻配置 ObjectDataSource 控件的负担。

使用 SqlDataSource 连接关系型数据库

SqlDataSource 控件用于配置关系型数据库的访问，比如 SQL 服务器和 Oracle。它也能够配置开放式数据库连通性(ODBC)以及对象链接与嵌入(OLE)Db 数据连接。配置控件连接这些数据库类型中的一个。然后，基于配置环境，控件内部的代码将使用合适的。这些是和在第 7 章中讨论的 ADO.NET 提供程序相同，比如 SqlClient、OracleClient、OleDb 和 Odbc。

首先，要将 SqlDataSource 控件的 ID 属性设置为唯一标识字符串值来配置 SqlDataSource 控件。这个属性类似于其他任何 Web 控件 ID 属性。然而，当涉及到数据绑定期间(稍候讨论)的数据源时，要使用这个值。接着，要将 ConnectionString 属性设置为一个有效的连接字符串或者用于从 Web.config 文件中读取连接字符串的页面脚本(如下面例子代码所示)。

然后，要设置不同的命令属性。这包括用于选择、插入、更新和删除数据的命令。要设置的命令属性是基于使用控件方式的。例如，使用 SelectCommand 来定义一个 SQL 语句，用于从数据库检索数据。在这种情况下，需要使用 Text 的 SelectCommandType(默认值)。也可以将 SelectCommandType 设置为 StoredProcedure，接着为 SelectCommand 属性提供一个存储过程名称。

DataSourceMode 属性用于定义 SqlDataSource 控件检索数据的方式。有两种选择：DataSet 和 DataReader。前者连接数据库，以 DataSet 实例的形式返回所有记录。接着，在继续处理页面之前，关闭数据库连接。后者，DataReader，当它读取每一行到数据源控件时，保持对数据库的开放性连接。

下面标记显示了一个连接到 SQL 服务器表达数据库的例子，首先，通过 Web.config 文件读取连接字符串。它使用一个基于文本的 SQL 语句和一个 DataReader。然后，它为 GridView 控件绑定数据源，用于显示。

```
<asp:SqlDataSource
  ID="SqlDataSource1"
  runat="server"
  ConnectionString="<%$ ConnectionStrings:NorthwindConnectionString %>"
  SelectCommandType="Text"
  SelectCommand="SELECT * FROM [products]"
  DataSourceMode="DataReader">
</asp:SqlDataSource>
<asp:GridView
  ID="GridView1"
  runat="server"
```

```
      DataSourceID="SqlDataSource1">
    </asp:GridView>
```

还可以在代码中使用数据源控件。当这样做时，可以使用对象属性设置替换标记属性设置。首先在 Page_Init 方法内部创建数据源控件。然后，在页面上添加数据源控件，确保它可用于绑定到其他控件。下面代码显示了前面的标记的例子，在代码隐藏页面译为代码。

```vb
'VB
Partial Class _Default
  Inherits System.Web.UI.Page
  Protected Sub Page_Init(ByVal sender As Object, _
    ByVal e As System.EventArgs) Handles Me.Init

    Dim sqlDs As New SqlDataSource
    sqlDs.ConnectionString = _
      ConfigurationManager.ConnectionStrings("NorthwindConnectionString").ToString
    sqlDs.ID = "SqlDataSource1"
    sqlDs.SelectCommandType = SqlDataSourceCommandType.Text
    sqlDs.SelectCommand = "SELECT * FROM [products]"
    sqlDs.DataSourceMode = SqlDataSourceMode.DataReader
    Me.Controls.Add(sqlDs)
  End Sub

  Protected Sub Page_Load(ByVal sender As Object, _
    ByVal e As System.EventArgs) Handles Me.Load
    GridView1.DataSourceID = "SqlDataSource1"
  End Sub

End Class
```

```csharp
//C#
public partial class DefaultCs : System.Web.UI.Page
{
  protected void Page_Init(object sender, EventArgs e)
  {
    SqlDataSource sqlDs = new SqlDataSource();
    sqlDs.ConnectionString =
      ConfigurationManager.ConnectionStrings["NorthwindConnectionString"].ToString();
    sqlDs.ID = "SqlDataSource1";
    sqlDs.SelectCommandType = SqlDataSourceCommandType.Text;
    sqlDs.SelectCommand = "SELECT * FROM [products]";
    sqlDs.DataSourceMode = SqlDataSourceMode.DataReader;
    this.Controls.Add(sqlDs);
  }

  protected void Page_Load(object sender, EventArgs e)
  {
    GridView1.DataSourceID = "SqlDataSource1";
  }
}
```

在代码中使用数据源控件比在标记中使用它们少见。这也很简单，因为在代码中设置的属性和在标记中定义的属性相同。因此，本课的大部分都是假定只使用标记，而不是提供标记和代码两种例子。

使用参数

可以对 SqlDataSource 控件进行配置以便在 Select、Insert、Update、Filter 和 Delete 命令中使用参数。也可以在 SQL 语句内部通过使用@param 语句定义参数来完成。然后，使用参数声明为那些参数的定义映射参数值。

举一个例子，假定正创建一个 SqlDataSource 控件，根据它们的类别 ID 返回产品。这个类别 ID 将为页面传递查询字符串的值。可以在 SelectParameters 集合的内部定义这个参数，作为一个 QueryStringParameter。下面代码显示了这个例子的标记。

```
<asp:SqlDataSource
  ID="SqlDataSource1"
  runat="server"
  ConnectionString="<%$ ConnectionStrings:NorthwindConnectionString %>"
  SelectCommandType="Text"
  SelectCommand="SELECT * FROM [products] WHERE CategoryID=@CategoryId"
  DataSourceMode="DataSet">
  <SelectParameters>
    <asp:QueryStringParameter
      Name="CategoryId"
      QueryStringField="catId"
      Type="Int16" />
  </SelectParameters>
</asp:SqlDataSource>
```

接着，可以为一个 GridView(或类似的控件)绑定这个控件。当页面被访问时，基于查询字符串参数过滤数据。下面显示了一个统一资源定位(URL)调用的例子。

```
http://localhost:5652/DataSourceSamples/MySqlDsExample.aspx?catId=2
```

可以使用相同的方法来定义 InsertParameters、UpdateParameters 和 DeleteParameters。这些参数映射到相应的 InsertCommand、UpdateCommand 和 DeleteCommand。诸如 GridView 和 DetailsView 之类的控件用于触发更新、插入和删除操作，当触发这些操作时，可以为相应的命令传递参数值。这和在 ObjectDataSource 部分显示的内容类似。

使用 SqlDataSource 过滤数据

类似于 ObjectDataSource，可以在 SqlDataSource 控件的内部过滤数据。同样，数据必须是一个 DataSet，因为过滤应用于 ADO.NET 的 DataColumn 或 DataView.RowFilter 属性。

为了定义一个过滤，要将 FilterExpression 属性设置为一个有效的过滤。这个过滤将应用于数据库检索之后的数据。也可以使用 FilterParameter 从页面到过滤表达来映射值，这是通过定义一个包含在大括号内的数字参数映射的过滤表达式实现的。然后，添加合适的过滤参数。

下面代码显示了一个 SqlDataSource 控件的例子，这个控件首先从数据库中选择所有的产品。接着应用一个 FilterExpression 来显示那些已停产产品。

```
<asp:SqlDataSource
  ID="SqlDataSource1"
  runat="server"
  ConnectionString="<%$ ConnectionStrings:NorthwindConnectionString %>"
  SelectCommandType="Text"
  SelectCommand="SELECT * FROM [products]"
  DataSourceMode="DataSet"
  FilterExpression="Discontinued=true">
</asp:SqlDataSource>
```

缓存 SqlDataSource 数据

类似于 ObjectDataSource，可以配置一个服务器缓存 SqlDataSource 控件。然而，当这样做的时候，必须要把 DataSourceMode 属性设置为 DataSet。DataReader 源不能缓存，因为它们要保持对服务器的连接。

缓存 SqlDataSource 控件的方式和 ObjectDataSource 控件的方式相同：设置

EnableCaching 和 CacheDuration 属性。下面代码显示了一个例子。

```
<asp:SqlDataSource
  ID="SqlDataSource1"
  runat="server"
  ConnectionString="<%$ ConnectionStrings:NorthwindConnectionString %>"
  SelectCommandType="Text"
  SelectCommand="SELECT * FROM [products]"
  DataSourceMode="DataSet"
  EnableCaching="True"
  CacheDuration="30">
</asp:SqlDataSource>
```

使用 Microsoft Access 数据文件和 AccessDataSource 控件

AccessDataSource 控件是为了连接并使用 Microsoft Access 基于文件的数据库(.mdb 文件)。这个控件和 SqlDataSource 控件非常相似。事实上，它是从 SqlDataSource 类派生过来的。因此，可以用类似的方式使用 AccessDataSource 控件。这包括传递参数、缓存、过滤数据和调用访问存储过程。

注意　新的访问数据库引擎

Access 数据库引擎在最近的版本中已经改变，从 Jet 到基于 SQLServer 数据库引擎。AccessDataSource 控件使用基于 Jet 的数据库。这些可以通过.mdf 文件扩展来辨识。新的访问文件具有 .accdb 扩展。可以使用 SqlDataSource 控件连接这些数据库文件(不是 AccessDataSource 控件)。

控件之间的一个主要区别是连接数据库的方式。AccessDataSource 控件将 SqlDataSource.ConnectionSting 属性替换为 DataFile 属性。为该属性传递一个数据库文件路径值，以便定义一个 Access 数据库的连接。下面标记显示了如何配置 AccessDataSource 控件以便连接 App_Data 文件夹下的.mdb 文件。

```
<asp:AccessDataSource
  ID="AccessDataSource1" runat="server"
  DataFile="~/App_Data/AccessNorthwind.mdb"
  SelectCommand="SELECT * FROM [Products]">
</asp:AccessDataSource>
```

这个数据源控件内部的代码使用 ADO.NET System.Data.OleDb 提供程序连接一个 Access 数据文件。在第 7 章中应当熟悉这个提供程序了。当然，这段代码被抽象为控件自身。只需定义开始访问和使用访问文件中的数据的标记。

注意　配置访问一个基于文件的数据库

为了确保 Web 页面已经访问了这个文件，ASP.NET 进程标识应当配置允许对.mdb 文件的基于文件的访问。

使用 XmlDataSource 连接 XML 数据

XmlDataSource 控件提供一种方式，用来在页面上的控件和 XML 文件之间创建一个绑定连接。当希望绑定 XML 数据作为分层表示时，XML 数据源控件是最好用的。这种情况下，XML 的 outer 元素表示数据记录。子元素本身可以是和 outer 记录相关的子记录。除此之外，这些 outer "记录"元素的子元素和属性通常绑定为一个字段。可以把这些字段当成一个给定的数据行。由于这个分层的性质，XmlDataSource 控件通常绑定控件，以分层的方式显示数据，比如 TreeView 控件。然而，它们也可以用于显示表格数据。

在设计时配置 XmlDataSource 控件指向一个.xml 文件。项目中的 XML 数据通常存储在项目的 App_Data 文件夹中。为了绑定一个文件，要将数据源控件的 DataFile 属性设置为指向.xml 文件的路径。下面代码显示了一个例子，用于定义一个 XmlDataSource 控件指向包含产品数据的文件。

```
<asp:XmlDataSource
 ID="XmlDataSource1"
 runat="server"
 DataFile="~/App_Data/products.xml" >
</asp:XmlDataSource>
```

也可以直接绑定到一个表示 XML 的字符串值。XmlDataSource 类提供 Data 属性(property)，用于在代码隐藏页面连接一个字符串值。

使用 XmlDataSource 控件转换 XML

可以使用 XmlDataSource 控件定义一个可扩展的样式表语言(XSL)转换，用来改变 XML 数据的形式和内容。也可以通过将 TransformFile 属性设置为一个有效的.xsl 文件来完成。在 XML 被加载到内存之后和 XML 被绑定为输出之前，XSL 文件将用于.xml 数据。

举一个例子，考虑下面 XML 文件，通过不同的类别定义一组产品。

```
<?xml version="1.0" standalone="yes"?>
<Products>
 <Product>
  <Category>Beverages</Category>
  <Name>Chai</Name>
  <QuantityPerUnit>10 boxes x 20 bags</QuantityPerUnit>
  <UnitPrice>18.0000</UnitPrice>
 </Product>
 <Product>
  <Category>Condiments</Category>
  <Name>Aniseed Syrup</Name>
  <QuantityPerUnit>12 - 550 ml bottles</QuantityPerUnit>
  <UnitPrice>10.0000</UnitPrice>
 </Product>
 <Product>
  <Category>Condiments</Category>
  <Name>Chef Anton's Cajun Seasoning</Name>
  <QuantityPerUnit>48 - 6 oz jars</QuantityPerUnit>
  <UnitPrice>22.0000</UnitPrice>
 </Product>
 <Product>
  <Category>Produce</Category>
  <Name>Uncle Bob's Organic Dried Pears</Name>
  <QuantityPerUnit>12 - 1 lb pkgs.</QuantityPerUnit>
  <UnitPrice>30.0000</UnitPrice>
 </Product>
 <Product>
  <Category>Beverages</Category>
  <Name>Guaraná Fantástica</Name>
  <QuantityPerUnit>12 - 355 ml cans</QuantityPerUnit>
  <UnitPrice>4.5000</UnitPrice>
 </Product>
```

```
    <Product>
      <Category>Beverages</Category>
      <Name>Sasquatch Ale</Name>
      <QuantityPerUnit>24 - 12 oz bottles</QuantityPerUnit>
      <UnitPrice>14.0000</UnitPrice>
    </Product>
    <Product>
      <Category>Beverages</Category>
      <Name>Steeleye Stout</Name>
      <QuantityPerUnit>24 - 12 oz bottles</QuantityPerUnit>
      <UnitPrice>18.0000</UnitPrice>
    </Product>
  </Products>
```

想象一下，当在 TreeView 控件中查看数据时，不得不通过排序，并向每个字段添加描述文本以帮助读者等方式转换相关数据。在这种情况下，可以编写一个 XSL 转换文件。下面代码显示了一个例子。

```
<xsl:stylesheet version="1.0"
  xmlns:xsl="http://www.w3.org/1999/XSL/Transform">
  <xsl:template match="Products">
    <Products>
      <xsl:for-each select="Product">
        <xsl:sort select="Name" order="ascending" />
        <Product>
          <Name>
            <xsl:value-of select="Name"/>
          </Name>
          <Category>
            <xsl:text>Category: </xsl:text>
            <xsl:value-of select="Category"/>
          </Category>
          <QuantityPerUnit>
            <xsl:text>Quantity: </xsl:text>
            <xsl:value-of select="QuantityPerUnit"/>
          </QuantityPerUnit>
          <UnitPrice>
            <xsl:text>Price: </xsl:text>
            <xsl:value-of select="UnitPrice"/>
          </UnitPrice>
        </Product>
      </xsl:for-each>
    </Products>
  </xsl:template>
</xsl:stylesheet>
```

接下来，设置 XmlDataSource 控件的 TransformFile 属性指向.xsl 文件。下面代码显示了一个配置的数据源控件如何在标记中读取的例子，随后是一个 XmlDataSource 控件如何在标记中绑定一个 TreeView 控件的例子。

```
<asp:XmlDataSource
  ID="XmlDataSource1"
  runat="server"
  DataFile="~/App_Data/products.xml"
  TransformFile="~/App_Data/ProductTransform.xsl" >
</asp:XmlDataSource>
<asp:TreeView
  id="TreeView1"
  runat="server"
  DataSourceID="XmlDataSource1">
  <DataBindings>
    <asp:TreeNodeBinding DataMember="Name" TextField="#InnerText" />
    <asp:TreeNodeBinding DataMember="Category" TextField="#InnerText" />
    <asp:TreeNodeBinding DataMember="QuantityPerUnit" TextField="#InnerText" />
```

```
    <asp:TreeNodeBinding DataMember="UnitPrice" TextField="#InnerText" />
  </DataBindings>
</asp:TreeView>
```

当页面提交时，ASP.NET 在内存中加载.xml 文件。接着，它为 XML 数据应用.xsl 文件。最后，结果绑定到 TreeView，并且嵌入 HTTP 响应。图 8.4 在浏览器窗口显示了这个数据。请注意，数据是如何排序的，附加的描述文本是如何添加到节点上的。

图 8.4 转换的文件浏览器窗口的中的显示

使用 XmlDataSource 控件过滤 XML

XmlDataSource 控件还允许定义一个数据过滤来定义 XML 的子集。这是通过 XPath 属性完成的。将这个属性设置为一个有效的 XPath 表达式，表示一个过滤表达式。例如，在前面部分定义的 XML 文件中，为了检索产品数据的一个子集，应当设置 XPath 属性如下所示。

```
<asp:XmlDataSource
  ID="XmlDataSource1"
  runat="server"
  DataFile="~/App_Data/products.xml"
  TransformFile="~/App_Data/ProductTransform.xsl"
  XPath="/Products/Product[Category='Category: Beverages']" >
</asp:XmlDataSource>
```

在这个例子中，那些只有类别值设置为"Beverages"的产品的数据被过滤。请注意，这个值实际上是被设置为"Category: Beverages"。这是因为 XPath 表达式用于后面任何 XSL 转换。回忆上面的例子，文本"Category："被添加到数据。因此，必须在 XPath 表达式中考虑如何解决它。

注意 插入、删除、修改和保存 XML 数据
当读取 XML 数据时，XmlDataSource 控件通常会被使用。不同于许多其他的数据源控件，它并不为插入、删除、更新和保存 XML 数据提供自动属性。相反，如果需要这些行为的话，必须编写自定义代码。请参阅第 7 章有关 XML 数据使用这种方式工作的信息。

使用 LinqDataSource 连接基于 LINQ 的数据

可以使用 LinqDataSource 控件方便的连接一个对象关系(O/R)的映射提供的数据。回忆一下，使用 O/R 设计器(Linq 到 Sql.dbml 文件)或 SqlMetal.exe 代码生成器工具生成数据类，如第 7 章讨论。这样创建一个表示数据库类的集合。然后，使用 LINQ 直接编写那些类。也可以使用 LinqDataSource 控件绑定到那些类。

LinqDataSource 控件使用 ContextTypeName 属性定义基于 LINQ 数据的数据库上下文。它可以被设置为指向类的名称，表示数据库上下文。举一个例子，想象一下，假设已经创建了一个文件表示 Northwind 数据库。这个文件可能定义 NorthwindDataContext 类。下面标记显示了如何使用 LinqDataSource 控件连接这个类。

```
<asp:LinqDataSource
  ID="LinqDataSource1"
  runat="server"
  ContextTypeName="NorthwindDataContext"
  EnableDelete="True"
  EnableInsert="True"
  EnableUpdate="True"
  OrderBy="CompanyName"
  TableName="Suppliers"
  Where="Country == @Country">
  <WhereParameters>
    <asp:QueryStringParameter
      DefaultValue="USA"
      Name="Country"
      QueryStringField="country"
      Type="String" />
  </WhereParameters>
</asp:LinqDataSource>
```

LinqDataSource 控件类似于其他数据源控件。它允许定义参数、表示排序、开启分页等等。然而，它的 LINQ 样式声明的语法使它独一无二。考虑前面的标记。请注意，将 TableName 属性设置为 Suppliers。接着，使用属性定义一个查询，表示一个 Where 语句和一个 OrderBy 语句。Where 语句使用 WhereParameters。这个参数表示一个查询字符串，基于查询字符串上的 country 的值过滤数据。

和其他任何数据源一样，可以为一个数据绑定控件绑定一个 LinqDataSource 控件。也可以设置 LinqDataSource 的值表示是否允许删除、插入和更新数据。接着，数据绑定控件将在适当的时候使用 LinqDataSource。

使用 SiteMapDataSource 连接网站导航数据

SiteMapDataSource 控件用于为网站连接网站导航数据。这个控件的数据定义在一个专门的 XML 文件，称为 web.sitemap。可以在 Web 应用程序根目录中定义一个网站地图文件。这个文件包括关于网站的页面的信息和它们的分层。它还包括页面名称、导航信息和页面的描述。它的目的是管理网站导航数据的主要位置；诸如 Menu 和 TreeView 控件使用这些数据，并允许用户轻松的导航应用程序。

举一个例子，想象一下，下面的定义是在 Web 应用程序根目录下的 web.sitemap 文件中。

```xml
<?xml version="1.0" encoding="utf-8" ?>
<siteMap xmlns="http://schemas.microsoft.com/AspNet/SiteMap-File-1.0" >
  <siteMapNode url="" title="Home"  description="">
    <siteMapNode url="products.aspx" title="Products"  description="">
      <siteMapNode url="productDetails.aspx" title="Product Details" description="" />
    </siteMapNode>
    <siteMapNode url="services.aspx" title="Services" description="" />
    <siteMapNode url="locations.aspx" title="Locations" description="" />
    <siteMapNode url="about.aspx" title="About Us" description="" />
  </siteMapNode>
</siteMap>
```

可以使用 SiteMapDataSource 控件连接这个数据。简单的在页面内添加它。不能配置它指向一个指定的文件。相反，它自动地选取定义在 Web 应用程序根目录下的 web.sitemap 文件。下面标记显示了一个例子。绑定这个数据的方式和绑定其他数据源控件的方式一样。下面代码还显示了绑定到一个 Menu 控件。

```xml
<asp:SiteMapDataSource
  ID="SiteMapDataSource1"
  runat="server" />
<asp:Menu ID="Menu1"
  runat="server"
  DataSourceID="SiteMapDataSource1">
</asp:Menu>
```

这个绑定的结果如下图 8.5 所示。

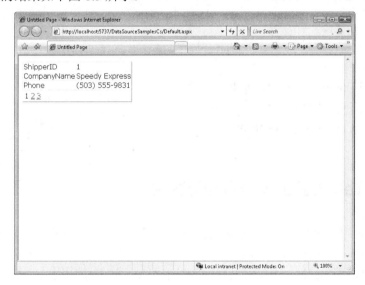

图 8.5　网站地图数据绑定到一个 Menu 控件并在一个浏览器中显示

在 SiteMapDataSource 中过滤数据显示

有时候，可能希望在网站地图 DataFile 中只显示一部分的数据。SiteMapDataSource 控件提供一对属性，用于控制数据的显示。第一个，StartingNodeUrl 用于表示网站地图文件中的节点，该节点是数据源的根节点。

举一个例子，考虑前面讨论的网站地图文件。假定只需要显示 Products 的节点和它的子节点。可以将 SiteMapDataSource 控件的 StartingNodeUrl 属性设置为 product.aspx 来完成，如下面的样本标记所示。

```
<asp:SiteMapDataSource
  ID="SiteMapDataSource1"
  runat="server"
  StartingNodeUrl="products.aspx" />
```

也可以使用 ShowStartingNode 属性来表示是否显示 SiteMapDataSource 控件设置为起始的节点。如果要隐藏起始节点，可以将这个值设置为 false 表示。这个属性和 SiteMapDataSource 控件的其他属性如 StartingNodeUrl 一起工作。

可能会发现，想要导航控件显示基于浏览器当前活动页面的导航数据。可以将 StartFromCurrentNode 属性设置为 true 来完成。这样可以评价当前页面的名称，在网站地图中找到它，并且使用它作为任何那个页面绑定控件的起始节点。如果在一个母版页的内部嵌入导航和 SiteMapDataSource 控件，这个设置尤其有用。

最后，StartingNodeOffset 属性用于向上或下移动网站地图数据树的起始节点。要将值设置为一个负数，用来从当前评估的位置向上移动树的起始节点。一个正数表示在树的层次中移向更深处的节点。

快速测试

1. 使用 SqlDataSource 控件的哪种属性来定义一个数据库的连接？
2. 如何定义一个 ObjectDataSource 连接业务对象？
3. 使用 LinqDataSource 的哪种属性来表明用于连接和使用基于 LINQ 数据的 O/R 类？

参考答案

1. 使用 ConnectionString 属性。
2. 使用 TypeName 属性。
3. 使用 ContextTypeName 属性。

实训：在 Web 页面上使用数据源控件

在这个实训中，使用 Visual Studio 来创建一个 Web 页面，与 ObjectDataSource 控件一起工作，并连接 Northwind 数据库。

如果在完成这个练习时遇到问题，可参考本书配套资源中所附的实例，这些实例都有完成了的项目文件。

➤ 练习1 创建一个网站，定义 Shipper 业务对象

在这个练习中，需要创建一个网站，添加一个业务对象，并在 Northwind 数据库中使用 Shipper 类。

1. 打开 Visual Studio，选择喜好的编程语言创建一个新的网站，命名为 **DataSourceLab**。

2. 在 App_Data 目录中添加 Northwind.mdf 文件。可以从安装的实例文件中复制这个文件。

3. 打开 Web.config 文件，找到元素。对 Northwind 数据库使用连接信息替换它。设置应当如下所示。

```
<connectionStrings>
  <add name="NorthwindConnectionString"
    connectionString="Data Source=.\SQLEXPRESS;
      AttachDbFilename=|DataDirectory|\northwnd.mdf;
      Integrated Security=True;User Instance=True"
    providerName="System.Data.SqlClient"/>
</connectionStrings>
```

4. 为网站添加一个新的类文件。命名文件为 **Shipper.vb**(或.cs)。当提示创建 App_Code 目录时，选择"是"。

5. 在 Shipper 类的内部，在文件的顶部为 System.ComponentModel，System.Data 和 System.Data.SqlClient 命名空间添加一个 Imports 语句(使用 C#)。

6. 在类的级别添加 DataObject 属性来表明该类是一个数据源对象类。回忆一下，这些属性是可选性的，但是使用这些属性会有更好的设计体验。

7. 在类的级别，添加一个静态(在 Visual Basic 中共享的)的变量，设置为通过 Web.config 文件连接字符串。

8. 接下来，为 Shipper 类添加方法，用于在 Northwind.mdf 数据库文件中从 Shipper 表格选择、插入、更新和删除记录。可以使用基本的 ADO.NET 代码来填写方法的内容。一定要使用 DataObjectMethod 属性标记每个方法，并设置合适的枚举(选择、插入、删除、更新)。

下面代码表示 Shipper 类在完成时的形式(除去了 Imports/using 语句)。

```
'VB
<DataObject()> _
Public Class Shipper
  Private Shared _cnnString As String = _
    ConfigurationManager.ConnectionStrings( _
    "NorthwindConnectionString").ToString
  <DataObjectMethod(DataObjectMethodType.Select)> _
  Public Shared Function GetAllShippers() As DataTable
    Dim adp As New SqlDataAdapter( _
      "SELECT * FROM shippers", _cnnString)
    Dim ds As New DataSet("shippers")
    adp.Fill(ds, "shippers")
    Return ds.Tables("shippers")
  End Function
  <DataObjectMethod(DataObjectMethodType.Insert)> _
  Public Shared Sub InsertShipper(ByVal companyName As String, _
    ByVal phone As String)
    Dim cnn As New SqlConnection(_cnnString)
    Dim cmd As New SqlCommand( _
      "INSERT INTO shippers (CompanyName, Phone) " & _
      "values(@CompanyName, @Phone)", cnn)
    cmd.Parameters.Add("@CompanyName", SqlDbType.VarChar, 40).Value = _
      companyName
    cmd.Parameters.Add("@Phone", SqlDbType.VarChar, 24).Value = phone
    cnn.Open()
    cmd.ExecuteNonQuery()
  End Sub
  <DataObjectMethod(DataObjectMethodType.Update)> _
  Public Shared Sub UpdateShipper(ByVal shipperId As Integer, _
```

```vb
      ByVal companyName As String, ByVal phone As String)
      Dim cnn As New SqlConnection(_cnnString)
      Dim cmd As New SqlCommand( _
        "UPDATE shippers SET CompanyName=@CompanyName, phone=@Phone " & _
        "WHERE ShipperId=@ShipperId", cnn)
      cmd.Parameters.Add("@ShipperId", SqlDbType.Int, 0).Value = shipperId
      cmd.Parameters.Add("@CompanyName", SqlDbType.VarChar, 40).Value = _
        companyName
      cmd.Parameters.Add("@Phone", SqlDbType.VarChar, 24).Value = phone
      cnn.Open()
      cmd.ExecuteNonQuery()
    End Sub
    <DataObjectMethod(DataObjectMethodType.Delete)> _
    Public Shared Sub DeleteShipper(ByVal shipperId As Integer)
      Dim cnn As New SqlConnection(_cnnString)
      Dim cmd As New SqlCommand( _
        "DELETE shippers WHERE ShipperId=@ShipperId", cnn)
      cmd.Parameters.Add("@ShipperId", SqlDbType.Int, 0).Value = shipperId
      cnn.Open()
      cmd.ExecuteNonQuery()
    End Sub
End Class
```

```csharp
//C#
[DataObject]
public static class Shipper
{
  private static string _cnnString =
    ConfigurationManager.ConnectionStrings[
    "NorthwindConnectionString"].ToString();
  [DataObjectMethod(DataObjectMethodType.Select)]
  public static DataTable GetAllShippers()
  {
    SqlDataAdapter adp = new SqlDataAdapter(
      "SELECT * FROM shippers", _cnnString);
    DataSet ds = new DataSet("shippers");
    adp.Fill(ds, "shippers");
    return ds.Tables["shippers"];
  }
  [DataObjectMethod(DataObjectMethodType.Insert)]
  public static void InsertShipper(
    string companyName, string phone)
  {
    SqlConnection cnn = new SqlConnection(_cnnString);
    SqlCommand cmd = new SqlCommand(
      "INSERT INTO shippers (CompanyName, Phone) values(@CompanyName, @Phone)",
      cnn);
    cmd.Parameters.Add("@CompanyName", SqlDbType.VarChar, 40).Value =
      companyName;
    cmd.Parameters.Add("@Phone", SqlDbType.VarChar, 24).Value = phone;
    cnn.Open();
    cmd.ExecuteNonQuery();
  }
  [DataObjectMethod(DataObjectMethodType.Update)]
  public static void UpdateShipper(int shipperId,
    string companyName, string phone)
  {
    SqlConnection cnn = new SqlConnection(_cnnString);
    SqlCommand cmd = new SqlCommand(
      "UPDATE shippers SET CompanyName=@CompanyName, phone=@Phone " +
      "WHERE ShipperId=@ShipperId", cnn);
    cmd.Parameters.Add("@ShipperId", SqlDbType.Int, 0).Value = shipperId;
    cmd.Parameters.Add("@CompanyName", SqlDbType.VarChar, 40).Value =
      companyName;
    cmd.Parameters.Add("@Phone", SqlDbType.VarChar, 24).Value = phone;
    cnn.Open();
    cmd.ExecuteNonQuery();
```

```
    }
    [DataObjectMethod(DataObjectMethodType.Delete)]
    public static void DeleteShipper(int shipperId)
    {
      SqlConnection cnn = new SqlConnection(_cnnString);
      SqlCommand cmd = new SqlCommand(
        "DELETE shippers WHERE ShipperId=@ShipperId", cnn);
      cmd.Parameters.Add("@ShipperId", SqlDbType.Int, 0).Value = shipperId;
      cnn.Open();
      cmd.ExecuteNonQuery();
    }
  }
```

➢ 练习 2　绑定 Shipper 业务对象

在这个练习中，在 Web 页面内添加一项功能，绑定前面练习中的创建的 Shipper 对象。

1. 继续前面练习中的项目，或者从本书配套资源的实例中打开第 1 课练习 1 完成了的项目。

2. 在源视图中打开 Default.aspx。从工具箱的数据表中拖动一个 ObjectDataSource 控件到页面。

3. 单击 ObjectDataSource 右上角的 smart 标签打开 ObjectDataSource 任务。选择配置数据源打开配置数据源向导。

   通过向导的步骤配置控件来使用 Shipper 类。请注意，如何选择、更新、插入和删除方法是根据它们的属性映射的，并且只对定义数据方法向导页面的合适的表格可用。

   完成向导，并切换到页面源视图。标记应当如下所示。

```
<asp:ObjectDataSource runat="server"
  ID="ObjectDataSource1"
  TypeName="Shipper"
  SelectMethod="GetAllShippers"
  InsertMethod="InsertShipper"
  DeleteMethod="DeleteShipper"
  UpdateMethod="UpdateShipper">
  <DeleteParameters>
    <asp:Parameter Name="shipperId" Type="Int32" />
  </DeleteParameters>
  <UpdateParameters>
    <asp:Parameter Name="shipperId" Type="Int32" />
    <asp:Parameter Name="companyName" Type="String" />
    <asp:Parameter Name="phone" Type="String" />
  </UpdateParameters>
  <InsertParameters>
    <asp:Parameter Name="companyName" Type="String" />
    <asp:Parameter Name="phone" Type="String" />
  </InsertParameters>
</asp:ObjectDataSource>
```

4. 接下来，在页面上添加一个 DetailsView(再次从工具箱的数据标签添加)。可以在标记或设计模式的内部配置 DetailsView。

   将控件设置为使用 ObjectDataSource 控件。除此之外，开启分页、插入、编辑和删除。

   接下来，将 AutoGenerateRows 属性设置为 false，将 DataKeyNames 设置为 ShipperID。接着，声明字段为 BoundField 对象。将 ShipperID 文件设置为 ReadOnly，并且将 InsertVisible 设置为 false。标记如下所示。

```
<asp:DetailsView
  ID="DetailsView1"
  runat="server"
  AllowPaging="True"
  DataSourceID="ObjectDataSource1"
  AutoGenerateRows="False"
  Width="450px"
  DataKeyNames="ShipperID">
  <Fields>
    <asp:BoundField DataField="ShipperID" HeaderText="ShipperId"
      ReadOnly="true" InsertVisible="false" />
    <asp:BoundField DataField="CompanyName" HeaderText="CompanyName" />
    <asp:BoundField DataField="Phone" HeaderText="Phone" />
    <asp:CommandField
      ShowInsertButton="True"
      ShowDeleteButton="True"
      ShowEditButton="True" />
  </Fields>
</asp:DetailsView>
```

5. 现在，运行应用程序。使用数据页选择不同的记录、插入一个新的记录、更新记录和删除记录(请注意，只能删除添加的记录；现有的记录可能有一个需要管理的外键关系。)

本课总结

◆ ASP.NET 提供几个数据源控件(LinqDataSource、ObjectDataSource、SqlDataSource、AccessDataSource、XmlDataSource 和 SiteMapDataSource)，允许轻松地使用各种类型的数据。这包括使用数据绑定 Web 服务器控件绑定数据。

◆ 可以为大多数的数据源控件传递参数。参数可以绑定到一个 cookie 值、会话值、表单域值、查询字符串值或类似的对象值。

◆ 可以使用许多数据源控件缓存数据。这包括 ObjectDataSource、SqlDataSource 和 AccessDataSource 控件。

课后练习

通过下列问题，你可检验自己对第 1 课的掌握程度。这些问题也可从配套资源中找到。

注意 关于答案
对这些问题的解析可参考本书末"答案"。

1. 有一个 SQL 服务器数据库的数据上下文映射，定义在一个类文件的内部。需要使用一个数据源控件连接这个数据。应当使用哪个数据源控件？

　A．ObjectDataSource

　B．SqlDataSource

　C．SiteMapDataSource

　D．LinqDataSource

2. 正在使用一个 ObjectDataSource 控件连接一个业务对象。必须设置控件的哪些属性返回给定数据源的数据？(不定项选择)

    A．TypeName

    B．SelectMethod

    C．DataSourceId

    D．SelectParameters

3. 希望为数据源控件应用缓存，增加常用的数据的可扩展性。希望设置缓存的过期时间是 60 秒。应当设置数据源控件的哪些属性？(不定项选择)

    A．CacheTimeout

    B．CacheDuration

    C．EnableCaching

    D．DisableCaching

第 2 课　使用数据绑定的 Web 服务器控件

第 7 章和本章的第 1 课介绍了如何使用 ADO.NET 和数据源控件连接各种数据源。一旦连接，数据需要显示给用户以便于与他们交互。ASP.NET 提供一组控件的集合来完成。这些控件称为数据绑定控件。数据绑定控件可以提供基于 Web 的用户界面输出(HTML 和 JavaScript)，还可以绑定服务器上的数据。

本课介绍了 ASP.NET 中的数据绑定概览。接着，介绍了 ASP.NET 内部的许多数据绑定控件。

学习目标

- ◆ 理解数据绑定控件操作方式的基础知识。
- ◆ 使用简单的数据绑定控件，如 DropDownList、ListBox、CheckBoxList、RadioButtonList 和 BulletedList。
- ◆ 使用复合数据绑定控件，比如 GridView、DetailsView、FormView、DataList、Repeater、ListView 和 DataPager。
- ◆ 使用分层数据绑定控件，比如 TreeView 和 Menu。

预计课时：60 分钟

介绍数据绑定控件

ASP.NET 中的数据绑定控件可以分为简单的、复合的或分层的控件。简单的数据绑定控件是从 ListControl 继承的控件。复合的数据绑定控件是从 CompositeDataBoundControl 继承的，比如 GridView、DetailsView、FormsView 等。分层数据绑定控件是 Menu 和 TreeView 控件。

Microsoft .NET Framework 提供几个基类，用于为具体的数据绑定控件提供常见的属性和行为。这些类是许多数据绑定控件的基础。用这种方式，每个数据绑定控件的工作方式都类似。图 8.6 展示了 ASP.NET 数据绑定控件所使用的基类的层次结构。

BaseDataBoundControl 是层次结构中的第一个控件(从 WebControl 继承)。这个类包含 DataSource 和 DataSourceID 属性，用于数据绑定。DataSource 属性获取或设置对象，数据绑定控件使用该对象检索数据项。当在代码中绑定数据时，这个属性是最常用的。在早期 ASP.NET 版本中，它是默认的绑定属性。然而，DataSourceID 属性在后来引入，用来提供一个绑定数据的声明方法。使用 DataSourceID 属性来获得或设置一个包含数据源的数据源控件的 ID，比如第 1 课中讨论的数据源控件。通常要设置 DataSource 或者 DataSourceID 属性 (不是两个都设置)。如果两个属性都设置，DataSourceID 优先。

可以为任何实现 IEnumerable、IListSource、IDataSource 或 IHierarchicalDataSource 的数据绑定一个数据绑定 Web 控件。通过调用数据绑定方法(触发 DataBound 事件)，数据绑定控件在运行时将自动地连接数据源。也可以在代码中调用这个方法，强制对给定的控件重新绑定数据。

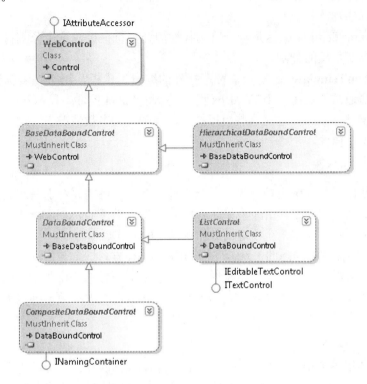

图 8.6　基本数据绑定类层次结构

图 8.6 中，下一个控件是 HierarchicalDataBoundControl，继承于 BaseDataBoundControl。它是显示层次数据的控件比如 Menu 和 TreeView 控件的父类。

DataBoundControl 继承于·BaseDataBoundControl，是复合 CompositeDataBoundControl 和 ListControl 的父类。这些类是显示表格数据的控件比如 GridView 和下拉列表的父类。DataBoundControl 的 DataMember 属性是一个字符串数据类型，当 DataSource 包含多个表格的结果集时使用。在这种情况下，将 DataMember 属性设置为要显示的表格的结果集的名称。

为模板映射字段

模板绑定可以用于支持模板的控件。一个模板控件是一个没有默认的用户界面的控件。控件提供简单的机制来绑定数据。开发人员以内联模板的形式提供用户界面。模板可以包含声明性的元素比如 HTML 和动态超文本标记语言(DHTML)。模板还可以包含 ASP.NET 数据绑定语法，用于从数据源插入数据。支持模板的控件包括 GridView、DetailsView 和 FormView 等。一个典型的控件可能允许编写下面的模板。

◆ **HeaderTemplate** 这是一个可选择性的标头，显示在控件的顶端。

◆ **FooterTemplate** 这是一个可选择性的页脚，显示在控件的底部。

◆ **ItemTemplate** 项目模板显示数据源的每一行。

◆ **AlternatingItemTemplate** 这是一个可选择性的交替项模板；如果使用，模板每隔一行显示。

◆ **SelectedItemTemplate** 这是一个可选择性的选择项模板；如果使用，模板用于显示选择的行。

◆ **SeparatorTemplate** 这是一个可选择性的分割符模板，这个分割符模板定义了每个项和交替项的分割。

◆ **EditItemTemplate** 这是一个可选择性的编辑项模板，用于在编辑模式下显示一行。这通常涉及在一个 TextBox 而不是一个 Label 控件中显示数据。

下面将给出具体的控件定义这些模板的一些例子。大多数情况下，这个过程都是类似的，无论使用哪个控件。

使用 DataBinder 类

除了自动地使用数据绑定控件绑定数据之外，有时候还需要对那些在页面上的获得绑定控件的字段更精细的控制。正因为如此，ASP.NET 提供了 DataBinder 类。这个类可以用于在脚本中定义代码，控制一个给定的数据源绑定的方式。

DataBinder 类提供了静态的 Eval 方法，用来以这种方式绑定数据。通过查看存储在类型集合的类型元数据，Eval 方法使用反射执行 DataItem 属性的基础类型查找。检索到元数据之后，Eval 方法确定如何连接给定的域。这使得在页面上编写数据绑定语法变得容易。例如，下面显示了绑定一个 Car 对象的 Vin 属性。

```
<%# Eval("Vin") %>
```

Eval 方法还提供了一个重载的方法，允许一个格式化的字符串分配为数据绑定的一部分。举一个例子，如果绑定到一个称为 Price 的字段，可以通过提供以下所示的货币的格式修改这个字段的显示，如下所示。

```
<%# Eval("Price", "{0:C}") %>
```

Eval 方法对单向(或只读)的数据绑定是非常不错的。然而，它不支持读写数据绑定，因此，不能用于插入和编辑的情况。然而，DataBinder 类的 Bind 方法可以用于双向的数据绑定。当编辑或插入记录时，Bind 方法是可取的。

就像 Eval 方法，Bind 方法有两个重载：一个没有格式化的参数，一个带有格式化的参数。Bind 方法的代码和 Eval 方法的代码类似，Bind 方法不适用于所有的绑定控件。它只用于那些支持读、插入、更新和删除的情况，比如 GridView、DetailsView 和 FormView。

简单的数据绑定控件

ASP.NET 中，有几个控件提供基本的、基于列表的数据绑定。这些控件不是为了使用数据页或提供详尽的编辑方案。相反，它们允许提供用户可操作的数据项列表。图 8.7 展示了这些简单的数据绑定控件，包括它们常用的基类——ListControl。

ListControl 类是一个抽象的基类，为派生的类提供常用的功能。这包括一个 Item 集合，这个 Item 集合是 ListItem 数据对象的集合。每个 ListItem 对象包括一个用于显示给用户的文本属性和一个回发到 Web 服务器的 Value 属性。

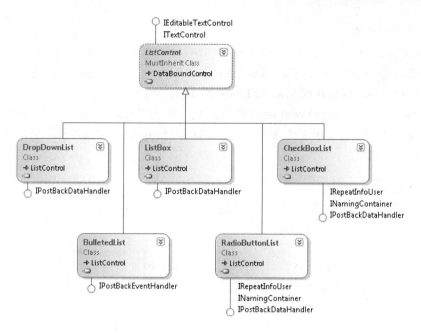

图 8.7　ListControl 类层次结构

可以在代码中或声明的标记中为 ListItems 集合添加项目。如果源数据有多个表格，也可以将 DataSource 属性或 DataMember 属性设置为继承于 ListControl 的控件绑定数据。还可以将 DataSourceID 属性设置为页面上一个有效数据源控件的 ID，声明数据绑定的 ListControl 控件派生的对象。

也可以选择在将要绑定到 ListItem.Text 和 ListItem.Value 属性的结果中选择字段。可以通过编写代码或者通过分别使用 DataTextField 和 DataValueField 属性声明标记来完成。列表控件中的每个项目显示的文本也可以通过设置 DataTextFormatString 属性格式化。举一个例子，下面显示了为一个 ListBox 绑定一个 SqlDataSource 用来提供 Northwind shipper 表格数据声明的语法。

```
<asp:ListBox
  ID="ListBox1"
  runat="server"
  DataSourceID="SqlDataSource1"
  DataTextField="CompanyName"
  DataValueField="ShipperID">
</asp:ListBox>
```

SelectedIndex 属性允许在一个给定的 ListControl 中获得或设置选择的项的索引。使用 SelectedItem 属性可以访问选择的 ListItem 对象的属性。如果只需要访问选择的 ListItem 的值，就要使用 SelectedValue 属性。

ListControl 也包含称为 AppendDataBoundItems 的属性，可以设置为 true 保持当前在 ListControl 中的所有的项的绑定，除了从数据绑定中附加的项。将这个属性设置为 false 清除绑定数据之前的 Items 属性。

ListControl 还提供 SelectedIndexChanged 事件，当在列表控件中的选择在发送到服务器之间改变时开启。回忆一下，如果打算为这种类型的事件发送回服务器，需要将控件的 AutoPostback 属性设置为 true。

DropDownList 控件

DropDownList 控件用于显示项目的列表给用户，允许他们做一个单一的选择。Items 集合包含 DropDownList 控件中的 ListItem 对象的集合。为了确定选择的项，可以检索 SelectedValue、SelectedItem 或 SelectedIndex 属性。

在下面的例子中，DropDownList 控件绑定到一个 SqlDataSource，并从 Northwind 数据库的 Territories 数据库表格返回数据。请注意，DataTextField 和 DataValueField 属性设置为数据库表格中的字段。

```
<asp:DropDownList runat="server" Width="250px"
  ID="DropDownList1"
  DataSourceID="SqlDataSource1"
  DataTextField="TerritoryDescription"
  DataValueField="TerritoryID" >
</asp:DropDownList>
```

想象一下，这个页面也包含带有一个事件的按钮，捕捉从 DropDownList 选择的项，并在标签上显示它。这个 Button 控件的事件代码如下所示。

```
'VB
Label1.Text = "You selected TerritoryID: " & DropDownList1.SelectedValue
```

```
//C#
Label1.Text = "You selected TerritoryID: " + DropDownList1.SelectedValue;
```

当页面运行，用户在 DropDownList 控件做出一个选择，并在按下按钮时，将结果显示在标签中。图 8.8 展示了一个例子。

图 8.8　带有项选择的 DropDownList 控件输出到一个 Label 控件

ListBox 控件

ListBox 控件用于在一个更长的列表中显示项，而不像 DropDownList 那样一次只显示一个。用户可以在给定的时间看到更多的数据。控件也可以配置允许选择单个或多个项。为了完成这个功能，要设置 SelectionMode 属性。ListBox 控件也有 Rows 属性，用于在给定的时间指定显示在屏幕上项的数目。下面显示了一个 ListBox 的例子，这个 ListBox 设置允许多个选择，并显示 13 行。

```
<asp:ListBox runat="server" Height="225px" Width="275px"
   ID="ListBox1"
   Rows="13"
   DataSourceID="SqlDataSource1"
   DataTextField="TerritoryDescription"
   DataValueField="TerritoryID"
   SelectionMode="Multiple">
</asp:ListBox>
```

Items 集合包含在 ListBox 控件中的 ListItem 对象的集合。为了确定选择的项，可以在 Items 集合中通过检查每个 ListItem 元素选择的值枚举 ListItem 对象。下面代码显示了一个处理选择的项和显示它们到一个 Label 控件的例子。

```
'VB
For Each i As ListItem In ListBox1.Items
  If i.Selected Then
    Label1.Text = Label1.Text & "You selected TerritoryID: " & i.Value & "<br />"
  End If
Next
```

```
//C#
foreach (ListItem i in ListBox1.Items)
{
  if(i.Selected)
    Label1.Text = Label1.Text + "You selected TerritoryID: " + i.Value + "<br />";
}
```

这个例子的结果显示在图 8.9。

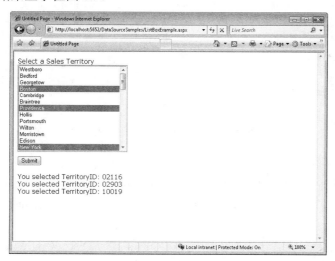

图 8.9　带有项选择的 ListBox 控件输出到 Label 控件

CheckBoxList 控件和 RadioButtonList 控件

CheckBoxList 和 RadioButtonList 控件非常相似。它们用于显示项的列表给用户，允许用户做出选择。RadioButtonList 控件用于做出单个选择。CheckBoxList 控件允许用户做出多个选择。

这些控件包含一个 RepeatColumns 属性，用于表示水平方向上显示的列数。除此之外，

RepeatDirection 可以设置为 Horizontal 或 Vertical(默认)来表示数据应当通过行或列显示。

下面显示了一个使用 Territory 数据，并跨 5 列显示数据的 CheckBoxList 控件配置。

```
<asp:CheckBoxList runat="server"
  ID="CheckBoxList1"
  DataSourceID="SqlDataSource1"
  DataTextField="TerritoryDescription"
  DataValueField="TerritoryID" RepeatColumns="5">
</asp:CheckBoxList>
```

Items 集合包含 ListItem 对象的集合，这些 ListItem 对象在 CheckBoxList 和 RadioButtonList 控件内部。使用 SelectedValue 属性来确定 RadioButtonList 选择的项。为了找到选择的 CheckBoxList 项，可以在 Items 集合中通过检查每个 ListItem 元素的 Selected 属性的值枚举 ListItem 对象(显示在 ListBox 例子中)。

图 8.10 显示了作为复选框显示的销售领域的例子。当用户单击 Submit 按钮时，每个选择的复选框的值显示在一个 Label 控件中。

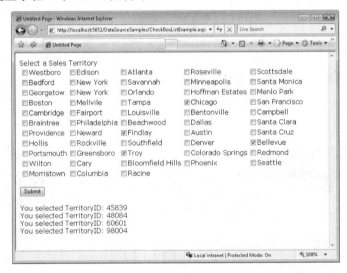

图 8.10   CheckBoxList 控件显示 RepeatColumns 的使用

BulletedList 控件

BulletedList 控件显示一个无序的或有序的项目列表，分别作为 HTML 的 ul 或 ol 元素提交。BulletedList 控件继承于 ListControl。这个控件基于 BulletStyle 属性显示符号或者编号。

如果将控件设置为显示符号，可以选择符号的样式为 Disc、Circle 或 Square。请注意，BulletStyle 设置并不与所有的浏览器兼容。也可以显示自定义图像替代符号。

如果 BulletList 控件设置为显示编号，可以将 BulletStyle 设置为 LowerAlpha，UpperAlpha，LowerRoman 和 UpperRoman 字段。也可以将 FirstBulletNumber 属性设置为序列中指定的起始编号。

DisplayMode 属性可以设置为文本、链接按钮或超链接。如果设置为链接按钮或超链接，当用户单击一个项目以启动 Click 事件时，控件执行一个回发。

下面例子显示了一个数据绑定 BulletedList 控件。控件绑定一个数据源控件，这个数据源控件从 Northwind 数据库选择 Shippers 表格数据。

```
<asp:BulletedList runat="server"
  ID="BulletedList1"
  DataSourceID="SqlDataSource1"
  DataTextField="CompanyName"
  DataValueField="ShipperID" BulletStyle="Circle">
</asp:BulletedList>
```

复合的数据绑定控件

有许多数据绑定控件,使用其他的 ASP.NET 控件来显示绑定的数据给用户。正因如此,这些控件被称为复合数据绑定控件。这些控件继承于基类 CompositeDataBoundControl。这个类实现了 INamingContainer 接口,这意味着,这个类的继承是子控件的命名容器。

直接从 CompositeDataBound 继承的类是 FormView、DetailsView 和 GridView,如图 8.11 所示。这些控件涵盖在本课,伴随着相关的数据绑定控件 ListView、DataPager、Repeater 和 DataList。

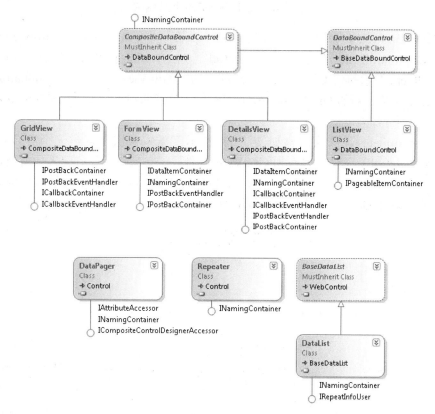

图 8.11　CompositeDataBoundCntrol 类(及其相关)

GridView 控件

GridView 控件是用来在一个表格(行和列)的格式中显示数据。控件显示在浏览器中就像一个 HTML 表。GridView 控件使它更易于配置功能,比如分页、排序和不必写很多代码的数据编辑。

GridView 的基本结构如图 8.12 所示。GridView 控件包含 GridViewRow(行)对象的集合和 DataControlField(列)对象的集合。GridViewRow 对象是从 TableRow 对象继承，表格行包含 Cells 属性。这个属性是 DataControlFieldCell 对象的集合。

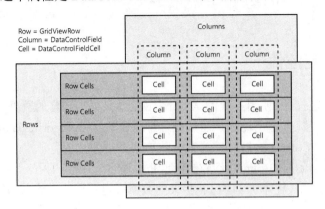

图 8.12　基本 GridView 控件结构

尽管 GridViewRow 对象持有单元格（cell）集合，但是每个 DataControlField(列)对象以便在 DataControlField 对象的 InitializeCell 方法中初始化指定类型的单元格。从 DataControlField 继承的列类重写 InitializeCell 方法。GridView 控件有一个 InitializeRow 方法，该方法负责创建新的 GridViewRow 并且在行被创建时通过调用重写的 InitializeCell 方法创建行的单元格。

DataControlField 类层次结构如图 8.13 所示。派生类用来创建一个有合适内容的 DataControlFieldCell。记住，没有为 GridView 控件定义单元格类型；定义列类型，列的对象使用 InitializeCell 方法为行提供行的单元格对象。DataControlField 类层次结构显示了不同的列类型，这在 GridView 控件中是可用的。

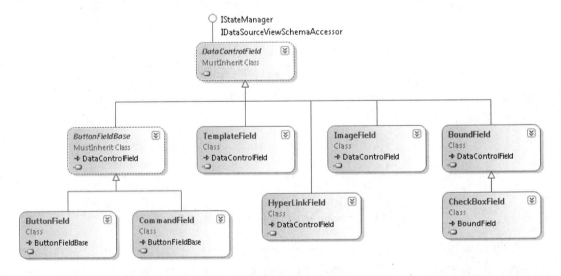

图 8.13　DataControlField 类层次结构

使用样式格式化 GridView 控件

可以使用样式来格式化 GridView。有很多样式可供管理，包括 GridViewStyle、HeaderStyle、FooterStyle、RowStyle、AlternatingRowStyle、SelectedRowStyle、EditRowStyle 等。可以在设计时声明性地设置这些样式。除此之外，RowCreated 和 RowDataBound 事件也可以用于控制编程风格。在这些事件处理器中，在新创建的行上的 Cell 集合可以为行中单个单元格应用一个样式。这两个事件的不同是 RowCreated 事件首先发生，但是在这个时候数据不可用。当需要为一个单元格中基于数据的单元格应用一个不同的样式时，可以使用 RowDataBound 事件。在样式应用之后，这些事件开启，这意味着可以重写任何存在的样式。为一个单元格中基于数据的单元格应用一个不同的样式允许应用业务规则来确定一个单元格是否应当从其他单元格中脱颖而出(比如让负的"手头上的量"数字为红色，但是仅当一个项的销售超过每月一次时)。

举一个例子，考虑一个包含 SqlDataSource 控件绑定 Northwind 数据库中的 Products 表格的页面。假定这个数据源控件提供 SQL 语句，用于选择、更新、插入和删除数据。可以使用这个数据源控件来配置一个允许编辑的 GridView 控件。下面标记显示了一个在源视图中 GridView 外观的例子。

```
<asp:GridView ID="GridView1" runat="server"
  AllowPaging="True"
  AllowSorting="True"
  AutoGenerateColumns="False"
  DataKeyNames="ProductID"
  DataSourceID="SqlDataSource1">
<Columns>
  <asp:CommandField ShowDeleteButton="True" ShowEditButton="True"
    ShowSelectButton="True" />
  <asp:BoundField DataField="ProductID" HeaderText="ProductID"
    InsertVisible="False" ReadOnly="True" SortExpression="ProductID" />
  <asp:BoundField DataField="ProductName" HeaderText="ProductName"
    SortExpression="ProductName" />
  <asp:BoundField DataField="SupplierID" HeaderText="SupplierID"
    SortExpression="SupplierID" />
  <asp:BoundField DataField="CategoryID" HeaderText="CategoryID"
    SortExpression="CategoryID" />
  <asp:BoundField DataField="QuantityPerUnit" HeaderText="QuantityPerUnit"
    SortExpression="QuantityPerUnit" />
  <asp:BoundField DataField="UnitPrice" HeaderText="UnitPrice"
    SortExpression="UnitPrice" />
  <asp:BoundField DataField="UnitsInStock" HeaderText="UnitsInStock"
    SortExpression="UnitsInStock" />
  <asp:BoundField DataField="UnitsOnOrder" HeaderText="UnitsOnOrder"
    SortExpression="UnitsOnOrder" />
  <asp:BoundField DataField="ReorderLevel" HeaderText="ReorderLevel"
    SortExpression="ReorderLevel" />
  <asp:CheckBoxField DataField="Discontinued" HeaderText="Discontinued"
    SortExpression="Discontinued" />
</Columns>
</asp:GridView>
```

请注意，标记中的 Columns 集合。每一列都是和 DataField 以及列的标题(HeaderText)显示的文本一起定义的。当这个 Web 页面执行和显示时，显示给用户的每一行都是随着行为按钮编辑、删除并选择该行。一个用户可以单击该行的编辑链接进入编辑模式。图 8.14 显示了一个例子。

DetailsView 控件

DetailsView 控件用于在某一时刻从 HTML 表格中的数据源显示单个记录的值。DetailsView 控件允许编辑、删除和插入记录。如果将 AllowPaging 属性设置为 true，DetailsView 可以自行导航数据源。然而，在需要显示主/详细信息窗体情况下，DetailsView 也可以和诸如 GridView、ListBox 或 DropDownList 等控件结合起来使用。

DetailsView 不能直接支持排序，GridView 却可以。然而，可以使用数据源，就像第 1 课中讨论的，来管理数据排序。也应该注意到 GridView 并不能自动地支持插入新的记录、而 DetailsView 却支持这个功能。

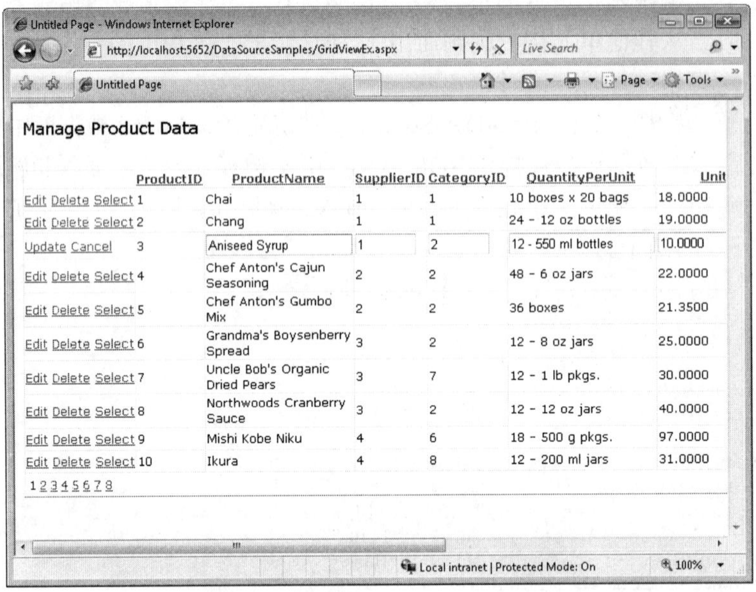

图 8.14　编辑模式下的 GridView 控件

DetailsView 支持 GridView 控件可用的相同格式的选项。可以使用 HeaderStyle、RowStyle、AlternatingRowStyle、CommandRowStyle、FooterStyle、PagerStyle 和 EmptyDataRowStyle 属性格式化 DetailsView 控件。

举一个例子，再次考虑一个页面，这个页面有一个 SqlDataSource 控件，用于定义选取、插入、更新和删除 Northwind 数据库中的产品数据。可以配置一个 DetailsView 来显示这个产品数据页，并允许用户编辑这个数据、插入新的记录和删除现有的数据。下面标记显示了一个例子。

```
<asp:DetailsView runat="server" Width="300px"
  ID="DetailsView1"
  AllowPaging="True"
  AutoGenerateRows="False"
  DataKeyNames="ProductID"
  DataSourceID="SqlDataSource1">
<Fields>
  <asp:BoundField DataField="ProductID" HeaderText="ProductID"
    InsertVisible="False" ReadOnly="True" SortExpression="ProductID" />
  <asp:BoundField DataField="ProductName" HeaderText="ProductName"
    SortExpression="ProductName" />
  <asp:BoundField DataField="SupplierID" HeaderText="SupplierID"
```

```
                     SortExpression="SupplierID" />
       <asp:BoundField DataField="CategoryID" HeaderText="CategoryID"
         SortExpression="CategoryID" />
       <asp:BoundField DataField="QuantityPerUnit" HeaderText="QuantityPerUnit"
         SortExpression="QuantityPerUnit" />
       <asp:BoundField DataField="UnitPrice" HeaderText="UnitPrice"
         SortExpression="UnitPrice" />
       <asp:BoundField DataField="UnitsInStock" HeaderText="UnitsInStock"
         SortExpression="UnitsInStock" />
       <asp:BoundField DataField="UnitsOnOrder" HeaderText="UnitsOnOrder"
         SortExpression="UnitsOnOrder" />
       <asp:BoundField DataField="ReorderLevel" HeaderText="ReorderLevel"
         SortExpression="ReorderLevel" />
       <asp:CheckBoxField DataField="Discontinued" HeaderText="Discontinued"
         SortExpression="Discontinued" />
       <asp:CommandField ShowDeleteButton="True" ShowEditButton="True"
         ShowInsertButton="True" />
     </Fields>
   </asp:DetailsView>
```

请注意，数据表中的每一列都被设置到 Fields 集合的内部。DataField 属性映射到数据源中列的名称。HeaderText 属性用于描述给定数据字段的标签。当页面被执行和显示时，DetailsView 显示编辑、删除和新建按钮。当用户单击编辑按钮，对所选记录进入编辑模式，如图 8.15 所示。

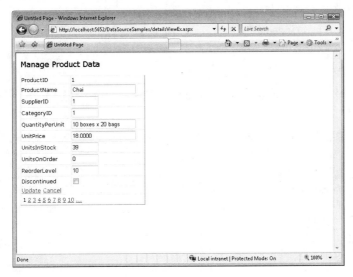

图 8.15　单击编辑按钮之后，编辑模式中的 DetailsView 控件

FormView 控件

类似于 DetailsView，FormView 控件用于从一个数据源显示单个记录。然而，FormView 控件不能自动地输出数据到一个预定义的 HTML 表格。相反，它允许开发人员创建模板，定义数据显示的方式。可以定义不同的模板，用于查看、编辑和更新记录。创建自己的模板，给控制数据显示方式最大的自由度。

FormView 包含下面的模板定义：ItemTemplate、EditItemTemplate、InsertItemTemplate、EmptyDataTemplate、FooterTemplate、HeaderTemplate 和 PagerTemplate。可以通过在模板内放置标记，并在这个标记内添加绑定代码定义这些模板。接着，可以设置 FormView 控件适当的模式来切换给定的模板。

举一个例子，考虑一个页面，定义了数据源控件，从 Northwind 数据库选择 shipper 数据。可以配置 FormView 控件和这个数据一起工作。为了方便显示，可以定义 <ItemTemplate>。这里，要设置控件和 HTML 用于布局数据。使用绑定语法(Eval 和绑定) 连接从 SqlDataSource 到 FormView 的数据。下面标记显示了一个例子。

```
<asp:FormView runat="server"
  ID="FormView1"
  AllowPaging="True"
  DataSourceID="SqlDataSource1">
  <ItemTemplate>
    Shipper Identification:
    <asp:Label runat="server" Font-Bold="True"
      ID="Label1"
      Text='<%# Eval("ShipperID") %>'>
    </asp:Label>
    <br />
    <br />
    Company Name<br />
    <asp:TextBox runat="server" Width="250px"
      ID="TextBox1"
      Text='<%# Bind("CompanyName") %>'>
    </asp:TextBox>
    <br />
    Phone Number<br />
    <asp:TextBox runat="server" Width="250px"
      ID="TextBox2"
      Text='<%# Bind("Phone") %>'>
    </asp:TextBox>
  </ItemTemplate>
</asp:FormView>
```

当运行页面时，自定义模板和 FormView 一起使用，显示定义的数据。图 8.16 展示了在一个浏览器窗口中的结果。

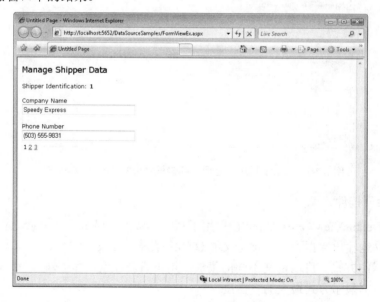

图 8.16 FormView 控件显示在浏览器中的 ItemTemplate

Repeater 控件

Repeater 控件也使用模板来定义自定义绑定。然而，它并不作为个体记录显示数据。

相反，它重复定义在模板中的数据行。这就可以创建单行的数据，并让它在页面内重复。

Repeater 控件是一个只读模板。也就是说，它只能支持 ItemTemplate。它不隐式的支持编辑、插入和删除。如果需要这些功能，或者不得不为 Repeater 控件编写代码，就应当考虑其他控件之一。

下面标记类似于 FormView。它显示从 Northwind 数据库绑定一个 Label 和两个 TextBox 控件的 shipper 数据。

```
<asp:Repeater runat="server"
  ID="Repeater1"
  DataSourceID="SqlDataSource1">
  <ItemTemplate>
    <br /><br />
    Shipper Identification:
    <asp:Label runat="server" Font-Bold="True"
      ID="Label1"
      Text='<%# Eval("ShipperID") %>'>
    </asp:Label>
    <br />
    <br />
    Company Name<br />
    <asp:TextBox runat="server" Width="250px"
      ID="TextBox1"
      Text='<%# Bind("CompanyName") %>'>
    </asp:TextBox>
    <br />
    Phone Number<br />
    <asp:TextBox runat="server" Width="250px"
      ID="TextBox2"
      Text='<%# Bind("Phone") %>'>
    </asp:TextBox>
  </ItemTemplate>
</asp:Repeater>
```

然而，当这个数据显示的时候，它只是重复了页面。图 8.17 展示了一个浏览器窗口的结果。

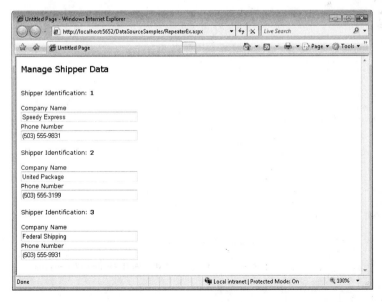

图 8.17　Repeater 控件显示在浏览器中的 ItemTemplate

LISTVIEW 控件

ListView 控件也是使用模板来显示数据。然而，它支持许多附加的模板，当使用数据时，允许更多的情况。这包括 LayoutTemplate。LayoutTemplate 允许指定一个总体布局，在这个布局里面，应当显示数据行。使用 ItemTemplate 定义行。运行时，行被放置到 LayoutTemplate 占位符，通过将 ID 属性设置为 itemPlaceholder 的控件确定。

另外一个模板是 GroupTemplate。这个模板定义组数据。然后，可以将 GroupItemCount 值设置为指定一个组中项目的个数。接着，可以设置控件布局组数据并允许用户通过他们的页面。

ItemSeparatorTemplate 允许定义放置在项目行之间的内容。这允许在合适的位置放置图形分隔符，或在行之间放置数据。

ListView 控件还隐含的支持使用数据源控件编辑、插入、和删除数据(不同于 DataList 和 Repeater)。可以为每种情况定义单个模板。接着，可以通过一个服务器端的调用，并因此激活用户模板来改变 ListView 控件的模式。

举一个例子，考虑一个页面，包含一个数据源控件，公开从 Northwind 数据库的 Product 表格。可以创建一个 ListView 控件，与这个数据一起工作。下面标记显示这样的一个例子。这里，有一个 LayoutTemplate 定义一个 Div 标签，包含 itemPlaceholder 设置。接着，ItemTemplate 由 Div 标签定义。运行时，每一行都将会为占位符添加 Div 标签。

```
<asp:ListView runat="server"
  ID="ListView1"
  DataKeyNames="ProductID"
  DataSourceID="SqlDataSource1">
  <LayoutTemplate>
    <div id="itemPlaceholder" runat="server"></div>
    <br />
    <div style="text-align: center">
      <asp:DataPager ID="DataPager1" runat="server" PageSize="4">
        <Fields>
          <asp:NextPreviousPagerField
            ButtonType="Button"
            ShowFirstPageButton="True"
            ShowLastPageButton="True" />
        </Fields>
      </asp:DataPager>
    </div>
  </LayoutTemplate>
  <ItemTemplate>
    <div style="text-align: center">
      <b>ProductName:</b>
      <asp:Label ID="ProductNameLabel" runat="server"
        Text='<%# Eval("ProductName") %>' />
      <br />
      <b>QuantityPerUnit:</b>
      <asp:Label ID="QuantityPerUnitLabel" runat="server"
        Text='<%# Eval("QuantityPerUnit") %>' />
      <br />
      <b>UnitPrice:</b>
      <asp:Label ID="UnitPriceLabel" runat="server"
        Text='<%# Eval("UnitPrice") %>' />
      <br />
    </div>
  </ItemTemplate>
  <ItemSeparatorTemplate>
    <hr />
  </ItemSeparatorTemplate>
</asp:ListView>
```

还要注意，ListView 控件使用 ASP.NET DataPager 控件。这个控件允许为数据列表提供自定义数据页。这里，控件被嵌入到 LayoutTemplate 的底端。ListView 控件自动地使用 DataPager 并通过数据移动用户。

最后，注意 ItemSeparatorTemplate 的使用。这被用于在数据行之间放一个水平线。图 8.18 展示了在浏览器窗口中的结果。

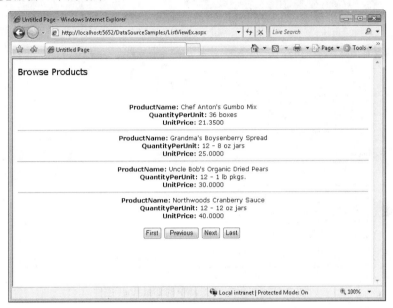

图 8.18　显示在浏览器中的 ListView 控件

DataList 控件

DataList 控件的工作方式类似于 Repeater 控件。它在数据集中为每行重复数据。它还在定义的每个模板上显示这个数据。然而，它显示定义带有不同 HTML 结构的模板内的数据。这包括水平或垂直布局的选项。它可以对数据重复的方式进行设置：流或表布局。

DataList 控件并不能自动地采取使用一个数据源控件编辑数据的优势。相反，它提供许多命令事件，可以为这些情况编写自己的代码。为了开启这些事件，要为这些模板之一添加一个 Button 控件，并将控件的 CommandName 属性设置为编辑、删除、更新或取消的关键词。接着，适当的事件由 DataList 控件开启。

下面标记显示了一个 DataList 控件配置从 Northwind 数据库显示产品数据的例子。将这个控件的 RepeatDirection 设置为使用一个 RepeatLayout 的流量垂直显示数据。

```
<asp:DataList runat="server"
 DataSourceID="SqlDataSource1"
 RepeatDirection="Vertical"
 ID="DataList1"
 RepeatLayout="flow">
 <ItemTemplate>
  <asp:Label ID="Label1" runat="server"
    Text='<%# Eval("ProductName") %>'
    Font-Bold="True">
  </asp:Label>
  <asp:Label ID="Label2" runat="server"
    Text='<%# Eval("UnitPrice", "{0:C}") %>'>
```

```
    </asp:Label>
    <br />
  </ItemTemplate>
</asp:DataList>
```

产品数据被绑定到项目模板代码内部的 DataList 控件。图 8.19 展示了在一个浏览器窗口中的结果。

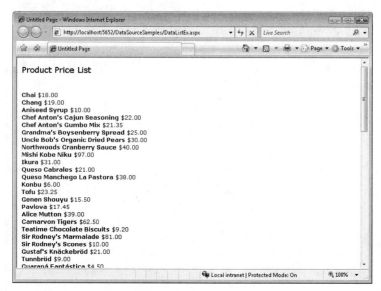

图 8.19　显示在浏览器中的 DataList 控件

层次数据绑定控件

HierarchicalDataBoundeControl 控件为那些以分层方式显示数据的控件提供基类。从 HierarchicalDataBoundControl 继承的类是 TreeView 和 Menu，如图 8.20 所示。

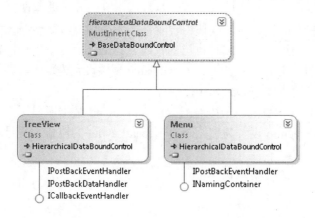

图 8.20　HierarchicalDataBoundControl 类层次结构

TreeView 控件

TreeView 控件是一个数据绑定控件，用于显示分层的数据，比如文件和文件夹的列表，或树结构的表格内容。这个控件的节点可以绑定到 XML、表格或相关的数据。当使用 SiteMapDataSource 控件时，这个控件还提供网站导航。

可以以编程的方式访问和控制 TreeView 控件的属性。TreeView 也可以通过客户端脚本使用现代的浏览器填充。除此之外，节点可以是纯文本或超链接显示，并且可以选择性地显示每个节点附近的一个复选框。

树的每个条目被称为一个节点，由一个 TreeNode 对象表示。包含其他节点的节点被称为父节点。被另外一个节点包含的节点被称为子节点。一个节点既可以是父节点，也可以是子节点。一个没有子节点的节点被称为叶子节点。一个不被其他任何节点包含，但是所有其他节点祖先的是根节点。

一个典型的 TreeView 树结构只有一个根节点，但是可以为树结构添加多个根节点。这意味着可以显示一个树层次结构，而不必限制只有一个根节点。

树节点有一个文本属性，这个属性使用要显示的数据填充。树节点也有一个值属性，用于存储发回到 Web 服务器的数据。

通过设置 NavigateUrl 属性，可以将节点配置为选择节点或导航节点。如果将 NavigateUrl 属性设置为空字符串(string.Empty)，单击一个节点只是简单地选中。如果并不将 NavigateUrl 属性设置为一个空字符串，它是一个导航节点，单击节点尝试导航到 NavigateUrl 属性指定的位置。

填充 TreeView 控件

TreeView 控件可以使用静态数据或通过数据绑定控件填充。为了使用静态数据填充 TreeView 控件，可以使用声明的语法，通过在 TreeView 元素中放置打开和关闭<Nodes>标签，然后在<Nodes>元素中创建嵌套的<asp:TreeNode>元素的结构。每个<asp:TreeNode>都具有属性，可以通过为<asp:TreeNode>元素添加属性设置。

为了使用数据绑定填充 TreeView 控件，可以使用任何能够实现 IHierarchicalDataSource 接口的数据源，比如 XmlDataSource 控件或 SiteMapDataSource 控件。简单地将 TreeView 控件的 DataSourceID 属性设置为数据源控件的 ID 值，TreeView 控件自动地绑定指定数据源控件。

也可以通过将 TreeView 控件的 DataSource 属性设置为数据源，然后调用 DataBind 方法绑定 XmlDocument 对象或包含 DataRelation 对象的 DataSet 对象。

TreeView 控件包含 DataBindings 属性，这个属性是在数据项和 TreeNode 之间定义绑定的 TreeNodeBinding 对象的集合。可以指定绑定和数据项属性的标准，以显示该节点。当绑定 XML 元素(这里对绑定到元素的属性感兴趣)时，这是有用的。

假定想使用 TreeView 控件来显示从一个称为 Customers.xml 的文件显示自定义数据，这个 Customers.xml 包含客户列表、他们的订单和发票以及每个订单的项。这个数据以分层的形式存储在 XML 文件中。Customers.xml 文件如下所示。

```xml
<?xml version="1.0" encoding="utf-8" ?>
<Customers>
  <Customer CustomerId="1" Name="Northwind Traders">
    <Orders>
      <Order OrderId="1" ShipDate="06-22-2006">
        <OrderItems>
          <OrderItem OrderItemId="1" PartNumber="123"
```

```
          PartDescription="Large Widget" Quantity="5"
          Price="22.00" />
        <OrderItem OrderItemId="2" PartNumber="234"
          PartDescription="Medium Widget" Quantity="2"
          Price="12.50" />
      </OrderItems>
    </Order>
    <Order OrderId="2" ShipDate="06-25-2006">
      <OrderItems>
        <OrderItem OrderItemId="5" PartNumber="432"
          PartDescription="Small Widget" Quantity="30"
          Price="8.99" />
        <OrderItem OrderItemId="4" PartNumber="234"
          PartDescription="Medium Widget" Quantity="2"
          Price="12.50" />
      </OrderItems>
    </Order>
  </Orders>
  <Invoices>
    <Invoice InvoiceId="6" Amount="99.37" />
    <Invoice InvoiceId="7" Amount="147.50" />
  </Invoices>
</Customer>
<Customer CustomerId="2" Name="Tailspin Toys">
  <Orders>
    <Order OrderId="8" ShipDate="07-11-2006">
      <OrderItems>
        <OrderItem OrderItemId="9" PartNumber="987"
          PartDescription="Combo Widget" Quantity="2"
          Price="87.25" />
        <OrderItem OrderItemId="10" PartNumber="654"
          PartDescription="Ugly Widget" Quantity="1"
          Price="2.00" />
      </OrderItems>
    </Order>
    <Order OrderId="11" ShipDate="08-21-2006">
      <OrderItems>
        <OrderItem OrderItemId="12" PartNumber="999"
          PartDescription="Pretty Widget" Quantity="50"
          Price="78.99" />
        <OrderItem OrderItemId="14" PartNumber="575"
          PartDescription="Tiny Widget" Quantity="100"
          Price="1.20" />
      </OrderItems>
    </Order>
  </Orders>
  <Invoices>
    <Invoice InvoiceId="26" Amount="46.58" />
    <Invoice InvoiceId="27" Amount="279.15" />
  </Invoices>
</Customer>
</Customers>
```

XmlDataSource 和 TreeView 控件被添加到 Web 页面，并被配置。下面显示了 TreeView 控件的标记。

```
<asp:TreeView ID="TreeView1" runat="server"
  DataSourceID="XmlDataSource1"
  ShowLines="True" ExpandDepth="0">
  <DataBindings>
    <asp:TreeNodeBinding DataMember="Customer"
     TextField="Name" ValueField="CustomerId" />
    <asp:TreeNodeBinding DataMember="Order"
     TextField="ShipDate" ValueField="OrderId" />
    <asp:TreeNodeBinding DataMember="OrderItem"
     TextField="PartDescription" ValueField="OrderItemId" />
    <asp:TreeNodeBinding DataMember="Invoice"
```

```
          TextField="Amount" ValueField="InvoiceId"
          FormatString="{0:C}" />
      </DataBindings>
</asp:TreeView>
```

在这个例子中，配置保持在最低限度，但是配置需要显示的信息比 XML 元素的名称更重要，比如客户的名称，而不是 XML 元素的名称(Customer)。下面代码被添加到代码隐藏页，用来简单的显示选择的节点值。

```vb
'VB
Partial Class TreeView_Control
  Inherits System.Web.UI.Page

  Protected Sub TreeView1_SelectedNodeChanged(ByVal sender As Object, _
    ByVal e As System.EventArgs) Handles TreeView1.SelectedNodeChanged
      Response.Write("Value:" + TreeView1.SelectedNode.Value)
  End Sub

End Class
```

```csharp
//C#
public partial class TreeView_Control : System.Web.UI.Page
{
  protected void TreeView1_SelectedNodeChanged(object sender, EventArgs e)
  {
    Response.Write("Value:" + TreeView1.SelectedNode.Value);
  }
}
```

当 Web 页面被显示时，Customers 节点是可见的。可以单击加(+)符号来扩展节点，如图 8.21 所示。

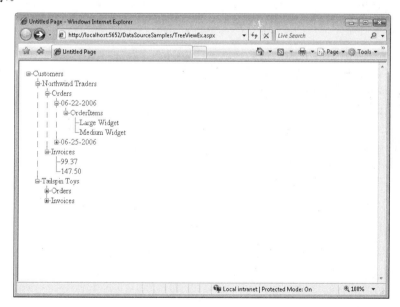

图 8.21　配置 TreeView 节点显示

Menu 控件

Menu 控件是一个数据绑定控件，用于以菜单系统的形式显示分层数据。Menu 控件通常用于和 SiteMapDataSource 控件结合导航网站。

Menu 控件可以使用静态数据或通过数据绑定控件填充。为了使用静态数据填充 Menu 控件，可以通过为 Menu 元素使用声明的语法放置打开和关闭<Items>标签，然后，可以在<Items>元素内部创建一个嵌套<asp:MenuItem>元素的结构体。每个<asp:MenuItem>都有属性，可以为<asp:MenuItem>元素添加属性来设置。

为了使用数据绑定来填充 Menu 控件，可以使用实现 IHierarchicalDataSource 接口的任何数据源，比如 XmlDataSource 控件或 SiteMapDataSource 控件。简单的将 Menu 控件的 DataSourceID 属性设置为数据源控件的 ID 值，Menu 控件会自动地绑定指定的数据源控件。

也可以通过将 Menu 控件的 DataSource 属性设置为数据源，然后调用 DataBind 方法绑定一个 XmlDocument 对象或一个包含 DataRelation 对象的 DataSet 对象。

Menu 控件包含一个 DataBindings 属性，这个属性是 MenuItemBanding 对象的集合。MenuItemBanding 对象定义绑定 Menu 控件的数据项和菜单项之间的绑定。可以为绑定和在项目中显示的数据项属性指定标准。当绑定 XML 元素(这里感兴趣的是绑定到元素的属性)时，这是有用的。

假如想使用一个 Menu 控件从名称为 MenuItems.xml 的文件中显示菜单数据，这包含用于显示的菜单项目的列表。这个数据以分层的格式存储在 XML 文件中。MenuItems.xml 文件如下所示。

```xml
<?xml version="1.0" encoding="utf-8" ?>
<MenuItems>
  <Home display="Home"  url="~/" />
  <Products display="Products" url="~/products/">
    <SmallWidgets display="Small Widgets"
      url="~/products/smallwidgets.aspx" />
    <MediumWidgets display="Medium Widgets"
      url="~/products/mediumwidgets.aspx" />
    <BigWidgets display="Big Widgets"
      url="~/products/bigwidgets.aspx" />
  </Products>
  <Support display="Support"  url="~/Support/">
    <Downloads display="Downloads"
      url="~/support/downloads.aspx" />
    <FAQs display="FAQs"
      url="~/support/faqs.aspx" />
  </Support>
  <AboutUs display="About Us" url="~/aboutus/">
    <Company display="Company"
      url="~/aboutus/company.aspx" />
    <Locations display="Location"
      url="~/aboutus/locations.aspx" />
  </AboutUs>
</MenuItems>
```

在 Web 页面内添加一个 XmlDataSource、一个 Menu 和一个 Label 控件。XmlDataSource 配置使用 XML 文件。Menu 控件配置使用 XmlDataSource。下面是 Web 页面的标记。

```
<asp:Menu runat="server"
  ID="Menu1"
  DataSourceID="XmlDataSource1"
  OnMenuItemClick="Menu1_MenuItemClick">
</asp:Menu>
```

在这个例子中，在 XML 文件中显示 MenuItems 根节点是不希望见到的，因此 XPath 表达式提供检索存在于 MenuItems 元素的节点。在代码隐藏页中添加下面代码，用来简单显示选择的 MenuItem 的 ValuePath 属性。

```vb
'VB
Partial Class Menu_Control
  Inherits System.Web.UI.Page

  Protected Sub Menu1_MenuItemClick(ByVal sender As Object, _
    ByVal e As System.Web.UI.WebControls.MenuEventArgs) _
    Handles Menu1.MenuItemClick
      Label1.Text = e.Item.ValuePath
  End Sub
End Class
```

```csharp
//C#
public partial class Menu_Control : System.Web.UI.Page
{
  protected void Menu1_MenuItemClick(object sender, MenuEventArgs e)
  {
    Label1.Text = e.Item.ValuePath;
  }
}
```

当显示 Web 页面时，Menu 会显示，并且可以看到菜单项，以查看它的子菜单项，如图 8.22 所示。

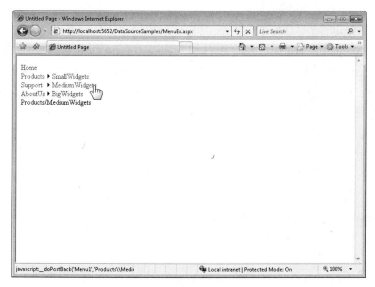

图 8.22　配置 Menu 节点显示

快速测试

1. 当准备从数据源读取数据时，应当调用数据绑定控件上的什么方法？

2. 什么方法用于在 FormView 中执行双向数据绑定？

3. 什么样的 GUI 对象可以提供数据源，允许用户为数据绑定控件连接中间层对象？

参考答案

1. 应当调用 DataBind 方法。

2. Bind 方法用于执行双向数据绑定。

3. ObjectDataSource 控件可以提供数据源，允许为数据绑定控件连接中间层对象。

实训：使用 GridView 和 DetailsView 控件

在这个实训中，使用 GridView 和 DetailsView 数据绑定控件创建一个 master-detail 页面。如果在完成这个练习时遇到问题，可参考本书配套资源中所附的实例，这些实例都有完成了的项目文件。

> ## 练习 1　创建网站，在页面添加控件并配置控件

在这个练习中，需要创建一个新的网站，并添加数据库和数据源控件。接着，添加数据绑定控件，并相应的配置它们。

1.　打开 Visual Studio，选择喜好的编程语言，创建一个新的网站，命名为 UsingDataBoundControls。

2.　在 App_Data 目录中添加 Northwind.mdf 文件。可以从本书配套资源的实例中复制这个文件。

3.　在 Default.aspx 页面上添加一个 SqlDataSource 控件，命名为 SqlDataSourceReadList。这个控件将只读取由 GridView 控件显示的数据。

4.　在 Default.aspx 页面的设计视图中，单击 SqlDataSource 控件的右上角的 smart 标签来运行配置数据源向导。在第一页，设置对 App_Code 目录中 Northwind.mdf 文件的连接，并单击下一步。当提示时，保存连接字符串 ConnectionStringNorthwind，并再次单击下一步。

5.　在配置选择管理页面，从名称下拉列表框选择客户表格。选择 CustomerID、CompanyName、ContactName、City、Country 和 Phone 字段。单击下一步，然后单击完成关闭向导。

6.　在 Default.aspx 页面拖放 GridView 控件。

7.　或者使用设计视图或者使用源视图，配置 GridView 控件如下：将 AllowPaging 设置为 true，将允许排序设置为 true，将 DataSourceID 设置为前面创建的 SqlDataSourceReadList。同样，将 AutoGenerateColumns 设置为 false，并配置显示 CustomerID、CompanyName、ContactName、City、Country 和 Phone 字段。同样，添加一个 CommandField，允许用户选择数据的行。标记应当如下所示。

```
<asp:GridView runat="server"
  ID="GridView1"
  AllowPaging="True"
  AllowSorting="True"
  DataSourceID="SqlDataSourceReadList"
  DataKeyNames="CustomerID"
  Width="700px"
  AutoGenerateColumns="False">
<Columns>
  <asp:CommandField ShowSelectButton="True" />
  <asp:BoundField DataField="CustomerID" HeaderText="ID" ReadOnly="True"
    SortExpression="CustomerID" />
  <asp:BoundField DataField="CompanyName" HeaderText="Company"
    SortExpression="CompanyName" />
  <asp:BoundField DataField="ContactName" HeaderText="Contact"
    SortExpression="ContactName" />
```

```
    <asp:BoundField DataField="City" HeaderText="City"
      SortExpression="City" />
    <asp:BoundField DataField="Country" HeaderText="Country"
      SortExpression="Country" />
    <asp:BoundField DataField="Phone" HeaderText="Phone"
      SortExpression="Phone" />
  </Columns>
</asp:GridView>
```

8. 或者，选择设计视图中的 GridView，在任务窗格单击 AutoFormat 链接(从 smart 标签)。选择颜色或另外的格式选项。

   运行 Web 应用程序。分别通过数据页，排序数据，和选择一行。

9. 接下来，在 Default.aspx 页面添加另外一个 SqlDataSource 控件，命名它为 SqlDataSourceUpdate。和前面一样配置这个控件，使用配置数据源向导。在第一页，选择 ConnectStingNorthwind 继续下一步。

   接下来的步骤是配置 SELECT 状态，从 GridView 控件中选择的行获取 CustomerID 参数。在配置选择状态页面，选择客户表格。这次，选择表格中的每个字段。然后，单击 Where to launch 来添加 WHERE 子句对话框。将列设置为 CustomerID。将操作符设置为"="。将"源"设置为控件。在参数属性下面，将控件 ID 设置为 GridView1。单击添加并单击 OK 来关闭对话框。

   单击高级，在高级 Sql 生成选项对话框中，选择生成插入、更新和删除语句选项。关闭对话框。单击下一步，然后单击完成关闭向导。

10. 在页面上添加 DetailsView 控件。在设计视图中，将控件的数据源设置为 SqlDataSourceUpdate。开启插入和编辑(删除需要管理的一个外键约束，以便使这个例子保持清晰)。单击编辑模板，选择 EmptyData 模板。在设计视图的模板中，键入"No customers currently selected"，并为模板添加一个 LinkButton 控件。将 LinkButton 控件的 CausesValidation 属性设置为 false。将它的 CommandName 属性设置为 New。将它的 Text 属性设置为 New。在 DetailsView 任务窗口，单击结束模板编辑。

11. 接下来，需要添加代码，当一个记录在 DetailsView 控件中插入或编辑时，更新 GridView。为此，为 DetailsView 控件的 ItemUpdated 和 ItemInserted 事件添加事件处理器。在每个事件的内部，重新绑定 GridView 控件。下面代码显示了一个例子。

```
'VB
Protected Sub DetailsView1_ItemInserted(ByVal sender As Object, _
  ByVal e As System.Web.UI.WebControls.DetailsViewInsertedEventArgs) _
  Handles DetailsView1.ItemInserted
  GridView1.DataBind()
End Sub
Protected Sub DetailsView1_ItemUpdated(ByVal sender As Object, _
  ByVal e As System.Web.UI.WebControls.DetailsViewUpdatedEventArgs) _
  Handles DetailsView1.ItemUpdated
  GridView1.DataBind()
End Sub

//C#
protected void DetailsView1_ItemUpdated(object sender,
  DetailsViewUpdatedEventArgs e)
  {
```

```
    GridView1.DataBind();
  }
protected void DetailsView1_ItemInserted(object sender,
  DetailsViewInsertedEventArgs e)
  {
    GridView1.DataBind();
  }
```

12. 或者，选择设计视图中的 DetailsView 控件，在任务窗格中单击 AutoFormat 链接 (从 smart 标签)。选择颜色或另外一个格式选项。

运行 Web 页面。请注意，空的 DetailsView 控件允许添加一个新的记录。从 GridView 选择一个行。注意它在 DetailsView 的部分外观，如图 8.23 所示。单击编辑链接 和编辑记录。

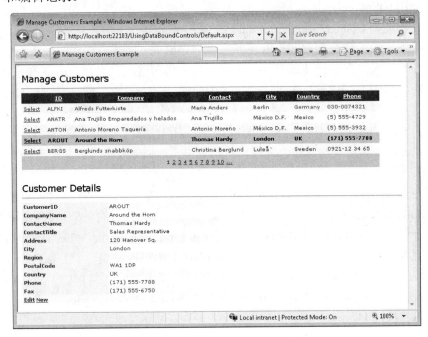

图 8.23　显示在浏览器窗口的 master-detail 表格

本课总结

◆ 简单的数据绑定控件由从 ListControl 继承而来的 DropDownList、ListBox、 CheckBoxList、BulletedList 和 RadioButtonList 等控件组成。对这些控件，要将 DataTextField 设置为包含想要显示给用户的数据的列。要将列设置为 DataValueField，包含想返回选择的项给服务器的值。

◆ 复合数据绑定控件包括 GridView、DetailsView、FormView、Repeater、ListView 和 DataList 控件。GridView 和 DetailsView 控件显示数据为表格。其他的控件为 数据布局自定义模版。

◆ 分层数据绑定包括 Menu 和 TreeView 控件。这些控件用于显示包含父子关系的 数据。

课后练习

通过下列问题，你可检验自己对第 2 课的掌握程度。这些问题也可从配套资源中找到。

注意　关于答案

对这些问题的解析可参考本书末"答案"。

---

1. 正在创建一个数据绑定 CheckBoxList 控件，允许用户选择配置车辆的选项。当数据显示给用户时，想显示 OptionName 列。当数据发回到服务器时，需要所有选择的项的 OptionID 列。会设置下面哪些属性的定义？(不定项选择)

   A．DataTextField=OptionId

   B．DataTextField=OptionName

   C．DataValueField=OptionId

   D．DataValueField =OptionName

2. 想在 Web 页面上显示供应商列表。供应商列表必须一次显示 10 个供应商，并且需要编辑个体供应商的能力。哪些 Web 控件对这种情况是最佳选择？(不定项选择)

   A．DetailsView 控件

   B．The Repeater 控件

   C．The GridView 控件

   D．ListView 控件

3. 想显示一个 master-detail 场景的部件列表，用户可以从 Web 页面上带有最低限度的空间的列表中选择部件数目。当选择了部件，DetailsView 控件显示关于部件和允许用户编辑部件的所有信息。为这种情况显示部件数目列表，哪个 Web 控件是最好的选择？

   A．DropDownList 控件

   B．The RadioButtonList 控件

   C．FormView 控件

   D．TextBox 控件

本 章 回 顾

为进一步实践和巩固在本章中学习到的技能，建议继续完成下列任务。

- 阅读本章小结。
- 完成案例训练。这些案例取自实际项目，但都涉及本章介绍的内容，要求你提供相应的解决方案。
- 完成建议练习。
- 完成实战测试。

本章小结

- ADO.NET 提供了如 DataTable 和 DataSet 这样的非连接对象，可独立于数据库连接使用。此外，LINQ to DataSet 为在非连接对象(DataTable 和 DataSet 对象)中所表示的数据提供了一个查询处理引擎。
- ADO.NET 提供了一些面向特定数据提供程序(如 SQL Server、Oracle、OLBDE 及 ODBC 等)的连接对象。此外，LINQ to SQL 还为使用对象-关系映射的 SQL Server 数据库编程提供了丰富的功能。
- 利用 System.Xml 命名空间中的类，ADO.NET 提供了对 XML 文件的访问机制。LINQ to XML 技术使可利用 LINQ 的查询功能来与 XML 数据进行交互。

案例场景

在下面的案例场景中，需要运用本章所学知识来完成一些小项目。答案可参见书末尾。

案例 1：确定数据库的更新方式

假定准备创建一个新网页，使用户可以通过该网页上载开支报表(以 XML 的形式)。该开支报表数据中包含一些关于开支报表的一般信息，如员工名和 ID、分公司编号以及过周末的时间。此外，该开支报表文件中还包括了描述每项特定开支的信息。对于 mileage，该数据包括了日期和英里数，以及往返地点。对于 entertainment，该数据中包含地点、费用开销以及对娱乐开销的所做的描述。

- 需要将这些数据导入到 SQL Server 数据库中，并寻找一些方案。

问题

1. 应使用何种方法来将数据导入到 SQL Server 数据库中？

案例 2：将 DataSet 对象写入一个二进制文件

编写的代码对一个 DataSet 对象的几个相互关联的 DataTable 对象中填充了超过 200,000 行的记录。希望将该 DataSet 对象保存到一个文件中，但又希望该文件尽可能地小。

问题

1. 应使用何种对象来保存这些数据？
2. 为保证数据正确地被序列化，应进行什么样的设置？

建议练习

为了帮助你熟练掌握本章考点，请完成下列任务。

为更新数据库对象创建一个网页

在本任务中，需要完成下列全部三个练习。

◆ **练习 1**　创建一个网页，并为其添加一个 Web 服务器控件以提示用户输入数据库中产品价格增长或下降的百分比。使用 Northwind 数据库，其中有一个 Products 表。

◆ **练习 2**　添加代码以打开到该数据库的一个连接，并执行 SQL 查询来依据由用户所提交的值增加或减少所有产品的 UnitPrice 字段值。

◆ **练习 3**　添加代码来执行对一个 SqlTransaction 内的 Products 表的更新。

为编辑非连接数据创建一个网页

在本任务中，应完成第一个练习，体会如何与 DataTable 对象进行交互。第二个练习则帮助熟悉 LINQ to DataSet。

◆ **练习 1**　创建一个网页，并添加一个按钮来创建一个包含员工表架构的 DataTable 对象。添加一个按钮来实现将 DataRow 对象添加到 DataTable 对象 employees 中。添加一个按钮用于对已有 DataRow 对象进行修改，再添加一个按钮用于删除某个 DataRow 对象。

◆ **练习 2**　从 pubs 数据库中将员工数据读取到一个 DataTable 对象中，并与数据库断开连接。编写一个针对该 DataTable 对象的 LINQ to DataSet 查询以将所有雇用日期在 1991 年之后的员工记录显示出来。将结果依照雇佣日期进行排序。并将最终结果绑定到一个 GridView 控件中。

为编辑连接数据创建一个网页

在本任务中，应完成下列两项练习。

◆ **练习 1**　创建一个网页，并添加一个 SqlDataSource 对象，对其进行配置，使其能从 SQL Server 或 SQL Server Express Edition 中读取数据，并将结果显示在 GridView 控件中。

◆ **练习 2**　对该网页进行修改，以启用插入、更新和删除操作。

为与 XML 数据交互创建一个网页

在本任务中，应首先完成前两个练习，以帮助熟悉标准的 XML 类。第三个练习用于帮助进一步了解 LINQ to XML。

◆ **练习 1**　创建一个使用 XmlDataSource 的网页，从 XML 文件中读取数据，并将该数据显示到一个 GridView 控件中。

◆ **练习 2** 修改该网页，以启用插入、删除和更新操作。

◆ **练习 3** 使用 Pubs 数据库中的任何一个表作为源数据来创建一个 XML 文件。可将该数据读入到 DataSet 对象中，然后再将其序列化为 XML 文件。编写一个网页将该 XML 数据加载到一个 XElement 类中。针对该数据编写一个 LINQ 查询，并将查询结果显示在网页中。

为读取、修改和写入 XML 数据创建网页

在本任务中，需要完成下列全部三个练习。

◆ **练习 1** 创建一个包含产品及其价格列表的 XML 文件。

◆ **练习 2** 创建一个网页，并为其添加一个 Web 服务器控件，提示用户输入、XML 文件中产品的价格上涨或下跌的百分比。

◆ **练习 3** 添加代码，使用 XmlReader 来读取该产品文件，对价格进行修改，并使用 XmlWriter 来将数据写入到一个文件中。

实战测试

本书配套资源为实战测试提供了多种选择。例如，可选择只对本章相关的内容进行测验，也可用完整的 70-562 认证考试的内容进行自测。可将测验设置为实战模式(即与真实考试基本相同)，或者可以设为学习模式，以便边做题边查看答案及相应的分析。

更多信息 实战测试

要想进一步了解可选的测试模式，请查看本书"前言"。

第9章　编写和使用服务

开发人员一直在使用服务、以便跨应用程序更好地利用遗留的代码。Web 服务支持系统集成、跨边界业务处理工作流程、业务逻辑重用等。在 ASP.NET 中，主要有两种创建服务的方式。一种是基于 ASP.NET 模型创建 Web 服务(.asmx)。对于创建服务的开发人员来说，这种方式是他们熟悉的 ASP.NET 编程方式，完全是为了绑定超文本传输协议(HTTP)，并由 Microsoft 信息系统服务(IIS)和 ASP.NET 托管。另一种是使用 Microsoft Windows Communication Foundation(WCF)来创建 Web 服务。开发人员可以通过这个模型编写服务，用于配置使用各种主机、协议和客户端。当然，这包括在 IIS 中托管以及通过 HTTP 通信。

本章首先涵盖了 ASP.NET 可扩展标记语言(XML)Web 服务模型。包括使用 Microsoft Visual Studio 和 ASP.NET 构建、托管并使用 Web 服务。本章的第 1 课将介绍 ASP.NET 开发人员使用基于 WCF 的服务。第 2 课涵盖了创建在 IIS 和 ASP.NET 中托管的 WCF 服务。本课还通过一个 ASP.NET Web 页面进入 WCF 服务的调用。

本章考点

◆　使用数据和服务
　　◇　通过 ASP.NET Web 页面调用一个 Windows Communication Foundation(WCF)服务或一个 Web 服务
◆　使用 ASP.NET AJAX 和客户端脚本
　　◇　通过客户端脚本使用服务

本章课程设置

◆　第 1 课　创建和使用 XML Web 服务
◆　第 2 课　创建和使用 WCF 服务

课 前 准 备

为了完成本章的课程，应当熟悉使用 Microsoft Visual Studio 的 Visual Basic 或者 C#开发应用程序。除此之外，还应当熟悉以下内容：

◆　Visual Studio 2008 集成开发环境(IDE)
◆　超文本标记语言(HTML)和使用 JavaScript 语言的客户端脚本的基础知识
◆　如何创建一个新网站
◆　JavaScript 编程语言和动态 HTML(DHTML)的基础知识

第 1 课 创建和使用 XML Web 服务

Web 服务已经变成常用的编程模型，用于在几乎没有连接的系统之间实施互操作。在 Web 服务之前，以一种有意义的方式连接应用程序是一个巨大的挑战。由于不得不跨应用程序域、服务器、网络、数据结构、安全边界等，这更加剧了这个挑战。然而，随着互联网的日新月异，Web 服务已经变成一个常用的模型，用于访问数据、执行分布式交易以及展现业务处理工作流程。

互联网和它所支持的标准的 HTTP 与 XML 让 Web 服务成为可能。然而，直接编写 HTTP、XML 和简单对象访问协议(SOAP)又是一个挑战性(和耗时的)的方案。幸好，ASP.NET 提供了一个模型，用于建立和使用 XML Web 服务。使用它，可以像代码(一个.asmx 文件及其相关联的类)一样定义一个 Web 服务。然后，ASP.NET 将这段代码打包成一个 Web 服务对象。这个对象知道如何公开 Web 服务。这包括反序列化 SOAP 请求、执行.NET Framework 代码和以 SOAP 消息的形式序列化发送回客户端请求的响应。

除此之外，ASP.NET 提供了一个简单的客户端模型，以用于 Web 服务。当引用一个 Web 服务时，它会生成一个代理对象。然后，可以对这个代理对象进行编程，就像调用进程中的代码一样。代理对象处理序列化的响应、SOAP 消息以及相关的进程。

图 9.1 提供了 ASP.NET 中 XML Web 服务的一个概览。

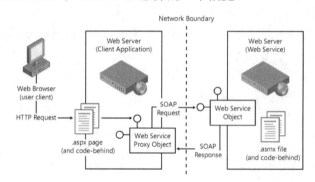

图 9.1 ASP.NET 中的 XML Web 服务模型

本课首先涵盖了一个 XML Web 服务的基础知识。这包括定义 Web 服务项目和 Web 服务自身。接着，将会明白如何使用 ASP.NET 中的 Web 服务。

学习目标

◆ 理解 ASP.NET 如何使用因特网标准，以便建立 XML Web 服务

◆ 创建 XML Web 服务

◆ 在一个 ASP.NET 页面使用 XML Web 服务

◆ 通过客户端脚本调用一个 XML Web 服务

预计课时：45 分钟

真实世界

Mike Snell

Web 服务已经流行几年了。尽管这种技术列出了很多的准则，但很少人对它下大的赌注。现在，一些机构正使用 Web 服务公开和利用各种类型数据，这些数据在以前是很难获得传承的。我看到过这样的项目，用来展示账单数据、顾客数据、报告信息、业务工作流程等。除此之外，软件开发商已经成功地将服务添加到他们的基本产品中。比如，为应用程序提供应用程序编程接口已是司空见惯的事情了。现在，Web 服务包括了应用程序所使用的以及可以用来扩展应用程序的一组基本服务。一些优秀的例子包括 Microsoft Office SharePoint 服务器和 Microsoft Team Foundation 服务器。幸好，Web 服务是一个真正履行其最初"承诺"的技术。

创建 ASP.NET Web 服务

一个 ASP.NET XML Web 服务是一个编写的类，这个类从 System.Web.Services.WebService 类继承。它为服务代码提供一个封装。这样，可以使用以编写其他的类和方法几乎相同的方式自由地编写一个 Web 服务。WebService 类和 ASP.NET 处理其余的事情。图 9.2 显示了被大多数的 ASP.NET Web 服务使用的对象。

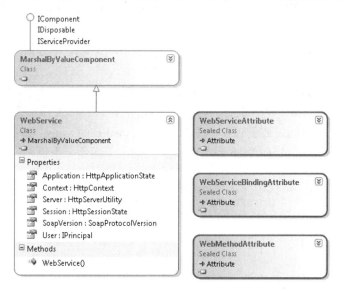

图 9.2 创建 ASP.NET Web 服务相关联的类。

Web 服务的工作方式以及通过 ASP.NET 和编译器查看服务代码的方式都由上面的类控制。可以从 WebService 类继承，以获取对标准的 ASP.NET 功能的访问。当涉及 XML Web 服务时，可以通过属性类标记部分代码。用于 Web 服务标记的项目由 ASP.NET 辨识。接着，它知道如何反序列化服务请求、调用服务以及序列化响应。它也处理 SOAP、XML、Web 服务描述语言(WSDL)以及相关的 Web 服务标准。在下面的部分，将会看到这些类中的每一个如何用于创建 Web 服务。

注意　Web 服务设计注意事项

重要的是要记住，当编写一个包含 Web 服务的类时，这个类的调用将是网络上的和跨应用程序域的。XML Web 服务调用的请求通过 HTTP 以信息的形式发送。这些信息在两个方向上传输时必须打包(序列化)和解包(反序列化)。这些类型的调用，虽然功能强大，但是却非常耗时。因此，要充分地利用这些调用。正因如此，应当定义方法完成大量的工作，然后再返回处理。另一方面，不想 Web 服务在服务器上保持状态，并且不需要很多的访问和设置类数据规模较小的调用。应当保存只在进程中处理的对象的调用。

ASP.NET Web 服务项目

ASP.NET 中，Web 服务是由一个.asmx 文件定义的。这个文件可以直接添加到一个现有的网站。如果打算为网站展示 Web 页面之外的 Web 服务，这是有用的。当然，也可以创建一个简单的网站，并只让.asmx Web 服务文件使用它。

另外一个方案是通过添加新的项目对话框创建一个 Web 服务项目。这里，要选择 ASP.NET Web 服务应用程序。这会为 Web 服务应用程序生成一个单独的项目。这个项目的结构类似于网站。包括 App_Data 文件夹、一个 Web.config 文件和相关的元素。重要的是要注意，在这两种情况下，Web 服务在 ASP.NET 中托管，因此，可以访问它的功能(会话状态、安全模型、配置等等)。

类似于 Web 页面，Web 服务是通过统一资源定位(URLs)公开的。这意味着域名后面紧跟着页面名称，如 http://MyDomain/MyService.asmx。对一个 XML Web 服务，页面由.asmx 文件定义。这个文件只不过是一个简单的文本文件，用作 Web 服务代码的指针。

在网站中为每个期望公开的 Web 服务添加一个.asmx 文件。在这种情况下，把一个 Web 服务想象成一个类，只显示方法。因此，每个 Web 服务可以公开多个方法。举一个例子，假定想编写一个 XML Web 服务，用于公开处理微软的 Pubs 样本数据库中作者的数据的相关方法。首先，可能需要创建一个称为 Authors.asmx 的.asmx 文件。这个文件将包含一个@WebService 指令，指向 Web 服务的真实代码。下面是一个例子。

```
'VB
<%@ WebService Language="VB" CodeBehind="Authors.asmx.vb" Class="PubsServices.Authors"
%>
```

```
//C#
<%@ WebService Language="C#" CodeBehind="Authors.asmx.cs" Class="PubsServices.Authors"
%>
```

这个标记类似于在一个 Web 页面中看到的。然而，没有其他的标记包含在 Web 服务中。相反，Web 服务是完全定义在代码中。

WebServiceAttribute 类

可以创建一个.asmx 文件并公开标记为公有的 WebMethod(后面会看到)，这对在 ASP.NET 中定义的 Web 服务来说是充分的。然而，有许多其他的类可以提供附加功能。这些类中的一个是 WebServiceAttribute 类(回忆一下，属性类在带或不带 Attribute 后缀的情况下都可以使用)。这个类可以用于提供关于 Web 服务的信息。这些信息由希望引用 Web

服务的客户端使用。

通过在类内应用 WebService 属性和参数,可以提供一个命名空间和一个 Web 服务的描述。描述参数是编写的简单文本,用来辨别 Web 服务的高层意义。命名空间参数设置为 Web 服务的命名空间。这应该是控制下的一个域名。Visual Studio 使用 tempuri.org 命名空间填充,直到定义了真实的命名空间。

例如,再次想象正在创建一个公开作者信息的 Web 服务。在代码隐藏文件内部为.asmx 文件定义类。接着,在类中添加 WebService 属性,显示如下。

```vb
'VB
<System.Web.Services.WebService(Description:="Services related to published authors",
  Namespace:="http://tempuri.org/")> _
Public Class Authors
```

```csharp
//C#
[WebService(Description = "Services related to published authors",
  Namespace = "http://tempuri.org/")]
public class Authors
```

WebService 类

WebService 类是一个基类,用于在 ASP.NET 中创建 XML Web 服务。这个类类似于 Web 页面的 page 类。它提供 ASP.NET 对象比如 Application 和 Session 的访问。

重要的是要注意,这个类是可选择的:不需要继承这个类来创建 XML Web 服务。相反,只有当需要访问和使用 ASP.NET 应用程序的功能时,才使用这个基类。例如,可能需要利用服务在调用会话状态。也可以首先通过继承这个类,然后访问会话对象很轻松的完成,就像编码一个 ASP.NET Web 页面。

下面代码显示了作者例子的 Web 服务。这里,作者类直接从 WebService 的基类继承。

```vb
'VB
<System.Web.Services.WebService(Description:="Services related to published authors", _
  Namespace:="http://tempuri.org/")> _
Public Class Authors
  Inherits System.Web.Services.WebService
```

```csharp
//C#
[WebService(Description = "Services related to published authors",
  Namespace = "http://tempuri.org/")]
public class Authors : System.Web.Services.WebService
```

WebMethodAttribute 类

Web 服务公开 Web 方法。每个方法提供了由 Web 服务封装的某种功能。类可以使用 WebMethod 属性辨识这些方法。也可以将 Web 服务类中的任何公开的方法应用这个属性,以公开服务的一部分。

可以在一个类中指定 WebMethod 属性,而不必设置 WebMethod 类的任何参数。这只把方法辨识为一个 Web 服务方法。然而,WebMethod 属性类还拥有多个构造函数,用于各组的参数值。这些参数包括。

◆ **enableSessionState** 这个参数用于表示给定的方法是否能够使用会话状态。要把这个值设置为 false 对给定的 Web 方法禁用会话状态。

◆ **transactionOption** 这个参数用于表示 Web 方法是否支持事务。参数类型是

System.EnterpriseServices.TransactionOption。Web 服务是无状态的 HTTP 调用。因此，只能把一个 XML Web 服务当作一个事务的根。这意味着表示根事务的 TransactionOptions 是等价的(Required，RequiresNew)。所有其他的事务选项表示给定的服务(Disabled、NotSupported、Supported)不支持事务。

◆ **cacheDuration** 这个参数用于定义响应服务器缓存的秒数。如果服务有很高的访问量，并且数据相对是静止的，这是有用的。在这种情况下，可以缓存在调用之间的结果来提升性能。

◆ **bufferResponse** 这个参数用来表示 Web 服务响应是否要缓冲到客户端。

考虑作者的例子。想象一下，有一个公有的方法，称为 GetAuthorTitles，基于给定作者的 ID 返回标题的清单。因为这个数据只有当用户发表了一本新书时，才会改变。因此，它也是一个很好的缓存候选。下面显示了这个方法应用 WebMethod 属性的例子。这里，把 cacheDuration 参数设置为 5 分钟(300 秒)。

```
'VB
<WebMethod(CacheDuration:=300)> _
Public Function GetAuthorTitles(ByVal authorId As String) As DataTable
  ...
End Function
```

```
//C#
[WebMethod(CacheDuration=300)]
public DataTable GetAuthorTitles(string authorId)
{ ... }
```

Web 服务和数据类型

请注意，前面例子中的方法 GetAuthorTitles 返回一个 DataTable 对象。当对象支持序列化时，这是可能的。它能够为 XML 序列化自身。倘若调用客户端也是.NET，它可以获取这个 XML，并反序列化它回到一个强类型的 DataTable。在这种情况下，ASP.NET 会完成这些工作。

可能还希望提供自己类的实例，作为函数的返回值或参数。也可以通过创建 Web 服务应用程序内部的对象来完成。在这个例子中，编译器将考虑公开对象序列化。这些对象只需一个默认的构造函数，不接收参数。也可以使用 Serializable 属性类来标签 Web 服务以外的类。这确保任何类的成员都可以由 ASP.NET 序列化。

使用 ASP.NET Web 服务

可以在任何能够做 HTTP 调用的应用程序中使用 ASP.NET Web 服务。这意味着大多数的.NET 应用程序类型都可以调用 Web 服务，包括控制台应用程序、基于窗口的应用程序和 ASP.NET。这部分集中在通过 ASP.NET 应用程序调用 XML Web 服务。

引用 Web 服务

开始，需要访问一个发布的 Web 服务。这个 Web 服务可以在一个服务器上发布，或相同的解决方案的另外一个项目中。无论哪种方式，只要它是一个有效的 Web 服务，就可以订阅它。

第一步是在网站为给定的服务设置一个 Web 引用。可以通过右击项目文件，选择设置 Web 引用来完成。这会打开添加 Web 引用对话框。这里，定义服务的 URL，选择给定的服务(.asmx 文件)，并为引用设置一个名称。这个名称会被生成的代理类使用，用于定义命名空间以访问服务。图 9.3 展示了一个连接 Authors.asmx 服务的例子。

一旦设置了引用，Visual Studio 和 ASP.NET 将会使用服务产生一个 Proxy 类。这允许编写服务代码，就像 Web 服务仅仅是应用程序当中的另外一个类。这个 proxy 类做的所有的工作包括 Web 服务之间通信、数据的序列化和反序列化等。

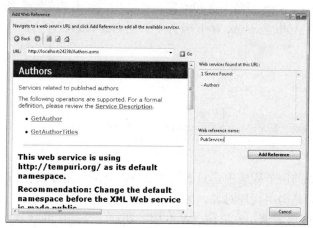

图 9.3   Add Web Reference 对话框

例如，Authors.asmx 文件有两个 Web 方法：GetAuthor 和 GetAuthorTitles。第一个方法当嵌入服务类时，返回 Author 类的实例。第二个返回一个 DataTable。为了使用 Author 类(Web 应用程序对 Author 类一无所知)，Visual Studio 从 Web 服务的 WSDL 生成此类型，并把它放到代理的命名空间中。图 9.4 展示了一个代理命名空间内部的内容引用 Author.asmx Web 服务的例子。

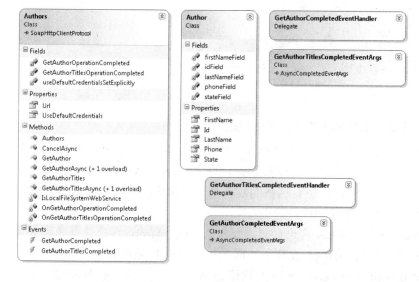

图 9.4   一个 Authors 服务的 Web 服务代理

注意　WSDL.EXE
Visual Studio 包括命令行工具 WSDL.exe。可以使用这个工具通过现有的 Web 服务创建一个代理类。也可以在 Web 服务中指定代理类的语言和一个 Web 服务的 URL。这个工具将会使用这些信息产生一个 proxy 类文件。

调用 Web 服务

可以通过代理调用 Web 服务。这和编写代码调用方法一样简单。例如，下面代码显示了如何从前面讨论的 Authors.asmx Web 服务中调用 GetAuthor 方法。

```VB
'VB
Dim pubs As New PubsServices.Authors()
Dim auth As PubsServices.Author = pubs.GetAuthor("213-46-8915")
Label1.Text = auth.FirstName + " " + auth.LastName
```

```C#
//C#
PubServices.Authors pubs = new PubServices.Authors();
PubServices.Author auth = pubs.GetAuthor();
Label1.Text = auth.FirstName + " " + auth.LastName;
```

请注意，在前面的例子代码中，只有对 GetAuthor 的调用才真正的迎合 Web 服务。对象创建和属性获取只是调用代理对象，因此，只在进程中调用。

也可以绑定 Web 服务调用。记住，Web 服务通过一个局部的代理对象公开。因此，可以使用对象数据绑定给定的 Web 服务(经由代理)。举一个例子，回忆一下 GetAuthorTitles Web 服务。通过一个相同名字的代理对象方法访问该服务。可以将这个方法设置为一个对象数据的 SelectMethod，如下面代码所示。接着，可以对 GridView 控件绑定结果。

```
<asp:ObjectDataSource runat="server"
  ID="ObjectDataSourceAuthors"
  TypeName="PubsServices.Authors">
  SelectMethod="GetAuthorTitles"
  <SelectParameters>
    <asp:QueryStringParameter
      Name="authorId"
      QueryStringField="auId"
      Type="String" />
  </SelectParameters>
</asp:ObjectDataSource>
<asp:GridView ID="GridView1" runat="server"
  DataSourceID="ObjectDataSourceAuthors">
</asp:GridView>
```

从客户端脚本使用 AJAX 调用 Web 服务

可以使用内置于 ASP.NET 的 AJAX 功能直接从客户端 JavaScript 调用一个 Web 服务。如果希望从用户的浏览器停止运转服务器上的一个操作，这是有用的。当结果返回时，用户浏览器可以更新。当然，所有这些的发生都是异步的，并没有浏览器刷新。如果需要对 ASP.NET 和 AJAX 的快速回顾，请查看第 6 章。

建立 Web 服务和 AJAX 客户页面需要几个步骤。首先，客户端页面和 XML Web 服务 (.asmx 文件)必须在相同的域。在那里，应当执行所有下面的步骤。

- ◆　使用 ScriptServiceAttribute 类标记的 Web 服务。这表示 Web 服务内部的 Web 方法可以从客户端脚本调用。

◆ 使用网站注册 HTTP 处理器 ScriptHandlerFactory。可以在 Web.config 文件的 <System.Web><httpHandlers>元素内部完成。这个处理器可能已经被设置，这取决于项目。

◆ 在客户端页面添加一个 ScriptManager 控件。ScriptManager 控件是所有的支持 AJAX 的页面都需要的。然而，在它的内部，需要设置 ServiceReference。这个引用应当指向 XML Web 服务(.asmx 文件)。这样做将告知 ASP.NET 在 Web 服务中生成一个 JavaScript 客户端代理。

◆ 在页面上添加一个 JavaScript 方法。可以在这个方法的内部添加代码，通过由 ASP.NET 生成的客户端代理来调用 Web 服务。Web 方法可以通过 Web 服务的类的名称来引用。当然，也可以选择为 Web 服务传递参数。

◆ 或者，可以在客户端页面上添加另外一个 JavaScript 方法，这个方法称为回调处理器。这个方法将由 JavaScript 代理来调用，并接收 Web 服务调用的结果。可以使用这个方法更新用户。

例如，想象一下，有一个简单的 Web 服务，带有一个 Fahrenheit 值，并返回它的 Celsius。首先，将使用 ScriptService 属性标记 Web 服务。下面给出了一个例子。

```VB
'VB
<System.Web.Script.Services.ScriptService()> _
<WebService(Namespace:="http://tempuri.org/")> _
Public Class TempConversion
  Inherits System.Web.Services.WebService

  <WebMethod()> _
  Public Function GetCelsius(ByVal temperature As Single) As Single
    Return (5 / 9) * (temperature - 32)
  End Function

End Class
```

```C#
//C#
[System.Web.Script.Services.ScriptService]
[WebService(Namespace = "http://tempuri.org/")]
public class TempConversion : System.Web.Services.WebService
{
  [WebMethod]
  public float GetCelsius(float temperature)
  {
    return (5 / 9) * (temperature - 32);
  }
}
```

接下来，需要确保 HTTP 处理器 ScriptHandlerFactory 在网站 Web.config 文件的内部注册。下面显示了一个例子。

```
<httpHandlers>
  <remove verb="*" path="*.asmx" />
  <add verb="*" path="*.asmx" validate="false"
    type="System.Web.Script.Services.ScriptHandlerFactory" />
</httpHandlers>
```

需要创建一个客户端 Web 页面。记住，这个 Web 页面必须和 Web 服务在相同的域。在 Web 页面标记的内部，要添加一个 ScriptManager 控件。应当将这个控件设置为真实的 Web 服务(.asmx 文件)的引用。下面代码显示了这个标记的例子。

```
<asp:ScriptManager runat="server" ID="ScriptManager1">
  <Services>
   <asp:ServiceReference
      path="TempConversion.asmx" />
  </Services>
</asp:ScriptManager>
```

接下来的步骤是添加 JavaScript 功能调用 Web 服务，传递用户的输入。除此之外，需要编写一个简单的回调函数，它带有结果，并显示结果给用户。下面代码显示了它。用户的输入是在 TextBoxTemp 的内部，并使用 LabelResults 显示结果。

```
<script type="text/javascript">
  function GetCelsius()
  {
var val = document.getElementById("TextBoxTemp");
    TempConversion.GetCelsius(val.value, FinishCallback);
  }

  function FinishCallback(result)
  {
    var results = document.getElementById("LabelResults");
    results.innerHTML = result;
  }
</script>
```

最后，需要在页面上添加剩余的标记。这只包含用户的输入信息。下面显示了一个例子。

```
Enter Fahrenheit Temperature:<br />
<asp:TextBox ID="TextBoxTemp" runat="server"></asp:TextBox> 
<asp:Label ID="LabelResults" runat="server" Text=""></asp:Label>
<br />
<input id="Button1" type="button" value="Calculate" onclick="GetCelsius()" />
```

请注意，在这个标记中，当用户单击计算按钮时，前面定义的 GetCelsius JavaScript 方法被调用。这将触发 Web 服务。结果返回到 FinishCallback 的 JavaScript 方法，然后，在 Label 控件中显示。图 9.5 展示了这个调用。

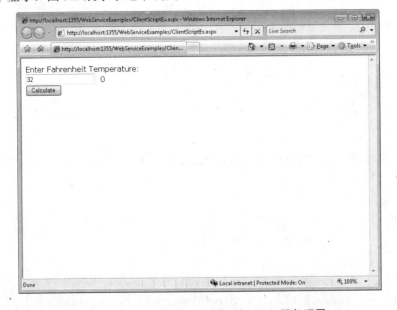

图 9.5   来自于一个 Web 浏览器的 Web 服务调用

安全性和 XML Web 服务

对于编写于.asmx 文件并托管于 ASP.NET 的 XML Web 服务而言，有两个主要选项来确保其安全性。第一个是使用标准的 ASP.NET 安全性方法。用来认证和授权用户。这个选项类似于确保任何 ASP.NET 资源的安全，比如一个 Web 页面、目录或其他文件。第二个选择是使用 SOAP 头编写一个自定义安全性模型。如果对客户端的调用不能参与用于 ASP.NET 的标准的、基于 Windows 的安全模型，这个选项是有用的。

ASP.NET 安全性

可以使用多种方式的 ASP.NET 认证和授权方法，以确保 XML Web 服务安全。幸好，这些选项与确保其他 ASP.NET 资源安全性的差别不大。这是 Web 服务的结果，工作方式类似于 Web 页面。它们都有一个 URL 指向文件。因此，可以锁定这个文件，就像锁定任何 ASP.NET 资源一样。

每个 ASP.NET 安全选项都有着性能与安全的权衡。举一个例子，如果正在处理敏感的信息，比如社会安全码、信用卡等，当它在网络上传播时，可能需要加密这些数据。然而，这个加密将会降低性能，因为要加密和解密调用，信息就会增多。另一方面，如果正在向 Web 服务发送基础信息或者从 Web 服务获取基础信息(比如零件号、类别识别或类似的细节)，可以放宽加密的需求，集中验证和授权一个用户。这将会帮助提升性能和增大吞吐量。如果 Web 服务面向公众(防火墙的内部或外部)，则始终可以匿名访问 Web 服务。

建立安全模型的第一步是确定一个认证的方法。这就意味着确定用户的身份。第二步是决定用户是否有授权来访问 Web 服务或 Web 服务公开的功能。下面列表描述了基本的 ASP.NET 安全模型以及安全模型如何应用于认证和授权的简短描述。

- ◆ **Windows 基本认证**　使用基本认证来限制授权用户的权限。在这种情况下，用户在 Web 服务器上定义，并授予对网站和服务的基于文件的访问权限。当用户单击服务，他们面临的挑战是提供凭证。当然，这些凭证不能通过调用客户端(并且不是实际的用户)提供。然而，基本的认证是以清晰文本的形式从客户端发送用户和密码信息到服务器。如果客户端是非 Windows 客户，这会是有用的。然而，因为信息是编码(而不是加密)，它可以通过网络监测工具拦截，并且会受到影响。

- ◆ **通过 SSL 的 Windows 基本认证**　这个基本认证版本通过安全套接层(SSL)加密调用。对这种类型的认证添加了额外的安全性，因为名字和密码都被加密。然而，在这种情况下，通信也被加密。因此，在增加安全性的同时，也丢失了性能。

- ◆ **客户端证书**　可以使用客户端证书来辨识调用方和 Web 服务。在这种情况下，证书从一个值得信赖的，第三方认证的授权获得的。客户端的证书颁发服务调用，并核实信任。接着，可以使用 Windows 来为真实用户的账号映射证书。然后，使用用户账号定义给定服务资源的访问。

- ◆ **Windows 摘要**　这类似于 Windows 基本认证。然而，摘要以哈希的形式发送用户的密码，加密格式以使它不受影响。这个选项不需要 SSL，并且经常通过默认防火墙工作。然而，Windows 之外的平台并不支持 Windows 摘要安全。

◆ **基于表格的认证** 基于表格的认证不支持 Web 服务场景。

◆ **Windows 集成** 可以使用 Windows 集成安全从客户端到服务器安全地传递加密的凭证。然而，这个选项需要客户端和服务器端都运行 Windows。

如果正访问一个用户浏览器的安全服务，它可以为 Web 服务器传递凭证，在这里凭证将评估认证。在 Windows 集成安全的情况下，必须使用客户端上的 Microsoft 因特网浏览器。也就是说，用户客户端调用 Web 服务是 Web 服务不常见的情况。更常见的情况是从网站内部的代码调用 Web 服务(运行于客户端)。

为了从 Web 服务器到 Web 服务传递基本的认证凭证，首先，要创建一个 NetworkCredentials 类。这个类包含用户名、密码和域的信息。接着，可以创建一个 CredentialCache 对象，用于添加 NetworkCredentials 实例。然后，将 Web 服务的生成客户端代理的 Credentials 属性设置为新创建的 CredentialCache 对象。

如果在 Web 服务器和 Web 服务之间，正在使用集成安全，可以将 Web 服务代理类的 Credentials 属性设置为 System.Net.CredentialCache.DefaultCredentials。然后，Web 服务器运行 Web 页面为 Web 服务传递凭证。

注意 建立 ASP.NET 安全性

配置和建立 ASP.NET 安全对 Web 服务和 ASP.NET 页面是类似的。因此，它涵盖在第 14 章。也可以回顾 MSDN 中"如何为 Windows 认证配置一个 XML Web 服务"部分获取额外的上下文。

使用 SOAP 标头自定义安全性

也可以使用 SOAP 标头编写一个自定义机制，用于传递用户信息给 Web 服务。因为这个选项使用 Web 服务标准，而不是 Windows，对于那些需要从 Windows 之外的其他平台访问服务的情况，可以使用此自定义机制。

自定义 SOAP 标头可以用于一个安全的、加密的方式。然而，加密是可选择的，这取决于编写(当然，使用.NET Framework)。也可以使用 SOAP 标头以明文(未加密)的形式为服务发送信息。如果需要传递的信息或在一个信任的防火墙后面，这是有用的。然而，使用 SOAP 标头发送未加密用户信息(名字和密码)并不是最佳做法。

在认证情况中，对使用自定义 SOAP 标头没有默认的、内置的功能。相反，客户和服务都需要注意如何格式化和传递标头信息。除此之外，在服务器上，需要实现 IHttpModule 接口拦截 SOAP 请求、获取 SOAP 标头并解析(解密)用户信息。如果操作失败，将抛出 SoapException 实例。

更多信息 使用自定义 SOAP 标头

在 ASP.NET 中，为了实现更多自定义 SOAP 标头信息，参见 MSDN "使用 SOAP 标头执行自定义认证"。

快速测试

1. 使用什么类型的文件创建 XML Web 服务?
2. 应用于 Web 服务属性类的名字是什么?
3. 如何辨识一个方法为公开的 Web 服务的一部分?

参考答案

1. 在网站添加一个新的.asmx 文件来创建 XML Web 服务。
2. 使用 WebServiceAttribute 类标记一个类用于 XML Web 服务。
3. 使用 WebMethodAttribute 类标记一个 Web 方法。

实训: 创建和使用 ASP.NET Web 服务

在这个实训中,需要创建一个 Web 服务,与使用 Pubs 数据库中的信息一起工作。接着,需要创建一个 Web 客户端接口调用那个 Web 服务。

如果在完成这个练习时遇到问题,可参考本书配套资源中所附的实例,这些实例都有完成了的项目文件。

➤ 练习 1　创建 ASP.NET Web 服务

1. 打开 Visual Studio,使用 C#或 Visual Basic 创建一个新的 ASP.NET Web 应用程序项目,命名项目为 **PubsServices**。
2. 在 Web 服务应用程序 App_Data 目录添加 Pubs.mdf 文件。可以从本书配套资源安装的实例中获得数据库文件。
3. 从项目中删除 Service.asmx(以及它的代码隐藏文件)。右击项目,选择添加新项目,添加一个新的服务文件,命名为 **Authors.asmx**。从添加新项目对话框选择 Web 服务模板。
4. 在代码编辑器中为 Authors.asmx 打开代码隐藏文件。在服务文件模板中,删除默认的代码。为 Authors 服务添加一个新的类定义。没有必要从 WebService 类继承,因为这个服务并不使用 ASP.NET 的功能。使用 WebServiceAttribute 类标签这个新类,并传递一个默认的命名空间。类的定义应当如下所示。

```
'VB
<WebService(Namespace:="http://tempuri.org/")> _
Public Class Authors
End Class
```

```
//C#
namespace PubsServices
{
  [WebService(Namespace = "http://tempuri.org/")]
  public class Authors
  {
  }
}
```

5. 打开 Web.config 文件。找到<connectionStrings/>元素。添加标记来定义一个 pubs.mdf 数据库的连接。下面给出了一个例子(格式化为打印页面)。

```
<connectionStrings>
  <add name="PubsConnectionString" connectionString="Data Source=.\SQLEXPRESS;
  AttachDbFilename=|DataDirectory|\pubs.mdf;Integrated Security=True;
  User Instance=True" providerName="System.Data.SqlClient"/>
</connectionStrings>
```

6. 返回到.asmx 服务文件。在类文件中，为 System.Data、System.Data.SqlClient 和 System.Configuration 添加 using(Visual Basic 的入口)语句。

7. 在类的级别添加一个私有变量存储 Pubs 数据库的连接字符串。命名这个变量为 variable_cnnString，如下面代码所示。

```
'VB
Private _cnnString As String = _
  ConfigurationManager.ConnectionStrings("PubsConnectionString").ToString
```

```
//C#
private string _cnnString =
  ConfigurationManager.ConnectionStrings["PubsConnectionString"].ToString();
```

8. 在类中添加一个方法，对给定的作者，基于他们的 authorId，返回所有的标题。这些作者可以返回一个数据表格实例。命名这个方法为 GetAuthorTitles。

9. 使用 WebMethodAttribute 类标签 GetAuthorTitles 方法。将 CacheDuration 设置为 300 秒。方法如下所示。

```
'VB
<WebMethod(CacheDuration:=300)> _
Public Function GetAuthorTitles(ByVal authorId As String) As DataTable
  Dim sql As String = "SELECT titles.title, titles.type, titles.price, " & _
    "titles.pubdate FROM titleauthor INNER JOIN titles ON " & _
    "titleauthor.title_id = titles.title_id "
  If authorId <> "0" Then sql = sql & " WHERE (titleauthor.au_id = @AuthorId)"
  Dim cnn As New SqlConnection(_cnnString)
  Dim cmd As New SqlCommand(sql, cnn)
  cmd.Parameters.Add("AuthorId", SqlDbType.VarChar, 11).Value = authorId
  Dim adp As New SqlDataAdapter(cmd)
  Dim ds As New DataSet()
  adp.Fill(ds)
  Return ds.Tables(0)
End Function
```

```
//C#
  [WebMethod(CacheDuration = 300)]
public DataTable GetAuthorTitles(string authorId)
{
  string sql = "SELECT titles.title, titles.type, titles.price, " +
    "titles.pubdate FROM titleauthor INNER JOIN titles ON " +
"titleauthor.title_id = titles.title_id ";
    if(authorId != "0")
      sql = sql + " WHERE (titleauthor.au_id = @AuthorId) ";
    SqlConnection cnn = new SqlConnection(_cnnString);
    SqlCommand cmd = new SqlCommand(sql, cnn);
    cmd.Parameters.Add("AuthorId", SqlDbType.VarChar, 11).Value = authorId;
    SqlDataAdapter adp = new SqlDataAdapter(cmd);
    DataSet ds = new DataSet();
    adp.Fill(ds);
    return ds.Tables[0];
}
```

10. 编译应用程序，并保证它们没有错误。

> **练习 2 使用 ASP.NET Web 服务**

在这个练习中，要创建一个客户端用于访问 ASP.NET Web 服务。

1. 继续前面练习中的项目，或者从本书配套资源的实例中打开第 1 课练习 1 完成了的项目。

2. 在解决方案中添加一个新的网站：右击解决方案，选择添加|新建网站。选择 ASP.NET 网站模板。命名网站 **PubsClient**。右击网站，并选择 Set As StartUp 项目。

3. 在练习 1 中创建的 Web 服务中添加一个 Web 引用。首先，右击网站；选择添加 Web 引用。在添加 Web 引用对话框中，选择 Web Services In This Solution。这会显示作者服务；单击它。在右边的对话框中，改变 Web 引用的名称为 **PubsService**。单击添加引用完成。

注意 查看生成的 Proxy 类

如果想查看生成的 Proxy 类，应当把项目类型从网站改变为 Web 应用程序。在这种情况下，代码以.dll 文件的形式编译，并公开生成的代码。对于 Web 网站，Visual Studio 生成代码，并按需要编译它。

---

4. 在网站中打开 Default.aspx。在页面上添加一个对象数据源控件。配置它使用 Web 服务 Proxy 类。将 authorId 参数设置为查询字符串的值 auId。

   在页面上添加一个 GridView 控件，将它的 DataSourceId 属性设置为对象数据源。标记如下。

```
<asp:ObjectDataSource runat="server"
 ID="ObjectDataSourceAuthors"
 TypeName="PubsService.Authors"
 SelectMethod="GetAuthorTitles">
 <SelectParameters>
   <asp:QueryStringParameter
    Name="authorId"
    QueryStringField="auId"
    Type="String"
    DefaultValue="0" />
 </SelectParameters>
</asp:ObjectDataSource>
<asp:GridView ID="GridView1" runat="server"
 DataSourceID="ObjectDataSourceAuthors">
</asp:GridView>
```

5. 运行应用程序查看结果。

本课总结

◆ 通过定义一个.asmx 文件在 ASP.NET 中创建 XML Web 服务。使用属性类 WebServiceAttribute 标记 Web 服务类。使用 WebMethod 属性类定义那个类上的方法，定义的方法应当对 Web 服务公开。如果打算使用服务内部的 ASP.NET 的功能(类似于会话)，也可以从 WebService 继承。

◆ 在 ASP.NET 网站中，通过设置一个 Web 引用，就可以使用 XML Web 服务。可以编写代理，就像 Web 服务真实的运行在相同的服务器。Proxy 类处理其余的部分。

◆ 可以通过客户端 ASP.NET AJAX 扩展调用 Web 服务。使用 ScriptManager 类在给定页面相同的域内引用 Web 服务。然后，生成 JavaScript 客户端代理。可以使用这个代理调用 Web 服务。ASP.NET AJAX 处理其余的部分。

◆ 在 ASP.NET 中，要确保 Web 服务安全，就像对任何其他 ASP.NET 资源一样。也应当通过自定义 SOAP 标头定义自定义 Web 服务安全。

课后练习

通过下列问题，你可检验自己对第 1 课的掌握程度。这些问题也可从配套资源中找到。

注意 关于答案

对这些问题的解析可参考本书末"答案"。

---

1. 希望创建一个新的 Web 服务，能够公开多个通过事务使用指定用户数据的方法。决定使用 ASP.NET 会话状态在服务器上 Web 服务请求之间管理用户的上下文。应当如何定义 Web 服务？

   A．定义一个继承于 WebServiceAttribute 的类。

   B．定义一个继承于 WebService 的类。

   C．定义一个继承于 WebMethodAttribute 的类。

   D．并不从一个基类继承。在 ASP.NET 中托管 Web 服务就足够了。

2. 希望从 ASP.NET 网站使用一个现存的 Web 服务。应当采取什么样的措施？(不定项选择)

   A．使用添加引用对话框，为包含 Web 服务的.wsdl 文件设置一个引用。

   B．使用添加 Web 引用对话框，指向给定 Web 服务的 URL。

   C．在网站编写一个方法，这个方法和 Web 服务有相同的功能签名。并不实现这个方法。相反，使用 WebMethod 属性标记它。

   D．调用一个 Proxy 类用来表示调用的 Web 服务。

3. 为了确保 Web 服务安全。服务将通过 Internet 被多个不同的系统访问。应当保证认证信息的安全。希望只相信那些已经验证的信任调用。应当考虑什么类型的安全？

   A．Windows Basic

   B．Windows digest

   C．客户端证书

   D．自定义 SOAP 标头

4. 希望编写一个 Web 服务，并在客户端脚本调用它。应当采取什么样的措施？(不定项选择)

A．在 Web 服务类中添加 ScriptService 属性。

B．确保在 Web.config 文件为网站注册 ScriptHandlerFactory。

C．在 Web 页面添加一个 ScriptManager 类。设置 ServiceReference 指向.asmx Web 服务。

D．确保 Web 页面和服务在相同的域。

第 2 课　创建和使用 WCF 服务

在前一课中，学习了使用 ASP.NET 创建 XML Web 服务。如果打算在 IIS 中托管并且调用 HTTP 创建 Web 服务，这是非常有效并且直观的方式。然而，服务模型可以扩展到超出 HTTP 的范围。例如，可能想编写一个服务，能够访问防火墙内部的传输控制协议(TCP)，而不是 HTTP。在这种情况下，服务可以提供更高的性能。在早期版本的.NET Framework 中，这意味着要使用远程控制编写服务。然而，如果相同的服务代码都需要被 HTTP 和 TCP 调用，将不得不两次编写代码并托管。这正是 WCF 要解决的问题之一。

WCF 是一个统一的编程模型。它的目的是定义一种单一的方式编写服务，从而统一 Web 服务(.asmx)、.NET 远程控制、消息队列(MSMQ)、企业服务(COM+)和 Web 服务增强 (WSE)等。它不会取代这些技术。相反，它提供一个单一的编程模型，可以同时利用所有这些技术的优势。使用 WCF，可以创建一个单一的服务，这个服务可以公开 HTTP、TCP、命名管道等。也可以有多个存取选项。

本课涵盖了 WCF 的基础知识，当使用这项技术时，能够为读者提供坚实的基础。本课对 WCF 并非无所不包。相反，课程着重于 WCF 内部的对 ASP.NET 开发人员所特有的领域：使用 ASP.NET 网站编写、托管和调用 WCF 服务。

学习目标

◆ 理解 WCF 的结构

◆ 在 ASP.NET 中创建一个 WCF 服务，并托管它

◆ 通过 ASP.NET Web 页面调用 WCF 服务

预计课时：45 分钟

介绍 Windows Communication Foundation(WCF)

在建立第一个 WCF 服务应用程序之前，掌握这项技术的工作方式的概览非常重要。WCF 实现端点之间基于信息的通信。编写服务，然后附加或者配置端点。一个给定的服务可以有一个或多个端点附加在它上面。每个 WCF 端点都定义一个位置，用于发送和接收信息。这个位置包括一个地址、一个绑定和一个约定。这里的地址、绑定和约定的概念通常指的就是 WCF 的 ABCs。下面列表详细描述了每一个项目。

◆ **A 是地址**　端点的地址是服务作为统一资源标识符（URI）的位置。一个给定服务的每一个端点都有一个唯一的地址。因此，如果服务有不止一个端点(或传输协议)，将会根据端点的传输协议唯一地辨识地址。这可能意味着更改一个端口号、定义类似于 HTTPS 的地址或者采取类似的行为。

◆ **B 是绑定**　绑定定义了服务通信的方式，比如 HTTP、TCP、MSMQ、二进制 HTTP 等。这被称为绑定的传输。可以在一个单一服务添加多个绑定。绑定也可以包括其他的信息，比如编码和安全。每个绑定必须至少定义一个传输。

◆ **C 是约定**　约定表示服务公开的定义或者接口。它定义了服务的命名空间、信息发送的方式、回调和相关的约定项目。在 WCF 中，有多个约定，包括服务约定、操作约定、信息约定、错误约定(错误处理)和数据约定。这些约定一起工作表示对客户端代码使用 WCF 服务定义通信信息的方式。

一旦定义了 WCF 服务，并且配置了至少一个端点，就必须托管它。这里，有几个选项，我们随后讨论它们。然而，本课着重于 IIS 和 ASP.NET 的托管。为了调用服务，一个客户端会产生一个兼容的端点。这个端点表示服务的位置、通信的工作方式以及通信的格式。运行时，客户端通常会初始化一个监听的、托管的服务的请求。类似于 Web 服务，WCF 服务处理请求并返回结果——所有这些都使用定义的端点信息。

好消息是，创建 WCF 服务有多个工具和配置的支持。同样，理解它们的工作方式也很重要。作为一个附加的概览，下面部分介绍了 WCF 结构层。

WCF 结构层

一个 WCF 应用程序有多个层协同工作，提供一个广泛的功能和选项，用于建立一个面向服务的应用程序(SOA)。在大多数情况下，这些层是幕后，服务的配置是通过配置工具完成的。图 9.6 显示了一个 WCF 应用程序的核心层的概览。

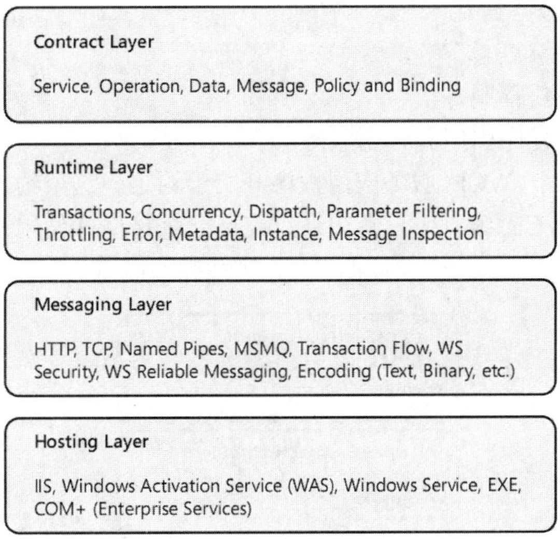

Contract Layer

Service, Operation, Data, Message, Policy and Binding

Runtime Layer

Transactions, Concurrency, Dispatch, Parameter Filtering, Throttling, Error, Metadata, Instance, Message Inspection

Messaging Layer

HTTP, TCP, Named Pipes, MSMQ, Transaction Flow, WS Security, WS Reliable Messaging, Encoding (Text, Binary, etc.)

Hosting Layer

IIS, Windows Activation Service (WAS), Windows Service, EXE, COM+ (Enterprise Services)

图 9.6　WCF 结构层

理解这些层以及这些层为一个服务开发人员提供的多个选项非常重要。下面列表提供了每个层的一个概览。

◆ **约定层**　约定层是为了定义服务向终端客户公开的约定。这包括用于调用操作的信息服务支持、收到的结果以及错误的管理。除此之外，约定包括策略和绑定的端点信息。例如，约定表示服务需要一个二进制编码的 HTTP。

◆ **运行层**　服务运行层控制服务执行的方式以及信息正文处理的方式。可以配置这个层以支持事务、处理并发以及发送错误信息。例如，可以使用限流（throttling）表示服务可以处理的信息数量；也可以使用实例化的功能来表明服务创建多少实例管理请求。

◆ **消息层** 消息层以传输和协议的形式表示 WCF 通道的栈。传输通道通过 HTTP、命名管道、TCP 和相关的协议转换消息。协议通道处理消息的可靠性和安全性。

◆ **存取层** 存取层定义在进程中运行服务的主机或可执行文件。服务可以是自托管的(运行于一个可执行文件)服务、IIS 托管的服务、Windows 激活服务(WAS)、一个 Windows 服务或者 COM+。为服务选择一个托管取决于一些类似于客户端访问、可扩展性、可靠性的因素，以及对其他服务的需求(类似于 ASP.NET)。在大多数企业应用程序例子中，服务会使用的一个现成的托管，而不是自己编写的。

可以看到有很多选项用于创建、配置和托管多种服务。同样，本章涵盖了关于 ASP.NET 的 WCF 服务的建立、托管和调用(HTTP 传输和 IIS 托管)。

使用 ASP.NET 创建 WCF 服务

创建和使用 WCF 服务遵循编程任务的一套标准。如果想创建和使用一个新的 WCF 服务，要按照这些步骤。

1. 定义服务约定。

2. 实现(或编写)服务约定。

3. 配置一个服务端点。

4. 在应用程序中托管服务。

5. 从客户端应用程序引用和调用服务。

正如所看到的，一个 WCF 服务应用程序开始于约定。这个约定表明了服务提供给客户的特征和功能。在 WCF 编程中，首先通过定义一个接口并使用相关属性配置该接口来创建这个约定。图 9.7 展示了一个关键的 WCF 属性类的概览。

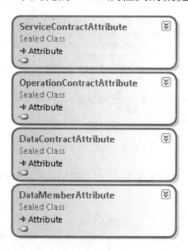

图 9.7 用于 WCF 服务的属性类

这些 WCF 属性类在 System.ServiceModel 命名空间。这些类用来定义服务调用客户端时约定的细节。例如，可以表明服务约定是单向的、请求答复的还是复合的。这些属性也定义了服务操作和定义这些操作的数据。下面列表为这些类中的每一个提供了一个描述。

- **ServiceContact** ServiceContact 属性类用来表明一个给定的接口(或者类)是一个 WCF 服务。ServiceContact 属性类具有参数用来设置服务是否需要一个会话(SessionMode)、命名空间、约定的名称、双向约定返回的约定(CallbackContract)等。

- **OperationContact** OperationContact 属性类用来在一个接口(或者类)的内部将方法标记为服务操作。OperationContact 的方法表示哪些是对客户公开的服务。可以使用 OperationContact 属性类的参数设置约定是否返回一个答复(IsOneWay)、消息层安全(ProtectionLevel)或者方法是否支持异步调用(AsyncPattern)。

- **DataContact** DataContact 属性类用来标记所编写(类、枚举、结构体)的类型,并经由 DataContactSerializer 参与到 WCF 序列。使用这个属性标记类用来确保它们可以对不同的客户有效地发送和接收。

- **DataMember** DataMember 属性类用于标记希望序列化的个体字段和属性。可以结合 DataContact 类使用这个类。

WCF 服务应用程序

Visual Studio 和 ASP.NET 定义了 WCF 服务应用程序项目模板。这个模板定义了一个 Web 项目,服务于托管的 WCF 服务。这个项目包含一个 System.ServiceModel.dll 的引用, System.ServiceModel.dll 包含 WCF 类。创建这个项目模板新的实例也会生成一个默认的服务(Service1.svc)和一个相关的约定文件(IService1.vb 或.cs)。

约定文件是一个常规的.NET Framework 接口,这个接口包括标签服务的服务属性类 (类)、操作(方法)和数据成员(类型、字段、属性)。.svc 文件是一个实现这个接口的类。就像其他的 ASP.NET 模板,可以使用这些类创建自己的服务。

最后,一个 WCF 服务应用程序会自动地配置在 IIS 中托管,并公开一个标准的 HTTP 端点。这个信息在 Web.config 文件的<system.servicemodel>内部。下面代码给出一个例子。

```
<system.serviceModel>
  <services>
    <service name="NorthwindServices.Service1"
      behaviorConfiguration="NorthwindServices.Service1Behavior">
      <endpoint address="" binding="wsHttpBinding"
        contract="NorthwindServices.IService1">
        <identity>
          <dns value="localhost"/>
        </identity>
      </endpoint>
      <endpoint address="mex" binding="mexHttpBinding" contract="IMetadataExchange"/>
    </service>
  </services>
  <behaviors>
    <serviceBehaviors>
      <behavior name="NorthwindServices.Service1Behavior">
        <!-- to avoid disclosing metadata information, set the value below to false
            and remove the metadata endpoint above before deployment -->
        <serviceMetadata httpGetEnabled="true"/>
        <!-- To receive exception details in faults for debugging purposes, set the
            value below to true.  Set to false before deployment to avoid disclosing
            exception information -->
        <serviceDebug includeExceptionDetailInFaults="false"/>
      </behavior>
    </serviceBehaviors>
  </behaviors>
</system.serviceModel>
```

正如所看到的，在 ASP.NET 中的 WCF 服务应用程序可以处理一个 WCF 服务的很多常见的步骤。事实上，如前面所讨论的，步骤 1、3 和 4 是默认的处理。步骤 2 实现服务，步骤 5 从一个客户端应用程序调用服务。

实现 WCF 服务

为了实现服务，首先，要通过接口定义约定。例如，假定希望创建一个服务，用于公开使用 Northwind 数据库中的 Shipper 表格的方法。要创建一个 Shipper 类，并标记这个类为 DataContract，标记这个类的成员为 DataMembers。这允许传递 Shipper 类进出服务。下面代码给出了一个例子。

```vb
'VB
<DataContract()> _
Public Class Shipper

  Private _shipperId As Integer

  <DataMember()> _
  Public Property ShipperId() As Integer
    'implement property (see lab)
  End Property

  'implement remaining properties (see lab)

End Class
```

```csharp
//C#
[DataContract]
public class Shipper
{
  [DataMember]
  public int ShipperId { get; set; }

  //implement remaining properties (see lab)
}
```

下一步是定义接口的方法。需要使用 OperationContact 属性标记这些方法。还需要使用 ServiceContact 属性标记接口。例如，假定 shipping 服务公开操作，用于检索单一的 shipper，并保存这个 shipper。在这种情况下，接口如下所示。

```vb
'VB
<ServiceContract()> _
Public Interface IShipperService

  <OperationContract()> _
  Function GetShipper(ByVal shipperId As Integer) As Shipper

  <OperationContract()> _
  Sub SaveShipper(ByVal shipper As Shipper)

End Interface
```

```csharp
//C#
[ServiceContract]
public interface IShipperService
{
  [OperationContract]
  Shipper GetShipper(int shipperId);

  [OperationContract]
  Shipper SaveShipper(Shipper shipper);
}
```

这个接口将被 WCF 使用，公开一个服务。当然，服务将基于 Web.config 文件内部的信息配置。服务接口仍然需要实现。为此，要在一个.svc 文件的内部实现服务接口。例如，如果要实现前面定义的 Shipper 数据的接口约定，应当完成下面代码。

```vb
'VB
Public Class ShipperService
  Implements IShipperService

  Public Function GetShipper(ByVal shipperId As Integer) As Shipper _
    Implements IShipperService.GetShipper

    'code to get the shipper from the db and return it (see lab)
  End Function

  Public Sub SaveShipper(ByVal shipper As Shipper) _
    Implements IShipperService.SaveShipper

    'code to save the shipper to the db (see lab)

  End Sub

End Class
```

```csharp
//C#
public class ShipperService : IShipperService
{
  private string _cnnString =
    ConfigurationManager.ConnectionStrings["NwConnectionString"].ToString();

  public Shipper GetShipper(int shipperId)
  {
    //code to get the shipper from the db and return it (see lab)
  }

  public void SaveShipper(Shipper shipper)
  {
    //code to save the shipper to the db (see lab)
  }
}
```

通过 ASP.NET 页面使用 WCF 服务

现在，准备调用前面创建的 WCF 服务。约定是经由 IShipperService 接口定义的，并在 ShipperService.svc 文件内部实现。一个端点是通过在 Web.config 文件内部建立默认的 HTTP 端点配置的。服务由 IIS 和 ASP.NET 托管(或者本地的 Web 服务器)。最后的步骤是设置一个客户调用服务。在这种情况下，我们假设客户是另外一个 ASP.NET 网站。然而，它也可以是 Windows 应用程序或其他不同平台的应用程序。

开始，需要生成一个用于调用 WCF 服务的代理类。这可以通过 Visual Studio 完成。需要右击网站，选择添加服务引用。打开添加服务引用对话框，如图 9.8 所示。

这个对话框允许为服务定义一个地址。同样，这是基于服务所公开的端点的。在这个例子中，要做出对一个在前面部分创建的 ShipperServices.svc 的连接。请注意，约定是由服务的接口显示的。

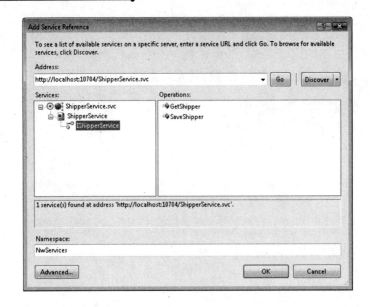

图 9.8　添加服务引用对话框生成一个 WCF 服务客户

请注意，在图 9.8 中设置了一个命名空间。这个命名空间定义了由 Visual Studio 生成的代理类的名称。这里的代理类是一个 WCF 服务客户，允许编写服务，而不必处理 WCF 的复杂性。这类似于前面课程中使用 Web 服务的方式。

通过在解决方案资源管理器中选择"显示所有文件"来查看服务引用的内容。当然，这只能是在 Web 应用程序(而不是一个网站)中。图 9.9 展示了这个服务引用的多个文件。

图 9.9　在解决方案资源管理器内部服务引用的扩展

文件 Reference.cs(或.vb)包含真实的代理类。当使用服务时，另外一个文件使用这个代理类。这个代理类与 Web 服务通信。事实上，它包含的类和方法和服务中所包含的一样，这要感谢有了服务约定。图 9.10 展示了在 Reference.cs(或.vb)内部找到的这种类型的概览。请注意，可以调用 ShipperServiceClient 代码，甚至传递一个称为 Shipper 的本地类型(包含由服务约定定义的相同属性)。

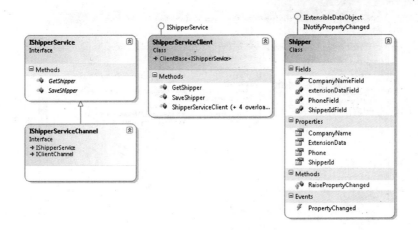

图 9.10　生成的服务客户代理类型

客户代码还必须定义绑定和端点信息。当添加服务引用时，添加服务引用任务自动地生成合适的端点信息。这个信息可以在服务客户网站的 Web.config 文件内部找到。下面给出了一个例子。

```
<system.serviceModel>
  <bindings>
    <wsHttpBinding>
      <binding name="WSHttpBinding_IShipperService" closeTimeout="00:01:00"
        openTimeout="00:01:00" receiveTimeout="00:10:00" sendTimeout="00:01:00"
        bypassProxyOnLocal="false" transactionFlow="false"
        hostNameComparisonMode="StrongWildcard" maxBufferPoolSize="524288"
        maxReceivedMessageSize="65536" messageEncoding="Text"
        textEncoding="utf-8" useDefaultWebProxy="true" allowCookies="false">
      <readerQuotas maxDepth="32" maxStringContentLength="8192"
        maxArrayLength="16384" maxBytesPerRead="4096"
        maxNameTableCharCount="16384" />
      <reliableSession ordered="true" inactivityTimeout="00:10:00"
        enabled="false" />
      <security mode="Message">
        <transport clientCredentialType="Windows" proxyCredentialType="None"
          realm="" />
        <message clientCredentialType="Windows" negotiateServiceCredential="true"
          algorithmSuite="Default" establishSecurityContext="true" />
      </security>
      </binding>
    </wsHttpBinding>
  </bindings>
  <client>
    <endpoint address="http://localhost:4392/ShipperService.svc"
      binding="wsHttpBinding"
      bindingConfiguration="WSHttpBinding_IShipperService"
      contract="NwServices.IShipperService"
      name="WSHttpBinding_IShipperService">
    <identity>
      <dns value="localhost" />
    </identity>
    </endpoint>
  </client>
</system.serviceModel>
```

可以直接在 Web.config 中编辑 WCF 配置信息。也可以使用服务配置编辑器管理端点 (为所创建的客户端和服务器)。为此，右击 Web.config 文件，选择编辑 Wcf 配置。这将会启动对话框，如图 9.11 所示。

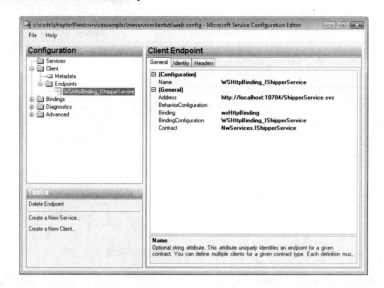

图 9.11   使用服务配置编辑器编辑存储在 Web.config 文件内的一个 WCF 端点

现在，所有剩余的工作就是编写一个 Web 页面，使用代理类调用服务。在随后的实训中，将会看到一个例子。

使用 AJAX 从客户端脚本中调用 WCF 服务(REST 和 JSON)

WCF 允许创建并使用几个不同类型的服务。记住，这是一种技术，用于定义一个具有地址、绑定和约定的服务端点。这种灵活性内置于框架，允许它支持各种信息类型和通信协议。

一种服务类型是基于表述性状态转移(REST)和 JavaScript 对象表示法(JSON)的。基于这些概念的服务，AJAX 编程变得越来越流行。基于一个简单的信息格式(JSON)的简单服务(REST)使 AJAX 变得更加容易。WCF 和.NET Framework 已经为双方建立了支持。

一个 REST 服务是一个编写的 Web 服务，用于响应 HTTP GET 请求。因此，客户调用 REST 服务的方式和访问页面的方式相同：使用一个 URL 和一个查询字符串。然后，服务器响应一个文本文档，就像它对任何 HTTP GET 请求一样。这样一来，REST 服务不需要调用服务的 XML 架构知识。相反，它只发送请求和处理基于文本的响应(通常 JSON 格式化数据)。

注意   确保基于 REST 服务的安全

基于 REST 的服务并不使用 SOAP。许多基于服务的安全性模型是基于 SOAP 的。因此，如果传递的数据的安全性是一个问题，则应当在客户端和服务器之间为所有的 REST 服务使用 HTTPS。

一个 REST 服务的响应通常是 JSON 数据形式。JSON 是一个信息数据格式，这种格式逐渐被 AJAX 大量使用。信息格式不是基于 XML 的(如同大多数服务)。相反，它是简单的、轻型的和基于文本的。一个 JSON 信息可以通过 JavaScript 引擎方便地处理，这个 JavaScript

引擎存在于几乎所有 Web 浏览器的内部。当从 JavaScript 调用服务时，这让它成为理想的选择。事实上，一个 JSON 信息可以使用 JavaScript 的 eval 函数解析，因为它基本上都是 JavaScript 的语法格式。以下是一个 JSON 格式信息的例子。

```
{
  "proudctName": "Computer Monitor",
  "price": "229.00",
  "specifications": {
    "size": 22,
    "type": "LCD",
    "colors": ["black", "red", "white"]
  }
}
```

基于 REST 和 JSON 编写 WCF 服务

在 ASP.NET 中基于 REST 和 JSON 创建 WCF 服务有些简单。这部分取决于内置于 ASP.NET 的 AJAX 的支持。正因如此，可以使用一个 WCF 模板并利用 REST 调用机制和 JSON 数据格式快速地创建一个服务。

这个 AJAX-WCF 项目模板是支持 AJAX 的 WCF 服务模板。它可以在一个网站项目的添加新项目对话框中找到。这个模板定义了一个可用于创建与使用 AJAX 的 WCF 服务类。

举一个例子，假定要创建一个服务，用于基于项目的 ID 和邮政编码计算一个产品的全价。下面代码给出了一个支持 AJAX 的 WCF 服务模拟这种方法的例子。

```vb
'VB
<ServiceContract(Namespace:="PricingServices")> _
<AspNetCompatibilityRequirements( _
  RequirementsMode:=AspNetCompatibilityRequirementsMode.Allowed)> _
Public Class PricingService

  <OperationContract()> _
  <WebInvoke()> _
  Public Function CalculatePrice(ByVal itemId As String, _
    ByVal shipToPostalCode As String) As Double

    Dim price As Double

    'simulate product price lookup based on item id
    price = 45

    'simulate calculation of sales tax based on shipping postal code
    price = price * 1.06

    'simulate calculation of shipping based on shipping postal code
    price = price * 1.1

    Return price

  End Function

End Class
```

```csharp
//C#
namespace PricingServices
{
  [ServiceContract(Namespace = "PricingServices")]
  [AspNetCompatibilityRequirements(RequirementsMode =
    AspNetCompatibilityRequirementsMode.Allowed)]
  public class PricingService
  {
```

```
[OperationContract]
[WebInvoke]
public double CalculatePrice(string itemId, string shipToPostalCode)
{
  double price;

  //simulate product price lookup based on item id
  price = 45;

  //simulate calculation of sales tax based on shipping postal code
  price = price * 1.06;

  //simulate calculation of shipping based on shipping postal code
  price = price * 1.1;

  return price;
}
}
}
```

请注意，服务方法标记了 WebInvoke 属性。这表明方法可以被一个 HTTP 请求调用。使用 HTTP POST 调用标记为 WebInvoke 的方法。如果要将发送的数据写入服务器，或者不希望请求被一个浏览器或服务器缓存，这一点是很重要的。然而，如果服务通常返回静态的数据，可能要使用 WebGet 属性标记方法。这表明一个 HTTP GET 请求可以被缓存。这是使用 WebGet 属性的唯一原因。ASP.NET AJAX ScriptManager 控件可以使用 HTTP GET 和 POST 服务。

当在项目中添加支持 AJAX 的 WCF 服务时，Visual Studio 还更新网站的 Web .config 文件。下面给出了一个例子。请注意元素<enableWebScript />。这表明端点是一个使用 JSON 数据格式的 RESTful 服务，因此，可以被 AJAX 使用。同样请注意，绑定设置为 webHttpBinding 再次表明这个服务是经由 HTTP(而不是 SOAP)调用。

```
<system.serviceModel>
  <behaviors>
    <endpointBehaviors>
      <behavior name="PricingServices.PricingServiceAspNetAjaxBehavior">
        <enableWebScript/>
      </behavior>
    </endpointBehaviors>
  </behaviors>
  <serviceHostingEnvironment aspNetCompatibilityEnabled="true"/>
    <services>
      <service name="PricingServices.PricingService">
        <endpoint address=""
          behaviorConfiguration="PricingServices.PricingServiceAspNetAjaxBehavior"
          binding="webHttpBinding" contract="PricingServices.PricingService"/>
      </service>
    </services>
</system.serviceModel>
```

正如所看到的，ASP.NET 简化了基于 REST 和 JSON 创建的 WCF 服务。也可以使用 WCF 的功能和.NET Framework 在 ASP.NET 外部定义 REST 服务和基于 JSON 的信息。事实上，.NET Framework 支持.NET 类型和 JSON 数据结构之间的序列化。

通过 AJAX 调用基于 JSON 的 WCF 服务

在 ASP.NET 中对 AJAX 的支持也使得从 AJAX 调用基于 REST 的服务成为一个相对轻松的过程。ScriptManager 控件将一个服务的引用设置为给定的 RESTful WCF 服务。然后，它还定义了一个调用的 JavaScript 代理类。这个代理类管理从支持 AJAX 的页面到 WCF 服务的调用。

例如，为了调用前面定义的服务，首先，要在页面上添加一个 ScriptManager 控件。然后，要为真实的服务定义一个 ServiceReference。下面标记给出了一个例子。

```
<asp:ScriptManager ID="ScriptManager1" runat="server">
  <Services>
    <asp:ServiceReference Path="PricingService.svc" />
  </Services>
</asp:ScriptManager>
```

然后，可以在页面上定义一个脚本块来调用代理类，这个代理类是基于这个服务引用生成的。在这个例子中，服务带有一个产品 ID 和一个邮政编码。下面 JavaScript 假定这些值由用户在一对 TextBox 控件中输入。下面代码也响应了页面上用户单击一个按钮事件。

```
<script language="javascript" type="text/javascript">
  function ButtonCalculate_onclick() {
    var service = new PricingServices.PricingService();
    service.CalculatePrice(document.forms[0].TextBoxProduct.value,
      document.forms[0].TextBoxPostCode.value, onSuccess, onFail, null);
  }

  function onSuccess(result){
    LabelPrice.innerText = result;
  }

  function onFail(result){
    alert(result);
  }
</script>
```

请注意，在前面的代码中，通过一个代理对 CalculatePrice 方法的调用定义了一些额外的参数。在服务被调用之后，这可以在一个 JavaScript 方法中传递被 ScriptManager 调用的名称。也可以定义一个用于成功和失败的方法。这样，一个成功的调用将在一个 Label 控件中写出结果。

下面代码给出了完成页面控件标记的例子。

```
<div>
  Product:<br />
  <asp:TextBox ID="TextBoxProduct" runat="server"></asp:TextBox>
  <br />
  Ship to (postal code):<br />
  <asp:TextBox ID="TextBoxPostCode" runat="server"></asp:TextBox>
  <br />

  <input name="ButtonCalculate" type="button" value="Get Price"
    onclick="ButtonCalculate_onclick()" />
  <br />
  <asp:Label ID="LabelPrice" runat="server"></asp:Label>
</div>
```

注意　复杂类型、WCF 和 AJAX

有时候，可能想在服务器和 JavaScript 函数之间传递复杂类型。幸好，ScriptManager 控件已经在支持它。它转化复杂类型为一个 JSON 信息结构。在调用完成之后，可以使用 result.member 语句(这里，result 是复杂类型的名称，member 是复杂类型的属性名称)访问复杂类型的个体值。

快速测试

1. 如何标记一个类或接口为 WCF 服务？
2. 如何在一个接口或类中标记方法，让它们公开成为类服务约定的一部分？

参考答案

1. 使用 ServiceContactAttribute 类作为 WCF 服务标签一个接口或类。
2. 使用 OperationContactAttribute 类作为服务方法标签一个方法。

实训：创建和使用一个 WCF 服务

在这个实训中，需要创建一个 WCF 服务，并使用 Northwind 数据库中的信息。然后，还要创建一个 Web 页面，调用 WCF 服务。

如果在完成这个练习时遇到问题，可参考本书配套资源中所附的实例，这些实例都有完成了的项目文件。

➤ 练习1 创建一个 WCF 服务应用程序

在这个练习中，要创建 WCF 服务应用程序项目并定义 WCF 服务。

1. 打开 Visual Studio，使用 C#或者 Visual Basic 创建一个新的 WCF 服务应用程序项目。命名这个项目为 **NorthwindServices**。

2. 在项目中复制 Northwind 数据库(Northwnd.mdf)到 App_Data 目录。可以从本书配套资源的实例中找到这个文件。

3. 从这个项目中删除 IService1.cs(或.vb)和 Service1.svc。

4. 在应用程序中添加一个新的 WCF 服务：右击项目，选择添加|新项目。选择 WCF 服务模板。命名这个服务为 **ShipperService.svc**。请注意，接口文件(IShipperService) 和.svc 文件都要创建。

5. 打开 Web.config。导航<system.serviceModel>。删除 Service1 的<service>和<behavior>。

   在 Web.config 中导航<connectionStrings>节点。为 Northwind 数据库添加一个连接字符串。这个连接字符串应当如下(格式化以适合打印页面)。

   ```
   <connectionStrings>
     <add name="NwConnectionString" connectionString="Data Source=.\SQLEXPRESS;
     AttachDbFilename=|DataDirectory|\northwnd.mdf;Integrated Security=True;
     User Instance=True" providerName="System.Data.SqlClient"/>
   </connectionStrings>
   ```

6. 打开 IShipperService.vb(或.cs)。定义一个数据约定类来表示一个 Shipper 对象。记住要使用 DataContract 和 DataMember 属性。代码如下。

   ```
   'VB
   <DataContract()> _
   Public Class Shipper
     Private _shipperId As Integer
     <DataMember()> _
   ```

```
Public Property ShipperId() As Integer
  Get
    Return _shipperId
  End Get
  Set(ByVal value As Integer)
    _shipperId = value
  End Set
End Property
Private _companyName As String
<DataMember()> _
Public Property CompanyName() As String
  Get
    Return _companyName
  End Get
  Set(ByVal value As String)
    _companyName = value
  End Set
End Property
Private _phone As String
<DataMember()> _
Public Property Phone() As String
  Get
    Return _phone
  End Get
  Set(ByVal value As String)
    _phone = value
  End Set
End Property
End Class
```

//C#
```
namespace NorthwindServices
{
 [DataContract]
 public class Shipper
 {
   [DataMember]
   public int ShipperId { get; set; }
   [DataMember]
   public string CompanyName { get; set; }
   [DataMember]
   public string Phone { get; set; }
 }
}
```

7. 接下来，定义 Shipper 类的接口。创建一个方法用于返回一个 Shipper 实例，创建另外一个方法用于接收一个 Shipper 实例的更新。记住要使用 ServiceContract 和 OperationContract 属性。代码如下所示。

'VB
```
<ServiceContract()> _
Public Interface IShipperService
 <OperationContract()> _
 Function GetShipper(ByVal shipperId As Integer) As Shipper
 <OperationContract()> _
 Sub SaveShipper(ByVal shipper As Shipper)
End Interface
```

//C#
```
[ServiceContract]
public interface IShipperService
{
 [OperationContract]
 Shipper GetShipper(int shipperId);
 [OperationContract]
```

```
    Shipper SaveShipper(Shipper shipper);
  }
```

8. 通过双击文件打开 ShipperService.svc 代码。为 System.Data、System.Data.SqlClient 和 System.Configuration 添加 using(在 Visual Basic 导入)语句。在数据库中添加代码获取连接字符串。

通过调用数据库从 Shipper 表格检索一条记录，实现 GetShipper 方法。复制这个数据到一个 Shipper 实例，并作为函数的结果返回它。

通过使用一个 Shipper 实例内部的数据，更新 shipping 记录，实现 SaveShipper 方法。服务的代码实现如下。

```vb
'VB
Public Class ShipperService
  Implements IShipperService
  Private _cnnString As String = _
    ConfigurationManager.ConnectionStrings("NwConnectionString").ToString
  Public Function GetShipper(ByVal shipperId As Integer) As Shipper _
    Implements IShipperService.GetShipper
    Dim sql As String = "SELECT shipperId, companyName, phone " & _
      "FROM shippers WHERE (shipperId = @ShipperId) "
    Dim cnn As New SqlConnection(_cnnString)
    Dim cmd As New SqlCommand(sql, cnn)
    cmd.Parameters.Add("ShipperId", SqlDbType.Int, 0).Value = shipperId
    Dim adp As New SqlDataAdapter(cmd)
    Dim ds As New DataSet()
    adp.Fill(ds)
    Dim s As New Shipper()
    s.ShipperId = shipperId
    s.CompanyName = ds.Tables(0).Rows(0)("companyName").ToString()
    s.Phone = ds.Tables(0).Rows(0)("phone").ToString()
    Return s
  End Function
  Public Sub SaveShipper(ByVal shipper As Shipper) _
    Implements IShipperService.SaveShipper
    Dim sql As String = "UPDATE Shippers SET phone=@Phone, " & _
      "companyName=@CompanyName WHERE shipperId = @ShipperId "
    Dim cnn As New SqlConnection(_cnnString)
    Dim cmd As New SqlCommand(sql, cnn)
    cmd.Parameters.Add("Phone", SqlDbType.NVarChar, 24).Value = shipper.Phone
    cmd.Parameters.Add("CompanyName", SqlDbType.NVarChar, 40).Value = _
      shipper.CompanyName
    cmd.Parameters.Add("ShipperId", SqlDbType.Int, 0).Value = shipper.ShipperId
    cnn.Open()
    cmd.ExecuteNonQuery()
    cnn.Close()
  End Sub
End Class
```

```csharp
//C#
namespace NorthwindServices
{
  public class ShipperService : IShipperService
  {
    private string _cnnString =
      ConfigurationManager.ConnectionStrings["NwConnectionString"].ToString();
    public Shipper GetShipper(int shipperId)
    {
      string sql = "SELECT shipperId, companyName, phone " +
        "FROM shippers WHERE (shipperId = @ShipperId) ";
      SqlConnection cnn = new SqlConnection(_cnnString);
      SqlCommand cmd = new SqlCommand(sql, cnn);
      cmd.Parameters.Add("ShipperId", SqlDbType.Int, 0).Value = shipperId;
      SqlDataAdapter adp = new SqlDataAdapter(cmd);
```

```
      DataSet ds = new DataSet();
      adp.Fill(ds);
      Shipper s = new Shipper();
      s.ShipperId = shipperId;
      s.CompanyName = ds.Tables[0].Rows[0]["companyName"].ToString();
      s.Phone = ds.Tables[0].Rows[0]["phone"].ToString();
      return s;
    }
    public void SaveShipper(Shipper shipper)
    {
      string sql = "UPDATE Shippers set phone=@Phone, " +
        "companyName=@CompanyName WHERE shipperId = @ShipperId ";
      SqlConnection cnn = new SqlConnection(_cnnString);
      SqlCommand cmd = new SqlCommand(sql, cnn);
      cmd.Parameters.Add("Phone", SqlDbType.NVarChar, 24).Value = shipper.Phone;
      cmd.Parameters.Add("CompanyName", SqlDbType.NVarChar, 40).Value =
        shipper.CompanyName;
      cmd.Parameters.Add("ShipperId", SqlDbType.Int, 0).Value = shipper.
ShipperId;
      cnn.Open();
      cmd.ExecuteNonQuery();
      cnn.Close();
    }
  }
}
```

9. 编译并运行服务应用程序。在一个 Web 浏览器中启动服务。将会看到 WCF 服务
    如何被调用的细节。图 9.12 展示了一个例子。

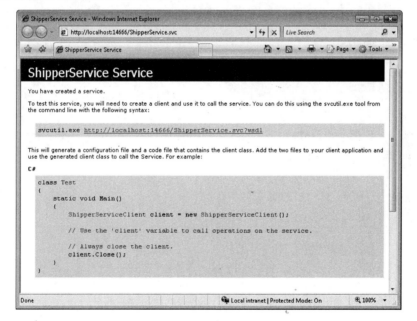

图 9.12　在 Web 浏览器中的 WCF 服务

10. 单击 Web 页面顶部的连接，以查看 WCF 服务的 WSDL。

11. 使用 Svcutil.exe 为 WCF 服务生成测试客户端。首先，打开 Visual Studio 命令提
    示符(开始|程序|Microsoft Visual Studio 2008|Visual Studio 工具)。导航到一个希望
    生成测试客户端的目录。从 Web 页面的顶端复制命令到窗口命令行，并按下回车。
    退出命令提示符。

12. 导航到生成的文件。打开这些文件，并检查它们。应该有一个配置文件，用于定义一个使用服务通信的端点。还应当有一个代码文件，用于显示调用 WCF 服务的方式。这是一个代理类，可以通过这个代理类编写一个真实的客户端。当设置了一个 WCF 服务的服务引用时，也要生成相同的文件。

> **练习 2　使用 WCF 服务**

在这个练习中，要创建一个 Web 客户端，用于访问前面练习中的 WCF 服务。

1. 继续前面练习中的项目，或者从本书配套资源的实例中打开第 1 课练习 1 完成了的项目。

2. 在解决方案中添加一个新的网站：右击解决方案，选择添加|新网站。选择 ASP.NET 网站。命名这个网站为 **ShipperClient**。右击网站，并选择作为启动项目设置。

3. 右击新添加的网站并选择添加服务引用。在添加服务引用对话框中单击 Discover。选择 ShipperService。将命名空间设置为 **NwServices**。单击确定关闭对话框。

4. 打开 Default.aspx 页面。在页面添加控件，这可以让一个用户基于它们的 ID 选择一个 shipper、显示它们的细节、编辑它们、并保存回 WCF 服务。窗体布局如图 9.13 所示。

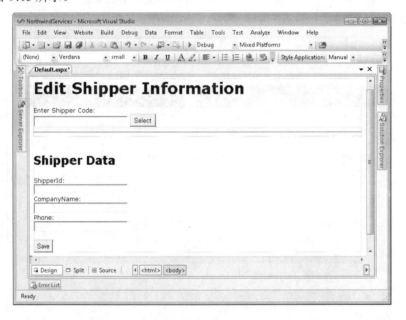

图 9.13　在一个 Web 浏览器中的 WCF 服务

5. 在选择按钮的单击事件中添加代码调用 WCF 服务，并把结果放入 Shipper 数据窗体。代码如下所示。

```vb
'VB
Protected Sub ButtonGetShipper_Click(ByVal sender As Object, _
  ByVal e As System.EventArgs) Handles ButtonGetShipper.Click
  'todo: add validation & error handling
  Dim shipperId As Integer = Integer.Parse(TextBoxGetId.Text)
  Dim nwShipper As New NwServices.ShipperServiceClient()
  Dim shipper As NwServices.Shipper
  shipper = nwShipper.GetShipper(shipperId)
```

```
       TextBoxShipperId.Text = shipper.ShipperId.ToString()
       TextBoxCompany.Text = shipper.CompanyName
       TextBoxPhone.Text = shipper.Phone
    End Sub
```

//C#
```
protected void ButtonGetShipper_Click(object sender, EventArgs e)
{
    //todo: add validation & error handling
    int shipperId = int.Parse(TextBoxGetId.Text);
    NwServices.ShipperServiceClient nwShipper =
      new NwServices.ShipperServiceClient();
    NwServices.Shipper shipper = new NwServices.Shipper();
    shipper = nwShipper.GetShipper(shipperId);
    TextBoxShipperId.Text = shipper.ShipperId.ToString();
    TextBoxCompany.Text = shipper.CompanyName;
    TextBoxPhone.Text = shipper.Phone;
}
```

6. 在保存按钮单击事件中添加代码，使用来自于各种 TextBox 控件的值调用 WCF
    服务。代码如下所示。

    'VB
```
Protected Sub ButtonSave_Click(ByVal sender As Object, _
  ByVal e As System.EventArgs) Handles ButtonSave.Click
    'todo: add validation & error handling
    Dim shipper As New NwServices.Shipper()
    shipper.ShipperId = Integer.Parse(TextBoxShipperId.Text)
    shipper.CompanyName = TextBoxCompany.Text
    shipper.Phone = TextBoxPhone.Text
    Dim nwShipper As New NwServices.ShipperServiceClient()
    nwShipper.SaveShipper(shipper)
End Sub
```

    //C#
```
protected void ButtonSave_Click(object sender, EventArgs e)
{
    //todo: add validation & error handling
    NwServices.Shipper shipper = new NwServices.Shipper();
    shipper.ShipperId = int.Parse(TextBoxShipperId.Text);
    shipper.CompanyName = TextBoxCompany.Text;
    shipper.Phone = TextBoxPhone.Text;
    NwServices.ShipperServiceClient nwShipper = new NwServices.
ShipperServiceClient();
    nwShipper.SaveShipper(shipper);
}
```

7. 运行应用程序。输入一个 Shipper ID(1，2，或 3)。编辑数据并在数据库中保存。

本课总结

◆ WCF 是一个统一的编程模型，用于创建基于服务的应用程序。使用 WCF，可以
   创建使用 HTTP、TCP、MSMQ 和命名管道的服务。

◆ ASP.NET 和 IIS 允许托管希望公开为 HTTP 的 WCF 服务。可以使用这个模型编
   写服务，这个服务采用 ASP.NET 功能比如会话状态和安全的优势。

◆ 编写一个 WCF 首先通过定义一个约定(通常作为一个接口)。约定使用属性类
   ServiceContact 和 OperationContact 来定义服务以及它的方法。

课后练习

通过下列问题，你可检验自己对第 2 课的掌握程度。这些问题也可从配套资源中找到。

注意 关于答案

对这些问题的解析可参考本书末"答案"。

---

1. 希望编写一个 WCF 服务应用程序。打算在 IIS 中托管服务，并利用 ASP.NET 建立服务。应当创建什么类型的项目？

   A. 一个 WCF 服务库

   B. 一个 WCF 服务应用程序

   C. 一个 ASP.NET Web 服务应用程序

   D. 一个 Windows 服务

2. 定义自定义类型用于 WCF 服务。这个类型表示公司的一个产品。它包含几个公有的属性。希望通过一个 XSD 架构的序列化和定义的方式显示这个类型。应当采取哪些操作？(不定项选择)

   A. 使用 DataContact 属性标记产品类。

   B. 使用 ServiceContact 属性标记产品类。

   C. 使用 OperationContact 属性标记产品类的公有的成员。

   D. 使用 DataMember 属性标记产品类的公有的成员。

3. 要编写一个 WCF 服务。希望表明这个服务的一个方法从不返回消息。相反，它旨在无消息返回的假设下调用。应当使用 OperationContact 的哪个参数？

   A. IsOneWay

   B. AsyncPattern

   C. IsInitiating

   D. ReplyAction

本 章 回 顾

为进一步实践和巩固在本章中学习到的技能，建议继续完成下列任务。

◆　　阅读本章小结。

◆　　完成案例训练。这些案例取自实际项目，但都涉及本章介绍的内容，要求你提供
相应的解决方案。

◆　　完成建议练习。

◆　　完成实战测试。

本章小结

◆　　ASP.NET 允许通过.asmx 文件格式创建 XML Web 服务。使用 WebServiceAttribute
类表示一个 Web 服务。WebMethodAttribute 类用于定义 Web 服务公开的方法。

◆　　可以使用 ASP.NET 创建 WCF 服务，并在 IIS 的内部托管它们。一个 WCF 服务定
义了一个客户端约定。约定是由 ServiceContact 和 OperationContact 属性类定义的。

案例场景

在下面的案例场景中，需要运用本章所学知识来完成一些小项目。答案可参见书末尾。

案例：选择一个服务模型

你是一个 Contoso 专业零售的应用程序开发人员。要求编写一组服务，允许合作者查
看产品的目录和库存。这些信息每天都会更新，并且要求跨合作者共享。

你和合作者的工作完全在网络之外，并且在互联网之外，没有特别的通信基础设置。

你还应当公开服务，允许这些合作者通过购物经验处理一个用户：购物车、检验、运
输、订单历史等。需要能够通过进程跟踪用户，而不必承诺他们的交易系统的细节，知道
他们提交了他们的订单。

问题

想一下，应该如何建立这些服务，回答下列问题。

1.　应当实现什么类型的服务编程模型？

2.　应当在哪里托管服务应用程序？

3.　如何管理常用数据(比如目录和产品信息)的访问？

4.　如何通过结账过程处理用户信息？

建议练习

为了帮助你熟练掌握本章提到的考试目标，请完成下列任务。

使用 XML Web 服务

对于这个任务，应当完成练习 1 和练习 2。完成练习 3 获取使用 ASP.NET 安全性的经验。完成练习 4 使用 AJAX 的更多工作。

- **练习 1**　返回第 1 课实训中所创建的代码。通过添加支持扩展 Authors.asmx 服务，用于返回一个单一的作者作为一个编写的序列化的、自定义类。同样，添加支持，用于通过一个服务接收这个类的实例并用于更新数据库。

- **练习 2**　使用练习 1 中创建的代码添加客户端支持，从服务返回自定义对象。请注意，Visual Studio 如何产生作为 Proxy 引用类一部分的 Author 类版本。

- **练习 3**　在第 1 课实训中定义的 Web 服务中添加安全。将服务设置为使用 Windows 集成安全性。使用 NetworkCredentials 类更改调用客户端传递凭据给服务。

- **练习 4**　使用第 1 课中的例子代码，使用 AJAX 调用一个 Web 服务，用于创建自己的 Web 服务和客户端调用。

使用 WCF 服务和 ASP.NET

对于这个任务，应当完成练习 1。完成练习 2 使用 AJAX 的更多工作。

- **练习 1**　返回到第 2 课的实训中的代码。添加另外一个 WCF 服务，用于在一个单一的调用中返回所有的 shippers，并在一个列表中显示。更改 WCF 客户端代码以显示所有的 shippers 并更改搜索功能。

- **练习 2**　使用 ASP.NET AJAX 从客户端脚本调用一个 WCF 服务。遵循第 1 课中讨论的模式，并为 WCF 应用这个模式。

实战测试

本书配套资源为实战测试提供了多种选择。例如，可选择只对本章相关的内容进行测验，也可用完整的 70-562 认证考试的内容进行自测。可将测验设置为实战模式(即与真实考试基本相同)，或者可以设为学习模式，以便边做题边查看答案及相应的分析。

更多信息　实战测试

要想进一步了解可选的测试模式，请查看本书"前言"。

第 10 章 创建自定义 Web 控件

使用 ASP.NET 控件是为了节省开发时间，让自己成为一个高效的、高产的开发人员。毫无疑问，现在，试图建立一个没有控件的 Web 应用程序将会付出高昂的代价。然而，即使使用 ASP.NET 提供的全部控件，它也不具有可能需要在给定业务领域为应用程序建立所有的封装功能。例如，有一个常见的需求，跨多个应用程序显示用户数据。在这种情况下，可能想将此功能封装为一个控件，并提供给每个应用程序。

幸好，ASP.NET 提供了功能，能够把现有的控件组合到一起，我们称之为用户控件。也可以采取其他步骤封装 Web 服务器控件。这些控件与 ASP.NET 控件处于相同的框架，因此，在设计时可以利用集成开发环境(IDE)的支持。本章介绍如何创建和使用两种主要的自定义 Web 控件。

本章考点

◆　使用和创建服务器控件
　　◇　动态加载用户控件
　　◇　创建和使用自定义控件

本章课程设置

◆　第 1 课　使用用户控件
◆　第 2 课　使用自定义 Web 服务器控件

课 前 准 备

为了完成本章的课程，应当熟悉使用 Microsoft Visual Studio 的 Visual Basic 或者 C#开发应用程序。除此之外，还应当熟悉以下内容：

◆　Visual Studio 2008 集成开发环境(IDE)
◆　超文本标记语言(HTML)和使用客户端脚本的基础知识
◆　如何创建一个新网站
◆　在 Web 页面内添加 Web 服务器控件
◆　使用 ADO.NET、可扩展标记语言(XML)和集成语言查询引擎(LINQ)

真实世界

Mike Snell

在很多开发团队中，代码重用仍然不够充分。我曾与许多开发人员谈及这个问题。我发现一个常见的问题：开发人员感觉在他们的组织中，没有时间、过程或支持，使其代码重用成为现实。他们当然想这样做。因为他们知道在他们的应用程序中有重复的代码。然而，他们却常常不能有太多的代码重用。

这个常见问题的解决方案似乎是双重的：理解技术和形成一种评估重用的文化。技术问题是训练的问题。如果开发人员学会如何编写代码，随后重用，他们想更好地定位来获得他们编写的代码的更多东西。这包括理解如何建立行之有效的代码，以作为自定义控件。问题是多方面的。需要管理来评估可重用的代码，以便更快速地开发。磨刀不误砍柴工。另外一个方面是合作、通信和共享。当开发人员编写代码时，他们通常采取额外的步骤，让其他的组成员从这种代码受益。这可以通过同行审查、内部演示以及相关活动来完成。幸运的是，由于有了这些方法，越来越多的开发团队达到了代码重用的目的。

第 1 课　使用用户控件

用户控件是一个创建的文件，它包含一系列组合在一起的其他 ASP.NET 控件和代码，用来提供常用的功能。用户控件可以用于网站中的不同页面。

在 ASP.NET 中，用户控件创建为.ascx 文件。一个.ascx 文件类似于 Web 页面的.aspx 文件，可以有它自身的代码隐藏页面。为了支持重用，.ascx 和代码隐藏文件必须包含在需要用户控件的每个项目中。正因如此，用户控件通常在一个给定的网站内保留重用。如果需要在网站之间重用，应当考虑抽象化一个 Web 服务器控件的功能。

在本课中，应当学会如何创建一个标准的用户控件，并在 Web 页面中使用它。然后，会了解到如何创建一个不同模板布局的用户控件。

学习目标

◆　创建用户控件

◆　在 Web 页面上添加一个用户控件

◆　在用户控件代码声明块或代码隐藏文件中处理事件

◆　创建和使用一个模板用户控件

预计课时： 40 分钟

创建用户控件

一个用户控件提供了一种简单的方法，把几个控件组合成一个并可以在多个 Web 页面中拖动的单一功能单元。一个网站内的页面通常包含使用类似控件集合的常见功能。在这种情况下，封装这些功能以便重用，并帮助定义一个一致的用户界面(UI)。例如，想象一个网站，这个网站需要提示用户输入地址信息，比如在结算期间和装运期间。可以将几个用于输入名称、地址、城市、地区和邮政编码的内置控件封装为单一的用户控件。当需要输入地址时，这个用户控件可以重用。

要创建的用户控件从 UserControl 类继承的。而用户控件类从 Template 类继承。整个类的层次结构如图 10.1 所示。

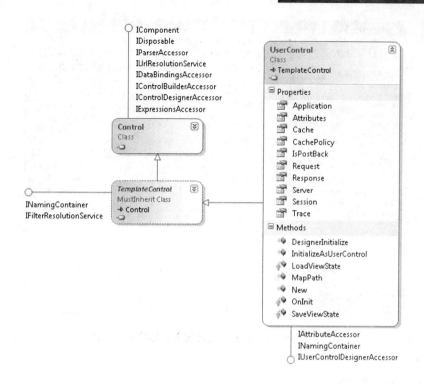

图 10.1 用户控件类层次结构

　　创建用户控件使用类似于建立一个标准的 Web 页面的过程。在 Visual Studio 添加新项目对话框中创建一个用户控件。然后，选择 Web 用户控件。这会在应用程序中添加一个带有.ascx 后缀名的文件。用户控件有一个设计视图和一个源视图，这类似于.aspx 页面。然而，快速浏览标记，在.ascx 中显示@Control 指令而不是.aspx 页面的@Page 指令。 下面标记给出了一个例子。

```
'VB
<%@ Control Language="VB"
 AutoEventWireup="false"
 CodeFile="MyWebUserControl.ascx.vb"
 Inherits="MyWebUserControl" %>
```

```
//C#
<%@ Control Language="C#"
 AutoEventWireup="true"
 CodeFile=" MyWebUserControl.ascx.cs"
 Inherits=" MyWebUserControl" %>
```

　　可以在一个用户控件上拖拽控件，类似于在页面上拖拽。例如，如果要开发前面讨论的地址控件，可能想在用户控件中添加文本、TextBox 控件以及布局信息。当然，由此产生的用户控件需要添加到一个 Web 页面工作。然而，当建立用户控件时，设计过程类似于建立页面的过程。图 10.2 展示了这一章 Visual Studio 设计器中的地址用户控件。

注意　从控件的设计中隔离

一般说来，在一个用户控件内部的布局之上放置太多样式信息是不明智的。可以让一个用户控件呈现由它添加到的页面和网站所定义的样式和主题。

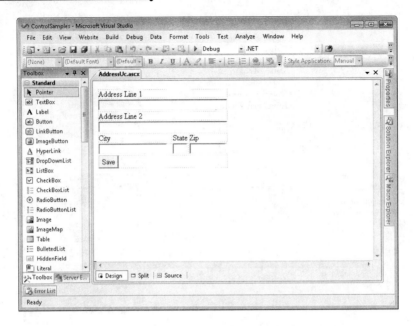

图 10.2   Visual Studio 设计器中的地址用户控件

定义用户控件事件

用户控件可以有它们自己封装的事件。这包括生命周期事件，比如 Init 和 Load。这些事件与页面上的事件同步调用。例如，在页面的 Init 事件调用后，控件的 Init 事件也依次被调用。然后，处理返回到页面 Load 事件；接着，控件的 Load 事件也被调用。这贯穿了整个生命周期。这种模式允许以类似于开发 Web 页面的方式开发用户控件。

用户控件也可以为它们所属的 Web 页面引发回发。当这样做时，用户控件事件随着页面的事件相应引发。然而，一个用户控件的事件处理器通常封装在给定的用户控件内。这将确保这些事件的代码可以保持用户控件独立于页面。

考虑一个地址用户控件的例子。这个控件有一个保存按钮。当用户单击这个按钮时，希望触发一个事件，为给定的用户保存地址信息以及地址类型(结算、装运等等)。为了完成这项功能，需要在用户控件上添加一个按钮单击事件处理器，并把代码放置在那里。当在一个页面上添加用户控件，并且执行页面时，在用户控件上单击保存按钮执行代码。下面代码显示了一个简单的地址用户控件的保存按钮单击事件调用一个称为 UserProfile 的自定义类的例子。

```vb
'VB
Protected Sub ButtonSave_Click(ByVal sender As Object, _
  ByVal e As System.EventArgs) Handles ButtonSave.Click

  'to do: validate user input

  'save new address for user
  UserProfile.AddNewAddress(Me.UserId, Me.AddressType, _
    TextBoxAddress1.Text, TextBoxAddress2.Text, _
    TextBoxCity.Text, TextBoxState.Text, TextBoxZip.Text)

End Sub
```

```
//C#
protected void ButtonSave_Click(object sender, EventArgs e)
{
  //to do: validate user input

  //save new address for user
  UserProfile.AddNewAddress(this.UserId, this.AddressType,
    TextBoxAddress1.Text, TextBoxAddress2.Text,
    TextBoxCity.Text, TextBoxState.Text, TextBoxZip.Text);
}
```

请注意，在前面的代码中，调用 AddNewAddress 方法也包括访问用户控件的属性 (UserId 和 AddressType)。这些属性在用户控件的定义中添加。稍后我们将讨论这些属性。

将事件传递至页面

通常，在设计时，并不知道一个给定控件事件的实现细节。相反，需要在用户控件中添加控件（比如 Button 控件），并让使用这个用户控件的开发人员实现 Button 控件的单击事件处理器。可以在用户控件上定义一个事件，并在 Button 控件的单击事件触发时传递这个事件到 Web 页面。

举一个例子，考虑地址用户控件的保存按钮。需要定义一个事件，当这个按钮被单击时，事件传递到页面。这个事件最有可能从用户控件的子控件返回到页面来进行值的传递 (除非它们作为属性显示，我们将在接下来的部分讨论)。因此，要修改地址用户控件来公开一个事件，并触发那个事件响应一个保存按钮单击事件。

下面是这个例子的示例代码。首先，应当遵循下列方式定义事件参数。请注意，这个类继承于 EventArgs。事件使用这个类，用于从用户控件向页面传递地址信息。

```
'VB
Public Class AddressEventArgs
  Inherits EventArgs

  Public Sub New(ByVal addressLine1 As String, _
    ByVal addressLine2 As String, ByVal city As String, _
    ByVal state As String, ByVal zip As String)

    Me._addressLine1 = addressLine1
    Me._addressLine2 = addressLine2
    Me._city = city
    Me._state = state
    Me._zip = zip
  End Sub

  Private _addressLine1 As String
  Public ReadOnly Property AddressLine1() As String
    Get
      Return _addressLine1
    End Get
  End Property

  Private _addressLine2 As String
  Public ReadOnly Property AddressLine2() As String
    Get
      Return _addressLine2
    End Get
  End Property

  Private _city As String
  Public ReadOnly Property City() As String
```

```
      Get
        Return _city
      End Get
    End Property

    Private _state As String
    Public ReadOnly Property State() As String
      Get
        Return _state
  End Get
    End Property

    Private _zip As String
    Public ReadOnly Property Zip() As String
      Get
        Return _zip
      End Get
    End Property

End Class
```

```csharp
//C#
public class AddressEventArgs : EventArgs
{

  public AddressEventArgs(string addressLine1, string addressLine2,
    string city, string state, string zip)
  {
    this.AddressLine1 = addressLine1;
    this.AddressLine2 = addressLine2;
    this.City = city;
    this.State = state;
    this.Zip = zip;
  }

  public string AddressLine1 { get; private set; }
  public string AddressLine2 { get; private set; }
  public string City { get; private set; }
  public string State { get; private set; }
  public string Zip { get; private set; }

}
```

接着，如果使用 C#，应当声明一个委托。这个委托可以放入到相同的类文件，类文件包含事件参数和用户控件类。然而，这个委托并没有进入这些类。请注意，如果使用的是 Visual Basic，可以通过事件模型处理这个步骤。

```csharp
//C#
public delegate void SaveButtonClickHandler(object sender, AddressEventArgs e);
```

接下来的步骤是在用户控件中添加代码，当用户单击按钮时，定义事件并触发。事件将会被使用用户控件的页面捕捉。下面代码给出了一个例子。请注意， C#版本的代码定义事件为前面步骤中创建的委托类型。

```vb
'VB
Public Event SaveButtonClick(ByVal sender As Object, ByVal e As AddressEventArgs)

Protected Sub ButtonSave_Click(ByVal sender As Object, _
  ByVal e As System.EventArgs) Handles ButtonSave.Click

  Dim addArgs As New AddressEventArgs(TextBoxAddress1.Text, _
    TextBoxAddress2.Text, TextBoxCity.Text, _
    TextBoxState.Text, TextBoxZip.Text)
```

```
    RaiseEvent SaveButtonClick(Me, addArgs)

End Sub

//C#
public event SaveButtonClickHandler SaveButtonClick;

protected void ButtonSave_Click(object sender, EventArgs e)
{
  if (SaveButtonClick != null)
  {
    SaveButtonClick(this, new AddressEventArgs(TextBoxAddress1.Text,
      TextBoxAddress2.Text, TextBoxCity.Text, TextBoxState.Text,
      TextBoxZip.Text));
  }
}
```

最后，要在包含用户控件的页面中添加代码(在后面的部分，将会看到如何在一个页面上添加一个用户控件)。这段代码能够捕捉用户控件公开的事件。在 Visual Basic 中，可以在代码编辑器中为用户控件的公开事件添加一个处理器。在 C#中，可在 Page_Init 方法内部使用+=语句绑定一个处理器。在处理器内部，可使用所需的 AddressEventArgs。在下面的例子中，这些事件参数用来保存地址信息。

```
'VB
Protected Sub AddressUc1_SaveButtonClick( _
  ByVal sender As Object, ByVal e As AddressEventArgs) _
  Handles AddressUc1.SaveButtonClick

  UserProfile.AddNewAddress(Me._userId, AddressUc1.AddressType, _
    e.AddressLine1, e.AddressLine2, e.City, e.State, e.Zip)

End Sub

//C#
protected void Page_Init(object sender, EventArgs e)
{
  AddressUc1.SaveButtonClick += this.AddressUc_SaveButtonClick;
}

private void AddressUc_SaveButtonClick(
  object sender, AddressEventArgs e)
{
  UserProfile.AddNewAddress(this._userId, AddressUc1.AddressType,
    e.AddressLine1, e.AddressLine2, e.City, e.State, e.Zip);
}
```

在用户控件中定义属性

所创建的用户控件常常需要配置数据。可以通过属性定义要配置的数据。接着，添加用户控件的属性，并在可使用控件的页面标记上配置属性。当开发人员使用用户控件时，他们可以通过标记声明性地设置属性。事实上，这些属性也可以通过 IntelliSense 使用。

当使用一个用户控件时，由开发人员配置的属性可以在设计时或运行时设置，并在回发中使用。这和在 ASP.NET 中获取其他控件的过程相同。通过代码设置的属性需要在回发或丢失时重置。同样，这和获取其他的 ASP.NET 控件的经历相同。

在.NET Framework 下，定义用户控件属性的方式与定义任何其他类级别的属性相同。

例如，在地址用户控件中添加 **UserId** 和 **AddressType** 属性，需要添加如下代码。

```vb
'VB
Private _userId As Integer
Public Property UserId() As Integer
  Get
    Return Integer.Parse(ViewState("userId"))
  End Get
  Set(ByVal value As Integer)
    _userId = value
  End Set
End Property

Private _addressType As UserProfile.AddressType
Public Property AddressType() As UserProfile.AddressType
  Get
    Return Integer.Parse(ViewState("addressType"))
  End Get
  Set(ByVal value As UserProfile.AddressType)
    _addressType = value
  End Set
End Property
```

```csharp
//C#
public int UserId { get; set; }
public UserProfile.AddressType AddressType { get; set; }
```

同样，可以在添加用户控件的页面上设置这些属性。接下来的部分介绍在一个页面上添加控件并定义它的属性。

访问控件值

另外一种常见的情况是对包含在用户控件内的控件的值的访问需求。一个用户控件上的控件被声明为用户控件的保护成员。这意味着它们不能被用户控件类之外的类访问。因此，为了访问某一个控件，可以通过一个属性设置返回这个控件的引用。然而，这会公开整个控件。一种更常见的情况是定义一个属性，允许用户设置和获取一个控件的值。这可以包含用户控件，但只提供对包含控件的访问。

举一个例子，想象一下，地址用户控件需要允许用户预先设置包含在用户控件内的控件值。在这种情况下，可以公开 TextBox.Text 属性作为用户控件的属性。下面显示了用户控件的 TextBox.Text 属性之一(TextBoxAddress1)。这个属性从用户控件作为一个值公开。可以让地址用户控件之内的其他控件重复这段代码。

```vb
'VB
Public Property AddressLine1() As String
  Get
    Return TextBoxAddress1.Text
  End Get
  Set(ByVal value As String)
    TextBoxAddress1.Text = value
  End Set
End Property
```

```csharp
//C#
public string AddressLine1
{
  get
  {
    return TextBoxAddress1.Text;
  }
```

```
    set
    {
      TextBoxAddress1.Text = value;
    }
  }
```

在页面上添加一个用户控件

可以简单的从解决方案资源管理器中拖动一个用户控件并放置到页面来为 Web 页面添加一个用户控件。当在页面上添加用户控件时，可以在设计视图中查看控件内容。如果切换到源视图，可以查看 Visual Studio 添加到页面的标记信息。下面显示了在 Web 页面上添加一个地址用户控件的例子。

```
<%@ Page Language="VB" AutoEventWireup="false"
  CodeFile="UserProfilePage.aspx.vb" Inherits="UserProfilePage" %>

<%@ Register src="AddressUc.ascx" tagname="AddressUc" tagprefix="uc1" %>

<!DOCTYPE html PUBLIC "-//W3C//DTD XHTML 1.0 Transitional//EN"
  "http://www.w3.org/TR/xhtml1/DTD/xhtml1-transitional.dtd">

<html xmlns="http://www.w3.org/1999/xhtml">
<head runat="server">
    <title>User Profile Settings</title>
</head>
<body style="font-family: Verdana; font-size: small">
  <form id="form1" runat="server">
    <div>
      <uc1:AddressUc ID="AddressUc1" runat="server" AddressType="Home" />
    </div>
  </form>
</body>
</html>
```

请注意，@Register 指令在页面的顶端。这个指令是必需的，用来在页面上注册用户控件。TagPrefix 属性是控件的一个命名空间标识符，标记使用这个前缀来定义控件。默认的 TagPrefix 是 uc1(如用户控件 1)。当然，可以改变这个值。TagName 属性是控件的名称。Src 属性是用户控件文件的位置。控件的实例定义嵌套在表单标签。请注意，ID 自动地创建为 AddressUc1。还要注意，自定义属性 AddressType 作为控件的一个属性而被定义。其他的属性（如 UserId），则是为了表明地址值正被修改的用户的唯一 ID。因此，这个属性最有可能需要在代码中进行设置(从一个查询字符串、会话、cookie 或者类似的内容)。

动态加载用户控件

像其他的服务器控件一样，用户控件可以动态加载。如果希望在一个页面上添加可变数量的某一给定控件，动态加载控件是十分有用的。

为了动态加载一个用户控件，要使用 Page 类的 LoadControl 方法。这个方法带有包含用户控件定义的文件的名称和路径。这个方法还返回它创建的控件类的引用。可以通过对返回的对象强制转换类型设置这个引用为一个变量。为了让这个方法生效，控件必须在页面内进行注册。

例如，假定需要添加多个前面讨论的地址用户控件的实例。基于一个给定用户的存储地址的数目，可能需要添加一个变量数目。下面代码给出了如何动态加载控件的例子。

```VB
'VB
Dim addressControl As AddressUc = _
  CType(LoadControl("AddressUc.ascx"), AddressUc)

form1.Controls.Add(addressControl)
```

```C#
//C#
AddressUc addressControl =
  (AddressUc)LoadControl("AddressUc.ascx");

form1.Controls.Add(addressControl);
```

请注意代码的第二行。一旦控件被加载，它需要添加到表格对象用于显示和使用。

创建一个模板用户控件

一个模板用户控件将控件数据的表达与控件数据分离开来。模板用户控件并不能提供一个默认的用户界面布局。相反，这个布局是由在页面上使用用户控件的开发人员提供的。这在布局方面提供更大的灵活性，同时保持了用户控件的封装和重用的好处。

创建一个模板用户控件有若干步骤。下面给出了这些步骤的概要。

1. 开始，在 Web 应用程序添加一个用户控件文件。

2. 在用户控件文件的内部，放置一个 ASP.NET　Placeholder 控件。这为模板定义了一个占位符。将其作为属性公开此模板。接着，控件的用户将在这个模板的内部定义它们的代码。

3. 接下来，在应用程序中定义一个类文件，作为一个命名容器。这个类文件将包含用户控件数据的一个引用。当控件的一个用户创建布局模板时，这个数据将会绑定。这个类继承于 Control，并实现了 INamingContainer 接口。这个类还应当包含任何它打算包含的数据元素公有属性。

4. 然后，返回到用户控件。在它的代码隐藏文件中，编写一个类型为 ITemplate 的属性。这个属性将作为模板提供给控件的用户。为这个属性所赋予的名称与使用页面标记中模板标签的名称应该一致。

    要在 ITemplate 属性中应用属性 TemplateContainerAttribute，并标记 ITemplate 属性为一个模板。对这个属性，要传递命名容器类的类型作为构造函数的一个参数。这样，当在页面上添加用户控件时，这允许为容器和定义的模板绑定标记。

    也可以在 ITemplate 属性中应用 PersistenceModeAttribute 属性。要传递 PersistenceMode.InnerProperty 的枚举值到属性的构造函数。

5. 再然后，往用户控件的 Page_Init 方法添加代码。这里，要测试 ITemplate 属性。如果设置了 ITemplate 属性，要创建一个命名容器类的实例，并在此命名容器中创建一个模板的实例。接着，需要在 PlaceHolder 服务器控件的控件集合中添加此命名容器实例。

6. 可能还需要从用户控件传递数据到命名容器。这允许用户设置用户控件的属性，并在容器中存储和使用它们。在这种情况下，需要在用户控件中定义这个数据作为用户控件用户设置的属性。然后，必须传递这个数据的一个引用到命名容器。当用户控件上的属性值改变时，要确保命名容器的更新。

举一个例子，假设想实现前面讨论的地址控件作为一个模板用户控件。首先，要在页面上添加一个 PlaceHolder 控件，如下面的标记所示。

地址用户控件标记
```vb
'VB
<%@ Control Language="VB" AutoEventWireup="false"
  CodeFile="AddressUcTemplated.ascx.vb" Inherits="AddressUcTemplated" %>

<asp:PlaceHolder runat="server"
  ID="PlaceHolderAddressTemplate">
</asp:PlaceHolder>
```

```csharp
//C#
<%@ Control Language="C#" AutoEventWireup="true"
  CodeFile="AddressUcTemplated.ascx.cs" Inherits="AddressUcTemplated" %>

<asp:PlaceHolder runat="server"
  ID="PlaceHolderAddressTemplate">
</asp:PlaceHolder>
```

然后，在代码隐藏文件中为用户控件添加代码。这包括 ITemplate 属性和 Page_Init 代码。ITemplate 属性用于定义用户控件用户的布局区域。Page_Init 代码是为了实例命名容器并把它连接到布局模板。

除此之外，代码隐藏文件应当包含希望用户能够从用户控件访问的任何属性。在我们的例子中，这是一个 Address 属性，这个属性作为一个自定义 Address 类(未显示)来定义。这个类包含前面讨论的地址属性。下面显示的是地址用户控件代码隐藏文件的一个例子。

地址用户控件的代码隐藏文件
```vb
'VB
Partial Class AddressUcTemplated
    Inherits System.Web.UI.UserControl

  Public Sub Page_Init(ByVal sender As Object, _
      ByVal e As EventArgs) Handles Me.Init

    'clear the controls from the placeholder
    PlaceHolderAddressTemplate.Controls.Clear()

    If LayoutTemplate Is Nothing Then
      PlaceHolderAddressTemplate.Controls.Add( _
        New LiteralControl("No template defined."))
    Else

      Dim container As New AddressUcContainer(Me.Address)

      Me.LayoutTemplate.InstantiateIn(container)

      'add the controls to the placeholder
      PlaceHolderAddressTemplate.Controls.Add(container)
    End If

  End Sub
```

```
   Private _layout As ITemplate
   <PersistenceMode(PersistenceMode.InnerProperty)> _
   <TemplateContainer(GetType(AddressUcContainer))> _
   Public Property LayoutTemplate() As ITemplate
     Get
       Return _layout
     End Get
     Set(ByVal value As ITemplate)
       _layout = value
     End Set
   End Property

   Private _address As New Address()
   Public Property Address() As Address
     Get
       Return _address
     End Get
     Set(ByVal value As Address)
       _address = value
     End Set
   End Property

End Class


//C#
public partial class AddressUcTemplated :
  System.Web.UI.UserControl
{
   protected void Page_Init(object sender, EventArgs e)
   {
     //clear the controls from the placeholder
     PlaceHolderAddressTemplate.Controls.Clear();

     if (LayoutTemplate == null)
     {
       PlaceHolderAddressTemplate.Controls.Add(
         new LiteralControl("No template defined."));
     }
     else
     {
       AddressUcContainer container = new
         AddressUcContainer(this.Address);

       this.LayoutTemplate.InstantiateIn(container);

       //add the controls to the placeholder
       PlaceHolderAddressTemplate.Controls.Add(container);
     }
   }

   [PersistenceMode(PersistenceMode.InnerProperty)]
   [TemplateContainer(typeof(AddressUcContainer))]
   public ITemplate LayoutTemplate { get; set; }

   public Address Address { get; set; }
}
```

最后一步是定义命名容器。请注意，前面的代码实际上使用的是命名容器，就像它已经被定义一样。回想一下，命名容器必须从控件继承，并实现 INamingContainer 接口。从用户控件到命名容器传递的属性值应该在构造函数中传递。如果需要设置用户控件的属性，并在命名容器中反映这些属性的值，必须将属性设置为一个对象的引用。下面代码显示了通过命名容器展示 Address 对象的一个例子。

命名容器类

```vb
'VB
Public Class AddressUcContainer
  Inherits Control
  Implements INamingContainer

  Public Sub New(ByVal address As Address)
    Me.Address = address
  End Sub

  Private _address As Address
  Public Property Address() As Address
    Get
      Return _address
    End Get
    Set(ByVal value As Address)
      _address = value
    End Set
  End Property

End Class
```

```csharp
//C#
public class AddressUcContainer : Control, INamingContainer
{
  public AddressUcContainer(Address address)
  {
    this.Address = address;
  }

  public Address Address { get; set; }
}
```

使用模板用户控件

像任何用户控件一样，模板用户控件必须在相同的项目内使用，并且可以从解决方案资源管理器中通过拖拽添加到一个 Web 页面。可用如下方式对这个控件进行注册。

```
<%@ Register src="AddressUcTemplated.ascx"
  tagname="AddressUcTemplated" tagprefix="uc1" %>
```

然后，为用户控件的布局定义模板。在地址的例子中，这意味着在 ITemplate 属性内定义的<LayoutTemplate>标签内部嵌套布局和代码。在模板的内部，可以通过调用 Container 对象引用数据。这个对象是由一个 Container 类创建的，并作为模板用户控件过程一部分的实例。下面标记给出了页面上用户控件的定义。

```
<uc1:AddressUcTemplated ID="AddressUcTemplated1"
  runat="server" AddressType="Home">
  <LayoutTemplate>
    <h1>Edit Home Address</h1>
    <table>
      <tr>
        <td>Address Line 1:</td>
        <td>
          <asp:TextBox ID="TextBoxAddress" runat="server"
            Text="<%#Container.Address.AddressLine1%>"></asp:TextBox>
        </td>
      </tr>
```

```
      <tr>
        <td>Address Line 2:</td>
        <td>
          <asp:TextBox ID="TextBoxAddressLine2" runat="server"
            Text="<%#Container.Address.AddressLine2%>"></asp:TextBox>
        </td>
      </tr>
      <tr>
        <td>City:</td>
        <td>
          <asp:TextBox ID="TextBoxCity" runat="server"
            Text="<%#Container.Address.City%>"></asp:TextBox>
        </td>
      </tr>
      <tr>
        <td>State:</td>
        <td>
          <asp:TextBox ID="TextBoxState" runat="server"
            Text="<%#Container.Address.State%>"></asp:TextBox>
        </td>
      </tr>
      <tr>
        <td>Zip:</td>
        <td>
          <asp:TextBox ID="TextBoxZip" runat="server"
            Text="<%#Container.Address.Zip%>"></asp:TextBox>
        </td>
      </tr>
      <tr>
        <td></td>
        <td>
          <asp:Button ID="ButtonSave" runat="server" Text="Save" />
        </td>
      </tr>
    </table>
  </LayoutTemplate>
</uc1:AddressUcTemplated>
```

还必须在使用页面的代码隐藏文件中添加代码。这些代码调用 Page.DataBind 方法来确保容器被绑定到模板布局。下面代码给出了一个例子。

```vb
'VB
Protected Sub Page_Load(ByVal sender As Object, _
  ByVal e As System.EventArgs) Handles Me.Load

  'simulate getting a user and loading his or her profile
  AddressUcTemplated1.Address.AddressLine1 = "1234 Some St."
  AddressUcTemplated1.Address.City = "Pontiac"
  AddressUcTemplated1.Address.State = "MI"
  AddressUcTemplated1.Address.Zip = "48340"

  'bind data to controls
  Page.DataBind()

End Sub
```

```csharp
//C#
protected void Page_Load(object sender, EventArgs e)
{
  //simulate getting a user and loading his or her profile
  AddressUcTemplated1.Address.AddressLine1 = "1234 Some St.";
  AddressUcTemplated1.Address.City = "Ann Arbor";
  AddressUcTemplated1.Address.State = "MI";
```

```
AddressUcTemplated1.Address.Zip = "48888";

//bind data to controls
Page.DataBind();
}
```

请注意，模板用户控件并没有在设计视图中显示。需要创建一个自定义 Web 控件以便模板用户控件可以工作。然而，当运行 Web 页面时，它会按设计显示。图 10.3 展示了一个运行在浏览器上的控件的例子。

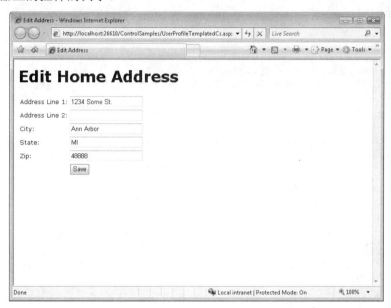

图 10.3　模板地址用户控件

快速测试

1. 把几个 TextBox 控件和 Label 控件组合，可以作为一个单元拖拽到一个 Web 页面而不必编写太多代码，最简单的方式是什么？

2. 什么类型的控件可以用于提供显示数据，但是要让 Web 页面设计器指定数据的格式？

参考答案

1. 创建一个 UserControl
2. 可以使用模板用户控件。

实训：使用用户控件

在这个实训中，需要创建本课中讨论的一个版本的地址用户控件。

如果在完成这个练习时遇到问题，可参考本书配套资源中所附的实例，这些实例都有完成了的项目文件。

> **练习 1 创建网站和用户控件**

在这个练习中，需要创建网站和用户控件。

1. 选择喜好的编程语言创建一个新的网站，命名为 **UserControlLab**。

2. 在网站上添加一个用户控件：右击网站，选择添加新项目。在添加新项目对话框中，选择 Web 用户控件。命名用户控件 **AddressUserControl.ascx**。

3. 打开用户控件，为地址、城市、地区和邮政编码添加输入元素。控件标记如下所示。

```
<div>
  Address
  <br />
  <asp:TextBox ID="TextBoxAddress" runat="server" Width="275px"
    Height="80px" TextMode="MultiLine"></asp:TextBox>
  <div style="width: 280px">
    <div style="float: left; margin-right: 3px">
      City
      <br />
      <asp:TextBox ID="TextBoxCity" runat="server" Width="150"></asp:TextBox>
    </div>
    <div style="float: left; margin-right: 3px">
      State
      <br />
      <asp:TextBox ID="TextBoxState" runat="server" Width="30"></asp:TextBox>
    </div>
    <div style="float: left">
      Zip
      <br />
      <asp:TextBox ID="TextBoxZip" runat="server" Width="70"></asp:TextBox>
    </div>
  </div>
  <asp:Button ID="ButtonSave" runat="server" Text="Save" />
</div>
```

4. 打开代码隐藏文件，添加属性公开用户控件 TextBox 控件的文本属性。代码如下所示。

```vb
'VB
Public Property Address() As String
  Get
    Return TextBoxAddress.Text
  End Get
  Set(ByVal value As String)
TextBoxAddress.Text = value
  End Set
End Property
Public Property City() As String
  Get
    Return TextBoxCity.Text
  End Get
  Set(ByVal value As String)
    TextBoxCity.Text = value
  End Set
End Property
Public Property State() As String
  Get
    Return TextBoxState.Text
  End Get
  Set(ByVal value As String)
    TextBoxState.Text = value
  End Set
End Property
```

```
Public Property Zip() As String
  Get
    Return TextBoxZip.Text
  End Get
  Set(ByVal value As String)
    TextBoxZip.Text = value
  End Set
End Property
```

```
//C#
public string Address
{
  get { return TextBoxAddress.Text; }
  set { TextBoxAddress.Text = value; }
}
public string City
{
  get { return TextBoxCity.Text; }
  set { TextBoxCity.Text = value; }
}
public string State
{
  get { return TextBoxState.Text; }
  set { TextBoxState.Text = value; }
}
public string Zip
{
  get { return TextBoxZip.Text; }
  set { TextBoxZip.Text = value; }
}
```

5.　接着，要为保存按钮定义事件处理器。这个事件将会在用户控件所在的主机引发
　　一个事件。鉴于用户控件已经公开读取它的值的属性，事件将不会作为一个参数
　　传递它们；它将简单的引发一个一般事件。

　　如果使用 C#，首先要在用户控件中添加一个委托。在代码隐藏文件内部添加委托，
　　但要在类的外部。该委托的声明如下所示。

```
public delegate void SaveButtonClickHandler(object sender, EventArgs e);
```

接着，添加在用户控件的代码隐藏文件事件声明。代码如下所示。

```
'VB
Public Event SaveButtonClick(ByVal sender As Object, ByVal e As EventArgs)
```

```
//C#
public event SaveButtonClickHandler SaveButtonClick;
```

最后，在引发这个事件的按钮单击事件添加代码。下面是一个例子。

```
'VB
Protected Sub ButtonSave_Click(ByVal sender As Object, _
  ByVal e As System.EventArgs) Handles ButtonSave.Click
  RaiseEvent SaveButtonClick(Me, New EventArgs())
End Sub
```

```
//C#
protected void ButtonSave_Click(object sender, EventArgs e)
{
  if (SaveButtonClick != null)
  {
    SaveButtonClick(this, new EventArgs());
  }
}
```

6. 编译代码，并确保它们没有错误。

➤ 练习2　在 Web 页面上使用用户控件

在这个练习中，将使用前面例子中创建的用户控件。

1. 继续前面练习中的项目，或者从本书配套资源的实例中打开第1课练习1完成了的项目。

2. 在设计视图中打开 Default.aspx 页面。从解决方案资源管理器中拖拽 AddressUserControl.ascx 到页面。

   查看页面的源代码。请注意，可以通过标记初始化控件自定义属性。当在设计视图中时，属性窗口中的属性也可以使用。

3. 当用户单击保存按钮时，添加一个事件处理器来捕捉用户控件触发的事件。打开 Default.aspx 页面的代码隐藏文件。

   在 Visual Basic 中，在代码编辑器中使用下拉控件选择用户控件(AddressControl1)。接着，使用右边的下拉列表选择 SaveButtonClick 事件处理器。将生成下面事件处理器。

```
Protected Sub AddressUserControl1_SaveButtonClick(ByVal sender As Object, _
  ByVal e As System.EventArgs) Handles AddressUserControl1.SaveButtonClick
End Sub
```

在 C#中，首先，需要在页面上添加一个方法。这个方法应当有与用户控件公开的事件相同的签名。接着，需要从用户控件到新定义的方法以连接事件。可以在页面的 Init 方法内部来完成。下面代码显示了一个例子。

```
protected void Page_Init(object sender, EventArgs e)
{
  AddressUserControl1.SaveButtonClick += this.AddressSave_Click;
}
protected void AddressSave_Click(object sender, EventArgs e)
{
}
```

4. 现在需要添加代码拦截事件。对这个例子，这段代码只简单地获取用户的输入，并把它写入到调试窗口。下面代码显示了一个例子。

```
'VB
Protected Sub AddressUserControl1_SaveButtonClick(ByVal sender As Object, _
  ByVal e As System.EventArgs) Handles AddressUserControl1.SaveButtonClick
  System.Diagnostics.Debug.WriteLine("Address: " & _
    AddressUserControl1.Address & _
    " City: " & AddressUserControl1.City & _
    " State: " & AddressUserControl1.State & _
    " Zip: " & AddressUserControl1.Zip)
End Sub


//C#
protected void AddressSave_Click(object sender, EventArgs e)
{
  System.Diagnostics.Debug.WriteLine("Address: " +
    AddressUserControl1.Address +
    " City: " + AddressUserControl1.City +
    " State: " + AddressUserControl1.State +
    " Zip: " + AddressUserControl1.Zip);
}
```

5. 最后，在调试模式下运行应用程序查看结果。(必须在浏览器中开启脚本调试。) 在用户控件中输入地址信息。单击保存按钮。返回 Visual Studio，并查看输出窗口，以查看捕捉的保存按钮事件的结果。

本课总结

◆ 用户控件支持 Web 开发人员轻松将 ASP.NET 控件组合为一个单一的控件，封装常见的功能。

◆ 用户控件不能编译它为自己的.dll，不能共享。它只能在单个的网站内共享(当然，也不能复制和粘贴)。

◆ 用户控件和它所依附的页面有相同的生命周期。

◆ 可以在用户控件中公开属性、事件和方法。

◆ 可以在运行时通过使用 LoadControl 方法动态加载用户控件。

◆ 可以创建模板用户控件，这可以让 Web 页面设计者指定用户控件提供的数据的格式。

课后练习

通过下列问题，你可检验自己对第 2 课的掌握程度。这些问题也可从配套资源中找到。

***

注意　关于答案

对这些问题的解析可参考本书末"答案"。

***

1. 希望在页面上使用一个用户控件。然而，不知道要创建的实例的数目。这些信息在运行时可用。因此，希望动态创建这些方法，应当采取哪些操作？(不定项选择)

A．使用页面实例的 Controls.Add 方法添加控件。

B．使用表单实例的 Controls.Add 方法添加控件。

C．为每个希望添加到页面的控件调用表单的 LoadControl 方法。

D．为每个希望添加到页面的控件调用页面的 LoadControl 方法。

2. 希望创建一个用户控件来显示数据，但是所担心的是不知道 Web 页面设计者打算如何格式化数据。同样，一些页面设计者指出数据的格式可能不同，这依赖于 Web 页面。如何创建一个用户控件来最好地解决这个问题？

A．为每个 Web 页面创建一个单独的用户控件，获取每个用户控件中 Web 页面设计师告知要实现的格式。

B．一旦 Web 页面设计师给了期望的格式选项，为每个格式的变量创建一个单独的用户控件。

C．创建一个模板用户控件，向 Web 页面设计师公开数据以便于他们能够自定义他们期望的格式。

D．创建一个用户控件，仅用于显示数据，并让 Web 页面设计师为用户控件制定样式属性。

3. 在用户控件内部有两个 TextBox 控件。打算让用户控件的一个用户初始化、读取和改写这些控件的文本属性。应当采取哪些步骤？

A. 在用户控件添加一个构造函数。构造函数应当为每个 TextBox.Text 属性携带参数。然后，合理地设置这些参数值。

B. 在用户控件上创建属性，允许用户为每个 TextBox 控件获取和设置文本属性。

C. 默认时，在一个用户控件添加控件，公开它们的默认属性。

D. 在用户控件添加代码 Init 方法。这个代码会引发一个事件。然后，托管控件的页面可以使用这个事件设置响应的 TextBox.Text 属性。

第 2 课 使用自定义 Web 服务器控件

有时候，希望封装一个完整的 Web 服务器控件的功能，这个控件可以配置为一个.dll 文件，并且可以跨网站使用。这样将会对给定的控件有着更多的使用和控制。它还允许为控件的客户定义更好的设计体验，包括工具箱和设计功能。本课将探索如何针对不同 ASP.NET 开发人员创建自定义 Web 服务器控件。

学习目标

- ◆ 创建一个自定义 Web 服务器控件
- ◆ 在 Web 页面上添加自定义 Web 服务器控件
- ◆ 个性化自定义 Web 服务器控件
- ◆ 为自定义 Web 服务器控件创建一个自定义设计器
- ◆ 在网站中使用自定义 Web 服务器控件

预计课时：60 分钟

创建一个自定义 Web 服务器控件

一个自定义 Web 控件继承于 WebServer 控件。自定义 Web 控件包含实现控件所需的代码(或者从另外一个控件继承)。一个自定义控件可以编译成一个单独的.dll 文件，这个.dll 文件在应用程序之间共享，并安装在全局程序集缓存(GAC)中的任意位置。

创建一个自定义 Web 服务器控件有两种常用的方法。第一种方法是直接从 Web 控件类继承创建一个 Web 服务器控件。Web 控件类提供了一组基本功能。包括用户界面相关的属性比如 BackColor、ForeColor、Font、Height 和 Width 等样式处理。然而，这为开发控件留下了许多工作。第二种方法是从一个现有的 Web 控件继承，这个现有的 Web 控件已经提供控件的核心功能。因此，可以跳过开始阶段工作，使开发者更专注于控件不同处的开发。这是更为常见的情况。本课将介绍这两种方法。

不管任何方法，都应当考虑控件的可重用性。如果自定义 Web 服务器控件是针对多个网站的，应该为一个类库项目放置自定义 Web 服务器控件类以创建一个可以共享的.dll 文件。如果自定义 Web 服务器控件只是在当前的网站使用，可以在网站上添加自定义服务器控件的类文件。

从现有的 Web 服务器控件继承

一种常见的情况是从一个现有的控件继承并添加额外的功能创建一个自定义 Web 服务器控件。这种方法可以从继承的控件中获取许多基本功能。然后，就可以使用自定义控件扩展这些功能。

例如，假定希望创建一个自定义版本的 TextBox 控件。这个自定义版本包括标记给定

TextBox 的文本(比如"用户名"或"密码")。首先，可以从 TextBox 继承创建这个控件。如果想外化控件到一个单独的.dll 文件，还必须设置一个 System.Web 命名空间的引用。

在这个例子中，希望让控件的使用者为 TextBox 描述或提示设置值。还希望让他们设置提示文本的宽度以帮助对齐。除此之外，不需要设置其他属性，因为控件是从 TextBox 继承的，它的属性已经公开。

最后一步是显示用户控件。为此，必须重载 TextBox 控件的 Render 方法。这里将会使用一个 HtmlTextWriter 来输出显示信息(TextBox 提示)和 TextBox 控件的基本展示。下面的代码显示了一个完整的自定义 LabeledTextBox Web 用户控件的例子。

```vb
'VB
Imports System.Web.UI
Imports System.Web.UI.WebControls

Public Class LabeledTextBox
  Inherits TextBox

  Private _promptText As String
  Public Property PromptText() As String
    Get
      Return _promptText
    End Get
    Set(ByVal value As String)
      _promptText = value
    End Set
  End Property

  Private _promptWidth As Integer
  Public Property PromptWidth() As Integer
    Get
      Return _promptWidth
    End Get
    Set(ByVal value As Integer)
      _promptWidth = value
    End Set
  End Property

  Protected Ov-errides Sub Render(ByVal writer As HtmlTextWriter)
    writer.Write( _
      "<span style=""display:inline-block;width:{0}px"">{1} </span>", _
      PromptWidth, PromptText)
    MyBase.Render(writer)
  End Sub

End Class
```

```csharp
//C#
using System;
using System.Web.UI;
using System.Web.UI.WebControls;

public class LabeledTextBox : TextBox
{
  public string PromptText { get; set; }
  public int PromptWidth { get; set; }

  protected override void Render(HtmlTextWriter writer)
  {
    writer.Write(
      @"<span style=""display:inline-block;width:{0}px"">{1} </span>",
```

```
                PromptWidth, PromptText);
            base.Render(writer);
        }
    }
```

请注意，目前，这个控件并没有提供设计器的支持。然而，只要该控件是通过代码创建的，它仍然可以作为一个控件在 Web 页面上使用。如果该控件被外化到它自己的项目，需要在网站设置它的一个引用。然后，就可以像任何其他控件一样创建它。下面代码给出了一个 Web 页面代码隐藏文件的例子。

```vb
'VB
Protected Sub Page_Init(ByVal sender As Object, ByVal e As System.EventArgs) _
  Handles Me.Init

  Dim width As Integer = 150
  Dim prompt1 As New MyUserControls.LabeledTextBox()

  prompt1.PromptText = "Enter Name:"
  prompt1.PromptWidth = width
  form1.Controls.Add(prompt1)

  Dim br As New LiteralControl("<br />")
  form1.Controls.Add(br)

  Dim prompt2 As New MyUserControls.LabeledTextBox()
  prompt2.PromptText = "Enter Address:"
  prompt2.PromptWidth = width
  form1.Controls.Add(prompt2)

End Sub
```

```csharp
//C#
protected void Page_Init(object sender, EventArgs e)
{
  int width = 150;
  MyUserControls.LabeledTextBox prompt1 = new
    MyUserControls.LabeledTextBox();

  prompt1.PromptText = "Enter Name:";
  prompt1.PromptWidth = width;
  form1.Controls.Add(prompt1);

  LiteralControl br = new LiteralControl("<br />");
  form1.Controls.Add(br);

  MyUserControls.LabeledTextBox prompt2 = new
    MyUserControls.LabeledTextBox();
  prompt2.PromptText = "Enter Address:";
  prompt2.PromptWidth = width;
  form1.Controls.Add(prompt2);
}
```

图 10.4 展示了提交的 Web 页面。当这个 Web 页面运行时，两个 LabeledTextBox 控件实例让它们的 TextBox 控件垂直排列，因为已经对这些控件 LabelWidth 属性进行了设置。

直接从 Web 控件类继承

创建一个自定义 Web 控件的另外一种方法是直接从 WebControl 类继承。如果当前没有控件提供的默认行为类似于希望创建的控件所提供的行为时，这种方法是可取的。当从 WebControl 类继承时，必须重载 Render 方法来提供期望的输出。

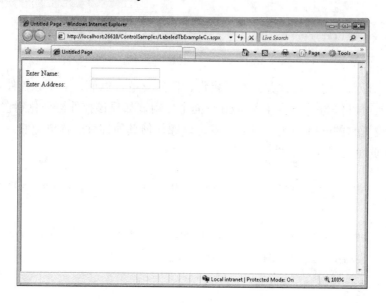

图 10.4　提交的 LabeledTextBox 控件

　　例如，假定希望创建一个自定义控件，允许用户显示一个商标以及和这个商标相关联的公司名称。对于这个问题，需要创建两个属性：LogoUrl 和 CompanyName。然后，向 Render 方法中添加代码以便输出控件的显示。下面代码给出了一个例子。

```vb
'VB
Imports System.Web.UI
Imports System.Web.UI.WebControls

Public Class LogoControl
  Inherits WebControl

  Private _logoUrl As String
  Public Property LogoUrl() As String
    Get
      Return _logoUrl
    End Get
    Set(ByVal value As String)
      _logoUrl = value
    End Set
  End Property

  Private _companyName As String
  Public Property CompanyName() As String
    Get
      Return _companyName
    End Get
    Set(ByVal value As String)
      _companyName = value
    End Set
  End Property

  Protected Overrides Sub Render( _
      ByVal writer As System.Web.UI.HtmlTextWriter)
    writer.WriteFullBeginTag("div")
    writer.Write("<img src=""{0}"" /><br />", LogoUrl)
    writer.Write(CompanyName + "<br />")
    writer.WriteEndTag("div")
  End Sub

End Class
```

```
//C#
using System;
using System.Web.UI;
using System.Web.UI.WebControls;

public class LogoControl : WebControl
{
  public LogoControl()
  {
  }

  public string LogoUrl
  {
    get { return _logoUrl; }
    set { _logoUrl = value; }
  }
  private string _logoUrl;

  public string CompanyName
  {
    get { return _companyName; }
    set { _companyName = value; }
  }
  private string _companyName;

  protected override void Render(HtmlTextWriter writer)
  {
    writer.WriteFullBeginTag("div");
    writer.Write(@"<img src=""{0}"" /><br />", LogoUrl);
    writer.Write(CompanyName + "<br />");
    writer.WriteEndTag("div");
  }
}
```

当提交这个控件时，<div>标签输出到浏览器。div 标签包含一个嵌套 src 设置为 LogoUrl 的 img 标签。同样在 div 标签中图像下一行的文本是 CompanyName。

可以创建这个控件的一个实例，并在页面上使用它，这和使用第一种自定义 Web 控件(前面部分)的方式一样。同样，它仍然没有工具箱或设计器的支持。在接下来的部分，我们将介绍这些选项。

为自定义 Web 服务器控件添加工具箱支持

在前面的例子中，通过在代码隐藏页放置代码，在一个 Web 页面动态添加自定义 Web 控件。然而，开发人员习惯于使用来源于 Visual Studio 工具箱的控件，并提供设计时，声明性标记的支持。Web 服务器控件开发人员都希望有此项功能。

允许自定义 Web 控件添加到工具箱的最主要的要求是将 Web 控件放置到一个单独的.dll 文件。在这种情况下，可以右击工具箱，选择选取项目。然后，可以在工具箱浏览给定用户控件的.dll 文件并添加包含在文件中的控件。

举一个例子，假定以前创建的控件在它们自己的类库中，称为 MyUserControls.dll。将引用设置为这个.dll 文件，并在项目的 Bin 文件夹添加这个.dll。接着，使用选择工具箱项目对话框来选择任何包含在类库中的控件，并在工具箱中添加它们。然后，就可以从工具箱中拖拽这些控件到 Web 页面并以声明的方式设置它们。

图 10.5 给出了一个例子。请注意，控件定义在工具箱顶端它们自己的组内。在在页面上拖拽一个控件时，控件必须注册。这个标记显示在页面的顶端。页面的底端显示控件定义的声明(包括自定义属性)。

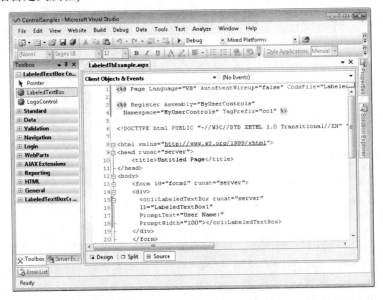

图 10.5　工具箱中自定义 Web 控件使用的声明

为控件添加一个自定义图标

请注意，在图 10.5 中，控件使用了一个默认的图标。可以通过 System.Drawing 命名空间的 ToolboxBitmap 属性添加自定义图标。这个属性指定一个 16×16 像素大小的位图。

图标的路径必须是一个指定驱动器的绝对路径或者一个存储在文件中作为源嵌入的位图。很明显，选择第二个更加实用，因为可以为一个单独的文件部署控件。为此，需要定义.bmp 文件，这个.bmp 文件和类同名(classname.bmp)。还必须在解决方案资源管理器中选择文件，并查看它的属性窗口。这里，可以将 Build Action 属性设置到 Embedded Resource 确保文件嵌入.dll。

举一个例子，假定希望为 **LabeledTextBox** 控件创建一个自定义图标。首先，必须在控件项目设置一个 **System.Drawing** 引用。接着，要在项目的根目录添加一个 16×16 像素大小的位图。然后，要为该类设置 **ToolBoxBitmapAttribute**。下面代码给出了一个例子。

```vb
'VB
<ToolboxBitmap(GetType(LabeledTextBox), _
  "MyUserControls.LabeledTextBox.bmp")> _
Public Class LabeledTextBox
  Inherits TextBox
```

```csharp
//C#
[ToolboxBitmap(typeof(LabeledTextBox),
  "MyUserControls.LabeledTextBox.bmp")]
  public class LabeledTextBox : TextBox
```

图 10.6 展示了工具箱窗口的结果。可以看到自定义 LabeledTextBox 控件有一个指定的图标。

图 10.6　工具箱中 LabeledTextBox 控件自定义图标

设置自定义控件的默认属性

还可以为控件设置默认的属性。一个默认的属性不必实际的指定就可以访问。例如，TextBox 控件的 Text 属性是默认属性。这也就意味着，如果没有其他属性的请求，调用 TextBox 的一个实例将会返回 Text 属性。

要通过 System.CompoentModel 命名空间中的 DefaultProperty 属性类来设置控件的默认属性。要在类级别应用这个属性，并且只需要将默认属性名称传递给 DefaultProperty 属性。下面代码给出了一个例子。

```vb
'VB
<DefaultProperty("PromptText")> _
Public Class LabeledTextBox
  Inherits TextBox
```

```csharp
//C#
[DefaultProperty("PromptText")]
public class LabeledTextBox : TextBox
```

控制自定义控件标记的生成

当通过在控制类中设置 ToolBoxDataAttribute 而将自定义服务器控件放置到 Web 页面时，就可以进一步更改自定义服务器控件的行为。该属性用于更改 Visual Studio 生成的标记。一种常见的情况是在生成的标记内部为控件的属性设置默认的值。

下面代码给出了一个前面部分创建的 LabeledTextBox 控件 ToolBoxDataAttribute 的实现。

```vb
'VB
<ToolboxData( _
  "<{0}:LabeledTextBox runat=""server"" PromptText="""" PromptWidth=""100""  />")> _
Public Class LabeledTextBox
  Inherits TextBox
```

```csharp
//C#
[ToolboxData(
  @"<{0}:LabeledTextBox runat=""server"" PromptText="""" PromptWidth=""100"" />")]
public class LabeledTextBox : TextBox
```

在这个例子中，占位符{0}包含由 Web 页面设计器定义的命名空间前缀。请注意，PromptText 和 PromptWidth 属性将自动地插入。PromptWidth 指定的默认值是 100。当在页面内添加时，生成下面标记。

```
<cc1:LabeledTextBox ID="LabeledTextBox1" runat="server" PromptText="" PromptWidth="100">
</cc1:LabeledTextBox>
```

也可以更改命名空间前缀为包含自定义控件的程序集合，命名空间前缀是由 Web 页面设计器通过 System.Web.UI 命名空间的 TagPrefixAttribute 指派。下面的代码给出了在 MyUserControls 项目中将控件命名空间前缀更改为“muc”(我的用户控件)的例子。

```
'VB
<Assembly: TagPrefix("MyUserControls", "muc")>
```

```
//C#
[assembly: TagPrefix("MyUserControls", "muc")]
```

使用前面更改的 LabeledTextBox 控件，当用户在页面上拖拽控件时，注册指令将随之改变。

```
<%@ Register Assembly="MyUserControls" Namespace="MyUserControls" TagPrefix="muc" %>
```

控件也将更改为使用新的前缀，显示如下。

```
<muc:LabeledTextBox ID="LabeledTextBox1" runat="server" PromptText="" PromptWidth="100">
</muc:LabeledTextBox>
```

为自定义控件创建一个自定义设计器

从工具箱添加的控件已经具有了设计时支持；也就是说，可以在页面的设计视图中看到它们，并且在属性窗口中使用它们的属性。然而，可能希望在设计模式下，改变默认的控件的描绘。除此之外，由于需要运行代码才能填充指定的属性，有些控件可能是不可见的。在这些情况下，可以为自定义控件指定一个自定义设计器。

为此，首先，要在自定义用户控件中添加一个 System.Design.dll 程序集合的引用。接着，在自定义用户控件中创建一个新类，该新类继承自 ControlDesigner 类。这个类将重载 ControlDesigner 类的 GetDesignTimeHtml 方法呈现单独设计时相关的 HTML，这个 HTML 可以基于控件实例属性设置。然后，可以在控件应用 Designer 属性。为此，要传递 ControlDesigner 类的实例。

例如，假定希望自定义 LabelTextBox 控件的设计视图。当设置 PromptText 属性时，可能要设置控件以显示给用户一个提示。首先，要创建一个新类，这个类继承于 ControlDesigner，并重载 GetDesignTimeHtml 方法。这个重载将获取控件的一个实例，并检查它是否设置 PromptText。如果没有，它将显示一个不同的视图。下面的代码给出了一个例子(这段代码需要 System.Design 的一个项目引用)。

```
'VB
Imports System.ComponentModel

Public Class LabeledTextBoxDesigner
```

```
    Inherits System.Web.UI.Design.ControlDesigner

    Private _labeledTextBoxControl As LabeledTextBox

    Public Overrides Function GetDesignTimeHtml() As String

      _labeledTextBoxControl = CType(Component, LabeledTextBox)
      If (_labeledTextBoxControl.PromptText.Length = 0) Then
        Return "<div style='color: Gray'>[Define PromptText]</div>"
      Else
        Return MyBase.GetDesignTimeHtml()
      End If

    End Function

End Class
```

```
//C#
using System;
using System.ComponentModel;
using System.Web.UI.Design;

namespace MyUserControls
{
  public class LabeledTextBoxDesigner : ControlDesigner
  {
    private LabeledTextBox _labeledTextBoxControl;

    public override string GetDesignTimeHtml()
    {
      if (_labeledTextBoxControl.PromptText.Trim().Length == 0)
        return "<div style='color: Gray'>[Define PromptText]</div>";
      else
        return base.GetDesignTimeHtml();
    }

    public override void Initialize(IComponent component)
    {
      _labeledTextBoxControl = (LabeledTextBox)component;
      base.Initialize(component);
      return;
    }
  }
}
```

创建这个类之后，可以在 user control 类中指派 DesignerAttribute，代码如下。

```
'VB
<Designer("MyUserControls.LabeledTextBoxDesigner, MyUserControls")> _
Public Class LabeledTextBox
  Inherits TextBox
```

```
//C#
[Designer("MyUserControls.LabeledTextBoxDesigner, MyUserControls")]
public class LabeledTextBox : TextBox
```

现在，当在一个 Web 页面上拖放控件时，设计器代码执行并确定布局(自定义或基类的)。如果 PromptText 属性未被设置，控件的展示如图 10.7 所示。当属性设置以后，控件的显示如前。

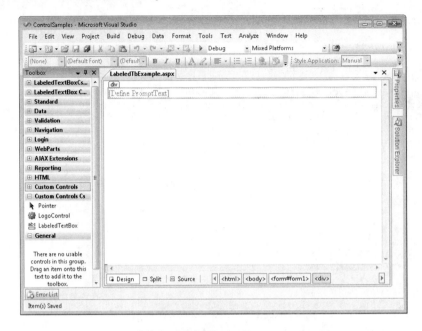

图 10.7　自定义设计视图显示的 LabeledTextBox

创建复合控件

复合控件是一个包含其他控件的自定义 Web 控件。这听起来似乎类似于一个用户控件，但是复合控件并不能提供一个设计界面来创建控件，也没有一个.ascx 文件让开发者在设计时在它上面拖放控件。相反，所创建的自定义控件是从 CompositeControl 类继承来的。接着，要为这个控件添加构成控件。然后，复合控件通过它的子控件处理事件。

一个复合控件显示为一个树的构成控件，每个控件都有它自己的生命周期。组合在一起，这些构成控件形成一个新的控件。因为每个子控件都知道如何处理自身的视图状态和回发数据，不需要额外编写代码处理。

为了创建一个复合控件，首先，要创建一个从 CompositeControl 继承的类，并重载 CreateChildControls 方法。CreateChildControls 方法包含代码实例化子控件和设置它们的属性。如果希望能够给复合控件指定样式，还应当创建 Panel 类的实例提供一个容器，这个容器具有相应的属性。然后，把该 Panel 控件添加到复合控件的 Controls 集合，并在 Panel 控件添加控件。

举一个例子，希望创建一个复合控件，用于提示用户名和密码。可能还要包括一个单击事件的提交按钮，首先，定义一个从 CompositeControl 继承的类，并实现 INamingContainer 接口。下面的代码给出了这个控件的实现。

```vb
'VB
Imports System.Web.UI
Imports System.Web.UI.WebControls

Public Class UserPasswordControl
  Inherits CompositeControl
  Implements INamingContainer
```

```vb
    Public Event Submitted As System.EventHandler

    Public Property UserName() As String
      Get
        Dim txt As TextBox
        txt = CType(Me.FindControl("UserName"), TextBox)
        Return txt.Text
      End Get
      Set(ByVal Value As String)
        Dim txt As TextBox
        txt = CType(Me.FindControl("UserName"), TextBox)
        txt.Text = Value
      End Set
    End Property

    Public Property Password() As String
      Get
        Dim txt As TextBox
        txt = CType(Me.FindControl("Password"), TextBox)
        Return txt.Text
      End Get
      Set(ByVal Value As String)
        Dim txt As TextBox
        txt = CType(Me.FindControl("Password"), TextBox)
        txt.Text = Value
      End Set
    End Property

    Protected Overrides Sub CreateChildControls()
      Dim pnl As New Panel()
      Dim txtUserName As New TextBox()
      Dim txtPassword As New TextBox()
  Dim btnSubmit As New Button()
      AddHandler btnSubmit.Click, Addressof btnSubmit_Click

      'start control buildup
      Controls.Add(pnl)
      'add user name row
      pnl.Controls.Add(New LiteralControl("<table><tr><td>"))
      pnl.Controls.Add(New LiteralControl("User Name:"))
      pnl.Controls.Add(New LiteralControl("</td><td>"))
      pnl.Controls.Add(txtUserName)
      pnl.Controls.Add(New LiteralControl("</td></tr>"))
      'add password row
      pnl.Controls.Add(New LiteralControl("<tr><td>"))
      pnl.Controls.Add(New LiteralControl("Password:"))
      pnl.Controls.Add(New LiteralControl("</td><td>"))
      pnl.Controls.Add(txtPassword)
      pnl.Controls.Add(New LiteralControl("</td></tr>"))
      'add submit button row
      pnl.Controls.Add(New LiteralControl( _
        "<tr><td colspan=""2"" align=""center"" >"))
      pnl.Controls.Add(btnSubmit)
      pnl.Controls.Add(New LiteralControl("</td></tr></table>"))

      'set up control properties
      pnl.Style.Add("background-color", "silver")
      pnl.Style.Add("width", "275px")
      txtUserName.ID = "UserName"
      txtUserName.Style.Add("width", "170px")
      txtPassword.ID = "Password"
      txtPassword.TextMode = TextBoxMode.Password
      txtPassword.Style.Add("width", "170px")
      btnSubmit.Text = "Submit"

    End Sub
```

```
      Public Sub btnSubmit_Click(ByVal sender As Object, ByVal e As EventArgs)
        RaiseEvent Submitted(Me, e)
      End Sub
    End Class


    //C#
    using System;
    using System.ComponentModel;
    using System.Web.UI;
    using System.Web.UI.WebControls;
    using System.Drawing;
    public class UserPasswordControl : CompositeControl
    {

      public event System.EventHandler Submitted;

      public string UserName
      {
        get
        {
          TextBox txt = (TextBox)FindControl("UserName");
          return txt.Text;
        }
        set
        {
          TextBox txt = (TextBox)FindControl("UserName");
          txt.Text = value;
        }
      }

      public string Password
      {
        get
        {
          TextBox pwd = (TextBox)FindControl("Password");
          return pwd.Text;
        }
        set
        {
          TextBox pwd = (TextBox)FindControl("Password");
          pwd.Text = value;
        }
      }

      protected override void CreateChildControls()
      {
        Panel pnl = new Panel();
        TextBox txtUserName = new TextBox();
        TextBox txtPassword = new TextBox();
        Button btnSubmit = new Button();
        btnSubmit.Click += new EventHandler(btnSubmit_Click);

        //start control buildup
        Controls.Add(pnl);
        //add user name row
        pnl.Controls.Add(new LiteralControl("<table><tr><td>"));
        pnl.Controls.Add(new LiteralControl("User Name:"));
        pnl.Controls.Add(new LiteralControl("</td><td>"));
        pnl.Controls.Add(txtUserName);
        pnl.Controls.Add(new LiteralControl("</td></tr>"));
        //add password row
        pnl.Controls.Add(new LiteralControl("<tr><td>"));
        pnl.Controls.Add(new LiteralControl("Password:"));
        pnl.Controls.Add(new LiteralControl("</td><td>"));
        pnl.Controls.Add(txtPassword);
        pnl.Controls.Add(new LiteralControl("</td></tr>"));
        //add submit button row
```

```
pnl.Controls.Add(new LiteralControl(
    @"<tr><td colspan=""2"" align=""center"" >"));
pnl.Controls.Add(btnSubmit);
pnl.Controls.Add(new LiteralControl("</td></tr></table>"));

//set up control properties
pnl.Style.Add("background-color", "silver");
pnl.Style.Add("width", "275px");
txtUserName.ID = "UserName";
txtUserName.Style.Add("width", "170px");
txtPassword.ID = "Password";
txtPassword.TextMode = TextBoxMode.Password;
txtPassword.Style.Add("width", "170px");
btnSubmit.Text = "Submit";
}

void btnSubmit_Click(object sender, EventArgs e)
{
    if (Submitted != null) Submitted(this, e);
}
}
```

这段代码公开了 UserName 和 Password 属性，以便让用户有控制地访问这些数据。请注意，这些属性必须使用 FindControl 方法来公开构成控件属性。一个称为 Submitted 的事件也被创建，这样，当触发提交按钮的 Click 事件时，用户可以接到通知。CreateChildControls 方法执行工作实例化这个复合控件的子控件。

通过使用与其他自定义 Web 控件描述相同的技术来将该控件添加到 Web 页面上，以便对其进行测试。在接下来的代码例子中，代码被添加到 UserPassControlTest.aspx 页面的代码隐藏文件中动态创建一个 UserPasswordControl，并设置它的属性。Submitted 事件只是用来显示用户名和密码。

```vb
'VB
Partial Class UserPasswordControlTest
    Inherits System.Web.UI.Page

    Protected Sub Page_Init(ByVal sender As Object, _
        ByVal e As System.EventArgs) Handles Me.Init
        Dim p As New MyUserControls.UserPasswordControl()
        p.Style.Add("position", "absolute")
        p.Style.Add("left", "25px")
        p.Style.Add("top", "50px")
        form1.Controls.Add(p)
        AddHandler p.Submitted, AddressOf p_Submitted
    End Sub

    Public Sub p_Submitted(ByVal sender As Object, ByVal e As EventArgs)
        Dim p As UserPasswordControl = CType(sender, UserPasswordControl)
        Response.Write("User: " + p.UserName + "  Pass: " + p.Password)
    End Sub
End Class
```

```csharp
//C#
using System;
using System.Web.UI;
using System.Web.UI.WebControls;

public partial class UserPasswordControlTest : System.Web.UI.Page
{
    protected void Page_Init(object sender, EventArgs e)
    {
        UserPasswordControl p = new MyUserControls.UserPasswordControl();
        p.Style.Add("position", "absolute");
```

```
      p.Style.Add("left", "25px");
      p.Style.Add("top", "50px");
      form1.Controls.Add(p);
      p.Submitted += new EventHandler(p_Submitted);
    }

    void p_Submitted(object sender, EventArgs e)
    {
      UserPasswordControl p = (UserPasswordControl)sender;
      Response.Write("User: " + p.UserName + " Pass: " + p.Password);
    }
  }
```

当这个 Web 页面运行时，UserPasswordControl 显示的位置取决于 Style 属性。在输入完用户名和密码之后，单击提交显示用户名和密码。图 10.8 展示了一个例子。

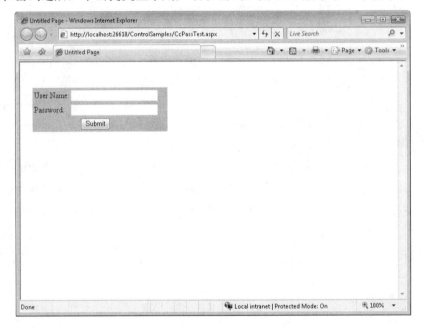

图 10.8　UserPasswordControl 收集用户名和密码并公开 Submitted 事件处理数据

创建模板化的自定义 Web 控件

一个模板化的自定义控件提供控件数据与其表现形式分离。这意味着一个模板化控件并不能提供一个默认的用户界面。例如，如果知道需要显示产品数据，但是并不知道使用控件的开发者希望如何格式化产品数据，可能要创建一个称为 ProductControl 的模板化控件，允许页面设计器作为一个模板为产品数据提供格式化。

一个模板化控件必须提供一个命名容器和一个带有可以访问主机页面的属性和方法类，模板包含模板化用户控件的用户界面，并且由页面开发人员在设计时提供。模板包含控件和标记。可以使用下面的步骤创建一个模板化控件。

1. 为模板化控件创建一个 ClassLibrary(.dll)项目。

2. 在 System.Web.dll 库添加一个引用。

3. 在项目中，为数据添加一个具有公有属性的容器类，希望能够在模板中经由

Container 对象访问这些数据。

4. 在容器类文件中，为 System.Web.UI 命名空间添加一个 Imports(用于 C#)语句。

5. 编写容器类，让它继承于 System.Web.UI.Control 类，并实现 INamingContainer 接口。

6. 在项目中为模板化控件添加一个类。

7. 在类文件中，为 System.Web.UI 命名空间添加一个 Imports(用于 C#)语句。

8. 编写模板化控件，让它继承于 System.Web.UI.Control 类，并实现 INamingContainer 接口。

9. 在类内添加 ParseChildren(true)属性。这个属性提供页面解析的指引来表示包含在几个控件内嵌套的内容作为控件解析，并且不能用于设置模板化控件的属性。

10. 在模板化控件类中使用 ITemplate 的数据类型创建一个或多个属性。这些属性将被页面开发人员用来定义控件的真实布局。这些属性需要将 TemplateContainer 属性设置为容器的数据类型，这可能是模板化控件。或者，如果模板中具有重复的项，可以创建子容器。同样，需要将 PersistenceMode 属性设置为 PersistenceMode.InnerProperty，这允许页面设计器在模板化控件的 HTML 源添加内部 HTML 元素。

11. 在模板容器内添加期望的属性，这个模板容器将由模板访问。

12. DataBind 方法必须重载来调用基控件类的 EnsureChildControls 方法。

13. CreateChildControls 的方法必须重载来提供代码实例化使用 ITemplate 接口的 InstantiateIn 方法模板。如果没有提供模板，代码还应当提供一个默认的实现。

正如所看到的，创建一个模板化自定义 Web 服务器的许多步骤类似于创建一个模板化用户控件。最主要的不同是相对于创建用户控件，如何实际地创建自定义 Web 服务器控件。

快速测试

1. 希望创建一个新的自定义 Web 服务器控件，它不依赖于任何现有的 ASP.NET 控件。应该从哪个类继承？

2. 希望创建一个能够作为.dll 发布的控件。控件包含几个 TextBox、Label 和 Button 控件。希望能够在工具箱添加这个控件。最好选择创建什么控件？

3. 希望创建一个新的自定义控件，用于扩展 CheckBox 控件。应该继承哪个类？

参考答案

1. 继承 WebControl 类。

2. 创建一个复合控件。

3. 应该直接从 CheckBox 类继承。

实训：使用自定义 Web 服务器控件

在这个实训中，需要创建一个自定义 Web 服务器控件，命名为 StateControl，用于显示美国州的列表。当然，可以重复使用此控件显示一个静态列表。

> 练习1　创建 Visual Studio 项目自定义控件

在这个练习中，要创建一个项目。并且要编写自定义服务器控件代码。

1. 打开 Visual Studio，选择喜好的编程语言创建一个新的网站，命名为 CustomControlLab。在一个页面上，网站将托管自定义控件。

2. 在解决方案中添加一个类库项目，命名这个类库 MyCustomControls。

3. 重命名类 1 为 StateListControl。

4. 在自定义控件项目中添加对 System.Web.dll 和 System.Drawing.dll 程序集合的引用。

5. 打开 StateListControl 类文件。在页面的顶端添加代码导入 System.Web.UI.Webcontrols 和 System.Drawing 命名空间。

6. 定义从 DropDownList 继承的 StateListControl。

7. 在 StateControl 类的构造函数中添加代码创建一个空的 ListItem 以及对应的状态。在 StateControl 的项目集合添加 ListItem。每个状态的 ListItems 显示状态的全名，但是传递的值是两个字符的状态缩写。以下是一个例子。

```vb
'VB
Imports System.Web.UI.WebControls
Imports System.Drawing

Public Class StateListControl
  Inherits DropDownList

  Public Sub New()
    Items.Add(New ListItem("", ""))
    Items.Add(New ListItem("Alabama", "AL"))
    '-- add code for additional states (see code on CD)
    SelectedIndex = 0
  End Sub
End Class
```

```csharp
//C#
using System;
using System.Web.UI.WebControls;
using System.Drawing;
namespace MyCustomControls
{
  public class StateListControl : DropDownList
  {
    public StateListControl()
    {
      Items.Add(new ListItem("", ""));
      Items.Add(new ListItem("Alabama", "AL"));
      //-- add code for additional states (see code on CD)
      SelectedIndex = 0;
    }
  }
}
```

8. 建立 MyCustomControls 项目。

> 练习2　在 Web 页面上添加自定义控件

在这个练习中，为工具箱和 Web 页面添加前面练习中创建的 StateListControl。

1. 继续前面练习中的项目，或者从本书配套资源的实例中打开第 1 课练习 1 完成了的项目。

2. 通过右击工具箱，选择"新建项目"，添加 StateListControl 到工具箱。单击浏览和定位 MyCustomControls.dll 程序集合。选择 MyCustomControls.dll 程序集合，则 StateListControl 在工具箱内显示。

3. 打开 Default.aspx 页面，在页面内从工具箱拖拽 StateListControl。使用页面注册控件(参见@Register 指令)。它将要在页面上创建以下标记。

```
<cc1:StateListControl ID="StateListControl1" runat="server">
</cc1:StateListControl>
```

4. 在一个浏览器中运行网站测试用户控件。

本课总结

◆ 通过从 WebControl 类继承或者通过直接从一个现有的 ASP.NET 控件的类继承，可以建立一个自定义 Web 控件(只要希望扩展那个控件的功能)。

◆ 当需要根据多个 ASP.NET 控件来创建自己控件时，要创建一个复合的 Web 控件。可以通过从 CompositeControl 类继承完成。

◆ 可以对自定义控件添加工具箱支持以便控制图标、生成的标记以及在设计器中的控件的显示。

◆ 可以创建一个模板化自定义 Web 服务器控件，允许用户在设计时定义给定控件的布局。

课后练习

通过下列问题，你可检验自己对第 2 课的掌握程度。这些问题也可从配套资源中找到。

注意　关于答案

对这些问题的解析可参考本书末"答案"。

---

1. 希望定义一个自定义图片，用于在工具箱中显示自定义 Web 服务器控件。需要采取哪些操作? (不定项选择)

    A．设置一个 System.Design 命名空间引用。

    B．设置一个 System.Drawing 命名空间引用。

    C．在类中添加 ToolBoxBitmapAttribute。

    D．在类中添加 ToolBoxDataAttribute。

2. 打算创建一个自定义 Web 服务器控件，这个控件直接从 Web 控件类继承。需要重载哪个方法获取控件，并在浏览器窗口内显示?

    A．OnInit

    B．Finalize

    C．ToString

D．Render

3．正在创建一个复合控件。要创建从 CompositeControl 类继承的类。必须要重载哪个方法，才能提供实例化子控件的代码，并设置它们的属性？

    A．CreateChildControls

    B．DataBindChildren

    C．CreateControlStyle

    D．BuildProfileTree

本 章 回 顾

为进一步实践和巩固在本章中学习到的技能，建议继续完成下列任务。

◆ 阅读本章小结。

◆ 完成案例训练。这些案例取自实际项目，但都涉及本章介绍的内容，要求你提供相应的解决方案。

◆ 完成建议练习。

◆ 完成实战测试。

本章小结

◆ 通过组合 ASP.NET 控件到一个单一的控件，可以创建用户控件，封装常用的功能。用户控件不能编译成它们自己的.dll 文件。相反，他们只在单个网站内共享。当一个用户控件运行时，它的生命周期与其对应的 Web 页面生命周期一致。

◆ 可以通过定义一个类创建自定义 Web 控件，这个类是从 WebControl，或者另外一个 ASP.NET 控件继承。使用属性在工具箱、生成的标记和设计器中的显示来更改自定义控件的工作方式。

案例场景

在下面的案例场景中，需要运用本章所学知识来完成一些小项目。答案可参见书末尾。

案例 1：在应用程序之间共享控件

你正在创建一个新的网站，发现需要在很多页面上拥有一组控件。这些控件共同使用，用于从用户收集数据。进一步调查，发现公司还使用这些控件在几个其他的网站收集用户数据。同样，公司想标准化用户数据收集控件的布局和行为。

问题

1. 应该创建什么类型的控件？
2. 基于问题 1 的答案，为什么要排除其他类型的控件？

案例 2：提供灵活的布局

假设你是 Contoso 制药公司的 Web 开发人员。正工作于现有的网站。注意到有客户信息的地方是在整个网站上的几块区域。几经调查之后，注意到自定义信息需要在它定义的许多区域唯一的显示。希望提供一个通用的控件，用于网站内显示这个客户的信息。

问题

1. 应该创建一个自定义控件还是一个用户控件？

2. 应该如何布局这个控件？

3. 控件应当从哪个类继承？

建议练习

为了帮助你熟练掌握考点，请完成下列任务。

创建一个新的自定义用户控件

对于这个任务，这两个练习都应完成。

◆ **练习 1** 考虑所开发的一些网站的一个相同的功能。采用这个功能，并创建一个用户控件。用户控件应当包含其他的 ASP.NET 控件，并公开它们的属性。练习在几个 Web 页面上添加用户控件，并编写代码访问用户控件的属性。

◆ **练习 2** 在用户控件上添加一个或多个自定义事件。从托管的页面订阅这个事件。

创建一个新的、自定义 Web 服务器控件

对于这个任务，应该完成练习 1 获得创建从 Web 控件继承的控件的概览。练习 2 和练习 3 扩展了练习 1，并帮助开发额外的技能。

◆ **练习 1** 考虑一个跨越你所开发的不同网站的共同的功能；再次想象这个功能，没有一个指定的、现有的控件参与。使用这个功能开发一个新的自定义 Web 服务器控件，这个控件从 WebControl 类继承。

◆ **练习 2** 在练习 1 所创建的控件中，创建一个自定义位图。在项目添加文件。作为一个资源嵌入位图到项目，并在类中应用位图。编译应用程序，并在 Web 页面上使用它。确保在工具箱内添加了控件。

◆ **练习 3** 返回到控件。添加一个自定义设计布局，当控件处在一个特定的状态时，显示这个布局。

创建一个新的复合的 Web 服务器控件

对于这个任务，应该完成下面两个练习。

◆ **练习 1** 创建一个类库项目，包含一个从 System.Web.UI.CompositeControl 类继承的新的类。实现代码添加构成控件到复合控件，并为复合控件添加属性。编译并在工具箱添加自定义 Web 控件。

◆ **练习 2** 练习在几个 Web 页面上添加复合的控件，并编写代码访问复合控件的属性。

创建一个新的模板化控件

对于这个任务，应该完成下面两个练习。

◆ **练习 1** 返回到本章前面创建的 LabeledTextbox 控件。使用一个基于模板的布局转换这个控件为一个自定义 Web 服务器控件。

◆ **练习 2** 练习在几个页面上添加模板化控件，并定义不同的布局。

实战测试

　　本书配套资源为实战测试提供了多种选择。例如，可选择只对本章相关的内容进行测验，也可用完整的 70-562 认证考试的内容进行自测。可将测验设置为实战模式(即与真实考试基本相同)，或者可以设为学习模式，以便边做题边查看答案及相应的分析。

更多信息　实战测试

要想进一步了解可选的测试模式，请查看本书"前言"。

第 11 章 Web 应用程序编程

利用 ASP.NET 和 Microsoft Visual Studio 中的工具，我们可以方便地创建 Web 页面，并将其上载到服务器，而无须过多考虑应用程序服务器自身的底层结构。这种方法很有好处，但了解何时、为什么以及如何与应用程序服务器交互也是十分重要的。实际上，为了编写更加高效和可靠的 Web 应用程序，必须掌握在适当的地方有效地利用 Web 应用程序服务器提供的各种组件。

幸运的是，ASP.NET 为大量的关于服务器平台和浏览器-服务器通信的信息提供了访问。它允许使用一系列内部对象来检查有关服务器的信息。它还允许拦截服务器的消息，同时利用服务器的功能进行编程。本章将研究对如何对 Web 站点进行编程，以及如何利用 ASP.NET 对象获取更多有关应用程序服务器的信息。

本章考点

◆ Web 应用程序编程
  ◇ 实现泛型处理程序(Generic Handler)
  ◇ 使用 ASP.NET 内部对象

本章课程设置

◆ 第 1 课 使用 Web 站点的可编程性
◆ 第 2 课 使用 ASP.NET 内部对象

课 前 准 备

为了完成本章的课程，应当熟悉使用 Visual Basic 或 C#在 Visual Studio 中开发应用程序。除此之外，还应当熟悉以下内容：

◆ Visual Studio 2008 集成开发环境(IDE)
◆ 基本了解超文本标记语言(HTML)和客户端脚本
◆ 如何创建一个新的 Web 站点
◆ 在 Web 页面上添加 Web 服务器控件

第 1 课 使用 Web 站点的可编程性

一些特定的 Web 编程工作，并不属于基本的页面请求-响应情况。比如，捕捉可能出现的未处理异常、工作的异步运行、创建自定义 Hypertext Transfer Protocol(HTTP)处理程序等。在这些情况下，必须能够编写代码，与 ASP.NET 和 Microsoft Internet Information Services(IIS)直接进行交互。本课将介绍很多此类 ASP.NET 编程工作。

学习目标

◆ 捕捉页面或应用程序级别的未处理异常

◆ 读取并修改不同配置文件中的设置

◆ 打开 Web 页面内部的异步传输模式

◆ 创建自定义 HTTP 处理程序，响应对非标准文件类型的请求

预计课时：30 分钟

页面和应用程序的异常处理

对于捕捉小段代码的异常时，异常处理是最有效的。例如，对于一段建立数据库连接的代码，必须将其包含在 try-catch 块中，这时，用户就能够看到非常具体的错误信息。但是，未处理异常仍然会发生。在大部分情况下，如果不希望处理异常，代码通常都不包含 try-catch 程序块。在这些情况下，这些错误仍然可以被捕捉，而不须发送一个 ASP.NET 错误页面给用户。

未处理的错误信息有两种捕捉方式：在页面级别上捕捉和在应用程序级别上捕捉。为了在页面级别上捕捉错误信息，对于每个期望捕捉未处理错误的页面，都必须在代码中创建一个 Page_Error 事件处理程序。该事件处理程序必须能够接收一个 Object 参数和一个 EventArgs 参数。一般情况下，在事件处理程序中，不需要对这些参数进行检查。相反，利用 Server.GetLastError 方法，可以提取最后一条错误，然后调用 Server.ClearError，将错误从队列中移除。下面的这段代码对此给出了示例，并利用 Trace.Write 写出错误消息(有关跟踪的更多内容，请参考第 12 章)。

```vb
'VB
Protected Sub Page_Error(ByVal sender As Object,_
  ByVal e As System.EventArgs)Handles Me.Error
  Trace.Write("ERROR:"&Server.GetLastError().Message)
  Server.ClearError()
```

```csharp
//C#
private void Page_Error(object sender,EventArgs e)
{
  Trace.Write("ERROR:"+Server.GetLastError().Message);
  Server.ClearError();
}
```

注意，这些错误消息不能在控件中显示。在 **Page_Error** 中，控件是不可访问的。

考点提示

调用 Server.GetLastError，可以提取最后一条错误，然后调用 Server.ClearError，可以清除最后一条错误消息。

在应用级别上，也可以捕捉未处理异常。因此，可以定义一个应用程序范围的、通用的错误处理程序。该处理程序还可以避免在网站中对每个页面都添加 Page_Error 事件处理程序。通过添加 Application_Error 方法到应用程序的 Global.asax 文件中，便可定义一个应用程序范围的处理程序。一般情况下，将错误处理传递到另一个页面。该页面专门用于记

录错误，并将诊断信息显示给用户。为此，可以利用 Server.Transfer 方法。该方法将请求重新导向另一个处理错误的 Web 页面。下面显示了一段添加到 Global.asax 文件中的代码：

```VB
'VB
Sub Application_Error(ByVal sender As Object,ByVal e As EventArgs)
  'code that runs when an unhandled error occurs
  Server.Transfer("HandleError.aspx")
End Sub
```

```C#
//C#
void Application_Error(object sender,EventArgs e)
{
  //code that runs when an unhandled error occurs
  Server.Transfer("HandleError.aspx");
}
```

使用 Global Application Class 模板添加对象到解决方案时，Visual Studio 会自动生成一个 Application_Error 事件处理程序。在处理错误的页面中，调用 Server.GetLastError 提取错误，然后调用 Server.ClearError 清除错误(正如 Page_Error 事件处理程序的处理一样)。

安全性警告：

黑客会悄悄地利用有关应用程序内部运行的任何细节来获得攻击的入口。因此，他们通常利用端口扫描和系统配置来获取目标计算机的信息。对他们来说，最详细信息的来源之一通常就是错误消息。

为了方便诊断，习惯良好的开发者通常会提供非常详细的错误消息。虽然这是一个非常值得推荐的操作，但它也降低了应用程序的安全性。因此，最终对用户应该只显示一般性错误信息。对于更详细的信息，管理员或开发者可以利用记录和跟踪的方式查看。

以编程方式设置 Web.config 文件

利用 ASP.NET Web 网站管理工具(Website | ASP.NET Configuration)，我们(或系统管理员)可以修改很多标准的配置。对于其他修改，需要修改 Web.config 文件。手动修改时，这种方式很适合。但是，在某些情况下，需要编程修改配置设定，比如下面的情况：

◆　安装过程中对 Web.config 文件的初始配置，取决于用户输入

◆　作为自定义应用程序管理工具的一部分，简化系统管理员的管理工作

◆　根据网络条件，自动调整 Web 站点的配置

幸运的是，为了实现它，ASP.NET 提供了 ASP.NET Configuration 应用程序编程接口(API)。ASP.NET 中，Microsoft 管理控制台(MMC)管理单元和网站管理(Web Site Administration)工具都使用这个相同的接口来修改配置。

利用 System.Configuration.Configuration 类，可以读取 Web.config 文件，编写任何可能的改变。在当前应用程序中，为了创建一个 Configuration 对象，可以使用静态类 WebConfigurationManager(存在于 System.Web.Configuration 命名空间)。

利用此类，调用 GetSection 和 GetSectionGroup 方法，读取配置节点。当前用户或进程必须能够读取层次结构中的所有配置文件的权限。如果有任何改变，则调用 Save 方法，可以将其保存在 Web.config 文件中(需要对文件的修改权限)。或者调用 SaveAs 方法，将其另

存为一个新的配置文件 (需要创建新文件的权限)。如果想要创建新的只应用于子文件夹的配置文件，就可以使用 SaveAs 方法。

例如，下面这段代码显示了当前身份验证模式，定义在<system.web><authentication>节点中。然后，将其显示在 Label1 控件中：

```vb
'VB
Dim section As AuthenticationSection=_
  WebConfigurationManager.GetSection("system.web/authentication")
Label1.Text=section.Mode.ToString()
```

```csharp
//C#
AuthenticationSection section=
    (AuthenticationSection)WebConfigurationManager.GetSection("system.web/
authentication");
Label1.Text=section.Mode.ToString();
```

在 Web.config 文件中，每个标准元素都有自身的类，并且必须利用此类来访问配置信息。在 C#中，在调用 GetSection 方法后，必须显式地强制类型转换(如前面代码示例所示)。表 11.1 列出了这些.NET 类及其相关的配置 Section。

表 11.1　访问配置 Section 需要用到的类

类　名	配置 Section
AuthenticationSection	<system.web><authentication>
AnonymousIdentificationSection	<system.web><anonymousIdentification>
AuthorizationSection	<system.web><authorization>
CacheSection	<system.web><cache>
CompilationSection	<system.web><compilation>
CustomErrorsSection	<system.web><customErrors>
DeploymentSection	<system.web><deployment>
GlobalizationSection	<system.web><globalization>
HealthMonitoringSection	<system.web><healthMonitoring>
HostingEnvironmentSection	<system.web><hostingEnvironment>
HttpCookiesSection	<system.web><httpCookies>
HttpHandlersSection	<system.web><httpHandlers>
HttpRuntimeSection	<system.web><httpRuntime>
IdentitySection	<system.web><identity>
MachineKeySection	<system.web><machineKey>
MembershipSection	<system.web><membership>
OutputCacheSection	<system.web><outputCache>
PagesSection	<system.web><pages>
ProcessModeSection	<system.web><processMode>
ProfileSection	<system.web><profile>
RolesManagerSection	<system.web><rolesManager>

续表

类　　名	配置 SECTION
SecurityPolicySection	<system.web><securityPolicy>
SessionPageStateSection	<system.web><sessionPageState>
SessionStateSection	<system.web><sessionState>
SiteMapSection	<system.web><siteMap>
SqlCacheDependencySection	<system.web><sqlCacheDependency>
TraceSection	<system.web><trace>
TrustSection	<system.web><trust>
WebControlsSection	<system.web><webControls>
WebPartsSection	<system.web><webParts>
XhtmlConformanceSection	<system.web><xhtmlConformance>

一旦创建这些类的实例，就可以利用类的方法和属性，读取或修改配置的设置信息。

读取应用程序的设置

除了访问<system.web>section 之外，利用 WebConfigurationManager.AppSettings 集合，也可以访问自定义应用程序的设置。下面这段代码示例阐述了如何在 Label 控件中显示自定义应用程序 MyAppSetting 的设置信息(利用 ASP.NET Web Site Configuration 工具添加)：

```
'VB
Label1.Text=WebConfigurationManager.AppSettings("MyAppSetting")
```

```
//C#
Label1.Text=WebConfigurationManager.AppSettings["MyAppSetting"];
```

读取连接字符串

类似地，利用 WebConfigurationManager.ConnectionStrings 集合，可以编程方式访问连接字符串：

```
'VB
Label1.Text=WebConfigurationManager.ConnectionStrings("Northwind").ConnectionString
```

```
//C#
Label1.Text=WebConfigurationManager.ConnectionStrings["Northwind"].ConnectionString;
```

写配置数据

为了读取配置设定，访问静态的 WebConfigurationManager 方法是最有效的方式，因为它考虑了系统和应用程序配置设定的整个层次结构，并能指明有效的设置。但是，如果想改变配置设置，就必须选择一个具体的配置位置。为此，创建一个 Configuration 对象的实例。为了创建应用于所有应用程序的 Web.config 根文件的一个实例，调用静态 WebConfigurationManager.OpenWebConfiguration 方法，并传递一个 null 参数，从而创建一个 Configuration 对象。然后，利用 Configuration 对象为每个 section 创建一个对象。修改这些 section 的值，然后调用 Configuration.Save，保存这些变化。

下面的代码示例阐述了如何通过代码在 Web.config 根文件中打开跟踪。该示例假设应用程序含有必要的安全权限。

注意:提供管理凭据

OpenWebConfiguration 方法提供了重载,允许指定一个不同的服务器,并提供凭据。

```vb
'VB
Dim rootConfig As Configuration = WebConfigurationManager.OpenWebConfiguration(Nothing)
Dim section As TraceSection = rootConfig.GetSection("system.web/trace")
section.Enabled = True
rootConfig.Save()
```

```csharp
//C#
Configuration rootConfig = WebConfigurationManager.OpenWebConfiguration(null);
TraceSection section=(TraceSection)rootConfig.GetSection("system.web/trace");
section.Enabled=true;
rootConfig.Save();
```

通过传递应用程序的路径(而不是文件全名),打开其他的配置文件。例如,如果想修改当前 Web 服务器上应用程序 MyApp 的 Web.config 文件以打开跟踪,则可以使用下面这段代码(注意,只有第一行的参数有变化):

```vb
'VB
Dim rootConfig As Configuration = WebConfigurationManager.OpenWebConfiguration("/MyApp")
Dim section As TraceSection = rootConfig.GetSection("system.web/trace")
section.Enabled = True
rootConfig.Save()
```

```csharp
//C#
Configuration rootConfig = WebConfigurationManager.OpenWebConfiguration("/MyApp");
TraceSection section = (TraceSection)rootConfig.GetSection("system.web/trace");
section.Enabled = true;
rootConfig.Save();
```

这段代码在/MyApp/Web.config 文件中添加了下面这行代码(假设该行不存在):

```
<trace enabled = "true"/>
```

注意:查找应用程序的路径

为了在运行时提取应用程序的路径,可以利用 Request.applicationPath 属性。该属性将在本章第 2 课中详细介绍。

由于配置文件存在层次结构,因此处理设置保存的方法各不相同。枚举变量 ConfigurationSaveMode 允许指定保存方法,取值如下。

- ◆ **Full** 此时所有属性都被写入配置文件。这种方法主要用于创建信息配置文件或将配置值从一台计算机移到另一台。
- ◆ **Minimal** 只有与派生值不同的属性才写入配置文件。
- ◆ **Modified** 只有被修改的属性才写入配置文件,即使数值与派生值相同。

创建新的配置文件

为了创建一个新的配置文件,调用 Configuration.SaveAs 方法,并提供位置信息。下面这段代码示例阐述了如何利用 ConfigurationSaveMode 枚举变量来调用 Configuration.SaveAs:

```vb
'VB
Dim config As Configuration = WebConfigurationManager.OpenWebConfiguration("/MyApp")
config.SaveAs("c:\MyApp.web.config",ConfigurationSaveMode.Full,True)
```

```csharp
//C#
Configuration config = WebConfigurationManager.OpenWebConfiguration("/MyApp");
config.SaveAs(@"c:\MyApp.web.config",ConfigurationSaveMode.Full,true);
```

异步 Web 页面编程

异步编程允许一个请求运行于另一个不同的线程上。这时，当前线程停止等待，并在其他线程执行时执行一些额外的操作。在某些情况下，这种方式能够极大地提高性能，比如一个请求需要等待一个长时间执行的操作(比如访问网络资源)时。

在 Windows 窗体应用程序中，如果已经使用异步编程模式，那么这些技术也可以用在 ASP.NET Web 窗体中。但是，ASP.NET 也提供了一个不同的技术。另外，由于 ASP.NET Web 页面允许多个用户同时访问，因此，异步编程的着眼点和优点稍微有些不同。

利用异步 Web 页面编程提高性能

在 Windows 窗体应用程序中，异步编程通常被用于支持应用程序在一个长时间进程运行期间，对用户输入作出响应。在 Web 页面中，只有当页面渲染结束后，用户才能与页面进行交互。因此，为了响应用户输入而使用异步编程，理由并不是很充分。但是，必须利用异步编程，提高 Web 页面长时间运行的效率。即使每个页面每次只需完成一个工作，效率也能够得到提高。在这种情况下，Web 应用程序在忙碌(多个页面同时被请求)时变得更高效，因为响应用户请求的线程池可以被更高效地使用。

例如，当创建一个需要访问网络资源(比如 Web 服务)的 Web 页面时，IIS 和 ASP.NET同时只能显示数量有限的页面。因此，线程池完全被占用，形成一个性能瓶颈。一旦线程池被占用，服务器必须等页面渲染完成后，才能开始处理其他的页面。即使服务器可能拥有可用的处理器周期，网页请求仍然处在队列中。通过打开异步 Web 页面编程，服务器就能够同时显示更多的页面，从而提高性能，减少页面显示时间。

注意：使用线程池提升性能

线程池的使用很有技巧。使用异步 Web 页面时，利用性能测试工具(比如 Web Capacity Analysis Tool 或 Web Application Stress Tool)来验证在高负荷下这个性能的提升。通常，异步编程引入的缺陷也会抵消部分优势。性能是否能够提高，取决于应用程序和 Web 服务器配置的各个方面。有关压力测试工具的更多内容，请查阅 Microsoft Knowledge Base 的文章231282，网址为 http://support.microsoft.com/kb/231282。

打开一个异步 Web 页面

打开异步 Web 页面编程的步骤如下。

1. 添加属性 Async="true"到@Page 指示符，如下所示：

```vb
'VB
<%@Page Language="VB"Async="true"AutoEventWireup="false"%>
```

```
//C#
<%@Page Language="C#"Async="true"AutoEventWireup="true"%>
```

2. 创建事件，打开和关闭使用 System.Web.IHttpAsyncHandler.BeingProcessRequest 和 System.Web.IHttpAsyncHandler.EndProcessRequest 的异步代码。这些事件必须符合如下签名：

```
'VB
Function BeginGetAsyncData(ByVal src As Object,ByVal args As EventArgs,_
  ByVal cb As AsyncCallback,ByVal state As Object)As IAsyncResult
End Function

Sub EndGetAsyncData(ByVal ar As IAsyncResult)
End Sub
```

```
//C#
IAsyncResult BeginGetAsyncData(Object src,EventArgs args,
  AsyncCallback cb,Object state)
  {}

void EndGetAsyncData(IAsyncResult ar)
  {}
```

3. 调用 AddOnPreRenderCompleteAsync 方法来声明事件处理程序，正如下面的代码所示：

```
'VB
Dim bh As New BeginEventHandler(AddressOf Me.BeginGetAsyncData)
Dim eh As New EndEventHandler(AddressOf Me.EndGetAsyncData)
Me.AddOnPreRenderCompleteAsync(bh,eh)
```

```
//C#
BeginEventHandler bh=new BeginEventHandler(this.BeginGetAsyncData);
EndEventHandler eh=new EndEventHandler(this.EndGetAsyncData);
AddOnPreRenderCompleteAsync(bh,eh);
```

创建自定义 HTTP 处理程序

HTTP 处理程序是在向服务器发生特定资源的 HTTP 请求时所执行的一段代码。比如，当用户从 IIS 发送一个.aspx 页面请求时，ASP.NET 页面处理程序被调用。访问.asmx 文件时，ASP.NET 服务处理程序被调用。我们可以创建自定义 HTTP 处理程序，并用 IIS 注册处理程序，然后，在执行特定请求时接受通知。这时，可以直接与请求进行交互并向浏览器编写自定义输出。

为了创建一个自定义 Hypertext Transfer Protocol(HTTP)处理程序，首先创建一个类，实现 IhttpHandler 接口(创建同步处理程序)或 IhttpAsyncHandler 接口(创建异步处理程序)。两个处理程序接口都需要利用 IsReusable 属性和 ProcessRequest 方法。IsReusable 属性指定了 IhttpHandlerFactory 对象(该对象实际调用相应的处理程序)能否将处理程序放置在线程池中，并重用处理程序以提高性能。或者是否需要在每次需要处理程序时创建新的实例。ProcessRequest 方法负责实际处理单个 HTTP 请求。一旦处理程序被创建，就需要利用 IIS 注册和配置 HTTP 处理程序。

举例来说，考虑处理 ASP.NET 中的图片请求。在 HTML 页面中，每个图片需要一个单独的浏览器请求和一次单独的 Web 服务器响应。在默认情况下，IIS 不会将图片请求传递到 ASP.NET。相反，IIS 只是简单地从文件系统中读取图片文件，然后将它直接发送到 Web 浏览器中。

现在，假设需要处理 ASP.NET 中的图片请求，而不只是被 IIS 传递回来。我们可能需要动态地生成一张表，显示一段时间内的性能信息，或者在相册应用程序中，动态地创建一些缩略图。在这些情况下，既可以事先周期地生成图片，也可以创建一个自定义 HTTP 处理程序，接收图片请求。本例集中讲述的是后面一种方法。下面概述了如何配置 ASP.NET(和自定义 HTTP 处理程序)，接收图片请求。

1.　编写代码，动态生成图片。
2.　配置 IIS，传递对所需图片类型的请求给 ASP.NET。
3.　配置 ASP.NET，处理对所需文件扩展名的文件请求。

动态生成图片

下面这段代码阐述了如何编写一个 HTTP 处理程序，生成图片。在后面的实训中，有机会可以试验这个示例。

```
'VB
Public Class ImageHandler
  Implements IHttpHandler

  Public ReadOnly Property IsReusable()As Boolean_
    Implements System.Web.IHttpHandler.IsReusable
    Get
      Return False
    End Get
  End Property

  Public Sub ProcessRequest(ByVal context As System.Web.HttpContext)Implements_
    System.Web.IHttpHandler.ProcessRequest
    'set the MIME type
    context.Response.ContentType="image/jpeg"
    'TODO:Generate the image file using the System.Drawing namespace
    'and then use Context.Response to transmit the image
  End Sub

End Class
```

```
//C#
public class ImageHandler:IHttpHandler
{
  public ImageHandler()
  {}
  public bool IsReusable
  {
    get{return false;}
  }
  public void ProcessRequest(HttpContext context)
  {
    //set the MIME type
    context.Response.ContentType="image/jpeg";
    //TODO:Generate the image file using the System.Drawing namespace
    //and then use Context.Response to transmit the image
  }
}
```

配置 IIS 转发请求给 ASP.NET

为了性能考虑，IIS 只向 ASP.NET 传递对特定文件类型的请求。比如，IIS 能够将如下文件类型的请求传递给执行 ASP.NET 处理的 Aspnet_Isapi.dll 文件，这些文件类型包括.aspx、.axd、.ascx 以及.asmx。对于其他文件类型，包括.htm、.jpg 和.gif，ASP.NET 只是简单地从文件系统中将文件传递到客户浏览器。

因此，为了用 ASP.NET 处理图片请求，必须配置一个 IIS 应用程序，将所需的图片文件扩展名映射到 Aspnet_Isapi.dll 文件中。在 IIS 6 和 IIS 7 中，该信息配置的过程不同。下面概述了在 IIS 7 中的配置过程。

1. 打开 IIS Manager。
2. 扩展节点，直到获取本站点或 Default Web Site。选中应用程序的节点。
3. 双击 IIS Manager 中心面板中的 Handler Mappings 图标
4. 在 Action 面板的右侧，选中 Add Managed Handler。
5. 在 Add Managed Handler 对话框中，如图 11.1 所示，将 Request 路径设置成所要映射的文件名或扩展名，如本例中的.jpg。Type 名称是 HTTP 处理程序的类名。如果自定义的 HTTP 处理程序位于 App_Code 目录，它就会出现在下拉列表中。Name 字段只是一个描述性名字。

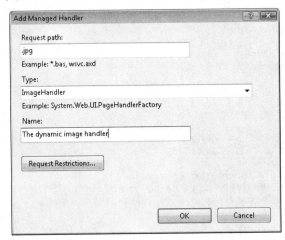

图 11.1　为了处理 ASP.NET 的图片请求配置应用程序映射

一旦应用程序的扩展名映射配置完成，所有对该文件类型的请求都会被转发到 ASP.NET 和自定义的处理程序中。在 Web 站点的大部分区域中，为了打开正常的图片处理，可以单独创建一个虚拟的目录，专门用来存放动态生成的图片。

在 Web.config 中配置处理程序

另外，如果使用 IIS 7，在 Web.config 文件中，可以简单地为文件扩展名配置处理程序。否则，就需要用到 IIS Manager。在 Web.config 文件的<configuration><system.web><httpHandlers> section 中，对每个需要注册的文件扩展名或文件名创建一个<add>元素，如下所示：

```
<configuration>
  <system.web>
    <httpHandlers>
      <add verb="*"path="*.jpg"type="ImageHandler"/>
      <add verb="*"path="*.gif"type="ImageHandler"/>
```

```
      </httpHandlers>
    </system.web>
</configuration>
```

在这个示例中，ASP.NET 处理文件后缀为.jpg 或.gif 的请求，并将其转发到 ImageHandler 类。为了正常运行，ImageHandler 集合必须位于应用程序的 Bin 文件夹中，或者源代码必须在 App_Code 文件夹中。

真实世界

Tony Northrup

动态生成图片是很慢的。如果想动态生成图片，先对 Web 站点做性能测试，确保能跟上后面的请求。如果相同的图片被重复请求，可以将该图片文件保存在 Cache 对象中。在某些情况下，更有效的方式是利用服务或预定控制台应用程序来生成图片。在我的个人相册 Web 应用程序中，我总是预先生成好大部分频繁访问的图片。只有当用户需要一个不寻常的分辨率时，才动态地生成图片。

快速测试

1. WebConfigurationManager.getSection 的返回值是什么类型，以及如何处理它？
2. 如何编程更新一个保存在 Web.config 文件中的连接字符串？

参考答案

1. WebConfigurationManager.getSection 返回一个 Object 类型。必须将其强制类型转换成一个配置节点指定的类型。
2. 创建一个 Configuration 对象。然后，利用 ConnectionStrings 集合更新连接字符串。最后，调用 Configuration.Save。

实训：创建一个自定义处理程序

在这个实训中，创建一个自定义图片处理程序，动态生成图片，作为 ASP.NET Web 页面的一部分。

如果在完成这个练习时遇到了问题，可参考本书配套资源所附的实例，这些实例都有完成了的项目文件。

> **练习 1　创建一个自定义图片处理程序**

在这个练习中，创建一个 ASP.NET Web 应用程序，动态生成图片。

1. 打开 Visual Studio，创建一个新的基于文件系统的 Web 站点，命名为 LabPictures.
2. 添加一个新的类到项目中。类的名字设为 ImageHandler。根据提示，选择将这个类放在 App_Code 文件夹中。
3. 编辑自动生成的类声明，从而使用 IhttpHandler 接口，如下所示：

```
'VB
Public Class ImageHandler
```

```
Implements IHttpHandler
End Class
```

```
//C#
public class ImageHandler:IHttpHandler
```

4. 利用 Visual Studio，自动生成所需的 IHttpHandler 成员 IsReusable 和 ProcessRequest。

5. 实现 IsReusable 属性，返回 False。若想打开池，则返回 True。

```
'VB
Public ReadOnly Property IsReusable() As Boolean _
   Implements System.Web.IHttpHandler.IsReusable
   Get
      Return False
   End Get
End Property
```

```
//C#
public bool IsReusable
{
   get { return false; }
}
```

6. 实现 ProcessRequest 方法，利用 HttpContext.Response 对象(作为参数传递到方法中)返回一个图片文件。利用 System.Drawing 命名空间，动态生成图片。为了简便，下面这个示例阐述了如何传递一个已有的位于文件系统其他位置的文件(可能需要修改 Web 服务器或计算机上的图片的路径)：

```
'VB
Public Sub ProcessRequest(ByVal context As System.Web.HttpContext) _
   Implements System.Web.IHttpHandler.ProcessRequest
   context.Response.ContentType = "image/jpeg"
   context.Response.TransmitFile("C:\Users\Public\Pictures\Sample Pictures\" &
   _"dock.jpg")
End Sub
```

```
//C#
public void ProcessRequest(HttpContext context)
{
   context.Response.ContentType = "image/jpeg";
   context.Response.TransmitFile(@"C:\Users\Public\Pictures\Sample Pictures\"
   +"dock.jpg");
}
```

注意　定义 MIME 类型

注意到，这个示例将 context.Response.ContentType 属性设置成 "image/jpeg."。该属性应该用于定义正确的 Multipurpose Internet Mail Extensions(MIME)类型，以便浏览器了解如何处理所发送的文件。否则，浏览器可能会将其显示为文本。

7. 打开 Web.config 文件，转向<httpHandlers>节点。添加一个处理程序，将.jpg 文件扩展名映射到 ImageHandler 类中。下面这段标记阐述了这一点：

```
<configuration>
   <system.web>
      <httpHandlers>
         <add verb="*" path="*.jpg" type="ImageHandler"/>
      </httpHandlers>
```

```
    </system.web>
</configuration>
```

8. 在设计器中打开 Default.aspx。拖动 Image 控件到页面。将 ImageUrl 属性修改成 Test.jpg。该文件不存在，因此在设计器中显示一个占位符。但是，这是一个对.jpg 文件的请求。HttpHandler 会处理这个请求，显示图片，正如 ProcessRequest 代码中所定义的一样(显示 Dock.jpg)。

9. 利用本地 Web 应用程序(而不是 IIS)，运行应用程序。本地 Web 服务器会模拟自定义处理程序。在浏览器窗口中，可以验证结果。

本课总结

- 通过响应 Page_Error 捕捉在页面级别上的未处理异常，或者通过响应 Application_Error 捕捉在应用程序级别上的未处理异常。在前面两个事件处理程序中，调用 Server.GetLastError，读取最后一个错误。然后，必须调用 Server.ClearError，将它从队列中清除。

- 调用 WebConfigurationManager.GetSection，返回 Web.config 文件中一个配置节点。然后，将返回值强制类型转换成具体节点类型。更新配置设定，调用 Configuration.Save 或 Configuration.SaveAs，修改这些变化。

- 在线程池限制性能的情况下，异步 Web 页面能够提高性能。为了打开异步页面，首先添加元素属性 Async="true"到@ Page 指示符。然后，创建事件响应，打开和关闭异步代码。

- 默认情况下，ASP.NET 只能处理有限的文件类型，包括.aspx、.ascx 和.axd。配置 ASP.NET 处理任何文件类型。当需要动态生成正常静态文件，比如图片时，这种配置十分有用。为了配置 ASP.NET 接收其他文件类型的请求，创建一个自定义 HttpHandler 类，并添加该类型到 Web.config 文件的 httpHandlers 节点。

课后练习

通过下列问题，你可检验自己对第 1 课的掌握程度。这些问题也可从配套资源中找到。

注意　关于答案

对这些问题的解析可参考本书末"答案"。

---

1. 在 Page_Error 处理程序中捕捉一个未处理异常。如何获取最后的错误？
   A. Server.GetLastError
   B. Server.ClearError
   C. Request.GetLastError
   D. Application.GetLastError

2. 下面哪一项可以用来捕捉应用程序中的未处理异常？(可多选)

A．Response_Error

    B．Page_Error

    C．Application_Error

    D．Server_Error

3．下面哪个代码示例能够正确提取当前信息记录配置的设定？

    A．'VB

```
Dim section As String = WebConfigurationManager.GetSection _
("system.web/httpCookies")
```

      //C#

```
string section = WebConfigurationManager.GetSection("system.web/httpCookies");
```

    B．'VB

```
Dim section As HttpCookiesSection = _
WebConfigurationManager.GetSection("httpCookies")
```

      //C#

```
HttpCookiesSection section =
 (HttpCookiesSection) WebConfigurationManager.GetSection("httpCookies");
```

    C．'VB

```
Dim section As String = WebConfigurationManager.GetSection("httpCookies")
```

      //C#

```
string section = WebConfigurationManager.GetSection("httpCookies");
```

    D．'VB

```
Dim section As HttpCookiesSection = _
WebConfigurationManager.GetSection("system.web/httpCookies")
```

      //C#

```
HttpCookiesSection section = (HttpCookiesSection)
WebConfigurationManager.GetSection("system.web/httpCookies");
```

4．当 Web 浏览器请求一个.doc 扩展名的文件时，ASP.NET 必须动态地生成 Word 文档。如何实现？

    A．应用 IPartitionResolver 接口

    B．应用 IHttpModule 接口

    C．应用 IHttpHandler 接口

    D．应用 IHttpHandlerFactory 接口

第 2 课　使用 ASP.NET 内部对象

利用 ASP.NET 内部的对象，可以访问许多有用的信息，比如应用程序信息、管理应用程序的服务器信息，以及服务器上请求资源的客户信息。这些对象称为 ASP.NET 内部对象。它们表现为 Page、Browser、Server 和 Context 对象。这些对象一起提供了大量的有用信息，比如用户的 IP 地址、用户浏览器的类型、响应过程中产生的错误，以及给定页面的标题等。

本课程阐述如何利用 Page、Browser、Response、Request、Server 和 Context 对象，编写 Web 站点的特定场景。

学习目标

◆　利用 Browser 对象识别客户容量

◆　利用 Page 和 Application 上下文，检查和更新信息，比如客户请求和返回客户响应的详细通信信息

◆　访问 Web 页面标头，动态地定义页面的标题或风格面板

预计课时：30 分钟

页面和应用程序上下文的概述

为了检查当前请求和响应的任何详细信息，可以访问许多 ASP.NET 的对象。这些对象表现为 Page 对象的属性，可以通过 Page 对象引用(比如 Page.Response)，或不限定命名空间直接获取。从 ASP 的第一版开始，很多这些对象就已经存在。不带对象限定符引用对象，提供了与 ASP 开发者习惯的引用方式。

表 11.2 列出了一些对象(表现为 Page 对象的属性)，可以用来检查有关页面和应用程序上下文的信息。

表 11.2　ASP.NET 内部对象

对　象	描　述
Response	System.Web.HttpResponse 类的实例。当服务器接收到 Web 请求之后发送 HTTP 响应到客户时，提供对该响应的访问。该类还可以用于插入文本到页面、编写信息记录、重新导向用户、添加高速缓存依赖项，以及其他有关 HTTP 响应的工作。Response 大部分可以修改
Request	System.Web.HttpRequest 类的实例。当 Web 浏览器发送请求时，提供对当前页面部分信息的访问，包括请求标头、信息记录、客户认证书，以及查询字符串。该类可以用于读取浏览器发送到 Web 服务器中的内容。该属性不能更新
Server	System.Web.HttpServerUtility 类的实例。提供了可用的有效方法，在页面之间传递控件、获取最近错误的信息、对 HTML 文本编码和解码。大部分有用的 Server 方法都是静态的

续表

对　象	描　述
Context	System.Web.HttpContext 类的实例。提供对当前整个上下文的访问(包括 Request 对象)。Context 提供的大部分方法和属性也存在于其他频繁使用的对象中,比如 Request 和 Server
Session	System.Web.HttpSessionState 类的实例。提供对当前用户会话的信息。还提供对用于保存信息的会话范围高速缓存的访问,以及对如何管理会话的控制方式。有关 Session 对象的更多信息,请查阅第 4 章
Application	System.Web.HttpApplicationState 类的实例。提供对所有会话的应用程序范围方法和事件的访问。还提供对用于保存信息的应用程序范围高速缓存的访问。有关 Application 对象的更多信息,请查阅第 4 章
Trace	System.Web.TraceContext 类的实例。提供一种方式,在 HTTP 页面输出中同时显示系统和自定义的跟踪检测消息。有关 Trace 对象的更多信息,请查阅第 12 章

Response 对象

　　Page.Response 属性是一个 HttpResponse 对象,允许添加数据到 HTTP 响应,该响应发送回请求 Web 页面的客户端。Response 对象包含了下面这些有用的方法。

- **BinaryWrite**　写入二进制字符到 HTTP 响应。相反,为了写文本字符串,调用 Write。
- **AppendHeader**　添加 HTTP 标头到响应流。只有当需要提供一个特殊指令到 Web 浏览器(IIS 没有添加),才需要利用它。
- **Clear**　移除 HTTP 响应流中的所有内容。
- **ClearContent**　移除响应流中的内容,除了 HTTP 标头。
- **ClearHeaders**　移除响应流中的标头,除了内容。
- **End**　完成响应,返回页面给用户。
- **Flush**　发送当前输出到客户,不结束请求。如果想返回部分页面给用户,这个方法十分有用;比如,执行费时的数据库查询操作,或提交信息到一个信用卡处理服务,可以利用 Response.Write 显示"事务处理中"。调用 Response.Flush,立即将这个消息发送给用户,处理事务,然后在准备完成时显示事务信息。
- **Redirect**　指导 Web 浏览器,打开一个不同的页面,利用新的 Uniform Resource Locator(URL)一个 HTTP/302 代码。这是 Server.Transfer 方法的替换,使 ASP.NET 处理一个不同的页面,而无须 Web 浏览器提交新的请求。
- **TransmitFile**　将文件写入 HTTP 响应中,无须缓存。
- **Write**　将信息写入 HTTP 响应中,需要缓存。
- **WriteFile**　将文件写入 HTTP 响应中,需要缓存。
- **WriteSubstitution**　替换响应中的字符串。当返回高速缓存输出,但是想动态更新缓存的输出时,这种方法是否有用。为了初始化替换,调用 WriteSubstitution 方法,传递它到回调函数。对于第一次页面请求,WriteSubstitution 会调用 HttpResponseSubstitutionCallback 代表,产生一个输出。然后,添加一个替换内存到响应,保留未来请求的代表以供调用。最后,从公共到服务器降低客户端的缓存功能，保证未来对页面的请求重新调用代表，而无须客户端缓存。作为使用 WriteSubstitution 的替换形式，可以使用 Substitution 控件。

Response 对象还包含了下面这些有用的属性。

◆ **Cookies**　该属性表示允许添加发回 Web 浏览器的信息记录。如果 Web 浏览器支持信息记录，它将返回与使用 Request 对象完全相同的信息记录。有关信息记录的更多内容，请查阅第 7 章，"在 ASP.NET 中使用 ADO.NET、XML 和 LINQ"。

◆ **Buffer**　若为 True，则响应在发回给用户之前被保留在内存中。若为 False，则响应被直接发送给用户。一般，应该缓存响应，除非发回一个非常大的响应，或者需要长时间生成的响应。

◆ **Cache**　获取 Web 页面的高速缓存策略，比如过期时间和保密策略

◆ **Expires**　浏览器停止缓存页面的时间(单位为分钟)。将该属性设置成页面有效的时间周期。如果页面需要立即更新，需要将它设置成非常短的时间间隔。如果页面是静态的且很少变化，需要增加这个时间，减少无必要页面请求的数量，提高服务器的性能。

◆ **ExpiresAbsolute**　类似于 Expires 属性，ExpiresAbsolute 设置了一个绝对日期和时间，表示文件缓存失效的时间。

◆ **Status 和 StatusCode**　获取或设置 HTTP 状态码，表示响应是否成功。例如，状态码 200 表示一次成功的响应，404 表示文件没有找到，而 500 表示服务器错误。

Request 对象

Page.Request 属性是一个 HttpRequest 对象，允许添加数据到 HTTP 响应，该响应返回到请求 Web 页面的客户。Request 对象包含了下面这些有用的方法。

◆ **MapPath**　将虚拟路径映射到物理路径，判定文件系统中虚拟路径的位置。例如，将/about.htm 转换成 C:\Inetpub\Wwwroot\About.htm。

◆ **SaveAs**　保存对文件的请求。

◆ **ValidateInput**　当用户输入包含潜在的危险输入时，抛出一个异常，比如 HTML 输入，或可能成为数据库攻击的输入。默认情况下，ASP.NET 不会自动完成，因此，当关闭 ASP.NET 安全性功能时，只需要手动调用这个方法。

Request 对象还包含下面这些有用的属性。

◆ **ApplicationPath**　获取服务器上 ASP.NET 应用程序的虚拟应用程序根路径。

◆ **AppRelativeCurrentExecutionFilePath**　获取应用程序根目录的虚拟路径，并使用波浪字符(~)将其转换成相对应用程序根目录(~/page.aspx)的相对路径。

◆ **Browser**　检查浏览器性能的详细信息(查看本课后面介绍的"判断浏览器的类型")。

◆ **ClientCertificate**　获取客户端安全性认证书(若客户已提供)。

◆ **Cookies**　读取来自 Web 浏览器的信息记录。该信息记录之前由 Response 对象提供。有关信息记录的更多信息，请查阅第 4 章。

◆ **FilePath**　获取当前请求的虚拟路径。

◆ **Files**　如果客户端上传文件，该属性能够获取客户端上传的文件集合。

◆ **Headers** 获取 HTTP 处理程序集合。

◆ **HttpMethod** 获取客户端使用的 HTTP 数据传输方法(比如 GET、POST 或 HEAD)。

◆ **IsAuthenticated** 布尔值，True 表示客户端已认证。

◆ **IsLocal** 布尔值，True 表示客户来自本地计算机。

◆ **IsSecureConnection** 布尔值，True 表示连接采用安全 HTTP(HTTPS)。

◆ **LogonUserIdentity** 获取代表当前用户的 WindowsIdentity 对象。

◆ **Params** 包含 QueryString、Form、ServerVariables 和 Cookies.的组合集合。

◆ **Path** 当前请求的虚拟路径。

◆ **PhysicalApplicationPath** 应用程序根目录的物理路径。

◆ **PhysicalPath** 当前请求的物理路径。

◆ **QueryString** 查询字符串变量的集合。有关查询字符串的更多信息，请查阅第 4 章。

◆ **RawUrl 和 Url** 当前请求的 URL。

◆ **TotalBytes** 请求的长度。

◆ **UrlReferrer** 获取有关客户端上一个请求的信息，连接到当前 URL。它可以用来判断哪个站点页面或哪个外部 Web 站点将用户导向到当前页面。

◆ **UserAgent** 获取用户代理字符串，描述了用户的浏览器。一些非 Microsoft 浏览器，表明它们兼容 Internet Explorer。

◆ **UserHostAddress** 客户端 IP 地址。

◆ **UserHostName** 远程客户端的 Domain Name System(DNS)名。

◆ **UserLanguages** 客户端浏览器为所偏爱的语言设置的有序字符串数组。ASP.NET 自动为用户显示正确的语言。更多的信息请查阅第 13 章"全球化和可访问性"。

Server 对象

Page.Server 属性是一个 HttpServerUtil 对象，提供用于处理 URLs、路径和 HTML 的静态方法。一些最有用的方法如下。

◆ **ClearError** 清除最后一条错误。

◆ **GetLastError** 返回前一次异常，正如本章第 1 课所述。

◆ **HtmlDecode** 将 HMTL 标记移出字符串。在显示之前，对用户输入调用 HtmlDecode，移出潜在的错误代码。

◆ **HtmlEncode** 转换字符串显示在浏览器中。例如，如果字符串包含"<"字符，Server.HtmlEncode 会将其转换成"&lt"阶段。这时，浏览器将其显示为一个小于号，而不是将其视为 HTML 标记。

◆ **MapPath** 返回物理文件路径，对应于 Web 服务器上指定的虚拟路径。

◆ **Transfer** 停止处理当前页面，开始处理指定页面。URL 在用户浏览器中不变。

◆ **UrlDecode** 解码一个 HTTP 传输中编码好的字符串，然后在 URL 中发送到服务器。

◆ **UrlEncode** 为了在 URL 中实现从 Web 服务器到客户端的可靠 HTTP 传输，对字符串进行编码。

◆ **UrlPathEncode** URL 对一个 URL 字符串的路径部分进行编码，返回编码完成的字符串。

- **UrlTokenDecode**　将 URL 字符串解码为以 64 位数字为基础的与之等效的字节数组。
- **UrlTokenEncode**　将一个字节数组编码成等效的以 64 位为基础的字符串形式，方便 URL 传输。

Context 对象

Page.Context 属性是一个 HttpContext 对象，提供对大部分有关 HTTP 请求和响应的对象的访问。这些对象很多是冗余的，提供对 Page 成员的访问，包括 Cache、Request、Response、Server 和 Session。但是，Context 对象包括一些特有的方法。

- **AddError**　添加一个异常到页面。调用 Server.GetLastError 提取该异常，或者调用 Server.ClearError 或 Context.ClearError 清除该异常。
- **ClearError**　清除最后的错误，与 Server.ClearError 的方式完全相同。
- **RewritePath**　指定一个内部重写路径，允许所请求的内部路径和资源的 URL 各不相同。RewritePath 用在不带信息记录的会话状态中，将会话状态值从路径 Uniform Resource Identifier(URI)中移除。

Context 对象还包含了一些特有的属性。

- **AllErrors**　一个包含发生在页面上的未处理异常的集合。
- **IsCustomErrorEnabled**　一个布尔值，表示当打开错误时为 true。
- **IsDebuggingEnabled**　一个布尔值，表示打开调试时为 true。
- **Timestamp**　HTTP 请求的时间戳。

判定浏览器的类型

HTML 有一个定义好的控制标准。但是，不是所有的浏览器都以同样的方式实现这些标准。各种浏览器版本和品牌之间存在很大的不同。另外，浏览器的性能通常也不同。有时，这是由于两种互相竞争的浏览器对标准的解析不同。有时，处于安全性方面的考虑，或者为了更好地兼容移动设备，浏览器可能会添加某种限制。

为了确保正确地显示 Web 页面，重要的一点是在最终用户可能使用的各种浏览器上测试 Web 页面。如果主要依赖于 ASP.NET 控件，那么，出现兼容性问题的机率会大大降低。ASP.NET 控件会自动适应浏览器的类型和性能。但是，如果使用大量的动态超文本标记语言(Dynamic Hypertext Markup Language，DHTML)、JavaScript 和层叠式样式表(Cascading Style Sheets，CSS)，就一定会碰到多种浏览器的兼容性问题。

当遇到浏览器兼容性问题时，调整 Web 页面，以使页面的某一版本能够正确显示在所支持的浏览器上。为了在不同的浏览器上显示 Web 页面的不同版本，需要编写检查 HttpBrowserCapabilities 对象的代码。该对象表现为 Request.Browser。Request.Browser 包含了许多成员函数，用于检查单个浏览器的性能。

HttpBrowserCapabilities 提供了两个主要的方法，如表 11.3 所示。

HttpBrowserCapabilities 对象还包含了许多属性。这些属性提供了发送请求的浏览器信息，比如浏览器的类型、是否支持信息记录、是否属于移动设备、是否支持 ActiveX、是否允许帧，以及其他浏览器相关的选项。表 11.4 列出了很多重要的 Request.Browser 属性。

表 11.3　Request.Browser 的方法

方　法	描　述
GetClrVersions	返回安装在客户端的.NET Framework 公共语言运行库
IsBrowser	获取一个值，表示客户浏览器是否与指定浏览器相同

表 11.4　Request.Browser 的属性

属　性	描　述
ActiveXControls	获取一个值，表示浏览器是否支持 ActiveX 控件
AOL	获取一个值，表示客户是否是一个 American Online(AOL)浏览器
BackgroundSounds	获取一个值，表示浏览器是否支持用<bgsounds>HTML 元素播放背景声音
Browser	获取在 User-Agent 请求标头中浏览器发回的浏览器字符串(若存在)。注意，一些非 Microsoft 浏览器不能像 Internet Explorer 正确地识别自己，提高性能。因此，该字符串不会总是准确的
ClrVersion	获取安装在客户端的.NET Framework 的版本
Cookies	获取一个值，表示浏览器是否支持信息记录
Crawler	获取一个值，表示浏览器是否是一个搜索引擎 Web 搜索器
Frames	获取一个值，表示浏览器是否支持 HTML 帧
IsColor	获取一个值，表示浏览器是否可以显示颜色。False 表示浏览器只能灰度显示，一般表示一个移动设备
IsMobileDevice	获取一个值，表示浏览器是否是一个可识别的移动设备
JavaApplets	获取一个值，表示浏览器是否支持 Java
JavaScript	获取一个值，表示浏览器是否支持 JavaScript
JScriptVersion	获取浏览器支持的 Jscript 版本
MobileDeviceManufacturer	返回移动设备制造商的名称，若已知
MobileDeviceModel	获取移动设备的模型名，若已知
MSDomVersion	获取浏览器支持的 Microsoft HTML(MSHTML)Document Object Model(DOM)的版本
Tables	获取一个值，表示浏览器是否支持 HTML<table>元素
VBScript	获取一个值，表示浏览器是否支持 Visual Basic Scripting 版本(VBScript)
Version	获取浏览器的完整版本号(整数和小数)字符串
W3CDomVersion	获取浏览器支持的 World Wide Web Consortium(W3C)XML DOM 版本
Win16	获取一个值，表示客户是否是一台基于 Win16 的计算机
Win32	获取一个值，表示客户是否是一台基于 Win32 的计算机

　　Request.Browser 对象的属性表明了浏览器的本质性能，但并不一定反映当前浏览器的设定。例如，Cookies 属性表示浏览器是否本质上支持信息记录，但它并不表示发送请求的浏览器是否打开了信息记录。出于安全性方面的考虑，人们通常会关闭信息记录。但是

Request.Browser 对象仍然可以表明该浏览器支持信息记录。因此，ASP.NET 的会话状态可以配置用来测试客户浏览器是否支持信息记录。

更多信息　ASP.NET 会话
有关 ASP.NET 会话的更多信息，请参考第 4 章

快速测试

1. 利用 Request.Browser 不能检查下面哪种浏览器性能？
    ◇　Frames 支持
    ◇　支持嵌入图片
    ◇　Tables 支持
    ◇　Cookies 支持
    ◇　JavaScript 支持
2. 如何判断用户是否是一个为搜索引擎索引站点的 bot？

参考答案

1. 对于上面列出的性能，唯一 Request.Browser 不提供的性能是支持嵌入图片。
2. 检查 Request.Browser.Crawler。

访问 Web 页面的标头

显示的 HTML 页面的标头信息包含了描述页面的重要信息。这些信息包括样式表的名称、页面的标题，以及用于搜索引擎的元数据。利用 System.Web.Ui.HtmlControls.HtmlHead 控件，ASP.NET 允许开发者编程修改这些信息。该控件表现为 Page.Header 属性。例如，利用这个控件，根据页面的内容，动态地设定页面的标题。

表 11.5 列出了 HtmlHead 控件最重要的一些成员。

表 11.5　Page.Header 属性

属　　性	描　　述
StyleSheet	利用 StyleSheet 对象，能够调用 CreateStyleRule 和 RegisterStyle 方法
Title	页面的标题。它主要用在窗口标题栏、在 Favorite 名称以及搜索引擎中

为了以编程方式设定页面的标题，访问 Page.Header.Title，如下所示：

```vb
'VB
Page.Header.Title="Current time:"&DateTime.Now
```

```csharp
//C#
Page.Header.Title="Current time:"+DateTime.Now;
```

为了设定页面的样式信息(利用 HTML 标签 <head><style>)，访问 Page.Header.StyleSheet。下面这段代码阐述了如何利用 Page.Header.StyleSheet.CreateStyleRule

方法，编程实现将页面的背景颜色设置成浅灰色，并将默认文字颜色设置成蓝色：

```vb
'VB
'create a style object for the body of the page.
Dim bodyStyle As New Style()

bodyStyle.ForeColor=System.Drawing.Color.Blue
bodyStyle.BackColor=System.Drawing.Color.LightGray

'add the style rule named bodyStyle to the header
'of the current page.The rule is for the body HTML element.
Page.Header.StyleSheet.CreateStyleRule(bodyStyle,Nothing,"body")
```

```csharp
//C#
//create a style object for the body of the page.
Style bodyStyle=new Style();

bodyStyle.ForeColor=System.Drawing.Color.Blue;
bodyStyle.BackColor=System.Drawing.Color.LightGray;

//add the style rule named bodyStyle to the header
//of the current page.The rule is for the body HTML element.
Page.Header.StyleSheet.CreateStyleRule(bodyStyle,null,"body");
```

上面两段代码生成了一个 HTML 页面，标头信息如下：

```html
<head>
    <title>Current time:6/30/2006 4:00:05 PM</title>
    <style type="text/css">
        body{color:Blue;background-color:LightGrey;}
    </style>
</head>
```

注意，只有当需要动态设定样式时，才需要访问 Page.Header.StyleSheet。一般，为了设定特定页面的样式，可以利用 Visual Studio 设计器提供的 Style Builder，修改文档的 Style 属性。

实训：检查 Page 和 Application 的上下文

在这个实训中，创建一个包含 Web 页面的 Web 站点，显示有关请求、响应和页面上下文的信息。

如果在完成这个练习时遇到问题，可参考本书配套资源所附的实例，这些实例都有完成了的项目文件。

➤ **练习 1　显示页面和应用程序上下文信息**

在这个练习中，创建 Web 站点和 Web 页面。然后，添加信息到 Web 页面，显示上下文信息。

1. 打开 Visual Studio。创建一个新的 Web 站点，名为 IntrinsicObjects。
2. 打开 Default.aspx 页面。在 Page_Load 事件处理程序中，利用 Response 对象编写代码显示 HTTP 状态码和描述，正如下面的示例所示：

```vb
'VB
Response.Write(Response.StatusCode & ": " & _
Response.StatusDescription)
```

```
//C#
Response.Write(Response.StatusCode + ": " +
Response.StatusDescription);
```

3. 接下来，利用 Context 对象编写代码显示时间戳，正如下面的示例所示：

```
'VB
Response.Write(Context.Timestamp.ToString)
Response.Write(Context.Timestamp.ToString());
```

4. 编写代码显示可能存在的 URL 来源。如果这是用户第一次请求，**Request.UrlReferrer** 对象将为空，因此，必须在显示之前判断是否为空，正如下面的示例所示：

```
'VB
If Not (Request.UrlReferrer Is Nothing) Then
  Response.Write(Request.UrlReferrer.ToString)
Else
  Response.Write("No referrer")
End If
```

```
//C#
if (Request.UrlReferrer != null)
  Response.Write(Request.UrlReferrer.ToString());
else
  Response.Write("No referrer");
```

5. 编写代码显示用户语言。**Request.UserLanguages** 对象是一个字符串集合，因此，必须迭代显示字符串，正如下面的示例所示：

```
'VB
For Each s As String In Request.UserLanguages
  Response.Write(s & "<br>")
Next
```

```
//C#
foreach (string s in Request.UserLanguages)
  Response.Write(s + "<br>");
```

6. 编写代码，从 Request 对象输出数据。利用 Server.MapPath，将虚拟路径转换成为物理路径。利用 Server.UrlDecode，在更多可读的文本中，显示 HTTP 标头。代码示例如下：

```
'VB
Response.Write(Request.ApplicationPath)
Response.Write(Request.FilePath)
Response.Write(Server.MapPath(Request.FilePath))
Response.Write(Server.UrlDecode(Request.Headers.ToString).Replace("&", "<br>"))
Response.Write(Request.HttpMethod)
Response.Write(Request.IsAuthenticated.ToString)
Response.Write(Request.IsLocal.ToString)
Response.Write(Request.IsSecureConnection.ToString)
Response.Write(Request.LogonUserIdentity.ToString)
Response.Write(Request.TotalBytes.ToString)
Response.Write(Request.UserAgent)
Response.Write(Request.UserHostAddress)
```

```
//C#
Response.Write(Request.ApplicationPath);
Response.Write(Request.FilePath);
Response.Write(Server.MapPath(Request.FilePath));
Response.Write(Server.UrlDecode(Request.Headers.ToString()).Replace("&",
"<br>"));
```

```
Response.Write(Request.HttpMethod);
Response.Write(Request.IsAuthenticated.ToString());
Response.Write(Request.IsLocal.ToString());
Response.Write(Request.IsSecureConnection.ToString());
Response.Write(Request.LogonUserIdentity.ToString());
Response.Write(Request.TotalBytes.ToString());
Response.Write(Request.UserAgent);
Response.Write(Request.UserHostAddress);
```

7.　运行应用程序，检查显示的数值。然后，在另一台计算机上用另一种 Web 浏览器运行应用程序，注意数值的变化。考虑这个信息在实际应用程序中的作用。

本课总结

◆　利用 Request 对象，可以检查客户 Web 浏览器向 Web 服务器发送请求的详细信息，包括请求标头、信息记录、客户认证书、查询字符串等。利用 Response 对象，可以直接发送数据到客户，而无须使用标准的 ASP.NET 服务器控件。利用 Server 对象的静态方法，可以实现对 HTML 和 URL 数据的处理。Context 对象提供了几种独特的方法，用来添加错误和打开调试。

◆　利用 Browser 对象，可以判断客户 Web 浏览器的类型，以及是否支持信息记录、ActiveX、JavaScript，以及其他可能影响正确显示 Web 页面的性能。

◆　利用 Page.Header.StyleSheet 对象，可以动态地设置页面的样式表(包括背景颜色等的信息)。利用 Page.Header.Title 对象，可以动态地设置页面标题。

课后练习

通过下列问题，你可检验自己对第 2 课的掌握程度。这些问题也可从配套资源中找到。

注意　关于答案
对这些问题的解析可参考本书末"答案"。

1.　从 Request.Browser 对象中，可以判断出下面哪位信息？(不定项选择)

　　A．客户是否含有.NET Framework 常见的运行时间安装的语言

　　B．用户是否以管理员身份登录

　　C．用户的电子邮件地址

　　D．浏览器是否支持 ActiveX

　　E．浏览器是否支持 JavaScript

2.　创建一个 ASP.NET 搜索页面，并将页面标题设置为"Searchresults: <Query>"。如何动态地设置页面标题？

　　A．Page.Title

　　B．Page.Header.Title

　　C．Response.Header.Title

　　D．Response.Title

3. 下面哪种 Response 方法会导致 ASP.NET 发送当前响应到浏览器，过后才添加到
响应？

　A．Flush

　B．Clear

　C．End

　D．ClearContent

本 章 回 顾

为进一步实践和巩固在本章中学习到的技能，建议继续完成下列任务。
◆ 阅读本章小结。
◆ 完成案例训练。这些案例取自实际项目，但都涉及本章介绍的内容，要求你提供相应的解决方案。
◆ 完成建议练习。
◆ 完成实战测试。

本章小结

◆ ASP.NET 提供了对 Web 站点的编程功能。第一，可以在页面和应用程序级别上捕捉未处理异常。为此，响应 Page_Error 或 Application_Error 方法。还可以利用 WebConfigurationManager.GetSection 方法，处理 Web.config 文件的配置信息。另外，ASP.NET 支持异步 Web 页面和自定义 HTTP 处理程序。
◆ ASP.NET 内部对象能够处理服务器数据和运行在服务上的请求。这些对象包括 Request、Response 和 Context 对象。Request.Browser 对象可用于判断请求服务器页面的客户浏览器信息。Page.Header 属性可用于设置包含在 HTML 标头的信息，比如样式表、标题和搜索元数据。

案例场景

在下面的案例场景中，需要运用本章所学知识来完成一些小项目。答案可参见书末尾。

案例 1：动态生成图表

你是金融服务公司 Fabrikam, Inc 的一位应用程序开发者。你要求编写一个 ASP.NET 应用程序，能够让用户在 Web 浏览器中以图表方式查看金融数据。例如，用户必须能够访问 Web 站点，查看一个显示比较各种不同的股票价格的线性图表的 Web 页面，或者是查看一个住房销售和贷款利率的比较图。

问题

代替经理回答下面这些问题。

1. 我想以.gif 图片的形式显示图表。如何生产这些图表？
2. 这些图表需要动态生成。但是，我们不能保存这些图表在硬盘上。如何在 ASP.NET Web 页面上显示一个动态生成的.gif 文件？
3. 需要哪些配置变化？

案例 2：根据浏览器性能动态调整页面

你是金融服务公司 Fabrikam, Inc 的一位应用程序开发者。在前面情景中创建的应用程序非常成功。但是，IT 部门收到了几份用户的请求，改善应用程序。用户的请求如下：

◆ 一个 ActiveX 图表，允许用户动态地调整尺度
◆ 为移动客户提供小尺度图片
◆ 提高为灰度图客户创建的图表的对比度

问题

代替经理回答下面这些问题。

1. 为了判断客户是否支持 ActiveX，检查哪些具体属性？
2. 为了判断浏览器是否运行在移动客户端，检查什么属性？
3. 为了判断浏览器支持颜色或用户单色，检查什么属性？

建议练习

为了帮助你熟练掌握本章考点，请完成下列任务。

利用 Web 站点的可编程性

对于这项工作，为了练习处理 Web.config 编程，应该完成练习 1 和练习 2。为了实践应用程序的异常处理，完成练习 3。为了练习编写异步页面，完成练习 4。练习 5 能够帮助理解自定义 HTTP 处理程序。

◆ **练习 1** 创建 Web 页面，并能浏览和修改 Web 应用程序的设定。
◆ **练习 2** 创建一个 Web 安装工程，提示用户输入，并根据用户输入配置应用程序的配置信息。
◆ **练习 3** 利用最后所创建的产品 ASP.NET Web 站点，添加应用程序级别的错误处理，捕捉未处理异常。记录文件或数据库的异常，并让应用程序运行几天。记录是否发生了任何未知的未处理异常。
◆ **练习 4** 创建一个异步 ASP.NET Web 页面，显示来自不同服务器上 Web 服务的输出。当同时发送 10 个请求时，测试 Web 页面的性能。将 Web 页面重写成同步。重设 Web 页面，并注意性能是否变化。
◆ **练习 5** 创建一个应用程序，允许在 Web 服务器的本地文件系统上浏览图片，查看不同分辨率的图片。在 ASP.NET 页面的 HTML 中，利用查询参数(指定文件名和分辨率)引用图片。动态生成图片。

使用 ASP.NET 内部对象

对于这项工作，完成所有三个练习，实践处理 Request.Browser 对象。

◆ **练习 1** 下载并安装一个非 Microsoft Web 浏览器。然后，利用浏览器打开所创建的最后几个 Web 应用程序。注意当利用不同浏览器查看时，ASP.NET 控件的不同。特别注意 Web Parts 的行为不同。Wet Parts 的内容介绍参见第 5 章。

◆ **练习2** 如果 ASP.NET Web 站点产品存在，添加代码，为每个用户创建对浏览器类型和性能的记录。在用户层检查各种浏览器和性能，考虑如何调整 Web 应用程序，为所有类型的浏览器提供更好的体验。

◆ **练习3** 下载一个或两个非 Microsoft 浏览器。利用这些浏览器，访问不同的 Web 站点，并将其与 Internet Explorer 并排比较。注意一些 Web 站点不同的页面显示方式。

实战测试

本书配套资源为实战测试提供了多种选择。例如，可选择只对本章相关的内容进行测验，也可用完整的 70-562 认证考试的内容进行自测。可将测验设置为实战模式(即与真实考试基本相同)，或者可以设为学习模式，以便边做题边查看答案及相应的分析。

更多信息　实战测试
要想进一步了解可选的测试模式，请查看本书"前言"。

第 12 章　监测、故障诊断和调试

在开发过程中，大部分时间都用于消除应用程序中的缺陷或其他问题。Microsoft Visual Studio 和 ASP.NET 提供了很多工具来帮助完成这项工作，包括在代码中设置断点、在集成开发环境(IDE)中单步调试、在监视窗口查看变量的值以及在命令窗口执行代码等。这些调试工具适用于所有利用 Visual Studio 创建的应用程序，而不仅限于 Web 应用程序。但是，Web 应用程序的确呈现出其特有的难题。因为 Web 应用程序运行在一个分布式环境中，其中网络、数据库和客户都运行在不同的进程中。这对建立调试环境和从应用程序与环境中获取正确诊断信息带来了一定的难度。

本章将探究如何调试、监测以及对 Web 应用程序进行诊断。第 1 课将讲述建立调试环境、创建自定义的错误信息、调试远程服务器上的问题以及调试客户端脚本。第 2 课将介绍如何对运行中的 ASP.NET 站点进行监测和诊断。

本章考点

◆ 对 Web 应用程序进行故障诊断和调试
  ◇ 配置调试和自定义的错误信息
  ◇ 建立进行远程调试的环境
  ◇ 使用 ASP.NET AJAX 调试未处理的异常
  ◇ 实现对 Web 应用程序的跟踪
  ◇ 调试部署问题
  ◇ 监测 Web 应用程序

本章课程设置

◆ 第 1 课　调试 ASP.NET 应用程序
◆ 第 2 课　对正在运行的 ASP.NET 应用程序进行故障诊断

课 前 准 备

为了完成本章的课程，应当熟悉使用 Visual Basic 或 C#在 Visual Studio 中开发应用程序。除此之外，还应当熟悉以下内容：

◆ Visual Studio 2008 集成开发环境(IDE)
◆ 使用超文本标记语言(HTML)和客户端脚本
◆ 如何创建 ASP.NET 站点和窗体

第 1 课　调试 ASP.NET 应用程序

一般来说，调试 ASP.NET Web 站点比较复杂，因为客户端和服务器一般分布于不同的计算机中。并且，应用程序所用的状态也分布在数据库、Web 服务器、高速缓存、会话和信息记录中间。幸运的是，Visual Studio 和 ASP.NET 提供了很多工具，能够在开发过程中从站点获取调试信息。

本课将介绍如何建立和配置 ASP.NET 的调试功能，包括远程调试和客户端脚本的调试。

注意　本章的内容

本课将介绍利用 ASP.NET 和 Visual Studio 进行调试的配置和安装，并不介绍 Visual Studio 调试器的基本用法，比如设置断点、在监视窗口观察变量等。相反，本课将集中介绍如何管理 ASP.NET Web 站点的调试。

学习目标

◆　配置 Web 站点，利用 Visual Studio 进行调试
◆　在开发环境和服务器之间安装远程调试
◆　基于 Hypertext Transfer Protocol(HTTP)状态码，将用户重定向到一个默认的错误页面或自定义错误页面
◆　调试客户端脚本

预计课时：20 分钟

ASP.NET 的调试配置

为了调试 ASP.NET 应用程序，可以利用 Visual Studio 调试器的标准功能，比如断点、监视窗口、代码单步调试、错误信息等。为此，首先必须针对调试配置需要调试的 ASP.NET。这些信息需要在两个方面设定：项目的属性页面和 Web.config 文件。

启用 ASP.ET 调试器

首先，在所建项目的属性页对话框中，打开 ASP.NET 调试器。对于利用 Visual Studio 创建的站点，默认情况下它是启用的。但是，如果想设置或修改这个设定，可采取以下步骤：

1. 右击解决方案资源管理器中的 Web 站点，打开快捷菜单。
2. 选中快捷菜单中的属性页。将显示给定 Web 站点的属性页对话框，如图 12.1 所示。
3. 在对话框的左侧，选中启用选项。
4. 在对话框底部的调试器选项组中，选中(或清除)ASP.NET 复选框，启用(或禁用)Visual Studio 的 ASP.NET 调试器。

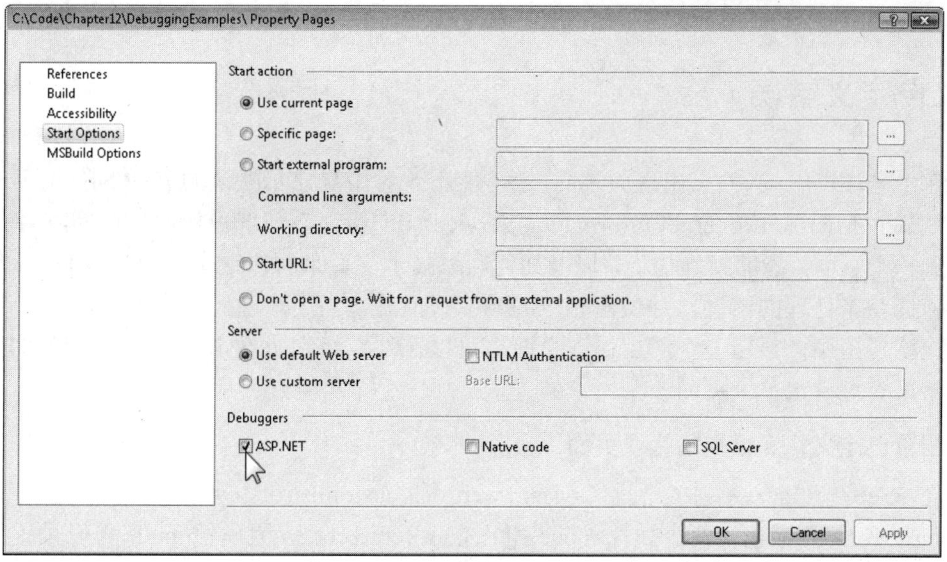

图 12.1　ASP.NET Web 站点的属性页对话框

配置调试

第二步，启用针对整个站点或逐页面的调试。在默认情况下，对于利用 Visual Studio 创建的 Web 站点，调试是禁用的。为此，需要添加调试标志到编译好的代码中。Visual Studio 利用这些标志来提供调试支持。但是，它会降低 Web 应用程序的性能。并且，当页面运行在 Visual Studio 环境之外时，启用调试会导致错误信息输出到 Web 浏览器。这会带来安全性风险，因为错误信息会为潜在的黑客提供网站运行的大量信息。因此，只有在开发阶段，才可以启用调试。

在 Web.config 文件中，将 compilation 元素的属性 debug 设置成 true，从而打开对整个站点的调试。下面这段标记示例显示了 compilation 元素的嵌套层次：

```
<configuration>
  <system.web>
    <compilation debug="true">
    </compilation>
  <system.web>
</configuration>
```

打开对整个站点的调试，往往并不可取。有时，只需打开或关闭对单个页面级别的调试。只有该页面被调试编译，而对站点其他页面的编译都不带调试。为了打开页面级别的调试，设定@Page 指示符(位于.aspx 页面标记的顶部)的属性 Debug，如下所示：

```
<%@Page Debug="true"...%>
```

一旦打开调试，就可以利用 Visual Studio 调试器的许多功能。当应用程序运行时，Visual Studio 会自动连接到运行中的 ASP.NET Web 服务器进程(除非是本课后面讲述的远程开发)。然后，在代码中设置断点，单步调试每行代码，并在监视窗口观察变量值。另外，如果打开了调试，即使应用程序不通过 Visual Studio 运行，也可以获取输出到浏览器窗口的错误信息。

定义自定义错误

在生产环境中,当站点出现问题时,很可能不想对用户显示默认的 ASP.NET 错误页面。对于默认的 Microsoft Internet Information Services(IIS)错误,情况也如此。相反,用户更乐意看到一个页面,能够指导他们,以及如何联系技术支持来解决这个问题。第 11 章曾介绍了如何捕获未处理的错误,并做出相应的响应。但是,当用户遇到一个未处理的错误时,还可以配置网站,显示一个通用错误页面。可以在站点级别上设定这个页面。还可以为特定的错误类型设定单个页面。

配置自定义站点级别的错误页面

在 Web.config 文件中,利用<system.web>的<customErrors>元素,配置自定义错误。<customErrors>元素包含两个属性 mode 和 defaultRedirect。元素属性 mode 可以设置为 on,打开自定义错误。也可以设置为 off,关闭错误。还可以设置为 RemoteOnly,表示只对远程客户端打开自定义错误。利用 RemoteOnly,当用户(一般是管理员)位于服务器端时,他不会获取自定义错误,反而会获取真实的错误消息。

属性 defaultRedirect 可以用来指示默认错误页面的路径。当站点发生未处理异常时,弹出该错误页面。唯一的例外是在<customErrors>的子元素<error>中添加一个具体的自定义错误页面 (下一节将介绍)。下面这段标记示例显示在 Web.config 内部定义一个自定义错误:

```
<configuration>
  <system.web>
    <customErrors defaultRedirect="SiteErrorPage.aspx"mode="RemoteOnly">
    </customErrors>
  <system.web>
</configuration>
```

注意,在前面的标记中,页面被设置为一个.aspx 页面。该页面还可以设置为.htm、.aspx 或其他 Web 服务器重定向的资源。

在重定向过程中,服务器会传递引发错误的页面路径。利用命名参数 aspxErrorPath 将该路径设置为查询字符串的部分。例如,下面这段代码显示了浏览器的统一资源定位器(URL),此时,根据 Default.aspx 上抛出的错误,打开 SiteErrorPage.aspx。

```
http://localhost/examples/SiteErrorPage.aspx?aspxerrorpath=/examples/Default.aspx
```

配置特定错误的错误页面

对于不同的 HTTP 状态码,还可以定义特定的错误页面。当符合给定的状态码时,这种方式能够向用户提供更多具体的信息。例如,如果用户不能访问给定页面或资源,那么就会出现 HTTP 错误 403。该状态码表示用户不能访问资源。接着,编写一个自定义页面,详细解释如何才能访问指定资源。利用<error>元素,重定向该自定义页面。下面这段标记给出了一个示例:

```
<configuration>
 <system.web>
   <customErrors defaultRedirect="SiteErrorPage.aspx" mode="RemoteOnly">
     <error statusCode="403" redirect="RestrictedAccess.aspx" />
```

```
    </customErrors>
    <system.web>
</configuration>
```

HTTP 状态码有很多。但是，错误码的范围处于 400 到 600 之间。错误码 400 和 499 被预留作为请求错误。错误码 500 和 599 被设置为服务器错误。表 12.1 列出了一些常见的错误 HTTP 状态码。

表 12.1　常见的 HTTP 状态码

状 态 码	描　　述
400	请求不能识别(无法解析)
403	用户不能访问请求的资源
404	在请求的 URL 中找不到文件
405	不支持请求的方法
406	不接收所请求的 Multipurpose Internet Mail Extensions(MIME)类型
408	请求超时
500	发生内部服务器错误
503	达到服务器的容量极限

更多信息　IIS 7 的 HTTP 状态码
IIS 7 的 HTTP 状态码已经扩展以便针对给定状态提供一些额外的信息。它们现在包括十进制小数点值。例如，403 状态码表示禁止访问，而 403.1 到 403.19 表示访问被禁止的详细原因。更多信息，请查阅 MSDN Knowledge Base 中的 "The HTTP status codes in IIS 7.0"。

远程调试

在大部分情况下，Web 站点的调试都是在本地的开发计算机上完成的。此时，客户端浏览器、开发环境(Visual Studio)和 Web 服务器都处于同一台计算机上。在这种情况下，Visual Studio 会自动连接到当前正在运行的站点的进程，并对 Web 站点进行调试。但是，在某些情况，比如开发服务器不在本地，或者想在测试服务器上调试问题，则需要打开远程调试。

打开远程调试的具体步骤依赖于给定的环境。根据开发者和服务器使用的域、凭据和操作系统的不同，远程调试的过程需要稍做调整。但是，通过远程调试监视器(Msvsmon.exe)，启用远程调试的过程会更加简单。在待调试的服务器上，运行此工具。该工具位于开发环境的安装目录下(比如，Program Files\Microsoft Visual Studio 9.0\Common7\IDE\Remote Debugger\x64)。复制这个.exe 文件到共享文件夹或服务器。在 Visual Studio DVD 集中，也可以安装这个工具。

运行该工具时，它会显示一个远程调试监测用户界面。该界面显示调试事件。利用它还可以配置远程调试选项。图 12.2 显示了运行在服务器上的应用程序。

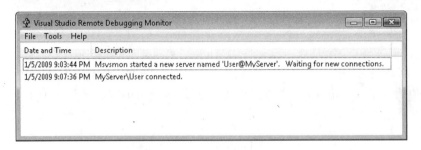

图 12.2　远程调试监测的用户界面

利用远程调试监视器，可以设置服务器上的远程调试安全性选项。为此，在工具菜单中，选中选项。打开的选项对话框如图 12.3 所示。这里，服务器的名称可以设置为一个用户或一个服务器。对于运行在单个服务器上的远程调试器，它的每个实例都有一个唯一的服务器名。一般情况下，对于每个执行服务器远程调试的开发者，都会运行一个远程调试器的实例。选项对话框还能够设置用户身份验证的模式和权限，一般设置成 Windows 身份验证。然后，对活动目录中的合适用户，指定远程调试的访问权限。

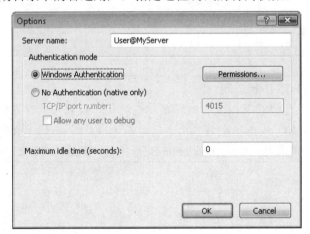

图 12.3　远程调试监视器的 Options 对话框

根据运行环境的不同，有时还需要通过防火墙打开远程调试。远程调试监视器和 Visual Studio 都可以实现它。但是，如果运行在 Microsoft Windows Vista 中，可能还会提示用户账户控制(UAC)对话框。如果开发者不在服务器端，也许不会注意到这条消息。因此，在这种情况下，可以考虑通过打开端口 135 的通信，手动配置防火墙访问。在 MSDN 文档中，可以找到有关该过程的详细步骤(标题为“How to: Manually Configure the Windows Vista Firewall for Remote Debugging？”)。

为了开始远程调试的会话，请打开 Visual Studio 和包含调试代码的解决方案。然后，在 Debug 菜单中，选中附加到进程，连接到运行远程调试监视器的服务器。此时，打开的附加到进程对话框如图 12.4 所示。

在这个对话框中，将 Qualifier 设置为运行远程调试监视器的服务器的名称。回顾前面，该服务器的名称在远程调试监视器的选项对话框中设置，一般定义为 User@Server。然后，在服务器上，可以看到一列正在运行的进程。选中 ASP.NET Web 服务器进程，单击附加

按钮，打开远程调试。然后，通过浏览器选中服务器，生成一个断点或错误。这时，进入
Visual Studio 内的调试模式。

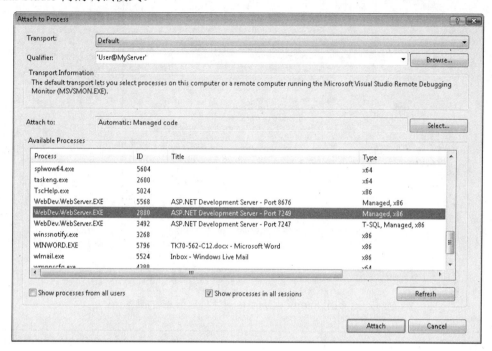

图 12.4　Visual Studio 中的 Attach to Process 对话框

调试客户端脚本

Visual Studio 还能够调试运行在浏览器内部的客户端脚本。如果编写了大量的
JavaScript，就需要单步调试代码和使用调试工具集的其他功能。在这种情况下，该方法十
分有用。

开始之前，需要启用浏览器内的脚本调试支持。为此，打开 IE，选中工具 | Internet
选项。打开的 Internet 选项对话框如图 12.5 所示。单击高级选项卡标签，然后在设置树中，
找到 Browsing 节点，清除 Disable Script Debugging 复选框(Internet Explorer)。

这时，开始调试客户端脚本。在客户端脚本中设置断点，然后通过 Visual Studio 运行
站点。还可以将脚本手动连接到浏览器中运行的代码。为此，打开 Visual Studio 中的源文
件，然后利用前一节讲述的附加到进程，连接到浏览器进程。任何错误都可以调试。

注意　调试 AJAX

对使用 Microsoft AJAX 库的客户端脚本进行调试，更多信息请查看本章第 2 课"跟踪 AJAX
应用程序"。

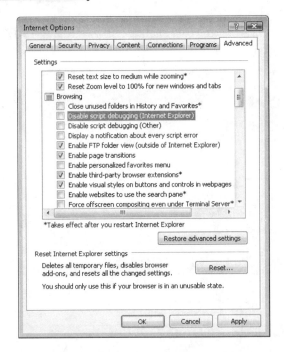

图 12.5　利用 Internet Options 对话框启用 IE 的脚本调试

快速测试

1. 在哪个对话框中启用 ASP.NET 调试器？

2. 在 Web.config 文件中，使用哪个元素名定义属性 debug 以打开站点调试？

参考答案

1. 在项目的属性页对话框中启用 ASP.NET 调试器。

2. 利用 compilation 元素的属性 debug 打开调试。

实训：在 ASP.NET 中配置调试

在这个实训中，创建一个 Web 站点，支持调试和自定义错误。同时还要安装 Internet Explorer 来支持脚本的调试。

如果在完成这个练习时遇到问题，可参考本书配套资源中所附的实例，这些实例都有完成了的项目文件。

➢ 练习 1　配置用于调试的 Web 站点

在这个练习中，创建一个 Web 站点，并进行配置以用于调试。

1. 打开 Visual Studio，创建一个新的基于文件的 Web 站点，名为 Debugging。

2. 打开 Web.config 文件，定位到 compilation 节点。将属性 debug 设置成 true，如下所示：

```
<compilation debug="true">
```

3. 打开 Default.aspx 的代码隐藏文件。添加一个 Page_Load 事件处理程序。在这个事件中，抛出一个异常。示例如下：

```vb
'VB
Protected Sub Page_Load(ByVal sender As Object, _
  ByVal e As System.EventArgs) Handles Me.Load
  Throw New ApplicationException("Example exception.")
End Sub
```

```csharp
//C#
{
  protected void Page_Load(object sender, EventArgs e)
  throw new ApplicationException("Example exception.");
}
```

4. 右击解决方案资源管理器中的页面，在浏览器中运行 Default.aspx 页面。选中 Browser 中的 View。这时，显示调试错误信息，如图 12.6 所示。

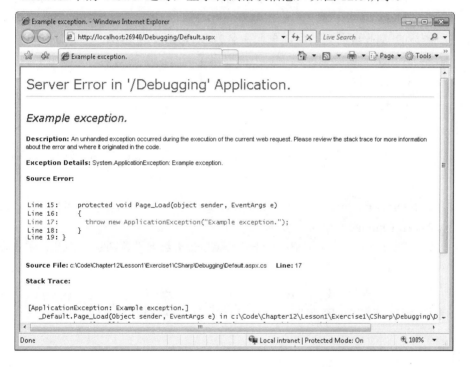

图 12.6　在 Web 浏览器中的 ASP.NET 调试错误信息

> ➢ 练习 2　添加自定义错误页面

在这个练习中，创建一个自定义错误页面，并配置站点使特定 HTTP 状态码重定向到自定义错误页面。

1. 打开前面练习中创建的项目。也可以打开本书配套资源的实例中第 1 课练习 1 完成了的项目。

2. 添加一个新的 Web 窗体到站点。窗体命名为 **Resourcenotfound.aspx**。

   添加文本到消息主体，以便访问资源在 Web 服务器中不存在时向用户显示一个自定义错误消息。利用 aspxerrorpath 查询字符串，在消息中显示所请求资源的路径。

3. 再次打开 Web.config 文件。定位 customErrors section(默认注释)。打开自定义错误。为 HTTP 状态码 404(找不到资源)添加一个 error 元素。示例如下：

```
<customErrors mode="On">
  <error statusCode="404" redirect="ResourceNotFound.aspx" />
</customErrors>
```

4. 再次在浏览器中打开 Default.aspx 页面。注意，调试错误消息不再显示。这是因为 customErrors 节点的设置为 on，表示站点只显示自定义错误。

然后，改变浏览器中请求 Default2.aspx 的 URL(在站点中不存在)。它将浏览器重定向到 ResourceNotFound.aspx 页面。

➤ 练习 3 启用脚本调试

在这个练习中，为站点启用客户端脚本调试。

1. 打开前面练习中创建的项目，也可以打开配套资源的实例中第 1 课的练习 2 完成了的项目。

2. 添加新的 Web 页面到站点，页面命名为 **ScriptDebug.aspx**。

3. 添加 JavaScript 功能到标记中。下面显示了一个简单的脚本：

```
<script language="javascript" type="text/jscript">
  function buttonClick() {
    alert('Button clicked.');
  }
</script>
```

4. 添加 HTML 按钮到页面。设置 OnClick 事件来调用 JavaScript 函数，如下所示：

```
<input id="Button1" type="button" value="button" onclick="buttonClick()" />
```

5. 打开 Internet Explorer，选中选项 | Internet 选项。点击高级选项卡标签，清除禁用脚本调试(Internet Explorer)复选框。单击 OK 按钮。

6. 返回 Visual Studio。在标记中的 buttomClick 函数中设置断点。为此，单击左侧代码编辑器的空白区域。

7. 选择 Visual Studio 中 Debug 菜单的启动调试（或直接按 F5），运行应用程序。导航到 ScriptDebug.aspx 页面。单击 HTML 按钮进入脚本调试器。

本课总结

◆ 在 Web.config 文件中，将 compilation 元素的属性 debug 设置成 true，打开对整个站点的调试。利用@Page 指示符的属性 Debug，还可以打开单个页面级别的调试。

◆ 通过设定 customError 元素的属性 defaultRedirect，设置一个针对整个站点的自定义错误页面。利用 errors 子元素，还可以将特定页面映射到 HTTP 状态码。

◆ 远程调试监视器(Msvsmon.exe)能够配置在远程服务器上调试。一旦配置好，就需要从 Visual Studio 连接到站点的 ASP.NET 进程。

◆ 设置 Internet Explorer 中的一个选项，能够调试 Visual Studio 中的客户端脚本。这时，就能够利用 Visual Studio 的调试功能，处理客户端 JavaScript。

课后练习

通过下列问题，你可检验自己对第 1 课的掌握程度。这些问题也可从配套资源中找到。

注意　关于答案

对这些问题的解析可参考本书末"答案"。

1.　在测试服务器上调试一个应用程序。此时，在一个特殊页面上遇到问题，并想获取错误细节。但是，又不想打开对整个站点的调试。该如何操作？(不定项选择)

　　A．在 Web.config 文件中，将 compilation 元素的属性 debug 设置成 true。

　　B．在 Web.config 文件中，将 compilation 元素的属性 debug 设置成 false。

　　C．在抛出错误的页面上，将@ Page 指示符的属性 debug 设置成 true。

　　D．在抛出错误的页面上，将@ Page 指示符的属性 debug 设置成 false。

2.　将应用程序部署到生产环境中。如果用户遇到站点中任何未处理异常或 HTTP 错误，希望将他们重定向到默认的错误页面。同时还想在错误页面上指出用户所请求的资源以提供支持电话，该如何操作？(不定项选择)

　　A．将 error 元素的属性 redirect 设置为站点内的一个错误页面。

　　B．将 customErrors 元素的属性 defaultRedirect 设置为站点内的一个错误页面。

　　C．利用 statusCode 查询字符串，将请求的资源显示在错误页面上。

　　D．利用 aspxerrorpath 查询字符串，将请求的资源显示在错误页面上。

3.　对于只发生在部署应用程序到开发环境或测试服务器上时的错误，需要远程调试这个错误。该如何操作？(不定项选择)

　　A．在调试开发计算机上，运行远程调试监视器(Msvsmon.exe)。利用这个工具定义连接到调试服务器的权限。

　　B．在调试的服务器端，运行远程调试监视器(Msvsmon.exe)。利用这个工具为执行调试的开发者定义连接权限。

　　C．在 Visual Studio 中，利用附加到进程对话框，连接到调试服务器端上的 ASP.NET 进程。

　　D．在 Visual Studio 中，利用附加到进程对话框，连接到正在运行的调试应用程序的浏览器进程。

第2课 对正在运行的 ASP.NET 应用程序进行故障诊断

不是所有的问题都可以使用 Visual Studio 来定位。因此，当程序代码运行在测试或生产环境中时，ASP.NET 要能够对代码进行跟踪和监测。ASP.NET 的这些功能可以用来诊断和检测那些证明无法重现的问题。并且，这些功能还可以用来检查 Web 站点的统计和使用情况。

本课首先介绍如何在 ASP.NET 中启用和配置跟踪，然后探究如何监测 Web 站点的运行。

学习目标

◆ 启用和配置 ASP.NET 跟踪

◆ 通过 ASP.NET 跟踪掌握当前可用的数据

◆ 利用监测工具，评价 ASP.NET 站点的运行情况

预计课时：20 分钟

真实世界

Mike Snell

开发者遇到的很多问题都发生在"野生环境"中。也就是说，这些问题只发生在一个部署好的生产环境中。实际上，我们大部分人都听说过常见的开发者咒语"在我的机器上好好的"。在这些情况下，某些对环境要求非常特殊的东西通常会导致问题的发生。我曾碰到过一些问题，包括错误的配置设定、安全性、服务器上不同的更新程序，以及很多其他只有在生产环境中才会发生的问题。当然，这也包括在用户加载下才会自己呈现的问题，比如状态管理、高速缓存、锁定和并发。幸运的是，ASP.NET 内部包含了很多工具和支持，允许检测跟踪代码和监测应用程序。对开发者而言，这些是十分宝贵的技能。毕竟，即使不编写代码不是你写的，其他人也可能会向你寻求帮助和支持。

实现跟踪

跟踪是指发送与运行应用程序相关数据的过程。在 ASP.NET 中，该数据记录在一个跟踪日志文件中，可通过 Web 浏览器访问这个文件。记录的数据提供了有关站点的重要信息，比如访问站点的用户、访问结果、各种 HTTP 数据的形式等。在代码中，还可以插入自己的跟踪函数。获取的数据将同 ASP.NET 数据一起发送。在默认情况下，ASP.NET 跟踪收集的数据如下。

◆ **请求详细信息** 包括会话 ID、请求的类型(GET/POST)以及请求的状态。

◆ **跟踪信息** 该数据提供不同请求阶段的时间信息。如果有任何未处理的异常，也会显示。

◆ **控件**　表示页面中的控件、它们的视图状态及其呈现的字节。

◆ **会话/应用程序状态**　表示指定请求的会话和应用程序变量及其当前值。

◆ **请求/响应信息记录**　表示请求或响应部分中的值和任何 cookie 的值大小。

◆ **标头**　表示 HTTP 标头信息，比如发出请求的浏览器的类型。

◆ **窗体数据**　表示任何传送的窗体字段的名字和数值。

◆ **查询字符串值**　表示查询字符串参数的名称和值（作为请求的一部分发送）。

◆ **服务器变量**　用来在请求时查看每个服务器的变量和变量值。

利用 Web.config 文件启用跟踪。为了启用和配置跟踪，请手动编辑这个文件，或者使用 Web Site Administration Tool(WSAT)提供一个用户友好的界面。

利用 Web Site Administration Tool 启用跟踪

下面的步骤展示了如何利用 WSAT 启用和配置跟踪功能。

1. 从 Visual Studio 菜单中，选中 Website | ASP.NET Configuration，打开 WSAT。

2. 在主页中，单击 WSAT 的 Application 选项卡标签，打开应用程序设置。

3. 在 Application 选项卡中，单击 Configure Debugging And Tracing(右下方)，显示调试和跟踪的配置选项，如图 12.7 所示。

4. 选中 Capture Tracing Information 复选框。该复选框可以在必要时改变跟踪功能。

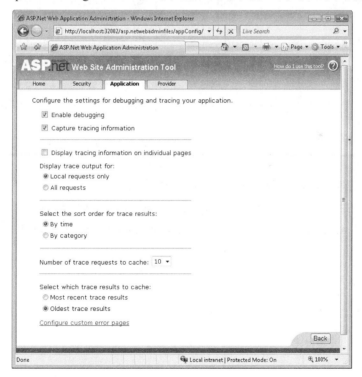

图 12.7　WSAT 内部的调试和跟踪选项

如图 12.7 所示，对于跟踪，可以有很多选项。这些选项也映射到 Web.config 设置(因为这正是 WSAT 所管理的)。表 12.2 同时从 WSAT 和 Web.config 的角度，详细介绍每个选项。

表 12.2　ASP.NET 跟踪设置

Web Site Administration Tool 的设置	Web.config 的设置	描　述
Capture Tracing Information	enabled	打开跟踪应用程序。设置为 true 时，其他跟踪选项也同时生效
Display Tracing Information On Individual Pages	pageOutput	直接在跟踪的 Web 页面上显示跟踪信息。根据页面内容的不同，跟踪信息既可以显示在 Web 页面的底部，也可以显示在正常 Web 页面内容之后
Display Trace Output For	localOnly	表示只对本地请求显示跟踪，还是对所有请求都显示跟踪。设为 Local Requests Only 时，跟踪功能只处理来自 Web 服务器所运行计算机的请求。All Requests 选项，能够对连接到 Web 站点的所有计算机发出的请求启用跟踪
Select The Sort Order For Trace Results	traceMode	将跟踪输出按时间或类别排序
Number Of Trace Requests To Cache	requestLimit	设定高速缓存(或跟踪日志)能容纳的记录数量
Select Which Trace Results To Cache	mostRecent	表示是保存最近的跟踪记录，还是保存最老的。设为 Most Recent Trace Results 时，高速缓存不断更新，只保留最近的结果。设为 Oldest Trace Results 时，一旦达到一定的请求数量，高速缓存就不再更新，直到 Web 应用重启或日志被清除

使用 Web.config 文件启用跟踪

通过编辑 ASP.NET 站点的 Web.config 文件，也可以手动启用跟踪。为此，修改\<trace\>元素的属性(如表 12.2 所示)。该元素被嵌套在\<configuration\>\<system.web\>中。示例如下：

```
<configuration>
  <system.web>
    <trace enabled="true"
      requestLimit="100"
      pageOutput="false"
      traceMode="SortByTime"
      localOnly="false"
      mostRecent="true" />
  <system.web>
</configuration>
```

在前面的标记中，针对所有对服务器的请求都已启用跟踪(enabled="true")。跟踪日志将缓存大部分最近的 100 次请求(requestLimit="100"且 mostRecent="true")。跟踪日志将按时间排序(traceMode="SortByTime")。数据只可以通过跟踪日志查看，且不在每个单页面上(pageOutput="false")显示。

启用页面级别的跟踪

也可以启用只针对特定页面的跟踪。如果不想在站点级别上启用跟踪，而是只针对正在进行故障诊断的页面启用跟踪，这种方法就十分有用。为了打开页面级别的跟踪，将@Page 指示符的属性 trace 设置成 true。该指示符位于页面的标记顶部，示例如下：

```
<@Page trace="true" ... />
```

查看跟踪数据

一旦配置和启用跟踪，就可以在每个 Web 页面上查看 ASP.NET 跟踪数据，或者导航到当前 Web 应用程序的 Trace.axd 页面(http://server/application/trace.axd)查看跟踪输出。在同一页面上查看时，跟踪信息追加到页面(对于使用流程布局的页面)的底部。示例参见图 12.8。

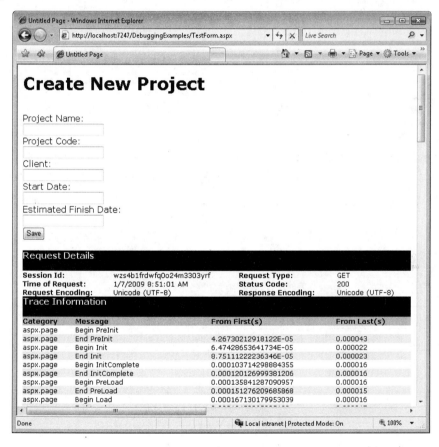

图 12.8　ASP.NET 页面的跟踪信息输出

为了查看完整的日志，可以导航到站点的 Trace.axd 页面。pageOutput 设置为 true 时，该页面将显示一个日志事件。日志的第一个页面是摘要页面。该页面包含了保存在缓存中的跟踪结果列表。示例参见图 12.9。

可以单击其中一个缓存结果，查看单个页面请求的详细的跟踪日志。这些详细信息类似于每个 Web 页面上显示的信息(参见如图 12.8)。

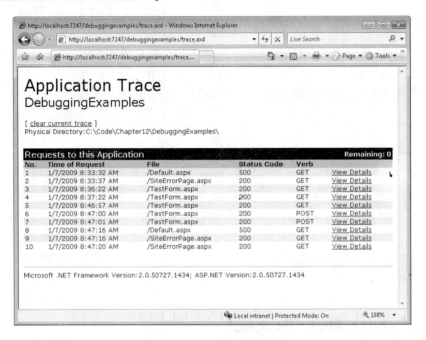

图 12.9　Trace.axd 页面

安全性警告

如果选择在单独的一个页面上显示跟踪信息，那么这些信息将显示在发出请求的任何浏览器上。这是一个潜在的安全性威胁，因为敏感信息也显示出来了服务器变量。因此，务必禁用生产 Web 服务器上的页面跟踪。

　　跟踪结果页面分成几个部分，如表 12.3 所示。在确定性能问题和资源使用情况时，这些信息是十分有用的。

表 12.3　跟踪结果的各个组成部分

跟踪结果的各个组成部分	描　　述
Request Details	提供有关页面请求的一般详细信息
Trace Information	显示有关 Web 页面生命期事件的性能信息。From First(s)列显示从页面请求开始的运行时间。From Last(s)列显示自上一个事件开始之后的时间
Control Tree	显示 Web 页面上每个控件的有关信息，比如所呈现的控件的大小
Session State	显示所有会话变量及其值
Application State	显示所有应用程序变量及其值
Request Cookies Collection	显示作为请求的一部分传到服务器的 cookie
Response Cookies Collection	显示作为响应的一部分传到浏览器的 cookie
Headers Collection	显示作为请求的一部分发到 Web 服务器的 HTTP 标头列表
Form Collection	显示发回 Web 服务器的值列表
QueryString Collection	显示包含在查询字符串中的值列表
Server Variables	显示所有服务器变量

发送自定义跟踪数据

通过利用 System.Diagnostics 命名空间中的 Trace 类，可以添加自己的跟踪消息到 ASP.NET 输出的数据。Trace 类是 Page 对象的一个成员。这时，可以调用 Page.Trace(或只是 Trace)。利用该对象的 Write 方法，输出消息到跟踪日志。为此，必须提供类别及其消息。

下面显示了一个写入跟踪日志的示例。在这里，日志添加了一个消息，表示何时载入页面，以及用户何时点击页面上的按钮。消息的类别设置在 Custom Category 中。该类别可以更方便查找到消息。自定义消息输出在详细跟踪记录中的 Trace Information section 中。

```vb
'VB
Protected Sub Page_Load(ByVal sender As Object, _
  ByVal e As System.EventArgs) Handles Me.Load
  Trace.Write("Custom Category", "Page_Load called")
End Sub

Protected Sub Button1_Click(ByVal sender As Object, _
  ByVal e As System.EventArgs) Handles Button1.Click
  Trace.Write("Custom Category", "Button1_Click called")
End Sub
```

```csharp
//C#
protected void Page_Load(object sender, EventArgs e)
{
  Trace.Write("Custom Category", "Page_Load called");
}

protected void Button1_Click(object sender, EventArgs e)
{
  Trace.Write("Custom Category", "Button1_Click called");
}
```

跟踪 AJAX 应用程序

AJAX 应用程序的调试有自己的特点。调试没有服务器进程可供依赖。相反，只有当代码在浏览器中执行时，才能够进行调试。前一节已经学习了如何完成这种调试。但是，AJAX 应用程序拥有许多客户代码。因此，调试时会有更多的问题。为此，Microsoft AJAX Library 提供了 Sys.Debug 客户端命名空间。

服务器上启用的跟踪对 AJAX 部分页面请求是"无动于衷"的。因此，Trace.axd 记录中找不到任何关于这些请求类型的日志。取而代之的是使用 Sys.Debug 的功能来输出跟踪消息。Debug 类包含了 assert、trace、dearTrace、traceDump 和 fail 方法。可根据需要利用这些方法将消息输出到跟踪日志和进程管理。

举例来说，利用 Sys.Debug.trace 写下消息。当然，页面必须包括 Microsoft AJAX Library JavaScrip 文件。添加一个 ScriptManager 控件到页面，可以实现它。有关更多处理 AJAX 的细节，请参考第 6 章"使用 ASP.NET AJAX 和客户端脚本"。下面这段代码显示了部分.aspx 文件，包括 ScriptManager 控件和一个名为 button1_onclick 的 JavaScript 函数。当函数被触发时(用户点击 button1)，trace 方法就被调用。

```html
<html xmlns="http://www.w3.org/1999/xhtml">
<head id="Head1" runat="server">
  <title>AJAX Trace Example</title>

  <script language="javascript" type="text/javascript">
    function button1_onclick() {
```

```
        Sys.Debug.trace("Button1 clicked");
    }
  </script>
</head>

<body>
  <form id="form1" runat="server">
  <div>

  <asp:ScriptManager ID="ScriptManager1" runat="server">
  </asp:ScriptManager>

  <input id="Button1" type="button" value="button"
    onclick="button1_onclick()" />
  </div>
  </form>
</body>
</html>
```

利用 Visual Studio Output 窗口中的 AJAX 库，可以查看跟踪消息的输出。如果正在使用 Internet Explorer 和 Visual Studio，并且在同一台计算机上进行调试，那么就可以使用这种查看方法。但是，也可以在包含 JavaScript 的页面上创建一个 TextArea 控件。TextArea 控件的 ID 设为 TraceConsole。利用这种方法，Microsoft AJAX 库将会把跟踪消息输出到这个 TextArea，以供查看。如果正在调试的浏览器包含一个调试控制台(如 Apple Safari 和 Opera Software Opera 浏览器)，那么该控制台也可以用来查看跟踪消息。图 12.10 显示了前面标记的结果，并输出在 Visual Studio 的 Output 窗口(图片底部)。

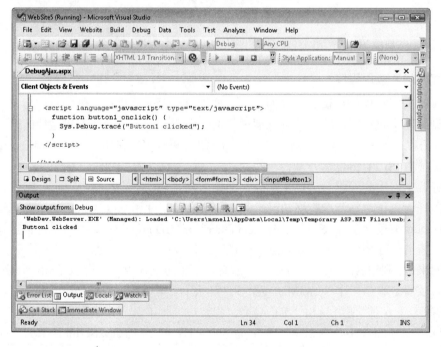

图 12.10　Output 窗口的 Sys.Debug 跟踪消息

快速测试

1. 如何将跟踪数据显示在 Web 页面上?
2. 跟踪数据没有在相应 Web 页面显示时,请求用于查看跟踪数据的虚拟页面名称是什么?

参考答案

1. 设置 pageoutput="true"。
2. 虚拟页面称为 Trace.axd。

监测运行中的 Web 应用程序

跟踪能够帮助提供有关页面的检测信息。这对在测试环境中诊断页面问题十分有用。但是,我们常常需要应用程序的整体健康信息。因此,必须能够监测应用程序,被告知各种事件,比如错误条件、安全性问题和请求失败等。为此,可以使用 ASP.NET 的健康监测功能。

ASP.NET 的健康监测提供了一系列 System.Web.Management 命名空间下的类,用于跟踪应用程序的健康信息。这些类可以用来创建自己的事件响应和自定义的事件监听器(观察者)。还可以利用这些类所提供的一些默认功能,监视任何运行的 Web 应用程序的各个方面。本节将集中介绍后一项功能。

健康监测类

健康监测系统根据配置打开和记录 ASP.NET 事件。对于应用程序的性能和健康而言,这些事件根据需要监测的内容而启用这些事件。监测发生在已部署的环境中。利用健康监测功能,可以接收有关重要活动的电子邮件,记录事件的日志信息,记录信息到 SQL 服务器中。

健康监测的第一步是判断所要收听的事件。这些事件都被定义成类。这些类建立在一个类层次结构中,定义事件发生时所要记录的数据。例如,一个给定的 Web 健康监测事件类,可能包含了有关执行代码过程的信息、HTTP 请求、HTTP 响应以及错误条件。

利用 System.Web.Management 命名空间的基本 Web 事件类,还可以自己定义对健康监测的 Web 事件。表 12.4 列出了关键的 Web 事件类和基本用法。

表 12.4 .NET Framework 中的 Web 事件类

类 名	描 述
WebBaseEvent	基础类,用于创建自己的 Web 服务器
WebManagementEvent	基础类,用于创建包含应用程序进程信息的 Web 事件
WebHeartbeatEvent	提供周期性事件,每隔一定时间收集应用程序的信息
WebRequestEvent	基础类,包含 Web 请求信息

续表

类 名	描 述
WebApplicationLifetimeEvent	表示发生重要的应用程序，比如打开或关闭应用程序
WebBaseErrorEvent	基础类，用于创建基于错误的事件
WebErrorEvent	当错误发生在应用程序内部时，用于提供有关错误的信息
WebRequestErrorEvent	包含请求错误的请求数据
WebAuditEvent	基础类，用于创建审查(安全性)事件
WebSuccessAuditEvent	表示一次成功的安全性操作发生在应用程序中
WebAuthenticationSuccessAuditEvent	当一次成功的用户认证发生在站点中时，用于提供信息
WebFailureAuditEvent	表示一次失败的安全性操作发生
WebAuthenticationFailureAuditEvent	当一次失败的用户认证发生在站点中时，用于提供信息
WebViewStateFailureAuditEvent	触发在观察状态无法装载时(一般由于受到干预)

一旦确定所要收听的事件，第二步是启用监听器（或者日志）。ASP.NET 健康监测系统定义了一个提供程序(或监听器)集合，用来收集 Web 事件信息。这些监听器关注 Web 监测事件，记录下给定事件的详细信息。可以有效利用默认的监听器，或者通过扩展已有的 WebEventProvider 类写下自己的监听器。默认提供程序包括 EventLogWebEventProvider、WmiWebEventProvider 和 SqlWebEventProvider。下面将要介绍在 ASP.NET 配置文件中配置 Web 事件和 Web 提供程序。

配置健康监测

打开 Web 事件，并连接到 Web.config 文件中的监听器。为此，配置 Web.config 文件中的<healthMonitoring>元素。healthMonitoring 元素包含了属性 enabled。属性值为 true 表示启用健康监测。healthMonitoring 元素还包含了属性 heartbeatInterval。该属性可以设置成打开 WebHeartbeatEvent 之间等待的时间(单位为秒)。单个事件本身也包含了属性 minInterval，处理方式类似。

配置一个 Web 事件和提供程序的步骤如下：

1. 添加 eventMappings 子元素到 healthMonitoring。利用 add 元素，可以添加任何所要使用的 Web 事件类。
2. 添加 providers 子元素到 healthMonitoring。它表示了健康监测的监听器。
3. 最后，添加 rules 元素到 healthMonitoring。利用 rules 元素的子元素 add 来表明已注册 Web 事件和已注册监听器之间的联系。

幸运的是，默认的 Web 事件和提供程序不需要注册。相反，服务器上整体配置文件已经注册了这些默认 Web 事件和提供程序。因此，只需添加 rules 到 Web.config 文件，打开这些事件。举例来说，下面这个配置文件打开了心跳和应用程序生命期事件。这些事件被写成 EventLogProvider。

```
<configuration>
  <system.web>
    <healthMonitoring enabled="true" heartbeatInterval="1">
      <rules>
```

```
        <add name="Heart Beat"
          eventName="Heartbeats"
          provider="EventLogProvider"
          profile="Default"/>
        <add name="App Lifetime"
          eventName="Application Lifetime Events"
          provider="EventLogProvider"
          profile="Default"
          minInstances="1" minInterval=""
          maxLimit="Infinite"/>
      </rules>
    </healthMonitoring>
  <system.web>
<configuration>
```

注意，该配置需要了解事件类和提供程序的配置名。在根配置文件中，可以查询到这些名字。在 MSDN(标题为 "healthMonitoring Element ASP.NET Settings Schema")中也可以找到。默认的配置标记如下所示。

图 12.11 显示了在 Event Viewer 中的记录事件。注意，当应用程序被意外关闭时，触发该事件。这正是触发应用程序生命期事件(WebApplicationLifetimeEvent)的结果。

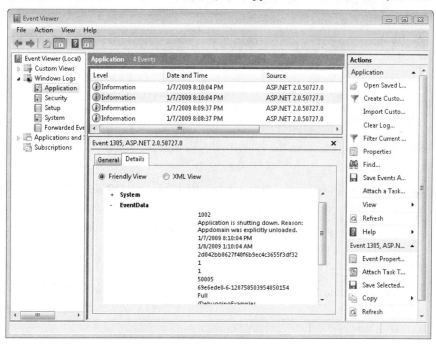

图 12.11 输出到 Event Log 中的 Web 事件数据

实训：利用 ASP.NET 的跟踪工具

在这个实训中，创建一个基本 Web 站点，打开 ASP.NET 跟踪。然后，运行站点，在页面级别上利用 ASP.NET 跟踪监听器，查看跟踪的详细信息。

如果在完成这个练习时遇到问题，可参考本书配套资源所附的实例，这些实例都有完成了的项目文件。

> **练习 1　启用 ASP.NET 跟踪**

在这个练习中，利用 ASP.NET 跟踪，查看有关站点中运行页面的详细信息。

1. 打开 Visual Studio，创建一个新的 Web 站点，名为 TracingCode。

2. 从 Visual Studio 菜单中，选中 Website| ASP.NET Configuration，打开 Web Site Administration Tool。

3. 点击 Application 选项卡，显示应用程序的设定。点击 Configure Debugging And Tracing。

4. 选中 Capture Tracing Information 复选框。启用站点的跟踪。

   在这个页面进行下面其他的设置：

   ◆ 确保清除 Display Tracing Information On Individual Pages 复选框。

   ◆ 将 Display Trace Output For option 设置成 Local Requests Only。

   ◆ 将 Select The Sort Order For Trace Results 设置成 By Time。

   ◆ 将 Number Of Trace Requests To Cache 下拉列表设置成 50。

   ◆ 将 Select Which Trace Results To Cache 设置成 Most Recent Trace Results。

   之后，关闭 Web Site Administration Tool。

5. 打开 Web.config 文件，定位 trace 元素。trace 元素的形式必须如下所示(这里默认值没有显示，只显示了那些重写的属性)：

```
<trace
  enabled="true"
  mostRecent="true"
  requestLimit="50" />
```

6. 运行 Web 应用程序。虽然 Default.aspx 页面是空白的，跟踪仍然记录着请求。刷新几次 Web 页面，写入更多结果到日志中。

7. 在浏览器的 Address 栏中，改变 URL，访问站点的 Trace.axd。这就打开跟踪日志，应该可以看到每次请求页面的入口。

   点击其中一个 View Details 链接，打开给定记录。注意，Trace Information 包含了在 Web 页面生命期内事件的时序。

   关闭 Web 浏览器。

8. 打开 Visual Studio 的 Default.aspx。添加属性 trace="true" 到页面顶部的@ Page 指示符。再次运行站点；注意此时页面包含了写入的跟踪信息。

   关闭 Web 浏览器。

9. 打开 Visual Studio 中 Default.aspx 的代码隐藏文件。为 Page_Load 事件添加一个事件处理程序。在事件处理程序内部，使用 Page.Trace 写出跟踪消息。代码应该如下所示：

```vb
'VB
Protected Sub Page_Load(ByVal sender As Object, _
  ByVal e As System.EventArgs) Handles Me.Load

  Trace.Write("Custom Category", "Page_Load called")
End Sub
```

```csharp
//C#
protected void Page_Load(object sender, EventArgs e)
```

```
{
  Trace.Write("Custom Category", "Page_Load called");
}
```

10. 再次运行应用程序。注意，此时在页面跟踪输出的 Trace Information section 中，包含了自定义的跟踪消息。

本课总结

◆ 利用 ASP.NET 跟踪，诊断和检测 Web 站点中页面的问题。输出有关请求、响应和环境的信息。

◆ 利用 trace 方法，输出自定义跟踪消息到跟踪记录。

◆ AJAX 页面可以利用客户端 Sys.Debug.trace 方法，输出跟踪信息到 Web 页面(利用 TextArea 控件)、Visual Studio Output 窗口，或者浏览器调试控制台。

◆ ASP.NET 提供健康监测工具(System.Web.Management)，对运行中 Web 应用程序进行监测。通过 Web.config 文件中 healthMonitoring 元素的子元素 rule，为 Web 事件配置监听器。

课后练习

通过下列问题，你可检验自己对第 2 课的掌握程度。这些问题也可从配套资源中找到。

注意　关于答案
对这些问题的解析可参考本书末"答案"。

1. 为了确定在 Web 页面生命期内执行时间最长的事件，可以如何实现？
   A. 打开 ASP.NET 跟踪，运行 Web 应用程序。然后，审查跟踪的结果。
   B. 添加一行代码到每个生命期事件，打印当前时间。
   C. 在 Web.config 文件中，添加属性 monitorTimings，并设置为 true。
   D. 在 Web 站点属性中，开启性能监测器，然后运行 Web 应用程序。之后，打开性能监测器，观察结果。

2. 如果想持续性跟踪，以便快速地从使用 Web 站点的人中找到最近 10 次的跟踪，但是又担心添加大量数据到硬盘。下面哪种设置可以达到这个目的？

   A.
```
<trace
    enabled="false"
    requestLimit="10"
    pageOutput="false"
    traceMode="SortByTime"
    localOnly="true"
    mostRecent="true"
/>
```

   B.
```
<trace
    enabled="true"
    requestLimit="10"
    pageOutput="true"
```

```
          traceMode="SortByTime"
          localOnly="true"
          mostRecent="true"
      />
```

C.
```
   <trace
      enabled="true"
      requestLimit="10"
      pageOutput="false"
      traceMode="SortByTime"
      localOnly="true"
      mostRecent="false"
   />
```

D.
```
   <trace
      enabled="true"
      requestLimit="10"
      pageOutput="false"
      traceMode="SortByTime"
      localOnly="false"
      mostRecent="true"
   />
```

3. 如果对检查发送到 Web 服务器的数据感兴趣，可以在下面哪个跟踪结果 section 中查看这个信息？

A. Control Tree section

B. Headers Collection section

C. Form Collection section

D. Server Variables section

4. 为了配置 ASP.NET 健康监测，记录每次用户登录服务器失败的信息，可以使用哪种 Web 事件类？

A. WebRequestEvent

B. WebAuditEvent

C. WebApplicationLifetimeEvent

D. WebAuthenticationSuccessAuditEvent

本 章 回 顾

为进一步实践和巩固在本章中学习到的技能，建议继续完成下列任务。

◆ 阅读本章小结。

◆ 完成案例训练。这些案例取自实际项目，但都涉及本章介绍的内容，要求你提供相应的解决方案。

◆ 完成建议练习。

◆ 完成实战测试。

本章小结

◆ ASP.NET 的调试功能可以用来调试在本地运行或者在远程服务器端运行的站点。通过 Web.config 文件启用站点级别的调试或者利用@Page 指令启用页面级别的调试。还可以附加到浏览器进程，调试客户端脚本。

◆ ASP.NET 提供了诊断和监测当前运行 Web 应用程序的工具。可以使用默认的 ASP.NET 跟踪，获取有关所请求页面的关键数据。利用 Page.Trace，可以发送自己的服务器端跟踪消息。还可以利用 Microsoft AJAX 库中的 Sys.Debug 命名空间来跟踪客户端脚本。最后，打开站点的健康监测，记录和监测站点的关键事件。

案例场景

在下面的案例场景中，需要运用本章所学知识来完成一些小项目。答案可参见书末尾。

案例1：调试

你是金融服务公司 Fabrikam, Inc 的一位应用程序开发者。被告知用户在站点的某些页面上接收到硬错误。必须在产品上关闭这些错误。但是，直接在服务器上执行代码的管理员要求仍然能够看到这些硬错误。

还必须能够调试这些错误。由于在本地计算机上不能重现这些错误，因此，需要在临时服务器上调试这些错误。

问题

基于所定义的场景，回答下面这些问题：

1. 如何为站点用户关闭硬错误？

2. 如何为用户实现一个默认的错误页面？

3. 如何确保硬错误仍然对管理员可见？

4. 如何在临时环境中调试？

案例2：诊断

你是金融服务公司 Fabrikam, Inc 的一位应用程序开发者。在前面场景中，对应用程序所做的配置改变非常成功。但是，仍然还有一个问题，就是不能在开发或运行中看到这些问题的解决方案。因此，希望为给定页面启用跟踪，并且通过选中服务器页面，查看跟踪的结果。并且，经理还要求运行监测系统中的关键事件，验证应用程序的健康。

问题

基于所定义的场景，回答下面这些问题：

1. 如何对给定问题配置跟踪？
2. 如何启用对应用程序的健康监测？

建议练习

为了帮助你熟练掌握本章考点，请完成下列任务。

调试 Web 站点

对于这项工作，为了练习处理远程调试，应该完成第一个练习。练习 2 能够帮助理解对客户端脚本进行调试。

◆ **练习 1**　寻找一些 ASP.NET 代码，使其与部署在开发服务器中的代码相匹配。部署远程调试工具到开发服务器。从服务器端运行远程调试工具。利用 Visual Studio 打开代码，连接到运行中的服务器进程，然后进入基于请求的代码。

◆ **练习 2**　寻找(或编写)一些包括客户端 JavaScript 的代码。从本书的 CD 中也可以获取这样的代码(在第 6 章的示例中)。在 Visual Studio 中打开代码。在浏览器中运行 Web 页面。配置 Internet Explorer，允许脚本调试。利用 Visual Studio，连接到浏览器进程，进入客户端代码。

诊断 Web 站点

对于这项工作，为了练习跟踪，完成第一个练习。第二个练习能够帮助理解健康监测。

◆ **练习 1**　打开对其中一个已经存在 Web 应用程序的跟踪。确保只在测试环境中运行。检查关于页面的跟踪数据。仔细查看，并判断是否存在意外的结果。

◆ **练习 2**　打开对其中一个已经存在 Web 应用程序的健康监测。再次确保只在测试环境中运行。检查几天内记录的数据，获取结果。

实战测试

本书配套资源为实战测试提供了多种选择。例如，可选择只对本章相关的内容进行测验，也可用完整的 70-562 认证考试的内容进行自测。可将测验设置为实战模式(即与真实考试基本相同)，或者可以设为学习模式，以便边做题边查看答案及相应的分析。

更多信息　实战测试

要想进一步了解可选的测试模式，请查看本书"前言"。

第 13 章　全球化和可访问性

Web 的天性是它的普遍存在性，因此，各种站点能够被广泛分布的用户访问。这些用户通常都处于不同的国家，使用各种不同的语言。为了更有效地服务这些用户，站点必须适应于用户的语言和文化。并且，站点要求广大用户的访问必须包括辅助功能支持。也就是说，各种显示类型和输入设备都可以用来访问站点。幸运的是，ASP.NET 提供了大量的方法帮助实现站点的全球化和可访问性。本章将从一个 ASP.NET Web 开发者的角度介绍这些重要的话题。

本章考点

◆　Web 应用程序编程

　◇　实现全球化和可访问性

本章课程设置

◆　第 1 课　配置全球化和本地化
◆　第 2 课　配置可访问性

课　前　准　备

为了完成本章的课程，应当熟悉使用 Visual Basic 或 C#在 Visual Studio 中开发应用程序。除此之外，还应当熟悉以下内容：

◆　Visual Studio 2008 集成开发环境(IDE)
◆　使用超文本标记语言(HTML)和客户端脚本
◆　创建 ASP.NET Web 站点和窗体

真实世界

Mike Snell

直到今天，我所编写的、看到的或是部分参与的大多数 Web 应用程序都是针对单一语言、单重文化的。几乎在任何情况下，要么是后来才想到需要全球化，要么根本没有考虑过全球化。我曾经看到，许多这种应用程序只能够正常使用几年，直到它们需要支持另一种语言。有些公司被买卖，有些被合并，有些开发了新市场。如果你也有相同的体验，就一定了解将单一语言应用程序转换成对全球化的支持是十分费力的工作。

另外，在开始阶段实现全球化比起应用程序使用一段时间后再实现全球化要简单得多。考虑到这个事实，以及 ASP.NET 应用程序支持全球化的简便性，我建议，所有企业型解决方案都应该在开始阶段考虑全球化。即使当前还没有计划翻译一个应用程序，从长远来看这个步骤也是值得的。如果编写一个企业型、含关键业务的应用程序，就应该假设全球化。如果编写商业软件，全球化是开发的宗旨。

第1课　配置全球化和本地化

在开发 Web 应用程序时，很多开发者都会要求支持不同语言和文化的用户。比如，编写一个跨国公司的内部 Web 应用程序，或者针对全球用户的公共 Web 站点，或者其他需要广大用户访问的 Web 应用程序。为此，ASP.NET 提供了创建 Web 的框架，能够根据用户的首选语言和文化自动调整站点的格式和语言。

本课程将阐述如何利用这些方法，创建适合广大用户访问的 Web 应用程序。

学习目标

◆　利用资源文件，在站点中支持多种语言
◆　创建一个能够灵活适应不同语言的 Web 页面布局
◆　编程设定 Web 页面的语言和文化

预计课时：30 分钟

有关 ASP.NET 资源

为了显示一个支持多种语言的 ASP.NET 页面，可以提示用户选择喜爱的语言，并编写 if-then 语句更新页面中的文本。但是，这可能是一项繁琐又耗时的工作，因为它需要站点翻译者了解如何编写代码。显然，这不是有效的解决方案。相反，只需要给待翻译的部分以外形，并在运行时查看它们。这种方法能够使非专业的翻译者独立代码工作。它也避免了在添加另一种语言时，重新编译应用程序。

ASP.NET 利用资源文件来支持多种语言。一个资源文件包含了对 Web 页面或整个站点中文本的具体语言的设定。根据用户请求的语言，代码会访问一个资源文件。如果该语言的资源文件存在，ASP.NET 就会使用这个资源文件，然后按所请求的语言显示站点。如果给定语言的资源文件不存在，ASP.NET 就会对站点使用默认设定的语言设置。

ASP.NET 存在两种资源：本地资源和全局资源。后面几节将详细介绍每种资源。

使用本地资源文件

本地资源是指专门针对单个 Web 页面的，并且可以用来提供多种语言版本的 Web 页面。本地资源必须保存在特定文件夹 App_LocalResources 中。该文件夹既可以是站点的子文件夹，也可以是任何包含 Web 页面的文件夹的子文件夹。如果站点包含多个文件夹，就可能需要在每个文件夹包含一个 App_LocalResources 子文件夹。

每个本地资源文件都是针对特定 Web 页面的。因此，使用页面名称为资源文件命名，

比如<PageName>.aspx.resx。例如，针对一个名为 Default.aspx 的页面，可以创建一个名为
Default.aspx.resx 的资源文件。该资源文件变成了该页面的默认基础资源文件。如果
ASP.NET 查找不到与用户请求的语言文化相匹配的设定，ASP.NET 就会使用这个文件。

为了创建指定语言的资源文件版本，可以先复制资源文件，并将它重命名以包含指定
的语言信息，正如<PageName>.aspx.<languageId>.resx。例如，页面的西班牙语的资源文件
名可能被命名成 Default.aspx.es.resx(es 是西班牙语的缩写)。德语的资源文件名称可能为
Default.aspx.de.resx(de 表示德语)。

特定文化的本地资源

在 ASP.NET 开发过程中，"文化"(culture)通常被用来指代区域性语言和格式差异。
例如，美国的英语表达与英国、澳大利亚或其他使用英语的国家的表达略微有些不同。每
个国家对货币、日期和数字格式的标准也可能有所不同。例如，在美国，数字被写成
12,345.67。而在欧洲的某些国家，逗号和句点的使用方式不同，上面的数字被写成12.345,67。

当用户请求指定一种文化时，.NET Framework 系统对格式要进行相应调整。也就是说，
如果设置了日期数据的格式，并且请求定义了语言和文化，.NET Framework 系统就必须了
解如何根据请求格式化数据。在代码或资源文件中，不需要做任何额外的工作。

但是，如果需要根据文化进行相应的翻译，必须在资源文件中添加文化标示。为了支
持不同方言，这种命名方法十分有用，比如支持美国和英国的英语，或者墨西哥和西班牙
的西班牙语。

通过格式<PageName>.aspx.<LanguageId>-<cultureId>.resx 对资源文件进行命名，以便
在资源中添加文化标示。举例来说，对于墨西哥式(mx)的西班牙语(es)，资源文件可以命名
为 Default.aspx.es-mx.resx。如果同时定义了 es 和 es-mx 的资源文件，那么，ASP.NET 会对
来自墨西哥的用户请求使用 es-mx 文件，而对来自使用西班牙语的其他国家用户使用
Default.aspx.es.resx 文件。

生成本地资源

利用 Visual Studio，可以自动生成一个默认的本地资源文件。为此，将关键页面和控
件元素抽取成一个资源文件，可以节省开发的时间和精力。为了使用 Visual Studio 自动生
成一个资源文件，步骤如下。

1. 在 Visual Studio 中打开页面。确保是处于 Design 模式。
2. 从 Tools 菜单中选择 Generate Local Resource。

   这时，Visual Studio 执行下面两项工作。

   ◆ 创建 App_LocalResources 文件夹(必要时)。
   ◆ 在 App_LocalResources 文件夹中为 Web 页面生成一个基于 Extensible Markup
     Language(XML)的本地资源文件。该文件包含了页面的资源设定、控件属性
     (如 Text、ToolTip、Title、Caption)，以及其他基于字符串的属性。

举例来说，考虑图 13.1 所示的窗体示例。该页面包含了控件 Label、TextBox、Calendar
和 Button。

在生成图 13.1 所示页面资源文件的过程中，这些控件的关键字符串属性被抽取成.resx
文件。利用 Visual Studio 资源文件编辑器，可以打开和修改这个文件。图 13.2 显示了在

Visual Studio 中打开的所生成的资源文件。注意，许多字符串的值已经被设置成标记中所定义的值。

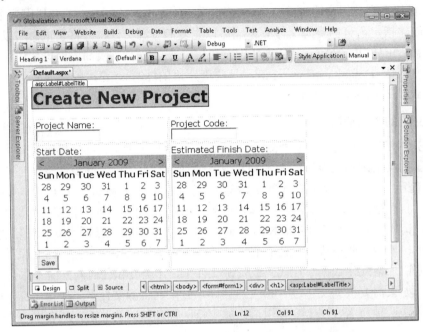

图 13.1　解释资源文件生成的.aspx 页面示例

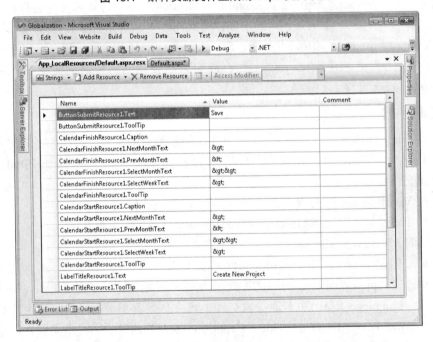

图 13.2　在 Visual Studio 资源编辑器中打开所生成的资源文件

利用 XML 编辑器，也可以打开.resx 文件。这里可以看到，文件包含了大部分成对的 name-value 组合。每个成对组合是一个 XML<data>元素，其中元素的名称与页面的命名元素相同。下面这段代码显示了 XML 中控件 Button 所定义的元素示例：

```
<data name="ButtonSubmitResource1.Text"xml:space="preserve">
  <value>Save</value>
</data>
<data name="ButtonSubmitResource1.ToolTip"xml:space="preserve">
  <value/>
</data>
```

当生成资源文件时，并没有为页面上的所有文本生成资源。并且，只为控件部分生成资源。在前面的示例中，控件上面的文本(Project Name、Project Code 等)并没有使用 Label 控件创建。因此，这些文本没有定义任何资源。这是在创建页面的过程中必须考虑的问题。如果页面的文本需要基于本地资源，最好的方法是将该文本封装在一个控件中。

将控件附加到资源

当 Visual Studio 生成一个资源文件时，它也会自动改变标记，以便将页面元素附加到给定的资源。为此，添加标记 meta:resourcekey，作为给定控件的一个属性。这时，ASP.NET 会利用指定资源的关键字(XML 文件.resx 的数据元素名称)，从资源文件中查询该属性值。

下面这段标记阐述了一个 Label 控件的示例，用来将页面标题显示给用户。注意，这段标记还有一个 Text 属性值。该属性能够在设计时帮助开发者对页面进行布局。另外，这段标记还包含了 meta:resourcekey，值为 LabelTitleResource1。

```
<asp:Label id="LabelTitle"runat="server"Text="Create New Project"
  meta:resourcekey="LabelTitleResource1"></asp:Label>
```

然后，将 meta:resourcekey 映射到.resx 文件。ASP.NET 将利用这个关键字，在资源文件中查询任何形式为 meta:resourcekey.<propertyName>的属性。下面这段标记显示了 LabelTitleResource1.Text 属性的<data>元素：

```
<data name="LabelTitleResource1.Text"xml:space="preserve">
  <value>Create New Project</value>
</data>
```

当手动定义资源，并附加资源到标记时，可以使用相同的方法和命名转换。这一点很重要，因为在生成资源文件后，通常需要在 Web 页面上添加或改变控件。这时，Visual Studio 不会自动修改资源文件。因此，作为开发过程的最后几步，一般需要生成资源文件。当针对不同的语言和文化创建不同的资源文件时，这种方式显得尤为重要。在这种情况下，页面的任何变化都将导致每个页面相关的资源文件的改变。

创建具体语言的本地资源

在典型情况下，为了创建具体文化和语言的资源文件，首先要创建一个默认资源文件。利用复制和备份，创建一个新的针对目标语言或文化的资源文件，并相应地命名文件。然后，为新的语言或文化，修改资源的内容。为了复制默认的资源文件，步骤如下。

1. 在解决方案资源管理器中，右击默认资源文件，选中 Copy。
2. 右击 App_LocalResources 文件夹，然后选中 Paste。
3. 右击新的资源文件，然后选中 Rename。在文件的后缀前，为资源文件输入一个新的名称，其中资源文件包含语言和文化代码。例如，为了创建一个法语版本的 Default.aspxWeb 页面，可以将文件命名成 Default.aspx.fr.resx(fr 是法语的缩写)。

4. 双击新的资源文件，在 Visual Studio 打开它。这时，Visual Studio 显示了一个窗体，包含对每个资源的值和注解。更新针对新文化的值，然后保存资源文件。

5. 对于所要支持的每种语言和文化，重复上述步骤创建资源文件。虽然 Visual Studio 为开发者提供了方便的界面，但是，为了更新资源文件，翻译者可以使用任何标准的 XML 编辑器。

测试针对其他文化的资源文件

根据 Web 浏览器提供的信息，ASP.NET 会自动判断用户的首选文化。在安装时，浏览器的首选语言就已经设定了。但是，用户可以修改它们。为了测试站点，开发者也可以修改它们。为了测试其他文化，必须更新 Web 浏览器中的首选语言，步骤如下。

1. 打开 Microsoft Internet Explorer，在 Tools 菜单中，选中 Internet Options，开启 Internet Options 对话框。

2. 在 General 选项表中，点击 Appearance 栏中的 Languages 选项。打开 Language Preference 对话框。

3. 在 Language Preference 对话框中，点击 Add(添加)。

4. 在 Add Language 对话框中，下拉 Language，选中所需测试的语言，然后选择 OK。

5. 图 13.3 显示了添加到 Language Preferences 中的英语(伯利兹)(en-BZ)设定。在这里，选中所要测试的语言，然后点击 Move Up，将所要测试的语言移动到列表顶部。最后，点击 OK 两次，关闭对话框。

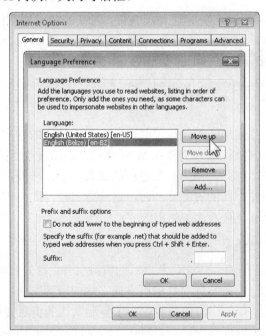

图 13.3　测试 Web 站点的添加到 IE 的新的首选语言

现在，访问 Web 页面，查看所选文化的资源文件。当测试完成时，记得将浏览器重置成实际的首选语言和文化。

使用全局资源

全局资源是指定义用来从 Web 站点的任意页面或代码中读取的资源。与本地资源不同的是，全局资源不是针对指定页面的资源。更确切地说，当站点内的多个 Web 页面需要访问单一资源时，就需要设计全局资源。用这种方法只要一次定义好资源，就可以在页面之间共享资源。

全局资源也是.resx 文件。创建一个默认的资源文件，并且为支持的每种语言和文化创建一个资源文件。文件的命名方式与本地资源文件一样。但是，全局资源文件保存在应用程序的根目录 App_GlobalResources 文件夹中。另外，为了使用全局资源，必须显式地创建。

在本地资源的控件上，meta:resourcekey 标记的用法称为隐式本地化。ASP.NET 根据这个标记隐式地选择本地化。它将关键字映射成数据元素和给定控件的属性(元素属性)。然而，对全局资源来说，必须采用显式本地化。为此，将单个控件属性(元素属性)直接关联到全局资源文件中的资源。这时，不存在对控件中基于文本属性的隐式查找。相反，控件的属性被直接一一映射到全局.resx 文件中的资源。

创建全局资源文件

为了使用显式本地化，首先要创建一个默认全局资源文件。这个文件对页面之间共享的所有资源具体化。然后，将页面之间的单个控件属性映射成资源选项。最后，针对所要支持的每种语言和文化，创建一个单独的全局资源文件。根据用户定义的语言和文化设置，ASP.NET 会自动地选择正确的全局资源文件(类似于本地资源)。

为了创建一个全局资源文件，步骤如下：

1. 在解决方案资源管理器中，右击站点的根目录。选中 Add ASP.NET Folder 选项，然后选中 App_GlobalResources 子选项。

2. 然后，右击 App_GlobalResources 文件夹，选中 Add New Item 选项。

3. 在 Add New Item 对话框中，选中 Resource File。在 Name 文本框中，输入扩展名为.resx 的任意文件名。例如，全局资源文件可以命名为 LocalizedText.resx。点击 Add，将资源文件添加至站点中。

4. 在 Visual Studio 中打开新的资源文件。Visual Studio 显示了一个窗体式布局，用于添加和修改资源。在这里，可以添加字符串、图像、图标、声音、文件和其他资源。记住，这是默认的资源文件。因此，添加这些资源意味着默认的语言和文化(当找不到具体语言的资源文件版本时使用)。

5. 一旦创建好默认资源文件，就可以利用复制和粘贴为不同语言创建资源文件。这些文件的命名方式与本地资源相同。例如，对于一个法语的全局资源文件，可以命名为 LocalizedText.fr.resx。然后，打开每个具体语言版本的资源文件，修改这个文件，提供资源的翻译。

将控件属性附加到全球资源

一旦定义了一个全局资源文件，就可以将不同页面的控件属性关联到全局资源。利用这种方式，可以在页面之间共享给定的资源文件。根据用户定义的文化，ASP.NET 会自动从资源文件中显示正确的文本。因此，如果每个页面都包含一个显示欢迎信息的 Label 控件，只需要一次为每种文化定义这个消息(而不是在每个 Web 页面的资源文件中定义它)。

在 Design 模式下，利用(Expressions)属性，将控件的属性值与全局资源关联在一起。为此，步骤如下。

1. 在 Visual Studio 的 Design 视图中打开 Web 页面。查看给定控件的属性表。选中(Expressions)属性(位于 Data 目录下)。点击属性旁边的省略号控件(…)，开启控件的 Expressions 对话框。

2. 从 Bindable Properties 列表中，选中所需绑定到资源的一个属性。

3. 从 Expression 类型列表中，选中 Resources。

4. 在 Expression Properties 列表中，将 ClassKey 设置成全局资源文件的名称(不包含后缀)。在这下面，将 ResourceKey 设置成资源文件中的资源名称。图 13.4 显示了一个示例。

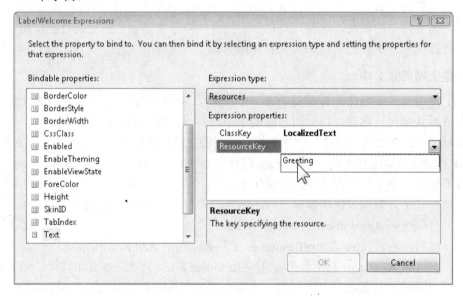

图 13.4　使用 expressions 将控件绑定到全局资源

5. 单击 OK，关闭对话框。

注意　隐式绑定属性

在属性窗口中，隐式绑定控件属性用红色标记图标来显示。为了显式地绑定这些属性，必须首先将 meta:resourcekey 从控件标记中删除。

一旦设置完成，Visual Studio 就会在 Design 窗口中显示给定控件的默认资源值。当然，当用户访问 Web 页面时，这个设置也可以修改成显示具体语言的资源。

在页面的标记中，为了调用资源，Visual Studio 会更新控件的 Text 属性。例如，在 LocalizedText.resx 全局资源中，将 Label 控件的 Text 属性绑定到一个 Greeting 消息，标记可能如下所示：

```
<asp:Label id="LabelWelcome" runat="server"
  Text="<%$ Resources:LocalizedText, Greeting %>"></asp:Label>
```

考点提示

为了后面的考试，必须确保了解<%$ Resources:ResourceFile, name %>格式。

以编程方式访问资源值

利用语法 Resources.ResourceFile.Resouce，也可以编程方式访问资源值。在保存全局资源后，Visual Studio 会为每个资源文件创建一个 Resources.Resource 对象的强类型类。通过全局资源文件的文件名，可以访问这个类。文件中的每个资源都是类的成员。例如，如果要添加一个名为 Greeting 的值到资源文件 LocalizedText，可以使用下面的语法，在页面代码隐藏文件中，将这个值指定为 Label 控件的 Text 属性：

```
'VB
Label1.Text = Resources.LocalizedText.Greeting
```

```
//C#
Label1.Text = Resources.LocalizedText.Greeting;
```

注意　Localize 控件

为了本地化非控件部分的静态文本，可以将其转化成一个控件，也可以使用 Localize 控件。Localize 控件的功能与 Literal 控件相似。

前面的代码假设资源在设计时存在。如果存在，Visual Studio 会生成匹配的类文件。但是，如果资源文件在设计时不存在，Visual Studio 就不能生成这些类。在这种情况下，必须使用 GetLocalResourceObject 方法和 GetGlobalResourceObject 方法。

为了使用 GetLocalResourceObject 方法，只要简单地提供资源名。为了使用 GetGlobalResourceObject 方法，必须同时提供文件名(不带后缀)和资源名。例如，下面这段代码示例使用这些方法来为两个不同的控件获取资源：

```
'VB
Button1.Text = GetLocalResourceObject("Button1.Text").ToString()
Image1.ImageUrl = CType(GetGlobalResourceObject
("WebResourcesGlobal", "LogoUrl"),String)
```

```
//C#
Button1.Text = GetLocalResourceObject("Button1.Text").ToString();
Image1.ImageUrl = (String)GetGlobalResourceObject
("WebResourcesGlobal", "LogoUrl");
```

快速测试

1. 全局资源文件应该保存在哪个文件夹中？
2. 本地资源文件应该保存在哪个文件夹中？

参考答案

1. 全局资源文件应该保存在 App_globalResources 文件夹中。
2. 本地资源文件应该保存在 App_LocalResources 文件夹中。

HTML 布局的指南

全球化可以很简单，比如用另一种语言的文本代替文本，重新格式化数字和符号。但是，一些语言(比如 Arabic 语)需要不同的布局，因为它的文本排列必须从右到左。为了使 Web 页面适用于最广泛的文化，遵行这些指导方针。

◆ **避免对控件使用绝对位置和尺寸** 为了使 Web 浏览器自动放置控件，不应该用像素指定控件的位置。为此，不能简单地指定尺寸和位置。判断控件是否包含绝对位置的最简单的方式是查看 Web 页面的源码。例如，下面这段代码解释了一个使用绝对位置(应该避免使用)的控件：

```
<div id = idLabel style = "position: absolute; left: 0.98em; top: 1.21em;
     width: 4.8em; height: 1.21em;">
```

◆ **使用窗体的整个宽度和高度** 虽然很多 Web 站点为窗体或表格列的宽度指定了具体的像素数量，但是对于使用更多字母或不同文本布局的语言，这种方式会导致格式问题。为此，可以使用 Web 浏览器宽度的 100%，代替指定具体的宽度值，示例如下：

```
<table width=100%>
```

◆ **尺寸元素相对于窗体的整体大小** 当确实需要为控件提供一个具体的尺寸时，可以使用相对属性，使整个窗体的尺寸很容易进行调整，示例如下：

```
<div style='
  height: expression(document.body.clientHeight / 2);
  width: expression(document.body.clientWidth / 2); '>
```

◆ **为每个控件使用单独的表格单元** 这种方式能够使文本独立换行，并且对于文本布局从右到左的文化，确保正确的对齐。

◆ **避免在表格中打开 NoWrap 属性** 将 HtmlTableCell.NoWrap 设置成 true，关闭自动换行。虽然自动换行在本土语言中可能正常工作，但是，其他语言可能会占用更多的空间，也可能不能正确显示。

◆ **避免在表格中指定 Align 属性** 在单元中设置一个左对齐或右对齐，可以覆盖使用从右到左文本的文化中的布局。因此，避免使用它们。

总的来说，显式配置的布局越少，页面的定位更好，因为布局的设定由客户浏览器控制。

设置文化属性

通常，Web 浏览器被配置成用户的首选语言。但是，在很多时候，用户的 Web 浏览器没有被正确地配置。例如，对于墨西哥的美国用户，在网络咖啡屋中使用的 Web 浏览器可能是基于西班牙语配置的浏览器。当然，这个美国人可能更喜欢用英语浏览站点。为此，应该使用和默认情况一样的浏览器设定，并允许用户在应用程序中覆盖默认的设定。通常解决的方法是提供主页的设置值。该主页包含了多种语言的文本，描述如何修改语言设定。当用户改变这个设定时，执行代码使用新的设定(保存在 cookie、会话变量或相似元素中)。

在 ASP.NET Web 页面中，可以使用两种不同的 Page 属性来设置语言和文化。

◆ **Culture** 这个对象定义了依赖文化的函数的结果。比如日期、数字和货币格式。Culture 对象只可以定义成具体文化。这些具体文化同时定义了语言和区域性格式要求，比如 "es-MX" 或 "fr-FR"。Culture 对象不能定义成中性文化，比如只定义语言， "es" 或 "fr"。

◆ **UICulture** 这个属性定义了页面装载了哪个全局资源或本地资源。UICulture 既可以定义成中性文化，也可以定义成特定文化。

通过重写页面的 InitializeCulture 方法，可以定义 Culture 属性和 UICulture 属性。从这个方法中，定义 Culture 属性和 UICulture 属性，然后调用页基类的 InitializeCulture 方法。下面这段代码阐述了这一点，假设 DropDownList1 包含了一系列文化：

```vb
'VB
Protected Overloads Overrides Sub InitializeCulture()
  If Not (Request.Form("DropDownList1") Is Nothing) Then
    'define the language
    UICulture = Request.Form("DropDownList1")
    'define the formatting (requires a specific culture)
    Culture = Request.Form("DropDownList1")
  End If
  MyBase.InitializeCulture()
End Sub
```

```csharp
//C#
protected override void InitializeCulture()
{
  if (Request.Form["DropDownList1"] != null)
  {
    //define the language
    UICulture = Request.Form["DropDownList1"];
    //define the formatting (requires a specific culture)
    Culture = Request.Form["DropDownList1"];
  }
  base.InitializeCulture();
}
```

通常，针对配置的资源，应该给用户提供一系列文化和语言。例如，如果为英语、西班牙语和法语配置了资源，应该只允许用户从这三种选项中选择。但是，调用 System.Globalization.CultureInfo.GetCultures 方法，也可以提取一组所有可能的文化。将枚举变量 CultureTypes 传递到这个方法，指定所要列出的文化子集。最有用的 CultureType 值如下所示。

◆ **AllCultures** 该值代表了包含在.NET Framework 中的所有文化，包括中性文化和具体文化。如果在代码中使用 AllCultures，必须确保在将它指定到 Culture 对象之前，验证所选的文化是具体文化。

◆ **NeutralCultures** 中性文化只提供了一种语言，不包括区域性格式定义。

◆ **SpecificCultures** 具体文化同时提供了语言和区域性格式定义。

对于 Web 站点和 Web 页面，也可以用声明的形式设置文化。为了定义对整个 Web 站点的文化，添加<globalization>节点到 Web.config 文件，然后设置元素属性 Culture 和

UICulture，正如下面的示例所示：

```
<globalization uiculture="es" culture="es-MX" />
```

为了声明对 Web 页面的文化，定义@Page 指示符的元素属性 Culture 和 UICulture，如下所示：

```
<%@ Page uiculture="es" culture="es-MX" %>
```

在默认情况下，Visual Studio 将元素属性 Culture 和 UICulture 定义成 auto。

实训：创建支持多文化的 Web 页面

在这个实训中，创建一个站点，使用不同语言的资源文件。

如果在完成这个练习时遇到问题，可参考本书配套资源中所附的实例，这些实例都有完成了的项目文件。

➤ **练习 1　创建英语和西班牙语的 Web 页面**

在这个练习中，创建一个 Web 页面，根据用户浏览器的首选语言显示具体语言的文本，并允许用户覆盖默认的设定。

1. 打开 Visual Studio，创建一个新的基于文件的 Web 站点，名为 GlobalSite。
2. 打开 Default.aspx 窗体。添加 Label 和 DropDownList 控件到页面。将控件分别命名为 LabelWelcome 和 DropDownListLanguage。

   使用 Label 控件显示具体文化的欢迎信息给用户。DropDownList 控件允许用户选择具体的语言。

   将 DropDownList.AutoPostBack 属性设置成 True。

   标记可能如下所示：

   ```
   <h1>
     <asp:Label ID="LabelWelcome" runat="server"
       Text="Welcome"></asp:Label>
   </h1>
   <br />
   <asp:DropDownList ID="DropDownListLanguage" runat="server"
     AutoPostBack="true">
   </asp:DropDownList>
   ```

3. 确保 Default.aspx 处于 Design 窗口。从 Tools 菜单中，选中 Generate Local Resource。这时，创建了 App_LocalResources 文件夹和 Default.aspx.resx 文件。
4. 在解决方案资源管理器中，双击 Default.aspx.resx。

   对于 LabelWelcomeResource1.Text 值，输入 Hello。

   对于 PageResource1.Title 值，输入 English。

   关闭并保存 Default.aspx.resx 文件。
5. 在解决方案资源管理器中，右击 Default.aspx.resx，然后选择 Copy。右击 LocalResources，然后选择 Paste。然后，重命名新的资源文件 Default.aspx.es.resx。
6. 双击 Default.aspx.es.resx。对于 LabelWelcomeResource1.Text 值，输入 Hola。对于

PageResource1.Title 值，输入 Espanol。然后，关闭并保存 Default.aspx.es.resx 文件。

7. 在 Web 浏览器中运行页面。注意到，虽然没有直接设置 LabelWelcome.Text 属性，Label 控件仍然显示 Hello。同时，注意到，页面的标题(在 Internet Explorer 标题栏)显示 English。

8. 在 Internet Explorer 中，完成下面的步骤。

   a. 从 Tools 菜单中，选中 Internet Options。

   b. 在 Internet Options 对话框中，单击 Languages。

   c. 在 Language Preference 对话框中，单击 Add。

   d. 在 Add Language 对话框中，在 Language 下面选中 Spanish(Mexico)[es-mx]。然后单击 OK。

   e. 在 Language 列表中，选中 Spanish，然后单击 Move Up 将其设为首选语言。

   f. 两次点击 OK，返回 Internet Explorer。

   重新载入 Web 页面，并验证页面显示了所提供的 Spanish 资源。

9. 返回 Visual Studio，并打开 Default.aspx 的代码隐藏文件。添加 System.Globalization 命名空间到页面(使用 Imports 或 using 语句)，以便使用 CultureInfo 对象。

10. 添加 Page_Load 事件处理程序到代码中。编写代码对 DropDownListLanguage 控件添加一列文化。下面的代码示例说明了这点：

```VB
'VB
For Each ci As CultureInfo In CultureInfo.GetCultures(CultureTypes.
NeutralCultures)
    DropDownListLanguage.Items.Add(New ListItem(ci.NativeName, ci.Name))
Next
```

```C#
//C#
foreach (CultureInfo ci in CultureInfo.GetCultures(CultureTypes.
NeutralCultures))
{
    DropDownListLanguage.Items.Add(new ListItem(ci.NativeName, ci.Name));
}
```

注意　中立文化和特定文化

这个代码示例使用 CultureTypes.NeutralCultures 获取可同时提供语言和文化信息的文件列表(比如，用 "en-us" 代替单个 "en")。相反，为了使用户同时提取语言和国家信息，可以使用 CultureTypes.SpecificCultures。为了定义 UICulture 对象，使用中立文化，但是，为了定义 Culture 对象，只能使用特定文化。

---

11. 现在，创建一种方法，重写页面的 InitializeCulture 方法。该方法应该包含代码，根据从 DropDownList 控件中选择的内容，设定页面的文化。由于只定义语言，应该使用 UICulture 对象，而不是 Culture 对象。在定义 UICulture 对象之后，调用基础的 InitializeCulture 事件。下面的代码示例阐述了这一点：

```VB
'VB
Protected Overloads Overrides Sub InitializeCulture()
    If Not (Request.Form("DropDownListLanguage") Is Nothing) Then
        UICulture = Request.Form("DropDownListLanguage")
    End If
```

```
    MyBase.InitializeCulture()
End Sub

//C#
protected override void InitializeCulture()
{
    if (Request.Form["DropDownListLanguage"] != null)
    {
        UICulture = Request.Form["DropDownListLanguage"];
    }
    base.InitializeCulture();
}
```

12. 在 Web 浏览器中运行页面。从下拉菜单列表中，选中 English，如图 13.5 所示。
该页面应该重载和显示 English 欢迎信息。选中 Espanol，并注意此时页面改回
Spanish。

下拉菜单列表和 InitializeCulture 的应用使得 ASP.NET 自动选中浏览器的首选语
言，但是仍然提供选项给用户，覆盖默认的选择。

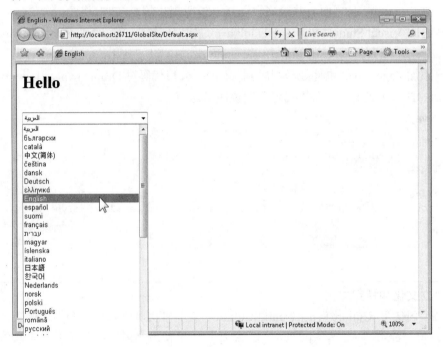

图 13.5 使用语句绑定控件到全局资源

13. 重复步骤 8，将 Internet Explorer 重新配置成正常的语言设定。

本课总结

◆ 本地资源文件能够提供对单个 Web 页面上控件的翻译。本地资源文件使用
<PageName>.[language].resx 的形式命名。

◆ 全局资源提供对阶段的翻译，其中这些阶段可以指定到 Web 应用程序中的任何控
件。全局资源应该放置在应用程序根目录的 App_GlobalResources 文件夹中。

◆ 为了使页面更容易全球化，参照以下指南：
　　◇ 避免对控件使用绝对位置和大小
　　◇ 使用窗体的整体宽度和高度
　　◇ 尺寸元素相对于窗体的整体大小
　　◇ 为每个控件使用单个表格单元
　　◇ 避免在表格中打开 NoWrap 属性
　　◇ 避免在表格中指定 Align 属性
◆ 为了编程设定语言，将 UICulture 对象设置成中性文化缩略或具体文化缩略。为了编程设定区域化格式首选项，将 Culture 对象设置成具体文化缩略。

课后练习

通过下列问题，你可检验自己对第 1 课的掌握程度。这些问题也可从配套资源中找到。

注意　关于答案
对这些问题的解析可参考本书末"答案"。

1. 如果要创建一个可同时在默认语言英语和德语下显示的页面，应该创建下面哪几种资源文件？(不定项选择)
   A. App_LocalResources/Page.aspx.resx.de
   B. App_LocalResources/Page.aspx.resx
   C. App_LocalResources/Page.aspx.de.resx
   D. App_LocalResources/Page.aspx.en.resx

2. 为了用户选择他们自己的语言首选项，应该如何操作？(不定项选择)
   A. 定义 Page.Culture 属性
   B. 定义 Page.UICulture 属性
   C. 重写 Page.InitializeCulture 方法
   D. 重写 Page.ReadStringResource 方法

3. 在设计时，如何使用全局资源定义控件属性？
   A. 在 Visual Studio 中，定义 DataValueField 属性
   B. 在 Visual Studio 中，定义 DataSourceID 属性
   C. 在 Visual Studio 中，编辑 Text 属性
   D. 在 Visual Studio 中，编辑(Expressions)属性

4. 使用 Visual Studio 添加一个名为 Login 的全局资源。如何编程访问该全局资源？
   A. Resources.Resource.Login
   B. Resources.Resource("Login")
   C. Resources("Login")
   D. Resources.Login

第 2 课　配置可访问性

不论是创建一个百万用户使用的公共 Web 站点，还是创建一个小的内部网 Web 应用程序，开发者应该认识到，必须确保使用大文本或非传统输入设备的用户能够访问 Web 站点或 Web 页面。例如，很多用户不使用传统的鼠标。其他用户使用屏幕阅读器来读取 Web 站点的文本，而不是在显示器上显示文本。本课提供了一些好方法，使这些用户和设备能够访问 Web 应用程序。

学习目标

◆　描述公共可访问性标准

◆　解释在默认情况下 ASP.NET 控件如何提供可访问性

◆　创建支持视觉可访问性工具的 Web 页面

◆　创建支持用户输入可访问性工具的 Web 页面

◆　测试单个 Web 页面或整个 Web 应用程序的可访问性

预计课时：30 分钟

公共可访问性的指导方针

很多人致力于使最广泛的可能用户获取技术。其中最杰出的研究组之一是 World Wide Web Consortium(W3C)。它是一个 Web 标准组织。通过 Web Accessibility Initiative(WAI)，W3C 创建了 Web Content Accessibility Guidelines(WCAG)。

更多信息　WCAG

WCAG 是非常彻底的；本书只试图介绍一些关键点，因为它们与 ASP.NET 开发有关。有关 WCAG 的更多信息，请访问 http://www.w3.org/WaI/。

在 Rehabilitation Act 的 Section 508，美国政府也创建了可访问性标准。根据开发 Web 应用程序的组织不同，开发者可能要求使应用程序遵照这些标准。从概念上说，Section 508 指导方针与 WCAG 很相似。

更多信息　Section 508 指导方针

有关 Section 508 指导方针的更多信息，请访问 http://www.section508./gov/。

ASP.NET 控件如何支持可访问性

在默认情况下，ASP.NET 控件是被设计成可访问的。例如，登录控件(比如 Login、ChangePassword、PasswordRecovery 和 CreateUserWizard)使用带有相关标示的文本框，从而帮助那些使用屏幕阅读器或不使用鼠标的用户。这些控件还使用带有表格索引设定的输入控件，从而使不带鼠标的数据输入更容易。

　　ASP.NET 控件支持可访问性的另一种方式是允许用户跳过链接文本。一般，屏幕阅读器会从页面的顶部到底部阅读链接文本，使用户选择一个具体的链接。包含转向链接的 ASP.NET 控件提供了 SkipLinkText 属性。该属性一般是打开的，并允许用户跳过链接文本。对于 CreateUserWizard、Menu、SiteMapPath、TreeView 和 Wizard 控件，每种控件都支持跳过链接。对于使用传统 Web 浏览器浏览页面的用户，这些链接是不可见的。例如，当添加 Menu 控件到 Web 页面时，在默认情况下，生成下面这段 HTML 源代码(稍微进行了简化)：

```
<a href="#Menu1_SkipLink">
  <img alt="Skip Navigation Links" src="/WebResource.axd?d=_9Q2Lm" width="0" height="0"/>
</a>
… menu links …
<a id="Menu1_SkipLink"></a>
```

　　正如上面的 HTML 表明，带有提示文本"Skip Navigation Links"的零像素图形文件会在菜单之后立刻连接到页面上的一个位置。屏幕阅读器读取提示文本，并允许用户跳过菜单，而传统的浏览器不能显示零像素图形文件。学习这个指南的最简单方式是使用一个提供 SkipLinkText 属性的 ASP.NET 控件。但是，如果实现带有转向链接的自定义控件，可以提供相似的功能。

　　虽然 ASP.NET 控件被尽可能地设计成可访问，作为开发者，必须通过为特定控件提供文本描述，充分利用这些功能。

提高视觉可访问性

　　很多用户都有工具来补充或代替传统的显示器，包括屏幕阅读器、放大镜和高对比度的显示设定。为了使应用程序尽可能被这些工具访问，遵照这些指导方针：

◆　**通过提供使用 AlternateText 属性的提示文本来描述每个页面**　对于浏览器不能显示图像的用户，或者不能看到图片的用户，这是很有用的。屏幕阅读器使用语音合成逐步读取 Web 页面上的文本。它可以读取提示文本描述。为了指定一个进一步描述图像的 HTML 页面，也可以设置 Image.DescriptionUrl 属性。但是，只有当提供比 AlternateText 属性更长的描述的时候，才需要这个 HTML 页面。如果图像不是很重要(比如生成边界的图像)，可以将 GenerateEmptyAlternateText 属性设置成 true，使屏幕阅读器忽略图像。

◆　**对背景使用单色，而对文本使用对比色**　所有用户都喜欢方便阅读的文本，特别是无法感知低对比度文本的用户。因此，应该避免采用与背景颜色相似的文本。

◆　**创建一个灵活的页面布局，当文本大小增大时正确地缩放页面**　Internet Explorer 和其他浏览器都能够增大文字大小，使用户更容易阅读文本。对于拥有专业化可访问性设定的用户和高分辨率显示的用户，这是很有用的。

◆　**设置 Table.Caption 属性到表格的描述中**　为了向用户阐述包含在表格中的数据的作用，屏幕阅读器可以读取 Table.Caption 属性。这样，用户可以快速做出决定，是否想听表格中的内容，或者跳过它。

◆ **提供一种标识列标题的方法** 为了创建表格标题，可以使用 TableHeaderRow 类，并将 TableSection 属性设置成 TableRowSection 类的 TableHeader 枚举变量。这样，表格会呈现出一个 thead 单元。当使用 TableCell 控件创建单元时，将单元的每个 AssociatedHeaderCellID 属性设置成表格标题单元的 ID。这样，单元会呈现出一个标题属性。该属性将单元与对应的列标题联系在一起，简化了使用屏幕阅读器的用户的表格导向过程。ASP.NET 服务器控件 Calendar、DetailsView、FormView 和 GridView 使用这些功能渲染 HTML 表格。

◆ **避免定义具体字体大小** 为了支持用户的格式选项，使用标题标签(比如<H1>或者<H3>)代替字体大小。标题标签存在于 Visual Studio Formatting 工具栏中。

◆ **避免要求客户脚本** 通常，辅助技术不能显示客户脚本，因此只能对非关键效果使用客户脚本，比如鼠标回滚。例如，验证性控件使用客户脚本判断输入是否满足需求，并动态地显示错误消息。但是，屏幕阅读器和其他辅助技术可能不能正确地显示它。因此，为了提高可访问性，应该将 EnableClientScript 属性设置成 false。WCAG 标准不允许那些使用客户脚本的控件。因此，如果必须遵照这些标准，应该也避免使用 LinkButton、ImageButton 和 Calendar 控件。

注意 WCAG 标准和客户脚本

在实际中，用户可能不会碰到 ASP.NET 服务器控件包含客户脚本的问题。在开发时，这些客户脚本能够兼容 WCAG 可访问性指导方针。但是，对 WCAG 标准的完全兼容就需要避免支持客户脚本。

如果不能满足可访问性要求，可以考虑提供替代的纯文本的 Web 页面。使用全局资源，可以使 Web 页面的可访问版本和不可访问版本共享相同的文本内容。

快速测试

1. 对于使用特殊显示设备或屏幕阅读器的用户，为了提高文本的可读性，怎样才能使 Web 页面更有用？
2. 对于不使用鼠标的用户，怎样才能使 Web 页面更有用？

参考答案

1. 首先，避免指定字体大小或使用难以阅读的颜色。其次，提供对图像、表格和窗体的描述，方便屏幕阅读器使用。
2. 为所有要求用户输入的控件提供访问按键，并在相应的标示中提示这些按键。定义一个逻辑制表顺序，允许用户使用 Tab 键遍历窗体。另外，为窗体和 Panel 控件指定默认的按钮。

提高要求用户输入的窗体的可访问性

很多用户喜欢不使用鼠标，或者不能使用点击设备。对于这些用户，关键是使 Web 应用程序可以只使用键盘就可以访问。虽然提供键盘快捷方式在 Windows Forms 应用程序中是常见的，但是，它在 Web 应用程序中是十分罕见的。

为了使应用程序尽可能地使用键盘访问，遵照下面这些指导方针。

◆ **为窗体设定 DefaultFocus 属性，将光标放置在数据正常输入开始的逻辑位置** DefaultFocus 定义了用户打开 Web 页面时光标的位置。一般，将默认的输入焦点设置在页面的顶部可编辑区域。

◆ **定义制表的逻辑顺序使用户不使用鼠标就能够进入窗体** 在理想情况下，用户应该能够进入一个文本框，并利用 Tab 键跳转到下一个文本框。

◆ **通过设定 DefaultButton 属性为窗体和 Panel 控件指定默认按钮** 通过简单地按下 Enter 键，就可以访问默认按钮。这种方式不仅使非鼠标用户更简单地输入，还提高了数据输入的速度。

◆ **提供有用的链接文本** 通过朗读超链接文本，用户能够在屏幕阅读器中选择链接。因此，所有超链接文本必须能够描述链接。避免对类似 "Click here" 的文本添加超链接，因为使用屏幕阅读器的用户不能分辨其他链接。相反，应该对超链接添加链接目的地的名称，比如 "指向 Contoso 总部"。

◆ **通过设置 AccessKey 属性，定义 Button 控件的访问按键** 和 Windows Forms 应用程序一样，对 Web 控件也可以使用访问按键。如果设置了控件的 AccessKey 属性，按下 Alt 键，并同时按下指定的字母，用户就可以立即将光标移动到该控件。指定快捷键的标准方法是在控件中添加一个带下划线的字母。下面的指导方针阐述了如何为 TextBox 控件提供快捷键。

◆ **使用 Label 控件定义文本框的访问按键** TextBox 控件没有描述性文字，所以屏幕阅读器不能简单地读取。因此，应该将一个描述性 Label 控件连接到 TextBox 控件，并使用 Label 控件来定义 TextBox 控件的快捷键。为了将 Label 控件连接到另一个控件，同时定义 AccessKey 属性和 AssociatedControlID 属性。另外，使用下划线 HTML 元素(<u>和</u>)对 Label 文字中的访问按键添加下划线。下面这段源代码阐述了 Label 控件和连接的 TextBox 控件。

```
<asp:Label
  AccessKey="N"
  AssociatedControlID="TextBox1"
  ID="Label1"
  runat="server"
  Text="<u>N</u>ame:">
</asp:Label>
 
<asp:TextBox ID="TextBox1" runat="server" />
```

◆ **使用 Panel 控件在窗体中创建分支，并利用面板中控件的描述，定义 Panel.GroupingText 属性** ASP.NET 使用 GroupingText 属性创建 HTML 元素 <fieldset>和<legent>。这些元素能够使用户更容易转向窗体。例如，为了收集检查页面上的用户的运送、付款和信用卡信息，可以定义单个 Panel 控件。下面这段 HTML 阐述了 ASP.NET 如何将 Panel.GroupingText 属性渲染成<legend>元素：

```
<form method="post" action="Default.aspx" id="form1">
<div id="Panel1" style="height:50px;width:125px;">
  <fieldset>
```

```
      <legend>
        Shipping Information
      </legend>
      <input name="TextBox2" type="text" id="TextBox2" />
    </fieldset>
  </div>
  <div id="Panel2" style="height:50px;width:125px;">
    <fieldset>
      <legend>
        Billing Information
      </legend>
      <input name="TextBox1" type="text" id="TextBox1" />
    </fieldset>
  </div>
  </form>
```

◆　**在验证性控件的 Text 和 ErrorMessage 属性中，指定有意义的错误消息**　为了识别用户进入的输入控件，使用默认星号(*)就足够了，但是对于使用屏幕阅读器的用户，它们不是很有用。相反，提供一些阐述性错误消息，比如"必须提供电子邮件地址"。

真实世界

Tony Northrup

　　确定 Web 站点的可访问性只需花费一些额外的时间，并且通常不会对使用传统 Web 浏览器的用户产生负面的影响。与传统想法不同，这里不需要使用大号字体或黑白文字。对于有可访问性需求的用户，他们一般已经将计算机配置好以满足自己的需求。

　　实现可访问性的首要关键点是避免对用户强制使用小号字体和不方便阅读的颜色，以防止它覆盖字体大小和颜色设定。通常，应该让 Web 浏览器基于用户设定来确定显示选项。

　　实现可访问性的第二个关键点是为查看和选择对象提供多种技术。为表格、窗体和图像提供隐藏文本描述。为按钮和文本框提供键盘快捷键。非鼠标用户会很感激这种方式，而其他用户可能不会注意这种方式。

测试可访问性

　　Visual Studio 能够测试 Web 页面或整个 Web 应用程序是否遵照 WCAG 标准或 Section 508 标准。下面几节将介绍如何使用 Visual Studio 自动测试这项工作。

检查单个页面的可访问性

　　为了使用 Visual Studio 测试 Web 页面的可访问性，步骤如下。

1.　在 Visual Studio 中，打开所要检查的页面。
2.　从 View 菜单中，选中 Error List，显示 Error List 窗口。
3.　从 Tools 菜单中，选中 Check Accessibility，弹出 Accessibility Validation 对话框，如图 13.6 所示。
4.　在复选框中，选中执行可访问性检查的类型和级别，然后点击 Validate。检查的结果显示在 Error List 窗口中。

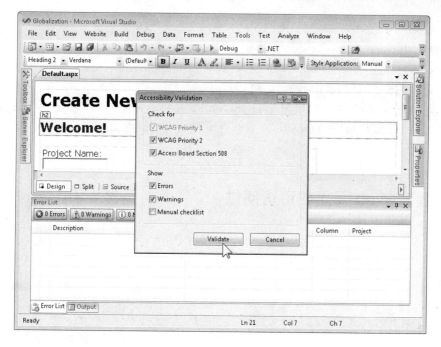

图 13.6　Visual Studio 中的 Accessibility Validation 对话框

自动检查 Web 应用程序的可访问性

利用 Visual Studio，可以在编译时自动测试整个 Web 应用程序的可访问性，步骤如下。

1.　在解决方案资源管理器中，右击 Web 站点，并选中属性页面。

2.　点击 Accessibility 节点，示例如图 13.7 所示。

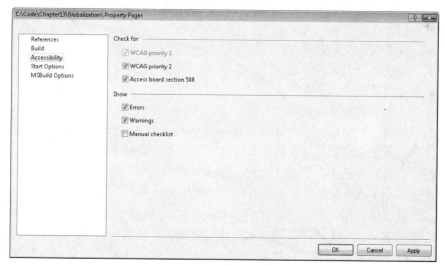

图 13.7　Visual Studio 中工程属性页面的 Accessibility 节点

3.　在复选框中，选中执行可访问性检查的类型和级别，然后点击 Apply。

4.　接下来，选中 Property Pages 对话框中的 Build 节点。

5.　在 Accessibility Validation 组中，根据编译 Web 站点时所要检查的项目是单个页面，还是整个 Web 站点，选中下面一个或两个复选框：

- Include Accessibility Validation When Building Page
- Include Accessibility Validation When Building Web

6. 点击 OK，关闭属性页面对话框。

现在，当编译 Web 应用程序时，Visual Studio 会自动生成一系列可访问性的警示。可访问性的警示不会影响编译的成功。为了检查所有的可访问性的内容，必须手动查看 Error List。

实训：提高 Web 页面的可访问性

在这个实训中，提高一个 ASP.NET Web 应用程序的可访问性。

如果在完成这个练习时遇到问题，可参考本书配套资源所附的实例，这些实例都有完成了的项目文件。

➤ 练习 1　生成一个可访问的检查页面

在这个练习中，更新一个已有的电子商务检查页面，按照可访问性的最佳方法使页面更易访问。

1. 打开配套资源的实例中打开第 2 课练习 1 的 Partial 工程。
2. 运行应用程序，并在浏览器中查看 Default.aspx 页面。请注意页面中不能访问的部分，包括下面这些方面：
    - 缺乏划分窗体的面板
    - 非对比性的颜色
    - 缺乏图像的提示文本
    - 没有指定制表的顺序
    - 与文本框无关的标记
    - 非默认的输入焦点
    - 非默认的配置按钮
3. 为了解决这些问题，在 Visual Studio 中，首先添加两个 Panel 控件到窗体，然后将运送地址和付款地址的图像和表格分别移入各自的面板中。

   然后，将新 Panel 控件的 GroupingText 属性设置成 Shipping Address 和 Billing Address。Panel 控件能够帮助用户方便转向窗体的不同部分，而 GroupingText 属性代替了屏幕阅读器不能阅读的 Shipping Address 图像和 Billing Address 图像。
4. 使用所选的图像编辑器，用带有对比度更强颜色的商标代替 Contoso-Logo.gif 文件。现有的前景和背景颜色太相近，不容易阅读。也可以将页面的背景颜色改变成与商标匹配的颜色。

注意　兼容商标的需求

很多组织都有非常严格的商标要求，指定商标显示必须使用的颜色。但是，大部分组织也要求商标的高对比度。为了获取更多的信息，可以联系组织的公共联系部门。

5. 通过将 Image1.AlternateText 属性设定成 Contoso,Inc. logo，提供商标的提示文本。

6. 设定每个文本框的 TextBox.TabIndex 属性，指定文本框的制表顺序。使文本框 1 位于首位，然后顺序指定页面的其他文本框。同时，指定页面底部的两个按钮的 TabIndex 属性。

7. 用 Label 控件代替当前用来标记文本框的文本。对于每个 Label 控件，定义一个唯一的 AccessKey 属性，并对标记中的字母添加下划线。注意，所定义的访问键应该与浏览器定义的访问键不发生冲突。

   同时，定义 AssociatedControlID 属性，用正确的 TextBox 控件联系每个标记。

8. 最后，配置一个默认的按钮和默认焦点。切换到 Source 视图(若不在这里)，并点击 Form ASP.NET 元素。然后，查看 Properties 窗口，将 DefaultButton 属性设置成 Button1，并将 DefaultFocus 属性设置成 TextBox1。

9. 在 Web 浏览器中运行应用程序。使用快捷键在字段之间切换。通过移动鼠标到商标上，查看商标的提示文本。

10. 返回 Visual Studio。从 Tools 菜单中，选中 Check Accessibility。检查 Error 列表中输出的错误。

本课总结

两个最显著的可访问性标准是 W3C 的 WCAG 标准和美国政府的 Section 508 标准。

◆ ASP.NET 控件随时支持可访问性。例如，对于使用屏幕阅读器的用户，提供多个转向链接的控件能够使他们跳过链接。

◆ 为了使 Web 页面尽可能容易地被访问，遵照下列指导方针：
  ◇ 为所有图形提供良好的提示(alt)文本
  ◇ 写入有用的链接文本
  ◇ 正确使用表格及其替换项
  ◇ 避免对客户脚本的需求

◆ 对于使用不同输入工具的用户，为了使他们访问 Web 页面，提供键盘快捷键、默认按钮和逻辑制表顺序，从而设计良好的键盘导航。

◆ Visual Studio 能够测试 Web 页面或整个 Web 应用程序是否遵照 WCAG 标准或 Section 508 标准。

课后练习

通过下列问题，你可检验自己对第 2 课的掌握程度。这些问题也可从配套资源中找到。

注意　关于答案

对这些问题的解析可参考本书末"答案"。

1. 定义下面哪个 Image 属性，可以使屏幕阅读器描述 Web 页面上的图片？(不定项

选择)

    A．AccessKey

    B．AlternateText

    C．DescriptionUrl

    D．ToolTip

2．下面哪些是 ASP.NET 提供的可访问性功能？(不定项选择)

    A．控件能够提供一些属性，支持屏幕阅读器可用的隐藏描述

    B．控件默认为高对比度显示

    C．控件在顶部包含了一系列链接，并提供了隐藏链接跳过这些链接

    D．控件默认显示大字号文本

3．根据下面哪种指导方针，ASP.NET 提供自动的测试？(不定项选择)

    A．WCAG Priority 1

    B．WCAG Priority 2

    C．ADA

    D．Access Board Section 508

本 章 回 顾

为进一步实践和巩固在本章中学习到的技能，建议继续完成下列任务。

- ◆　阅读本章小结。
- ◆　完成案例训练。这些案例取自实际项目，但都涉及本章介绍的内容，要求你提供相应的解决方案。
- ◆　完成建议练习。
- ◆　完成实战测试。

本章小结

- ◆　对于使用各种语言和不同格式标准的用户，全球化能够使他们使用 Web 应用程序。为了简化为控件提供翻译的过程，ASP.NET 提供了本地资源和全局资源。本地资源能够用来翻译单个页面，而全局资源提供了在多个页面之间共享的翻译。为了提高 Web 应用程序被各种语言正确渲染的概率，除了提供翻译之外，还应该遵照 HTML 布局的最优方法。Web 浏览器会自动提供用户语言和区域首选项到 Web 服务器，但是，还应该允许用户从指定 UICulture 和 Culture 对象的列表中选择选项，覆盖该首选项。
- ◆　对于使用不同输入和显示设备的用户，可访问性能够使他们与 Web 应用程序进行交互。ASP.NET 控件在设计时已经考虑了可访问性。但是，作为开发者，必须定义具体的属性，提高 Web 页面的可访问性。例如，总是应该定义 Image.AlternateText 属性，因为屏幕阅读器能够逐字读出图像的描述，方便非传统显示器的用户转向站点。

案例场景

在下面的案例场景中，需要运用本章所学知识来完成一些小项目。答案可参见书末尾。

案例 1：升级应用程序到多个语言版本

假设你是 Contoso, Inc 的一位应用程序开发者，生产用于零售网点的搁架和显示单元。传统上，Contoso 的销售员工一直关注整个美国市场。通常，一个销售员工同零售连锁店建立一种关系，然后对新订单和支持提供 Contoso Web 应用程序的访问。你负责开发这个 Web 应用程序。

Contoso 已经决定向全球化拓展。首先，公司打算拓展到加拿大，然后是墨西哥。销售员工正为此事犯难，因为 Contoso 的标识太关注与说英语的美国。在加拿大的销售员工抱怨尽管只有部分加拿大人喜欢说法语，但是网站只有英语。同样，墨西哥销售员工请求一个带有当地习俗设置（同墨西哥人的习俗保持一致）的西班牙语的网站。

问题

基于所定义的场景，回答下面这些问题：

1. 如何为网站提供一个法语的版本？
2. 翻译人员如何为网站提供文本的更新？
3. 用户如何在法语版本的网站和英语版本的网站之间做选择？
4. 如何区分墨西哥人当地习俗与其他说西班牙语国家（比如西班牙）的习俗？

案例 2：让一个 Web 应用程序可访问

你是 Humongous 保险公司的一个应用程序开发人员。最近，管理上出现了一种项目，使用美国政府的修复条例，Section 508 作为指导，通过可供选择的输入和显示器件让所有的设施和其他资源可用。内部 Web 应用程序要求满足这个项目的需求。

问题

基于所定义的情景，回答下面这些问题：

1. 如何确定 Web 应用程序的任何一个方面都遵循 Section 508？
2. 对于一个应用程序可访问意味着什么？
3. 如果让 Web 应用程序可访问，更新的 Web 应用程序是否很难使用一个传统的键盘、鼠标或者监视器？
4. 你需要什么类型的内容来确保 Web 应用程序遵循 Section 508？

建议练习

为了帮助你熟练掌握本章考点，请完成下列任务。

调试 Web 站点

对于这项工作，为了练习处理远程调试，应该完成第一个练习。练习 2 能够帮助理解对客户端脚本进行调试。

◆ **练习 1** 寻找一些 ASP.NET 代码，使其与部署在开发服务器中的代码相匹配。部署远程调试工具到开发服务器。从服务器端运行远程调试工具。利用 Visual Studio 打开代码，连接到运行中的服务器进程，然后进入基于请求的代码。

◆ **练习 2** 寻找(或编写)一些包括客户端 JavaScript 的代码。从本书的 CD 中也可以获取这样的代码(在第 6 章的示例中)。在 Visual Studio 中打开代码。在浏览器中运行 Web 页面。配置 Internet Explorer，允许脚本调试。利用 Visual Studio，连接到浏览器进程，进入客户端代码。

诊断 Web 站点

对于这项工作，为了练习跟踪，完成第一个练习。第二个练习能够帮助理解健康监测。

◆ **练习 1** 打开对其中一个已经存在 Web 应用程序的跟踪。确保只在测试环境中运行。检查关于页面的跟踪数据。仔细查看，并判断是否存在意外的结果。

◆　**练习 2**　打开对其中一个已经存在 Web 应用程序的健康监测。再次确保只在测试环境中运行。检查几天内记录的数据，获取结果。

实战测试

本书配套资源为实战测试提供了多种选择。例如，可选择只对本章相关的内容进行测验，也可用完整的 70-562 认证考试的内容进行自测。可将测验设置为实战模式(即与真实考试基本相同)，或者可以设为学习模式，以便边做题边查看答案及相应的分析。

更多信息　实战测试

要想进一步了解可选的测试模式，请查看本书"前言"。

第 14 章　实现用户配置文件、验证和授权

为了访问私有信息、自定义设置和基于角色的功能，大多数 Web 应用程序都对用户进行验证。开发者必须能够安全地验证用户，从而判断用户的授权，并管理用户的站点会员信息。对于所写的内部 Web 应用程序来说，需要采用基于角色的安全性。对于公共站点来说，也需要允许用户的自定义设置、数据存储、安全性和基本用户配置文件信息。

ASP.NET 包含了许多组件、类和控件，用来管理站点的安全性和授权。利用这些功能，可以实现基于 Windows 或窗体驱动账户的安全性，并通过配置文件识别用户信息。利用 ASP.NET 的会员功能，还可以管理用户。最后，ASP.NET 还提供了一系列控件，处理安全性、配置文件和会员功能。这些控件包括 Login、LoginStatus、ChangePassword 和 PasswordRecovery 等等。利用这些控件，开发者能够快速地对站点添加基本的安全性、配置文件和会员功能。

本章将介绍如何使开发者有效地利用 ASP.NET 用户管理的众多功能，包括配置文件、会员功能和安全性。

本章考点

◆　配置和部署 Web 应用程序

　　◇　配置提供程序

　　◇　配置身份验证、授权和模拟

本章课程设置

◆　第 1 课　使用用户配置文件

◆　第 2 课　使用 ASP.NET 的成员资格

◆　第 3 课　加强站点的安全性

课 前 准 备

为了完成本章的课程，应当熟悉使用 Visual Basic 或 C#在 Visual Studio 中开发应用程序。除此之外，还应当熟悉以下内容：

◆　Visual Studio 2008 集成开发环境(IDE)

◆　使用超文本标记语言(HTML)和客户端脚本

◆　创建 ASP.NET Web 站点和窗体

第 1 课　使用用户配置文件

在 ASP.NET 中，用户配置文件是指站点所定义的基于个体用户的一个属性集合。这个集合可以包括颜色预设置、地址信息或其他基于个体用户的跟踪信息。用户在站点中建立了一个配置文件。用户的配置信息保存在站点浏览之间。然后，ASP.NET 会自动根据用户的身份载入用户的配置信息。在应用程序中，可以利用这些配置信息做出判断，预先录入数据、设置自定义信息等等。

本课阐述了如何建立、定义、配置和利用 ASP.NET 用户配置文件。

学习目标

◆　定义自定义用户配置文件

◆　提取并利用用户配置信息，在代码中做出判断

◆　设定用户配置文件的数据存储

◆　开启并使用授权和匿名用户配置文件

预计课时：20 分钟

用户配置文件的基本概念

利用 ASP.NET 的用户配置文件功能，能够简单快速地生成一种方式，以便在站点中定义、保存、提取和利用用户配置文件信息。大部分设置都可以配置在 Web.config 文件中，包括定义一种存储机制和用来定义用户配置文件的实际字段。这时，ASP.NET 和相关的用户配置文件类会处理保存数据(无须创建特定的规范)、提取数据，并在强类型化类中提供数据。

下面列出了对 ASP.NET Web 站点创建用户配置文件的相关步骤。

1.　**配置一个用户配置文件的提供程序**　此类用于在数据库中保存用户配置信息以及从数据中提取信息。SQL Server 提供了一个默认的提供程序。我们也可以创建自

定义的配置文件提供程序。

2.　**定义用户配置文件**　利用 Web.config 文件，创建所要用来定义用户配置文件的字段。ASP.NET 利用这些字段来保存数据，然后在强类型化类中返回数据。

3.　**唯一识别用户**　站点的匿名用户和授权用户都可以被识别。利用一个唯一数值，从数据存储中返回他们的配置信息

4.　**设置和保存用户配置**　必须提供一种方式，允许用户设置他们的配置信息，然后由设定的配置提供程序保存这个信息。

5.　**识别回访者**　当用户再次访问站点时，必须能提取其用户配置信息，作为一种强类型化类。然后，代码使用这些配置文件信息设置自定义的设定、预先录入数据字段，以及做出与应用程序相关的决策。

为了使用 ASP.NET 配置文件功能，这些步骤表示了所需建立的基本步骤。下面几节将详细介绍其中的每个步骤。

配置一个用户配置提供程序

在数据库中，用户配置文件的保存和提取都需要使用提供程序类。该类将存储和提取从实际配置本身中抽象出来。利用这种方式，可以经常配置一个新的提供程序(和数据存储)，而无须对代码作任何改变。

为了使用用户配置文件，ASP.NET 提供了一个默认设定的提供程序。该提供程序就是位于 System.Web.Profile namespace 命名空间的 SqlProfileProvider 类。当安装 ASP.NET 时，Machine.config 文件会自动添入一个设定。其中，Machine.config 文件用于将 SqlProfileProvide 类连接到本地计算机中 SQL Server 数据库的实例。该设定就是 AspNetSqlProfileProvider，并被设置成使用 SQL Server 的本地设定版本。默认情况下，SQL Server 的本地设定版本是 SQL Server Express。但是，我们也可以修改它。下面这段标记显示了一个提供程序的配置示例：

```
<profile>
  <providers>
    <add name="AspNetSqlProfileProvider"
      connectionStringName="LocalSqlServer" applicationName="/"
      type="System.Web.Profile.SqlProfileProvider,
          System.Web, Version=2.0.0.0,
          Culture=neutral, PublicKeyToken=b03f5f7f11d50a3a"/>
  </providers>
</profile>
```

注意，在前面这段标记中，提供程序被配置成使用 LocalSqlServer 连接字符串。在 Machine.config 文件中，也可以找到它。默认情况下，该连接字符串指向 aspnetdb 数据库的 SQL Server Express 程序。下面这段标记给出了一个示例：

```
<connectionStrings>
  <add name="LocalSqlServer" connectionString="data source=.\SQLEXPRESS;
    Integrated Security=SSPI;AttachDBFilename=|DataDirectory|aspnetdb.mdf;
    User Instance=true" providerName="System.Data.SqlClient"/>
</connectionStrings>
```

实际上，如果 Web 服务器包含了 SQL Server Express，那么，当使用这个功能时，

ASP.NET 会自动创建相应的配置数据库。这个过程是在所定义的 DataDirectory(或 App_Data)中完成的。当然，这些设置也可以被覆盖。

配置新的配置文件数据库

在大多数情况下，这个数据库在开发环境中已经存在，因此，不再需要任何操作来配置一个用户配置文件提供程序或者数据库。但是，如果想设定一个使用标准 SQL Server 的提供程序，首先，必须针对给定数据库服务器生成数据库的架构。ASP.NET 提供了 Aspnet_regsql.exe 工具来实现它。

在开发计算机中的下面路径中，能够找到 Aspnet_regsql.exe 工具：

```
%windows%\Microsoft.NET\Framework\%version%
```

例如，在 Windows Vista 开发计算机的标准安装中，该工具可以在下面的路径中找到：

```
C:\Windows\Microsoft.NET\Framework\v2.0.50727
```

当运行工具时，既可以在命令行模式中运行工具，也可以利用用户界面，通过建立配置文件架构数据库的向导运行该工具。在命令行模式中，可以设置数据库的名称(-d)、服务器的名称(-S)以及其他重要的信息，比如登录用户(-U)和密码(-P)。

该工具不仅可以用来建立配置文件表，还可以用来定义角色、成员、配置文件和 Web 部件表。为了定义所要创建的表，使用-A 命令，并在-A 命令的旁边附加一个字母或多个字母。这些字母指代了所要创建的表。例如，-Aall 表示创建所有表，而-Ap 表示只创建 Profile 表。

下面的示例表示利用 Windows 认证书(-E)，为本地服务器(-S)设定配置文件表(-Ap)：

```
aspnet_regsql.exe -E -S localhost -Ap
```

Setup Wizard 提示了配置 ASP.NET 应用程序服务和移除服务的所有步骤。图 14.1 显示了这个向导的主页。默认情况下，配置文件数据库的名称是 aspnetdb。

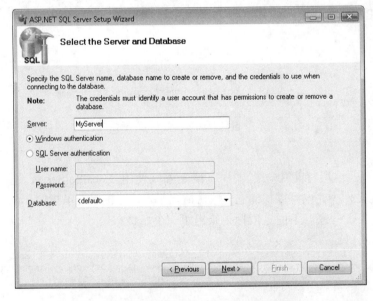

图 14.1　定义 ASP.NET 应用程序服务数据库

一旦执行，该工具会更新配置信息(Machine.config)，使用新的提供程序。当将应用程序移动到另一个服务器时，可能需要做出相同的改变。当然，在单个站点的 Web.config 文件中，添加一个新的连接字符串，也可以重载 Web.config 文件的这些设置。然后，定义一个提供程序元素，指向这个连接字符串。

注意　自定义提供程序

利用基础类 ProfileProvider，可以创建自定义的提供程序类。然后，生成提供程序，并配置在 Web.config 文件中。更多的信息，请查阅 MSDN 主题 "Implementing a Profile Provider"。

定义用户配置文件

针对站点的每个用户，通过确定所要跟踪的单个字段，定义用户配置文件。例如，跟踪用户的姓和名、用户最后访问的日期和时间、用户偏爱的字体和颜色设置等。每个所要跟踪的值都被定义成一个配置属性。配置属性可以是任何类型，比如 string 类型、DataTime 类型，甚至自定义的类型。

为了在 Web.config 文件中定义用户配置字段，添加一个<profile>元素到配置文件。其中，该<profile>元素后面跟着一个<properties>元素。在<properties>元素里面，所添加的每个<add>子元素表示一个新的字段。字段的名称由属性 name 指定。除非特别强调，这些字段的类型是 string。但是，利用元素属性 type，可以指定另一个特定的类型。下面的示例显示了一个定义在 Web.config 文件内部的用户配置文件。

```
<configuration>
  <system.web>
    <profile>
      <properties>
        <add name="FirstName" />
        <add name="LastName" />
        <add name="LastVisit" type="System.DateTime" />
      </properties>
    </profile>
  </system.web>
</configuration>
```

匿名用户配置文件

默认情况下，用户配置文件及其属性只对授权用户有效。对于这些授权用户，要求提供站点的登录凭证，然后对用户的数据存储进行身份验证。但是，有时为了允许匿名用户(没有站点的登录凭证)使用用户配置文件的功能，首先，利用元素属性 allowAnonymous，将属性定义成匿名。对于匿名配置文件，每个属性的元素属性 allowAnonymous 值都为 true。

接下来，必须添加<anonymousIdentification>元素到 Web.config 文件，并将属性 enabled 设置成 true。<anonymousIdentification>元素还含有其他一些属性，用来控制如何使用信息记录。但是，一般选择默认设置就足够了。

下面的示例同时显示了 anonymousIdentification 元素和属性 allowAnonymous：

```
<anonymousIdentification enabled="true" />

<profile>
```

```
  <properties>
    <add name="FirstName" allowAnonymous="true" />
    <add name="LastName" allowAnonymous="true" />
    <add name="LastVisit" type="System.DateTime" allowAnonymous="true" />
  </properties>
</profile>
```

在这个示例中，匿名配置文件被打开，并且，对于每个第一次访问站点的用户，ASP.NET都会创建一个唯一的标识。这个值被保存并记录在浏览器信息记录中。默认情况下，这个信息记录会在用户最后访问站点的 70 天后过期。如果浏览器不支持信息记录，用户配置文件也可以在页面请求的 Uniform Resource Locator(URL)中保存唯一的标识，无须用到信息记录；但是，一旦用户关闭浏览器，配置文件也会消失。

配置文件的属性组

可以将配置文件的属性组合在一起并起个组名。例如，定义一个 Address 组，包含属性 Street、City 和 PostalCode。与类的数据封装方式相似，可以将这些项添加到组中，这样，通过配置文件类就可以访问这些属性。

下面这段标记阐述了在 Web.config 文件中定义组的配置文件属性：

```
<profile enabled="true">
  <properties>
    <group name="Address">
      <add name="Street" />
      <add name="City" />
      <add name="PostalCode" />
    </group>
  </properties>
</profile>
```

自定义的配置文件属性类型

创建自定义类，并将其看成一个配置文件属性。例如，假设有一个类，定义了组织中用户的位置、该用户间接或直接的报告信息。这个类可以看成一个配置文件属性。为此，我们必须利用属性 Serializable 确认自定义类被标记成可序列化。然后，利用<add>元素的元素属性 type，引用自定义类型。下面这段标记显示了一个添加 OrgPosition 自定义类型的示例：

```
<profile>
  <properties>
    <add name="Position" type="MyNamespace.OrgPosition"
      serializeAs="Binary" />
  </properties>
</profile>
```

识别用户

如前所述，用户配置文件既适用于验证用户，也适用于匿名用户。如果 Web 应用程序需要并实现了用户验证，就可以立刻开始使用配置，因为这些配置会自动对验证用户打开。有关实现用户验证的更多信息，请参考本章后面的第 3 课。

如果站点不要验证用户，就必须在 Web.config 文件中设置<anonymousIdentification enabled="true" />，显式地打开用户配置，如前所述。在这种情况下，用户的识别既可以使用信息记录设置,也可以使用 URL 值。

　　有时,存在这样一种情况,在开始时,站点用户使用匿名的配置文件。但是,在某个时候,用户想创建一个账号,使原先匿名的配置文件变成要求验证的方式。幸运的是,ASP.NET 能够支持这种情况。

迁移匿名用户配置文件

　　如果匿名的用户配置文件开始被打开,而随后又想允许用户创建一个验证的凭证,那么,ASP.NET 将为用户创建一个新的配置文件。为了避免丢失用户的匿名配置信息,当用户的信息记录出现在站点上时,必须响应 ASP.NET 发出的 MigrateAnonymous 事件。下面这段代码阐述了当用户第一次使用新的凭证获取验证时,如何迁移信息:

```vb
'VB
Public Sub Profile_OnMigrateAnonymous
(sender As Object, args As ProfileMigrateEventArgs)
  Dim anonymousProfile As ProfileCommon = Profile.GetProfile(args.AnonymousID)

  Profile.ZipCode = anonymousProfile.ZipCode
  Profile.CityAndState = anonymousProfile.CityAndState
  Profile.StockSymbols = anonymousProfile.StockSymbols

  'delete the anonymous profile. If the anonymous ID is not
  'needed in the rest of the site, remove the anonymous cookie.
  ProfileManager.DeleteProfile(args.AnonymousID)
  AnonymousIdentificationModule.ClearAnonymousIdentifier()
End Sub
```

```csharp
//C#
public void Profile_OnMigrateAnonymous
(object sender, ProfileMigrateEventArgs args)
{
    ProfileCommon anonymousProfile = Profile.GetProfile(args.AnonymousID);

    Profile.ZipCode = anonymousProfile.ZipCode;
    Profile.CityAndState = anonymousProfile.CityAndState;
    Profile.StockSymbols = anonymousProfile.StockSymbols;

    //delete the anonymous profile. If the anonymous ID is not
    //needed in the rest of the site, remove the anonymous cookie.
    ProfileManager.DeleteProfile(args.AnonymousID);
    AnonymousIdentificationModule.ClearAnonymousIdentifier();
}
```

　　注意,在这段代码中,用户的匿名配置信息实际被复制到新的配置文件中。之后,系统会删除用户的匿名配置。

设置和保存用户配置文件

　　为了保存用户配置文件,可以先简单地设置单个属性的值,然后调用 Profile.Save 方法。该方法会使用设定好的配置文件提供程序,将配置数据写入设定的数据库中。

　　一般,根据用户的选择,比如用户偏爱的站点颜色或字体大小,用户配置信息会有相应的改变。有时,可能也要允许用户利用 Web 窗体,输入和修改他们的配置信息。修改的方式与修改任何 Web 窗体的方式类似。添加控件到网页、添加有效性验证、添加保存按钮,以及代码隐藏文件中的事件，从而将数据保存在数据存储中。

例如，假设用户配置文件同时包含了用户的姓和名，以及用户最后访问站点的时间，此时，为了让用户修改他们的名字信息，首先，创建一个窗体。该窗体可能包含了一对 TextBox 控件、一个 Button 控件，或许还有一些有效性验证控件。当用户单击保存按钮时，简单地设定这些配置信息，然后调用 Save 方法保存。下面这段代码给出了一个示例：

```vb
'VB
Protected Sub Button1_Click(ByVal sender As Object, _
  ByVal e As System.EventArgs) Handles Button1.Click

  Profile.FirstName = TextBoxFirst.Text
  Profile.LastName = TextBoxLast.Text
  Profile.Save()
End Sub
```

```csharp
//C#
protected void Button1_Click(object sender, EventArgs e)
{
  Profile.FirstName = TextBoxFirst.Text;
  Profile.LastName = TextBoxLast.Text;
  Profile.Save();
}
```

为了设置用户最后访问的时间，可以添加一部分代码到 Global.asax 文件中。这里，可能需要覆盖 Session_End 事件。下面给出示例：

```vb
'VB
Sub Session_End(ByVal sender As Object, ByVal e As EventArgs)
  Profile.LastVisit = DateTime.Now
  Profile.Save()
End Sub
```

```csharp
//C#
void Session_End(object sender, EventArgs e)
{
  Profile.LastVisit = DateTime.Now;
  Profile.Save();
}
```

识别站点回访者

ASP.NET 会根据用户的身份识别自动载入用户的配置信息。此外，当允许匿名身份验证时，身份识别是通过 cookie 设置的形式传递的。否则，在授权时会进行身份识别。无论哪种方式，一旦载入配置文件，就可以获取数据信息做出判断，比如设定偏爱的颜色和字体等。

为了允许用户设置用户配置信息，前面的示例利用了 Web 窗体。为了使用任意配置数据对窗体字段进行初始化，可以修改该窗体的 Load 方法。修改代码如下：

```vb
'VB
Protected Sub Page_Load(ByVal sender As Object, ByVal e As System.EventArgs) _
  Handles Me.Load
  If Not IsPostBack Then
    TextBoxFirst.Text = Profile.FirstName
    TextBoxLast.Text = Profile.LastName
    LabelLastVisit.Text = Profile.LastVisit.ToString()
```

```
    End If
End Sub

//C#
protected void Page_Load(object sender, EventArgs e)
{
  if (!IsPostBack)
  {
    TextBoxFirst.Text = Profile.FirstName;
    TextBoxLast.Text = Profile.LastName;
    LabelLastVisit.Text = Profile.LastVisit.ToString();
  }
}
```

与其他方式相比，这种配置文件的使用方式十分简单，因为无须显式判断用户是谁，也无须执行任何数据库查询。通过简单地引用配置属性值，ASP.NET 就能够识别当前用户，并在配置文件存储中查询到属性值。

实训：应用用户配置文件

在这个实训中，定义和设定用户配置文件。创建一个窗体，允许用户修改其配置信息。

如果在完成这个练习时遇到问题，可参考本书配套资源中所附的实例，这些实例都有完成了的项目文件。

➤ 练习 1　处理 ASP.NET 用户配置

在这个练习中，打开匿名用户的用户配置文件，跟踪站点访问者的信息。

1. 打开 Visual Studio，创建一个新的基于文件的 Web 站点，名为 UserProfile。

2. 打开项目的 Web.config 文件。定位到<system.web>元素。在这个元素中，添加设定匿名用户配置的标记。如下所示：

   ```
   <anonymousIdentification enabled="true" />
   ```

3. 在 Web.config 文件中，添加用户配置信息到< system.web>元素下面。添加姓名、邮政编码和偏爱颜色等字段，如下所示：

   ```
   <profile>
     <properties>
       <add name="Name" allowAnonymous="true" />
       <add name="PostalCode" type="System.Int16" allowAnonymous="true" />
       <add name="ColorPreference" allowAnonymous="true" />
     </properties>
   </profile>
   ```

4. 添加站点主页。右击站点并选择 Add New Item。使用 MasterPage.master 的默认页面名称。

5. 添加包含 HyperLink 控件的标记到主页。该 HyperLink 控件既显示了用户的名称，又显示了对后面将要创建的用户配置信息修改页面的链接。

   将标记包含在一个 Panel 控件中。该控件用来为站点设定用户的偏爱颜色。页面中<body>元素的内容大致如下所示：

   ```
   <body style="font-family: Verdana">
     <form id="form1" runat="server">
   ```

```
          <asp:Panel ID="Panel1" runat="server">
            <h1>My Site</h1>
            <hr />
            <div style="float: right">
              <asp:HyperLink ID="HyperLinkUserProfile" runat="server"
                NavigateUrl="UserProfile.aspx"></asp:HyperLink>
            </div>
            <asp:ContentPlaceHolder id="ContentPlaceHolderMain" runat="server">
            </asp:ContentPlaceHolder>
          </asp:Panel>
        </form>
</body>
```

6. 添加 **Page_Load** 事件处理程序到主页的代码隐藏文件。在这个处理程序中，根据
    用户配置信息，添加代码，设定 HyperLink 控件的文字和 Panel 控件的背景。代码
    大致如下所示：

    ```vb
    'VB
    Protected Sub Page_Load(ByVal sender As Object, _
      ByVal e As System.EventArgs) Handles Me.Load

      If Profile.Name.Length > 0 Then
        HyperLinkUserProfile.Text = "Welcome, " & Profile.Name
      Else
        HyperLinkUserProfile.Text = "Set Profile"
      End If

      If Profile.ColorPreference.Length > 0 Then
        Panel1.BackColor = _
          System.Drawing.Color.FromName(Profile.ColorPreference)
      End If
    End Sub
    ```

    ```csharp
    //C#
    protected void Page_Load(object sender, EventArgs e)
    {
      if (Profile.Name.Length > 0)
      {
        HyperLinkUserProfile.Text = "Welcome, " + Profile.Name;
          }
      else
      {
        HyperLinkUserProfile.Text = "Set Profile";
      }
      if (Profile.ColorPreference.Length > 0)
      {
        Panel1.BackColor =
          System.Drawing.Color.FromName(Profile.ColorPreference);
      }
    }
    ```

7. 从 Web 站点中删除 Default.aspx 页面。
    添加一个新的 Web 窗体，名为 Default.aspx。在这个过程中，选中 Add New Item
    对话框中的 Select Master Page 复选框。单击 OK；选中 Select A Master Page 对话
    框中的 MasterPage.master，然后单击 OK。在 Solution Explorer 中，右击该页面，
    并将其设置成解决方案的起始页面。
    在新的 Default.aspx 页面中，添加第二个 asp:Content 控件的文字，指示用户位于
    主页。代码大致如下所示：

    ```
    <asp:Content ID="Content1" ContentPlaceHolderID="head" Runat="Server">
      <title>Home</title>
    ```

```
</asp:Content>

<asp:Content ID="Content2" ContentPlaceHolderID="ContentPlaceHolderMain"
Runat="Server">
  <h2>Home</h2>
</asp:Content>
```

8. 添加另一个新的窗体到页面，并命名为 UserProfile.aspx。确保选中 MasterPage.master 作为它的主页面。

9. 修改 UserProfile.aspx 页面的标记，包含允许用户管理配置信息的窗体字段。代码大致如下所示：

```
<asp:Content ID="Content1" ContentPlaceHolderID="head" Runat="Server">
  <title>User Profile</title>
</asp:Content>

<asp:Content ID="Content2"
  ContentPlaceHolderID="ContentPlaceHolderMain" Runat="Server">

  <h2>User Profile</h2>

  Name<br />
  <asp:TextBox ID="TextBoxName" runat="server"></asp:TextBox>
  <br /><br />
  Postal Code<br />
  <asp:TextBox ID="TextBoxPostal" runat="server"></asp:TextBox>
  <br /><br />
  Background Preference<br />
  <asp:DropDownList ID="DropDownListColors" runat="server">
    <asp:ListItem Text="White" Value="White"></asp:ListItem>
    <asp:ListItem Text="Yellow" Value="Yellow"></asp:ListItem>
    <asp:ListItem Text="Green" Value="Green"></asp:ListItem>
  </asp:DropDownList>
  <br /><br />

  <asp:Button ID="ButtonSave" runat="server" Text="Save" />

</asp:Content>
```

10. 为 UserProfile.aspx 页面的 ButtonSave 单击事件添加一个事件处理程序(在能够利用设计视图查看页面之前，必需首先生成项目)。添加代码到该事件处理程序，设定用户配置信息，保存用户配置，并将用户重定向到主页。代码大致如下所示：

```
'VB
Protected Sub ButtonSave_Click(ByVal sender As Object, _
  ByVal e As System.EventArgs) Handles ButtonSave.Click

  Profile.Name = TextBoxName.Text
  Profile.PostalCode = TextBoxPostal.Text
  Profile.ColorPreference = DropDownListColors.SelectedValue.ToString()

  Profile.Save()

  Response.Redirect("Default.aspx")

End Sub
```

```
//C#
protected void ButtonSave_Click(object sender, EventArgs e)
{
  Profile.Name = TextBoxName.Text;
  Profile.PostalCode = short.Parse(TextBoxPostal.Text);
  Profile.ColorPreference = DropDownListColors.SelectedValue.ToString();
```

```
        Profile.Save();

        Response.Redirect("Default.aspx");
    }
```

11. 为 UserProfile.aspx 页面的 **Page.Load** 事件添加另一个事件处理程序。添加代码到
    该事件处理程序，初始化窗体字段(若用户配置信息值存在)。代码大致如下所示：

```
'VB
Protected Sub Page_Load(ByVal sender As Object, _
  ByVal e As System.EventArgs) Handles Me.Load

    If Not IsPostBack Then
        TextBoxName.Text = Profile.Name
        If Profile.PostalCode > 0 Then
            TextBoxPostal.Text = Profile.PostalCode
        End If
        If Profile.ColorPreference.Length > 0 Then
            DropDownListColors.SelectedValue = Profile.ColorPreference.ToString()
        End If
    End If

End Sub
```

```
//C#
protected void Page_Load(object sender, EventArgs e)
{
    if (!IsPostBack)
    {
        TextBoxName.Text = Profile.Name;
        if (Profile.PostalCode > 0)
        {
            TextBoxPostal.Text = Profile.PostalCode.ToString();
        }
        if (Profile.ColorPreference.Length > 0)
        {
            DropDownListColors.SelectedValue = Profile.ColorPreference.ToString();
        }
    }
}
```

12. 运行应用程序，访问 Default.aspx 页面。注意，第一次运行应用程序需要一定的时
    间，因为 ASP.NET 会为站点生成 ASPNETDB 文件。
    单击 **Set Profile** 链接，修改配置信息并查看结果。关闭应用程序，然后再次运行
    应用程序，注意 ASP.NET 如何在请求间保存信息。

13. 在解决方案资源管理器中，单击刷新按钮。注意，此时 **App_Data** 子目录包含了
    ASPNETDB 数据库文件。

本课总结

- 利用 Web.config 文件和<profile>元素设定用户配置。根据为站点用户所要跟踪的
  数据元素，添加字段到该元素。
- 基于 Web.config 文件中的配置字段设置，ASP.NET 自动创建一个强类型对象。在
  代码中，通过 Profile.<FieldName>语句，可以访问该类及其属性。
- 调用 Profile.Save 方法，保存用户配置到数据库。

◆ 默认情况下，ASP.NET 使用 SqlProfileProvider 保存和提取用户配置信息到 SQL Server Express 数据库(ASPNETDB.mdf)。利用配置文件，改变这个提供程序和数据库。

课后练习

通过下列问题，你可检验自己对第 1 课的掌握程度。这些问题也可从配套资源中找到。

注意 关于答案

对这些问题的解析可参考本书末"答案"。

---

1. 下面哪个 Web.config 文件能够正确地打开 Web 应用程序，在 Int32 类型的变量中跟踪匿名用户的年龄？

   A.
   ```
   <anonymousIdentification enabled="true" />
   <profile>
     <properties>
       <add name="Age" type="System.Int32" allowAnonymous="true" />
     </properties>
   </profile>
   ```

   B.
   ```
   <anonymousIdentification enabled="true" />
   <profile>
     <properties>
       <add name="Age" allowAnonymous="true" />
     </properties>
   </profile>
   ```

   C.
   ```
   <anonymousIdentification enabled="true" />
   <profile>
     <properties>
       <add name="Age" type="System.Int32" />
     </properties>
   </profile>
   ```

   D.
   ```
   <profile>
     <properties>
       <add name="Age" type="System.Int32" />
     </properties>
   </profile>
   ```

2. 为了创建一个用户配置，并使用自定义类型作为配置属性之一。该如何操作？(不定项选择)

   A. 标记此类为可序列化

   B. 将给定配置属性的元素属性 type 设置为自定义类型的有效全名。

   C. 添加组元素到配置属性。在自定义类型中，为每个属性添加一个元素到组元素。将每个元素的名称设置成与自定义类型的属性元素名称相匹配。

   D. 在 Machine.config 文件中，添加自定义类型到<cutsomTypes>元素中。

第 2 课　使用 ASP.NET 的成员资格

几乎对每个企业 Web 应用程序来说，一个关键的功能是能够管理用户，并准许用户使用站点的功能。这些功能包括创建和修改用户、管理用户密码，以及根据角色验证用户等。在过去，这部分代码是几乎由每个 Web 应用程序的开发团队来完成(有时还不止一次)。幸运的是，现在 ASP.NET 包含了会员功能，大大减少了所需编写代码的数量。ASP.NET 成员资格功能包含以下几点：

- 基于向导配置的用户管理功能
- 基于浏览器的用户管理和访问控件配置
- ASP.NET 控件集合，以使用户能够登录、退出、创建新的账号和找回丢失的密码。
- Membership 类和 Roles 类，用来在代码中访问用户管理性能

ASP.NET 的成员资格与第 1 课学习的用户配置文件有关。用户配置文件保存了唯一标识用户的数据。成员资格就是用来唯一识别用户。本课将讲述如何在 Web 应用程序中有效地利用 ASP.NET 的成员资格来管理用户账号和授权。本章第 3 课将介绍如何利用 ASP.NET 来验证用户。

更多信息　保护 Web 服务器

本章试图提供所需的信息，最大程度地保证 Web 应用程序的安全性。有关提高 Web 服务器的安全性的主题很多。大部分的保护工作都集中在系统管理员的身上。有关保护服务器的更多信息，请查阅 MSDN 主题，名为 "Securing Your Web Server"。有关保护 ASP.NET 应用程序的更多信息，请查阅 MSDN 主题，名为 "Building Secure ASP.NET Applications: Authentication, Authorization, and Secure Communication"。

学习目标

- 理解 ASP.NET 登录控件的功能，并在站点中使用这些控件
- 配置 ASP.NET Web 应用程序，支持用户管理
- 使用 Membership 类管理用户信息
- 使用 Roles 类定义站点的身份验证组

预计课时：45 分钟

利用 WSAT 配置安全性

利用 Web Site Administration Tool(WSAT)，可以定义和管理站点中的用户、角色以及安全性。从 Web 浏览器中，管理员和开发者都可以使用这个工具管理安全性的设定。该工具可以用来配置验证、创建和管理用户，以及创建和管理基于角色的授权。

创建用户

回顾前面，选择 Website 菜单中的 ASP.NET Configuration，可以打开 Visual Studio 中

的 WSAT 工具。这时，进入站点的管理页面。用户配置信息包含在 Security 表项中。首先，单击 Select Authentication Type 链接。这里，选择基于 Windows 的本地 Active Directory 安全性验证(From A Local Network)，或者选择使用数据库验证(From The Internet)的基于 Web 的窗体。一旦确定验证的类型，就可以创建用户、管理用户、定义用户的角色，以及控制用户的访问。图 14.2 显示了一个使用 WSAT 创建新用户的示例。

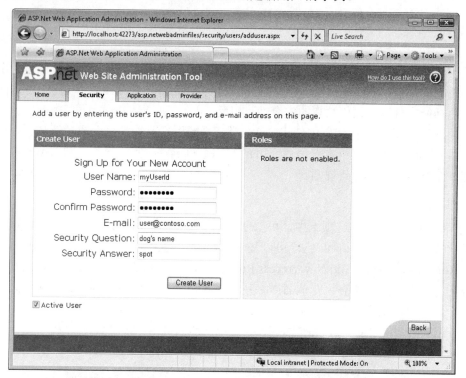

图 14.2　使用 WSAT 创建用户

当使用 WSAT 选中基于 Web 的安全性时，ASP.NET 会自动为站点创建 ASPNETDB.mdf 文件，并将其保存在 App_Data 目录中(关于如何配置一个不同的数据库，请参考第 1 课)。为了使安全性功能生效，ASP.NET 还会更新站点的 Web.config 文件，并在文件中添加验证元素，如下所示:

```
<configuration>
  <system.web>
    <authentication mode="Forms" />
  </system.web>
</configuration>
```

对管理者和开发者来说，WSAT 是一个非常有用的工具。修改配置设定和管理 ASPNETDB 内部的数据，都需要用到这个工具。但是，它不支持账户的用户服务开通或者其他相关的基于用户的管理。因此，为了建立和管理用户信息，必须使用登录控件，为用户创建页面。

创建角色

利用 WSAT，还可以创建、配置和管理用户角色。简单来说，用户角色就是定义用户组。然后，我们就可以站在角色层面，而不是单个用户层面，对用户进行授权。这时，管理更加简单了，因为角色不会变化，而变化的仅仅是角色所赋予的用户。

为了使用 WSAT 打开角色功能，在 Security 表项，单击 Enable Roles 链接。这时，Web.config 文件也被修改成打开角色功能，代码如下：

```
<configuration>
  <system.web>
    <roleManager enabled="true" />
  </system.web>
</configuration>
```

这时，在 Security 选项卡，可以使用 Create Or Manage Roles 链接。为了创建一个新的角色，首先设定角色名，然后针对给定的角色单击 Manage，设定或移除角色中的用户。

角色功能本身没有强化站点的安全性。相反，我们还需要完成下面两项工作之一(或者所有两项工作)。第一，在代码中使用 Roles 类，判断用户对给定页面或功能是否有访问权限。利用 IsUserInRole 方法(本课稍后介绍)，可以查询到这一点。第二，利用 WSAT，为站点创建一个基于角色的访问规则。

创建访问规则

在 WSAT 的 Security 选项卡中，可以创建基于角色的访问规则。在站点中，该访问规则能够定义文件夹级别的访问。它既可以基于个别用户，也可以基于角色。首先，单击 Create Access Rules 链接，进入 Add New Access Rule 页面，如图 14.3 所示。在这里，规则可以应用于角色、单个用户、所有用户或者匿名用户。这里还可以选中规则定义的文件夹、规则应用的范围，以及是否允许进入访问。

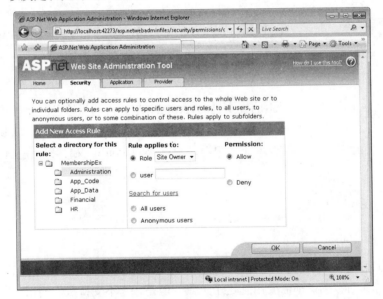

图 14.3　使用 WSAT 管理访问规则

对于每个应用访问规则的文件夹，WSAT 都会添加(或修改)一个 Web.config 文件。这个配置文件只应用于所属文件夹的内容。在图 14.3 的示例中，Site Owner 的角色被设置成允许进入 Administration 文件夹。这时，Administration 文件夹内部的 Web.config 文件的内

容改变如下:

```xml
<?xml version="1.0" encoding="utf-8"?>
<configuration>
  <system.web>
    <authorization>
      <allow roles="Site Owner" />
    </authorization>
  </system.web>
</configuration>
```

登录控件

为了使用 Web 窗体验证用户和在数据库中保存用户信息,ASP.NET 提供了一系列控件、类和管理工具。这些控件可以用来跟踪、管理和验证用户,而无须创建自己的模式、依赖 Active Directory、或者通过其他方式管理用户。在.NET Framework 的版本 2.0 之前,自定义用户验证需要创建一系列复杂的组件,比如用户数据库模式、登录页面、密码管理页面,以及用户管理。创建这些组件本身需要耗费了大量时间,并且给应用程序的安全性带来了风险。ASP.NET 能够减少这种风险。

登录控件类

ASP.NET 提供了七种控件,用来管理用户的登录信息。这七种控件组合在一起,构成登录控件。它们能够提供用户界面,用来管理有关用户的登录功能。类似于配置文件功能,在默认情况下,这些控件被配置成与 ASPNETDB SQL Server Express 数据库一起处理。当然,我们也可以创建自定义提供程序,或者迁移到 SQL Server 的一个更高版本。

图 14.4 显示了登录控件的类层次结构。

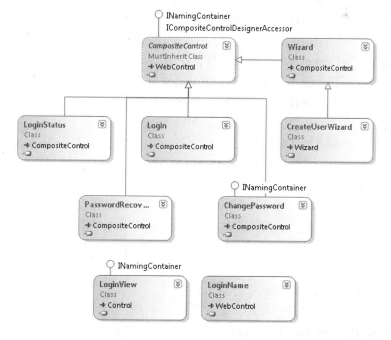

图 14.4　ASP.NET 登录控件

每个控件提供一个特定的功能。这些功能都是大部分用户驱动的 Web 站点所必需的。下面列出了每个控件及其用途。

- **CreateUserWizard** 该控件能够收集新用户的信息，比如用户名和密码，然后创建一个新用户账号。CreateUserWizard 可以与用户配置文件一起使用。

- **Login** 该控件定义了一个用户界面，用来提示用户输入用户名和密码，以及选择是否在下次访问站点时自动验证。Login 控件可以和 ASP.ENT 的成员资格一起使用，而不需要编写任何代码。当然，通过添加一个 Authenticate 事件的处理程序，可以编写自己的验证代码。

- **LoginView** 该控件用来显示用户登录站点后的不同信息。例如，利用这个控件，可以显示只针对验证用户的功能链接。

- **LoginStatus** 该控件用来帮助用户在验证失败后链接到登录页面。它还能为当前已登录的用户提供一个退出的链接。

- **LoginName** 该控件显示了当前用户的用户名(若用户已登录)。

- **PasswordRecovery** 该控件能够通过发送电子邮件或提示用户回答安全性问题的方式，为用户打开密码的提取或者重置。

- **ChangePassword** 该控件能够帮助已登录用户修改密码。

利用这些控件的自带功能，可以不用编写任何代码，创建一个 Web 站点，让用户创建账号、修改或重置密码、登录或退出。

创建一个创建用户账号的页面

大部分公共 Web 站点都允许用户创建自己的账号。这种方式简化了用户创建的过程，减轻了管理员的负担。但是，为了启用这项功能，必须创建一个允许用户定义账号的页面。

利用 CreateUserWizard 控件，可以创建一个页面，允许用户使用标准的 ASP.NET 成员资格来创建自己的账号。该控件可以添加在页面中，并与 ASPNETDB 会话的提供程序一起自动处理。

在默认情况下，CreateUserWizard 控件会提示用户输入用户名、密码、电子邮件、安全性问题和安全性回答。图 14.5 显示了一个 Visual Studio 内部网页上的控件示例。注意，CreateUserWizard 控件还包含了一些额外的功能，用来验证所需的字段、检查密码强度和确认密码。

我们不需要其他额外的工作就可以配置、建立和使用 CreateUserWizard 控件。但是，在很多时候，我们希望能够设置 ContinueDestinationPageUrl 属性。当用户完成创建账号时，如果希望用户自动转向某个页面，就需要用到这个属性。并且，在 ContinueButtonClick 事件中，添加一些自定义代码，还可以在 Wizard 中的最后一步用户确认后，执行一些额外的处理。

CreateUserWizard 控件是一个复合型的模板驱动控件。因此，我们可以修改控件所定义的模板，甚至改变或添加到向导所定义的步骤中。如果想添加附件信息到用户注册过程，或者改变界面的布局，这些功能就十分有用。

举例来说，假设想添加控件使用户定义额外的配置信息，作为创建账号的部分过程。为此，单击 CreateUserWizard Tasks 面板中的 Customize Create User Step 链接(如图 14.5 所示)。这时，显示整个标记，在页面中创建一个用户窗体。然后，修改这段标记，添加所需的自定义控件。图 14.6 显示了一个添加 CheckBox 控件到页面的示例。

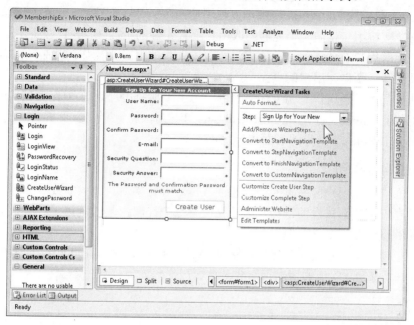

图 14.5　Visual Studio 中的 ASP.NET CreateUserWizard 控件

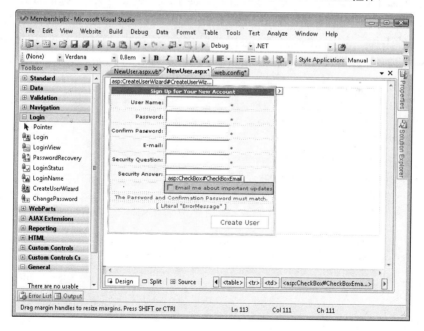

图 14.6　CreateUserWizard 控件的自定义版本

通过处理 CreatedUser 事件，保存这个额外信息。在这个事件中，利用 Membership 类(后面将讲述)获取用户，更新 MembershipUser 类的 Comments 属性。该属性用来保存用户的自定义数值。但是，一个更好的方法是使用第 1 课所讲的用户 Profile 对象。

不幸的是，我们不能简单地设定 CreatedUser 事件中的用户配置信息，因为只有当事件结束后，用户才能被识别和验证。为了解决这个问题，CreateUserWizard 控件提供了属性 EditProfileText 和属性 EditProfileUrl。可以使用这两个属性在创建用户的最后页面中创建一个链接。该链接将用户指向一个能够修改用户配置文件的页面(如第 1 课所述)。这个配置文件与新创建的用户有关。但是，如果没有更进一步的自定义操作，就必须同时维护一个配置文件页面和一个创建用户的页面。

在默认情况下，新用户不属于任何角色。为了添加新用户到角色(比如默认的 Users 角色)，可以为 CreateUserWizard.CreatedUser 事件添加一个处理程序，然后调用 Roles.AddUserToRole 方法(本课后面将讲述)。

创建一个登录页面

登录页面能够让用户向站点的提交凭证，然后等待验证。在大多数情况下，登录页面包括登录信息、创建新账号的链接，以及为已有账户提取密码的链接。对用户来说，这些控件希望能够组合在一个页面中。

首先，创建一个登录页面。然后，修改 Web.config 文件，在<forms>元素中添加元素属性 loginUrl，将无法验证的请求指向登录页面，代码如下：

```
<authentication mode="Forms">
  <forms loginUrl="Login.aspx" />
</authentication>
```

在登录页面中，首先添加一个 Login 控件，提示用户提交凭证。Login 控件还包含了一些验证功能，确保用户输入用户名和密码。但是，为了获取页面实际的出错消息(而不仅仅是星号)，必须添加一个 ValidationSummary 控件到登录页面。通过将 ValidationGroup 属性设置成 Login 控件的 ID，ValidationSummary 控件被配置成与 Login 控件并行工作。图 14.7 显示了一个同时包含两个控件的页面示例。

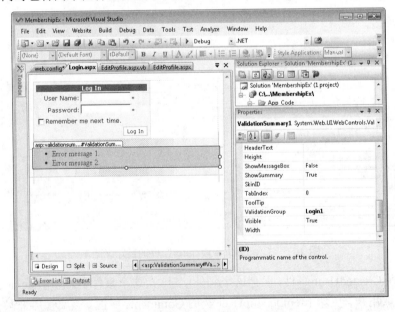

图 14.7 Login 控件提示用户验证

登录控件的使用不需要编写任何代码。它能够自动地与站点的配置并行工作，利用基于窗体的验证方法对用户进行验证。

添加密码恢复

为了完成登录页面，可能还想要添加一个 PasswordRecovery 控件。该控件能够在用户忘记密码时发挥作用。它会提示用户输入用户名，并利用电子邮件接收新的随机密码。电子邮件的发送是基于 Web.config 文件配置所提供的电子邮件地址。在发送密码之前，有时还要求用户回答安全性问题。

更多信息　配置电子邮件服务器

在 Web.config 文件中，可以手动地为站点配置一个电子邮件服务器。还可以使用 WSAT。利用 WSAT，在 Application 表项上设定一个 Simple Mail Transfer Protocol(SMTP)服务器。

图 14.8 显示了该控件在 Visual Studio 中一个示例。注意，这里有三种模板视图：UserName、Question 和 Success。UserName 视图允许用户输入用户名，Question 视图能够询问和验证用户的秘密问题，而 Success 视图表示一次成功的查询。

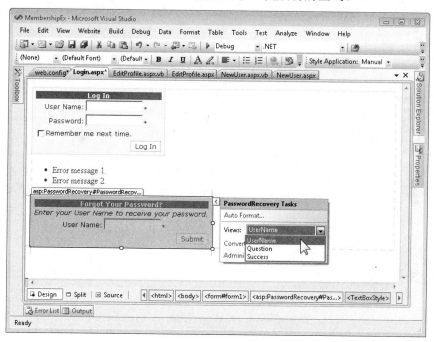

图 14.8　PasswordRecovery 控件能够发送电子邮件到请求密码的用户

如果用户提供了有效的凭证，用户就能登录到站点。会员资格控件(比如 LoginStatus)会自动反映这一点。如果用户不能提供有效的凭证，Login 控件会提示用户重新输入密码。为此，必须创建一个 Login.LoginError 事件的处理程序，并添加一个事件到 Security 事件日志，执行安全性检查。类似地，还需要处理(记录)PasswordRecovery.UserLookupError 事件和 PasswordRecovery.AnswerLookupError 事件。这时，管理员就能够发现查询和恢复用户账号的过多尝试。

创建密码修改页面

另一个重要的窗体是密码修改窗体。该窗体允许用户输入当前密码，并创建一个新密码。利用 ChangePassword 控件，可以创建一个密码修改窗体。图 14.9 给出了一个示例。

在修改完成之后，既可以显示一个成功的消息，也可以自动导向另一个页面。在用户成功修改密码之后，为了将用户再次导向另一个特定页面，可以将 ChangePassword 控件的 SuccessPageUrl 属性设置成特定页面的名称。该控件还提供了一些其他有用的属性，比如 EditProfileUrl 和 EditProfileText，用来创建一个链接，允许用户根据要求修改部分其他的配置信息。

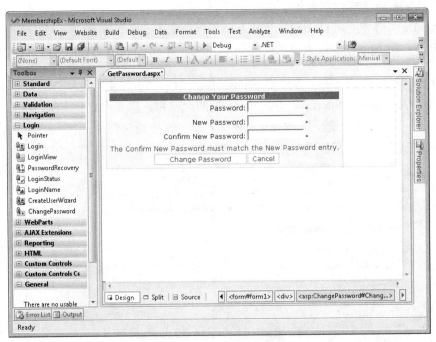

图 14.9　ChangePassword 控件允许用户修改密码

Membership 类

在前面讨论的控件中，主要使用 System.Web.Security.Membership 类的方法来实现它们的功能。对于开发者来说，大部分情况下，这些抽象出来的功能已经足够了。但是，有些时候，开发者需要自己使用这些方法。比如，在登录控件之外创建自定义的用户界面，或者与登录控件事件进行交互，以及在站点中实现其他有关安全性的代码。对于前面的每一个情况，都需要用到 Membership 类。该类能够添加、移除和查询用户。下面列出了该类一些重要的静态方法，以及每种方法的功能。

◆ **CreateUser**　该方法能够向数据库中添加用户。如果创建一个自定义页面，使用户和管理员添加新账户，可以使用这个方法。

◆ **DeleteUser**　该方法能够从数据存储中删除用户。如果创建自定义用户管理工具，可以使用这个方法。

- ◆ **FindUserByEmail**　该方法能够通过指定的电子邮件地址，获取成员资格用户的集合。

- ◆ **FindUserByName**　该方法能够通过指定的用户名，获取成员资格用户的集合。

- ◆ **GeneratePassword**　该方法能够创建一个指定长度的随机密码。如果应用自定义控件来生成或重置密码，可以使用这个方法。

- ◆ **GetAllUsers**　该方法能够返回数据库中所有用户的集合。

- ◆ GetNumberOfUserOnline　该方法能够返回当前登录用户的数量。

- ◆ **GetUser**　该方法能够返回表示当前登录用户的 MembershipUser 对象。在任何时候，如果想访问当前用户的账号，可以调试这个方法。

- ◆ **GetUserNameByEmail**　该方法能够根据指定的电子邮件地址，获取用户名。

- ◆ **UpdateUser**　该方法能够为指定的用户更新数据库信息。如果创建一个页面，使用户或管理员修改已有的账号，可以使用这个方法。

- ◆ **ValidateUser**　该方法能够验证用户名和密码是否有效。如果创建自己的自定义登录控件，可以使用这个方法验证用户的验证。

Roles 类

角色的管理包含了一个类和界面的集合，用来为当前用户创建角色和管理角色信息。在 ASP.NET 的用户管理中，角色功能与用户组一样，用来为特定角色中的所有用户指定访问权限。在这些角色类中，最重要的是 System.Web.Security.Roles。该类能够用于添加和删除角色中的用户、创建新角色，以及判断用户所属的角色。

Roles 类提供了很多静态方法，如下所示。

- ◆ **AddUserToRole、AddUsersToRole 和 AddUsersToRoles**　这些方法添加用户到角色。

- ◆ **CreateRole**　该方法创建一个新角色。

- ◆ **DeleteRole**　该方法删除一个已有的角色。

- ◆ **FindUsersInRole**　该方法返回角色中的用户集合。

- ◆ **GetAllRoles**　该方法返回当前存在的所有角色集合。

- ◆ **GetRolesForUser**　该方法返回当前用户的角色集合。

- ◆ **IsUserInRole**　该方法在用户属于指定角色时返回真值。

- ◆ **RemoveUserFromRole**、**RemoveUsersFromRole**、**RemoveUserFromRoles** 和 **RemoveUsersFromRoles**　这些方法将用户从角色中删除。

例如，将 CreateUserWizard 控件中的用户指定为角色 Users，代码如下：

```
'VB
Roles.AddUserToRole(CreateUserWizard1.UserName, "Users")
```

```
//C#
Roles.AddUserToRole(CreateUserWizard1.UserName, "Users");
```

当采用 Windows 验证时，Roles 类不能用于管理 Windows 用户组。有关 Windows 验证的内容将在本章第 3 课中详细介绍。

快速测试

1. 哪个控件可以用于提供登录链接？
2. 哪种登录控件只对验证用户有用？

参考答案

1. 使用 LoginStatus 控件提供登录链接。
2. LoginName、ChangePassword 和 LoginView 控件只对验证用户有用。

实训：在 ASP.NET 应用程序中配置验证

在这些练习中，创建一个 ASP.NET Web 应用程序，然后配置并利用角色限制访问权限。

如果在完成这个练习时遇到问题，可参考本书配套资源所附的实例，这些实例都有完成了的项目文件。

➤ 练习1 创建和配置一个 ASP.NET 站点来使用成员资格功能

在这个练习中，创建一个新的 ASP.NET Web 应用程序，并添加对 ASP.NET 成员功能的支持。

1. 打开 Visual Studio，创建一个新的 Web 站点，名为 UserMembership。
2. 在站点中创建两个子文件夹。一个命名为 Members，另一个命名为 Admin。为此，右击项目，选择 New Folder。
3. 对每个子文件夹，添加一个空白的 ASP.NET Web 窗体，名为 Default.aspx。然后，访问这些页面，可以验证 ASP.NET 所需的合适验证。
4. 在 Visual Studio 中，从 Website 菜单上选中 ASP.NET Configuration。这时，浏览器会打开 WSAT。
5. 首先，单击 Security 选项卡。在 Users 节点中，单击 Select Authentication Type 链接。在下一个显示中，选中 From The Internet，并单击 Done，打开基于窗体的验证。
6. 在 Security 选项卡上，单击 Enable Roles 链接，为站点打开角色。
7. 然后，在 Roles 节点，单击 Create Or Manage Roles 链接。在下一个显示中，添加一个角色，名为 Users。重复这个过程，添加另一个角色，名为 Administrators。
8. 单击 Security 选项卡，返回到安全性主页面。使用 Create User 链接添加两个用户。先创建一个名为 StandardUser 的用户。在 Roles 节点中，选中 Users 角色。
   添加另一个用户，名为 Admin。在 Roles 节点中，选中 Administrators 角色。对于这两个用户，可以设置密码、安全性问题和电子邮件地址。(在 CD 安装的示例所提供的代码中，密码为 password。)
9. 单击 Security 选项卡，返回安全性主页面。在 Access Rules 节点中，单击 Create Access Rules 链接。创建下面的规则。

◆　创建一个规则，定义所有匿名用户对站点根目录的访问。

◆　创建一个规则，使所有用户(除匿名外)都能够访问站点根目录。

◆　创建一个规则，使 Administrators 角色内的所有用户都能够访问站点根目录。

◆　创建一个规则，定义所有用户对 Admin 目录的访问

注意，规则的创建顺序是很重要的，因为每个规则都是顺序执行的。在 WSAT 界面中，可以上下移动这些规则。

10. 返回 Visual Studio。单击解决方案资源管理器顶部的刷新按钮。注意站点中 ASPNETDB.mdf 文件的包含项。同时注意 Admin 文件夹中的另一个 Web.config 文件。

打开站点的两个 Web.config 文件，查看这些新的设定。

这时，Web 站点就可以使用 ASP.NET 成员资格功能；可以创建用户、角色和访问规则。为下面的练习继续处理这个 Web 站点。

> **练习 2　创建使用 Login 控件的 Web 窗体**

在这个练习中，创建使用 Login 控件的 Web 窗体，利用 ASP.NET 的会员功能。

1. 继续处理前面练习中所创建的 Web 站点。该站点被设定成支持 ASP.NET 会员功能，并包含添加到数据库的用户和角色。另一种方法是，从本书配套资源的实例中打开第 2 课练习 1 完成了的项目。

2. 创建一个新的 ASP.NET Web 窗体，名为 Login.aspx。添加一个 Login 控件到页面。

3. 打开站点根目录下的 Default.aspx 页面。添加下面这些控件：

◆　一个 LoginStatus 控件

◆　一个 HyperLink 控件，其中 text 被设置成 Members only，并且 NavigateUrl 被设置成 Members/Default.aspx

◆　一个 HyperLink 控件，其中 text 被设置成 Administrators only，并且 NavigateUrl 被设置成 Admin/Default.aspx

4. 在 Web 浏览器中运行 Default.aspx。注意，此时重新指向 Login.aspx 页面。以 StandardUser 登录(CD 安装示例中所提供的代码使用密码 password)。现在应该能够查看页面。

单击 Members Only 链接。必须拥有全部权限。

单击 Administrators Only 链接。必须被重新指向 Login 页面。注意，URL 包含了一个参数，名为 ReturnUrl，包括试图访问的页面。

以 Admin 登录，注意被重新指向 Administrators Only 页面。

本课总结

◆　ASP.NET 提供了几种登录控件，用来方便地生成支持创建用户账号、登录、退出和重置密码的页面。这些控件包括 Login、LoginView、LoginStatus、LoginName、PasswordRecovery、CreateUserWizard 和 ChangePassword。

◆　在代码中使用 Membership 类，执行用户管理工作，比如创建、删除或修改用户账

号。该类能够用来创建自定义窗体，提供与标准 ASP.NET 登录控件所提供的相似功能。

◆ 在代码中使用 Roles 类，执行角色管理工作，比如添加用户到角色、删除角色中的用户、创建新的角色，或者查看用户所属的角色。

课后练习

通过下列问题，你可检验自己对第 2 课的掌握程度。这些问题也可从配套资源中找到。

注意　关于答案
对这些问题的解析可参考本书末"答案"。

---

1. 下面哪个控件提供了为非验证用户登录的链接？

   A. Login

   B. LoginView

   C. LoginStatus

   D. LoginName

2. 使用 ASP.NET Web Site Administration Tool，配置 ASP.NET 成员资格，打开窗体验证。为了不必修改 Web.config 文件，登录窗体应该命名成下面哪种形式？

   A. Login.aspx

   B. LoginPage.aspx

   C. Default.aspx

   D. Auth.aspx

3. 创建一个 Web 窗体，使用户登录到 Web 站点。应该添加下面哪种 ASP.NET 控件到页面？(选择两个答案)

   A. Login

   B. CreateUserWizard

   C. LoginName

   D. PasswordRecovery

4. 创建一个 ASP.NET Web 窗体，使用户根据 CreateUserWizard 控件创建账号。在新用户创建账号之后，如果想将用户重定向一个列出 Web 站点的规则的页面，应该响应下面哪个事件？

   A. CreateUserWizard.Unload

   B. CreateUserWizard.ContinueButtonClick

   C. CreateUserWizard.CreatedUser

   D. CreateUserWizard.Init

第 3 课　加强站点的安全性

到这里，我们已经学习了用户配置文件、WSAT 工具、登录控件和 ASP.NET 成员资格的基本配置。它们能够很好地服务于大部分 Web 应用程序。但是，ASP 至少支持四种类型的验证方式：

◆　Windows 验证

◆　窗体验证(ASP.NET 成员资格功能使用)

◆　账户验证

◆　匿名访问

本课将介绍如何将 Microsoft Internet Information Services(IIS)和应用程序同时配置成上面每一种标准的 Web 验证方式。

学习目标

◆　配置一个要求 Windows 验证的 ASP.NET Web 应用程序

◆　创建一个使用自定义窗体作为用户验证的 ASP.NET Web 应用程序

◆　配置一个要求账户验证的 ASP.NET Web 应用程序

◆　配置允许匿名用户访问的 Web 应用程序

◆　配置模拟，从而 ASP.NET 能够使用非默认的用户凭证

◆　手动修改 Web.config 文件，限制对 Web 应用程序、文件和文件夹的访问

预计课时：45 分钟

真实世界

Tony Northrup

我曾经是开发者，也做过系统管理员。每个角色都有不同的责任。一般来说，系统管理员应该负责为 Web 应用程序配置 Windows 安全性。这不需要编写任何代码，因为他们可以使用 IIS Manager 和 ASP.NET Web Site Administration Tool 来配置它。

因此，如果创建一个使用 Windows 验证的应用程序，完全可以让系统管理员来配置。但是，不是所有的系统管理员都了解如何正确地配置它，因此必须熟悉这个配置过程，并能够在离开应用程序支持时阐述如何配置。然后，我们的确需要配置窗体验证和口令身份验证，因为这些身份验证需要特定于应用程序的配置设置，比如指定登录页面。一般，可以在 Web.config 文件中提供所有这些配置信息。

配置需要 Windows 验证的 ASP.NET Web 应用程序

如果应用程序用在一个机构内部，并且在本地用户数据库或 Active Directory 中，允许访问应用程序的用户已经拥有用户账号，那么，就必须使用 Windows 验证的方式验证用户。

Windows 验证的配置有两种方式：在 IIS 内和在 ASP.NET 应用程序内。为了提供更高的安全性，应该同时采用上面两种方式配置站点。

当 Web 应用程序要求 Windows 验证时，对于任何请求标头信息不包含有效用户名和密码的请求，应用程序都会予以拒绝。然后，用户浏览器会提示用户输入用户名和密码。由于浏览器会提示用户输入凭证，因此不再需要创建一个请求用户名和密码的页面。当服务器连接到企业专用网时，一些浏览器(比如 Microsoft Internet Explorer)还能够自动提供用户的当前用户名和密码。这种方式完全能够验证用户，不需要在访问企业专用站点时再次输入密码。

另外，由于用户的验证是依靠服务器的本地用户数据库或 Active Directory 进行的，使用 Windows 验证能够避免创建一个保存用户凭证的数据库。因此，有效地利用 Windows 验证机制是验证用户的最简单方式。例如，配置 IIS，对运行 Microsoft Windows Server 2003 的计算机上的所有用户进行验证，步骤如下。

1. 在 Administrative Tools 程序组中，打开 IIS Manager。
2. 在 IIS Manager 控制台中，依次展开服务器名称、Web Sites，和自己的 Web 站点。
3. 右击需要配置验证的站点或文件夹名，选择 Properties。
4. 单击 Directory Security 选项卡。在 Authentication And Access Control 组中，单击 Edit。
5. 清除 Enable Anonymous Access 复选框(默认被选中)。
6. 选中 Integrated Windows Authentication 复选框。有时，选中 Digest Windows Authentication For Windows Domain Servers，打开代理服务器之间的验证。
7. 两次单击 OK，返回 IIS Manager 控制台。

到这里，即使 ASP.NET 被配置成只允许匿名访问，所有对虚拟目录的 Web 请求都要求 Windows 验证。为了要求用户提供 Windows 验证，虽然配置 IIS 已经足够了，但是，良好的做法是同时将应用程序的 Web.config 文件也做相应的修改。

为了配置要求 Windows 验证的 ASP.NET 应用程序，修改 Web.config 文件中的 <authentication>节点。与很多有关 ASP.NET 应用程序配置的节点一样，该节点必须定义在 <system.web>节点中。反过来，<system.web>节点必须置于<configuration>节点中。下面这个示例显示了使用 Windows 验证的 Web.config 文件的<authentication>节点：

```
<configuration>
  <system.web>
    <authentication mode="Windows" />
    <authorization>
     <deny users="?" />
    </authorization>
  </system.web>
</configuration>
```

<authentication>节点只是简单地要求所有用户成功通过验证。在<authentication>中，指定<deny users="?" />表示要求用户通过验证，而在<authentication>中指定<allow users="?" />表示跳过验证。问号(?)表示非验证用户，而星号(*)表示所有用户，包括验证用户和非验证用户。

在应用程序的 Web.config 文件中，按照下面这些用户友好的步骤，也可以配置 Windows 验证。

1. 利用 Visual Studio 创建一个 ASP.NET Web 应用程序。
2. 从 Website 菜单中，选中 ASP.NET Configuration。
3. 单击 Security 选项卡，然后单击 Select Authentication Type。
4. 在 How Will Your Users Access The Site 下面，选中 From A Local Network，然后单击 Done。

创建自定义 ASP.NET 窗体来验证 Web 用户

对于最终用户而言，Windows 验证提示了一个浏览器生成的对话框。在 Windows 验证下，该浏览器负责收集用户的用户名和密码。在企业站点中，这种方式虽然能够自动验证，但是它大大降低了开发者的灵活性。相反，对于为外部站点开发的 Web 应用程序，通常会使用基于窗体的验证。基于窗体的验证提供了一个基于 HTML 的 Web 页面，提示用户输入用户凭证。

一旦通过窗体验证方式进行验证，ASP.NET 会生成一个 cookie 作为身份验证令牌。对于未来任何对 Web 站点的请求，浏览器都会提供这个 cookie，从而使 ASP.NET 应用程序验证通过请求。有时，利用 Web 服务器上的密钥，可以对这个信息记录进行加密，从而使 Web 服务器能够监测那些使用陌生信息记录的黑客攻击。

利用 ASP.NET 成员资格，能够快速添加窗体验证到 Web 应用程序。对于有关验证和保存用户信息的控件和类，Microsoft 都进行了深入的测试，因此，可能这些控件比任何开发者自己开发的控件更加安全。所以，应该尽量使用 ASP.NET 的成员资格。

但是，为了完全控制验证和管理用户的方式，也可以创建自定义窗体验证的控件和页面。下面几节将会介绍如何配置一个要求窗体验证的 ASP.NET 配置文件、如何添加用户凭证到 Web.config 文件，以及如何创建一个 ASP.NET Web 窗体来验证用户。

为窗体验证配置一个 Web.config 文件

为了配置窗体验证，必须创建一个使用 HTML 窗体的验证页面，提示用户输入凭证。因此，窗体验证只用在特定的 ASP.NET Web 应用程序中。在开发这些应用程序时，必须牢记这种验证方式。Windows 验证或匿名验证可以依赖管理员进行配置，但是，对于使用窗体验证的应用程序来说，必须分配一个 Web.config 文件。

当管理员部署应用程序时，不用修改 Web.config 文件，但是，他们能够控制窗体验证的部分行为。比如，配置过期时间(在过期后，用户需要重新登录)。下面给出了一个简单的要求窗体验证的 Web.config 文件的示例：

```
<configuration>
  <system.web>
    <authentication mode="Forms">
      <forms loginURL="Login.aspx" />
    </authentication>
    <authorization>
      <deny users="?" />
    </authentication>
  </system.web>
</configuration>
```

在前面的示例中，对于所有尚未登录的用户，当他们试图访问任何 ASP.NET 文件时，他们都被重定向到 Login.aspx 页面。一般，窗体会提示用户输入用户名和密码，并在应用程序自身进行验证。

不管应用程序如何处理用户的输入，用户的凭证都会以 Hypertext Transfer Protocol(HTTP)请求的形式(不带任何加密)发送到服务器。HTTP 是 Web 浏览器和 Web 服务器之间的通信协议。为了保证使用窗体验证的用户凭证的隐私性，最好的方法是在 IIS 中配置一个 Secure Sockets Layer(SSL)认证书，并使用 Hypertext Transfer Protocol Secure(HTTPS)作为登录形式。HTTPS 是 HTTP 的加密形式，主要被 Internet 的每个虚拟电子商务 Web 站点使用，用来保护有关最终用户的私有信息，防止最终用户提交私有信息到一个模拟其他服务器的流氓服务器上。

用户名和密码的检查必须通过数据库、Web.config 文件所包含的列表、Extensible Markup Language(XML)文件，或者其他所创建的任何机制。窗体验证非常灵活；但是，开发者必须全权负责保护验证机制，防止黑客攻击。由于验证文件保存在 Web 服务器(默认)所提供的 cookie 中，并且这个 cookie 一般只包含用户名，因此，黑客可以悄悄创建一个伪 cookie，诱使 Web 服务器将其视为验证用户。ASP.NET 能够加密和验证这些验证 cookie，但是，这种保护很自然地增加了 Web 服务器的开销。

<authentication>节点的元素属性 protection 控制了加密和验证所用的类型。如果没有设置元素属性 protection，它的默认值就是 All。如果将元素属性 protection 设置为 Encryption，信息记录就会用 Triple Data Encryption Standard(3DES)方法加密。这种加密方法保护了信息记录中所含的数据的私有性，但是不执行任何验证。如果将元素属性 protection 设置为 Validation(正如下面这个示例所示)，服务器会验证每次交易信息记录中的数据，减少在浏览器发送数据和服务器接收数据之间修改数据的可能性。如果将元素属性 protection 设置为 None，就不执行任何加密或验证。这种设置减少了服务器的开销，但是，它只适用于不考虑私有性的情况，比如个性化 Web 站点。

```
<authentication mode="Forms" protection="Validation" >
  <forms loginURL="Login.aspx" />
</authentication>
```

重点　优化窗体验证的安全性

为了优化安全性(略微)，将所有保护设置为默认设定。

在默认情况下，ASP.NET 将会为大部分设备的身份验证令牌保存在一个 cookie 中。但是，如果浏览器不支持 cookie，ASP.NET 就会将验证信息保存成 URL 的一部分。通过设置<forms>元素的元素属性 cookieless，可以控制后面这种方法。设置如下。

- **UseCookies** 该设置表示即使客户不支持 cookie，也会试图发送一个 cookie 到客户。
- **UseUri** 该设置表示保存验证记号作为 URL 的一部分，而不是 cookie。从技术上看，这个记号保存在 Uniform Resource Identifier(URI)，位于 URL 的最后部分。
- **AutoDetect** 当浏览器提示支持 cookie 时，AutoDetect 设置会使 ASP.NET 测试浏览器是否真的支持 cookie。如果测试不通过，或者浏览器提示不支持 cookie，

ASP.NET 都会代替 cookieless 验证。

◆ **UseDeviceProfile** UseDeviceProfile 是默认设置。如果浏览器提示支持 cookie，该设置会使用 cookie 验证。可能一些用户会改变这个默认设置，不允许使用 cookie。在这种情况下，窗体验证不会正常工作，除非将无 cookieless 设置改成 AutoDetect。

例如，在下面这个 Web.config 文件中，为所有客户打开 cookieless 的窗体验证。它能够正常工作，但是，它会导致无论何时用户发送 URL 到另一个用户，验证令牌都会被包含在书签中：

```
<authentication mode="Forms" >
  <forms Cookieless="UseUri" loginURL="Login.aspx" />
</authentication>
```

<forms>节点另一个重要的元素属性是 timeout(单位为分钟)，用来定义在强制用户重新登录之前，两次请求之间所能允许的最大空闲时间。如果<forms>节点为<forms loginUrl="YourLogin.aspx" timeout="10">，那么，如果用户在 10 分钟内没有向 ASP.NET 应用程序发送任何请求，用户就会被强制要求重新登录。为了降低用户离开计算机时，浏览器被人误用的风险，可以减少这个限制时间。<forms>节点还有其他一些元素属性，但是 LoginUrl、protection 和 timeout 是最重要的。

快速测试

1. 在默认情况下，在哪些条件下，窗体验证会为浏览器提供 cookie？
2. 如果用户在其浏览器中关闭 cookie，怎样才能使浏览器使用窗体验证？

参考答案

1. 在默认情况下，为浏览器提供的 cookie 包括所支持 cookie 的类型、浏览器是否启用 cookie。
2. 使用元素属性 cookiesless 的 AutoDetect 设置。

在 Web.config 文件中配置用户账号

为了避免创建数据库来保存用户凭证，可以直接在 Web.config 文件中保存用户的凭证。密码保存的格式有三种：纯文本、利用 Message-Digest 5(MD5)单向哈希算法(hash algorithm) 加密，以及利用 Secure Hash Algorithm 1(SHA1)单向哈希算法加密。使用其中任何一种哈希算法加密用户凭证，都可以减少盗取信息的可能性，避免那些拥有 Web.config 文件读取权限的恶意用户收集另一个用户的登录信息。所用的哈希算法定义在<credentials>节点的<forms>节点中。示例如下：

```
<authenticationn mode="Forms">
  <forms loginUrl="login.aspx" protection="Encryption" timeout="30" >
    <credentials passwordFormat="SHA1" >
     <user name="Eric" password
       ="07B7F3EE06F278DB966BE960E7CBBD103DF30CA6"/>
     <user name="Sam" password="5753A498F025464D72E088A9D5D6E872592D5F91"/>
    </credentials>
  </forms>
</authentication>
```

为了使管理员利用 Web.config 文件中的哈希密码信息，ASP.NET 应用程序必须包含一个生成这些密码的页面或工具。将这些密码以十六进制的格式保存，并且用特定哈希协议进行加密。利用 System.Security.Cryptography 命名空间，可以生成这个哈希密码。下面这个控制台应用程序阐述了如何以命令行参数的形式接收密码，并显示哈希密码。哈希结果可以直接传递到 Web.config 文件。

```vb
'VB
Imports System.Security.Cryptography
Imports System.Text

Module Module1
    Sub Main(ByVal args As String())
        Dim myHash As SHA1CryptoServiceProvider = New SHA1CryptoServiceProvider
        Dim password As Byte() = Encoding.ASCII.GetBytes(args(0))
        myHash.ComputeHash(password)
        For Each thisByte As Byte In myHash.Hash
            Console.Write(thisByte.ToString("X2"))
        Next
        Console.WriteLine()
    End Sub
End Module
```

```csharp
//C#
using System;
using System.Security.Cryptography;
using System.Text;

namespace HashExample
{
    class Program
    {
        static void Main(string[] args)
        {
            SHA1CryptoServiceProvider myHash=new SHA1CryptoServiceProvider();

            byte[] password = Encoding.ASCII.GetBytes(args[0]);
            myHash.ComputeHash(password);

            foreach (byte thisByte in myHash.Hash)
                Console.Write(thisByte.ToString("X2"));
            Console.WriteLine();
        }
    }
}
```

另一种方案是，调用 FormsAuthentication.HashPasswordForStoringInConfigFile 方法生成密码哈希值。该方法将在下一节中讲述。

重点提示　在 Web.config 文件中保存凭证

只有在测试的过程中，才应该在 Web.config 文件中保存凭证。对黑客来说，利用哈希保护密码并不是很有效。因为如果哈希密码数据库存在，黑客能够读取 Web.config 文件的内容，快速识别出常见的密码。

FormsAuthentication 类

FormsAuthentication 类是 ASP.NET 中所有窗体验证的基础类。该类包含了下面这些只读属性，可用来在编程中检查当前的配置。

- ◆ **FormsCookieName** 该属性返回用于当前应用程序的配置信息记录名。
- ◆ **FormsCookiePath** 该属性返回用于当前应用程序的配置信息记录路径。
- ◆ **RequireSSL** 该属性得到一个值,表示是否必须利用 SSL(即只通过 HTTPs)传送信息记录。

重点提示 当 Web 服务器拥有 SSL 凭证时提高安全性

为了更好的安全性,打开 RequireSSL。确保窗体验证是加密的。

- ◆ **SlidingExpiration** 该属性得到一个值,表示是否启用可调过期时间。启用可调过期时间重置每次 Web 请求的用户验证超时。

重点提示 提高安全性(以降低便利性为代价)

为了最高级别的安全性,关闭 SlidingExpiration。这样能够阻止会话被不确定地打开。

另外,还可以调用下面这些方法。

- ◆ **Authenticate** 该方法试图利用已配置的凭证存储验证给定的凭证
- ◆ **Decrypt** 该方法利用一个从 HTTP cookie 中获取的有效的加密身份凭证,返回 FormsAuthenticationTicket 类的一个实例。
- ◆ **Encrypt** 该方法利用一个 FormsAuthenticationTicket 对象,生成一个字符串,包含了适用于 HTTP 信息记录的加密身份凭证。
- ◆ **GetAuthCookie** 该方法为给定用户名创建一个验证 cookie。
- ◆ **GetRedirectUrl** 该方法为初始请求返回重定向的 URL,将请求重定向登录页面。
- ◆ **HashPasswordForStoringInConfigFile** 给定一个密码和一个标识哈希类型的字符串,该方法生成一个适用于保存在配置文件中的哈希密码。如果应用程序在 Web.config 文件中保存用户凭证,利用哈希算法加密密码,就可以在管理工具中生成这个方法,使管理者添加用户和重置密码。
- ◆ **RedirectFromLoginPage** 该方法将一个验证的用户重定向到初始请求的 URL。在利用 Authenticate 方法验证用户的凭证之后,调用这个方法。必须传递一个字符串和一个布尔值到这个方法。该字符串能够唯一标识用户,并被来生成一个 cookie。当布尔值为真值时,浏览器就能够在多个浏览器会话之间使用相同的 cookie。一般,这种唯一标识的信息就是用户的用户名。
- ◆ **RenewTicketIfOld** 该方法能够有条件地更新 FormsAuthenticationTicket 对象上的可调过期时间。
- ◆ **SetAuthCookie** 该方法创建一个身份票据,并将它连接到外响应的 cookie 集合上。它不会重定向。
- ◆ **SignOut** 该方法移除身份票据,从本质上注销用户。

创建自定义的窗体验证页面

当使用窗体验证时,必须包括至少下面两个节点。

- ◆ 一个窗体验证页面。
- ◆ 一种用户退出和关闭当前会话的方法。

为了创建一个窗体验证页面，首先创建一个 ASP.NET Web 窗体，提示用户输入凭证，然后调用 System.Web.Security.FormsAuthentication 类中成员，对用户进行验证，并将用户重定向到一个保护页面。下面的代码示例阐述了一个非常简单的验证机制，仅验证 usernameTextBox 和 passwordTextBox 的内容是否一致，并调用 RedirectFromLoginPage 方法将用户重定向到初始请求的页面。注意，传递到 RedirectFromLoginPage 的 Boolean 值为 true。这时，浏览器会在关闭之后保存 cookie。如果在 cookie 记录过期之前，用户关闭并重新打开浏览器，浏览器仍然能够保留用户的验证状态。

```vb
'VB
If usernameTextBox.Text = passwordTextBox.Text Then
  FormsAuthentication.RedirectFromLoginPage(usernameTextBox.Text, True)
End If
```

```csharp
//C#
if (usernameTextBox.Text == passwordTextBox.Text)
  FormsAuthentication.RedirectFromLoginPage(usernameTextBox.Text, true);
```

虽然前面示例阐述的验证机制(验证用户名和密码是否一致)永远不能为 Web 应用程序提供充分的保护，但是它说明了窗体验证的灵活性。利用应用程序所需的任何机制，都可以检查用户凭证。在大多数情况下，用户名和哈希用户密码可以利用数据库查询。

如果用户凭证保存在 Web.config 文件中，或使用 ASP.NET 成员资格配置用户凭证，可以调用 FormsAuthentication.Authenticate 方法，检查凭证。简单地传递用户的用户名和密码到该方法。如果用户凭证与 Web.config 文件中的值相匹配，该方法会返回 true。否则，它返回 false。下面的代码示例表明了如何使用这种方法重定向一个验证用户。注意，如果传递到 RedirectFromLoginPage 的 Boolean 值为 false，那么，浏览器在关闭之后不再保存用户 cookie。当用户关闭并重新打开浏览器时，浏览器需要用户重新验证，提高了安全性。

```vb
'VB
If FormsAuthentication.Authenticate(username.Text, password.Text) Then
  'user is authenticated. Redirect user to the page requested.
  FormsAuthentication.RedirectFromLoginPage(usernameTextBox.Text, False)
End If
```

```csharp
//C#
if (FormsAuthentication.Authenticate(username.Text,
password.Text))
{
  //user is authenticated. Redirect user to the page requested.
  FormsAuthentication.RedirectFromLoginPage(usernameTextBox.Text, false);
}
```

除了创建验证用户的页面之外，还需要提供一个方法，使用户退出应用程序。一般来说，这是一个简单的 Log Out 超链接。它调用 FormsAuthentication.SignOut 静态方法，删除用户的验证 cookie。

配置需要身份验证的 Web 应用程序

验证用户还可以使用 Microsoft 提供的 Passport 服务。Passport 是一个包含用户信息的集中目录。Web 站点利用 Passport 验证用户，以赚取费用。用户可以选择使 Web 站点获取保存在 Passport 中的个人信息，比如用户地址、年龄和兴趣。在 Passport 服务中，保存世界范围用户的信息，将最终用户从不同站点保留单独的用户名和密码中解放出来。更进一步讲，它不需要向多个 Web 站点提供个人信息，节省了用户时间。

更多信息　Passport 软件开发工具箱

为了生成一个使用 Passport 的 Web 应用程序，更多的需求信息可以从 *http://support.microsoft.com/?kbid=816418* 中下载并查看免费的 Microsoft.NET Passport Software Development Kit。

配置只允许匿名访问的 Web 应用程序

如果应用程序只可以被匿名用户使用，就可以显式关闭验证。但是，在大部分情况下，对于不需要验证的应用程序，完全可以不提供 Web.config 文件中的验证配置设定，并允许系统管理员利用 IIS 配置验证。

下面这个示例显示了一个简单的 Web.config 文件，只允许匿名访问 ASP.NET 应用程序：

```
<configuration>
  <system.web>
    <authentication mode="None" />
  </system.web>
</configuration>
```

使用.config 文件配置模拟

在默认情况下，ASP.NET 应用程序会处理所有对系统资源的请求。这些系统资源既可以来自 ASPNET 账户(IIS 5.0)，也可以来自 Network Service 账户(IIS 6.0 或后期版本)。该设定是可配置的，并且定义在 Machine.config 文件中<system.web>节点的<processModel>对象中。该节点的默认设置是：

```
<processModel autoConfig="true" />
```

将 autoConfig 设置为 true，ASP.NET 会自动处理模拟。但是，可以将 autoConfig 改变成 false，并设置元素属性 userName 和元素属性 password，从而定义出一个 ASP.NET 模拟的账户。当 ASP.NET 代表 Web 用户请求系统资源时，ASP.NET 会使用该账户。

对大部分 ASP.NET 应用来说，自动配置已经足够了。但是，在很多情况下，管理员需要配置 ASP.NET，模拟客户端已验证的用户账户、IIS 匿名用户账户或一个特定的用户账户。为了达到这种设置，可以设置 Machine.config(对服务器范围的设置)或 Web.config(对指定应用程序或目录的设置)的<identity>元素的属性 impersonate。若要启用客户端身份验证的 Windows 账户的模拟或者进行匿名访问的 IIS IUSR_MachineName 账户的模拟，添加下面这行代码到 Web.config 文件的<system.web>节点中：

```
<identity impersonate="true" />
```

当 IIS 被配置成匿名访问时，ASP.NET 会使用 IUSR_MachineName 账号对系统资源发送请求。当用户使用 Windows 登录账户直接验证 IIS 时，ASP.NET 就会模拟这个用户账户。

为了使 ASP.NET 模拟一个特定用户账户，不管 IIS 验证的处理方式，添加下行代码到 Web.config 文件中的<system.web>节点，并用登录账户的验证替换 DOMAIN、UserName 和 Password 占位符：

```
<identity impersonate="true" userName="DOMAIN\UserName" password="Password"/>
```

限制对 ASP.NET Web 应用程序、文件和文件夹的访问

身份验证确定了用户的身份，而授权定义了哪些内容用户能够访问。在.NET Framework 出现之前，管理员全部使用 NTFS 权限控制 Web 用户授权。虽然 NTFS 权限仍然是 ASP.NET 应用程序配置安全性的关键部分，但是这些权限现在被 ASP.NET 的授权功能所代替。类似于验证，授权现在由 Web.config 文件控制。即使授权不使用 NTFS 权限所依赖的本地用户数据库或 Active Directory 目录服务，它也能处理任何类型的验证。利用 Web.config 文件，还可以使多个 Web 服务器之间权限文件的拷贝与普通文件的拷贝一样简单。

在下面几节中，将会学习如何根据用户名和组名限制访问，如何利用.config 文件或文件权限限制对特定文件和文件夹的访问，以及如何在 ASP.NET 应用程序中使用模拟。

限制对用户和组的访问

默认的 Machine.config 文件包含了下面的授权信息：

```
<authorization>
  <allow users="*"/>
</authorization>
```

对于 ASP.NET Web 应用程序的所有内容，验证配置文件所允许的所有用户都可以访问它们，除非修改 Machine.config 文件中的<authorization>节点，或者添加该节点到 Web.config 文件，并覆盖 Machine.config 文件。<authorization>节点的<allow users="*">子节点表明，所有通过验证需求的用户都允许访问 ASP.NET 的所有内容。

为了将一个 ASP.NET 应用程序配置成只允许用户 Eric 和 Sam 访问，可以修改 ASP.NET 应用程序的根目录下的 Web.config 文件，覆盖 Machine.config 安全性设定，并添加下面几行到<system.web>节点：

```
<authorization>
  <allow users="Eric, Sam"/>
  <deny users="*"/>
</authorization>
```

<allow>和<deny>子节点包含了元素属性 users 和 roles。元素属性 users 可以设置成一个用户名列表(用逗号分开)、或者星号(*)，或者问号(？)。星号(*)表示所有验证用户或非验证用户。问号(？)表示匿名用户。当使用 Windows 验证时，用户名必须与本地用户数据库或 Active Directory 服务中的名字一致，并且包含一个主机名(域账户 DOMAIN\user 或本地用户账户 COMPUTERNAME\user)。

roles 元素包含了一个用逗号分开的角色列表。当使用 Windows 验证时，角色对应于 Windows 用户组。在这种情况下，角色名必须与本地用户数据库或 Active Directory 的组名完全匹配。对于 Active Directory 中的组，必须提供域名，但是，对于本地组，不要指定计

算机名。例如，为了在 CONTOSO 域中指定 IT 组，可以使用 CONTOSO\IT。为了指定本地用户组，可以使用 Users。

当使用 Windows 验证时，必须关闭 Web.config 文件中的 roleManager 元素，使用角色安全性来验证 Windows 用户组。在默认情况下，roleManager 元素是关闭的，因此，将它从 Web.config 文件中删除就足够了。打开 roleManager 元素，验证 Windows 用户，但是，在验证 Windows 组时，必须关闭该元素。

利用.config 文件对控制文件夹和文件的授权

为了控制用户对整个 ASP.NET 应用程序的访问，前面的方法十分有用。为了限制对特定文件或文件夹的访问，可以在 Web.config 文件中的<configuration>节点添加一个<location>节点。<location>节点包含了自己的<system.web>子节点，因此，不能将它放在一个已有的<system.web>节点中。

为了配置对特定文件或文件夹的访问限制，将<location>节点添加到 Web.config 文件中一个单一的 path 节点。path 节点必须设置成文件或文件夹的相对路径；绝对路径是不允许的。<location>节点包含了<system.web>子节点，以及任何对特定文件或文件夹唯一的配置信息。例如，为了对 ListUsers.aspx 文件要求窗体验证，并对用户 admin 限制访问，在 Web.config 文件中，添加下面文本到<configuration>节点：

```
<location path="ListUsers.aspx">
  <system.web>
    <authentication mode="forms">
      <forms loginUrl="AdminLogin.aspx" protection="All"/>
    </authentication>
    <authorization>
      <allow users="admin"/>
      <deny users="*"/>
    </authorization>
  </system.web>
</location>
```

当使用多个<location>节点时，文件和子文件夹自动从父节点继承了所有设定。因此，我们不需要重复设置与父节点相同的配置。当配置授权文件时，继承也会潜在地带来安全性漏洞。考虑下面这个 Web.config 文件：

```
<configuration>
  <system.web>
    <authentication mode="Windows" />
    <authorization>
      <deny users="?" />
    </authorization>
  </system.web>

  <location path="Protected">
  <system.web>
    <authorization>
    <allow roles="CONTOSO\IT" />
    </authorization>
  </system.web>
  </location>
</configuration>
```

在这个示例中，实际存在三层继承关系。首先是 Machine.config 文件，指定默认节点<allow users="*" />。第二层是本例第一个<system.web>节点，适用于整个应用程序。该设定<deny users="?" />表示拒绝所有非验证用户的访问。第二层会自身拒绝任何用户的访问。但是，结合 Machine.config 文件，该层允许所有验证用户的访问，而拒绝其他用户的访问。

第三层是<location>节点，同意 CONTOSO\IT 组的访问。但是，该节点还继承了<deny users="?" />和<allow users="*" />设定。因此，Protected 子文件夹的有效设定与父文件夹完全相同。所有验证用户都可以访问。为了只对 CONTOSO\IT 组中的用户限制访问，必须对未指定访问权限的用户显式地拒绝其访问，正如下面这段代码所示：

```
<location path="Protected">
  <system.web>
  <authorization>
    <allow roles="CONTOSO\IT" />
    <deny users="*" />
  </authorization>
  </system.web>
</location>
```

注意　使用权限文件

通过设定 NTFS 文件权限，也可以控制对文件和文件夹的访问。但是，系统管理员一般不管理文件权限。并且，由于文件权限不能像 Web.config 文件一样进行简单的分配，并且只能用在 Windows 安全性中，因此，开发者不能把文件权限作为文件授权的首选方法。

实训：在 ASP.NET 应用程序中控制授权

在这个实训中，将一个 ASP.NET 应用程序修改为使用 Windows 验证。

如果在完成这个练习时遇到问题，可参考本书配套资源所附的实例，这些实例都有完成了的项目文件。

➢ 练习1　创建使用 ASP.NET 成员资格的 Web 站点

在这个练习中，更新前面所创建的 ASP.NET Web 站点，关闭角色管理器，并代替使用 Windows 身份验证。

1. 继续处理第 2 课练习 2 所创建的 Web 站点。该站点被配置成支持 ASP.NET 成员，并添加了用户和角色到数据库。另一种方法是，从本书配套资源的实例中打开第 2 课练习 2 完成了的项目。

2. 从 Website 菜单中，选中 ASP.NET Configuration。

3. 单击 Security 选项卡。在 Users 节点中，单击 Select Authentication Type 链接。在下一个页面中，选中 From A Local Network 选项。单击 Done。

4. 在 Visual Studio 中，检查 Web 站点根目录中的 Web.config 文件。注意，authentication 元素已经被移除，即窗体验证不再被打开。现在，移除<roleManager>元素，这时，roles 元素会引用 Windows 组，而不是使用 Role Manager 添加的元素。

5. 在 Visual Studio 中，添加 LoginName 控件到 Default.aspx 页面的根目录。这时，就可以看到当前用来访问 Web 站点的用户账号。

6. 运行站点，访问 Default.aspx 页面。注意，LoginName 控件阐述了使用 Windows 用户账号自动登录。

7. 单击 Members Only 链接。如果当前账号是本地 Users 群组的成员，就可以访问页面。否则，ASP.NET 会拒绝访问。

8. 单击 Administrators Only 链接。如果当前账号是本地 Administrators 组的成员，就可以访问页面。否则，ASP.NET 会拒绝访问。

   注意，在 Windows Vista 中，如果从 Visual Studio 运行页面，还必须以 Administrator 的身份运行 Visual Studio。

9. 从 Visual Studio 中的 Website 站点中，选中 ASP.NET Configuration。单击 Security 选项卡。注意，不能再使用 Web Site Administration Tool 来管理角色。当关闭 Role Manager 时，ASP.NET 会使用 Windows 组作为角色。因此，必须使用 Windows 自带的工具管理组，比如 Computer Management 控制台。

10. 在 Web Site Administration Tool 的 Security 选项卡中，单击 Manage Access Rules。然后，选中 Admin 子文件夹。注意，它显示了所有存在的规则。单击 Add New Access Rule，注意可以为特定用户、所有用户或匿名用户添加一个规则。但是，不能添加角色并赋予角色的访问权限，因为 Role Manager 已经关闭了。为了使用角色为 Windows Groups 添加角色，必须手动修改 Web.config 文件的<authorization>节点。

该练习能够完成，因为第 2 课所创建的角色名称与本地 Windows 用户数据库中的默认组名称完全一致。一般，我们不会使用 ASP.NET Web Site Administration Tool 来创建访问规则。相反，手动修改 Web.config 文件，正如本课前面所阐述的。

本课总结

◆ 为了配置一个要求用户 Windows 验证的应用程序，既可以配置 IIS，也可以配置 Web.config 文件，或者两者兼而有之。

◆ 为了创建用于用户验证的自定义 ASP.NET 窗体，首先配置 Web.config 文件，指定验证窗体。然后，创建 ASP.NET Web 窗体，提示用户输入验证，编写代码验证凭证并验证用户。还必须为用户提供退出的方式。

◆ ASP.NET Web 应用程序支持 Passport，使用 Microsoft 所提供的集中验证服务来获取验证费。

◆ 如果应用程序不需要验证，可以显式地为匿名访问配置。

◆ 在默认情况下，ASP.NET 使用 ASP.NET 凭证获取资源。如果需要从用户账号或指定用户账号中获取资源，既可以在代码中使用模拟，也可以通过配置 Web.config 文件使用模拟。

◆ 为了控制哪些用户可以访问 Web 应用程序中的文件夹和文件，既可以使用 NTFS 权限文件，也可以使用 Web.config 文件。

课后练习

通过下列问题，你可检验自己对第 3 课的掌握程度。这些问题也可从配套资源中找到。

注意　关于答案

对这些问题的解析可参考本书末"答案"。

1. 下面哪个 Web.config 段能够正确地要求使用 Windows 用户账号来验证所有用户？

   A.
   ```
   <authentication mode="Windows" />
   <authorization>
      <deny users="*" />
   </authorization>
   ```

   B.
   ```
   <authentication mode="Windows" />
   <authorization>
      <allow users="*" />
   </authorization>
   ```

   C.
   ```
   <authentication mode="Windows" />
   <authorization>
      <deny users="?" />
   </authorization>
   ```

   D.
   ```
   <authentication mode="Windows" />
   <authorization>
      <allow users="*" />
   </authorization>
   ```

2. 在默认情况下，ASP.NET 如何跟踪成功通过使用窗体验证的验证的用户？

   A. 它以信息记录的形式提供了一个验证令牌。

   B. 它在 URL 中提供了一个验证令牌。

   C. 如果客户浏览器证明能够保存和返回一个 cookie，它会以 cookie 的形式提供一个认证记号。否则，它会在 URL 中保存一个验证令牌。

   D. 如果客户浏览器类型支持 cookie，它会以 cookie 的形式提供一个验证令牌。否则，它会在 URL 中保存一个验证令牌。

3. 给定下面这个 Web.config 文件，用户对 Marketing 文件夹拥有什么权限？

   ```
   <configuration>
     <system.web>
       <authentication mode="Windows" />
       <authorization>
         <deny users="?" />
       </authorization>
     </system.web>

     <location path="Marketing">
       <system.web>
         <authorization>
           <allow roles="FABRIKAM\Marketing" />
           <deny users="*" />
         </authorization>
       </system.web>
     </location>
   </configuration>
   ```

   A. FABRIKAM\Marketing 组中的验证用户和成员可以访问。其他所有用户都拒绝访问。

   B. FABRIKAM\Marketing 组中的成员可以访问。其他所有用户都拒绝访问。

   C. 所有用户(验证用户和非验证用户)都可以访问。

   D. 所有用户都拒绝访问。

4. 使用下面的 Web.config 文件为 Web 应用程序配置 NTFS 权限文件：

```
<configuration>
  <system.web>
    <authentication mode="Windows" />
    <authorization>
      <deny users="?" />
    </authorization>
  </system.web>

  <location path="Marketing">
    <system.web>
      <authorization>
        <allow roles="FABRIKAM\Marketing" />
        <deny users="*" />
      </authorization>
    </system.web>
  </location>
</configuration>
```

对于 Marketing 文件夹，移除所有文件访问权限，然后为用户账号 FABRIKAM\John 和 FABRIKAM\Sam 赋予读的权限。John 是 FABRIKAM\Domain Users 和 FABRIKAM\Marketing 组的成员。Sam 只是 FABRIKAM\Domain Users 组的成员。下面哪些用户可以访问位于 Marketing 文件夹中的 Web 窗体？

A． 非验证用户

B． 验证用户

C． FABRIKAM\Domain Users 组的成员

D． FABRIKAM\John

E． FABRIKAM\Sam

本 章 回 顾

为进一步实践和巩固在本章中学习到的技能，建议继续完成下列任务。

◆ 阅读本章小结。

◆ 完成案例训练。这些案例取自实际项目，但都涉及本章介绍的内容，要求你提供相应的解决方案。

◆ 完成建议练习。

◆ 完成实战测试。

本章小结

◆ 很多 Web 站点能够识别单个用户，个性化 Web 站点，使用户查看账号信息，比如过去的订单，或为单个用户在论坛上交流时提供唯一的身份。ASP.NET 提供了会员功能，从而利用用户名和密码来识别用户，不必编写任何代码。一旦对站点添加了会员功能，就可以在 ASP.NET Web 页面中使用各种类型的控件，从而使用户创建账号、重置密码、登录或退出。

◆ 验证功能用来验证用户的身份，并能使用户访问 Web 站点受保护的部分。为了满足各种需求，ASP.NET 提供了几种不同的验证机制。

◇ Windows 验证能够不创建自定义页面，对用户进行识别。认证书保存在 Web 服务器的本地用户数据库或 Active Directory 范围中。一旦用户被识别，利用用户的认证书就可以使用户访问受 Windows 授权保护的资源。

◇ 窗体验证能够利用自定义数据库，比如 ASP.NET 会员数据库，对用户进行识别。另一种方式是使用自己自定义的数据库。一旦用户验证通过，查看用户的角色来限制对 Web 站点的部分访问。

◇ 账户验证依赖于 Microsoft 提供的集中化服务。账户认证使用用户的电子邮件地址和密码来识别用户。账户账号能够在多个不同的 Web 站点之间共享。账户验证主要用于针对数千万用户的公共 Web 站点。

◇ 匿名验证不需要用户提供认证书。

案例场景

在下面的案例场景中，需要运用本章所学知识来完成一些小项目。答案可参见书末尾。

案例 1：配置 Web 应用程序的授权

假设你是 Southridge Video(生产教学光盘的公司)的开发人员。任务是部署一个新的 ASP.NET 企业内部网应用程序，且管理员在配置安全性时需要一些帮助。Web 应用程序拥有几个子文件夹，并且每个子文件夹都由 Southridge 的不同部门来负责。为了确定如何针对每个部门的子文件夹配置安全性，你会与每个部门经理进行会谈，并审查他们的技术需求。

会谈记录

下面列出了谈话的公司人员以及他们的谈话记录。

◆ **Wendy Richardson(IT 经理)** 在 Web 服务器的默认 Web 站点的/Southridge/virtual 文件夹下，我的 Web 专家已经创建了一个 ASP.NET 内部网应用程序。这个应用程序应该只能被 SOUTHRIDGE Active Directory 范围内的有效账号用户访问。在应用程序中，几个内部部门都有自己的子文件夹，包括 IT 部门。要求与每个经理联系，确定他们想要如何配置安全性。对于 IT 子文件夹，我只想让 SOUTHRIDGE 内的 IT 部门成员能够访问。

◆ **Arif Rizaldy(系统管理员)** 哈罗，我了解到你正在配置一个新的 Web 应用程序。你能帮忙把所有的配置放在单个的 Web.config 文件中吗？前几天，我曾经为了诊断一个安全性问题，耗费了很多时间，因为我忘记了在每个文件夹下可能都有一个 Web.config 文件。所以，对我来说，一个 Web.config 文件更容易管理。

◆ **Anders Riis(产品经理)** 目前，我只想 Production 部门的成员访问我们的 Production 子文件夹。对了，Thomas 也可以访问。Thomas 是销售经理。我不确定他的用户账号名是多少。

◆ **Catherine Boeger(客户服务经理)** 只要是公司员工，都应该能够打开 CustServ 文件夹。

◆ **Thomas Jensen(销售经理)** 目前，我只想要访问 Sales 文件夹。后面我可能会修改这个设定，但是现在那里有保密信息。我的用户账号是 TJensen。有时，我必须输入 Southridge-backslash-TJensen。

技术需求

为应用程序创建单个 Web.config 文件，并针对每个子文件夹配置访问权限。需求信息如表 14.1 所示。针对应用程序中的每个文件要求 Windows 验证。

表 14.1 Southridge Video 的应用程序认证需求

文 件 夹	授权用户
/Southridge/	所有验证用户
/Southridge/IT/	SOUTHRIDGE\IT 部门的所有成员
/Southridge/Production/	SOUTHRIDGE\Production部门的所有成员，加上用户账号SOUTHRIDGE\TJensen
/Southridge/CustServ/	所有验证用户
/Southridge/Sales/	只有用户账号 SOUTHRIDGE\TJensen

问题

配置 Southridge Video 的安全性，然后回答下面的问题。

1. 所创建的 Web.config 文件看上去是什么样子？

2. 除创建 Web.config 文件之外，怎样才能更进一步保护文件夹？

案例 2：配置 Web 应用程序的授权

假设你是 Northwind Traders 的开发人员。经理要求你创建一个简单的 ASP.NET Web 页面，显示一个文本文件的内容。这个文本文件由过去系统生成，报告公司各个方面的财政状态，因此它们需要受 NTFS 文件权限保护。IT 经理 Nino Olivotto 解释了这个问题：

"财政部门的员工希望能够通过内部网查看这些文本报告，因此，最好的方式是创建一个 ASP.NET Web 窗体来实现。只是这里存在缓存。我不想改变文件的权限，以便任何人都可以查阅它。Web 服务器默认不能对文件进行访问，而且我也不想它这么做。相反，我希望用户提供 Windows 认证书，并使应用程序利用这些认证书来显示文件。对了，将项目命名为 ShowReport。你可以将项目放置在 C:\Inetpub\Wwwroot\ShowReport\文件夹中。"

在创建 ASP.NET Web 应用程序之前，审查公司的技术需求。

技术需求

利用 C#或 Visual Basic.NET，在 C:\Inetpub\Wwwroot\ShowReport\文件夹中创建一个 ASP.NET Web 应用程序。在 ShowReport 文件夹中，创建几个文本文件，移除所有默认的 NTFS 权限，然后添加权限使特定用户访问文件。采用模拟来利用用户的 Windows 认证书，显示文件的内容。

问题

创建 ASP.NET Web 应用程序，然后回答下面的问题，对 IT 经理解释如何创建应用程序，以及为什么这么做。

1. 采用哪种验证方法？为什么？
2. 如何应用模拟？为什么？
3. 在 Web.config 文件中添加了哪些 XML 代码？
4. 哪些代码用来显示文本文件？

建议练习

为了帮助你熟练掌握本章考点，请完成下列任务。

通过使用窗体验证建立用户的身份

对于这项工作，为了基本了解窗体认证的行为，至少应该完成练习 1 和练习 3。如果想更好地掌握如何应用自定义用户数据库，还要完成练习 2。

◆ **练习 1** 创建一个 ASP.NET Web 应用程序，应用自定义窗体验证。为了简化，将用户名和密码保存在集合中。使用 Web.config 文件限制对具体文件和文件夹的访问，验证授权功能工作正常。

◆ **练习 2** 扩充前面练习所创建的 Web 应用程序，将用户认证书保存在数据库中。利用哈希方法保存密码，提供抗攻击性。

◆ **练习 3** 对于所创建的使用窗体验证的 ASP.NET Web 站点，使用支持信息记录的

浏览器来访问该站点。然后，关闭浏览器的信息记录，并试图访问站点。将<forms>
元素的属性 cookieless 修改成 AutoDetect，并再次测试 Web 站点。

使用授权建立授权用户的权限

对于这项工作，为了练习使用授权来保护 Web 应用程序的部分区域，应该完成所有三
个练习。

◆   **练习 1**   创建一个自定义 Web 窗体，提供常见的用户管理功能，比如显示用户列
表、允许删除用户，以及添加用户到角色。

◆   **练习 2**   使用第 2 课和第 3 课中所创建的 Web 应用程序，删除文件夹 Admin 和
Members 中的 Web.config 文件。然后，使用 Web.config 文件根节点中的<location>
元素，在单个文件中配置相同的访问规则。

◆   **练习 3**   创建一个使用 Windows 认证的 ASP.NET Web 应用程序。然后，在 Web
服务器上创建几个不同的组和用户账号。试验 NTFS 文件权限和 Web.config 访问
规则，确定在一个或两次拒绝用户访问时 ASP.NET 的行为。

应用 Microsoft Windows 身份验证和模拟

对于这项工作，为了掌握 ASP.NET 如何使用 Windows 身份验证和模拟，应该完成所
有两个练习。

◆   **练习 1**   创建一个使用 Windows 身份验证的 ASP.NET Web 应用程序。然后，在
Web 服务器上创建几个不同的组和用户账号。编写代码，检查用户的账号，并显
示用户名和用户是否是内置组的成员，比如 Users 和 Administrators。

◆   **练习 2**   启动在开发计算机(或开发 Web 服务器)上的对象访问审核，正如 Microsoft
Knowledge Base 文章(*http://support.microsoft.com/?kbid=310399*)所述。在计算机上
创建一个文件夹，并添加一个文本文件。然后，打开文件夹上的成功和失败审核。
利用前面练习中所创建的 Web 应用程序，编写代码，读取文本文件，并显示在
Web 页面上。注意代码是否成功或失败。然后，查看 Security 事件记录，检查审
核事件，并识别 ASP.NET 用来访问文件的用户账号。接下来，打开 Web 应用程
序中的身份模拟，重复这个步骤，判断用户账号是否改变。

利用 Login 控件来控制对 Web 应用程序的访问

对于这项工作，至少应该完成练习 1 和练习 2。如果想练习发送电子邮件消息到新用
户，还要完成练习 3。

◆   **练习 1**   利用第 2 课和第 3 课中所创建的 ASP.NET Web 应用程序，创建一个模板，
修改控件使用的颜色和字体。

◆   **练习 2**   利用第 2 课和第 3 课中所创建的 ASP.NET Web 应用程序，修改每个控件
显示的文本，用不同的语言显示消息。

◆   **练习 3**   响应 CreateUserWizard.CreatedUser 事件，自动发送一个电子邮件到新用
户，欢迎新用户访问 Web 站点。

实战测试

　　本书配套资源为实战测试提供了多种选择。例如，可选择只对本章相关的内容进行测验，也可用完整的 70-562 认证考试的内容进行自测。可将测验设置为实战模式(即与真实考试基本相同)，或者可以设为学习模式，以便边做题边查看答案及相应的分析。

更多信息　实战测试
要想进一步了解可选的测试模式，请查看本书"前言"。

第 15 章　创建 ASP.NET 移动 Web 应用

　　如今，手持设备、移动电话和计算机中都包含了 Internet 浏览器。这些设备之所以如此强大，原因就在于它们能够使用户随时随地连接到 Web。现在人们正使用这些移动设备进行购物、查询信息以及工作。实际上，很多企业现在都越来越有效地利用这些工具，使他们的员工在旅行或出差时仍保持工作上的联系。这就意味着，对于一些核心的企业应用程序，ASP.NET 开发者应具备开发其移动版本的能力。

　　本章将为 ASP.NET 开发者介绍移动 Web 应用程序，其中包括生成 Web 应用程序所独有的挑战难题，即在各种设备的小巧屏幕上显示 Web 应用程序。

本章考点

◆　针对移动设备
　　◇　访问设备的性能
　　◇　控制面向具体设备的绘制
　　◇　添加移动 Web 控件为 Web 页面
　　◇　应用控件适配器

本章课程设置

◆　第 1 课　生成移动应用程序

课 前 准 备

　　为了完成本章的课程，应当熟悉使用 Visual Basic 或 C#在 Visual Studio 中开发应用程序。除此之外，还应当熟悉以下内容：

◆　Visual Studio 2008 集成开发环境(IDE)
◆　使用超文本标记语言(HTML)和客户端脚本
◆　创建 ASP.NET Web 站点和窗体

第 1 课　生成移动应用程序

　　本课涵盖了 ASP.NET 移动应用程序的基本概念。这里将学习到如何使用 ASP.NET 的控件、如何创建一个仿真器，以及如何创建一个可呈现在各种设备上的移动应用程序。

学习目标

◆ 创建一个移动 Web 应用程序
◆ 利用面向具体设备的绘制，在各种设备上显示控件
◆ 利用自适应绘制功能，修改 Web 服务器控件的外观显示
◆ 利用移动 Web 控件在设备上显示内容

预计课时：60 分钟

ASP.NET 移动 Web 应用程序的蓝图

伴随着.NET Framework 1.0，移动控件同时发布了它们的首版本。自此以后，各种版本的移动控件和各个层面的支持都出现在 Visual Studio 中。移动 Web 控件的首次引入是在 ASP.NET 1.0 中。这些控件过去又称为 Microsoft Mobile Internet Toolkit。但是，如今它们被称作 ASP.NET Mobile，包括了 System.Web.UI.MobileControls 内部的移动 Web 控件和 System.Web.Mobile 所提供的功能。

从 ASP.NET 2.0 开始，移动 Web 控件进行了升级，从而允许控件使用一种新的基于适配器的架构。这种架构能够使控件适用于各种不同的设备类型，从而保证了对设备上不同浏览器的支持。与此同时，Microsoft 开始研究创建设备相关的适配器文件。然而，两个问题很快凸现：设备的数量急剧增加，这些设备开始在他们的浏览器支持上实现标准化。虽然 Microsoft 仍然包含特定于设备的适配器，但是这些适配器的标准方向是一种更广泛、标准驱动的方法，集中在 HTML、Compact HTML(cHTML)、Wireless Markup Language (WML) 和 Extensible Hypertext Markup Language (XHTML)的兼容性标记的渲染。

更多信息　蓝图

有关 Microsoft 移动 Web 的历史渊源、线路图和 FAQ，请访问 *http://www.asp.net/mobile/road-map/*。

Visual Studio 中.NET Framework 的早期版本自身隐含了对移动 Web 应用程序的支持。为移动 Web 应用程序提供应用程序模板，还为移动 Web 窗体、移动 Web 用户控件等提供了项目模板。这些版本还可以使用一种设计器，生成移动 Web 应用程序。它为开发者提供了工具箱和设计阶段的布局支持。如果过去曾使用这些工具，就一定会发现这些工具都从 Visual Studio 2008 中消失了。但是，利用 Visual Studio 2008，仍然可以创建移动 Web 应用程序，只是不再使用即开即用的模板，取而代之的是标准的 ASP.NET 模板，然后做相应的修改。为何不再支持该工具，或者未来是否会再次支持它，这些已经无从得知。如果一定要使用以前的模板，请查看下面这段注解：

注意　自定义移动模板

Microsoft 公司的 Visual Web Developer 小组推出了针对 Visual Studio 2008 和 ASP.NET 移动 Web 窗体和控件的模板。这些模板能够简化移动 Web 应用程序的生成过程。但是，它们仍然不支持设计器。这些模板可以从 *http://www.asp.net/mobile/road-map/*下载，或者搜索"ASP.NET Mobile Development with Visual Studio 2008"。

创建移动 Web 应用程序

移动 Web 应用程序的编程模式与其他任何 ASP.NET Web 站点的 Web 应用程序相似,包括创建窗体、代码隐藏类、样式表、配置文件等。移动 Web 应用程序也采用相同的服务器端构架来连接数据库、管理状态,以及高速缓存数据。当然,移动 Web 应用程序的诊断和调试方法也是完全相同的。主要的不同点在于页面上窗体和控件的创建类不同。

因此,开始要创建一个移动 Web 应用程序。你只需创建一个 ASP.NET Web 站点,与创建其他 Web 应用程序十分相似,移动页面和非移动页面甚至可以混合在一起。

创建移动 Web 窗体

与标准 Web 窗体类似,移动 Web 窗体也是一个.aspx 页面,并可以使用统一资源定位器(Uniform Resource Locator,URL)来访问。有时,还可以包含一个代码隐藏页面。不同之处在于,移动 Web 窗体派生于 System.Web.UI.MobileControls.MobilePage,而不是 System.Web.UI.Page。

在 Visual Studio 2008 中,要创建一个移动 Web 窗体。需要先从创建标准 Web 窗体开始,然后打开代码隐藏文件,将窗体类的父类修改成 MobilePage 类。下面这段代码给出了一个示例:

```
'VB
Partial Class Default
    Inherits System.Web.UI.MobileControls.MobilePage
End Class
```

```
//C#
public partial class Default : System.Web.UI.MobileControls.MobilePage
{
    protected void Page_Load(object sender, EventArgs e)
    {

    }
}
```

下一步,注册 MobileControls 命名空间和网页配置。这时,在 Web 页面的 Source 视图中,可以利用 IntelliSense 访问移动控件。为此,在@ Page 指令之后,必须添加下面这段标记:

```
<%@ Register TagPrefix="mobile"
  Namespace="System.Web.UI.MobileControls"
Assembly="System.Web.Mobile" %>
```

最后的一步是将标记替换成移动性标记,即在<body>标签下添加一个<mobile:Form>控件。下面给出示例:

```
<html xmlns="http://www.w3.org/1999/xhtml" >
<body>
  <mobile:Form id="Form1" runat="server">

  </mobile:Form>
```

```
</body>
</html>
```

这时，开始添加其他移动控件到页面。但是，这些操作都是通过标记完成的。Visual Studio 2008 没有为移动窗体提供设计器支持。部分原因是每个移动设备的网页呈现方式都不同。因此，必须在 Source 视图中标记窗体，然后通过浏览器或设备查看窗体对用户的外观显示。

移动 Web 窗体具有与 ASP.NET 页面相同的应用程序生命期。因此，应该可以看到 Load 事件、按钮事件等。

窗体控件

与标准的 Web 窗体只允许包含一个窗体声明不同，移动 Web 窗体可包含多个 `<mobile:Form>` 控件。实际上，`<mobile:Form>` 控件是其他移动控件的一个组或容器。`<mobile:Form>` 控件的类型是 MobileControls.Form。

在默认情况下，页面的第一个 `<mobile:Form>` 控件是可见的。通过在代码中设置移动 Web 窗体的 ActiveForm 属性，多个 `<mobile:Form>` 可以相互切换。

当创建移动窗体时，所有针对用户活动的窗体一般都放置在单个页面上。每个窗体代表了用户操作过程的每一步。例如，对于一个为用户提供查询旅行信息的单个页面，可能需要创建一个窗体用来输入请求、一个窗体用来显示结果列表，而另一个窗体用来显示所选结果项的详细信息。一般，每个窗体都添加在单个页面上，并且在合适的时候有效。

但是，当切换用户到应用程序的一个不同主功能时，或者当用户请求一个不同的 URL 时，或者当窗体的性能不佳时，必须切分窗体。有一点很重要：每当实例化一个页面，移动 Web 窗体上的所有控件都被实例化。如果单个窗体包含过多的控件，这会大大地影响性能和资源利用率。因此，如果移动 Web 窗体包含过多的 `<mobile:Form>` 控件，可以将一些较少用的 `<mobile:Form>` 控件移到另一个页面，并相应地将用户导向该页面。

添加控件

你可通过标记来为移动窗体添加移动控件。这里，没有任何实际 Toolbox 的支持。但是，如果已经注册了 MobileControls 命名空间，那么就能够在 Source 视图中获得智能提示的支持。

一个页面可以允许添加多个移动控件。由于移动设备的连接速度一般比较慢，这些控件只能输出很少的信息到页面。因此，可以添加很多移动控件到 `<mobile:Form>` 控件。但是，考虑到性能因素，移动控件的数目必须小于组织控件的数目。这些控件中的大部分将在下一节中进行介绍。

不管控件组情况如何，所有添加到移动 Web 窗体的控件必须都有唯一的 ID。例如，如果页面包含两个 `<mobile:TextBox>` 控件，即使它们属于不同的窗体控件，也必须对它们指定唯一的 ID 值。并且，根据这些 ID，所有 `<mobile:Form>` 控件中的所有控件都可以从代码隐藏文件中通过编程方式访问(正如 ASP.NET 控件)。

查看和测试移动 Web 应用程序

正如 ASP.NET 页面，移动 Web 窗体也可以利用 Web 浏览器查看。但是，创建移动

Web 窗体一般是为了在各种移动设备上使用。但是如果开发者不能访问所有的目标设备，或者开发者希望不必经常部署和访问目标设备来测试代码，就会有问题产生。这正是设备仿真器所要解决的问题。

许多移动设备制造商都提供了仿真器来测试移动 Web 应用程序。仿真器能够像硬件设备一样显示移动 Web 应用程序。实际上，在处理很多移动 Web 开发的过程中，可以将仿真器设置成默认浏览器。通过这种方式，当应用程序运行时，系统会自动打开仿真器，帮助调试移动应用程序。

OpenWave 仿真器

现在，开发者可以使用很多设备仿真器。一些普遍使用的仿真器都可以从 http://www.asp.net/mobile/device-simulators/ 找到。其中，一个流行的手机仿真器提供商是 OpenWave；最新的手机仿真器可以从 http://developer.openwave.com 下载。图 15.1 显示了一个通用的手机仿真器。并且，OpenWave 还为许多流行手机提供了皮肤支持。

图 15.1　OpenWave 通用手机仿真器(图像友好型 Openwave Systems Inc)

当显示通用手机时，还显示了 Simulator Console 窗口，如图 15.2 所示。Simulator Console 窗口显示了底层的 Hypertext Transfer Protocol (HTTP)和头信息，能够有效地帮助诊断问题。

Microsoft 设备仿真器

Microsoft 设备仿真器的安装包含在 Microsoft Visual Studio 内，主要用于测试使用 Compact Framework(CF)开发的应用程序。但是，它也可以用于测试移动 Web 应用程序，因为所有的设备仿真器都含有一个浏览器。

为了获取 Visual Studio 中的仿真器，从 Tools 菜单中选中 Device Emulator Manager。图 15.3 显示了启动的 Device Emulator Manager。在这里，可以看到所有已安装的仿真器。右击选中一个仿真器，然后选中 Connect，启动仿真器。图 15.4 显示了活动的 Pocket PC Square

Emulator。

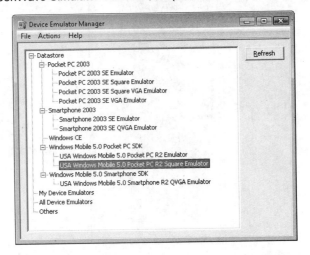

图 15.2　OpenWave Simulator Console 窗口(图像友好型 Openwave Systems Inc.)

图 15.3　Visual Studio 中的 Device Emulator Manager

注意　连接到项目

通过仿真器建立网络连接是很容易实现的。它取决于开发的环境和所选的仿真器。但是，在很多情况下，需要建立 Virtual Machine Network Services(一般作为 Virtual PC 的部分安装)或 Microsoft Windows Mobile Device Center(只对 Windows Vista)，正式称为 Active Sync。两种条件都需要具体环境的步骤来安装。有关这个方面，在 Web(博客、MSDN、新闻组等)上有很多可用的帮助文件。其中一个站点是 Windows Mobile Developer Center，*http://msdn.microsoft.com/en-us/windowsmobile/default.aspx*。例如，为了使用 Microsoft Windows Mobile Developer Center，必须首先下载并安装文件。然后，选中 Connection Settings 选项，在可允许的连接下打开直接内存访问(DMA)。这时，打开仿真器。在仿真器上，修改连接设置(Start、Settings、Connections、Connections、Advanced)。然后，点击 Select Networks，

将两个选项都设置成 My ISP。最后，从设备的浏览器上，通过 Internet Protocol(IP)地址和协议转向本地服务器，如下所示：*http://192.168.1.102:7357/WebSite1/Default.aspx*。如果没有 IP 地址，可以安装 Microsoft Loopback Connector，并设置一个静态 IP 地址。

图 15.4　Pocket PC Square 仿真器

如果实际的物理设备存在，Visual Studio 也可以使用它。连接设备到计算机(一般通过 Universal Serial Bus，USB 连接)，然后从 Visual Studio 的 Tool 菜单中选择 Connect To A Device，连接实际设备。

使用移动控件

对于 ASP.NET 开发者移动控件集合会有些似曾相识。用于用户输入的基本控件包含：Calendar、TextBox、Image、Label、Command(按钮式行为)和 List。另外还存在一个验证控件集合。验证控件的工作方式与普通的 Web 窗体所使用的控件相似。

除了熟悉的控件，开发者还期望有相似的事件模型。每个移动控件都提供了 Init、Load、Prerender 和 Unload 事件。另外，还有控件相关的事件，比如 Command 控件的 OnClick 事件。对于任何服务器端事件，你都可以在代码隐藏文件中进行捕获。数据绑定的方法也类似。

当处理移动控件时，必须遵守下面这些规则。

◆　总是将移动控件放置在\<mobile:Form\>控件中。

◆　标准 Web 服务器控件或 HTML 服务器控件只能添加在一个 HTML 模板中。

◆　遵守每个控件的基数约束规则和包容规则。从每个控件的帮助函数中可以找到这些规则。当控件的基数约束规则指示控件的数目达到最大值时，注意不要再继续添加控件。

所有的控件都包含一个 BreakAfter 属性，默认值为 true。在默认情况下，所有控件每行只有一个控件，也就是说，它们满足线性布局方式。由于很多设备一行只能显示单个控件，所以，这种线性方式一般更合适。

下面几节描述了很多包含在 ASP.NET 中的移动控件。

Label 控件

Label 控件可以用于显示一个用户无法修改的字符串。当需要在运行时从代码中访问控件时，可以使用 Label 控件。并且，Label 控件含有多种不同类型的属性，比如 Alignment 和 Wrapping 属性。

当处理长字符串时，更好的方法是使用 TextView 控件，因为 Label 控件可能无法正确显示。

TextBox 控件

TextBox 控件可以用来输入一个字符串。为了自定义设定 TextBox 视图，TextBox 控件包含了几种风格设置。比如，Size 属性可以将 TextBox 的宽度限制为 Size 所设定的字符值。TextBox 还包括了 MaxLength 属性，用来限制输入到 TextBox 的字符值。

在 TextBox 控件中，也可以限制输入的属性。比如，通过将 Numeric 属性设置成 true，TextBox 可以配置成只接受数字输入。通过将 Password 属性设置成 true，TextBox 也可以用来输入密码。

TextView 控件

TextView 控件可以用来显示多行文本。该控件允许使用一些 HTML 格式标签来控制输出，比如 *a*(超链接)、*b*(黑体)、*br*(分栏符)、*i*(斜体)和 *p*(段落)。

Command 控件

Command 控件代表了一个可编程的按钮。在一些设备中，Command 控件被渲染成一个按钮，而在其他一些设备中，Command 控件被渲染成一个可按压的功能键。该控件的 Text 属性显示在控件或功能键的表面上。

当点击按钮时，Command 控件会触发 OnClick 事件，并拥有一个传播到容器的 ItemCommand 对象。

Image 控件

Image 控件依据设备性能来显示图像。该图像还支持指定设备过滤器，也就是说，每种类型的设备都有一个不同的图像。AlternateText 属性总是被设置在 Image 控件上，因为某些设备可能不支持图像，且某些设备可能不支持所提供的图像类型。例如，如果提供一个.gif 文件，而设备只能处理.wbmp 文件，就会显示 AlternateText。

List 控件

List 控件用于呈现静态列表。列表项可以添加到控件的 Items 属性，或者绑定数据到控件。该列表会根据需要进行了分页。

利用 DataSource、DataMember、DataTextField 和 DataValueField 属性，List 控件支持数据绑定。虽然该列表是显示静态链接数据的首选，但是，SelectionList 控件(后面介绍)可以用来提供一个选择项列表，其中每个选项都更类似于菜单类型。

SelectionList 控件

SelectionList 控件与 List 控件非常相似，只是 SelectionList 不能向服务器回发。这就意味着必须为窗体提供命令按钮。

SelectionList 还允许多重选择，而 List 控件往往只允许单个选择。但是，SelectionList 不提供分页，而 List 控件可以。

在默认情况下，该控件在大多数设备上被显示成一个下拉列表框，即只有一个选项可见。为了支持多个选项，SelectionList 控件的 SelectType 属性可以设置成 CheckBox 或 MultiSelectListBox。

利用 DataSource、DataMember、DataTextField 和 DataValueField 属性，该控件还支持数据绑定。

ObjectList 控件

可能有人会把 ObjectList 控件看成一个移动网格。该控件可以用来显示列表数据。利用 DataSource 和 DataMember 属性，可以将 ObjectList 控件绑定到数据。ObjectList 控件还包含了一个 LabelField 属性，在初始显示控件时显示。LabelField 一般被设置成主键，并且，当显示控件时，该属性能够产生一列主键值作为超链接。点击这些超链接，可以查看剩余的数据。

举例来说，假设想在移动设备上显示 Northwind 数据库中的 Customers 表。首先，创建一个简单的移动窗体，包括一个 ObjectList 控件，如下所示：

```
<html xmlns="http://www.w3.org/1999/xhtml" >
<body>
  <mobile:Form id="Form1" runat="server">
    <mobile:ObjectList Runat="server" ID="ObjectList1">
    </mobile:ObjectList>
  </mobile:Form>
</body>
</html>
```

在代码隐藏文件中，需要添加代码来实现连接到数据库填充数据表，及其与列表控件的绑定。下面这段代码显示了 MobilePage 载入事件(有关连接数据的详细内容，查看第 8 章 "处理数据源和数据绑定控件")中的绑定操作。

```
'VB
Protected Sub Page_Load(ByVal sender As Object, _
  ByVal e As System.EventArgs) Handles Me.Load

  If Not IsPostBack Then
    ObjectList1.DataSource = GetCustomerData()
    ObjectList1.LabelField = "CustomerID"
    ObjectList1.DataBind()
  End If

End Sub


//C#
protected void Page_Load(object sender, EventArgs e)
{
  if (!IsPostBack)
  {
```

```
        ObjectList1.DataSource = GetCustomerData();
        ObjectList1.LabelField = "CustomerID";
        ObjectList1.DataBind();
    }
}
```

在前面代码中，LabelField 被设置成 CustomerID 栏。这时，为方便用户选择，ObjectList 控件会首先显示该数据。图 15.5 显示了输出的示例。

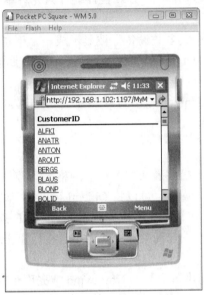

图 15.5　绑定到 Customers 表的 ObjectList 控件

在图 15.5 中，注意初始显示的一列 CustomersID 值。选中其中一个值，在出现的新屏幕上显示了所选项的详细信息。图 15.6 显示了列表中所选项的示例：

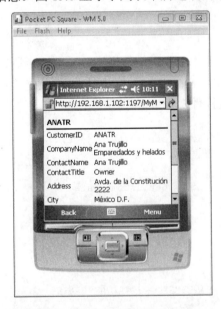

图 15.6　绑定到 Customers 表并显示客户详情的 ObjectList 控件

Calendar 控件

Calendar 控件可以用来指定日期。由于设备的类型不同，日期选项的显示可能会不同。Calendar 控件被渲染成一系列窗体。在窗体中，用户可以指定一个具体的日期。用户也可以手动输入日期。

AdRotator 控件

AdRotator 控件可以用来在设备上放置广告。该控件类似于 ASP.NET 的 AdRotator 控件，只是渲染的方式随设备变化。

AdRotator 控件可以指定成一系列图像。AdRotator 控件不需要特定的图像类型。根据设备的类型，指定设备过滤器(本课后面介绍)，就可以指定图像。

AdRotator 控件需要一个.xml 文件来配置广告。该文件与标准 AdRotator Web 服务器控件所用的文件相同，其中.xml 文件的根元素称为 Advertisements。Advertisements 元素包含了多个 Ad 元素。每个 Ad 元素包含了每个广告属性的元素。

PhoneCall 控件

PhoneCall 控件提供了一种简便的解决方案。PhoneCall 控件含有一个 PhoneNumber 属性，可以设置成所要拨打的电话号码。在设备上，该电话号码显示成一个超链接。但是，如果设定了 Text 属性，那么 Text 会显示成超链接文本，而不是实际电话号码。SoftKeyLabel 属性可以被设置成一个自定义字符串，比如功能键 Call(若设备支持功能键)。

如果设备不支持拨打电话，PhoneCall 控件会显示 AlternateText 属性的内容。AlternateText 属性默认为{0}{1}，其中{0}表示 Text 属性，而{1}表示 PhoneNumber 属性。

验证控件

验证控件是标准 ASP.NET Web 页面中很重要的一部分。它们也包含在移动控件中。下面列出了一些移动验证控件：

- **RequiredFieldValidator**　该字段需要一个入口
- **RangeValidator**　入口必须处于一定的范围
- **CompareValidator**　入口与另一个数值比较
- **CustomValidator**　用来验证入口的自定义验证函数
- **RegularExpressionValidator**　入口必须与指定模式匹配
- **ValidationSummary**　显示对所有输入错误信息的摘要

从本质上说，这些移动验证程序控件与 ASP.NET 非移动版本中的控件完全相同，只是移动验证程序控件不提供客户端验证。你可依需要组合这些控件。例如，TextBox 可以同时包含 RequiredFieldValidator 和 RegularExpressionValidator。

数据绑定

从本质上说，移动控件的数据绑定与 ASP.NET 中的数据绑定完全相同。大多数控件支持 DataSource 和 DataMember 属性，并且，一些控件还支持 DataTextField 和 DataValue 字段。这里，重点是利用 IsPostBack 属性，将数据载入高速缓存。只有当前窗体的控件需要绑定，而不是绑定所有控件。

保持会话状态

在一般的 ASP.NET Web 站点中，会话状态的保持可以通过发布会话 cookie 到浏览器。当浏览器与 Web 服务器通信时，cookie 会话信息记录会被传送到 Web 服务器，然后，Web 服务器从会话 cookie 中提取会话 ID 值，查询会话的状态数据。

很多移动设备都不能接收 cookie，比如大部分手机。因此，这也引发了保持会话状态的问题。解决的办法是启动无 cookie 的会话。在 Web.config 文件中将下面这个元素添加到 system.web 元素内部，可以实现这个方法。

```
<sessionState cookieless="true" />
```

利用无 cookie 会话，会话的 ID 值会代替 cookie，被放置在 Web 站点的 URL 中。为了确保移动 Web 站点适用于绝大部分移动设备，必须在所有移动应用程序中实现无 cookie 的会话。

如果在移动应用程序中使用基于窗体的验证，还需要配置无 cookie 的数据字典。添加下面一行到配置文件，可以实现它：

```
<mobileControls cookielessDataDictionaryType=
    "System.Web.Mobile.CookielessData" />
```

用户输入的控件组

移动 Web 开发者都知道，移动用户输入数据的方式与传统计算机用户不同。一般，在手机上用户更难输入数据。许多手机只能显示几行文本，并且一些手机一次只能为用户显示一个文本框。也就是说，带有多个控件的移动窗体可能被分开显示，因此，重点是组控件必须显示在一起。移动控件被组织放置在容器中。每个容器包含了一个控件的逻辑群组，用来在运行时渲染每个移动设备页面。

分页

利用分页，可以将移动窗体的内容分成更小的块。启用分页，运行时会格式化输出到目标设备。在默认情况下，分页是禁用的，但是，通过将每个移动窗体的 Paginate 属性设置为 true，可以启用分页。

对于输入数据来说，一般不需要分页，因为许多设备已经包含了每次输入一项的机制。编页更适用于移动窗体控件，用来显示大量只读数据，以防设备的内存耗尽。

除了启用和禁用分页，List、ObjectList 和 TextView 控件还支持自定义分页。这些控件支持内部的分页，即这些控件提供它们自己的分页功能。这些控件可以为每个页面设置分页，并触发 LoadItems 事件来载入数据。

面板

面板是容器控件，可以用来提供进一步控件组功能，在单个组上打开、关闭、隐藏和显示控件。面板的导航方式与窗体不同。对于动态创建的控件，面板可以看成一个占位符。在运行时，面板上的所有控件都被显示在同一个屏幕上。

样式

样式可以用来改变控件的外观显示。对样式分类，并将它们指定到控件，可以在应用程序中提供一个长期的外观显示。为了实现样式，可以使用 StyleSheet 控件，也可以使用 <style>标签。只有 StyleSheet 控件可以指定到移动 Web 窗体上。

样式被当成一些提示。如果设备支持所指定的样式，在运行时，样式就会被试图指定到所需的控件。如果设备不支持所指定的样式，在运行时，样式会被忽略。

从所处的容器中，一个控件继承了指定到容器的样式。通过直接指定一个样式到控件，可以覆盖一个样式。当指定样式时，可以将它们直接指定到控件的属性，也可以指定 StyleReference 属性到控件。

理解自适应渲染

自适应渲染是指根据请求 Web 页面的浏览器，用不同的方式渲染一个控件的过程。在下面的示例中，在移动 Web 窗体上放置一个移动 Calendar 控件，并且手机请求该移动 Web 窗体。Calendar 控件的渲染如图 15.7 所示。

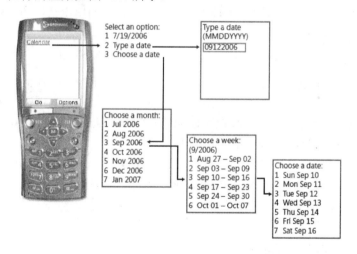

图 15.7　在手机上渲染移动 Calendar 控件

注意，手机屏幕没有足够的空间渲染当前月份，因此，该控件被渲染成一个简单表示 Calendar 的超链接。当用户点击这个链接时，手机显示一个菜单，提供用户选择日期。用户可以简单地选中当前日期，输入一个日期，或者进入更多的屏幕菜单，选择日期。

如果使用 SmartPage 选中相同的 Web 页面，日历被最大化渲染，如图 15.8 所示。

当浏览器请求 Web 页面时，它会发送一个用来标识浏览器的 HTTP 标头，称为 User-Agent。在运行时，利用 User-Agent 字符串，可以查询浏览器的性能。在.config 文件的<browserCaps>元素中，可以查看和设置每个浏览器的性能。

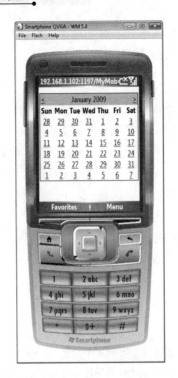

图 15.8　在 SmartPhone 上渲染移动 Calendar 控件

在 ASP.NET 中，browserCaps 依赖于包含浏览器定义的层次结构的 XML 文件。这些 XML 文件的默认位置如下所示：

```
C:\WINDOWS\Microsoft.NET\Framework\v2.0.50727\CONFIG\Browsers\
```

每个 XML 文件包含一个.browser 扩展名；这些文件用来生成 HttpBrowserCapabilities 类。该类是一个工厂类，用来创建 HttpBrowserCapabilities 实例，根据浏览器类型填充其属性。既可以修改已有的.browser 文件，也可以创建新的.browser 文件。HttpBrowserCapabilities 类位于 ASP.BrowserCapsFactory.dll 组件中。该组件安装在全局组件缓存中。为了根据.browser 文件中的变化，重新生成 ASP.BrowserCapsFactory.dll 组件及其 HttpBrowserCapabilities 类，在. NET Command Prompt 窗口中运行 aspnet_regbrowsers 命令行工具，并使用-i 选项(安装)。

实现面向具体设备的渲染

面向具体设备的渲染是指基于设备类型，来绘制控件。使用具体设备渲染的途径之一是查询各种 Request.Browser 属性，然后根据浏览器类型执行不同的操作。例如，将移动 Label 控件添加到移动 Web 窗体中。为了根据浏览器是否是移动设备，显示一条不同的消息，将下面这段代码添加到代码隐藏文件中：

```vb
'VB
Partial Class LabelTest
  Inherits System.Web.UI.MobileControls.MobilePage

  Protected Sub Page_Load(ByVal sender As Object, _
```

```
          ByVal e As System.EventArgs) Handles Me.Load

          If (Request.Browser.IsMobileDevice) Then
            Label1.Text = "A mobile device"
          Else
            Label1.Text = "Not a mobile device"
          End If

      End Sub
  End Class


  //C#
  public partial class LabelTest :
    System.Web.UI.MobileControls.MobilePage
  {
    protected void Page_Load(object sender, EventArgs e)
    {
      if (Request.Browser.IsMobileDevice)
      {
        Label1.Text = "A mobile device";
      }
      else
      {
        Label1.Text = "Not a mobile device";
      }
    }
  }
```

　　为了实现具体设备的渲染,另一种方式是使用 DeviceSpecific 控件。单个 DeviceSpecific
控件可以嵌套在任意移动控件或<mobile:Form>元素中,提供基于过滤器的自定义操作。

　　在站点的 Web.config 文件中,添加入口来定义过滤器。一个过滤器简单地标识了一个
设备。一旦配置好,过滤器就可以用来根据给定设备,显示自适应的渲染结果。下面列出
了所有可能在 Web.config 文件的<system.web>元素中定义的过滤器:

```
<deviceFilters>
    <filter name="isJPhone" compare="Type" argument="J-Phone" />
    <filter name="isHTML32" compare="PreferredRenderingType"
    argument="html32" />
    <filter name="isWML11" compare="PreferredRenderingType"
    argument="wml11" />
    <filter name="isCHTML10" compare="PreferredRenderingType"
    argument="chtml10" />
    <filter name="isGoAmerica" compare="Browser" argument="Go.Web" />
    <filter name="isMME" compare="Browser"
    argument="Microsoft Mobile Explorer" />
    <filter name="isMyPalm" compare="Browser" argument="MyPalm" />
    <filter name="isPocketIE" compare="Browser" argument="Pocket IE" />
    <filter name="isUP3x" compare="Type" argument="Phone.com 3.x Browser" />
    <filter name="isUP4x" compare="Type" argument="Phone.com 4.x Browser" />
    <filter name="isEricssonR380" compare="Type" argument="Ericsson R380" />
    <filter name="isNokia7110" compare="Type" argument="Nokia 7110" />
    <filter name="prefersGIF" compare="PreferredImageMIME"
    argument="image/gif" />
    <filter name="prefersWBMP" compare="PreferredImageMIME"
    argument="image/vnd.wap.wbmp" />
    <filter name="supportsColor" compare="IsColor" argument="true" />
    <filter name="supportsCookies" compare="Cookies" argument="true" />
    <filter name="supportsJavaScript" compare="Javascript" argument="true" />
    <filter name="supportsVoiceCalls" compare="CanInitiateVoiceCall"
    argument="true" />
</deviceFilters>
```

　　一旦配置好,过滤器就可以用作 DeviceSpecific 控件的一个选项。当设备执行请求时,

它会传递类型到 ASP.NET。然后，基于浏览器查询这个类型。如果待渲染的控件包含一个过滤器，在响应被送回设备之前，该过滤器就被应用。下面这段标记显示了一个添加到 Label 控件的 DeviceSpecific 控件。

```
<html xmlns="http://www.w3.org/1999/xhtml" >
<body>
   <mobile:Form id="Form1" runat="server">
   <mobile:Label Runat="server" ID="Label1">
     <DeviceSpecific>
        <Choice Filter="IsMobile" Font-Italic="True" />
        <Choice Filter="IsIE" Font-Name="Arial Black" Font-Size="Large" />
     </DeviceSpecific>
   </mobile:Label>
   </mobile:Form>
</body>
</html>
```

如果该页面运行在 Microsoft Internet Explorer 中，IsIE 过滤器选项所设定的绘制方式将被应用。文本被改变成大号、Arial Black 形式，如图 15.9 所示：

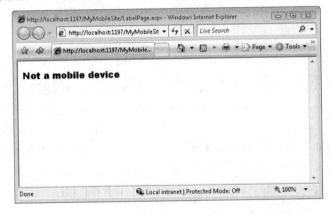

图 15.9　应用于 Internet Explorer 的过滤器

但是，如果页面运行在移动设备中，IsMobile 过滤器选项所设定的绘制模式被应用，文本将被修改成斜体，如图 15.10 所示：

图 15.10　应用于移动设备的过滤器

应用于移动应用程序的最佳实践

在很多方面，编写移动应用程序是一项具有挑战性的工作。下面列出了一些在编程中应该考虑的指导方针和最优方法。

◆ **提供单独的桌面显示** 虽然很多设备是自适应的，但是桌面用户期望更丰富的显示。一般最好提供两种显示：一种针对桌面，而另一种针对移动设备。

◆ **页面内容** 保持页面的内容越简单越好。

◆ **数据访问** 只发送用户感兴趣的数据记录，而不是发送完整的结果记录。只绑定必需的控件。

◆ **自适应控件** 在多个设备上测试自适应控件，包括只能显示几行的设备。

◆ **默认值** 随时提供给用户默认值。

◆ **评价 ViewState** 在很多应用程序中，关闭 ViewState 可以获取更好的性能，因为它会降低传送到低速移动设备的数据量。关闭 ViewState 可能需要服务器每当用户发回服务器时重新生成数据。

◆ **使用高速缓存** 无论何时，高速缓存数据访问的结果，避免每次用户访问服务器时提取数据。

◆ **在页面上组合多个窗体** 在页面的多个窗体之间共享数据，比在页面之间共享数据更加容易。但是，这是以性能为代价的。寻找能够简单传递多项到新页面的位置。

◆ **使用不带 Cookie 的会话** 很多移动设备不支持 **Cookie**，因此使用不带 **Cookie** 的会话很重要。

◆ **使用窗体的超链接** 利用#form2 语句(其中 form2 表示窗体名)，可以创建一个超链接到窗体。如果页面包含一个带窗体的用户控件 myControl，利用 #myControl:form2 语句就可以创建一个超链接。

◆ **最小程度使用图像** 图像的使用应该保持在最小程度内，因为大部分移动设备的带宽和屏幕分辨率都很低。有些移动设备可能不支持图像，而有些可能不支持所提供的图像类型，比如一个.gif 文件用在一个只支持.wbmp 文件的移动设备上。确保对所有图形的 AlternateText 属性指定了一个属性值。

快速测试

1. 标准验证性控件和移动验证性控件的主要不同点是什么？
2. 当不支持信息记录的移动设备访问移动 Web 站点时,如何才能保证保持会话状态？

参考答案

1. 移动验证性控件不提供客户端验证。
2. 应该在 Web.config 文件中打开无信息记录的会话。

实训：处理移动 Web 应用程序

在这个实训中，创建一个移动 Web 站点应用程序。该应用程序阐述了移动控件的用法，在手机或浏览器上访问和显示数据。该应用程序提供搜索选项给用户，通过产品名称、产品 ID 或通过深入分析产品的类别来搜索产品。

在完成这个练习时，如果遇到了问题，从随书资源安装的样例中，可以找到完整的工程。

➤ 练习 1　创建 Web 站点并定义移动页面

在这个练习中，创建一个移动 Web 站点，在给定页面上定义移动窗体，并添加控件到该页面。

1. 打开 Visual Studio，你偏爱的编程语言创建一个新的 Web 站点，名为 MobileSite。
2. 打开 Default.aspx 页面的代码隐藏文件。将窗体类的父类改为 MobilePage 类。代码如下所示：

```VB
'VB
Partial Class _Default
    Inherits System.Web.UI.MobileControls.MobilePage

End Class
```

```C#
//C#
public partial class _Default : ystem.Web.UI.MobileControls.MobilePage
{
}
```

3. 在 Source 视图中打开 Default.aspx 的标记。将<!DOCTYPE>元素移出页面。在@Page 指示符下，添加@Register 指示符，注册 MobileControls 命名空间。标记如下所示：

```
<%@ Register TagPrefix="mobile"
  Namespace="System.Web.UI.MobileControls"
  Assembly="System.Web.Mobile" %>
```

4. 然后，定义页面使用的移动窗体控件。页面用来帮助用户在移动设备上遍历搜索过程。针对下面每个 ID，创建一个移动窗体：

   ◆ ID = formmain 且 Title = select a search method
   ◆ ID = formsearchname 且 Title = enter a name
   ◆ ID = formsearchid 且 Title = enter id
   ◆ ID = formsearchcategory 且 Title = select a category
   ◆ ID = formresult 且 Title = search results

5. 然后，定义每个窗体使用的控件。

   ◆ **FormMain**　添加一个 List 控件。将控件 ID 设置成 ListMainMenu。添加下面的内容到 Items 集合：By Name(值为 1)、By ID(值为 1)，以及 By Category(值为 1)。
   ◆ **FormSearchName**　添加一个 Label 控件，并将控件 ID 设置成

LabelSearchName，将 Text 设置成 Enter Name。添加一个移动 TextBox 控件，并将控件 ID 设置成 TextBoxSearchName。添加一个移动 Command 控件，并将控件 ID 设置成 CommandSearchName，将 CommandName 设置成 Search。

◆ **FormSearchId**　添加一个 Label 控件，并将控件 ID 设置成 LabelSearchId，将 Text 设置成 Enter ID。添加一个移动 TextBox 控件，并将控件 ID 设置成 TextBoxSearchId。添加一个移动 Command 控件，并将控件 ID 设置成 CommandSearchId，将 CommandName 设置成 Search。

◆ **FormSearchCategory**　添加一个移动 List 控件，并将控件 ID 设置成 ListCategory。

◆ **FormResults**　添加一个 ObjectList 控件，并将控件 ID 设置成 ObjectListResults。

这时，标记应该如下所示：

```
<html xmlns="http://www.w3.org/1999/xhtml" >
<body>

  <mobile:Form id="FormMain" runat="server"
    Title="Select a Search Method">
    <mobile:List ID="ListMainMenu" Runat="server">
      <Item Text="By Name" Value="1" />
      <Item Text="By ID" Value="2" />
      <Item Text="By Category" Value="3" />
    </mobile:List>
  </mobile:Form>

  <mobile:Form id="FormSearchName" runat="server"
    Title="Enter Name">
    <mobile:Label ID="LabelSearchName"
        Runat="server">Enter Name</mobile:Label>
    <mobile:TextBox ID="TextBoxSearchName"
        Runat="server"></mobile:TextBox>
    <mobile:Command ID="CommandSearchName"
        Runat="server" CommandName="Search">
    </mobile:Command>
  </mobile:Form>

  <mobile:Form id="FormSearchId" runat="server"
    Title="Enter ID">
    <mobile:Label ID="LabelSearchId"
        Runat="server">Enter ID</mobile:Label>
    <mobile:TextBox ID="TextBoxSearchId"
        Runat="server"></mobile:TextBox>
    <mobile:Command ID="CommandSearchId"
        Runat="server" CommandName="Search">
    </mobile:Command>
  </mobile:Form>

  <mobile:Form id="FormSearchCategory" runat="server"
    Title="Select a Category">
    <mobile:List Runat="server" ID="ListCategory"></mobile:List>
  </mobile:Form>

  <mobile:Form id="FormResults" runat="server"
    Title="Search Results">
    <mobile:ObjectList Runat="server" ID="ObjectListResults">
    </mobile:ObjectList>
  </mobile:Form>

</body>
</html>
```

> ➤ 练习 2　添加代码到移动窗体

在这个练习中，继续处理前面练习中创建的页面，添加代码完成整个页面。

1. 继续处理前面练习中创建的 Web 站点。另一种方式是，打开 CD 安装示例中完整的第 1 课的练习 1 工程。

2. 添加 Northwind 数据库到 App_Data 文件夹。从安装示例中可以拷贝这个数据库。

3. 打开站点的 Web.config 文件。转向<connectionString>元素。添加标记，连接到 Northwind 数据库。标记代码如下所示：

```
<connectionStrings>
  <add name="NorthwindConnectionString"
    connectionString="Data Source=.\SQLEXPRESS;
      AttachDbFilename=|DataDirectory|\northwnd.mdf;
      Integrated Security=True;User Instance=True"
    providerName="System.Data.SqlClient"/>
</connectionStrings>
```

4. 打开 Default.aspx 页面的代码隐藏文件。添加下面的代码。

   ◆ 一个私有的类变量，名为 _cnnString，获取数据库连接字符串

   ◆ 一个私有函数，名为 GetProducts，从数据库中载入产品数据，返回一个 DataTable 对象。

   ◆ 一个私有函数，名为 GetCategories，从数据库中载入类别数据，返回一个 DataTable 对象。

代码应该如下所示：

```vb
'VB
Imports System.Data
Imports System.Data.SqlClient

Partial Class _Default
  Inherits System.Web.UI.MobileControls.MobilePage

  Private _cnnString As String = _
    ConfigurationManager.ConnectionStrings _
      ("NorthwindConnectionString").ToString

  Private Function GetProducts() As DataTable
    Dim adp As New SqlDataAdapter( _
      "select * from products", _cnnString)

    Dim ds As New DataSet("products")
    adp.Fill(ds, "products")

    Return ds.Tables("products")
  End Function

  Private Function GetCategories() As DataTable
    Dim adp As New SqlDataAdapter( _
      "SELECT * FROM categories", _cnnString)

    Dim ds As New DataSet("categories")
    adp.Fill(ds, "categories")

    Return ds.Tables("categories")
  End Function

End Class
```

```csharp
//C#
using System;
using System.Data;
using System.Data.SqlClient;
using System.Configuration;

public partial class _Default : System.Web.UI.MobileControls.MobilePage
{
    private string _cnnString =
        ConfigurationManager.ConnectionStrings[
        "NorthwindConnectionString"].ToString();

    private DataTable GetProducts()
    {
        SqlDataAdapter adp = new SqlDataAdapter(
        "select * from products", _cnnString);

        DataSet ds = new DataSet("products");
        adp.Fill(ds, "products");
        return ds.Tables["products"];
    }

    private DataTable GetCategories()
    {
        SqlDataAdapter adp = new SqlDataAdapter(
            "SELECT * FROM categories", _cnnString);

        DataSet ds = new DataSet("categories");
        adp.Fill(ds, "categories");

        return ds.Tables["categories"];
    }
}
```

5. 针对 ListMainMenu 控件的 ItemCommand，添加一个事件处理程序到代码隐藏文件中。使用 Visual Basic 语言，可以和往常一样添加这个事件处理程序。但是，使用 C#，可能不能获取 Properties 窗口上的事件按钮。因此，需要在 ListMainMenu 控件的代码中，添加元素属性设定 OnItemCommand="ListMainMenu_ItemCommand"。该控件事件用来根据用户选择项(名称、ID 或类别)设定活动窗体。如果选中类别，那么利用 GetCategories 方法就可以绑定 ListCategory 控件到 Categories 表格。代码应该如下所示：

```vb
'VB
Protected Sub ListMainMenu_ItemCommand(ByVal sender As Object, _
    ByVal e As System.Web.UI.MobileControls.ListCommandEventArgs) _
    Handles ListMainMenu.ItemCommand

    If e.ListItem.Value = "1" Then
        'search by name
        Me.ActiveForm = FormSearchName
    ElseIf e.ListItem.Value = "2" Then
        'search by ID
        Me.ActiveForm = FormSearchId
    ElseIf e.ListItem.Value = "3" Then
        'search by category
        Me.ActiveForm = FormSearchCategory
        ListCategory.DataSource = GetCategories()
        ListCategory.DataTextField = "CategoryName"
        ListCategory.DataValueField = "CategoryID"
        ListCategory.DataBind()
    End If

End Sub
```

```csharp
//C#
protected void ListMainMenu_ItemCommand(object sender ,
  System.Web.UI.MobileControls.ListCommandEventArgs e)
{
  if (e.ListItem.Value == "1")
  {
    //search by name
    this.ActiveForm = FormSearchName;
  }
  else if (e.ListItem.Value == "2")
  {
    //search by ID
    this.ActiveForm = FormSearchId;
  }
  else if (e.ListItem.Value == "3")
  {
    //search by category
    this.ActiveForm = FormSearchCategory;
    ListCategory.DataSource = GetCategories();
    ListCategory.DataTextField = "CategoryName";
    ListCategory.DataValueField = "CategoryID";
    ListCategory.DataBind();
  }
}
```

6. 下一步是基于用户选择执行实际的搜索。在这种情况下，返回数据库中的所有产品，并在服务器上过滤它。这简化了实训的工作。在真实的情况中，既可以创建单个搜索方法，只获取所需的数据，也可以提取并缓存服务器上的数据。

为了响应搜索请求，必须添加下面的事件句柄到代码中。

◆ **CommandSearchId Click 处理程序**　在这里，获取产品数据，并根据用户输入的 ID 值过滤数据结果。

◆ **CommandSearchName Click 处理程序**　再次获取产品数据，并过滤结果。这次根据产品名称过滤。

◆ **ListCategory ItemCommand 处理程序**　这次获取产品数据，并根据所选的产品类别过滤数据结果。

另外，必须添加一个 ShowResults 方法到代码隐藏文件中。该方法应该在前面每个事件结束时调用，在 ObjectListResults 控件上显示结果，并将活动窗体设置成 FormResults。

关于上面三个事件处理程序和 ShowResults 的代码应该如下所示：

```vbnet
'VB
Protected Sub CommandSearchId_Click(ByVal sender As Object, _
  ByVal e As System.EventArgs) Handles CommandSearchId.Click

  Dim products As DataTable = GetProducts()
  products.DefaultView.RowFilter = _
    String.Format("ProductID = {0}", TextBoxSearchId.Text)

  ShowResults(products)
End Sub

Protected Sub CommandSearchName_Click(ByVal sender As Object, _
  ByVal e As System.EventArgs) Handles CommandSearchName.Click

  Dim products As DataTable = GetProducts()
  products.DefaultView.RowFilter = _
    String.Format("ProductName like '{0}%'", TextBoxSearchName.Text)
```

```vb
    ShowResults(products)
End Sub

Protected Sub ListCategory_ItemCommand(ByVal sender As Object, _
    ByVal e As System.Web.UI.MobileControls.ListCommandEventArgs) _
      Handles ListCategory.ItemCommand
    Dim products As DataTable = GetProducts()
    products.DefaultView.RowFilter = _
      String.Format("CategoryID = {0}", e.ListItem.Value)

    ShowResults(products)
End Sub

Private Sub ShowResults(ByVal data As DataTable)
    ObjectListResults.DataSource = data.DefaultView
    ObjectListResults.LabelField = "ProductName"
    ObjectListResults.DataBind()
    Me.ActiveForm = FormResults
End Sub
```

```csharp
//C#
protected void CommandSearchId_Click(object sender, EventArgs e)
{
    DataTable products = GetProducts();
    products.DefaultView.RowFilter =
      String.Format("ProductID = {0}", TextBoxSearchId.Text);

    ShowResults(products);
}

protected void CommandSearchName_Click(object sender, EventArgs e)
{
    DataTable products = GetProducts();
    products.DefaultView.RowFilter =
      String.Format("ProductName like '{0}%'", TextBoxSearchName.Text);

    ShowResults(products);
}

protected void ListCategory_ItemCommand(object sender,
    System.Web.UI.MobileControls.ListCommandEventArgs e)
{
    DataTable products = GetProducts();
    products.DefaultView.RowFilter =
      String.Format("CategoryID = {0}", e.ListItem.Value);

    ShowResults(products);
}

private void ShowResults(DataTable data)
{
    ObjectListResults.DataSource = data.DefaultView;
    ObjectListResults.LabelField = "ProductName";
    ObjectListResults.DataBind();
    this.ActiveForm = FormResults;
}
```

根据添加这些事件到代码的方式，可能需要将它们绑定到控件上。完成它可以有多种方式。一种简单的方式是使用针对给定控件事件的标记。例如针对 CommandSearchName Click 事件的 OnClick="CommandSearchName_Click"，以及针对 ListCategory 控件的 OnItemCommand="ListCategory_ItemCommand"。

7. 同时在 Internet Explorer 和移动仿真器中运行这个移动 Web 窗体。输入数据或选中数值，测试每个选项。

图 15.11 显示了运行在 Windows 设备仿真器上的应用程序中的每个窗体。

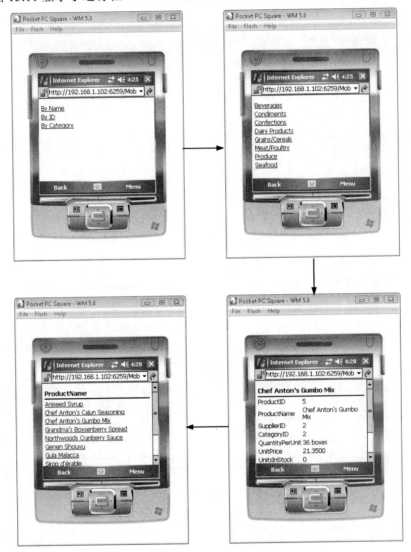

图 15.11 运行在移动设备仿真器上的移动 Web 应用程序

本课总结

◆ 移动 Web 应用程序能够在大部分移动设备中进行绘制。

◆ 利用 Internet Explorer、各种物理设备或设备仿真器，测试移动应用程序。

◆ 为了创建移动 Web 应用程序，利用偏爱的编程语言，创建一个标准 ASP.NET Web 站点。然后修改派生于 MobilePage 的常规 Web 窗体。另外，应该在代码中注册移动 Web 控件。

◆ 利用无 cookie 的会话，对大部分移动设备启动状态。

◆ 移动 Web 控件为各种设备类型提供自适应渲染。另外，也能够提供具体设备的渲染，覆盖默认的渲染。

课后练习

通过下列问题，可检验自己对第 1 课的掌握程度。这些问题也可从随书资源中找到。

注意 关于答案

对这些问题的解析可参考本书末尾的"答案"。

---

1. 如果要创建移动 Web 站点应用程序，应该有哪些步骤？(不定项选择)

   A. 创建标准的 ASP.NET Web 站点。

   B. 使用标准 ASP.NET Web 窗体。将这些窗体改变成派生于 System.Web.UI.Mobile Controls.MobilePage。

   C. 添加@Register 指示符到页面，注册 System.Web.Mobile 集合。

   D. 添加一个或多个<mobile:Form>控件到页面。

2. 考虑移动 Web 窗体上的移动 Label 控件，为了根据浏览器是 Internet Explorer 或移动设备，显示不同的控件文本。如何执行这项工作？(双选)

   A. 在代码中，添加对 Request.Browser.IsMobileDevice 的测试，然后设置相应的 Text 属性。

   B. 在代码中，调用移动 Web 窗体上的 IsDevice 方法，传递 Device.Mobile 枚举变量值，然后设置相应的 Text 属性。

   C. 读取 Request 对象上的 UserAgent 属性，然后，若 UserAgent 等于 mobile，则设置相应的 Text 属性。

   D. 设置默认的 Text 值，然后在 AppliedDeviceFilters 中定义一个移动设备，并为此使用移动 Label 控件的 PropertyOverrides 属性设置 Text 属性。

3. 假设已经为用户创建了一个能够正常工作的移动 Web 站点。Joe 刚刚购买了一个最新款的移动设备。如果他想查看 Web 站上的一个 Calendar 控件，而控件试图渲染成月份视图，但是，Joe 移动设备屏幕不能足够显示日历。因此，决定创建一个新的.browser 文件来代表 Joe 的移动设备，并使设定能够正确地渲染日历。如何在运行时识别新的.browser 文件设定？

   A. 添加.browser 文件的名称到 Browser 元素中的 Machine.config 文件。

   B. 添加.browser 文件的名称到 Browser 元素中的 Web 站点的 Web.config 文件。

   C. 在.NET Command Prompt 窗口中运行 aspnet_regbrowsers 命令行工具，使用-*i* 选项。

   D. 在.NET Command Prompt 窗口中运行 aspnet_regiis 命令行工具，使用-registerbrowsers 选项。

本 章 回 顾

为进一步实践和巩固在本章中学习到的技能，建议继续完成下列任务。

◆ 阅读本章小结。
◆ 完成案例训练。这些案例取自实际项目，但都涉及本章介绍的内容，要求你提供相应的解决方案。
◆ 完成建议练习。
◆ 完成实战测试。

本章小结

◆ 移动 Web 应用程序可以利用 ASP.NET 移动控件来创建。因此，这可以用来创建能够在有限连接性的小设备上恰当显示站点。
◆ 一个移动 Web 应用程序能够渲染到各种移动设备。移动 Web 控件为各种设备类型提供自适应渲染。另外，也能够提供具体设备的渲染，覆盖默认的渲染

案例场景

在下面的案例场景中，需要运用本章所学知识来完成一些小项目。答案可参见书末尾。

案例 1：判断使用的移动控件

创建一个移动 Web 应用程序，以便房地产代理在他们的移动设备上输入搜索条件。这些搜索条件包括价格范围、房间的数量、面积和城市。在输入搜索条件之后，发送数据到 Web 服务器，然后 Web 服务器返回一系列满足搜索条件的房屋。

问题

1. 什么控件可以用来显示搜索结果？

案例 2：判断要创建的 Web 页面数量

创建一个移动 Web 应用程序，能够通过台式机、笔记本、PDA、带 Windows Mobile 的智能机，以及带移动浏览器的手机来访问。你的上司关心的是针对每个 Web 页面，提供一个具体设备的 Web 页面。

问题

1. 如何应用包含最小数量 Web 页面的 Web 站点？
2. 如何应用 Web 站点？

建议练习

为了帮助你熟练掌握本章考点，请完成下列任务。

创建移动 Web 应用程序

对于这项工作，如果从 ASP.NET 模板中创建一个移动 Web 应用程序，应该完成练习 1。练习 2 针对移动 Web 应用程序使用提供共用的模板。

◆　**练习 1**　通过转换一个新的 ASP.NET Web 站点，创建一个新的移动 Web 应用程序。

◆　**练习 2**　从 http://www.asp.net/mobile/road-map/中下载移动 Web 应用程序的提供共用的模板，或者搜索 "ASP.NET Mobile Development with Visual Studio 2008"。遵照指示安装这些模板。创建一个新的 ASP.NET 站点。添加每个新的移动模板到站点：移动窗体、移动用户控件和移动配置文件。打开每个文件，并回顾其内容。

应用具体设备的渲染

◆　**练习 1**　创建一个新的移动 Web 窗体，添加日历移动控件到窗体。根据两个或多个设备，添加面向具体设备的渲染。每种渲染应该不同地显示日历。在多个设备仿真器上运行窗体，并查看结果。

创建一个带验证的数据收集页面

◆　**练习 1**　创建一个新的移动 Web 窗体，收集来自用户的数据，比如用户配置信息。添加移动验证性控件到窗体，限制数据输入。

实战测试

本书配套资源为实战测试提供了多种选择。例如，可选择只对本章相关的内容进行测验，也可用完整的 70-562 认证考试的内容进行自测。可将测验设置为实战模式(即与真实考试基本相同)，或者可以设为学习模式，以便边做题边查看答案及相应的分析。

更多信息　实战测试

要想进一步了解可选的测试模式，请查看本书"前言"。

第 16 章　应用程序的部署、配置和高速缓存

当应用程序的开发和测试完成之后，就需要将它部署在产品环境中。在大多数实际情况下，部署包括了将应用程序从用户检测和测试功能的运行环境，移动到一个或多个产品服务器上。部署的过程可以利用工具和脚本自动完成，也可以由 IT 部门来操作和管理，或者直接由开发人员利用 Microsoft Visual Studio 来完成。实际上，如何生成、验证和部署应用程序，取决于具体的情景、应用程序的类型，以及运行环境。本章将探究利用 Visual Studio 的工具和方法，从而更容易地部署 Web 应用程序。

当应用程序部署完成之后，可能偶尔还会遇到限制了程序的可扩展性或阻断了对共享数据的访问的性能问题。通常，解决办法是将站点中的特定元素缓存，以提高站点的性能和吞吐量。本章还将介绍如何有效地利用 ASP.NET 的缓存特性，提高应用程序的响应速度和可伸缩性。

本章考点

◆ 配置和部署 Web 应用程序
  ◇ 发布 Web 应用程序
  ◇ 配置应用程序池
  ◇ 利用 Visual Studio 或命令行工具编译应用程序

本章课程设置

◆ 第 1 课　部署 Web 应用程序
◆ 第 2 课　利用高速缓存提高性能

课 前 准 备

为了完成本章的课程，应当熟悉使用 Visual Basic 或 C#在 Visual Studio 中开发应用程序。除此之外，还应当熟悉以下内容：

◆ Visual Studio 2008 集成开发环境(IDE)
◆ 使用超文本标记语言(HTML)和客户端脚本
◆ 创建 ASP.NET Web 站点和窗体

真实世界

Mike Snell

现在开发组所面临的挑战之一是生成和部署的过程，尤其是当开发人员在已有代码的

基础上发布后续版本时。事实上，我曾看到，由于错误的、人为的、手动的生成过程，很多开发者在系统中引入了很多的错误。由于某些原因，从开发环境到产品的运行环境，代码变得更加复杂，并且可能引入了一些永远不应该发生的错误。与开发组一起，我们常常探讨如何自动化生成和部署过程。这样，人为的错误因素从这个过程中脱离出来，还可以更好地管理和跟踪(并且缺陷更少)。我们还注意到，一旦建立了自动化过程，开发组就可以把更多的精力放在如何进行标准的生成和部署，因为他们不再需要担心容易出错的手动过程。

第 1 课　部署 Web 应用程序

对大多数开发者来说，生成和部署应用程序只是一种对开发过程的锦上添花。也许，这是因为人们并不要求开发者定期地部署应用程序。相反，开发者只需要在 IDE 中单击按钮，运行应用程序。所有的内容都是在本地进行部署和执行。然而，如果要求将程序定期上传到服务器上，开发者就会很快想到自动化。在服务器端获取生成的权限是十分繁琐的。

并且，只有最简单的产品环境才运行在单个服务器上。对于高可用性和高可扩展性的应用程序，它们通常同时运行在多个 Web 服务器上。这些相同的环境常常包含了开发、运行和产品生成的环境。另外，很多 Web 开发者必须在商业上发布他们的应用程序；也就是说，在开发者未知的各种环境中，其他人必须能够对这些应用程序进行部署。

对于上面的每一种情况，必须设计一个方案以对应用程序和未来发布的更新版本进行部署。本课将介绍各种不同的技术来部署 Web 应用程序。

学习目标

◆　创建 Web Setup Project，利用项目生成的文件部署应用程序

◆　利用 Copy Web 工具，在多个开发者和多个服务器的环境中更新和部署 Web 应用程序

◆　利用 Publish Web Site 工具，预编译 Web 应用程序

预计课时：40 分钟

关于 Web Setup Project

根据具体情况的不同，一个 .NET Framework Web 应用程序的部署可以极其容易地完成。在默认情况下，Web 站点是完全基于文件的。也就是说，部署一般是将源文件上传到服务器。然后，当请求页面时，服务器会编译这些代码。在这种情形下，通过简单地将源文件复制到服务器中正确的文件目录下，就可以在 Web 服务器上部署一个 Web 应用程序。

即使部署一个新版本的站点，在大多数情况下，也只需要用新文件覆盖旧的文件。另外，当 Web 应用程序只运行在单个的基于文件的服务器上时，实际上一般也不需要运行任何类型的安装过程、修改注册表或者添加项目到开始菜单。复制和粘贴(或借助工具上传)就足够了。

这种简单的处理也为其他情形提供了很大灵活性。当 Web 应用程序被部署在一系列 Web 服务器(多个 Web 服务器对应相同的站点，实现扩展和可用性)上时，可以利用任意同步文件的工具在服务器之间复制文件。这种方式可以实现对主服务器的部署，然后在 Web 组群中同步部署过程。

但是，有时需要更多地控制如何对应用程序进行部署。比如，在部署过程中配置 Web 服务器、部署文件到服务器的其他位置、添加应用程序的注册表入口、下载和安装先决条件、设置安全性、添加必要的动态链接库(DLL)等。

有时，也可能不想直接控制部署的过程；而是依靠系统管理员来管理部署。在这种情况下，就需要创建一个 Windows Installer(.msi)文件，甚至需要用到分配工具，比如 Microsoft Systems Management Server(SMS)。

下面这几节将介绍如何创建一个 Web Setup Project、如何配置部署的属性、如何配置部署的条件，以及为了满足上述情况的要求，如何配置 Web 应用程序。

创建 Web Setup Project

Web Setup Project 与 Windows Forms 应用程序所创建的标准 Setup Project 十分相似；但是，它提供了一些 Web 应用程序所需的专业化功能。添加一个 Web Setup Project 到站点，步骤如下。

1. 在 Visual Studio 中打开站点。
2. 在 File 菜单(或右击 Solution Explorer 中的解决方案)中，选中 Add，然后选中 New Project，打开 Add New Project 对话框。
3. 在 Project Types 的正下方，展开 Other Project Types，选中 Setup And Deployment。在 Templates 下，选中 Web Setup Project。在 Name 文本框中，输入项目名。Add New Project 对话框的示例如图 16.1 所示。

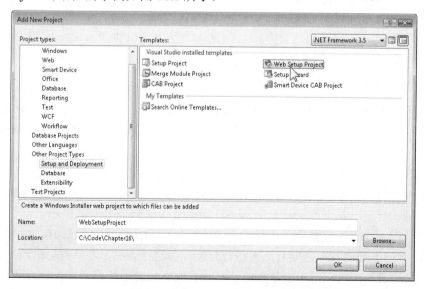

图 16.1　在创建 Web Setup Project 中添加新项目到 Web 站点

4. 在新的 Web Setup Project 创建完成之后，Visual Studio 将该项目添加到解决方案中，并显示一个 File System 编辑器。通常，下一步是右击 Web Application Folder，创建一个项目输出组，选中 Add，然后选择 Project Output。

在 Add Project Output Group 对话框中，选中输出的项目、文件内容选项以及配置(默认 Active)。这时，安装项目就能够输出选中项目的内容。

图 16.2 显示了在 Visual Studio 中配置 Web Setup Project 的示例。

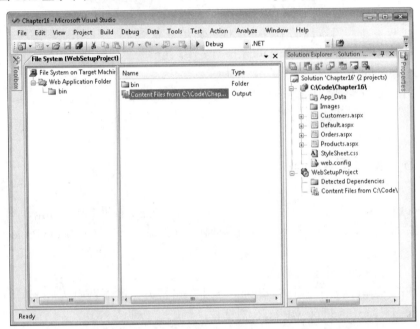

图 16.2　Web Setup Project 的 File System 编辑器

一旦创建了 Web Setup Project，就可以添加其他的文件夹、文件和其他非项目输出的集合到 Web Setup Project。例如，在一个单独的文件夹中，包含了一些没有添加到站点项目的图片，这时，就需要用到这种方法。为此，再次右击 File System 编辑器中的 Web Application Folder，就可以完成添加过程。

生成 Web Setup Project

当生成或运行 Web 应用程序时，Web Setup Project 不会自动生成。相反，必须在 Solution Explorer 中手动选中 Web Setup Project，选择 Build。右击给定的项目或者利用 Build 菜单，都可以完成生成过程。

当生成 Setup Project 时，Visual Studio 会验证站点中的代码，并生成一个.msi 文件，将站点的每个元素打包在.msi 文件中。在 Visual Studio 的 Output 窗口(View|Output)中，可以检视这个生成的过程。在下面的这个脚本中，显示了其中的每个步骤和.msi 文件生成的位置。在默认情况下，该文件被放置在包含解决方案文件的文件夹中。图 16.3 给出了示例。

很多 Web 应用程序并不需要对配置进行定制。在这种情况下，只需简单地生成.msi 文件，然后进行部署。但是，对于更复杂的情形，它们都包含了依赖关系(比如特殊的操作系统版本或服务包)、自定义的注册表入口，或者管理员配置。Web Setup Project 能够部署满足这些需求的 Web 应用程序。下面这几节将介绍上面每一种特定的情形。

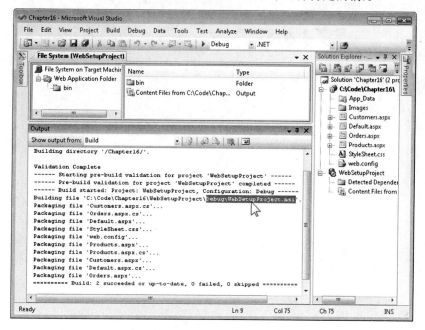

图 16.3　在 Visual Studio 的 Output 窗口中生成的.msi 文件

创建启动条件

启动条件用于在应用程序安装过程中对服务器的需求进行限制。例如，在允许安装之前，检查 Windows 的具体版本，或者验证具体的服务包是否存在。Web 安装模板包括 IIS 启动条件。它会搜索检查 Microsoft Internet Information Service(IIS)的正确版本，并且，在版本不存在时，为用户显示一个错误消息，如图 16.4 所示。

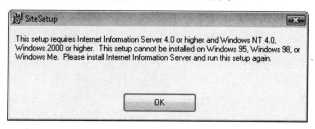

图 16.4　Launch Conditions 错误消息

为了创建和管理新的启动条件，可以使用 Visual Studio 中的 Launch Conditions 编辑器。选中 Visual Studio 中的项目，单击 View 菜单，就可以获取这个工具。这时，可以看到一个 Editor 下菜单，包括 Registry、File System、File Types、User Interface、Custom Actions 和 Launch Conditions。

选中 Launch Conditions 下菜单，打开 Launch Conditions 编辑器，如图 16.5 所示。注意，右击 Launch Conditions 文件夹，可以添加一个新的条件(详见后面的叙述)。

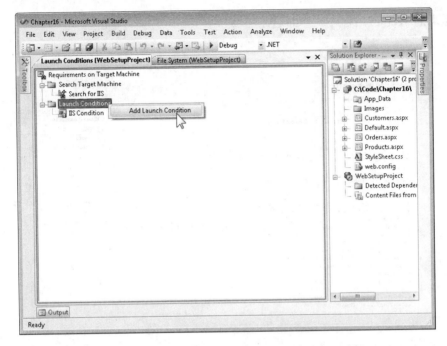

图 16.5 利用 Launch Conditions 编辑器来配置对目标计算机的需求

Launch Conditions 编辑器有两种主要分支：Search Target Machine 和 Launch Conditions。下面详细介绍。

◆ **Search Target Machine** 该分支允许在安装之前定义搜索条件。在默认情况下，该节点包括 Search For IIS。可以添加文件、注册表和 Windows Installer 搜索条件。在一般情况下，搜索条件和启动条件总是成对出现的，其中搜索条件用于判断是否需要改变，而启动条件用于执行变化。

◆ **Launch Conditions** 该分支允许创建一个新的启动条件，用来定义在安装之前必须满足的一些条件。这些条件可以基于搜索条件或其他规则(比如操作系统的版本)。启动条件还能提供给用户一个有用的信息，判定需求是否遗漏。然后，它会自动地提取 Web 页面。在默认情况下，Web Setup Projects 包括了一些条件，用于确保 IIS 的正确版本(比如大于版本 4)。

在一般情况下，为了使单个组件成为安装的一部分，必须将该项添加在上面两个分支中。例如，为了验证在安装时具体的 DLL 是否存在，必须在 Search Target Machine 下创建一个搜索条件，并将搜索的结果保存在属性中。然后，利用搜索条件的属性，创建一个启动条件。如果所需条件不存在(如文件丢失)，那么指定一个错误消息，并显示给用户。另外，为了方便下载，还可以选择性添加一个统一资源定位符(Uniform Resource Locator，URL)到所需的组件。

添加一个简单的搜索条件

为了添加搜索和启动条件，手动右击各自的文件夹，选择合适的项目进行添加。利用这种方法，可以从细微层面上同时创建搜索和启动条件，并手动判定如何对它们进行连接。

为了添加一个基本的搜索条件，右击 Launch Conditions 编辑器中的 Search Target

Machine 节点。从三种搜索条件类型中进行选择：Add File Search、Add Registry Search 和 Add Windows Installer Search。每种选项表示不同的搜索类型。根据选择的不同，可以得到不同的属性设置值。下面概述了每种搜索类型的选项。

◆ **File Search** 这种搜索类型可以定义对文件的搜索。在 FileName 中，设定所需搜索的文件名；在 Folder 中，设定搜索的文件夹；在 Property 中，设定一个用于跟踪搜索结果的变量名。

◆ **Registry Search** 这种搜索类型可以指定对注册表的搜索。在 Root 属性中，设定注册表中搜索的起始位置；在 RegKey 中，设定注册表的关键字；在 Value 属性中，设定给定关键字的值。搜索的结果保存在 Property 属性中，并在对应的启动条件中加以使用。

◆ **Windows Installer Search** 这种搜索类型可以对一个已注册的组件进行搜索。在 CompentId 中，设定所搜索组件的 GUID；在 Property 属性中，设定一个变量，表示搜索的结果。

搜索和启动条件还可以根据具体的情形，重命名成有指示意义的名字。

添加一个简单的启动条件

为了定义一个在安装 Web 应用程序之前必须满足的启动条件，可以手动添加。右击 Launch Conditions 文件夹，然后选中 Add Launch Condition。

选中新的启动条件，查看 Properties 窗口，配置启动条件。将 Condition 属性设置成与搜索条件的 Property 值相匹配的值，或者指定一个不同的条件。为了下载相关软件解决缺少启动条件的问题在 InstallUrl 属性中提供了一个 URL。为了在条件不满足时显示一条消息给安装 Web 应用程序的用户，必须在 Message 属性中输入这条消息。

通过利用操作符和变量值，并将 Condition 属性设定成一个环境变量或关键字，可以将启动条件配置成要求特定的操作系统版本、特定的服务包以及其他规则。表 16.1 列出了一些常用的条件：

表 16.1 Windows Installer Conditions

条 件	描 述
VersionNT	基于 Microsoft Windows NT 的操作系统的版本编号，包括 Microsoft Windows 2000、Microsoft Windows XP 和 Microsoft Windows Server 2003
Version9X	早期 Windows 用户操作系统的版本编号，包括 Microsoft Windows 95、Microsoft Windows 98 和 Microsoft Windows Me
ServicePackLevel	操作系统服务包的版本编号
WindowsBuild	操作系统的生成编号
SystemLanguageID	系统默认的语言标识
AdminUser	用来判定用户是否拥有管理权限的工具
PhysicalMemory	所安装 RAM 的大小(GB)
IISVERSION	IIS 的版本编号(若已安装)

为了评价系统变量，在变量名之前，增加一个百分号%，如下所示：

```
%HOMEDRIVE = "C:" (verify that the home drive is C:\)
```

利用等号操作符，可以简单地检查属性的具体数值，如下所示：

```
IISVERSION = "#6" (check for IIS 6.0)
VersionNT = 500 (check for Windows 2000)
```

还可以检查范围：

```
IISVERSION >= "#4" (check for IIS 4.0 or later)
Version9X <= 490 (check for Windows Me or earlier)
```

利用布尔操作符，还可以检查多个条件。这些操作符包括 Not、And(当两个条件值都为 Ture 时，等于 True)、Or(只需一个条件值为 True 时，等于 True)、Xor(只有一个条件值为 True 时，等于 True)、Eqv(当两个条件值都一致时，等于 True)和 Imp(当左边条件值为 False 或右边条件值为 True 时，等于 True)。下面的示例阐述了这些布尔操作：

```
WindowsBuild=2600 AND ServicePackLevel=1
(check for Windows XP with Service Pack 1)
```

创建预先分组的启动条件

对于一般情形，还可以创建一个预先分组的搜索和启动条件。为此，只需简单地同时创建一个搜索条件和一个启动条件。但是，这些条件是预先配置在一起工作的。因此，只需简单地根据需要综合它们的属性。为了创建一个组启动条件，右击根节点Requirements On Target Machine，选中下面的其中一项：

- Add File Launch Condition
- Add Registry Launch Condition
- Add Windows Installer Launch Condition
- Add .NET Framework Launch Condition
- Add Internet Information Services Launch Condition

举例来说，常见的操作是添加基于文件(比如.dll 文件)的条件。最后，下面这些步骤逐步阐述了如何创建一个基于文件的预先分组的启动条件：

1. 在 Launch Conditions 编辑窗口中，右击根节点 Requirements On Target Machine，选中 Add File Launch Condition。

   Launch Conditions 编辑器同时添加了一个搜索条件(Search For File1)到 Search Target Machine 节点和一个启动条件(Condition1)到 Launch Conditions 节点。新的搜索条件的 Property 属性值包含了一个默认名 FILEEXISTS1，并被连接到启动条件的 Condition 属性。

2. 重新命名新的搜索条件和新的启动条件，使条件名表示搜索的文件。

   图 16.6 给出了一个示例，同时添加两个条件到 Launch Conditions 编辑器。注意，这里选中了 Search For Customer.dll 条件以及它的属性窗口。其中，Property 属性值被设置成 FILEEXISTS1。

3. 注意，在图 16.6 中，Properties 窗口包含了多个搜索条件的属性。对于文件搜索来说，这些属性的典型配置值如表 16.2 所示。

4. 接下来，选中新的启动条件，查看它的 Properties 窗口。这些属性的典型配置值如表 16.3 所示。

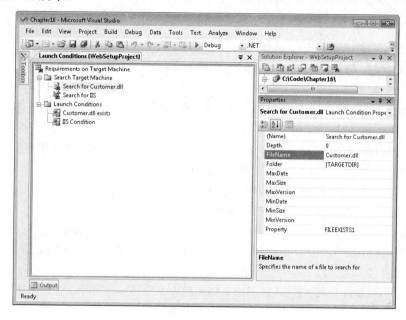

图 16.6　文件搜索标准和相关的条件

表 16.2　文件搜索条件的属性

属 性	描 述
FileName	查询的文件名。只需指定带后缀的文件名，不需指定文件夹
Folder	文件搜索的文件夹。这里可以选择一个特定文件夹，比如 [CommonFilesFolder]或者[WindowsFolder]。指定 Depth 字段，还可以搜索子文件夹
Depth	在指定的文件夹中，所搜索的嵌套文件夹的个数
MinDate, MaxDate	文件最后修改日期的最远和最近时间
MinSize, MaxSize	文件大小的最小值和最大值
MinVersion, MaxVersion	文件版本的最小编号和最大编号
Property	保存搜索结果的属性名称。在对应的启动条件中指定该属性名

表 16.3　启动条件的属性

属 性	描 述
Condition	为了继续安装，所需满足的条件。在默认情况下，这是一个搜索条件的属性名，并且，如果搜索没有找到所需的文件或其他对象，那么完成启动条件。指定更复杂的条件、检查操作系统的版本和服务包的级别，以及其他规则
InstallUrl	当不满足 Condition 时，Setup Project 获取该 URL，安装所需的组件。这是一个可选设置
Message	当不满足启动条件时，显示给用户的消息

上面这些步骤都包含在添加新的基于文件的预先分组的启动条件中。这时，安装程序会查询在搜索条件中配置的依赖性文件。然后执行启动条件，并在文件不存在时抛出一个错误。

写入注册表作为部署的一部分

在过去，将信息保存在注册表中通常是保存应用程序设置的首选方式。对 .NET Framework 应用程序来说，最好的实现方式是在配置文件中保存设置。虽然利用注册表保存信息的方式现在用的很少，但是，在安装过程中，有时仍需要添加注册表的入口。例如，可能需要配置操作系统的某一方面或另一个应用程序：

为了配置 Web Setup Project，在安装过程中添加一个注册表入口，步骤如下。

1. 在 Solution Explorer 中，选中 Setup Project。

2. 从 View 菜单中，选中 Editor，然后选择 Registry。弹出 Registry Settings 编辑器。

3. 在默认情况下，会显示注册表的核心文件夹。为了在嵌套的关键字中添加一个注册表设置，必须将每个嵌套的关键字都添加到编辑器中。例如，为了添加一个设置到 HKEY_LOCAL_MACHINE\SOFTWARE\Microsoft\ASP.NET\中，需要在注册表的 HKEY_LOCAL_MACHINE 中添加 SOFTWARE、Microsoft 和 ASP.NET 三个关键字。

4. 右击所需添加设定的关键字，选中 New，然后选择 String Value、Environment String Value、Binary Value，或者 DWORD Value。输入值的名称，然后 Enter 回车。

5. 为了定义数值，选中注册表的值，查看 Properties 窗口，设置 Value 属性。为了使安装过程具有条件值，定义 Condition 属性。

图 16.7 给出了一个 Visual Studio 的 Registry 编辑器的示例。

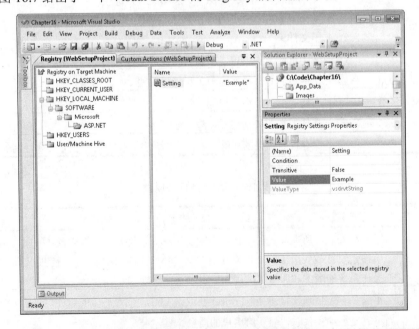

图 16.7　添加 Registry 入口到部署过程

在默认情况下，当移除应用程序时，注册表的关键字不会被移除。为了在卸载过程中自动移除一个注册表关键字，选中关键字，查看 Properties 窗口，然后将 DeleteAtUninstall 属性设置成 True。

添加一个自定义安装页面

通过编辑 Web.config 文件，负责部署和管理 Web 应用程序的管理员就能够自定义地改变设置。为了在安装时简单地配置，可以添加自定义的安装向导页面。这些向导页面能够提示用户自定义配置信息，并提供信息作为自定义动作的参数。结合起来，自定义向导页面和自定义动作能够在安装时实现下面的任务。

- ◆ **显示一个许可证协议**　Web Setup Project 提供了一个对话框模板，要求用户接受一个许可证协议。
- ◆ **修改 Web.config 文件中的设定**　根据用户输入，修改配置的设定，而不需要管理员了解如何配置一个可扩展标记语言(XML)文件。
- ◆ **实现自定义配置**　利用自定义的配置，为用户提示一些可能保存在注册表或其他特殊位置中的信息。
- ◆ **激活或注册应用程序**　提示用户产品密钥或注册信息。这个提示过程既可以是强行的，也可以是选择性的。

为了添加一个自定义安装向导页面到 Web 部署项目，可以利用 User Interface Editor(View |Editor |User Interface)。对于应用程序的标准式和管理式安装，User Interface 编辑器显示了不同的安装阶段。图 16.8 显示了 User Interface 编辑器的默认形式。

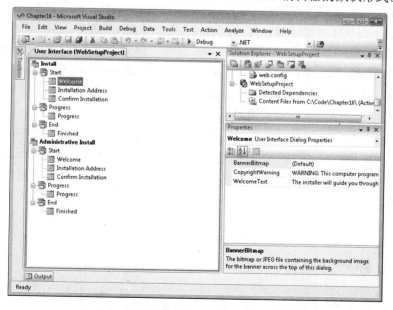

图 16.8　使用 User Interface 添加页面到安装向导

为了添加一个自定义安装页面，右击所想添加的安装阶段，然后，选中 Add Dialog。

一般，对话框被添加在 Install 节点下的 Start 阶段。Add Dialog 对话框给出了一些对话框，可添加到所选的安装过程中，如图 16.9 所示。

Administrative Install 节点的限制性更强。这里，只可以添加一个启动画面、一个许可证协议页面或者一个 Read Me 页面。

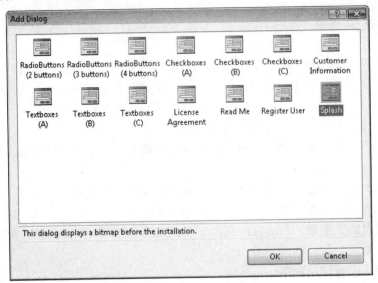

图 16.9　Add Dialog 安装页面

不同的对话框模板可以用来在安装过程中收集不同类型的信息。这些对话框只可以通过隐藏一些控件和显示不同的标记，进行自定义设置。

通过 Properties 窗口，可以自定义这些控件。在这里，可以配置对话框的各个方面；Visual Studio 不提供任何设计器。为了控制对话框提示给用户的信息，修改对话框的标记和属性名。比如，对于对话框中的文本框和单选按钮序列，配置每个字段的标记(比如，Edit1Label 或 Button1Label)、保存数值的名称(比如，Edit1Property 或 ButtonProperty)，以及默认值(比如，Edit1Value 或 DefaultValue)。 License Agreement 模板可以用来指定一个许可证协议，而 Splash 模板可以用来显示一个位图文件。

另外，还可以控制在安装过程中对话框显示的顺序。为此，右击一个对话框，并单击 Move Up 或 Move Down。通过右击，并选中 Delete，也可以在安装中删除这个步骤。

当 Web Setup Project 运行时，自定义对话框会以安装向导页面的形式出现。如果页面被配置成从用户端收集自定义信息，那么在自定义动作中可以引用这些数据，正如下一节所述。

添加自定义动作到部署过程

Web Setup Projects 具有很大的灵活性，并能满足大部分安装的需求。为了满足更复杂的需求，比如向 Web 服务提交注册信息，或验证产品密钥，需要对 Setup Project 添加一个自定义动作。在安装的四个阶段中，自定义动作都可以运行。

- ◆ **Install**　这个阶段实现了安装过程的大量工作，包括添加文件、创建应用程序运行所需的配置设置

- ◆ **Commit**　当 Install 阶段已经完成，且运行应用程序所需的所有变化都清楚之后，Commit 阶段会最终确定这些变化。在 Commit 阶段之后，安装过程无法撤销，并且，只有通过 Add or Remove Programs，才能卸载应用程序。

- ◆ **Rollback**　只有当安装失败或取消时，Rollback 阶段才会运行。在这种情况下，Rollback 阶段会取代 Commit 阶段，同时删除任何新的文件或设置

- ◆ **Uninstall**　当利用 Add or Remove Programs 删除应用程序时，该阶段会将文件和设置信息从计算机中删除。通常，卸载程序会保留一些设置和数据库，以便日后重新安装应用程序时得到恢复。

利用 Custom Actions 编辑器，给 Setup Project 添加一个自定义动作。首先选中 Solution Explorer 中的 Setup Project，然后选择 View |Editor |Custom Actions，得到这个编辑器。

Custom Actions 编辑器显示了四个安装阶段。右击所要添加自定义动作的安装阶段，然后选择 Add Custom Action，在 Project 对话框中开启 Select Item。这里，可以选择添加一个自定义.exe 或脚本文件，用于在部署的适当阶段中执行。文件可以从当前项目或其他位置中选择。图 16.10 给出了该对话框的示例。

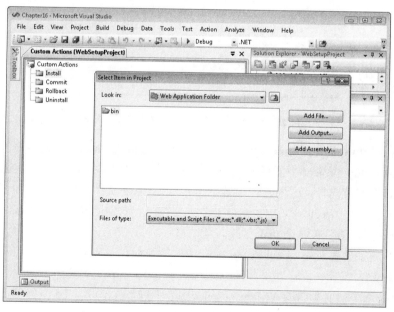

图 16.10　添加自定义动作到部署过程

如果在单个阶段中添加了多个自定义动作，还可以重新安排这些自定义动作的顺序。为此，右击这些动作，并单击 Move Up 或者 Move Down。

利用 Web Setup Project 部署 Web 应用程序

当完成 Web Setup Project 的配置并利用 Visual Studio 生成该项目之后，就可以将它部

署在一个应用程序服务器上。为此，需要在生成的过程中使用所产生的一些文件。对 Web Setup Projects 来说，在目标生成目录下，一般存在两种产生的文件：.exe 和.msi。这些文件的详细描述如下：

◆ **Setup.exe** 这是一个可执行文件，用于安装那些添加到 Web Setup Project 的文件和配置。当.exe 文件运行时，安装向导页面会在安装过程中指导用户，提示用户输入任何所需的配置设定，比如站点、虚拟目录以及应用程序池(或进程)。图 16.11 显示了一个示例。

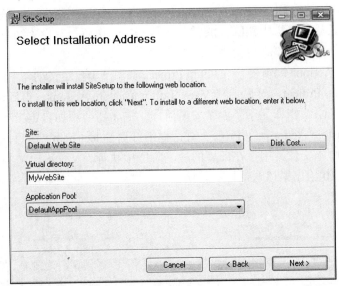

图 16.11 打开使用安装向导的 Web 应用程序的 Web Setup Project

◆ **<Websetupprojectname>.msi** 这是一个 Windows Installer 文件，包含了添加到 Web Setup Project 中的任何文件。为了安装这个文件，用户可以双击这个文件，并打开安装向导。这种方式等效于运行 Setup.exe 文件。另外，Web 管理员可以利用 Active Directory 软件发布工具，或者利用 Microsoft Systems Management Server(SMS)发布这个.msi 文件。

虽然用户更加熟悉利用 Setup.exe 安装应用程序，但是，Windows Installer 文件更小、更通用，并且，大多数系统管理员都熟悉这个文件。利用.msi 文件部署应用程序的唯一缺点是目标 Web 服务器必须含有 Windows Installer。不过，大部分 Web 服务器都已经包含了这个组件。

关于 Windows 安装程序(MSI)

Windows 安装程序，又称 Microsoft 安装程序或 MSI，是一种用于在 Windows 平台计算机中安装应用程序的技术和文件格式。大部分新的应用程序，包括几乎所有新的 Microsoft 应用程序，都包含了 Windows 安装程序文件。这种在应用程序中包含 Windows 安装程序文件(.msi)的方式，能够使管理员利用各种方式自动安装应用程序，从而大大地简化了在企业环境中应用程序的部署。

注意：Windows 安装程序的行为

Windows 安装程序(.msi)不是可执行文件，虽然它们的运行特别像 Setup.exe 文件。当打开.msi 文件时，操作系统会利用 Windows Installer(Msiexec.exe)打开这个文件。

Windows 安装程序包提供了下面这些方法来灵活地部署应用程序。

◆ **转换方法** 转换方法是部署应用程序的管理员可以应用到基础 Windows 安装程序包的变化集合。此时，不需要开发者的帮助，也不需要直接访问 Web Setup Project 文件。对 Windows 安装程序包的转换类似于自动安装操作系统(如 Windows XP)所用到的应答文件。

◆ **定义在命令行中的属性** 属性是指 Windows Installer 在安装过程中所用到的变量。这些属性的子集(也叫作公共属性，可以在命令行中设置)。因此，管理员可以传递非标准参数到安装过程中。另外，这些属性还可以用来自动化安装过程，即便安装时需要自定义需求。

◆ **标准化的命令行选项** 命令行选项可以用来指定变量、开关、文件名和路径名，并控制运行时安装的动作。

表 16.4 显示了一些最重要的 Windows Installer 命令行选项和相关的功能，比如重新安装、修复安装和删除应用程序。例如，对于每个利用 MSI 安装的应用程序，利用命令行选项/qn 可以执行安装，而无须显示用户界面(UI)。命令行选项/lv*可以用来创建详细的记录文件。表 16.4 显示了大部分的其他选项。

表 16.4 Windows Installer 命令行选项

选 项	参 数	定 义
/i	{package|ProductCode}	安装或配置一个产品 例如，为了从 A:\Example.msi 中安装一个产品，使用下面的命令： msiexec /i A:\Example.msi
/a	package	执行一个管理安装
/f	[p][o][e][d][c] [a][u][m][s][v] {package|ProductCode}	修复一个产品。该选项不考虑任何在命令行上输入的属性值。 p: 只有当文件丢失时，才重新安装 o: 当文件丢失或安装旧版本时，重新安装 e: 当文件丢失或安装相同版本或早期版本时，重新安装 d: 当文件丢失或安装不同版本时，重新安装 c: 当文件丢失或保存的校验和与计算值不匹配时，重新安装 a: 强制安装所有文件 u: 重写所有需要的具体用户的注册入口 m: 重写所有需要的具体计算机的注册入口 s: 覆盖所有存在的快捷方式 v: 从源文件中运行，并重新缓存本地软件包 例如，为了修复安装包，使用下面的命令： msiexec /fpecms Example.msi

续表

选 项	参 数	定 义
/x	{package|ProductCode}	卸载一个产品。例如,为了删除或卸载软件包,使用下面的命令: msiexec /x Example.msi
/L	[i][w][e][a][r] [u][c][m][p][v] [+][!]logfile	指定日志文件的路径。下面的标识表明了记录的信息: i: 状态消息 w: 非严重的警告信息 e: 所有错误消息 i: 启动动作 r: 具体动作的记录 i: 用户请求 c: 初始的 UI 参数 m: 内存耗尽 p: 终端属性 v: 冗长的输出 +: 附加到已有的文件 !: 写入每行到记录 *: 通配符;记录除 v 选项之外的所有信息 为了包含 v 选项,指定/L*v 例如,为了安装一个软件包,并创建一个记录文件,包含有关状态、内存耗尽和错误消息的信息,使用下面的命令: msiexec /i Example.msi /Lime logfile.txt
/p	PatchPackage	应用补丁程序。为了对已安装的管理镜像运用添加补丁,必须如下组合选项: /p: PatchPackage /a: package 例如,为了添加一个补丁到管理安装包,使用下面的语句: msiexec /p <PatchPackage> /a Example.msi
/q	{n|b|r|f}	设置 UI 级别 qn: 没有 UI qb: 基本 UI qr: 简化 UI,在安装结束时显示一个模式对话框 qf: 完全 UI,在最后显示一个模式对话框 qn+: 没有 UI,只是在安装结束时显示一个模式对话框 qb+: 基本 UI,并在最后显示一个模式对话框 qb-: 基本 UI,不显示模式对话框
/? 或 /h	None	显示 Windows Installer 版本和版权信息。例如,为了显示版本和版权信息,使用下面的命令: msiexec /?

利用 Copy Web 工具部署 Web 应用程序

如果将应用程序提供给很多用户或一个管理组时，Web Setup Projects 是很有用的。但是，如果只是负责更新具体的 Web 站点，这时，原来的那些操作就显得不实际了，比如登录 Web 服务器、复制安装，并在每次对站点进行更新时运行 Windows Installer 包文件。尤其在部署应用程序到一个开发或测试服务器时，这种情形就更加明显。

对于一些开发的情况，也许可以在 Web 服务器上直接修改 Web 应用程序。但是，这些修改会立刻体现在服务器上。当然，这包括了任何可能隐藏在新代码中的缺陷。

在很多情况中，只需要简单地在两个服务器之间复制这些变化，包括从开发环境到运行环境的变化，甚至从运行环境到一些限制性情景中的产品环境的变化。这时，可以使用 Copy Web 工具，在任何两个 Web 服务器之间发布变化。

Copy Web 工具可以复制单个文件，也可以复制整个 Web 站点。选中源站点和远程站点，然后在它们之间移动文件。这个工具也可以用来同步文件。这包括只复制变化了的文件，以及检测在源站点和远程站点分开修改同一个文件时可能产生的版本冲突。但是，Copy Web 工具不会在单个文件中合并这些修改；该工具只是进行完全文件复制。

从 Visual Studio 中可以打开 Copy Web 工具。为此，一般打开作为源站点(从中复制)的 Web 站点。然后，在 Solution Explorer 中右击这个站点，并选择 Copy Web Site，从而打开 Copy Web 工具，如图 16.12 所示。

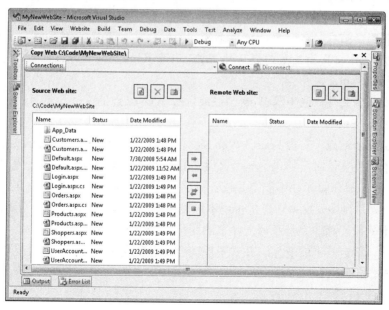

图 16.12 利用 Copy Web 工具同步两个 Web 站点

Copy Web 工具显示了两个面板：Source Web Site 和 Remote Web Site。源 Web 站点是指所要从中复制文件的站点。而远程 Web 站点是指复制到的站点或目的站点。为了建立一个远程 Web 站点，必须通过单击该工具顶部的 Connect 按钮，创建一个连接。这时，弹出

Open Web Site 对话框，用来查找 Web 站点。为了转向远程 Web 站点，有四种选项。

◆ **文件系统**　该选项在本地硬盘或共享文件夹上提供了一个目的 Web 站点。为了将 Web 站点传送到企业网上的服务器，最快的方式是利用连接到远程 Web 服务器上共享文件夹的一个网络驱动器。在此之前，必须在服务器上配置好 Web 应用程序，并共享了 Web 应用程序文件夹。该方法会以纯文本的方式在网络中传送源代码。

◆ **本地 IIS**　该选项提供了一个运行在本地计算机 IIS 中的目标 Web 应用程序。利用这个接口，可以在本地服务器上创建一个新的 Web 应用程序。

◆ **FTP 站点**　该选项提供了一个目标远程 Web 站点，其中服务器是运行文件传输协议 File Transfer Protocol(FTP)的服务器，并能够上传和下载 Web 应用程序文件夹。在此之前，必须在服务器上配置好 Web 应用程序，并共享了 Web 应用程序文件夹。该方法会以纯文本的形式在网络中传送用户凭证和源代码，因此不推荐该方法。

◆ **远程站点**　该选项提供了一个接口，可以利用 Microsoft FrontPage 扩展在远程 Web 应用程序中传送文件(只要 Web 服务器支持这种更新)。该接口可以用来在服务器上创建新的 Web 应用程序。为了避免在网络中以纯文本方式传送源代码，利用 Secure Sockets Layer(SSL)认证配置 Web 站点，并选中 Open Web Site 对话框中的 Connect Using Secure Sockets Layer 复选框。

Visual Studio 会保存配置连接。一旦完成连接，就可以以各种不同的方式在源 Web 站点和远程 Web 站点之间复制或同步文件。

◆ **复制单个文件**　选中源 Web 站点或远程 Web 站点的文件，然后单击指示的 Copy Selected Files 按钮。

◆ **复制整个站点**　右击 Source Web Site 面板，然后选中 Copy Site To Remote。为了复制 Remote Web Site 到源 Web 站点，右击 Remote Web Site 面板，然后选中 Copy Site To Source。

◆ **同步单个文件**　选中源 Web 站点或远程 Web 站点的文件，然后单击 Synchronize Selected Files。

◆ **同步整个站点**　右击 Source Web Site 面板，然后选中 Synchronize Site。

当复制或同步文件时，如果另一个开发者正在修改所编辑文件的远程复制，可能会产生版本冲突。Visual Studio 并不能合并或分析这些修改。因此，Copy Web 工具只是简单地通知版本冲突，并允许开发者选择是否用本地文件覆盖远程文件，或者是否覆盖本地文件，或者两者都不覆盖。除非完全了解文件中的变化，否则永远不能覆盖文件。相反，开发者应该分析文件，判定其中的变化，并试图手动合并这些变化。否则，可能会覆盖了并行开发者的开发工作。

预编译 Web 应用程序

对于一个新的或更新过的 Web 应用程序，当第一次发送页面请求时，ASP.NET 会编译这个应用程序。一般，编译时间不会很长(通常小于 1 秒或 2 秒)，但是，当应用程序正在编译时，一些第一次 Web 页面请求可能会被延迟。为了避免这种延迟，在发布到服务器之前，可以预编译 Web 应用程序。

为了预编译 Web 应用程序，步骤如下。

1. 打开所要预编译和发布的 Web 站点。然后，右击 Solution Explorer 中的 Web 应用程序，选中 Publish Web Site。另一种方法是，选中 Build 菜单，然后选择 Publish Web Site。

2. 在 Publish Web Site 对话框中，指定所要发布的目标位置。如果单击省略号按钮(…)，就可以浏览文件系统、本地 IIS、FTP 站点，或远程站点，正如使用 Copy Web 工具一样。

3. 在 Publish Web Site 对话框中，选中下面的选项。

  ◆ Allow This Precompiled Site To Be Updatable　该复选项表示.aspx 页面的内容不被编译为程序集中；相反，标记代码保持不变，允许在预编译 Web 站点之后修改 HTML 和客户端功能。选中该复选项等效于添加-u 选项到 aspnet_compiler.exe 命令。

  ◆ Use Fixed Naming And Single Page Assemblies　该选项表示为了预编译产生固定名称的程序集，关闭批处理生成。主题和皮肤文件继续被编译到单个程序集中。对就地编译来说，该选项不可用。

  ◆ Enable Strong Naming On Precompiled Assemblies　选中了该复选框表示使用密钥文件或密钥容器对程序集进行编码，同时保证程序集没有被篡改，并对生成的程序集进行强制命名。在选中该复选项之后，操作如下。

    ◇ 指定用来标识程序集的密钥文件的位置。如果使用一个密钥文件，选中 Delay Signing，分两步标识这个集合：首先使用公共密钥文件，然后使用私有密钥文件。其中私有密钥文件在后续调用中被指定到 aspnet_compiler.exe 命令中。

    ◇ 指定系统密码服务提供程序(CSP)用来命名集合的密钥容器的位置

    ◇ 指定是否利用 AllowPartiallyTrustedCallers 属性标记集合。该属性允许强制命名的集合被部分信任代码调用。如果没有这个声明，只有完全信任的代码才能使用这个集合。

4. 下一步是单击 OK，编译和发布预编译 Web 站点。

将 Web 站点从开发服务器移动到运行环境或产品服务器上，发布 Web 站点是最简单的方式。

快速测试

1. 在默认情况下，Web Setup Project 包括了什么启动条件？
2. Web Setup Project 部署过程的四个阶段是什么？

参考答案

1. 在默认情况下，Web Setup Project 会检查 IIS 版本是否大于 4。
2. Web Setup Project 部署过程的四个阶段是 Install、Commit、Rollback 和 Uninstall。

实训：部署 Web 应用程序

在这个实训中，利用两种方法部署应用程序：Web Setup Project 和 Copy Web 工具。

在完成这个练习时，如果遇到了问题，从配套 CD 安装的样例中，可以找到完整的项目。

➤ 练习 1　创建 Web Setup Project

在这个练习中，创建一个新的 ASP.NET Web 站点和相关的 Web Setup Project。

1. 打开 Visual Studio，利用偏爱语言创建一个新的 Web 站点，名为 MyNewWebSite。该站点将作为安装项目的基础。

2. 添加许多简单的页面到站点，以便安装和部署。这些页面包括 order.aspx，customer.aspx 和 vendor.aspx。

3. 添加 Web Setup Project 到解决方案。为此，从 File 菜单中，选中 Add，然后选中 New Project。在 Project Types 下面，展开 Other Project Types，然后选中 Setup And Deployment。在 Templates(右边)下面，选中 Web Setup Project。将项目命名为 MyWebSetup，然后单击 OK。

   这时可以看到，一个新的项目添加到 Visual Studio 中的 Solution Explorer 中。也可以看到安装项目的 File System 编辑器。

4. 接下来，连接安装项目到 Web 站点。在编辑器的左面板中，右击 Web Application Folder，选中 Add，再选中 Project Output。在 Add Project Output Group 对话框中，选中 Content Files，然后单击 OK。

   如果这时建立和安装项目，那么在安装过程中，站点页面和代码隐藏文件就会被复制到用户指定的位置。

5. 在 File System 编辑器中，展开 Web Application Folder。注意此时存在一个 Bin 目录。在这里，可以放置任何需要包含在解决方案中的.dll 文件。这时，右击 Bin，再选中 Add，就能够添加一个文件。在本次实验中，不依赖任何.dll 文件，所以可以跳过它。

6. 然后，添加一个文件夹和一个文件。它们应该包含在生成中。为此，右击 File System 编辑器中的 Web Application Folder。选中 Add，再选中 Web Folder。将文件夹命名为 Images。

   右击 Images 文件夹，选中 Add，再选中 File。转到电脑中的 Pictures 文件夹。选中一些示例图片，并单击 Open。

7. 现在添加一个启动条件。从 View 菜单中，选中 Editor，再选中 Launch Conditions。在 Launch Conditions 编辑器中，右击 Requirements On Target Machine，然后选中 Add File Launch Condition。

   将新的搜索条件(当前名称为 Search For File)重命名为 Search For Browscap。选中新的搜索条件，查看 Properties 窗口。

◆ 将 FileName 属性设置成 Nothing.ini(该文件现在不存在,但过后将修复这个错误)。

◆ 将 Folder 属性设置成[WindowsFolder](针对 Vista),并将 Depth 属性设置成 4。这时,安装程序会在系统文件夹和所有深度为 4 的子文件夹中,搜索文件 Browscap.ini(该文件应该存在于任何 Web 服务器中)。注意,Property 值被设置成 FILEEXISTS1。

将新的启动条件(当前名称为 Condition1)重命名为 Browscap Condition。选中新的启动条件,查看 Properties 窗口。

◆ 将 InstallUrl 属性设置成 http://support.microsoft.com/kb/826905。该属性包含了有关 Browscap.ini 文件的信息。在真实情况中,可能会提供一个链接,指导如何才能满足需求。

◆ 将 Message 属性设置成 "You must have a Browscap.ini file to complete installation. Would you like more information?"。注意,Condition 属性已经被设置成 FILEEXISTS1,对应搜索条件的 Property 值。

8. 生成 Web Setup Project。右击 Solution Explorer 中的安装项目,然后选中 Build。在 Output 窗口中,标注包含输出文件的文件夹。

在 Windows Explorer 中打开输出文件夹,检查文件是否存在。

应该同时看到一个.msi 文件和一个 setup.exe 文件。

在下一个练习中,安装 Web 应用程序。

> **练习2　部署 Web Setup Project**

在这个练习中,利用 Windows Installer 文件安装一个 Web 应用程序。

1. 从在练习 1 中创建的项目开始。另一种方式是,打开 CD 安装示例中完整的第 1 课的练习 1 项目。

2. 打开包含练习 1 创建的.msi 文件的文件夹。右击.msi 文件,启动安装。在几秒之后,可以看到一个错误,提示 Browscap.ini 文件不存在,如图 16.13 所示。

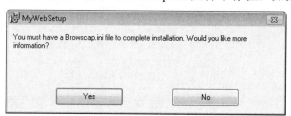

图 16.13　.msi 文件错误消息

回顾在练习 1 中,练习 1 已经添加了这个条件。因此,将搜索条件的 FileName 属性也设置成 Nothing.ini,这正是抛出错误的原因。

单击 Yes。这时,InstallUrl 设定成为条件的一部分。

3. 返回 Visual Studio。打开 Web Setup Project 的 Launch Conditions 编辑器。

选中 Search Target Machine 下方的 Search For Browscap。查看 Properties 窗口。

将 FileName 属性改变成查询 Browscap.ini 文件。

4. 再次生成 Web Setup Project(右击并选中 Rebuild)。

5. 返回.msi 文件存放的目录。再次运行.msi 文件。这次，计算机应该满足安装需求，因为 Browscap.ini 文件存在于 Windows 文件夹中。

注意 安装的相关问题

根据具体的环境，可能会遇到一些其他的问题。例如，如果运行 Windows Vista 和 IIS 7.0，就需要一个兼容 IIS 6 的数据库，验证 IIS 条件。调整条件或从 Control Panel(典型视图)、Programs And Features、Turn Windows Feature On Or Off、Internet Information Services、Web Management Tools 和 IIS 6 Management Compatibility 中添加 IIS 6 数据库到 IIS 7.0。打开或关闭 Windows Feature。另一个问题是 Vista 中的安全性。为了运行 Setup.exe(而不是.msi)文件，可能需要右击 Setup.exe，并选中 Run As Administrator。

6. 在 Select Installation Address 页面上，注意可以选择 Web 站点、虚拟目录和应用程序池。选择一个独特的虚拟目录名称，并标注它。单击 Next。

    完成整个安装步骤。

7. 打开 Internet Information Services 控制台(Control Panel | Administrative Tools | Internet Information Services [IIS] Manager)。查找安装 Web 应用程序的虚拟目录。确保页面、代码隐藏文件和镜像文件存在。图 16.14 显示了一个示例。

图 16.14 IIS Manager 的安装站点

如图所示，部署 Web 应用程序与安装 Windows Forms 应用程序一样简单。虽然这个过程需要手动安装 Windows Installer 软件包，但是，也可以用自动的方式不是.msi 文件。

本课总结

◆ Web Setup Project 能够创建可执行文件 Setup.ext 和 Windows Installer 安装包(.msi

文件)。管理员可以利用这些文件方便地部署应用程序到 Web 服务器。

◆ Copy Web 工具能够在远程服务器和本地计算机之间同步一个 Web 站点。如果想执行部署，并测试本地计算机，然后上传 Web 站点到远程 Web 服务器，这个工具就十分有用。Copy Web 工具也能够用在多个开发者并行的环境中，因为它能够检测版本冲突。

◆ 预编译 Web 应用程序能够消除延迟。这种延迟往往发生在当第一个用户请求之后，ASP.NET 才对应用程序进行编译。为了预编译 Web 应用程序，可以使用 Publish Web Site 工具。

课后练习

通过下列问题，可检验自己对第 1 课的掌握程度。这些问题也可从随书资源中找到。

注意 关于答案

对这些问题的解析可参考本书末"答案"。

---

1. 如果要添加注册表入口，使应用程序工作，那么，应该在 Web Setup Project 的哪个阶段，添加注册表入口？

   A. Install

   B. Commit

   C. Rollback

   D. Uninstall

2. 如果要改变操作系统相关的注册表入口，使应用程序工作，并确保当取消安装或将应用程序从计算机中移除时，取消这个改变，那么，应该在哪个阶段撤销注册表修改？(可多选)

   A. Install

   B. Commit

   C. Rollback

   D. Uninstall

3. 下面哪种部署工具支持多个开发者同时处理一个站点，并检测潜在的版本冲突？

   A. Setup Project

   B. Web Setup Project

   C. Copy Web 工具

   D. Publish Web Site 工具

4. 下面哪种部署工具有潜力提高 Web 站点对最终用户的反应速度？

   A. Setup Project

   B. Web Setup Project

   C. Copy Web 工具

   D. Publish Web Site 工具

第 2 课 利用高速缓存提高性能

ASP.NET 的高速缓存是指将一些被频繁访问的数据或整个 Web 页面存储在内存中。从内存中提取这些数据比从文件或数据库中更快，从而提高了 Web 应用程序的性能和可扩展性(以所服务的用户数量为标准)。举例来说，对于电子商务应用程序中的产品目录，可以考虑将这些目录数据放入高速缓存中。在第一次访问数据之后，将数据载入高速缓存中；然后，对于后续对该数据的请求，都可以从高速缓存中得到，直到缓存过期。

ASP.NET 和.NET Framework 为开发者提供了便捷的高速缓存功能,而无须开发者编写大量的代码处理高速缓存的复杂性，比如高速缓存过期、更新和内存管理等。在 ASP.NET 中，存在两种不同的高速缓存方式。

- **应用程序高速缓存** 这种高速缓存方式表现为一个集合，能够保存内存中的任何对象，并能够根据内存限制、时间限制或其他依赖条件，自动删除对象
- **页面输出高速缓存** ASP.NET 能够将已渲染的页面、页面部分对象或页面的版本保存在内存中，减少未来请求页面的渲染时间。

本课将同时介绍应用程序高速缓存和页面输出高速缓存。

学习目标

- 利用应用程序高速缓存，保存频繁获取且难以得到的数据
- 利用页面输出高速缓存，提高页面请求的反应时间

预计课时：40 分钟

应用程序高速缓存

应用程序高速缓存(又称应用程序数据高速缓存)是指将数据(而不是页面)保存在高速缓存对象中的过程。高速缓存对象表现为 Page 对象的一个属性。它代表了 System.Web.Caching.Cache 类型的集合类。实际上，Page.Cache 属性使用一个应用程序范围的高速缓存(而不仅仅是具体页面的缓存)。也就是说，单个 Cache 对象可以应用于整个应用程序；Cache 的内容可以在用户会话和请求之间共享。这个应用程序高速缓存对象由 ASP.NET 来管理。图 16.15 显示了 Cache 对象。

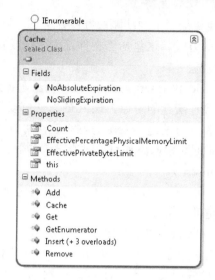

图 16.15　System.Web.Caching 中的 Cache 对象

使用 Cache 对象

Cache 对象的使用方式与 Session 或其他相似对象一样。通过给定一个名字(关键字)，并指定为一个对象(值)，可以直接将这些对象放入高速缓存中。通过检查所给的关键字，可以从高速缓存中提取对象。通常，明智的做法是先验证对象的内容是否为空。如果对象值为空，那么该对象可能还未被放入高速缓存，或者在高速缓存中已经过期。如果在高速缓存中对象为空，那么必须通过某种方式将其重新放入高速缓存中(更多相关的内容将在后面介绍)。下面这段代码示例阐述了如何利用 Cache 集合，高速缓存并提取一个 String 对象：

```vb
'VB
Cache("Greeting") = "Hello, world!"
If Not (Cache("Greeting") Is Nothing) Then
  value = CType(Cache("Greeting"), String)
Else
value = "Hello, world!"
End If
```

```csharp
//C#
Cache["Greeting"] = "Hello, world!";
if (Cache["Greeting"] != null)
  value = (string)Cache["Greeting"];
else
  value = "Hello, world!";
```

一般，在应用程序中我们不会高速缓存一个静态字符串；更多的情况是高速缓存一个文件、一个数据库查询结构，或者其他需要共享且难以获取的数据。任何类型的对象都可以被高速缓存，包括一些自定义类型。但是，当从高速缓存中提取对象时，必须将对象的类型强制转换成正确的类型。

将条目插入高速缓存

前面的示例表明，Cache 对象的使用方式与 Session 或 Application 相同。但是，利用

Add 和 Insert 方法，可以实现更加复杂的功能。每种方法都可用于添加对象到高速缓存中，控制从高速缓存中删除对象的方式。这包括当文件发生变化或其他高速缓存对象过期时，根据特定的时间周期，自动删除对象。

Cache 对象同时包含了 Add 和 Insert 方法。Add 方法是为了满足集合接口，并且该方法的调用结果返回所添加到高速缓存的对象。该 Add 方法可以与集合接口相兼容。然而，一般添加对象到高速缓存的首选方法是 Insert 方法。这两种方法定义了相同的参数集，并且后台完成的工作也相同。但是，根据添加对象时所设置参数的不同，Insert 方法可以被大量重载。下面列出了 Cache.Insert 方法的参数。

◆ **key**　当访问 Cache 集合的缓存对象时，需要用到这个名字(字符串形式)。在高速缓存中，key 必须是唯一的。

◆ **value**　该参数表示所要高速缓存的数据(对象)。

◆ **dependencies**　在高速缓存中，CacheDependency 对象将一个文件或关键字标识为另一个对象。当文件或相关的缓存对象发生变化时，缓存中的依赖对象就会被移出高速缓存。当高速缓存一个文件时，必须为文件配置一个依赖对象。当文件被修改时，依赖对象被从高速缓存中删除。这样，高速缓存就永远不会过时。另外，调用参数 onRemoveCallback，可以重新载入缓存的对象。

◆ **absoluteExpiration**　该参数表示将对象从高速缓存中删除的时限(DataTime 对象)。这是一个绝对值。因此，它不管该对象最近是否被用户访问。如果不想使用绝对过期时间，可以将该属性设置成 System.Web.Caching.Cache.NoAbsoluteExpiration。

◆ **slidingExpiration**　该属性表示当对象不再被用户访问时，将对象从高速缓存中删除的时限(TimeSpan 对象)。如果不想使用它，可以将属性设置成 System.Web.Caching.Cache.NoSlidingExpiration。

◆ **priority**　该参数是一个 CacheItemPriority 枚举值，用来判断当内存过低(称为"垃圾清理")时首先删除哪个对象。低优先级对象会被更早删除。下面从低(最可能被删除)到高(最不可能被删除)，列出了该属性的取值：

　　◇ Low
　　◇ BelowNormal
　　◇ Normal(默认值)
　　◇ AboveNormal
　　◇ High
　　◇ NotRemovable

◆ **onRemoveCallback**　该参数表示一个从高速缓存中删除对象时所调用的事件句柄。当不需要指定回调方法时，该参数可以为空。

定义一个高速缓存依赖项

高速缓存依赖项能够将一个高速缓存对象连接到其他对象，比如一个文件或高速缓存中的另一个对象。ASP.NET 会监控这个依赖项，并且当所依赖的对象发生变化时，ASP.NET 会使高速缓存失效。下面这段代码示例阐述了如何创建一个基于文件的高速缓存依赖项。

当所依赖的文件改变时，对象会被从高速缓存中删除。

```vb
'VB
Cache.Insert("FileCache", "CacheContents", New System.Web.Caching.
  CacheDependency( _Server.MapPath("SourceFile.xml")))
```

```csharp
//C#
Cache.Insert("FileCache", "CacheContents", new System.Web.Caching.
  CacheDependency(Server.MapPath("SourceFile.xml")));
```

对单个高速缓存对象，还可以创建多个依赖项。下面这个示例阐述了如何利用一个 AggregateCacheDependency 对象，添加一个对象到高速缓存，同时依赖于 CacheItem1 对象和 SourceFile.xml 文件。

```vb
'VB
Dim dep1 As CacheDependency = New CacheDependency
  (Server.MapPath("SourceFile.xml"))
Dim keyDependencies2 As String() = {"CacheItem1"}
Dim dep2 As CacheDependency =
  New System.Web.Caching.CacheDependency(Nothing, _keyDependencies2)
Dim aggDep As AggregateCacheDependency = New System.Web.Caching.
  AggregateCacheDependency()
aggDep.Add(dep1)
aggDep.Add(dep2)
Cache.Insert("FileCache", "CacheContents", aggDep)
```

```csharp
//C#
System.Web.Caching.CacheDependency dep1 =
  new System.Web.Caching.CacheDependency(Server.MapPath("SourceFile.xml"));
string[] keyDependencies2 = { "CacheItem1" };
System.Web.Caching.CacheDependency dep2 =
  new System.Web.Caching.CacheDependency(null, keyDependencies2);
System.Web.Caching.AggregateCacheDependency aggDep =
  new System.Web.Caching.AggregateCacheDependency();
aggDep.Add(dep1);
aggDep.Add(dep2);
Cache.Insert("FileCache", "CacheContents", aggDep);
```

设置一个绝对缓存过期时间

在很多时候，我们想在一定时间内高速缓存数据。为此，可以将 absoluteExpiration 参数传递到 Cache.Insert 方法。该参数表示了未来数据过期的时间。DateTime.Now 对象提供了一系列方法，添加一个特定的时间到当前时间。下面给出示例：

```vb
'VB
Cache.Insert("FileCache", "CacheContents", Nothing, DateTime.Now.
AddMinutes(10), _Cache.NoSlidingExpiration)
```

```csharp
//C#
Cache.Insert("FileCache", "CacheContents", null, DateTime.Now.AddMinutes(10),
Cache.NoSlidingExpiration);
```

设置一个变化缓存过期时间

对于频繁使用的高速缓存对象，为了将它更加长久地保留在高速缓存中，可以设定一个变化过期时间。变化过期时间是指在删除缓存对象之前，相邻两次请求之间所消耗的时间。每当对给定对象的新请求发生时，重置这个变化过期时间。

为了设置一个变化过期时间，可以将 TimeSpan 对象传递到 Insert 方法的 slidingExpiration 参数。TimeSpan 对象表示在最后一次请求后，高速缓存对象的存活时间。

下面这个示例显示了如何在最后请求之后，将对象在缓冲中保留 10 分钟。

```VB
'VB
Cache.Insert("CacheItem7", "Cached Item 7", _
Nothing, System.Web.Caching.Cache.NoAbsoluteExpiration, New TimeSpan(0, 10, 0))
```

```C#
//C#
Cache.Insert("CacheItem7", "Cached Item 7",
null, System.Web.Caching.Cache.NoAbsoluteExpiration, new TimeSpan(0, 10, 0));
```

这些设置必须小心处理。例如，如果没有设置绝对过期时间，而只是设置一个变化过期时间，那么，对象的频繁使用可能会导致该对象永远不会从高速缓存中删除(或者在相当长时间内不删除)。也许，更明智的做法是同时设置这两种属性；当 slidingExpiration 永远不能删除对象时，利用 absoluteExpiration 作为补充。

快速测试

1. 如何使缓存对象在一定时间之后自动失效？
2. Cache 数据的保存位置是什么，内存、硬盘、数据库，还是状态服务器？
3. 在 Cache 集合中可以保存什么类型的数据？
4. 从 Cache 集合中提取对象之前，必须如何操作？

参考答案

1. 调用 Cache.Add 或 Cache.Insert 方法，并提供一个依赖项。
2. Cache 对象保存在服务器的内存中。
3. Cache 集合可以保存任何类型的数据。但是，当提取数据时，必须将它强制转换成正确的类型。
4. 必须验证对象不是空。如果对象为空，必须从初始数据源中提取对象，而不是从 Cache 中提取。

页面输出高速缓存

当 Web 浏览器提取页面时，浏览器通常会在本地计算机上保留一份页面的复制。这样，当用户下次请求页面时，浏览器只需简单地验证缓存的页面是否有效，并将缓存页面显示给用户。这种方式减少了页面装载的时间，提供了站点的反应速度。它还降低了服务器的负荷，因为这时服务器不再需要对网页进行渲染。

客户端的缓存要求每个个体用户提取一个动态生成的网页。如果一个用户对 Web 站点访问了 100 次，Web 服务器只需要生成页面一次。如果有 100 个用户访问，那么 Web 服务器就需要生成页面 100 次。

为了提高性能，减少渲染时间，ASP.NET 还支持页面输出高速缓存。利用页面输出高速缓存，ASP.NET 在服务器上保存了一份对已渲染的 ASP.NET Web 页面的复制。当用户下次对页面发送请求时，即使是不同的用户，ASP.NET 几乎也能立即返回页面。如果页面的渲染需要很长时间(比如，页面需要多次查询)，这种方式会大大提供访问的性能。如果服务器需要完成很多的工作，它也能提高扩展性，因为服务器中用来提取数据的资源可以被释放出来。

　　如果页面所显示的是动态信息，或者页面只定制到个体用户，那么，同一个版本的页面不能从高速缓存中直接发送到每个用户。幸运的是，ASP.NET 提供了灵活的配置选项，几乎可以满足任何需求。当动态生成站点的其他部分时，我们甚至可以使用用户控件，对部分网页进行高速缓存。

用声明的方式为单个页面配置高速缓存

　　站点中的每个 ASP.NET 页面都可以独立缓存。因此，我们可以更好地控制哪个网页被高速缓存，以及如何进行缓存。为此，在页面标记的顶端，添加@OutputCache 指示符。该指示符的配置元素属性如表 16.5 所示。

表 16.5　OutputCache 元素属性

属　　性	描　　述
Duration	高速缓存页面的时间(单位为秒)。这是唯一必需的参数
Location	OutputCacheLocation 枚举变量中的值。该参数可以是 Any、Client、DownStream、Server、None、ServerAndClient。默认值为 Any
CacheProfile	与页面相关的高速缓存设定的名称。默认值是空字符串("　")
NoStore	一个布尔值，用来判定是否防止敏感信息的二次存储
Shared	一个布尔值，用来判定用户控件输出是否可以在多个页面之间共享。默认值为 False
VaryByParam	一系列用来改变输出缓存的字符串(分号隔开)。在默认情况下，这些字符串对应于一个用 Get 方法发送的查询字符串，或者一个用 Post 方法发送的参数。当这个元素属性被设置成多个参数时，对于每个指定参数的组合，输出高速缓存都包含了一个请求文档的不同版本。可能的值包括 none、星号(*)，以及任何有效的查询字符串或 Post 参数名。在 ASP.NET 页面和用户控件中使用@OutputCache 指示符时，既可以使用该元素属性，也可以使用 VaryByControl 元素属性。如果包含失败，就会发生解析错误。如果不想指定一个参数用来改变高速缓存的内容，可以将这个值设置成 none。如果想根据所有参数值改变输出高速缓存，可以将这个元素属性设置成星号(*)
VaryByControl	一系列用来改变用户控件的输出高速缓存的字符串(分号隔开)。这些字符串代表了在用户控件中声明的 ASP.NET 服务器控件的 ID 属性值
SqlDependency	一个字符串值，用来标识数据库集和表名称对。它们是页面或控件的输出高速缓存的依赖项。注意，SqlCacheDependency 类会监控在输出高速缓存所依赖的数据库中的表。这样，当表中的项目被更新时，如果使用基于表的投票，这些项目就会从高速缓存中移除。当使用值为 CommandNotification 的通知(在 Microsoft SQL Server 中)时，最终，SqlDependency 类会被用来注册使用 SQL Server 的查询通知
VaryByCustom	代表自定义输出高速缓存需求的任何文本。如果该元素属性被设置成 browser，那么高速缓存会根据浏览器名称和主版本信息相应地变化。如果输入一个自定义字符串，那么必须在应用程序的 Global.asax 文件中覆盖 GetVaryByCustomString 方法
VaryByHeader	一系列用来改变输出缓存的 Hypertext Transfer Protocol(HTTP)头部(分号隔开)。当这个元素属性被设置成多个头部时，对于每个指定头部的组合，输出高速缓存都包含了一个请求文档的不同版本

元素属性 Location、CacheProfile 和 NoStore 不能用在用户控件(.ascx 文件)中。元素属性 Shared 不能用在 ASP.NET 页面(.aspx 文件)中。

下面的示例阐述了如何将一个页面缓存 15 分钟,而不管传递到页面的参数:

```
<%@ OutputCache Duration="15" VaryByParam="none" %>
```

如果页面的显示可能会随参数的不同而不同,就需要在元素属性 VaryByParam 中指定这些查询字符串参数的名称。下面的示例阐述了针对查询字符串属性所提供的位置或数量的不同,缓存不同的页面复制:

```
<%@ OutputCache Duration="15" VaryByParam="location;count" %>
```

缓存部分页面

为了缓存部分 ASP.NET Web 页面,可以将所要缓存的部分页面移动到一个.ascx 用户控件中。然后,在用户控件中添加@ OutputCache 指示符。这时,该用户控件就能够与父页面分开缓存。

编程配置对单个页面缓存

如果需要在运行时判断输出缓存,可以使用 Response.Cache 对象。现有的编程方法不能直接响应@ OutputCache 指令所提供的元素属性,但是它们能提供一些基本功能。

◆ **Response.Cache.SetExpires** 利用这个方法,指定页面缓存的时间(单位为秒)。

◆ **Response.Cache.SetCacheability** 利用这个方法,指定一个 HttpCacheability 枚举变量值,比如 HttpCacheability.Public(同时打开客户端和服务器端的高速缓存)或者 HttpCacheability.Server(打开服务器端高速缓存,但关闭客户端缓存)。

◆ **Response.Cache.SetValidUntilExpires** 当传递到该方法的值为 True 时,配置一个不考虑缓存无效头部的高速缓存。

利用替换技术更新高速缓存

一些网页也许不适合用来缓存,因为它们包含了一些简单的需要动态生成的元素。对于动态元素,一种方法是为其创建单独的用户控件,然后为这些用户控件配置不同的缓存规则。另一种可用的方法就是使用替换技术。ASP.NET 提供了两种高速缓存替换技术。

◆ **Response.WriteSubstitution 方法** 将静态占位符添加到页面中所需动态内容的部分,然后利用 Response.WriteSubstitution 方法指定一种替换方法,用动态生成的内容替换缓存页面的部分。为了指定替换方法,调用 WriteSubstitution,并用 HttpResponseSubstitutionCallback 签名传递一个回调方法。

注意·使用缓存的用户控件的替换

对于在用户控件层面上应用输出高速缓存的用户控件,替换技术不能用来更新高速缓存的用户控件。

◆ **Substitution 控件** Substitution 控件类似于 Label 控件,但是 Substitution 控件无须用到输出高速缓存。唯一有用的属性是 Substitution.MethodName,用来指定生

成内容的方法。生成的内容被插入在 Substitution 控件所在的位置。MethodName 所指定的方法必须接收一个 HttpContext 参数，并返回一个 String。当高速缓存页面返回到用户时，String 的值被添加到 Substitution 控件的响应中。下面这段代码阐述了如何指定一种替换方法，在一个 Substitution 控件 Substitution1 中显示当前时间：

```vb
'VB
Sub Page_Load(ByVal sender As Object, ByVal e As System.EventArgs)
   'Specify the callback method.
   Substitution1.MethodName = "GetCurrentDateTime"
End Sub

'the Substitution control calls this method to retrieve the current date and time.
'this section of the page is exempt from output caching.
Shared Function GetCurrentDateTime(ByVal context As HttpContext) As String
   Return DateTime.Now.ToString()
End Function
```

```csharp
//C#
void Page_Load(object sender, System.EventArgs e)
{
   //specify the callback method.
   Substitution1.MethodName = "GetCurrentDateTime";
}

//the Substitution control calls this method to retrieve the current date and
time.
//this section of the page is exempt from output caching.
public static string GetCurrentDateTime (HttpContext context)
{
   return DateTime.Now.ToString();
}
```

在默认情况下，AdRotator 控件还可以实现缓存后的替换，不断显示新的 ads。

编程使高速缓存页面无效

在很多时候，我们会使用高速缓存页面。但是，对于一些特定的事件，可能需要停止使用缓存页面。例如，对于显示数据库查询结果的页面，该页面只有当数据库查询的结果不会发生变化时，才可以被高速缓存。类似地，处理文件的页面只有在文件不变的情况下，才可以被高速缓存。幸运的是，ASP.NET 提供了几种使高速缓存页面无效的方式。

在渲染之前判断是否返回一个缓存页面

为了直接控制是否使用一个缓存页面，或使用被动态重新生成的页面，可以响应 ValidateCacheOutput 事件，并为属性 HttpValidationStatus 设置一个有效值。然后，从 Page.Load 事件处理程序中，调用 AddValidationCallback 方法，传递一个 HttpCacheValidateHandler 对象。

下面这个示例阐述了如何创建一个方法来处理 ValidatePage 事件：

```vb
'VB
Public Shared Sub ValidatePage(ByVal context As HttpContext, _
   ByVal data As [Object], ByRef status As HttpValidationStatus)

   If Not (context.Request.QueryString("Status") Is Nothing) Then
```

```
        Dim pageStatus As String = context.Request.QueryString("Status")

        If pageStatus = "invalid" Then
            status = HttpValidationStatus.Invalid
        ElseIf pageStatus = "ignore" Then
            status = HttpValidationStatus.IgnoreThisRequest
        Else
            status = HttpValidationStatus.Valid
        End If
    Else
        status = HttpValidationStatus.Valid
    End If
End Sub
```

```
//C#
public static void ValidateCacheOutput(HttpContext context, Object data,
    ref HttpValidationStatus status)
{
    if (context.Request.QueryString["Status"] != null)
    {
        string pageStatus = context.Request.QueryString["Status"];

        if (pageStatus == "invalid")
            status = HttpValidationStatus.Invalid;
        else if (pageStatus == "ignore")
            status = HttpValidationStatus.IgnoreThisRequest;
        else
            status = HttpValidationStatus.Valid;
    }
    else
        status = HttpValidationStatus.Valid;
}
```

注意，为了控制如何缓存页面，这个代码示例使用了逻辑方法来指定 HttpValidationStatus 其中的一个值。

◆ **HttpValidationStatus.Invalid** 该值会导致高速缓存失效，这样页面就可以动态生成。新生产的页面保存在高速缓存中，代替原来的缓存版本。

◆ **HttpValidationStatus.IgnoreThisRequest** 该值会使当前页面的请求被动态生成，而没有使页面的先前缓存版本失效。这时，动态生成的页面输出没有保存在缓存中，而未来对页面的请求可能接收到先前的缓存版本。

◆ **HttpValidationStatus.Valid** 该值会使 ASP.NET 返回缓存页面。

下面这个示例阐述了如何配置事件处理程序，以便在 ASP.NET 判断是否使用缓存的页面时调用：

```
'VB
Protected Sub Page_Load(ByVal sender As Object, _
    ByVal e As System.EventArgs) Handles Me.Load

    Response.Cache.AddValidationCallback( _
        New HttpCacheValidateHandler(AddressOf ValidatePage), Nothing)
End Sub
```

```
//C#
protected void Page_Load(object sender, EventArgs e)
{
    Response.Cache.AddValidationCallback(
        new HttpCacheValidateHandler(ValidateCacheOutput), null);
}
```

当 ASP.NET 判断是否使用缓存的页面时，它会调用这个指定的方法。根据句柄中

HttpValidationStatus 的设置方式，ASP.NET 会从中选择使用一个缓存的页面，还是选择使用一个动态生成的新页面。

创建高速缓存页面输出的依赖项

为了创建一个高速缓存页面输出的依赖项，调用下面其中一种 Response 方法。

◆ **Response.AddCacheDependency**　　使 高 速 缓 存 响 应 的 有 效 性 依 赖 于 一 个 CacheDependency 对象

◆ **Response.AddCacheItemDependency** 和 **Response.AddCacheItemDependencies** 使高速缓存响应的有效性依赖于缓存中一个或多个其他对象

◆ **Response.AddFileDependency** 和 **Response.AddFileDependencies**　使高速缓存响应的有效性依赖于一个或多个文件

为整个应用程序配置高速缓存

在应用程序中，也可以配置输出高速缓存配置文件，便于从中引用页面。这种方法提供了输出高速缓存的集中化配置。为了创建一个高速缓存配置文件，在 Web.config 文件的 \<system.web\>元素内部，添加一个\<caching\>\<outputCacheSettings\>\<outputCacheProfiles\>节点，如下所示：

```
<caching>
  <outputCacheSettings>
    <outputCacheProfiles>
      <add name="OneMinuteProfile" enabled="true" duration="60"/>
    </outputCacheProfiles>
  </outputCacheSettings>
</caching>
```

高速缓存配置文件支持大部分与@ OutputCache 指令符相同的元素属性，包括 Duration、VaryByParameter、VaryByHeader、VaryByCustom、VaryByControl、SqlDependency、NoStore 和 Location。另外，为了标识配置文件，必须提供一个属性 Name。并且，为了在必要时使配置文件无效，还需要使用属性 Enabled。

一旦创建好一个缓存配置文件，就可以利用@ OutputCache 指令符中的元素属性 CacheProfile，在网页中引用这个文件，如下所示。另外，针对个体页面，可以覆盖具体的元素属性。

```
<%@ OutputCache CacheProfile="OneMinuteProfile" VaryByParam="none" %>
```

实训：利用页面输出高速缓存来提高性能

在这个实训中，针对一个简单的 ASP.NET Web 应用程序，配置页面输出高速缓存。

在完成这个练习时，如果遇到了问题，从配套 CD 安装的样例中，可以找到完整的项目。

➢ 练习 1　打开页面输出高速缓存

在这个练习中，为 ASP.NET Web 页面打开页面输出高速缓存。

1. 打开 Visual Studio，创建一个新的使用偏爱语言的 Web 站点，名为 CachedSite。

2. 然后，添加控件到页面，并应用页面输出高速缓存。首先，打开 Default.aspx。

   添加一个 Label 控件，命名为 LabelChosen。

   添加一个 DropDownList 控件，命名为 DropDownListChoice。添加三个 ListItem 控件到 DropDownList(每个选项一个)。

   添加一个 Button 控件，命名为 ButtonSubmit。

   代码标记应该如下所示：

```
<body style="font-family: Verdana">
  <form id="form1" runat="server">
  <div>
    <asp:Label ID="LabelChosen" runat="server" Font-Size="XX-Large"
      Text="nothing chosen"></asp:Label><br />
    <br />Make a choice: <br />
    <asp:DropDownList ID="DropDownListChoice" runat="server">
      <asp:ListItem>Choice One</asp:ListItem>
      <asp:ListItem>Choice Two</asp:ListItem>
      <asp:ListItem>Choice Three</asp:ListItem>
    </asp:DropDownList>
    <br /><br />
    <asp:Button ID="ButtonSubmit" runat="server" Text="Submit" />
  </div>
  </form>
</body>
```

3. 为 Button 控件单击事件添加一个事件处理程序。添加代码，显示用户选中的选项和 LabelChosen 控件中的当前时间。下面的代码给出了一个示例：

```
'VB
Protected Sub ButtonSubmit_Click(ByVal sender As Object, _
  ByVal e As System.EventArgs) Handles ButtonSubmit.Click

  LabelChosen.Text = DropDownListChoice.Text & " at " & _
    DateTime.Now.TimeOfDay.ToString()
End Sub
```

```
//C#
protected void ButtonSubmit_Click(object sender, EventArgs e)
{
  LabelChosen.Text = DropDownListChoice.Text + " at " +
    DateTime.Now.TimeOfDay.ToString();
}
```

4. 运行 Visual Studio 中的项目。注意到，每次从列表中选择一个不同选项，并单击 Submit，选中的选项名称和当前时间都显示在页面的顶部。

5. 返回 Visual Studio，在 Source 视图中打开 Default.aspx 页面。在页面的顶部添加一个页面输出缓存指示符，这时，每 10 秒页面就会被自动缓存。千万不能指定任何依赖项。下面的代码展示了如何操作：

```
<%@ OutputCache Duration="10" VaryByParam="none" %>
```

6. 再次在 Web 浏览器中运行页面。从列表中选中一个选项，并注意到，页面正确更新。此时，立刻从列表中选中另一个选项，并注意到，页面的名称没有发生变化，仍然显示上一次的时间。

   记录下时间，并不停地从列表中选择不同的页面，直到过了 10 秒。在 10 秒之后，注意到，页面正确更新，并再次显示当前的时间。这表明，页面输出缓存正常工作；但是，缓存会阻止窗体的正常工作。

7. 返回 Visual Studio，在 Source 视图中打开 Default.aspx 页面。修改页面输出缓存，使缓存基于 DropDownList 控件而变化。下面的代码示例展示了如何操作：

```
<%@ OutputCache Duration="10" VaryByParam="DropDownListChoice" %>
```

8. 再次在 Web 浏览器中运行页面。从列表中选择一项，注意显示的时间。立刻从列表中选择另外一项，并注意到，页面正确更新。快速地从列表中再次选择上一项。如果选择的时刻在第一次选择之后 10 秒钟之内，那么就可以看到上一次的时间。可以将缓存时间扩充为 20 秒，以便有足够的时间单击选择。

由于对 OutputCache 声明的改变，ASP.NET 为 DropDownList 控件的每个值缓存了一个单独版本的页面，并且，每个缓存页面在 10 秒后过期。

本课总结

◆ 利用 Cache 对象可以保存任何类型的数据。然后，从应用程序的其他 Web 页面都可以访问这些缓存数据。Cache 对象是减少数据库调用和文件读取次数的极佳方式。利用 Cache.Add 和 Cache.Insert 方法，可以添加一个对象到带有依赖项的缓存，确保缓存对象不会过时。

◆ 页面输出缓存在服务器的内存中保存了对渲染页面(或用户控件)的复制。后续对给定资源的请求都可以从内存中获取。页面输出缓存实际上减少了渲染的时间。

课后练习

通过下列问题，可检验自己对第 1 课的掌握程度。这些问题也可从随书资源中找到。

注意　关于答案

对这些问题的解析可参考本书末"答案"。

1. 假设要创建一个 ASP.NET Web 页面，显示数据库查询的客户列表。用户能够过滤这个列表，从而只显示特定状态下的客户。使用页面输出缓存来提高 Web 应用程序的性能。确保用户能够通过状态过滤客户，但是不考虑显示与客户列表的实时更新，因为客户列表一般变化较少。应该配置指令@ OutputCache 的哪个元素属性？

A. VaryByParam

B. VaryByHeader

C. SqlDependency

D. VaryByCustom

2. 为了编程配置页面输出缓存，应该使用哪个对象？

A. Request

B. Response

C．Application

     D．Server

3.   为了缓存一个对象，并使其 10 分钟后自动过期，如何操作？(不定项选择)

     A．直接定义 Cache 项.

     B．调用 Cache.Get.

     C．调用 Cache.Insert.

     D．调用 Cache.Add.

4.   哪种工具可以用来创建性能计算器？(不定项选择)

     A．一个 HTTP 头部

     B．一个文件

     C．一个时间跨度

     D．一个注册表关键字

     E．Cache 中的另一个对象

本 章 回 顾

为进一步实践和巩固在本章中学习到的技能，建议继续完成下列任务。

- ◆ 阅读本章小结。
- ◆ 完成案例训练。这些案例取自实际项目，但都涉及本章介绍的内容，要求你提供相应的解决方案。
- ◆ 完成建议练习。
- ◆ 完成实战测试。

本章总结

- ◆ 部署 Web 应用程序存在多种方式。最简单的方式是简单地复制文件。另一种方案是，利用 Copy Web 工具同步两个 Web 站点之间的文件，使开发环境和运行环境分开。Copy Web 工具也适用于多个开发者并行的情况，因为它能够检测版本冲突。Publish Web Site 工具能够预编译一个 Web 站点，减少用户请求 Web 站点首页的延迟时间。如果有更复杂的安装需求，可以创建 Web Setup Project，并部署 Setup.exe 文件或 Windows Installer 文件到 Web 服务器。

- ◆ 高速缓存是提供性能的最有效的方式之一。ASP.NET 提供了两种不同类型的缓存：应用程序高速缓存(利用 Cache 对象)和页面输出高速缓存。应用程序高速缓存需要编写代码，但是它能够详细控制对象缓存的方式。页面输出高速缓存从 ASP.NET 页面或用户控件中保存了一份对已渲染 HTML 的复制。两种类型的高速缓存都十分重要，减少了需要提交重复数据库查询和文件访问的时间。

案例场景

在下面的案例场景中，需要运用本章所学知识来完成一些小项目。答案可参见书末尾。

案例 1：部署一个 Web 应用程序

假设你是 Contoso Video 的开发人员，并且是公司对外 Web 站点的唯一开发人员。该站点允许用户在线租用视频。应用程序的可靠性十分关键，因此，在你对产品 Web 服务器进行修改之前，质量检验组必须在运行服务器上测试你所做的任何改变。

你经常在家工作。不幸的是，Contoso 的虚拟私有网络(VPN)是不可靠的，因此，你必须在你的笔记本电脑上开发。你只能从外网或 VPN 访问运行和产品 Web 服务器，但是，这并不是问题，因为不需要非常频繁地更新到这些服务器上。另外，你没有宽带连接，因此当网络连接工作时，需要避免在连接中发送大规模的更新。

问题

回答下面的问题。

1. 什么工具可以用来更新运行服务器？

2. 质量保证人员应该使用什么工具更新产品服务器？

案例 2：提高公共 Web 站点的性能

假设你是 Contoso Video 的开发者。幸运的是，站点变得越来越繁忙。当前，Web 服务器和后台数据库都位于单个计算机上。不幸的是，运行站点和数据库的服务器不是足够强大，不能满足峰值需求。在最繁忙的时候，处理器的占用率非常高。

针对这个问题，你与公司的其他相关人员进行了讨论。下面列出了谈话的公司人员以及他们的谈话记录。

◆ **Arif Rizaldy(数据库管理员)** 针对你所提到的 SQL Server 数据库性能问题，我做了一些分析。最大的问题在于当用户单击 Web 站点上的类型影片时，比如喜剧片或戏剧，应用程序会执行一项非常消耗处理器资源的查询，查找合适的影片。我已经优化了查找索引，所以我们不能再做任何改进，除了升级服务器或减少数据库查询的次数。

◆ **Wendy Richardson(IT 经理)** 公司现在运行良好，但是我们没有预算来升级服务器。因此，寻找一种方式，使应用程序更有效率。

问题

回答经理的这些问题。

1. 是否存在一种方式，可以利用应用程序 Cache 对象来提高性能？

2. 当公司添加了新的影片后，怎样才能保证过时的缓存信息不会发送到用户？

3. Web 站点的每个页面都被个性化成当前用户的首选项。是否存在一种方式，可以利用页面输出高速缓存来提高性能？

建议练习

为了帮助你熟练掌握本章考点，请完成下列任务。

使用 Web Setup Project

对于这项工作，为了基本了解如何使用 Web Setup Projects，至少应该完成练习 1 和练习 2。如果想更好地掌握应用程序如何分布在公司中，且拥有充足的实验设备，还要完成练习 3。

◆ **练习 1** 创建一个 Web Setup Project，提示用户提供数据库连接信息，然后，将连接信息保存在 Web.config 文件中，作为连接字符串的一部分。

◆ **练习 2** 利用上一次所创建的真实世界的应用程序，或者本书练习中所创建的一个应用程序，创建一个 Web Setup Project。将其部署在不同的操作系统中，包括 Windows 2000、Windows XP、Windows Server 2003 和 Windows Server 2008。验证部署的应用程序在所有平台下都能正常工作。如果工作不正常，修改 Web Setup Project，使其恢复正常。记录下 Web Setup Project 如何处理不带.NET Framework 3.5 的计算机。

◆ **练习 3** 创建一个 Web Setup Project，并生成一个 Windows Installer 文件。如果有充足的实验设备，利用 Active Directory 软件分发系统，将 Web 应用程序自动分发在多个服务器上。

使用 Copy Web 工具

对于这项工作，为了练习使用 Copy Web 工具，应该完成所有两个练习。

◆ **练习 1** 使用 Copy Web 工具，对上一次真实的 Web 应用程序创建一份复制。断开计算机与网络的连接，更新到 Web 站点。然后，使用 Copy Web 工具将该单个文件更新到远程 Web 服务器。

◆ **练习 2** 利用 Web 站点的本地复制，同时更新本地复制和远程 Web 站点上的不同文件。然后，使用 Copy Web 工具，同步本地和远程 Web 站点。

预编译和发布 Web 应用程序

对于这项工作，为了掌握预编译一个应用程序对性能的提高，应该完成练习 1。

◆ **练习 1** 在 Web 应用程序中打开跟踪。然后，修改 Web.config 文件，并将其保存成强制应用程序重启。多次打开页面，然后查看 Trace.axd 文件，确定第一次请求和后续请求所花费的时间。接下来，使用 Publish Web Site 工具预编译这个应用程序。多次打开一个页面，然后查看 Trace.axd 文件，并确定针对预编译后的应用程序第一次请求和后续请求所花费的时间。

最优化和调试 Web 应用程序

对于这项工作，应该完成练习 1，学习有关应用程序缓存的更多信息。

◆ **练习 1** 利用所创建的能够访问数据库的真实 ASP.NET Web 应用程序，使用 Cache 对象保存对数据库结果的复制。在变化的前后，查看 Trace.axd 页面，确定高速缓存是否有助于提高性能。

实战测试

本书配套资源为实战测试提供了多种选择。例如，可选择只对本章相关的内容进行测验，也可用完整的 70-562 认证考试的内容进行自测。可将测验设置为实战模式(即与真实考试基本相同)，或者可以设为学习模式，以便边做题边查看答案及相应的分析。

更多信息 实战测试
要想进一步了解可选的测试模式，请查看本书"前言"。

参 考 答 案

第 1 章：课后练习答案

第 1 课

1. 正确选项：D
    A. 不正确：IsCallback 属性指示了当前页面是否为回调的结果。
    B. 不正确：IsReusable 属性向 ASP.NET 表明 Page 对象是否可被重用。
    C. 不正确：IsValid 属性指示了某个 ASP.NET 页面是否通过了验证。
    D. 正确：IsPostBack 属性指示了客户端是将数据作为其请求的一部分而发送(true)或是该页面仅仅是被请求显示出来(false)。
2. 正确选项：A
    A. 正确：利用动词 PUT，客户可在 Web 服务器中创建一个文件，并将消息体复制到该文件中。
    B. 不正确：动词 CONNECT 用于与代理服务器和 SSL 进行交互。
    C. 不正确：动词 POST 用于将数据回发给服务器来进行处理。
    D. 不正确：动词 GET 用于在 Web 服务器获取某个文件的内容。

第 2 课

1. 正确选项：C
    A. 不正确：如果远程 HTTP 服务器中安装了 Front Page 服务器扩展，则你可通过 Visual Studio 与其建立连接。
    B. 不正确：文件系统网站类型将在开发该站点的机器本地运行(而非运行在远程服务器中)。
    C. 正确：你可与未安装 Front Page 服务器扩展的远程服务器进行通信。当然该服务器的 FTP 必须被启用。
    D. 不正确：本地 HTTP 服务器(http://localhost)将运行在开发该服务器的机器上。
2. 正确选项：D
    A. 不正确：本地 HTTP 可用于连接到一个 IIS 的本地版本中，而非远程服务器。
    B. 不正确：文件系统项目使用 ASP.NET Web 服务器在本地运行。
    C. 不正确：当你的托管提供商没有在服务器启用 Front Page 服务器扩展时，可考虑使用 FTP。
    D. 正确：远程 HTTP 可用于安装并启用了 Front Page 服务器扩展的远程服务器。
3. 正确选项：B
    A. 不正确：该模型将布局标记和代码都放在同一文件中。

B. 不正确：代码隐藏模型可实现代码和用户界面标记的分离。

C. 不正确：单文件模型有时指内敛模型。该模型能够将代码和标记整合到一个单个文件中。

D. 不正确：客户端-服务器模型并不是 ASP 页面定义中的模型。

4. 正确选项：A

A. 正确：你可在一个单个网站中整合分别用 C#和 Visual Basic 编写的页面。

B. 不正确：这样虽可行，但 Joe 将花费很多精力重写代码。实际上，这样做是不必要的。

C. 不正确：不需要对这些文件进行重写。完全可以直接使用。

D. 不正确：在 ASP.NET 中，你无法从一个站点中对另一个站点进行引用。

第 3 课

1. 正确选项：C

A. 不正确：Global.asax 文件用于定义应用程序级的事件。

B. 不正确：Web.config 文件只对 Web 应用程序的设置进行设定，而不负责对 Windows 应用程序进行设置。

C. 正确：你可利用 Machine.config 文件来在机器级同时管理 Web 应用程序和 Windows 应用程序的设置。

D. 不正确：传统的 ASP 应用程序使用 Global.asa 文件来对应用程序级的事件处理进行设置。

2. 正确选项：B

A. 不正确：与 Machine.config 位于同一文件夹中的 Web.config 文件将应用到所有的本机网站中，而不只是当前 Web 应用程序中。

B. 正确：位于该 Web 应用程序根路径下的 Web.config 文件将仅应用到那个 Web 应用程序中。

C. 不正确：Machine.config 文件用于对本机的全局设置进行设定。

D. 不正确：Global.asax 文件用于对应用程序事件进行定义。

3. 正确选项：D

A. 不正确：你可在记事本中对 XML 文件进行编辑。但该软件并不具备友好的图形用户界面。

B. 不正确：Microsoft Word 对于该 XML 文件可提供良好的编辑体验。

C. 不正确：这将打开该 XML 文件以进行文本层次的编辑(并非一个 GUI)。

D. 正确：借助 WSAT 工具，你可对单个 Web 应用程序的设置进行管理。此外，你还可通过该工具的基于 Web 的界面来实现同样功能。

4. 正确选项：A

A. 正确：你可在一个单个网站中整合分别用 C#和 Visual Basic 编写的页面。

B. 不正确：该方法可行。但 Joe 不得不花费一些事件来重写相应的代码，实际上这是可以避免的。

C. 不正确：不需要重写这些文件。完全可以直接使用。

D. 不正确：在 ASP.NET 中，你不能再一个站点中引用另一个站点。

第 1 章：案例答案

案例 1：创建新网站

1. 该网站类型为文件系统。下面的列表说明了该基于文件的网站类型满足相应的需求的原因：
   - ◆ 文件系统网站不要求开发者的机器中安装有 IIS。
   - ◆ 每个开发人员可以对文件系统网站独立调试。如果你试图使用一个安装了 IIS 的中央服务器，则当多个开发人员在同一时间试图对网站进行调试时会出现问题。

案例 2：将文件放置在恰当的文件夹内

1. 你应将 ShoppingCart.dll 文件放置在 Bin 文件夹内，而将数据库文件放置在 App_Data 文件夹内。封装文件(ShoppingCartWrapper.cs 或.vb)则应放置在该网站的 App_Code 目录中。

   遵循 ASP.NET 文件夹结构的主要好处在于能够保证这些文件夹的安全性。那些试图浏览这些文件夹的用户将接收到一条 HTTP 403 Forbidden 错误消息。

第 2 章：课后练习答案

第 1 课

1. 正确选项：C
   A. 不正确：表明 HTML 服务器控件应运行在服务器上的属性应为 runat 属性，而非 run。
   B. 不正确：双击某个 HTML 控件并不会使其在服务器端运行。相反，该操作将为该控件生成一个客户端事件处理方法(JavaScript)。
   C. 正确：要将一个 HTML 元素转化为一个服务器控件，你需要为其添加属性和值 runat="server"。
   D. 不正确：Visual Studio 不允许你从属性窗口中对该属性进行修改。你必须在源视图中对该属性进行设置。

2. 正确选项：A
   A. 正确：为表明某个控件的默认事件应产生一个 PostBack，你可将该控件的 AutoPostBack 属性设为 true。
   B. 不正确：ASP.NET 并未定义名称为 ForcePostBack 的方法。
   C. 不正确：ASP.NET 网页并不具有名称为 PostBackAll 的属性。
   D. 不正确：在你将 AutoPostBack 属性设为 true 之前，客户端将不会尝试为 CheckBox 单击事件与服务器进行通信。。

3. 正确选项：A
   A. 正确：创建(或重新创建)你的动态生成的控件可在 PreInit 事件处理方法中完成。这将确保这些控件可为实例化、ViewState 连接以及其他事件内(如 Load)的代码所用。

    B. 不正确：Init 事件将在所有控件被实例化后引发。你也可利用该事件来对一些额外的控件属性进行初始化。在该事件内添加控件从技术上来说是可行的，但在这里添加的控件将不遵循预定的生命周期。

    C. 不正确：在 Load 事件产生之前，ASP.NET 将确保每个控件都被实例化，且每个控件的视图状态都被连接。在这里添加你的控件将导致 PostBack 期间产生不期望的行为，例如控件的视图状态可能不会被正确设置。

    D. 不正确：PreRender 事件用于在页面呈现之前对其作出最终修改。在该事件内添加控件将产生不可预料的结果。

4. 正确选项：D

    A. 不正确：TextBox 控件中并未定义方法 ShowControl。

    B. 不正确：控件的 Visible 属性的默认值为 true。但是，直到控件被添加到表单中后，才会显示在页面中。

    C. 不正确：该页面类并未提供用于添加控件的方法 Add。

    D. 正确：动态创建的控件必须被添加到与该页面关联的表单元素中。同时，该表单元素必须被设为 runat="server"。

第 2 课

1. 正确选项：D

    A. 不正确：RadioButton 控件并未实现 Exclusive 属性。

    B. 不正确：RadioButton 控件并未实现 MutuallyExclusive 属性。

    C. 不正确：RadioButton 控件并未实现 Grouped 属性。

    D. 正确：RadioButton 控件的 GroupName 属性用于将两个或更多互斥的单选按钮划分为一组。

2. 正确选项：B

    A. 不正确：在 ASP.NET 中并无这样的按钮类型。

    B. 正确：你可通过将设置该按钮的 CommandName 属性并对其 Command 事件进行响应来创建命令按钮。

    C. 不正确：在 ASP.NET 中并无这样的按钮类型。

    D. 不正确：在 ASP.NET 中并无这样的按钮类型。

3. 正确选项：D

    A. 不正确：该方法可起到相应的作用。但绝非双击该控件这样简单。

    B. 不正确：Visual Studio 中没有 Create Handler 菜单项。

    C. 不正确：在 Visual Studio 不允许你从工具箱中拖拽事件处理方法。

    D. 正确：为一个控件创建其默认事件处理方法的最简单的方式就是在设计视图中双击该控件。

第 3 课

1. 正确选项：B

    A. 不正确：除非你试图在服务器中使用 Table 控件，否则你应考虑使用标准 HTML

表格。

B. 正确：在这种情形中，你将花费大量时间来对服务器端的 Table 控件进行操作。

C. 不正确：在这种情况下，标准 HTML 表格会将数据视为静态。任何服务器端的处理都是不需要的。

D. 不正确：表格形式的数据结果集应使用 GridView 控件而非 Table 控件来显示。

2. 正确选项：D

A. 不正确：虽然你可以使用该方法，但该方法执行较为困难，因此并非完成该任务的最佳选择。

B. 不正确：该产品线并非矩形，因此它不是正确选项。

C. 不正确：MultiView 在任意时刻仅显示一个 View，因此该选项不可行。

D. 正确：利用 ImageMap 可定义热点区域，PostBackValue 可用于确定被被单击区域的位置。

3. 正确选项：C

A. 不正确：View 控件的正常工作离不开 MultiView 控件。无论哪种选择都不是对该问题的最简便的解决方案。

B. 不正确：TextBox 控件并未提供多页面数据集合。

C. 正确：Wizard 控件通过为从用户那里收集多页面数据提供了一种易于实现的解决方案来解决该问题。

D. 不正确：Visual Studio 并未提供 DataCollection 控件。

第 2 章：案例答案

案例 1：确定所使用的控件类型

1. 对于该应用，可考虑使用 Web 服务器控件。这些控件为开发人员提供了更加一致的编程模型，并可为用户带来更好的体验。

◆ 使用 TextBox 来获取用户姓名和地址。与这些控件关联的文本可以是简单的 HTML 文本。

◆ 使用 CheckBox 控件作为活动指示器。

◆ 使用多个 CheckBox 控件来表示纵向市场类别。该控件使得用户可在多种类别中作出选择。

◆ 使用 RadioButton 控件以允许用户从一组互斥的选项中作出唯一选择。

案例 2：选择恰当的事件

1. 你应将动态创建控件的代码放置在 Page_PreInit 事件处理方法中。当 Page_PreInit 事件处理方法执行完毕后，所有动态创建的控件都已被实例化。接着，该页面的所有控件都应被实例化。

2. 你应将设置控件属性的代码放置在 Page_Load 事件处理方法中。当 Page_Load 事件处理方法被调用时，所有控件的实例化都应完成。你可在该方法内部检查页面是否被

PostBack，并对控件属性作出恰当的设置。这些控件的实例化应该在 Page_PreInit 时间内部完成初始化。

案例 3：确定数据提示的方式

1. 你可按照类别将提示进行划分，并为每个类别创建一个独立的网页。这种解决方案将你的代码和数据分散到若干页面中，因此会增加该网站的整体复杂性。

    或者你也可以实现另一种解决方案，即使用 MultiView 控件，并为每个类别创建一个独立的 View。这里的 MultiView 和 View 控件没有用户接口，因此你对于该网页的图形用户界面的掌控具有充分的灵活性。

    第三种解决方案是实现 Wizard 控件并为每个类别创建一个 WizardStep 控件。该 Wizard 控件包含了用于在不同步骤之间切换的行为并提供了更为完整的解决方案。

案例 4：实现日历解决方案

1. 该解决方案可在任何需要由用户输入日期以及当需要将某个日程表呈现给用户时使用 Calendar 控件。下面列出了一些适宜使用 Calendar 控件的场合：
    - 提示课程开始日期
    - 提示课程结束日期
    - 显示培训机构的课程安排
    - 显示承办人的日程
2. 虽然在这些情况下你也可以使用 Table 控件，但你将需要编写大量代码来实现 Calendar 控件的内置功能，因此使用 Calendar 控件是最佳选择。

第 3 章：课后练习答案

第 1 课

1. 正确选项：C
    - A. 不正确：RegularExpressionValidator 能够完成字符串模式匹配功能。但它并不能用于查找数据库中的值。
    - B. 不正确：RangeValidates 用于验证给定范围的数据。除此之外，该控件并不能定义一个 DbLookup 操作。
    - C. 正确：CustomValidator 控件可以用于调用服务器端代码来验证供应商的 ID。
    - D. 不正确：CompareValidator 并不能定义题目所描述的功能。它只是用来比较两个值。
2. 正确选项：A
    - A. 正确：在执行你的事件处理方法中的代码之前，你需要测试 Web 页面的 IsValid 属性。
    - B. 不正确：IsValid 属性是未被设置的，退出 Load 事件处理方法仍然允许该事件处理方法执行。
    - C. 不正确：虽然这似乎能解决问题，但是一个潜在的黑客可以禁用客户端验证，这样，服务器端的问题仍然存在。

　　D. 不正确：这是默认设置，并不能解决问题。

3.　　正确选项：B

　　A. 不正确：Text 属性应该是一个星号，ErrorMessage 应该是详细的错误信息。

　　B. 正确：设置 Text 属性为一个星号，并把星号放置到控件的附近；设置 ErrorMessage
为详细的错误信息并将详细的错误信息纳入 Web 页面顶部的 ValidationSummary
控件。

　　C. 不正确：Text 属性应该是一个星号，ErrorMessage 应该是详细的错误信息。

　　D. 不正确：Text 属性应该是一个星号，ErrorMessage 应该是详细的错误信息。

第 2 课

1.　　正确选项：C

　　A. 不正确：Redirect 方法在 HttpResponse 类中可用，并且它会引起服务器端和客户端
之间的往返。

　　B. 不正确：MapPath 方法对一个给定的虚拟路径返回真实的路径。

　　C. 正确：Page.Server.Transfer 方法传输页面处理到另外一个页面，但并不返回给客
户端。

　　D. 不正确：UrlDecode 方法在通过 HTTP 传输之前，决定一个字符串是否被编码。

2.　　正确选项：D

　　A. 不正确：菜单控件需要一个数据源。

　　B. 不正确：树视图控件需要一个数据源。

　　C. 不正确：SiteMapDataSource 控件是一个数据源，并没有给用户直观的显示。

　　D. 正确：SiteMapPath 将会自动地挑选一个站点地图文件，并显示其内容给用户。

3.　　正确选项：C

　　A. 不正确：SiteMapPath 控件连接到站点地图文件，并显示用户当前细节的导航路径。

　　B. 不正确：SiteMapDataSource 用于提供数据从一个站点地图文件到一个导航控件的
绑定。

　　C. 正确：SiteMap 类允许你加载给定的站点地图文件，并与包含在其中的数据一起
工作。

　　D. 不正确：HttpServerUtility 类并不能提供这样的功能。

第 3 章：案例答案

案例 1：确定对一个用户名执行合适的验证控件

1.　RequiredFieldValidator 确保输入的为非空白。

　　◆　可以使用 RequiredExpressionValidator，也可以将 ValidationExpression 设置为因特
网电子邮件地址。

案例 2：确定执行合适的密码验证控件

1.   使用 RequiredFieldValidator 用来确保数据已经输入。
     ◆   使用 CustomValidator 并编写代码来检查字符类型和长度是否按照规定的要求。

案例 3：执行一个站点地图

1.   你可以使用树视图控件、SitMapDataSource 控件和 SiteMapPath 控件来显示细节路径。

第 4 章：课后练习答案

第 1 课

1.   正确选项：B
     A. 不正确：客户端状态管理要求客户端对每个请求都要发送用户名和密码。它还要求客户端在可能受损害的本地存储信息。这并不是一个安全的解决方案。
     B. 正确：服务器端状态管理通过减少信息在网络上传输的次数，对保密的信息提供更高的安全性。

2.   正确选项：A
     A. 正确：对于存储非保密的信息，客户端状态管理是一个非常明智的选择。与服务器端状态管理相比，当多个 Web 服务器参与时，它更容易实现，并且它可以最小化服务器的负荷。
     B. 不正确：你可以使用服务器端状态管理；然而，它可能需要多个 Web 服务器之间的后端数据库同步信息。这会增加你服务器的负荷。

3.   正确选项：A
     A. 正确：视图状态是最简单的存储信息的方式。因为它在默认时是开启的，你可能不需要编写任何代码来支持表单状态管理。
     B. 不正确：你可以使用控件状态；然而，它需要额外的代码，并且只在你要创建一个可能用于一个具有视图状态的 Web 页面时才有必要。
     C. 不正确：你可以在隐藏字段存储信息；然而，这需要编写额外的代码。视图状态只需要很少或者不需要额外的代码支持你的需求。
     D. 不正确：cookie 需要额外的代码，并且只在你需要在多个 Web 表单之间存储信息时才需要。
     E. 不正确：你可能使用查询字符串来存储用户的喜好。然而，你需要更新页面上的每个用户可能点击的链接。这是非常耗时的操作。

4.   正确选项：D
     A. 不正确：视图状态只能存储单个 Web 表单的信息。
     B. 不正确：控件状态只能存储单个控件的信息。
     C. 不正确：隐藏字段只能存储单个 Web 表单的信息。
     D. 正确：除非你特别缩小了范围，用户的浏览器提交信息的信息到 cookie 来存储你网站上任何页面。因此，每个页面处理用户喜好的信息。如果你配置了 cookie 的过期时间以使其持久，那么浏览器会在下次用户访问你网站时提交 cookie。

    E. 不正确：你可以使用查询字符串存储用户的喜好。然而，你需要更新用户可能点击的页面上的链接。这是非常耗时的。

5. 正确选项：E

    A. 不正确：视图状态信息并不是存储在 URL 中，因此如果 URL 是书签，视图状态信息会丢失。

    B. 不正确：控件状态信息并不是存储在 URL 中，因此如果 URL 是书签，控件状态信息会丢失。

    C. 不正确：隐藏字段并不是存储在 URL 中，因此如果 URL 是书签，隐藏字段会丢失。

    D. 不正确：Cookies 并不是存储在 URL 中，因此如果 URL 是书签，Cookies 会丢失。

    E. 正确：查询字符串并不是存储在 URL 中，尽管它们不是最简单的客户端状态管理类型，但是它们是唯一能够启动状态数据，以使其方便的做书签和发送电子邮件。

第 2 课

1. 正确选项：C

    A. 不正确：你不能在一个 Web 页面内响应 Application_Start 事件。

    B. 不正确：你不能编写代码响应 Web.config 文件内的任何事件。

    C. 正确：Glocal.asax 文件允许你捕获特殊的事件，比如 Application_Start 事件。

    D. 不正确：这些页面表示 Web 页面的代码隐藏文件。你不能通过一个 Web 页面响应应用程序级的事件。

2. 正确选项：B

    A. 不正确：Session 对象是用户指定的，因此并不适用于网站内的所有用户和页面。

    B. 正确：Application 对象允许你在应用程序级别存储数据，因此，对所有用户都是可用的。

    C. 不正确：Cookies 集合是对特定客户端和用户的。

    D. 不正确：ViewState 集合是对特定客户端和用户的。

3. 正确选项：A

    A. 正确：在 Session 对象中存储这个值将会防止客户端篡改这个值。它还将会确保特定用户的数据只对给定的会话和用户可用。

    B. 不正确：Application 集合表示对所有用户可用的全局数据。

    C. 不正确：在用户的 cookie 文件中存储认证信息将会公开网站潜在的安全风险。

    D. 不正确：ViewState 发送到客户端，因此会带来安全风险。

4. 正确选项：D

    A. 不正确：当应用程序加载时，调用 Application_Start。你不能通过 Application_Start 事件处理器访问 Session 对象。

    B. 不正确：当应用程序关闭时，调用 Application_End。你不能通过 Application_End 事件处理器访问 Session 对象。

    C. 不正确：当用户第一次连接时，调用 Session_Start。

    D. 正确：当用户的会话超时时，调用 Session_End 事件处理器。然而，当服务器时间被意外关闭或者不将 SessionState 模式设置为 Inproc 时，这个事件将不会启动。

5. 正确选项：AD
   A. 正确：这种情况下，你必须在一个中心服务器上管理会话状态。StateServer 允许你这样做。
   B. 不正确：你不能将 SessionState 模式属性设置为 InProc，因为这会在个人 Web 服务器上存储每个用户的会话。负载平衡器可能路由不用的请求到不用的服务器，从而中断你的应用程序。
   C. 不正确：这种情况下，关闭你应用程序的会话将会中断应用程序。
   D. 正确：这种情况下，你必须在一个中心服务器上管理会话状态。SqlServer 允许你这样做

第 4 章：案例答案

案例 1：记住用户的凭证

1. 你应当以 cookie 的形式使用客户端状态管理。然而，你不应当在这个 cookie 中存储用户的凭证(见问题 2)。cookie 将会让你识别请求之间和会话之间的用户，因为它们可以保存在客户端。

2. 首先，你不应当在 cookie 中存储用户的真实凭证。相反，你只需存储一个标记，证明用户已经授权。其次，你可以要求你的 Web 应用程序进行安全套接字层(SSL)，以便于通信的加密。再次，你可以缩小 cookies 的范围，以便于浏览器只将其提交到你网站中 SSL 受保护的部分。最后，你应当记住用户。然而，如果你依赖于一个 cookie，那么在网站上进行类似于购买或者获取私人信息的行为之前，你应当要求用户重新进行身份验证。

3. 你不应该使用状态管理技术存储以往的订单。相反，你应当直接从数据库检索信息。

案例 2：为个体用户和所有用户分析信息

1. 你可以使用 Application 对象记录与所有用户相关的数据。你可以更新一个集合，这个集合跟踪当前在你网站中浏览某些页面的用户数目。当然，你可能想定期的重置这个集合，因为这个集合是一个特定时间段的简要说明。

2. 你可以使用 Session 对象跟踪一个用户在网站内的去向以及任何导航路径。对于每个页面视图，你可以在 Session 对象中添加用户访问的页面到一个定制的集合。你可以记录这条信息，并允许营销部门监视并分析这条信息，以决定广告的策略。

第 5 章：课后练习答案

第 1 课

1. 正确选项：B、C 和 D
   A. 不正确：内容页面不能引用母版页面的私有属性或方法。
   B. 正确：内容页面可以引用母版页面的公有属性。

C. 正确：内容页面可以引用母版页面的公有方法。

D. 正确：内容页面可以使用 Master.FindControl 方法引用母版页面的控件。

2. 正确选项：A 和 C

A. 正确：@MasterType 声明需要访问母版页面的属性。

B. 不正确：你只需要在母版页面添加@Master 声明，而不需要在内容页面添加。

C. 正确：内容页面的@Page 声明中必须要有一个 MasterPageFile 属性指向母版页面。

D. 不正确：母版页面，而不是内容页面具有 ContentPlaceHolder 控件。

3. 正确选项：D

A. 不正确：Page_Load 发生在内容页面绑定到母版页面之后。如果你尝试改变母版页面，运行时会抛出一个异常。

B. 不正确：Page_Render 发生在内容页面绑定到母版页面之后。如果你尝试改变母版页面，运行时会抛出一个异常。

C. 不正确：Page_PreRender 发生在内容页面绑定到母版页面之后。如果你尝试改变母版页面，运行时会抛出一个异常。

D. 正确：Page_PreInit 是最后更改母版页面的机会。这个事件之后，页面将与母版页面绑定在一起，阻止你更改母版页面。

第 2 课

1. 正确选项：A 和 C

A. 正确：使用页面 Theme 属性指定的主题可以覆盖控件属性。

B. 不正确：使用 StyleSheetTheme 属性指定的主题并不能覆盖控件属性。

C. 正确：使用 Theme 属性指定的主题可以覆盖控件属性。

D. 不正确：使用 StyleSheetTheme 属性指定的主题并不能覆盖控件属性。

2. 正确选项：C

A. 不正确：皮肤文件不应当包含 ID 属性，并且皮肤文件必须包含 runat="server"属性。

B. 不正确：皮肤文件不应当包含 ID 属性。

C. 正确：皮肤文件必须包含 runat="server"属性，但是不应当包含 ID 属性。

D. 不正确：皮肤文件必须包含 runat="server"属性。

3. 正确选项：D

A. 不正确：在渲染的过程中，Page_Load 发生的太迟，并不能更改主题。

B. 不正确：在渲染的过程中，Page_Render 发生的太迟，并不能更改主题。

C. 不正确：在渲染的过程中，Page_PreRender 发生的太迟，并不能更改主题。

D. 不正确：Page_PreInit 是最合适的指定主题的方法。

第 3 课

1. 正确选项：A、B 和 C

A. 正确：用户控件可以作为 Web 部件并通过将其放置到 Web 部件区域来使用这个用户控件。

B. 正确：当你放置一个标准控件，比如一个 Label，到 Web 部件区域时，ASP.NET

将自动地定义一个 Web 部件。

C. 正确：你可以通过定义基于 WebPart 类的定制的控件创建 Web 部件。

D. 不正确：一个母版页面为你的应用程序定义一个通用的接口，并且不能作一个 Web 部件使用。

2. 正确选项：B 和 D

A. 不正确：LayoutEditorPart 控件支持用户更改一个控件的色彩状态和区域。它并没有提供更改 Web 区域标题的功能。

B. 正确：你必须在 Web 页面上添加一个 EditorZone 容器。接着，在 EditorZone 中添加一个 AppearanceEditorPart 控件。

C. 不正确：CatalogZone 支持用户在页面上添加新的 Web 部件，但是它并不能启用它们来更改 Web 部件标题。

D. 正确：AppearanceEditorPart 控件支持用户设置 Web 部件的标题。

3. 正确选项：B 和 C

A. 不正确：LayoutEditorPart 控件支持用户更改一个控件的色彩状态和区域。它并没有提供更改 Web 区域标题的功能。

B. 正确：当页面处于 Catalog 模式时，DeclarativeCatalogPart 控件支持用户添加 Web 部件。

C. 正确：CatalogZone 容器须具备 DeclarativeCatalogPart 控件，以支持用户添加 Web 部件。

D. 不正确：AppearanceEditorPart 控件支持用户编辑现存的 Web 部件的外观，但是并不能支持用户添加新的 Web 部件。

4. 正确选项：B

A. 不正确：ConnectionConsumer 属性应当应用于接收提供 Web 部件数据的方法。

B. 正确：你应当将 ConnectionProvider 属性设置为公有的方法，这样客户可以访问该方法。

C. 不正确：你不能在 Web 部件之间使用属性连接。

D. 不正确：你不能在 Web 部件之间使用属性连接。

第 5 章：案例答案

案例 1：满足一个内部保险应用程序定制的需求

1. 你可以使用用户配置文件和可定制的 Web 部件的组合来满足他们的需求。

2. 连接的 Web 部件可以提供你所需求的。你可以拥有一个供应商 Web 部件，使承销商选择所要求的类型，并且拥有一个消费者 Web 部件，用于检索当前选定的声明类型并显示相关的统计数字。

案例 2：为一个外部的 Web 应用程序提供一致的格式

1. 你可以使用主题，并添加一个为不同控件定义了字体的皮肤文件。

2. 如果你在 Web.config 文件中使用<pages Theme="themeName">元素应用一个主题，那么它将覆盖控件属性。

3. 你可以使用可定制的 Web 部件，使用户能够删除不需要的控件。

4. 为了使用户能够更改网站的色彩，使用程序来应用主题和用户配置文件。接着，用户可以定制他们的配置文件，并且，ASP.NET 会记住他们的喜好以便于将来的访问。

第 6 章：课后练习答案

第 1 课

1. 正确选项：A 和 D
   A. 正确：UpdatePanel 控件将使端口包含在面板的内部，以便于独立地更新页面的剩余部分。
   B. 不正确：AsyncPostBackTrigger 控件用于在 UpdatePanel 的外部触发 UpdatePanel 的更新。这种情景并不是必须的。
   C. 不正确：ScriptManagerProxy 控件用于创建支持 AJAX 的母版页面的子页面。这种情景也不是必须的。
   D. 正确：ScriptManager 控件是每一个 AJAX 页面管理发送到客户端的 JavaScript 文件以及客户端和服务器端之间的通信所必须的。

2. 正确选项：A、B 和 D
   A. 正确：UpdatePanel 控件可以用于只更新部分页面。
   B. 正确：Timer 控件可以用于定期的通过服务器检索更新。
   C. 不正确：在一个用户控件上使用 ScriptManager 控件可以防止用户控件被添加到已经包含 ScriptManager 控件的页面。
   D. 正确：使用 ScriptManagerProxy 控件，使其尽量不与已经存在于包含页面中的 ScriptManager 控件冲突。

3. 正确选项：D
   A. 不正确：UpdatePanel 并不具有 AsyncPostBackTrigger 属性。
   B. 不正确：按钮控件不具有 AsyncPostBackTrigger 属性。
   C. 不正确：一个 AsyncPostBackTrigger 控件应该添加到 Triggers 集合，而不是其他。
   D. 正确：一个 AsyncPostBackTrigger 控件应该添加到 UpdatePanel 的 Triggers 集合。然后，你要设置 ControlID 属性为按钮控件的 ID。

4. 正确选项：B
   A. 不正确：嵌套的 UpdatePanel 将随时显示给用户。它将不在简单的作为进程指示器的一部分。
   B. 正确：在部分页面更新期间，UpdateProgress 控件用于显示文本或图形。DisplayAfter 属性控制着从开始请求到显示进程指示器页面的等待时间。如果在这期间，请求返回，那么进程指示器不会显示。
   C. 不正确：ProgressBas 是一个 Windows 控件(不是 Web 控件)。

D. 不正确：你不能在页面上设置两个控件具有相同的 ID。这将会引起一个错误。除此之外，UpdatePanle 并不具有 Interval 属性。

第 2 课

1. 正确选项：A

   A. 正确：你必须从 Sys.UI.Control 类派生来创建一个 AJAX UI 控件。

   B. 不正确：此调用只是表明你想实现 IDisposable 接口。它并不表示继承于 Sys.UI.Control，这需要扩展 DOM 元素。

   C. 不正确：此调用创建你的无继承的类。为了扩展 DOM 元素，你应当从 Sys.UI.Control 继承。

   D. 不正确：在这种情况下，你需要创建一个控件，用作一个行为，而不仅仅是一个 UI 控件。

2. 正确选项：B

   A. 不正确：当 PostBack 完成时，endRequest 事件启动。

   B. 正确：当 PostBack 第一次回到服务器时，pageLoading 事件启动。

   C. 不正确：当 PostBack 从服务器返回并且内容在浏览器中更新完(pageLoading 之后)时，pageLoaded 事件启动。

   D. 不正确：当 PostBack 发送会服务器时，beginRequest 事件启动。

3. 正确选项：C

   A. 不正确：在页面上，你需要一个 ScriptManager 控件，用于使用微软 AJAX 库。除此之外，你的脚本必须使用 ScriptManager 控件注册。

   B. 不正确：你必须使用 ScriptManager 清楚地注册你的.js 文件。

   C. 正确：为了使用微软 AJAX 库中的.js 文件，你要在 ScriptManager 控件的内部设置一个对它的引用。

   D. 不正确：ScriptReference 类用于一个定制的控件(而不是一个页面)以及引用，并嵌入一个.js 文件。

4. 正确选项：B 和 D

   A. 不正确：一个行为是为了扩展多个控件。因此，它不是针对一个单一的控件，正如它所隐含的那样。

   B. 正确：行为是通过从 ExtenderControl 类继承来实现的。

   C. 不正确：IScriptControl 接口是为定制的 UI 控件实现的。它并不用于一个行为控件。

   D. 正确：行为控件使用 TargetControlType 属性，以允许用户在控件上附加一个行为。

第 6 章：案例答案

案例 1：使用 ASP.NET AJAX 扩展

1. UpdatePanel 控件允许你封装 grid 控件并对页面的其余部分独立更新。这将会加快更新的速度，并保持用户在页面内的上下文。

2. 你必须要在页面上添加一个 ScriptManager 控件来使用 ASP.NET AJAX。

3. UpdateProgress 控件可以用来通知用户部分页面更新的进度。

案例 2：使用 AJAX 库

1. 时钟应该作为一个 Sys.UI.Control 类实现，这样它可以跨网站内的页面使用，并且为一个单一的控件提供用户接口。

   最重要的对象应该写成 Sys.UI.Behavior 类，因为它扩展了多个控件的行为。

   验证的逻辑并不具备一个用户接口。因此，你可以作为一个 Sys.Component 类来实现。

2. 最重要的控件应当作为定制的服务器控件实现。这样做的话，你可以继承 ExtenderControl 类。

   你也可以将时钟控件打包成一个定制的服务器控件。这样做的话，你可以从一个类似于标签控件的控件继承。你还可以实现接口 IScriptControl。

第 7 章：课后练习答案

第 1 课

1. 正确选项：D
   A. 不正确：DataColumn 对象表示表格中的列，并不对导航产生直接影响。
   B. 不正确：DataTable 表示整个表格，并未为导航提供显式的帮助。
   C. 不正确：DataRow 对象表示表格中的行，并未为导航提供显式的帮助。
   D. 正确：你可利用 DataRelation 对象来实现父表和子表之间的导航。

2. 正确选项：A
   a) 正确：必须定义主键，否则更改后的数据将被追加到目的 DataSet 中而不是被合并。
   b) 不正确：DataSet 架构不需匹配，你可指定如何对待所存在的差异。
   c) 不正确：目的 DataSet 不必为空。
   d) 不正确：DataSet 不需合并到创建它的同一个 DataSet 中。

3. 正确选项：C
   a) 不正确：DataTable 对象中未定义 Sort 方法。
   b) 不正确：DataSet 对象中未定义 Sort 方法。
   c) 正确：DataView 可用于数据排序。
   d) 不正确：DataTable 对象中未定义 Sort 方法。

4. 正确选项：A、B 和 C
   a) 正确：DataTable 的 AsEnumerable 方法用于对 LINQ 查询进行定义。
   b) 正确：Where 从句可用于设置仅对那些处于活动状态的供应商进行选择。
   c) 正确：Order By 从句将依某个给定字段对供应商进行排序。
   d) 不正确：Group By 从句会将供应商划分到不同的集合中,但并不会对结果进行过滤。

第 2 课

1. 正确选项：B 和 D
   A. 不正确：DbConnection 类中没有定义 Cleanup 方法。

B. 正确：DbConnection 类的 Close 方法将负责对连接进行清理。

C. 不正确：这未必会对连接进行清理。相反，它可能会使连接孤立，并浪费一些资源。

D. 正确：Using 语句块保证了 Dispose 方法被调用(用于对连接进行清理)。

2. 正确选项：A

A. 正确：InfoMessage 事件用于显示消息以及 SQL 打印语句的输出结果。

B. 不正确：SqlConnection 类中没有这样的事件。

C. 不正确：SqlConnection 类中没有这样的事件。

D. 不正确：SqlConnection 类中没有这样的事件。

3. 正确选项：D

A. 不正确：该连接字符串中没有这样的键值。

B. 不正确：该连接字符串中没有这样的键值。

C. 不正确：MultipleActiveResultSets 设置用于重用具有开放数据读取器的连接。

D. 正确：在连接字符串中将键 Asynchronous Processing 设为 true 将使你可以异步方式对数据进行访问。

4. 正确选项：A、B 和 C

A. 正确：为使用 LINQ to SQL，你需要生成一个 O/R 映射。你可用 SqlMetal 来完成该任务。你也可使用 O/R 设计器或手工编写该映射。

B. 正确：为使用 LINQ to SQL 的特性，你必须引用 System.Data.Linq 命名空间。

C. 正确：DataContext 对象代表了你的 O/R 映射和实际数据库之间的连接。

D. 不正确：GridView 控件的功能是显示数据。它可被绑定到绝大多数不为 LINQ to SQL 所使用的.NET Framework 数据源。

第 3 课

1. 正确选项：B

A. 不正确：XmlConvert 类不可被用于创建新的 XML 文档。

B. 正确：使用 XmlDocument 类从头创建一个新的 XML 文档。

C. 不正确：System.XML 命名空间中未定义名称为 XmlNew 的类。

D. 不正确：System.XML 命名空间中未定义名称为 XmlSettings 的类。

2. 正确选项：C

A. 不正确：System.XML 命名空间中未定义名称为 XmlType 的类

B. 不正确：System.XML 命名空间中未定义名称为 XmlCast 的类

C. 正确：XmlConvert 类用于实现 XML 和.NET Framework 数据类型之间的数据转换。

D. 不正确：System.XML 命名空间中未定义名称为 XmlSettings 的类

3. 正确选项：B 和 C

A. 不正确：Load 方法用于加载 XML 文件(而非字符串)。

B. 正确：Parse 方法可将字符串解析为一个 XElement 对象。

C. 正确：要编写查询，需要定义一个 IEnumerable<XElement>变量。

D. 不正确：IEnumerable<>接收一个泛型类型(而非一个变量)。在这种情况下，你需要使用 XElement 类型来对 XML 进行查询。

第 7 章：案例答案

案例 1：确定数据库的更新方式

1. 你可将 XML 文件加载到一个 DataSet 对象中，然后使用 SqlDataAdapter 类获取所有的更改，并将这些更改发送给数据库。

   你可将该 XML 文件读取到一个 XmlDocument 对象中，并使用 DOM 来对数据进行解析，并编写代码将更改发送给数据库。

   你可使用 XmlTextReader 逐节点地读取该 XML 文件，获取数据并将其发送给数据库。

   你可利用 LINQ to XML 来将数据加载到一个 XElement 对象中。然后你可对该 XML 数据进行读取，并使用 ADO.NET 代码来将数据发送给数据库。

案例 2：将数据集保存为二进制文件

1. 可利用 BinaryFormatter 对象来将 DataSet 保存为二进制文件。

2. 要想强制指定 DataSet 被序列化为二进制文件，你必须将该 DataSet 的 RemotingFormat 属性设为 SerializationFormat.Binary。

第 8 章：课后练习答案

第 1 课

1. 正确选项：D

   A. 不正确：ObjectDataSource 控件用于连接定义于一个中间层业务对象的数据，而不是一个 O/R 映射。

   B. 不正确：SqlDataSource 控件可以用于连接一个 SQL 服务器数据库。然而，这样的话，它会忽略 O/R 映射。

   C. 不正确：SiteMapDataSource 控件用于连接.sitemap 文件中的数据。

   D. 正确：LinqDataSource 可以用于连接一个为你数据库定义的上下文映射。

2. 正确选项：A 和 B

   A. 正确：TypeName 用来表示类的名称，这个类是你打算为你基于对象的数据源控件使用的。

   B. 正确：SelectMethod 用来表示你对象中的一种方法，这种方法用于选择数据。

   C. 不正确：DataSourceId 属性并不是 ObjectDataSource 控件的一部分。相反，它为数据绑定控件使用，用来连接数据源控件。

   D. 不正确：SelectParameters 属性为你的 ObjectDataSource 选择方法定义参数。这些是可选的，并且没有在问题中提及。

3. 正确选项：B 和 C

   A. 不正确：并没有为数据源控件定义一个 CacheTimeout 属性。

B. 正确：CacheDuration 属性定义了控件的数据应该缓存的时间。

C. 正确：EnableCaching 属性用于为给定的数据源控件打开缓存。

D. 不正确：并没有为数据源控件定义一个 DisableCaching 属性。

第 2 课

1. 正确选项：B 和 C

A. 不正确：DataTextField 用于设置显示给用户的数据。将会显示 IDs(而不是名称)给用户。

B. 正确：DataTextField 用于显示文本给用户。

C. 正确：DataValueField 用于返回选择项的值。

D. 不正确：DataValueField 用于设置检查项返回的值。将会返回名称而不是 IDs。

2. 正确选项：C 和 D

A. 不正确：DetailsView 控件用于在给定的时间，只显示一个单一的记录。

B. 不正确：Repeater 控件并不隐式的支持与数据源控件一起编辑数据的功能。

C. 正确：GridView 控件允许显示数据的多行，并且允许用户更新那部分数据。

D. 不正确：ListView 隐式的支持在列表中显示数据并更新那部分数据。

3. 正确选项：A

A. 正确：DropDownList 控件可以显示一个使用最小数目空间的列表。

B. 不正确：RadioButtonList 控件并不能提供最小数目空间的列表。

C. 不正确：FormView 控件并不能提供最小数目空间的列表。

D. 不正确：TextBox 控件并不能提供一个列表。

第 8 章：案例答案

案例 1：确定数据源控件

1. 数据以 XML 的形式返回。因此，你可以配置一个 XML 数据源控件来使用这个数据。你也可以使用 Data 属性基于字符串值设定数据。

2. SqlDataSource 控件可以配置用于提供对数据的访问。

3. 你可以配置一个 ObjectDataSource 控件来显示客户数据。

案例 2：实现一个 Master-Detail 解决方案

1. GridView 可能是最适合显示客户和订单的，因为它具备将数据显示为列表的功能。

2. GridView 本身并不支持添加新的数据记录的功能，但是你可以修改 GridView 来支持这项功能。你也可以提供一个按钮控件，简单地添加一个空的数据记录，然后在编辑模式下放置记录。

除了为客户和订单提供 GridView 控件之外，另外一个解决方案是为他们提供 DetailsView 控件。DetailsView 控件提供了添加新的行的功能，并且还可以在所有区域编辑它。

第 9 章：课后练习答案

第 1 课

1. 正确选项：B
    A. 不正确：WebServiceAttribute 类用于标记一个类为 Web 服务。它并不能提供一个基类，并且并不允许访问 ASP.NET 的功能。

    B. 正确：WebService 类是一个基类，允许你的 Web 服务能够访问会话状态等等。

    C. 不正确：WebMethodAttribute 类用于为 Web 服务标记公有的方法。

    D. 不正确：为了方便的访问 ASP.NET 对象，你应当从 WebService 继承这个对象。这将赋予你类似的访问，就像从 Page 对象继承的对象对 Web 页面的访问。

2. 正确选项：B 和 D
    A. 不正确：添加引用对话框用于引用.dll 文件。

    B. 正确：添加 Web 引用对话框将会找到 Web 服务以及它的描述，并且产生一个由你网站使用的代理。

    C. 不正确：为了调用一个 Web 服务，你只需调用生成的代理类。

    D. 正确：代理类将提供对 Web 服务的访问。

3. 正确选项：C
    A. 不正确：Windows Basic 将通过网线发送未加密的密码。这将会被篡改。

    B. 不正确：Windows 摘要仅适用于 Windows 系统。

    C. 正确：客户端证书可以担保，并由第三方进行验证。

    D. 不正确：定制的 SOAP 头可能是一个可行的选择。但是，在默认情况下，它并不是可核查的。

4. 正确选项：A、B、C 和 D
    A. 正确：ScriptService 类表示给定的 Web 服务可以从客户端脚本调用。

    B. 正确：对于客户端和服务器端之间的通信管理，ScriptHandlerFactory 配置是必须的。

    C. 正确：你可以通过 ScriptManager 设置一个引用为 .asmx 服务。这会告知 ScriptManager 产生一个客户端代理调用 Web 服务。

    D. 正确：为了使用 ASP.NET AJAX 从客户端脚本调用一个 Web 服务，客户端和服务需要在相同的域。

第 2 课

1. 正确选项：B
    A. 不正确：WCF 服务库为你的服务创建一个.dll 文件。你仍然可以通过网站引用，并且因此在 IIS 中托管。然而，在这种情况下，你并没有利用 ASP.NET 编程模型的优势。

    B. 正确：WCF 服务应用程序是一个 ASP.NET 网站，旨在界定和公开 WCF 服务。

    C. 不正确：ASP.NET Web 服务应用程序工程用于使用 ASP.NET(不是 WCF 服务)创建

XML Web 服务。

    D. 不正确：一个 Windows 服务应用程序用来创建一个 Windows 服务(不是 WCF 服务)。然而，一个 Windows 服务可以在 IIS 之外托管 WCF 服务。

2. 正确选项：A 和 D

    A. 正确：DataContract 属性类表明你的类可以使用 WCF 序列化。

    B. 不正确：ServiceContract 用来定义一个 WCF 服务类。

    C. 不正确：OperationContract 用于定义一个服务方法。

    D. 正确：DataMember 属性表示公有的成员应当作为 DataContract 的一部分序列化。

3. 正确选项：A

    A. 正确：设置 IsOneWay 参数为真表示操作并不返回一个响应。

    B. 不正确：AsyncPattern 参数用来表示操作支持异步调用。

    C. 不正确：IsInitiating 参数用于表明在一个会话中一个操作是否是第一个操作。

    D. 不正确：ReplyAction 参数用来表明一个操作的回复消息的 SOAP 动作。

第 9 章：案例答案

案例：选择一个服务模型

1. asmx 和 WCF 服务都可以配置来工作。当前的需求并不表明你需要 WCF 的功能(通过多种渠道沟通多个端点)。因此，你可能要学习使用.asmx 而不是 WCF 建立这些服务。

2. 所有对服务的访问都通过 Web 完成。除此之外，应用程序将大大受益于 IIS 的可扩展性、ASP.NET 的缓存、会话状态管理，等等。因此，你应当考虑在 IIS 中托管服务。

3. 你应当缓存这个信息，因为它更新的并没有那么频繁。可以使用 WebMethod 类的 CacheDuration 操作完成。

4. 用户信息可以使用 ASP.NET 会话存储(在内存中，一个代理缓存服务器，或者是内部的 SQL 服务器数据库)。

第 10 章：课后练习答案

第 1 课

1. 正确选项：B 和 D

    A. 不正确：这不会将这些控件添加到窗体。用户控件必须添加到窗体来操作。

    B. 正确：每个控件都必须添加到窗体。

    C. 不正确：窗体对象并不支持 LoadControl 方法。

    D. 正确：你可以使用页面对象的 LoadControl 方法动态地加载一个用户控件。

2. 正确选项：C

    A. 不正确：尽管你可以使用这个方法，但是它并不容易实现，并且它不是完成这项任务的最佳方法。

B. 不正确：尽管你可以使用这种方法，但是它并不容易实现，并且它不是完成这项任务的最佳方法。

C. 正确：模板的用户控件对 Web 页面设计师公开数据，然后，设计师在模板中指定数据的格式。

D. 不正确：这个用户控件本身并不公开样式属性，如果你选择公开属性，你只能设置用户控件的总体格式，而不是要公开的每个数据元素的格式。

3. 正确选项：B

A. 不正确：这将不允许用户读取并修改用户控件的 TextBox 控件的文本属性要求。

B. 正确：这将确保用户能够读取和修改存储在 TextBox 控件中的值。

C. 不正确：一个用户控件内部的控件在默认情况下是对用户控件私有的。

D. 不正确：这将不允许用户读取并修改用户控件的 TextBox 控件的文本属性要求。

第 2 课

1. 正确选项：B 和 C

A. 不正确：没有必要设置引用为这个命名空间。

B. 正确：对于 ToolboxBitmap 类，这个命名空间是必须的。

C. 正确：ToolboxBitmap 属性允许你为你在工具箱内部定制的控件定义一个图像。

D. 不正确：当你的控件添加到页面时，ToolboxData 属性用于影响标记。

2. 正确选项：D

A. 不正确：这个方法并不输出显示到浏览器。

B. 不正确：这个方法并不输出显示到浏览器。

C. 不正确：这个方法并不输出显示到浏览器。

D. 正确：Render 方法必须重写，并且你必须提供代码显示你的控件。

3. 正确选项：A

A. 正确：CreateChildControls 方法必须用代码重写来创建子控件并设置它们的属性。

B. 不正确：这个方法并不用于创建子控件属性。

C. 不正确：这个方法并不用于创建子控件属性。

D. 不正确：这个方法并不用于创建子控件属性。

第 10 章：案例答案

案例 1：在应用程序之间共享控件

1. 你应当考虑开发一个定制的 Web 控件。你还应当让这个控件成为一个复合控件，因为这些类型的控件可以很轻松的包含其他控件，并且控件的布局总是相同的。

2. 一个用户控件将不能编译成可以供你共享的 .dll 文件。
   模板控件被排除，因为目标的要求是保持一致的控件布局。

案例 2：提供灵活的布局

1. 你应当考虑创建一个用户控件，这个控件只在一个站点内使用。这样可以提供更方便的开发以及在更改和部署上额外的灵活性。

2. 你应当考虑创建一个模板控件。这将会允许控件的用户管理网站所需的布局。

3. 一个用户控件继承于 System.Web.UI.UserControl 类。

第 11 章：课后练习答案

第 1 课

1. 正确选项：A

   A. 正确：Server.GetLastError 获取最近的错误消息。在错误处理之后，调用 Server.ClearError 将错误从队列中清除。

   B. 不正确：Server.ClearError 应该用来在错误处理之后将它从队列中清除。但是，首先必须调用 Server.GetLastError 处理这个错误。

   C. 不正确：GetLastError 方法是 Server 对象的成员，而不是 Request 对象的成员。

   D. 不正确：GetLastError 方法是 Server 对象的成员，而不是 Application 对象的成员。

2. 正确选项：B 和 C

   A. 不正确：不能在 Response 对象级别捕捉错误。

   B. 正确：利用 Page_Error 方法能够捕捉在页面级别上的错误。

   C. 正确：通过在 Global.asax 文件内部添加 Application_Error 方法，能够捕捉应用程序范围的未处理异常。

   D. 不正确：不能在 Server 对象级别捕捉错误。

3. 正确选项：D

   A. 不正确：WebConfigurationManager.GetSection 方法返回的对象必须强制转化成一个配置节点指定的类型。它不返回一个字符串。

   B. 不正确：为了识别配置节点< httpCookies >，必须引用 system.web/httpCookies，因为< httpCookies >包含在<system.web>中。

   C. 不正确：WebConfigurationManager.GetSection 方法返回的对象必须强制转化成一个配置节点指定的类型。它不返回一个字符串。并且，为了识别配置节点< httpCookies >，必须引用 system.web/httpCookies，因为< httpCookies >包含在<system.web>中。

   D. 正确：为了从 Web.config 主文件中获取一个配置节点，可以调用 WebConfigurationManager.GetSection。该方法返回一个被强制转化成正确类型的对象。在 Visual Basic 中，这种强制类型转化是自动进行的。而在 C#中，必须显式地进行强制类型转化。

4. 正确选项：C

   A. 不正确：IPartitionResolver 定义的方法必须用于自定义会话状态分辨率，不能用于处理自定义文件类型。WebConfigurationManager.GetSection 方法返回的对象必须强制转化成一个配置节点指定的类型。它不返回一个字符串。

   B. 不正确：IHttpModule 提供模块初始化和事件处理，能够在 Web 页面生成的前后响应 HTTP 事件 BeginRequest 和 EndRequest。但是，不能用来处理自定义文件类型。

   C. 正确：利用 IHttpHandler 界面可以生成自定义文件类型。并且，必须为.doc 文件配置 IIS,将请求转发给 ASP.NET。

　　D. 不正确:IHttpHandlerFactory 是 IHttpHandler 的一部分,它本身不带任何功能。

第 2 课

1. 正确选项:A、D 和 E

　　A. 正确:利用 ClrVersion 属性,可以得到客户所安装的.NET Framework 的版本。

　　B. 不正确:Browser 对象不能公开用户的安全信息。

　　C. 不正确:Browser 对象不能公开用户的电子邮件地址。

　　D. 正确:利用 ActiveXControls 属性,可以判断浏览器是否支持 ActiveX 控件。

　　E. 正确:利用 JavaScript 属性,可以判断浏览器是否支持 JavaScript。

2. 正确选项:B

　　A. 不正确:Page 对象不能公开 Title 属性。

　　B. 正确:Page.Header 属性开放了一个 HtmlHeader 控件。利用这个控件实例,可以设定页面的 Title 属性。

　　C. 不正确:Response 对象不能公开 Header 属性。

　　D. 不正确:Response 对象不能公开 Title 属性。

3. 正确选项:A

　　A. 正确:Flush 方法发送当前输出到客户端,而不结束响应。

　　B. 不正确:Clear 方法清除整个 HTTP 响应流。

　　C. 不正确:End 方法结束响应并返回页面。

　　D. 不正确:ClearContent 方法移除响应流中的内容,HTTP 头部除外。

第 11 章:案例答案

案例 1:动态生成图表

1. 利用 System.Drawing 命名空间中的功能特征,可以动态生成图表。然后,利用 Context.Response 对象,将它们输出到客户端。

2. 创建一个应用 IHttpHandler 界面的自定义 HTTP 句柄。在 ProcessRequest 方法内部,调用生成图片的程序。将输出作为响应的一部分发送出来。

　　为了调用自定义 HTTP 句柄响应.gif 类型的请求,需要配置 IIS。为此,可以直接在 Web.config 文件中使用 IIS 7。在 httpHandler 配置节点添加一个节点。

案例 2:根据浏览器性能动态调整页面

1. 检查 Request.Browser.ActiveXControls 属性,判断浏览器是否支持 ActiveX。

2. 检查 Request.Browser.IsMobileDevice 属性,判断请求是否来自移动设备。

3. 利用 Request.Browser 对象的 IsColor 属性,判断浏览器是否使用颜色显示。

第 12 章：课后练习答案

第 1 课

1. 正确选项：B 和 C
   A. 不正确：这将打开对整个站点的调试。
   B. 正确：在 Web.config 文件中，将 compilation 元素的元素属性 debug 设置成 false，能够关闭对整个站点的调试。
   C. 正确：将 @ Page 指示符的属性 debug 设置成 true，能够打开只针对选定页面的调试。
   D. 不正确：这将关闭对所选页面的调试。

2. 正确选项：B 和 D
   A. 不正确：这个动作用来定义具体错误的页面(而不是一个默认站点级错误页面)。
   B. 正确：利用 customErrors 元素的元素属性 defaultRedirect，能够设定一个默认的站点级错误页面。
   C. 不正确：statusCode 可以用来定义 error 元素的属性，从而设置基于 HTTP 状态码的具体错误页面。
   D. 正确：利用 aspxerrorpath 查询字符串参数，获取所请求的页面，并显示在默认的错误页面上。

3. 正确选项：B 和 C
   A. 不正确：需要在服务器端运行 Remote Debugging Monitor，而不是在调试主计算机上。
   B. 正确：在服务器端运行 Remote Debugging Monitor，能够使给定用户拥有适当的权限进行远程调试。
   C. 正确：需要连接到运行应用程序的服务器端的进程。
   D. 不正确：只有当调试客户端脚本时，连接到浏览器进程才能有效。为了调试服务器端的程序，必须连接到运行应用程序的服务器端的进程。

第 2 课

1. 正确选项：A
   A. 正确：利用 ASP.NET 跟踪，可以查看页面的生存周期时间。
   B. 不正确：这种方法可能有效，但是十分费时，并且不能简单而准确地持续下去。
   C. 不正确：该属性在 Web.config 文件中不存在。
   D. 不正确：Web 站点属性不存在这种设定。

2. 正确选项：D
   A. 不正确：在这个选项中，跟踪被关闭了，localOnly 属性也设置错误。
   B. 不正确：这个选项的 pageOutput 和 localOnly 都设置错误。
   C. 不正确：这个选项的 mostRecent 设置错误。
   D. 正确：这个选项满足问题所定义的需求。

3. 正确选项：C
   A. 不正确：Control Tree 节点给出了 Web 页面上每个控件的信息，而不是发送的数据信息。
   B. 不正确：Headers Collection 节点不包含发送的数据信息。
   C. 正确：Form Collection 节点包含了发送的数据信息。
   D. 不正确：Server Variables 节点不包含发送的数据信息。

4. 正确选项：D
   A. 不正确：这是一个包含请求数据的基础 Web 事件类。
   B. 不正确：这是一个记录审核事件的基础 Web 事件类。
   C. 不正确：当 Web 应用程序启动、停止或处理另一个重要事件时，该类发送一个事件。
   D. 正确：当用户成功登录 Web 应用程序时，该类发送一个事件。

第 12 章：案例答案

案例 1：调试

1. 修改 Web.config 文件，将 compilation 元素的 debug 属性设置成 false。
2. 创建一个默认错误页面。添加一个 customErrors 元素到 Web.config 文件中。将该元素的 defaultRedirect 属性设置成默认错误页面的名字。
3. 将 customErrors 元素的 mode 属性设置成 RemoteOnly。
   在运行中的服务器上，运行 Remote Debugging 工具(Msvsmon.exe)。利用 Visual Studio，连接到运行中的服务器上的 ASP.NET 进程。

案例 2：诊断

1. 在 Web.config 文件中，将 trace 元素的 enabled 属性设置成 true，打开站点的跟踪。并且，将 localOnly 元素属性设置成 true，打开对本地用户的跟踪。
   注意，在本情景模拟中，不能设定页面级别的跟踪。否则，它会覆盖 Web.config 文件中的所有设定，并为任何点击页面的用户输出跟踪信息。
2. 在 Web.config 文件中，添加一个 rule 子元素到 healthMonitoring 元素中。并且，将 healthMonitoring 元素的 enabled 属性设置成 true。

第 13 章：课后练习答案

第 1 课

1. 正确选项：B 和 C
   A. 不正确：语言的缩写必须在.resx 扩展名之前。
   B. 正确：对于默认语言的资源文件，它的扩展名应该没有语言信息。
   C. 正确：为了创建一个德语的资源文件，在页面文件名称和.resx 扩展名的中间，添加语言扩展名(de)。

D. 不正确：对于默认语言，不需要在资源名中添加语言的缩写。

2. 正确选项：B 和 C

A. 不正确：Page.Culture 属性定义了文化相关的格式，比如如何格式化数字。它不需要定义语言信息。

B. 正确：Page.UICulture 属性定义了所用的语言资源文件。

C. 正确：ASP.NET 页面利用 InitializeCulture 方法初始它的文化信息。必须重写这个方法，设置 UICulture 属性，然后调用基础 Page.InitializeCulture 方法。

D. 不正确：Page.ReadStringResource 方法与定义语言信息无关。

3. 正确选项：D

A. 不正确：只有当控件链接到 DataSource 时，才能使用 DataValueField 属性。

B. 不正确：只有当控件链接到 DataSource 时，才能使用 DataSourceID 属性。

C. 不正确：虽然利用全局资源能够编程定义 Text 属性，但是，在设计阶段，应该使用(Expressions)属性。

D. 正确：Visual Studio 提供了一个(Expressions)属性的编辑器，能够将其他任何属性链接到全局资源。

4. 正确选项：A

A. 正确：对于所创建的每个值，Visual Studio 会自动在 Resources.Resource 中创建强名称的对象。

B. 不正确：虽然利用字符串能够访问全局资源，但需要调用 GetGlobalResourceObject 方法。

C. 不正确：虽然利用字符串能够访问全局资源，但需要调用 GetGlobalResourceObject 方法。

D. 不正确：Visual Studio 不能直接在 Resources 下面创建强类型的对象，而应该在 Resources.Resource 中。

第 2 课

1. 正确选项：B 和 C

A. 不正确：ASP.NET 使用 Image.AccessKey 参数来提供图像的键盘快捷键。

B. 正确：ASP.NET 使用 Image.AlternateText 参数来创建图像的提示文本。屏幕阅读器一般利用提示文本来描述图像。

C. 正确：DescriptionUrl 链接到一个提供图像详细描述的 HTML 页面。ASP.NET 利用该链接来创建 HTML 属性 longdesc。

D. 不正确：ToolTip 与可访问性无关。ToolTip 定义了当光标悬停在图像上时，Internet Explorer 显示的数据信息。

2. 正确选项：A 和 C

A. 正确：控件能够提供一些属性，用来为那些对图像不可见的用户提供描述，比如 Image 控件。

B. 不正确：ASP.NET 控件默认不显示成高对比度。但是，它们可以设计成默认支持高对比度。

C. 正确：这些控件(比如 CreateUserWizard、Menu、SiteMapPath、TreeView 和 Wizard)支持跳过链接。

    D. 不正确：ASP.NET 控件默认不显示大字号文本。但是，它们可以设计成支持成大字号文本配置的浏览器。

3. 正确选项：A、B 和 D

    A. 正确：Visual Studio 能够自动测试 Web 应用程序是否兼容 WCAG Priority 1 标准。

    B. 正确：Visual Studio 能够自动测试 Web 应用程序是否兼容 WCAG Priority 2 标准。

    C. 不正确：ADA(American with Disabilities Act 的缩写)为便利和传输提供可访问性标准。但是，它不提供 Web 应用程序可访问性标准。

    D. 正确：Visual Studio 能够自动测试 Web 应用程序是否兼容 Section 508 标准。

第 13 章：案例答案

案例 1：升级应用程序到多个语言版本

1. 利用本地和全局资源，可以为 Web 站点提供翻译。利用本地资源提供具体页面的翻译，并利用全局资源提供对用于多个页面的阶段的翻译。

2. 翻译器需要更新本地和全局资源文件。这些文件是标准的 XML 文件，因此可以使用任何 XML 编辑器。为了辅助翻译，也可以创建一个应用程序。

3. Web 浏览器通常配置了语言首选项。ASP.NET 能够自动检测该首选项，并在资源存在时使用首选语言。并且，应该允许用户指定一种语言。

4. 特定文化能够区分语言和地域性需求，而中性文化只能区分语言。

案例 2：设定 Web 应用程序的可访问性

1. Visual Studio 包含了测试单个 Web 页面的工具。并且，Visual Studio 可以配置成在生成过程中自动测试整个 Web 应用程序是否兼容 Section 508 标准。

2. 可访问的应用程序能够和替代型输入和显示设备一起使用。

3. 不对，可访问的应用程序不会给使用传统输入和显示设备的用户带来任何不便。大部分的可访问性功能是以隐藏文本描述和快捷键的形式存在，这时用户甚至不会察觉。

4. 所有可视元素(比如窗体、表格和图像)都需要提供文本描述。并且，在没有鼠标的情况下，Web 应用程序也必须可用。

第 14 章：课后练习答案

第 1 课

1. 正确选项：A

    A. 正确：用户配置文件默认对匿名用户关闭。为了打开匿名用户配置，在 Web.config 文件中，添加<anonymousIdentification enabled="true" />元素到<system.Web>节点。然后，在<profile><properties>节点，添加所要跟踪的变量，并将每个变量设置

成 allowAnonymous="true"。

  B. 不正确：必须指定所有非字符串变量的类型。

  C. 不正确：对于匿名用户访问的每个变量，必须设置成 allowAnonymous="true"。

  D. 不正确：必须在 Web.config 文件中添加<anonymousIdentification enabled="true" /> 元素到<system.Web>节点。并且，对于匿名用户访问的每个变量，必须设置成 allowAnonymous="true"。

2. 正确选项：A 和 B

  A. 正确：用作配置属性的自定义类型必须标记成可序列化。

  B. 正确：当使用自定义类型时，在配置属性的 type 元素属性中，必须使该类型的命名空间和类有效。

  C. 不正确：配置属性群组是和群组元素一起创建的。它与自定义类型无关。

  D. 不正确：在 Machine.config 文件中，不需要用任何方式注册自定义类型。

第 2 课

1. 正确选项：C

  A. 不正确：Login 控件提示用户输入用户名和密码。

  B. 不正确：LoginView 控件用来为认证用户或非认证用户显示自定义内容。

  C. 正确：如果用户不是认证用户，LoginStatus 控件显示 Login，并提供一个登录链接；如果是认证用户，则显示 Loginout。

  D. 不正确：当用户认证通过时，LoginName 控件显示用户名。当用户不是认证用户时，该控件不可见。

2. 正确选项：A

  A. 正确：如果在 Web.config 文件中没有指定任何文件名，ASP.NET 会将非认证用户重新导向 Login.aspx 页面，不管该页面是否存在。

  B. 不正确：ASP.NET 默认将需要登录的用户导向 Login.aspx 页面。

  C. 不正确：ASP.NET 默认将需要登录的用户导向 Login.aspx 页面。

  D. 不正确：ASP.NET 默认将需要登录的用户导向 Login.aspx 页面。

3. 正确选项：A 和 D

  A. 正确：Login 控件必须在登录页面中，因为它用来提示用户输入用户名和密码。

  B. 不正确：CreateUserWizard 控件用来为用户创建一个账号。但是，它是一个非常大的控件，并且用户只需要访问一次。因此，它应该位于自己的页面中。

  C. 不正确：对登录页面来说，LoginName 控件不是一个明智的选择，因为它显示认证用户的用户名。当用户访问登录页面时，用户还没有通过认证，因此，不需要显示用户名，且该控件是不可见的。

  D. 正确：PasswordRecovery 控件最好位于登录页面中，因为它能够用来在用户忘记密码时重置密码。

4. 正确选项：B

  A. 不正确：当控件被卸载时，调用 Unload 事件。该事件不能够在成功创建账号之后将用户导向另一个页面。

  B. 正确：在用户创建账号之后，用户会收到通知成功创建账号，并提示点击 Continue。

当用户点击这个按钮时，触发 ContinueButtonClick 事件。

C. 不正确：当用户成功创建账号时，调用 CreatedUser 事件。但是，该调用在用户收到账号创建的通知之前。因此，应该使用 ContinueButtonClick。

D. 不正确：当页面初始化时，调用 Init 事件。该事件发生在用户创建账号之前，因此，此时响应该事件会阻止用户创建账号。

第 3 课

1. 正确选项：C

   A. 不正确：星号(*)指代所有用户，包括认证用户和非认证用户。因此，该 Web.config 文件阻止了所有用户的访问。

   B. 不正确：星号(*)指代所有用户，包括认证用户和非认证用户。因此，该 Web.config 文件授权所有用户的访问，而没有提示要求认证书。

   C. 正确：问号(?)指代所有非认证用户。因此，该 Web.config 文件正确地阻止了非认证用户的访问。

   D. 不正确：问号(?)指代所有非认证用户。因此，该 Web.config 文件授权所有非认证用户的访问，而没有提示要求认证书。

2. 正确选项：D

   A. 不正确：默认情况下，信息记录在所支持的浏览器中使用。对于不支持信息记录的浏览器，认证记号保存在 URI 中。为了配置总是使用信息记录，可以将<forms>元素的属性 cookieless 设置成 UseCookies。

   B. 不正确：默认情况下，对于不支持信息记录的浏览器，认证记号保存在 URI 中。为了配置不使用信息记录，可以将<forms>元素的属性 cookieless 设置成 UseUri。

   C. 不正确：这种方式很有用，但是它不是默认设置。为了配置这种方式，可以将<forms>元素的属性 cookieless 设置成 AutoDetect。

   D. 正确：这是默认的方式，等效于将 <forms>元素的属性 cookieless 设置成 UseDeviceProfile。

3. 正确选项：B

   A. 不正确：对于不是 FABRIKAM\Marketing 群组的认证用户，该文件夹是限制访问的，因为<deny users="*" />元素覆盖了 Machine.config 文件中的默认元素 <allow users="?" />

   B. 正确：只有属于 FABRIKAM\Marketing 群组的成员才能访问，因为在<location>元素中的设置覆盖了父文件夹中的设置。

   C. 不正确：<location>元素的<deny users="*">元素阻止了非 FABRIKAM\Marketing 群组成员的访问。

   D. 不正确：<allow roles="FABRIKAM\Marketing" />元素优先于<deny users="*">元素，从而使 FABRIKAM\Marketing 群组的成员能够访问。

4. 正确选项：D

   A. 不正确：非认证用户不能访问，因为 Web.config 文件阻止了该访问。并且，NTFS 权限也阻止了该访问。

   B. 不正确：认证用户不能访问，因为 Web.config 文件阻止了对 Marketing 文件夹的访

问。并且，NTFS 权限也阻止了该访问，因为 NTFS 权限只允许 John 和 Sam 访问
该文件夹。

C. 不正确：Domain Users 群组的成员不能访问，因为 Web.config 文件阻止了对
   Marketing 文件夹的访问。并且，NTFS 权限也阻止了该访问，因为 NTFS 权限只允
   许 John 和 Sam 访问该文件夹。

D. 正确：John 能够访问，因为他是 FABRIKAM\Marketing 群组的成员，ASP.NET 授
   予了访问权限。并且，他还可以通过 NTFS 权限访问该文件夹。

E. 不正确：Sam 不能访问，因为 Web.config 文件阻止了他对 Marketing 文件夹的访问。
   但是，他可以从共享文件夹中访问 Web 页面，因为 NTFS 权限允许他的访问，只
   有 ASP.NET 阻止了访问。

第 14 章：案例答案

案例 1：配置 Web 应用程序的授权

1. Web.config 文件参考如下：

```
Code View: Scroll / Show All
<?xml version="1.0" encoding="utf-8" ?>
<configuration>

  <system.web>
    <authentication mode="Windows" />
    <authorization>
      <deny users="?" />
    </authorization>
  </system.web>

  <location path="IT">
    <system.web>
      <authorization>
        <allow roles="SOUTHRIDGE\IT" />
        <deny users="*" />
      </authorization>
    </system.web>
  </location>

  <location path="Production">
    <system.web>
      <authorization>
        <allow roles="SOUTHRIDGE\Production" />
        <allow users="SOUTHRIDGE\TJensen" />
        <deny users="*" />
      </authorization>
    </system.web>
  </location>

  <location path="Sales">
    <system.web>
      <authorization>
        <allow users="SOUTHRIDGE\TJensen" />
        <deny users="*" />
      </authorization>
    </system.web>
  </location>
</configuration>
```

对于 CustServ 文件夹，也许会为其显式创建一个<location>节点。但是，由于它的权限与父文件夹相同，所以，没有必要创建<location>节点。

2. 利用 NTFS 文件权限，可以进一步限制对文件夹的访问。它能够提供深度防护的保护。

案例 2：配置 Web 应用程序的授权

1. 应该使用 Windows 认证，因为当应用程序访问文件时，需要用户提供 Windows 认证书。

2. 在应用程序的 Web.config 文件中，虽然可以配置身份模拟，赋予应用程序不必要的权限，但是，这种方式也赋予所有用户同样的权限来访问文件。相反，在 Web.config 文件中关闭身份模拟，并只对需要用户高级权限的节点部分使用身份模拟。

3. <authentication>和<authorization>节点的配置，可以参考如下：

```
<configuration>
  <system.web>
    <authentication mode="Windows" />
    <authorization>
      <deny users="?" />
    </authentication>
  </system.web>
</configuration>
```

4. 当创建 TextBox 对象 filenameTextBox 和 reportTextBox 时，如果添加到 Page_Load 方法中，下面这段代码生效：

```vb
'VB
Imports System.Security.Principal
Imports System.IO
...
' Impersonate the user with the account used to authenticate.
Dim realUser As WindowsImpersonationContext
realUser = CType(User.Identity, WindowsIdentity).Impersonate

' Perform tasks that require user permissions.
' Read the requested file.

Dim reader As StreamReader = File.OpenText(filenameTextBox.Text)
reportTextBox.Text = reader.ReadToEnd
reader.Close()

' Undo the impersonation, reverting to the normal user context.
realUser.Undo()
```

```csharp
//C#
using System.Security.Principal;
using System.IO;
...
// Impersonate the user with the account used to authenticate.
WindowsImpersonationContext realUser;
realUser = ((WindowsIdentity)User.Identity).Impersonate();

// Perform tasks that require user permissions.
// Read the requested file.
StreamReader reader = File.OpenText(filenameTextBox.Text);
reportTextBox.Text = reader.ReadToEnd();
reader.Close();

// Undo the impersonation, reverting to the normal user context.
realUser.Undo();
```

第 15 章：课后练习答案

第 1 课

1. 正确选项：A、B、C 和 D
   A. 正确：在 Visual Studio 2008 中，移动 Web 应用程序没有默认的站点模板。
   B. 正确：标准的 Default.aspx 页面派生于 System.Web.UI.Page，但是移动窗体派生于 System.Web.UI.MobileControls.MobilePage。
   C. 正确：为了在页面上使用移动控件，必须在 Mobile 集合中注册 MobileControls。
   D. 正确：添加移动控件到移动窗体控件。
2. 正确选项：A 和 D
   A. 正确：对 Request.Browser.IsMobileDevice 添加测试，并根据测试结果设置 Text 属性的值。
   B. 不正确：移动 Web 窗体不包含 IsDevice 方法。
   C. 不正确：对移动设备来说，Request 对象的 UserAgent 属性不能设置成 mobile。
   D. 正确：可以设置默认 Text 值，然后在 AppliedDeviceFilters 中定义一个移动设备，并以此利用移动 Label 控件的 PropertyOverrides 属性设置 Text 属性。
3. 正确选项：C
   A. 不正确：该操作无效。
   B. 不正确：该操作无效。
   C. 正确：必须在.NET Command Prompt 窗口使用-i 选项，运行 aspnet_regbrowsers 命令行工具。
   D. 不正确：aspnet_regiis 工具不存在这个选项。

第 15 章：案例答案

案例 1：判断使用的移动控件

1. 利用 ObjectList 控件显示搜索的结果。该控件能够显示表格式数据到移动设备上。

案例 2：判断要创建的 Web 页面数量

1. 为了创建包含最少 Web 页面的 Web 站点，可以仅仅通过使用移动控件，生成一个包含 Web 页面的集合，兼容所有的设备。
2. 应该考虑创建两个包含 Web 页面的集合。一个集合服务于台式电脑和笔记本电脑，因为它们拥有更强的处理能力，并且硬件支持渲染更丰富的带动画的 Web 页面。另一个集合服务于其他所有的设备，并使用移动控件渲染设备相关的 Web 页面。

第 16 章：课后练习答案

第 1 课

1. 正确选项：A

    A. 正确：所有安装的变化都必须发生在 Install 阶段。

    B. 不正确：如果安装过程的每一步都可以分成安装和提交两个阶段，就应该分成两个阶段。但是，注册表入口是简单的变化，完全可以在 Install 阶段。

    C. 不正确：Rollback 阶段用来在 Install 过程中，如果取消安装或安装失败，移除所有已经完成的变化。

    D. 不正确：Uninstall 阶段用于用户在"添加或删除程序"删除一个应用程序。

2. 正确选项：C 和 D

    A. 不正确：在 Install 阶段执行初始的变化，并记录以前的值，以便以后的删除操作。但是，在这个阶段不会取消对注册表的修改。

    B. 不正确：Commit 阶段完成安装变化，不应该用来取消安装修改。

    C. 正确：Rollback 阶段用来在 Install 过程中，如果取消安装或安装失败，移除所有已经完成的变化。因此，如果已经发生改变，应该在这里取消对注册表的修改。

    D. 正确：Uninstall 阶段用于用户在"添加或删除程序"删除一个应用程序。因此，应该在这里取消对注册表的修改。

3. 正确选项：C

    A. 不正确：Setup Projects 用来部署 Windows Forms 应用程序，而不是 Web 应用程序。

    B. 不正确：Web Setup Projects 将 Web 站点包装在可执行的安装文件和 Windows Installer 文件中。利用 Web Setup Project，可以部署将 Web 应用程序部署到 Web 服务器中。但是，它不能在开发过程中辅助检测版本冲突问题。

    C. 正确：Copy Web 工具能够在同步本地文件之后检测到 Web 服务器上文件的版本变化。因此，它能够在共同开发单个站点时检测版本冲突问题。

    D. 不正确：Publish Web Site 工具用来预编译和部署 Web 站点。但是，它不能检测版本冲突问题。

4. 正确选项：D

    A. 不正确：Setup Projects 用来部署 Windows Forms 应用程序，而不是 Web 应用程序。

    B. 不正确：Web Setup Projects 将 Web 站点包装在可执行的安装文件和 Windows Installer 文件中。利用 Web Setup Project，可以部署将 Web 应用程序部署到 Web 服务器中。但是，它不能预编译 Web 站点。

    C. 不正确：Copy Web 工具能够在同步本地文件之后检测到 Web 服务器上文件的版本变化。但是，它不能预编译 Web 站点。

    D. 正确：Publish Web Site 工具能够用来预编译和部署 Web 站点。预编译减少了第一个用户请求 Web 站点的延迟，提高了站点的初始响应速度。

第 2 课

1. 正确选项：A

　A. 正确：在这个例子中，首先需要考虑的是针对用户可能选择的每个状态，缓存页面的不同副本。状态可以提供成一个参数；因此，将 VaryByParam 元素属性配置成包含状态输入的控件名称，是最佳的缓存方式。

　B. 不正确：当页面头部的信息变化时，VaryByHeader 元素属性用来动态地生成页面。在这种情况下，不同状态的头部是不同的，因此不能使用这个属性来配置缓存的正确类型。

　C. 不正确：SqlDependency 元素属性看上去是正确的属性，因为 Web 页面是基于 SQL 查询的。但是，在这个例子中，所要考虑的不是页面更新同步于数据库更新。相反，只需要考虑当用户选择过滤客户列表时更新页面输出。这种状态是参数提供的，而不是数据库。

　D. 不正确：VaryByCustom 元素属性能够自定义控制页面的缓存方式。虽然应用自定义方法能够满足这个需求，但是这是费时且低效的。VaryByParam 元素属性已经提供了这个需求。

2. 正确选项：B

　A. 不正确：Request 对象包含了描述用户请求的方法和参数。为了配置页面输出缓存，必须使用 Response 对象。

　B. 正确：Response 对象包含了能够编程配置页面输出缓存的方法，比如 Response.Cache.SetExpires 方法和 Response.AddCacheDependency 方法。

　C. 不正确：Application 集合支持在应用程序的所有页面和进程之间共享数据。页面输出缓存是使用 Response 对象配置在每个页面上的。

　D. 不正确：Server 对象包含了处理服务器文件路径的方法，比如 UrlDecode 方法和 UrlEncode 方法。为了配置页面输出缓存，必须使用 Response 对象。

3. 正确选项：C 和 D

　A. 不正确：可以直接定义 Cache 项。但是，这种方法不支持自动过期。当直接定义 Cache 项时，它保持缓存状态，直到手动删除它。

　B. 不正确：Cache.Get 方法允许撤销缓存项，而不是定义它们。

　C. 正确：Cache.Insert 方法可以用来添加对象到缓存，并指定一个或多个依赖项，包括过期时间段。

　D. 正确：Cache.Add 方法可以用来添加对象到缓存，并指定一个或多个依赖项，包括过期时间段。与 Cache.Insert 方法不同的是，Cache.Add 方法还返回被缓存的值，可能在编程中更加易用。

4. 正确选项：B、C 和 E

　A. 不正确：页面输出缓存可以配置成跟随 HTTP 头部变化。但是，Cache 对象不能使用 HTTP 头部作为依赖项。

　B. 正确：Cache 对象可以创建文件依赖项。

　C. 正确：在特定时间段之后或在某个特定时间，可以使 Cache 对象过期。

　D. 不正确：当注册表值改变时，不能配置 Cache 对象为过期。

E. 正确：当不同的缓存对象过期时，可以配置一个 Cache 对象为过期。

第 16 章：案例答案

案例 1：部署一个 Web 应用程序

1. 利用 Copy Web 工具或 Publish Web Site 工具，可以更新运行中的服务器。但是，Copy Web 工具的带宽使用效率更高，因为它只拷贝修改的文件。
2. 对质量控制人员来说，Publish Web Site 工具是更新产品 Web 服务器的最好方式。该工具能够预编译站点，提高效率。

案例 2：提高公共 Web 站点的性能

1. 正确。利用 Cache 对象，可以保存数据库查询结果的备份，然后在下一次请求时快速调用出结果。
2. 数据库管理员已经提到使用 SQL Server，因此，可以在包含影视列表的数据库表格上，配置一个依赖项。
3. 正确。如果为可缓存的组件(比如显示影视列表的页面部分)创建用户控件，那么用户控件将被缓存，而动态生成页面的其他部分。